항목별 유권해석 및 감사·심사사례 보강
공공사업 적산 업무 효율성 제고
적정공사비 산정

 ▶ YouTube 무료 동영상 강의
일위대가, 단가산출 작성 요령
미디어몬(https://mediamon.co.kr)

2023 건설공사 표준품셈 Vol. 2

김종호 편저

- 토목
- 건축
- 기계설비
- 유지관리

 도서출판 건기원 홈페이지 접속 (https://www.kkwbooks.com)
상단 메뉴 도서 관련 자료 클릭 → 좌측 자료실 클릭 → 해당 도서 과년도 자료 다운로드

 도서출판 건기원

C O N T E N T S

토목부문

제1장 도로포장공사 / 33

- 1-1 공통사항 ··· 33
  - 1-1-1 교통통제 및 안전처리 ·· 33
  - 1-1-2 유도선 설치 및 해체 ·· 33
- 1-2 동상방지층 ·· 34
  - 1-2-1 인력식 소규모장비 포설 ·· 34
  - 1-2-2 기계포설(길어깨) ·· 35
  - 1-2-3 기계포설(본선) ·· 35
- 1-3 보조기층 ·· 36
  - 1-3-1 인력식 소규모장비 포설 ·· 36
  - 1-3-2 기계포설(길어깨) ·· 37
  - 1-3-3 기계포설(본선) ·· 37
- 1-4 입도조정기층 ·· 37
  - 1-4-1 인력식 소규모장비 포설 ·· 37
  - 1-4-2 기계포설(길어깨) ·· 38
  - 1-4-3 기계포설(본선) ·· 38
- 1-5 아스콘 포장 ·· 38
  - 1-5-1 텍코팅 및 프라임 코팅 살포 ·· 38
  - 1-5-2 아스팔트 기층 소규모포설 ·· 39
  - 1-5-3 아스팔트 기층 기계포설(소형장비) ·· 39
  - 1-5-4 아스팔트 기층 기계포설(대형장비) ·· 39
  - 1-5-5 아스팔트 표층 소규모포설 ·· 40
  - 1-5-6 아스팔트 표층 기계포설(소형장비) ·· 42
  - 1-5-7 아스팔트 표층 기계포설(대형장비) ·· 42
  - 1-5-8 개질아스팔트 표층 포설 ·· 43
  - 1-5-9 투배수성 표층 포설 ·· 43
- 1-6 콘크리트 포장 ·· 44
  - 1-6-1 린 콘크리트 기층 포설 ·· 44
  - 1-6-2 표층 인력포설 ·· 44
  - 1-6-3 콘크리트 표층 기계포설(소형장비) ·· 45
  - 1-6-4 콘크리트 표층 기계포설(대형장비) ·· 46
  - 1-6-5 기계포설 장비조립 및 해체 ·· 46

	1-6-6 포장줄눈 절단	47
	1-6-7 포장줄눈 설치	47
1-7	저속도로포장	47
	1-7-1 보도용 블록 설치	47
	1-7-2 투수아스팔트 표층 소규모포설	50
	1-7-3 투수아스팔트 표층 기계포설(소형장비)	50
	1-7-4 탄성포장재 포설	51
1-8	교통시설공	52
	1-8-1 교통 안전표지판 설치	52
	1-8-2 도로 표지판 설치	53
	1-8-3 도로반사경 설치	54
	1-8-4 도로표지병 설치	54
	1-8-5 시선유도표지 설치	54
	1-8-6 볼라드 설치	54
	1-8-7 주차 블록 설치	55
	1-8-8 차선규제봉 설치	55
	1-8-9 차선도색	55
	1-8-10 가드레일 설치	57
	1-8-11 중앙분리대 설치(가드레일식)	59
	1-8-12 중앙분리대 설치(콘크리트포설식)	60
	1-8-13 미끄럼방지공 설치	60
	1-8-14 표시못 설치	61
	1-8-15 L형측구 설치(포설식)	62
1-9	부대공	63
	1-9-1 방음벽 설치	63
	1-9-2 보차도 및 도로경계블록 설치	66
	1-9-3 낙석방지책 설치	67
	1-9-4 낙석방지망 설치	68

제2장 하천공사 / 71

2-1	사석	71
	2-1-1 사석부설	71
	2-1-2 사석고르기	72
2-2	돌망태	73
	2-2-1 타원형 돌망태 설치	73
	2-2-2 매트리스형 돌망태 설치	73

2-2-3　돌망태형옹벽 설치 ·· 73
　2-3　하천호안공 ·· 74
　　　2-3-1　식생매트 설치 ··· 74
　　　2-3-2　블록 붙이기(인력) ··· 75
　　　2-3-3　블록 붙이기(기계) ··· 76

제3장 터널공사 / 77

　3-1　공통사항 ·· 77
　　　3-1-1　터널노임 산정식 ··· 77
　　　3-1-2　터널 여굴(餘掘)량 ·· 78
　3-2　터널굴착 ·· 79
　　　3-2-1　터널굴착 1발파당 싸이클 시간(Cycle Time) ····································· 79
　　　3-2-2　기계굴착의 능력 ··· 81
　　　3-2-3　천공기계의 천공속도 ·· 82
　　　3-2-4　터널 굴착시 천공 및 버력처리 장비의 조합 ····································· 83
　　　3-2-5　터널굴착 1발파당 작업인원 ·· 84
　3-3　현장 타설 콘크리트 라이닝 ··· 85
　　　3-3-1　터널 철재거푸집 설치·해체·이동 ·· 85
　3-4　부대공 ·· 85
　　　3-4-1　터널 방수 ··· 85
　　　3-4-2　작업대차 조립 및 해체 ·· 86
　　　3-4-3　터널바닥 암반청소 ·· 86

제4장 궤도공사 / 87

　4-1　공통공사 ·· 87
　　　4-1-1　철도안전처리 ·· 87
　4-2　자갈궤도 ·· 87
　　　4-2-1　궤광조립 ··· 87
　　　4-2-2　궤도양로 ··· 87
　　　4-2-3　자갈살포 ··· 88
　　　4-2-4　자갈고르기 ··· 88
　4-3　콘크리트 궤도 ·· 88
　　　4-3-1　궤광조립 ··· 88
　　　4-3-2　궤광거치 ··· 89
　　　4-3-3　타설 후 정리 ·· 89

- 4-4 분기기 ··· 90
  - 4-4-1 분기기 부설 ··· 90
  - 4-4-2 신축이음매 부설 ·· 90
- 4-5 궤도용접 ·· 91
  - 4-5-1 가스압접 ·· 91
  - 4-5-2 테르밋 용접 ··· 92
  - 4-5-3 장대레일 설정 ·· 92
- 4-6 부대공사 ·· 93
  - 4-6-1 자갈채집 및 운반 ·· 93
  - 4-6-2 레일 절단 ·· 93
  - 4-6-3 레일 천공 ·· 93
  - 4-6-4 침목천공 ·· 93
  - 4-6-5 파워렌치 조임 및 해체 ·· 94
  - 4-6-6 타이템퍼 다짐 ·· 94
  - 4-6-7 교상발판 설치 ·· 94
  - 4-6-8 교상가드레일 설치 ·· 94
  - 4-6-9 교량침목고정장치 설치 ·· 95
  - 4-6-10 목침목 탄성체결장치 설치 ··· 95

제5장 강구조공사 / 96

- 5-1 용접교 표준제작 공수 ·· 96
  - 5-1-1 용접교(SM 400~SM 520, SS 400) ·· 96
  - 5-1-2 용접교(SM 570) ·· 104
  - 5-1-3 재료비 ·· 105
- 5-2 강교도장 ·· 108
  - 5-2-1 소재 표면처리 ·· 108
  - 5-2-2 제품 표면처리 ·· 109
  - 5-2-3 도장재료 사용량 ·· 110
  - 5-2-4 도장 ·· 111

제6장 관부설 및 접합공사 / 112

- 6-1 공통사항 ·· 112
  - 6-1-1 적용범위 및 범위 ·· 112
- 6-2 주철관 ·· 113
  - 6-2-1 부설 ·· 113
  - 6-2-2 타이튼 조인트관 접합 ·· 114

	6-2-3 K.P 메커니컬 조인트관 접합	114
	6-2-4 관 절단	115
6-3	강관	115
	6-3-1 부설	115
	6-3-2 용접 접합	116
	6-3-3 도장	117
	6-3-4 절단	118
6-4	P.V.C관	119
	6-4-1 T.S 접합 및 부설	119
	6-4-2 고무링 접합 및 부설	119
6-5	P.E관	120
	6-5-1 조임식 접합 및 부설	120
	6-5-2 밴드 접합 및 부설	122
	6-5-3 소켓융착 접합 및 부설	123
	6-5-4 바트융착 접합 및 부설	123
	6-5-5 분기관 천공 및 접합	124
6-6	원심력 철근콘크리트관	124
	6-6-1 소켓관 부설 및 접합	124
	6-6-2 수밀밴드 접합 및 부설	125
	6-6-3 절단	126
	6-6-4 천공 및 접합	127
6-7	기타관	128
	6-7-1 PC관 부설 및 접합	128
	6-7-2 파형강관 부설 및 접합	128
	6-7-3 유리섬유복합관 부설 및 접합	129
	6-7-4 내충격PVC수도관 부설 및 접합	130
	6-7-5 강관압입추진공	131
6-8	밸브	135
	6-8-1 주철제 게이트 제수밸브 부설 및 접합	135
	6-8-2 강관제 게이트 제수밸브 부설 및 접합	136
	6-8-3 주철제·강관제 버터플라이 제수밸브 부설 및 접합	137
	6-8-4 부단수 할정자관 부설 및 접합	138
	6-8-5 부단수 천공 분기점 분기	139
	6-8-6 부단수 천공 새들분수전 분기점 분기	140
	6-8-7 플랜지 조인트 접합	141

제7장 항만공사 / 143

- 7-1 설계기준 ··· 143
  - 7-1-1 수중공사 ··· 143
  - 7-1-2 예인선 조합 ··· 143
  - 7-1-3 준설선 선단 조합 ··· 144
  - 7-1-4 준설선 취업시간 및 운전시간 ··· 145
- 7-2 사석 ··· 145
  - 7-2-1 적재 및 운반 ··· 145
  - 7-2-2 해상투하 ··· 146
  - 7-2-3 육상투하 ··· 146
  - 7-2-4 수상고르기 ··· 146
  - 7-2-5 수중고르기 ··· 147
- 7-3 블록 ··· 148
  - 7-3-1 케이슨 진수 ··· 148
  - 7-3-2 케이슨 거치 ··· 148
  - 7-3-3 일반블록 거치 ··· 148
  - 7-3-4 소파블록 거치 ··· 148
- 7-4 준설 ··· 149
  - 7-4-1 배송관 접합 ··· 149
  - 7-4-2 배송관 띄우개(부함) 접합 ··· 150
  - 7-4-3 배송관 진수 ··· 151
  - 7-4-4 준설여굴 ··· 151
  - 7-4-5 펌프준설 매립시의 유보율 등 ··· 152
  - 7-4-6 펌프준설 매립시의 유실률 ··· 152
  - 7-4-7 매립설계수량 ··· 152

제8장 지반조사 / 153

- 8-1 보링 ··· 153
  - 8-1-1 기계기구 설치 ··· 153
  - 8-1-2 천공(토사, 자갈 및 호박돌층) ·· 153
  - 8-1-3 천공(암반층) ··· 154
- 8-2 시험 ··· 156
  - 8-2-1 표준관입시험 ··· 156
  - 8-2-2 베인전단시험 ··· 157
  - 8-2-3 자연시료 채취 ··· 157

- 8-2-4 평판재하시험 ·· 157
- 8-2-5 동재하시험 ·· 158
- 8-2-6 정재하시험 ·· 158
- 8-2-7 콘관입시험 ·· 158

8-3 물리탐사
- 8-3-1 굴절법 탄성파 탐사 ··· 159
- 8-3-2 2차원 전기비저항탐사 ··· 159

8-4 대구경 보링(지하수개발)
- 8-4-1 천공(토사, 모래, 자갈 및 호박돌층) ··· 160
- 8-4-2 천공(암반층) ··· 161
- 8-4-3 폐공 되메우기 ··· 163

제9장 측량 / 165

9-1 기준점 측량
- 9-1-1 GNSS에 의한 기준점 측량 ·· 165
- 9-1-2 1급 기준점 측량 ··· 166
- 9-1-3 2급 기준점 측량 ··· 167
- 9-1-4 3급 기준점 측량 ··· 169
- 9-1-5 4급 기준점 측량 ··· 170

9-2 수준측량
- 9-2-1 1등 기본 수준측량 ··· 172
- 9-2-2 2등 기본 수준측량 ··· 173
- 9-2-3 1급 수준측량 ··· 175
- 9-2-4 2급 수준측량 ··· 176
- 9-2-5 3급 GNSS 높이측량 ·· 178
- 9-2-6 4급 GNSS 높이측량 ·· 179

9-3 지형 및 토지측량
- 9-3-1 지형현황 ··· 181
- 9-3-2 하천측량 ··· 185
- 9-3-3 택지조성측량 ··· 187
- 9-3-4 구획정리 확정측량 ··· 190
- 9-3-5 용지측량 ··· 197
- 9-3-6 도시계획선(인선) ··· 199

9-4 노선측량
- 9-4-1 노선측량(철도, 도로 신설) ··· 199
- 9-4-2 시가지 노선 측량 ··· 201

- 9-4-3 수도노선측량 ··· 203
- 9-4-4 도로대장측량 ··· 204

9-5 해양조사측량 및 해도제작 ··· 207
- 9-5-1 수심측량 및 수중지층 탐사 ··· 207
- 9-5-2 해상중력 및 지자기 관측 ··· 211
- 9-5-3 해도제작 ··· 212

9-6 지도제작 ··· 217
- 9-6-1 항공사진촬영 ··· 217
- 9-6-2 대공표지 ··· 225
- 9-6-3 사진 기준점 측량 ··· 226
- 9-6-4 수치지도 작성 ··· 226
- 9-6-5 건물 및 지상물체 항공사진「판독작업」 ··· 257
- 9-6-6 지도제작(기본도) ··· 258
- 9-6-7 토지이용 현황도 제작 ··· 260
- 9-6-8 상각비 산정 ··· 260
- 9-6-9 정밀도로지도 구축 ··· 261
- 9-6-10 무인비행장치 측량 ··· 262

9-7 신규등록측량 ··· 265
- 9-7-1 신규등록측량(도해) ··· 265
- 9-7-2 신규등록측량(수치) ··· 267
- 9-7-3 토지구획정리 신규등록 측량(수치) ··· 269
- 9-7-4 경지구획정리 신규등록 측량(수치) ··· 271

9-8 등록전환 측량 ··· 272
- 9-8-1 등록전환 측량(도해) ··· 272
- 9-8-2 등록전환 측량(수치) ··· 274

9-9 분할측량 ··· 276
- 9-9-1 분할측량(도해) ··· 276
- 9-9-2 분할측량(수치) ··· 278

9-10 경계복원 측량 ··· 281
- 9-10-1 경계복원 측량(도해) ··· 281
- 9-10-2 경계복원 측량(수치) ··· 283

9-11 지적측량 ··· 285
- 9-11-1 지적삼각측량 ··· 285
- 9-11-2 지적도근점측량 ··· 286
- 9-11-3 토지구획정리 지적확정측량 ··· 288
- 9-11-4 경지구획정리 지적확정측량 ··· 291

9-11-5 도면작성 ·· 293
9-12 지적현황 측량 ··· 294
9-12-1 지적현황 측량(도해) ··· 294
9-12-2 지적현황 측량(수치) ··· 296
9-12-3 지적불부합지조사 측량(도해) ··· 299
9-12-4 조서작성 ·· 300
9-12-5 지적재조사측량 ·· 301
9-12-6 지적기준점현황조사 ·· 302
9-13 택지개발예정지적과표도 작성업무 측량 ·· 303
9-13-1 택지개발예정지적좌표도 작성업무 측량(지구계점) ·· 303
9-13-2 택지개발예정지적좌표도 작성업무 측량(전체지구) ·· 304
9-14 자동제도 ·· 306
9-14-1 자동제도(좌표독취) ··· 306
9-14-2 자동제도(좌표입력) ··· 307
9-14-3 자동제도(파일제공) ··· 307
9-15 축척변경 측량 ·· 308
9-15-1 축척변경 측량(도해지역에서 도해지역으로) ·· 308
9-15-2 축척변경 측량(도해지역에서 수치지역으로) ·· 310

건축부문

제1장 철골공사 / 315

1-1 철골 가공 조립(공장생산) ·· 315
1-1-1 기본철골공수 ··· 315
1-1-2 철골동수 산정방법 ··· 317
1-1-3 기본용접공수 ··· 319
1-1-4 용접공수 산정방법 ··· 320
1-2 철골 세우기 ··· 321
1-2-1 현장 세우기 ··· 321
1-2-2 탑다운공법 지하 현장 세우기 ··· 323
1-2-3 철골세우기 장비의 작업능력 ·· 324
1-2-4 고장력 볼트 본조임 ··· 325
1-2-5 현장용접 ·· 325
1-2-6 앵커 볼트 설치 ··· 326
1-2-7 철골세우기용 장비의 가설 및 해체이동 ··· 326

- **1-3 데크플레이트** ·· 327
  - 1-3-1 데크플레이트 가스절단 ·· 327
  - 1-3-2 데크플레이트 플라즈마 절단 ······································ 327
  - 1-3-3 데크플레이트 설치 ·· 328
- **1-4 부대공사** ··· 328
  - 1-4-1 부대철골 설치 ·· 328
  - 1-4-2 스터드볼트(Stud bolt) 설치 ·· 330
  - 1-4-3 철골 내화 피복뿜칠 ·· 330
  - 1-4-4 경량형강철골조 조립설치 ·· 331

제2장 조적공사 / 334

- **2-1 벽돌** ·· 334
  - 2-1-1 벽돌 쌓기 ·· 334
  - 2-1-2 치장쌓기 및 줄눈설치 ·· 335
  - 2-1-3 아치쌓기 ·· 336
  - 2-1-4 아치쌓기 치장줄눈 설치 ·· 337
- **2-2 블록** ·· 337
  - 2-2-1 블록쌓기 ·· 337
  - 2-2-2 블록 보강쌓기 ·· 338
- **2-3 ALC** ·· 339
  - 2-3-1 ALC블록 쌓기 ·· 339
  - 2-3-2 ALC패널 설치 ·· 340

제3장 타일공사 / 341

- **3-1 공통공사** ··· 341
  - 3-1-1 바탕 고르기 ·· 341
  - 3-1-2 타일줄눈 설치 ·· 342
- **3-2 타일 붙임** ··· 343
  - 3-2-1 떠붙이기 ·· 343
  - 3-2-2 압착 붙이기 ·· 344
  - 3-2-3 접착 붙이기 ·· 345

제4장 목공사 / 346

- **4-1 구조목공사** ··· 346
  - 4-1-1 먹매김 ·· 346
  - 4-1-2 마루틀 설치 ·· 346

4-1-3 마루바탕 설치 ·· 347
　　　4-1-4 마루널 설치 ·· 347
　4-2 수장목공사 ··· 347
　　　4-2-1 벽체틀 설치 ·· 347
　　　4-2-2 칸막이벽틀 설치 ·· 347
　　　4-2-3 벽체합판 설치 ·· 348
　　　4-2-4 수장합판 설치 ·· 348
　　　4-2-5 커튼박스 설치 ·· 348
　4-3 부대목공사 ··· 348
　　　4-3-1 토대설치 ·· 348
　　　4-3-2 목재데크롤 설치 ·· 349
　　　4-3-3 목재데크 설치 ·· 351

제5장 수장공사 / 352

　5-1 바닥 ··· 352
　　　5-1-1 PVC계 바닥재 설치 ··· 352
　　　5-1-2 카페트 설치 ·· 352
　　　5-1-3 플로어링 마루 설치 ·· 352
　　　5-1-4 이중바닥 설치 ·· 353
　5-2 천장 ··· 354
　　　5-2-1 흡음텍스 설치 ·· 354
　　　5-2-2 열경화성수지천장판 설치 ·· 355
　　　5-2-3 석고판 설치(나사고정) ·· 355
　5-3 벽 ··· 355
　　　5-3-1 석고판 설치(나사고정) ·· 355
　　　5-3-2 석고판(접착제) 설치 ·· 356
　　　5-3-3 샌드위치(단열)패널 설치 ··· 356
　　　5-3-4 흡음판 설치 ·· 357
　　　5-3-5 걸레받이 설치 ·· 357
　　　5-3-6 마루귀틀 설치 ·· 358
　　　5-3-7 도배바름 ·· 358
　5-4 단열 ··· 358
　　　5-4-1 단열재 공간넣기 ·· 358
　　　5-4-2 단열재 접착제 붙이기 ··· 359
　　　5-4-3 단열재 격자넣기 ·· 359
　　　5-4-4 단열재 판사용 붙이기 ··· 360

5-4-5　단열재 타정 부착 ·· 360
　　　5-4-6　단열재 콘크리트타설 부착 ·· 360
　　　5-4-7　단열재 슬래브위 깔기 ·· 361
　　　5-4-8　방습필름설치 ·· 361
　　　5-4-9　외벽단열공법 ·· 362

제6장 방수공사 / 363

6-1 공통공사 ·· 363
　　　6-1-1　바탕처리 ·· 363
　　　6-1-2　방수프라이머 바름 ·· 363
　　　6-1-3　방수층보호재 붙임 ·· 363
　　　6-1-4　방수층 누름철물 설치 ·· 364

6-2 도막방수 ·· 364
　　　6-2-1　도막바름 ·· 364
　　　6-2-2　보강포 붙임 ·· 365
　　　6-2-3　마감도료(Top-coat) 바름 ··· 365

6-3 시트 방수 ·· 365
　　　6-3-1　가열식시트 붙임 ·· 365
　　　6-3-2　접착식시트 붙임 ·· 365

6-4 시멘트 모르타르계 방수 ·· 366
　　　6-4-1　시멘트 액체방수 바름 ·· 366
　　　6-4-2　폴리머 시멘트 모르타르방수 바름 ······································ 367
　　　6-4-3　방수모르타르 바름 ·· 368
　　　6-4-4　시멘트 혼입 폴리머계 도막방수 바름 ································ 368

6-5 기타방수 ·· 369
　　　6-5-1　규산질계 도포방수 바름 ·· 369
　　　6-5-2　액상형 흡수방지방수 도포 ·· 369
　　　6-5-3　밴토나이트방수 붙임 ·· 370

6-6 부대공사 ·· 371
　　　6-6-1　수밀코킹 ·· 371
　　　6-6-2　줄눈 절단 ·· 371
　　　6-6-3　줄눈 설치 ·· 372

제7장 지붕 및 홈통공사 / 373

7-1 지붕 ·· 373
　　　7-1-1　금속기와 잇기 ·· 373

7-1-2 금속판 평잇기 ··· 373
7-1-3 금속판 돌출잇기 현장제작 ··· 374
7-1-4 금속판 돌출잇기 ··· 374
7-1-5 아스팔트싱글 설치 ··· 375
7-1-6 폴리카보네이트 설치 ··· 376
7-1-7 후레싱 설치 ··· 376
7-2 홈통 ··· 376
7-2-1 금속 처마홈통 설치 ··· 376
7-2-2 염화비닐 처마홈통 설치 ··· 377
7-2-3 금속 선홈통 설치 ··· 377
7-2-4 염화비닐 선홈통 설치 ··· 377
7-2-5 물받이홈통 설치 ··· 377
7-3 드레인 ··· 378
7-3-1 루프드레인 설치 ··· 378

제8장 금속공사 / 379

8-1 제품 ··· 379
8-1-1 계단논슬립 설치 ··· 379
8-1-2 코너비드 설치 ··· 379
8-1-3 와이어메시 바닥깔기 ··· 379
8-1-4 인서트(Insert) 설치 ··· 379
8-1-5 조이너 및 몰딩 설치 ··· 380
8-1-6 천장점검구 설치 ··· 380
8-2 시설물 ··· 381
8-2-1 용접식난간 설치 ··· 381
8-2-2 앵커고정식난간 설치 ··· 382
8-2-3 철조망 울타리 설치 ··· 382
8-2-4 경량천장철골틀 설치 ··· 383
8-2-5 경량벽체철골틀 설치 ··· 383
8-3 기타공사 ··· 384
8-3-1 잡철물 제작 및 설치 ··· 384

제9장 미장공사 / 389

9-1 모르타르 바름 및 타설 ··· 389
9-1-1 모르타르 배합 ··· 389
9-1-2 모르타르 바름 ··· 390

9-1-3 모르타르 타설 ··· 391
  9-1-4 표면 마무리 ··· 392
  9-1-5 라스 붙임 ··· 392
 9-2 콘크리트면 마무리 ··· 392
  9-2-1 콘크리트면 정리 ·· 392
  9-2-2 부분 마감 ··· 392
  9-2-3 전면 마감 ··· 393
 9-3 충전 ·· 394
  9-3-1 창호주위 모르타르 충전 ··· 394
  9-3-2 창호주위 발포우레탄 충전 ··· 394
  9-3-3 주각부 무수축 모르타르 충전 ··· 394
  9-3-4 우레탄폼 분사 충전 ··· 395

제10장 창호 및 유리공사 / 396

 10-1 창호 ·· 396
  10-1-1 목재창호 설치 ··· 396
  10-1-2 강재창호 설치 ··· 397
  10-1-3 알루미늄창호 설치 ··· 397
  10-1-4 합성수지창호 설치 ··· 397
  10-1-5 셔터설치(장치포함) ··· 398
 10-2 부속자재 ··· 398
  10-2-1 도어체크 설치 ··· 398
  10-2-2 플로어힌지 설치 ··· 398
  10-2-3 도어록 설치 ··· 399
 10-3 유리 ·· 399
  10-3-1 창호유리 설치 ··· 399
  10-3-2 커튼월유리 설치 ··· 401
 10-4 커튼월 ··· 402
  10-4-1 알루미늄 프레임 설치 ··· 402
  10-4-2 외벽 패널 설치 ··· 403
  10-4-3 코킹 ··· 404

제11장 칠공사 / 405

 11-1 공통공사 ··· 405
  11-1-1 콘크리트·모르타르면 바탕만들기 ·· 405
  11-1-2 석고보드면 바탕만들기 ··· 406

11-1-3	철재면 바탕만들기	406
11-1-4	목재면 바탕만들기	406
11-1-5	도장 후 퍼티 및 연마	407
11-1-6	비닐 보양	407

11-2 페인트 ·········· 407

11-2-1	수성페인트 붓칠	407
11-2-2	수성페인트 롤러칠	407
11-2-3	수성페인트 뿜칠	408
11-2-4	유성페인트 붓칠	409
11-2-5	유성페인트 롤러칠	409
11-2-6	녹막이 페인트칠	410
11-2-7	오일스테인칠	411
11-2-8	에폭시 페인트칠	412
11-2-9	낙서방지용 페인트칠	413
11-2-10	걸레받이용 페인트칠	414

11-3 스프레이 ·········· 414

11-3-1	무늬코트칠	414
11-3-2	탄성코트칠	415
11-3-3	석재도료칠	415

기계설비부문

제1장 배관공사 / 419

1-1 강관 ·········· 419

1-1-1	용접접합	419
1-1-2	용접배관	421
1-1-3	나사식 접합 및 배관	422
1-1-4	그루브조인트식 접합 및 배관(Groove Joint)	423

1-2 동관 ·········· 424

1-2-1	용접접합	424
1-2-2	용접배관	426

1-3 스테인리스 강관 ·········· 428

1-3-1	용접접합	428
1-3-2	용접배관	429
1-3-3	프레스식 접합 및 배관	429

		1-3-4 주름관 접합 및 배관 ··· 431

1-4 주철관 ··· 431
- 1-4-1 기계식 접합 및 배관(Mechanical Joint) ··· 431
- 1-4-2 수밀밴드 접합 및 배관 ·· 432

1-5 경질관 ··· 432
- 1-5-1 접착제 접합(T.S) 및 배관 ··· 432
- 1-5-2 소켓 접합 및 배관 ·· 434

1-6 연질관 ··· 434
- 1-6-1 폴리부틸렌(PB) 일반접합 및 배관 ··· 434
- 1-6-2 폴리부틸렌(PB) 이중관 접합 및 배관 ··· 434
- 1-6-3 가교화 폴리에틸렌관 접합 및 배관 ··· 436

제2장 덕트공사 / 437

2-1 덕트 ··· 437
- 2-1-1 아연도금강판덕트(각형덕트) 설치 ··· 437
- 2-1-2 아연도금강판덕트(스파이럴덕트) 설치 ··· 438
- 2-1-3 스테인리스덕트(각형덕트) 설치 ·· 439
- 2-1-4 PVC덕트 설치 ·· 439
- 2-1-5 세대내 환기덕트 설치 ·· 440
- 2-1-6 플렉시블덕트 설치 ·· 440

2-2 덕트기구 ··· 441
- 2-2-1 취출구 설치 ·· 441
- 2-2-2 흡입구 설치 ·· 442
- 2-2-3 덕트 플렉시블 조인트 설치 ·· 442
- 2-2-4 일반댐퍼(사각) 설치 ·· 442
- 2-2-5 일반댐퍼(원형) 설치 ·· 443
- 2-2-6 제연댐퍼 설치 ·· 443

제3장 보온공사 / 444

3-1 배관보온 ··· 444
- 3-1-1 일반마감 배관보온 ·· 444
- 3-1-2 칼라함석마감 배관보온 ·· 445

3-2 밸브보온 ··· 447
- 3-2-1 일반마감 밸브보온 ·· 447
- 3-2-2 함석마감 밸브보온 ·· 448

- 3-3 덕트보온 ·········· 448
    - 3-3-1 각형덕트 보온 ·········· 448
    - 3-3-2 원형덕트 보온 ·········· 448
- 3-4 발열선 ·········· 449
    - 3-4-1 발열선 설치 ·········· 449
    - 3-4-2 분전함 설치 ·········· 449

제4장 펌프 및 공기설비공사 / 450

- 4-1 펌프 ·········· 450
    - 4-1-1 일반펌프 설치 ·········· 450
    - 4-1-2 집수정 배수펌프 설치 ·········· 452
    - 4-1-3 펌프 방진가대 설치 ·········· 454
- 4-2 송풍기 및 환풍기 ·········· 455
    - 4-2-1 송풍기 설치 ·········· 455
    - 4-2-2 벽걸이 배기팬 설치 ·········· 456
    - 4-2-3 욕실배기팬 설치 ·········· 456
    - 4-2-4 무덕트 유인팬 설치 ·········· 456
    - 4-2-5 레인지후드 설치 ·········· 456

제5장 밸브설비공사 / 457

- 5-1 밸브 ·········· 457
    - 5-1-1 일반밸브 및 콕류 설치 ·········· 457
    - 5-1-2 감압밸브장치 설치 ·········· 458
- 5-2 증기트랩 ·········· 459
    - 5-2-1 스팀트랩 장치 설치 ·········· 459
- 5-3 플랙시블 이음 및 팽창이음 ·········· 460
    - 5-3-1 익스팬션조인트 설치 ·········· 460
    - 5-3-2 플랙시블커넥터 설치 ·········· 460
- 5-4 수격방지기 ·········· 461
    - 5-4-1 수격방지기 설치 ·········· 461

제6장 측정기기공사 / 462

- 6-1 유량계 ·········· 462
    - 6-1-1 직독식 설치 ·········· 462
    - 6-1-2 원격식 설치 ·········· 463

6-2 적산열량계 ··· 464
- 6-2-1 세대용 설치 ··· 464
- 6-2-2 건물용 설치 ··· 464
- 6-2-3 산업용 설치 ··· 464

제7장 위생기구설비공사 / 466

7-1 위생기구류 ··· 466
- 7-1-1 소변기 설치 ··· 466
- 7-1-2 대변기 설치 ··· 466
- 7-1-3 도기세면기 설치 ··· 466
- 7-1-4 카운터형 세면기 설치(일체형) ··· 467
- 7-1-5 카운터형 세면기 설치(분리형) ··· 467
- 7-1-6 욕조 설치 ··· 467
- 7-1-7 청소용 수채 설치 ··· 467

7-2 수전 ··· 468
- 7-2-1 매립형 욕조수전 설치 ··· 468
- 7-2-2 샤워수전 설치 ··· 468
- 7-2-3 세면기수전 설치 ··· 468
- 7-2-4 씽크수전 설치 ··· 469
- 7-2-5 손빨래수전 설치 ··· 469

7-3 욕실 부착물 ··· 470
- 7-3-1 욕실거울 설치 ··· 470
- 7-3-2 욕실금구류 설치 ··· 470
- 7-3-3 바닥배수구 설치 ··· 470
- 7-3-4 안전손잡이 설치 ··· 471

제8장 공기조화설비공사 / 472

8-1 냉동기 및 냉각탑 ··· 472
- 8-1-1 냉동기 반입 ··· 472
- 8-1-2 냉동기 설치 ··· 473
- 8-1-3 냉각탑 설치 ··· 474

8-2 공기조화기 ··· 477
- 8-2-1 공기가열기, 공기냉각기, 공기여과기 설치 ··· 477
- 8-2-2 패키지형 공기조화기 설치 ··· 479
- 8-2-3 공기조화기(Air Handling Unit) 설치 ··· 479
- 8-2-4 천장형 에어컨 설치 ··· 480

- 8-2-5 전열교환기 설치 ··· 481
- 8-3 보일러 및 방열기 ··· 481
  - 8-3-1 보일러 설치 ··· 481
  - 8-3-2 경유보일러 설치 ··· 482
  - 8-3-3 가스보일러(가정용) 설치 ··· 482
  - 8-3-4 온수보일러 설치 ··· 483
  - 8-3-5 전기보일러 설치 ··· 483
  - 8-3-6 방열기 ··· 483
  - 8-3-7 전기콘벡터 설치 ··· 484
- 8-4 온수기 및 온수분배기 ··· 484
  - 8-4-1 전기온수기 설치 ··· 484
  - 8-4-2 전기온수기(벽걸이형) 설치 ··· 484
  - 8-4-3 온수분배기 설치 ··· 484
- 8-5 탱크 및 헤더 ··· 485
  - 8-5-1 오일서비스탱크 설치 ··· 485
- 8-6 부수장비 ··· 485
  - 8-6-1 로터리 오일버너 ··· 485
  - 8-6-2 건타입 오일버너 ··· 485

제9장 기타공사 / 486

- 9-1 지지금구 ··· 486
  - 9-1-1 입상관 방진가대 설치 ··· 486
  - 9-1-2 잡철물 제작 설치 ··· 486
- 9-2 도장 ··· 489
  - 9-2-1 바탕만들기 ··· 489
  - 9-2-2 녹막이페인트 칠 ··· 489
  - 9-2-3 유성페인트 칠 ··· 489
- 9-3 슬리브 ··· 490
  - 9-3-1 슬리브 설치 ··· 490
  - 9-3-2 배관을 위한 구멍뚫기 ··· 490
- 9-4 배관관리 및 시험 ··· 492
  - 9-4-1 기밀시험 ··· 492
  - 9-4-2 시험점화 ··· 492
- 9-5 시운전 및 조정 ··· 493
  - 9-5-1 시운전 ··· 493
  - 9-5-2 건물의 냉난방 및 공조설비 정밀진단(T.A.B) ··· 493

제10장 소방설비공사 / 494

10-1 소화함 · 494
    10-1-1 옥내소화전함 설치 · 494
    10-1-2 소화용구 격납상자 설치 · 494

10-2 소화밸브 · 495
    10-2-1 알람밸브 설치 · 495
    10-2-2 준비작동식밸브 설치 · 495
    10-2-3 드라이밸브 설치 · 495
    10-2-4 관말시험밸브 설치 · 495

10-3 옥외소화전 · 496
    10-3-1 지하식 설치 · 496
    10-3-2 지상식 설치 · 496

10-4 송수구 · 496
    10-4-1 일반송수구 설치 · 496
    10-4-2 방수구 설치 · 496
    10-4-3 연결송수구설치 · 497

10-5 탱크 · 497
    10-5-1 압력공기탱크설치 · 497
    10-5-2 마중물탱크설치 · 497

10-6 소방용 유량계 · 497
    10-6-1 유량측정장치설치 · 497

10-7 소화용 헤드 · 498
    10-7-1 스프링클러 헤드설치 · 498
    10-7-2 스프링클러 전기설비설치 · 498

10-8 소화기 · 499
    10-8-1 소화약제 소화설비설치 · 499
    10-8-2 자동식 소화기 설치 · 500

10-9 피난기구 · 500
    10-9-1 완강기 설치 · 500

제11장 가스설비공사 / 501

11-1 강관 · 501
    11-1-1 용접접합 · 501
    11-1-2 용접식 부설 · 501
    11-1-3 나사식 접합 및 배관 · 502

11-2 PE관 ·· 503
    11-2-1 버트 융착식 접합 및 부설 ··· 503

11-3 부속기기 ·· 504
    11-3-1 분기공 설치 ·· 504
    11-3-2 밸브 설치 ·· 504
    11-3-3 직독식 가스미터 설치 ·· 505
    11-3-4 원격식 가스미터 설치 ·· 505

제12장 자동제어설비공사 / 506

12-1 계기반 및 함류 ··· 506
    12-1-1 계기반 설치 ·· 506
    12-1-2 플랜트 계기 설치 ·· 506

12-2 자동제어기기 ·· 508
    12-2-1 자동제어기기 설치 ·· 508
    12-2-2 계량기 설치 ·· 508
    12-2-3 도압배관 ·· 509
    12-2-4 Control Air 배관 ·· 509
    12-2-5 압축공기 발생장치 및 공기관 배관 ··· 510

12-3 전선배선 ·· 510
    12-3-1 중앙처리장치(CPU) 설치 ··· 510
    12-3-2 입·출력장치(I/O Equipment) 설치 ··· 511
    12-3-3 콘솔(Console) 설치 ·· 511

제13장 플랜트설비공사 / 512

13-1 플랜트 배관 ·· 512
    13-1-1 플랜트 배관 설치 ·· 512
    13-1-2 관만곡(Pipe Bending) 설치 ··· 523
    13-1-3 밸브 취부 ·· 525
    13-1-4 Fitting 취부 ·· 527
    13-1-5 Flange 취부 ··· 528
    13-1-6 Oil Flushing ··· 531
    13-1-7 장거리 배관 ·· 531
    13-1-8 이중보온관 설치 ·· 532

13-2 플랜트 용접 ·· 535
    13-2-1 강관절단 ·· 535
    13-2-2 강판절단 ·· 536

- 13-2-3 강관용접 ··· 537
- 13-2-4 강판 전기아크용접 ··· 542
- 13-2-5 예열(Electirc Resistance Heating) ··· 546
- 13-2-6 응력제거 ··· 547
- 13-2-7 아세틸렌량의 확산 ··· 549

13-3 배관 및 기기보온 ··· 550
- 13-3-1 pipe보온 ··· 550
- 13-3-2 기기보온 ··· 556

13-4 강재 제작 설치 ··· 557
- 13-4-1 보통 철골재 ··· 557
- 13-4-2 철골 가공조립 ··· 558
- 13-4-3 STORAGE TANK ··· 560
- 13-4-4 강재류 조립설치 ··· 565
- 13-4-5 도장 및 방청공사 ··· 565
- 13-4-6 기계설비 철거 및 이설공사 ··· 565
- 13-4-7 탱크청소 ··· 565

13-5 화력발전 기계설비 ··· 566
- 13-5-1 보일러 설치 ··· 566
- 13-5-2 보일러 드럼 설치 ··· 569
- 13-5-3 덕트제작(Air, Gas) ··· 571
- 13-5-4 덕트 설치 ··· 572
- 13-5-5 공기예열기(Preheater) 설치 ··· 572
- 13-5-6 Soot Blower ··· 574
- 13-5-7 Fan 설치 ··· 575
- 13-5-8 터빈 설치 ··· 576
- 13-5-9 발전기 설치 ··· 579
- 13-5-10 복수기 설치 ··· 581
- 13-5-11 왕복압축기 설치 ··· 582
- 13-5-12 펌프 설치 ··· 583
- 13-5-13 Boiler Feed Pump 설치 ··· 585
- 13-5-14 Heater 및 Tank 설치 ··· 587

13-6 수력발전 기계설비 ··· 589
- 13-6-1 수차 설치 ··· 589
- 13-6-2 발전기 설치 ··· 592
- 13-6-3 수문 제작 ··· 596
- 13-6-4 수문 설치 ··· 599

13-6-5　Stop-Log 제작	602
13-6-6　Stop-Log 설치	604
13-6-7　수문 Hoist 설치	605
13-6-8　Spiral Casting 설치	607
13-6-9　Steel Penstock 제작	610
13-6-10　Steel Penstock 현장설치	612
13-6-11　Roller Gate Guide Metal 제작	613
13-6-12　Roller Gate Guide Metal 설치	614
13-6-13　Tainter Gate Guide Metal 제작	616
13-6-14　Tainter Gate Guide Metal 설치	617
13-6-15　Trash Rack 제작	618
13-6-16　Trash Rack 설치	619
13-6-17　Tainter Gate Anchorage 제관	621

13-7　제철기계설비 · 622

13-7-1　고로본체 및 부속기기 설치	622
13-7-2　노정장입 장치 기기 설치	623
13-7-3　노체 4본주 및 DECK 설치	623
13-7-4　열풍로 본체 및 부속설비 설치	624
13-7-5　열풍로 DECK 설치	624
13-7-6　주선기 본체 및 부속기기 설치	625
13-7-7　Edge Mill 설치	625
13-7-8　제진기 본체 및 부속설비 설치	626
13-7-9　Ventri Scrubber 본체 및 부속설비 설치	626
13-7-10　전등 Mud Gun 설치	627
13-7-11　내화물(제철축로) 쌓기	627
13-7-12　Cragt 및 Tomlex Spray 공사	628
13-7-13　Castable Spray 공사	628
13-7-14　혼선로 및 전로 본체 조립 설치	628
13-7-15　O_2, N_2 Spherical Gas Holder 조립설치	629
13-7-16　가열로 본체 및 Recuperator실 조립설치	629
13-7-17　균열로 본체 및 Recuperator실 조립설치	630
13-7-18　가열로 및 균열로 부속기기 조립설치	630
13-7-19　Mill Line 기기류 조립설치	631
13-7-20　Roller Table 조립설치	631
13-7-21　전기집진기 설치(Electric Precipitator)	632
13-7-22　노 기밀 시험	633

13-8 쓰레기소각 기계설비 ··· 633
- 13-8-1 소각로 설치 ··· 634
- 13-8-2 폐열보일러 설치 ··· 636
- 13-8-3 덕트 제작 및 설치 ··· 637
- 13-8-4 반건식 반응탑 설치 ··· 637
- 13-8-5 탈질설비 설치 ··· 638
- 13-8-6 여과집진기 설치(Bag filter) ··· 640
- 13-8-7 활성탄・반응조제 및 소석회 공급설비 설치 ··· 641

13-9 하수처리 기계설비 ··· 642
- 13-9-1 수중펌프 설치 ··· 642
- 13-9-2 모노레일 설치 ··· 643
- 13-9-3 산가장치 설치 ··· 643
- 13-9-4 오수처리시설 설치 ··· 644

13-10 운반기계설비 ··· 645
- 13-10-1 OPEN BELT CONVERYOR 설치 ··· 645
- 13-10-2 OVER HEAD CRANE 설치 ··· 647
- 13-10-3 GANTRY CRANE 설치 ··· 648
- 13-10-4 천장크레인 레일설치 ··· 650

13-11 기타 기계설비 ··· 651
- 13-11-1 일반기기 설치 ··· 651
- 13-11-2 Cooling Tower 설치 ··· 652
- 13-11-3 Batcher Plant 설치 ··· 652
- 13-11-4 가설자재 손료율 ··· 654
- 13-11-5 공사별 설치 소모자재[참고] ··· 655

유지관리부문

제1장 공통 / 659

1-1 토공사 ··· 659
- 1-1-1 비탈면 보강공 ··· 659
- 1-1-2 지압판블록 설치 ··· 660
- 1-1-3 비탈면 점검로 설치 ··· 660

1-2 조경공사 ··· 661
- 1-2-1 일반전정 ··· 661
- 1-2-2 조형전정 ··· 663

1-2-3	가로수 전정	663
1-2-4	관목 전정	664
1-2-5	수간보호	664
1-2-6	줄기싸주기	665
1-2-7	인력관수	665
1-2-8	살수차관수	666
1-2-9	제초	666
1-2-10	잔디깎기	666
1-2-11	예초	668
1-2-12	교목시비(喬木施肥)	670
1-2-13	관목시비(灌木施肥)	670
1-2-14	잔디시비	670
1-2-15	약제살포(기계)	671
1-2-16	약제살포(인력)	671
1-2-17	방풍벽 설치(거적세우기)	671
1-2-18	은행나무 과실채취	672

1-3 철근콘크리트공사 ··· 672

1-3-1	콘크리트 균열 보수(표면처리공법)	672
1-3-2	콘크리트 균열 보수(주입공법)	673
1-3-3	콘크리트 균열 보수(패커주입공법)	673
1-3-4	콘크리트 균열 보수(충전공법)	674
1-3-5	콘크리트 단면처리	674
1-3-6	콘크리트 단면복구	676
1-3-7	워터젯 치핑	678
1-3-8	교량받침 교체	679
1-3-9	교량신축이음 교체	681
1-3-10	플륨관 해체	683

제2장 토목 / 684

2-1 도로포장공사 ··· 684

2-1-1	교통통제 및 안전처리	684
2-1-2	포장 절단	684
2-1-3	절삭 후 아스팔트 덧씌우기	685
2-1-4	절삭 후 콘크리트 덧씌우기	689
2-1-5	아스팔트 덧씌우기	689
2-1-6	소파보수(표층)	691
2-1-7	소파보수(포장복구)	694

2-1-8 소파보수(도로복구) ··· 697
2-1-9 맨홀보수 ··· 699
2-1-10 차선도색 ··· 700
2-1-11 차선도색제거 ··· 704
2-1-12 슬러리실 ··· 704
2-1-13 표면평탄작업 ··· 705
2-1-14 현장가열 표층재생공법 ··· 705
2-1-15 재래난간 철거공 ··· 706
2-1-16 교통 안전표지판 철거 ··· 706
2-1-17 교통 안전표지판 교체 ··· 707
2-1-18 도로반사경 철거 ··· 707
2-1-19 도로반사경 교체 ··· 707
2-1-20 도로표지병 제거 ··· 708
2-1-21 시선유도표지 철거 ··· 708
2-1-22 보도용 블록 인력철거 ··· 708
2-1-23 보도용 블록 장비사용 철거 ··· 710
2-1-24 보도용 블록 재설치 ··· 711
2-1-25 보도용 블록 소규모보수 ··· 713
2-1-26 보차도 및 도로경계블록 철거 ··· 714
2-1-27 보차도 및 도로경계블록 재설치 ··· 715
2-1-28 가드레일 철거 ··· 715
2-2 궤도공사 ··· 716
2-2-1 철도안전처리 ··· 716
2-2-2 궤광철거 ··· 716
2-2-3 분기기 철거 ··· 717
2-2-4 레일교환(인력) ··· 717
2-2-5 레일교환(기계) ··· 718
2-2-6 침목교환(인력) ··· 718
2-2-7 침목교환(기계) ··· 719
2-2-8 분기기교환(인력) ··· 719
2-2-9 분기기교환(기계) ··· 720
2-2-10 도상자갈철거(인력) ··· 720
2-2-11 도상자갈철거(기계) ··· 721
2-2-12 도상갱환 ··· 721
2-2-13 궤도정정 및 이설 ··· 722
2-2-14 교상가드레일 철거 ··· 722
2-2-15 목침목 탄성체결장치 철거 ··· 723

- 2-3 교량공사 ··· 723
  - 2-3-1 강교보수 바탕처리(인력) ··· 723
  - 2-3-2 강교보수 바탕처리(장비) ··· 723
- 2-4 관부설 및 접합 ·· 724
  - 2-4-1 상수관 세척 ··· 724
  - 2-4-2 하수관 세정 ··· 724
  - 2-4-3 관세관(스크레이퍼+워터젯트 병행 방법) ··· 725
  - 2-4-4 하수관 수밀시험 ··· 726
  - 2-4-5 하수관 공기압시험 ·· 727
  - 2-4-6 하수관 준설(버킷식) ··· 727
  - 2-4-7 하수관 준설(흡입식) ··· 728
  - 2-4-8 하수도 수로암거 준설(흡입식) ··· 730
  - 2-4-9 CCTV조사 ·· 731
  - 2-4-10 주철관 철거 ·· 731
  - 2-4-11 원심력철근콘크리트관 철거 ··· 732

제3장 건축 / 734

- 3-1 구조물 철거공사 ··· 734
  - 3-1-1 콘크리트구조물 헐기(소형장비) ·· 734
  - 3-1-2 콘크리트구조물 헐기(대형장비) ·· 736
  - 3-1-3 철골재 철거(인력) ·· 738
  - 3-1-4 철골재 철거(기계) ·· 738
  - 3-1-5 석축 헐기(인력) ·· 738
- 3-2 해체공사 ··· 739
  - 3-2-1 금속기와 해체 ·· 739
  - 3-2-2 흡음텍스 해체 ·· 739
  - 3-2-3 경량천장철골틀 해체 ··· 739
  - 3-2-4 조적벽 해체 ··· 739
  - 3-2-5 경량벽체철골틀 해체 ··· 740
  - 3-2-6 석고판 해체 ··· 740
  - 3-2-7 도배 해체 ··· 740
  - 3-2-8 PVC계바닥재 해체 ··· 741
  - 3-2-9 타일 해체 ··· 741
  - 3-2-10 기존방수층 및 보호층 철거 ··· 742
  - 3-2-11 기존방수층 제거 및 바탕처리 ·· 743
  - 3-2-12 석면건축자재 해체 ··· 743

- 3-3 칠공사 ··· 744
  - 3-3-1 재도장 시 바탕처리(콘크리트·모르타르면) ··· 744
  - 3-3-2 재도장 시 바탕처리(철재면) ··· 744
  - 3-3-3 재도장 시 바탕처리(목재면) ··· 746
- 3-4 수선 및 보수공사 ··· 747
  - 3-4-1 지붕 덧씌우기 ··· 747
  - 3-4-2 지붕 재설치 ··· 747
  - 3-4-3 도배 교체 ··· 747
  - 3-4-4 PVC계바닥재 교체 ··· 748
  - 3-4-5 타일 교체 ··· 748

제4장 기계설비 / 749

- 4-1 일반기계설비 해체 ··· 749
  - 4-1-1 배관 해체 ··· 749
  - 4-1-2 각형덕트 해체 ··· 749
  - 4-1-3 스파이럴덕트 해체 ··· 750
  - 4-1-4 배관보온 해체 ··· 750
  - 4-1-5 덕트보온 해체 ··· 751
  - 4-1-6 펌프 해체 ··· 751
  - 4-1-7 일반기계설비 철거 및 이설 ··· 751
- 4-2 자동제어설비 해체 ··· 753
  - 4-2-1 철거 및 이설 ··· 753
- 4-3 수선 및 보수공사 ··· 754
  - 4-3-1 유량계 교체 ··· 754
  - 4-3-2 관갱생공 ··· 756
  - 4-3-3 배관누수 검사 ··· 756

참고자료

도로 분야 BIM 설계용역 대가 산정기준 ··· 759

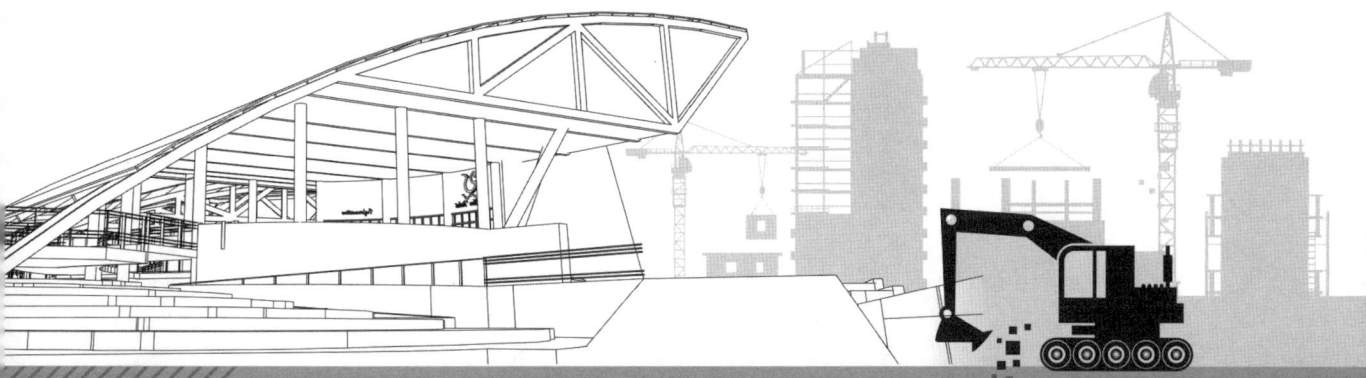

2023

건설공사 표준품셈

토목부문

제1장 도로포장공사
제2장 하천공사
제3장 터널공사
제4장 궤도공사
제5장 강구조공사
제6장 관부설 및 접합공사
제7장 항만공사
제8장 지반조사
제9장 측량

제 1 장 도로포장공사

1-1 공통사항

1-1-1 교통통제 및 안전처리('08년 신설, '17, '23년 보완)

○ 도로의 확포장, 도로시설 유지보수 등 교통통제 및 안전처리를 위한 인력은 각 항목에서 제외되어 있으며, 필요시 배치인원은 현장조건(교통상황, 통제시간 및 범위 등)을 고려하여 별도계상한다.
○ 통행안전 및 교통소통을 위해 라바콘, 공사안내판 등 안전시설물을 시공하는 경우 특별인부 2인을 계상하고, 차량 등 장비가 필요한 경우 추가 계상한다.

有權解釋

[제목] 교통통제 및 안전처리 의 범위

[질의문]
신청번호 2206-049 신청일 2022-06-13
질의부분 토목 제1장 도로포장공사 1-1-1 교통통제 및 안전처리

교통통제 및 안전처리 단가 적용 범위는
갑설 : 교통신호수 배치에 한정
을설 : 교통신호수 배치 및 라바콘설치 철거, 교통표지판 이동 설치 등을 포함

[회신문]
표준품셈 토목부문 "1-1-1 교통통제 및 안전처리"는 '도로의 확포장, 도로시설 유지보수 등 교통통제 및 안전처리가 필요한 공사에는 교통안전처리 인력을 배치하며, 배치인원(보통인부)은 현장조건(교통상황, 교통통제 시간 및 범위 등)을 고려하여 계상한다.'를 참조하시기 바라며.이는 교통통제 및 안전을 위한 인원을 현장 여건에 맞게 별도 계상할 수 있게 제시한 것입니다.

1-1-2 유도선 설치 및 해체('08년 신설, '17, '21년 보완)

(일당)

구 분	단 위	수 량	시공량 (m)	
			설치간격 6m이하	설치간격 10m이하
특 별 인 부	인	2	1,350	1,560
보 통 인 부	인	1		

[주] ① 본 품은 포설 시 위치 및 선형을 잡기 위한 유도선의 설치 및 해체 기준이다.
② 본 품은 위치확인, 스틱 및 유도선 설치 및 해체, 높이 측정 작업을 포함한다.
③ 스틱(철근) 설치를 위해 천공작업이 필요한 경우는 별도 계상한다.

> **有權解釋**
>
> **제목** 도로포장공사 1-1-2 유도선설치 및 해체 질의
>
> **질의문**
> 신청번호 2112-014 신청일 2021-12-06
> 질의부분 토목 제1장 도로포장공사 1-1-2 유도선설치 및 해체
>
> [질의 1]
> (2021년 표준품셈) 제1장 도로포장공사 1-1-2 유도선 설치 및 해체
> 2. (2020년 표준품셈) 제1장 도로포장공사 1-1-2 포장포설 준비작업
> 상기의 품셈 개정 시(2020년 품셈 → 2021년 품셈)
> [주] ② 현장 여건에 따라 설치간격을 본 품의 기준과 상이하게 적용할 경우 시공량을 변경 할 수 있다.
>   ③ 유도선(String Line)설치에 따른 재료(스틱, 와이어선 등)는 사용 횟수에 따라 별도 계상한다. 위의 내용이 2021년 품셈에는 삭제되어 있어 재료비(스틱, 와이어 등)가 품에 포함되어 있다고 봐야 되는지 아님 재료비를 별도 반영하여야 될지 질의드립니다.
>
> **회신문**
> 표준품셈 토목부문 "1-1-12 유도선 설치 및 해체"는 유도선의 설치 및 해체를 위한 작업조의 일당 시공량을 제시하고 있으며, 재료비는 포함하고 있지 않습니다. 재료비는 설계 수량에 따라 별도 계상하시기 바랍니다.

1-2 동상방지층('08년 신설, '17, '21년 보완)

1-2-1 인력식 소규모장비 포설

(일당)

구 분	규 격	단 위	수 량	시공량 (㎡)
포 설 공		인	2	
보 통 인 부		인	2	
굴 삭 기	0.6㎥	대	1	165
진동롤러(핸드가이드식)	0.7ton	대	1	
살 수 차	5,500ℓ	대	0.5	
비 고	- 순수 인력 살수 시에는 살수품을 100㎡당 1인 가산한다.			

[주] ① 본 품은 소형 다짐장비를 사용한 소규모구간의 동상방지층 포설 및 다짐 기준이다.
    ② 본 품은 포설준비, 포설 및 고르기, 다짐작업을 포함한다.
    ③ 장비는 현장여건 및 시험포장 결과에 따라 장비조합 및 규격을 변경하여 적용할 수 있다
    ④ 두께 20㎝일 때 100㎡당 살수량은 일반적으로 2ton을 표준으로 한다.

1-2-2 기계포설(길어깨)

(일당)

구 분	규 격	단 위	수 량	시공량 (㎥)
포 설 공		인	2	
보 통 인 부		인	2	
굴 삭 기	1.0㎥	대	1	250
진 동 롤 러	12ton	대	1	
살 수 차	16,000ℓ	대	0.5	
비 고	- 순수 인력 살수 시에는 살수품을 100㎡당 1인 가산한다.			

[주] ① 본 품은 굴삭기를 사용한 소로구간의 동상방지층 포설 및 다짐 기준이다.
② 본 품은 포설준비, 포설 및 고르기, 다짐작업을 포함한다.
③ 장비는 현장여건 및 시험포장 결과에 따라 장비조합 및 규격을 변경하여 적용할 수 있다
④ 두께 20㎝일 때 100㎡당 살수량은 일반적으로 2ton을 표준으로 한다.

1-2-3 기계포설(본선)

(일당)

구 분	규 격	단 위	수 량	시공량 (㎥)
포 설 공		인	2	
모 터 그 레 이 더	3.6m	대	1	600
진 동 롤 러	12ton	대	1	
살 수 차	16,000ℓ	대	0.5	
비 고	- 순수 인력 살수시에는 살수품을 100㎡당 1인 가산한다.			

[주] ① 본 품은 모터그레이더를 사용한 본선구간의 동상방지층 포설 및 다짐 기준이다.
② 본 품은 포설준비, 포설 및 고르기, 다짐작업을 포함한다.
③ 장비는 현장여건 및 시험포장 결과에 따라 장비조합 및 규격을 변경하여 적용할 수 있다
④ 두께 20㎝일 때 100㎡당 살수량은 일반적으로 2ton을 표준으로 한다.

監査

제목 아스콘포장 동상방지층 삭제 등

내용

「도로 동상방지층 설계지침(국토교통부)」에 포장두께가 설계 동결심도보다 클 경우 동상방지층을 생략할 수 있고, 최대 동결심도는 $Z = C\sqrt{F}$로 산출하고, 설계 동결심도는 최대 동결심도의 75%를 반영하는 것으로 규정되어 있으며, 설계지침을 바탕으로 ○○지역의 동결심도를 계산한 결과 설계 동결깊이 Z′(173mm) < 포장두께(450mm)이므로 동상방지층 삭제 가능하다.

따라서, ■■■생활의 숲 조성공사 아스콘포장에서 동상방지층을 삭제하더라도 겨울철 동해에 대한 피해가 없을 것으로 판단되므로 이를 삭제하여 공사비를 절감할 필요가 있으며, 아울러, 아스콘포장 B는 기존 주차장포장을 보수하는 공종으로서 현장을 확인한 결과, 침하 또는 거북등 균열 등이 발견되지 않을 정도로 포장이 양호하므로 포장을 전면철거 후 재시공하지 않고 표층만 재시공하더라도 보수의 목적을 충분히 달성할 수 있음에도 과다하게 전면 개체로 계획되었다

그 결과, 불필요한 동상방지층 및 과다설계로 공사비(86,409천원 상당)가 낭비될 우려가 있다.

> **조치할 사항**
> ○○○○시장은 전면 재시공토록 설계된 기존 주차장은 포장상태가 양호하므로 보수를 최소화하고, 불필요한 공종인 포장 동상방지층과 마운드 부분의 맹암거를 삭제하여 공사비를 절감(86,409천원 상당)하시기 바람(시정)

1-3 보조기층('08년 신설, '17, '21년 보완)

1-3-1 인력식 소규모장비 포설

(일당)

구 분	규 격	단 위	수 량	시공량 (m^3)
포 설 공		인	2	
보 통 인 부		인	2	
굴 삭 기	0.6m^3	대	1	150
진동롤러(핸드가이드식)	0.7ton	대	1	
살 수 차	5,500ℓ	대	0.5	
비 고	- 순수 인력 살수 시에는 살수품을 100m^2당 1인 가산한다.			

[주] ① 본 품은 소형 다짐장비를 사용한 소규모구간의 보조기층 포설 및 다짐 기준이다.
② 본 품은 포설준비, 포설 및 고르기, 다짐작업을 포함한다.
③ 장비는 현장여건 및 시험포장 결과에 따라 장비조합 및 규격을 변경하여 적용할 수 있다
④ 두께 20cm일 때 100m^2당 살수량은 일반적으로 2ton을 표준으로 한다.

> **감사**
> **제목** 암반구간에 동상방지층 및 보조기층을 설치하는 것으로 설계하여 예산 낭비
> **내용**
> □□도에서는 ▷▷-◁◁간 국지도 확포장공사(989억)를 추진하면서 암반구간에 동상방지층 및 보조기층을 설치하는 것으로 설계하여 519백만원 예산낭비 우려
> **조치할 사항**
> ○○도지사는 암반구간의 동상방지층과 보조기층재는 불필요하므로 공사계약 일반조건에 따라 설계변경(감액) 조치하여 공사비를 절감(519백만원 상당)하시기 바람(시정)

1-3-2 기계포설(길어깨)

(일당)

구 분	규 격	단 위	수 량	시공량 (㎥)
포 설 공		인	2	
보 통 인 부		인	1	
굴 삭 기	1.0㎥	대	1	225
진 동 롤 러	12ton	대	1	
살 수 차	16,000ℓ	대	0.5	
비 고	순수 인력 살수 시에는 살수품을 100㎡당 1인 가산한다.			

[주] ① 본 품은 굴삭기를 사용한 소로구간의 보조기층 포설 및 다짐 기준이다.
② 본 품은 포설준비, 포설 및 고르기, 다짐작업을 포함한다.
③ 장비는 현장여건 및 시험포장 결과에 따라 장비조합 및 규격을 변경하여 적용할 수 있다
④ 두께 20㎝일 때 100㎡당 살수량은 일반적으로 2ton을 표준으로 한다.

1-3-3 기계포설(본선)

(일당)

구 분	규 격	단 위	수 량	시공량 (㎥)
포 설 공		인	2	
모 터 그 레 이 더	3.6m	대	1	
진 동 롤 러	12ton	대	1	550
살 수 차	16,000ℓ	대	0.5	
비 고	순수 인력 살수시에는 살수품을 100㎡당 1인 가산한다.			

[주] ① 본 품은 모터그레이더를 사용한 본선구간의 보조기층 포설 및 다짐 기준이다.
② 본 품은 포설준비, 포설 및 고르기, 다짐작업을 포함한다.
③ 장비는 현장여건 및 시험포장 결과에 따라 장비조합 및 규격을 변경하여 적용할 수 있다
④ 두께 20㎝일 때 100㎡당 살수량은 일반적으로 2ton을 표준으로 한다.

1-4 입도조정기층('08년 신설, '17, '21년 보완)

1-4-1 인력식 소규모장비 포설

(일당)

구 분	규 격	단 위	수 량	시공량 (㎥)
포 설 공		인	2	
보 통 인 부		인	2	
굴 삭 기	0.6㎥	대	1	135
진동롤러(핸드가이드식)	0.7ton	대	1	
살 수 차	5,500ℓ	대	0.5	
비 고	순수 인력 살수 시에는 살수품을 100㎡당 1인 가산한다.			

[주] ① 본 품은 소형 다짐장비를 사용한 소규모구간의 입도조정기층 포설 및 다짐 기준이다.
② 본 품은 포설준비, 포설 및 고르기, 다짐작업을 포함한다.
③ 장비는 현장여건 및 시험포장 결과에 따라 장비조합 및 규격을 변경하여 적용할 수 있다
④ 두께 20㎝일 때 100㎡당 살수량은 일반적으로 2ton을 표준으로 한다.

1-4-2 기계포설(길어깨)

(일당)

구 분	규 격	단 위	수 량	시공량 (㎥)
포 설 공		인	2	200
보 통 인 부		인	1	
굴 삭 기	1.0㎥	대	1	
진 동 롤 러	12ton	대	1	
살 수 차	16,000ℓ	대	0.5	
비 고	- 순수 인력 살수 시에는 살수품을 100㎡당 1인 가산한다.			

[주] ① 본 품은 굴삭기를 사용한 소로구간의 입도조정기층 포설 및 다짐 기준이다.
② 본 품은 포설준비, 포설 및 고르기, 다짐작업을 포함한다.
③ 장비는 현장여건 및 시험포장 결과에 따라 장비조합 및 규격을 변경하여 적용할 수 있다
④ 두께 20㎝일 때 100㎡당 살수량은 일반적으로 2ton을 표준으로 한다.

1-4-3 기계포설(본선)

(일당)

구 분	규 격	단 위	수 량	시공량 (㎥)
포 설 공		인	2	500
모 터 그 레 이 더	3.6m	대	1	
진 동 롤 러	12ton	대	1	
살 수 차	16,000ℓ	대	0.5	
비 고	- 순수 인력 살수시에는 살수품을 100㎡당 1인 가산한다.			

[주] ① 본 품은 모터그레이더를 사용한 본선구간의 입도조정기층 포설 및 다짐 기준이다.
② 본 품은 포설준비, 포설 및 고르기, 다짐작업을 포함한다.
③ 장비는 현장여건 및 시험포장 결과에 따라 장비조합 및 규격을 변경하여 적용할 수 있다
④ 두께 20㎝일 때 100㎡당 살수량은 일반적으로 2ton을 표준으로 한다.

1-5 아스콘 포장('08년 신설, '17, '21년 보완)

1-5-1 텍코팅 및 프라임 코팅 살포

(일당)

구 분		규 격	단 위	수 량	시공량 (㎡)
인력식	보통인부		인	2	8,000
	아스팔트스프레어(수동식 살포기)	400ℓ	대	1	
기계식	보통인부		인	1	20,000
	아스팔트디스트리뷰터(폭 2.4m)	3,800ℓ	대	1	
비 고	- 역청재의 비산 방지가 필요한 때는 보통인부를 2,000ℓ당 1인을 가산한다. - 양생에 모래가 필요할 때는 살포 인력품으로 보통인부를 모래 2㎥당 1인을 가산한다.				

[주] ① 본 품은 텍코팅 및 프라임코팅 역청재 살포하는 작업 기준이다.
② 장비는 현장여건 및 시험포장 결과에 따라 장비조합 및 규격을 변경하여 적용할 수 있다.

1-5-2 아스팔트 기층 소규모포설

(일당)

배치인원(인)	규격	단위	수량	시공량 (㎡)
포 장 공		인	2	
보 통 인 부		인	1	
플 레 이 트 콤 팩 터	1.5ton	대	1	320
진 동 롤 러 (핸 드 가 이 드 식)	0.7ton	대	1	
로 더 (타 이 어)	0.57㎥	대	1	
살 수 차	5,500L	대	0.5	

[주] ① 본 품은 소로, 주택가내 도로 등 피니셔를 사용하지 못하는 소규모 아스팔트 기층 포설 기준이다.
② 1층 포설두께는 7.5㎝이하 기준이다.
③ 본 품은 포설 및 고르기, 다짐 작업을 포함한다.
④ 현장여건 및 시험포장 결과에 따라 장비조합 및 규격을 변경하여 적용할 수 있다.

1-5-3 아스팔트 기층 기계포설(소형장비)

(일당)

구 분	규 격	단 위	수 량	시공량 (㎡)	
				1층 포설두께	
				5~7㎝	8~10㎝
포 장 공		인	3		
보 통 인 부		인	1		
아 스 팔 트 피 니 셔	1.7m	대	1		
굴 삭 기	0.6㎥	대	1	1,750	1,600
머 캐 덤 롤 러	8~10ton	대	1		
타 이 어 롤 러	5~8ton	대	1		
탠 덤 롤 러	5~8ton	대	1		
살 수 차	5,500ℓ	대	0.5		

[주] ① 본 품은 소형장비(피니셔)를 사용한 아스팔트 기층 포설 기준이다.
② 본 품은 포설 및 고르기, 다짐 작업을 포함한다.
③ 현장여건 및 시험포장 결과에 따라 장비조합 및 규격을 변경하여 적용할 수 있다.

1-5-4 아스팔트 기층 기계포설(대형장비)

(일당)

구 분	규 격	단 위	수 량	시공량 (㎡)			
				2m≤시공폭<3m		3m≤시공폭	
				1층 포설두께			
				5~7㎝	8~10㎝	5~7㎝	8~10㎝
포 장 공		인	4	2,700	2,500	4,900	4,500
보 통 인 부		인	1				

→

구 분	규 격	단위	수량	시공량 (㎡)			
				2m≤시공폭<3m		3m≤시공폭	
				1층 포설두께			
				5~7cm	8~10cm	5~7cm	8~10cm
아스팔트 피니셔	3m	대	1	2,700	2,500	4,900	4,500
머 캐 덤 롤 러	10~12ton	대	1				
타 이 어 롤 러	8~15ton	대	1				
탠 덤 롤 러	5~8t	대	1				
살 수 차	16,000ℓ	대	0.5				

[주] ① 본 품은 대형장비(피니셔)를 사용한 아스팔트 기층 포설 기준이다.
　　② 본 품은 포설 및 고르기, 다짐 작업을 포함한다.
　　③ 시공폭 2m이상 3m미만은 길어깨 등, 시공폭 3m이상은 본선에 적용한다.
　　④ 현장여건 및 시험포장 결과에 따라 장비조합 및 규격을 변경하여 적용할 수 있다.

1-5-5 아스팔트 표층 소규모포설('08년 보완)

(일당)

배치인원(인)	규 격	단 위	수 량	시공량 (㎡)
포 장 공		인	2	300
보 통 인 부		인	1	
플레이트콤팩터	1.5ton	대	1	
진동롤러(핸드가이드식)	0.7ton	대	1	
로 더 (타 이 어)	0.57㎥	대	1	
살 수 차	5,500L	대	0.5	

[주] ① 본 품은 소로, 주택가내 도로 등 피니셔를 사용하지 못하는 소규모 아스팔트 표층 및 중간층 포설 기준이다.
　　② 1층 포설두께는 7.5cm이하 기준이다.
　　③ 본 품은 포설 및 고르기, 다짐 작업을 포함한다.
　　④ 현장여건 및 시험포장 결과에 따라 장비조합 및 규격을 변경하여 적용할 수 있다.

有權解釋

제목 1　아스팔트 표층 소규모포설

질의문

신청번호 2107-071　신청일 2021-07-21
질의부분 토목 제1장 도로포장공사 1-5-5 아스팔트 표층 소규모 포설

표준품셈 토목 1-5-5 아스팔트 표층 소규모 포설(일당 시공량 300m²)에서 [(주) 본 품은 소로, 주택가내 도로 등 피니셔를 사용하지 못하는 소규모 아스팔트를 표층 및 중간층 포설 기준이다.]라고 명시되어 있습니다. 상기 품에 표준품셈 "공통 1-4-3 품의 할증의 6. 지세별 할증 중 주택가 할증(15%)"의 추가 적용이 가능한지 질의합니다.

회신문

표준품셈 토목부문 "1-5-5 아스팔트 표층 소규모포설"은 소로, 주택가내 도로 등 피니셔를 사용하지 못하는 소규모 아스팔트 표층 및 중간층 포설 기준으로 주택가 및 번화가 등을 대상으로 하여 조사된 기준으로 '주택가', '번화가' 할증을 반영하실 필요 없습니다.

제목 2 아스팔트 표층 소규모 포설 문의

질의문

신청번호 2102-011 신청일 2021-02-02
질의부분 토목 제1장 도로포장공사 1-5-5 표층 기계포설(기계)

2021 표준품셈 토목부문 "1-5-5 아스팔트 표층 소규모 포설"에 관한 문의드립니다. 당 현장에 소규모 터파기 및 아스콘 포장에 필요하여 설계변경을 준비중인데, 포장 면적은 21m²로서 피니셔를 사용하지 못하는 소규모 포장입니다. 품셈 1-5-5의 기준은 일당 시공량 300m²로 되어 있는데, 저희 현장의 경우 300m² 이하의 포장이므로 품셈에 나와 있는 수량을 그대로 적용하는지? 아니면 300m²을 1m²당으로 환산하여 적용하여야 하는지 궁금합니다.

회신문

건설공사 표준품셈에서 '일당 시공량'으로 제시하는 품은 해당 작업을 위하여 요구되는 효율적인 작업조(인력 및 장비)의 조합에 따라 1일(8시간 기준)간 시공할 수 있는 작업량을 제시한 사항으로 본 품에서 제시하는 장비 및 인력 조합으로 작업하는 평균적인 시공량을 의미하며, 현장 여건에 따라 실제 시공에서 시공량 미만 혹은 초과가 될 수 있습니다.
이에 동 품셈 공통부문 "1-1-3 적용 방법/ 6항"에서는 "시공량/일"로 명시된 항목의 총 시공량이 본 품의 기준 미만일 경우 현장 여건을 고려하여 별도로 계상토록 하고 있습니다.

監査

제목 아스팔트콘크리트포장 이중계상

내용

실시설계를 통해 위 사업의 도로포장 및 배수형식을 선정하고 아스팔트 콘크리트포장과 L형측구를 설치하도록 계획하였다. 도로 포장면적을 산정할 경우 콘크리트구조물이 설치되는 L형측구 설치구간은 아스팔트 콘크리트 포장면적에서 제외하여야 한다.
그런데 도로 배수시설인 L형측구가 설치되는 구간을 아스팔트 콘크리트포장 대상에 포함하여 포장 수량을 산출함으로써, 아스팔트콘크리트 포장면적 4,532m²를 초과 계상함에 따라 공사비 52,700천원 상당을 낭비할 우려가 있다.

조치할 사항

○○○○○○시장은 설계기준 등에 부합하지 않게 과다하게 계상된 아스팔트 콘크리트 포장면적 차액 공사비 52,700천원 상당에 대해서는 설계변경(감액) 등의 조치를 하시기 바람(시정)

1-5-6 아스팔트 표층 기계포설(소형장비)

(일당)

구 분	규 격	단 위	수 량	시공량 (㎡)
포 장 공		인	3	
보 통 인 부		인	1	
아 스 팔 트 피 니 셔	1.7m	대	1	
굴 삭 기	0.6㎥	대	1	1,600
머 캐 덤 롤 러	8~10ton	대	1	
타 이 어 롤 러	5~8ton	대	1	
탠 덤 롤 러	5~8t	대	1	
살 수 차	5,500ℓ	대	0.5	

[주] ① 본 품은 소형장비(피니셔)를 사용한 아스팔트 표층 및 중간층 포설 기준이다.
② 1층 포설두께는 5~7㎝ 기준이다.
③ 본 품은 포설 및 고르기, 다짐 작업을 포함한다.
④ 현장여건 및 시험포장 결과에 따라 장비조합 및 규격을 변경하여 적용할 수 있다.

1-5-7 아스팔트 표층 기계포설(대형장비)

(일당)

구 분	규 격	단 위	수 량	시공량 (㎡)	
				2m≤시공폭<3m	3m≤시공폭
포 장 공		인	4		
보 통 인 부		인	1		
아 스 팔 트 피 니 셔	3m	대	1		
머 캐 덤 롤 러	10~12ton	대	1	2,600	4,800
타 이 어 롤 러	8~15ton	대	1		
탠 덤 롤 러	5~8t	대	1		
살 수 차	16,000ℓ	대	0.5		

[주] ① 본 품은 대형장비(피니셔)를 사용한 아스팔트 표층 및 중간층 포설 기준이다.
② 1층 포설두께는 5~7㎝ 기준이다.
③ 시공폭 2m이상 3m미만은 피니셔를 활용하여 시공이 가능한 길어깨 등을 기준하며, 시공폭 3m이상은 본선을 기준한다.
④ 본 품은 포설 및 고르기, 다짐 작업을 포함한다.
⑤ 현장여건 및 시험포장 결과에 따라 장비조합 및 규격을 변경하여 적용할 수 있다.

1-5-8 개질아스팔트 표층 포설

(일당)

구 분	규 격	단 위	수 량	시공량 (㎡)	
				2m≤시공폭<3m	3m≤시공폭
포 장 공		인	4	2,500	4,500
보 통 인 부		인	1		
아스팔트 피니셔	3m	대	1		
머캐덤롤러	10~12ton	대	2		
탠덤롤러	5~8t	대	1		
살 수 차	16,000ℓ	대	0.5		

[주] ① 본 품은 개질제 아스팔트 표층을 포설하는 품으로, 1층 포설두께는 5㎝ 기준이다.
② 본선은 시공폭 3m이상을 기준하며, 길어깨는 피니셔를 활용한 시공을 수행하는 시공폭 2m이상을 기준한다.
③ 시공폭 2m미만은 '[토목부문] 1-5-4 표층 기계포설(소규모장비)'을 적용한다.
④ 본 품은 표층의 포설 및 다짐을 포함한다.
⑤ 현장여건 및 시험포장 결과에 따라 장비조합 및 규격을 변경하여 적용할 수 있다.

1-5-9 투배수성 표층 포설

(일당)

구 분	규 격	단 위	수 량	시공량 (㎡)	
				2m≤시공폭<3m	3m≤시공폭
포 장 공		인	4	2,100	4,000
보 통 인 부		인	1		
아스팔트 피니셔	3m	대	1		
머캐덤롤러	10~12ton	대	2		
탠덤롤러	5~8t	대	1		
살 수 차	16,000ℓ	대	0.5		

[주] ① 본 품은 투배수성 아스팔트 표층을 포설하는 품으로, 1층 포설두께는 5㎝ 기준이다.
② 본선은 시공폭 3m이상을 기준하며, 길어깨는 피니셔를 활용한 시공을 수행하는 시공폭 2m이상을 기준한다.
③ 시공폭 2m미만은 '[토목부문] 1-5-4 표층 기계포설(소규모장비)'을 적용한다.
④ 본 품은 표층의 포설 및 다짐을 포함한다.
⑤ 현장여건 및 시험포장 결과에 따라 장비조합 및 규격을 변경하여 적용할 수 있다.

1-6 콘크리트 포장('08년 신설, '17, '21년 보완)

1-6-1 린 콘크리트 기층 포설

(일당)

구 분	규 격	단 위	수 량	시공량 (㎥)	
				일반포장	터널포장
포 장 공		인	2	550	500
보 통 인 부		인	2		
아스팔트피니셔	3m	대	1		
타 이 어 롤 러	8~15ton	대	1		
진 동 롤 러	10ton	대	1		

[주] ① 본 품은 피니셔를 사용한 린 콘크리트의 기층 포설 기준이다.
② 본 품은 포설 및 다짐, 양생을 포함한다.
③ 현장여건 및 시험포장 결과에 따라 장비조합 및 규격을 변경하여 적용할 수 있다.

1-6-2 표층 인력포설

(일당)

구 분	단 위	수 량	시공량 (㎥)					
			A-Type			B-Type		
			20㎝	30㎝	40㎝	20㎝	30㎝	40㎝
포 장 공	인	4	100	150	200	50	75	100
보 통 인 부	인	2						

[주] ① 본 품은 콘크리트믹서트럭으로 직접 타설하는 콘크리트 포장의 인력포설 기준이다.
② 본 품은 비닐깔기 및 철망깔기, 콘크리트 포설, 양생 작업을 포함한다.
③ 거푸집 설치 및 해체, 줄눈작업은 별도 계상한다.
④ 현장 여건별 적용기준은 다음과 같다.

구분	적용기준
A-Type	- 콘크리트 믹서트럭으로 직접 타설하는 경우
B-Type	- 콘크리트 믹서트럭 후진 진입 또는 경운기 등으로 운반하여 타설하는 경우

※ 경운기 등 기타방법으로 콘크리트를 운반하는 경우 운반에 소요되는 비용은 별도 계상한다.
⑤ 콘크리트와 노반과의 접착부 처리품(모래층 깔기 등)은 별도 계상한다. 모래 부설시 일당 작업량은 보통인부 2인기준 두께 3㎝시 660㎡, 두께 6㎝시 410㎡ 이다.
⑥ 공구손료(스크리드 등) 및 잡재료비(철선 등)는 인력품의 3%로 계상한다.
⑦ 양생에 필요한 재료비(비닐, 양생재 등) 및 철망재료비는 별도 계상한다.

1-6-3 콘크리트 표층 기계포설(소형장비)('20년 보완)

(일당)

구 분	규 격	단 위	수 량	시공량 (㎥)		
				일반포장	터널포장	공항포장
포 장 공		인	4	300	270	275
특 별 인 부		인	2			
보 통 인 부		인	2			
콘 크 리 트 페 이 버	160kW	대	1			
굴 삭 기	1.0㎥	대	1			
살 수 차	16,000ℓ	대	0.5			
비 고	- 공항포장에서 집수정, 기초 등 지장물에 의해 이동이 빈번하게 발생하여 연속적인 포설이 불가능할 경우 시공량의 15%를 감한다.					

[주] ① 본 품은 소형장비(콘크리트 페이버)를 사용한 콘크리트포장의 표층 포설 기준이다
② 공항포장은 포장두께 50cm이하 포설 기준이다.
③ 본 품은 분리막 설치, 포설 및 다웰바, 타이바 등 철근설치, 면마무리 및 양생을 포함한다.
④ 현장여건 및 시험포장 결과에 따라 장비조합 및 규격을 변경하여 적용할 수 있다.
⑤ 양생제, 마대, 잡품 등 재료비는 별도 계상한다.

監査

제목 자전거도로 비닐 깔기 및 양생과 관련한 사항

내용
"OO재해예방사업"에는 하천 둔치에 OO교 하류까지 자전거도로를 설치하도록 반영되었다. 그런데, 자전거도로 콘크리트포장 공사시공 표준품셈에는 비닐 깔기와 양생비용이 이미 시공범위에 포함되어 있어 별도의 비닐 깔기 및 양생비용에 대한 시공비의 반영이 필요하지 않는데도 설계변경 등을 통하여 중복 반영(19,768천원 상당)한 사실이 있다.

조치할 사항
OO건설본부장은 중복으로 계상된 콘크리트포장 공종에 대하여 설계변경(감액 19,768천 원) 등의 조치를 하시기 바람(시정)

1-6-4 콘크리트 표층 기계포설(대형장비)

(일당)

구 분	규 격	단 위	수 량	시공량 (㎥)		
				일반포장	터널포장	공항포장
포 장 공		인	5	700	600	640
특 별 인 부		인	2			
보 통 인 부		인	2			
콘크리트 페이버	300kW	대	1			
굴 삭 기	1.0㎥	대	1			
살 수 차	16,000ℓ	대	0.5			
비 고	- 공항포장에서 집수정, 기초 등 지장물에 의해 이동이 빈번하게 발생하여 연속적인 포설이 불가능할 경우 시공량의 15%를 감한다.					

[주] ① 본 품은 대형장비(콘크리트 페이버)를 사용한 콘크리트포장의 표층 포설 기준이다
② 공항포장은 포장두께 50cm이하 포설 기준이다.
③ 본 품은 분리막 설치, 포설 및 다웰바, 타이바 등 철근설치, 면마무리 및 양생을 포함한다.
④ 현장여건 및 시험포장 결과에 따라 장비조합 및 규격을 변경하여 적용할 수 있다.
⑤ 양생제, 마대, 잡품 등 재료비는 별도 계상한다.

1-6-5 기계포설 장비조립 및 해체('21년 신설)

(회당)

구 분		단 위	수 량	소요일수(일)	
				조립	해체
외부 반출/반입	기 계 설 비 공	인	1	3	2
	철 공	인	3		
	특 별 인 부	인	2		
	크 레 인	대	1		
작업구간 이동	기 계 설 비 공	인	1	2	1
	철 공	인	2		
	특 별 인 부	인	2		
	크 레 인	대	1		

[주] ① 본 품은 포설장비(콘크리트페이버)를 조립 및 해체하는 기준이며, 시공조건(외부 반출/반입, 현장내 이동)에 따라 반복 적용한다.
② 외부 반출/반입은 외부로 운송하기 위해 조립 및 해체를 하는 경우 적용하며, 작업구간 이동은 작업구간 및 포장규격 변동으로 조립 및 해체를 하는 경우 적용한다.
③ 본 품은 몰드, 오실레이트빔, 기타 부속품(타이바 인서트, 스무더 등) 조립 및 해체, 날개판 등 용접, 부순물(콘크리트) 깨기, 작동시험 작업을 포함한다.
④ 크레인 규격은 현장여건(작업범위, 위치 등)을 고려하여 적용한다.
⑤ 공구손료 및 경장비(소형브레이커, 용접기 등)의 기계경비는 인력품의 3%로 계상한다.

1-6-6 포장줄눈 절단

(일당)

구 분	규격	단위	수량	시공량 (m)
특 별 인 부		인	1	
보 통 인 부		인	1	
커 터	320~400㎜	대	1	600
동 력 분 무 기	4.85kW	대	0.5	

[주] ① 본 품은 콘크리트포장 표층면을 절단(절단깊이 10㎝이하)하는 기준이다.
② 본 품은 포장절단, 절단면 물청소를 포함한다.
③ 블레이드 및 물 소비량은 별도 계상한다.

1-6-7 포장줄눈 설치

(일당)

구 분	단위	수 량	시공량 (m)
특 별 인 부	인	3	900
보 통 인 부	인	2	

[주] ① 본 품은 콘크리트포장 표층면 절단 부위에 줄눈을 설치하는 기준이다.
② 본 품은 백업재 설치, 프라이머 및 줄눈재 시공을 포함한다.
③ 줄눈재, 백업재 등 재료비는 별도 계상한다.

1-7 저속도로포장('08년 신설)

1-7-1 보도용 블록 설치('08, '12, '21년 보완)

(일당)

구 분	규격	단위	수량	시공량 (㎡) A-Type	시공량 (㎡) B-Type
포 장 공		인	3		
특 별 인 부		인	2		
보 통 인 부		인	2	300	240
굴 삭 기	0.6㎥	대	1		
플 레 이 트 콤 팩 터	1.5ton	대	1		
비 고	\- 유도·점자블록을 설치하는 경우 시공량의 10%를 감하여 적용한다. \- 블록 정밀절단(전동절단기)에 의한 시공이 아닌 경우, 특별인부 1인을 감하여 적용한다.				

[주] ① 본 품은 규격 0.1㎡이하, 두께 8cm이하 보도용 블록의 설치 기준이다.
② 본 품은 모래 부설, 모래층 다짐 및 고르기, 블록 절단 및 설치, 줄눈채움, 블록설치 후 다짐 작업을 포함한다.

③ 현장 여건별 적용기준은 다음과 같다.

구분	적용기준
A-Type	- 공원, 단지·택지조성공사의 보도 등 장비이동 및 적재가 용이한 구간
B-Type	- 차도인접, 주택가 보도 등 장비이동 및 적재 공간이 협소한 구간

④ 기층에 콘크리트나 아스팔트 등의 안정처리기층을 사용하거나, 지반침하방지가 필요한 경우 별도 계상한다.

⑤ 공구손료 및 경장비(절단기 등)의 기계경비 및 잡재료는 인력품의 5%, 블록 정밀절단 (전동절단기)에 의한 시공이 아닌 경우 2%로 계상한다.

有權解釋

제목 1 보도용 블록 설치와 재설치 구분 질의

질의문
신청번호 2203-034 신청일 2022-03-11
질의부분 토목 제1장 도로포장공사 1-7-1 보도용블록 설치

보도블록 재설치 품의 경우 기존 보도철거 이후 재설치하는 품이라고 적시되어 있는데요. 기존 보도블록이 아닌 포장(투수콘)의 철거 이후 보도블록 설치 시 보도블록 설치 품 적용한다. 보도블록 재설치품 적용한다. 답변 부탁드립니다.

회신문
신설 보도용블록 설치는 "1-7-1 보도용블록 설치"를 참조하시기 바라며, 기존 블록 철거 후 재설치는 "1-10-23 보도용블록 재설치"를 참조하시기 바랍니다.
표준품셈 토목부문 "1-10-23 보도용블록 재설치"는 기존에 설치되었던 블록이 철거된 상태에서 신규 블록을 재설치하는 기준으로 유지관리를 위한 기준입니다.
기존에 설치되었던 블록이 철거된 상태에서 신규 블록을 재설치하는 기준으로 모래보강, 모래층 다짐 및 고르기, 블록절단 및 설치, 줄눈채움 및 다짐작업을 포함합니다.
모래 보강은 철거부위의 모래가 부족할 경우 모래를 보강하는 경우를 뜻합니다.
포장(투수콘)의 철거이후 보도블록 설치에 대한 기준은 별도로 정하고 있지 않습니다.

제목 2 보도용 블럭설치, 경계블럭 설치에서 타입의 구분

질의문
신청번호 2104-120 신청일 2021-04-29
질의부분 토목 제1장 도로포장공사 1-7-1 보도용 블록 설치

도로포장공사 보도용블럭 설치, 경계블럭 설치 등과 관련하여 보시게 되면 A-type와 B-type로 나누어져 있습니다.(2021년 개정)
A-type: 공원, 단지내. 택지조성공사의 보도 등 장비이동 및 적재가 용이한 구간
B-type: 차도인접, 주택가 보도 등 장비이동 및 적재 공간이 협소한 구간으로 되어 있습니다.
그런데 신설도로나 신설공원이 아닌 이상 모두 B-type만 적용할 수 있는 경우라 생각합니다. 기 조성되어 있는 택지지구내에서도 보도블럭이 설치되어 있는 공간은 모두 차도가 인접되어 있습니다. 공원이라 하더라도 많은 나무와 벤치 등이 설치되어 있어 장비 이동이나 적재가 용이하지 않은 구간이 많은 경우가 있을 수도 있습니다. 차도가 편도 2차선 이상이라면 A-type를 적용하여도 무방하지 않나 싶습니다. (편도 1차로는 B-type)

장비 이동 및 적재가 용이함을 판단하여 타입을 적용해야 하는 것인지? 아니면 차도 인접 및 주택가 보도 등을 기준으로 해야 하는 것인지? 품셈 상의 정확한 의도가 어떤 것인지? 궁금합니다

회신문

표준품셈 토목부문 "1-7-1 보도용 블록 설치", "1-9-2 보차도 및 도로경계블록 설치"에서 'A-type'은 공원, 단지·택지조성공사의 보도 등 장비 이동 및 적재가 용이한 구간이며, 'B-type'은 차도 인접, 주택가 보도 등 장비 이동 및 적재 공간이 협소한 구간입니다. 여기서 A-Type, B-Type구분은 장비 이동 및 적재가 용이한지 협소한지에 따라 현장 여건을 고려하시어 결정해 주시기 바랍니다.

제목 3 보도용 블록 설치 개정 품셈 기준 확인

질의문

신청번호 2102-035 신청일 2021-02-05
질의부분 토목 제1장 도로포장공사 1-7-1 보도용 블록 설치

토목부문 1-7-1 보도용 블록 설치 개정관련 "블록 정밀절단(전동 절단기)에 의한 시공이 아닌 경우, 특별인부 1인을 감하여 적용한다."라고 되어 있는데 일반적인 보도포장 시 블록 설치 후 경계석에 맞춰 블록 절단을 병행하게 되는데요
[질문 1]
이 경우도 블록 정밀절단에 의한 시공으로 간주하여 특별인부 1인 감 적용을 하지 못하는 건가요?
[질문 2]
아님 전체적인 보도포장 시 일일이 절단기를 사용하여 블록 설치를 하는 경우에 적용하는 건가요?
[질문 3] 블록 정밀절단의 개념은 어떤 건가요?
2020년 표준품셈과 비교하여 전체적인 인부 수량이 1명 추가되었는데 개정 취지가 후자에서 말한 일일이 절단기를 사용하여 전체적인 블록 설치해야 하는 현장이 있어 적정 인력 품을 주기 위한 것으로 판단되는데 정확한 적용기준을 확인 부탁드립니다.

회신문

[답변1.2]
표준품셈 토목부문 "1-7-1 보도용 블록 설치"는 정밀절단에 의한 시공이 포함되어 있으며, 비고에 따라 블록 정밀절단에 의한 시공이 아닌 경우 특별인부 1인을 감하여 적용하시기 바랍니다.
[답변3]
표준품셈 토목부문 "1-7-1 보도용 블록 설치"에서 블록 정밀절단 기준은 전동절단기를 사용하여 정밀한 절단 작업 유무에 따른 구분입니다.

제목 4 2021년 개정 표준품셈(보도용 블록 설치) 문의

질의문

신청번호 2101-036 신청일 2021-01-13
질의부분 토목 제1장 도로포장공사 1-7-1 보도용 블록 설치

2021년 개정 표준품셈(보도용 블록 설치) 관련 [주] ⑤ 공구손료 및 경장비(절단기 등)의 기계경비 및 잡재료는 인력 품의 5%[블록 정밀절단(전동절단기)]에 의한 시공이 아닌 경우 2%로 계상한다.
갑설) 공구손료 및 경장비(절단기 등)의 기계경비 및 잡재료=인력품의 5%(2%)로 일괄적으로 계상
을설) 공구손료 및 경장비(절단기 등)의 기계경비=인력품의 5%(2%), 잡재료=인력품의 5%(2%) 각각 구분하여 계상

병설) 공구손료 = 인력품의 5%(2%)
경장비(절단기 등)의 기계경비=인력품의 5%(2%), 잡재료=인력품의 5%(2%) 각각 구분하여 계상

회신문
표준품셈 토목부문 "1-7-1 보도용 블록 설치" '주 5. 공구손료 및 경장비(절단기 등)의 기계경비 및 잡재료는 인력품의 5%를 계상한다'에서 5%는 공구손료와 경장비의 기계경비, 잡재료를 모두 포함한 비용이 인력품의 5%라는 의미입니다.

契約審査

제목 임의 적용 투수블록설치 품에 대하여 품셈의 유사 공종 준용

내용
투수블록설치에 대하여 임의 단가를 적용하여 설계하였으나 표준품셈의 유사 공종의 저속도로포장 준용이 가능하므로 품셈단가로 적용(임의단가 → 표준품셈 유사 공종 준용)

심사 착안사항
설계에 반영된 공법이 현장여건에 부합한지, 기타 관련규정 적정 반영 여부

1-7-2 투수아스팔트 표층 소규모포설('21년 신설)

(일당)

배치인원(인)	규격	단위	수량	시공량 (m^2)
포 장 공		인	2	
보 통 인 부		인	1	
로 더 (타 이 어)	0.57m^3	대	1	250
진 동 롤 러 (핸 드 가 이 드 식)	0.7ton	대	1	
플 레 이 트 콤 팩 터	1.5ton	대	1	
살 수 차	5,500L	대	0.5	

[주] ① 본 품은 피니셔를 사용하지 못하는 소규모 투수아스팔트 표층 포설 기준이다.
② 1층 포설두께는 5~7cm 기준이다.
③ 본 품은 포설 및 고르기, 다짐 작업을 포함한다.
④ 현장여건에 따라 장비조합 및 규격을 변경하여 적용할 수 있다.

1-7-3 투수아스팔트 표층 기계포설(소형장비)('21년 신설)

(일당)

구 분	규 격	단 위	수 량	시공량 (m^2)
포 장 공		인	3	
보 통 인 부		인	1	
아 스 팔 트 피 니 셔	1.7m	대	1	
굴 삭 기	0.6m^3	대	1	1,200
머 캐 덤 롤 러	8~10ton	대	1	
탠 덤 롤 러	5~8t	대	1	
살 수 차	16,000ℓ	대	0.5	

[주] ① 본 품은 소형장비(피니셔)를 사용한 투수아스팔트 표층 포설 기준이다.
② 1층 포설두께는 5~7cm 기준이다.
③ 본 품은 포설 및 고르기, 다짐 작업을 포함한다.
④ 현장여건에 따라 장비조합 및 규격을 변경하여 적용할 수 있다.

1-7-4 탄성포장재 포설('21년 신설)

(일당)

배치인원(인)	규격	단위	수량	시공량 (㎡)
특 별 인 부		인	5	
보 통 인 부		인	3	120
믹 서	0.2㎥	대	1	

[주] ① 본 품은 탄성포장재(포장두께 7.5cm이하)를 포설 및 다짐하는 기준이다.
② 본 품은 프라이머 바름, 탄성재 배합, 기층 및 표층 포설 및 다짐, 양생을 포함한다.
③ 표층을 다양한 무늬로 포설하는 경우 별도 계상한다.
④ 공구손료 및 경장비(발전기, 다짐롤러 등)의 기계경비는 인력품의 2%로 계상한다.

有權解釋

제목 1 탄성포장재 포설

질의문

신청번호 2204-095 신청일 2022-04-26
질의부분 토목 제1장 도로포장공사 1-7-4 탄성포장재 포설

표준품셈에서 탄성포장에 2번항 '본 품은 프라이머 바름, 탄성재 배합, 기층 및 표층포설 및 다짐, 양생을 포함한다.'에서 기층은 콘크리트 기층을 뜻합니다. 로 해석되면 일반적으로 탄성포장은 콘크리트포장 위에 설치되는 바 품셈의 품은 탄성포장재포설 품에 콘크리트 기층포설 및 양생 품이 포함된 것으로 판단해야 하는지 궁금합니다.

회신문

표준품셈 토목부문 "1-7-4 탄성포장재포설"은 탄성포장재 기층, 탄성포장재 표층 포설 기준으로 콘크리트 기층 포장 작업은 포함되어 있지 않습니다.

제목 2 탄성포장 기층 포설 포함이면 콘크리트 기층을 말하는 건가요?

질의문

신청번호 2203-031 신청일 2022-03-10
질의부분 토목 제1장 도로포장공사 1-7-4 탄성포장재 포설

② 본 품은 프라이머 바름, 탄성재 배합, 기층 및 표층 포설 및 다짐, 양생을 포함한다.

회신문

표준품셈 토목부문 "1-7-4 탄성포장재 포설"에서 기층은 콘크리트 기층을 뜻합니다.

監査

제목 원가계산 시 현장설치도 가격에 별도의 시공비(포설 및 다짐)를 반영으로 예산 낭비

내용
발주기관은 OOO공원 노후 탄성포장 정비공사를 시행하면서 코르크포장 공종의 원가 산정 시 설치비에 해당하는 노무비, 경비의 비목을 각각 구분하여 작성하지 않고 일괄 재료비에 반영하여 작성함, 또한 코르크포장 공종의 원가에는 '포설 및 다짐' 등을 위한 설치비(현장설치도)가 계상되어 있음에도 설치비용으로 '코르크 포설 및 다짐' 공종을 재료비에 추가 계상하여 11,647천원 상당 과다 설계하여 준공하고 이후 공사 발주 및 준공처리 함.

조치할 사항
중복 계상하여 공사비 11,647천원 상당을 낭비한 설계 및 감독자는 신분상 조치하시기 바람

1-8 교통시설공

1-8-1 교통 안전표지판 설치('08년 신설, '20년 보완)

(일당)

구 분	규 격	단 위	수 량	시공량 (개소)	
				지주	표지판
특 별 인 부		인	2	12	-
보 통 인 부		인	1		
크 레 인	5ton	대	1		
특 별 인 부		인	2	-	22
보 통 인 부		인	1		

[주] ① 본 품은 단주식 지주와 교통안전표지 설치 기준이다.
② 지주의 규격은 ø60.5~89.1×3.2×3,000~3,600mm이며, 안전표지판의 규격은 1.0㎡이하 기준이다.
③ 기초제작 및 폐자재 운반은 별도 계상한다.
④ 상기 품과 다른 형식 및 규격으로 표지를 설치할 경우 별도 계상할 수 있다.
⑤ 공구손료 및 경장비(드릴, 발전기 등)의 기계경비는 인력품의 2%로 계상한다.

有權解釋

제목 교통 안전표지판 표준품셈 질의

질의문
신청번호 2102-075 신청일 2021-02-17
질의부분 토목 제1장 도로포장공사 1-8-1 교통 안전표지판 설치

2021년 적용 건설공사 표준품셈에서 교통 안전표지판 설치, 철거, 교체에 관하여 질의합니다.
첫 번째로, 교통 안전표지판 철거와 교체 시(486~487p) 표준품셈에 나와 있는 내용이 표지판에 대해서만 적용되는 것인지, 표지판과 지주를 포함하여 적용되는 것인지 알고 싶습니다.

두 번째로, 교통안전표지판만 철거 및 교체에 품셈이 적용되는 것이라면, 통상적으로 설치보다 철거할 때 품셈이 적게 들어가는데, 교통안전표지판은 철거 시에 더 많은 품셈이 들어가는 이유가 무엇인지 알고 싶습니다.(설치 시에 특별인부 2명, 보통인부 1명이서 하루에 표지판 22개를 작업하는데, 철거 시에는 특별인부 2명, 보통인부 1명이 17개의 표지판을 작업한다고 나와 있습니다.)

회신문

[답변1]
표준품셈 토목부문 "1-10-15 교통 안전표지판 철거, 1-10-16 교통 안전표지판 교체"는 교통 안전표지판 철거 및 교체 시 표지판과 지주를 포함한 철거/교체입니다.

[답변2]
표준품셈 토목부문 "1-8-1 교통 안전표지판 설치"는 지주와 표지판 설치 기준이 분리되어 있으며, "1-10-15 교통 안전표지판 철거"는 표지판과 지주를 포함한 철거 기준입니다.

1-8-2 도로 표지판 설치('08년 신설, '20년 보완)

(일당)

구 분	단 위	수 량	시공량 (개소)		
			복주식 + 표지판 (8㎡이하 1개)	편지식 + 표지판 (12㎡이하 1개)	문형식 + 표지판 (8㎡이하 2개)
특 별 인 부	인	3	8	8	1
보 통 인 부	인	1			
크 레 인	대	1			

[주] ① 본 품은 복주식, 편지식, 문형식의 도로표지 설치 기준이다.
② 본 품은 형태별 지주 및 규격별 표지판 설치 작업을 포함한다.
③ 기초제작 및 폐자재 운반은 별도 계상한다.
④ 표지판을 추가 설치하는 경우에는 다음의 품을 적용한다.

구 분	규격	단위	표지판 설치 규격 (개소당)			
			4㎡이하	8㎡이하	12㎡이하	16㎡이하
특별인부		인	0.09	0.11	0.14	0.16
보통인부		인	0.03	0.04	0.05	0.05
크레인		hr	0.24	0.29	0.36	0.43

⑤ 지주설치 크레인의 규격은 다음을 기준한 것이며, 작업여건에 따라 변경할 수 있다.

구 분	복주식	편지식	문형식
크레인	5ton	25ton	50ton

⑥ 공구손료 및 경장비(드릴, 발전기 등)의 기계경비는 인력품의 2%로 계상한다.

1-8-3 도로반사경 설치('08, '16, '20년 보완)

(일당)

구 분	단 위	수 량	시공량 (본)	
			1면	2면
특 별 인 부	인	1	4	3
보 통 인 부	인	1		

[주] ① 본 품은 도로반사경과 지주의 설치 기준이다.
② 도로반사경의 규격은 아크릴스테인리스제 ø800~1,000㎜이며, 지주의 규격은 ø76.3×4.2×3,750㎜ 기준이다.
③ 공구손료 및 경장비(전동드릴, 발전기 등)의 기계경비는 인력품의 3%로 계상한다.

1-8-4 도로표지병 설치('08, '16, '20년 보완)

(일당)

구 분	단 위	수 량	시공량 (개소)
특 별 인 부	인	1	70
보 통 인 부	인	1	

[주] ① 본 품은 포장면에 천공하여 부착하는 표지병 설치 기준이다.
② 본 품은 천공, 접착제 도포, 표지병 설치를 포함한다.
③ 공구손료 및 경장비(전동드릴 등)의 기계경비는 인력품의 5%로 계상한다.
④ 잡재료비(접착제 등)는 주재료비의 5%로 계상한다.

1-8-5 시선유도표지 설치('08, '16, '20년 보완)

(일당)

구 분	단 위	수 량	시공량 (개소)		
			흙속매설용	가드레일용	옹벽용
특 별 인 부	인	1	60	150	60
보 통 인 부	인	1			

[주] ① 본 품은 시선유도표지 설치 기준이다.
② 흙속 매설용은 지주를 박아서 매설하는 경우 또는 터파기 후 되메우기 하여 매설하는 경우에 적용하는 것이며, 콘크리트 기초를 두어 설치하는 경우에는 별도로 계상한다.
③ 공구손료 및 경장비(전동드릴 등)의 기계경비는 인력품의 3%로 계상한다.

1-8-6 볼라드 설치('16년 신설, '20년 보완)

(일당)

구 분	단 위	수 량	시공량 (개소)
특 별 인 부	인	2	13
보 통 인 부	인	1	

[주] ① 본 품은 ø100㎜~150㎜의 볼라드 설치 기준이다.
② 본 품은 천공(코어뚫기), 볼라드 설치, 마무리 작업을 포함한다.
③ 공구손료 및 경장비(코어드릴, 발전기 등)의 기계경비는 인력품의 5%로 계상한다.

1-8-7 주차 블록 설치('16년 신설, '20년 보완)

(일당)

구 분	단 위	수 량	시공량 (개소)
특 별 인 부	인	2	90
보 통 인 부	인	1	

[주] ① 본 품은 길이 750~1000mm의 주차블록 설치 기준이다.
  ② 본 품은 천공, 앵커고정, 주차 블록 설치, 마무리 작업을 포함한다.
  ③ 공구손료 및 경장비(전동드릴, 발전기 등)의 기계경비는 인력품의 5%로 계상한다.

1-8-8 차선규제봉 설치('16년 신설, '20년 보완)

(일당)

구 분	단 위	수 량	시공량 (개소)
특 별 인 부	인	2	100
보 통 인 부	인	1	

[주] ① 본 품은 높이 450~750mm의 시선유도봉 설치 기준이다.
  ② 본 품은 천공, 앵커고정, 차선규제봉 설치, 마무리 작업을 포함한다.
  ③ 공구손료 및 경장비(전동드릴, 발전기 등)의 기계경비는 인력품의 5%로 계상한다.

1-8-9 차선도색('08, '14, '16, '17, '20년 보완)

1. 차선 밑그림

(일당)

구 분	규 격	단 위	수 량	시공량 (㎡)			
				실선	파선	횡단보도, 주차장	문자, 기호
특 별 인 부		인	2	900	450	342	162
보 통 인 부		인	2				
트 럭	2.5ton	대	1				

[주] ① 본 품은 도로 신설공사의 차선도색을 위한 사전 밑그림 작업 기준이다.
  ② 본 품은 먹줄치기, 밑그림 도색 작업을 포함한다.
  ③ 트럭은 자재, 공구 및 경장비의 현장내 운반 작업에 적용한다.
  ④ 사전 청소가 필요한 경우에는 별도 계상한다.

2. 수용성형 페인트 수동식

(일당)

구 분	규 격	단 위	수 량	시공량 (㎡)			
				실선	파선	횡단보도, 주차장	문자, 기호
특 별 인 부		인	2	900	450	342	162
보 통 인 부		인	2				
트 럭	4.5ton	대	1				
비 고	- 노면에 표지병 등이 설치되어 작업능률이 저하되는 경우에는 시공량을 10%까지 감하여 적용한다.						

[주] ① 본 품은 도로 신설공사의 핸드가이드식 라인마커를 사용한 수용성형페인트 차선도색 기준이다.
② 본 품은 차선도색, 유리알 살포 작업을 포함한다.
③ 트럭은 자재, 공구 및 경장비의 현장내 운반 작업에 적용한다.
④ 사전 청소가 필요한 경우에는 별도 계상한다.
⑤ 공구손료 및 경장비(라인마커 등)의 기계경비는 인력품의 3%로 계상한다.
⑥ 잡재료 및 소모재료는 주재료비의 1%로 계상한다.
⑦ 페인트 재료량 및 유리알 살포량은 별도 계상한다.

3. 수용성형 페인트 기계식

(일당)

구 분	규 격	단 위	수 량	시공량 (㎡)	
				실선	파선
특 별 인 부		인	1	5,300	2,650
보 통 인 부		인	1		
라인마커트럭	10km/hr	대	1		
트 럭	2.5ton	대	1		
비 고	- 노면에 표지병 등이 설치되어 작업능률이 저하되는 경우에는 시공량을 10%까지 감하여 적용한다.				

[주] ① 본 품은 도로 신설공사의 자주식 라인마커 트럭을 사용한 수용성형 페인트 차선도색 기준이다.
② 본 품은 차선도색, 유리알 살포 작업을 포함한다.
③ 트럭은 자재, 공구 및 경장비의 현장내 운반 작업에 적용한다.
④ 사전 청소가 필요한 경우에는 별도 계상한다.
⑤ 잡재료 및 소모재료는 주재료비의 1%로 계상한다.
⑥ 페인트 재료량 및 유리알 살포량은 별도 계상한다.

4. 융착식 도료 수동식

(일당)

구 분	규 격	단 위	수 량	시공량 (㎡)			
				실선	파선	횡단보도, 주차장	문자, 기호
특 별 인 부		인	2	700	350	266	126
보 통 인 부		인	2				
트 럭	4.5ton	대	1				
트 럭	2.5ton	대	1				
비 고	- 노면에 표지병 등이 설치되어 작업능률이 저하되는 경우에는 시공량을 10%까지 감하여 적용한다. - 상온 경화용 플라스틱 도료를 사용하는 경우에는 시공량을 20% 가산하여 적용한다.						

[주] ① 본 품은 도로 신설공사의 핸드가이드식 라인마커를 사용한 융착식 도료 차선도색 기준이다.
② 본 품은 도료배합, 차선도색, 유리알 살포 작업을 포함한다.
③ 트럭은 다음의 작업에 적용한다.

구 분	4.5ton	2.5ton
작 업	용해기 운반	자재, 공구 및 경장비 운반

④ 사전 청소가 필요한 경우에는 별도 계상한다.
⑤ 공구손료 및 경장비(라인마커, 용해기 등)의 기계경비는 인력품의 10%로 계상한다.
⑥ 잡재료 및 소모재료는 주재료비의 1%로 계상한다.
⑦ 페인트 재료량 및 유리알 살포량은 별도 계상하고, 기타 자재의 수량은 다음을 참고한다.

(10㎡당)

구 분	단 위	수 량
프 라 이 머	kg	2.0
프 로 판 가 스	kg	2.0

※ 위 재료량은 할증이 포함되어 있다.

1-8-10 가드레일 설치('08, '17, '20년 보완)

1. 지주 설치

(일당)

구 분	규 격	단 위	수 량	시공량 (m)	
				지주간격 2m	지주간격 4m
특 별 인 부		인	2	420	840
보 통 인 부		인	1		
굴삭기+대형브레이커	0.6㎥	대	1		
트 럭	2.5ton	대	1		

[주] ① 본 품은 노측의 토공구간에 가드레일 지주 설치 기준이다.
② 본 품은 기준선 설치, 지주 항타 및 보강재 설치를 포함한다.
③ 트럭은 자재, 공구 및 경장비의 현장내 운반 작업에 적용한다.

2. 판 설치

(일당)

구 분	규 격	단 위	수 량	시공량 (m)			
				지주간격 2m		지주간격 4m	
				2W	3W	2W	3W
특 별 인 부		인	4	520	440	680	560
보 통 인 부		인	2				
트 럭	2.5ton	대	1				

[주] ① 본 품은 본당길이 4m의 가드레일 판 설치 기준이다.
② 본 품은 간격재 조립, 판 설치 및 볼트고정, 단부마감 작업을 포함한다.
③ 트럭은 자재, 공구 및 경장비의 현장내 운반 작업에 적용한다.
④ 램프구간 등 곡선구간의 가드레일 설치 시 시공량의 40%범위 내에서 감하여 적용할 수 있다.
⑤ 공구손료 및 경장비(전동드릴 등)의 기계경비는 인력품의 5%로 계상한다.

有權解釋

제목 가드레일설치 중 판설치 기준에 대한 질의

질의문

신청번호 2003-084 신청일 2020-03-20
질의부분 토목 제1장 도로포장공사 1-9-10 가드레일설치

가드레일설치 중 2. 판설치와 관련하여 시공량 기준으로 지주 간격을 2m, 4m로 나누고, 세부적으로 2w, 3w로 구분한 뒤 시공량이 정해져 있습니다.
[질의1] 2w가 일반적인 투빔 가드레일을 3w가 쓰리빔 가드레일을 의미하는지 질의드리며,
[질의2] 개방형 가드레일 또한 품셈 기준으로 적용하여야 하는지 궁금합니다.
[질의3] 마지막으로 2w와 3w의 수량 차이(2w-520, 3w-440, 지주 간격 2m)가 볼트체결 수량에 의한 것인지 궁금하며, 볼트체결 수량이 기준이라면 기준 볼트체결 수량을 알고 싶습니다.
[질의4] 볼트체결 수량이 기준이 아니라면 그 기준을 알고 싶습니다.

회신문

[답변1]
2w 가드레일은 2-WAY가드레일로 W Beam형태의 가드레일을 뜻하며, 3w 가드레일은 3Way 가드레일로 2W 가드레일보다 굴곡이 1회 추가된 형태의 가드레일을 뜻합니다.
[답변2]
표준품셈 토목부문 "1-9-10 가드레일설치"에는 개방형 가드레일설치에 대한 기준은 없습니다. 표준품셈에서 정하지 않는 사항은 동 품셈 1-1-3의 4항을 참조하시어 적정한 예정가격 산정기준을 적의 결정하여 사용하시기 바랍니다.
[답변3, 4]
표준품셈 토목부문 "1-9-10 가드레일설치/ 2. 판설치"[주] ② 본 품은 간격재조립, 판 설치 및 볼트고정, 단부마감 작업을 포함한다. 를 참조하시기 바랍니다.

監査

제목 도로변 가드레일 및 암반 천공비등 과다 지급

내용

공사 설계서(설계도면, 물량내역서)에는 차도와 갓길의 경계에 설치된 기존 차량방호용의 가드레일 196m(49경간)를 교체하는 것으로 되어 있고, 산출내역서에 도로 경사지의 안정성 확보를 위해 설치하는 옹벽의 내부에 설치하는 전체 8개의 H-형강은 1개소당 5.5m, 전체 44m의 암반을 천공하는 것으로 설계되어 있으며, 기존 석축을 철거하는 장비의 규격은 $0.2m^3$의 굴삭기를 사용하는 것으로 계약이 되어 있다. 그러나 현장 확인결과 가드레일 196m(49경간) 중 옹벽이 설치된 곳의 28m(7경간)는 설치하고 STA 0+140~308 구간의 168m(42경간)는 교체하지 않았다.
그리고 상세설계도 및 실제 시공한 강재 제작도면으로 확인한 결과 자립식 옹벽의 H-형강을 설치하기 위한 암반천공 길이는 1개소당 2.5m씩 8개소를 천공하여 계약물량 44m 보다 20m가 짧은 24m만 천공하였고, 작업일보 및 사진으로 확인한 결과 기존 석축을 철거하면서도 물량내역서에 반영된 굴삭기의 장비 규격은 $0.2m^3$인데 실제는 $0.7m^3$로 공사를 시행한 것으로 나타났다.
그런데도 계약상대자는 당초 계약물량 대로 시공한 것으로 발주청에 준공 검사원을 제출하였고, 공사감독자는 계약상대자가 제출한 그대로 준공처리하여 공사비 22,366천원이 과다하게 지급되는 결과가 초래되었다.

조치할 사항
○○○○시 ○○구청장은 "○○로 도로사면 등 보수보강공사"의 계약상대자가 실제 시공하지 않은 공사물량에 대한 공사비 22,366천원은 회수 조치하시기 바라며(시정요구), 감독업무를 태만히 한 공무원에 대하여 지방공무원법 제72조에 따라 징계 등 처분하시기 바람(징계 등 요구)

契約審査

제목 1 가드레일설치 수량 조정

내용
가드레일 설치구간이 352m로 4m가 1경간인 가드레일 88경간을 계상하여야 하나 352경간으로 단위를 잘못 적용함에 따라 과다계상된 264경간 삭감

심사 착안사항
자재구매시 기본단위 오류적용 검토

제목 2 가드레일설치 중복 계상된 품 조정

내용
가드레일 준비 및 지주설치 공종이 있음에도 별도로 지주설치공증을 계상하여 지주설치 이중계상부분 조정하여 예산 절감

공종	규격	수량	단위	단가	금액
가드레일	준비 및 지주설치	8,460	경간	33,450원	283,000,000원
지주설치		8,460	경간	11,500원	99,000,000원

심사 착안사항
자재구매 시 기본단위 오류적용 검토

1-8-11 중앙분리대 설치(가드레일식)('08년 신설, '17, '20년 보완)

1. 지주 설치

(일당)

구 분	규 격	단 위	수 량	시공량 (m)	
				지주간격 2m	지주간격 4m
특 별 인 부		인	3	260	520
보 통 인 부		인	1		
굴삭기+대형브레이커	0.6㎥	대	1		
크 롤 러 드 릴 (공기식)	17.0㎥/min	대	1		
공 기 압 축 기	17.0㎥/min	대	1		
트 럭	2.5ton	대	1		

[주] ① 본 품은 포장층을 천공하는 중앙분리대 지주 설치 기준이다.
② 본 품은 천공, 청소, 항타기준선 설치, 지주 및 보강재 설치, 모르타르 및 모래채우기를 포함한다.
③ 트럭은 자재, 공구 및 경장비의 현장내 운반 작업에 적용한다.
④ 장비의 규격은 현장여건에 따라 변경할 수 있다.

2. 판 설치

(일당)

구 분	규 격	단 위	수 량	시공량 (m)			
				지주간격 2m		지주간격 4m	
				2W	3W	2W	3W
특 별 인 부		인	4	260	220	340	280
보 통 인 부		인	2				
트 럭	2.5ton	대	1				

[주] ① 본 품은 본당길이 4m 가드레일의 양면에 판 설치 기준이다.
② 본 품은 간격재 조립 및 판 설치, 볼트고정, 단부마감 작업을 포함한다.
③ 트럭은 자재, 공구 및 경장비의 현장내 운반 작업에 적용한다.
④ 공구손료 및 경장비(전동드릴 등)의 기계경비는 인력품의 5%로 계상한다.

1-8-12 중앙분리대 설치(콘크리트포설식)('08년 신설, '17, '20년 보완)

(일당)

구 분	규 격	단 위	수 량	시공량 (m)	
				높이 0.81m	높이 1.27m
포 장 공		인	2	350	300
철 근 공		인	1		
보 통 인 부		인	2		
콘크리트 피니셔	105.9kW	대	1		
굴 삭 기	1.0㎥	대	1		

[주] ① 본 품은 콘크리트 피니셔를 사용한 중앙분리대 포설 기준이다.
② 본 품은 철망 조립 및 설치, 콘크리트 포설 및 양생 작업을 포함한다.
③ 장비의 규격은 현장여건에 따라 변경할 수 있다.

1-8-13 미끄럼방지공 설치('08년 보완)

(일당)

배치인원 (인)				사용기계 (1대)		시공량 (㎡)
				명칭	규격	
도 장 공			2	발전기	50kW	35
포 장 공			1	핸드믹서	200ℓ	
특 별 인 부			1	소형롤러	50kg	
보 통 인 부			2	카고트럭	2.5톤	

[주] ① 본 품에는 교통통제 간이시설물 설치 및 회수, 보호테이프 부착 및 노면 청소 등에 소요되는 품이 포함되어 있다.
② 도로의 노면상태에 따라 재료량을 20%이내에서 가산할 수 있다.
③ 잡재료(보호테이프 등) 및 기구손료는 별도 계상한다.
④ 본 품은 에폭시수지, 충전제 사용을 기준한 것이며 첨가제(경화제, 색소 등)를 사용할 때는 별도 계상한다.
⑤ 본 품의 사용 자재는 다음과 같다.

(m²당)

구분	명칭	규격	단위	수량	비고
자재	제강슬래그		kg	12.2	
	에폭시수지		kg	2.4	
	충전제		kg	1.8	

監査

제목 불필요한 미끄럼방지포장 설계반영에 관한 사항

내용
「도로안전시설 설치 및 관리지침」에 따르면 신설도로로 도로의 구조조건이 설계기준치 이상이고 노면상태에 특별한 하자가 없는 한 미끄럼방지포장은 별도로 설치하지 않도록 되어 있다.
그런데, ○○○도 ○○○○사업소에서는 '○○-○○간 국지도 확·포장공사'구간 중 공사 4개 구간(353m)의 노면상태가 특별한 하자가 없는 신설도로로써 종단경사(3.18~4.00%)가 도로설계 기준(4% 이하)을 충족하므로 위 구간에 반영된 미끄럼방지포장 6,740m²를 설치할 필요가 없는데도, 감사일까지 설계변경(감액)(270,110천원 상당)하지 않고 있는 등 ○○○도 ○○○○사업소 및 ○○시(○○○○○과)에서는 미끄럼방지포장(1,312m²)을 설치할 필요가 없는 4개 공사 신설도로 구간의 미끄럼방지포장 8,052m²에 대해 설계변경하여 감액(58,795천원 상당)하지 않고 있어 공사비 328,905천원 상당의 예산이 낭비될 우려가 있다.

조치할 사항
○○○도지사께서는 불필요하게 반영한 3개 공사의 미끄럼방지포장 6,740m²를 삭제하는 것으로 설계변경하여 270,110천원 상당을 "감액"하기 바라며(시정), 향후 관련 공무원들에게 업무연찬 등을 실시하여 유사사례가 재발되지 않도록 업무를 철저히 추진하기 바람(주의)
○○시장께서는 불필요하게 반영한 '○○○○○○○일반산업단지 진입도로 개설공사'의 미끄럼방지포장 1,312m²를 삭제하는 것으로 설계변경하여 58,795천원 상당을 "감액"하기 바라며(시정), 향후 관련공무원들에게 업무연찬 등을 실시하여 유사사례가 재발되지 않도록 업무를 철저히 추진하기 바람(주의)

1-8-14 표시못 설치('20년 보완)

(일당)

구분	규격	단위	수량	시공량 (개소)	
				일반구간	도로구간
특별인부		인	1	20	60
보통인부		인	1		
트럭	2.5ton	대	1		

[주] ① 본 품은 아스팔트, 콘크리트, 보도블록 노면에 관로표시못 설치 기준이다.
② 본 품은 천공, 접착제 도포, 표시못 설치 작업을 포함한다.
③ 트럭은 자재, 공구 및 경장비의 현장내 운반 작업에 적용한다.
④ 공사의 종류는 다음과 같이 구분한다.

일반구간	골목길 또는 주택가에 소화전 또는 수도관로 표시를 위해 표시못 위치가 산재되어 있는 구간
도로구간	일반도로 및 인도내에 표시못 위치가 밀집되어 있는 구간

⑤ 공구손료 및 경장비(전동드릴, 발전기 등)의 기계경비는 인력품에 다음 요율을 계상한다.

구 분	일반구간	도로구간
요 율 (%)	2	4

⑥ 잡재료(채움모르타르 등)는 주재료비의 2%로 계상한다.

有權解釋

제목 도로포장 및 유지 중 표지못관련

질의문

신청번호 2005-069 신청일 2020-05-21
질의부분 토목 제1장 도로포장공사 1-9-14 표시못설치

표지못관련 품에서 발전기 5kW 및 드릴 269kW에 대한 건설기계 가격표 및 적용 품을 찾을 수 없음

회신문

표준품셈 토목부문 "1-9-14 표시못 설치" 주 5.에서 공구손료 및 경장비(전동드릴, 발전기 등)의 기계경비에 대한 인력 품 대비 요율을 제시하고 있으니, 공구손료 및 경장비의 기계경비는 이에 따라 계상하시기 바랍니다.

1-8-15 L형측구 설치(포설식)('21년 신설)

(일당)

구 분	규 격	단 위	수 량	시공량 (m)		
				H=0.5m이하	H=1.2m	H=2.3m
포 장 공		인	3	550	350	220
보 통 인 부		인	2			
콘크리트 페이버	106kW	대	1			
굴 삭 기	0.6㎥	대	1			

[주] ① 본 품은 콘크리트 페이버를 사용한 L형측구 포설 기준이며, H=1.2m는 2회 포설, H=2.3m는 3회 포설하는 기준이다.
② 본 품은 몰드 교체, 콘크리트 포설, 시공이음(철근) 설치, PVC관 매립, 면마무리 및 양생 작업을 포함한다.
③ 유도선 설치, 터파기 및 되메우기 작업은 별도 계상한다.
④ 현장여건에 따라 장비조합 및 규격을 변경하여 적용할 수 있다.

有權解釋

제목 L형 측구 설치(포설식) 작업량 관련 문의

질의문

신청번호 2204-091 신청일 2022-04-25
질의부분 토목 제1장 도로포장공사 1-8-15 L형측구 설치(포설식)

> L형측구 설치 시 L3(H=2.3m) 의 경우 작업량이 220m는 3회 나눠서 포설을 해서 220m를 포설 완료한다는 건가요?
>
> 회신문
> 표준품셈 토목부문 "1-8-15 L형측구 설치(포설식)"에서 H=2.3m는 3회 나눠서 포설하는 기준입니다.

1-9 부대공

1-9-1 방음벽 설치('08, '17, '21년 보완)

1. 앵커볼트 설치

(일당)

구 분	단 위	수 량	시공량 (개)
철 공	인	2	40
보 통 인 부	인	1	

[주] ① 본 품은 매설앵커볼트(L형)를 기준한 것이며, 이와 시공방법이 다를 경우에는 별도로 계상한다.
② 본 품은 앵커볼트와 철근의 용접을 포함한다.
③ 공구손료 및 경장비(용접기 등)의 기계경비는 인력품의 3%로 계상한다.

2. 지주설치

(일당)

구 분	규 격	단 위	수 량	시공량 (개소)		
				지주높이	지주 간격	
					2m	3m	4m
철 공		인	3	3m 이하	23	22	21
보 통 인 부		인	1				
트럭탑재형크레인	5 ton	대	1	7m 이하	20	19	18
철 공		인	3	9m 이하	17	-	-
보 통 인 부		인	2				
트럭탑재형크레인	5 ton	대	1	11m 이하	13	-	-

[주] ① 본 품은 매설앵커방식으로 지주를 세울 경우에 적용하며, 이와 시공방법이 다를 경우에는 별도로 계상한다.
② 본 품은 지주세우기, 고정 및 조정, 마무리 작업을 포함한다.
③ 고가도로 등 현장여건에 따라 고소작업차가 필요한 경우, 추가 계상이 가능하다.
④ 현장작업조건을 고려하여 규격을 변경하여 적용 할 수 있다.
⑤ 공구손료 및 경장비(전동드릴 등)의 기계경비는 인력품의 3%로 계상한다.

3. 방음판 설치

(일당)

구 분	규 격	단위	수량	시공량 (개)				
				지주 높이	방음벽 개당 면적			
					1㎡ 이하	2㎡ 이하	3㎡ 이하	4㎡ 이하
철 공		인	4	3m이하	109	87	85	72
보 통 인 부		인	2					
트럭탑재형크레인	5ton	대	1					
철 공		인	4	5m이하	138	121	111	77
보 통 인 부		인	3	7m이하	129	103	90	-
트럭탑재형크레인	5ton	대	1	9m이하	119	95	-	-
고 소 작 업 차	3ton	대	1	11m이하	108	86	-	-

[주] ① 본 품은 금속제 및 투명 방음판의 설치 기준이다.
② 본 품은 방음벽 설치 및 고정, 하부 패드설치, 상부 마감을 포함한다.
③ 현장작업조건을 고려하여 규격을 변경하여 적용 할 수 있다.
④ 공구손료 및 경장비(전동드릴 등)의 기계경비는 인력품의 3%로 계상한다.

有權解釋

제목 '공구손료'와 '공구손료 및 경장비의 기계경비'의 설계서 적용(재료비 또는 경비)

질의문
신청번호 2109-070 신청일 2021-09-28
질의부분 공통 제1장 적용기준 1-3-5 공구손료 및 잡재료 등

공사설계 시 참고하는 표준품셈(1-3-5, 가항 공구손료 및 잡재료 손료)에서 '공구손료'는 일반공구 및 시험용 계측기구류(스패너류, 게이지류 등, 별도 동력을 필요로 하지 않는 것)의 손료로서 공사 중 상시 일반적으로 사용하는 것을 말하며 인력품의 3%까지 계상하도록 되어 있고, (1-3-5, 나항) 경장비(전기용접기 등 중장비에 속하지 않는 동력장치에 의해 구동되는 장비류의 손료) 등의 손료를 별도 항으로 구분하고 있음
건설연구원 질의사례 확인 결과 공구손료는 간접재료비에 해당함으로 설계 시 재료비 항목으로 적용하는 것으로 알고 있으나
[질의1]
'공구손료 및 경장비(00등)의 기계경비는 인력품의 %로 계상한다'로 표기되어 있는 경우 재료비 항목인지 아니면 경비 항목으로 적용해야 하는지?
(예) 표준품셈(P470) 제1장 도로포장공사, 1-9-1, 3. 방음판 설치, 주 4항 '공구손료 및 경장비(전동드릴 등)의 기계경비는 인력품의 3% 계상한다.
[질의2]
공구손료를 인력품의 3% 계상하는 경우 해당 인력 품이 품셈 전체 인력품을 대상으로 하는지?
(예) 표준품셈(P470) 제1장 도로포장공사, 1-9-1, 3. 방음판 설치, 주 4항 '공구손료 및 경장비(전동드릴 등)의 기계경비는 인력품의 3% 계상 시 철공, 보통인부만 해당되는지? 아니면 트럭탑재형크레인, 고소작업차 인력품(기계사용 관련 작업자 노무비)도 대상인지?

회신문

[답변1]
표준품셈 토목부문 "1-9-1 방음벽 설치/ 3. 방음판 설치"의 '주 4 공구손료 및 경장비(전동드릴 등)의 기계경비는 인력품의 3%를 적용한다'에서 3%는 공구손료 및 경장비의 기계경비를 모두 포함한 비용이 인력품의 3%라는 의미입니다.

[답변2]
인력 품은 해당 항목 기본인력 품(철공, 보통인부, 간접노무비 해당 없음)을 의미합니다.

監査

제목 방음벽 지주 간격 설계 부적정

내용

「방음벽기초 표준도(국토교통부)」에 따르면 방음벽의 지주간격은 방음판 높이와 풍하중을 고려하여 결정하도록 되어 있으며, 풍하중 1.2kN/m^2이고 방음판 높이가 6.5m 이상인 경우와 풍하중 1.5kN/m^2이고 방음판 높이가 6.0m 이상인 경우에만 방음벽 지주 간격을 종전과 같이 2m로 설치하고, 그 외에는 방음벽 지주 간격을 종전의 2m에서 4m로 확대하여 설치하는 것으로 되어 있다.

그런데, ○○○도(○○○○○○과)에서는 '○○ ○○-○○간 도로건설공사' 구간의 방음벽 지주간격이 2m로 설계되어 있으나, '풍하중 1.2kN/m^2이고 방음판 높이가 6.5m 이상인 경우'와 '풍하중 1.5kN/m^2이고 방음판 높이가 6.0m 이상인 경우'가 아니므로 방음벽 지주간격을 조정(2m→4m)하는 설계변경을 하는 것이 바람직한데도 감사일 현재까지 설계변경하지 않고 있는 등 ○○○도(○○○○○○과) 및 ○○군(○○○○과)에서는 2건 공사의 방음벽 757m에 대하여 지주간격을 조정(2m → 4m)하는 설계변경을 하지 않고 있어 562,009,000원 상당의 예산을 아끼지 못할 우려가 있다.

조치할 사항

○○○○지사께서는 「방음벽기초 표준도」과 다르게 설계된 '○○ ○○-○○간 도로건설공사'의 방음벽기초 및 지주간격을 표준도에 따라 설계변경하여 공사비 574,311천원 상당을 "감액"하기 바라며, ○○군수께서는 「방음벽기초 표준도」과 다르게 설계된 '○○-○○간 도로확장공사'의 방음벽기초 및 지주간격을 표준도에 따라 설계변경하여 공사비 129,036천원 상당을 "감액"하기 바라며, 향후 관련 공무원들에게 업무연찬 등을 실시하여 유사사례가 재발되지 않도록 업무 철저바람

契約審査

제목 방음벽설치 수량 조정

내용

공사완료 후 차량의 주행소음 저감을 위한 방음벽설치가 계획되어 있었으나 도로변 영업시설(음식점 등)의 경우 방음벽설치로 인한 소음저감 효과보다 전면차폐로 인한 영업피해가 우려됨에 따라 방음벽설치 구간을 일부 조정

심사 착안사항

안전 및 환경 보호시설설치 시 구조 및 기능상 불필요하거나 실익이 없는 구간에 대한 세부검토

1-9-2 보차도 및 도로경계블록 설치('21년 보완)

(일당)

구 분	규 격	단 위	수 량	규격 (아래폭+ 높이 ㎜)	시공량 (m)			
					A-Type		B-Type	
					직선구간	곡선구간	직선구간	곡선구간
특 별 인 부		인	3	300미만	170	150	140	130
				350미만	145	125	120	100
보 통 인 부		인	1	400미만	130	110	110	90
크 레 인	5ton	대	1	500미만	90	80	80	70
				500이상	60	50	50	40

[주] ① 본 품은 화강암 및 콘크리트 경계블록(길이 1.0m)을 설치하는 기준이다.
② 본 품은 위치확인, 경계블록 절단 및 설치, 이음모르타르 바름 작업을 포함한다.
③ 기초 콘크리트, 거푸집, 터파기 및 되메우기, 잔토처리는 현장 여건에 따라 별도 계상한다.
④ 현장 여건별 적용기준은 다음과 같다.

구분	적용기준
A-Type	- 공원, 단지·택지조성공사의 보도 등 장비이동 및 적재가 용이한 구간
B-Type	- 차도인접, 주택가 보도 등 장비이동 및 적재 공간이 협소한 구간

⑤ 장비의 종류 및 규격은 현장여건에 따라 변경할 수 있다.
⑥ 공구손료 및 경장비(절단기 등)의 기계경비는 인력품의 2%로 계상한다.

有權解釋

제목 보차도 경계블록 설치 품 내용 문의

질의문
신청번호 2105-021 신청일 2021-05-11
질의부분 토목 제1장 도로포장공사 1-9-2 보차도 및 도로경계블록 설치

2021년 품셈 중 '1-9-2 보차도 및 도로경계블록 설치' 및 '1-10-26 보차도 및 도로경계블록 재설치'에 관하여 문의드립니다. 당해 공종의 블록 설치 품은 현장 여건을 A-Type(공원 등)과 B-Type(주택가 등)으로 구분되어 있는데, B-Type의 경우 '차도 인접, 주택가 보도 등 장비 이동 및 적재 공간이 협소한 구간'으로 명시되어 있으므로 다음의 내용을 질의합니다.
[질의]
B-Type의 현장 여건은 신설도로 또는 신설 보차도경계블록을 연속적으로 시공하는 경우에만 적용하여야 하는지요? 예를 들어, 4m 이하의 소량을 신설 시공하고, 20m 이상의 거리를 이동하여 다시 소량을 시공하는 작업이 반복되는 경우에도 적용이 가능한지요?
만일, 위 품이 신설도로 등에 연속적으로 설치하는 품이라면 부분시공 후 이동하여 부분시공하는 현장에는 적용이 불가할 것이므로 내용 확인 및 답변 부탁드립니다.

회신문
표준품셈 토목부문 "1-9-2 보차도 및 도로경계블록 설치, 1-10-26 보차도 및 도로경계블록 재설치"에서 B-type은 신설도로 여부가 아닌 차도 인접, 주택가 보도 등 장비 이동 및 적재 공간이 협소한 구간 대상입니다.

1-9-3 낙석방지책 설치('08년 신설, '22년 보완)

1. 지주 설치

(일당)

구분	규격	단위	수량	시공량(개)
용 접 공		인	1	40
특 별 인 부		인	3	
보 통 인 부		인	2	
크 레 인	10ton	대	1	

[주] ① 본 품은 낙석방지책의 지주(높이 3m이하)를 설치하는 기준이다.
② 본 품은 앵커 설치, 지주 세우기 작업을 포함한다.
③ 터파기, 기초콘크리트, 되메우기 작업은 별도 계상한다.
④ 공구손료 및 경장비(용접기 등)의 기계경비는 인력품의 2%로 계상한다.

2. 와이어 설치

(일당)

구분	단위	수량	시공량(m)
특 별 인 부	인	4	200
보 통 인 부	인	2	

[주] ① 본 품은 높이 3m이하 낙석방지책의 와이어를 설치하는 기준이다.
② 본 품은 와이어 설치, 단부 고정, 간격유지장치 설치 작업을 포함한다.
③ 비계가 필요한 경우 별도 계상한다.
④ 공구손료 및 경장비(절단기 등)의 기계경비는 인력품의 2%로 계상한다.

3. 철망 설치

(일당)

구분	단위	수량	시공량(㎡)
특 별 인 부	인	4	360
보 통 인 부	인	2	

[주] ① 본 품은 높이 3m이하 낙석방지책의 철망을 설치하는 기준이다.
② 본 품은 철망 설치, 결속 작업을 포함한다.
③ 비계가 필요한 경우 별도 계상한다.
④ 공구손료 및 경장비(절단기 등)의 기계경비는 인력품의 2%로 계상한다.

1-9-4 낙석방지망 설치

1. 기초 착암

(일당)

구분	규격	단위	수량	시공량(㎡)
착 암 공		인	2	
비 계 공		인	3	
보 통 인 부		인	2	800
공 기 압 축 기	10.3㎥/min	대	1	
소 형 브 레 이 커	2.7㎥/min	대	2	

[주] ① 본 품은 낙석방지망(포켓식, 비포켓식)의 설치를 위한 기초천공 작업 기준이다.
② 본 품은 기초천공, 고정핀 및 앵커볼트 삽입, 주입재 충전 작업을 포함한다.
③ 비탈면 고르기는 별도 계상한다.
④ 재료량은 설계수량을 적용한다.

2. 철망 및 와이어 설치

(일당)

구분		규격	단위	수량	시공량(㎡)
기 계 식	특 별 인 부		인	2	
	보 통 인 부		인	3	400
	크 레 인	50ton	대	1	
인 력 식	특 별 인 부		인	2	100
	보 통 인 부		인	3	

[주] ① 본 품은 낙석방지망(포켓식, 비포켓식)의 철망 및 와이어로프를 설치하는 기준이다.
② 본 품은 철망 설치, 와이어로프 설치 및 결합, 조립구 고정 작업을 포함한다.
③ 재료량은 설계수량을 적용한다.

[참고자료] 낙석방지망 재료량

(㎡당)

구분	단위	수량	비고
철 망	㎡	1.15	
결 속 선	m	0.3	
에 폭 시	kg	0.01	포켓식의 경우에만 계상

산출기준	- 재료량(지주, 고정핀, 클립, 모르타르 등)은 설계에 따라 별도 계상
	- 와이어로프는 결속되는 지주 및 좌우 고정핀 1개소당 1m씩의 여유 길이를 고려하여 산정
	- 와이어로프 설치간격
	  ㉮ 포 켓 식 : 종로프 2m, 횡로프 5m
	  ㉯ 비포켓식 : 종로프 및 횡로프 각각 3m
	- 조립구는 와이어로프 교차점마다 1개씩 계상
	- 결속선(철망겹침부의 결속 및 철망과 와이어로프의 결속) 대신 결속 스프링 사용가능		

有權解釋

제목 1 낙석방지망 설치

질의문
신청번호 2202-062 신청일 2022-02-18
질의부분 토목 제1장 도로포장공사 1-9-4 낙석방지망설치

낙석방지망과 록볼트(D29㎜, L=2m)를 동일한 사면에 시공할 경우 락볼트설치는 "토목부문 1-9-4 낙석방지망설치", "1. 기초착암"에 포함된 것이므로 낙석방지망설치 품만 적용할 것인지? 아니면 낙석방지망설치는 "토목부문 1-9-4 낙석방지망설치"를, 록볼트설치는 "공통부문 3-5-5 비탈면보강공"을 각각 적용하는 것인지? 질의합니다.

회신문
표준품셈 공통부문 "3-5-5 비탈면보강공"은 타격식 굴착기준으로 천공구경 105~127㎜기준으로 스키드형 보링장비로 타격하여 천공하는 기준입니다.
표준품셈 토목부문 "1-9-4 낙석방지망설치"에서 천공은 소형브레이커로 천공후 고정 핀 및 앵커볼트 삽입하는 작업을 포함하고 있습니다.

제목 2 낙석방지울타리설치 시 고소할증 적용문의

질의문
신청번호 2101-006 신청일 2021-01-05
질의부분 공통 제1장 적용기준 1-4-2 노임의 할증

고속도로공사 시 낙석방지망 설치에 관련하여 고소할증 적용이 가능한 것인지 문의드립니다.
낙석방지망은 기본적으로 높은 곳에서 작업하는 것이 기본이라 보니 현재 품셈 등에 책정된 노무비가 이러한 고소작업을 반영한 단가인지? 아니면 작업 높이에 따라 별도로 고소할증을 적용하여야 하는지? 다양한 해석이 있어서 판단하기 힘듭니다.

회신문
표준품셈 토목부문 "1-10-5 낙석방지망 설치" 항목은 비탈면 적용 공법으로 고소작업을 대상으로 조사된 기준(비계공, 크레인 반영)이며, 고소작업에 따른 위험할증이 포함되어 있습니다.

監査

제목 설계 지침과 다르게 설계용역 및 시공감독 한 관련자 문책

내용
낙석방지울타리 세부지침에서 지주는 150×75×5×7㎜ 이상 규격의 H형강으로 직선부가 높이 2.5m 이상의 연장을 가지는 것을 이용하도록 되어 있으나, 모든 지주를 규격에 맞지 않은 100×100×6×8㎜규격의 H형강으로, ○○○○○○길 절개지에는 직선부 높이 1.0m, ○○산길과 ○○동 주택옆 절개지에는 직선부 높이 2.0m인 지주로 설계하여 시공하였다.
낙석방지울타리를 지침과 다른 규격으로 설치한 사항에 대하여 설계 용역업체인 F기업의 설계참여자(○○○ 과장)에게 확인한 결과 위의 세부지침 내용을 검토·확인하지 아니하고 낙석방지울타리 제품업체(G기업)가 제공한 도면을 그대로 설계에 반영하여 위와 같은 과실이 발생되었다고 인정하고 있다. 또한 감사내용과 관련하여 발부한 질의서에 대한 답변서에 발주청에서는 앞항목의 지적사항과 같이 동일하게 주장하고 있으나 앞 항목의 1)에서 설명한 바와 같이 세부지침 에서 제시하고 있는 규격 등의 기준을 적용해야 하는 것이다.

조치할 사항

○○○○시 ○○구청장은 "○○산길 도로사면 보수·보강 공사"는 재시공 등으로 시설기준에 충족되게 조치하시기 바라며(시정요구), 위 공사의 감독업무를 태만히 하여 낙석방지울타리를 재시공 등의 결과를 초래하게 한 공무원에 대하여 지방공무원법 제72조에 따라 징계 등 처분하시기 바람(징계 등 요구)

도로안전시설 설치 및 관리 지침의 낙석방지시설 편(국토해양부, 2008.12.)에서 정한 기준과 다르게 낙석방지울타리 설계용역 감독을 소홀히 한 관련 공무원에 대하여 "훈계"및 "주의" 조치하시기 바람(주의요구)

契約審査

제목 낙석방지망 설치 품 적적성 검토

내용
사면의 낙석방지망 설치 시에는 품셈 '낙석방지망 설치' 품을 적용하여야 하나, 업체견적 품으로 적용되어 공사비가 과다하게 계상하고 있어 품셈 '낙석방지망 설치' 품을 적용하여 19백만원을 절감하였음.

심사 착안사항
표준품셈, 사방사업 표준품셈 적용 및 현장여건에 따른 적정한 품 적용 여부

제 2 장 하천공사

2-1 사석

2-1-1 사석부설('08, '12년 보완)

(m³당)

구 분	규 격	단 위	수 량
보 통 인 부		인	0.004
굴 삭 기	1.0㎥	hr	0.027

[주] ① 본 품은 굴삭기를 사용하여 사석을 부설하는 기준이다.
　② 본 품은 사석 부설 및 정리 작업이 포함된 것이다.
　③ 필터매트 설치는 '[공통부문] 5-2-1 매트부설'을 따른다.

有權解釋

제목 1　돌붙임(메붙임)과 전석 깔기의 차이점(공법개념)

질의문

신청번호 2204-047 신청일 2022-04-13
질의부분 토목 제2장 하천공사 2-1-1 사석 부설

하천공사에서 하상의 특성을 고려하여 하상(바닥)에 석공사를 시행하려고 합니다.
검토결과 적용 가능한 공법이 돌붙임과 전석깔기 공법이 있는데, 사석 규모에 따라 돌이냐 전석이냐의 차이는 알겠으나, 붙임과 깔기의 공법 개념(차이점)이 이해가 안되어서 질의하오니 답변 부탁드리겠습니다.
참고) 본인은 붙임은 경사도가 낮은 사면에, 깔기는 수평면에 적용하는 것으로 알고 있습니다. 정확한 답변이 필요하여 질의합니다.

회신문

건설공사 표준품셈 공통부문 "7-1 돌쌓기"에서는 "경사도가 1:1보다 급한 경우를 돌쌓기라고 한다."로 명시하고 있으며, 동 품셈 "7-2 돌붙임"에서는 "경사도가 1:1보다 완만한 경우를 돌붙임이라 한다."로 명시하고 있으니 참고하시기 바랍니다.
또한 "7-1 돌쌓기"와 "7-2 돌붙임"은 깬돌 및 깬잡석으로 시공하는 기준입니다.
"7-3 전석쌓기 및 깔기"는 굴삭기를 이용하여 전석(규모 0.3㎥~0.5㎥급 석괴)을 쌓거나 까는 품입니다.

제목 2　사석부설단가 적용에 대한 질의

질의문

신청번호 1902-035 신청일 2019-02-12

1. 당사와 OO도 OO시간에 계약체결 시공중인 OO저수지 정비사업과 관련, 저수지 제방의 제외측 비탈사면(1 : 2.3)을 보호하기 위하여 사석(30kg이상)을 시공하게 계획되었습니다

2. 본 공사 설계도서에는 표준품셈 11장 하천 11-1 사석부설 및 고르기 단가를 적용하였으나 발주처가 요청한 완성단면은 돌붙임(메붙임)단면을 요구하고 있는 실정입니다.
3. 돌붙임은 물길 따위의 표면을 보호하기 위해 길 주변에 돌을 붙이는 일, 즉 사석부설 후 사석의 평평한 면을 맞춰 계획사면에 붙이고 돌과 돌 사이의 공극을 잡석으로 채우는 일은 돌붙임 또는 피복석 쌓기라고 판단됩니다.
4. 사석부설 및 고르기는 장비와 인력을 투입하여 시공사면에 사석을 부설하고 표면부에 돌출부가 없이 고르기를 하는 단가이므로 발주처가 요청한 시공단면(t = 1,000)을 완성키 위해서는 사석부설(t = 750) 후 돌붙임(메붙임, 깬잡석, 뒷길이 = 250 : 최저단가)단가를 적용함이 타당할 것으로 판단되어 질의하오니 검토후 회신하여 주시기 바랍니다.

회신문

2019년 표준품셈 토목부문 "2-1-1 사석부설" 하천 사면 및 저수지 제방 사면 등에 굴삭기를 이용하여 사석을 부설하는 품이며, "2-1-2 사석고르기"는 사석 부설 후 굴삭기(집게)를 이용하여 표면부 사석을 돌출되지 않게 고르는 품 기준입니다.

2-1-2 사석고르기('12년 신설, '19년 보완)

(m²당)

구 분	규 격	단 위	수 량
보 통 인 부		인	0.005
굴 삭 기 + 부 착 용 집 게	1.0m³	hr	0.070

[주] ① 본 품은 사석 부설 후 굴삭기(집게)를 사용하여 표면부 사석을 돌출되지 않게 고르는 기준이다.
② 사석 고르기, 잡석 채움 작업을 포함한다.

有權解釋

제목 사석부설과 사석부설 및 고르기 품의 적용

질의문

신청번호 1808-108 신청일 2018-08-28
표준품셈 제11장 하천 11-1 사석

당 현장의 하천제방공중 일부는 사석부설이 계획되어 있으며, 사석부설에 대한 품의 적용은 "사석부설 면적×시공길이=사석부설량"에 대하여는 사석의 재료비로만 산출하고, "사석고르기 길이×시공길이=사석고르기 면적"에 대하여만 표준품셈 11-1-2 사석부설 및 고르기('12년 신설)의 품을 적용하여 시공비를 산출하였습니다.
표준품셈 11-1-1 사석부설('08, 12년 보완) 품과 표준품셈 11-1-2 사석부설 및 고르기 품의 상관관계를 명확히 알고 싶습니다.
- 갑설 : 표준품셈 11-1-2 사석부설 및 고르기의 품은 표준품셈 11-1-1- 사석 부설 품을 포함하고 있다.(공정명이 사석부설 및 고르기이므로)
- 을설 : 사석부설량에 대하여 표준품셈 11-1-1 사석부설의 품을 적용하고, 사석고르기 면적에 대하여 표준품셈 11-1-2 사석부설 및 고르기를 적용하여야 한다.(사석부설 두께가 현저히 큰 단면에서는 사석부설량이 사석고르기 면적과 큰 차이를 보이기 때문에 고민)

> **회신문**
> 표준품셈 "11-1-1 사석부설"은 굴삭기+인력으로 사석을 부설하는 m³당 품이며, "13-1-3 사석부설 및 고르기"는 일반적으로 사면을 보호하기 위해 굴삭기+인력으로 사석을 부설하고 동시에 고르기를 수행하는 m²당 품임을 참조하시기 바랍니다.

2-2 돌망태

2-2-1 타원형 돌망태 설치('07, '12, '19년 보완)

(m²당)

구 분	규 격	단 위	수 량 (돌망태 높이)				
			40cm	45cm	50cm	60cm	70cm
석 공		인	0.039	0.044	0.049	0.063	0.073
특 별 인 부		인	0.013	0.014	0.016	0.019	0.024
보 통 인 부		인	0.005	0.006	0.007	0.008	0.010
굴 삭 기	1.0m³	hr	0.026	0.030	0.033	0.040	0.046

[주] ① 본 품은 타원형 돌망태를 설치하는 기준이다.
　　② 망태석 포설, 망태 조립 및 설치, 망태석 채움, 망태조임 및 마무리 작업을 포함한다.
　　③ 필터매트를 설치할 경우 '[공통부문] 5-2-1 매트부설'을 따른다.

2-2-2 매트리스형 돌망태 설치('07, '12년 보완)

(m²당)

구 분	규 격	단 위	수 량
석 공	-	인	0.027
특 별 인 부	-	인	0.010
보 통 인 부	-	인	0.010
굴 삭 기	1.0m³	hr	0.025

[주] ① 본 품은 매트리스형 돌망태(폭 200㎝, 높이 30㎝)를 설치하는 기준이다.
　　② 본 품은 망태 조립 및 설치, 망태석 채움, 덮개 조립 작업이 포함된 것이다.
　　③ 필터매트 설치는 '[공통부문] 5-2-1 매트부설'을 따른다.

2-2-3 돌망태형옹벽 설치('12, '19년 보완)

(m³당)

구 분	규 격	단 위	수 량
석 공	-	인	0.190
특 별 인 부	-	인	0.134
보 통 인 부	-	인	0.117
굴 삭 기	0.6m³	hr	0.281

[주] ① 본 품은 높이 5m이하의 돌망태옹벽(GABION 철망태)을 설치하는 기준이다.
② 철망태의 조립 및 설치, 망태석 채움, 덮개조립 작업을 포함한다.
③ 터파기 및 지반고르기는 별도 계상한다.
④ 필터매트를 설치할 경우 '[공통부문] 5-2-1 매트부설'을 따른다.

2-3 하천호안공

2-3-1 식생매트 설치('12년 신설, '19년 보완)

(m²당)

구 분	규 격	단 위	수 량	
			식생매트설치	복토
특 별 인 부		인	0.014	-
보 통 인 부		인	0.003	0.005
굴 삭 기	0.6m³	hr	-	0.031

[주] ① 본 품은 호안등사면에 식생매트를 설치하는 기준이다.
② 인력 흙고르기, 식생매트 깔기, 복토 작업을 포함한다.
③ 매트부설 이외 기타공종(종자살포, 잔디심기, 관수, 시비 등)는 별도 계상한다.

有權解釋

제목 식생매트 설치 시 인력흙고르기에 대해 질문

질의문

신청번호 2206-002 신청일 2022-06-02
질의부분 공통 제1장 적용기준 1-1-1 목적

사업내역에 식생매트설치가 반영되어 있는데, 식생매트를 설치하기 위해 절, 성토 후 면고르기가 반영되어 있고, 이후 식생매트 설치비가 별도로 내역에 반영되어 있습니다
그런데 식생매트설치비 단가는 해당 품셈(첨부)에 의거 반영되었는데, 여기서 질문을 드리자면 식생매트 설치 품셈 내용 중에 '인력 흙 고르기를 포함한다.'라고 되어 있어서 토공 절, 성토 면고르기와 중복으로 봐야 하는지? 아니면 식생매트설치 인력 흙 고르기는 식생매트설치 후 공종인 복토 후 복토면에 대해 인력 흙 고르기로 봐야 하는지 모호해서 질문드립니다

회신문

표준품셈 토목부문 "2-3-1 식생매트설치"에서 "[주]② 인력 흙 고르기 품이 포함되어 있다."는 식생매트설치 위치에 인력으로 잔돌 고르기와 평탄화작업이 포함되었다는 의미입니다.
표준품셈 공통부문 "3-3-1 절토면 고르기"는 절토된 사면을 공기압축기 또는 굴삭기 등의 장비와 인력을 사용하여 거칠게 면 고르기를 수행하는 작업이며, 표준품셈 공통부문 "3-4-1 성토면 고르기"는 성토된 사면의 면을 만들기 위해 장비를 활용하여 거칠게 면고르기를 하는 작업 기준입니다.
토목부문 "2-3-1 식생매트 설치"에서 포함된 인력 흙 고르기는 면(절토, 성토) 고르기가 완료된 상태에서 식생매트설치를 위해 인력으로 잔돌 제거 등 식재면을 정비하는 작업입니다.

> **契約審査**
>
> **제목** 하천복원 및 녹화사업 시 과다 품 조정
>
> **내용**
> 식생 매트설치 시 잡철물 제작 및 설치 품을 적용하였으나 제작된 철물을 설치하는 것이므로 제작품을 제외하고 설치 품만 적용
>
> **심사 착안사항**
> 시설물이 기성 제품인지 아니면 현장 제작하는 것인지 시설물 도면과 시방서 확인

2-3-2 블록 붙이기(인력)('12년 보완)

(㎡당)

구 분	규 격	단 위	수 량
특 별 인 부		인	0.076
보 통 인 부		인	0.066

[주] ① 본 품은 하천제방에 인력으로 호안블록을 설치하는 기준이다.
② 본 품은 호안블록 설치, 철물 연결 작업이 포함된 것이다.
③ 비탈면 고르기, 흙 채움 및 잔디심기가 필요한 경우에는 별도 계상한다.

> **감사**
>
> **제목** 하천 호안블록에 불필요한 잔디 과다 설계로 예산낭비 우려
>
> **내용**
> 호안공 호안블럭에 잔디(줄떼)를 식재토록 설계되어 있으나, 현장여건상 자연 식생이 가능하므로 잔디식재가 불필요한데도 과다하게 설계되어 있어 약 61,684천원 상당의 예산이 낭비될 우려가 있는 등 설계도서 검토 및 공사감독 업무를 소홀히 하였다.
>
> **조치할 사항**
> ○○군수는 소하천 호안블럭에 잔디(줄떼)를 식재토록 설계되어 있으나 현장여건상 자연 식생이 가능하므로 잔디식재가 불필요함에도 반영하여 과다하게 설계되어 있어 약 61,684천원 상당액은 「지방자치단체를 당사자로 하는 계약에 관한 법률」 및 「지방자치단체입찰 및 계약집행기준」 등에 따라 "감액"조치 하시기 바라며, 앞으로 이러한 사례가 재발되지 않도록 소속직원에 대한 직무교육을 강화하는 등 업무 추진에 철저히 하시기 바람(시정)

> **契約審査**
>
> **제목 1** 호안블럭쌓기 표준품셈 및 현장여건에 맞게 조정
>
> **내용**
> 과다계상된 호안블럭쌓기 품 조건
> - 호안블럭쌓기 : 특별인부 0.021인 보통인부 0.048인 크레인(10t) q = 0.15 → 특별인부 0.017인 보통인부 0.007인 크레인(10t) q = 0.048(건설공사 표준품셈)
>
> **심사 착안사항**
> 현장여건 및 품셈에 맞게 적용 검토

> **제목 2** 블록 붙이기
>
> **질의문**
> 신청번호 2004-074 신청일 2020-04-22
> 질의부분 토목 제2장 하천공사 2-3-3 블록 붙이기(기계)
>
> 하천공사 하천호안공(p473) 블록 붙이기에 인력과 기계 품으로 구분이 되어있는데, 인력과 기계 품의 기준은 어떻게 되는지요. 일반적으로 블럭이 대형(1000× 1000×150)일 때 기계 품 소형(400×400×100)일 때는 인력 품으로 생각되는데 기계와 인력 품 기준인지?
>
> **회신문**
> 표준품셈 토목부문 "2-3-2 블록 붙이기(인력)"는 장비사용 없이 순수 인력으로 시공하는 기준이며, 표준품셈 토목부문 "2-3-3 블록 붙이기(기계)"는 블록이 설치되는 면적당(m^2) "장비 + 인력" 조합 품으로 제시된 것이므로 블록의 크기는 별도로 정하고 있지 않으며, 일반적으로 인력으로 설치가 어려운 무게의 블록을 붙이는 기준입니다.

2-3-3 블록 붙이기(기계)('12년 보완)

(m^2당)

구 분	규 격	단 위	수 량
특 별 인 부		인	0.017
보 통 인 부		인	0.007
크 레 인	10 톤	시간	0.048

[주] ① 본 품은 하천제방에 장비를 사용하여 호안블록을 설치하는 기준이다.
② 본 품은 호안블록 설치, 철물 연결 작업이 포함된 것이다.
③ 비탈면 고르기, 흙 채움 및 잔디심기가 필요한 경우에는 별도 계상한다.
④ 현장여건에 따라 크레인을 굴삭기(규격 0.2m^3, 사용시간 0.063hr)로 적용할 수 있다.

> **契約審査**
>
> **제목** 식생 호안블록설치 장비조합 변경
>
> **내용**
> 식생 호안블록의 개당 중량이 60kg~100kg임을 고려하여 블록설치 단가를 고가인 인력설치 품으로만 적용한 것을 「인력+기계」 조합 품으로 변경함(15,311원/m^2 → 4,922원/m^2)
>
> **심사 착안사항**
> 현장여건 자재 등에 적합한 장비 조합 검토

제 3 장   터널공사

3-1 공통사항

3-1-1 터널노임 산정식('07, '13, '20년 보완)

노 임 구 분			산 정 식	비 고
노 임 합 계		PW	P+PO	- 터널작업 노임은 1일 8시간 기준
기 본 노 임		P	P	- β : 할증률
할 증 노 임		PO	P×β	

[주] ① 본 노임 산정표준은 연장 1,000m 까지의 일반터널의 경우이며, 장대터널은 별도 장대터널 할증을 가산할 수 있다.
② 3교대 이상인 때와 특수한 조건일 때 별도 계상할 수 있다.
③ 근로자에 대한 유해, 위험 예방조치에 필요한 비용은 별도 계상한다.
④ 장대 터널 할증률($\alpha 1$)

갱구에서부터 뚫기점까지의 거리	할증률(%)
갱구에서 500m 까지	-
500m~1,000m 까지	10
1,000m~1,500m 까지	20
1,500m~2,000m 까지	30
2,000m~2,500m 까지	40
2,500m~3,000m 까지	50
3,000m~3,500m 까지	60
3,500m~4,000m 까지	70
4,000m~4,500m 까지	80
4,500m~5,000m 까지	90
5,000m 이상	100

⑤ 터널굴착시 발생하는 잡재료비(록볼트 표시기, 전설걸이, 마대 등) 및 경장비의 기계경비는 인력품의 3%로 계상한다.
⑥ 버력처리비(적재, 운반, 버리기), 조명비, 동바리비, 착암설비(컴프레서, 소형브레이커, 송기관, 공기탱크), 배수처리비, 기계장치비, 가설비, 환기설비 등 갱내외 설비비는 굴착공법과 조건에 따라 별도 계상한다.
⑦ 환기설비는 갱구에서 200m 이상일 때 필요에 따라 별도 계상하며, 갱구에서 200m 미만은 자연환기로 한다. 단, 200m 미만이라도 필요에 따라 환기시설을 별도 계상할 수 있다.
⑧ 터널연장이 1000m 이상 시에는 급·배기 시설을 별도 계상할 수 있다.

> **有權解釋**
>
> **제목** 장대 터널 할증 적용 여부를 결정하는 터널 연장 정의
>
> **질의문**
>
> 신청번호 2003-064 신청일 2020-03-17
> 질의부분 토목 제3장 터널 공사 3-1-1 터널 노임산정식
>
> 터널 연장 1,000m를 초과하는 장대 터널에 대하여 장대 터널 할증을 적용할 수 있다고 정의하고 있는데, 장대 터널 할증 적용 여부를 결정하는 터널 연장(1,000m)의 정의에 대하여 문의드립니다.
> 1. 양방향 굴착인 경우 터널 연장이 전체 연장을 의미하는지, 갱구부부터 관통부(뚫기점)까지를 의미하는지 문의드립니다.
>   (예) 1,500m의 터널 양쪽에서 굴착하여 관통부를 중심으로 시.종점부로 1,100m(시점)와 400m(종점)의 터널 굴착이 발생하는 경우 장대 터널 할증 기준이 전체 연장(1,500m)을 기준으로 하는지, 아니면 시점과 종점 각각 관통부까지 연장을 기준으로 하여 시점(1,100m)만 장대 터널 할증을 적용하고, 종점(500m)은 할증 미적용하는지 문의드립니다.
> 2. 수직구가 갱구부인 경우 수직구 연장도 터널 연장에 포함하는지?
>
> **회신문**
>
> [답변1]
> 표준품셈 토목부문 "3-1-1 터널 노임산정식"에서 장대 터널 할증은 1,000m의 경우에만 장대 터널 할증이 적용됩니다. 할증율은 갱구에서부터 뚫기 점까지의 거리 기준으로 500m 이상부터 할증을 적용하도록 정하고 있습니다.
>
> [답변2]
> 표준품셈 토목부문 "3-1-1 터널 노임산정식"에서 수직구 연장에 따른 할증 기준은 제시하고 있지 않습니다.

3-1-2 터널 여굴(餘掘)량('07, '13, '17년 보완)

터널굴착에 따른 여굴량은 다음 표를 표준으로 한다.

구 분	아 치	측 벽	바닥 및 인버트	비 고
여굴 두께(cm)	12~19	12~18	10~15	

[주] ① 본 여굴량은 발파공법(NATM)을 기준으로 한 것이다.
② 암질의 절리 및 풍화가 발달하여 터널타입과 관계없이 과다 여굴이 발생되거나, 해저터널에서 강관다단 등 터널보강이 필요하여 공법상 불가피하게 추가 여굴이 발생되는 경우에는 여굴기준의 20%이내에서 추가 적용 할 수 있다.
③ "바닥 및 인버트"구간은 버력을 제거한 후 콘크리트 등으로 채우는 경우에 적용하며, 암질에 따라 달리 적용 할 수 있다. 다만, 수로터널 등 단면이 적은 경우는 5cm이내에서 현장 여건에 따라 적용할 수 있다.

3-2 터널굴착

3-2-1 터널굴착 1발파당 싸이클 시간(Cycle Time)('07, '13, '20년 보완)

작업종별		발파 굴착			비고 (하반)
		A군	B군	C군	
착암	천공준비 (내공측량/암판정)	30	30	30	65%
	측량 및 마킹	5~10	10~15	15~20	65%
	천공	T1	T1	T1	공사물량
	장약 및 발파	30~40	40~50	50~60	65%
	환기	15~20	20~25	25~30	100%
버력처리	버력처리준비	10	10	10	100%
	버력처리	T2	T2	T2	공사물량
	운반차 입환	3~5	3~5	-	100%
	부석제거 및 뒷정리	20~30	30~40	40~50	65%
숏크리트	타설준비	10	10	(10)	100%
	바닥청소 및 면정리	T3	T3	T3	공사물량
	지보설치	25~30	30~35	40~45	65%
	와이어메시설치	T4	T4	T4	공사물량
	뿜어붙이기	T5	T5	T5	공사물량
	잔재제거	20	20	20	65%
	장비점검	10	10	10	100%
록볼트	설치준비	10	10	(10)	100%
	천공시간(분/공)	T6	T6	T6	공사물량
	공내청소(분/공)	1	1	1	공사물량
	충진(분/공)	2	2	2	공사물량
	정착(분/공)	2	2	2	공사물량
	이동 및 기타	15	15	15	100%

[주] ① 운반차 입환시간은 차량교행이 가능한 경우 계상하지 않는다.
② 숏크리트 타설 준비시간은 1,2,3차를 여러 스팬에 동시 타설하므로 준비시간은 1회에 한하여 계상한다.
③ 강섬유보강 숏크리트 적용시 T4는 계상하지 않는다.
④ ( )은 차량교행이 가능하여 동시작업이 가능하므로 싸이클 타임에서는 제외하고 장비손료 산정시에 적용한다.
⑤ A, B, C군의 상하반 분할굴착시 하반의 경우 비고를 따른다.
⑥ 터널굴착시 보조공법의 싸이클 타임은 필요시 별도로 계상할 수 있다.
⑦ 용수발생으로 굴착작업에 지장을 받는 경우 굴착 사이클을 30%까지 증가하여 계상할 수 있다.
⑧ 암질종류 및 단면적에 따라 싸이클 타임을 차등적용하거나 최소 및 최대치를 구분하여 적용할 수 있다.
⑨ 바닥청소 및 면 정리 (T_3) : 64㎡/hr
⑩ 와이어메시 설치 (T_4)
　㉮ Pin 구멍천공 : 소형브레이커 사용천공
　㉯ Pin 고정 : 1분/개

⑪ 뿜어붙이기 (T_5)

  $Q = q \times E(1-손실률)$ (㎥/hr)

  여기서, q : 뿜어붙임 기계의 능력 (㎥/hr)

  　　　　E : 효율 (0.55)

  손실률 = $\dfrac{\text{반발되어 떨어진 재료의 전중량(kg)}}{\text{뿜어붙임 콘크리트에 사용되는 재료의 전중량(kg)}} \times 100\%$

  $T_3 = \dfrac{V}{Q}$

  여기서, V : 숏크리트 타설 대상수량

⑫ 버력처리시 적재장비의 K, E 값은 '[공통부문] 8-2-5 로더'를 참고하며, 로더와 운반장비의 원활한 조합이 어려운 경우(수직구를 이용한 반출 등) 작업효율(E)을 조정할 수 있다.

⑬ 소형터널(단면적 10㎡미만의 터널)의 싸이클 타임에서 착암 및 버력처리의 싸이클 타임은 A군을 적용하며, 숏크리트 및 록볼트 작업이 필요치 않은 경우에는 해당 작업의 싸이클 타임은 적용하지 않는다. 다만, 동바리 설치 시간은 다음과 같이 적용한다.

(분)

작업종별		소형터널
동바리	동 바 리 준 비	10~20
	동 바 리 세 우 기	40~80

有權解釋

제목 1 터널공사 시 용수 발생에 따른 할증관련

질의문

신청번호 2008-044 신청일 2020-08-19
질의부분 토목 제3장 터널공사 3-2-1 터널굴착 1발파당 싸이클시간(CycleTime)

1. 천공 품의 30%에서 굴착 사이클의 30%로 변경된 사유가 궁금합니다.(예, 터널굴착 시 용수가 발생 되면 천공, 발파, 락볼트설치, 숏크리트타설, 버력처리까지 지장을 주기에 굴착 사이클의 30%로 변경한 것인지?)
2. 2019년 표준품셈 3-1 공통사항 3-1-1 터널 노임산정식 '⑥용수개소는 천공 품에서 30%를 별도 계상할 수 있다.'에서 천공 품의 정의에 대하여 알고 싶습니다.(예, 착암공종의 천공준비 및 천공에 들어가는 노무자 및 기계운전원을 말한다?)

회신문

표준품셈 토목부문 터널 공사에서 용수 발생에 따른 할증은 2020년 표준품셈 개정 시 "3-2-1 터널굴착 1발파당 싸이클시간(Cycle Time)"의 주 ⑦용수 발생으로 굴착작업에 지장을 받는 경우 굴착 사이클을 30%까지 증가로 개정되었습니다.
이는 천공 품에 대한 해석과 적용에 혼란을 막기 위해 개정된 사항임을 알려드립니다.

제목 2 터널굴착 싸이클타임 관련 질의

질의문

신청번호 1905-019 신청일 2019-05-10
제3장 터널공사 3-2-1 터널굴착 1발파당 싸이클시간(CycleTime)

터널 하반굴착 싸이클타임과 관련하여 상하반 분할굴착 시 측량 및 마킹, 장약 및 발파, 부석제거 및 뒷정리 등은 하반의 경우 65%를 적용하게 되어있습니다. 이 때 65% 적용이 전단면 소요시간의 65%인지, 아니면 상반단면 소요시간의 65%인지 질의합니다. '07년 개정 전 '06년 품셈을 보면 "상반단면공법의 하반단면 넓히기 품은 상반단면 뚫기 품의 65%로 계상한다."고 나와 있는데, 이 문구의 연장선에서 나온 것 같아서 문의드립니다.

회신문

표준품셈 토목부문 "3-2-1 터널굴착 1발파당 싸이클시간" '주 5. A, B, C 상하반 분할굴착 시 하반의 경우 비고를 따른다'를 참조하시기 바랍니다.

監査

제목 설계서와 다르게 굴진장 과다 적용

내용

당해 공사의 설계도면과 물량내역서에 따르면 계곡터널 17.5m의 발파 굴착패턴은 'P-6'이고, P-6의 1회 발파 굴착길이는 1.0m로 되어 있으며, 단위(m^3)굴착량당 공사비(단가)는 26,019원으로 되어 있는 등 계곡터널의 발파 굴착패턴, 굴진장 및 단위 굴착량에 따라 공사비가 정해져 있다.
위 공사 건설업자가 발파패턴이 P-6이고, 굴진장이 1m로 되어 있는 계곡터널 17.5m를 굴착하면서 감리원의 사전 승인도 받지 않고, 설계도면에 명기된 발파 굴착에 따른 굴진장을 설계도면보다 1m가 더 긴 2m로 굴착하는 등 설계도면상의 굴진장보다 최소 0.8m에서 최대 1.0m까지 과다하게 발파 굴착하였는데도, 이를 그대로 인정함으로써 공사비 70,983천원 상당액이 과다하게 집행되는 결과를 초래하였다.

조치할 사항

○○○○도지사는 ○○터널 굴착 공사비로 과다하게 집행한 70,983천원 상당의 국고보조금을 도급계약회사로부터 회수하여 국고로 반납하시고, 앞으로 설계서와 다르게 시공되는 일이 없도록 관리감독을 철저히 하시기 바람(시정)

3-2-2 기계굴착의 능력('07, '20년 보완)

구 분		작업능력(m^3/hr)	비 고
소형브레이커(1.3m^3/min)	풍 화 암	0.38	A군 터널에 적용
대형브레이커 + 굴삭기 0.7m^3	풍 화 암	5.6~6.8	B, C군 터널에 적용
	연 암	4.5~5.5	
	보 통 암	3.1~3.7	
	경 암	2.3~2.9	

[주] ① A, B, C군의 구분은 '[토목부문] 3-2-4 터널 굴착시 천공 및 버력처리 장비의 조합 [주] ④' 기준이다.
② 현장조건에 따라 사용장비를 변경하여 적용할 수 있다.

有權解釋

제목 3-2-2 기계 굴착의 능력 중 효율접목에 관하여 질의

질의문

신청번호 2005-015 신청일 2020-05-07
질의부분 토목 제3장 터널공사 3-2-2 기계 굴착의 능력

3-2-2 기계 굴착의 능력에서 『대형브레이커 + 굴삭기 $0.7m^3$』 풍화암 5.6~6.8(m^3/hr)로 되어있어 대형 브레이커 작업능력(풍화암) : TO2 = $6.2m^3$/hr × 0.6(작업효율, 보통) = $3.72m^3$/hr
위와 같이 적용 중 타 현장의 일위대가를 보니 곱하기 0.6(작업효율, 보통)이 되어 시간당 작업량이 줄어든 것을 봤는데 작업능력에 작업효율을 한번 더 산정하는 사례가 있는지에 대해 질의 드리며 있다면 기준은 무엇인지?

회신문

표준품셈 토목부문 "3-2-2 기계 굴착의 능력"에서는 터널공사에서 암분류당 장비의 작업능력을 제시하고 있습니다. 또한 표준품셈 공통부문 "8-2-15 대형브레이커"에서는 대형브레이커에 대한 별도의 작업효율을 제시하고 있지 않습니다.

3-2-3 천공기계의 천공속도('07, '13, '20년 보완)

구 분			소형브레이커	점보드릴	비 고
암 종	풍 화 암		27 cm/min		A군 터널에 적용
	연 암		20 cm/min		
	보 통 암		16 cm/min		
	경 암		12 cm/min		
굴 진 장	1.2m 이하		-	75~85 cm/min	B, C군 터널에 적용
	1.2~2.0m 이하			85~95 cm/min	
	2.0~3.0m 이하			95~105 cm/min	
	3.0m 초과			105~120 cm/min	
비 고	- 점보드릴 천공능력은 풍화암~경암 구간에서 암 종류와 관계없이 굴진장에 따라 적용하나, 극경암 또는 토사 구간에서 점보드릴에 의한 천공효율에 영향을 받는 경우 천공시간을 조정하여 적용할 수 있다.				

[주] ① A, B, C군의 구분은 '[토목부문] 3-2-4 터널 굴착시 천공 및 버력처리 장비의 조합 [주] ④' 기준이다.
② 소형브레이커는 공기소비량 $2.7m^3$/min 기준이다.
③ 소형브레이커는 천공구멍 이동, 공 자리잡기, 공내청소, 비트 바꾸기를 포함하며, 점보드릴은 천공구멍이동, 공 자리잡기, 공내청소 등을 포함한다.

④ 소형터널(단면적 10㎡미만의 터널)의 굴착에는 다음 기준을 적용한다.

구 분		암질별	연암			보통암		경암	
		1발파 진행거리(m)	0.8	1.0	1.1	1.2	1.3	1.4	1.5
굴착단면 1㎡당천공수	도갱면적 (㎡)	5.3	2.1	2.4	3.3	3.5	3.8	4.1	4.5
		9.7	2.0	2.2	3.2	3.4	3.7	4.0	4.3
1 구 멍 당 천 공 길 이 (m)			1.0	1.2	1.3	1.4	1.5	1.6	1.7
뚫기 1구멍 1m당 폭약량(kg/m)			0.25	0.30	0.30	0.32	0.35	0.38	0.40
심 빼 기 구 멍 수			4	5	6	6	7	8	9

※ 폭약은 V cut, Wedge cut, Pyramid cut 발파공법으로 다이나마이트 1호(KSM 4804) 사용을 기준으로 한 것이다.
※ 도화선 및 뇌관은 별도 계상한다.
※ 특수한 공법일 때에는 별도 계상한다.
※ 심빼기 1구멍 1m당 폭약량은 본 표의 1.5~2.0배를 표준으로 한다.
※ 풍화암은 연암의 1발파 진행 0.8m를 준용할 수 있다.
※ 도갱천공 후 넓히기는 싸이클 시간을 계상하지 않을 경우 도갱천공 싸이클 시간의 65%로 한다.

3-2-4 터널 굴착시 천공 및 버력처리 장비의 조합('07, '20년 보완)

구 분	A군	B군	C군	비 고
발파천공 및 록볼트 천공장비	소형브레이커 (2.7㎥/min 2~4대)	점보드릴 (2붐)	점보드릴 (3붐)	장비조합은 공단면 크기 및 조건에 따라 적정하게 조합하여 적용
버 력 상 차 장 비	로더 1.72㎥	로더 3.5㎥	로더 5.0㎥	
버 력 운 반 장 비	로더 1.72㎥	덤프트럭 15톤	덤프트럭 15톤	

[주] ① 공기압축기의 소요대수는 굴착공법과 터널 연장 및 현지조건에 따라 계상한다.
② 전기는 한국전력 수급사용 혹은 발전기 사용으로 현지조건에 따라 계상한다.
③ 버력상차 및 운반장비는 터널의 폭과 높이 등을 고려하여 별도 조합을 할 수 있다.
④ 터널의 구분은 아래 표와 같이 구분하여 적용한다.

A군	- 기계굴착시 소형브레이커 사용이 가능한 소규모 터널 - 발파굴착시 소형브레이커로 천공할 수 있는 소규모 터널.
B군	- 기계굴착시 대형브레이커 사용이 가능한 단선급 터널 - 발파굴착시 점보드릴로 천공은 가능하나 덤프트럭과 로더의 작업이 원활하지 못하고 장비의 교행이 불가능한 규모의 단선급 터널.
C군	- 기계굴착시 대형브레이커 사용이 가능한 복선급 터널 또는 2차로 이상의 터널 - 발파굴착시 점보드릴로 천공이 가능하며, 차량 교행은 물론 덤프 트럭과 로더의 작업이 원활하고 장비의 교행이 가능한 복선급 터널 또는 2차로 이상의 터널.

※ A, B, C는 일반적인 기준이므로 굴착단면 크기 및 현장조건에 따라 장비종류 및 장비규격을 별도로 조합하여 사용할 수 있다.

[참고자료]

구 분	소형터널
발 파 천 공 천 공 장 비	소형브레이커(2대)
버 력 상 차 장 비	인력, 록커쇼벨
버 력 운 반 장 비	리어카, 경운기, 대차

※ 소형터널(단면적 10㎡미만의 터널)은 버력처리를 로더로 사용할 수 없는 단면에 적용한다.

3-2-5 터널굴착 1발파당 작업인원('07, '20년 보완)

(1발파당)

작업종별		발파굴착			기계굴착		
		A군	B군	C군	A군	B군	C군
작 업 반 장	인	1	1	1	1	1	1
착 암 공	인	2~4	-	-	2~4	-	-
점 보 드 릴 운 전 원	인	-	1	1	-	1	1
고 소 대 차 운 전 원	인	-	1	1	-	1	1
로 더 운 전 원	인	1	1	1	1	1	1
굴 삭 기 운 전 원	인	-	1	1	-	1	1
숏크리트머신 운전원	인	1	1	1	1	1	1
기 계 운 전 원	인	1	-	-	1	-	-
보 통 인 부	인	2~4	1~3	2~4	3~5	4~6	6~8
특 별 인 부	인	-	3	4	-	-	-
화 약 취 급 공	인	1	1	1	-	-	-
소 계	인	9~13	11~13	13~15	9~13	9~11	11~13
비 고	- 터널굴착시 병렬터널의 경우와 같이 일개 작업조가 두막장을 동시에 굴착하는 경우는 본 품의 59%를 적용한다. - 소형터널(단면적 10㎡미만의 터널)의 작업조는 아래와 같이 적용한다. ㉮ 작업조는 A군을 기준하여 산정하되 착암공은 2인을 적용하며, 로더 운전원은 록카쇼벨 사용시 적용한다. ㉯ 숏크리트 운전원 및 기계운전원 등은 숏크리트 사용시 적용하며, 동바리 설치시에는 적용하지 않는다. ㉰ 버력처리 인원은 별도 계상할 수 있다.						

[주] ① A, B, C군의 구분은 '[토목부문] 3-2-4 터널 굴착시 천공 및 버력처리 장비의 조합 [주] ④' 기준이다.
② 본 품은 '[토목부문] 3-2-1 터널굴착 1발파당 싸이클 시간(Cycle Time)'에 소요되는 인원이며, 보조공법 인원은 제외되어 있다.
③ 터널내 전기, 환기, 양수 등 설비 및 전기 공사 소요 인력은 별도 계상한다.
④ 굴착단면 크기 및 현장조건에 따라 장비투입을 달리 적용할 경우에는 필요한 인원을 조정하여 적용할 수 있다.

3-3 현장 타설 콘크리트 라이닝

3-3-1 터널 철재거푸집 설치·해체·이동('07, '13, '20년 보완)

(회당)

구 분	단 위	수 량
형 틀 목 공	인	6
콘 크 리 트 공	〃	2
특 별 인 부	〃	1
보 통 인 부	〃	2
콘 크 리 트 펌 프 (차)	대	1
소 요 일 수 (설치/콘크리트타설/해체/이동)	일	1

[주] ① 본 품은 현장 조립이 완료된 상태의 철제거푸집 1span(2차로급 도로 또는 복선급 철도)을 방수면에 설치, 콘크리트 타설 및 양생, 해체, 이동하는 기준이다.
② 본 품은 레일설치, 마감면 합판거푸집 설치, 콘크리트 타설(펌프차) 작업을 포함하며, 거푸집 표면처리(샌딩) 작업은 제외되어 있다.
③ 콘크리트 펌프차 규격은 타설능력 및 현장조건을 고려하여 적용한다.
④ 철제레일, 침목, 박리재 등 소요자재는 제외되어 있다.

3-4 부대공

3-4-1 터널 방수('13년 신설, '20년 보완)

(m^2당)

구 분	단 위	수 량
방 수 공	인	0.011
보 통 인 부	인	0.002

[주] ① 부직포가 방수시트에 부착되어 있는 일체식 터널 방수시트 설치 기준이다.
② 본 품은 숏크리트 면정리, 방수시트 설치, 봉합시험을 포함한다.
③ 공구손료 및 경장비(용접기, 타정기, 공기압축기, 시험기기 등) 기계경비는 인력품의 6%로 계상한다.
④ 재료량은 다음을 참고하여 적용한다.

(m^2당)

구 분	단 위	수 량
일 체 식 방 수 시 트	m^2	1.15

※ 재료량은 할증이 포함되어 있다.
※ 소모자재(타정못 등) 재료비는 별도 계상한다.

3-4-2 작업대차 조립 및 해체('20년 신설)

(회당)

구 분		단 위	수 량
비 계 공		인	5
보 통 인 부		〃	1
소 요 일 수	조 립	일	4
	해 체	일	2

[주] ① 방수 작업용 대차(L=10m, 2차로급 도로 및 복선급 철도)의 조립 및 해체작업 기준이다.
② 작업 대차(발판, 이동용 내부계단 포함) 및 안전시설(낙하물방지망 등)의 설치를 포함한다.
③ 공구손료 및 경장비(전동드릴 등) 기계경비는 인력품의 2%로 계상한다.
④ 재료량은 설계수량을 적용한다.
⑤ 재료 손율은 '[공통부문] 2-2-4 구조물 비계'를 따른다.

3-4-3 터널바닥 암반청소('13년 신설, '20년 보완)

(m²당)

구 분	규 격	단 위	수 량	
			공동구	바닥/인버트
특 별 인 부		인	0.014	0.009
보 통 인 부		인	0.134	0.085
굴 삭 기	0.2m³	hr	0.141	-
굴 삭 기	0.6m³	hr	-	0.085
물 탱 크 (살 수 차)	5500ℓ	hr	0.123	0.074
동 력 분 무 기	4.85kW	hr	0.123	0.074

[주] 터널 바닥, 공동구, 인버트 등 콘크리트를 타설하는 구간에 적용한다.

제 4 장 궤도공사

4-1 공통공사

4-1-1 철도안전처리('23년 신설)

- 궤도공사 중 철도운행 안전관리자(열차감시원, 장비유도원, 안전관리자 등)의 인력투입은 각 항목에서 제외되어 있으며, 필요시 배치인원은 현장조건(시공위치, 차단시간 등)을 고려하여 별도 계상한다.
- 궤도 공사를 위한 임시신호기(서행신호기, 서행예고신호기, 서행해제신호기, 서행발리스), 서행구역통과측정표지, 선로작업표, 공사알림판 등의 설치는 현장조건에 따라 별도 계상한다.

4-2 자갈궤도

4-2-1 궤광조립('11년 신설, '19년 보완)

(일당)

구 분	규 격	단 위	수 량	시공량 (m)	
				단선	복선
궤 도 공		인	16		
보 통 인 부		인	4		
측 량 중 급 기 술 자		인	1	250	270
지 게 차	5ton	대	1		
굴 삭 기 + 부 착 용 집 게	0.2㎥	대	1		
비 고	- 50kg 레일은 시공량을 5%까지 증하여 적용한다				

[주] ① 본 품은 PCT 구간 60kg레일의 일반철도 기준이다.
　　② 중심선측량, 레일배열, 침목배열, 레일침목위올리기, 침목위치정정, 궤광조립을 포함한다.
　　③ 작업현장까지 자재 운반은 별도 계상한다.
　　④ 투입장비는 작업여건에 따라 장비조합을 변경하여 적용할 수 있다.

4-2-2 궤도양로('11년 신설, '19년 보완)

(일당)

구 분	규 격	단 위	수 량	시공량 (m)
궤 도 공		인	4	
보 통 인 부		인	2	250
측 량 중 급 기 술 자		인	1	
양 로 기	11.19kW	대	1	
비 고	- 50kg 레일은 시공량을 5%까지 증하여 적용한다			

[주] ① 본 품은 60kg레일의 1회 양로작업(50mm) 기준이다.
　　② 1차 깬자갈 살포작업 후 양로기(11.19kW)를 사용하여 1종 작업을 위한 작업단면을 형성하는 것이며, 삽다짐 및 측량을 포함한다.

4-2-3 자갈살포('11년 신설, '19년 보완)

(일당)

구 분	규 격	단 위	수 량	시공량(㎥)
궤 도 공		인	1	
보 통 인 부		인	1	240
모 터 카	-	대	1	
자 갈 화 차	30㎥	대	1	

[주] ① 본 품은 자갈적치 장소에서 모터카와 자갈화차로 운반 후 살포하는 기준이다.
② 자갈상차 및 운반비는 별도 계상한다.
③ 모터카와 자갈화차의 운행시 작업자의 안전을 위하여 신호수(보통인부) 1인을 별도 계상할 수 있다.
④ 투입장비는 작업여건에 따라 장비조합을 변경하여 적용할 수 있다.

4-2-4 자갈고르기('11년 신설, '19년 보완)

(일당)

구 분	규 격	단 위	수 량	시공량(㎥)
궤 도 공		인	1	
보 통 인 부		인	1	240
굴 삭 기 + 부 착 용 집 게	0.2㎥	대	1	

[주] ① 본 품은 살포한 자갈을 굴삭기를 사용하여 궤도 위에 고르게 펴넣는 기준이다.
② 투입장비는 작업여건에 따라 장비조합을 변경하여 적용할 수 있다.

4-3 콘크리트 궤도

4-3-1 궤광조립('11년 신설, '19년 보완)

(일당)

구 분		규 격	단 위	수 량	시공량(m)
침목 매립식	궤 도 공		인	16	
	보 통 인 부		인	4	
	측 량 중 급 기 술 자		인	1	
	지 게 차	5ton	대	1	
	굴 삭 기 + 부 착 용 집 게	0.2㎥	대	1	250
직결식	궤 도 공		인	16	
	보 통 인 부		인	6	
	측 량 중 급 기 술 자		인	1	
	지 게 차	5ton	대	1	
	굴 삭 기 + 부 착 용 집 게	0.2㎥	대	0.5	
비 고	- 단선궤도는 시공량을 5%까지 감하여 적용한다				

[주] ① 본 품은 60kg 레일의 복선 일반철도 기준이다.
② 중심선측량, 레일배열, 침목배열, 레일침목위 올리기, 침목 위치정정, 궤광조립을 포함한다.
③ 현장까지 자재 운반은 별도 계상한다.

④ 투입장비는 작업여건에 따라 장비조합을 변경하여 적용할 수 있다.
⑤ 기타 기계경비는 별도 계상한다.

4-3-2 궤광거치('11년 신설, '19년 보완)

(일당)

구 분		규 격	단 위	수 량	시공량(m)
도 상 정 리 작 업	특 별 인 부		인	1	
	보 통 인 부		인	9	
	살 수 차	16,000L	대	1	
궤광조립대 설 치	궤 도 공		인	7	
	보 통 인 부		인	3	
궤 광 높 이 기	궤 도 공		인	7	250
	보 통 인 부		인	3	
	측 량 중 급 기 술 자		인	1	
	양 로 기	11.19kW	대	1	
궤광 정정 및 타 설 준 비	궤 도 공		인	8	
	보 통 인 부		인	2	
	측 량 중 급 기 술 자		인	1	
비 고		- 단선궤도는 시공량을 5%까지 감하여 적용한다			

[주] ① 본 품은 매립식과 직결식 궤광거치에 모두 적용되는 기준이다.
② 도상정리 작업, 궤광조립대 설치, 궤광높이기, 궤광 정정 및 타설준비를 포함한다.
③ 궤도상정리작업은 도상청소 및 물청소 등 콘크리트 타설을 위한 정리작업이다.
④ 광조립대 설치 작업은 궤광조립대 설치, 궤광 서포트 설치 작업이다.
⑤ 궤광높이기 작업은 양로기로 양로하여 궤광을 타설할 일정 높이로 올리는 작업으로 볼트조임, 좌우 서포트 설치, 버팀지지대 설치, 양로기 받침설치 및 이동작업을 포함한다
⑥ 궤광 정정 및 타설준비는 측량을 하여 정정작업을 수행하는 것과 타설전 침목비닐감기 등이다.
⑦ 매립식(LVT) 콘크리트 궤도 부설의 방진상자 설치시 인원(보통인부 2인)을 궤광정정 및 타설준비에 추가 계상한다.
⑧ 본 품의 측량 작업은 궤광높이기와 궤광정정 및 타설준비 단계에 각각 1회 시행을 기준한 것이다.
⑨ 기타 기계경비는 별도 계상한다.
⑩ 콘크리트 타설은 '[공통부문] 제6장 철근콘크리트공사' 편을 따르며, 일반 직선구간과 수평마무리가 필요한 곡선구간으로 분리하여 계상할 수 있다.

4-3-3 타설후 정리('11년 신설, '19년 보완)

(일당)

구 분	규 격	단 위	수 량	시공량(m)
궤 도 공		인	9	
보 통 인 부		인	6	250
측 량 중 급 기 술 자		인	1	
양 로 기	11.19kW	대	1	
비 고	- 단선궤도는 시공량을 5%까지 감하여 적용한다			

[주] ① 본 품은 60kg 레일의 복선 일반철도 기준이다.
② 콘크리트 타설 후 체결구 풀기 및 조이기, 조립대 철거, 궤도검측 작업을 포함한다.
③ 기타 기계경비는 별도 계상한다.

4-4 분기기

4-4-1 분기기 부설('11년 신설, '19년 보완)

(틀당)

구 분	규 격	단 위	수 량
궤 도 공		인	9
보 통 인 부		인	3
측 량 중 급 기 술 자		인	1
크 레 인	50ton	hr	3
굴 삭 기 + 부 착 용 집 게	0.2m³	hr	12

비 고	- 분기기 종류에 따라 다음의 할증을 적용한다					
	구 분	#8	#10	#12	#15	#18
	할증률 50kg	0.70	0.82	0.92	1.15	1.33
	60kg	0.75	0.90	1.00	1.20	1.39

[주] ① 본 품은 자갈궤도에서 #12 탄성분기기(PCT침목, 60kg레일)를 분해된 상태에서 현장 재조립하는 기준이다.
② 포인트부를 제외한 모든 침목이 분해된 상태로 반입된 분기기를 기준한다.
③ 분기기 운반에 소요되는 운반비는 별도 계상한다.
④ 분기기 부설시 소요되는 용접은 별도 계상한다.

4-4-2 신축이음매 부설('11년 신설)

(틀당)

구 분	규 격	단 위	수 량	
			일단	양단
궤 도 공		인	0.25	0.50
보 통 인 부		인	0.13	0.25
측 량 중 급 기 술 자		인	0.06	0.13
크 레 인	20ton	hr	0.33	0.66

[주] ① 본 품은 조립된 상태의 신축이음매(60kg레일)에 대한 조립 및 위치조정하는 기준이다.
② 신축이음매 운반에 소요되는 운반비는 별도 계상한다.
③ 신축이음매 부설시 소요되는 용접은 별도 계상한다.

4-5 궤도용접

4-5-1 가스압접('19년 보완)

(개소당)

구 분	단 위	수 량 (레일규격)	
		50kg	60kg
용 접 공	인	0.25	0.28
궤 도 공	인	0.15	0.17
보 통 인 부	인	0.13	0.14
비 고	\- 운행선 공사의 경우 열차감시원(보통인부) 0.07인을 개소당 추가 계상한다.		

[주] ① 본 품은 가스압접 작업장(기지)에서 문형크레인을 활용하여 레일을 장척화 용접하는 기준이다.
② 레일이동 및 교정, 용접작업, 레일연마, 용접부 육안검사 작업을 포함한다.
③ 외부검사비용, 운전경비, 기계경비, 시편제작비, 기지설치비는 별도 계상한다.
④ 작업기지의 이동 및 장비 가동비는 별도 계상한다.

[참고자료] 레일공사 가스압접 소모재료

(개소당)

품 명	규 격	단 위	수 량(레일규격)	
			50kg 장척화	60kg 장척화
아 세 틸 렌		kg	1.588	1.905
산 소	KSM 1101, 99.5%	kℓ	2.143	2.571
바 퀴 숫 돌	단면용 A36m B11호 A150×8×22 KSL 6501	개	0.250	0.300
	측면용 A24 QWV1호 A205×25×25 KSL 6501	개	0.028	0.033
	평면용 A24 QWV1호 A205×25×25 KSL 6501	개	0.024	0.028
	최종용 A24 QWV 5호 A205×22×22	개	0.010	0.012
버 너	압접가열용	개	0.0004	0.0005
노 즐	압접버너용	개	0.236	0.283

[주] ① 기타 소모품비는 주재료비의 10%까지 계상할 수 있다.
② 산소량은 대기압상태의 기준량이며, 압축산소는 35℃에서 150기압으로 압축용기에 넣어 사용하는 것을 기준한다.

4-5-2 테르밋 용접('19년 보완)

(개소당)

구 분	단 위	수 량
용 접 공	인	0.34
궤 도 공	인	0.23
보 통 인 부	인	0.12
비 고	\- 운행선 공사의 경우 열차감시원(보통인부) 0.11인을 개소당 추가 계상한다.	

[주] ① 본 품은 시공 현장에서 레일(50kg~60kg)을 장대화 용접하는 기준이다.
　　② 용접작업, 레일연마, 용접부 육안검사 작업을 포함한다.
　　③ 외부검사비용, 운전경비, 기계경비는 별도 계상한다.

[참고자료] 레일공사 테르밋 용접 소모재료

(개소당)

품 명	규 격	단 위	수 량(레일규격)	
			50kg	60kg
테 르 밋 용 재		포	1	1
몰 드		개	1	1
골 무	점 화 용	〃	1	1
퓨 즈		〃	1	1
산 소		kℓ	1.5	1.8
프 로 판 가 스		kg	1.5	1.8

[주] ① 기타 재료비는 주재료비의 30%까지 계상할 수 있다.
　　② 산소량은 대기압상태의 기준량이며, 압축산소는 35℃에서 150기압으로 압축용기에 넣어 사용하는 것을 기준한다.

4-5-3 장대레일 설정('11년 신설, '19년 보완)

(km당)

구 분	단 위	수 량	
		레일인장법	자연대기온도법
궤 도 공	인	16.6	16.6
특 별 인 부	인	2.2	-
보 통 인 부	인	6.7	6.7

[주] ① 본 품은 신설공사에서 장대레일을 설정하는 기준이다.
　　② 레일 절단, 궤광해체, 롤러삽입, 레일타격, 궤광조립을 포함한다.
　　③ 용접은 별도 계상한다.
　　④ 기계경비는 별도 계상한다.

4-6 부대공사

4-6-1 자갈채집 및 운반('12년 보완)

(m³당)

구 분			단위	부순자갈현장채집							
				50m	100m	150m	200m	250m	300m	350m	400m
채 집	보통인부		인	0.79	0.79	0.79	0.79	0.79	0.79	0.79	0.79
운 반	보통인부		인	0.22	0.27	0.34	0.40	0.46	0.52	0.59	0.65

[주] 본 품은 현장에서 자갈을 채집하여 트롤리로 운반하는 기준이다.

4-6-2 레일 절단('12, '19년 보완)

(개소당)

구 분	규 격	단 위	수 량 (레일규격)		
			37kg	50kg	60kg
궤 도 공	-	인	0.024	0.025	0.027
보 통 인 부	-	인	0.024	0.025	0.027
절 단 기	40.64cm	hr	0.194	0.201	0.215

[주] ① 본 품은 절단기를 사용하여 레일을 절단하는 기준이다.
② 절단기의 주연료비와 잡재료비는 인력품의 5%로 계상하며, 커터 비용을 포함한다.

4-6-3 레일 천공('12, '19년 보완)

(공당)

구 분	규 격	단 위	수 량
궤 도 공	-	인	0.006
보 통 인 부	-	인	0.006
레 일 천 공 기	1.49kW	hr	0.049

[주] ① 본 품은 레일천공기를 사용하여 레일(37kg~60kg)을 천공하는 기준이다.
② 레일천공기의 주연료와 잡재료비는 인력품의 5%로 계상하며, 드릴 비용을 포함한다.

4-6-4 침목천공('12, '19년 보완)

(침목 개소당)

구 분	규 격	단 위	수 량
궤 도 공	-	인	0.011
침 목 천 공 기	2.46kW	hr	0.090

[주] ① 본 품은 침목천공기를 사용하여 목침목에 나사 스파이크 설치(침목 1개소당 8개소)를 위해 구멍뚫기하는 기준이다.
② 침목천공기의 주연료와 잡재료비는 인력품의 5%로 계상한다.

4-6-5 파워렌치 조임 및 해체('12, '19년 보완)

(침목 개소당)

구 분	규 격	단 위	수 량 조임	수 량 해체
궤 도 공	-	인	0.010	0.010
보 통 인 부	-	인	0.010	0.010
파 워 렌 치	6.6kW	hr	0.076	0.076

[주] ① 본 품은 파워렌치를 사용하여 나사 스파이크(침목 1개소당 8개소)를 조임 또는 해체하는 기준이다.
② 파워렌치의 주연료와 잡재료비는 인력품의 5%로 계상한다.

4-6-6 타이템퍼 다짐('12, '19년 보완)

(m^3당)

구 분	규 격	단 위	수 량
궤 도 공	-	인	0.014
타 이 템 퍼	3400회/min	hr	0.111

[주] ① 본 품은 타이템퍼 진동수를 사용하여 자갈도상을 인력으로 다지는 기준이다.
② 타이템퍼의 주연료와 잡재료비는 인력품의 5%로 계상한다.

4-6-7 교상발판 설치('12년 보완)

(10m당)

구 분	단 위	수 량
궤 도 공	인	0.687
보 통 인 부	인	0.344

[주] ① 본 품은 교량상에 작업자의 이동을 위한 발판을 설치하는 기준이다.
② 발판설치, 발판고정 품을 포함한다.

4-6-8 교상가드레일 설치('12, '19년 보완)

(km당)

구 분	규 격	단 위	수 량
궤 도 공	-	인	36
보 통 인 부	-	인	14
굴 삭 기 + 부 착 용 집 게	0.2㎥	hr	46.7

[주] ① 본 품은 교상에 가드레일을 설치하는 기준이다.
② 가드레일 부설, 침목천공, 나사 스파이크 박기 작업을 포함한다.

4-6-9 교량침목고정장치 설치('12년 보완)

(개당)

구 분	단 위	수 량
궤 도 공	인	0.025
보 통 인 부	인	0.012

[주] ① 본 품은 교량침목을 교량구조물에 고정하기 위해 앵커를 설치하는 기준이다.
② 침목천공, 후크볼트 설치, 후크볼트 조임 품을 포함한다.

4-6-10 목침목 탄성체결장치 설치('12년 보완)

(침목 개소당)

구 분	단 위	수 량
궤 도 공	인	0.028
보 통 인 부	인	0.022

[주] ① 본 품은 목침목에 탄성체결장치를 설치하는 기준이다.
② 침목천공, 탄성체결장치 부설, 나사 스파이크 조임 품을 포함한다.

제 5 장 강구조공사

5-1 용접교 표준제작 공수

5-1-1 용접교(SM 400~SM 520, SS 400)

(ton당)

공종 형식	부재제작 및 조립 (철판공)		용접 (용접공)		가조립 (철공)	비고
	대형부재	소형부재	맞댐	필렛		
단 순 플 레 이 트 거 더	0.58	2.05	2.25	1.68	0.66	
연 속 플 레 이 트 거 더	1.26	5.47	1.75	1.35	1.01	
박 스 거 더	1.00	3.32	1.26	0.69	0.75	
강 바 닥 판 I	2.67	6.67	1.22	0.63	0.67	단위[주]
강 바 닥 판 박 스	2.33	5.81	1.04	0.54	0.62	참조
트 러 스	1.87	4.14	0.93	0.40	0.69	
아 치	1.69	9.21	0.94	0.56	1.38	
라 멘	2.10	8.99	0.81	0.58	1.76	

[주] ① 부재제작 및 조립에 대한 공수의 단위는 "인/ton"이며, 대형부재와 소형부재로 구분하여 산정한다. 그 구분 기준은 [주]④와 같다.
② 용접품의 경우 맞댐과 필렛 용접을 구분하여 산출하며, 단위는 "인/10m"이다. 여기서 적용되는 용접길이는 모두 [주]⑤, ⑥에 의한 6㎜ 환산길이를 말한다.
③ 톤당 공수의 산정은 다음 공식에 의한다.
환산 공수(인/TON) = {(대형부재공수×대형부재비중)+(소형부재공수×소형부재비중)}+
{(맞댐용접공수×톤당맞댐용접길이)+(필렛용접공수×톤당필렛용접길이)}/10+가조립공수

여기서, 맞댐 및 필렛의 톤당용접길이는 다음 공식에 의한다.

$$톤당용접길이 = \frac{용접길이(m)}{전체중량(톤)}$$

④ 대형부재 및 소형부재 판별기준
 - 플레이트거더교량(단순플레이트거더, 연속플레이트거더)

부재 명칭	대형부재	소형부재
주거더	플랜지, 복부	보강재, 스플라이스 플레이트, 솔플레이트, 기타
가로보	플랜지, 복부	보강재, 스플라이스 플레이트, 연결부, 기타
세로보	플랜지, 복부	보강재, 스플라이스 플레이트, 연결부, 기타
측면세로보, 브라켓	-	모든 재편
수직·수평브레이싱	-	모든 재편
기타	-	낙교방지장치, 가설용보강재

- 박스거더교량(상형교량)

부재명칭	대형부재	소형부재
주거더	플랜지, 복부	종리브, 횡리브, 보강재, 다이아프램, 스플라이스 플레이트, 솔플레이트, 기타
가로보	플랜지, 복부	보강재, 연결부, 스플라이스 플레이트, 기타
세로보	플랜지, 복부	보강재, 연결부, 스플라이스 플레이트, 기타
박스거더내 세로보	플랜지, 복부	보강재, 스플라이스 플레이트, 기타
측면세로보, 브라켓, 수직브레이싱	-	모든 재편
기타	-	낙교방지장치, 가설용보강재

- 강바닥판 Ⅰ

부재명칭	대형부재	소형부재
강바닥판	데크플레이트	횡리브, 강재지보, 단부보강판, 스플라이스 플레이트 등
주거더	플랜지, 복부	보강재, 다이아프램, 스플라이스 플레이트 솔플레이트 등
가로보	플랜지, 복부	보강재, 연결부, 스플라이스 플레이트 등
세로보	플랜지, 복부	보강재, 연결부, 스플라이스 플레이트 등
단부세로보, 종리브, 브라켓 수직·수평브레이싱	-	모든 재편
기타	-	강재지보, 낙교방지 장치 가설용 보강재 등

- 강바닥판 박스

부재명칭	대형부재	소형부재
강바닥판	데크플레이트	횡리브, 강재지보, 단부보강판, 스플라이스 플레이트 등
주거더	플랜지, 복부	횡리브, 종리브, 보강재, 다이아프램, 스플라이스 플레이트, 솔플레이트 등
가로보	플랜지, 복부	보강재, 연결부, 스플라이스 플레이트 등
세로보	플랜지, 복부	보강재, 연결부, 스플라이스 플레이트 등
종리브, 단부세로보, 브라켓	-	모든 재편
기타	-	강재지보, 낙교방지 장치 가설용 보강재 등

- 아치 및 트러스

부재명칭	대형부재	소형부재
상현재, 하현재 단부사재	플랜지, 복부	횡리브, 다이아프램, 보강재, 연결부 스플라이스 플레이트, 솔플레이트 등
사재, 수직재	플랜지, 복부	다이아프램, 보강재, 연결부, 스플라이스 플레이트 등
가로보, 세로보 스트러트재, 교문구	플랜지, 복부	다이아프램, 보강재, 연결부, 스플라이스 플레이트 등
수직·수평브레이싱	사재 및 수평재의 플랜지, 복부	다이아프램, 보강재, 연결부 스플라이스 플레이트 등
브라켓, 단부세로보 세로보수평브레이싱, 종리브	-	모든 재편
기타	-	낙교방지 장치, 가설용 보강재 등

- 라멘

부재명칭	대형부재	소형부재
주거더, 라멘, 우각부	플랜지, 복부	횡리브, 다이아프램, 보강재, 스플라이스 플레이트, 솔플레이트 등
가로보	플랜지, 복부	다이아프램, 보강재, 연결부, 스플라이스 플레이트 등
세로보	플랜지, 복부	다이아프램, 보강재, 연결부, 스플라이스 플레이트 등
수직·수평브레이싱	사재 및 수평재의 플랜지, 복부	다이아프램, 보강재, 연결부 스플라이스 플레이트 등
브라켓, 단부세로보 세로보수평브레이싱, 종리브	-	모든 재편
기타	-	낙교방지 장치, 가설용 보강재 등

⑤ 각 용접별 용접크기를 각장 6㎜의 필렛용접으로 변환하기 위한 환산율

size , t	(1)	(2)	(3)	(4)	(5)
6	1.00	3.48	3.59	3.69	
7	1.36	4.14	3.95	4.10	
8	1.78	4.91	4.37	4.56	
9	2.26	5.67	4.83	5.08	
10	2.78	7.78	7.42	7.73	
11	3.36	8.75	7.97	8.35	
12	4.00	9.79	8.57	9.03	

size, t	(1)	(2)	(3)	(4)	(5)
13	4.69	10.8	9.21	9.75	
14	5.44		9.90	10.5	
15	6.25		10.6	11.4	
16	7.11		11.4	12.3	13.0
17	8.03		12.2	13.2	13.8
18	9.00		13.1	14.2	14.6
19	10.03		14.0	15.2	15.5
20	11.11		15.0	16.3	16.3
21			16.0	17.5	17.2
22			17.1	18.7	18.1
23			18.2	20.0	19.1
24			19.3	21.3	20.0
25			20.5	22.6	21.1
26			21.7	24.0	22.1
27			23.0	25.5	23.1
28			24.4	27.0	24.2
29			25.7	28.6	25.4
30			27.2	30.2	26.5
31			28.6	31.9	27.7
32			30.1	33.7	28.9
33			31.7	35.4	30.1
34			33.3	37.3	31.4
35			35.0	39.2	32.7
36			36.7	41.1	34.0
37			38.4	43.1	35.3
38			40.2	45.2	36.7
39			42.0	47.3	38.1
40			43.9	49.5	39.5
41					41.0
42					42.6
43					44.1
44					45.7
45					47.3
46					49.0
47					50.7
48					52.4
49					54.2
50					56.0

size, t	(6)	(7)	(8)	(9)	(10)
6	5.87		5.52		2.86
7	6.30		5.99		3.90
8	6.79		6.51		5.09
9	7.31		7.10		6.44
10	7.93		7.74		7.95
11	8.52		8.43		9.62
12	9.19		9.19		11.5
13	9.90		10.0		13.4
14	10.6		10.9		15.6
15	11.5		11.8		17.9
16	12.3	12.8	12.8	13.1	20.4
17	13.3	13.7	13.8	14.0	23.0
18	14.1	14.5	14.9	15.0	25.8
19	15.2	15.4	16.1	15.9	28.7
20	16.2	16.3	17.3	17.0	31.8
21	17.2	17.3		18.0	35.1
22	18.4	18.2		19.1	38.5
23	19.6	19.3		20.3	42.1
24	20.8	20.3		21.4	45.8
25	22.0	21.4		22.6	49.7
26	23.4	22.4		23.9	53.8
27	24.8	23.6		25.2	58.0
28	26.1	24.7		26.5	62.3
29	27.6	25.9		27.9	66.9
30	29.1	27.1		29.2	71.6
31	30.7	28.4		30.7	76.4
32	32.2	29.6		32.1	81.4
33	33.8	30.9		33.7	86.6
34	35.5	32.2		35.2	91.9
35	37.2	33.6		36.8	97.4
36	39.0	35.0		38.4	103
37	40.8	36.4		40.0	109
38	42.7	37.9		41.7	115
39	44.6	39.3		43.5	121
40	46.5	40.8		45.2	127
41		42.2		46.7	134
42		43.6		48.2	140
43		45.1		49.8	147
44		46.5		51.4	154

size, t	(6)	(7)	(8)	(9)	(10)
45		48.0		53.0	161
46		49.7		54.6	168
47		51.2		56.3	176
48		52.8		58.1	183
49		54.5		59.9	191
50		56.2		61.7	199

size, t	(11)	(12)	(13)	(8)	(9)	(10)	
6	1.24	1.24	1.65	28	19.9	19.9	
7	1.61	1.61	2.25	29	21.3	21.3	
8	2.02	2.02	2.94	30	22.7	22.7	
9	2.48	2.48	3.72	31	24.2	24.2	
10	2.98	2.98	4.59	32	25.7	25.7	
11	3.54	3.54	5.56	33	27.3	27.3	
12	4.13	4.13	6.61	34	28.9	28.9	
13	4.78	4.78	7.76	35	30.5	30.5	
14	5.46	5.46	9.00	36	32.2	32.2	
15	6.20	6.20	10.3	37	34.0	34.0	
16	6.98	6.98	11.8	38	35.8	35.8	
17	7.81	7.81	13.3	39	37.6	37.6	
18	8.68	8.68	14.9	40	39.5	39.5	
19	9.60	9.60	16.6	41	41.4		
20	10.6	10.6	18.4	42	43.4		
21	11.6	11.6		43	45.4		
22	12.6	12.6		44	47.5		
23	13.7	13.7		45	49.6		
24	14.9	14.9		46	51.7		
25	16.1	16.1		47	53.9		
25	16.1	16.1		48	56.2		
26	17.3	17.3		49	58.5		
27	18.6	18.6		50	60.8		

⑥ 각 용접별 용접크기를 각장 6mm의 필렛용접으로 변환하기 위한 용접타입

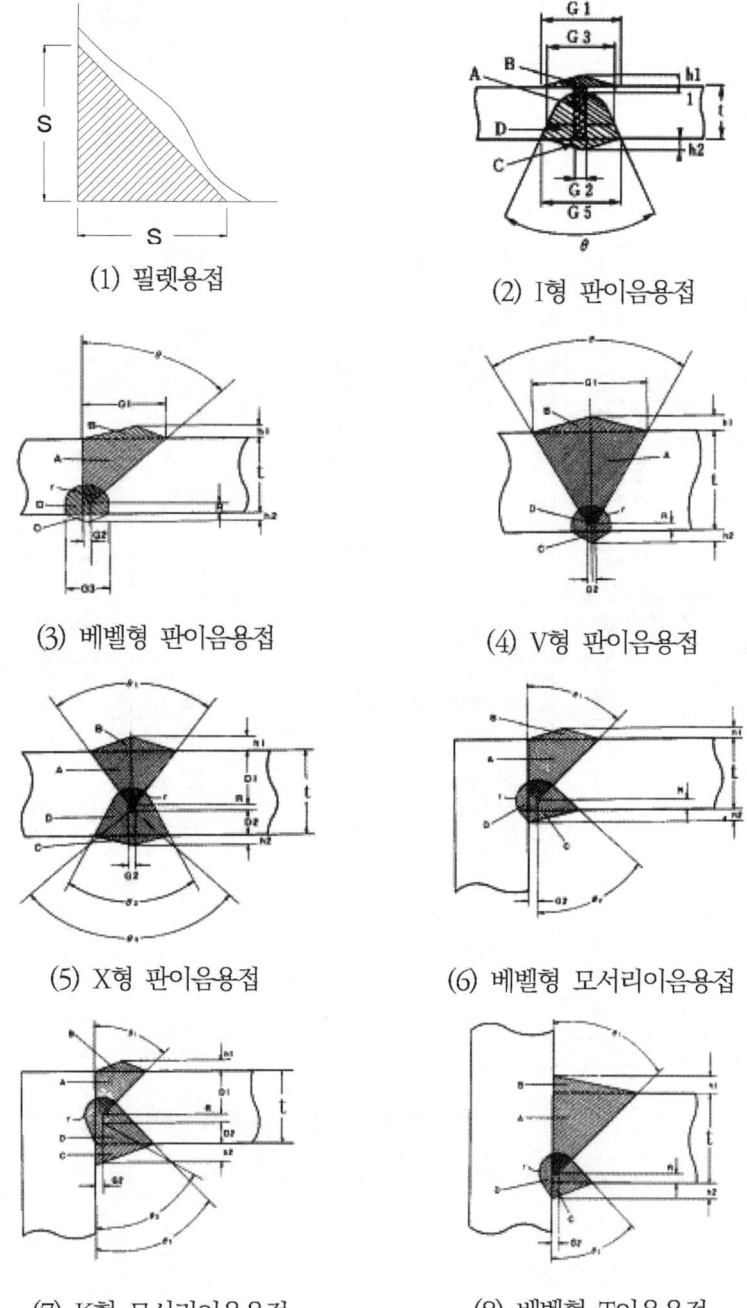

(1) 필렛용접
(2) I형 판이음용접
(3) 베벨형 판이음용접
(4) V형 판이음용접
(5) X형 판이음용접
(6) 베벨형 모서리이음용접
(7) K형 모서리이음용접
(8) 베벨형 T이음용접

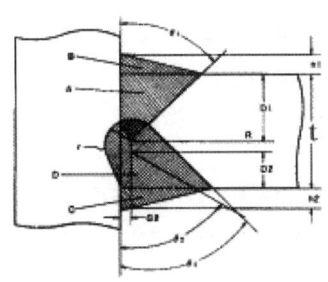

(9) K형 T이음용접

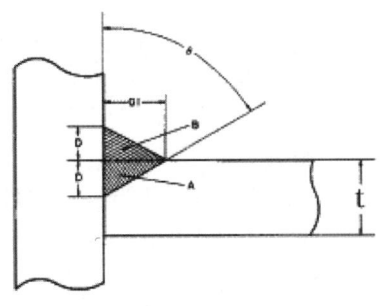

(10) 베벨형 필렛 T이음용접

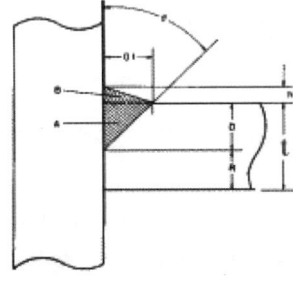

(11) 베벨형 부분용입 T이음용접

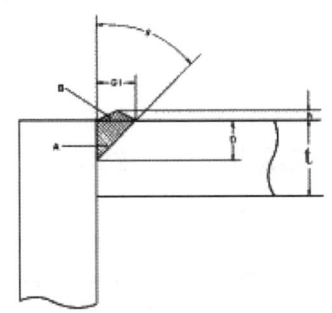

(12) 베벨형 부분용입 모서리이음용접

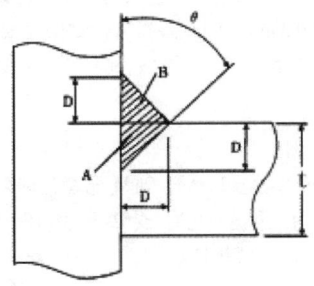

(13) 베벨형 부분용입과 모서리이음용접의 병용

有權解釋

제목 1 용접교에서 맞댐용접 길이 환산에 대한 질의

질의문

신청번호 2104-098 신청일 2021-04-22
질의부분 토목 제5장 강구조공사 5-1-1 용접교(SM400~SM520,SS400)

5-1-1 용접교 [주] ② 용접 품의 경우 맞댐과 필렛 용접을 구분하여 산출하며, 단위는 "인/10m"이다. 여기서 적용되는 용접길이는 모두 [주] ⑤, ⑥에 의한 6mm 환산길이를 말한다.라는 주석이 있습니다. 그래서 그 동안 맞댐용접의 경우 맞댐길이를 구한 후 환산율을 곱하여 6mm 필렛용접 환산길이로 재산정한 다음 재산정한 6mm 필렛용접 환산길이를 맞댐용접공에 곱하여 품을 산정하였습니다. 하지만, 다른 의견으로 [주] ⑤, ⑥이 6mm 필렛용접으로 변환하기 위한 환산율이라고 제목이 적혀 있으니 필렛용접으로 환산한 것이고 맞댐용접이 아닌 필렛용접공을 곱하여 품을 산정하여야 한다는 의견이 있습니다.

1안 - 맞댐용접길이 × 6mm필렛용접 환산율 × 맞댐용접공
2안 - 맞댐용접길이 × 6mm필렛용접 환산율 × 필렛용접공
1안과 2안 중 어느것이 맞는 것인지 답변 부탁드립니다.

회신문

표준품셈 토목부문 "5-1-1 용접교" [주]⑥사항은 각 용접별 용접크기를 해당용접(맞댐, 필렛)의 공수에 적용시키기 위한 환산율로서 맞댐용접은 맞댐용접공 수 및 용접 길이, 필렛용접은 필렛용접공 수 및 용접길이로 적용하시기 바랍니다.

또한 주2 "용접 길이는 모두[주]⑤,⑥에 의한 6mm환산길이를 말한다"를 참조하시기 바랍니다. 필렛용접의 경우 주⑥의 1)에서 제시되는 각장길이(s)에 해당되는 길이를 주⑤의 1)에서 제시된 환산율에서 찾으시어 필렛용접 공수에 곱하시면 됩니다. 맞댐용접의 경우 주⑥의 1),2),3),4),5)에서 제시되는 "s 또는 t"에 해당되는 길이를 주⑤의 2),3),4),5)에서 제시된 환산율에서 찾으시어 맞댐용접 공수에 곱하시기 바랍니다.

제목 2 17-1 용접교제작 품 적용에 있어 단순플레이트거더와 연속플레이트거더 분류기준 문의

질의문

"건설공사 표준품셈 제17장 철강 및 철공 공사" 「17-1-1 표준제작 공수」편에서 '1. 용접교(SM400~SM520, SS400)' 품의 적용표에 의하면 교량의 형식별 분류에서 "단순플레이트 거더"와 "연속플레이트 거더"의 분류기준은 어떻게 되는지?

[문의1] 단순플레이트 거더교의 정의와 그 범주는 어떻게 되는지요?
[문의2] 연속플레이트 거더교의 정의와 그 범주는 어떻게 되는지요?
[문의3] 단순플레이트 거더교와 연속플레이트 거더교의 분류기준은 어떻게 되는지요?
참고로, 현재 논쟁 중인 연속플레이트거더 적용관련 설명 자료를 첨부하오니 참고하여 검토하여 주시기 바랍니다.

회신문

표준품셈 토목부문 "15-1 용접교 제작"에서 단순플레이트거더와 연속플레이트거더의 분류는 일반적인 교량 분류기준과 동일하며, 중간지점을 갖고 있는가의 여부에 따라 분류됩니다. 즉 중간지점이 없으면 단순교이며, 있으면 연속교가 됩니다.

5-1-2 용접교(SM 570)

(ton당)

형 식	할증계수(A)
단순 및 연속플레이트거더	0.28
상기 이외의 형식	0.25

[주] 할증계수 적용은 다음과 같이 한다.
① SM 400~SM 520, SS 400과 동일한 표준제작품을 적용하고 할증계수를 사용하여 보정한다.
② 할증계수의 적용은 "부재제작 및 조립", "용접" 공종에 대해서만 적용한다.
③ 가조립 공종은 '[토목부문] 5-1-1 용접교(SM 400~SM 520, SS 400)'와 동일한 제작품을 적용한다.
④ 전체 강교량 중량에서 SM570강재 사용분에 대한 비율만을 고려하여 산정한다.

예시) 교량형식 : 단순플레이트거더

전체 중량 : 580,000tonf
전체중량에서 SM570강재가 점하는 중량 : 50,000tonf
1) SM570강재가 점하는 중량비율(B)
   50,000 ÷ 580,000 = 0.086
2) SM570강재 제작품(C)
   C = (1 + A × B) × "SM 400~SM 490, SS 400" 표준제작품
   - 부재제작 및 조립
     대형부재 : (1 + 0.28 × 0.086) × 0.58 = 0.59
     소형부재 : (1 + 0.28 × 0.086) × 2.05 = 2.10
   - 용접
     맞댐용접 : (1 + 0.28 × 0.086) × 2.25 = 2.30
     필렛용접 : (1 + 0.28 × 0.086) × 1.68 = 1.72
   - 가 조 립 : SM 400~SM 520, SS 400" 표준제작품

5-1-3 재료비('08, '13, '14년 보완)

품 명	단 위	수 량	비 고
강 판	ton		1. 복부재가 솟음이 있는 경우는 솟음을 포함한 가로치수와 직각인 세로치수로 산정한다. 2. 플랜지 및 복부판에서 서로 다른 규격의 용접이음으로 인하여 발생되는 모서리따기 및 베벨링 절삭부분은 포함시킨다. 3. 다이아프램에서 통로를 두기 위하여 절단된 부분이 $0.5m^2$이하인 경우에는 포함시킨다. 4. 보강재 및 이음재에서 절단된 나머지 부분은 그 크기가 $0.5m^2$이상이거나 폭이 0.3m이상이면 포함시키지 않는다. 5. 형강재에서 이음을 위한 모서리따기 부분과 구멍은 포함시킨다. 6. 설계중량에 의한 재료 손실량은 6% 이내로 한다.
앵 커 바	ton		러그, 스터드 및 다월 등은 포함시키며 연결용 볼트는 포함시키지 않는다. 러그, 스터드 및 다월 등의 예비품수는 설계수량의 3.5%로 한다.
용 접 봉 산 소 L P G 가 스 잡 품 · 기 타	kg m^3 kg 식	26 15.0 10.0 1	산소량은 대기압상태의 기준량이며, 압축산소는 35℃에서 150기압으로 압축용기에 넣어 사용하는 것을 기준한다. 부재료비의 5%이내

[주] ① 제작도(shot drawing) 작성 비용은 별도 계상하되, 박스거더, 플레이트거더의 경우 0.4인/톤, 박스거더, 플레이트거더 이외의 경우 0.56인/톤을 적용할수 있으며, 이에 대해서도 각종 조건에 따른 증감율을 적용한다.{직종은 중급숙련기술자(건설 및 기타) 적용}
② 공장제작에 따른 제경비는 표준제작공수의 60%이며, 표준제작공수에 포함되지 않았다.
③ 산재보험료·기타경비·간접노무비·일반관리비·이윤 등은 공장제작에 따른 제경비에 포함되지 않았다.
④ 본 품은 고장력 볼트 조임품이 제외된 것이다.
⑤ 2종 이상의 다른 형식으로 조합된 경우의 표준제작공수는 중량비에 따라 환산한다.
⑥ 사장교 및 현수교의 주탑제작은 제작정밀도에 따라 별도 계상한다.
⑦ 강교 본체의 각종 조건에 따라 다음 증감율을 적용하여 제작공수를 보정한다.
   제작공수=표준제작공수×(1+a+b+c+d)

㉮ 동일 거더 형식의 연속에 대한 증감(a)

연 수	2	3내지 4	5내지 6	7이상
증가율(%)	-3	-4	-5	-6

※ 상하행선이 분리된 경우는 2배로 보며, 폭원, 거더높이 및 구조가 동일한 치수로서 교량연장이 약간 다른 경우 및 종단곡선이 약간 다른 경우에도 이에 해당됨.

㉯ 총중량에 의한 증감(b)

(T : 중량)

형식＼중량	T≦40톤	40〈T≦70톤	70〈T≦100톤	100〈T≦150톤	150〈T
플레이트거더	(+)15%	(+)7%	0	0	0
박스거더	-	(+)15%	(+)7%	0	0
기타형식	-	(+)15%	(+)7%	(+)2%	0

※ 교량 전체 중량을 기준으로 하며, 2종 이상의 다른 형식으로 된 경우에는 중량이 가장 큰 형식의 난을 적용

㉰ 사각(斜角)에 대한 증감(c)

형식＼사각	85°이상	85°미만~75°이상	75°미만~45°이상	45°미만
박스거더 이외의 형식	0	(+) 3%	(+) 5%	(+) 10%
박스거더	0	(+) 3%	(+) 3%	(+) 3%

※ 교량단부가 경사진 교량(평면적으로 경사진 교량)에 대해 적용하며, 주거더자체가 구부러진 곡선교는 사각에 의한 공수 할증을 하지 않음.

㉱ 곡률(曲率)에 대한 증감(d)

(R:곡률반경(m))

형식＼곡률	500≦R	500〉R≧250	250〉R≧100	100〉R
박스거더 이외의 형식	0	(+)9%	(+)15%	(+)20%
박스거더	0	(+)19%	(+)25%	(+)29%

※ 주거더 자체만 구부린 경우에 적용하며, 곡선의 반경이 변화될 때에는 지간마다 곡선반경에 의한 공수를 할증함.

⑧ 각종 검사시험비(방사선투과시험, 초음파탐상시험 등) 및 시방서에서 특별히 요구하는 재료시험비 등은 별도 계상한다.
⑨ 제작수량은 해당부재의 면적을 포함하는 최소면적의 직(정)사각형으로 산출한다. 단, 구멍이나 곡선부 등으로 공제되는 부분의 부재를 별도 가공없이 재사용할 수 있는 경우에는 예외로 한다.

有權解釋

제목 1 강재(H형강 등)의 잡철물 제작 및 설치 품의 적용 가능 여부

질의문
신청번호 2211-057 신청일 2022-11-17
질의부분 토목 제5장 강구조공사 5-1-3 재료비

북한강 횡단교량 기초공사(RCD 단일말뚝)의 RCD장비 거치를 위한 지그자켓 강재(127톤) 중 아래와 같은 주요 자재에 대하여 잡철물 제작 및 설치 품의 적용 가능 여부 질의
건축시방서에서 잡철물 제작 및 설치 품의 적용이 가능한 경량 철재는 단면 6mm이하로 알고 있습니다. 아래와 같은 자재에 대하여 잡철물제작 및 설치 품의 적용이 적정한 지 답변 부탁드립니다.
H-Beam(100×100×6×8) : 길이 0.4m~12.0m
ANGLE(L-90×90×10) : 길이 0.49m~5.02m
ST'L PLATE(12mm) : 길이 1.0m~5.02m, 폭 B=1.5m

회신문
표준품셈 건축부문 "8-3-1 잡철물 제작 설치"는 철골공사에서 해당되지 않는 철제품(주자재 : 철판, 앵글, 파이프 등)을 제작/ 설치하는 것으로, 철골공사에 해당되지 않는 철재 품의 제작 및 설치"로 해당 품을 제시하고 있습니다.
표준품셈 건축부문 "8-3-1 잡철물 제작 및 설치"에서 경량 철재는 원자재(철재, 스테인리스, 알루미늄 등)의 두께를 얇게 하여 제작 및 설치에 필요로 하는 중량을 낮춘 경우이며, 일반적으로 중하중을 필요로 하지 않는 시설(ex. 강화유리 문틀, 경량벽체 철골틀(스터드, 러너), 스테인리스난간 등)에 해당됩니다. 그 외 경량철재에 대한 세부적인 규정은 별도로 정하지 있지 않습니다.

제목 2 강판의 할증 질의

질의문
신청번호 2206-031 신청일 2022-06-08
질의부분 토목 제5장 강구조공사 5-1-2 용접교(SM570)

표준품셈에는 강판의 할증은 10%라고 명시되어 있습니다. 5-1-2 용접교에 보면 설계중량에 의한 재료손실량은 6%이내로 한다.라고 명시되어 있습니다.
여기서 용접교를 강판으로 설계를 할 경우 손실량 6% 적용과 할증률 10% 적용해서 16%를 적용해야 하는 것인지? 강판 할증률 10%를 적용해야 하는 것인지? 10%로 명시되어 있으나 손실량 6%만 적용해야 하는 것인지 궁금합니다. 만약 손실량 6%만 가산하는 것이라면 용접교는 면적이 커서 그런 것인지 그 이유도 알고 싶습니다.

회신문
용접교제작(공장 제작)할 경우 강판의 재료 할증률은 표준품셈 토목부문 "5-1-3 재료비"에서 제시하는 강판의 재료 할증률(6%)을 적용하시면 되며, 일반적인 현장에서의 강판 재료할증률은 표준품셈 공통부문 "1-4-1 재료의 할증률/ 5. 강재류"을 참조하시기 바랍니다.

제목 3 가시설 흙막이시공 시 강재 손료 산정

질의문

신청번호 2004-036 신청일 2020-04-13
질의부분 토목 제5장 강구조공사 5-1-3 재료비

가시설 H-Pile 손료와 계측기 관련하여 당초 H-Pile 손료가 3개월 57톤으로 설계되어 2019년 6월부터 시공 중 설계도와 현장이 상이하여 실정보고 후 2019년 8월 7일 147톤으로 실정보고 승인을 받았고, 2019년11월말 흙막이공사가 완료되었습니다.
실정보고 시 강재의 시공량이 늘어서 공사 기간이 늘어나므로 추가 손료를 요청하였으나, 사업관리단에서 설계사무소에 문의.회신결과 흙막이공사 완료시점부터 강재 손료를 적용했다. 라는 답변을 받았습니다.
공사 완료(11월말) 시까지 약 5개월의 손료가 발생되었고, 앞으로 2020년 6월까지 존치 예상으로 12개월의 손료가 발생되는바 손료 적용 시점을 어떻게 적용하는지?
1. 가설공사 완료 시부터 가설공사 철거 시 까지인지?
2. 강재반입 시부터 가설공사 철거 시작점 부터인지?
3. 계측기 보고서 시작부터 보고서 완료시까지?
※ 강재임대료는 반입 시점부터 임대료가 발생됩니다.

회신문

표준품셈 공통부문 "2-2-1 주요자재"는 사용 기간에 따른 가치의 감소를 신강재에 대한 백분율로 표시한 것으로 손율 적용기간은 일반적으로 설치, 존치, 해체하는 기간에 해당됩니다.

5-2 강교도장

5-2-1 소재 표면처리

(㎡당)

구 분	단 위	규 격	수 량
도 장 공	인		0.011
철구(Shot ball)	kg		0.127
무기질아연말샵프라이머	ℓ	도막두께20μm	0.157

有權解釋

제목 강교도장 보수 바탕처리비용 관련 질의

질의문

공용중 고속도로 강교도장 보수 시 바탕처리 관련하여 2015년 건설공사 표준품셈에 보수도장 바탕처리가 총 2가지로 분류되어 있습니다.
토목부문 제17장 철강 및 철골공사 17-3-1 보수도장 바탕처리와 기계설비부문 제1장 1-4-2 바탕만들기 관련하여 바탕처리비용 단가 적용시 혼선이 있어서 질의합니다.

[질의1]
현재 공용 중인 고속도로의 강교 도장보수 시 적용하는 바탕처리 적용 품셈은 토목부문 보수도장 바탕처리 품셈을 적용하는 것인지? 기계설비부문 바탕만들기 품셈을 적용하는 것인지?

[질의2]
기계설비부문의 바탕만들기는 강교 최초제작 시 사용하는 바탕처리 단가인지? 아니면 어떤 공정의 경우에 적용하는지?

회신문
현행 표준품셈 토목부문 "17-3-1 바탕처리"는 강교(용접교)에서 보수도장 시 바탕처리에 필요한 품을 제시한 것이며, 기계설비부문 "1-4-2 바탕만들기"는 일반적인 기계설비분야 탱크류, 모터류, 철판류 등의 칠공사를 위한 바탕만들기 품을 제시한 것임을 참조하시기 바랍니다.

監査

제목 도색 및 방수공사 설계 부적정

내용
○○○○시에서 발주한 "버스승강대 도색공사" 2건의 공사에 필요한 철재면 바탕만들기 품은 건설공사 표준품셈 17-2-3에 m²당 연마지(#180) 0.25매, 도장공 0.015인을 적용토록 규정되어 있고, 이 품에는 재료의 할증 및 소운반 품이 포함되어 있음에도 공사현장 안전관리 등의 이유로 임의적으로 재료비 및 인건비에 할증 150%를 적용하여 연마지 0.375매, 도장공 0.023인을 적용하여 11,000천원 과다설계한 사실이 있음.

조치할 사항
○○○○시 △△△과장은 철재면 바탕만들기 품에 임의적으로 할증 150%를 적용하여 공사비 11,000천원 상당 과다 설계한 담당자는 주의 조치하시고, 앞으로 건설공사 설계 및 감독업무에 철저를 기하시기 바람

5-2-2 제품 표면처리

(m²당)

구 분	단 위	수 량
도 장 공	인	0.031
철 편 (G r i t)	kg	0.245
비 고	- 제품 표면처리의 경우, BOX 형상의 내면에 대해서는 인력품을 60% 할증한다.	

[주] ① 본 품은 강교도장을 위하여 공장에서 행하는 표면처리를 기준한 것으로, 자재반입후의 소재 표면처리(Shot Blasting) 및 전처리프라이머, 강교제작후 도장전의 제품표면처리(Grit Blasting)를 대상으로 한 것이다.
② 표면처리 규격은 "도로교표준시방서"(국토교통부 제정)의 SSPC SP10(준나금속 블라스트 세정)을 기준한 것이다.
③ 본 품의 인력품에는 공장경비가 포함되어 있다.
④ 재료의 수량은 할증량이 포함된 것이다.

有權解釋

제목 강교보수 바탕처리(장비) 문의

질의문
신청번호 2102-049 신청일 2021-02-09
질의부분 토목 제5장 강구조공사 5-2-2 제품 표면처리

5-3-2 강교보수 바탕처리(장비) 항목에서 장비분야 중 믹싱기, 집진기, 에어 제습장치 시스템에 대한 기계단가 산출근거를 기계항목에 찾아봐도 없어서 문의드립니다.
이런 부문은 임의대로 산출해도 되는 것인지? 아니면 따로 산출근거 있는지? 궁금합니다

회신문
표준품셈 토목부문 "강교보수 바탕처리(장비)"에서 강교보수를 위한 장비(믹싱기, 진공흡입기, 집진기, 에어 제습장치 시스템)의 기계경비는 별도 계상하시기 바랍니다.

5-2-3 도장재료 사용량('08년 보완)

(㎡당)

구 분	단 위	사용량
도 료	ℓ	$\dfrac{\text{도막두께}(\mu)}{\text{고형분용적비} \times 10} \times \dfrac{1}{1-\text{손실률}(\%)/100}$
희 석 재	ℓ	도료 사용량의 25%

[주] ① 도료사용량 산출식의 고형분용적비 및 손실률은 다음을 표준으로 한다.

㉮ 고형분용적비

도료종별	고형분용적비(%)
무 기 질 아 연 말 도 료	60 이상
염 화 고 무 계 도 료 (중 도)	43.0
염 화 고 무 계 도 료 (상 도)	39.0
역 청 질 계 도 료	54.7
후 막 형 에 폭 시 계 도 료	70
폴 리 우 레 탄 계 도 료	50
자 연 건 조 형 불 소 도 료	30
콜 탈 에 폭 시 계 도 료	73.0

※ 고형분 용적비는 도료 제작회사에 따라 변경이 가능하다.

㉯ 손실률

구 분	공 장 도 장 (에어리스스프레이)		현 장 도 장			
			에어리스스프레이		붓 또는 롤러	
	하도	중·상도	하도	중·상도	하도	중·상도
손실률(%)	36	32	44	40	28	24

② 잡재료는 도료와 희석재 합계액의 10%로 계상한다.
③ 희석재 사용량은 도료 희석 및 사용기구 세정에 사용되는 수량이다.
④ 표면처리면적 및 도장면적은 표준품셈 '5-1 용접교 표준제작 공수'의 강교제작수량 산출기준에 따라 산출하며, 스터드볼트 및 연결볼트 등의 면적은 포함시키지 않는다.

5-2-4 도장

(인/㎡/회)

구 분	단 위	공 장 도 장 (에어리스스프레이)	현 장 도 장	
			에어리스스프레이	붓 또는 롤러
도 장 공	인	0.020	0.022	0.025
공구손료	식	-	인력품의 5%	인력품의 2%
비 고	- 박스거더 내면 도장과 같은 내면 도장의 경우 인력품을 60% 할증한다. - 공장에서 상도(마감도장)까지 완료하고 현장에서 연결부만을 도장할 경우에는 연결부에 대해서 인력품을 50% 할증한다.			

[주] ① 본 품은 도장횟수 1회를 기준한 도장면적 1㎡당에 소요되는 품이며, 신설교량의 도장을 대상으로 한 것이다.
② 공장도장의 인력품에는 공장경비가 포함되어 있다.
③ 현장도장의 경우 비계 등 작업대시설이 필요한 경우에는 별도 계상한다.

제 6 장 관부설 및 접합공사

6-1 공통사항

6-1-1 적용범위 및 범위('18년 신설, '23년 보완)

1. 본 장은 상수, 하수 등 신설 및 유지보수 관로공사를 대상으로 한다.
2. 관부설 및 접합공사는 일반화된 관종 및 공법 기준이며, 관의 재질 및 접합 방식이 유사한 관에는 본 품을 준용할 수 있다.
3. 관부설 및 접합공사에는 위치 및 높이 확인, 관로표시테이프 부설 작업을 포함한다.
4. 굴착공사, 기초공사, 관보호공, 복구공사는 별도계상한다.

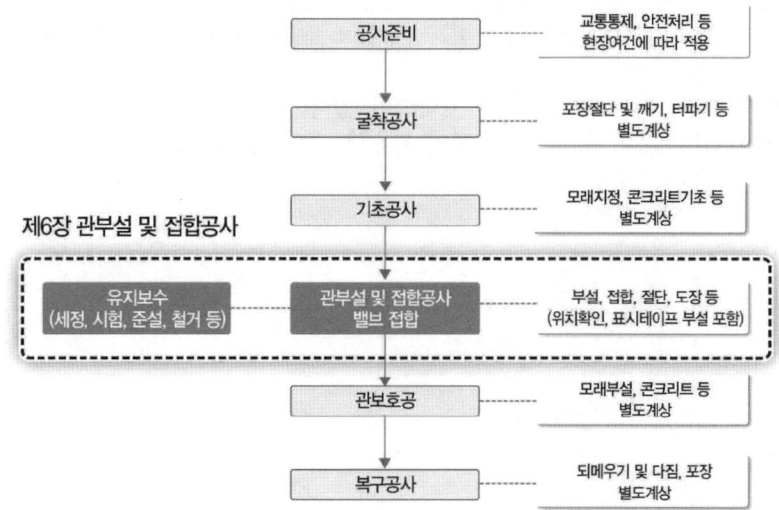

5. 교통통제 및 안전처리를 위한 인력은 제외되어 있으며, 필요시 배치인원은 현장조건(교통상황, 통제시간 및 범위 등)을 고려하여 별도계상한다.
6. 도면작성 또는 성과 확인을 위한 별도의 측량 작업은 제외되어 있다.
7. 양수 발생 시 양수작업에 소요되는 비용은 별도 계상한다.
8. 관부설 및 접합공사는 토공사(굴착 및 복구공사 등)에 영향을 받아 시공되는 기준으로 현장의 시공조건을 고려하여 인력 및 장비 품에 다음과 같이 요율을 적용할 수 있다. 본 요율은 관부설 및 접합(강관도장 포함)에 적용한다.

구분	내용	요율
시공조건 A	- 당일 굴착 및 복구공사에 영향을 받으며 시공하는 현장 - 통행제한, 지장물(매립물 등) 등으로 인해 연속적인 굴착이 불가능하여 굴착과 관부설 및 접합을 병행하여 반복적으로 시공하는 경우	-
시공조건 B	- 당일 굴착 및 복구공사에 영향을 받으며 시공하는 현장 - 굴착 작업이 분리 선행되어 부설 및 접합을 연속적으로 시공하는 경우	75%

구분	내용	요율
시공조건 C	- 굴착 및 복구공사의 영향없이 시공하는 현장 - 선행작업(굴착공사 또는 기초공사)이 완료된 상태의 개착구간으로 부설 및 접합을 단독으로 시공하는 경우	50%

9. 주택가, 번화가 등 이와 유사한 현장에서 연속적인 작업이 불가능한 관부설 터파기 토공사는 '[공통부문] 8-2-3 굴삭기 / 2.작업효율(E) / 주⑦'을 적용한다.

6-2 주철관

6-2-1 부설('23년 보완)

(본당)

관경 (mm)	배관공(수도) (인)	보통인부 (인)	크레인 (hr)
100이하	0.06	0.03	0.30
125	0.07	0.04	0.33
150	0.09	0.05	0.36
200	0.12	0.07	0.42
250	0.16	0.08	0.48
300	0.19	0.10	0.54
350	0.22	0.12	0.60
400	0.25	0.14	0.66
450	0.29	0.15	0.72
500	0.32	0.17	0.78
600	0.38	0.21	0.90
700	0.45	0.24	1.02
800	0.51	0.28	1.14
900	0.58	0.31	1.26
1,000	0.64	0.35	1.38
1,100	0.71	0.38	1.50
1,200	0.77	0.42	1.62

비고
- 인력에 의한 부설을 수행하는 경우 다음 품을 적용한다.

구 분	관경(mm)	부 설 공	
		배관공(수도)(인)	보통인부(인)
인 력	80	0.06	0.16
	100	0.09	0.18
	120	0.10	0.22
	150	0.14	0.35

[주] ① 본 품은 직관(6m) 및 이형관(곡관, 이음관 등)을 부설하는 기준이다.
② 본 품은 관부설, 위치 및 구배 확인, 관로표시테이프 부설 작업을 포함한다.

③ 크레인 규격은 다음을 참고하여 적용하며, 현장조건(작업범위, 위치 등)에 따라 변경할 수 있다.

구분	관경
크레인 10ton급	600mm 이하
크레인 15ton급	700mm 이상

6-2-2 타이튼 조인트관 접합('23년 보완)

(개소당)

관경 (mm)	배관공(수도) (인)	보통인부 (인)	관경 (mm)	배관공(수도) (인)	보통인부 (인)
100이하	0.06	0.03	300	0.14	0.08
125	0.07	0.04	350	0.16	0.09
150	0.08	0.04	400	0.19	0.10
200	0.10	0.05	450	0.21	0.11
250	0.12	0.07	500	0.23	0.12

[주] ① 본 품은 부설된 주철관을 타이튼 접합하는 기준이다.
② 본 품은 윤활제 바르기, 고무링 끼우기, 관접합 작업을 포함한다.
③ 특수가공(분기개소 등), 계기측정(수압시험 등)이 필요한 때에는 별도 계상한다.
④ 공구손료 및 잡재료(윤활제 등)는 인력품의 2%로 계상한다.

6-2-3 K.P 메커니컬 조인트관 접합('23년 보완)

(개소당)

관경 (mm)	배관공(수도) (인)	보통인부 (인)	관경 (mm)	배관공(수도) (인)	보통인부 (인)
100이하	0.08	0.04	500	0.28	0.15
125	0.09	0.05	600	0.34	0.18
150	0.10	0.05	700	0.39	0.21
200	0.13	0.07	800	0.44	0.24
250	0.15	0.08	900	0.49	0.26
300	0.18	0.10	1,000	0.54	0.29
350	0.21	0.11	1,100	0.60	0.32
400	0.23	0.12	1,200	0.65	0.35
450	0.26	0.14			

[주] ① 본 품은 부설된 주철관을 타이튼 접합하는 기준이다.
② 본 품은 윤활제 바르기, 고무링 끼우기, 관접합 작업을 포함한다.
③ 이탈방지 압륜을 사용하여 접합할 경우 본 품을 30%까지 증하여 적용 할 수 있다.
④ 특수가공(분기개소 등), 계기측정(수압시험 등)이 필요한 경우에는 별도 계상한다.
⑤ 공구손료 및 잡재료(윤활제 등)는 인력품의 2%로 계상한다.

6-2-4 관 절단('23년 보완)

(개소당)

관경 (㎜)	배관공(수도) (인)	관경 (㎜)	배관공(수도) (인)
100이하	0.08	500	0.24
125	0.09	600	0.28
150	0.10	700	0.32
200	0.12	800	0.36
250	0.14	900	0.40
300	0.16	1,000	0.44
350	0.18	1,100	0.48
400	0.20	1,200	0.52
450	0.22		

[주] ① 본 품은 절단기를 사용하여 주철관을 절단하는 기준이다.
② 본 품은 관절단, 모따기, 삽입구 표시, 방식도장을 포함한다.
③ 보호조치를 위한 안전시설물 및 환경시설물의 비용은 별도계상한다.
④ 공구손료 및 경장비(절단기 등)의 기계경비는 인력품의 5%로 계상한다.
⑤ 소모재료(커터 등)비는 별도 계상한다.

6-3 강관

6-3-1 부설('23년 보완)

(본당)

관경 (㎜)	배관공(수도) (인)	보통인부 (인)	크레인 (hr)
100이하	0.14	0.03	0.65
125	0.15	0.04	0.67
150	0.15	0.04	0.69
200	0.17	0.04	0.72
250	0.19	0.05	0.76
300	0.22	0.05	0.80
350	0.24	0.06	0.84
400	0.27	0.07	0.88
450	0.30	0.08	0.93
500	0.33	0.08	0.97
600	0.42	0.11	1.08
700	0.52	0.13	1.19
800	0.65	0.16	1.31
900	0.80	0.20	1.45
1,000	1.05	0.27	1.62

→

관경 (mm)	배관공(수도) (인)	보통인부 (인)	크레인 (hr)
1,100	1.39	0.35	1.80
1,200	1.70	0.43	1.95
1,350	2.12	0.53	2.17
1,500	2.49	0.63	2.36
1,650	2.83	0.71	2.53
1,800	3.14	0.79	2.68
2,000	3.51	0.89	2.87
2,200	3.85	0.97	3.05
2,400	4.15	1.05	3.20

비고
- 인력에 의한 부설을 수행하는 경우 다음 품을 적용한다.

구 분	관경(mm)	부 설 공	
		배관공(수도)(인)	보통인부(인)
인력	80	0.13	0.32
	100	0.16	0.40
	125	0.22	0.48
	150	0.28	0.56
	200	0.42	0.70
	250	0.56	0.84

[주] ① 본 품은 직관(6m) 및 이형관(곡관, 이음관 등)을 부설하는 기준이다.
② 본 품은 관부설, 위치 및 구배 확인, 관로표시테이프 부설 작업을 포함한다.
③ 크레인 규격은 다음을 참고하여 적용하며, 현장조건(작업범위, 위치 등)에 따라 변경할 수 있다.

구분	관경
크레인 10ton급	900mm 이하
크레인 15ton급	1,000mm 이상

6-3-2 용접 접합('11, '23년 보완)

(개소당)

관경 (mm)	A종				B종	
	벨엔드용접		베벨엔드용접		벨엔드용접	
	용접공 (인)	장비가동시간 (hr)	용접공 (인)	장비가동시간 (hr)	용접공 (인)	장비가동시간 (hr)
100이하	0.08	0.08	0.09	0.09	-	-
125	0.09	0.09	0.10	0.10	-	-
150	0.09	0.10	0.10	0.11	-	-
200	0.11	0.12	0.12	0.14	-	-
250	0.13	0.14	0.14	0.16	-	-
300	0.15	0.17	0.17	0.19	-	-

관경	A종				B종	
(㎜)	벨엔드용접		베벨엔드용접		벨엔드용접	
	용접공 (인)	장비가동시간 (hr)	용접공 (인)	장비가동시간 (hr)	용접공 (인)	장비가동시간 (hr)
350	0.18	0.20	0.20	0.23	-	-
400	0.21	0.24	0.23	0.27	-	-
450	0.25	0.29	0.28	0.33	-	-
500	0.30	0.35	0.33	0.39	-	-
600	0.42	0.51	0.46	0.58	-	-
700	0.58	0.74	0.64	0.84	-	-
800	1.13	1.66	-	-	0.78	1.13
900	1.46	2.17	-	-	1.01	1.48
1,000	1.76	2.63	-	-	1.22	1.79
1,100	2.03	3.05	-	-	1.41	2.08
1,200	2.28	3.43	-	-	1.58	2.34
1,350	2.62	3.94	-	-	1.82	2.68
1,500	2.92	4.40	-	-	2.03	3.00
1,650	3.19	4.82	-	-	2.22	3.28
1,800	3.43	5.20	-	-	2.38	3.54
2,000	3.73	5.65	-	-	2.59	3.85
2,200	4.01	6.07	-	-	2.79	4.14
2,400	4.25	6.45	-	-	2.95	4.39

[주] ① 본 품은 부설된 강관을 용접 접합하는 기준이며, 800㎜이상은 내·외부용접 기준이다.
② 본 품은 불순물 제거, 용접(내·외부), 단부 마무리 작업을 포함한다.
③ 특수가공(분기개소 등), 계기측정(수압시험, 용접시험 등)이 필요한 때에는 별도 계상한다.
④ 본 품의 장비 가동시간은 발전기와 용접기를 사용하는 기준이며, 장비의 규격은 작업여건(작업범위, 위치 등)에 따라 변경할 수 있다.

6-3-3 도장('93, '00, '11, '23년 보완)

(개소당)

관경 (㎜)	내부도장		외부도장	
	도장공(인)	보통인부(인)	도장공(인)	보통인부(인)
300	-	-	0.18	0.04
350	-	-	0.21	0.05
400	-	-	0.23	0.06
450	-	-	0.25	0.06
500	-	-	0.27	0.07
600	-	-	0.30	0.07
700	-	-	0.32	0.08

→

관경 (mm)	내부도장		외부도장	
	도장공(인)	보통인부(인)	도장공(인)	보통인부(인)
800	0.27	0.07	0.34	0.08
900	0.28	0.07	0.36	0.09
1,000	0.30	0.07	0.38	0.09
1,100	0.31	0.08	0.40	0.10
1,200	0.32	0.08	0.41	0.10
1,350	0.33	0.08	0.43	0.11
1,500	0.35	0.09	0.45	0.11
1,650	0.36	0.09	0.46	0.11
1,800	0.37	0.09	0.48	0.12
2,000	0.39	0.09	0.49	0.12
2,200	0.40	0.10	0.51	0.13
2,400	0.41	0.10	0.53	0.13

[주] ① 본 품은 상수도용 도복장강관의 내·외부 용접접합부를 도장하는 기준이다.
  ② 내부도장은 면정리, 프라이머바름, 에폭시 도장 작업을 포함한다.
  ③ 외부도장은 면정리, 프라이머바름, 매스틱 부착, 내·외부 테이핑 작업을 포함한다.
  ④ 소모재료는 설계수량에 따라 별도 계상한다.

6-3-4 절단('23년 보완)

(개소당)

관경 (mm)	A종 용접공(인)	B종 용접공(인)	관경 (mm)	A종 용접공(인)	B종 용접공(인)
80	0.08	-	700	0.62	0.54
100	0.08	-	800	0.71	0.65
125	0.09	-	900	0.79	0.70
150	0.10	-	1,000	0.96	0.85
200	0.13	-	1,100	1.04	0.87
250	0.16	-	1,200	1.20	0.99
300	0.20	-	1,350	1.47	1.23
350	0.26	-	1,500	1.88	1.48
400	0.31	-	1,650	2.14	1.71
450	0.36	-	1,800	2.26	1.84
500	0.41	-	2,000	2.55	2.32
600	0.46	-	2,200	2.78	2.40
			2,400	3.06	2.66

비 고 - 금긋기 및, 절단품은 본 품의 70%, 선단가공(Beveling) 품은 본 품의 30%를 계상한다.

[주] ① 본 품은 산소+LPG를 사용한 강관을 절단하는 기준이다.
  ② 본 품의 A종, B종은 KS(KSD 3565) 규격 기준이다.
  ③ 본 품은 금긋기, 절단 및 선단가공(Beveling) 작업을 포함한다.
  ④ 공구손료 및 경장비(절단장비 등)의 기계경비는 인력품의 2%로 계상한다.

6-4 P.V.C관('10, '11, '18년 보완)

6-4-1 T.S 접합 및 부설('23년 보완)

(개소당)

관경 (㎜)	배관공(수도) (인)	보통인부 (인)
50	0.06	0.03
75	0.08	0.04
100	0.09	0.05
150	0.15	0.09

[주] ① 본 품은 P.V.C관(개량형 P.V.C관 포함)을 부설 및 접합(T.S)하는 기준이다.
② 본 품은 관 부설, 접합제 바름 및 관 연결, 위치 및 구배 확인, 관로표시테이프 부설 작업을 포함한다.

有權解釋

제목 T.S접합 및 부설에 대한 질의

질의문
신청번호 2005-028 신청일 2020-05-12
질의부분 토목 제6장 관부설 및 접합공사 6-4-1 T.S접합 및 부설

표준품셈 6-4-1 T.S접합 및 부설 품셈에 "관부설 및 접합이 포함된 것이며"에서 접합은 개소당으로 표기되어 있으나, 부설은 PVC관의 길이 몇 m를 기준으로 하는지?
(예) PVC관 "6m을 접합 및 부설" 할 때의 단가와 "1m를 접합 및 부설" 할 때의 단가가 동일하게 적용되는 것인지?

회신문
표준품셈 "6-4-1 T.S접합 및 부설"은 관 부설 및 접합이 포함된 것이며, 적용 범위는 "개소당"으로 관 길이, 곡관류 등에 상관없이 적용 가능합니다. 또한 단위 "개소당"은 접합 개소당을 의미하는 것으로 소켓의 경우 2개소, T형관의 경우 3개소 등으로 적용하시기 바랍니다.

6-4-2 고무링 접합 및 부설('23년 보완)

(개소당)

관경 (㎜)	배관공(수도) (인)	보통인부 (인)
50	0.04	0.02
75	0.07	0.03
100	0.08	0.04
150	0.10	0.06
200	0.13	0.07
250	0.19	0.10
300	0.23	0.12

[주] ① 본 품은 P.V.C관(개량형 P.V.C관 포함)을 부설 및 접합(고무링)하는 기준이다.
② 본 품은 관 부설, 윤활제 도포, 고무링 끼우기 및 관 연결, 위치 및 구배 확인, 관로표시테이프 부설 작업을 포함한다.
③ 접합재료(고무링 등)는 별도 계상한다.

> **監査**
>
> **제목** PVC관(D=200mm)관급 및 사급 중복 계상
>
> **내용**
> 오수관 설치를 위하여 내역에 반영된 PVC관(D=200mm) 부설 및 접합 단가는 관급자재에 해당 자재의 수량이 기반영되어 있음에도 불구하고 일위대가에 재료비가 이중 계상되는 등, 설계도서 검토를 소홀히 하여 변경하지 못한 사항으로 중복된 자재비 삭제(6,455천원 감액)
>
> **조치할 사항**
> 공사원가 산정하면서 자재비(PVC관 D=200mm)를 관급과 사급으로 중복 계상한 공사비 6,455천원 상당은 설계변경 감액 조치하고, 추후 동일 사례가 재발생하지 않도록 공사원가 산정에 철저를 기하기 바람

6-5 P.E관('10, '11, '18년 보완)

6-5-1 조임식 접합 및 부설('23년 보완)

(개소당)

관경 (㎜)	배관공(수도) (인)	보통인부 (인)
15	0.06	0.01
20	0.06	0.02
25	0.09	0.02
32	0.10	0.03
40	0.11	0.03
50	0.14	0.03

[주] ① 본 품은 P.E관을 유니온으로 접합하는 기준이다.
② 본 품은 윤활제 바르기, 유니온(캡, 푸셔(pusher, 오링(O-ring)) 삽입 및 결합 작업을 포함한다.

> **有權解釋**
>
> **제목 1** 나사조임식 이음관 접합 및 부설 질의(6-5-1)
>
> **질의문**
> 신청번호 2101-081 신청일 2021-01-25
> 질의부분 토목 제6장 관부설 및 접합공사 6-5-1 나사조임식 이음관접합 및 부설

[질의 내용]
[질의1]
PE소켓접합 관련 PE소켓 양쪽에 PE관 연결 시 접합 품을 2곳으로 적용할지 또는 접합부 1곳으로 품셈 적용할지 여부 또는 기타 다른 품을 적용해야 하는지 등
[질의2]
밸브소켓 접합 관련 밸브소켓 암나사 부분에 PE관 연결하고 수나사 부분에 밸브연결 시접합 품을 2곳으로 적용할지 또는 접합부 1곳으로 품셈 적용할지 여부 또는 기타 다른 품을 적용해야하는지 등
[질의3]
T접합 관련, T의 접합부 3곳에 PE관 연결 시 접합 품을 3곳으로 품셈 적용할지 또는 접합부 1곳으로 품셈 적용할지 여부 또는 기타 다른 품을 적용해야 하는지 등
위의 밸브, 밸브소켓, T접합 관련 3가지 사항 문의드립니다.

회신문
표준품셈 "6-5-1 나사조임식 이음관 접합 및 부설"은 관 부설 및 접합이 포함된 것이며, 적용 범위는 "개소당"으로 관 길이, 곡관류 등에 상관없이 적용 가능합니다. 또한 단위 "개소당"은 접합 개소당을 의미하는 것으로 소켓의 경우 2개소, T형관의 경우 3개소 등으로 적용하시기 바랍니다.

제목 2 PE관 부설 및 접합

질의문
신청번호 2010-010 신청일 2020-10-11
질의부분 토목 제6장 관부설 및 접합공사 6-5-1 나사조임식이음관접합 및 부설

6-5-1 나사조임식 이음관 접합 및 부설 관련하여 1개소당 품을 제시되었으며, 1개소는 6m 관의 접합 및 부설인 것으로 알고 있습니다. 접합과 부설 품을 구분 산출하면 어떻게 될까요?
예를 들어 50mm 배관공 0.14, 보통인부 0.03이면 접합 30%, 부설 70% 정도의 비율이 된다는 것을 알고 싶습니다.

회신문
표준품셈 토목부문 "6-5-1 나사조임식 이음관 접합 및 부설"은 P.E관을 나사조임접합을 기준으로 부설하고, 접합하는 작업이 모두 포함된 기준이며, 접합과 부설 품의 비율을 별도로 정하고 있지 않습니다.

감사

제목 PE관 부설 시 단위환산 및 단순구조 잡철물 제작 및 설치에 복잡구조 품 적용

내용
건설공사 표준품셈에 따르면 PE관 부설 품은 1개소당 5m를 기준으로 적용하여야 하며, 잡철물제작 설치 품은 구조별 간단(100%), 보통(120%), 복잡(140%)로 구분 적용하도록 규정하고 있음
○○구청에서 ○○천 진입경사로 설치공사를 하면서 PE관(1,000mm) 신규공종 추가 및 수량 증감에 따른 설계변경을 하면서 1개소당 6m인 PE관을 1m로 환산(1m=1개소당/6m)하여 적용하지 않고 1개소로 적용하였으며, 보통인부도 시중노임단가 94,338원으로 적용하지 않고 944,338원으로 적용하여 공사비 15,000천원 상당 과다 지급하였고, 목재가림벽(19경간, 간단), 투명방음벽(26경간, 보통), CCTV하부기초(1개소, 간단), 커버플레이트(1개소, 간단) 설치 등 4개 공종에 적용되는 잡철물제작 설치 품을 간단 또는 보통 구조에 해당하는 공종임에도 일괄 복잡구조 적용하여 공사비 8,696천원 과다 지급함

조치할 사항
설계변경 시 과다 산정되는 사례가 발생하지 않도록 공사감독자 주의 조치

6-5-2 밴드 접합 및 부설('23년 보완)

(개소당)

관경 (㎜)	배관공(수도) (인)	보통인부 (인)
50	0.08	0.04
75	0.10	0.05
100	0.11	0.06
150	0.15	0.08
200	0.19	0.10
250	0.22	0.12
300	0.26	0.13
350	0.30	0.15
400	0.33	0.17
450	0.37	0.19
500	0.40	0.21

[주] ① 본 품은 P.E관을 밴드로 접합하는 기준이다.
② 본 품은 이물질 제거, 수밀시트 접합, 밴드 체결, 위치 및 구배 확인, 관로표시테이프 부설 작업을 포함한다.
③ 공구손료 및 잡재료는 인력품의 3%로 계상한다.
④ 접합재료(조임밴드)는 별도 계상한다.

有權解釋

제목 PE관 접합 및 부설에서 관 절단 여부

질의문
신청번호 2109-009 신청일 2021-09-02
질의부분 토목 제6장 관부설 및 접합공사 6-5-2 밴드접합 및 부설

토목공사 제6장 관 접합 및 부설에서 PVC관 접합 및 부설에서는 관 절단이 포함되어 있다고 알고 있습니다. PE관 부분 6-5-2 밴드접합 및 부설, 6-5-3 전기융착 접합 및 부설, 6-5-4 버트융착 접합 및 부설 품에서는 관 절단이 포함되어 있는지 질의합니다.

회신문
표준품셈 "16-5 PE관"은 일반적인 6m기준의 PE관이 반입되어 현장 여건에 맞게 절단, 부설 및 접합되는 것으로, 접합 개소 수에 따른 품을 적용하시면 됩니다.

6-5-3 소켓융착 접합 및 부설('23년 신설)

(개소당)

관경 (mm)	배관공(수도) (인)	보통인부 (인)
40 이하	0.07	0.03
50	0.09	0.04
65	0.14	0.05
75	0.18	0.06

[주] ① 본 품은 P.E관(6m이하)을 소켓이음부의 내면과 관 단면을 용융시켜 삽입하여 접합하는 기준이다.
② 본 품은 단면가공, 소켓 연결 및 융착, 소켓 해체, 관로표시테이프 부설 작업을 포함한다.
③ 공구손료 및 경장비(발전기, 융착기 등)의 기계경비는 인력품의 7%로 계상한다.

6-5-4 바트융착 접합 및 부설('23년 보완)

(개소당)

관경 (mm)	배관공(수도) (인)	보통인부 (인)	크레인(5ton) (hr)
40이하	0.08	0.03	-
50	0.11	0.04	-
65	0.17	0.06	-
75	0.21	0.07	-
100	0.25	0.08	-
125	0.30	0.10	-
150	0.31	0.10	-
200	0.39	0.13	-
250	0.45	0.14	-
300	0.48	0.16	-
350	0.53	0.17	-
400	0.55	0.18	-
450	0.60	0.19	-
500	0.63	0.20	-
550	0.68	0.22	-
600	0.57	0.18	0.50
700	0.73	0.24	0.67
800	0.96	0.31	0.82

[주] ① 본 품은 P.E관의 양 끝단을 융착기에 의해 맞이음하여 접합하는 기준이다.
② 본 품은 단면가공, 융착기 연결 및 융착, 융착기 해체, 관로표시테이프 부설 작업을 포함한다.
③ 크레인 규격은 현장여건(작업범위, 위치 등)에 따라 변경할 수 있다.
④ 공구손료 및 경장비(발전기, 융착기 등)의 기계경비는 다음을 참고하여 적용한다.

구 분	300mm이하	350~600mm	700~800mm
인력품의 %	15	17	22

6-5-5 분기관 천공 및 접합('23년 보완)

(개소당)

분기관 관경 (mm)	배관공(수도) (인)	보통인부 (인)
75	0.10	0.05
100	0.11	0.06
150	0.13	0.06
200	0.15	0.07
250	0.18	0.09
300	0.20	0.10

[주] ① 본 품은 P.E관의 외면과 새들 안장부분을 용융시켜 접합하는 기준이다.
② 본 품은 중심선 표시, 새들관 융착, 천공 작업을 포함한다.
③ 공구손료 및 경장비(발전기, 융착기 등)의 기계경비는 인력품의 5%로 계상한다.

6-6 원심력 철근콘크리트관('10, '18년 보완)

6-6-1 소켓관 부설 및 접합('23년 보완)

(본당)

관경 (mm)	배관공(수도) (인)	보통인부 (인)	크레인 (hr)
250	0.16	0.07	0.21
300	0.21	0.09	0.26
350	0.26	0.11	0.31
400	0.31	0.13	0.36
450	0.36	0.15	0.41
500	0.41	0.17	0.46
600	0.51	0.21	0.56
700	0.61	0.25	0.66
800	0.71	0.29	0.76
900	0.81	0.33	0.86
1,000	0.91	0.37	0.96
1,100	1.01	0.41	1.06
1,200	1.11	0.45	1.16
1,350	1.26	0.51	1.31
1,500	1.41	0.57	1.46
1,650	1.56	0.63	1.61
1,800	1.71	0.69	1.76
2,000	1.91	0.77	1.96

[주] ① 본 품은 철근콘크리트 소켓관을 부설 및 접합하는 기준이다.
② 본 품은 관부설, 윤활제 바르기, 고무링 삽입 및 소켓연결, 위치 및 구배 확인, 관로표시테이프 부설 작업을 포함한다.
③ 크레인 규격은 다음을 참고하여 적용하며, 현장조건(작업범위, 위치 등)에 따라 변경할 수 있다.

구분	원심력 철근콘크리트관	VR관
크레인 10ton급	800mm이하	900mm이상
크레인 15ton급	600mm이하	700mm이상

④ 공구손료 및 잡재료(윤활제 등)는 인력품의 2%로 계상한다.
⑤ 접합재료(고무링)는 별도 계상한다.

有權解釋

제목 2023년 개정 표준품셈 6-6-1 소켓관 부설 및 접합

질의문

신청번호 2301-002 신청일 2023-01-02
질의부분 토목 제6장 관부설 및 접합공사 6-6-1 고무링접합 및 부설

6-6-1 소켓관 부설 및 접합에서 [주] 3 크레인 규격이 작성된 표가 잘못 작성된 것 같아 확인 부탁드립니다.

구분	원심력철근콘크리트관	VR관
크레인 10ton급	800mm 이하	**600mm 이하**
크레인 15ton급	**900mm 이상**	700mm 이상

이렇게 이해하면 될까요?

회신문

2023년 개정된 표준품셈 토목부문 "6-6-1 소켓관 부설 및 접합"의 크레인규격은 편집에 의한 오타로 확인되었습니다. 아래표로 수정 예정입니다.

구분	원심력철근콘크리트관	VR관
크레인 10ton급	800mm 이하	600mm 이하
크레인 15ton급	900mm 이상	700mm 이상

귀하께서 주신 의견에 감사드리며, 향후 품셈공고 시 수정하도록 하겠습니다.

6-6-2 수밀밴드 접합 및 부설('23년 보완)

(본당)

관경 (㎜)	배관공(수도) (인)	보통인부 (인)	크레인 (hr)
250	0.15	0.07	0.21
300	0.20	0.08	0.26
350	0.24	0.10	0.31
400	0.29	0.12	0.36
450	0.34	0.14	0.41

관경 (mm)	배관공(수도) (인)	보통인부 (인)	크레인 (hr)
500	0.38	0.16	0.46
600	0.48	0.20	0.56
700	0.57	0.23	0.66
800	0.66	0.27	0.76
900	0.75	0.31	0.86
1,000	0.85	0.34	0.96
1,100	0.94	0.38	1.06
1,200	1.03	0.42	1.16
1,350	1.17	0.48	1.31
1,500	1.31	0.53	1.46
1,650	1.45	0.59	1.61
1,800	1.59	0.64	1.76
2,000	1.78	0.72	1.96

[주] ① 본 품은 철근콘크리트관을 부설 및 접합(수밀밴드)하는 기준이다.
② 본 품은 관부설, 수밀밴드 접합, 위치 및 구배 확인, 관로표시테이프 부설 작업을 포함한다.
③ 크레인 규격은 다음을 참고하여 적용하며, 현장조건(작업범위, 위치 등)에 따라 변경할 수 있다.

구분	관경
크레인 10ton급	800mm이하
크레인 15ton급	900mm이상

④ 공구손료 및 잡재료는 인력품의 2%로 계상한다.
⑤ 접합재료(수밀밴드)는 별도 계상한다.

6-6-3 절단('23년 보완)

(개소당)

관경 (mm)	배관공(수도) (인)	보통인부 (인)	관경 (mm)	배관공(수도) (인)	보통인부 (인)
250	0.02	0.02	900	0.11	0.11
300	0.03	0.03	1,000	0.13	0.13
350	0.03	0.03	1,100	0.14	0.14
400	0.04	0.04	1,200	0.16	0.16
450	0.04	0.04	1,350	0.18	0.18
500	0.05	0.05	1,500	0.20	0.20
600	0.07	0.07	1,650	0.22	0.22
700	0.08	0.08	1,800	0.25	0.25
800	0.10	0.10	2,000	0.28	0.28

[주] ① 본 품은 철근콘크리트관을 절단기를 사용하여 절단하는 기준이다.
② 본 품은 금긋기, 관절단, 물뿌리기 작업을 포함한다.

③ 공구손료 및 경장비(절단기 등)의 기계경비와 잡재료비는 인력품의 6%로 계상한다.
④ 절단기 커터의 손료는 별도 계상한다.

6-6-4 천공 및 접합('23년 보완)

(개소당)

구 분		배관공(수도) (인)	보통인부 (인)
본관 (mm)	연결관 (mm)		
500이하	150	0.050	0.050
	200	0.070	0.070
	250	0.090	0.090
	300	0.120	0.120
500초과~900이하	150	0.070	0.070
	200	0.090	0.090
	250	0.110	0.110
	300	0.130	0.130
900초과~1200이하	150	0.080	0.080
	200	0.110	0.110
	250	0.120	0.120
	300	0.150	0.150

[주] ① 본 품은 철근콘크리트관 본관을 천공하고 지관(단지관 등)을 접합하는 기준이다.
② 본 품은 중심점 표시, 본관 천공, 이물질 제거, 지관(단지관 등) 연결 작업을 포함한다.
③ 연결관으로 기타의 관(PVC관 등)을 사용하는 경우에도 동일하게 적용한다.
④ 공구손료 및 경장비(천공기 등)의 기계경비와 소모재료(비트 등)는 인력품의 5%로 계상한다.
⑤ 연결관 접합재료(모르타르, 단지관 등)는 별도 계상한다.

有權解釋

제목 이형관 접합 시 접합 개소 문의

질의문
신청번호 2201-083 신청일 2022-01-19
질의부분 토목 제6장 관부설 및 접합공사 6-6-4 천공 및 접합

배수설비공사 중 내충격 하수관에서 T형관 및 곡관접합 시 접합개소를 몇 개소로 보아야 하는지 문의드립니다.

회신문
표준품셈 "6-6-4 천공 및 접합"의 적용 범위는 "개소당"으로 관 길이, 곡관류 등에 상관없이 적용 가능합니다. 또한 단위 "개소당"은 접합 개소당을 의미하는 것으로 소켓의 경우 2개소, T형관의 경우 3개소 등으로 적용하시기 바랍니다.

6-7 기타관

6-7-1 PC관 부설 및 접합('10, '18, '23년 보완)

(본당)

관경 (㎜)	배관공(수도) (인)	보통인부 (인)	크레인 (hr)
500	0.94	0.37	0.71
600	1.17	0.47	0.83
700	1.32	0.53	0.92
800	1.48	0.59	1.00
900	1.63	0.65	1.09
1,000	1.86	0.75	1.21
1,100	2.10	0.84	1.34
1,200	2.33	0.93	1.46
1,350	2.87	1.15	1.76
1,500	3.33	1.33	2.01

[주] ① 본 품은 PC관의 부설 및 소켓식 접합 기준이다.
② 본 품은 관부설, 윤활제 바르기, 고무링 삽입 및 소켓연결, 위치 및 구배 확인, 관로표시테이프 부설, 현장정리 작업을 포함한다.
③ 크레인 규격은 다음을 참고하여 적용하며, 현장조건(작업범위, 위치 등)에 따라 변경할 수 있다.

구분	관경
크레인 10ton급	1,000mm이하
크레인 20ton급	1,100mm이상

④ 공구손료 및 잡재료는 인력품의 1%로 계상한다.
⑤ 접합재료(고무링)는 별도 계상한다.

6-7-2 파형강관 부설 및 접합('10, '14, '18, '23년 보완)

(본당)

관경 (㎜)	배관공(수도) (인)	보통인부 (인)	크레인 (hr)
250	0.04	0.02	0.12
300	0.06	0.03	0.13
400	0.10	0.05	0.16
450	0.12	0.06	0.17
500	0.13	0.07	0.18
600	0.17	0.08	0.20
700	0.21	0.10	0.23
800	0.24	0.12	0.25
1,000	0.32	0.16	0.30
1,200	0.39	0.19	0.35
1,500	0.50	0.25	0.43

[주] ① 본 품은 파형강관을 부설 및 접합(스틸밴드)하는 기준이다.
② 본 품은 이물질 제거, 수밀시트 접합, 밴드 체결, 위치 및 구배 확인, 관로표시테이프 부설 작업을

포함한다.
③ 파형강관 8m 직관에서는 크레인(시간)을 10%까지 가산하여 적용할 수 있다.
④ 크레인 규격은 현장여건(작업범위, 위치 등)에 따라 변경할 수 있다.
⑤ 공구손료 및 잡재료는 인력품의 2%로 계상한다.
⑥ 접합재료(커플링밴드)는 별도 계상한다.

> **監査**
>
> **제목** 가물막이 파형강관 손율 관련
>
> **내용**
> 하수관로 매설을 위한 가물막이 설치에 필요한 파형강관(D = 800mm, 7본)의 경우 당초 설계시 「건설공사 표준품셈」 제2장 가시설물 및 손율에 따른 손율(3개월, 15%)을 적용해야 함에도 이를 미적용하여 공사비 5,725천원(제경비 포함)이 과다 계상되어 있었다.
>
> **조치할 사항**
> OO군수는 과다 계상된 공사비 5,725천원은 공사계약 일반조건 에 따라 감액하시고, 앞으로는 공사 관련 업무에 철저를 기하여 유사한 사례가 재발되지 않도록 하시기 바람

6-7-3 유리섬유복합관 부설 및 접합('10년 신설, '11, '18, '23년 보완)

(본당)

관경 (mm)	배관공(수도)(인)		보통인부(인)		크레인(hr)	
	비압력관	압력관	비압력관	압력관	비압력관	압력관
150	0.24	0.26	0.09	0.10	-	-
200	0.30	0.33	0.12	0.13	-	-
250	0.14	0.16	0.06	0.06	0.27	0.30
300	0.16	0.18	0.06	0.07	0.30	0.33
350	0.18	0.20	0.07	0.08	0.34	0.37
400	0.22	0.24	0.09	0.09	0.37	0.41
450	0.26	0.28	0.10	0.11	0.41	0.45
500	0.31	0.34	0.12	0.14	0.44	0.48
600	0.40	0.44	0.16	0.18	0.51	0.56
700	0.49	0.53	0.19	0.21	0.58	0.64
800	0.58	0.63	0.23	0.25	0.65	0.72
900	0.66	0.73	0.27	0.29	0.72	0.79
1,000	0.75	0.83	0.30	0.33	0.79	0.87
1,100	0.84	0.92	0.34	0.37	0.86	0.95
1,200	0.93	1.03	0.37	0.41	0.93	1.02
1,350	1.06	1.17	0.42	0.47	1.04	1.14
1,500	1.20	1.32	0.48	0.53	1.14	1.25
1,650	1.33	1.46	0.53	0.58	1.25	1.38
1,800	1.46	1.61	0.59	0.65	1.35	1.49

관경 (mm)	배관공(수도)(인)		보통인부(인)		크레인(hr)	
	비압력관	압력관	비압력관	압력관	비압력관	압력관
2,000	1.64	1.81	0.66	0.72	1.49	1.64
2,200	1.82	2.00	0.73	0.80	1.63	1.79
2,400	2.00	2.19	0.80	0.88	1.77	1.95

[주] ① 본 품은 유리섬유복합관(6m)을 소켓 접합하는 기준이다.
② 본 품은 관부설, 이물질 제거, 윤활제 도포, 접합장치 설치 및 삽입, 위치 및 구배 확인, 관로표시테이프 부설 작업을 포함한다.
③ 크레인 규격은 다음을 참고하여 적용하며, 현장조건(작업범위, 위치 등)에 따라 변경할 수 있다.

구분	관경
크레인 5ton급	900mm이하
크레인 10ton급	1,100mm이하
크레인 15ton급	2,000mm이하
크레인 20ton급	2,200mm이상

④ 공구손료 및 잡재료는 인력품의 1%로 계상한다.

6-7-4 내충격PVC수도관 부설 및 접합('23년 신설)

(본당)

관경 (mm)	배관공(수도) (인)	보통인부 (인)
50	0.07	0.04
75	0.09	0.05
100	0.11	0.06
150	0.15	0.08
200	0.19	0.10
250	0.23	0.12
300	0.27	0.14

[주] ① 본 품은 내충격PVC수도관을 부설 및 접합(이탈방지압륜)하는 기준이다.
② 본 품은 관 부설 및 접합, 위치 및 구배 확인, 관로표시테이프 부설 작업을 포함한다.
③ 공구손료 및 경장비(전동드릴 등)는 인력품의 2%로 계상한다.

6-7-5 강관압입추진공

1. 장비조립 및 해체('10년 보완)

(회당)

구분	명칭	규격	단위	추진관경(mm)				
				800~900	1,000~1,200	1,350~1,650	1,800~2,400	2,600~3,000
편성인원	특별인부		인	1	1	1	1	1
	일반기계운전사		인	1	1	1	1	1
	기계설비공		인	1	1	1	1	1
	비계공		인	1	2	2	2	2
	보통인부		인	2	2	2	2	2
편성장비	트럭탑재형크레인	15톤	대	1	1	1	1	1
소요일수	조립 및 해체		일	1.5	1.5	2	2	2.5

[주] ① 추진구 및 도달구의 가시설 설치 및 철거, 터파기, 되메우기 등은 별도 계상하며, 여기서 가시설이란 토류벽, 콘크리트 반력벽, 바닥콘크리트 등으로 구성된다.
② 현장조건상 트럭탑재형 크레인의 적용이 어려운 경우, 동일한 규격의 크레인(무한궤도, 타이어)을 적용할 수 있다.

2. 작업편성인원

(일당)

명칭	단위	추진관경(mm)			
		800~1,100	1,200~1,800	2,000~2,200	2,400~3,000
일반기계운전사	인	1	1	1	1
특별인부	인	2	2	2	3
보통인부	인	1	1	2	2
갱부	인	2	2	3	4

3. 작업편성장비

(일당)

명칭	규격	단위	추진관경(mm)				
			800~1,000	1,100~1,200	1,350~1,500	1,650~1,800	2,000~3,000
유압잭	200톤	대	2	-	-	-	-
	300톤	대	-	2	-	-	-
	400톤	대	-	-	2	-	-
유압잭	500톤	대	-	-	-	2	-
	600톤	대	-	-	-	-	2
트럭탑재형크레인	15톤	대	1	1	1	1	1
발전기	100kW	대	1	1	1	1	1

[주] 현장조건상 트럭탑재형 크레인의 적용이 어려운 경우, 동일한 규격의 크레인(무한궤도, 타이어)을 적용할 수 있다.

4. 작업능력

(m/일)

추진 관경 (㎜)	보통토사			경질토사			고사점토 및 자갈섞인 토사		
	추진연장(m)			추진연장(m)			추진연장(m)		
	0~30	30~70	70~100	0~30	30~70	70~100	0~30	30~70	70~100
800	3.3	3.1	2.9	2.8	2.6	2.4	2.6	2.4	2.2
900	3.2	2.9	2.7	2.7	2.4	2.2	2.4	2.2	2.0
1,000	3.0	2.8	2.6	2.6	2.3	2.1	2.3	2.1	2.0
1,100	2.9	2.7	2.4	2.4	2.2	2.0	2.2	2.0	1.9
1,200	2.8	2.6	2.3	2.3	2.1	2.0	2.1	2.0	1.8
1,350	2.6	2.3	2.1	2.1	2.0	1.8	2.0	1.8	1.7
1,500	2.4	2.2	2.0	2.0	1.9	1.7	1.9	1.7	1.6
1,650	2.2	2.0	1.8	1.9	1.7	1.4	1.7	1.6	1.3
1,800	2.0	1.8	1.7	1.7	1.4	1.4	1.6	1.3	1.3
2,000	1.8	1.7	1.6	1.4	1.4	1.3	1.3	1.3	1.2
2,200	1.7	1.6	1.4	1.4	1.3	1.2	1.3	1.2	1.1
2,400	1.7	1.6	1.4	1.4	1.3	1.2	1.3	1.2	1.1
2,600	1.6	1.4	1.3	1.3	1.2	1.1	1.2	1.1	1.0
2,800	1.4	1.3	1.2	1.2	1.1	1.0	1.1	1.0	0.9
3,000	1.4	1.3	1.2	1.2	1.1	1.0	1.1	1.0	0.9

[주] ① 본 품은 강관장 6.0m를 기준한 것이다.
② 강관접합 및 강관절단은 별도 계상한다.
③ 선도관 및 추진대 제작비용은 별도 계상한다.
④ 경장비 및 공구손료는 인력품의 3%를 계상한다.
⑤ 조명시설이 필요한 경우 설치비용은 다음표에 따른다.

(m당)

명 칭	규 격	단 위	수 량
내 선 전 공		인	0.013
공 구 손 료	노무비의 3%	식	1
I V 전 선	2.0㎜	m	1.5
백 열 등	100W	EA	0.3
잡 재 료	재료비의 2%	식	1

有權解釋

제목 1 강관추진공의 장비조립 및 해체 관련

질의문

신청번호 2211-001 신청일 2022-11-01
질의부분 토목 제6장 관부설 및 접합공사 6-7-4 강관압입추진공

6-7-4를 보면 장비조립 및 해체는 작업편성 인원, 작업편성 장비, 작업능력으로 나뉘는 것으로 보입니다. 그렇다면 강관압입추진 단가를 만들 때 장비조립 및 해체는 장비조립과 해체에만 들어가는 품이고 작업편성 인원과 작업편성 장비는 순수히 작업에만 들어가는 품이라는게 맞는 건가요?
그리고 작업 능력은 장비조립 해체와는 무관한거구요.

회신문

표준품셈 토목부문 "6-7-4 강관압입추진공"에서 '1. 장비조립 및 해체'는 장비를 조립하고 해체하는데 투입되는 품을 제시하고 있으며, '2. 작업편성 인원'과 '3. 작업편성 장비'는 강관압입추진 작업에 투입되는 품 기준입니다. "4. 작업능력"은 토사별 추진연장 능력을 m/일로 제시하고 있습니다.

제목 2 강관추진공 품의 할증

질의문

신청번호 1902-037 신청일 2019-02-12

1-4-3 품의 할증(P.88~93) 중 13-가. 기타 할증률(작업장소의 협소)와 관련하여 질의합니다. 표준품셈 6-7-4. 강관압입추진공에서 관경별 작업능력이 산정되어 있습니다. 이는 관 내부는 "작업장소가 협소하다"는 조건도 고려된 사항인지요. 고려된 사항이라면 작업장소의 협소에 따른 기타 할증을 반영하면 안 될 것으로 판단되는데 귀 원의 의견을 듣고 싶습니다.

회신문

2019년 표준품셈 토목부문 "6-7-4 강관압입추진공"의 작업능력은 관경별 관내부의 작업조건이 기 반영되어 제시된 품으로 "1-4-3 품의 할증/ 작업협소" 할증을 계상하실 필요는 없습니다.

제목 3 강관압입추진공의 강관내 토사반출

질의문

신청번호 1901-119 신청일 2019-01-31

강관압입추진공에서 관경별 작업편성 인원이 있는데 해당 편성 인원에 강관내 토사반출에 대한 품도 포함된 것인지? 아니면 별도로 계상해야 하는지요?

회신문

표준품셈 토목부문 "6-7-4 강관압입추진공/ 2. 작업편성 인원"에서 압입된 강관내 토사를 추진구내 및 추진구부근에 적재하는 품은 포함되어 있으며, 현장외부로 반출하는 품은 제외되어 있습니다.

제목 4 강관추진 시 작업능력에 관해서

질의문

작성일 2012.12.27.

다름이 아니라 토목 19-4-3 강관압입추진공중 작업능력과 관련하여 작업능력의 주1에 보면 "본 품은 강관 장 6.0m를 기준한 것이다"라는 문구가 있습니다. 그러면 6.0m 강관을 압입할 때 1m의 작업능력에 대한 품이라면 3.0m짜리 강관을 압입할 때는 기존 품에 1/2를 적용해야 하는지?

회신문

본 품은 강관의 길이 6m 기준으로 m당 작업능력(m/일)을 제시하고 있으며, 3.0m 강관을 압입할 경우에도 동일하게 적용합니다.

제목 5 강관 추진공의 작업능력 효율

질의문

작성일 2011. 6.16.

품셈에 의하면 경질토사일 경우 추진연장 0~30m : 2.8, 30~70m : 2.6, 70~ 100m : 2.4로 되어있는데, 저희 현장에서는 추진연장이 40m입니다. 이럴 경우 0~30m, 2.8과 나머지 10m는 30~70m의 2.6을 적용하여야 하는지 아니면 30~70m의 2.6을 적용하여야 하는지?

회신문

19-4 강관압입추진공의 작업능력은 해당되는 연장의 작업능력을 적용하시면 됩니다. 즉, 800mm관경 경질토사 추진일 경우 0~30m까지는 2.8 적용, 31~40m까지는 2.6을 적용하시면 됩니다.

契約審査

제목 현장여건(교통량이 적은 도로)을 감안한 공법 변경

내용

상수관이 횡단 매설되는 국도는 차량의 주 이동경로중 하나로 상수관로매설 시 교통에 지장이 없도록 고가의 강관압입추진공법으로 계획되었으나, 현지 확인 결과 시공연장(L = 52m)이 짧고, 교통량이 주간보다 현저히 적은 야간을 이용하여 시공성, 경제성 및 유지관리 측면에서 보다 유리한 개착식 공법으로 변경

심사 착안사항

현장여건과 시설유지관리에 효율적인 공법 검토

6-8 밸브

6-8-1 주철제 게이트 제수밸브 부설 및 접합('23년 보완)

(기당)

관경 (mm)	배관공(수도) (인)	보통인부 (인)	크레인 (hr)
50	0.06	0.03	0.32
80	0.09	0.04	0.38
100	0.10	0.05	0.45
125	0.11	0.06	0.47
150	0.13	0.06	0.49
200	0.20	0.10	0.64
250	0.21	0.11	0.67
300	0.23	0.12	0.69
350	0.39	0.20	0.72
400	0.51	0.26	0.75
450	0.63	0.32	0.78
500	0.73	0.37	0.81
600	0.91	0.46	0.88
700	1.06	0.53	0.93
800	1.20	0.60	1.02
900	1.31	0.66	1.11
1,000	1.41	0.71	1.14
1,100	1.51	0.76	1.32
1,200	1.60	0.80	1.35
1,350	1.71	0.86	1.51
1,500	1.81	0.91	1.81

비고
- 인력에 의한 부설을 수행하는 경우 다음 품을 적용한다.

구 분		관경(mm)	부 설 공	
			배관공(수도)(인)	보통인부(인)
인력		50	0.05	0.10
		80	0.10	0.15
		100	0.12	0.18
		125	0.14	0.20
		150	0.16	0.22

[주] ① 본 품은 주철제 게이트밸브의 부설 및 플랜지 접합하는 기준이다.
② 본 품은 밸브 조립 및 부설, 이음관 접합(플랜지) 작업을 포함한다.
③ 신축관의 접합 및 제수변실 설치는 별도 계상한다.

④ 크레인 규격은 다음을 참고하여 적용하며, 현장조건(작업범위, 위치 등)에 따라 변경할 수 있다.

구분	관경
크레인 5ton급	600mm이하
크레인 10ton급	800mm이하
크레인 15ton급	900mm이상

⑤ 공구손료 및 잡재료는 인력품의 2%로 계상한다.

6-8-2 강관제 게이트 제수밸브 부설 및 접합('23년 보완)

(기당)

관경 (㎜)	배관공(수도) (인)	보통인부 (인)	크레인 (hr)
600	0.93	0.48	1.23
700	1.08	0.58	1.31
800	1.22	0.69	1.44
900	1.34	0.79	1.57
1,000	1.44	0.85	1.61
1,100	1.54	0.93	1.87
1,200	1.63	1.03	1.91
1,350	1.74	1.14	2.12
1,500	1.85	1.30	2.54
1,600	1.92	1.51	2.55
1,650	1.95	1.54	2.65
1,800	2.03	1.62	2.98
2,000	2.14	1.71	3.48

[주] ① 본 품은 강관제 게이트 제수밸브의 부설 및 플랜지 접합하는 기준이다.
② 본 품은 밸브 조립 및 부설, 이음관 접합(플랜지) 작업을 포함한다.
③ 신축관의 접합 및 제수변실 설치는 별도 계상한다.
④ 크레인 규격은 다음을 참고하여 적용하며, 현장조건(작업범위, 위치 등)에 따라 변경할 수 있다.

구분	관경
크레인 5ton급	700mm이하
크레인 10ton급	900mm이하
크레인 15ton급	1,600mm이하
크레인 18ton급	1,650mm이상

⑤ 공구손료 및 잡재료는 인력품의 2%로 계상한다.

6-8-3 주철제·강관제 버터플라이 제수밸브 부설 및 접합('23년 보완)

(기당)

관경 (mm)	배관공(수도) (인)	보통인부 (인)	크레인 (hr)
200	0.19	0.10	0.86
250	0.21	0.11	0.90
300	0.23	0.12	0.93
350	0.39	0.20	0.97
400	0.52	0.27	1.01
450	0.64	0.33	1.05
500	0.74	0.39	1.09
600	0.93	0.49	1.17
700	1.08	0.56	1.25
800	1.22	0.58	1.37
900	1.34	0.63	1.50
1,000	1.44	0.68	1.54
1,100	1.54	0.75	1.78
1,200	1.63	0.86	1.82
1,350	1.74	0.99	2.02
1,500	1.85	1.18	2.43
1,600	1.92	1.23	2.44
1,650	1.95	1.26	2.53
1,800	2.03	1.37	2.82
2,000	2.14	1.50	3.24
2,100	2.19	1.56	3.46
2,200	2.24	1.61	3.70
2,400	2.32	1.72	4.20

[주] ① 본 품은 버터플라이 제수밸브의 부설 및 플랜지 접합하는 기준이다.
② 본 품은 밸브 조립 및 부설, 이음관 접합(플랜지) 작업을 포함한다.
③ 신축관의 접합 및 제수변실 설치는 별도 계상한다.
④ 작업공간이 협소하여 장비투입이 불가능할 경우, 인력품을 별도 계상할 수 있다.
⑤ 크레인 규격은 다음을 참고하여 적용하며, 현장조건(작업범위, 위치 등)에 따라 변경할 수 있다.

구분	주철제 관경	강관제 관경
크레인 5ton급	600mm이하	700mm이하
크레인 10ton급	800mm이하	900mm이하
크레인 15ton급	1,500mm이하	1,600mm이하
크레인 18ton급	2,000mm이하	2,100mm이하
크레인 20ton급	2,100mm이상	2,200mm이상

6-8-4 부단수 할정자관 부설 및 접합('11년 보완)

(개소당)

관경 (㎜)	배관공(수도) (인)	보통인부 (인)	크레인 (hr)
80	0.20	0.09	-
100	0.21	0.10	-
150	0.19	0.07	0.12
200	0.20	0.08	0.14
250	0.21	0.09	0.16
300	0.23	0.11	0.19
350	0.25	0.12	0.23
400	0.27	0.13	0.26
450	0.29	0.14	0.30
500	0.31	0.15	0.33
600	0.36	0.17	0.40
700	0.42	0.19	0.47
800	0.47	0.22	0.54
900	0.57	0.26	0.61

[주] ① 본 품은 부단수 천공에 선행되는 할정자관 부설 및 접합을 기준한 것이다.
② 본 품의 관경은 본관을 기준한 것이다.
③ 천공작업, 터파기, 되메우기, 잔토처리, 물푸기 작업은 제외되어 있다.
④ 본 품은 누수방지대 부설 및 접합에 적용이 가능하다.
⑤ 본 품의 크레인 규격은 다음을 참고하여 적용한다.

관 경(㎜)	부 설 장 비 규 격
80~900까지	5톤급 트럭탑재형 크레인

⑥ 공구손료 및 잡재료는 인력품의 2%로 계상한다.
⑦ 할정자관 표준규격 및 중량은 별표에 준한다.

〈별표〉 할정자관 중량표

(단위:㎏)

본관\지관	80㎜	100	150	200	250	300	400	500	600
80㎜	24.3								
100	32.5	32.8							
150	43.1	44.5	50.5						
200	63.3	64.4	67.2						
250	83.8	85.3	88.1	92.1					
300	92.7	94.1	97.5	101.4					
350	106.9	108.5	109.4	113.0	167.4				
400	141.6	144.0	149.3	160.0	190.0	205.0			

본관\지관	80mm	100	150	200	250	300	400	500	600
450	154.3	155.7	157.8	170.3	234.0	253.0			
500	163.4	165.2	168.0	175.0	279.0	295.0	366.0		
600	192.2	193.5	196.0	205.0	295.0	320.0	485.0		
700	239.4	243.4	246.0	250.0	357.0	370.0	538.0	557.6	577.9
800	265.6	268.0	273.0	280.0	434.0	450.0	645.0	668.8	693.4
900	297.8	300.0	305.0	315.0	477.5	490.5	759.0	779.7	800.9

6-8-5 부단수 천공 분기점 분기('00, '11, '21년 보완)

(개소당)

관경(mm)	배관공(수도)(인)	보통인부(인)	크레인(hr)
80	0.33	0.17	1.12
100	0.36	0.18	1.16
150	0.43	0.22	1.21
200	0.45	0.23	1.43
250	0.50	0.25	1.51
300	0.54	0.27	1.60
350	0.76	0.38	1.69
400	0.96	0.48	1.79
450	1.14	0.57	1.91
500	1.32	0.66	2.02
600	1.64	0.82	2.27

[주] ① 본 품은 물이 흐르는 상수관의 천공과 제수밸브 접합을 기준한 것이다.
② 본 품의 관경은 지관을 기준한 것이다.
③ 터파기, 되메우기, 잔토처리, 물푸기 작업은 제외되어 있다.
④ 물이 흐르지 않는 단수상태에서는 본 품을 20%까지 감하여 적용한다.
⑤ 본 품의 크레인 규격은 다음을 참고하여 적용한다.

관 경(mm)	부 설 장 비 규 격
80~600까지	5톤급 트럭탑재형 크레인

⑥ 공구손료 및 경장비(천공기 등) 기계경비는 다음을 기준으로 계상한다.

관 경(mm)	80mm ~ 300mm	350mm ~ 600mm
요 율(%)	7%	12%

⑦ 부속자재(새들 등) 및 소모재료(커터날, 어댑터 등)비는 별도 계상한다.

有權解釋

제목 부단수천공 분기점 분기

질의문
신청번호 2110-035 신청일 2021-10-12
질의부분 토목 제6장 관부설 및 접합공사 6-8-5 부단수 천공 분기점 분기

품셈 부단수천공 분기점 분기 내용 중 {주} 6번 항목 "공구손료 및 경장비(천공기 등) 기계경비는 다음을 기준으로 한다."이하 관경 구분 요율이 있는데 무엇에 대한 요율인지요?

회신문
표준품셈 토목부문 "6-8-5 부단수천공 분기점 분기" 주 6에서 제시하는 요율은 관경 80mm~300mm일 경우 공구손료 및 경장비(천공기 등) 기계경비는 인력품의 7%, 관경이 350mm~600mm일 경우 공구손료 및 경장비(천공기 등) 기계경비를 인력품의 12%로 적용하시면 됩니다.

6-8-6 부단수 천공 새들분수전 분기점 분기('11년 신설)

(개소당)

구 분		배관공(수도)	보통인부
본관(㎜)	지관(㎜)	(인)	(인)
50	13~20	0.20	0.10
	25~32	0.24	0.12
	40~50	0.28	0.14
80	13~20	0.24	0.12
	25~32	0.28	0.14
	40~50	0.34	0.17
100	13~20	0.25	0.13
	25~32	0.29	0.15
	40~50	0.36	0.18
150	13~20	0.26	0.14
	25~32	0.30	0.16
	40~50	0.38	0.19
200	13~20	0.27	0.15
	25~32	0.32	0.17
	40~50	0.40	0.20
250	13~20	0.28	0.16
	25~32	0.34	0.18
	40~50	0.42	0.21
300	13~20	0.29	0.17
	25~32	0.36	0.19
	40~50	0.44	0.22
400	13~20	0.30	0.18
	25~32	0.38	0.20
	40~50	0.46	0.23

[주] ① 본 품은 지관 50㎜이하의 일체형 분기관(할정자관과 밸브가 결합)의 설치와 천공을 기준한 것이다.
② 터파기, 되메우기, 잔토처리, 물푸기 작업은 제외되어 있다.
③ 물이 흐르지 않는 단수상태에서는 본 품을 20%까지 감하여 적용할 수 있다.
④ 공구손료 및 경장비(천공기 등)의 기계경비는 인력품의 4%로 계상한다.
⑤ 소요자재(새들분수전 등)는 별도 계상한다.

6-8-7 플랜지 조인트 접합('92, '94, '06, '11, '18년 보완)

(개소당)

관경 (㎜)	볼트구멍 지름(㎜)	볼트구멍 수	배관공(수도) (인)	보통인부 (인)
65	15	4	0.05	0.02
80	19	4	0.05	0.02
100	19	8	0.07	0.04
125	19	8	0.08	0.04
150	19	8	0.09	0.05
200	23	8	0.11	0.06
250	23	12	0.14	0.07
300	23	12	0.14	0.07
350	25	12	0.16	0.08
400	25	16	0.18	0.09
450	25	16	0.20	0.10
500	25	20	0.22	0.11
600	27	20	0.24	0.12
700	27	24	0.27	0.14
800	33	24	0.29	0.14
900	33	24	0.31	0.15
1,000	33	28	0.35	0.17
1,200	33	32	0.40	0.20
1,350	33	32	0.41	0.21
1,500	33	36	0.46	0.23
1,650	45	40	0.52	0.26
1,800	45	44	0.57	0.29
2,000	45	48	0.63	0.32
2,200	52	52	0.69	0.34
2,400	52	56	0.74	0.37

[주] ① 본 품은 관의 접합부에 링 개스킷을 사용하는 볼트 체결 플랜지 접합을 기준한 것이다.
② 본 품은 호칭압력 5kg/㎠를 기준한 것으로, 이외 규격은 별도 계상한다.
③ 공구손료 및 경장비(전동렌치 등)의 기계경비는 인력품의 2%로 계상한다.

> **契約審査**
>
> **제목** 관로부설 단가 표준품셈에 맞게 조정
>
> **내용**
> - 플랜지접합(D80) : 개소당
>   ※ 배관공(수도) 0.04인, 보통인부 0.03인 → 배관공(수도) 0.05인, 보통인부 0.02인, 공구손료 인력품의 2%
>
> **심사 착안사항**
> - 설계에 반영된 공법이 현장여건에 부합한지 여부
> - 표준품셈 6-8-7 규정에 맞추어 조정, 최근 개정 품셈 적용 주의

제 7 장 항만공사

7-1 설계기준

7-1-1 수중공사('10, '11년 보완)

1. 수중공사에 있어서 기초고르기의 여유 폭은 일반적으로 다음 표의 값 이내로 한다.

구 분	한쪽여유폭(m)	양쪽여유폭(m)
케 이 슨	1.0	2.0
L형 또는 방괴	0.5	1.0
현장콘크리트타설	0.5	1.0

2. 항만공사에서 수상과 수중의 한계는 평균수면을 기준으로 하고 품에서 수심이라 함은 평균수면 이하의 깊이를 말한다.
   평균수면이라 함은 삭망평균 간조면과 삭망평균 만조면과의 1/2수면을 말한다.
3. 준설 토량은 순 준설 토량의 토질에 따른 여굴 토량과 여쇄량(쇄암 및 발파시)을 가산하여 산출한다.
4. 준설 설계 수량에는 자연 매몰량을 감안하여 계상할 수 있다.
5. 개발(확장)준설시 항로 및 박지(泊地)에 대한 여유 폭은 실정에 따라서 선정할 수 있다. 다만, 유지 준설은 제외한다.
6. 수상 작업시 예선 운항속도는 다음의 값을 표준으로 한다.

   예인시
   - 적재 : 5.5km/hr
   - 공선(空船) : 9.3km/hr

   독항시(獨航時) : 12.9km/hr

7. 준설토(암포함) 운반량은 흐트러진 상태의 용량으로 산출한다. 다만, 펌프준설은 제외한다.

7-1-2 예인선 조합

회항시에 예인선의 조합은 다음을 표준으로 한다.

피예인선		예인선		비 고
종류	출력(kW)	종류	출력(kW)	
펌프준설선	448이하	예선	119~336	
〃	746~1,492	〃	373~746	
〃	1,641~5,968	〃	746~1,790	
〃	8,952이상	〃	1,790이상	
그래브준설선	75~1,492	〃	187~336	
토운선	60m³~300m³	〃	119~187	
〃	300m³이상	〃	187~1,790	

7-1-3 준설선 선단 조합

준설작업시 선단 조합은 다음 표와 같다.

1. 펌프준설선

준설선		부속선단 및 부속기계 기구		
선 종	규격(kW)	예선(kW)	양묘선(kW)	연락선(kW)
비 항 펌 프 선	224	119~134	7.5~37.3	29.8
	448	187	37.3~74.6	29.8
	746	261	89.5	29.8
	895	261	89.5	29.8
	1,492	336	89.5	29.8
	1,641	336	89.5	29.8
	2,462	373	149.2	29.8
	2,984	373~597	149.2	29.8
	3,282	597	149.2	29.8
	4,476~8,952	597~1,492	186.5 이상	29.8
	14,920	746 : 1척 1,790 : 1척		29.8

[주] 부속선의 척수와 용량은 작업조건에 따라 조정한다.

2. 그래브 준설선

준설선		부속선			
선종	규격 (m³)	예선 (kW)	토운선 (m³)	양묘선 (kW)	연락선 (kW)
그 래 브 준 설 선	0.65m³		척수와 용량은 작업조건에 따라서 조정	7.5	29.8
	1.00m³			7.5	29.8
	1.50m³			7.5	29.8
	3.00m³	119	60	7.5	29.8
	5.00m³	119	60	7.5	29.8
	6.00m³	119	60, 100	22.4	29.8
	7.50m³	119	60, 100	22.4	29.8
	12.50~ 25.00m³	134	200	37.3	29.8
		187	300		
		336	500이상		

[주] ① 부속선의 척수와 용량은 작업조건에 따라 조정한다.
② 양묘선은 해당준설선의 앵커중량에 따라 필요시에 적용한다.

7-1-4 준설선 취업시간 및 운전시간

준설선의 취업시간과 운전시간은 다음 표를 기준으로 한다.

종 류	취업시간	운전시간	비 고
펌 프 준 설 선	24hr	15hr	
그 래 브 준 설 선	12hr	10hr	
양 묘 선	모선과 동일	실운전시간	
토 운 선	〃	-	
예 선	〃	실운전시간	

7-2 사석

7-2-1 적재 및 운반

(10㎥당)

종 류	적재방법	특별인부(인)	보통인부(인)
0.03㎥ 이하	덤 프 트 럭 대 선 진 입	-	0.06
0.1㎥ 이상	크 레 인 적 재	0.09	0.10

[주] ① 본 품은 적재장소에서 적재하여 해상운반하는 것이다.
② 크레인 사용시는 10ton급 크레인 사용을 원칙으로 한다.
③ 장비 및 예선, 운반선은 별도 계상한다.
④ 잡재료는 본 품의 2%이내로 계상한다.
⑤ 운반량은 다음 식에 따라 계상한다.

$$Q = N \times q \times E$$

여기서 Q : 1일당 운반량(㎥/일)
N : 1일 운반횟수

$$N = \frac{T}{\frac{L}{V_1} + \frac{L}{V_2} + t}$$

T : 1일 작업시간(분)
L : 운반거리(m)
V_1 : 적재시의 예선속도(m/분)
V_2 : 공선시의 예선속도(m/분)
t : 토운선 연결 및 적재소요시간(분)
q : 1회 운반량(㎥)
E : 작업효율

⑥ 작업효율(E)는 다음 표를 참고로 한다.

구 분	천후조류파랑지형		
	보통	약간 나쁘다	나쁘다
해 상 운 반	0.8	0.75	0.7

㉮ 보통인 경우는 항내 운반일 때며 약간 나쁘다의 경우는 항외 운반일 때이다.
㉯ 나쁘다는 파고 0.5m 이상일 때이다.
㉰ 본 기준은 일반적인 경우로서, 조수의 대기 등은 별도로 감안해야 한다.

7-2-2 해상투하('19년 보완)

(10㎥당)

구 분	단 위	수 량	
		0.03㎥ 이하 굴삭기 투하	0.1㎥ 이상 크레인 투하
잠 수 부	조	0.07	0.09
특 별 인 부	인	0.04	0.20
보 통 인 부	인	0.12	0.22

[주] ① 본 품은 해상 투하장소에 도착하여 대선위에서 투하하는 것이다.
② 크레인 사용시는 10ton급 크레인 사용을 기준으로 한다.
③ 수상부분은 잠수부를 계상하지 않는다.
④ 기계경비는 별도 계상한다.

7-2-3 육상투하('14년 신설, '19년 보완)

(10㎥당)

구 분	단 위	수 량	
		0.03㎥ 이하 덤프트럭+굴삭기 투하	0.1㎥ 이상 크레인 투하
잠 수 부	조	-	0.09
특 별 인 부	인	-	0.13
보 통 인 부	인	0.008	0.13

[주] ① 0.03㎥ 이하 규격은 경사도 1:1이하에 덤프트럭으로 사석을 투하한 후 굴삭기로 정리하는 품이며, 덤프트럭의 회차가 가능한 경우를 기준한 것이다.
② 0.03㎥ 이하 규격에서 경사도 1:1보다 급한 경우, 별도 계상한다.
③ 굴삭기는 1.0㎥, 크레인은 10ton을 기준한다.
④ 수상부분은 잠수부를 계상하지 않는다.
⑤ 기계경비는 별도 계상한다.

7-2-4 수상고르기('21년 보완)

(10㎡당)

구 분	규 격	단 위	수 량				
			기초고르기	피복석 고르기	피복석 거친고르기	내부사석 고르기	필터사석 고르기
석 공		인	0.70	0.62	0.55	0.55	0.07
보 통 인 부		인	0.42	0.39	0.36	0.36	-
굴 삭 기	1.0㎥	hr	1.72	-	-	1.36	0.31
크 레 인	10ton	hr	-	1.53	1.36	-	-

7-2-5 수중고르기('21년 보완)

1. 작업능력

   A=a×E

   여기서 A : 잠수부 1조의 시간당 수중고르기 능력(㎡)

   　　　　a : 표준고르기면적(㎡/hr)

   　　　　E : 작업효율

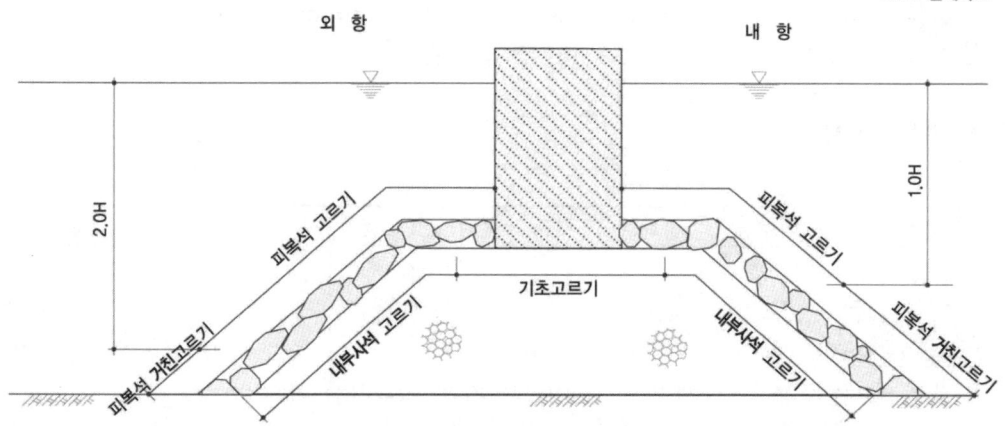

2. 표준고르기면적(a)

(㎡/hr)

기초고르기	피복석고르기	피복석거친고르기	내부사석고르기	필터사석고르기	비고
1.6	3.5	3.8	3.8	8.4	수심 0~15m

3. 작업효율(E)

구분 수심(m)	천후		조류		명암	
	조용할때	풍랑	0~2.8km/hr	2.8~5.5km/hr	보통	흐릴때
0~15	0.75	0.64	0.75	0.53	0.75	0.49
15~20	0.57	0.48	0.57	0.40	0.57	0.37
20~25	0.41	0.35	0.41	0.29	0.41	0.27
25~30	0.35	0.30	0.35	0.25	0.35	0.23

[주] ① 사석 고르기에 소요되는 선박 및 부장장비 손료 및 운전경비는 별도 계상한다.

　　② 천후는 월간 20일 정도의 작업일수를 취할 수 있을 경우 1.00으로 한다.

　　③ 명암은 바다물의 투명도, 상부 구조물의 유무 등에 따라 판단한다.

　　④ 작업효율의 값은 시공조건(천후, 조류, 명암)중 최악의 경우 하나만 택한다.

7-3 블록

7-3-1 케이슨 진수

(개당)

구 분	단위	500t미만	500~1,000t	1,000~2,000t	2,000~3,000t
비 계 공	인	1~2	2~3	3~4	4~6
보 통 인 부	인	2~3	2~4	4~5	5~7

[주] ① 본 품은 기 제작된 케이슨을 해상크레인에 의해 권양 및 진수하는 품이다.
  ② 선박 및 부장장비의 손료 및 운전경비는 별도 계상한다.

7-3-2 케이슨 거치

(개당)

구 분	단위	500t미만	500~1,000t	1,000~2,000t	2,000~3,000t
잠 수 부	조	1~2	1~2	2~3	2~3
비 계 공	인	1~2	2~3	3~4	4~5
보 통 인 부	인	2~3	3~4	4~6	5~7

[주] ① 본 품은 케이슨을 거치장소까지 이동하여 정위치에 거치시키는 품이다.
  ② 선박 및 부장장비의 손료 및 운전경비는 별도 계상한다.

7-3-3 일반블록 거치

(일당)

구 분			5톤 미만	5~10t	10~15t	15~20t	20~30t	30t 이상
수 상	작업량	개	14~20	12~16	10~14	8~12	6~8	5~7
	특별인부	인	1	1	2	2	3	3
	보통인부	인	3~5	3~5	4~6	4~6	6~9	6~9
수 중	작업량	개	12~18	11~15	9~12	8~10	6~9	5~7
	잠수부	조	1	1	1	1	2	2
	보통인부	인	3~4	3~4	4~6	4~6	5~7	5~7

[주] ① 작업량은 현장조건에 따라 증감할 수 있다.
  ② 선박 및 부장장비의 손료 및 운전경비는 별도 계상한다.

7-3-4 소파블록 거치

(일당)

구 분			2톤미만	2~5t	5~10t	10~15t	15~20t	20~30t	30t이상
수 상	작업량 (개/일)	충적	22~28	18~24	14~18	12~16	10~14	9~13	8~12
		난적	26~34	22~29	17~22	14~19	12~17	11~16	10~14
	특별인부	인	1	1	1	1	1	2	2
	보통인부	인	2~4	2~4	2~4	2~4	2~4	3~5	3~5

구분			2톤미만	2~5t	5~10t	10~15t	15~20t	20~30t	30t이상
수 중	작업량 (개/일)	충적	18~26	16~22	12~16	10~14	8~12	8~10	6~10
		난적	22~31	19~26	14~19	12~17	10~14	10~12	7~12
	잠수부	조	1	1	1	1	1	1	1~2
	보통인부	인	3~4	3~4	3~4	3~4	3~4	4~6	4~6

[주] ① 1일 작업량은 현장조건에 따라 증감할 수 있다.
② 선박 및 부장장비의 손료 및 운전경비는 별도 계상한다.

7-4 준설

7-4-1 배송관 접합

(접합개소당)

관경(mm) 구분	배관공(수도) (인)	보통인부 (인)	크레인(hr)	
			플랜지접합	고무슬리브접합
250이하	0.03	0.02	0.22	0.18
300	0.03	0.02	0.24	0.19
350	0.04	0.02	0.25	0.20
400	0.04	0.03	0.27	0.22
510	0.06	0.04	0.33	0.26
560	0.07	0.04	0.36	0.29
610	0.08	0.04	0.38	0.30
630	0.09	0.05	0.39	0.31
660	0.09	0.05	0.40	0.32
685	0.10	0.05	0.41	0.33
710	0.10	0.05	0.42	0.34
760	0.11	0.05	0.43	0.34
840	0.12	0.06	0.47	0.38
860	0.12	0.06	0.48	0.38
비고	- 배송관 철거는 본 품(인력+장비)을 30%까지 감하여 적용한다.			

[주] ① 본 품은 준설선용 배송관으로 플랜지 접합관일 경우 KSD 3503(일반 구조용 압연강재)을 고무슬리브 접합일 경우 KSM 6708를 기준으로 한다.
② 본 품은 6m 직관(KSV 3983)을 기준한 것이다.
③ 본 품은 소운반을 포함한 것이다.
④ 본 품의 크레인 규격은 다음을 기준으로 한다.

관 경(mm)	장 비 규 격
200~710 까지	10톤급 트럭탑재형 크레인
760 이상	15톤급 트럭탑재형 크레인

⑤ 현장조건상 트럭탑재형 크레인의 적용이 어려운 경우, 동일한 규격(톤)의 크레인(무한궤도, 타이어)을 적용할 수 있다.
⑥ 체결부 절단이 필요한 경우 절단비용은 별도 계상한다.

> **有權解釋**
>
> **제목** 배송관 접합 문의
>
> **질의문**
>
> 신청번호 2103-082 신청일 2021-03-25
> 질의부분 토목 제7장 항만공사 7-4-1 배송관 접합
>
> 해당 572페이지의 맨 아래의 비고란에 기록된 의미를 문의합니다. "배송관 철거는 본 품(인력+장비)을 30%까지 감하여 적용한다."라고 되어 있습니다. 배송관 철거 시 배송관 접합의 30%를 적용하라는 것인지? 아니면 70%를 적용하라는 것인지 문의합니다. 끝.
>
> **회신문**
>
> 표준품셈 토목부문 "7-4-1 배송관 접합"의 비고 – 배송관 철거는 본 품(인력+장비)을 30%까지 감하여 적용한다"에서 30%까지 감하여 적용한다는, 설치품을 100%일때 30%까지 감하여 적용(70%이상)하라는 의미입니다.

7-4-2 배송관 띄우개(부함) 접합

(본당)

구 분		특별인부 (인)	보통인부 (인)	크레인 (hr)	배송관 적용규격 (㎜)
관경(㎜)	길이(m)				
430	4.5	0.02	0.01	0.05	200
500	4.5	0.02	0.01	0.05	250
600	4.5	0.03	0.01	0.05	300
700	4.5	0.03	0.01	0.05	350
900	4.5	0.03	0.01	0.06	400
1,000	4.5	0.03	0.02	0.06	510
1,100	4.5	0.03	0.02	0.06	560
1,200	4.5	0.03	0.02	0.06	610 ~ 630
1,300	5.0	0.03	0.02	0.06	660
1,400	5.0	0.04	0.02	0.07	685 ~ 710
1,500	5.0	0.04	0.02	0.07	760
1,600	5.0	0.04	0.02	0.07	840 ~ 860
비 고		- 배송관 띄우개 철거는 본 품(인력+장비)을 30%까지 감하여 적용한다.			

[주] ① 본 품은 해상 배송관에 사용하는 띄우개(부함)로, KSD 3503(일반 구조용 압연강재)을 기준으로 한다.
② 본 품은 소운반을 포함한 것이다.
③ 본 품의 크레인 규격은 다음을 기준으로 한다.

관 경(㎜)	장 비 규 격
430~1,400 까지	10톤급 트럭탑재형 크레인
1,500 이상	15톤급 트럭탑재형 크레인

④ 현장조건상 트럭탑재형 크레인의 적용이 어려운 경우, 동일한 규격(톤)의 크레인(무한궤도, 타이어)을 적용할 수 있다.
⑤ 체결부 절단이 필요한 경우 절단비용은 별도 계상한다.

7-4-3 배송관 진수

(set당)

배송관 관경(㎜)	고무슬리브 길이(m)	배송관 떠우개		보통인부 (인)	크레인 (hr)
		관경(㎜)	길이(m)		
200	0.8	430	4.5	0.02	0.06
250	0.8	500	4.5	0.02	0.07
300	0.9	600	4.5	0.02	0.08
350	1.0	700	4.5	0.02	0.09
400	1.0	900	4.5	0.03	0.10
510	1.2	1,000	4.5	0.03	0.13
560	1.3	1,100	4.5	0.04	0.16
610	1.3	1,200	4.5	0.04	0.18
630	1.4	1,200	4.5	0.05	0.18
660	1.5	1,300	5.0	0.05	0.20
685	1.5	1,400	5.0	0.05	0.20
710	1.6	1,400	5.0	0.05	0.21
760	1.7	1,500	5.0	0.05	0.21
840	1.9	1,600	5.0	0.06	0.25
860	1.9	1,600	5.0	0.07	0.27

[주] ① 본 품은 배송관을 육상에서 해상으로 진수시키는 작업으로, 배송관 예인 및 침설작업은 포함하지 않는다.
② 해상관은 "배송관 1본+고무슬리브 1본+배송관 떠우개 1본"을 1set로 한다.
③ 침설관은 "배송관 2본 + 고무슬리브 1본"을 1set로 한다.
④ 본 품의 크레인 규격은 다음을 기준으로 한다.

관 경(㎜)	장 비 규 격
200~710 까지	10톤급 트럭탑재형 크레인
760 이상	15톤급 트럭탑재형 크레인

⑤ 현장조건상 본 품의 장비를 적용하기 어려운 경우, 동일한 규격(톤)의 크레인(무한궤도, 타이어)을 적용할 수 있다.

7-4-4 준설여굴('10년 보완)

토 질	선 종	시공수심별 여굴 두께		
		5.5m	5.5~9.0m 미만	9.0m 이상
보 통 토 사	펌 프 준 설 선	0.6m	0.7m	1.0m
	그 래 브 준 설 선	0.5m		0.6m
암 반	그 래 브 준 설 선	0.5m		

[주] 시공수심은 평균수면(M.S.L)을 기준으로 한 수심이다.

7-4-5 펌프준설 매립시의 유보율 등('10년 보완)

토 질 별	유 보 율(%)	비 고
점 토 및 점 토 질 실 트	70이하	
모 래 질 및 사 질 실 트	70~95	
자 갈	95~100	

[주] 토사의 입경, 여수토의 위치, 높이, 배출구로부터의 거리, 매립면적, 매립고 등에 따라 차이가 있으므로 실험적 방법으로 산정하는 것이 가장 정확하나, 그렇지 못할 경우 본 품의 값을 적용할 수 있다.

7-4-6 펌프준설 매립시의 유실률

입경(mm)	유실율(%)	입경(mm)	유실율(%)
1.2이상	없음	0.3~0.15	20~27
1.2~0.5	5~8	0.15~0.075	30~35
0.6~0.3	10~15	0.075이하	30~100

7-4-7 매립설계수량

매립 설계수량에는 매립토의 유실, 더돋기, 압밀침하량 등을 감안하여 계상할 수 있다.

제 8 장 지반조사

8-1 보링

8-1-1 기계기구 설치

(개소당)

구 분	단위	수 량
보 링 공	인	1.0
특 별 인 부	인	1.0
보 통 인 부	인	1.0

[주] ① 본 품은 육상, 평지부를 기준한 것이므로 지형, 지물 등 현장조건에 따라 가산할 수 있다.
② 조사개소 이동을 위한 소운반은 포함되지 않았다.
③ 수상 작업시(축도, 선박, 가잔교 시설 등)에는 육상으로부터의 거리, 수심, 풍랑, 조수차 등의 상황을 고려 별도 계상한다.
④ 지장물 보상은 별도 계상한다.
⑤ 잡재료는 별도 계상한다.
⑥ 조사개소의 좌표 측량, 수준 측량, 기타 지형지물 등 현장조건에 따라 필요한 제반측량은 측량 품셈에 의한다.
⑦ 1개소당 작업장 넓이는 20㎡내외로 한다.

8-1-2 천공(토사, 자갈 및 호박돌층)('08년 보완)

(m당)

종 별	단 위	점토층		모래층		자갈층		호박돌층	
		BX	NX	BX	NX	BX	NX	BX	NX
중 급 기 술 자	인	0.16	0.18	0.18	0.21	0.39	0.45	0.65	0.76
보 링 공	〃	0.29	0.35	0.34	0.40	0.62	0.72	0.81	0.96
특 별 인 부	〃	0.21	0.25	0.24	0.29	0.53	0.63	0.65	0.76
보 통 인 부	〃	0.29	0.35	0.34	0.40	0.62	0.73	0.81	0.96
싱 글 코 아 바 렐	개	0.010		0.025		0.05		0.15	
메 탈 크 라 운 비 트	〃	0.025		0.05		0.5		1.5	
쵸 핑 비 트	〃	-		-		-		0.5	
드 라 이 브 파 이 프 헤 드	〃	0.01		0.025		0.05		0.08	
드 라 이 브 파 이 프 슈	〃	0.01		0.025		0.05		0.08	
드 라 이 브 파 이 프	〃	0.01		0.025		0.05		0.08	

> **有權解釋**
>
> **제목** 설계용역의 지반조사비 대가 관련질의
>
> **질의문**
> 신청번호 2105-025 신청일 2021-05-13
> 질의부분 토목 제8장 지반조사 8-1-2 천공(토사, 자갈 및 호박돌층)
>
> 설계 시 지반조사의 용역대가에 관련된 질문입니다. 귀원에서 작성된 건설공사 표준품셈(2021년)의 제8장 지반조사 항목의 천공 품에는 기술료가 포함되고 제경비에 대해서는 내용이 없습니다.
> 그러나 지반조사 표준품셈(한국엔지니어링협회)에는 제경비와 기술료가 별도로 책정되어 있는바 이에 대한 답변을 듣고 싶습니다. 참고로 저희가 생각하는 건설공사 표준품셈은 건설공사의 공사중 필요한 지반조사 기준이고, 지반조사 표준품셈(한국엔지니어링협회)은 설계용역 시 적용하는 기준이 아닌지요?
>
> **회신문**
> 건설공사 표준품셈 지반조사 "8-1-2, 8-1-3 천공 [주] ② 본 품은 해석비, 결과작성 및 기술료를 포함한 것이다."는 지반조사에 필요한 경비(기술료 및 제경비)가 포함된 기준임을 참고하시기 바랍니다.

8-1-3 천공(암반층)

(m당)

종 별	단위	풍화암 BX	풍화암 NX	연암 BX	연암 NX	보통암 BX	보통암 NX	경암 BX	경암 NX	극경암 BX	극경암 NX
중 급 기 술 자	인	0.16	0.19	0.17	0.21	0.17	0.20	0.33	0.39	0.37	0.43
보 링 공	〃	0.30	0.35	0.31	0.37	0.40	0.47	0.53	0.62	0.63	0.75
특 별 인 부	〃	0.22	0.26	0.24	0.28	0.20	0.24	0.44	0.51	0.47	0.56
보 통 인 부	〃	0.30	0.35	0.31	0.37	0.40	0.47	0.53	0.62	0.63	0.75
더블코아바렐	개	0.02		0.025		0.025		0.04		0.05	
메탈크라운비트	〃	0.8		1.0		1.0		-		-	
다이아몬드비트	〃	-		-		-		0.1		0.12	
메탈리밍쉘	〃	0.02		0.025		0.025		-		-	
다이아몬드리밍쉘	〃	-		-		-		0.03		0.04	
코아리프터	〃	0.1		0.1		0.1		0.1		0.1	

[주] ① 본 품은 보링 깊이 20m까지를 기준으로 한 것이며 깊이 10m 증가마다 인력품을 5%이내에서 가산할 수 있다.
② 본 품은 해석비, 결과작성 및 기술료를 포함한 것이다.
③ 시료상자 및 시료병은 별도 계상한다.
④ 기계기구의 손료, 유류비, 운전경비, 운반, 경비(警備), 급수시설 및 잡재료 등은 별도 계상한다.
⑤ 수상작업시 작업조건 및 바지선의 제작(또는 임대) 등의 소요경비는 별도 계상한다.
⑥ 경사시추의 경우 롯드의 승강, 슬라임 제거는 난이도 등을 고려하여 별도 계상한다.
⑦ 지층의 분류는 다음과 같다
  ㉮ 점토층 : 점토, 실트
  ㉯ 모래층 : 모래 및 사질토
  ㉰ 자갈층 : 자갈 및 모래섞인 자갈
  ㉱ 호박돌층 : 전석 및 자갈섞인 호박돌

⑧ 중급기술자(책임기술자)는 작업을 계획, 준비, 지휘감독, 토질의 판단 등을 하는 자를 말한다. 본 장에서의 중급기술자는 이 기준에 준한다.

> **有權解釋**
>
> **제목** 천공(암반층) 케이싱은 철재케이싱(250mm) 기준인데 그 이하 케이싱(150mm)일 때 적용은?
>
> **질의문**
> 신청번호 2009-081 신청일 2020-09-28
> 질의부분 토목 제8장 지반조사 81-3 천공(암반층)
>
> 토목품셈 8-4-2 천공(암반층) [주] ② 케이싱설치, 에어써징, 우물설치 및 양수시험에 필요한 인력 품 중에서 케이싱설치 기준이 철재 케이싱(250mm)로 되어있는데 철제 케이싱(150mm)로 사용시 적용이 어떻게 되는지?
>
> **회신문**
> 표준품셈 토목부문 "8-4-2 천공(암반층)"에서 케이싱설치는 철재케이싱(250mm) 기준이며, 철재케이싱(150mm)의 설치 기준은 별도로 정하고 있지 않습니다.

> **判例**
>
> **제목** 지질상태가 설계서와 다르면 설계변경이 가능할까?
>
> **내용**
> 암반이 경암임을 전제로, (1) 발진수직구구간과 관련하여 A공법 적용구간의 천공 수를 설계한 후 도급계약을 체결하였다가 지질상태가 극경암인 관계로 천공 수를 훨씬 많이 늘려서 시공하였고, (2) 더 나아가 터널구간과 관련하여, 실드TBM공법 적용 구간의 디스크 커터 회전속도와 1회전당 투과깊이를 설계한 후 도급계약을 체결하였다가 지질상태가 극경암인 관계로 투과깊이를 감소시켜 시공한 경우에, 계약상대자는 공사계약 일반조건 제19조 제1항 제2호의 지질상태가 설계서와 다른 경우임을 이유로 설계변경에 해당한다는 주장을 할 수 있을까?
> 이 사안에서 발주기관은 지반조사 당시 RMR(Rock Mass Rating)방식과 Q-System방식을 이용하였는데, 각 방식은 6가지 변수를 바탕으로 값을 도출하여 암반을 평가하는 방식이었다. 발진 수직구 구간에 사용된 A공법에 관한 표준품셈은 암의 종류별로 천공 간격을 구분하고 있는데, 이 때 암종은 풍화암, 연암, 보통암, 경암의 4종류로만 구분되어 있고, 극경암에 대한 구분이 달리 없었다. 터널구간에 적용된 실드 TBM공법은 암 종류를 RMR방식에 따라 양호, 보통, 불량으로 구분한 후 각각의 투과 깊이를 정하고 있을 뿐, 극경암에 따른 구분이 없었다.
> 그런데, 이 사안에서 법원은 다음과 같은 사정을 종합해 위 사실만으로는 발진수직구 및 터널 구간의 지질 등 공사현장의 상태가 설계서와 다르다는 점을 인정하기 부족하다고 보면서, 지질상태 상이로 인한 설계변경 사유의 발생을 부정하였다. 우선, RMR과 Q-System은 6가지 변수를 바탕으로 값을 도출하므로 공사당시채취한 시료에서 어느 한 변수가 달리 나타났다고 하더라도 설계 시 도출된 값이 적절하지 않다고 할 수 없다는 점, 수직구구간에 사용된 A공법과 터널구간에 적용된 실드 TBM공법은 모두 대상 암반이 경암과 극경암 중 어디에 해당하는지를 구분하지 않으므로 이는 설계에 영향을 미치는 요소가 아니라고 판단되는 점, 계약상대자가 극경암에 해당한다고 주장하는 암반도 특별시방서에서 기준으로 삼고 있는 암반 분류기준에 의하면 모두 경암으로 분류되므로 시험파쇄 결과에 따라 암반 분류가 달라지지 아니하고 발주기관이 천공패턴 설계를 변경할 의무가 발생하였다고 보기 어려운 점 등을 그 판단의 근거로 제시하였다(서울고등법원 2018. 6. 22. 선고 2017나2039861 판결).

8-2 시험

8-2-1 표준관입시험

(회당)

종 별	단 위	수 량
중 급 기 술 자	인	0.02
보 링 공	〃	0.07
특 별 인 부	〃	0.06
보 통 인 부	〃	0.07
슈	개	0.1
샘 플 러	〃	0.015
경 유	ℓ	1.0
잡 유	%	30(경유의)

[주] ① 본 품은 보링과 병행하여 시행할 경우이며 목적에 따라서 관입시험을 시행할 경우에는 별도로 계상할 수 있다.
② 채취시료의 운반비 및 시료 조작비는 별도 계상한다.
③ 시료 조작비는 시료포장, 시료상자, 시료병, 표본시료제작비 등을 말한다.
④ 잡재료는 별도 계상한다.

監査

제목 흙막이 배면 지반개량을 위한 사전 지반조사·확인 부적정

내용
건설사업관리기술자는 신설출입구 흙막이배면의 지반상태를 파악하여 지반개량공사의 범위를 결정하기 위해 계약상대자가 실시하는 표준관입시험을 입회·확인하면서 계약문서인 시방서, 시공계획서에 따라 설계 시 예측한 지층[토층 구성 : 매립토(GL0~-2.0m), 충적토(GL-2.1~-4.0m), 풍화토(GL-4.1~-11.5m), 경암(GL- 11.6m 이하)]에 대하여 토질 및 깊이별(1~1.5m간격)로 지반의 단단한 정도와 토층의 구성을 판정하기 위한 표준관입시험을 실시하지 않고 GL-6m 풍화토와 GL-15m 경암 지반에 대하여 각각 1회만 시험을 하였고, 표준관입시험에 의한 N값을 측정을 하면서도 시험기준인 KSF2307 기준에 따라 시험 구멍바닥에 쌓인 슬라임(잔토찌꺼기)을 제거하여야 하는데도 제거하지 않고 N값을 측정하는 등 부실하게 지반조사·확인 후 토사(풍화토)로 판정하여 지반개량공사를 실시하였다.
그 결과 공사 관계자(공사관리관, 현장대리인, 책임건설사업관리기술자)가 합동으로 토공굴착으로 노출된 지반의 상태를 확인하였는데 건설사업관리기술자가 시공 전 지반조사 시 GL-6~-16m(L = 10m)구간은 풍화토로 판정하였던 지층이 GL- 6.1~-13.7m(L = 7.6m)는 풍화암, GL-13.8m부터는 연암인 것으로 확인되어 지반개량이 필요없는 암반(풍화암, 연암)에 지반개량공사를 실시하여 사업비 65,540천원이 낭비되는 결과가 초래되었다.

조치할 사항
○○○○○○○○○○○사장은 흙막이배면 지반개량을 위한 지반조사를 하면서 검사·입회·시험 등의 검측 업무를 소홀히 하여 지반개량이 필요없는 암반에 지반개량공사를 하도록 하여 65,540천원의 사업비를 낭비한 건설사업기술자(감리사보 ○○○)에 대하여 건설기술진흥법 제24조 및 같은 법 시행규칙 제20조 [별표1]에 따라 행정처분(업무정지 6개월)하도록 관련기관에 통보조치하시기 바람(통보)

8-2-2 베인전단시험('08년 신설)

(회당)

종 별	세 목	단 위	Field Vane
인 건 비	중 급 기 술 자	인	0.3
	고 급 숙 련 기 술 자	인	0.4
	중 급 숙 련 기 술 자	인	0.4
	초 급 숙 련 기 술 자	인	0.4
재 료 비	v a n e b l a d e (대 형)	개	0.1
	전 용 로 드 (ø 1 6 × 7 5 0)	본	0.15
	로 드 (ø 4 0 . 5 × 1 m)	본	0.2
	잡 품 (재 료 비 의)	%	20.0
기 구 손 료	베 인 시 험 전 단 기	시간	3.2

[주] ① 연약한(N=0~2) 점성토 지반을 대상으로 하는 원위치 전단시험으로 본 품은 75×150×3㎜의 블레이드를 사용하는 압입식 베인전단시험에 해당한다.
② 시추기에 대한 기계손료는 필요시 별도 계상한다.

8-2-3 자연시료 채취('08년 보완)

(회당)

종 별	단 위	수 량
중 급 기 술 자	인	0.12
보 링 공	인	0.22
특 별 인 부	인	0.16
보 통 인 부	인	0.22
신 월 튜 브	개	1.0
경 유	ℓ	1.0
잡 유	%	60(경유의)

[주] ① 시료조작 및 운반비는 별도 계상한다.
② 시료조작비는 시료포장, 시료상자 및 시료병 등을 말한다.
③ 채취시료의 토질시험비는 필요에 따라 별도 계상한다.
④ 잡재료는 별도 계상한다.
⑤ 본 품은 KSF 2317을 기준으로 한 것이다.

8-2-4 평판재하시험('08년 신설)

(회당)

종 별	단 위	수 량
중 급 기 술 자	인	1.06
초 급 기 술 자	인	1.88
보 통 인 부	인	2.19
표 준 사	kg	1.0

[주] ① 본 품은 구조물 기초설계에 필요한 지반반력계수나 극한지지력 등의 특성을 파악하기 위한 지반평판재하에 해당한다.
② 본 품은 반력장치로서 굴삭기를 적용한 것을 기준으로 한 것으로 H-beam, Screw anchor 등을 사용하는 경우에는 별도 계상한다.
③ 굴삭기는 허용지지력이 5ton 이하의 경우 0.6㎥을 10ton 이하의 경우 1.0㎥의 규격을 적용하여 별도 계상하며, 하중이 10ton 이상 필요하여 추가적인 반력장치가 소요되는 경우 그 비용은 추가 계상한다.
④ 운반비, 잡재료 및 손료는 별도 계상한다.

8-2-5 동재하시험('08년 신설)

(회당)

종 별	단 위	수 량
중 급 기 술 자	인	0.46
초 급 기 술 자	인	0.46
보 통 인 부	인	0.46

[주] ① 본 품은 말뚝항타시 항타에너지 및 응력측정에 의한 항타 관입성 분석 및 시공관리기준 제시를 위한 동재하시험에 해당되는 것으로 기성말뚝을 대상으로 한 것이다.
② 항타기는 별도 계상하며 그 규격은 현장여건에 따라 다르게 적용될 수 있다.
③ 운반비, 잡재료 및 손료는 별도 계상한다.

8-2-6 정재하시험('08년 신설)

(회당)

종 별	단 위	수 량
중 급 기 술 자	인	4.20
초 급 기 술 자	인	4.41
보 통 인 부	인	4.10
단 독 콘	개	72.0

[주] ① 본 품은 기초말뚝의 지지력을 평가하기 위하여 주변파일의 반력을 이용하는 방법에 해당한다.
② 재하방법으로 실하중 재하방법, Anchor의 반력을 이용하는 경우 소요비용은 별도 계상한다.
③ 크레인은 별도 계상하며 그 규격은 현장 여건에 따라 다르게 적용될 수 있다.
④ 운반비, 잡재료 및 손료는 별도 계상한다.

8-2-7 콘관입시험('09년 신설)

(개소당)

종 별	단 위	수 량
중 급 기 술 자	인	1.5
고 급 숙 련 기 술 자	인	1.5
중 급 숙 련 기 술 자	인	1.0
초 급 숙 련 기 술 자	인	1.0

[주] ① 점성토 지반을 대상으로 하는 원위치 시험으로 본 품은 정적콘관입시험 중 전기식 콘관입시험에 해당한다.
② 재료비, 동력비, 기계기구손료 및 경비는 별도 계상한다.
③ 간극수압 소산시험은 별도 계상한다.

8-3 물리탐사

8-3-1 굴절법 탄성파 탐사('08년 보완)

(측선 1km당)

종 별	단 위	수 량
기 술 사	인	3.8
특 급 기 술 자	인	5.1
고 급 기 술 자	인	10.8
중 급 기 술 자	인	14.6
특 별 인 부	인	3.8
보 통 인 부	인	13.3

[주] ① 본 품은 수진점 간격 5m를 기준으로 한 것으로 조사규모, 목적, 방법, 현장조건에 따라 가감할 수 있다.
② 본 품은 측량비 및 성과 분석비를 포함한 것이다
③ 기계 기구 손료는 별도 계상한다.
④ 재료비는 별도 계상한다.

8-3-2 2차원 전기비저항탐사('08년 보완)

(측선 1km당)

종 별	단 위	수 량
기 술 사	인	3.9
특 급 기 술 자	인	5.2
고 급 기 술 자	인	10.4
중 급 기 술 자	인	20.2
특 별 인 부	인	6.5
보 통 인 부	인	16.3

[주] ① 본 품은 전극간격 10m를 기준으로 한 것으로 본 품은 조사규모, 목적, 방법, 현장조건에 따라 가감할 수 있다.
② 본 품은 측량비 및 성과 분석비를 포함한 것이다
③ 기계 기구 손료는 별도 계상한다.
④ 재료비는 별도 계상한다.

8-4 대구경 보링(지하수개발)

8-4-1 천공(토사, 모래, 자갈 및 호박돌층)

(m당)

지층 구분	규격(mm)	토사층								
		100	150	200	250	300	350	400	450	500
중 급 기 술 자	인	0.01	0.02	0.02	0.02	0.02	0.03	0.03	0.04	0.04
중급숙련기술자	인	0.05	0.06	0.08	0.09	0.10	0.11	0.12	0.13	0.14
보 링 공	인	0.05	0.06	0.08	0.09	0.10	0.11	0.12	0.13	0.14
특 별 인 부	인	0.03	0.03	0.04	0.04	0.05	0.06	0.06	0.08	0.08
보 통 인 부	인	0.05	0.06	0.08	0.09	0.10	0.11	0.12	0.13	0.14
고 성 능 착 정 기	시간	0.21	0.25	0.30	0.35	0.40	0.45	0.49	0.54	0.59
윙 비 트	개	0.0032								
벤 토 나 이 트	kg	0.35	0.53	0.70	0.88	1.05	1.25	1.43	1.60	1.78

(m당)

지층 구분	규격(mm)	모래층								
		100	150	200	250	300	350	400	450	500
중 급 기 술 자	인	0.02	0.02	0.03	0.03	0.04	0.04	0.05	0.05	0.06
중급숙련기술자	인	0.07	0.09	0.11	0.13	0.15	0.16	0.19	0.21	0.24
보 링 공	인	0.07	0.09	0.11	0.13	0.15	0.16	0.19	0.21	0.24
특 별 인 부	인	0.03	0.04	0.05	0.06	0.07	0.08	0.09	0.10	0.12
보 통 인 부	인	0.07	0.09	0.11	0.13	0.15	0.16	0.19	0.21	0.24
고 성 능 착 정 기	시간	0.28	0.34	0.43	0.51	0.59	0.65	0.74	0.82	0.90
윙 비 트	개	0.0041								
벤 토 나 이 트	kg	0.35	0.53	0.70	0.88	1.05	1.25	1.43	1.60	1.78

(m당)

지층 구분	규격(mm)	자갈층								
		100	150	200	250	300	350	400	450	500
중 급 기 술 자	인	0.02	0.03	0.04	0.05	0.06	0.07	0.08	0.09	0.10
중급숙련기술자	인	0.10	0.13	0.16	0.20	0.24	0.28	0.32	0.36	0.40
보 링 공	인	0.10	0.13	0.16	0.20	0.24	0.28	0.32	0.36	0.40
특 별 인 부	인	0.05	0.06	0.08	0.10	0.12	0.14	0.16	0.18	0.20
보 통 인 부	인	0.10	0.13	0.16	0.20	0.24	0.28	0.32	0.36	0.40
고 성 능 착 정 기	시간	0.38	0.52	0.65	0.81	0.97	1.11	1.27	1.42	1.57
윙 비 트	개	0.0064								
벤 토 나 이 트	kg	0.35	0.53	0.70	0.88	1.05	1.25	1.43	1.60	1.78

(m당)

구분 \ 지층 규격(mm)	호박돌층								
	100	150	200	250	300	350	400	450	500
중 급 기 술 자 　인	0.04	0.05	0.07	0.09	0.12	0.14	0.16	0.18	0.20
중 급 숙 련 기 술 자 　인	0.15	0.21	0.29	0.37	0.47	0.56	0.66	0.75	0.84
보 　 링 　 공 　인	0.15	0.21	0.29	0.37	0.47	0.56	0.66	0.75	0.84
특 　 별 　 인 　 부 　인	0.07	0.11	0.14	0.19	0.23	0.28	0.33	0.38	0.43
보 　 통 　 인 　 부 　인	0.15	0.21	0.29	0.37	0.47	0.56	0.66	0.75	0.84
고 성 능 착 정 기 　시간	0.59	0.86	1.14	1.48	1.86	2.23	2.62	2.99	3.36
윙 　 비 　 트 　개					0.012				
벤 　 토 　 나 　 이 　 트 　kg	0.35	0.53	0.70	0.88	1.05	1.25	1.43	1.60	1.78

有權解釋

제목 지반공사의 대구경 보링

질의문
신청번호 2004-042 신청일 2020-04-14
질의부분 토목 제8장 지반조사 8-4-1 천공(토사, 모래, 자갈 및 호박돌층)

대구경 보링의 케이싱설치, 에어써징, 우물설치 등 노무비 반영 후 기계경비는 별도 계상한다.에서 기계경비의 제원 등 반영방법

회신문
표준품셈 토목부문 "8-4-1 천공"의 '주2'에서 케이싱, 에어써징, 우물설치 및 양수시험에 필요한 기계경비는 별도 계상하도록 명시하고 있습니다.
여기서, '기계경비 별도계상'의 의미는 작업시 필요한 기계를 현장여건에 맞게 선택하여 이에 대한 경비를 별도로 계상하라는 의미로 현행 표준품셈에서는 정하고 있지 않는 사항입니다.

8-4-2 천공(암반층)('06년 보완)

(m당)

구분 \ 지층 규격(mm)	풍화암								
	100	150	200	250	300	350	400	450	500
중 급 기 술 자 　인	0.02	0.02	0.03	0.03	0.04	0.04	0.05	0.05	0.06
중 급 숙 련 기 술 자 　인	0.07	0.09	0.11	0.14	0.16	0.18	0.21	0.23	0.25
보 　 링 　 공 　인	0.07	0.09	0.11	0.14	0.16	0.18	0.21	0.23	0.25
특 　 별 　 인 　 부 　인	0.03	0.04	0.06	0.07	0.08	0.09	0.10	0.11	0.12
보 　 통 　 인 　 부 　인	0.07	0.09	0.11	0.14	0.16	0.18	0.21	0.23	0.25
고 성 능 착 정 기 　시간	0.26	0.34	0.45	0.54	0.64	0.72	0.82	0.91	1.00
윙 　 비 　 트 　개					0.044				
벤 　 토 　 나 　 이 　 트 　kg	0.35	0.53	0.70	0.88	1.05	1.25	1.43	1.60	1.78

(m당)

구분 \ 지층	규격(㎜)	연암					
		100	150	200	250	300	350
중 급 기 술 자	인	0.01	0.01	0.01	0.02	0.02	0.03
중 급 숙 련 기 술 자	〃	0.03	0.04	0.05	0.07	0.09	0.13
보 링 공	〃	0.03	0.04	0.05	0.07	0.09	0.13
특 별 인 부	〃	0.02	0.02	0.02	0.03	0.05	0.07
보 통 인 부	〃	0.03	0.04	0.05	0.07	0.09	0.13
고 성 능 착 정 기	시간	0.13	0.14	0.19	0.27	0.38	0.53
기 포 제	ℓ	0.10	0.19	0.38	0.98	2.11	4.20
에 어 해 머	개	0.0004					
버 튼(Button) 비 트	〃	0.0018					

(m당)

구분 \ 지층	규격(㎜)	보통암					
		100	150	200	250	300	350
중 급 기 술 자	인	0.02	0.02	0.02	0.03	0.04	0.05
중 급 숙 련 기 술 자	〃	0.05	0.07	0.08	0.11	0.15	0.21
보 링 공	〃	0.05	0.07	0.08	0.11	0.15	0.21
특 별 인 부	〃	0.03	0.04	0.04	0.06	0.08	0.11
보 통 인 부	〃	0.05	0.07	0.08	0.11	0.15	0.21
고 성 능 착 정 기	시간	0.26	0.29	0.31	0.45	0.60	0.84
기 포 제	ℓ	0.10	0.24	0.62	1.61	3.39	8.73
에 어 해 머	개	0.0011					
버 튼(Button) 비 트	〃	0.0043					

(m당)

구분 \ 지층	규격(㎜)	경암				
		100	150	200	250	300
중 급 기 술 자	인	0.02	0.03	0.04	0.05	0.06
중 급 숙 련 기 술 자	인	0.07	0.10	0.15	0.20	0.24
보 링 공	인	0.07	0.10	0.15	0.20	0.24
특 별 인 부	인	0.03	0.05	0.07	0.10	0.12
보 통 인 부	인	0.07	0.10	0.15	0.20	0.24
고 성 능 착 정 기	시간	0.29	0.41	0.58	0.82	0.98
기 포 제	ℓ	0.18	0.45	1.15	2.95	5.48
에 어 해 머	개	0.0033				
버 튼(Button) 비 트	개	0.0135				

[주] ① 본 품은 해머식 착정공법에 의한 암반지하수개발을 목적으로 하는 고성능 착정기(엔진 335.70㎾ 기준)를 이용하며, 굴착심도는 200m이하를 기준으로 한다.

② 케이싱 설치, 에어써징, 우물설치 및 양수시험에 필요한 인력품은 아래와 같으며, 기계경비는 별도 계상한다.

구 분	단 위	인 력 품					비 고
		중급 기술자	중급숙련 기술자	보링공	특별 인부	보통 인부	
케이싱설치	m	0.03	0.13	0.13	0.13	0.20	철재 케이싱 (250mm)
에어써징	m	0.004	0.01	0.01	0.01	0.02	
우물설치	m	0.004	0.01	0.01	0.01	0.02	
양수시험	시간	0.06	0.12	0.12	0.12	0.37	

③ 기타 기계기구 설치, 수중모터펌프 설치 및 전기검층에 필요한 경비는 별도로 계상한다.

> **有權解釋**
>
> **제목** 대구경 보링(지하수 개발) 우물설치 질의
>
> **질의문**
> 신청번호 2007-082 신청일 2020-07-27
> 질의부분 토목 제8장 지반조사 8-4-2 천공(암반층)
>
> 토목품셈 8-4-2천공(암반층) [주] ② 케이싱설치, 에어써징, 우물설치 및 양수시험에 필요한 인력 품 중에 외부케이싱은 케이싱설치 품 적용하고 있고, 내부케이싱인 PVC관의 설치 품도 케이싱설치 품으로 보아야 하는지요? 아니면 PVC파이프가 철재케이싱 내부에 들어가므로 우물설치 품으로 보는 것이 타당한지요?
> 질문의 요점은 철재관 ϕ250mm(외부케이싱) 안에 들어가는 PVC관 ϕ200mm(내부케이싱)의 설치 품은 우물설치 품을 적용함이 타당한지?
>
> **회신문**
> 표준품셈 토목부문 "8-4-2 천공(암반층)"에서 케이싱설치는 내·외부 케이싱설치에 대한 구분을 하고 있지 않지만, 케이싱설치 기준이 철재 케이싱(250mm) 기준이며, PVC관케이싱(200mm)의 설치 기준은 별도로 정하고 있지 않습니다.

8-4-3 폐공 되메우기

(10m당)

직 종	단 위	수 량
중 급 기 술 자	인	0.067
중 급 숙 련 기 술 자	인	0.133
특 별 인 부	인	0.267
보 통 인 부	인	0.267

[주] ① 본 품은 지하수개발 과정에서 발생된 폐공을 모래 및 시멘트밀크로 메우는 품으로서 공경(나공) 15.24cm를 기준한 것이다.
  ② 본 품은 깊이 200m까지를 기준한 것이므로, 200m를 초과할 경우에는 100m증가시마다 품을 20%까지 가산할 수 있다.

③ 본 품은 모래주입 및 시멘트밀크 비빔·주입, 모르타르 비빔·타설, 재료의 소운반을 포함하고 있는 것이므로, 터파기 및 되메우기, 케이싱(공벽유지를 위하여 기존에 설치되어 있는 것)인발이나 절단 등이 필요한 경우에는 별도로 계상한다.
④ 모래 등 재료량은 설계에 따른다.

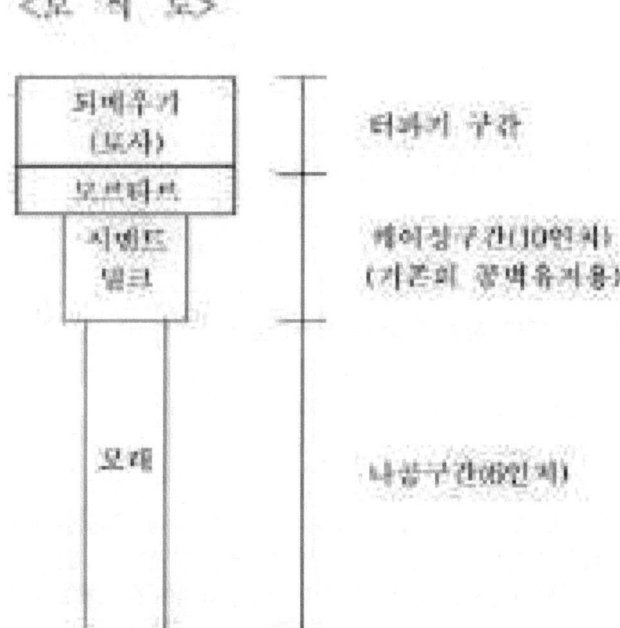

<모 식 도>

제 9 장 측 량

9-1 기준점 측량

9-1-1 GNSS에 의한 기준점 측량('21년 보완)

작업 구분	일수	인원수										비고
		1일당					합계					
		특급 기술 자	고급 기술 자	중급 기술 자	초급 기술 자	인부	특급 기술자	고급 기술자	중급 기술자	초급 기술자	인부	
계획준비	(15)	(1)	(1)	(1)	(1)	-	(15)	(15)	(15)	(15)	-	
답사선점	0.5	-	0.5	1.5	1.5	2	-	0.25	0.75	0.75	1	
복 구	1	-	1	1	-	3	-	1	1	-	3	
관 측	1	0.2	-	0.4	0.8	1.4	0.2	-	0.4	0.8	1.4	
계 산	(1)	(0.2)	(0.4)	(0.2)	-	-	(0.2)	(0.4)	(0.2)	-	-	
정리점검	(20)	(1)	(1)	(1)	-	-	(20)	(20)	(20)	-	-	
계							0.2 (35.2)	1.25 (35.4)	2.15 (35.2)	1.55 (15)	5.4	

※ 1. ( )내는 내업을 표시함
   2. 계획준비 및 정리점검은 100점당 1작업 단위임

[주] ① GNSS에 의한 기준점측량이라 함은 국가기준점을 대상으로 국토지리정보원에서 시행하는 측량을 말한다.
   ② 작업방법은 국토지리정보원에서 정한 국가기준점측량 작업규정에 의한다.
   ③ 본 품에서 통합기준점의 경우 평균표고에 의한 증감 계수는 1.0을 적용한다.
   ④ 본 품에서 답사선점·복구·관측은 작업지역의 평균표고에 따라 다음의 증감 계수를 곱하여 계상할 수 있다.

구분	500m 미만	500m ~ 1,000m	1,000m 이상	비고
계수	1.0	1.2	1.4	

   ⑤ 본 품에서 계획준비·정리점검은 다음의 작업량 계수를 적용한다.
      작업량 계수(R) =0.8+20/Q (단, Q는 실시작업량)
      다만, 물량이 많을 경우에도 작업량 계수는 0.9까지만 적용한다.
   ⑥ 본 품은 점위치에서 가장 가까운 차도에서부터 가산한 것이며, 점간 이동 및 자재운반 등에 따르는 차량비는 별도 계상한다.
   ⑦ 보상비, 재료비 및 소모품비 등은 실정에 따라 별도 계상한다.
   ⑧ 본 품의 외업에 동원되는 기술인원에 대한 여비는 국토교통부장관이 고시한 측량대가의 기준에 따라 별도 계상한다.
   ⑨ 본 품에서 사용되는 측량기기의 상각비·정비비는 별도 계상한다.
   ⑩ 본 품은 국가기준점측량 작업규정에 의한 성과작성품이 포함된 것이다.

9-1-2 1급 기준점 측량

작업 구분	일수	인원수											비고
		1일당						합계					
		특급 기술자	고급 기술자	중급 기술자	초급 기술자	초급 기능사 (측량)	인부	특급 기술자	고급 기술자	중급 기술자	초급 기술자	초급 기능사 (측량)	인부	
계획준비	(3)	(0.5)	(0.5)	(2)	(2)	-	-	(1.5)	(1.5)	(6)	(6)	-	-	
답사선점	5	-	1	1	1	1	-	-	5	5	5	5	-	()내는 내업을 표시함
조표(매설)	5	-	-	1	1	1	2	-	-	5	5	5	10	
관측	12	-	0.75	1.25	1	2	-	-	9	15	12	24	-	
계산	(3)	-	(1)	(1)	(2)	-	-	-	(3)	(3)	(6)	-	-	
정리점검	(3)	(0.5)	(2)	(2)	-	-	-	(1.5)	(6)	(6)	-	-	-	
계								- (3.0)	14 (10.5)	25 (15)	22 (12)	34 -	10 -	

[주] ① 1급 기준점 측량은 각 관측, 거리 관측 및 높이 관측 등을 하는 것으로 높이 관측은 간접수준측량방법을 기준으로 한 것이다.
② 관측용장비는 GPS측량기, 거리측량기, 토탈스테이션, 각 관측장비로 한다.
③ 본 품은 평지를 기준으로 한 것이며, 지형의 유형에 따라 다음의 계수 값 이내를 가산한다.
 ○ 지형 유형에 따른 계수(K)

지형구분	계수	비고
밀집시가지	1.30	건물 및 도로가 시가지 면적의 90%이상 지형
시가지	1.15	건물 및 도로가 시가지 면적의 70%이상 지형
평지	1.00	시가지 주변과 촌락의 소도시를 포함한 구릉지형
산지	1.20	표고차 200m~400m
산악지	1.40	표고차 400m이상

④ 작업방법은 공공측량 작업규정에 의한다.
⑤ 본 품은 구하는점 10점, 주어진점 6점을 기준한 것으로 작업량에 따라 다음의 값을 가산한다. 다만, 영구표지 매설은 구하는 점 10점을 1작업 단위로 한 것이며, 조표품은 별도 적용 계상한다.
 ○ 작업량에 따른 계수(P)

작업량(점수)	1	5	10	16	20	32	비고
계수	4.00	1.44	1.12	1.00	0.96	0.90	

 ○ 작업량에 따른 계수

$$(P) = 0.8 + \frac{3.2}{작업량(점수)}$$

 ○ 작업량(점수)=구하는점+주어진점
  구하는점 : 기준점측량에서 그 성과가 기지의 값으로 사용되는 점을 말한다.
  주어진점 : 기준점측량에 의하여 신설된 공공기준점 및 다시 측량된 점을 말한다.
 ○ 작업량이 32점 이상인 경우에도 작업량 계수는 0.90으로 적용한다.
⑥ 보상비, 재료비, 소모품비, 차량비 등은 실정에 따라 별도 계상한다.
⑦ 본 품은 다각측량 방법으로서 변장 1,000m를 기준으로 한 것이다.
⑧ 본 품의 외업에 동원되는 기술인원에 대한 여비는 국토교통부장관이 고시한 측량용역대가기준에 따라 별도 계상한다.
⑨ 본 품에서 점검측량 및 성과심사에 소요되는 비용은 별도 계상한다. 다만, 성과심사비는 국토교통부장관이

고시한 측량성과 심사수탁기관의 심사업무 및 지정절차 등에 관한 규정에 따른다.
⑩ 본 품에서 사용되는 측량기기의 상각비·정비비는 별도 계상한다.
⑪ 본 품에는 다음의 성과작성품이 포함되어 있다.
　㉮ 성과표 및 관측계획도 1부　　　　㉯ 관측수부 및 계산부 1부
　㉰ 기준점현황조사서 및 점의조서 1부　㉱ 보고서 1부
　㉲ 관측성과기록데이터(평균계산데이터포함)1부
　※ 거리 및 각 관측을 기록하여 출력된 전자야장으로 관측수부를 대신할 수 있다.

[계산예]
> (1) 구하는 점 6점, 주어진 점 4점일 경우
> (2) 산지지형으로 표고가 300m일 경우

[수량계산]

구 분	수 량(T)	단 가	금 액
특 급 기 술 자	3×10/16×1.2×1.12= 2.52	w_1	W_1= 2.52×w_1
고 급 기 술 자	24.5×10/16×1.2×1.12=20.58	w_2	W_2=20.58×w_2
중 급 기 술 자	40.0×10/16×1.2×1.12=33.60	w_3	W_3=33.60×w_3
초 급 기 술 자	34.0×10/16×1.2×1.12=28.56	w_4	W_4=28.56×w_4
초급기능사(측량)	34.0×10/16×1.2×1.12=28.56	w_5	W_5=28.56×w_5
인 　 　 부	10.0×10/16×1.2×1.12= 8.40	w_6	W_6= 8.40×w_6
계			ΣW_i

수량(T) 산정식은 다음과 같다.

　T = 인원수×표준작업량×K×P

　여기서, K는 지형유형에 따른 계수 = 1.20
　　　　　P는 작업량에 따른 계수 = 1.12

9-1-3 2급 기준점 측량

작업구분	일수	인원수 1일당 특급기술자	고급기술자	중급기술자	초급기술자	초급기능사(측량)	인부	합계 특급기술자	고급기술자	중급기술자	초급기술자	초급기능사(측량)	인부	비고
계획준비	(2)	(0.5)	(0.5)	(2)	(2)	-	-	(1)	(1)	(4)	(4)	-	-	()내는 내업을 표시함
답사선점	4	-	1	1	1	1	-	-	4	4	4	4	-	
조표(매설)	4	-	-	1	1	1	2	-	-	4	4	4	8	
관 측	10	-	0.8	1	1	2	-	-	8	10	10	20	-	
계 산	(2)	-	(1)	(1)	(2)	-	-	-	(2)	(2)	(4)	-	-	
정리점검	(2)	(0.5)	(1)	(0.5)	-	-	-	(1)	(2)	(1)	-	-	-	
계								- (2)	12 (5)	18 (7)	18 (8)	28 -	8 -	

[주] ① 2급 기준점 측량은 각 관측, 거리 관측 및 높이 관측 등을 하는 것으로 높이 관측은 간접수준측량방법을 기준으로 한 것이다.
② 관측용장비는 GPS측량기, 거리측량기, 토탈스테이션, 각 관측장비로 한다.
③ 본 품은 평지를 기준으로 한 것이며, 지형의 유형에 따라 다음의 계수 값 이내를 가산한다.

○ 지형 유형에 따른 계수(K)

지 형 구 분	계 수	비고
밀 집 시 가 지	1.30	건물 및 도로가 시가지 면적의 90%이상 지형
시 가 지	1.15	건물 및 도로가 시가지 면적의 70%이상 지형
평 지	1.00	시가지 주변과 촌락의 소도시를 포함한 구릉지형
산 지	1.20	표고차 200m~400m
산 악 지	1.40	표고차 400m이상

④ 작업방법은 공공측량 작업규정에 의한다.
⑤ 본 품은 구하는점 10점, 주어진점 4점을 기준한 것으로 작업량에 따라 다음의 값을 가산한다. 다만, 영구표지 매설은 구하는 점 10점을 1작업 단위로 한 것이며, 조표품은 별도 적용 계상한다.

○ 작업량에 따른 계수(P)

작업량(점수)	1	5	10	14	20	28	비 고
계 수	3.60	1.36	1.08	1.00	0.94	0.90	

○ 작업량에 따른 계수

$$(P) = 0.8 + \frac{2.8}{작업량(점수)}$$

○ 작업량(점수)=구하는점+주어진점
○ 작업량이 28점 이상인 경우에도 작업량 계수는 0.90으로 적용한다.
⑥ 보상비, 재료비, 소모품비, 차량비 등은 실정에 따라 별도 계상한다.
⑦ 본 품은 다각측량 방법으로서 변장 500m를 기준으로 한 것이다.
⑧ 본 품의 외업에 동원되는 기술인원에 대한 여비는 국토교통부장관이 고시한 측량용역대가기준에 따라 별도 계상한다.
⑨ 본 품에서 점검측량 및 성과심사에 소요되는 비용은 별도 계상한다. 다만, 성과심사비는 국토교통부장관이 고시한 측량성과 심사수탁기관의 심사업무 및 지정절차 등에 관한 규정에 따른다.
⑩ 본 품에서 사용되는 측량기기의 상각비·정비비는 별도 계상한다.
⑪ 본 품에는 다음의 성과작성품이 포함되어 있다.
  ㉮ 성과표 및 관측계획도 1부   ㉯ 관측수부 및 계산부 1부
  ㉰ 기준점현황조사서 및 점의조서 1부   ㉱ 보고서 1부
  ㉲ 관측성과기록데이터(평균계산데이터포함)1부
  ※ 거리 및 각 관측을 기록하여 출력된 전자야장으로 관측수부를 대신할 수 있다.

[계산예]

1) 구하는 점 2점, 주어진 점 3점일 경우
2) 밀집시가지형인 경우

[수량계산]

구 분	수 량(T)	단 가	금 액
특 급 기 술 자	2×5/14×1.3×1.36= 1.26	w_1	$W_1 = 1.26 \times w_1$
고 급 기 술 자	17×5/14×1.3×1.36=10.73	w_2	$W_2 = 10.73 \times w_2$
중 급 기 술 자	25×5/14×1.3×1.36=15.78	w_3	$W_3 = 15.78 \times w_3$
초 급 기 술 자	26×5/14×1.3×1.36=16.41	w_4	$W_4 = 16.41 \times w_4$
초 급 기 능 사 (측 량)	28×5/14×1.3×1.36=17.68	w_5	$W_5 = 17.68 \times w_5$
인 부	8×5/14×1.3×1.36= 5.05	w_6	$W_6 = 5.05 \times w_6$
계			ΣW_i

수량(T) 산정식은 다음과 같다.

T = 인원수×표준작업량×K×P

여기서, K는 지형유형에 따른 계수 = 1.30
P는 작업량에 따른 계수 = 1.36

9-1-4 3급 기준점 측량

작업 구분	일 수	인원수										비고
		1일당					합계					
		고급 기술자	중급 기술자	초급 기술자	초급 기능사 (측량)	인 부	고급 기술자	중급 기술자	초급 기술자	초급 기능사 (측량)	인 부	
계획준비	(2)	(0.5)	(2)	(2)	-	-	(1)	(4)	(4)	-	-	()내는 내업을 표시함
답사선점	2	0.75	1	1	1	-	1.5	2	2	2	-	
조표(매설)	2	-	1	1	1	2	-	2	2	2	4	
관 측	14	1	1	1	2	-	14	14	14	28	-	
계 산	(3)	(0.5)	(1)	(2)	-	-	(1.5)	(3)	(6)	-	-	
정리점검	(2)	(2)	(1)	-	-	-	(4)	(2)	-	-	-	
계							15.5 (6.5)	18 (9)	18 (10)	32 -	4 -	

[쥐] ① `3급 기준점 측량은 각 관측, 거리 관측 및 높이 관측 등을 하는 것으로 높이 관측은 간접수준측량방법을 기준으로 한 것이다.
② 관측용장비는 GPS측량기, 거리측량기, 토탈스테이션, 각 관측장비로 한다.
③ 본 품은 평지를 기준으로 한 것이며, 지형의 유형에 따라 다음의 계수 값 이내를 가산한다.
  ○ 지형 유형에 따른 계수(K)

지형구분	계수	비고
밀집시가지	1.30	건물 및 도로가 시가지 면적의 90%이상 지형
시 가 지	1.15	건물 및 도로가 시가지 면적의 70%이상 지형
평 지	1.00	시가지 주변과 촌락의 소도시를 포함한 구릉지형
산 지	1.15	표고차 200m~400m
산 악 지	1.30	표고차 400m이상

④ 작업방법은 공공측량 작업규정에 의한다.
⑤ 본 품은 구하는점 25점, 주어진점 5점을 기준한 것으로 작업량에 따라 다음의 값을 가산한다. 다만, 영구표지 매설은 구하는 점 25점을 1작업 단위로 한 것이며, 조표품은 별도 적용 계상한다.
  ○ 작업량에 따른 계수(P)

작업량(점수)	5	10	20	30	40	60	비고
계 수	2.00	1.40	1.10	1.00	0.95	0.90	

  ○ 작업량에 따른 계수

$$(P) = 0.8 + \frac{6}{작업량(점수)}$$

  ○ 작업량(점수)=구하는점+주어진점
  ○ 작업량이 60점 이상인 경우에도 작업량계수(P)는 0.90으로 적용한다.

⑥ 보상비, 재료비, 소모품비, 차량비 등은 실정에 따라 별도 계상한다.
⑦ 본 품은 다각측량 방법으로서 변장 200m를 기준으로 한 것이다.
⑧ 본 품의 외업에 동원되는 기술인원에 대한 여비는 국토교통부장관이 고시한 측량용역대가기준에 따라 별도 계상한다.
⑨ 본 품에서 점검측량 및 성과심사에 소요되는 비용은 별도 계상한다. 다만, 성과심사비는 국토교통부장관이 고시한 측량성과 심사수탁기관의 심사업무 및 지정절차 등에 관한 규정에 따른다.
⑩ 본 품에서 사용되는 측량기기의 상각비·정비비는 별도 계상한다.
⑪ 본 품에는 다음의 성과작성품이 포함되어 있다.
 ㉮ 성과표 및 관측계획도 1부   ㉯ 관측수부 및 계산부 1부
 ㉰ 기준점현황조사서 및 점의조서 1부   ㉱ 보고서 1부
 ㉲ 관측성과기록데이터(평균계산데이터포함)1부
 ※ 거리 및 각 관측을 기록하여 출력된 전자야장으로 관측수부를 대신할 수 있다.

[계산예]
> 1) 구하는 점 50점, 주어진 점 10점일 경우
> 2) 산지지형으로 표고가 300m일 경우

[수량계산]

구 분	수 량(T)	단 가	금 액
고 급 기 술 자	22×60/30×1.15×0.90=45.54	w_1	$W_1=45.54×w_1$
중 급 기 술 자	27×60/30×1.15×0.90=55.89	w_2	$W_2=55.89×w_2$
초 급 기 술 자	28×60/30×1.15×0.90=57.96	w_3	$W_3=57.96×w_3$
초급기능사(측량)	32×60/30×1.15×0.90=66.24	w_4	$W_4=66.24×w_4$
인 부	4×60/30×1.15×0.90= 8.28	w_5	$W_5= 8.28×w_5$
계			ΣWi

수량(T) 산정식은 다음과 같다.

   T = 인원수×표준작업량×K×P

 여기서, K는 지형유형에 따른 계수 = 1.15
      P는 작업량에 따른 계수 = 0.90

9-1-5 4급 기준점 측량

작업구분	일수	인원수 1일당					인원수 합계					비고
		고급기술자	중급기술자	초급기술자	초급기능사(측량)	인부	고급기술자	중급기술자	초급기술자	초급기능사(측량)	인부	
계획준비	(2)	(1)	(2)	(2)	-	-	(2)	(4)	(4)	-	-	()내는 내업을 표시함
답사선점	3	0.5	1	1	-	2	1.5	3	3	-	6	
관 측	20	1	1	1	2	-	20	20	20	40	-	
계 산	(5)	(1)	(1)	(2)	-	-	(5)	(5)	(10)	-	-	
정리점검	(3)	(1)	(1)	-	-	-	(3)	(3)	-	-	-	
계							21.5 (10)	23 (12)	23 (14)	40 -	6 -	

[주] ① 4급 기준점 측량은 각 관측, 거리 관측 및 높이 관측 등을 하는 것으로 높이 관측은 간접수준측량방법을 기준으로 한 것이다.
② 관측용장비는 GPS측량기, 거리측량기, 토탈스테이션, 각 관측장비로 한다.
③ 본 품은 평지를 기준으로 한 것이며, 지형의 유형에 따라 다음의 계수 값 이내를 가산한다.
○ 지형 유형에 따른 계수(K)

지형구분	계 수	비고
밀 집 시 가 지	1.30	건물 및 도로가 시가지 면적의 90%이상 지형
시 가 지	1.15	건물 및 도로가 시가지 면적의 70%이상 지형
평 지	1.00	시가지 주변과 촌락의 소도시를 포함한 구릉지형
산 지	1.10	표고차 200m~400m
산 악 지	1.20	표고차 400m이상

④ 작업방법은 공공측량 작업규정에 의한다.
⑤ 본 품은 구하는점 110점, 주어진점 40점을 기준한 것으로 작업량에 따라 다음의 값을 가산한다.
○ 작업량에 따른 계수(P)

작업량(점수)	30	50	80	150	200	300	비고
계수	1.80	1.40	1.17	1.00	0.95	0.90	

○ 작업량에 따른 계수(P) = $0.8 + \dfrac{30}{작업량(점수)}$

○ 작업량(점수)=구하는점+주어진점
○ 작업량이 300점 이상인 경우에도 작업량계수(P)는 0.90으로 적용한다.
○ 점간 거리별 증감계수(S)

거리(m)	40	60	70	80	100	비고
증감계수	0.53	0.65	0.73	0.81	1.00	

⑥ 보상비, 재료비, 소모품비, 차량비 등은 별도 계상한다.
⑦ 본 품은 기준점측량 방법으로서 변장 50m를 기준으로 한 것이다.
⑧ 본 품의 외업에 동원되는 기술인원에 대한 여비는 국토교통부장관이 고시한 측량용역대가기준에 따라 별도 계상한다.
⑨ 본 품에서 점검측량 및 성과심사에 소요되는 비용은 별도 계상한다. 다만, 성과심사비는 국토교통부장관이 고시한 측량성과 심사수탁기관의 심사업무 및 지정절차 등에 관한 규정에 따른다.
⑩ 본 품에서 사용되는 측량기기의 상각비·정비비는 별도 계상한다.
⑪ 본 품에는 다음의 성과작성품이 포함되어 있다.
㉮ 성과표 및 관측계획도 1부 ㉯ 관측수부 및 계산부 1부
㉰ 기준점현황조사서 및 점의조서 1부 ㉱ 보고서 1부
㉲ 관측성과기록데이터(평균계산데이터포함)1부
※ 거리 및 각 관측을 기록하여 출력된 전자야장으로 관측수부를 대신할 수 있다.

9-2 수준측량

9-2-1 1등 기본 수준측량

작업구분	일수	인원수												비고
		1일당						합계						
		특급기술자	고급기술자	중급기술자	초급기술자	초급기능사(측량)	인부	특급기술자	고급기술자	중급기술자	초급기술자	초급기능사(측량)	인부	
계획준비	(5)	(0.4)	(1)	-	-	-	-	(2)	(5)	-	-	-	-	점간거리 4km, ( )내는 내업을 표시함
답사선점	5	-	-	1	-	-	-	-	-	5	-	-	-	
매설	5	-	-	1	-	1	2	-	-	5	-	5	10	
관측	80	0.3	1	-	1	2	1	24	80	-	80	160	80	
정리	(5)	-	(1)	-	(1)	-	-	-	(5)	-	(5)	-	-	
점검	(3)	(1)	-	-	-	-	-	(3)	-	-	-	-	-	
계								24 (5)	80 (10)	10 -	80 (5)	165 -	90 -	

[주] ① 1등 기본수준측량이라 함은 1등 국가기본수준점을 대상으로 국토지리정보에서 시행하는 기본측량을 말한다.
② 1등 수준측량용 레벨은 「마이크로」 독정장치가 되어 있어야 하며, 수준감도 10"/2㎜ 이상이어야 하고 표척은 「인바」 합금으로 제작된 것이라야 한다.
③ 작업방법은 국토지리정보원에서 정한 국가기준점측량 작업규정에 의한다.
④ 본 품은 시준거리 50m이상을 유지할 수 있는 지대의 평지를 기준으로 한 것이며, 지형의 유형에 따라 다음의 계수 값 이내를 가산한다.
  ○ 지형 유형에 따른 계수(K)

지형구분	계수	비고
밀집시가지	1.30	건물 및 도로가 시가지 면적의 90%이상 지형
시가지	1.20	건물 및 도로가 시가지 면적의 70%이상 지형
평지	1.00	평탄한 평야지형
구릉지	1.10	시가지 주변 및 촌락의 소도시를 포함한 구릉지형
산악지	1.30	수목이 우거진 야산지대 및 교통이 불편한 산지로 된 지형

⑤ 본 품은 작업근거지 이동을 위한 이동비, 운반비 등은 고려되지 않았으므로 이는 실정에 따라 별도 계상한다.
⑥ 매설작업의 자재운반에 따르는 차량비 및 유류비는 별도 계상한다.
⑦ 보상비, 재료비, 소모품비 차량비 등은 실정에 따라 별도 계상한다.
⑧ 도하 및 도해 수준측량은 거리에 관계없이 1구간당 2~3시간 소요되는 것으로 보며, 이에 소요되는 측표재료비 및 용선료 등은 별도 계상한다.
⑨ 답사 선점은 동시에 시행하는 것으로 한다.
⑩ 관측작업량의 단위는 50㎞를 왕복한 100㎞이며, 매설 작업량, 선점답사 단위는 실제거리인 50㎞이다.
⑪ 작업은 100㎞(50㎞왕복)를 1작업 단위로 한 것이다.
⑫ 본 품의 외업에 동원되는 기술인원에 대한 여비는 국토교통부장관이 고시한 측량용역대가기준에 따라 별도 계상한다.
⑬ 본 품에서 사용되는 측량기기의 상각비·정비비는 별도 계상한다.
⑭ 본 품에는 다음의 성과작성품이 포함되어 있다.

㉮ 관측수부 1부
㉯ 점의조서 1부
㉰ 성과표(망도 포함) 2부
㉱ 수준망도 1부

[계산예]
> 1등 수준점 20점을 설치할 경우(관측 160km, 매설 80km)
> 평지 지형인 경우

[수량계산]

구 분	수 량(T)	단 가	금 액
특 급 기 술 자	29×160/100×1.0=46.4	w_1	W_1=46.4×w_1
고 급 기 술 자	90×160/100×1.0=144	w_2	W_2=144×w_2
중 급 기 술 자	10×160/100×1.0=16	w_3	W_3= 16×w_3
초 급 기 술 자	85×160/100×1.0=136	w_4	W_4=136×w_4
초 급 기 능 사 (측 량)	165×160/100×1.0=264	w_5	W_5=264×w_5
인 부	90×160/100×1.0=144	w_6	W_6=144×w_6
계			ΣW_i

수량(T) 산정식은 다음과 같다.

T = 인원수×작업량×K

여기서, K는 지형유형에 따른 계수 = 1.0

9-2-2 2등 기본 수준측량

작업 구 분	일수	인원수												비 고
		1일당						합 계						
		특급 기술자	고급 기술자	중급 기술자	초급 기술자	초급 기능사 (측량)	인 부	특급 기술자	고급 기술자	중급 기술자	초급 기술자	초급 기능사 (측량)	인 부	
계획준비	(5)	(0.2)	-	(1)	-	-	-	(1)	-	(5)	-	-	-	점간거리 2km, ( )내는 내업을 표시함
답사선점	5	-	-	1	-	-	-	-	-	5	-	-	-	
매설	10	-	-	1	-	1	2	-	-	10	-	10	20	
관측	80	0.1	1	-	1	2	1	8	80	-	80	160	80	
정리	(10)	-	(1)	-	(1)	-	-	-	(10)	-	(10)	-	-	
점검	(5)	(1)	-	-	-	-	-	(5)	-	-	-	-	-	
계								8 (6)	80 (10)	15 (5)	80 (10)	170 -	100 -	

[주] ① 2등 기본수준측량은 2등 국가기본수준점을 대상으로 국토지리정보원에서 시행하는 기본측량을 말한다.
② 2등 수준측량용 레벨은 수준감도 20"/2㎜ 이상이어야 하며, 표척은 신축성이 비교적 적은 양질의 목재, 철재 또는 화학제품이라야 한다.
③ 작업방법은 국토지리정보원에서 정한 국가기준점측량 작업규정에 의한다.
④ 본 품은 시준거리 60m 이상을 유지할 수 있는 지대의 평지를 기준으로 한 것이며, 지형의 유형에 따라 다음의 계수 값 이내를 가산한다.

○ 지형 유형에 따른 계수(K)

지형구분	계수	비고
밀집시가지	1.30	건물 및 도로가 시가지 면적의 90%이상 지형
시　가　지	1.20	건물 및 도로가 시가지 면적의 70%이상 지형
평　　　지	1.00	평탄한 평야지형
구　릉　지	1.10	시가지 주변 및 촌락의 소도시를 포함한 구릉지형
산　악　지	1.30	수목이 우거진 야산지대 및 교통이 불편한 산지로 된 지형

⑤ 본 품은 작업근거지 이동에 따른 이동비, 운반비 등은 고려되지 않았으므로 이는 실정에 따라 별도 계상한다.
⑥ 보상비, 재료비, 소모품비 등은 실정에 따라 계상한다.
⑦ 도해, 도하 수준측량은 거리에 관계없이 1구간당 대체로 2~3시간 소요되는 것으로 보며, 이에 소요되는 측표 재료비 및 용선료 등은 별도 계상한다.
⑧ 매설작업의 자재운반에 따르는 차량비 및 유류비는 별도 계상한다.
⑨ 답사 선점은 동시에 시행하는 것으로 한다.
⑩ 관측작업량의 단위는 50km를 왕복한 100km이며, 매설 작업량, 선점답사 단위는 실제거리인 50km이다.
⑪ 작업은 100km(50km왕복)를 1작업 단위로 한 것이다.
⑫ 본 품의 외업에 동원되는 기술인원에 대한 여비는 국토교통부장관이 고시한 측량용역대가기준에 따라 별도 계상한다.
⑬ 본 품에서 사용되는 측량기기의 상각비·정비비는 별도 계상한다.
⑭ 본 품에는 다음의 성과작성품이 포함되어 있다.
　㉮ 관측수부 1부
　㉯ 점의조서 1부
　㉰ 성 과 표 1부
　㉱ 수준망도 1부

[계산예]
> 2등 수준점 30점을 설치할 경우(관측 120㎞, 매설 60㎞)
> 평지의 지형인 경우

[수량계산]

구 분	수 량(T)	단 가	금 액
특 급 기 술 자	14×120/100×1.0=16.8	w_1	$W_1=16.8×w_1$
고 급 기 술 자	90×120/100×1.0=108	w_2	$W_2=108×w_2$
중 급 기 술 자	20×120/100×1.0=24	w_3	$W_3=24×w_3$
초 급 기 술 자	90×120/100×1.0=108	w_4	$W_4=108×w_4$
초 급 기 능 사 (측 량)	170×120/100×1.0=204	w_5	$W_5=204×w_5$
인　　　　　　부	100×120/100×1.0=120	w_6	$W_6=120×w_6$
계			ΣW_i

수량(T) 산정식은 다음과 같다.
　T=인원수×작업량×K
　여기서, K는 지형유형에 따른 계수=1.0

9-2-3 1급 수준측량

작업구분	일수	인원수 1일당 특급기술자	고급기술자	중급기술자	초급기술자	초급기능사(측량)	인부	합계 특급기술자	고급기술자	중급기술자	초급기술자	초급기능사(측량)	인부	비고
계획준비	(1)	(0.5)	(0.5)	(1)	-	-	-	(0.5)	(0.5)	(1)	-	-	-	( )내는 내업을 표시함
답사선점	1	-	-	1	-	-	-	-	-	1	-	-	-	
관측	10	-	0.2	1	1	1	1	-	2	10	10	10	10	
계산	(1)	-	(0.5)	(0.5)	-	-	-	-	(0.5)	(0.5)	-	-	-	
정리점검	(1)	(0.5)	(0.5)	(1)	-	-	-	(0.5)	(0.5)	(1)	-	-	-	
계								- (1)	2 (1.5)	11 (2.5)	10 -	10 -	10 -	

[주] ① 본 수준측량용 레벨은 기포관감도 40″/2㎜(원형기포관10′/2㎜)이상 이어야 한다.
② 수준측량은 직접수준측량방법 또는 도해(하) 수준측량방법에 의한다.
③ 표척의 시준거리는 최대 70m 이내를 기준으로 한 것이며, 표척의 읽음 단위는 1㎜, 읽음 방법은 후시-전시로 한다.
④ 작업방법은 공공측량 작업규정에 의한다.
⑤ 본 품은 시준거리 최대 70m를 유지할 수 있는 지대의 평지를 기준으로 한 것이며, 지형의 유형에 따라 다음의 계수 값 이내를 가산한다.
○ 지형 유형에 따른 계수(K)

지형구분	계수	비고
밀집시가지	1.30	건물 및 도로가 시가지 면적의 90%이상 지형
시가지	1.20	건물 및 도로가 시가지 면적의 70%이상 지형
평지	1.00	평탄한 평야지형
산지	1.10	시가지 주변 및 촌락의 소도시를 포함한 구릉지형
산악지	1.30	수목이 우거진 야산지대 및 교통이 불편한 산지로된 지형

⑥ 본 품은 15Km (왕복 30Km) 구간을 기준으로 한 것이므로 작업량에 따라 다음의 값을 가산한다.
○ 작업량에 따른 계수(P)

작업량(거리:㎞)	5	10	15	20	25	30	비고
계수	1.40	1.10	1.00	0.95	0.92	0.90	

○ 작업량에 따른 계수(P) = $0.8 + \dfrac{3}{작업량(점수)}$

○ 작업량이 30㎞ 이상인 경우에도 작업량계수(P)는 0.90으로 적용한다.

⑦ 측량표의 설치 자재운반에 따르는 차량비 등은 실정에 따라 별도 계상한다.
⑧ 보상비, 재료비, 소모품비, 차량비 등은 실정에 따라 별도 계상한다.
⑨ 도해(하) 수준측량은 거리에 관계없이 1구간당 2~3시간 소요되는 것으로 보며, 이에 소요되는 측표, 재료비 및 용선료 등은 별도 계상한다.
⑩ 기지점과 작업지역을 연결하기 위한 측량은 별도 계상한다.
⑪ 본 품의 외업에 동원되는 기술인원에 대한 여비는 국토교통부장관이 고시한 측량용역대가기준에 따라 별도 계상한다.

⑫ 본 품에서 점검측량 및 성과심사에 소요되는 비용은 별도 계상한다. 다만, 성과심사비는 국토교통부장관이 고시한 측량성과 심사수탁기관의 심사업무 및 지정절차 등에 관한 규정에 따른다.
⑬ 본 품에서 사용되는 측량기기의 상각비·정비비는 별도 계상한다.
⑭ 본 품에는 다음의 성과작성품이 포함되어 있다.
 ㉮ 관측성과표 및 조정성과표 1부
 ㉯ 관측성과 기록데이터1부
 ㉰ 수준노선부 1부 ㉱ 계 산 부 1부
 ㉲ 점의 조서1부
 ㉳ 기타자료(정확도관리표, 점검측량부, 측량표의지상사진, 측량표설치위치통지서, 기준점 현황조사서)
⑮ 기본수준측량과 같은 정확도와 방식으로 시행할 때에는 "기본수준측량" 품을 적용하여야 한다.

[계산예]

> 1) 25km(왕복 50km) 측량할 경우
> 2) 구릉 지형인 경우

[수량계산]

구 분	수 량(T)	단가	금 액
특 급 기 술 자	1.0×25/15×1.10×0.92= 1.68	w_1	W_1= 1.68×w_1
고 급 기 술 자	3.5×25/15×1.10×0.92= 5.90	w_2	W_2= 5.90×w_2
중 급 기 술 자	13.5×25/15×1.10×0.92=22.77	w_3	W_3=22.77×w_3
초 급 기 술 자	10.0×25/15×1.10×0.92=16.87	w_4	W_4=16.87×w_4
초 급 기 능 사 (측 량)	10.0×25/15×1.10×0.92=16.87	w_5	W_5=16.87×w_5
인 부	10.0×25/15×1.10×0.92=16.87	w_6	W_6=16.87×w_6
계			ΣW_i

수량(T) 산정식은 다음과 같다.

 T=인원수×표준작업량×K×P

여기서, K는 지형유형에 따른 계수=1.10
   P는 작업량에 따른 계수=0.92

9-2-4 2급 수준측량

작업 구분	일수	인원수												비고
		1일당						합 계						
		특급 기술자	고급 기술자	중급 기술자	초급 기술자	초급 기능사 (측량)	인 부	특급 기술자	고급 기술자	중급 기술자	초급 기술자	초급 기능사 (측량)	인 부	
계획준비	(1)	(0.5)	(0.25)	(1)	-	-	-	(0.5)	(0.25)	(1)	-	-	-	( )내는 내업을 표시함
답사선점	1	-	-	1	-	-	-	-	-	1	-	-	-	
관측	8	-	0.25	1	1	1	1	-	2	8	8	8	8	
계산	(1)	-	(0.25)	(0.5)	-	-	-	-	(0.25)	(0.5)	-	-	-	
정리점검	(1)	(0.5)	(0.5)	(1)	-	-	-	(0.5)	(0.5)	(1)	-	-	-	
계								- (1)	2 (1)	9 (2.5)	8 -	8 -	8 -	

[주] ① 본 수준측량용 레벨은 기포관감도 40″/2㎜(원형기포관 10′/2㎜)이상 이어야 한다.
② 수준측량은 직접수준측량방법 또는 도해(하) 수준측량방법에 의한다.
③ 표척의 시준거리는 최대 70m 이내를 기준으로 한 것이며, 표척의 읽음 단위는 1㎜, 읽음 방법은 후시-전시로 한다.
④ 작업방법은 공공측량 작업규정에 의한다.
⑤ 본 품은 시준거리 최대 70m를 유지할 수 있는 지대의 평지를 기준으로 한 것이며, 지형의 유형에 따라 다음의 계수 값 이내를 가산한다.
  ○ 지형 유형에 따른 계수(K)

지형구분	계 수	비 고
밀 집 시 가 지	1.30	건물 및 도로가 시가지 면적의 90%이상 지형
시 가 지	1.20	건물 및 도로가 시가지 면적의 70%이상 지형
평 지	1.00	평탄한 평야지형
산 지	1.10	시가지 주변 및 촌락의 소도시를 포함한 구릉지형
산 악 지	1.30	수목이 우거진 야산지대 및 교통이 불편한 산지로된 지형

⑥ 본 품은 15㎞(왕복 30㎞)구간을 기준으로 한 것이므로 작업량에 따라 다음의 값을 가산한다.
  ○ 작업량에 따른 계수(P)

작업량(거리:㎞)	5	10	15	20	25	30	비 고
계 수	1.40	1.10	1.00	0.95	0.92	0.90	

  ○ 작업량에 따른 계수(P) = $0.8 + \dfrac{3}{작업량(점수)}$
  ○ 작업량이 30㎞ 이상인 경우에도 작업량계수(P)는 0.90으로 적용한다.
⑦ 측량표의 설치 자재운반에 따르는 차량비 등은 실정에 따라 별도 계상한다.
⑧ 보상비, 재료비, 소모품비, 차량비 등은 실정에 따라 별도 계상한다.
⑨ 도해(하) 수준측량은 거리에 관계없이 1구간당 2~3시간 소요되는 것으로 보며, 이에 소요되는 측표, 재료비 및 용선료 등은 별도 계상한다.
⑩ 기지점과 작업지역을 연결하기 위한 측량은 별도 계상한다.
⑪ 본 품의 외업에 동원되는 기술인원에 대한 여비는 국토교통부장관이 고시한 측량용역대가기준에 따라 별도 계상한다.
⑫ 본 품에서 점검측량 및 성과심사에 소요되는 비용은 별도 계상한다. 다만, 성과심사비는 국토교통부장관이 고시한 측량성과 심사수탁기관의 심사업무 및 지정절차 등에 관한 규정에 따른다.
⑬ 본 품에서 사용되는 측량기기의 상각비·정비비는 별도 계상한다.
⑭ 본 품에는 다음의 성과작성품이 포함된 것이다.
  ㉮ 관측성과표 및 조정성과표 1부
  ㉯ 관측성과 기록데이터 1부
  ㉰ 수준노선부 1부
  ㉱ 계산부 1부
  ㉲ 점의 조서 1부
  ㉳ 기타자료(정확도관리표, 점검측량부, 측량표의지상사진, 측량표설치위치통지서, 기준점 현황조사서)
⑮ 기본수준측량과 같은 정확도와 방식으로 시행할 때에는 "기본수준측량" 품을 적용하여야 한다.

[계산예]
(1) 25㎞(왕복 50㎞) 측량할 경우
(2) 구릉 지형인 경우

[수량계산]

구 분	수 량(T)	단 가	금 액
특 급 기 술 자	1.0×25/15×1.10×0.92= 1.68	w_1	W_1= 1.68×w_1
고 급 기 술 자	3.0×25/15×1.10×0.92= 5.06	w_2	W_2= 5.06×w_2
중 급 기 술 자	11.5×25/15×1.10×0.92=19.39	w_3	W_3=19.39×w_3
초 급 기 술 자	8.0×25/15×1.10×0.92=13.49	w_4	W_4=13.49×w_4
초 급 기 능 사 (측 량)	8.0×25/15×1.10×0.92=13.49	w_5	W_5=13.49×w_5
인 부	8.0×25/15×1.10×0.92=13.49	w_6	W_6=13.49×w_6
계			ΣW_i

수량(T) 산정식은 다음과 같다.

T = 인원수×표준작업량×K×P

여기서, K는 지형유형에 따른 계수 = 1.10
P는 작업량에 따른 계수 = 0.92

9-2-5 3급 GNSS 높이측량('21년 신설)

(10점 기준, 4시간/일, 2일 관측)

작업구분	일수	1일당				합 계				비고
		특급 기술자	고급 기술자	중급 기술자	초급 기술자	특급 기술자	고급 기술자	중급 기술자	초급 기술자	
계획준비	(1)	(0.8)	(0.8)			(0.8)	(0.8)			()내는 내업을 표시함
답사선점	1		1.2	1.2	1.3		1.2	1.2	1.3	
관 측	2	1.9	1.9	1.8	3.15	3.8	3.8	3.6	6.3	
계 산	(2)	(1.05)	(2.05)	(1.05)		(2.1)	(4.1)	(2.1)		
정리점검	(1)	(1.4)	(0.7)			(1.4)	(0.7)			
계						3.8 (4.3)	5.0 (5.6)	4.8 (2.1)	7.6	

[주] ① 3급 GNSS 높이측량은 수준원점을 기준으로 표고를 알고 있는 수준점 또는 통합기준점으로부터 직접수준측량이 곤란한 지역에 대하여 3급 공공수준점의 표고를 결정하는 간접수준측량 작업을 말한다.
② 작업방법 및 관측용 장비는 공공측량 작업규정에 의한다.
③ 본 품은 평지를 기준으로 한 것이며, 지형의 유형에 따라 다음의 계수 값 이내를 가산한다.
  ○ 지형 유형에 따른 계수(K)

지형구분	계수(K)	비 고
평 지	1.00	시가지와 촌락의 소도시를 포함한 구릉지형
산 지	1.20	표고차 200~400m
산 악 지	1.40	표고차 400m 이상

④ 기지점 및 미지점에서 GNSS 위성신호의 수신장애가 발생하여 편심점을 설치할 경우 해당 등급의 수준측량을 적용하여 별도의 품으로 계상한다.
⑤ 본 품의 작업은 구하는 점 6점, 주어진 점 4점 또는 주어진 점과 구하는 점을 합한 최대 10점을 1작업단위로 한다.
⑥ 측량표의 설치, 자재운반에 따르는 차량비 등은 별도 계상한다.
⑦ 보상비, 재료비, 소모품비, 차량비 등은 별도 계상한다.

⑧ 본 품의 외업에 동원되는 기술인원에 대한 여비는 국토교통부장관이 고시한 측량대가의 기준에 따라 별도 계상한다.
⑨ 본 품에서 성과심사에 소요되는 비용은 국토지리정보원장이 고시한 측량성과 심사수탁기관의 심사업무 및 지정절차 등에 관한 규정에 따라 별도 계상한다.
⑩ 본 품에서 사용되는 측량기기의 상각비·정비비는 별도 계상한다.
⑪ 본 품은 공공측량 작업규정에 의한 성과작성품이 포함된 것이다.

[계산예]
1) 3cm 정확도의 3급 공공수준점측량
2) 구하는 점 2점, 주어진 점 4점일 경우
3) 산지지형으로 표고차가 300m일 경우

[수량계산]

구 분	수량(T)	단가	금액
특 급 기 술 자	8.1×6/10×1.20=5.83	w_1	$W_1=5.83×w_1$
고 급 기 술 자	10.6×6/10×1.20=7.63	w_2	$W_2=7.63×w_2$
중 급 기 술 자	6.9×6/10×1.20=4.97	w_3	$W_3=4.97×w_3$
초 급 기 술 자	7.6×6/10×1.20=5.47	w_4	$W_4=5.47×w_4$
계			ΣW_i

수량(T) 산정식은 다음과 같다.
T = 3급 GNSS 높이측량 인원수 × 표준작업량 × K
여기서, K는 지형유형에 따른 계수 = 1.20

9-2-6 4급 GNSS 높이측량('21년 신설)

(15점 기준, 2시간/일, 1일 관측)

작업구분	일수	1일당				합계				비고
		특급 기술자	고급 기술자	중급 기술자	초급 기술자	특급 기술자	고급 기술자	중급 기술자	초급 기술자	
계획준비	(1)	(1.0)	(1.2)			(1.0)	(1.2)			()내는 내업을 표시함
답사선점	1		1.6	1.6	3.2		1.6	1.6	3.2	
관 측	1	2.0	2.0	1.5	6.1	2.0	2.0	1.5	6.1	
계 산	(1)	(0.6)	(1.5)	(3.0)		(0.6)	(1.5)	(3.0)		
정리점검	(1)	(2.1)	(1.0)			(2.1)	(1.0)			
계						2.0 (3.7)	3.6 (3.7)	3.1 (3.0)	9.3	

[주] ① 4급 GNSS 높이측량은 수준원점을 기준으로 표고를 알고 있는 수준점 또는 통합기준점으로부터 직접수준측량이 곤란한 지역에 대하여 4급 공공수준점의 표고를 결정하는 간접수준측량 작업을 말한다.
② 작업방법 및 관측용 장비는 공공측량 작업규정에 의한다.
③ 본 품은 평지를 기준으로 한 것이며, 지형의 유형에 따라 다음의 계수 값 이내를 가산한다.

○ 지형 유형에 따른 계수(K)

지형구분	계수(K)	비고
평 지	1.00	시가지와 촌락의 소도시를 포함한 구릉지형
산 지	1.10	표고차 200~400m
산 악 지	1.20	표고차 400m 이상

④ 기지점 및 미지점에서 GNSS 위성신호의 수신장애가 발생하여 편심점을 설치할 경우 해당 등급의 수준측량을 적용하여 별도의 품으로 계상한다.
⑤ 본 품의 작업은 구하는 점 10점, 주어진 점 5점 또는 주어진 점과 구하는 점을 합한 최대 15점을 1작업단위로 한다.
⑥ 측량표의 설치, 자재운반에 따르는 차량비 등은 별도 계상한다.
⑦ 보상비, 재료비, 소모품비, 차량비 등은 별도 계상한다.
⑧ 본 품의 외업에 동원되는 기술인원에 대한 여비는 국토교통부장관이 고시한 측량대가의 기준에 따라 별도 계상한다.
⑨ 본 품에서 성과심사에 소요되는 비용은 국토지리정보원장이 고시한 측량성과 심사수탁기관의 심사업무 및 지정절차 등에 관한 규정에 따라 별도 계상한다.
⑩ 본 품에서 사용되는 측량기기의 상각비·정비비는 별도 계상한다.
⑪ 본 품은 공공측량 작업규정에 의한 성과작성품이 포함된 것이다.

[계산예]
  1) 5cm 정확도의 4급 공공수준점측량
  2) 구하는 점 5점, 주어진 점 4점일 경우
  3) 산지지형으로 표고차가 300m일 경우

[수량계산]

구 분	수 량(T)	단 가	금 액
특급기술자	5.7×9/15×1.10=3.76	w_1	W1=3.76×w_1
고급기술자	7.3×9/15×1.10=4.82	w_2	W2=4.82×w_2
중급기술자	6.1×9/15×1.10=4.03	w_3	W3=4.03×w_3
초급기술자	9.3×9/15×1.10=6.14	w_4	W4=6.14×w_4
계			ΣW_i

수량(T) 산정식은 다음과 같다.
  T = 4급 GNSS 높이측량 인원수 × 표준작업량 × K
  여기서, K는 지형유형에 따른 계수 = 1.10

9-3 지형 및 토지측량

9-3-1 지형현황('08년 보완)

작업구분		일수	인원수										비고
			1일당					합계					
			고급기술자	중급기술자	초급기술자	초급기능사(측량)	인부	고급기술자	중급기술자	초급기술자	초급기능사(측량)	인부	
지상현황측량	계획준비	(1)	(0.5)	(1)	(1)	-	-	(0.5)	(1)	(1)	-	-	( )내는 내업을 표시함
	기준점설치	1	-	1	1	-	-	-	1	1	-	-	
	세부측량	7	-	1	1	1	1	-	7	7	7	7	
	편집	(4)	(0.75)	(1)	(1)	-	-	(3)	(4)	(4)	-	-	
	지도원판제작	(2)	-	(0.5)	(0.5)	-	-	-	(1)	(1)	-	-	
	성과등의 정리	(1)	(0.75)	(1)	(1)	-	-	(0.75)	(1)	(1)	-	-	
계								-(4.25)	8(7)	8(7)	7-	7-	

[주] ① 본 품은 평지 10만㎡에 대하여 1/500축척의 지상현황측량을 기준으로 한 것이므로 작업지형과 축척 및 작업량에 따라 다음과 같이 계수를 가산한다.
  ○ 지형 유형에 따른 계수(K)

지형 구분	계수	비고
밀집시가지	2.80	건물 및 도로가 시가지 면적의 90% 이상 지형
시 가 지	2.15	건물 및 도로가 시가지 면적의 70% 이상 지형
평 지	1.00	평탄한 평야지형
구 릉 지	1.25	시가지 주변 및 촌락의 소도시를 포함한 구릉상태의 농지지형
산 악 지	1.30	수목이 우거진 야산지대 및 교통이 불편한 산지로된 지형

  ○ 축척에 따른 계수(S)

축 척	1/250	1/500	1/1,000	1/2,500	비고
계 수	1.60	1.00	0.65	0.54	

  ○ 작업량에 따른 계수(P)

작업량(면적:㎡)	2만	5만	10만	15만	20만
계 수	1.80	1.20	1.00	0.93	0.90

  - 작업량계수(P) = $0.8 + \dfrac{2}{작업량(면적)}$
  - 작업량이 20만㎡ 이상인 경우에도 작업량계수(P)는 0.90으로 적용한다.
  ○ 작업종류에 따른 계수(T)

작업종류	신규측량	수정측량
계 수	1.0	1.25

  - 총 계수 = 표준작업량×K×S×P×T
② 기준점 측량에 필요한 인원 편성은 기준점 각각의 품(1급~4급)을 적용하고 기준점 배점 기준은 다음 표를 기준으로 한다.

《기준점 배점 기준》

지역구분		면적구분	10만㎡	30만㎡	60만㎡	150만㎡	비 고
1급 기준점		신점간거리	1,000m	1,000m	1,000m	1,000m	• 기지점과 연결을 위한 측량
		기준배점수	-	-	-	-	
2급 기준점		신점간거리	500m	500m	500m	500m	〃
		기준배점수	-	-	2점	4점	
3급 기준점		신점간거리	200m	200m	200m	200m	• 기지점과 연결 및 현황측량에 필요한 골격측량
		기준배점수	2점	4점	8점	11점	
4급 기준점	밀집 시가지	점간평균거리	40m	40m	50m	60m	〃
		선간평균거리	40m	50m	60m	100m	
		기준배점수	63점	150점	200점	250점	
	시가지	점간평균거리	40m	45m	55m	65m	
		선간평균거리	45m	50m	60m	100m	
		기준배점수	56점	133점	182점	230점	
	평지	점간평균거리	45m	45m	60m	75m	• 기지점과 연결 및 현황측량에 필요한 골격측량
		선간평균거리	45m	60m	70m	100m	
		기준배점수	50점	112점	143점	200점	
	구릉지	점간평균거리	45m	50m	60m	80m	
		선간평균거리	55m	70m	100m	125m	
		기준배점수	41점	86점	100점	150점	
	산지	점간평균거리	30m	40m	50m	60m	
		선간평균거리	60m	55m	75m	100m	
		기준배점수	56점	137점	160점	250점	

③ 지상현황측량을 위한 수준측량은 기준점(1급~4급)들에 대한 표고측량으로서 3급 수준측량의 경우 3급 수준측량의 지형유형 및 작업량에 따른 계수를 각각 적용하고, 4급 수준측량의 경우 4급 수준측량의 지형유형 및 작업량에 따른 계수를 각각 적용한다.
④ 보상비, 측량표의 설치, 재료비, 운반비, 소모품비 등은 실정에 따라 별도 계상한다.
⑤ 기준점 측량 및 수준측량 시 지구외 기준점에 연결하거나, 측량표의 설치가 필요한 경우는 그 점수를 가산하고 품은 별도 계상한다.
⑥ 본 품의 외업에 동원되는 기술인원에 대한 여비는 국토교통부장관이 고시한 측량용역대가기준에 따라 별도 계상한다.
⑦ 본 품에서 점검측량 및 성과심사에 소요되는 비용은 별도 계상한다. 다만, 성과심사비는 국토교통부장관이 고시한 측량성과 심사수탁기관의 심사업무 및 지정절차 등에 관한 규정에 따른다.
⑧ 본 품에서 사용되는 측량기기의 상각비·정비비는 별도 계상한다.
⑨ 본 품에는 다음의 성과 작성품이 포함된 것이다.
  ㉮ 편집원도
  ㉯ 정확도 관리표
  ㉰ 기타자료
⑩ 작업에 필요한 작업량(면적) 산출은 지구외 현황을 파악하기 위해 작업한 구역(주변판독면적)을 포함하는 것으로 한다.
⑪ 종합원도라 함은 작업지역 전체에 대한 지형자료(지형, 지적, 지상·지하시설물 등)를 단일원도로 작성하는 것이며 이는 본 품에 포함하지 않는다.

⑫ 측량지역의 특성 또는 작업목적에 따라 평판, TS, GPS 등에 의한 지형측량은 본 품을 준용한다.
[계산예]

> (1) 구릉지 지역
> (2) 면적 150만㎡(신규측량)
> (3) 기준점은 2급(4점), 3급(11점), 4급 점간거리 80m(150점)
> (4) 수준측량은 [토목부문] 9-2-4의 2급 수준측량

① 작업량비 산출
  ㉮ 기준점 측량

   2급 : $\frac{4}{14} \times 1.00 \times 1.50 = 0.43$

   3급 : $\frac{11}{30} \times 1.00 \times 1.34 = 0.49$

   4급 : $\frac{150}{150} \times 1.00 \times 1.00 \times 0.81 = 0.81$

  ㉯ 수준측량

   $\frac{16.20km}{15km} \times 1.10 \times 0.99 = 1.18$

   ∴ 16.20km = (4점×500m)+(11점×200m)+(150점×80m)

  ㉰ 지상현황측량

   $\frac{150}{10} \times 1.25 \times 0.54 \times 0.90 = 9.11$

② 인원 산출

작업내용		작업량비	특급기술자		고급기술자		중급기술자		초급기술자		초급기능사(측량)		보통인부	
			인원	결과	인원	결과	인원	결과	인원	결과	인원	결과	인원	결과
기준점 측량	1급	-	-	-	-	-	-	-	-	-	-	-	-	-
	2급	0.43	2.0	0.86	17.0	7.31	25.0	10.75	26.0	11.18	28.0	12.04	8.0	3.44
	3급	0.49	-	-	22.0	10.78	27.0	13.23	28.0	13.72	32.0	15.68	4.0	1.96
	4급	0.81	-	-	31.5	25.51	35.0	28.35	37.0	29.97	40.0	32.40	6.0	4.86
수준측량		1.18	1.0	1.18	3.0	3.54	11.5	13.57	8.0	9.44	8.0	9.44	8.0	9.44
지상현황측량		9.11	-	-	4.25	29.61	15.0	136.65	15.0	136.65	7.0	63.77	7.0	63.77
계				2.04		76.75		202.55		200.96		133.33		83.47

③ 전체금액 = 2.04×(특급기술자 단가)+76.75×(고급기술자 단가)+202.55
      ×(중급기술자 단가)+200.96×(초급기술자 단가)+133.33
      ×(초급기능사(측량)단가)+83.47×(보통인부 단가)

[계산예 2]

> (1) 구릉지 지역
> (2) 면적 60만㎡(수정측량)
> (3) 기준점은 2급(2점), 3급(8점), 4급 점간거리 60m(100점)
> (4) 수준측량은 [토목부문] 9-2-4의 2급 수준측량

① 작업량비 산출
  ㉮ 기준점 측량

  $2급 : \dfrac{2}{14} \times 1.00 \times 2.2 = 0.31$

  $3급 : \dfrac{8}{30} \times 1.00 \times 1.55 = 0.41$

  $4급 : \dfrac{100}{150} \times 1.00 \times 1.10 \times 0.65 = 0.48$

  ㉯ 수준측량

  $\dfrac{8.60\text{km}}{15\text{km}} \times 1.10 \times 1.15 = 0.73$

  ∴ 8.60km = (2점×500m)+(8점×200m)+(100점×60m)

  ㉰ 지상현황측량

  $\dfrac{60}{10} \times 1.25 \times 0.54 \times 0.90 \times 1.25 = 4.56$

② 인원 산출

작업내용		작업량비	특급 기술자		고급 기술자		중급 기술자		초급 기술자		초급 기능사 (측량)		보통인부	
			인원	결과	인원	결과	인원	결과	인원	결과	인원	결과	인원	결과
기준점 측량	1급	-	-	-	-	-	-	-	-	-	-	-	-	-
	2급	0.31	2.0	0.62	17.0	5.27	25.0	7.75	26.0	8.06	28.0	8.68	8.0	2.48
	3급	0.41	-	-	22.0	9.02	27.0	11.07	28.0	11.48	32.0	13.12	4.0	1.64
	4급	0.48	-	-	31.5	15.12	35.0	16.80	37.0	17.76	40.0	19.20	6.0	2.88
수준측량		0.73	1.0	0.73	3.0	2.19	11.5	8.40	8.0	5.84	8.0	5.84	8.0	5.84
지상현황측량		4.56	-	-	4.25	19.38	15.0	68.40	15.0	68.40	7.0	31.92	7.0	31.92
계				1.35		50.98		112.42		111.54		78.76		44.76

③ 전체금액 = 1.35×(특급기술자 단가)+50.98×(고급기술자 단가)+112.42
  ×(중급기술자 단가)+111.54×(초급기술자 단가)+78.76
  ×(초급기능사(측량)단가)+44.76×(보통인부 단가)

9-3-2 하천측량

1. 진행기준

(1반1일, 10km당 1반 소요일수)

종단측량					양안왕복 1일 1km, 10km당 10일			
횡단측량			횡단간격	10km당 횡단본수	외 업		내 업	
					1일당 본수	10km당 일수	1일당 본수	10km당 일수
폭 원	1,000m	제내 100m 제외 800m	200m	50본	1.4본	35일	5.0본	10일
	700m	제내 100m 제외 500m	200m	50본	1.8본	27.7일	6.3본	7.9일
	400m	제내50m 제외 300m	200m	50본	2.5본	20일	9.0본	5.5일
	200m	제내50m 제외 100m	100m	100본	4.0본	25일	14.5본	6.8일
	100m	제내25m 제외50m	50m	200본	9.0본	22일	15.0본	13.3일
	50m	제내15m 제외20m	25m	400본	16.0본	25일	20.0본	20.0일

[주] 본 품에는 다음의 성과 작성품이 포함되었다.
 ㉮ 종단면원도 및 동 측량성과 각 1부
 ㉯ 횡단면원도 및 제도원도각 1부
 ㉰ 관측수부 1부
 ㉱ 평면도 1부

2. 작업별 인원편성

종별	작업량	작업구분	일수	편 성(1반 1일당 인원수)					
				고급 기술자	중급 기술자	초급 기술자	초급기능사 (측량)	인부	선박 및 선부
종단 측량	10km양안 왕복	외업	10	0.2	1	1	1	1	-
		내업	3	0.2	1	1	-	-	-
횡 단 측 량	1,000m	외업	35	0.2	1	2	2	4	0.6
		내업	10	0.1	1	1	2	-	-
	700	외업	28	0.2	1	2	2	4	0.6
		내업	8	0.1	1	1	2	-	-
	400	외업	20	0.2	1	2	2	3	0.6
		내업	5.5	0.1	1	1	2	-	-
	200	외업	25	0.2	1	1	2	3	0.7
		내업	7	0.1	1	1	2	-	-
	100	외업	22	0.2	1	1	2	3	0.5
		내업	13	0.1	1	1	1	-	-
	50	외업	25	0.2	1	1	2	3	-
		내업	20	0.1	1	1	1	-	-

종별	작업량	작업구분	일수	고급기술자	중급기술자	초급기술자	초급기능사 (측량)	인부	선박 및 인부	비고
종단측량	10km양안왕복	외업 내업	10 3	2 0.6	10 3	10 3	10 -	10 -	- -	1일양안평균 1km 1일양안평균 3.3km
횡단측량	1,000m	외업 내업	35 10	7 1	35 10	70 10	70 20	140 -	21 -	일평균 1,400m 일평균 5,000m
	700	외업 내업	28 8	5.6 0.8	28 8	56 8	56 16	112 -	17 -	일평균 1,250m 일평균 4,400m
	400	외업 내업	20 5.5	4 0.6	20 5.5	40 5.5	40 11	60 -	12 -	일평균 1,000m 일평균 3,600m
	200	외업 내업	25 7	5 0.7	25 7	25 7	50 14	75 -	18 -	일평균 800m 일평균 2,900m
	100	외업 내업	22 13	4.4 1.3	22 13	22 13	44 13	66 -	11 -	일평균 900m 일평균 1,500m
	50	외업 내업	25 20	5 2	25 20	25 20	50 20	75 -	- -	일평균 800m 일평균 1,000m

[주] ① 본 품은 하천 중류지대의 비교적 평탄한 지대를 기준으로 한 것이다.
② 평판측량에 대하여는 '[토목부문] 9-3-1 지형현황' 품을 준용한다.
③ 선박 및 선부는 필요한 경우에만 계상한다.
④ 종단측량에 있어서 도심지, 하천 제방이 없는 하천 등에서는 거리표간을 직선적으로 측량할 수 없는 경우가 많으므로 우회 작업할 경우에는 그 거리만큼 품을 가산한다.
⑤ 횡단측량에 있어서 상류부에서는 일반적으로 급류이며 수면높이와 거리표 높이와의 비고가 크기 때문에 수심측량, 육지횡단측량 작업이 대단히 곤란할 경우에는 실정에 따라 증가할 수 있다.
⑥ 유수(流水)폭은 제외의 넓이의 1/3정도를 기준으로 하였으므로 유수폭의 대소에 따라 증감할 수 있다.
⑦ 음향 측심기를 사용하여야 할 경우에는 기계 및 선박대여료 이외에 소요되는 기술자, 선부 등은 별도 계상한다.
⑧ 지형 상황에 따라 측량작업이 극히 곤란할 경우에는 그 실정에 따라 증가할 수 있다.
⑨ 본 품에서는 수준표(B.M)설치는 포함하지 않았으므로 필요할 때에는 별도 계상한다.
⑩ 본 품의 외업에 동원되는 기술인원에 대한 여비는 국토교통부장관이 고시한 측량용역대가기준에 따라 별도 계상한다.
⑪ 본 품에서 점검측량 및 성과심사에 소요되는 비용은 별도 계상한다. 다만, 성과심사비는 국토교통부장관이 고시한 측량성과 심사수탁기관의 심사업무 및 지정절차 등에 관한 규정에 따른다.
⑫ 본 품에서 사용되는 측량기기의 상각비·정비비는 별도 계상한다.

[계산예]

종단 10km당

종별 구분	종단측량	횡단측량					
		1,000m	700m	400m	200m	100m	50m
고급기술자	2 (0.6)	7 (1)	5.6 (0.8)	4 (0.6)	5 (0.7)	4.4 (1.3)	5 (2)
중급기술자	10 (3)	35 (10)	20 (8)	20 (5.5)	25 (7)	22 (13)	25 (20)
초급기술자	10 (3)	70 (20)	56 (8)	40 (5.5)	25 (7)	22 (13)	25 (20)
초급기능사(측량)	10	70	56 (16)	40 (11)	50 (14)	44 (13)	50 (20)
인 부	10	140	112	60	75	66	75
선 부	-	21	17	12	18	11	-

9-3-3 택지조성측량

1. 촌락지대로서 고저차가 적으며 관측이 용이한 지구

   가. 면적 1만㎡, 1/600, 10m 방안(方眼), 등고선간격 0.5m

작업구분		인 원				
		고급 기술자	중급 기술자	초급 기술자	초급기능사 (측량)	인부
용지측량	공 도 대 장 조 사	-	1.0	1.0	-	-
	경 계 입 회 설 정	1.0	1.0	1.0	1.0	-
	면 적 측 량	0.5	0.5	0.5	1.0	-
	내 업	(1.0)	(2.0)	(2.0)	-	-
	소 계	2.5	4.5	4.5	2.0	-
방안측량	방 안 말 박 기	2.5	2.5	2.5	5.0	2.5
	다 각 측 량	0.5	0.5	0.5	1.0	-
	평 판 측 량	-	1.0	1.0	2.0	-
	수 준 측 량	-	1.0	1.0	1.0	-
	내 업	(2.0)	(4.0)	(4.0)	-	-
	소 계	5.0	9.0	9.0	9.0	2.5
계		7.5	13.5	13.5	11.0	2.5

나. 면적 10만㎡, 1/500, 20m 방안(方眼) 등고선간격 0.5m~1m

작업구분		인 원				
		고급 기술자	중급 기술자	초급 기술자	초급기능사 (측량)	인부
용지측량	공 도 대 장 조 사	-	6.0	6.0	-	-
	경 계 입 회 설 정	4.0	4.0	4.0	8.0	2.0
	면 적 측 량	2.0	4.0	4.0	8.0	-
	내 업	(8.0)	(16.0)	(16.0)	-	-
	소 계	14.0	30.0	30.0	16.0	2.0

	작업구분					고급기술자	중급기술자	초급기술자	초급기능사(측량)	인부
방안측량	방	안	말	박	기	3.0	6.0	6.0	12.0	6.0
	다	각	측		량	5.0	5.0	5.0	5.0	-
	평	판	측		량	-	10.0	10.0	20.0	-
	수	준	측		량	-	5.0	5.0	5.0	-
	내				업	(11.0)	(33.0)	(33.0)	-	-
	소				계	19.0	59.0	59.0	42.0	6.0
	계					33.0	89.0	89.0	58.0	8.0

다. 면적 50만㎡, 1/500, 20m 방안(方眼) 등고선간격 1.0m

	작업구분					인 원				
						고급기술자	중급기술자	초급기술자	초급기능사(측량)	인부
용지측량	공	도 대 장	조		사	-	25.0	25.0	-	-
	경	계 입 회	설		정	16.0	16.0	16.0	32.0	8.0
	면	적	측		량	8.0	16.0	16.0	32.0	-
	내				업	(32.0)	(64.0)	(64.0)	-	-
	소				계	56.0	121.0	121.0	64.0	8.0
방안측량	방	안	말	박	기	25.0	25.0	25.0	50.0	25.0
	다	각	측		량	25.0	25.0	25.0	25.0	-
	평	판	측		량	-	50.0	50.0	100.0	-
	수	준	측		량	-	25.0	25.0	25.0	-
	내				업	50.0	150.0	150.0	-	-
	소				계	100.0	275.0	275.0	200.0	25.0
	계					156.0	396.0	396.0	264.0	33.0

2. 구릉지대로서 고저차가 많고 관측이 곤란한 지구

가. 면적 50만㎡, 1/300, 10m 방안(方眼) 등고선간격 0.5m

	작업구분					인 원				
						고급기술자	중급기술자	초급기술자	초급기능사(측량)	인부
용지측량	공	도 대 장	조		사	-	1.0	1.0	-	-
	경	계 입 회	설		정	1.0	1.0	1.0	1.0	1.0
	면	적	측		량	0.5	0.5	0.5	1.0	1.0
	내				업	(1.0)	(2.0)	(2.0)	-	-
	소				계	2.5	4.5	4.5	2.0	2.0
방안측량	방	안	말	박	기	3.0	3.0	3.0	3.0	6.0
	다	각	측		량	0.7	0.7	0.7	0.7	1.4
	평	판	측		량	-	1.5	1.5	3.0	3.0
	수	준	측		량	-	1.0	1.0	1.0	2.0
	내				업	(2.0)	(4.0)	(4.0)	-	-
	소				계	5.7	10.2	10.2	7.7	12.4
	계					8.2	14.7	14.7	9.7	14.4

나. 면적 10만㎡, 1/500, 20m 방안(方眼) 등고선간격 0.5m

작업구분		인 원				
		고급 기술자	중급 기술자	초급 기술자	초급기능사 (측량)	인부
용지측량	공 도 대 장 조 사	-	6.0	6.0	-	-
	경 계 입 회 설 정	4.0	4.0	4.0	8.0	8.0
	면 적 측 량	5.0	5.0	5.0	10.0	8.0
	내 업	(8.0)	(16.0)	(16.0)	-	-
	소 계	17.0	31.0	31.0	18.0	16.0
방안측량	방 안 말 박 기	7.0	7.0	7.0	14.0	14.0
	다 각 측 량	6.0	6.0	6.0	12.0	12.0
	평 판 측 량	-	11.0	11.0	22.0	22.0
	수 준 측 량	-	8.0	8.0	8.0	8.0
	내 업	10.0	20.0	20.0	-	-
	소 계	23.0	52.0	52.0	56.0	56.0
계		40.0	83.0	83.0	74.0	72.0

다. 면적 50만㎡, 1/500, 20m 방안(方眼) 등고선간격 1.0m

작업구분		인 원				
		고급 기술자	중급 기술자	초급 기술자	초급기능사 (측량)	인부
용지측량	공 도 대 장 조 사	-	18.0	18.0	-	-
	경 계 입 회 설 정	18.0	36.0	36.0	72.0	72.0
	면 적 측 량	18.0	36.0	36.0	72.0	72.0
	내 업	(40.0)	(80.0)	(80.0)	-	-
	소 계	76.0	170.0	170.0	144.0	144.0
방안측량	방 안 말 박 기	30.0	30.0	30.0	60.0	60.0
	다 각 측 량	20.0	20.0	20.0	40.0	40.0
	평 판 측 량	-	45.0	45.0	90.0	90.0
	수 준 측 량	-	18.0	18.0	18.0	18.0
	내 업	(45.0)	(90.0)	(90.0)	-	-
	소 계	95.0	203.0	203.0	208.0	208.0
계		171.0	373.0	373.0	352.0	352.0

[주] ① 경계점 설정시 분쟁 등으로 기준일수를 초과할 때에는 가산할 수 있다.
② 보상비, 재료비 및 소모품은 별도 계상한다.
③ 본 품은 비교적 평탄한 지역인 촌락 구릉지구를 기준으로 한 것이므로 산악 밀림지대로 작업이 극히 곤란한 지역은 실정에 따라 증가할 수 있다.
④ 본 품은 전체의 면적산정 및 토공량 산정작업을 포함한 것이며, 매필지의 면적을 산정할 경우에는 필요한 품을 가산한다.
⑤ 축척의 차이로 인하여 작업량이 현저하게 달라질 경우에는 증감할 수 있다.
⑥ 본 품의 외업에 동원되는 기술인원에 대한 여비는 국토교통부장관이 고시한 측량용역대가기준에 따라 별도 계상한다.

⑦ 본 품의 점검측량 및 성과심사에 소요되는 비용은 별도 계상한다. 다만, 성과심사비는 국토교통부장관이 고시한 측량성과 심사수탁기관의 심사업무 및 지정절차 등에 관한 규정에 따른다.
⑧ 본 품에서 사용되는 측량기기의 상각비·정비비는 별도 계상한다.
⑨ 본 품에는 다음의 성과작성품이 포함되었다.
   ㉮ 용지측량원도 및 등사도각 1부
   ㉯ 지형원도 및 등사도각 1부
   ㉰ 계산서 1부

[계산예]

> 촌락지대로서 고저차가 적으며 관측(작업)이 용이한 지구
> 1. 면적2만m²
> 2. 축척1/500
> 3. 10m방안
> 4. 등고선간격 0.5m~1m

구 분	수 량	단 가	금 액
고 급 기 술 자	7.5×2=15	w_1	$W_1 = 15 \times w_1$
중 급 기 술 자	13.5×2=27	w_2	$W_2 = 27 \times w_2$
초 급 기 술 자	13.5×2=27	w_3	$W_3 = 27 \times w_3$
초 급 기 능 사 (측 량)	11.0×2=22	w_4	$W_4 = 22 \times w_4$
인 부	2.5×2=5	w_5	$W_5 = 5 \times w_5$
계			ΣW_i

9-3-4 구획정리 확정측량

1. 능률산정기초

구분 \ 지구별 산정기준면적	번화지구 5만m²	보통지구 10만m²	촌락지구 30만m²	정리
1가구당의 장변과 단변	100m×30m	120m×40m	140m×50m	설계표준에 의함
1가구당의 면적	3,000m²	4,800m²	7,000m²	도로 공공용지를 포함
가 구 수	17	21	43	총면적÷가구면적
1획지구당의 면적	120m²	180m²	300m²	설계표준에 의함
획 지 수	(50,000×0.65 ÷120)=270	(100,000×0.7 ÷180)=390	(300,000×0.7 ÷300)=700	공공용지 번화: 35% 보통 30%, 촌락: 30%
계 획 가 로 연 장	2,675m	4,066m	9,396m	아래 그림참조
중 심 점 수	51	68	138	계획가로연장÷중심점 평균거리

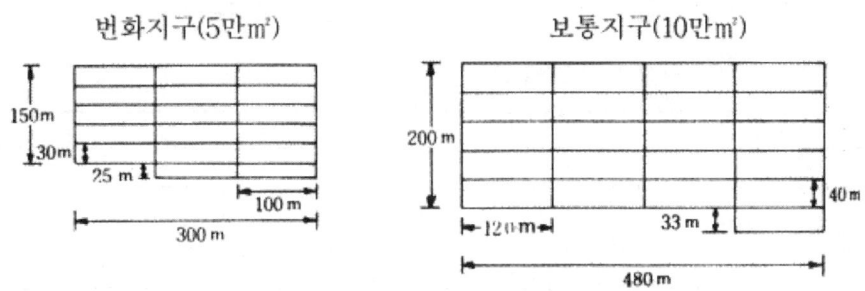

$300 \times 6 + 100 \times 2 + 150 \times 4 + 25 \times 3 = 2,675\text{m}$ $480 \times 6 + 120 \times 1 + 200 \times 5 + 33 \times 2 = 4,066\text{m}$

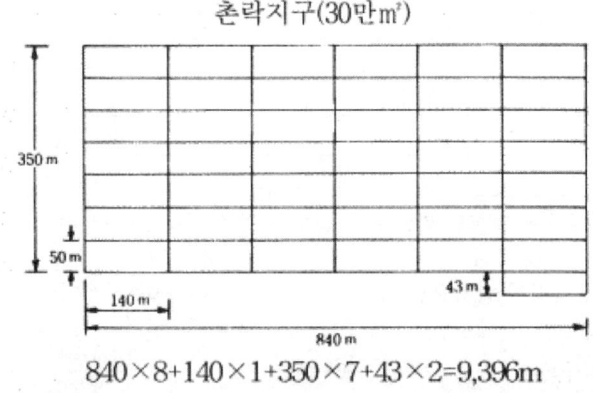

$840 \times 8 + 140 \times 1 + 350 \times 7 + 43 \times 2 = 9,396\text{m}$

[주] ① 지구별 조건에는 계획가로 연장, 가구수의 다소(多少) 및 교통량, 구조물 등 측량 작업에 장애되는 요소가 포함된 것이다.
② 중심점간 평균거리는 도로의 교점 및 절점, 곡선부 절점 등을 대상으로 고려하여 변화지구 50m, 보통지구 60m, 촌락지구 70m로 산정하였다.

2. 계획가로 가구확정 계산 말박기

종별	지구별 산정기준면적	변 화 지 구 5만㎡		보 통 지 구 10만㎡		촌 락 지 구 30만㎡	
계	자료조사현지답사		1일		1일		2일
	작업계획또는준비	보설(補說) 다각측량포함	3일	좌동	3일	좌동	4일
산	준 거 점 의 위 치 관 측 계 산	214×0.2=42점 1일 10점	4.2일	270×0.2=54점 1일 10점	5.4일	551×0.2=110점 1일 10점	11일
	중 심 점 계 산	51점 1일8점	6.3일	68점 1일8점	8.5일	138점 1일8점	17.2일
	가 구 계 산	17가구 1일3가구	5.5일	21가구 1일3가구	7일	43가구 1일3가구	14.3일
	제 도		4일		5.5일		13일
	점 검 정 리		1일		1.5일		3일

종별	지구별 산정기준면적		번화지구 5만㎡		보통지구 10만㎡		촌락지구 30만㎡	
말 박 기	자료조사현지답사			1일		1일		2일
	작업계획 및 준비		보설다각측량 포함	3일	좌동	4.5일	좌동	6일
	중심점가구점 말박기계산점		51+163=214점 1일 50점	4.2일	68+202=270점 1일 50점	5.4일	138+413=551점 1일 50점	11일
	중심점가구점 말박기작업		51+163=214점 1일 50점	14.2일	68+202=270점 1일 17점	15.8일	138+413=551점 1일 19점	29일
	말박기도면작성 및 점의조서작성			2일		3일		6일
	현지인계			1일		1일		1일
	점검정리			1일		1일		1일

[주] ① 본 표에서 준거점의 위치의 관측 계산에서 점수를 중심점과 가구점수의 합의 20%로 하였다.
② 1일 10점이란 1반당 능률이며 측정 좌표계산을 포함한다.
③ 가구점은 1블록의 모서리점 8점으로 하고 결점을 20% 가산한 것이다.

3. 획지확정 계산 말박기

종별	지구별 산정기준면적		번화지구 5만㎡		보통지구 10만㎡		촌락지구 30만㎡	
계 산	자료조사현지답사			1일		1일		2일
	작업계획 또는 준비		보설(補設) 다각측량포함	3일	보설(補設) 다각측량포함	3일	보설(補設) 다각측량포함	3일
	준거점의 위치관측계산		510×0.1=51점 1일 10점	5일	756×0.1=76점 1일 10점	7.6일	1,290×0.1=129점 1일 10점	13일
	확정계산		$\dfrac{270}{16}+\dfrac{510}{60}$ =25.3일	25.3일	$\dfrac{390}{16}+\dfrac{756}{60}$ =36.9일	37일	$\dfrac{710}{16}+\dfrac{1,290}{60}$ =65.8일	65일
	제도			7.5일		10.6일		22일
	점검정리			2일		3일		6일
말 박 기	자료조사현지답사			1일		1일		2일
	작업계획 또는 준비		보설다각측량 포함	3일	보설다각측량 포함	4일	보설다각측량 포함	5일
	말박기계산		510점1일60점	8.5일	756점1일60점	12.6일	1,290점1일60점	21.5일
	말박기작업		510점1일16점	31.8일	756점1일18점	42일	1,290점1일20점	63일
	말박기도면작성			1.5일		1.5일		2.5일
	현지인계			2일		2일		4일
	점검정리			1일		1일		1일

4. 계획가로 가구확정 계산측량

지구별	번화지구					보통지구					촌락지구				
산정기준면적	5만㎡					10만㎡					30만㎡				
종별 \ 직명	고급기술자	중급기술자	초급기술자	초급기능사(측량)	인부	고급기술자	중급기술자	초급기술자	초급기능사(측량)	인부	고급기술자	중급기술자	초급기술자	초급기능사(측량)	인부
자료조사 및 현지답사	1	1	1	-	-	1	1	1	-	-	2	2	2	-	-
작업계획 또는 준비	-	3	3	2	2	-	3	3	2	2	-	4	4	3	3
준거점의 위치의 관측 및 계산	-	4	4	3	3	-	5.5	5.5	4	4	-	11	11	9	9
중심점 및 계산	1.5	6.5	6.5	-	-	2.5	8.5	8.5	-	-	3	17.5	17.5	-	-
가 구 계 산	0.5	5.5	5.5	-	-	0.5	7	7	-	-	1	14.5	14.5	-	-
제 도	-	4	4	-	-	-	5.5	5.5	-	-	-	13	13	-	-
점 검 정 리	1	1	1	-	-	1	1.5	1.5	-	-	2	3	3	-	-
계	4	25	25	5	5	5	32	32	6	6	8	65	65	12	12

5. 계획가로 가구확정 말박기측량

지구별	번화지구					보통지구					촌락지구				
산정기준면적	5만㎡					10만㎡					30만㎡				
종별 \ 직명	고급기술자	중급기술자	초급기술자	초급기능사(측량)	인부	고급기술자	중급기술자	초급기술자	초급기능사(측량)	인부	고급기술자	중급기술자	초급기술자	초급기능사(측량)	인부
자료조사 및 현지답사	1	1	1	-	-	1	1	1	-	-	2	2	2	-	-
작업계획 또는 준비	-	3	3	2	2	-	4.5	4.5	3	3	-	6	6	4	4
중심점가구점 말박기계산	-	4	4	-	-	-	5.5	5.5	-	-	-	11	11	-	-
중심점가구점 말박기작업	1	14	14	14	14	2	16	16	16	16	3	29	29	29	29
말박기도면작성 및 점의 조서작성	-	2	2	-	-	-	3	3	-	-	-	6	6	-	-
현지인계	-	1	1	1	1	-	1	1	1	1	-	1	1	1	1
점검정리	1	1	1	-	-	1	1	1	-	-	1	1	1	-	-
계	3	26	26	17	17	4	32	32	20	20	6	56	56	34	34

6. 획지확정 계산측량

지구별	번화지구					보통지구					촌락지구				
산정기준면적	5만㎡					10만㎡					30만㎡				
종별 \ 직명	고급기술자	중급기술자	초급기술자	초급기능사(측량)	인부	고급기술자	중급기술자	초급기술자	초급기능사(측량)	인부	고급기술자	중급기술자	초급기술자	초급기능사(측량)	인부
자료조사 및 현지답사	1	1	1	-	-	1	1	1	-	-	2	2	2	-	-
작업계획 또는 준비	-	3	3	2	2	-	3	3	2	2	-	3	3	2	2
준거점의 위치의 관측 및 계산	-	5	5	4	4	-	7.5	7.5	6	6	-	13	13	11	11
확정계산	3	25.5	25.5	-	-	4	37	37	-	-	7	65	65	-	-
제도	-	7.5	7.5	-	-	-	10.5	10.5	-	-	-	22	22	-	-
점검정리	1	2	2	-	-	2	3	3	-	-	3	6	6	-	-
계	5	44	44	6	6	7	62	62	8	8	12	111	111	13	13

7. 획지확정 말박기측량

지구별	번화지구					보통지구					촌락지구				
산정기준면적	5만㎡					10만㎡					30만㎡				
종별 \ 직명	고급기술자	중급기술자	초급기술자	초급기능사(측량)	인부	고급기술자	중급기술자	초급기술자	초급기능사(측량)	인부	고급기술자	중급기술자	초급기술자	초급기능사(측량)	인부
자료조사 및 현지답사	1	1	1	-	-	1	1	1	-	-	2	2	2	-	-
작업계획 또는 준비	-	3	3	2	2	-	4	4	3	3	-	5	5	4	4
말박기계산	-	8.5	8.5	-	-	-	12.5	12.5	-	-	-	21.5	21.5	-	-
말박기작업	1	32	32	32	32	2	42	42	42	42	3	65	65	65	65
말박기도면작성	-	1.5	1.5	-	-	-	1.5	1.5	-	-	-	2.5	2.5	-	-
현지인계	-	2	2	2	2	-	3	3	3	3	-	4	4	4	4
점검정리	1	1	1	-	-	1	1	1	-	-	1	1	1	-	-
계	3	49	49	36	36	4	65	65	48	48	6	101	101	73	73

8. 지구계(공구계)측량

종별\직명	고급 기술자	중급 기술자	초급 기술자	초급 기능사 (측량)	인부	비고
자 료 조 사	-	0.5	0.5	-	-	다각점성과표, 점의 조서 등의 조사. 경계점의 현지입회, 다각점현지확인보조 다각을 포함 좌표, 거리, 방위각, 면적의 계산
현 지 답 사	1	2	2	2	2	
경 계 점 측 정	-	7	7	7	7	
계 산	1	4	4	-	-	
경계점검의 조서작성	-	-	6	2	2	
제 도	0.5	2	2	-	-	
점 검 정 리	0.5	0.5	0.5	-	-	
계	3	16	22	11	11	

[주] ① 가구(街區)확정 측량이란 현황측량 성과 및 사업계획에 의하여 결정한 계획가로 등의 각 조건에 따라 노선의 연장 및 폭원과 가구의 변장, 형상, 면적 등을 확정하고 이를 현지에 표시하는 것이며 다음과 같은 작업을 한다.
  ㉮ 작업준비(자료조사, 확정조건의 수령 및 현지관찰)
  ㉯ 계획가로의 중심점 및 준거점(계획가로 설계상의 조건, 건물, 지물점 등)의 측정 및 계산
  ㉰ 중심점 좌표, 중심점간 거리, 방위각의 계산
  ㉱ 가구변장, 가구좌표, 가구면적의 계산
  ㉲ 중심점, 결점, 가구점의 설정
  ㉳ 가구확정 원도 작성 및 복사
② 획지(劃地)확정 측량이란 가구의 확정 측량 성과 및 환지설계에서 정한 제조건에 따라 택지의 변장 및 경계점의 위치를 정하고 이를 현지에 표시하여 환지의 위치, 형상, 면적을 확정하는 것으로서 다음과 같은 작업을 한다.
  ㉮ 작업준비(자료조사, 확정조건 수령 및 현지관찰)
  ㉯ 확정계산(획지변장, 협각, 면적계산)
  ㉰ 현지표시
  ㉱ 확정측량 원도작성 및 복사
③ 지구계(地區界)측량이란 사업계획에서 정한 시행지구(공구)의 경계점의 위치를 정하고 그 경계선을 확정하는 것으로서 다음과 같은 작업을 말한다.
  ㉮ 작업준비(자료조사 경계점 입회)
  ㉯ 각의 관측 및 거리측정
  ㉰ 경계점 좌표 경계점간 거리 및 방위각 지구(공구)면적계산
  ㉱ 제도
④ 보상비, 재료비, 소모품비 등은 별도 계상한다.
⑤ 본 품의 외업에 동원되는 기술인원에 대한 여비는 국토교통부장관이 고시한 측량용역대가기준에 따라 별도 계상한다.
⑥ 본 품에서 점검측량 및 성과심사에 소요되는 비용은 별도 계상한다. 다만, 성과심사비는 국토교통부장관이 고시한 측량성과 심사수탁기관의 심사업무 및 지정절차 등에 관한 규정에 따른다.
⑦ 본 품에서 사용되는 측량기기의 상각비·정비비는 별도 계상한다.

⑧ 본 품에는 다음의 성과 작성품이 포함되어야 한다.
  ㉮ 계획가로 가구확정 측량관계
    ㉠ 준거점의 관측수부 및 계산서   각 1부
    ㉡ 중심점 계산서   1부
    ㉢ 중심점 말박기 계산서(부도포함)   1부
    ㉣ 중심점 성과표(망도포함)   1부
    ㉤ 중심점의 점의 조서   1부
    ㉥ 가구 계산서   1부
    ㉦ 가구 원자료   1부
    ㉧ 가구말박기 계산서(부도포함)   1부
  ㉯ 획지확정 측량관계
    ㉠ 획지조검정 관측수부 및 계산서   각 1부
    ㉡ 획지변장 계산서   1부
    ㉢ 획지확부 계산서   1부
    ㉣ 획지말박기 계산서(부도포함)   1부
    ㉤ 획지측량 원도   1부
    ㉥ 동상(同上) 제도 원도   1부
  ㉰ 지구계 측량관계
    ㉠ 지구계점 관측수부 및 계산서   각 1부
    ㉡ 지구면적 계산서   1부
    ㉢ 지구계점 성과표(망도포함)   1부
    ㉣ 지구계점 점의 조서   1부
    ㉤ 지구계 원도   1부
    ㉥ 동상 제도 원도   1부
  동시작업일 경우에는 지구계 원도는 가구확정원도 및 확정측량 원도에 전개한다.「제도」원도도 이에 준한다.

[계산예]

1. 계획가로 가구확정 측량

구 분	지구별	번화지구 5만 ㎡			보통지구 10만 ㎡			촌락지구 30만 ㎡		
		수량	단가	금액	수량	단가	금액	수량	단가	금액
고급기술자		4	w_1	$W_1 = 4 \times w_1$	5	w_1	$W_1 = 5 \times w_1$	8	w_1	$W_1 = 8 \times w_1$
중급기술자		25	w_2	$W_2 = 25 \times w_2$	32	w_2	$W_2 = 32 \times w_2$	65	w_2	$W_2 = 65 \times w_2$
초급기술자		25	w_3	$W_3 = 25 \times w_3$	32	w_3	$W_3 = 32 \times w_3$	65	w_3	$W_3 = 65 \times w_3$
초급기능사(측량)		5	w_4	$W_4 = 5 \times w_4$	6	w_4	$W_4 = 6 \times w_4$	12	w_4	$W_4 = 12 \times w_4$
인 부		5	w_5	$W_5 = 5 \times w_5$	6	w_5	$W_5 = 6 \times w_5$	12	w_5	$W_5 = 12 \times w_5$
계				ΣW_i			ΣW_i			ΣW_i

2. 계획가로 가구확정 말박기 측량

구 분 \ 지구별	번 화 지 구 5 만 m²			보 통 지 구 10 만 m²			촌 락 지 구 30 만 m²		
	수량	단가	금 액	수량	단가	금 액	수량	단가	금 액
고급기술자	3	w_1	$W_1 = 3 \times w_1$	4	w_1	$W_1 = 4 \times w_1$	6	w_1	$W_1 = 6 \times w_1$
중급기술자	26	w_2	$W_2 = 26 \times w_2$	32	w_2	$W_2 = 32 \times w_2$	56	w_2	$W_2 = 56 \times w_2$
초급기술자	26	w_3	$W_3 = 26 \times w_3$	32	w_3	$W_3 = 32 \times w_3$	56	w_3	$W_3 = 56 \times w_3$
초급기능사(측량)	17	w_4	$W_4 = 17 \times w_4$	20	w_4	$W_4 = 20 \times w_4$	34	w_4	$W_4 = 34 \times w_4$
인부	17	w_5	$W_5 = 17 \times w_5$	20	w_5	$W_5 = 20 \times w_5$	34	w_5	$W_5 = 34 \times w_5$
계			ΣW_i			ΣW_i			ΣW_i

9-3-5 용지측량

종별 \ 지구별	시 가 지				평 지				촌 락 지				구 릉 지			
	고급기술자	중급기술자	초급기술자	초급기능사(측량)	고급기술자	중급기술자	초급기술자	초급기능사(측량)	고급기술자	중급기술자	초급기술자	초급기능사(측량)	고급기술자	중급기술자	초급기술자	초급기능사(측량)
토지등기부 지적도 또는 소유권조사	2	6	12	-	1.5	5	10	-	1	4	8	-	1	3	6	-
공공용지사정입회 및 민간인경계입회	5	10	15	15	4	8	12	12	3	6	9	9	2	5	8	8
경계도근측량	-	8	8	16	-	6	6	12	-	4	4	8	-	3	3	7
용지측량 외업	3	15	15	30	2	10	10	20	1	7	7	14	1	6	6	13
용지측량 내업	(20)	(40)	(40)	-	(15)	(30)	(30)	-	(10)	(20)	(20)	-	(9)	(18)	(18)	-
계	30	79	90	61	22.5	59	68	44	15	41	48	31	13	35	41	28

[주] ① 용지측량은 계획노선내의 토지가격 산정, 평가 및 용지매수 등을 목적으로 하는 것이며 대체로 다음과 같은 작업을 한다.
  ㉮ 토지등기부 지적공부 및 권리관계조사를 하며 등기소, 시·군청 등에서 관계 서류를 열람 또는 복사하여 필요사항을 조사한다.
  ㉯ 공공용지 사정 및 경계입회
    공공용지 사정은 지주(관리자)의 입회하에 경계를 결정한다.
② 경계도근 측량은 기지 기준점만을 이용하는 것이 불편할 경우 경계점 관측에 편리한 기준점을 설치하는 것이다.
③ 평면도의 축척은 1/300~1/600을 기준으로 하였다.
④ 외업은 결정된 경계점을 관측하여 좌표를 산출하는 방법과 평판측량으로 경계점을 실측도시하는 방법이 있으나 어느 방법이든간에 본 품을 그대로 적용한다.
⑤ 내업은 좌표를 전개하여 삼사법(구적기 사용 포함)에 의하여 면적을 산출하는 것이며, 경우에 따라 좌표계산법에 의하여 면적을 구하는 방법도 있으나, 이때는 20%이상 증가할 수 있다.
⑥ 하천의 용지측량은 경계결정이 곤란하므로 20%이내 증가할 수 있다.

⑦ 본 품은 연장 500m 폭원 50m(도로폭원을 포함) 면적 25,000㎡ 필수(筆數)는 시가지(갑) 240필, 시가지(을) 200필, 교외촌락지 160필, 농지 구릉지 120필을 표준으로 한 것이다.
⑧ 교외지 농지 구릉지에 있어서는 좌표계산법에 의할 때는 20% 이상 증액한다.
⑨ 보상비 및 재료비 소모품비 등은 실정에 따라 별도 계상한다.
⑩ 본 품의 외업에 동원되는 기술인원에 대한 여비는 국토교통부장관이 고시한 측량용역대가기준에 따라 별도 계상한다.
⑪ 본 품에서 점검측량 및 성과심사에 소요되는 비용은 별도 계상한다. 다만, 성과심사비는 국토교통부장관이 고시한 측량성과 심사수탁기관의 심사업무 및 지정절차 등에 관한 규정에 따른다.
⑫ 본 품에서 사용되는 측량기기의 상각기·정비비는 별도 계상한다.
⑬ 본 품에는 다음의 성과작성품이 포함되었다.
 ㉮ 지적도(공도)사본   2부
 ㉯ 용지구적원도   1부
 ㉰ 용지제도원도   2부
 ㉱ 용지평판원도   1부
 ㉲ 용지조서   5부
 ㉳ 차치권계산서   5부
 ㉴ 용지 계산서   5부
 ㉵ 필별본필도(등기신청용)실측도 포함   각 2부
 ㉶ 공공용지 경계사정도   2부
 ㉷ 토지대장 및 등기부사본   1부
 ㉸ 경계표점계산서 및 면적계산(좌표계산법의 경우)   1부
 ㉹ 경계다각계산서 및 성과표각   1부

[계산예]

1. 축척 1/300, 면적 25,000㎡, 연장 500m, 폭원 50m, 필수 240필인 경우 (시가지 갑)

구 분	수량	단가	금 액	비 고
고 급 기 술 자	30	w_1	$W_1 = 30 \times w_1$	
중 급 기 술 자	79	w_2	$W_2 = 79 \times w_2$	면적이 증감될 때에는
초 급 기 술 자	90	w_3	$W_3 = 90 \times w_3$	그 비율만큼 증감한다.
초 급 기 능 사 (측 량)	61	w_4	$W_4 = 61 \times w_4$	
계			ΣW_i	

2. 축척 1/300, 면적 50,000㎡, 연장 1,000m, 폭원 50m, 필수 400필(시가지 을)인 경우

구 분	수량	단 가	금 액
고 급 기 술 자	22.5×2= 45	w_1	$W_1 = 45 \times w_1$
중 급 기 술 자	59.0×2=118	w_2	$W_2 = 118 \times w_2$
초 급 기 술 자	68.0×2=136	w_3	$W_3 = 136 \times w_3$
초 등 기 능 사 (측 량)	44.0×2= 88	w_4	$W_4 = 88 \times w_4$
			ΣW_i

9-3-6 도시계획선(인선)

구분 \ 작업별	일수	인원수 1일당 지적기사	지적산업기사	지적기능사	인부	합계 지적기사	지적산업기사	지적기능사	인부	비고
자 료 조 사	(0.09)		1				(0.09)			( )는 내업임
계 획 준 비	(0.03)	1	1			(0.03)	(0.03)			
지적전산파일변환	(0.13)		1				(0.13)			
성 과 작 성	(0.11)		1				(0.11)			
대 조 수 정	(0.07)	1				(0.07)				
점 검	(0.04)	1				(0.04)				
성 과 인 계	(0.03)	1				(0.03)				
합 계	(0.50)					(0.17)	(0.36)			

[주] ① 등록계수

지적공부 등록지(토지, 임야)별로 다음의 계수를 곱하여 계상한다.

구분 \ 내용	토 지	임 야
계수	1.00	1.28

② 기타사항
- 본 품은 도시계획선을 프로그램을 이용하여 도면에 선을 연결하는 품이다
- 본 품은 지적도 크기의 1장을 기준으로 한 것이다.
- 본 품에 사용되는 기계경비 및 재료소모품비는 별도 계상한다.

9-4 노선측량

9-4-1 노선측량(철도, 도로 신설)

1. 진행기준

(1반1일)(1km당 1반소요일수)

종별 \ 지구별	노선선정 진행기준	일수	노선선점 진행기준	일수	중심선측량 진행기준	일수	종단측량 진행기준	일수	횡단측량 진행기준	일수	평판측량 진행기준	일수
	m	일	m	일	m	일	m	일	m	일	m	일
보 통 시 가 지	250	4.0	500	2.0	200	5.0	500	2.0	250	4.0	150	6.7
교 외 촌 락 지	250	4.0	1,000	1.0	250	4.0	500	2.0	250	4.0	250	4.0
농지, 구릉지	500	2.0	2,000	0.5	400	2.5	1,000	1.0	400	2.5	330	3.0
산 림 지	200	5.0	400	2.5	150	6.7	330	3.0	170	6.0	200	5.0
비 고	-	-	-	-	중심점간격 20m		수준측표 1km마다설치		간격20m 폭원좌우30m		축척1/1,000 등고선 2m	

2. 작업별 인원편성

(1반 1일)

종별	직종별	노선선정	노선선점	중심선측량	종단측량	횡단측량	평판측량
외업	고급기술자	2	1	1	-	-	-
	중급기술자	1	1	1	1	1	1
	초급기술자	2	2	1	1	1	1
	초급기능사(측량)	-	2	2	2	2	2
내업	고급기술자	2	0.5	0.5	-	-	-
	중급기술자	1	0.5	0.5	-	-	1
	초급기술자	-	-	-	1	1	1
	초급기능사(측량)	-	-	-	2	2	2

3. 지역별 소요 인부

(1반1일)

종별	지역별	노선선정	노선선점	중심선측량	종단측량	횡단측량	평판측량
지구별	보통시가지	-	2	2	1	1	1
	교외촌락지	2	3	3	1	2	2
	농지, 구릉지	1	2	2	1	1	1
	산림지	2	3	3	1	2	2

[주] ① 중심선측량은 1km간에 곡선이 30%정도 있는 것을 기준으로 한 것이다.
② 중심선측량에 있어서 시종점 부근 또는 필요한 점과 기본측량의 삼각점과의 위치 관계를 명확히 해야 한다. 이를 위한 비용은 중심선측량에 포함된 것이다.
③ 종단측량에 있어서 수준점을 노선점 또는 중심선측량 이전에 1km마다 설치하여 기본 수준점과의 위치적 관계를 명확히 해야한다. 이를 위한 비용은 중심선측량에 포함된 것이다.
④ 본 품은 측량연장 10km를 기준으로 한 것이다.
⑤ 노선측량이란 노선(도로, 철도 등)을 설계하기 위한 측량으로서 지형, 지질에 따라 적정한 노선을 선정하여야 하므로 충분한 경험과 기술, 창의력을 가진 측량기술자가 실시하여야 한다.
⑥ 지구별 구분은 다음과 같다.
　㉮ 보통 시가지라 함은 도시 시설물 또는 교통량에 의하여 주간작업에 다소지장을 주는 군청 소재지 및 시 등을 말하며 도청소재지 이상의 도시로서 교통의 장애로 주간작업에 심한 장애를 주는 도시의 시가지 노선측량은 실정에 따라 가산 계상한다.
　㉯ 교외 및 촌락지라 함은 전항에 미치지 못하는 촌락소도시 또는 대도시의 교외를 말한다.
　㉰ 농지 또는 구릉지라 함은 작업상의 장애물이 거의 없는 지역을 말한다.
　㉱ 산림지라 함은 수목 등의 장애물이 있고 경사도가 심한 지역을 말한다.
⑦ 도로선에 있어 "클로소이드" 완화곡선의 설정이 1km간 연속할 때의 중심선측량은 지형에 따라 증가할 수 있다.
⑧ 예비측량과 본측량은 구별되며, 이를 일괄하여 위탁받았을 때에는 예비측량에 관한 품은 별도 계상한다.
⑨ 노선측량은 다만 노선의 선형을 정하는 것으로서 기타 공작물의 설계측량, 용지측량, 시공측량, 토공량산정 등에 소요되는 자재 및 품은 별도 계상한다.
⑩ 교량, 터널 등의 설계비용은 포함하지 않았다.
⑪ 보상비, 재료비, 소모품비 등은 실정에 따라 별도 계상한다.
⑫ 본 품의 외업에 동원되는 기술인원에 대한 여비는 국토교통부장관이 고시한 측량용역대가기준에 따라 별도 계상한다.

⑬ 본 품에서 점검측량 및 성과심사에 소요되는 비용은 별도 계상한다. 다만, 성과심사비는 국토교통부장관이 고시한 측량성과 심사수탁기관의 심사업무 및 지정절차 등에 관한 규정에 따른다.
⑭ 본 품에서 사용되는 측량기기의 상각비·정비비는 별도 계상한다.
⑮ 본 품에는 다음의 성과 작성 품이 포함되었다.
　㉮ 노선 평면 원도 및 제도 원도 각1부
　㉯ 종단 원도 및 제도 원도각1부
　㉰ 횡단 원도 및 제도 원도각1부

[계산예]

보통 시가지의 경우(1km당)

종별	구분	노선선정	소요일수	소요인원	노선선점	소요일수	소요인원	중심선측량	소요일수	소요인원	종단측량	소요일수	소요인원	횡단측량	소요일수	소요인원	평판측량	소요일수	소요인원
외업	고급 기술자	2	4	8	1	2	2	1	5	5	-	-	-	-	-	-	-	-	-
	중급 기술자	1	4	4	1	2	2	1	5	5	1	2	2	1	4	4	1	6.7	6.7
	초급 기술자	2	4	8	2	2	4	1	5	5	1	2	2	1	4	4	1	6.7	6.7
	초급기능사 (측량)	-	-	-	2	2	4	2	5	10	2	2	4	2	4	8	2	6.7	13.4
	인부	-	-	-	2	2	4	2	5	10	1	2	2	1	4	4	1	6.7	6.7
내업	고급 기술자	2	4	8	0.5	2	1	0.5	5	2.5	-	-	-	-	-	-	-	-	-
	중급 기술자	1	4	4	0.5	2	1	0.5	5	2.5	-	-	-	-	-	-	1	6.7	6.7
	초급 기술자	-	-	-	-	-	-	-	-	-	1	2	2	1	4	4	1	6.7	6.7
	초급기능사 (측량)	-	-	-	-	-	-	-	-	-	2	2	4	2	4	8	2	6.7	13.4

9-4-2 시가지 노선 측량

1. 진행기준

(1반일1일)(1km당 1반소요일수)

측량별 지구별	중심선측량		종단측량		횡단측량		용지경계말뚝설치	
	진행기준	일수	진행기준	일수	진행기준	일수	진행기준	일수
번화지구	150m	6.6일	330m	3일	200m	5일	120m	8.3일
보통지구	250	4	500	2	250	4	330	3.0
촌락지구	330	3	1,000	1	400	2.5	400	2.5

2. 작업별 인원편성

작업별	직급별	중심선측량	종단측량	횡단측량	용지경계말뚝설치
외업	고급기술자	1인	1인	-인	-인
	중급기술자	1	1	1	1
	초급기술자	3	2	3	3

작업별	직급별	중심선측량	종단측량	횡단측량	용지경계말뚝설치
내업	고급기술자	0.5	-	-	0.5
	중급기술자	0.5	-	-	-
	초급기술자	1	3	3	-

3. 지역별 소요인부

	종별	중심선측량	종단측량	횡단측량	용지경계말뚝설치
번화지구	초급기능사(측량)	1.0	1.0	1.0	1.0
	인부	1.0	1.0	1.0	1.0
보통지구	초급기능사(측량)	1.0	0.5	0.5	1.0
	인부	1.0	0.5	0.5	1.0
촌락지구	초급기능사(측량)	0.5	0.5	0.5	0.5
	인부	0.5	0.5	0.5	0.5

[주] ① 번화지구라 함은 역주변 번화가 등의 가옥 밀집지역으로서 특히 교통량이 많으며, 경우에 따라서는 야간 작업을 하지 않으면 측량이 불가능한 지역을 말한다.
② 보통지구라 함은 가옥이 드물게 서있고 교통량도 비교적 적으며 측량을 가설도로에 연계하여 행할 수 있는 지역을 말한다.
③ 촌락지구라 함은 촌락의 소도시를 포함한 농지 또는 구릉지역을 말한다.
④ 시가지 노선측량은 노선측량(도로, 철도, 신설)에 비하여 작업지역이 복잡하므로 작업능률이 현저하게 느릴 뿐이며 작업성질은 거의 같다.
⑤ 보상비, 재료비 및 소모품비 등은 실정에 따라 별도 계상한다.
⑥ 노선선정은 발주자측으로부터 표시된 계획에 의하여 감독자의 지시에 따라 작업이 행하여지며 중심선측량에 포함되어 있다.
⑦ 지형측량품은 포함하지 않았다.
⑧ 본 품의 외업에 동원되는 기술인원에 대한 여비는 국토교통부장관이 고시한 측량용역대가기준에 따라 별도 계상한다.
⑨ 본 품에서 점검측량 및 성과심사에 소요되는 비용은 별도 계상한다. 다만, 성과비심사비는 국토교통부장관이 고시한 측량성과 심사수탁기관의 심사업무 및 지정절차 등에 관한 규정에 따른다.
⑩ 본 품에서 사용되는 측량기기의 상각비·정비비는 별도 계상한다.
⑪ 본 품에는 다음의 성과작성품이 포함되어 있다.
　㉮ 노선평면 원도 및 제도 원도각 1부
　㉯ 종단 원도 및 제도 원도각 1부
　㉰ 횡단 원도 및 제도 원도각 1부

[계산예]

번화지구의 경우 (1km당)

구분	종별	중심선측량	소요일수	소요인원	종단측량	소요일수	소요인원	횡단측량	소요일수	소요인원	말뚝설치 용지경계	소요일수	소요인원
외업	고급기술자	1	6.6	6.6	1	3	3	-	-	-	-	-	-
	중급기술자	1	6.6	6.6	1	3	3	1	5	5	1	8.3	8.3
	초급기술자	3	6.6	19.8	2	3	6	3	5	15	3	8.3	24.9
	초급기능사(측량)	1	6.6	6.6	1	3	3	1	5	5	1	8.3	8.3
	인부	1	6.6	6.6	1	3	3	1	5	5	1	8.3	8.3

구분	종별	중심선측량	소요일수	소요인원	종단측량	소요일수	소요인원	횡단측량	소요일수	소요인원	말뚝용지설경치계	소요일수	소요인원
내업	고급기술자	0.5	6.6	3.3	-	-	-	-	-	-	0.5	8.3	4.1
	중급기술자	0.5	6.6	3.3	-	-	-	-	-	-	-	-	-
	초급기술자	1	6.6	6.6	3	3	9	3	5	15	-	-	-
	초급기능사(측량)	-	-	-	-	-	-	-	-	-	-	-	-
	인부	-	-	-	-	-	-	-	-	-	-	-	-

9-4-3 수도노선측량

1. 진행기준

(1반1일, 1km당 1반소요일수)

지구별 \ 종별	중심선측량 진행기준	일수	종단측량 진행기준	일수	횡단측량 진행기준	일수
번화시가지	400m	2.5일	1,000m	1.0일	500m	2.0일
보통시가지	500	2.0	1,500	0.7	1,000	1.0
교외시가지	1,000	1.0	2,000	0.5	1,500	0.7

2. 작업별 인원편성

구분	직명 \ 작업별	중심선측량	종단측량	횡단측량
외업	고급기술자	1	-	-
	중급기술자	1	1	1
	초급기술자	1	1	1
	초급기능사(측량)	2	2	2
내업	고급기술자	-	-	-
	중급기술자	0.5	-	-
	초급기술자	0.5	1	1
	초급기능사(측량)	-	2	2
	합계	6	7	7

3. 소요인부

구분	중심선측량	종단측량	횡단측량
번화시가지	2	2	2
보통시가지	1	1	1
교외시가지	1	1	1

[주] ① 보상비, 재료비, 소모품비 등은 실정에 따라 별도 계상한다.
② 이 품은 평탄한 지역을 기준으로 하였으므로 교통이 극히 곤란하며 기복이 심한 지역은 실정에 따라 증가할 수 있다.

③ 본 품의 외업에 동원되는 기술인원에 대한 여비는 국토교통부장관이 고시한 측량용역대가기준에 따라 별도 계상한다.
④ 본 품에서 점검측량 및 성과심사에 소요되는 비용은 별도 계상한다. 다만, 성과심사비는 국토교통부장관이 고시한 측량성과 심사수탁기관의 심사업무 및 지정절차 등에 관한 규정에 따른다.
⑤ 본 품에서 사용되는 측량기기의 상각비·정비비는 별도 계상한다.
⑥ 본 품에는 다음의 성과 작성품이 포함되어 있다.
    ㉮ 노선평면도 및 제도원도 각 1부
    ㉯ 종단원도 및 제도원도 각 1부
    ㉰ 횡단원도 및 제도원도 각 1부
⑦ 수도노선측량은 철도측량 및 도로측량 등과는 다르다.
  즉, 유수의 손실수두를 최소로 하며, 후속되는 공사비도 경제적으로 시행되도록 하기 위하여 적절한 곡률과 구배를 선정하며 지형 지질 등을 충분히 조사하여 결정하여야 한다.
⑧ 중심선측량은 노선 선점 작업도 포함된 것으로 한다.
⑨ 평면측량은 중심선 설정 후에 중심선을 기준으로 하여 좌우 각 15m 정도로 한다.

[계산예]

변화시가지의 경우

구 분	작업별 인원수				단가	금액
	중심선 측량	종단 측량	횡단 측량	계		
고 급 기 술 자	1	-	-	1	w_1	$W_1 = 1 \times w_1$
중 급 기 술 자	1.5	1	1	3.5	w_2	$W_2 = 3.5 \times w_2$
초 급 기 술 자	1.5	2	2	5.5	w_3	$W_3 = 5.5 \times w_3$
초 급 기 능 사 (측량)	2	4	4	10	w_4	$W_4 = 10 \times w_4$
인 부	2	2	2	6	w_5	$W_5 = 6 \times w_5$
계						ΣW_i

9-4-4 도로대장측량

1. 작업별 인원편성

보조다각측량(작업단위 25km 500점)

종별	일수	인원수								비고
		1일1반당편성				합계				
		고급 기술자	중급 기술자	초급 기술자	초급 기능사 (측량)	고급 기술자	중급 기술자	초급 기술자	초급 기능사 (측량)	
계획준비	2.0	(0.4)	1.0	1.0	-	(0.8)	2.0	2.0	-	( )내는 내업을 표시함
답사선점	10.0	-	1.0	1.0	1.0	-	10.0	10.0	10.0	
측거	10.0	-	1.0	2.0	2.0	-	10.0	20.0	20.0	
관측	20.0	0.2	1.0	1.0	1.0	4.0	20.0	20.0	20.0	
계산	10.0	-	(1.0)	(1.0)	-	-	(10.0)	(10.0)	-	
정리점검	5.0	-	(1.0)	(1.0)	-	-	(5.0)	(5.0)	-	
계						(0.8) 4.0	(15.0) 42.0	(15.0) 52.0	- 50.0	

2. 현황(평판)측량

(축척 1/500, 작업면적 450,000㎡ 평판수 60대)

종 별	일수	인원수							비고
		1일1반당편성			합계			
		중급기술자	초급기술자	초급기능사(측량)	중급기술자	초급기술자	초급기능사(측량)	
좌표전개	6.0	(1.0)	-	-	(6.0)	-	-	( )내는 내업을 표시함
현지작업	110.0	1.0	1.0	2.0	110.0	110.0	220.0	
정리작업	20.0	(1.0)	(1.0)	-	(20.0)	(20.0)	-	
계					(26.0) 110.0	(20.0) 110.0	- 220.0	

3. 도로대장도 작성

(축척 1/500, 작업면적 450,000㎡ 대장도14면)

종 별	일 수	인원수			
		1일1반당편성		합 계	
		중급기술자	초급기술자	중급기술자	초급기술자
평 판 트 레 싱	15.0	0.5	1.0	7.5	15.0
대 장 도 전 개 접 합	21.0	1.0	1.5	21.0	31.5
착 묵 주 기 점 검	28.0	2.0	2.0	56.0	56.0
계				84.5	102.5

4. 매설물대장도 작성

(축척 1/500, 작업면적 450,000㎡ 대장도14면)

종 별	일 수	인원수			
		1일1반당편성		합 계	
		중급기술자	초급기술자	중급기술자	초급기술자
대 장 도 전 개 접 합	18.0	1.0	1.5	18.0	27.0
착 묵 주 기 점 검	24.0	2.0	2.0	48.0	48.0
계				66.0	75.0

5. 횡단측량

(도로대장 매설물대장 각 30개소. 계60개소)

종 별	일수	인원수							비 고
		1일1반당편성			합계			
		중급기술자	초급기술자	초급기능사(측량)	중급기술자	초급기술자	초급기능사(측량)	
현지작업	4.0	1.0	1.0	2.0	4.0	4.0	8.0	( )내는 내업을 표시함
계산	2.0	(1.0)	(1.0)	-	(2.0)	(2.0)	-	
횡단도작성	6.0	(1.0)	(1.0)	-	(6.0)	(6.0)	-	
계					(8.0) 4.0	(8.0) 4.0	8.0	

[주] ① 이 측량은 도로대장 및 조서를 작성하기 위한 소도(素圖)를 작성하는 측량만을 계상한다.
② 도로대장도 횡단도의 측량범위는 길, 비탈길 좌우로 각각 3m를 기준으로 한다.
③ 매설물 대장도는 도로폭 보다 약간 차이가 있어도 본 품을 그대로 적용한다.
④ 기준점측량, 수준측량 등을 하여야 할 경우에는 당해 품에 준한다.
⑤ 보상비, 매설재료비 및 소모품비 등은 실정에 따라 별도 계상한다.
⑥ 측량면적은 도로폭원+(좌우로 각각 5m~10m)로 산출한다.
⑦ 본 품의 외업에 동원되는 기술인원에 대한 여비는 국토교통부장관이 고시한 측량용역대가기준에 따라 별도 계상한다.
⑧ 본 품에서 점검측량 및 성과심사에 소요되는 비용은 별도 계상한다. 다만,성과심사비는 국토교통부장관이 고시한 측량성과 심사수탁기관의 심사업무 및 지정절차 등에 관한 규정에 따른다.
⑨ 본 품에서 사용되는 측량기기의 상각비·정비비는 별도 계상한다.
⑩ 본 품에는 다음의 성과작성품이 포함되었다.
　㉮ 관측수부 1부
　㉯ 점의조서 1부
　㉰ 계 산 서 1부
　㉱ 성과표(망도)포함 1부
　㉲ 평판원도 1부
　㉳ 도로 대장도1부
　㉴ 매설물대장도 1부
　㉵ 도로대장 횡단도1부
　㉶ 매설물대장 횡단도1부

[계산예]

1. 다각측량(50km)인 경우

구 분	수 량	단 가	금 액
고 급 기 술 자	4.8×2=9.6	w_1	$W_1 = 9.6 \times w_1$
중 급 기 술 자	57×2=114	w_2	$W_2 = 114 \times w_2$
초 급 기 술 자	67×2=134	w_3	$W_3 = 134 \times w_3$
초 급 기 능 사 (측 량)	50×2=100	w_4	$W_4 = 100 \times w_4$
계			ΣW_i

2. 현황(평판) 측량(축척 1/500, 면적 50만㎡)인 경우

구 분	수 량	단 가	금 액
중 급 기 술 자	136×50/45=151.1	w_1	$W_1 = 151.1 \times w_1$
초 급 기 술 자	130×50/45=144.44	w_2	$W_2 = 144.44 \times w_2$
초 급 기 능 사 (측 량)	220×50/45=244.44	w_3	$W_3 = 244.44 \times w_3$
계			ΣW_i

9-5 해양조사측량 및 해도제작

9-5-1 수심측량 및 수중지층 탐사

작업구분	일당	건당	개소당	군소당	인 원 수							비 고
					특급기술자	고급기술자	중급기술자	초급기술자	인부	잠수부	검조부	
1. 계획		1			1	1	2	4				
2. 왕복이동		1			1	1	1	2				
3. 안선측량	1					1	1	2				작업량4km기준 단, 다각측량품을 별도로 계상한다.
4. 조석 및 조류관측 가. 조석관측												
(1) 관측장비 설치및회수			1		1		2	2		2		
(2) 표척관측			1				3				15	30일분 조석기록관측 대·소조기시 표척관측 실시
(3) 조화분석		1			1		1	2				30일분 조석기록분석
나. 조류관측												
(1) 관측장비 설치및회수			1		1	2	3	2				단층관측 기준
(2) 장비점검			1			1	2	2				15일 이상 관측 기준
(3) 조화분석		1			1		1	2				
5. 저질조사	1					1		3				8개소 기준
6. 노간출암조사				2		1	5	5				

[주] 단일 사업으로 조석 및 조류 관측 작업시 계획 품은 특급·중급기술자 각 1명씩을 적용하고, 왕복이동 품은 관측장비 설치 및 회수에 필요한 인원으로 한다.

7. 수심측량
  가. 외업 1일분의 능률(기후 청명하고 바람이 적을 때)

측선간격(피치)	100m	75m	50m	25m	10m	5m
1일 가동 코스 길이(km)	37	33.3	29.6	25.9	20.3	18.5

[주] ① 측선간격이 100m를 초과하였을 때에는 100m로 본다.
  ② 단빔과 멀티빔 모두 1일 가동 코스 길이를 동일하게 본다.

나. 축척별 측심작업

(일당)

축 척	종 별	인원 수 외업 단빔	인원 수 외업 멀티빔	인원 수 내업 단빔	비 고
1/10,000	특급기술자	1	1	-	① 단 축척이 1/10,000 이하일 경우에는 1/10,000으로 본다. ② 단 축척이 1/2,500 이상일 경우에는 1/2,500으로 본다. ③ 멀티빔 내업은 멀티빔 자료처리 품으로 본다.
1/10,000	고급기술자	1	1	1	
1/10,000	중급기술자	1	2	1	
1/10,000	초급기술자	1	-	2	
1/5,000	특급기술자	1	1	-	
1/5,000	고급기술자	1	1	1.5	
1/5,000	중급기술자	1	2	1.5	
1/5,000	초급기술자	1	-	3	
1/2,500	특급기술자	1	1	-	
1/2,500	고급기술자	1	1	2	
1/2,500	중급기술자	1	2	2	
1/2,500	초급기술자	1	-	4	

다. 멀티빔 설치·해체/시험탐사

구 분	건 수	특급기술자	고급기술자	중급기술자	초급기술자	비 고
설 치	1		1	2	3	
해 체	1		1	2	3	
시험탐사	1	1	2	2	2	

[주] ① 수심측량(멀티빔) 면적에 대한 작업량산출은 다음과 같다.

$$작업량(km) = \left(\frac{가로길이}{측심선간격} + 1\right) \times 세로길이 \times 1.1 \text{ (검측심 10\% 포함)}$$

② 항만, 항로 등의 준설지역에 대한 수심측량(멀티빔)은 20~30%내의 중복률을 가산한다.

라. 멀티빔 자료처리

작업구분	일당	건당	도엽당	특급기술자	고급기술자	중급기술자	초급기술자	비고
(1) 자료처리계획 수립		1		1	2	1	1	
(2) 자료처리	1			0.5	2	3	2	
(3) 품질관리	1			0.1	0.2	0.5	0.2	37km기준
(4) 성과물 제작	1			0.1	0.1	0.3	0.2	
(5) 해저지형 원판제작			1	2	-	4	25	

[주] ① 자료처리계획 수립 단계에는 자료변환, 처리용 항정도 작성, 자료량·야장분석 및 원시자료 정리 등의 업무를 수행한다.
② 자료처리 단계에는 수심 오류수정, 위치/자세자료 분석 및 수정, 음속보정, 조석보정 등의 업무가 포함된다.

③ 자료처리 품질관리 단계에는 주검측 비교, 신·구성과 비교 및 자료 신뢰도 분석 등의 업무가 포함된다.
④ 성과물 제작 단계에는 각 처리단계별 중간결과파일 제작, 최종수심 디지털자료 제작, 측량원도분판출력, 자료취합 등의 업무가 포함된다.
⑤ 해저지형 원판제작 단계에는 수치도용 측심자료 선택, DTM생성, 등심선 생성 및 수정, 해저지형도 작성 등의 업무가 포함되고, 항정도 및 수치도 작성 등의 단순 도면작업은 측량원도제작 품셈을 적용한다.
⑥ 자료처리계획 수립의 경우 1건당 500㎞를 기준으로 하며, 500㎞미만일 때에는 500㎞로 본다.

8. 수중지층탐사

가. 외업 1일분의 능률(기후청명하고 바람이 적을 때)

측 선 간 격 (피 치)	50m	25m	10m
1일 가동 코스길이(㎞)	29.6	25.9	20.3

[주] 측선간격이 50m를 초과하였을 때에는 50m로 본다.

나. 축척별 자료처리

종 별	인원수			비 고
	1/10,000	1/5,000	1/2,500	
특급기술자	0.5	0.75	1	① 29.6㎞당
고급기술자	1	1.5	2	② 본 품은 수중지층탐사에 한다.
중급기술자	2	3	4	③ 수심측량 내업은 별도 계상한다.
초급기술자	1	1.5	2	④ 단 축척이 1/10,000이하일 경우에는 1/10,000으로 본다.
				⑤ 단 축척이 1/2,500이상일 경우에는 1/2,500으로 본다.

다. 천부지층탐사

작업구분	일당	건당	도엽당	인 원 수				비 고
				특급기술자	고급기술자	중급기술자	초급기술자	
(1) 설치 및 해체		1		1	1		2	
(2) 외업	1			1	1	2	2	
(3) 자료처리	1			0.5	1	2	1	29.6㎞당
(4) 원판제작			1	1		1	10	전지기준
(5) 저질분석								
① 코어		1			1	1	7	2m용 1점당
② 그랩		1				0.1	0.3	

[주] ① 수중지층탐사 자료처리는 위치자료 보정 및 음향특성 분류 등의 업무가 포함된다.
② 코어분석은 코어 전처리, X-Ray, 전단응력 측정, 밀도측정 및 입도분석 등을 포함하고, 그랩등 단순 저질 분석은 입도분석만 포함한다.

라. 천부탄성파탐사

작업구분	일당	건당	도엽당	인 원 수				비 고
				특급기술자	고급기술자	중급기술자	초급기술자	
자료처리	1			2	3	2	2	29.6㎞당

[주] 천부탄성파탐사 자료처리 및 해석은 각종 필터, 속도 분석, 구조 보정 및 심도변환 등의 업무가 포함된다.

9. 측량원도제작

(도엽당)

종 별	인 원 수			비 고
	전 지	반 지	1/4지	
고 급 기 술 자	1	0.5	0.25	
중 급 기 술 자	1	0.5	0.25	해도 전지기준
초 급 기 술 자	1	0.5	0.25	

10. 검사

(도엽당)

종 별	인 원 수			비 고
	전 지	반 지	1/4지	
특 급 기 술 자	1	0.5	0.25	
고 급 기 술 자	1	0.5	0.25	해도 전지기준
중 급 기 술 자	1	0.5	0.25	

11. 해저면영상 탐사

가. 외업 1일분의 능률(기후 청명하고 바람이 적을 때)

측 선 간 격 (피 치)	50m	25m	10m
1일 가동 코스길이(km)	29.6	25.9	20.3

[주] 측선간격이 50m를 초과하였을 때에는 50m로 본다.

나. 해저면영상 탐사

작업구분	일당	건당	도엽당	인 원 수				비 고
				특급 기술자	고급 기술자	중급 기술자	초급 기술자	
(1) 계획		1		1	1	1	2	
(2) 왕복이동		1		1	1	1	2	
(3) 설치 및 해제		1		1	1	-	2	
(4) 외업	1			1	1	-	2	
(5) 자료처리	1			0.2	0.5	0.6	0.2	29.6km
(6) 도면제작			1	1		1	10	
(7) 검사			1	1	1	1	1	

[주] ① 해저면영상 자료처리는 위치자료의 견인거리와 경사거리보정 및 Filtering (TVG, SF) 보정처리 등을 통해 탐사체의 정확한 위험물의 위치를 선정 및 탐사체의 상세정보 추출 등의 업무가 포함된다.

9-5-2 해상중력 및 지자기 관측

1. 해저면영상 탐사

　가. 외업 1일분의 능률(기후청명하고 바람이 적을 때)

측 선 간 격 (피 치)	50m	25m	10m
1일 가동 코스길이(km)	29.6	25.9	20.3

[주] 측선간격이 50m를 초과하였을 때에는 50m로 본다.

　나. 해상 중력 및 지가기 관측

작업구분	일당	건당	도엽당	인 원 수				비 고
				특급 기술자	고급 기술자	중급 기술자	초급 기술자	
(1) 계획		1		1	1	1	2	
(2) 왕복이동		1		1	1	1	2	
(3) 설치 및 해제								
① 육상기준점		1			1		2	
② 해상		1		1	1		2	
(4) 외업								
① 육상기준점 운용	1					1	1	
② 해상관측	1			1	1		2	
(5) 자료처리	1			0.5	1	2	1	29.6km당
(6) 도면제작								
① 중력			1	1		2	15	
② 지자기			1	2		4	25	
(7) 검사			1	1	1	1		

[주] ① 지자기관측은 지구자기장이 수 초단위에서 수 시간단위로 변화하는 특성 및 기준관측소 운영으로 자료를 보정하기 위하여 자기장의 영향을 받지 않는 육상부분에서 해상관측과 동일한 시간동안 관측을 실시한다.
　② 지자기 자료처리는 위치자료, 센서위치, 일변화, Cloverleaf, 교차점, 국제표준지자기장 보정 처리 등을 통해 지자기전자력 및 지자기이상 산출 등의 업무가 포함된다.
　③ 중력자료 처리는 위치자료, 절대중력, meter drift, 기조력, 에트뵈스, 교차점, 지형 보정 처리를 통해 고도이상과 부게이상 산출 등의 업무가 포함된다.
　④ 육상 중력기준점 관측은 입·출항 시의 육상중력기준점 관측으로 왕복측량을 실시하고 동시에 안벽고측량을 10분 간격으로 병행하는 것이며, 육상 지자기기준점 관측은 해상관측을 위한 육상 지자기 일변화 관측을 실시하는 것을 말한다.
　⑤ 중력원판 제작 단계에는 수치도용 중력자료 선택, DTM생성, 등중력선 생성 및 수정, 이상도 작성 등의 업무가 포함되고 항정도 및 수치도 작성 등의 단순 도면작업은 측량원도제작 품셈을 적용한다.
　⑥ 지자기원판 제작 단계에는 수치도용 지자기자료 선택, DTM생성, 등지자기선 생성 및 수정, 이상도 작성 등의 업무가 포함되고 항정도 및 수치도 작성 등의 단순 도면작업은 측량원도 제작 품셈을 적용한다.

9-5-3 해도제작('20년 보완)

1. 수치해도 제작

   가. 자동독취(Scanning)

   (1) 자동독취라 함은 이미 제작된 종이해도 또는 이와 유사한 도면을 자동 독취기(스캐너)에 의해 입력된 래스터 파일을 잡음(노이즈)제거 및 좌표변환 작업을 말한다.

   (2) 작업단위별 소요시간

(단위 : 분/매)

작 업 구 분	소 요 시 간	비 고
독 취 (S c a n n i n g)	30분	
잡 음 (노 이 즈) 제 거	30분	전지기준
좌 표 변 환	30분	

   (3) 기계비 및 재료비는 별도 계상한다.

   ㉮ 상각비 계상은 장비취득가격의 10%를 잔존가치로 하며, 컴퓨터(SW포함) 상각년수는 5년, 가동일수는 278일로 한다.

   ㉯ 컴퓨터(SW포함)의 가동일당 유지관리비의 계산식은 다음과 같다.

   가동일당 유지관리비 = (취득가격/365일) × 0.1

   (4) 작업 편성인원은 2인(고급기술자 1인, 초급기술자 1인)으로 하고, 고급기술자는 총 작업일수의 1/10인·일을 초과할 수 없다.

   (5) 본 품에는 래스터 파일(기록매체수록), 성과점검/관리대장 성과품과 작업준비/정리 작업이 포함되어 있다.

   나. 벡터편집

   (1) 벡터편집이라 함은 자동독취된 래스터파일을 디지타이징하여 벡터파일을 만드는 작업을 말함.

   (2) 축척별 작업일수

(단위 : 일/도엽, 1일 8시간)

축 척	1/3만 초과	1/3만~1/35만	1/35만 미만	비 고
작 업 일 수	6일	8일	7일	전지기준

   (3) 지형별 증감과 레이어별 부분입력의 비율은 다음과 같이 적용한다.

   ㉮ 지형에 따른 증감계수

지 형 별	육상	천해 (수심 50m이하)	외해 (수심 50m초과)	비 고
증 감 계 수	1	0.5	1.5	

   ㉯ 레이어별 작업비율

레이어별 \ 지형	육상	천해 (수심 50m이하)	외해 (수심 50m초과)	비 고
지 형 (A r e a)	20	20	15	
항 로 표 지	20	15	10	
지 명 , 수 심 , 저 질	25	35	50	
해 안 선 , 지 물	20	15	5	
각 종 경 계 등	10	10	10	
기 타	5	5	10	
	100	100	100	

㈕ 지형에 따른 증감계수와 레이어별 작업비율을 적용한 작업일수 산정식
작업일수=축척별 작업일수×TF×LF
여기서, TF : 지형계수=L/1+S/0.5+O/1.5
LF : 레이어계수=L×LS+S×SS+O×OS
L : 육상 면적비율(%)
S : 천해 면적비율(%)
O : 외해 면적비율(%)
LS : 육상 레이어 작업비율 합계(%)
SS : 천해 레이어 작업비율 합계(%)
OS : 외해 레이어 작업비율 합계(%)

〈지형별 증감과 레이어별 작업비율 적용 예〉
o 축척이 1/3만인 전지 크기의 도면을 벡터편집 할 때, 도면에 들어갈 지형의 면적비율이 육상 10%, 천해 60%, 외해 30%이며, 레이어별 작업을 육상은 지형과 기타 레이어만 작업하고 천해와 외해는 모든 레이어를 작업하는 경우
- TF = 10%/1 × 60%/0.5 × 30%/1.5 = 1.5
- LF = (10% × (20%+5%)) + (60% × 100%) + (30% × 100%)
   = 0.925
- 작업일수 = 8일 × 1.5 × 0.925 = 11.1일

(4) 기계비 및 재료비는 "자동독취(Scanning)" 품을 적용한다.
(5) 작업의 편성인원은 3인(고급기술자 1인, 중급기술자 1인, 초급기술자 1인)으로 하고, 고급기술자 및 중급기술자는 총 작업일수의 1/10인·일을 초과할 수 없다.
(6) 본 품에는 래스터 파일(기록매체수록), 성과점검/관리대장 성과품과 작업준비/정리 작업이 포함되어 있다.
(7) 크기가 16절 이하의 도면은 전지기준 작업일수의 1/16로 산정한다.

다. 해도편집
(1) 해도편집이라 함은 벡터파일을 이용하여 국제수로기구(IHO)의 표준 및 해도 제작지침에 따라 수치해도를 제작하는 작업을 말한다.
(2) 축척별 작업일수

(단위 : 일/도엽, 1일 8시간)

축 척	1/3만 초과	1/3만~1/35만	1/35만 미만	비 고
작 업 일 수	10	14	12	전지기준

(3) 지형별 증감과 레이어별 부분입력의 비율은 "벡터편집" 품을 적용한다.
(4) 기계비 및 재료비는 "자동독취(Scanning)" 품을 적용한다.
(5) 작업의 편성인원은 3인(특급기술자 1인, 중급기술자 1인, 초급기술자 1인)으로 하고, 특급기술자 및 중급기술자는 총 작업일수의 각 1/10인·일을 초과할 수 없다.
(6) 본 품에는 수치해도(기록매체수록), 성과점검/관리대장 성과품과 작업준비/정리 및 인접부의 접합작업이 포함되어 있다.
(7) 크기가 16절 이하의 도면은 전지기준 작업일수의 1/16로 산정한다.

2. 종이해도 제작

가. 도면제작

(1) 종이해도 제작이라 함은 수치해도를 이용하여 국제수로기구(IHO)의 표준 및 해도 제작지침에 따라 종이 해도 도면을 제작하는 작업을 말한다.

(2) 축척별 작업일수

(단위 : 일/도엽, 1일 8시간)

축 척	1/3만 초과	1/3만~1/35만	1/35만 미만	비 고
작 업 일 수	5일	7일	6일	전지기준

(3) 지형별 증감과 레이어별 부분입력의 비율은 "벡터편집" 품을 적용한다.
(4) 기계비 및 재료비는 "자동독취(Scanning)" 품을 적용한다.
(5) 작업의 편성인원은 "해도편집"의 품을 적용한다.
(6) 본 품에는 수치해도(기록매체수록), 성과점검/관리대장 성과품과 작업준비/정리 및 인접부의 접합작업이 포함되어 있다.
(7) 크기가 16절 이하의 도면은 전지기준 작업일수의 1/16로 산정한다.

나. 종이해도 검사

(1) 종이해도 검사라 함은 제작된 종이해도가 국제수로기구(IHO)의 표준 및 해도 제작지침에 따라 제작되었는지 검토하는 작업을 말한다.

(2) 축척별 작업일수

(단위 : 일/도엽, 1일 8시간)

축 척	1/3만 초과	1/3만~1/35만	1/35만 미만	비 고
작 업 일 수	2일	3일	2.5일	전지기준

(3) 기계비 및 재료비는 "자동독취(Scanning)" 품을 적용한다.
(4) 작업의 편성인원은 2인(고급기술자 1인, 중급기술자 1인)으로 하고, 고급기술자는 총 작업일수의 1/10인·일을 초과할 수 없다.
(5) 본 품에는 종이해도 검사 및 관리대장 성과품과 작업준비/정리 작업이 포함되어 있다.
(6) 크기가 16절 이하의 도면은 전지기준 작업일수의 1/16로 산정한다.

3. 전자해도 제작

가. 전자해도제작(구조화편집)

(1) 전자해도제작(구조화편집)이라 함은 수치해도를 이용하여 국제수로기구(IHO)의 표준 및 전자해도 제작지침에 따라 각 객체의 속성을 입력하여 전자해도 데이터를 제작하는 작업을 말한다.

(2) 축척별 작업일수

(단위 : 일/도엽, 1일 8시간)

축 척	1/3만 초과	1/3만~1/35만	1/35만 미만	비 고
작 업 일 수	12일	16일	14일	전지기준

(3) 지형별 증감과 레이어별 부분입력의 비율은 "벡터편집" 품을 적용한다.
(4) 기계비 및 재료비는 "자동독취(Scanning)" 품을 적용한다.
(5) 작업의 편성인원은 "해도편집"의 품을 적용한다.

(6) 본 품에는 전자해도(기록매체수록), 성과점검/관리대장 성과품과 작업준비/정리 및 인접부의 접합작업이 포함되어 있다.
(7) 크기가 16절 이하의 도면은 전지기준 작업일수의 1/16로 산정한다.

나. 전자해도 검사
(1) 전자해도 검사라 함은 제작된 전자해도가 국제수로기구(IHO)의 표준 및 전자해도 제작지침에 따라 제작되었는지 검토하는 작업을 말한다.
(2) 전자해도 검사 작업일수는 전자해도제작(구조화편집) 작업일수의 20%를 초과할 수 없다.
(3) 기계비 및 재료비는 "자동독취(Scanning)" 품을 적용한다.
(4) 작업의 편성인원은 "종이해도 검사" 품을 적용한다.
(5) 본 품에는 전자해도 검사 및 관리대장 성과품과 작업준비/정리 작업이 포함되어 있다.

[해설]
① 본 품에서 수로사업을 영위하고자 하는 자는 「공간정보의 구축 및 관리 등에 관한 법률」제54조 및 같은 법 시행령 제46조에 따른 기술자를 확보해야 한다.
② 수심측량, 수중지층탐사, 중력 및 지자기관측, 해저면영상탐사의 경비는 측량의 목적, 해안선의 조건, 계절, 해안선부터의 거리, 기상관계 등에 따라 다르므로 본 품은 비교적 작업이 용이한 연안지역을 기준한 것이며 측심작업의 내업은 기록독취, 조석갱정, 원도작성 등을 하는 것이다.
③ 측량작업에 있어 순수한 수심측량, 수중지층탐사, 중력 및 지자기관측, 해저면영상탐사 작업은 1일 4시간을 기준으로 한다.
④ 해상기준점 측량의 경우 '[토목부문] 9-1-3 2급 기준점 측량' 품을 적용한다.
⑤ 안선의 지형현황측량을 실시할 경우 '[토목부문] 9-3-1 지형현황' 품을 적용한다.
⑥ 다음의 경우는 20%~30% 가산한다.
  ㉮ 조차(潮差) 5m이상, 조류 3노트 이상인 해역
  ㉯ 작업지역이 기지에서 15㎞ 이상일 때
  ㉰ 12월 ~ 2월에 측량이 실시될 때
⑦ 노간출암 조사에 있어서 2군소를 최소 작업단위로 하며, 군소간의 거리는 2㎞이내를 기준으로 한 것이다.
⑧ 용선비, 재료비, 기계경비 및 운반비는 별도 계상하며 측심작업을 위한 선원은 '[공통부문] 8-4-9 (9030)예선'의 선원을 준용하고 선박의 크기는 선박안전법이 정하는 바에 의한다.
⑨ 실무 경력자는 초급 수로기술자로 본다.
⑩ 검조의 설치 및 연안조류관측시 선박비는 별도 계상한다.
⑪ 목적, 정도, 지역차, 계절, 선박위치, 결정방법, 작업지의 원근도의 조건에 대하여는 다음과 같이 정한다.
  ㉮ 목적은 토목건설을 위한 조사계획용
  ㉯ 측심정도는 ± (10㎝+d/1,000)
     단, d는 바다의 깊이
  ㉰ 기상장애 계수는 지역에 따라 월별의 해당치를 적용
  ㉱ 외업계절은 3월부터 11월까지
  ㉲ 선박위치 측정은 인공위성위치측정기(DGPS)로 시행
  ㉳ 작업현장은 기지에서 10km 정도(단. 동일사업의 측량구역간 거리가 10km 이상일 경우 별도 1일의 능률로 계상한다.)
  ㉴ 해도제작을 위한 수심측량의 경우에는 작업의 정확도, 해저지형 및 정리방법 등의 차이에 따라 본 품의 40%까지 가산할 수 있음
  ㉵ 연구목적을 위한 수중지층탐사 자료처리의 경우, 본 품에 명시되지 않은 처리(각종 필터, 속도분석 및 구조분석 등)가 요구될 때에는 본 품의 100%까지 가산할 수 있음

⑫ 본 품의 외업에 동원되는 기술인원에 대한 여비는 해양수산부장관이 고시한 수로사업용역대가기준에 따라 별도 계상한다.
⑬ 본 품에서 성과심사에 소요되는 비용은 별도 계상한다. 다만 성과심사비는 해양수산부장관이 고시한 일반수로조사 성과심사 수수료 산정기준에 따른다.
⑭ 본 품에는 다음의 성과작성품이 포함되어 있다.
    ㉮ 관측자료 1부
    ㉯ 수심도 1부
    ㉰ 수심선도 1부
⑮ 기상장애에 의한 월별 장애계수는 다음과 같이 산정하여 이를 가산한다.
    ㉮ 장애계수 = $\dfrac{각월일수}{각월일수 - 장애일수}$
    ㉯ 기상 장애일수는 일최대풍속(13.9m/s 이상), 강수일수(0.1㎜ 이상), 안개일수(시정 1,000m 미만) 및 일 최고기온(0℃ 이하)의 각월의 일수 중 최대가 되는 일수에다 장애일수의 1/2을 가하여 각월의 장애일수로 한다.
    ㉰ 장애계수란 '-'은 장애계수 3.0 이상으로서 작업불능으로 본다.
    ㉱ 중앙기상청 기상월보에 의거한 평균치다(1991~2000).

기상장애계수 일람표

기상장애일수(1991~2000)   제1열: 장애계수, 제2열: 장애일수

지역별\월별	1	2	3	4	5	6	7	8	9	10	11	12
울릉도	- 24.0	- 21.3	2.2 16.7	1.7 12.3	1.8 14.0	2.0 15.0	2.5 18.5	2.5 18.8	1.8 13.7	1.6 12.2	2.3 17.0	- 23.0
속초	1.5 10.2	1.4 8.1	1.6 11.4	1.7 12.0	1.8 13.8	2.3 17.0	- 21.9	- 23.4	2.2 16.1	1.5 10.2	1.7 12.0	1.4 8.7
포항	1.4 8.7	1.3 6.8	1.8 14.0	1.7 12.2	1.8 13.8	1.9 14.6	- 20.7	- 21.0	1.8 13.5	1.4 8.3	1.5 9.8	1.3 6.8
부산	1.3 8.0	1.3 6.8	1.7 12.5	1.8 13.4	2.0 15.2	2.4 17.3	2.6 19.2	2.6 19.2	1.6 11.1	1.3 8.0	1.4 9.0	1.2 6.0
여수	1.3 7.8	1.4 8.1	1.7 12.9	1.7 12.0	1.9 14.4	2.3 17.0	2.6 18.9	2.4 18.0	1.6 11.1	1.3 6.8	1.5 9.8	1.2 6.0
제주	2.3 17.7	1.9 13.7	2.3 17.7	1.9 14.3	1.9 14.3	2.7 18.9	2.2 16.7	2.9 20.4	1.9 14.3	1.4 8.7	2.0 14.7	1.8 13.8
목포	2.2 17.1	1.8 13.1	1.8 14.0	1.6 11.4	1.8 14.0	2.1 15.5	2.1 16.2	2.5 18.5	1.6 11.0	1.4 8.7	1.7 12.5	1.8 13.8
군산	2.1 16.1	1.7 11.7	1.8 14.1	1.7 12.0	1.7 12.3	2.0 14.9	2.3 17.4	2.4 18.0	1.8 13.2	1.6 11.3	1.9 14.1	2.0 15.8
인천	1.8 13.8	1.5 9.5	1.5 11.0	1.6 11.7	1.9 14.4	2.1 15.8	- 21.9	2.4 17.9	1.7 12.0	1.5 9.9	1.8 12.9	1.5 10.5

9-6 지도제작

9-6-1 항공사진촬영('10, '21년 보완)
1. 디지털항공사진 지상표본거리(GSD)별 제원

지상표본 거리 (GSD) (cm)	비행 고도(m)	1변실거리		촬영면적 (km^2)	촬영기선 장 (km)	코스 간격 (km)	스테레오 면적 (km^2)
		종(km)	횡(km)				
8	1,600	1.12	1.34	1.50	0.45	0.94	0.42
10	2,000	1.40	1.68	2.35	0.56	1.17	0.66
12	2,400	1.68	2.012	3.38	0.67	1.41	0.95
15	3,000	2.10	2.52	5.29	0.84	1.76	1.48
20	4,000	2.80	3.35	9.40	1.12	2.35	2.63
25	5,000	3.50	4.19	14.69	1.40	2.93	4.11
42	8,400	5.89	7.043	41.46	2.36	4.93	11.61
80	16,000	11.21	13.41	150.41	4.49	9.39	42.12

※ 초점거리는 11.2cm 기준이다.

[주] ① 본 제원은 평탄지역을 촬영기준면으로 한 수직항공 사진촬영을 기준한 것이다.
② "지상표본거리(GSD)"라 함은 각 화소(pixel)가 나타내는 X, Y 지상거리를 말하며, 지상표본거리(GSD)를 기준으로 디지털카메라의 규격에 의하여 제원을 산출하여 사용한다. 단, 라인방식의 디지털카메라인 경우는 그 특성에 맞게 제원을 구할 수 있다.
  ㉮ 디지털카메라의 규격은 영상크기, CCD크기, 초점거리 등으로 구성된다.
  ㉯ 비행고도 = 지상표본거리(GSD)×초점거리/CCD크기
  ㉰ 1변 실거리(종·횡) = 영상크기(종·횡)×지상표본거리(GSD)
  ㉱ 촬영면적 = 1변 실거리(종)×1변 실거리(횡)
  ㉲ 촬영기선장 = 1변 실거리(종)×(1-종중복도)
  ㉳ 코스간격 = 1변 실거리(횡)×(1-횡중복도)
  ㉴ 스테레오면적 = 촬영기선장×코스간격
③ 사진 중복도는 비행방향으로 60%, 스트립 사이 30%를 기준으로 한 것이다.
④ 항공사진 촬영은 각 촬영 노선마다 양단에서의 여유는 각각 2매 이상으로 하고, 촬영축척이나 지형에 따라 조정하며 촬영구역 경계에 접한 촬영노선에서는 사진 폭의 약 30%를 여유 있게 촬영한다.
⑤ 촬영기준면의 변화 또는 산악지대의 촬영에서 중복도를 변경할 경우에는 별도 계산한다.
⑥ 항공사진축척 및 지상표본거리(GSD)는 최종도면의 축척, 최고비행고도, 등고선 간격, 도화기의 정밀도 및 사진의 사용목적에 따라 결정한다.
⑦ 측량용 카메라의 초점거리는 1/100m단위까지 정밀측정 한다.

[적용예]
○ 카메라 제원 1
 - 영상 크기 : 14,016 ×16,768 pixel (종*횡)
 - CCD 크기 : 5.6㎛, 초점거리 : 11.2cm

지상표본거리 (GSD) (cm)	비행고도(m)	1변실거리 종(km)	1변실거리 횡(km)	촬영면적 (km²)	촬영기선장 (km)	코스간격 (km)	스테레오 면적(km²)
8	1,600	1.12	1.34	1.50	0.45	0.94	0.42
10	2,000	1.40	1.68	2.35	0.56	1.17	0.66
12	2,400	1.68	2.01	3.38	0.67	1.41	0.95
15	3,000	2.10	2.52	5.29	0.84	1.76	1.48
20	4,000	2.80	3.35	9.40	1.12	2.35	2.63
25	5,000	3.50	4.19	14.69	1.40	2.93	4.11
42	8,400	5.89	7.04	41.46	2.35	4.93	11.61
80	16,000	11.21	13.41	150.41	4.49	9.39	42.12

○ 카메라 제원 2
 - 영상 크기 : 14,790 × 23,010pixel (종*횡)
 - CCD 크기 : 4.6㎛, 초점거리 : 12㎝

지상표본거리 (GSD) (cm)	비행고도(m)	1변실거리 종(km)	1변실거리 횡(km)	촬영면적 (km²)	촬영기선장 (km)	코스간격 (km)	스테레오 면적(km²)
8	2,087	1.18	1.84	2.18	0.47	1.29	0.61
10	2,609	1.48	2.30	3.40	0.59	1.61	0.95
12	3,130	1.77	2.76	4.90	0.71	1.93	1.37
15	3,913	2.22	3.45	7.66	0.89	2.42	2.14
20	5,217	2.96	4.60	13.61	1.18	3.22	3.81
25	6,522	3.70	5.75	21.27	1.48	4.03	5.96
42	10,957	6.21	9.66	60.03	2.48	6.76	16.81
80	20,870	11.83	18.41	217.80	4.73	12.89	60.98

2. 월별 천후표

지역별	1월	2월	3월	4월	5월	6월	7월	8월	9월	10월	11월	12월	계
춘천	(7)	(5)	6	4	4	2	0	0	2	5	3	(7)	45
강릉	(11)	(6)	(6)	4	3	2	0	1	1	5	6	(10)	55
서울	(8)	(6)	6	5	6	2	0	1	4	7	4	(6)	55
인천	(7)	(6)	7	5	5	1	0	1	3	6	5	(6)	52
울릉도	0	0	(2)	3	3	1	1	0	0	1	0	0	11
수원	(7)	(5)	6	5	5	2	0	0	4	6	4	(6)	50
청주	(4)	(4)	6	5	5	1	0	0	2	6	4	(3)	40
추풍령	(5)	(3)	(6)	3	5	3	0	0	1	6	6	(4)	42
포항	11	6	7	5	5	1	1	1	1	5	7	9	59

역별	1월	2월	3월	4월	5월	6월	7월	8월	9월	10월	11월	12월	계
대구	(8)	5	7	5	5	1	0	1	1	5	6	6	50
전주	(3)	3	6	5	5	1	0	0	2	6	3	(3)	37
울산	10	5	7	5	5	1	1	2	1	4	6	9	56
광주	(3)	4	5	4	4	0	0	1	2	6	3	(2)	34
부산	12	6	7	5	5	1	0	3	2	5	7	9	62
목포	(2)	(2)	5	4	4	0	0	1	3	5	2	(2)	30
여수	6	5	7	5	4	0	0	4	2	5	6	6	50
제주	0	0	3	4	4	0	0	1	0	2	1	0	15
서귀포	(1)	0	3	5	3	0	0	0	2	4	1	0	19
속초	(11)	(6)	(6)	4	4	2	0	0	2	6	6	(10)	57
철원	(10)	(4)	6	4	4	2	0	0	4	6	5	(8)	53
원주	(9)	(4)	5	4	5	1	0	0	3	6	4	(7)	48
서산	(3)	(3)	(5)	5	4	2	0	0	4	6	2	(3)	37
울진	(10)	(5)	6	5	4	1	0	1	2	5	7	9	55
대전	(4)	(4)	6	5	5	1	0	0	3	6	3	(3)	40
안동	(9)	(6)	7	5	5	1	0	1	1	3	5	(7)	50
군산	(5)	2	5	4	6	1	2	0	4	6	2	(2)	39
통영	12	5	7	6	3	0	0	1	3	6	7	9	59
완도	(4)	3	5	5	5	1	2	1	3	6	3	(3)	41
진주	8	4	5	3	3	0	0	1	1	4	4	5	38

[주] ① 이 표의 숫자는 쾌청일수를 말하며 단지 구름의 양이 1.0(구름양 10%)이하를 기준한 기상 통계이므로 사진촬영에 크게 영향을 끼치는 겨울철의 적설, 도심지역의 연무 현상 및 산악지대의 태양각 등의 특수 지상조건을 고려하여 증감할 수 있다.
② 사진축척에 따른 실제 비행고도 및 비행기의 종류를 고려하여 증감할 수 있다.
③ 이 표에서 ( )에 표시된 숫자는 월간 3일 이상 적설이 있는 달의 쾌청일수를 말한다.
④ 이 표의 쾌청일수는 1일 8회의 관측치를 평균한 2008년~2018년의 기상청 통계이며, 운항체류일수의 계산에 활용한다.
⑤ 이 표에 명시되지 않은 지역은 가장 가까운 지역의 자료를 활용할 수 있다.
⑥ 여러 개월에 걸쳐 항공촬영을 행하는 경우 해당 개월의 쾌청일수 산술평균을 적용한다.

3. 운항속도

기지이동 운항속도	지상표본거리(GSD)별 운항속도		비고
	GSD ≤ 65cm	GSD 〉 65cm	
240km/hr	200km/hr	220km/hr	FMC사용

[주] 본 제원은 항공사진촬영이 가능한 경비행기를 기준한 것이다.

4. 예비운항시간

예비운항시간				비 고
시운전	편 류 측 정	코 스 진 입	이 착 륙	
25분	15분	5분	20분	

[주] ① 본 편류측정 횟수는 총 코스 연장 100km마다 1회로 하며, 노선측량의 촬영에서는 별도 가산할 수 있다.
② 본 제원은 항공사진촬영이 가능한 경비행기를 기준한 것이다.
③ 항공기의 종류, 최대운항속도 및 기상조건에 따라 조정 적용할 수 있다.
④ 코스진입은 매 코스당 1회, 시운전 및 이착륙은 운항 1일당 1회로 한다.

5. 항공사진 촬영기준 계산식
   가. 운항체류일수 계산식

   $$(운항소요일수) = \frac{(30일)}{(해당월의 평균쾌청일수)} \times (순촬영소요일수) + (기지이동)$$

   나. 순촬영소요일수 계산식

   $$(순촬영소요일수) = \frac{(촬영운항시간) + (천후장애시간) + (보완촬영시간)}{(5시간)}$$

   다. 총 촬영 운항시간 계산식

   총 촬영운항시간
   - (기지이동시간)
   - (촬영운항시간)
     - 계기비행시간
     - 왕복운항시간
     - 순촬영운항시간
     - 예비운항시간
   - (천후장애시간)
   - (보완촬영시간)

   (1) 기지이동시간
   ㉮ 기지이동 순항시간
   ㉯ 이착륙 및 시운전시간
   (2) 촬영운항시간
   (가) 계기비행시간 : 이착륙시 국토교통부장관이 지정한 코스

   $$(나) 왕복운항 시간 = \frac{전진기지부터\ 촬영지까지의\ 왕복거리}{운항속도}$$

   $$(다) 순촬영 운항시간 = \frac{(촬영코스\ 순연장) + (여유사진\ 매수연장)}{(축적별\ 운항속도)}$$

   (라) 예비운항시간
   ① 시운전 : 운항 1일당 1회
   ② 편류측정 : 코스 연장 100km당 1회
   ③ 코스진입 : 매 코스당 1회
   ④ 이착륙 : 운항 1일당 기준
   ⑤ 천후장애시간 : 왕복운항 시간의 200%
   ⑥ 보완촬영시간 : 촬영운항 시간의 50%

[주] ① 촬영운항시간은 일반적으로 항공촬영이 가능한 경비행기를 기준으로 하여 5시간으로 한다.
② 전진기지를 설치할 수 없을 때에는 원래 기지부터 계산한다.
③ 천후장애시간은 사전 기상통보에 의하여 현지에 비행하였으나 구름 및 기류 등의 불가피한 장애가 생겨 되돌아오는 경우를 말한다.
④ 보완촬영이란 촬영된 사진이 사업목적에 부적당한 때의 재촬영을 말하며 이는 사진상에 구름의 영상이 나타날 때 또는 사진의 경사각 및 사진 선회각 등이 제한치를 초과할 때 행하게 된다.
⑤ 계기비행시간은 국토교통부장관이 계기비행을 지정하는 비행장에 한한다.

6. 항공사진촬영

작업 구분	작업일수 GSD ≤ 25cm	작업일수 25cm< GSD ≤ 42cm	작업일수 42cm< GSD ≤ 65cm	작업일수 65cm< GSD	인원 특급 기술자	인원 고급 기술자	인원 중급 기술자	인원 고급 기능사
계획 준비	1	1	1	1	1	-	1	-
GNSS/INS 데이터처리	3	3	3	3		1		
데이터 전처리	1	1	1	1	-	3.2	3.2	1.6
정 리	4	3	2	1	1	-	1	-

[주] ① 촬영거리 200km를 1작업 단위로 한다.
② 본 품의 기술자는 항공사진 측량에 관한 전문적인 지식이 있어야 한다.
　㉮ 특급기술자는 항공사진 측량작업의 계획, 준비, 감독 및 점검을 한다.
　㉯ 고급기술자는 데이터 전처리 공정의 계획, 준비 및 데이터 전처리 작업을 수행한다.
　㉰ 중급기술자는 항공사진측량을 수행하고 계획, 준비전반을 보좌 한다.
　㉱ 고급기능사(항공사진)는 데이터 전처리 공정의 계획, 준비 및 데이터 전처리 작업 전반을 보좌한다.
③ GNSS/INS 데이터 처리는 1일당 50모델을 처리하는 것을 기준으로 한다.
④ 데이터 전처리 작업은 원시영상에서 기하·방사보정, 및 기타 영상처리 등의 작업을 말하며 1일당 약 250매를 처리하는 것을 기준으로 하며, CIR(Color Infra-Red)영상 등 처리시 데이터 전처리 작업을 증가할 수 있다.
⑤ 정리작업은 사진표정도 작성, 사진보안처리 및 사진검사 등을 말하며, 1일당 50매를 처리하는 것을 기준으로 한다.
⑥ 운항비, 촬영비 및 재료비는 별도 계상한다.
　㉮ 상각비계상은 장비취득가격의 10%를 잔존가치로 하며, 항공기의 상각년수 6년, 총가동시간 1,200시간으로 하고 카메라와 GNSS/INS의 상각년수 6년, 총가동시간 1,200시간으로 한다.
　㉯ 항공기 및 카메라와 GNSS/INS의 가동시간 정비비와 엔진 오버홀비(overhaul)의 계산식은 다음과 같다.

$$(가동시간정비비) = \frac{(취득가격)}{(연가동시간)} \times 0.05$$

$$(가동시간오버홀비) = (오버홀비) \times (\frac{1}{900} - \frac{1}{(총가동시간)})$$

⑦ 본 품의 성과작성품은 관련한 최신 항공사진측량 작업규정을 따른다.

[설계예]
① 설계제원
　㉮ 사용항공기 : 항공사진촬영이 가능한 경비행기
　㉯ 사용카메라 : 디지털 카메라 및 GNSS/INS가 부착된 동종의 카메라
　　　○ 디지털카메라 제원
　　　- 영상 크기 : 14,016×16,768 pixel
　　　- CCD 크기 : 5.6μm, 초점거리 : 11.2cm
　㉰ 촬영시기 : 9월
　㉱ 전진기지 : 부산기지(340km)

㉠ 지상표본거리 : 42cm
㉡ 촬영중복도 : O.L≒60%, S.L≒30%
㉢ 촬영면적 : 2,400km²(40km×60km)
㉣ 운항속도 : 240km/hr
㉤ 기지부터 촬영지까지 왕복거리 : 140km(산출근거 참조 a+b)
㉥ 비행기 촬영속도: 200km/hr
㉦ 촬영방향 : 동-서
㉧ 여유사진매수 : 4매(코스별)
㉨ 해당지역평균쾌청일수 : 2일

② 촬영비행시간 산출근거

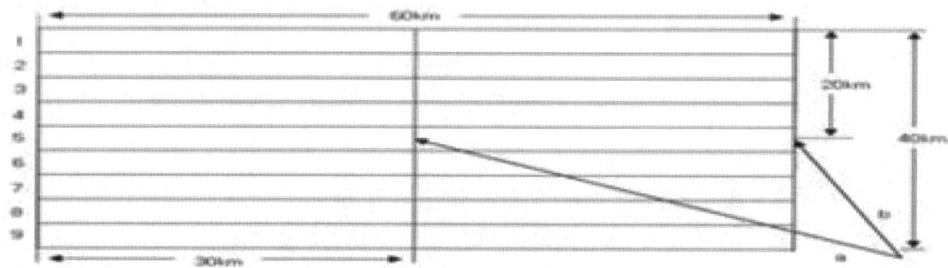

㉮ 기지이동시간 : 4.33hr
 ㉠ 기지이동순항시간 : (340km×2)÷240km/hr=2.83hr
 ㉡ 이착륙 및 시운전시간 : 0.75hr×2=1.5hr
㉯ 촬영운항시간 : 9.37hr (1.75+3.12+4.5)
 ㉠ 계기비행시간 : 부산수영비행장 해당 없음
 ㉡ 왕복운항시간 :140km÷240km/hr × X(3)회=1.75hr
 ㉢ 순촬영시간 :{(60km+9.4km)×9}÷200km/hr=3.12hr

$$순촬영시간 = \frac{((촬영코스\ 순연장)+(여유사진\ 매수연장))\times 코스수}{(축척별\ 운항속도)}$$

  ※ 여유사진 매수 = 기선장 * 여유매수(4매)
 ㉣ 예비운항시간 : 4.5hr
  - 시운전 : 25분×X(3)회=1.25hr
  - 편류측정 : 15분×6회=1.50hr
  - 코스진입 : 5분×9회=0.75hr
  - 이착륙 : 20분×X(3)회=1hr
   * 촬영소요횟수 산출식 (산출근거)

$$X=\frac{(왕복운항시간+순촬영시간+(편류측정+코스진입시간)+(이착륙+시운전))\times 1.3+왕복운항시간}{5}$$
$$=\frac{(0.58X+3.12+2.25+0.75X)\times 1.3+0.58X}{5}=2.594≒3회$$

㉰ 천후장애시간 : 1.75hr×2.0=3.5hr
㉱ 보완촬영시간 : 9.37hr×0.5=4.69hr
㉲ 순촬영소요횟수(일수) : (촬영운항시간+천후장애시간+보완촬영시간)/5
 =(9.37hr+3.5hr+4.69hr)÷5hr=3.51회≒4회
㉳ 총촬영운항시간 : 기지이동시간+촬영운항시간+천후장애시간+보완촬영시간
 =4.33hr+9.37hr+3.5hr+4.69hr=21.89hr
㉴ 운항소요일수 :
$$\frac{(30일)}{(해당월의\ 쾌청일수)}\times (순촬영소요일수)+(기지이동)$$

= 30일/2일×3.51일+1일=54일
③ 설계예

구 분	단위	수량	비 고
(1) 작업계획			
㉮ 인건비			
㉠ 계획준비			
특급기술자	인/일	3.12	[토목부문] 9-7-1 / 6. [주] ① 참조
중급기술자	인/일	3.12	
㉡ GNSS/INS처리			
고급기술자	인/일	0.06	[토목부문] 9-7-1 / 6. [주] ③ 참조
㉢ 데이터전처리			
고급기술자	인/일	9.99	[토목부문] 9-7-1 / 6. [주] ④ 참조
중급기술자	인/일	9.99	
고급기능사	인/일	5.00	
㉣ 정리			
특급기술자	인/일	6.25	[토목부문] 9-7-1 / 6. [주] ⑤ 참조
중급기술자	인/일	6.25	
㉯ 재료비	매		계획용지도
(2) 총촬영비			
㉮ 인건비	일	54	조종사, 고급기술자, 정비사
㉯ 운항비			
㉠ 가솔린	시간	21.89	
㉡ 오일	시간	21.89	
㉢ 상각비	시간	21.89	비행기 상각비
㉣ 오버홀비	시간	21.89	엔진오버홀비
㉤ 정비비	시간	21.89	비행기 정비비
㉰ 촬영비			
㉠ 정비비	시간	21.89	카메라 정비비
㉡ 상각비	시간	21.89	카메라 상각비
㉱ 체류비			
㉠ 여비	일	54	조종사, 고급기술자, 정비사
㉡ 비행장사용료	일	54	
㉲ 보험료			
㉠ 비행기	일	54	약정에 의한 지불액
㉡ 승무원	일	54	
㉢ 카메라	일	54	
㉣ 제3자	일	54	

7. 항공사진 DB 구축('21년 신설)
○ 작업단계별 소요일수 및 투입인원

(단위 : 500매당)

작업공정	일수	인원수					
		1일당			합계		
		고급 기술자	정보처리 기사	중급 기능사 (항공사진)	고급 기술자	정보처리 기사	중급 기능사 (항공사진)
계획준비	2	0.4	0.4	0.4	0.8	0.8	0.8
화면오류 및 파일저장	3	2.4	2.0	3.4	7.2	6	10.2
항공사진촬영성과입력	3	0.8	0.4	0.8	2.4	1.2	2.4
정리	2	1.0		2	2		4
점검	2	1.0		1.0	2		2
계	12				14.4	8	19.4

[주] ① 계획준비·정리·점검에 의한 작업량에 따른 증감계수

작업량	50매	200매	500매	1,000매 이상	비고
증감계수	2.0	1.3	1	0.90	

○ 작업량 증감율 (R) = 0.8+100/Q(Q는 실시작업량)
○ 작업량이 1,000장을 초과해도 증감계수는 0.90까지만 적용한다.
② 측량성과데이터 등록은 촬영기록부, 표정도, 촬영코스별검사표 이외의 입력을 필요로 하는 경우는 별도 계상한다.
③ 기계비 및 유지관리비는 별도 계상한다.
  ㉮ 컴퓨터의 상각비 및 유지관리비는 '[토목부문] 9-6-4/2. 수동입력'을 적용한다.
④ 본 품에서 공공측량성과심사에 소요되는 비용은 국토교통부장관이 고시한 측량성과 심사수탁기관의 심사업무 및 지정절차 등에 관한 규정에 따라 별도 계상한다.
⑤ 본 품의 성과작성품은 관련 최신 항공사진측량 작업규정을 따른다.

[설계예]
① 설계 제원
  ㉮ 사용재원 : 디지털 컬러 항공사진
  ㉯ 표준해상도 : 25㎝
  ㉰ 사진매수 : 1,200매
② 설계
  ㉮ 인건비

구 분	고급 기술자	정보처리 기사	중급기능사 (도화)	비 고
계 획 준 비	1.72	1.72	1.72	고급기술자 0.8×1200/500×0.9 정보처리기사 0.8×1200/500×0.9 중급기능사 0.8×1200/500×0.9
화면오류 및 파일저장	17.28	14.4	24.48	고급기술자 7.2×1200/500 정보처리기사 6×1200/500 중급기능사 10.2×1200/500

구 분	고급 기술자	정보처리 기사	중급기능사 (도화)	비 고
성 과 입 력	5.76	2.88	5.76	고급기술자 2.4×1200/500 정보처리기사 1.2×1200/500 중급기능사 2.4×1200/500
정 리	4.32		9.6	고급기술자 2×1200/500×0.9 중급기능사 4×1200/500×0.9
점 검	4.32		4.32	고급기술자 2×1200/500×0.9 중급기능사 2×1200/500×0.9
계	33.4	19	45.88	

9-6-2 대공표지('21년 보완)

작업구분	일수	인원수									
		1 일 당					합 계				
		고급 기술 자	중급 기술 자	초급 기술 자	초급 기능사 (측량)	인부	고급 기술 자	중급 기술 자	초급 기술 자	초급 기능사 (측량)	인부
계획준비	2	0.5	1	-	-	-	1	2	-	-	-
답사선점	10	-	1	-	1	-	-	10	-	10	-
설치작업	10	-	1	-	1	-	-	10	-	10	-
내업정리	5	-	1	-	-	-	-	5	-	-	-
점 검	3	1	1	-	-	-	3	3	-	-	-
계							4	30		20	

[주] ① 본 품은 40점을 1작업단위로 하고, 대공표지설치에 적용한다.
② 대공표지란 도화작업 및 사진기준점 측량에 필요한 기준점을 입체항공사진상에 표시하기 위하여 사진촬영 전에 현지에 설치하는 표지를 말한다.
③ 대공표지는 사진축척에 따라 사진상에 약 0.03mm의 모양이 현저하게 나타날 수 있도록 대공표지의 크기, 색조 및 형을 결정한다.
④ 본 품은 점당거리 평균 1km를 기준으로 한 것이며, 1km이상일 경우에는 다음의 계수를 곱하여 계상할 수 있다.

점간거리	1km이내	2~3km	3~4km	4km이상
계수	1.00	1.30	1.60	2.00

⑤ 보조측량, 벌채 보상비 및 재료비 등은 별도 계상한다.
⑥ 작업지역의 평균표고가 500m~1,000m일 때는 20%, 1,000m이상일 때는 40%를 가산할 수 있다.
⑦ 간석지 작업시는 간조시간을 고려하여 본 품에 3배까지 가산할 수 있다.
⑧ 본 품의 외업에 동원되는 기술인원에 대한 여비는 국토교통부장관이 고시한 측량용역대가 기준에 따라 별도 계상한다.
⑨ 본 품의 성과작성품은 관련한 최신 항공사진측량 작업규정을 따른다.

9-6-3 사진 기준점 측량('21년 보완)

작 업 구 분	작업일수	인원		
		특급기술자	고급기술자	중급기술자
계 획 준 비	2	1	-	-
선 점	3	-	1	1
좌 표 측 정	5	-	1	1
계 산	2	-	1	1
정 리 점 검	3	-	1	-
계		2	13	10

[주] ① 사진 기준점 측량이란 사진상에서 측정된 사진좌표 또는 모델좌표를 지상좌표로 변환하는 과정을 말하며, 수치도화기를 이용하는 것을 기준으로 한다.
② 실제 대상지역을 포괄하는 모델수를 적용하되, 표준모델로 산정하는 경우 아래 산식으로 계산할 수 있다.
　　모델수 = 촬영코스연장(㎞) / 촬영기선장(㎞) × 1.1(안전율)
③ 본 품은 연속된 항공사진 50모델을 1작업 단위로 한 것이다.
④ 기계 경비, 데이터 처리를 위한 프로그램 및 재료비는 별도 계상한다.
⑤ 지상기준점 및 검측점에 대하여 지상측량 또는 대공표지 설치를 할 때는 별도 계상할 수 있다.
⑥ 본 품에서 성과심사에 소요되는 비용은 국토교통부장관이 고시한 측량성과 심사수탁기관의 심사업무 및 지정절차 등에 관한 규정에 따라 별도 계상한다
⑦ 본 품의 성과작성품은 관련한 최신 항공사진측량 작업규정을 따른다.

9-6-4 수치지도 작성('21, '22년 보완)

1. 수치도화

인원편성

종별	기술자				기능사(도화)			계
	특급	고급	중급	초급	고급	중급	초급	
참여비율(%)	5	10	15	10	10	30	20	100

사진축척별 작업량

사진축적	1:3,000	1:5,000	1:10,000	1:20,000	1:37,500
1시간당 작업량	0.0018	0.0055	0.0165	0.0482	0.3287

[주] ① 수치도화라 함은 항공사진 또는 위성사진을 수치도화기로 지형지물을 수치형식으로 측정하여 이를 컴퓨터에 수록하는 작업을 말한다.
② 본 품에 기재되어 있지 않은 사진축척에 대하여는 보간법으로 계산하여 적용할 수 있다.
③ 지형 및 도화작업의 종류에 따라 다음의 계수를 곱하여 계상한다.
　㉮ 지형에 따른 계수

지형종류	시가지	교외지	농경지	구릉지	산악지
계 수	0.58	0.78	1.00	1.20	1.40

　㉯ 도화작업의 종류에 따른 계수

도화작업의 종류	도화	수정도화
계 수	1.0	0.8

④ 수정도화 작업시 사진판독에 따른 시간은 다음과 같이 가산한다.
　　{수정면적÷(수치도화시간당작업량×8)}시간
⑤ 정위치 편집작업, 도면제작 편집작업, 도면출력을 실시할 경우에는 별도 계상한다.
⑥ 본 품에서 성과심사에 소요되는 비용은 국토교통부장관이 고시한 측량성과 심사수탁기관의 심사업무 및 지정절차 등에 관한 규정에 따라 별도 계상한다.
⑦ 본 품에서 사용되는 기계의 상각비·정비비는 별도 계상한다.
⑧ 본 품에서 소요되는 재료비는 별도 계상한다.
⑨ 본 품의 성과작성품은 관련한 최신 수치지형도 작성 작업규정을 따른다.

[설계예]
① 수치도화 작업
　㉮ 설계 제원

　　㉠ 사 용 기 계 : 수치도화기
　　㉡ 사 진 축 척 : 1:20,000
　　㉢ 도 화 면 적 : 100㎢
　　㉣ 작 업 구 역 : 농경지
　　㉤ 증 가 계 수 : 지형 : 1.0

　㉯ 설 계
　　㉠ 인건비

구 분		수치도화	비 고
기술자	특급	259×0.05=12.95인	{100㎢÷(0.0482×1.0)}÷8시간 = 259인
	고급	259×0.10=25.9인	
	중급	259×0.15=38.85인	
	초급	259×0.10=25.9인	
기능사 (도 화)	고급	259×0.10=25.9인	
	중급	259×0.30=77.7인	
	초급	259×0.20=51.8인	
계		259	259

　　㉡ 기계비

구 분	상각비	정비비	비 고
도 화 기	259일	259일	

2. 수동입력
　축척별 시간당 작업량

(단위:㎢)

축척	1:500	1:1,200	1:5,000	비고
1시간당 작업량(㎢)	0.004	0.0064	0.0442	

[주] ① 수동입력이라함은 이미 제작된 지도 또는 측량도면을 수동독취기(디지타이저)에 의해 수치데이터로 입력하는 작업을 말한다.
　② 기계비 및 재료비는 별도 계상한다.
　　㉮ 상각비계상은 장비취득가격의 10%를 잔존가치로 하며, 컴퓨터의 상각년수는 5년, 가동일수는 278일로 한다.

㉯ 컴퓨터의 가동일당 유지관리비의 계산식은 다음과 같다.

$$가동일당\ 유지관리비 = \frac{취득가격}{278} \times 0.1$$

③ 지형에 따른 증감에 레이어별 입력의 전체에 대한 비율은 다음과 같이 적용한다.
  ㉮ 지형에 따른 계수

지형종류	시가지	교외지	농경지	구릉지	산악지	비고
계수	0.64	0.75	1.00	0.95	0.89	

  ㉯ 레이어별 작업비율

(단위:%)

레이어별 \ 지형별	시가지	교외지	산악지	구릉지	농경지	비고
도로·철도·시설물	23.7	22.4	6.0	10.8	15.6	
하 천	2.7	4.0	3.7	5.8	7.1	
건 물	48.7	34.6	4.5	8.3	11.1	
지 류	6.5	15.2	9.0	17.1	36.5	
지 형	11.3	15.7	73.6	53.2	22.5	
행정경계 및 주기	7.1	8.1	3.2	4.8	7.2	
계	100.0	100.0	100.0	100.0	100.0	

④ 작업의 편성인원은 3인으로 되어 고급기술자 1인, 정보처리기사 1인, 중급기능사(지도제작) 1인으로 하고, 고급기술자 및 정보처리기사는 작업일수의 각 1/10인·일을 초과할 수 없다.
⑤ 본 품에는 작업준비·정리 및 인접부의 접합작업이 포함되어 있다.
⑥ 본 품에 기재되지 않는 축적에 대하여는 보간법으로 계산하여 적용한다.
⑦ 본 품은 일반지형도를 기준으로 한 것이며, 지형도를 기초로 하여 지하매설물 등을 추가 입력할 경우에는 품을 별도 계상한다.
⑧ 입력에서 제외되는 레이어가 있는 경우에는 당해 레이어의 작업비율을 제외하고 계상한다.
⑨ 본 품에서 성과심사에 소요되는 비용은 국토교통부장관이 고시한 측량성과 심사수탁기관의 심사업무 및 지정절차 등에 관한 규정에 따라 별도 계상한다.
⑩ 본 품의 성과작성품은 관련한 최신 수치지형도 작성 작업규정을 따른다.

[설계예]
① 설계 제원
  ㉮ 입력면적 : 62㎢
  ㉯ 지도축척 : 1:5,000
  ㉰ 입력레이어 : 도로·철도·시설물
  ㉱ 지형구분 : 시가지 20%, 교외지 10%, 농경지 30%, 구릉지 10%, 산악지 30%
② 설계
  ㉮ 인건비

구 분	고급기술자	정보처리기사	중급기능사(지도제작)	비 고
작업관리	3.19인	3.19인		62㎢÷(0.0442×8시간)×(0.2×0.237÷0.64+0.1×0.224÷0.75+0.3×0.156÷1.0+0.1×0.108÷0.95+0.3×0.060÷0.89)=31.96일
수동입력			31.96인	

㈎ 기계비

구 분	상각비	유지관리비	비 고
컴 퓨 터	31.96일	31.96일	디지타이져 포함

3. 자동입력
가. 자동독취(Scanning)
  (1) 작업 단위별 소요시간

(단위 : 분/매)

작업구분	소요시간	비 고
독 취 (S c a n n i n g)	20	
잡 음 (노 이 즈) 제 거	20	
좌 표 변 환	10	

[주] ① 자동독취라 함은 이미 제작된 지도 또는 측량도면을 자동독취기(스캐너)에 의해 입력된 래스터파일을 잡음(노이즈) 제거 및 좌표변환 하는 작업을 말한다. 다만, 다른 성과를 이용하여 래스터파일을 편집한 경우에는 별도의 품을 계상한다.
② 기계비 및 재료비는 '[토목부문]9-6-4/2. 수동입력'의 품을 적용한다.
③ 자동독취 작업의 편성인원은 '[토목부문]9-6-4/2. 수동입력'의 품을 적용한다.
④ 본 품은 1:5,000 지형도 1도엽의 크기와 해상력 400DPI를 기준으로 작성된 품으로써 크기와 해상력이 다른 경우에는 품을 증감할 수 있다.
⑤ 본 품에서 성과심사에 소요되는 비용은 국토교통부장관이 고시한 측량성과 심사수탁기관의 심사업무 및 지정절차 등에 관한 규정에 따라 별도 계상한다.
⑥ 본 품의 성과작성품은 관련한 최신 수치지형도 작성 작업규정을 따른다.

[설계예]
① 설계 제원
  ㉮ 입력원판 : 1:5,000 지형도 4매
  ㉯ 자동독취하여 잡음(노이즈) 제거, 좌표변환 함.
② 설계
  ㉮ 인건비

구 분	고급 기술자	정보처리 기사	중급기능사 (지도제작)	비 고
자동독취	0.016인	0.016인	0.166인	4매×20분/60분/8시간=0.166일
잡음(노이즈) 제거	0.016인	0.016인	0.166인	4매×20분/60분/8시간=0.166일
좌표변환	0.008인	0.008인	0.083인	4매×10분/60분/8시간=0.083일
계	0.04인	0.04인	0.415인	

  ㉯ 기계비

구 분	상 각 비	유지보수비	비 고
자동독취기(Scanner)	0.166일	0.166일	S/W포함
컴 퓨 터	0.415일	0.415일	S/W포함

나. 벡터편집
(1) 축척별 시간당 작업량

(단위:㎢)

축 척	1:1,000	1:5,000	1:25,000	1:50,000	비고
1시간당작업량	0.0084	0.056	1.120	3.423	

[주] ① 벡터편집이라 함은 이미 제작된 지도 또는 측량 도면을 자동독취기(Scanner)에 의해 수치데이터로 입력하여 좌표 변화된 래스터데이터를 벡터데이터로 편집하는 작업을 말한다.
② 기계비 및 재료비는 '[토목부문] 9-6-4/2. 수동입력'의 품을 적용한다.
③ 벡터편집 작업의 편성 인원은 '[토목부문] 9-6-4/2. 수동입력'의 품을 적용한다.
④ 지형에 따른 증감과 레이어별 부분입력의 비율은 다음과 같이 적용한다.
㉮ 지형에 따른 계수

지형종류	시가지	교외지	농경지	구릉지	산악지	비고
계수	0.65	0.80	1.00	1.13	1.25	

㉯ 레이어별 작업비율 (벡터편집)

레이어별 \ 지형별	시가지	교외지	농경지	구릉지	산악지	비고
도로·철도·시설물	34.0	25.1	18.2	15.1	10.2	
하 천	3.1	4.1	6.1	5.7	4.6	
건 물	27.9	20.1	8.7	7.4	5.8	
지 류	9.0	18.9	33.9	19.0	8.0	
지 형	16.5	21.7	25.8	46.0	66.4	
행정경계 및 주기	9.5	10.1	7.3	6.8	5.0	
계	100.0	100.0	100.0	100.0	100.0	

⑤ 자동독취기(scanner)를 이용한 입력시간은 별도 계상한다.
⑥ 본 품에는 작업준비·정리 및 인접부의 접합작업이 포함되어 있다.
⑦ 본 품에 기재되지 않은 축척에 대하여는 보간법으로 계산하여 적용할 수 있다.
⑧ 본 품은 일반지형도를 기준으로 한 것이며 지형도를 기초로 하여 지하매설물 등을 추가 입력할 경우에는 품을 별도 계상한다.
⑨ 입력에서 제외되는 레이어가 있는 경우에는 당해 레이어의 작업비율을 제외하고 계상한다.
⑩ 본 품에서 성과심사에 소요되는 비용은 국토교통부장관이 고시한 측량성과 심사수탁기관의 심사업무 및 지정절차 등에 관한 규정에 따라 별도 계상한다.
⑪ 본 품에서 사용되는 기계의 상각비는 별도 계상한다.
⑫ 본 품의 성과작성품은 관련한 최신 수치지형도 작성 작업규정을 따른다.

[설계예]
① 설계 제원
㉮ 입력면적 : 155㎢
㉯ 지도축척 : 1:25,000
㉰ 지형구분 : 농경지 40%, 산악지 60%
㉱ 입력레이어 : 도로·철도·시설물, 지형
㉲ 자동독취된 래스터파일

② 설계
　㉮ 인건비

구 분	고급 기술자	정보처리 기사	중급기능사 (지도제작)	비 고
1. 작업관리	0.94인	0.94인		155㎢÷(1.120×8)×{0.4×(0.182+0.258)÷
2. 벡터편집			9.40인	1.0+0.6×(0.102+0.664)÷1.25}=9.40일
계	0.94인	0.94인	9.40인	

　㉯ 기계비

구 분	상각비	유지관리비	비 고
컴 퓨 터	9.40일	9.40일	S/W포함

4. 정위치 편집('14년 보완)
　가. 축척별 시간당 작업량

(단위:㎢)

축척	1:500	1:1,000	1:2,500	1:5,000	1:25,000
1 시간당 작업량	0.0048	0.0065	0.0365	0.076	0.755

[주] ① 정위치 편집이라 함은 현지지리조사 및 현지보완 측량에서 얻어진 성과 및 자료를 이용하여 수치도화파일 또는 기존도면입력파일을 수정 보완하는 작업을 말한다.
② 기계비 및 재료비는 '[토목부문] 9-6-4/2. 수동입력'의 품을 적용한다.
③ 지형 및 작업종류에 따라 다음의 계수를 곱하여 계상한다.
　㉮ 지형에 따른 계수

지 형 종 류	시가지	교외지	농경지	구릉지	산악지	비 고
기존도면입력	0.50	0.61	0.78	0.92	1.00	
수 치 도 화	0.5	0.7	1.0	1.08	1.1	

　㉯ 작업종류에 따른 계수

작 업 종 류	전체 도엽 편집	부분 수정편집	비 고
계 수	1.0	0.80	

④ 작업반의 편성은 다음과 같다.

구 분	특급 기술자	고급 기술자	초급 기술자	정보처리 기사	중급기능사 (지도제작)	계
참여비율(%)	3	15	27	5	50	100

⑤ 본 품에는 작업준비 정리 및 인접부의 접합작업이 포함되어 있다.
⑥ 본 품에서 성과심사에 소요되는 비용은 국토교통부장관이 고시한 측량성과 심사수탁기관의 심사업무 및 지정절차 등에 관한 규정에 따라 별도 계상한다.
⑦ 본 품에 기재되지 않은 축척에 대하여는 보간법으로 계산하여 적용할 수 있다.
⑧ 본 품은 일반지형도를 기준으로 한 것이며 지형도를 기초로 하여 지하매설물 등을 추가 입력할 경우에는 품을 별도 계상한다.
⑨ 본 품의 성과작성품은 관련한 최신 수치지형도 작성 작업규정을 따른다.

[설계예]
① 설계 제원
　㉮ 정위치편집 면적 : 155㎢(기존도면입력파일)

㉯ 지도축척 : 1:25,000
㉰ 지형구분 : 시가지 10%, 교외지 20%, 농경지 30%, 산악지 40%
② 설계
㉮ 인건비

구 분	특급 기술자	고급 기술자	초급 기술자	정보처리 기사	중급기능사 (지도제작)	비 고
1. 작업 및 품질관리	33.68× 0.03 =1.01인	33.68× 0.15 =5.05인				155㎢÷(0.755㎢/시간× 8시간)×(0.1÷0.5+0.2÷ 0.61+0.3÷0.78+0.4÷1 .0)=33.68인
2. 편집			33.68× 0.27 =9.09인	33.68× 0.05 =1.68인	33.68× 0.50 =16.84인	

㉯ 기계비

구 분	상각비	유지관리비	비 고
컴 퓨 터	33.68일	33.68일	S/W 포함

[설계예]
① 설계 제원
㉮ 정위치편집 면적 : 6.1㎢(수치도화)
㉯ 지도축척 : 1:5,000
㉰ 지형구분 : 시가지 10%, 교외지 20%, 농경지 30%, 산악지 40%
② 설계
㉮ 인건비

구 분	특급 기술자	고급 기술자	초급 기술자	정보처리 기사	중급기능사 (지도제작)	비 고
1. 작업 및 품질관리	11.53× 0.03 =0.35인	11.53× 0.15 =1.73인				6.1㎢÷(0.076㎢/시간×8 시간)×(0.1÷0.5+0.2÷0. 7+0.3÷1.0+0.4÷1.1) =11.53인
2. 편집			11.53× 0.27 =3.11인	11.53× 0.05 =0.58인	11.53× 0.50 =5.76인	

㉯ 기계비

구 분	상각비	유지관리비	비 고
컴 퓨 터	11.53일	11.53일	S/W 포함

5. 도면제작 편집('10, '14년)
  가. 1:1 편집

(단위:㎢)

축척	1:500	1:1,000	1:5,000	1:25,000	비 고
1 시간당 작업량	0.0056	0.0191	0.0998	0.886	

[주] ① 도면제작 편집이라 함은 지도형식의 도면으로 출력하기 위하여 정위치편집 파일을 지도도식규칙 및 수치지도 작성 작업규칙에 의하여 편집하는 작업을 말한다.

② 기계비 및 재료비는 '[토목부문] 9-6-4/2. 수동입력'의 품을 적용한다.
③ 지형에 따라 다음의 계수를 곱하여 계상한다.

지형종류	시가지	교외지	농경지	구릉지	산악지	비고
계수	0.71	0.78	1.0	1.06	1.16	

④ 본 품의 성과작성품은 관련한 최신 수치지형도 작성 작업규정을 따른다.
⑤ 원도장성품은 별도 계상한다.
⑥ 작업반의 편성은 다음과 같다.

구 분	고급 기술자	초급 기술자	정보처리 기사	중급기능사 (지도제작)	계
참여비율(%)	20	25	5	50	100

⑦ 본 품에는 작업준비·정리 및 인접부의 접합작업이 포함되어 있다.
⑧ 본 품은 일반지형도를 기준으로 한 것이며, 지형도를 기초로 하여 지하매설물 등을 추가 입력할 경우에는 품을 별도 계상한다.
⑨ 본 품에는 교정 및 수정이 포함된 것이다. 다만, 교정 및 수정을 위한 확인용 도면출력품은 별도 계상한다.
⑩ 본 품에 기재되지 않은 축척에 대하여는 보간법으로 계산하여 적용할 수 있다.
⑪ 본 품에서 성과심사에 소요되는 비용은 국토교통부장관이 고시한 측량성과 심사수탁기관의 심사업무 및 지정절차 등에 관한 규정에 따라 별도 계상한다.
⑫ 현지조사가 필요한 경우 조사품은 '[토목부문] 9-6-6/1. 지리조사'를 적용하며, 기술자의 현지여비는 국토교통부장관이 고시한 측량대가의 기준에 따라 별도 계상한다.

[설계예]
① 설계 제원
  ㉮ 도면제작 편집 면적 : 155㎢
  ㉯ 지도축척 : 1:25,000
  ㉰ 지형구분 : 시가지 10%, 교외지 20%, 농경지 30%, 산악지 40%
② 설계
  ㉮ 인건비

구 분	고급 기술자	초급 기술자	정보처리 기사	중급기능사 (지도제작)	비 고
1. 작업 및 품질관리	21.87 ×0.2 =4.37인				155㎢÷(0.886㎢×8시간)×(0.1/0.71+0.1/0.78+0.3/1.0+0.5/1.16)=21.87인
2. 도면제작 편집		21.87 ×0.25 =5.47인	21.87 ×0.05 =1.09인	21.87 ×0.5 =10.93인	

  ㉯ 기계비

구 분	상각비	유지관리비	비 고
컴 퓨 터	21.87일	21.87일	S/W포함

[설계예]
① 설계 제원
  ㉮ 도면제작 편집 면적 : 6.1㎢
  ㉯ 지도축척 : 1:5,000
  ㉰ 지형구분 : 시가지 10%, 교외지 20%, 농경지 30%, 산악지 40%

② 설계
  ㉮ 인건비

구 분	고급기술자	초급기술자	정보처리기사	중급기능사 (지도제작)	비 고
1. 작업 및 품질관리	7.96 ×0.2 =1.59인				6.1㎢÷(0.0998㎢×8시간)× (0.1/0.71+0.2/0.78 +0.3/1.0+0.4/1.16) =7.96인
2. 도면제작 편집		7.96 ×0.25 =1.99인	7.96 ×0.05 =0.40인	7.96 ×0.5 =3.98인	

  ㉯ 기계비

구 분	상각비	유지관리비	비 고
컴 퓨 터	7.96일	7.96일	S/W포함

나. 축소편집
 (1) 도면제작

(단위 : 도엽당)

축척	1:10,000	1:25,000	1:50,000	비고
투 입 인 원	9.25	22.45	10.37	

[주] ① 본 품은 1:5,000 수치지도 정위치편집 파일을 이용한 1:10,000 도면제작편집과 1:25,000 도면제작편집, 1:25,000 도면제작편집 파일을 이용한 1:50,000 도면 제작 편집시 적용한다.
② 본 품에서 사용하는 기계비 및 재료비는 별도 계상한다.
③ 지형에 따라 다음의 계수를 곱하여 계상한다.

지 형 종 류	시가지	교외지	농경지	구릉지	산악지	물
계수	1.21	1.13	1.0	1.03	0.83	0.43

④ 인쇄원판필름 작성품은 별도 계상한다.
⑤ 본 품에는 작업준비, 정리 및 인접부의 접합작업 및 난외주기 작성 작업이 포함되어 있다.
⑥ 본 품은 일반지형도를 기준으로 한 것으로 지형도상 표시사항 이외의 사항을 입력, 편집시에는 품을 별도 계상한다.
⑦ 본 품에 기재되기 않은 축척에 대하여 보간법으로 계산하여 적용할 수 없다.
⑧ 본 품에서 성과심사에 소요되는 비용은 국토교통부장관이 고시한 측량성과 심사수탁기관의 심사업무 및 지정절차 등에 관한 규정에 따라 별도 계상한다.
⑨ 본 품의 성과작성품은 관련한 최신 수치지형도 작성 작업규정을 따른다.
⑩ 작업반의 편성은 '[토목부문] 9-6-4/5./가. 1:1 편집'을 적용한다.

[설계예]
① 설계 제원
  ㉮ 도면제작편집 : 1도엽(1:5,000 25도엽)
  ㉯ 지도발행축척 : 1:25,000
  ㉰ 지형구분 : 시가지 10%, 교외지 20%, 농경지 30%, 구릉지 20%, 산악지 10%, 물 10%
② 설계

㉮ 인건비

구 분	고급 기술자	초급 기술자	정보처리 기사	중급기능사 (지도제작)	비 고
1. 작업 및 품질관리	21.98 ×0.20 =4.4인				22.45인/도엽×(0.1×1.21+0. 2×1.13+0.3×1.0 +0.2×1.03+0.1×0.83 +0.1×0.43) =21.98인
2. 도면제작 편집		21.98 ×0.25 =5.49인	21.98 ×0.05 =1.10인	21.98 ×0.50 =10.99인	

㉯ 기계비

구 분	상각비	유지관리비	비 고
컴 퓨 터	21.98일	21.87일	S/W포함

(2) 수치지도

(단위 : km²)

축척	1:5,000	비고
1시간당 작업량	0.2436	

[주] ① 본 품은 1:2,500 수치지형도정위치, 구조화 편집 파일을 이용하여 1:5,000 정위치, 구조화 편집 파일 편집시 적용한다.
② 본 품에서 사용하는 작업반 편성은 '[토목부문] 9-6-4/5./가. 1:1 편집' 품을 적용하고, 기계비 및 재료비는 별도 계상한다.
③ 지형에 따라 '[토목부문] 9-6-4/5./나./(1) 도면제작'의 지형계수를 곱하여 계상한다.
④ 도면제작을 위한 품은 별도 계상한다.
⑤ 본 품에는 작업준비, 정리 및 인접부의 접합작업이 포함되어 있다.
⑥ 본 품에서 성과심사에 소요되는 비용은 국토교통부장관이 고시한 측량성과 심사수탁기관의 심사업무 및 지정절차 등에 관한 규정에 따라 별도 계상한다.
⑦ 본 품의 성과작성품은 관련한 최신 수치지형도 작성 작업규정을 따른다.

[설계예]
① 설계 제원
  ㉮ 축소편집 면적 : 156km²
  ㉯ 지도축척 : 1:5,000
  ㉰ 지형구분 : 시가지 10%, 교외지 20%, 농경지 30%, 산악지 40%
② 설계
  ㉮ 인건비

구 분	고급 기술자	초급 기술자	정보처리 기사	중급기능사 (지도제작)	비 고
1. 작업 및 품질관리	78.36 ×0.2 =15.67인				156km²÷(0.2436km²/시간×8시 간)×(0.1×1.21 +0.2×1.13+0.3×1.0 +0.4×0.83) =78.36인
2. 도면제작 편집		78.36 ×0.25 =19.59인	78.36 ×0.05 =3.91인	78.36 ×0.5 =39.18인	

④ 기계비

구 분	상각비	유지관리비	비 고
컴 퓨 터	78.36일	78.36일	S/W 포함

다. 자동 지도제작('05년 신설)
  (1) 축척별시간당 작업량

(단위 : ㎢)

축척	1:5,000	비고
1 시 간 당 작 업 량	1.27	

[주] ① 자동 지도제작이라 함은 수치지도 Ver 2.0을 이용하여 수치지도 Ver 2.0의 자료형태(NGI format)를 그대로 유지하면서 도면제작편집 파일을 만드는 작업을 말한다.
② 본 품은 1:5,000 수치지도 Ver2.0을 이용한 1:5,000도면제작 편집시 적용한다.
③ 기계비 및 재료비는 '[토목부문] 9-6-4/2. 수동입력'의 품을 적용한다.
④ 지형에 따라 다음의 계수를 곱하여 계상한다.

지형종류	시가지	교외지	농경지	구릉지	산악지	비고
계수	1.16	1.11	1.00	1.00	0.80	

⑤ 작업반의 편성은 '[토목부문] 9-6-4/5./가. 1:1 편집'을 적용한다.
⑥ 인쇄원판필름 작성품은 별도 계상한다.
⑦ 본 품에는 작업준비, 정리 및 인접부의 접합작업 및 난외주기 작성 작업이 포함되어 있다.
⑧ 본 품에서 성과심사에 소요되는 비용은 국토교통부장관이 고시한 측량성과 심사수탁기관의 심사업무 및 지정절차 등에 관한 규정에 따라 별도 계상한다.
⑨ 본 품의 성과작성품은 관련한 최신 수치지형도 작성 작업규정을 따른다.

[설계예]
① 설계 제원
  ㉠ 도면제작편집면적 : 6.1㎢(1:5,000, 1도엽)
  ㉡ 지도발행축척 : 1:5,000 지형도
  ㉢ 지형구분 : 시가지 40%, 교외지 25%, 구릉지 15%, 산악지 20%
② 설계
  ㉠ 인건비

구 분	고급 기술자	초급 기술자	정보처리 기사	중급기능사 (지도제작)	비 고
1. 작업 및 품질관리	0.63 ×0.20 =0.12인				6.1㎢/(1.27㎢/시간×8시간)×(0.4×1.16+0.25×1.11+0.15×1.0+0.2×0.8 =0.63인
2. 자동지도 제작		0.63 ×0.25 =0.16인	0.63 ×0.05 =0.03인	0.63 ×0.50 =0.31인	

  ㉡ 기계비

구 분	상각비	유지관리비	비 고
컴 퓨 터	0.63일	0.63일	S/W포함

6. 구조화 편집

가. 수치지형도

(1) 축척별시간당 작업량

(단위 : km²)

축척	1:1,000	비고
1 시간당 작업량	0.016	

[주] ① 구조화편집이라 함은 정위치 편집된 파일을 이용하여 데이터간의 상호 상관 관계를 유지하기 위하여 공간 및 속성데이타를 편집하는 작업을 말한다.
② 작업반 편성은 고급기술자 및 엔지니어링 산업진흥법상의 중급기술자와 중급기능사로 한다.
③ 기계비 및 재료비는 '[토목부문]9-6-4/2. 수동입력'의 품을 적용한다.
④ 지형에 따라 다음의 계수를 곱하여 계상한다.

지형종류	시가지	교외지	농경지	구릉지	산악지	비고
계수	0.3	0.6	1.0	1.5	6.0	

⑤ 작업반의 편성은 다음과 같다.

구분	고급기술자	중급기술자	중급기능사 (지도제작)	계
참여비율(%)	10	60	30	100

⑥ 본 품에는 작업준비, 속성입력, 위상관계 형성, 속성데이터의 연결 및 정리작업이 포함되어 있다.
⑦ 본 품은 1:1,000축척의 일반 지형도를 기준으로 국가기본도 표준의 지형지물 및 기본속성에 대하여 편집하는 것을 말한다. 다만 지하시설물을 입력하여 구조화 편집하는 것은 별도의 품을 계상한다.
⑧ 본 품에서 성과심사에 소요되는 비용은 국토교통부장관이 고시한 측량성과 심사수탁기관의 심사업무 및 지정절차 등에 관한 규정에 따라 별도 계상한다.
⑨ 본 품의 성과작성품은 관련한 최신 수치지형도 작성 작업규정을 따른다.

[설계예]
① 설계 제원
　㉮ 구조화편집 면적 : 0.24km²
　㉯ 지도축척 : 1:1,000수치지도
　㉰ 지형구분 : 시가지 60%, 교외지 5%, 구릉지 15%, 산악지 20%
② 설계
　㉮ 인건비

구 분	고급기술자	중급기술자	중급기능사	비 고
구조화편집	4.15×0.1 =0.415인	4.15×0.6 =2.49인	4.15×0.3 =1.24인	0.24km²/(0.016km²/시간×8시간) ×(0.6÷0.3+0.05÷0.6+0.15÷ 1.5+0.2÷6.0 = 4.15인

　㉯ 기계비

구 분	상각비	유지보수비	비 고
컴 퓨 터	4.15일	4.15일	S/W포함

나. 수치지형도(Ver2.0)
  (1) 기존 수치지형도 활용

(단위 : km²)

축척	1:1,000	1:2,500	1:5,000	비고
1시간당작업량	0.0107	0.0373	0.174	

[주] ① 수치지형도 Ver 2.0 이라 함은 정위치 편집된 파일을 이용하여 데이터간의 상호 상관관계를 유지하기 위하여 공간 및 속성데이터를 편집하는 작업을 말한다.
② 기계비 및 재료비는 '[토목부문]9-6-4/2. 수동입력'을 적용한다.
③ 지형에 따른 증감계수는 다음과 같다

지형계수	시가지	교외지	농경지	구릉지	산악지	비고
증감계수	0.3	0.6	1.0	1.5	6.0	

④ 작업반의 편성은 다음과 같다.

구 분	특급 기술자	고급 기술자	중급 기술자	초급 기술자	정보처리 기사	중급기능사 (지도제작)	계
참여비율(%)	2	12	40	11	10	25	100

⑤ 본 품에는 작업준비, 속성입력, 위상관계 및 정리 작업이 포함되어 있다.
⑥ 본 품은 1:1,000, 1:2,500, 1:5,000 축척의 수치지형도 명세서에 의한 기본 속성에 대하여 편집하는 것이고 그 외의 속성을 입력하는 경우는 별도의 품을 계상한다.
⑦ 본 품에서 성과심사에 소요되는 비용은 국토교통부장관이 고시한 측량성과 심사수탁기관의 심사업무 및 지정절차 등에 관한 규정에 따라 별도 계상한다.
⑧ 본 품의 성과작성품은 관련한 최신 수치지형도 작성 작업규정을 따른다.

[설계예]
① 설계제원
  ㉮ 구조화편집 면적 : 0.24km²
  ㉯ 지도축척 : 1:1,000 수치지형도
  ㉰ 지형구분 : 시가지 60%, 교외지 5%, 구릉지 15%, 산악지 20%
② 설계
  ㉮ 인건비

구 분	특급 기술자	고급 기술자	중급 기술자	초급 기술자	정보 처리 기사	중급 기능사	비 고
1. 작업 및 품질관리	6.21 ×0.02 =0.12인	6.21 ×0.12 =0.74인					0.24km²/(0.0107km²/시간×8시간)×(0.6÷0.3 +0.05÷0.6+0.15÷1.5 +0.2÷6.0) = 6.21인
2. 편집			6.21 ×0.40 =2.49인	6.21 ×0.11 =0.68인	6.21 ×0.10 =0.62인	6.21 ×0.25 =1.55인	

  ㉯ 기계비

구 분	상각비	유지보수비	비 고
컴퓨터	6.21일	6.21일	S/W포함

(2) 신규 작업

(단위 : km²)

축 척	1:1,000	1:2,500	비 고
1시간당 작업량	0.004	0.0327	

[주] ① 본 품은 수치지형도 Ver2.0 제작시 정위치편집과 구조화편집을 포함한 작업을 말한다.
② 기계비 및 재료비는 '[토목부문]9-6-4/2. 수동입력'을 적용한다.
③ 지형에 따른 증감계수는 "6"구조화편집 "나" 수치지형도 Ver 2.0(기존 수치지형도 활용)을 적용한다.
④ 작업반의 편성은 '[토목부문]9-6-4/6./나./(1) 기존 수치지형도 활용'을 적용한다.
⑤ 본 품에는 작업준비, 속성입력, 위상관계 및 정리작업이 포함되어 있다.
⑥ 본 품은 1:1,000 축척의 수치지형도 명세서에 의한 기본 속성에 대하여 편집하는 것이고 그 외의 속성을 입력하는 경우는 별도의 품을 계상한다.
⑦ 본 품에서 성과심사에 소요되는 비용은 국토교통부장관이 고시한 측량성과 심사수탁기관의 심사업무 및 지정절차 등에 관한 규정에 따라 별도 계상한다.
⑧ 본 품의 성과작성품은 관련한 최신 수치지형도 작성 작업규정을 따른다.

[설계예]
① 설계 제원
  ㉮ 편집면적 : 0.24km²
  ㉯ 지도축척 : 1:1,000 수치지형도
  ㉰ 지형구분 : 시가지 60%, 교외지 5%, 구릉지 15%, 산악지 20%
② 설계
  ㉮ 인건비

구 분	특급 기술자	고급 기술자	중급 기술자	초급 기술자	정보처리 기 사	중급 기능사	비 고
1. 작업 및 품질관리	16.62 ×0.02 =0.33인	16.62 ×0.12 =1.99인					0.24km²/(0.004km²/시간 ×8시간)×(0.6÷0.3+ 0.05÷0.6+0.15÷1.5 +0.2÷6.0) =16.62인
2. 편집			16.62 ×0.40 =6.64인	16.62 ×0.11 =1.82인	16.62 ×0.10 =1.66인	16.62 ×0.25 =4.16인	

  ㉯ 기계비

구 분	상각비	유지보수비	비 고
컴퓨터	16.62일	16.62일	S/W포함

7. 지하시설물도 작성
  가. 지하시설물 조사/탐사

(단위 : 인, m)

구 분	중급 기술자	초급 기술자	중급기능사 (측량)	초급기능사 (측량)	계	1일 작업량	비 고
작 업 계 획	고급기술자로서 총투입인원의 1/10						
자료수집및작업준비	1	1			2	1,000	

구 분		중급 기술자	초급 기술자	중급기능사 (측량)	초급기능사 (측량)	계	1일 작업량	비 고
지하시설물조사편집		1	2	1		4	511	
지하시설물위치 측량	매설시설물	1	2	1	3	7	458	
	노출시설물	1	1	1	1	4	252	
지하시설물원도작성			2	2		4	1,044	
대장조서및속성DB작성		1	2	1		4	600	

[주] ① 지하시설물도 작성이란 기존도면을 이용하여 지하시설물과 연관된 지상시설물을 조사하고, 지하에 매설된 각종 시설물의 위치를 탐사하거나 또는 공사중 시설물의 위치를 육안으로 확인할 수 있는 상태에서 측량하여 도면으로 제작하는 것으로써 지하시설물 대장조서의 작성이 포함되어 있다.
   ㉮ 지하시설물위치측량 중 매설시설물 품은 지하에 매설된 시설물을 조사·탐사하여 시설물 위치를 측량하는 경우에 적용한다.
   ㉯ 지하시설물위치측량 중 노출시설물 품은 관로의 신설, 교체 공사시 시설물이 노출된 상태에서 위치를 조사·측량하는 경우에 적용한다.
   ㉰ 노출시설물 위치측량 중 현장여건상 부득이 야간작업을 하여야 할 경우 품을 25%까지 가산할 수 있다.
   ㉱ 노출시설물 위치측량의 최소작업량은 1일 작업량의 50% (126m)를 기준으로 하고, 1회 작업지역의 작업량이 126m미만일 경우에는 126m로 본다.
② 지하시설물의 위치측량에 사용되는 기준점(평면, 표고) 설치 및 측량을 하는 경우에는 별도의 품을 계상한다.
③ 기계비 및 재료비는 별도 계상한다.
   ㉮ 상각비계상은 장비취득가격의 10%를 잔존가치로 하며, 지하시설물 탐사기의 상각년수는 5년, 가동일수는 278일로 한다.
   ㉯ 지하시설물 탐사기의 가동일당 정비비의 계산식은 다음과 같다.
$$가동일당정비비 = \frac{취득가격}{365} \times 0.1$$
④ 지형 및 시설물 종류별로 증감계수는 다음과 같다.
   ㉮ 지형구분에 따른 증감계수

구 분	밀집시가지	시가지	교외지	농경지	구릉지	산지	비 고
증감계수	1.68	1.00	0.78	0.65	0.65	0.65	

   ㉯ 시설물 종류별 증감계수

구 분	상수도	하수도	가스	전력	통신	난방	송유관	기타
증감계수	1.1	0.73	1.03	0.85	0.85	1.0	1.0	0.85

   ㉰ 공동구축에 따른 증감 수식
     공동구축시설물의 개수가 2 이상일 경우 다음의 절감률을 적용한다.
     절감률 : 3%×(N-1)   N : 공동구축 시설물 개수
⑤ 본 품은 상수도 50㎜이상, 하수도 300㎜이상, 가스 75㎜이상, 통신 50㎜이상의 관경 및 고압전력을 기준으로 작성된 것으로서 관경이 작을 경우에는 품을 증가한다.
⑥ 본 품은 출력된 1/500지형도를 이용하여 지하시설물도를 작성하는 것으로서 지형도가 없을 때에는 품을 별도로 계상한다.
⑦ 본 품의 외업에 동원되는 기술인력에 대한 여비는 측량대가의 기준에 따라 별도 계상한다.
⑧ 점검측량 및 성과심사에 소요되는 비용은 별도 계상한다. 다만, 성과 심사비는 측량성과 심사수탁기관의 심사업무 및 지정절차 등에 관한 규정에 의한다.

나. 지하시설물도 정위치편집
① 지하시설물도의 정위치 편집이라 함은 지하시설물 조사/탐사의 측량성과를 표준코드 등을 이용하여 신규로 제작하거나 기존의 지하시설물도를 수정 보완하는 작업을 말한다.
② 지하시설물도 정위치편집의 시간당 작업량은 다음과 같다.

(단위 : km)

구 분	1/1,000	비 고
시간당작업량	0.10	

③ 지형 및 시설물종류별 증감계수는 '[토목부문] 9-6-4/7./가. 지하시설물 조사/탐사'를 적용한다.
④ 정위치 편집의 편성인원은 '[토목부문] 9-6-4/2. 수동입력'을 적용한다.
⑤ 기계비 및 재료비는 '[토목부문] 9-6-4/2. 수동입력'을 적용한다.
⑥ 본 품에는 작업준비, 정리, 인접부의 접합작성이 포함되어 있다.
⑦ 본 품의 점검측량 및 성과심사에 소요되는 비용은 별도 계상한다. 다만, 성과심사비는 측량성과 심사수탁기관의 심사업무 및 지정절차 등에 관한 규정에 의한다.

다. 지하시설물도 구조화편집
(1) 지하시설물도의 구조화편집이라 함은 정위치편집된 지하시설물의 상호 상관관계를 유지하기 위하여 공간 및 속성데이터를 편집하는 작업을 말한다.
(2) 작업반 편성은 고급기술자 1인, 정보처리기사 1인, 중급기능사(지도제작) 1인으로 구분하고, 참여비율은 다음과 같다.

구 분	고급기술자	정보처리기사	중급기능사 (지도제작)	비 고
참여비율(%)	10	60	30	

(3) 지하시설물도 구조화편집의 작업량은 다음과 같다.

(단위 : km)

구 분	1/1,000	비 고
시간당작업량	0.14	

(4) 기계비 및 재료비는 '[토목부문] 9-6-4/2. 수동입력'을 적용한다.
(5) 본 품의 점검측량 및 성과심사에 소요되는 비용은 별도 계상한다. 다만, 성과심사비는 측량성과 심사수탁기관의 심사업무 및 지정절차 등에 관한 규정에 의한다.

[설계예]
① 설계제원
  ㉮ 시설물의 종류 : 상수도관 10km, 가스관 27km, 송유관 20km
  ㉯ 지형의 구분

(단위 : %)

구 분	밀집시가지	시가지	교외지	농경지	구릉지	산악지	비 고
상 수 관	40	30	20	0	0	10	
가 스 관	35	40	0	0	15	10	
송 유 관	0	0	40	10	20	30	

  ㉰ 출력된 1/500지형도를 이용

② 설계
㉮ 인건비

구 분	중급 기술자	초급 기술자	중급 기능사 (측량)	초급 기능사 (측량)	계	비 고
작 업 계 획	고급기술자(2,100.78×1/10=210.07일)					
자료수집 및 작업준비	59.14일	59.14일			118.28일	59.144km/1,000=59.14일
지하시설물조사편집	115.74일	231.48일	115.74일		462.96일	59.144km/511=115.74일
지하시설물위치측량	128.38일	256.76일	128.38일	385.14일	898.66일	59.595km/458=121.38일
지하시설물원도작성		113.30일	113.30일		226.60일	59.144km/1,044=56.65일
대장조서및속성DB작성	98.57일	197.14일	98.57일		394.28일	59.144km/600=98.57일
계	401.83일	857.82일	455.99일	385.14일	2,100.78일	

※ 지형증감계수 :
  상 수 도 = $0.40 \times 1.68 + 0.30 \times 1.0 + 0.20 \times 0.78 + 0.1 \times 0.65 = 1.193$
  가 스 관 = $0.35 \times 1.68 + 0.40 \times 1.0 + 0.15 \times 0.65 + 0.1 \times 0.65 = 1.150$
  송 유 관 = $0.40 \times 0.78 + 0.10 \times 0.65 + 0.20 \times 0.65 + 0.30 \times 0.65 = 0.702$
  탐사길이 = $10 \times 1.1 \times 1.193 + 27 \times 1.03 \times 1.150 + 20 \times 1.0 \times 0.702 = 59.144$km
  공동구축탐사길이 = 탐사길이 $\times \{1 - 0.03 \times (N-1)\}$ = $59.144 \times (1 - 0.03 \times 2)$
  = 55.595km

○ 정위치편집

구 분	고급 기술자	정보처리 기사	중급기능사 (지도제작)	비 고
1. 작업관리	7.39일	7.39일		
2. 편집			73.93일	59.144km/(0.10km×8시간)=73.93일
계	7.39일	7.39일	73.93일	
작업반편성	10%	10%	100%	

○ 구조화 편집

구 분	고급 기술자	정보처리 기사	중급기능사 (지도제작)	비 고
1. 작업관리	5.28일			
2. 편집		31.68일	15.84일	59.144km/(0.14km×8시간)=52.80일
계	5.28일	31.68일	15.84일	
작업반편성	10%	60%	30%	

㉯ 기계비
○ 지하시설물 조사/탐사

구 분	상각비	정비비	비 고
지하시설물탐사장비	121.38일	121.38일	59.595km/458 = 121.38일

○ 정위치편집

구 분	상각비	정비비	비 고
컴 퓨 터	73.93일	73.93일	59.144km/(0.10km×8시간) = 73.93일

○ 구조화편집

구 분	상각비	정비비	비 고
컴 퓨 터	46.20일	46.20일	59.144km/(0.16km×8시간) = 46.20일

8. 공통주제도 작성

가. 주제도 입력

(단위 : km²)

구 분	축척별 1시간당 작업량		비 고
	1/25,000	1/5,000	
토지이용현황도	2.108	-	
도 시 계 획 도	-	0.6377	
지 번 약 도	-	0.1513	

나. 수정편집

(단위 : km²)

구 분	축척별 1시간당 작업량		비 고
	1/25,000	1/5,000	
토지이용현황도	10.7509	-	
도 시 계 획 도	-	0.9308	
지 번 약 도	-	1.0093	

[주] ① 주제도입력이라 함은 이미 제작된 주제도를 자동독취기(스캐너)에 의해 수치데이터로 입력하여 벡터데이터로 편집하는 작업을 말한다.
② 수정편집이라 함은 주제도를 입력한 파일을 수치지형 데이터에 합성하여 수정 및 편집하는 작업을 말한다.
③ 기계비 및 재료비는 별도 계상한다.
  ㉮ 상각비계상은 장비취득가격의 10%를 잔존가치로 하며, 컴퓨터의 상각년수는 5년 가동일수는 278일로 한다.
  ㉯ 컴퓨터의 가동일당 유지관리비의 계산식은 다음과 같다.
  $$가동일당정비비 = \frac{취득가격}{365} \times 0.1$$
④ 주제도 입력 및 수정편집 작업의 편성인원은 3인으로써 고급기술자 1인, 정보처리기사 1급 1인, 중급기능사(측량) 1인으로 하고 고급기술자 및 정보처리기사 1급은 총작업일수의 1/10인·일으로 한다.
⑤ 본 품에는 작업준비·정리 및 인접부의 접합작업이 포함되어 있다.
⑥ 입력된 주제도를 구조화편집하거나 속성을 입력할 때에는 별도의 품을 계상한다.
⑦ 본 품에서 성과심사에 소요되는 비용은 국토교통부장관이 고시한 측량성과 심사수탁기관의 심사업무 및 지정절차 등에 관한 규정에 따라 별도 계상한다.
⑧ 본 품에는 다음의 성과작성품이 포함되어 있다.
  ㉮ 주제도입력 파일(기록 매체 수록)
  ㉯ 수치지도 성과점검 및 관리대장

[설계예] 토지이용현황도
① 설계 제원
  ㉮ 입력면적 : 153km²
  ㉯ 지도축척 : 1/25,000 토지이용현황도
② 설 계

㉮ 인건비

구 분	고급 기술자	정보처리 기사	중급기능사 (지도제작)	비 고
1. 작업관리 2. 토지이용현황도입력 3. 수정편집	1.08인	1.08인	 9.07인 1.77인	153㎢/2.108㎢/8시간=9.07일 153㎢/10.7509㎢/8시간=1.77일
계	1.08인	1.08인	10.84인	

㉯ 기계비

구 분	상 각 비	정 비 비	비 고
컴 퓨 터	10.84일	10.84일	

[설계예] 도시계획도
① 설계 제원
   ㉮ 입력면적 : 6㎢
   ㉯ 지도축척 : 1/5,000 도시계획도
② 설 계
   ㉮ 인건비

구 분	고급 기술자	정보처리 기사	중급기능사 (지도제작)	비 고
1. 작업관리 2. 도시계획도입력 3. 수정편집	0.19인	0.19인	 1.17인 0.80인	6㎢/0.6377㎢/8시간=1.17일 6㎢/0.9308㎢/8시간=0.80일
계	0.19인	0.19인	1.97인	

9. 수치표고모형 구축
  가. 항공레이저측량에 의한 방법

(단위: 50㎢)

항 목	작업 일수 (일)	투입인원(1일당)						투입인원(합계)						비고
		특급 기술 자	고급 기술 자	중급 기술 자	중급 기능사 (지도)	조종 사	정비 사	특급 기술 자	고급 기술 자	중급 기술 자	중급 기능사 (지도)	조종 사	정비 사	
작업계획 및 준 비	3	0.3	0.3					0.9	0.9					
레이저지형 자 료 취 득	(8)	(1)				(1)	(1)	(8)				(8)	(8)	( )내는 외업을 표시함
자 료 처 리	3	0.3	0.5	0.5	0.5			0.9	1.5	1.5	1.5			
수치표고모형 제 작	15	0.2	0.5	0.5	0.5			3	7.5	7.5	7.5			
정리 및 점검	3	0.3	0.3		0.3			0.9	0.9		0.9			
합 계								(8) 5.7	- 10.8	- 9.0	- 9.9	(8) -	(8) -	

[주] ① 수치표고모형의 간격은 1m, 작업량은 50㎢를 1작업단위로 한다.

㉮ 작업량에 따른 증감계수

작업량	20km²이하	50km²	100km²	300km²	600km²이상	비고
증감계수	1.5	1.0	0.9	0.8	0.7	-

㉯ 격자간격에 따른 레이저지형자료 취득 작업공정 소요인원에 대한 증감계수

격자간격	0.5m이하	1m	5m	10m이상	비고
증감계수	2.0	1.0	0.4	0.16	-

② 기준점측량에 대한 신규측량이 필요한 경우에는 품을 별도 계상한다.
③ 본 작업을 수행하기 위한 기계비 및 재료비는 별도 계상한다.
④ 레이저 측량장비의 상각비 및 유지관리비 계산식
  ㉮ 항공레이저 측량장비의 상각비는 장비취득가격의 10%를 잔존가치로 하며, 상각년수는 5년, 총 가동시간은 3,000시간으로 한다.
  ㉯ 항공레이저 측량장비의 유지관리비 계산식은 다음과 같다.

  $$\text{가동일당 유지관리비} = \frac{(\text{취득가격})}{278} \times 0.05$$

⑤ 컴퓨터와 S/W의 상각비 및 유지관리비는 '[토목부문] 9-6-4/2. 수동입력'을 적용한다.
⑥ 항공레이저 측량장비의 일평균 가동시간은 기상장애와 위성의 배치상태에 따른 위치정확도 저하율을 고려하여 2.5시간을 기준으로 할 수 있다.
⑦ 본 품의 외업에 동원되는 기술인원에 대한 여비는 측량대가의 기준에 따라 별도 계상한다.
⑧ 항공레이저 측량장비 및 승무원, 제3자의 보험료는 별도 계상한다.
⑨ 본 품에서 공공측량성과심사에 소요되는 비용은 국토교통부장관이 고시한 측량성과 심사수탁기관의 심사업무 및 지정절차 등에 관한 규정에 따라 별도 계상한다.
⑩ 본 품의 성과품은 수치표고모형 구축 관련 작업규정을 따른다.
⑪ 본 품에 명시되어 있지 않은 간격 및 작업량에 대하여는 보간법으로 적용할 수 있다.

[계산예]
① 설계 제원
  ㉮ 작업량 : 300km²
  ㉯ 격자간격 : 1m
② 설계
  ㉮ 인건비

항 목	특급 기술자	고급 기술자	중급 기술자	중급기능사 (지도)	조종사	정비사
작 업 계 획 및 준 비	4.3	4.3	-	-	-	-
레이저지형자료 취득	38.4	-	-	-	38.4	38.4
자 료 처 리	4.3	7.2	7.2	7.2	-	-
수 치 표 고 모 형 제 작	14.4	36	36	36	-	-
정 리 및 점 검	4.3	4.3	-	4.3	-	-

비 고
특급기술자 : (300km²÷50km²) × (0.8) × (0.9) = 4.3인
고급기술자 : (300km²÷50km²) × (0.8) × (0.9) = 4.3인
특급기술자 : (300km²÷50km²) × (1.0) × (0.8) × (8) = 38.4인
조 종 사 : (300km²÷50km²) × (1.0) × (0.8) × (8) = 38.4인
정 비 사 : (300km²÷50km²) × (1.0) × (0.8) × (8) = 38.4인
특급기술자 : (300km²÷50km²) × (0.8) × (0.9) = 4.3인
고급기술자 : (300km²÷50km²) × (0.8) × (1.5) = 7.2인
중급기술자 : (300km²÷50km²) × (0.8) × (1.5) = 7.2인
중급기능사(지도) : (300km²÷50km²) × (0.8) × (1.5) = 7.2인
특급기술자 : (300km²÷50km²) × (0.8) × (3.0) = 14.4인
고급기술자 : (300km²÷50km²) × (0.8) × (7.5) = 36인
중급기술자 : (300km²÷50km²) × (0.8) × (7.5) = 36인
중급기능사(지도) : (300km²÷50km²) × (0.8) × (7.5) = 36인
특급기술자 : (300km²÷50km²) × (0.8) × (0.9) = 4.3인
고급기술자 : (300km²÷50km²) × (0.8) × (0.9) = 4.3인
중급기능사(지도) : (300km²÷50km²) × (0.8) × (0.9) = 4.3인

㈏ 기계경비

항 목	장비구분	상각비	유지관리비
레이저지형자료취득	레이저측량장비	38.4일	38.4일
자료처리	컴퓨터	7.2일	7.2일
수치표고모형제작	컴퓨터	36일	36일

나. 수치사진측량장비에 의한 방법

(단위 : 1도엽)

항 목	작업일수(일)	투 입 인 원(1일당)			투 입 인 원(합계)			비고
		고급기술자	중급기술자	중급기능사(도화)	고급기술자	중급기술자	중급기능사(도화)	
작업계획 및 준비	1	0.3			0.3			
표 정	1		0.25	0.5		0.25	0.5	
수치표고자료제작	3		0.25	0.6		0.75	1.8	
품 질 관 리	1		0.5			0.5		
정 리 및 점 검	1	0.2			0.2			

[주] ① "수치사진측량장비『Digital Photogrammetry Workstation(DPW)』"란 항공사진 및 위성영상데이터를 이용하여 지형지물을 수치형식으로 측정하여 저장하는 장비를 말한다.
② 수치표고자료의 간격은 5m, 작업지역면적은 1:5,000 1도엽(6.1km²)를 1작업 단위로 한다.
○ 격자간격에 따른 증감계수

격자간격	1m	2m	5m	10m	30m	비고
증감계수	1.09	1.05	1.0	0.96	0.88	

③ 본 작업을 수행하기 위한 기계비 및 재료비는 별도 계상한다.
  ㉮ 수치사진측량장비의 상각비는 장비취득가격의 10%를 잔존가치로 하며, 상각년수는 5년, 년 가동일수는 278일로 한다.
  ㉯ 수치사진측량장비의 유지관리비 계산식은 다음과 같다.

  가동일당 정비비 = $\dfrac{취득가격}{278} \times 0.1$

④ 데이터 처리 작업을 위한 컴퓨터와 S/W의 상각비 및 유지관리비는 '[토목부문] 9-6-4/2. 수동입력'을 적용한다.
⑤ 본 품은 다음의 성과품이 포함된 것이다.
  ㉮ 기준점 선정부
  ㉯ DEM성과
  ㉰ 음영기복도
  ㉱ 성과점검 및 관리파일 : 1식
⑥ 본 품에 명시되어 있지 않은 간격에 대한 증감계수는 보간법으로 적용할 수 있다.

[설계예]
① 설계 제원
  ㉮ 작업량 : 100도엽 (1:5,000)
  ㉯ 격자간격 : 5m
② 설계
  ㉮ 인건비

항 목	고급 기술자	중급 기술자	중급 기능사 (도화)	비 고
작업계획 및 준비	30			고급기술자 : (100도엽)×(0.3)×(1.0) = 30인
표 정		25	50	중급기술자 : (100도엽)×(0.25)×(1.0) = 25인 중급기능사(도화) : (100도엽)×(0.5)×(1.0) = 50인
수치표고 자료제작		75	180	중급기술자 : (100도엽)×(0.75)×(1.0) = 75인 중급기능사(도화) : (100도엽)×(1.8)×(1.0) = 180인
품질관리		50		중급기술자 : (100도엽)×(0.5)×(1.0) = 50인
정리 및 점 검	20			고급기술자 : (100도엽)×(0.2)×(1.0) = 20인

  ㉯ 기계경비

항 목	장비구분	상각비	유지관리비
표 정	수치사진측량기	50일	50일
수 치 표 고 자 료 제 작	〃	180일	180일
품 질 관 리	컴퓨터	50일	50일

다. 수치도화기에 의한 방법

(단위 : 1도엽당)

항 목	작업일수(일)	투 입 인 원(1일당)		투 입 인 원(합계)		비고
		고급기술자	중급기능사(도화)	고급기술자	중급기능사(도화)	
작 업 계 획 및 준 비	1	1.0		1.0		
표 정	1	0.2		0.2		
수 치 표 고 자 료 추 출	40		1.0		40	
품 질 관 리	1	2.4		2.4		
정 리 및 점 검	1	1.0		1.0		
합 계	44			4.4	40.2	

[주] ① 수치표고자료의 간격은 5m, 작업지역면적은 1:5,000 1도엽(6.1㎢)를 1작업단위로 한다.
  ㉮ 격자간격에 따른 증감계수

격자간격	1m	2m	5m	10m	30m	비고
증감계수	39	6.25	1.0	0.25	0.027	

② 본 작업을 수행하기 위한 기계비 및 재료비는 별도 계상한다.
③ 데이터 취득을 위한 수치도화기의 상각비 및 가동일당 정비비는 '[토목부문] 9-6-5/2. 축척별 작업량'을 적용한다.
④ 데이터 처리 작업을 위한 컴퓨터와 S/W의 상각비 및 유지관리비는 '[토목부문] 9-6-4/2. 수동입력'을 적용한다.
⑤ 본 품은 다음의 성과품이 포함된 것이다.
  ㉮ 표정 기록부
  ㉯ DEM성과
  ㉰ 음영 기복도
  ㉱ 성과점검 및 관리파일 : 1식
⑥ 본 품에 명시되어 있지 않은 간격에 대한 증감계수는 보간법으로 적용할 수 있다.

[설계예]
① 설계 제원
  ㉮ 작업량 : 100도엽 (1:5,000)
  ㉯ 격자간격 : 5m
② 설계
  ㉮ 인건비

항 목	고급기술자	중급기능사(도화)	비 고
작 업 계 획 및 준 비	100		고급기술자 : (100도엽)×(1.0)×(1.0) = 100인
표 정		20	중급기능사(도화) : (100도엽)×(0.2)×(1.0) = 20인
수치표고자료추출		4000	중급기능사(도화) : (100도엽)×(40)×(1.0) = 4000인
품 질 관 리	240		고급기술자 : (100도엽)×(2.4)×(1.0) = 240인
정 리 및 점 검	100		고급기술자 : (100도엽)×(1.0)×(1.0) = 100인

④ 기계경비

항 목	장비구분	상 각 비	유지관리비
표 정	해석도화기	20일	20일
수 치 표 고 자 료 제 작	〃	4000일	4000일
품 질 관 리	컴퓨터	240일	240일

라. 수치지도를 이용한 방법

(단위 : 1도엽)

항 목	작업일수(일)	투 입 인 원(1일당)			투 입 인 원(합계)			비고
		고급기술자	중급기술자	중급기능사(도화)	고급기술자	중급기술자	중급기능사(도화)	
작 업 계 획 및 준 비	1	0.05			0.05			
지형자료추출 및 수정	1		0.09	0.05		0.09	0.05	
표고자료보완 및 확인	1		0.05			0.05		
추 출 지 형 자 료 편 집	1			0.1			0.1	
수 치 표 고 자 료 제 작	1			0.15			0.15	
품 질 관 리	1		0.06			0.06		
정 리 및 점 검	1		0.05			0.05		
합 계	7	0.05	0.25	0.3	0.05	0.25	0.3	

[주] ① 수치표고자료의 간격은 5m, 작업지역면적은 1:5,000 도엽(6.1㎢)를 1작업단위로 한다.
   ㉮ 격자간격에 따른 증감계수

격자간격	1m	2m	5m	10m	30m	비고
증감계수	1.09	1.05	1.0	0.96	0.88	

② 건물의 정사보정에 활용하는 수치표고자료는 '[토목부문] 9-6-4/2. 수동입력'의 지형증가계수 중 산악지에 대한 지형계수를 적용할 수 있다.
③ 데이터 처리 작업을 위한 컴퓨터와 S/W의 상각비 및 유지관리비는 '[토목부문] 9-6-4/2. 수동입력'을 적용한다.
④ 본 품은 다음의 성과품이 포함된 것이다.
   ㉮ 수치지도 편집 데이터
   ㉯ DEM성과
   ㉰ 음영기복도
   ㉱ 성과점검 및 관리파일 : 1식
⑤ 본 품에 명시되어 있지 않은 간격에 대한 증감계수는 보간법으로 적용할 수 있다.

[설계예]
① 설계 제원
   ㉮ 작업량 : 100도엽 (1:5,000)
   ㉯ 격자간격 : 5m
② 설계
   ㉮ 인건비

항 목	고급 기술자	중급 기술자	중급 기능사 (도화)	비 고
작업계획및준비	0.05			고급기술자 : (100도엽)×(0.05)×(0.1) = 5인
지형자료추출 및 수 정		0.09	0.05	중급기술자 : (100도엽)×(0.09)×(1.0) = 9인 중급기능사(도화) : (100도엽)×(0.05)×(1.0) = 5인
표고자료보완 및 확 인		0.05		중급기술자 : (100도엽)×(0.05)×(1.0) = 5인
추출지형자료편집			0.1	중급기능사(도화) : (100도엽)×(0.1)×(1.0) = 10인
수치표고자료제작			0.15	중급기능사(도화) : (100도엽)×(0.15)×(1.0) = 15인
품 질 관 리		0.06		중급기술자 : (100도엽)×(0.06)×(1.0) = 6인
정 리 및 점 검		0.05		중급기술자 : (100도엽)×(0.05)×(1.0) = 5인

㉯ 기계경비

항 목	장비구분	상 각 비	유지관리비
지형자료 추출 및 수정	컴퓨터	5일	5일
표고자료보완 및 확인	〃	5일	5일
추출지형 자료편집	〃	10일	10일
수치표고 자료제작	〃	15일	15일
품 질 관 리	〃	6일	6일

10. 영상지도제작('21년 보완)

ㅇ 작업단계별 소요일수 및 투입인원

(단위 : 1:25,000매당 1도엽당)

작업공정	일수	인 원 수											
		1일당						합 계					
		특급 기술자	고급 기술자	정보 처리 기사	중급 기술자	중급 기능사 (도화)	중급 기능사 (지도)	특급 기술자	고급 기술자	정보 처리 기사	중급 기술자	중급 기능사 (도화)	중급 기능사 (지도)
계 획 준 비	1	1.0			1.0			1.0			1.0		
기준점 선점	2		1.0		0.5	1.0			2.0		1.0	2.0	
영 상 보 정	2			0.5	0.5	1.0				1.0	1.0	2.0	
영 상 집 성	1.5			0.5	0.5		1.0			0.75	0.75		1.5
색 상 보 정	2			0.5	0.5		1.0			1.0	1.0		2.0
영 상 융 합	1			1.5	1.5		3.0			1.5	1.5		3.0
레이어추출 및 일반화	2			0.5	0.5		1.0			1.0	1.0		2.0
영상편집 및 출 력	1			0.5	0.5		1.0			0.5	0.5		1.0
정 리 점 검	0.5		1.0		1.0				0.5		0.5		
계	13							1	2.5	5.75	8.25	4	9.5

[주] ① 계획준비·정리·점검에 의한 작업량에 따른 증감계수

작업량	10도엽	20도엽	50도엽	100도엽	비고
증감계수	1.5	1.3	1.0	0.9	

○ 작업량 증감율 (R) = 0.8+10/Q(Q는 실시작업량)
○ 작업량이 100도엽을 초과해도 증감계수는 0.90까지만 적용한다.
② 활용영상에 따른 증감계수

구 분	증 감 계 수	비 고
위 성 영 상	1.0	
항 공 사 진	1.3	

③ 제작하는 영상지도의 축척에 따른 증감계수

축척별	1:5,000이상	1:5,000~1:25,000	1:25,000미만
증감계수	0.1	0.5	1.0

④ 항공사진촬영 축척 및 지상표본거리(GSD) 또는 위성영상 해상도에 의한 색상보정 및 영상융합 작업공정 투입인원에 대한 증감계수

항공사진 촬영축척	1:5,000이상	1:5,000~1:25,000	1:25,000미만
위성영상 해상도	1.0m미만	1m~5m	5m미만
증감계수	1.15	1.10	1.00

⑤ 영상지도제작을 위해 데이터 취득 비용과 기준점(사진, 지상)측량, 수치표고자료, 수치표면자료, 수치지도를 이용할 수 없는 각종 경계 및 지명 입력 등에 대한 소요비용은 필요한 경우 별도 계상한다.
⑥ 영상융합은 2개이상의 데이터를 이용하여 영상지도를 제작할 경우에만 사용한다.
⑦ 건물에 대한 정사 보정시 발생하는 폐색 영역의 편집은 영상편집공정을 1회 증가하여 실시한다.
⑧ 기계경비, 재료비는 별도 계상한다.
  ㉮ 수치사진측량장비 또는 영상처리가 가능한 장비(HW/SW포함)의 상각비의 계상은 장비 취득가격의 10%를 잔존가치로 하며, 상각년수는 5년, 년 가동일수는 278일로 한다.
  ㉯ 수치사진측량장비 또는 영상처리가 가능한 장비(HW/SW포함)의 유지관리비의 계산식은 다음과 같다.

$$가동일당\ 유지관리비 = \frac{취득가격}{278} \times 0.1$$

  ㉰ 컴퓨터의 상각비 및 유지관리비는 '[토목부문] 9-6-4/2. 수동입력'을 적용한다.
⑨ 본 품에서 공공측량성과심사에 소요되는 비용은 국토교통부장관이 고시한 측량성과 심사수탁기관의 심사업무 및 지정절차 등에 관한 규정에 따라 별도 계상한다.
⑩ 본 품의 성과작성품은 관련한 최신 항공사진측량 작업규정을 따른다.

[설계예]
① 설계제원
  ㉮ 작업량 : 100도엽
  ㉯ 축척 : 1:5,000
  ㉰ 대상영상 : 항공사진(촬영축척 1:10,000)
② 설계
  ㉮ 인건비

구 분	수량	비고
특 급 기 술 자	(1.0×0.9)×100×1.3×0.1 = 11.7	
고 급 기 술 자	(2.0+0.5×0.9)×100×1.3×0.1 = 31.85	
정 보 처 리 기 사	(3.25+1×1.10)×100×1.3×0.1 = 56.55	
중 급 기 술 자	(1.5×0.9+1×1.10+4.25)×100×1.3×0.1 = 87.1	
중 급 기 능 사 (도 화)	4.0×100×1.3×0.1 = 52	
중급기능사(지도제작)	(2.0×0.9+4.5)×100×1.3×0.1 = 81.9	

㉴ 기계경비

공 정	장 비	상각비	유지관리비	비 고
영 상 보 정	수치사진측량장비 또는 영상처리가 가능한 장비(HW/SW포함)	26일	26일	2.0×100×1.3×0.1=26
영 상 집 성	수치사진측량장비 또는 영상처리가 가능한 장비(HW/SW포함)	19.5일	19.5일	1.5×100×1.3×0.1=19.5
색 상 보 정	수치사진측량장비 또는 영상처리가 가능한 장비(HW/SW포함)	28.6일	28.6일	2.0×1.1×100×1.3×0.1=28.6
레이어추출 및 일반화	컴 퓨 터	26일	26일	2.0×100×1.3×0.1=26
영상편집 및 출력	컴 퓨 터	13일	13일	1.0×100×1.3×0.1=13

11. 3차원 국토공간정보구축

(단위 : 1㎢)

작업구분		측량 기술자					정보처리기사	비고
		특급 기술자	고급 기술자	중급 기술자	초급 기술자	중급기능사 (지도제작)		
계 획 및 작 업 관 리		0.01	0.16	-	-	-	-	
3차원 DB구축	교통데이터제작	-	0.16	0.40	0.40	0.08	0.08	
	시설물데이터제작	-	0.16	0.32	0.32	0.08	0.08	
	수자원데이터제작	-	0.16	0.24	0.16	0.08	0.08	( )내는 외업을 표시함
	품 질 검 사	0.01	0.16	-	-	-	-	
가시화 정보제작	계 획 준 비	-	0.08	0.16	-	-	-	
	자료취득 및 처리	(0.16)	(0.32)	(0.40)	(0.40)	(0.16)	(0.16)	
	가시화데이터 작성	0.16	0.40	0.40	0.40	0.16	0.16	
	품 질 검 사	0.01	0.16	-	-	-	-	
정 리 점 검		0.01	0.16	0.16	-	-	-	
계		0.2 (0.16)	1.6 (0.32)	1.68 (0.40)	1.28 (0.40)	0.40 (0.16)	0.40 (0.16)	

[주] ① 3차원 국토공간정보 구축이라 함은 2차원의 X,Y 위치정보에 높이(심도), 색상, 질감 및 Texture정보를 추가하여 현실 세계와 유사하게 표현하는 것뿐만 아니라 입체적인 분석과 의사결정 등을 가능하게 하는 일련의 작업과정을 의미한다.
② 작업방법은 국토교통부에서 정한 「3차원국토공간정보구축 작업규정」에 의한다.
③ 본 품에서 측량기술자의 기술등급에 의한 자격기준은 「공간정보의 구축 및 관리 등에 관한 법률」 제39조와 동법 시행령 제32조에 의한 자격기준을 말한다.
④ 본 품은 다음의 계수를 계상하여 적용한다.
㉮ 작업량에 따른 증감계수(P)

구 분	20㎢ 미만	20~50㎢미만	50~100㎢미만	100㎢이상	비고
증감계수	1.40	1.20	1.00	0.80	

※ 작업량에 따라 계획 및 작업관리, 3차원 DB구축(품질검사), 가시화정보제작(계획준비, 자료취득 및 처리, 품질검사), 정리점검 공정에 한하여 증감계수를 적용한다.

㉯ 지형 유형에 따른 증감계수(K)

지형구분	증감계수	비 고
시 가 지	1.20	건물 및 도로가 시가지 면적의 70% 이상 지형
교 외 지	1.00	건물 및 도로가 시가지 면적의 70% 미만 지형

※ 지형유형에 따라 3차원DB 구축(교통, 시설물, 수자원 데이터 제작) 및 가시화정보제작(자료취득 및 처리)공정에 한하여 증감계수를 적용한다.

㉰ 3차원 교통레이어 구축 수에 따른 증가계수(L1)

구 분	10 미만	10 ~ 20 미만	20 이상	비 고
증가계수	1.00	1.20	1.40	

※ 3차원 DB구축(교통데이터 제작) 공정에 한하여 증가계수를 적용한다.

㉱ 3차원 시설물레이어 구축 수에 따른 증가계수(L2)

구 분	10 미만	10 ~ 20 미만	20 이상	비 고
증가계수	0.90	1.00	1.20	

※ 3차원 DB구축(시설물데이터 제작) 공정에 한하여 증가계수를 적용한다.

㉲ 3차원 수자원레이어 구축 수에 따른 증가계수(L3)

구 분	5 미만	5 이상	비 고
증가계수	1.00	1.20	

※ 3차원 DB구축(수자원데이터 제작) 공정에 한하여 증가계수를 적용한다.

㉳ 가시화정보제작을 위한 증가계수(T)
  ○ 가시화정보 구축 레이어수에 따른 증가계수(T1)

구 분	10개 미만	10~20개 미만	20~30개 미만	30개 이상
증가계수	0.8	1.0	1.2	1.4

  ○ 가시화데이터의 세밀도에 따른 증가계수(T2)

구 분	Level1	Level2	Level3	Level4
증가계수	0.70	1.00	1.30	1.60

  ○ 세밀도란 가시화정보 구축 상태에 따른 단계를 의미하며 4개의 단계로 구분한다.
  ○ 세밀도는 각각 레이어에 속한 3차원 객체들에 제작 형태에 따라 다음과 같이 구분하여 적용한다.
    ㉠ Level 1 단계는 각각의 레이어에 속한 모든 3차원 객체에 대해한 가지 컬러의 색을 갖는

Texture로 제작하는 것을 말한다.
ⓒ Level 2 단계는 각각의 레이어에 속한 모든 3차원 객체에 대해 가상의 Texture로 제작 하는 것을 말한다.
ⓒ Level 3 단계는 각각의 레이어에 속한 3차원 객체들에 대해 가상의 Texture와 실제 Texture를 혼합하여 제작 하는 것을 말한다.
ⓔ Level 4 단계는 하나의 레이어에 속한 3차원 객체에 대해 가시화정보를 실제와 동일하게 실제의 Texture로 제작하는 것을 말한다.

○ 증가계수 T_1와 T_2는 구축 레이어의 수와 세밀도에 따라 다음식에 의해 계산된다.

$$증감계수(T) = \frac{(T_1 \text{ 증가계수} \times T_2 \text{ 증가계수})}{(T_2 \text{ 구분 적용항목 수})}$$

예) 레이어 3개는 Level 1, 레이어 10개는 Level 2, 레이어 15개는 Level 3으로 구축할 경우

$$증감계수(T) = \frac{(0.8 \times 0.7) + (1.0 \times 1.0) + (1.2 \times 1.3)}{(3)} = 1.04$$

○ 가시화정보제작을 위한 증가계수는 가시화정보제작(자료취득 및 처리, 가시화데이터 작성) 공정에 한하여 적용한다.

⑤ 기계비 및 재료비는 별도 계상한다.
㉮ 상각비 계상은 장비취득가격의 10%를 잔존가치로 하며, 컴퓨터의 상각년수는 5년, 가동일수는 278일로 한다.
㉯ 컴퓨터의 가동일당 유지관리비의 계산식은 다음과 같다.

$$가동일당 \text{ 유지관리비} = \frac{취득가격}{278} \times 0.1$$

㉰ 가시화데이터 취득장비의 가동일당 유지관리비의 계산식은 다음과 같다.

$$가동일당 \text{ 유지관리비} = \frac{취득가격}{278} \times 0.1$$

⑥ 본 품의 외업에 동원되는 기술인원에 대한 여비는 측량용역대가 기준에 따라 별도 계상한다.
⑦ 본 품에는 다음의 성과품 작성이 포함되어야 한다.
㉮ 교통데이터 원도(dwg, shape, dxf 등)
㉯ 시설물데이터 원도(dwg, shape, dxf 등)
㉰ 수자원데이터 원도(dwg, shape, dxf 등)
㉱ 가시화데이터 원도(교통데이터, 시설물데이터, 수자원데이터 등)
㉲ 성과점검 및 관리 파일 1식
㉳ 기타 작업과정에서 획득하거나 사용된 자료일체

[설계예]
① 설계 제원
㉮ 작업량: 도심지 10km²
㉯ 구축데이터 :
○ 3차원 교통데이터 : 단위도로면, 도로교차면, 단위철도면, 입체교차부, 교량, 터널(6개 레이어)
○ 3차원 시설물데이터 :일반주택, 공동주택, 공공기관, 산업시설, 문화/교육시설, 의료/복지시설, 서비스시설, 기타시설(8개 레이어)
○ 3차원 수자원데이터 : 댐, 제방, 호안(3개 레이어)
㉰ 가시화 데이터 구축대상 :17개 레이어 전체
㉱ 가시화 데이터 구축 레벨 : Level 2
② 설계
㉮ 인건비

작업구분		측량 기술자					정보처리기사	비 고
		특급기술자	고급기술자	중급기술자	초급기술자	중급기능사(지도제작)		
계 획 및 작 업 관 리		0.14	2.24	-	-	-	-	인원×1.4(㉮)×10㎢
3차원DB구축	교통데이터제작	-	1.92	4.8	4.8	0.96	0.96	인원×1.2(㉯)×1.0(㉰)×10㎢
	시설물데이터제작	-	1.73	3.46	3.46	0.86	0.86	인원×1.2(㉯)×0.9(㉰)×10㎢
	수자원데이터제작	-	1.92	2.88	1.92	0.96	0.96	인원×1.2(㉯)×1.0(㉰)×10㎢
	품 질 검 사	0.14	2.24	-	-	-	-	인원×1.4(㉮)×10㎢
가시화정보제작	계 획 준 비	-	1.12	2.24	-	-	-	인원×1.4(㉮)×10㎢
	자료취득 및 처리	(2.69)	(5.38)	(6.72)	(6.72)	(2.69)	(2.69)	인원×1.4(㉮)×1.2(㉯)×1.0(㉰)×10㎢
	가시화데이터작성	1.60	4.00	4.00	4.00	1.60	1.60	인원×1.0(㉰)×10㎢
	품 질 검 사	0.14	2.24	-	-	-	-	인원×1.4(㉮)×10㎢
정 리 점 검		0.14	2.24	2.24	-	-	-	인원×1.4(㉮)×10㎢
계		2.16 (2.69)	19.65 (5.38)	19.62 (6.72)	14.18 (6.72)	4.38 (2.69)	4.38 (2.69)	

㉯ 기계비
  ㅇ 컴퓨터

구 분	상 각 비	유지 관리비	비 고
컴 퓨 터	19.65일	19.65일	S/W 포함

  ㅇ 가시화데이터 취득장비

구 분	상 각 비	유지 관리비	비 고
가시화데이터 취득장비	6.72일	6.72일	

12. 기본지리정보구축
가. 수치지도를 이용한 기본지리정보구축

(단위 : 도엽당)

구축분야	투입인원				
	특급기술자	고급기술자	중급기술자	초급기술자	중급기능사(지도제작)
시 설 물 (건 물)	0.02	0.08	0.16	0.10	0.09
교 통 (도 로)	0.02	0.06	0.11	0.09	0.07
수 자 원 (하 천)	0.01	0.03	0.06	0.06	0.06
교 통 (철 도)	0.01	0.01	0.01	0.01	0.01

[주] ① 본 품은 1:5,000 수치지도(Ver 2.0)를 기준으로 작업준비, 도형추출 및 편집, 속성편집, 위상관계 및 정리작업을 포함한다.
② 본 품은 구축 및 수정시 모두 적용가능하며, 수정작업은 지형변화율을 적용한다.
③ 기계비 및 재료비는 '[토목부문] 9-6-4/2. 수동입력'을 적용한다.
④ 지형에 따른 증감계수는 '[토목부문] 9-6-4/6. 구조화편집'을 적용한다.

⑤ 본 품은 다음의 성과품이 포함된 것이다.
　㉮ 기본지리정보 성과 파일
　㉯ 기본지리정보 성과점검 및 관리대장

[설계 예]
① 설계제원
　㉮ 입력 도엽수 : 100도엽
② 설계

구 분	특급기술자	고급기술자	중급기술자	초급기술자	중급기능사 (지도제작)	비고
시설물(건물)	2	8	16	10	9	
교통(도로)	2	6	11	9	7	
수자원(하천)	1	3	6	6	6	
교통(철도)	1	1	1	1	1	

나. 기본지리정보(도로) 데이터 취득·편집

(단위 : km)

항 목	투입인원					
	특급 기술자	고급 기술자	중급 기술자	초급 기술자	중급기능사 (지도)	초급기능사 (측량)
현지측량	0.04		0.10			0.10
현지조사			0.02	0.02	0.03	
DB입력·편집	0.01	0.03	0.01	0.06	0.04	

[주] ① 본 품은 1:5,000 수치지도수준의 위치정확도로 기본지리정보(도로)를 구축하는 것이며, 작업 기준단위는 측량할 도로의 연장(편도)을 기준으로 한다.
　㉮ 현지측량은 기본지리정보(도로)분야 DB구축을 위한 자료취득에 관한 전반적인 측량계획의 수립을 포함하며, 이동가능한 측량기기를 이용하여 이동속도 20km/hr ~ 30km/hr를 유지하면서 도로를 왕복하여 외측선을 측량해야 한다.
　㉯ 현지조사는 기본지리정보(도로)에 입력되는 속성들을 조사하는 작업을 말하며, DB입력·편집은 현지측량한 도로데이터에 속성입력 및 구조화편집 등의 작업을 포함한다.
② 본 작업을 수행하기 위한 기계비 및 재료비는 별도 계상한다.
　㉮ 현지측량의 기계비 산정은 '[토목부문] 9-5-11 상각비산정'을 적용
　㉯ 현지조사 및 DB입력·편집의 기계비 및 재료비 산정은 '[토목부문] 9-6-4/2. 수동입력'을 적용
③ 현지측량 및 현지조사의 증감계수
　㉮ 작업량에 따른 증감계수

작업량	10km이상 ~ 100km미만	100km이상 ~ 500km미만	500km이상 ~ 1,000km미만	1,000km이상	비고
증감계수	1.0	0.95	0.90	0.85	

　㉯ 측량지역수에 따른 증감계수

측량지역수	1개 이상 ~ 4개 미만	4개 이상 ~ 7개 미만	7개 이상	비고
증감계수	1.0	1.1	1.2	

⑤ 본 품은 다음의 성과품이 포함된 것이다.
　㉮ 현지측량 성과파일 및 현지 조사 야장
　㉯ 기본지리정보(도로) 성과 파일
　㉰ 기본지리정보(도로) 성과점검 및 관리대장

[설계예]
① 설계제원
　㉮ 물량 :1000km(4개 지역)
　㉯ 현지측량 및 조사, DB입력·구축
② 설계

항 목	특급 기술자	고급 기술자	중급 기술자	초급 기술자	중급기능사 (지도)	초급기능사 (측량)	비고
현 지 측 량	37.4		93.5			93.5	
현 지 조 사			18.7	18.7	28.05		
DB입력·편집	10	30	10	60	40		

9-6-5 건물 및 지상물체 항공사진 「판독작업」

작업지구분 구 분	시가지(갑)	시가지(을)	교외지	촌락지	무가옥지
중급기능사(지도제작)	4인	2.7인	1.5인	0.5인	0.2인

[주] ① 재료비 및 소모품비는 별도로 계상한다.
② 본 품은 판독보조도(약식현황도) 1 : 1,200 지도규격 40㎝×50㎝를 기준으로 산정한다.
③ 본 품에는 판독보조도에 판독된 사항을 편집 제도하고 판독조서에 판독된 건물 및 물체의 면적을 산정하는 품이 포함되어 있다.
④ 작업지 구분은 건물 및 지상물체의 분포상태에 따라 분류한 것이다.
　㉮ 시가지(갑) : 건물 및 지상물체의 분포상태가 전체 도면의 75%~100%인 경우
　㉯ 시가지(을) : 건물 및 지상물체의 분포상태가 전체 도면의 50%~75%인 경우
　㉰ 교외지 : 건물 및 지상물체의 분포상태가 전체 도면의 25%~50%인 경우
　㉱ 촌락지 : 건물 및 지상물체의 분포상태가 전체 도면의 25%이하인 경우
　㉲ 무가옥지 : 건물은 없으나 판독 자체는 필요한 경우 건물 및 지상물체의 분포상태가 위 지정 등급에 미달되어도 판독이 특히 어렵다고 인정되는 지역은 상위 등급으로 할 수 있다.
⑤ 항공사진 축척은 1:5,500~1:700을 기준한 것이다.
⑥ 본 품의 중급기능사(지도제작)는 항공사진 해석에 관한 전문지식을 겸비하여야 한다.
⑦ 본 품의 외업에 동원되는 기술인원에 대한 여비는 국토교통부장관이 고시한 측량용역대가기준에 따라 별도 계상한다.
⑧ 본 품에서 성과심사에 소요되는 비용은 국토교통부장관이 고시한 측량성과 심사수탁기관의 심사업무 및 지정절차 등에 관한 규정에 따라 별도 계상한다.

9-6-6 지도제작(기본도)

1. 지리조사
   가. 지형도 제작

(단위 : 도엽당)

작 업 구 분	중급기술자	초급기술자	중급기능사 (지도제작)	초급기능사 (지도제작)
신 규 제 작	13	12	8	4
수 정 제 작	9	8	8	4

[주] ① 지형도 제작 및 수정을 위한 현지 조사라 함은 건물, 공지, 도로, 수로, 교량, 산림, 지류, 지명, 경계 등 국토교통부령 지도도식 규정에 준하여 조사함을 말한다.
② 본 품은 1:25,000기본도(55.5㎝×44.5㎝)를 기준으로 한 것이며, 특수 목적용 지도제작을 위한 지리조사는 조사내용에 따라 품을 증감할 수 있다.
③ 재료비 및 소모품비는 별도 계상한다.
④ 현지에서 측량이 필요할 때도 별도 계상한다.
⑤ 축척이 다를 때에는 다음 계수를 곱하여 계상하고 본 품에 기재되지 않은 축척에 대하여는 보간법으로 계상하여 적용한다.

축 척	1:25,000	1:10,000	1:5,000
계수	1	0.37	0.22

⑥ 본 품은 농경지를 기준으로 한 것이며 지형이 다를 때에는 다음 계수를 곱하여 계상한다.

구 분	시가지	교외지	농경지	구릉지	산악지
계 수	1.50	1.30	1.00	0.90	0.85

⑦ 본 품의 외업에 동원되는 기술인원에 대한 여비는 국토교통부장관이 고시한 측량용역대가기준에 따라 별도 계상한다.

나. 수치지도 제작

(단위:도엽당)

축 척	중급기술자	초급기술자	중급기능사(지도제작)
신 규 제 작	4	3	3
수 정 제 작	3	2	2

[주] ① 본 품은 1:5,000 수치지도를 기준으로 한 것이며 특수 목적용 수치지도제작을 위한 지리조사는 조사내용에 따라 품을 증감할 수 있다.
② 재료비 및 소모품비는 별도 계상한다.
③ 현지에서 측량이 필요할 때에는 별도의 품을 계상한다.
④ 축척이 다를 때에는 다음 계수를 곱하여 계상한다. 또한 본 품에 기재되지 않은 축척에 대하여는 보간법으로 계산하여 적용할 수 있다.

축 척	1:1,000	1/2,500	1:5,000	비 고
계 수	0.6	0.75	1	

⑤ 본 품은 농경지를 기준으로 한 것이며 지형이 다를 때에는 다음 계수를 곱하여 계상한다.

구 분	시가지	교외지	농경지	구릉지	산악지
1/1,000 축척	1.84	1.40	1.00	0.67	0.34
1/5,000이하의 축척	1.70	1.40	1.00	0.90	0.85

⑥ 1/1,000수치지도를 수정제작하기 위하여 지리조사시는 신규제작과 동일한 품을 적용한다.
⑦ 본 품에는 작업준비 및 정리작업이 포함되어 있다.
⑧ 본 품의 외업에 동원되는 기술인원에 대한 여비는 국토교통부장관이 고시한 측량용역대가기준에 따라 별도 계상한다.
⑨ 수치지도제작을 위한 지리조사라 함은 수치지형도작성작업규정(국토지리정보원 고시)에 의하여 조사함을 말한다.

2. 편집 및 제도

가. 스크라이빙

(도엽당)

구 분		중급 기술자	초급 기술자	중급기능사 (지도제작)	초급기능사 (지도제작)	사진 제판공	사진 식자공
편	집	2	9	14	10	1	-
제	도	-	4	25	21	2	2

나. 착묵

(도엽당)

구 분		중급기술자	초급기술자	중급기능사(지도제작)
편	집	2	-	15
제	도	-	2	10

[주] ① 본 품은 1:25,000 기본지형도(55.5cm×44.5cm)를 기준으로 한 것이며 특수목적용 지도제작시는 묘사하는 내용에 따라 품을 증감할 수 있다.
② 재료비 및 소모품비는 별도로 계상한다.
③ 축척이 다를 때에는 다음 계수를 곱하여 계상한다.

도면의 축척	1:50,000미만	1:50,000	1:25,000	1:10,000	1:5,000	1:2,500	1:1,000
보정계수	1.5	1.3	1.0	0.8	0.6	0.45	0.35

④ 본 품은 산지를 기준으로 한 것이며, 지형이 다를 때에는 다음 계수를 곱하여 계상한다.

지 형 별	시가지	교외지	농경지	구릉지	산악지
보정계수	1.6	1.4	1.2	1.1	1.0

㉮ 시가지라 함은 가로망이 형성되어 있고 취락, 공장, 주택, 아파트 등이 밀집되어 시가지 형태를 이룬 지역을 말한다.
㉯ 교외지라 함은 공장, 주택, 아파트 등의 분포상태가 비교적 치밀한 지역을 말한다.
㉰ 농경지라 함은 농작물 재배지역으로 식생군(논, 밭, 과수원 등)이 분포되어 있는 지역을 말한다.
㉱ 구릉지라 함은 농작물 미재배지역이나 산림의 분포상태가 없는 경사 5° 이내의 미개발지역을 말한다.
㉲ 산악지라 함은 산림(침엽수, 활엽수)이 형성된 지역을 말한다.
⑤ 착묵품의 제도에서 사진분석이 필요할 때에는 편집품에 초급기술자 9인, 중급기능사(지도제작) 9인을 본 품에 가산한다.
⑥ 본 품에서 성과심사에 소요되는 비용은 국토교통부장관이 고시한 측량성과 심사수탁기관의 심사업무 및 지정절차 등에 관한 규정에 따라 별도 계상한다.
⑦ 지형에 따른 보정은 지형별 면적비로 구분하여 큰 쪽을 기준으로 산정한다.
⑧ 본 품에는 교정 및 수정이 포함된 것이다.
⑨ 착묵에서 편집이라 함은 지형지물의 착묵과 난외 착묵을 말하며, 제도라 함은 지형과 지물의 착묵을 제외한 기타 지류 및 각종 기호 등의 착묵을 말한다.

9-6-7 토지이용 현황도 제작

1. 지리조사

(1:25,000도엽당)

작업구분	고급기술자	초급기술자	중급기능사(지도제작)
현 지 조 사	10.22	9.17	9.17

[주] ① 차량비, 재료비 및 소모품비는 별도 계상한다.
② 현지 측량이 필요할 때는 별도 계상한다.
③ 본 품은 농경지를 기준으로 한 것이며, 지형이 다를 때에는 다음 계수를 곱하여 계상한다.

지형별	시가지	교외지	농경지	구릉지	산악지
계수	1.5	1.3	1.0	0.9	0.85

④ 본 품의 외업에 동원되는 기술인원에 대한 여비는 국토교통부장관이 고시한 측량용역대가기준에 따라 별도 계상한다.
⑤ 현지 조사라 함은 토지이용 분류를 위한 논, 밭, 수원지, 목초지, 임지, 도시 및 취락 공업지 기타(묘지, 황무지) 등을 조사함을 말하며, 현지에서 조사함을 말한다.

2. 편집 및 제작

(1:25,000도엽당)

구 분	중급 기술자	초급 기술자	중급 기능사 (지도제작)	초급 기능사 (지도제작)	사진 제판공	사진 식자공	옵셋 인쇄공
편 집	1.5	10	3	-	1	-	-
제 도	1.5	6	30	22.5	5	1	2

[주] ① 재료비 및 소모품비는 별도 계상한다.
② 본 품은 1:25,000 지도규격 55.5㎝×44.5㎝를 기준으로 한 것이며, 도면의 축척이 다를 때에는 '토목부문' 9-6-6/1./가. 지형도제작 [주] ⑤항'에 의한 계수를 적용한다.
③ 본 품에서 성과심사에 소요되는 비용은 국토교통부장관이 고시한 측량성과 심사수탁기관의 심사업무 및 지정절차 등에 관한 규정에 따라 별도 계상한다.

9-6-8 상각비 산정

품 명	규격	상각 년수	연간 가동 연수	상각 비율	정비 비율	연간 관리 비율	일 당(10^{-5})			
							상각비 계수	정비비 계수	관리비 계수	계
G P S 측 량 기	1·2주파수	8년	220	0.9	0.5	0.14	51.1	28.4	38.5	118.0
광 파 측 거 의	1-60km	8년	220	0.9	0.5	0.14	51.1	28.4	38.5	118.0
데 오 드 라 이 트	0.2~10초독	8년	220	0.9	0.3	0.14	51.1	17.0	38.5	106.6
정 밀 레 벨	1·2등용	8년	220	0.9	0.3	0.14	51.1	17.0	38.5	106.6
음 향 측 심 기	천해용	5년	160	0.9	0.5	0.14	112.5	62.5	56.0	231.0
지 층 탐 사 기	전해용	5년	160	0.9	0.5	0.14	112.5	62.5	56.0	231.0
전 자 측 위 기	80km	5년	160	0.9	0.5	0.14	112.5	62.5	56.0	231.0
검 조 위	0~12m	5년	180	0.9	0.5	0.14	100.0	55.5	49.7	205.2
유 속 계	0~3m/sec	5년	180	0.9	0.5	0.14	100.0	55.5	49.7	205.2

[주] 가격은 수입가격에 대하여는 CIF가격에 인정할 수 있는 수입에 따르는 제경비를 포함한 가격으로 하고 국산기계는 표준가격에 의한 표준시가로 한다.

9-6-9 정밀도로지도 구축('19년 신설, '20년 보완)

구 분	특급 기술자	고급 기술자	중급 기술자	초급 기술자	정보처리 기사	계
작 업 계 획	1	2	-	-	-	3
GNSS 기준국 운영	-	-	1	-	-	1
MMS 자료수집	-	1	2	-	-	3
GNSS/INS 통합계산	0.5	-	1	-	-	1.5
기 준 점 선 점	0.5	-	1	-	-	1.5
MMS 표준자료 제작	1	5	7	3	-	16
이 미 지 처 리 (보 안 처 리)	-	-	2	2	-	4
객 체 추 출 및 묘 사	1.125	3.375	9	9	-	22.5
구 조 화 편 집	0.18	0.9	6.3	1.17	0.45	9
성 과 정 리	0.125	0.375	0.75	1.25	-	2.5
합 계	4.43	12.65	30.05	16.42	0.45	64

[주] ① 정밀도로지도 구축이라 함은 MMS에 의해 취득된 점군 데이터와 사진 데이터를 활용하여 정밀도로지도 벡터 데이터를 구축하는 일련의 작업과정을 의미한다.
② 본 품은 1일 작업량을 20km로 적용하며, 사용되는 기계의 상각비·정비비는 별도 계상한다.
 ㉮ GNSS/INS 통합계산, MMS 표준자료 제작, 객체추출 및 묘사, 구조화편집의 기계비 산정은 '[토목부문] 9-6-4/2. 수동입력'의 품을 적용한다.
 ㉯ MMS 차량의 상각년수는 6년, 연 가동일수는 200일로 적용한다.
③ MMS 표준자료 제작을 위한 기준점 측량은 '[토목부문 9-1-5 4급 기준점 측량'을 적용하며, "지형유형에 따른 계수(K)"는 밀집시가지(1.3)을 적용한다.
④ 고속국도나 자동차전용도로에서 교통에 지장을 줄 수 있는 작업을 실시하기 위하여 교통차단 차량이나 신호수 등의 안전비용이 발생하는 경우에 실경비를 별도 계상할 수 있다.
⑤ 본 품은 MMS 자료를 교통이 원활한 자동차 전용도로에서 양방향 각 2회 수집하여 작성한 것으로 차로폭, 도로복잡도 등에 따라 계수를 적용하며 도로별 특성에 의해 본 품의 적용이 어려운 경우 계수를 가감할 수 있다.
 ㉮ 차로폭에 따른 계수(MMS 자료수집, MMS 표준자료 제작, 이미지처리, 객체 추출 및 묘사, 구조화 편집 공종에 적용)

구 분	4차로 미만(편도)	4차로 이상(편도)
계수	0.7	1

 ㉯ 도로복잡도에 따른 계수(객체 추출 및 묘사, 구조화 편집 공종에 적용)

구 분	자동차 전용도로	시가지 도로
계수	1	1.6

⑥ 이미지 처리는 왕복 80,000매의 사진 처리를 기준으로 한다.
⑦ 본 품의 외업에 동원되는 기술인원에 대한 여비는 국토교통부장관이 고시한 측량용역대가기준에 따라 별도 계상한다.

9-6-10 무인비행장치 측량('20년 신설)

구분	세부작업		기준단위	인원수											비고
				기술자				기능사				기타			
				특급	고급	중급	초급	초급(측량)	고급(도화)	중급(도화)	초급(도화)	중급(지도)	정보처리기사	인부	
작업계획수립	작업계획 및 준비		0.25㎢	(0.5)	(1)	(1)	-	-	-	-	-	-	-	-	
	현지답사		0.25㎢	-	0.5	0.5	-	-	-	-	-	-	-	-	
대공표지설치 및 지상기준점측량	대공표지설치		7점	-	0.59	-	-	0.59	-	-	-	-	-	-	( ) 내는 내업을 표시함
	지상기준점측량	평면	7점	-	0.98	1.05	1.05	1.82	-	-	-	-	-	0.28	
				-	(0.49)	(0.56)	(0.63)	-	-	-	-	-	-	-	
		표고	2km	-	0.26	1.2	1.06	1.06	-	-	-	-	-	1.06	
				(0.12)	(0.14)	(0.32)	-	-	-	-	-	-	-	-	
무인항공사진촬영	촬영 준비		0.25㎢	-	1.13	0.5	1.13	-	-	-	-	-	-	-	
	촬영		0.25㎢	-	0.19	0.19	0.19	-	-	-	-	-	-	-	
	촬영영상 점검 및 결과 정리		0.25㎢	-	0.2 (0.2)	-	0.2 (0.2)	-	-	-	-	-	-	-	
항공삼각측량	항공삼각측량 및 결과 정리		0.25㎢	-	(0.6)	(0.6)	-	-	-	-	-	-	-	-	
정사영상제작	수치표면자료 및 정사영상제작		0.25㎢	-	(1.3)	(1.3)	-	-	-	-	-	-	-	-	( ) 내는 내업을 표시함
지형지물묘사	수치도화		0.25㎢	(0.28)	(0.57)	(0.85)	(0.57)	-	(0.57)	(1.7)	(1.14)	-	-	-	
	벡터화		0.25㎢	-	(0.49)	-	-	-	-	-	-	(4.88)	(0.49)	-	
품질관리 및 정리점검	품질관리		0.25㎢	(0.5)	-	-	-	-	-	-	-	-	-	-	
	정리 점검		0.25㎢	-	-	(0.5)	-	-	-	-	-	-	-	-	
합계	정사영상		0.25㎢	-	3.85	3.44	3.63	3.47	-	-	-	-	-	1.34	
				(1.12)	(3.73)	(4.28)	(0.83)	-	-	-	-	-	-	-	
	수치도화 (정사영상 제외)		0.25㎢	-	3.85	3.44	3.63	3.47	-	-	-	-	-	1.34	
				(1.40)	(4.30)	(5.13)	(1.40)	-	(0.57)	(1.7)	(1.14)	-	-	-	
	벡터화		0.25㎢	-	3.85	3.44	3.63	3.47	-	-	-	-	-	1.34	
				(1.12)	(4.22)	(4.28)	(0.83)	-	-	-	-	(4.88)	(0.49)	-	

[주] ① 본 품은 국토지리정보원의 "무인비행장치 이용 공공측량 작업지침(이하 작업지침)"의 작업방법에 따라, 측량용 무인비행장치를 이용하여 기준면적 0.25㎢의 평지에 대한 정사영상 제작 등을 기준으로 한 것이다.
② 작업계획수립에는 작업계획 수립, 사전 비행 허가, 카메라 검정 및 장비 점검 등의 계획·준비와 무인비행장치 이·착륙 장소 확정, 비행 및 전파 장애요소 확인, 작업지역 확인을 위한 왕복이동 등의 현지답사를 포함한다.
③ 대공표지 설치 및 지상기준점측량에는 대공표지설치, 평면기준점측량, 표고기준점측량을 포함한다.
　㉮ 대공표지 설치는 면적 0.25㎢에서 점간 거리 0.5km 이하의 간격으로 7점의 대공표지를 설치하는 것을 기준으로 한 것이며, 면적이 증가할 경우 작업지침 제9조 및 제11조의 기준점 및 검사점 총 수량에 비례하여 계상한다. 다만, 대공표지의 설치 등을 위해 벌채 등이 필요한 경우에는 별도로 계상하며, 간석지 작업의 경우는 간조시간을 고려하여 본 품의 3배 까지 가산할 수 있다.
　㉯ 평면기준점측량은 점간 거리 0.5km 이하의 간격으로 배치된 7점(기준점 4점, 검사점 3점)에 대해 "9-1-4 4급 기준점 측량"을 적용한 것으로, 면적이 증가할 경우 작업지침 제9조 및 제11조의 기준점 및 검사점 총 수량에 비례하여 계상한다.
　㉰ 표고기준점측량은 수준노선 2km에 대한 "9-2-4 2급 수준측량" 품을 적용한 것으로 수준측량 등급이나 수준측량 길이가 상이한 경우에는 수준측량 길이에 따라 계상한다.
④ 무인항공사진촬영에는 촬영준비(무인비행장치 조립 및 점검, 풍향·풍속 및 지자기 수치 확인, 시험비행, 비행 및 촬영계획 수립, 촬영 대기 및 촬영 준비 등), 비행 및 촬영, 그리고 촬영영상 점검 및 결과 정리 등을 포함한다.
⑤ 항공삼각측량에는 무인비행장치 측량 전용 프로그램을 이용한 프로젝트 생성, 사진 및 지상기준점 성과 입력, 지상기준점 성과의 영상매칭, 외부표정요소 산출, 재 관측 및 재조정, 자료작성 및 결과 정리 등을 포함한다.
⑥ 정사영상 제작은 무인비행장치 측량 전용 프로그램을 이용한 수치표면자료 및 정사영상 제작 등을 포함한다.
　㉮ 수치표면자료의 제작에는 3차원 점자료인 수치표면자료(DSD; Digital Surface Data)의 생성과 수치표면모델(DSM; Digital Surface Model)의 제작을 포함한다. 수치표면자료나 수치표면모델 등의 수정을 위해 보완측량이 필요한 경우에는 "9-3-1 지형측량" 품을 적용하여 별도로 계상한다.
　㉯ 정사영상 제작에는 영상집성, 정사영상 제작, 정확도 점검 및 결과 정리 등을 포함한다. 다만, 보안목표시설 등이 포함된 경우 위장처리에 관련된 품은 별도로 계상한다.
⑦ 지형·지물 묘사는 기준면적 0.25㎢에 대한 수치도화 또는 벡터화 관련 품을 적용하여 산출한 것으로, 면적이나 지형이 상이한 경우 관련 품의 계수를 적용하여 계상한다.
　㉮ 수치도화 방법에 의한 지형·지물 묘사는 수치사진측량장비를 이용하여 무인항공사진 등을 3차원으로 입체시한 상태에서 대상물을 묘사하는 것으로, "9-6-4 1. 수치도화" 품 및 관련 계수를 적용한다.
　㉯ 벡터화 방법에 의한 지형·지물 묘사는 정사영상 등을 기반으로 벡터화를 통하여 2차원으로 지형·지물을 묘사하는 방법으로, "9-6-4 2. 수동입력" 품 및 관련 계수를 적용한다.
⑧ 수치지형도 제작을 위해 지리조사, 정위치 편집, 도면제작 편집, 구조화 편집 등이 필요한 경우에는 "9-6-4 수치지도 작성"의 4. 정위치 편집 5. 도면제작 편집, 6. 구조화 편집 및 "9-6-6 지도제작(기본도)"의 지리조사 품을 적용한다.
⑨ 본 품은 1/1,000 1도엽에 해당하는 기준면적 0.25㎢ 에 대해 GSD 5cm의 정사영상 제작을 기준으로 한 것으로 조건에 따라 다음의 증감계수를 곱하여 계상한다.
　㉮ 본 품은 평지를 기준으로 한 것으로 지형종류에 따라 다음의 계수를 곱하여 계상한다.
　　ㅇ 작업계획 수립, 표고기준점측량, 촬영, 항공삼각측량, 정사영상 제작, 품질관리 및 정리점검에 대한 지형계수는 "9-2-4 2급 수준측량"의 지형유형에 따른 계수를 적용하여 계상한다.
　　ㅇ 대공표지 설치 및 평면기준점은 "9-1-5 4급 기준점 측량"의 지형 유형에 따른 계수를 적용하여 계상한다.
　　ㅇ 지형·지물의 묘사는 "9-6-4 수치지도 작성"의 관련 1. 수치도화, 2. 수동입력, 3. 자동입력의 지형

유형에 따른 계수를 적용한다.
④ 본 품은 GSD 5cm를 기준으로 한 것으로 GSD에 따라 다음의 계수를 곱하여 계상한다. 다만, 본 품에 기재되지 않은 GSD에 대해서는 보간하여 적용할 수 있다.
  ○ 작업계획 수립(계획, 현지답사), 촬영, 항공삼각측량, 정사영상 제작, 품질관리 및 정리점검에 대한 계수

GSD	3cm	5cm	비고
계수	1.07	1	

⑤ 본 품은 0.25㎢를 기준으로 한 것으로 면적이 상이할 경우에는 면적에 따른 증감계수를 곱하여 계상한다.
  ○ 작업계획 수립(계획, 현지답사), 촬영, 항공삼각측량, 정사영상 제작, 품질관리 및 정리점검의 면적에 따른 증감계수

면 적	0.25㎢	0.5㎢	1㎢	2㎢	4㎢
작업계획 및 준비	1				
현지답사	1	1.26	2.12	3.62	6.67
촬영	1	1.19	1.63	2.47	4.16
항공삼각측량, 정사영상 제작, 품질관리	1	1.26	2.12	3.62	6.67

*단, 4㎢ 초과 시 마다 1씩 증가(4.1㎢=2.0 등)
  ○ 대공표지 설치 및 평면기준점측량의 면적에 따른 증감계수

면 적	0.25㎢	0.5㎢	1㎢	2㎢	4㎢	비고
수량(점)	7	9	12	21	39	
계수	1	1.29	1.71	3.00	5.57	

  ○ 표고기준점측량의 면적에 따른 증감계수

면 적	0.25㎢	0.5㎢	1㎢	2㎢	4㎢	비고
수준측량 길이 (km)	2	3	4	8	16	
계수	1	1.5	2	4	8	

  ○ 지형·지물 묘사의 면적에 따른 증감계수

면 적	0.25㎢	0.5㎢	1㎢	2㎢	4㎢	비고
계수	1	2	4	8	16	

⑩ 본 품에서 공공측량 성과심사에 소요되는 비용은 국토교통부장관이 고시한 공공측량 성과심사규정에 따라 별도로 계상한다.
⑪ 본 품의 외업에 동원되는 기술인력에 대한 비용은 국토교통부장관이 고시한 측량용역대가기준에 따라 별도 계상한다.
⑫ 기계비 및 재료비는 별도 계상한다.
  ㉮ 무인비행장치 및 카메라의 상각비 계상은 장비취득가격의 10%를 잔존가치로 하며, 상각 년수는 3년, 연간가동연수는 152일로 한다.
  ㉯ 컴퓨터와 S/W의 상각비 및 유지관리비는 "9-6-4 2. 수동입력"을 적용한다.
⑬ 본 품에는 다음의 성과 작성품이 포함되어 있다.
  ㉮ 무인항공사진, 촬영기록부 및 촬영코스별 검사표
  ㉯ 항공삼각측량 성과(외부표정요소), 레포트 파일 및 프로젝트 백업파일
  ㉰ 수치표면모델(DSM), 정사영상 및 검사표
  ㉱ 지형·지물 묘사 파일(벡터화 또는 수치도화 파일)

㉣ 그 밖의 성과 확인에 필요한 자료

9-7 신규등록측량

9-7-1 신규등록측량(도해)

작업별 \ 구분	일수	인원 수 1일당 지적기사	지적산업기사	지적기능사	인부	합계 지적기사	지적산업기사	지적기능사	인부	비고
자 료 조 사	(0.20)		1				(0.20)			
계 획 준 비	(0.09)	1	1			(0.09)	(0.09)			
준 비 도 작 성	(0.12)		1				(0.12)			
현 지 측 량	0.47	1	1	1		0.47	0.47	0.47		( )는 내업임
성 과 설 명	0.11	1				0.11				
면적측정 및 계산	(0.08)		1				(0.08)			
결 과 도 작 성	(0.10)		1				(0.10)			
결과부 및 조서작성	(0.10)		1				(0.10)			
성과점검 및 인계	(0.12)	1				(0.12)				
소계 외업	0.58					0.58	0.47	0.47		
소계 내업	(0.81)					(0.21)	(0.69)			
합 계	1.39					0.79	1.16	0.47		

[주] ① 본 품은 「공간정보의 구축 및 관리 등에 관한 법률」 제2조제29호의 규정에 의하여 새로 조성된 토지와 지적공부에 등록되어 있지 아니한 토지를 지적공부에 등록하거나 같은법 제86조 규정의 토지개발사업 이외의 토지를 새로이 지적공부에 수치로 등록하기 위하여 경위의 도해 측량방법으로 실시하는 품이다.

② 면적계수
본 품은 1필지당 토지는 1,500㎡, 임야는 5,000㎡를 기준으로 하였으며, 기준면적 이하는 기준면적을 적용하고, 기준면적을 초과할 때에는 다음의 계수를 곱하여 계상한다.

구분 \ 가산횟수	0회	1	2	3	4	5	6이상
계수	1.0	1.2	1.4	1.6	1.8	2.0	1.5+(0.1×n)

※ n은 가산횟수로 (대상면적-기준면적) ÷ 기준면적

③ 등록계수
지적공부 등록지(토지, 임야)별로 다음의 계수를 곱하여 계상한다.

내용 \ 구분	토지	임야
계수	1.00	1.28

④ 지역구분계수
본 품은 군지역을 기준으로 하였으며, 행정구역이 다를 경우 다음의 계수를 곱하여 품을 계상한다.

내용 \ 구분	군지역	시지역	구지역
계수	1.00	1.40	1.54

⑤ 집단지·연속지 체감계수

집단지·연속지라 함은 신규등록 필지수가 51필지 이상 연속 및 집단되어 동일한 작업과정으로 계속하여 측량업무를 수행할 수 있는 경우, 다음의 계수를 곱하여 계상한다.

내용 \ 구분	50필지이하	51~100필지	101~500필지	501~1000필지	1000필지초과
계수	1.00	0.97	0.91	0.84	0.76

⑥ 성과작성품

본 품에는 다음의 성과작성품이 포함되어 있다.
㉮ 신규등록 측량결과도   1부
㉯ 면적측정부   1부
㉰ 이동지조서   1부
㉱ 지적공부정리파일   1부
㉲ 측량결과부(측량성과도 등)   1부

⑦ 기타사항

㉮ 신규등록할 토지의 축척은 1/600, 1/1000, 1/1200, 1/2400, 1/3000, 1/6000로 구분한다.
㉯ 본 품에 사용되는 기계경비 및 재료소모품비는 별도 계상한다.
㉰ 작업상 지적측량기준점을 설치할 경우에는 지적측량기준점 설치비를 별도 계상한다.
㉱ 도서지역 등의 측량을 위하여 선박 등을 임차할 경우에는 임차료 실비를 별도 계상한다.
㉲ 본 품의 외업에 필요한 여비는 공무원여비규정에 의한 국내여행자의 일비를 별도 계상한다.

[계산예]

① 기준단가

시지역으로서 1필지의 면적이 5,000㎡인 미등록 토지를 도해측량방법으로 신규등록 할 경우

> ㉠ 기본계수 : 1.0 ㉡ 등록계수 : 0.00 ㉢ 지역구분계수 : 0.40 ㉣ 면적계수 : 0.60
> 합계 : 2.00 = (㉠+㉡+㉢+㉣)

구분 \ 내용	수량	단가	금액
지 적 기 사	0.79×2.00=1.58	w_1	$W_1=1.58 \times w_1$
지 적 산 업 기 사	1.16×2.00=2.32	w_2	$W_2=2.32 \times w_2$
지 적 기 능 사	0.47×2.00=0.94	w_3	$W_3=0.94 \times w_3$
계			ΣW

[결정단가] = ΣW+직접경비+간접측량비

② 집단지·연속지

시지역으로서 70필지의 미등록 토지를 도해측량방법으로 신규등록 할 경우
(1필지당 단가)

> ㉠ 기본계수(50필지까지) : 1.0, ㉡ 기본계수(100필지까지) : 0.97
> ㉢ 등록계수 : 0.00 ㉣ 지역구분계수 : 0.40
> 합계 : 1.40 = (㉠+㉢+㉣), 1.37 = (㉡+㉢+㉣)

㉮ 기본단가(50필지까지)

구분 \ 내용	수량	단가	금액
지 적 기 사	0.79×1.40=1.11	w_1	$W_1=1.11×w_1$
지 적 산 업 기 사	1.16×1.40=1.62	w_2	$W_2=1.62×w_2$
지 적 기 능 사	0.47×1.40=0.66	w_3	$W_3=0.66×w_3$
계			ΣW

[결정단가 ⓐ] = ΣW + 직접경비 + 간접측량비

　㉯ 체감계수 적용단가 (51필지~100필지까지)

구분 \ 내용	수량	단가	금액
지 적 기 사	0.79×1.37=1.08	w_1	$W_1=1.08×w_1$
지 적 산 업 기 사	1.16×1.37=1.59	w_2	$W_2=1.59×w_2$
지 적 기 능 사	0.47×1.37=0.64	w_3	$W_3=0.64×w_3$
계			ΣW

[결정단가 ⓑ] = ΣW+직접경비+간접측량비
[합계] = (단가ⓐ×50필지)+(단가ⓑ×20필지)

※ ① 측량비 산출단가에는 직접경비(현장여비·기계경비·재료소모품비) 및 간접측량비(제경비·기술료)를 별도 계상한다.
　② 집단지·연속지인 경우 50필지까지는 기본단가를, 100필지까지는 체감계수가 적용된 단가로 측량비를 산출하여 전체 합산한다.

9-7-2 신규등록측량(수치)('05년 신설)

구분 \ 작업별	일수	인원수 1일당 지적기사	인원수 1일당 지적산업기사	인원수 1일당 지적기능사	인원수 1일당 인부	인원수 합계 지적기사	인원수 합계 지적산업기사	인원수 합계 지적기능사	인원수 합계 인부	비고
자 료 조 사	(0.22)		1				(0.22)			
계 획 준 비	(0.09)	1	1			(0.09)	(0.09)			
준 비 도 작 성	(0.12)		1				(0.12)			
현 지 측 량	0.43	1	1	1		0.43	0.43	0.43		
성 과 설 명	0.08	1				0.08				( )는 내업임
면 적 측 정 및 계 산	(0.05)		1				(0.05)			
결 과 도 작 성	(0.15)		1				(0.15)			
결과부 및 조서작성	(0.11)		1				(0.11)			
성과점검 및 인계	(0.13)	1				(0.13)				
소계 외업	0.51					0.51	0.43	0.43		
소계 내업	(0.87)					(0.22)	(0.74)			
합 계	1.38					0.73	1.17	0.43		

[주] ① 본 품은 「공간정보의 구축 및 관리 등에 관한 법률」 제2조 제29호의 규정에 의하여 새로 조성된 토지와 지적공부에 등록되어 있지 아니한 토지를 지적공부에 등록하거나 같은법 제86조 규정의 토지개발사업 이외의 토지를 새로이 지적공부에 수치로 등록하기 위하여 경위의 측량방법으로 실시하는

품이다.
② 면적계수
본 품은 1필지당 토지는 1,500㎡, 임야는 5,000㎡를 기준으로 하였으며, 기준면적 이하는 기준면적을 적용하고, 기준면적을 초과할 때에는 다음의 계수를 곱하여 계상한다.

구 분 \ 가산횟수	0회	1	2	3	4	5	6이상
계수	1.0	1.2	1.4	1.6	1.8	2.0	1.5+(0.1×n)

※ n은 가산횟수로 (대상면적-기준면적) ÷ 기준면적

③ 지역구분계수
본 품은 군지역을 기준으로 하였으며, 행정구역이 다를 경우 다음의 계수를 곱하여 품을 계상한다.

내 용 \ 구 분	군지역	시지역	구지역
계수	1.00	1.40	1.54

④ 집단지·연속지 체감계수
집단지·연속지라 함은 신규등록 필지수가 51필지 이상 연속 및 집단되어 동일한 작업과정으로 계속하여 측량업무를 수행할 수 있는 경우, 다음의 계수를 곱하여 계상한다.

내 용 \ 구 분	50필지이하	51~100필지	101~500필지	501~1000필지	1000필지초과
계수	1.00	0.97	0.91	0.84	0.76

⑤ 성과작성품
본 품에는 다음의 성과작성품이 포함되어 있다.
㉮ 신규등록 측량결과도 및 계산부   1부
㉯ 좌표면적 계산부   1부
㉰ 이동지조서   1부
㉱ 지적공부정리파일   1부
㉲ 측량결과부(측량성과도 등)   1부

⑥ 기타사항
㉮ 신규등록할 토지의 축척은 1/500, 1/1000로 구분한다.
㉯ 본 품에 사용되는 기계경비 및 재료소모품비는 별도 계상한다.
㉰ 작업상 지적측량기준점을 설치할 경우에는 지적측량기준점 설치비를 별도 계상한다.
㉱ 도서지역 등의 측량을 위하여 선박 등을 임차할 경우에는 임차료 실비를 별도 계상한다.
㉲ 본 품의 외업에 필요한 여비는 공무원여비규정에 의한 국내여행자의 일비를 별도 계상한다.

9-7-3 토지구획정리 신규등록 측량(수치)('05년 신설, '11년 보완)

작업별 \ 구분		일수	인원수 1일당 지적기사	지적산업기사	지적기능사	인부	합계 지적기사	지적산업기사	지적기능사	인부	비고
자 료 조 사		(4.03)		1				(4.03)			( )는 내업임
계 획 준 비		(3.42)	1	1			(3.42)	(3.42)			
현 장 조 사		4.82	1	2			4.82	9.64			
지적전산파일변환		(3.58)		1				(3.58)			
지구계준비도	작 성	(6.19)		1				(6.19)			
	확 인	(0.92)	1				(0.92)				
가구점	측 량	13.22	1	2	1		13.22	26.44	13.22		
	계 산	(10.86)	1	1			(10.86)	(10.86)			
필계점	측 량	9.18	1	2	1		9.18	18.36	9.18		
	계 산	(9.44)	1	1			(9.44)	(9.44)			
중 심 점 계 산		(8.40)	1	1			(8.40)	(8.40)			( )는 내업임
말박기 계 산		(10.89)	1	1			(10.89)	(10.89)			
측 량 측 량		21.39	1	2	1		21.39	42.78	21.39		
좌표면적계산		(8.43)	1	1			(8.43)	(8.43)			
결 과 도 작 성		(3.10)		2				(6.20)			
성 과 작 성		(18.22)		2				(36.44)			
조 서 작 성		(5.88)		2				(11.76)			
점 검		(5.01)	1				(5.01)				
성 과 인 계		(2.58)	1				(2.58)				
소계	외 업	48.61					48.61	97.22	43.79		
	내 업	(100.95)					(59.95)	(119.64)			
합 계		149.56					108.56	216.86	43.79		

[주] ① 본 품은 「공간정보의 구축 및 관리 등에 관한 법률」 제86조 규정의 도시개발사업 또는 같은법 시행령 제83조의 그 밖에 대통령령이 정하는 토지개발사업(토지구획정리·공업단지 등)과 항만법, 신항만개발촉진법 및 「공유수면매립법」 등에 의하여 공유수면을 매립하여 새로이 지적공부에 수치로 등록하기 위하여 경위의 측량방법으로 실시하는 품이다.

② 면적체감계수
본 품의 기준면적은 1지구 200,000㎡를 기준한 것으로 측량지구면적이 200,000㎡를 초과하는 경우에는 다음의 체감계수를 곱하여 각각 합산한 품으로 한다. 다만, 작업과정이 동일한 방법으로 연속되지 않을 경우에는 체감계수를 적용하지 않는다.

구분 \ 내용	20만㎡ 이하	20만㎡초과~ 50만㎡	50만㎡초과~ 100만㎡	100만㎡초과~ 200만㎡	200만㎡초과~ 300만㎡	300만㎡ 초과
계수	1.0	0.9	0.8	0.7	0.6	0.5

③ 필지가산계수
본 품은 1지구내의 필지수를 50필지 이하를 기준으로 한 것으로 1지구내의 필지수가 50필지를

초과하는 경우 다음의 계수를 곱하여 계상한다.

필지수	50 이하	51~100	101~200	201~300	301~400	401~500	500초과시 매100필지마다
계수	1.00	1.05	1.10	1.15	1.20	1.25	1.05×n

④ 성과작성품

본 품에는 다음의 성과작성품이 포함되어 있다.
- ㉮ 지구계점, 가구계점, 필지경계점 측량부   각1부
- ㉯ 지구계점, 가구계점, 필지경계점 좌표계산부   각1부
- ㉰ 지구계점, 가구계점, 필지경계점 좌표면적계산부   각1부
- ㉱ 지구계점, 가구계점, 필지경계점 거리계산부   각1부
- ㉲ 측량결과도   1부
- ㉳ 측량성과도   1부
- ㉴ 측량종합도   1부
- ㉵ 면적조서   3부
- ㉶ 국유지 증여도   1부
- ㉷ 국유지 증여지조서   1부
- ㉸ 지적도 작성   1부

⑤ 기타사항
- ㉮ 축척은 1/500 또는 1/1000으로 한다.
- ㉯ 측량지구면적이 50,000㎡이하인 경우에는 50,000㎡의 품으로 한다.
- ㉰ 본 품에 의한 면적계산은 좌표를 면적프로그램에 의하여 컴퓨터 계산한 품으로 한다.
- ㉱ 본 품에 의한 좌표점 전개는 프로그램에 의하여 전개하였다.
- ㉲ 본 품에 의한 거리측정은 광파기에 의하여 측정하였다.
- ㉳ 본 품에 의한 결과도 작성은 프로그램에 의한 것이다.
- ㉴ 본 품에는 지구계 분할측량품은 포함되어 있지 않다.
- ㉵ 본 품에 사용되는 기계경비 및 재료소모품비는 별도 계상한다.
- ㉶ 본 품에는 지적기준점측량이 포함되어 있지 않으므로 지적기준점측량을 실시할 경우에는 지적기준점측량비를 별도 계상한다.
- ㉷ 말박기 측량을 수반하지 않을 경우 말박기 측량품을 제외한다.
- ㉸ 본 품의 외업에 필요한 여비는 공무원여비규정에 의한 국내여행자의 일비를 별도 계상한다.

9-7-4 경지구획정리 신규등록 측량(수치)('05년 신설, '11년 보완)

구분 작업별		일수	인원수								비고
			1일당				합계				
			지적기사	지적산업기사	지적기능사	인부	지적기사	지적산업기사	지적기능사	인부	
자 료 조 사		(3.40)		2			(6.80)				
계 획 준 비		(2.63)	1	1			(2.63)	(2.63)			
현 장 조 사		3.90	1	1			3.90	3.90			
지적전산파일변환		(6.00)		2				(12.00)			
지구계 준비도	작 성	(7.83)	1	2	1		(7.83)	(15.66)	(7.83)		( )는 내업임
	확 인	(1.05)	1				(1.05)				
필계점	측 량	21.73	1	2	1		21.73	43.46	21.73		
	계 산	(16.70)	1	1			(16.70)	(16.70)			
좌표면적계산		(15.75)	1	1			(15.75)	(15.75)			
결 과 도 작 성		(3.03)	1	2	1		(3.03)	(6.06)	(3.03)		
성 과 작 성		(18.13)	1	2	1		(18.13)	(36.26)	(18.13)		
조 서 작 성		(5.88)		2	1			(11.76)	(5.88)		( )는 내업임
점 검		(5.65)	1				(5.65)				
성 과 인 계		(1.40)	1				(1.40)				
소 계	외 업	25.63					25.63	47.36	21.73		
	내 업	(87.45)					(72.17)	(123.62)	(34.87)		
합 계		113.08					97.80	170.98	56.60		

[주] ① 본 품은 「공간정보의 구축 및 관리 등에 관한 법률」 제86조 규정의 농어촌정비사업 등을 위한 「농어촌정비법」, 「공유수면매립법」 등에 의하여 공유수면을 매립하여 새로이 지적공부에 수치로 등록하기 위하여 경위의 측량방법으로 실시하는 품이다.

② 면적체감계수
측량지구의 면적이 1,000,000㎡를 초과할 경우에는 다음의 체감계수를 곱하여 각각 합산한 품으로 한다. 다만, 작업과정이 동일한 방법으로 연속되지 않을 경우에는 체감계수를 적용하지 않는다.

구분 내용	100만㎡ 이하	100만㎡초과 ~300만㎡	300만㎡초과 ~500만㎡	500만㎡초과 ~800만㎡	800만㎡초과 ~1000만㎡	1000만㎡ 초과
계 수	1.0	0.9	0.8	0.7	0.6	0.5

③ 성과작성품
본 품에는 다음의 성과작성품이 포함되어 있다.
㉠ 지구계점, 필계점 측량부 1부
㉡ 좌표면적계산부　　　1부
㉢ 측량결과도　　　　　1부
㉣ 측량성과도　　　　　1부
㉤ 측량종합도　　　　　1부
㉥ 면적조서　　　　　　1부
㉦ 국유지 증여도　　　　1부
㉧ 국유지 증여지조서　　1부

㉠ 지적도 작성　　　　　　　　　　1부
④ 기타사항
　㉮ 축척은 1/500 또는 1/1000으로 한다.
　㉯ 측량지구면적이 100,000㎡이하인 경우에는 100,000㎡의 품으로 한다.
　㉰ 본 품에 의한 면적계산은 좌표를 면적프로그램에 의하여 컴퓨터로 계산한 품으로 한다.
　㉱ 본 품에 의한 좌표점 전개는 프로그램에 의하여 전개하였다.
　㉲ 본 품에 의한 거리측정은 광파기에 의하여 측정하였다.
　㉳ 본 품에 의한 결과도 작성은 프로그램에 의한 것이다.
　㉴ 본 품에는 지구계 분할측량품은 포함되어 있지 않다.
　㉵ 본 품에 사용되는 기계경비 및 재료소모품비는 별도 계상한다.
　㉶ 본 품에는 지적기준점측량이 포함되어 있지 않으므로 지적기준점측량을 실시할 경우에는 지적기준점측량비를 별도 계상한다.
　㉷ 본 품의 외업에 필요한 여비는 공무원여비규정에 의한 국내여행자의 일비를 별도 계상한다.

9-8 등록전환 측량

9-8-1 등록전환 측량(도해)

| 구 분 | 일수 | 인 원 수 | | | | | | | | 비고 |
| | | 1일당 | | | | 합계 | | | | |
작업별		지적기사	지적산업기사	지적기능사	인부	지적기사	지적산업기사	지적기능사	인부	
자 료 조 사	(0.22)		1				(0.22)			( )는 내업임
계 획 준 비	(0.10)	1	1			(0.10)	(0.10)			
준 비 도 작 성	(0.13)		1				(0.13)			
현 지 측 량	0.50	1	1	1		0.50	0.50	0.50		
성 과 설 명	0.13	1				0.13				
면적측정 및 계산	(0.07)		1				(0.07)			
결 과 도 작 성	(0.13)		1				(0.13)			
결과부 및 조서작성	(0.10)		1				(0.10)			
성과점검 및 인계	(0.12)	1				(0.12)				
소계 외 업	0.63					0.63	0.50	0.50		
내 업	(0.87)					(0.22)	(0.75)			
합　　　계	1.50					0.85	1.25	0.50		

[주] ① 본 품은 「공간정보의 구축 및 관리 등에 관한 법률」 제2조 제30호의 규정에 의하여 임야대장 및 임야도에 등록된 토지를 토지대장 및 지적도에 옮겨 등록하기 위하여 실시하는 측량 품이다.
　② 면적계수
　　　본 품은 1필지당 1,500㎡를 기준으로 하였으며, 기준면적 이하는 기준면적을 적용하고 기준면적을 초과할 때에는 다음의 계수를 곱하여 계상한다.

구 분 \ 가산횟수	0회	1	2	3	4	5	6이상
계수	1.0	1.2	1.4	1.6	1.8	2.0	1.5+(0.1×n)

※ n은 가산횟수로 (대상면적-기준면적)÷기준면적

③ 지역구분계수
본 품은 군지역을 기준으로 하였으며, 행정구역이 다를 경우 다음의 계수를 곱하여 품을 계상한다.

구분 내용	군지역	시지역	구지역
계수	1.00	1.40	1.54

④ 집단지·연속지 체감계수
집단지·연속지라 함은 등록전환 필지수가 51필지 이상 연속 및 집단되어 동일한 작업과정으로 계속하여 측량업무를 수행할 수 있는 경우, 다음의 계수를 곱하여 계상한다.

구분 내용	50필지이하	51~100필지	101~500필지	501~1000필지	1000필지초과
계수	1.00	0.97	0.91	0.84	0.76

⑤ 성과작성품
본 품에는 다음의 성과작성품이 포함되어 있다.
㉮ 등록전환 측량결과도　　　　1부
㉯ 면적측정부　　　　　　　　　1부
㉰ 이동지조서　　　　　　　　　3부
㉱ 지적공부정리파일　　　　　　1식
㉲ 측량결과부(측량성과도 등)　　1부

⑥ 기타사항
㉮ 등록전환할 토지의 축척은 1/600, 1/1000, 1/1200, 1/2400로 구분한다.
㉯ 본 품에 사용되는 기계경비 및 재료소모품비는 별도 계상한다.
㉰ 작업상 지적측량기준점을 설치할 경우에는 지적측량기준점 설치비를 별도 계상한다.
㉱ 도서지역 등의 측량을 위하여 선박 등을 임차할 경우에는 임차료 실비를 별도 계상한다.
㉲ 본 품의 외업에 필요한 여비는 공무원여비규정에 의한 국내여행자의 일비를 별도 계상한다.

[계산예]
① 기준단가
시지역으로서 1필지의 면적이 5,000㎡인 임야를 토지로 도해측량방법으로 등록전환 할 경우

㉠ 기본계수 : 1.0 ㉡ 등록계수 : 0.00 ㉢ 지역구분계수 : 0.40 ㉣ 면적계수 : 0.60
합계 : 2.00 = (㉠+㉡+㉢+㉣)

구분	내용	수량	단가	금액
지 적 기 사		0.85×2.00=1.70	w_1	$W_1=1.70 \times w_1$
지 적 산 업 기 사		1.25×2.00=2.50	w_2	$W_2=2.50 \times w_2$
지 적 기 능 사		0.50×2.00=1.00	w_3	$W_3=1.00 \times w_3$
계				ΣW

[결정단가] = ΣW + 직접경비 + 간접측량비

② 집단지·연속지
시지역으로서 70필지의 임야를 토지로 도해측량방법으로 등록전환 할 경우
(1필지당 단가)

㉠ 기본계수(50필지까지) : 1.0, ㉡ 기본계수(100필지까지) : 0.97
㉢ 등록계수 : 0.00 ㉣ 지역구분계수 : 0.40
합계 : 1.40 = (㉠+㉢+㉣), 1.37 = (㉡+㉢+㉣)

㉮ 기본단가(50필지까지)

구 분	내 용	수 량	단 가	금 액
지 적 기 사		0.85×1.40=1.19	w_1	$W_1=1.19×w_1$
지 적 산 업 기 사		1.25×1.40=1.75	w_2	$W_2=1.75×w_2$
지 적 기 능 사		0.50×1.40=0.70	w_3	$W_3=0.70×w_3$
계				ΣW

[결정단가 ⓐ] = ΣW+직접경비+간접측량비

㉯ 체감계수 적용단가 (51필지~100필지까지)

구 분	내 용	수 량	단 가	금 액
지 적 기 사		0.85×1.37=1.16	w_1	$W_1=1.16×w_1$
지 적 산 업 기 사		1.25×1.37=1.71	w_2	$W_2=1.71×w_2$
지 적 기 능 사		0.50×1.37=0.69	w_3	$W_3=0.69×w_3$
계				ΣW

[결정단가 ⓑ] = ΣW+직접경비+간접측량비
[합계] = (단가 ⓐ×50필지)+(단가 ⓑ×20필지)

[주] ① 측량비 산출단가에는 직접경비(현장여비·기계경비·재료소모품비) 및 간접측량비(제경비·기술료)를 별도 계상한다.
② 집단지·연속지인 경우 50필지까지는 기본단가를, 100필지까지는 체감계수가 적용된 단가로 측량비를 산출하여 전체 합산한다.

9-8-2 등록전환 측량(수치)

구 분 작업별	일수	인 원 수 1일당				인 원 수 합계				비고
		지적기사	지적산업기사	지적기능사	인부	지적기사	지적산업기사	지적기능사	인부	
자 료 조 사	(0.26)		1				(0.26)			
계 획 준 비	(0.10)	1	1			(0.10)	(0.10)			
준 비 도 작 성	(0.12)		1				(0.12)			
현 지 측 량	0.50	1	1	1		0.50	0.50	0.50		( )는 내업임
성 과 설 명	0.12	1				0.12				
면 적 측 정 및 계 산	(0.08)		1				(0.08)			
결 과 도 작 성	(0.16)		1				(0.16)			
결과부 및 조서작성	(0.13)		1				(0.13)			
성 과 점 검 및 인 계	(0.13)	1				(0.13)				
소 계 외 업	0.62					0.62	0.50	0.50		
소 계 내 업	(0.98)					(0.23)	(0.85)			
합 계	1.60					0.85	1.35	0.50		

[주] ① 본 품은 「공간정보의 구축 및 관리 등에 관한 법률」 제2조 제30호의 규정에 의하여 임야대장 및 임야도에 등록된 토지를 수치로 등록하기 위하여 경위의 측량방법으로 실시하는 측량 품이다.
② 면적계수
본 품은 1필지당 1,500㎡를 기준으로 하였으며, 기준면적 이하는 기준면적을 적용하고 기준면적을

초과할 때에는 다음의 계수를 곱하여 계상한다.

가산횟수 구 분	0회	1	2	3	4	5	6이상
계수	1.0	1.2	1.4	1.6	1.8	2.0	1.5+(0.1×n)

※ n은 가산횟수로 (대상면적-기준면적) ÷ 기준면적

③ 지역구분계수
본 품은 군지역을 기준으로 하였으며, 행정구역이 다를 경우 다음의 계수를 곱하여 품을 계상한다.

구 분 내 용	군지역	시지역	구지역
계수	1.00	1.40	1.54

④ 집단지·연속지 체감계수
집단지·연속지라 함은 등록전환 필지수가 51필지 이상 연속 및 집단되어 동일한 작업과정으로 계속하여 측량업무를 수행할 수 있는 경우, 다음의 계수를 곱하여 계상한다.

구 분 내 용	50필지이하	51~100필지	101~500필지	501~1000필지	1000필지초과
계수	1.00	0.97	0.91	0.84	0.76

⑤ 성과작성품
본 품에는 다음의 성과작성품이 포함되어 있다.
㉮ 등록전환 측량결과도 및 계산부   1부
㉯ 좌표면적계산부   1부
㉰ 이동지조서   3부
㉱ 지적공부정리파일   1식
㉲ 측량결과부(측량성과도 등)   1부

⑥ 기타사항
㉮ 등록전환할 토지의 축척은 1/500, 1/1000로 구분한다.
㉯ 본 품에 사용되는 기계경비 및 재료소모품비는 별도 계상한다.
㉰ 작업상 지적측량기준점을 설치할 경우에는 지적측량기준점 설치비를 별도 계상한다.
㉱ 도서지역 등의 측량을 위하여 선박 등을 임차할 경우에는 임차료 실비를 별도 계상한다.
㉲ 본 품의 외업에 필요한 여비는 공무원여비규정에 의한 국내여행자의 일비를 별도 계상한다.

9-9 분할측량

9-9-1 분할측량(도해)('05, '23년 보완)

구 분 작업별	일수	인 원 수							비고
		1일당				합계			
		지적 기사	지적 산업 기사	지적 기능사	인부	지적 기사	지적 산업 기사	지적 기능사	인부
자 료 조 사	(0.20)		1				(0.20)			
계 획 준 비	(0.09)	1	1			(0.09)	(0.09)			
준 비 도 작 성	(0.12)		1				(0.12)			( )는 내업임
현 지 측 량	0.47	1	1	1		0.47	0.47	0.47		
성 과 설 명	0.12	1				0.12				
면적측정 및 계산	(0.05)		1				(0.05)			
결 과 도 작 성	(0.10)		1				(0.10)			
결과부 및 조서작성	(0.10)		1				(0.10)			( )는 내업임
성과점검 및 인계	(0.12)	1				(0.12)				
소 계 외 업	0.59					0.59	0.47	0.47		
소 계 내 업	(0.78)					(0.21)	(0.66)			
합 계	1.37					0.80	1.13	0.47		

[주] ① 본 품은 「공간정보의 구축 및 관리 등에 관한 법률」 제2조 제31호의 규정에 의하여 지적공부에 등록된 도해지역의 1필지를 2필지 이상으로 나누어 등록하기 위한 측량 품이다.

② 면적계수
본 품은 1필지당 토지는 1,500㎡, 임야는 5,000㎡를 기준으로 하였으며, 기준면적 이하는 기준면적을 적용하고, 기준면적을 초과할 때에는 다음의 계수를 곱하여 계상한다.

구 분 \ 가산횟수	0회	1	2	3	4	5	6이상
계수	1.0	1.2	1.4	1.6	1.8	2.0	1.5+(0.1×n)

※ n은 가산횟수로 (대상면적-기준면적) ÷ 기준면적

③ 등록계수
지적공부 등록지(토지, 임야)별로 다음의 계수를 곱하여 계상한다.

내 용 \ 구 분	토지	임야
계수	1.00	1.28

④ 지역구분계수
본 품은 군지역을 기준으로 하였으며, 행정구역이 다를 경우 다음의 계수를 곱하여 품을 계상한다.

내 용 \ 구 분	군지역	시지역	구지역
계수	1.00	1.40	1.54

⑤ 집단지·연속지 체감계수
집단지·연속지라 함은 분할후 필지수가 51필지 이상 연속 및 집단되어 동일한 작업과정으로 계속하여 측량업무를 수행할 수 있는 경우, 다음의 계수를 곱하여 계상한다.

내용 \ 구분	50필지이하	51~100필지	101~500필지	501~1000필지	1000필지초과
계수	1.00	0.97	0.91	0.84	0.76

⑥ 성과작성품

본 품에는 다음의 성과작성품이 포함되어 있다.
- ㉮ 분할측량결과도   1부
- ㉯ 면적측정부   1부
- ㉰ 이동지조서   3부
- ㉱ 지적공부정리파일   1식
- ㉲ 측량결과부(측량성과도 등)   1부

⑦ 기타사항
- ㉮ 분할측량할 토지의 축척은 1/600, 1/1000, 1/1200, 1/2400, 1/3000, 1/6000로 구분한다.
- ㉯ 본 품은 분할후 2필지를 기준으로 하여 1필지단위로 본 산출품에 의한 측량비용을 적용하고, 1필지 추가 될 때마다 본 품에 의한 측량비를 가산한다.
- ㉰ 면적이나 분할선을 도면상에 지정하여 현장에 표시하는 경우에는 본 품에 의한 측량비의 50%의 값을 가산한다. 이 경우 추가로 현장측량 할 때 마다 가산한다.
- ㉱ 측량대상토지가 연속 또는 집단되어 동일한 작업과정으로 계속해서 측량업무를 수행할 수 있는 경우로 분할후 전체 필지수가 50필지 이하인 경우, 3필지부터 25필지까지는 0.03을, 26필지부터 50필지까지는 0.02를 추가로 기본품에서 감(-)하여 적용한다. 다만, 기본품에 의한 산출비용을 적용하지 않거나 경감하는 경우에는 예외로 한다.
- ㉲ 도해지역에서 도시계획시설(도로, 하천, 공원 등)에 편입된 면적을 현장측량을 수반하지 않고 계획도면상으로 면적을 측정하여 성과를 작성하는 시설편입지측량(도해)의 경우 본 품의 내업품을 적용한다.
- ㉳ 본 품에 사용되는 기계경비 및 재료소모품비는 별도 계상한다.
- ㉴ 작업상 지적측량기준점을 설치할 경우에는 지적측량기준점 설치비를 별도 계상한다.
- ㉵ 도서지역 등의 측량을 위하여 선박 등을 임차할 경우에는 임차료 실비를 별도 계상한다.
- ㉶ 본 품의 외업에 필요한 여비는 공무원여비규정에 의한 국내여행자의 일비를 별도 계상한다.

[계산예]

① 기준단가

시지역으로서 1필지의 면적이 6,000㎡인 토지를 2필지로 분할측량 할 경우

㉠ 기본계수 : 1.0 ㉡ 등록계수 : 0.00 ㉢ 지역구분계수 : 0.40 ㉣ 면적계수 : 0.60
합계 : 2.00 = (㉠+㉡+㉢+㉣)

구분	내용	수량	단가	금액
지 적 기 사		0.80×2.00=1.60	w_1	$W_1=1.60×w_1$
지 적 산 업 기 사		1.13×2.00=2.26	w_2	$W_2=2.26×w_2$
지 적 기 능 사		0.47×2.00=0.94	w_3	$W_3=0.94×w_3$
계				ΣW

[결정단가] = (ΣW+직접경비+간접측량비)/2

② 집단지·연속지

시지역으로서 70필지의 토지를 분할측량 할 경우 (1필지당 단가)

㉠ 기본계수(50필지까지) : 1.0, ㉡ 기본계수(100필지까지) : 0.97
㉢ 등록계수 : 0.00 ㉣ 지역구분계수 : 0.40
합계 : 1.40 = (㉠+㉢+㉣), 1.37 = (㉡+㉢+㉣)

㉮ 기본단가(50필지까지)

구분	내용	수량	단가	금액
지 적 기 사		0.80×1.40=1.12	w_1	$W_1=1.12×w_1$
지 적 산 업 기 사		1.13×1.40=1.58	w_2	$W_2=1.58×w_2$
지 적 기 능 사		0.47×1.40=0.66	w_3	$W_3=0.66×w_3$
계				ΣW

[결정단가 ⓐ] = (ΣW+직접경비+간접측량비)/2

㉯ 체감계수 적용단가 (51필지~100필지까지)

구분	내용	수량	단가	금액
지 적 기 사		0.80×1.37=1.10	w_1	$W_1=1.10×w_1$
지 적 산 업 기 사		1.13×1.37=1.55	w_2	$W_2=1.55×w_2$
지 적 기 능 사		0.47×1.37=0.64	w_3	$W_3=0.64×w_3$
계				ΣW

[결정단가 ⓑ] = (ΣW+직접경비+간접측량비)/2
[합계] = (단가 ⓐ×50필지)+(단가 ⓑ×20필지)

※ ① 측량비 산출단가에는 직접경비(현장여비·기계경비·재료소모품비) 및 간접측량비(제경비·기술료)를 별도 계상한다.
② 집단지·연속지인 경우 50필지까지는 기본단가를, 100필지까지는 체감계수가 적용된 단가로 측량비를 산출하여 전체 합산한다.

9-9-2 분할측량(수치)('23년 보완)

구분\작업별	일수	인원수 1일 지적기사	지적산업기사	지적기능사	인부	합계 지적기사	지적산업기사	지적기능사	인부	비고
자 료 조 사	(0.22)		1				(0.22)			
계 획 준 비	(0.09)	1	1			(0.09)	(0.09)			
준 비 도 작 성	(0.12)		1				(0.12)			
현 지 측 량	0.40	1	1	1		0.40	0.40	0.40		
성 과 설 명	0.12	1				0.12				( )는 내업임
면적측정 및 계산	(0.09)		1				(0.09)			
결 과 도 작 성	(0.15)		1				(0.15)			
결과부 및 조서작성	(0.11)		1				(0.11)			
성과점검 및 인계	(0.13)	1				(0.13)				
소계 외업	0.52					0.52	0.40	0.40		
소계 내업	(0.91)					(0.22)	(0.78)			
합계	1.43					0.74	1.18	0.40		

[주] ① 본 품은 「공간정보의 구축 및 관리 등에 관한 법률」 제2조 제31호의 규정에 의하여 지적공부에 등록된 수치지역의 1필지를 2필지 이상으로 나누어 등록하기 위한 측량 품이다

② 면적계수
  본 품은 1필지당 토지는 1,500㎡, 임야는 5,000㎡를 기준으로 하였으며, 기준면적 이하는 기준면적을 적용하고, 기준면적을 초과할 때에는 다음의 계수를 곱하여 계상한다.

구 분 \ 가산횟수	0회	1	2	3	4	5	6이상
계수	1.0	1.2	1.4	1.6	1.8	2.0	1.5+(0.1×n)

  ※ n은 가산횟수로 (대상면적-기준면적) ÷ 기준면적

③ 지역구분계수
  본 품은 군지역을 기준으로 하였으며, 행정구역이 다를 경우 다음의 계수를 곱하여 품을 계상한다.

내 용 \ 구 분	군지역	시지역	구지역
계수	1.00	1.40	1.54

④ 집단지·연속지 체감계수
  집단지·연속지라 함은 분할후 필지수가 51필지 이상 연속 및 집단되어 동일한 작업과정으로 계속하여 측량업무를 수행할 수 있는 경우, 다음의 계수를 곱하여 계상한다.

구분 \ 내용	50필지이하	51~100필지	101~500필지	501~1000필지	1000필지초과
계수	1.00	0.97	0.91	0.84	0.76

⑤ 성과작성품
  본 품에는 다음의 성과작성품이 포함되어 있다.
  ㉮ 분할측량결과도 및 계산부   1부
  ㉯ 좌표면적계산부   1부
  ㉰ 이동지조서   3부
  ㉱ 지적공부정리파일   1식
  ㉲ 측량결과부(측량성과도 등)   1부

⑥ 기타사항
  ㉮ 분할측량할 토지의 축척은 1/500, 1/1000로 구분한다.
  ㉯ 본 품은 분할후 2필지를 기준으로 하여 1필지단위로 본 산출품에 의한 측량비용을 적용하고, 1필지 추가 될 때마다 본 품에 의한 측량비를 가산한다.
  ㉰ 면적이나 분할선을 도면상에 지정하여 현장에 표시하는 경우에는 본 품에 의한 측량비의 50%의 값을 가산한다. 이 경우 추가로 현장측량 할 때 마다 가산한다.
  ㉱ 측량대상토지가 연속 또는 집단되어 동일한 작업과정으로 계속해서 측량업무를 수행할 수 있는 경우로 분할후 전체 필지수가 50필지 이하인 경우, 3필지부터 25필지까지는 0.03을, 26필지부터 50필지까지는 0.02를 추가로 기본품에서 감(-)하여 적용한다. 다만, 기본품에 의한 산출비용을 적용하지 않거나 경감하는 경우에는 예외로 한다.
  ㉲ 수치지역에서 도시계획시설(도로, 하천, 공원 등)에 편입된 면적을 현장측량을 수반하지 않고 계획도면상으로 면적을 측정하여 성과를 작성하는 시설편입지면적측정(수치)의 경우 본 품의 내업품을 적용한다.
  ㉳ 본 품에 사용되는 기계경비 및 재료소모품비는 별도 계상한다.
  ㉴ 작업상 지적측량기준점을 설치할 경우에는 지적측량기준점 설치비를 별도 계상한다.
  ㉵ 도서지역 등의 측량을 위하여 선박 등을 임차할 경우에는 임차료 실비를 별도 계상한다.
  ㉶ 본 품의 외업에 필요한 여비는 공무원여비규정에 의한 국내여행자의 일비를 별도 계상한다.

[계산예]
① 기준단가
  수치지역인 시지역의 1필지 면적이 6,000㎡인 토지를 2필지로 분할측량 할 경우

  ㉠ 기본계수 : 1.0 ㉡ 지역구분계수 : 0.40 ㉢ 면적계수 : 0.60
  합계 : 2.00 = (㉠+㉡+㉢)

구분 \ 내용	수량	단가	금액
지 적 기 사	0.74×2.00=1.48	w_1	$W_1=1.48×w_1$
지 적 산 업 기 사	1.18×2.00=2.36	w_2	$W_2=2.36×w_2$
지 적 기 능 사	0.40×2.00=0.80	w_3	$W_3=0.80×w_3$
계			ΣW

[결정단가] = (ΣW+직접경비+간접측량비)/2

② 집단지·연속지
  수치지역인 시지역의 70필지를 토지 분할측량 할 경우 (1필지당 단가)

  ㉠ 기본계수(50필지까지) : 1.0, ㉡ 기본계수(100필지까지) : 0.97
  ㉢ 지역구분계수 : 0.40 | 합계 : 1.40 = (㉠+㉢), 1.37 = (㉡+㉢)

  ㉮ 기본단가(50필지까지)

구분 \ 내용	수량	단가	금액
지 적 기 사	0.74×1.40=1.04	w_1	$W_1=1.04×w_1$
지 적 산 업 기 사	1.18×1.40=1.65	w_2	$W_2=1.65×w_2$
지 적 기 능 사	0.40×1.40=0.56	w_3	$W_3=0.56×w_3$
계			ΣW

[결정단가 ⓐ] = (ΣW+직접경비+간접측량비)/2

  ㉯ 체감계수 적용단가 (51필지~100필지까지)

구분 \ 내용	수량	단가	금액
지 적 기 사	0.74×1.37=1.01	w_1	$W_1=1.01×w_1$
지 적 산 업 기 사	1.18×1.37=1.62	w_2	$W_2=1.62×w_2$
지 적 기 능 사	0.40×1.37=0.55	w_3	$W_3=0.55×w_3$
계			ΣW

[결정단가 ⓑ] = (ΣW+직접경비+간접측량비)/2
[합계] = (단가 ⓐ×50필지)+(단가 ⓑ×20필지)

※ ① 측량비 산출단가는 직접경비(현장여비·기계경비·재료소모품비) 및 간접측량비(제경비·기술료)를 별도 계상한다.
   ② 집단지·연속지인 경우 50필지까지는 기본단가를, 100필지까지는 체감계수가 적용된 단가로 측량비를 산출하여 전체 합산한다.

9-10 경계복원 측량

9-10-1 경계복원 측량(도해)('23년 보완)

구분 작업별	일수	인원수 1일당 지적기사	지적산업기사	지적기능사	인부	합계 지적기사	지적산업기사	지적기능사	인부	비고
자 료 조 사	(0.20)		1				(0.20)			
계 획 준 비	(0.09)	1	1			(0.09)	(0.09)			
준 비 도 작 성	(0.12)		1				(0.12)			
현 지 측 량	0.49	1	1	1		0.49	0.49	0.49		
성 과 설 명	0.12	1				0.12				( )는 내업임
면적측정 및 확인	(0.01)		1				(0.01)			
결 과 도 작 성	(0.10)		1				(0.10)			
결과부 및 조서작성	(0.10)		1				(0.10)			
성과점검 및 인계	(0.09)	1				(0.09)				
소계 외업	0.61					0.61	0.49	0.49		
소계 내업	(0.71)					(0.18)	(0.62)			
합 계	1.32					0.79	1.11	0.49		

[주] ① 본 품은 도해지역의 필지를 「공간정보의 구축 및 관리 등에 관한 법률」 제2조 제4호의 규정에 의하여 같은 법률 제2조 제25호에서 말하는 "경계점"을 지상에 복원하는 측량 품이다.

② 면적계수

본 품은 1필지당 토지는 300㎡, 임야는 3,000㎡를 기준으로 하였으며, 기준면적 이하는 기준면적을 적용하고, 기준면적을 초과할 때에는 다음의 계수를 곱하여 계상한다.

구분 가산횟수	0회	1	2	3	4	5	6이상
계수	1.0	1.2	1.4	1.6	1.8	2.0	$1.5+(0.1 \times n)$

※ n은 가산횟수로 (대상면적-기준면적) ÷ 기준면적

③ 등록계수

지적공부 등록지(토지, 임야)별로 다음의 계수를 곱하여 계상한다.

내용 구분	토지	임야
계수	1.00	1.28

④ 지역구분계수

본 품은 군지역을 기준으로 하였으며, 행정구역이 다를 경우 다음의 계수를 곱하여 품을 계상한다.

내용 구분	군지역	시지역	구지역
계수	1.00	1.40	1.54

⑤ 집단지·연속지 체감계수

집단지·연속지라 함은 경계복원후 필지수가 51필지 이상 연속 및 집단되어 동일한 작업과정으로 계속하여 측량업무를 수행할 수 있는 경우, 다음의 계수를 곱하여 계상한다.

내용 \ 구분	50필지이하	51~100필지	101~500필지	501~1000필지	1000필지초과
계수	1.00	0.97	0.91	0.84	0.76

⑥ 경계복원점계수

본 품은 6~10점의 경계점을 복원한 것을 기준으로 하였으며, 복원한 경계점의 수가 다를 때에는 다음의 계수를 곱하여 계상한다.

내용 \ 구분	5점이하	6점~10점	11점~20점	21점~30점	31점~40점	40점초과시 매10점마다
계수	0.95	1.00	1.05	1.10	1.15	$1+(0.05 \times n)$

※ n는 경계복원기본계수 1.00초과시부터 가산되는 횟수로 10점 증가시마다 1회씩 가산하고 최고 1.30까지만 적용한다. 다만, 측량대상 필지의 전체 경계점수가 5점이하이면서 경계점수 전체를 복원하는 경우는 예외로 한다.

⑦ 성과작성품

본 품에는 다음의 성과작성품이 포함되어 있다.
㉮ 경계복원 측량결과도   1부
㉯ 측량결과부(측량성과도 등)   1부

⑧ 기타사항

㉮ 경계복원 측량할 토지의 축척은 1/600, 1/1000, 1/1200, 1/2400, 1/3000, 1/6000로 구분한다.
㉯ 측량대상토지가 연속 또는 집단되어 동일한 작업과정으로 계속해서 측량업무를 수행할 수 있는 경우로 분할후 전체 필지수가 50필지 이하인 경우, 3필지부터 25필지까지는 0.03을, 26필지부터 50필지까지는 0.02를 추가로 기본품에서 감(-)하여 적용한다. 다만, 기본품에 의한 산출비용을 적용하지 않거나 경감하는 경우에는 예외로 한다.
㉰ 도해지역에서 「국토의 계획 및 이용에 관한 법률」 제30조제6항 및 같은 법 제32조제4항의 도시관리계획선을 지상에 복원하기 위하여 실시하는 측량의 경우 본 품을 적용한다.
㉱ 본 품에 사용되는 기계경비 및 재료소모품비는 별도 계상한다.
㉲ 작업상 지적측량기준점을 설치할 경우에는 지적측량기준점 설치비를 별도 계상한다.
㉳ 도서지역 등의 측량을 위하여 선박 등을 임차할 경우에는 임차료 실비를 별도 계상한다.
㉴ 본 품의 외업에 필요한 여비는 공무원여비규정에 의한 국내여행자의 일비를 별도 계상한다.
㉵ 본 품의 측량결과에 대한 설명을 부가한 감정도 및 감정서 발급을 요청할 경우에는 추가 품을 가산 적용할 수 있다.

[계산예]

① 기준단가

시지역으로서 1필지의 면적이 1,000㎡인 토지를 경계복원 할 경우

> ㉠ 기본계수 : 1.0 ㉡ 등록계수 : 0.00 ㉢ 지역구분계수 : 0.40 ㉣ 면적계수 : 0.60
> 합계 : 2.00 = (㉠+㉡+㉢+㉣)

구분	내용	수량	단가	금액
지 적 기 사		0.79×2.00=1.58	w_1	$W_1=1.58 \times w_1$
지 적 산 업 기 사		1.11×2.00=2.22	w_2	$W_2=2.22 \times w_2$
지 적 기 능 사		0.49×2.00=0.98	w_3	$W_3=0.98 \times w_3$
계				ΣW

[결정단가] = ΣW + 직접경비 + 간접측량비

※ 측량비 산출단가는 직접경비(현장여비·기계경비·재료소모품비) 및 간접측량비(제경비·기술료)를 별도 계상한다.

9-10-2 경계복원 측량(수치)('23년 보완)

작업별	일수	인원수 1일당 지적기사	지적산업기사	지적기능사	인부	합계 지적기사	지적산업기사	지적기능사	인부	비고
자 료 조 사	(0.22)		1				(0.22)			( )는 내업임
계 획 준 비	(0.09)	1	1			(0.09)	(0.09)			
준 비 도 작 성	(0.12)		1				(0.12)			
현 지 측 량	0.36	1	1	1		0.36	0.36	0.36		
현 지 측 량	0.36	1	1	1		0.36	0.36	0.36		( )는 내업임
성 과 설 명	0.10	1				0.10				
면적측정 및 확인	(0.02)		1				(0.02)			
결 과 도 작 성	(0.15)		1				(0.15)			
결과부 및 조서작성	(0.11)		1				(0.11)			
성과점검 및 인계	(0.09)	1				(0.09)				
소계 외업	0.46					0.46	0.36	0.36		
소계 내업	(0.80)					(0.18)	(0.71)			
합 계	1.26					0.64	1.07	0.36		

[주] ① 본 품은 수치지역의 토지를 「공간정보의 구축 및 관리 등에 관한 법률」 제2조 제4호의 규정에 의하여 같은 법률 제2조 제25호에서 말하는 "경계점"을 지상에 복원하는 측량 품이다.
② 면적계수
본 품은 1필지당 토지는 300㎡, 임야는 3,000㎡를 기준으로 하였으며, 기준면적 이하는 기준면적을 적용하고, 기준면적을 초과할 때에는 다음의 계수를 곱하여 계상한다.

구분	가산횟수 0회	1	2	3	4	5	6이상
계수	1.0	1.2	1.4	1.6	1.8	2.0	1.5+(0.1×n)

※ n은 가산횟수로 (대상면적-기준면적) ÷ 기준면적

③ 지역구분계수
본 품은 군지역을 기준으로 하였으며, 행정구역이 다를 경우 다음의 계수를 곱하여 품을 계상한다.

내용 구분	군지역	시지역	구지역
계수	1.00	1.40	1.54

④ 집단지·연속지 체감계수
집단지·연속지라 함은 경계복원 필지수가 51필지 이상 연속 및 집단되어 동일한 작업과정으로 계속하여 측량업무를 수행할 수 있는 경우, 다음의 계수를 곱하여 계상한다.

구분 내용	50필지이하	51~100필지	101~500필지	501~1000필지	1000필지초과
계수	1.00	0.97	0.91	0.84	0.76

⑤ 경계복원점계수
본 품은 6~10점의 경계점을 복원한 것을 기준으로 하였으며, 복원한 경계점의 수가 다를 때에는 다음의 계수를 곱하여 계상한다.

구분 내용	5점이하	6점~10점	11점~20점	21점~30점	31점~40점	40점초과시 매10점마다
계수	0.95	1.00	1.05	1.10	1.15	1+(0.05×n)

※ n는 경계복원기본계수 1.00초과시부터 가산되는 횟수로 10점 증가시마다 1회씩 가산하고 최고 1.30까지만 적용한다. 다만, 측량대상 필지의 전체 경계점수가 5점이하이면서 경계점수 전체를 복원하는 경우는 예외로 한다.

⑥ 성과작성품
본 품에는 다음의 성과작성품이 포함되어 있다.
㉮ 경계복원 측량결과도 및 계산부   1부
㉯ 측량결과부(측량성과도 등)   1부

⑦ 기타사항
㉮ 경계복원 측량할 토지의 축척은 1/500, 1/1000로 구분한다.
㉯ 측량대상토지가 연속 또는 집단되어 동일한 작업과정으로 계속해서 측량업무를 수행할 수 있는 경우로 분할후 전체 필지수가 50필지 이하인 경우, 3필지부터 25필지까지는 0.03을, 26필지부터 50필지까지는 0.02를 추가로 기본품에서 감(-)하여 적용한다. 다만, 기본품에 의한 산출비용을 적용하지 않거나 경감하는 경우에는 예외로 한다.
㉰ 수치지역에서 「국토의 계획 및 이용에 관한 법률」 제30조제6항 및 같은 법 제32조제4항에 따른 도시관리계획선을 지상에 복원하기 위하여 실시하는 측량의 경우 본 품을 적용한다.
㉱ 본 품에 사용되는 기계경비 및 재료소모품비는 별도 계상한다.
㉲ 작업상 지적측량기준점을 설치할 경우에는 지적측량기준점 설치비를 별도 계상한다.
㉳ 도서지역 등의 측량을 위하여 선박 등을 임차할 경우에는 임차료 실비를 별도 계상한다.
㉴ 본 품의 외업에 필요한 여비는 공무원여비규정에 의한 국내여행자의 일비를 별도 계상한다.
㉵ 본 품의 측량결과에 대한 설명을 부가한 감정도 및 감정서 발급을 요청할 경우에는 추가 품을 가산 적용할 수 있다.

[계산예]
① 기준단가
수치지역인 시지역의 1필지 면적이 1,000㎡인 토지를 경계복원 할 경우
㉠ 기본계수 : 1.0 ㉡ 지역구분계수 : 0.40 ㉢ 면적계수 : 0.60
합계 : 2.00 = (㉠+㉡+㉢)

구분	내용	수량	단가	금액
지 적 기 사		0.64×2.00=1.28	w_1	$W_1=1.28×w_1$
지 적 산 업 기 사		1.07×2.00=2.14	w_2	$W_2=2.14×w_2$
지 적 기 능 사		0.36×2.00=0.72	w_3	$W_3=0.72×w_3$
계				ΣW

[결정단가] = ΣW+직접경비+간접측량비

※ 측량비 산출단가는 직접경비(현장여비·기계경비·재료소모품비) 및 간접측량비(제경비·기술료)를 별도 계상한다.

9-11 지적측량

9-11-1 지적삼각측량('05년 보완)

작업별 \ 구분	일수	인원수 1일당 지적기사	인원수 1일당 지적산업기사	인원수 1일당 지적기능사	인원수 1일당 인부	인원수 합계 지적기사	인원수 합계 지적산업기사	인원수 합계 지적기능사	인원수 합계 인부	비고
자료조사	(1.48)	1	2			(1.48)	(2.96)			
계획준비	(1.13)	1	1			(1.13)	(1.13)			
답　　사	2.78		2	1			5.56	2.78		
선　　점	1.57	1	2			1.57	3.14			( )는 내업임
조　　표	3.65		2	1	1		7.30	3.65	3.65	
관　　측	3.74		2	1			7.48	3.74		
계　　산	(1.65)		2				(3.30)			
등　　사	(1.48)		1				(1.48)			
준비도 작성	(1.74)			1				(1.74)		
준비도 확인	(0.26)	1				(0.26)				
기지부합여부확인	3.22		2	1			6.44	3.22		
성과작성 계산부	(1.48)		1				(1.48)			( )는 내업임
성과작성 대장	(0.70)		1				(0.70)			
점　　검	(0.78)	1				(0.78)				
성과인계	(0.44)		1				(0.44)			
소계 외업	14.96					1.57	29.92	13.39	3.65	
소계 내업	(11.14)					(3.65)	(11.49)	(1.74)		
합　　계	26.10					5.22	41.41	15.13	3.65	

[주] ① 본 품은 「공간정보의 구축 및 관리 등에 관한 법률」 시행령 제8조 제1항 제3호의 규정에 의하여 「지적측량시행규칙」 제8조의 규정에 따라 지적삼각점측량을 경위의 측량방법에 의하여 실시할 경우의 품이다.
② 표고계수
본 품은 작업지역의 표고 500m미만인 경우를 기준으로 한 것이며, 500m 이상일 때에는 다음의 값 이내를 가산할 수 있다.

표고명	가산범위	비고
500m~1,000m	20%	
1,000m초과	40%	

③ 성과품
본 품에는 다음의 성과품이 포함되어 있다.
㉮ 관측부　　　　　　　　　1부
㉯ 지적삼각측량 계산부　　　1부
㉰ 지적삼각망도　　　　　　 1부
㉱ 점의조서　　　　　　　　 1부
④ 기타사항
㉮ 본 품은 축척과 측량지역의 대·소에 불구하고 여점 3점, 구점 5점을 기준으로 한 것이다.

㉯ 지적삼각보조점 측량수수료는 본 품에 의한 측량비의 50%의 값을 적용한다. 다만, 지적법령에 의거 영구표지를 설치하고 지적삼각측량방법에 준하였을 경우에는 지적삼각측량품을 적용한다.
㉰ 벌채보상비, 재료의 소모품비 등은 실정에 따라 별도 계상한다.
㉱ 관측기계는 GPS, 토탈스테이션, 광파거리측거기, 각 관측 장비로 한다.
㉲ 본 품에 사용되는 기계경비 및 재료소모품비는 별도 계상한다.
㉳ 본 품에 있어 매설작업에 따르는 자재대 및 운반비 인부임은 별도로 계상한다.
㉴ 본 품의 외업에 필요한 여비는 공무원여비규정에 의한 국내여행자의 일비를 별도 계상한다.

[계산예]
○ 사업지구에 지적삼각점측량을 구하는점 10점, 주어진점 3점을 측량할 경우의 기본품(지적삼각점측량)

구 분	수 량	단 가	금 액
지 적 기 사	5.22	w_1	$W_1 = 5.22 \times w_1$
지 적 산 업 기 사	41.41	w_2	$W_2 = 41.41 \times w_2$
지 적 기 능 사	15.13	w_3	$W_3 = 15.13 \times w_3$
인 부	3.65	w_4	$W_4 = 3.65 \times w_4$
계			ΣW

[결정단가] = (ΣW + 직접경비 + 간접측량비)/8
[합계] = [단가] × 13
※ 측량비 산출단가는 직접경비(현장여비·기계경비·재료소모품비) 및 간접측량비(제경비·기술료)를 별도 계상한다.

9-11-2 지적도근점측량

구 분 작업별	일수	인 원 수								비고
		1일당				합 계				
		지적 기사	지적 산업 기사	지적 기능사	인부	지적 기사	지적 산업 기사	지적 기능사	인부	
자 료 조 사	(1.12)	1	1			(1.12)	(1.12)			
계 획 준 비	(0.56)	1	2			(0.56)	(1.12)			
답 사	0.84		2	1			1.68	0.84		
선 점	1.96	1	2		1	1.96	3.92		1.96	
관 측	3.92		2	1			7.84	3.92		
계 산	(1.68)		2				(3.36)			( )는 내업임
지적전산파일변환	(1.12)		1				(1.12)			
준 비 도 작 성	(1.12)			1				(1.12)		
기지부합여부확인	2.24		2	1			4.48	2.24		
성 과 작 성	(1.12)		2				(2.24)			
점 검	(0.56)	1				(0.56)				
성 과 인 계	(0.56)		1				(0.56)			
소 계 외 업	8.96					1.96	17.92	7.00	1.96	
내 업	(7.84)					(2.24)	(9.52)	(1.12)		
합 계	16.80					4.20	27.44	8.12	1.96	

[주] ① 본 품은 「공간정보의 구축 및 관리 등에 관한 법률」 제8조 제1항 제3호의 규정에 의하여 「지적측량시행규칙」 제12조 규정에 따라 지적도근측량을 경위의 측량방법에 의해 실시할 경우의 품이다.
② 가산계수
방위각법에 의한 측량방법을 기준으로 하였으며, 배각법에 의하여 측량하였을 경우에는 다음의 계수를 곱하여 계상한다.

구 분	계 수	비 고
방 위 각 법	1.00	
배 각 법	1.37	

③ 성과품
본 품에는 다음의 성과품이 포함되어 있다.
㉮ 관측부   1부
㉯ 도근측량부   1부
㉰ 도근망도   1부
④ 기타사항
㉮ 본 품은 축척과 측량지역의 대·소에 불구하고 도근점 50점을 기준으로 한 것이다.
㉯ 본 품에는 지적도근점측량을 위한 지적삼각측량 품이 포함되지 않았으므로 지적삼각측량비를 별도 계상한다.
㉰ 본 품에는 지적도근점 표시를 하기 위한 재료 표지대는 포함되지 않았다.
㉱ 거리측정 등 관측기계는 GPS, 토탈스테이션, 광파거리측거기, 각 관측장비로 한다.
㉲ 본 품에 사용되는 기계경비 및 재료소모품비는 별도 계상한다.
㉳ 본 품에 있어 매설작업에 따르는 자재대 및 운반비 인부임은 별도로 계상한다.
㉴ 본 품의 외업에 필요한 여비는 공무원여비규정에 의한 국내여행자의 일비를 별도 계상한다.

[계산예]
① 기준단가
지구에 지적도근점측량을 배각법에 의하여 300점을 측량할 경우

㉠ 기본계수 : 1.0 ㉡ 가산계수 : 0.37 | 합계 : 1.37 = (㉠+㉡)

구 분	수 량	단 가	금 액
지 적 기 사	4.20×1.37 = 5.75	w_1	$W_1 = 5.75 \times w_1$
지 적 산 업 기 사	27.44×1.37 = 37.59	w_2	$W_2 = 37.59 \times w_2$
지 적 기 능 사	8.12×1.37 = 11.12	w_3	$W_3 = 11.12 \times w_3$
인 부	1.96×1.37 = 2.69	w_4	$W_4 = 2.69 \times w_4$
계			ΣW

[결정단가] = (ΣW+직접경비+간접측량비)/50
[합계] = [단가]×300

9-11-3 토지구획정리 지적확정측량('11년 보완)

구분 작업별		일수	인원수 1일당 지적기사	지적산업기사	지적기능사	인부	합계 지적기사	지적산업기사	지적기능사	인부	비고
계 획 준 비		(3.42)	1	1			(3.42)	(3.42)			( )는 내업임
자 료 조 사		(4.03)		1				(4.03)			
현 장 조 사		4.82	1	2			4.82	9.64			
지적전산파일변환		(3.58)		1				(3.58)			
지구계 준비도	작 성	(6.19)		1				(6.19)			
	확 인	(0.92)	1				(0.92)				
지 구 계	측 량	9.94	1	2	1		9.94	19.88	9.94		
	결과도 작성	(6.58)	1	1			(6.58)	(6.58)			
가 구 점	측 량	13.22	1	2	1		13.22	26.44	13.22		
	계 산	(10.86)	1	1			(10.86)	(10.86)			
필 계 점	측 량	21.39	1	2	1		21.39	42.78	21.39		
	계 산	(10.89)	1	1			(10.89)	(10.89)			
중 심 점 계 산		(8.40)	1	1			(8.40)	(8.40)			
말 박 기 측 량		9.18	1	2	1		9.18	18.36	9.18		( )는 내업임
측 량 계 산		(9.44)	1	1			(9.44)	(9.44)			
좌 표 면 적 계 산		(8.43)	1	1			(8.43)	(8.43)			
결 과 도 작 성		(3.10)		2				(6.20)			
성 과 작 성		(8.20)		2				(16.40)			
조 서 작 성		(5.88)		2				(11.76)			
납 품 도 서 류 작 성		(10.02)		2				(20.04)			
점 검		(5.01)	1				(5.01)				
성과설명 및 인계		(2.58)	1				(2.58)				
소 계	외 업	58.55					58.55	117.10	53.73		
	내 업	(107.53)					(66.53)	(126.22)			
합 계		166.08					125.08	243.32	53.73		

[쥐] ① 토지구획정리 지적확정측량이라 함은 「공간정보의 구축 및 관리 등에 관한 법률」 제86조 규정에 의한 도시개발사업 및 같은 법 시행령 제83조의 규정에 의한 토지개발사업에 따른 경계점좌표등록부에 토지의 표시를 새로 등록하기 위하여 실시하는 세부측량을 말한다.
② 면적체감계수
 본 품의 기준면적은 1지구 100,000㎡를 기준한 것으로 측량지구면적이 100,000㎡를 초과하는 경우에는 다음의 체감계수를 곱하여 각각 합산한 품으로 하며, 작업과정이 동일한 방법으로 연속되지 않을 경우에는 체감계수를 적용하지 않는다.

구분 내용	10만㎡ 이하	10만㎡초과 ~50만㎡	50만㎡초과 ~100만㎡	100만㎡초과 ~200만㎡	200만㎡초과 ~300만㎡	300만㎡ 초과
계수	1.0	0.9	0.8	0.7	0.6	0.5

③ 성과작성품

본 품에는 다음의 성과작성품이 포함되어 있다.

㉮ 지구계점, 가구계점, 필지경계점 측량부	각1부
㉯ 지구계점, 가구계점, 필지경계점 좌표계산부	각1부
㉰ 지구계점, 가구계점, 필지경계점 좌표면적계산부	각1부
㉱ 지구계점, 가구계점, 필지경계점 거리계산부	각1부
㉲ 지구계점 망도	1부
㉳ 확정도 사본	1부
㉴ 확정 종합도	1부
㉵ 지구내 종전도	1부
㉶ 신구대조도	1부
㉷ 지구계 분할도사	1부
㉸ 행정구역 변경도	1부
㉹ 국유지 무상양여도	1부
㉺ 국유지 증여도	1부
㉻ 확정도	1부
㉠ 확정지적조서	3부
㉡ 행정구역변경조서	1부
㉢ 국유지 무상양여조서	1부
㉣ 국유지 증여지조서	1부
㉤ 지적도 작성	1부

④ 기타사항

㉮ 축척은 1/500로 한다. 다만, 측량지역의 규모가 작고 협장하거나 대상지역이 산재하여 1/500의 축척으로 지적도를 비치하는 것이 부적당하다고 인정될 때에는 사전 시·도와 협의하여 인접지의 도면 축척으로 시행할 수 있다.

㉯ 본 품에 의한 면적계산은 좌표를 면적프로그램에 의하여 컴퓨터로 계산한 품으로 한다.

㉰ 본 품에 의한 좌표점 전개는 프로그램에 의하여 전개하였다.

㉱ 본 품에 의한 거리측정 등의 측량기계는 토탈스테이션, 광파측거기, 각 관측 장비로 한다.

㉲ 본 품에 의한 지적도 작성은 자동제도기에 의한 것이다.

㉳ 본 품에는 지구계 분할측량품은 포함되어 있지 않다.

㉴ 측량지구면적이 30,000㎡이하인 경우에는 30,000㎡의 품으로 한다.

㉵ 말박기측량을 수반하지 않을 경우 말박기측량 품을 제외한다.

㉶ 본 품에 사용되는 기계경비 및 재료소모품비는 별도 계상한다.

㉷ 도서지역 등의 측량을 위하여 선박 등을 임차할 경우에는 임차료 실비를 별도 계상한다.

㉸ 본 품의 외업에 필요한 여비는 공무원여비규정에 의한 국내여행자의 일비를 별도 계상한다.

㉹ 본 품에 지적기준점측량이 포함되어 있지 않으므로 지적기준점측량을 실시할 경우에는 지적기준점측량비를 별도 계상한다.

[계산예]

※ 지구의 면적이 500,000㎡인 토지구획정리를 확정측량 할 경우(지적삼각 3점, 지적도근점 200점)

㉠ 기본계수(10만㎡까지) : 1.0 ㉡ 기본계수(10만㎡초과 50만㎡까지) : 0.9

㉮ 기본단가(10만㎡까지)

구 분	수 량	단 가	금 액
지 적 기 사	125.08 × 1.0=125.08	w_1	W_1=125.08×w_1
지 적 산 업 기 사	243.32 × 1.0=243.32	w_2	W_2=243.32×w_2
지 적 기 능 사	53.73 × 1.0=53.73	w_3	W_3= 53.73×w_3
계			ΣW

[결정단가] = (ΣW+직접경비+간접측량비)/100,000㎡
[합계ΣW_1] = (단가×100,000)

㉯ 체감계수 적용단가(20만㎡초과 50만㎡까지)

구 분	수 량	단 가	금 액
지 적 기 사	125.08 × 0.9=112.57	w_1	W_1=112.57×w_1
지 적 산 업 기 사	243.32 × 0.9=218.99	w_2	W_2=218.99×w_2
지 적 기 능 사	53.73 × 0.9=48.36	w_3	W_3= 48.36×w_3
계			ΣW

[결정단가] = (ΣW+직접경비+간접측량비)/100,000㎡
[합계ΣW_2] = (단가×400,000)

㉰ 지적삼각 측량비 : ΣW_3
㉱ 지적도근 측량비 : ΣW_4

[총 계] = $\Sigma W_1 + \Sigma W_2 + \Sigma W_3 + \Sigma W_4$

※ ① 측량비 산출단가는 직접경비(현장여비·기계경비·재료소모품비) 및 간접측량비(제경비·기술료)를 별도 계상한다.
② 기준면적이 100,000㎡까지는 1㎡당 기본단가를, 100,000㎡를 초과하는 면적에 대해서는 체감계수가 적용된 단가로 측량비를 산출하여 전체 합산한다.

9-11-4 경지구획정리 지적확정측량

작업별		일수	인원수 1일당 지적기사	지적산업기사	지적기능사	인부	합계 지적기사	지적산업기사	지적기능사	인부	비고
계 획 준 비		(2.63)	1	1			(2.63)	(2.63)			
자 료 조 사		(3.40)		2				(6.80)			
현 장 조 사		3.90	1	1			3.90	3.90			
지적전산파일변환		(6.00)		2				(12.00)			
지구계 준비도	작 성	(7.83)	1	2	1		(7.83)	(15.66)	(7.83)		
	확 인	(1.05)	1				(1.05)				
지구계	측 량	14.53	1	2	1		14.53	29.06	14.53		( )는 내업임
	결과도 작성	(15.48)	1	2	1		(15.48)	(30.96)	(15.48)		
필계점	측 량	21.73	1	2	1		21.73	43.46	21.73		
	계 산	(16.70)	1	1			(16.70)	(16.70)			
좌표면적계산		(15.75)	1	1			(15.75)	(15.75)			
결 과 도 작 성		(3.03)	1	2	1		(3.03)	(6.06)	(3.03)		
성 과 도 작 성		(9.68)	1	2	1		(9.68)	(19.36)	(9.68)		
조 서 작 성		(5.88)		2	1			(11.76)	(5.88)		
납품도서류작성		(8.45)	1	2	1		(8.45)	(16.90)	(8.45)		
점 검		(5.65)	1				(5.65)				
성과설명 및 인계		(1.40)	1				(1.40)				
소 계	외 업	40.16					40.16	76.42	36.26		
	내 업	(102.93)					(87.65)	(154.58)	(50.35)		
합 계		143.09					127.81	231.00	86.61		

[주] ① 경지구획정리 지적확정측량이라 함은 「공간정보의 구축 및 관리 등에 관한 법률」 제86조 규정의 농어촌정비사업 중 "경지정리" 사업에 수반되는 세부측량을 말한다.
② 면적체감계수
측량지구의 면적이 1,000,000㎡를 초과할 경우에는 다음의 체감계수를 곱하여 각각 합산한 품으로 한다. 단, 작업과정이 동일한 방법으로 연속되지 않을 경우에는 체감계수를 적용하지 않는다.

면적별 구분	100만㎡ 이하	100만㎡초과 ~300만㎡	300만㎡초과 ~500만㎡	500만㎡초과 ~800만㎡	800만㎡초과 ~1000만㎡	1000만㎡ 초과
계수	1.0	0.9	0.8	0.7	0.6	0.5

③ 성과작성품
본 품에는 다음의 성과작성품이 포함되어 있다.
㉮ 면적측정부   1부
㉯ 신구대조도   1부
㉰ 행정구역변경도   1부
㉱ 국유지 무상 양여 양수도   1부
㉲ 확정측량 종합도   1부
㉳ 종전도   1부

㉑ 일람도　　　　　　　　　　　　1부
㉒ 확정지적조서　　　　　　　　　　1부
④ 기타사항
　㉮ 경지구획정리의 축척은 1/1,000로 하되 필요한 경우에는 미리 시·도지사의 승인을 얻어 6천분의 1까지 작성할 수 있다.
　㉯ 본 품에 의한 면적계산은 좌표를 면적프로그램에 의하여 컴퓨터로 계산한 품으로 한다.
　㉰ 본 품에 의한 좌표점 전개는 프로그램을 활용하였다.
　㉱ 본 품에 의한 거리측정 기계는 토탈스테이션, 광파측거기, 각 관측장비로 한다.
　㉲ 본 품에는 지구계 분할측량품은 포함되어 있지 않다.
　㉳ 본 품에 지적기준점측량이 포함되어 있지 않으므로 지적기준점측량을 실시할 경우에는 지적기준점측량비를 별도 계상한다.
　㉴ 본 품의 기준면적은 1지구 1,000,000㎡를 기준으로 한 것이며, 측량지구면적이 100,000㎡ 이하인 경우에는 100,000㎡의 품으로 한다.
　㉵ 중심점·가구점, 필계점, 말박기 측량을 필요로 할 경우에는 본 품의 50%의 값을 적용한 품으로 한다.
　㉶ 본 품에 사용되는 기계경비 및 재료소모품비는 별도 계상한다.
　㉷ 도서지역 등의 측량을 위하여 선박 등을 임차할 경우에는 임차료 실비를 별도 계상한다.
　㉸ 본 품의 외업에 필요한 여비는 공무원여비규정에 의한 국내여행자의 일비를 별도 계상한다.

[계산예]
※ 지구의 면적이 1,700,000㎡인 경지구획정리를 확정측량 할 경우

　⊙ 기본계수(100만㎡까지) : 1.0　⊙ 기본계수(100만㎡초과 300만㎡까지) : 0.9

　㉮ 기본단가(100만㎡까지)

구 분	수 량	단 가	금 액
지 적 기 사	127.81 × 1.0=127.81	w1	W1=127.81×w1
지 적 산 업 기 사	231.00 × 1.0=231.00	w2	W2=231.00×w2
지 적 기 능 사	86.61 × 1.0= 86.61	w3	W3= 86.61×w3
계			ΣW

[결정단가] = (ΣW+직접경비+간접측량비)/1,000,000㎡
[합계ΣW1] = (단가×1,000,000)

　㉯ 체감계수 적용단가 (100만㎡초과 300만㎡까지)

구 분	수 량	단 가	금 액
지 적 기 사	127.81 × 0.9=115.03	w1	W1=115.03×w1
지 적 산 업 기 사	231.00 × 0.9=207.90	w2	W2=207.90×w2
지 적 기 능 사	86.61 × 0.9= 77.95	w3	W3= 77.95×w3
계			ΣW

[결정단가] = (ΣW+직접경비+간접측량비)/1,000,000㎡
[합계ΣW2] = (단가×700,000)
　㉰ 지적삼각 측량비 : ΣW3
　㉱ 지적도근 측량비 : ΣW4
[총 계] = ΣW1+ΣW2+ΣW3+ΣW4

9-11-5 도면작성

구분 작업별	일수	인 원 수								비고
		1일당				합계				
		지적기사	지적산업기사	지적기능사	인부	지적기사	지적산업기사	지적기능사	인부	
지적전산파일변환	(0.25)		1				(0.25)			
제 도	(0.34)		1				(0.34)			( )는 내업임
대 조 수 정	(0.03)		1				(0.03)			
성 과 작 성	(0.13)		1				(0.13)			
점 검	(0.02)		1				(0.02)			
성 과 인 계	(0.01)		1				(0.01)			
합 계	(0.78)						(0.78)			

[주] ① 등록계수

지적공부 등록지(토지, 임야)별로 다음의 계수를 곱하여 계상한다.

구분 내 용	토지	임야
계수	1.00	1.28

② 성과품

본 품에는 다음의 성과작성품이 포함되어 있다.

㉮ 지적도면 사본 1부

③ 기타사항

㉮ 본 품은 지적도 크기의 1장을 기준한 것이다.

㉯ 본 품에 사용되는 기계경비 및 재료소모품비는 별도 계상한다.

㉰ 특수한 용지를 사용할 때에는 실정에 따라 재료비를 별도 계상한다.

㉱ 기준규격의 1/2 이하의 도면작성시에는 본 품에 의한 도면작성수수료의 50%의 값을 적용한다.

9-12 지적현황 측량

9-12-1 지적현황 측량(도해)('23년 보완)

구 분 작업별	일수	인 원 수							비고
		1일당				합계			
		지적기사	지적산업기사	지적기능사	인부	지적기사	지적산업기사	지적기능사	인부	
자 료 조 사	(0.20)		1				(0.20)			( )는 내업임
계 획 준 비	(0.09)	1	1			(0.09)	(0.09)			
준 비 도 작 성	(0.12)		1				(0.12)			
현 지 측 량	0.45	1	1	1		0.45	0.45	0.45		
성 과 설 명	0.12	1				0.12				
면적측정 및 계산	(0.03)		1				(0.03)			
결 과 도 작 성	(0.10)		1				(0.10)			
결과부 및 조서작성	(0.10)		1				(0.10)			
성과점검 및 인계	(0.09)	1				(0.09)				
소 계 외 업	0.57					0.57	0.45	0.45		
내 업	(0.73)					(0.18)	(0.64)			
합 계	1.30					0.75	1.09	0.45		

[주] ① 본 품은 도해지역에서 「공간정보의 구축 및 관리 등에 관한 법률」 제18조의 규정에 의한 지상구조물 또는 지형지물이 점유하는 위치현황을 지적도 및 임야도에 등록된 경계와 대비하여 표시하는 데에 필요한 측량 품이다.
② 면적계수
본 품은 1필지당 토지는 1,500㎡, 임야는 5,000㎡를 기준으로 하였으며, 기준면적 이하는 기준면적을 적용하고, 기준면적을 초과할 때에는 다음의 계수를 곱하여 계상한다.

구 분	가산횟수 0회	1	2	3	4	5	6이상
계수	1.0	1.2	1.4	1.6	1.8	2.0	1.5+(0.1×n)

※ n은 가산횟수로 (대상면적-기준면적) ÷ 기준면적
③ 등록계수
지적공부 등록지(토지, 임야)별로 다음의 계수를 곱하여 계상한다.

내용\구 분	토지	임야
계수	1.00	1.28

④ 지역구분계수
본 품은 군지역을 기준으로 하였으며, 행정구역이 다를 경우 다음의 계수를 곱하여 품을 계상한다.

내용\구 분	군지역	시지역	구지역
계수	1.00	1.40	1.54

⑤ 집단지·연속지 체감계수
집단지·연속지라 함은 지적현황 필지수가 51필지 이상 연속 및 집단되어 동일한 작업과정으로 계속하여 측량업무를 수행할 수 있는 경우, 다음의 계수를 곱하여 계상한다.

구분 내용	50필지이하	51~100필지	101~500필지	501~1000필지	1000필지초과
계수	1.00	0.97	0.91	0.84	0.76

⑥ 성과작성품
　본 품에는 다음의 성과작성품이 포함되어 있다.
　㉮ 지적현황측량결과도　　　　　　　　1부
　㉯ 측량결과부(측량성과도 등)　　　　　1부
　㉰ 면적계산부　　　　　　　　　　　　1부

⑦ 기타사항
　㉮ 지적현황측량할 토지의 축척은 1/600, 1/1000, 1/1200, 1/2400, 1/3000, 1/6000로 구분한다.
　㉯ 면적이나 현황선을 도면상에 지정하여 현장에 표시하는 경우에는 본 품에 의한 측량비의 40%의 값을 가산한다. 이 경우 추가로 현장측량 할 때마다 가산한다.
　㉰ 측량대상토지가 연속 또는 집단되어 동일한 작업과정으로 계속해서 측량업무를 수행할 수 있는 경우로 분할후 전체 필지수가 50필지 이하인 경우, 3필지부터 25필지까지는 0.03을, 26필지부터 50필지까지는 0.02를 추가로 기본품에서 감(-)하여 적용한다. 다만, 기본품에 의한 산출비용을 적용하지 않거나 경감하는 경우에는 예외로 한다.
　㉱ 본 품의 측량결과에 대한 설명을 부가한 감정도 및 감정서 발급을 요청할 경우에는 추가 품을 가산 적용할 수 있다.
　㉲ 본 품에 사용되는 기계경비 및 재료소모품비는 별도 계상한다.
　㉳ 작업상 지적측량기준점을 설치할 경우에는 지적측량기준점 설치비를 별도 계상한다.
　㉴ 도서지역 등의 측량을 위하여 선박 등을 임차할 경우에는 임차료 실비를 별도 계상한다.
　㉵ 본 품의 외업에 필요한 여비는 공무원여비규정에 의한 국내여행자의 일비를 별도 계상한다.

[계산예]
① 기준단가
　시지역으로서 1필지의 면적이 5,000㎡인 토지를 2필지로 현황측량 할 경우

　㉠기본계수 : 1.0 ㉡등록계수 : 0.00 ㉢지역구분계수 : 0.40 ㉣면적계수 : 0.60
　합계 : 2.00 = (㉠+㉡+㉢+㉣)

구 분	내 용	수 량	단 가	금 액
지　적　기　사		0.75×2.00=1.50	w1	W1=1.50×w1
지 적 산 업 기 사		1.09×2.00=2.18	w2	W2=2.18×w2
지　적　기　능　사		0.45×2.00=0.90	w3	W3=0.90×w3
계				ΣW

[결정단가] = (ΣW+직접경비+간접측량비)/2

② 집단지·연속지
　시지역으로서 70필지의 토지를 현황측량 할 경우 (1필지당 단가)

　㉠기본계수(50필지까지) : 1.0, ㉡기본계수(100필지까지) : 0.97
　㉢등록계수 : 0.00 ㉣지역구분계수 : 0.40
　합계 : 1.40 = (㉠+㉢+㉣), 1.37 = (㉡+㉢+㉣)

　㉮ 기본단가(50필지까지)

구 분	내 용	수 량	단 가	금 액
지 적 기 사		0.75×1.40=1.05	w1	W1=1.05×w1
지 적 산 업 기 사		1.09×1.40=1.53	w2	W2=1.53×w2
지 적 기 능 사		0.45×1.40=0.63	w3	W3=0.63×w3
계				ΣW

[결정단가 ⓐ] = (ΣW+직접경비+간접측량비)/2

㉯ 체감계수 적용단가(51필지~100필지까지)

구 분	내 용	수 량	단 가	금 액
지 적 기 사		0.75×1.37=1.03	w1	W1=1.03×w1
지 적 산 업 기 사		1.09×1.37=1.49	w2	W2=1.49×w2
지 적 기 능 사		0.45×1.37=0.62	w3	W3=0.62×w3
계				ΣW

[결정단가 ⓑ] = (ΣW+직접경비+간접측량비)/2
[합계] = (단가 ⓐ×50필지)+(단가 ⓑ×20필지)

※ ① 측량비 산출단가에는 직접경비(현장여비·기계경비·재료소모품비) 및 간접측량비(제경비·기술료)를 별도 계상한다.
② 집단지·연속지인 경우 50필지까지는 기본단가를, 100필지까지는 체감계수가 적용된 단가로 측량비를 산출하여 전체 합산한다.

9-12-2 지적현황 측량(수치)('23년 보완)

작업별	일수	인원수 1일당 지적기사	지적산업기사	지적기능사	인부	합계 지적기사	지적산업기사	지적기능사	인부	비고
자 료 조 사	(0.22)		1				(0.22)			
계 획 준 비	(0.09)	1	1			(0.09)	(0.09)			
준 비 도 작 성	(0.12)		1				(0.12)			
현 지 측 량	0.40	1	1	1		0.40	0.40	0.40		( )는 내업임
성 과 설 명	0.12	1				0.12				
면적측정 및 계산	(0.03)		1				(0.03)			
결 과 도 작 성	(0.15)		1				(0.15)			
결과부 및 조서작성	(0.11)		1				(0.11)			
성과점검 및 인계	(0.09)	1				(0.09)				
소계 외업	0.52					0.52	0.40	0.40		
소계 내업	(0.81)					(0.18)	(0.72)			
합 계	1.33					0.70	1.12	0.40		

[주] ① 본 품은 수치지역에서 「공간정보의 구축 및 관리 등에 관한 법률」 제18조의 규정에 의한 지상구조물 또는 지형지물이 점유하는 위치현황을 지적도 또는 임야도에 등록된 경계와 대비하여 표시하는 데에 필요한 측량 품이다.

② 면적계수
본 품은 1필지당 토지는 1,500㎡, 임야는 5,000㎡를 기준으로 하였으며, 기준면적 이하는 기준면적을 적용하고, 기준면적을 초과할 때에는 다음의 계수를 곱하여 계상한다.

구 분 \ 가산횟수	0회	1	2	3	4	5	6이상
계수	1.0	1.2	1.4	1.6	1.8	2.0	1.5+(0.1×n)

※ n은 가산횟수로 (대상면적-기준면적) ÷ 기준면적

③ 지역구분계수
본 품은 군지역을 기준으로 하였으며, 행정구역이 다를 경우 다음의 계수를 곱하여 품을 계상한다.

내 용 \ 구 분	군지역	시지역	구지역
계수	1.00	1.40	1.54

④ 집단지·연속지 체감계수
집단지·연속지라 함은 지적현황 필지수가 51필지 이상 연속 및 집단되어 동일한 작업과정으로 계속하여 동일한 작업과정으로 계속하여 측량업무를 수행할 수 있는 경우, 다음의 계수를 곱하여 계상한다.

내용 \ 구분	50필지이하	51~100필지	101~500필지	501~1000필지	1000필지초과
계수	1.00	0.97	0.91	0.84	0.76

⑤ 성과작성품
본 품에는 다음의 성과작성품이 포함되어 있다.
㉮ 지적현황측량결과도 및 계산부   1부
㉯ 측량결과부(측량성과도 등)   1부
㉰ 좌표면적계산부   1부

⑥ 기타사항
㉮ 지적현황측량할 토지의 축척은 1/500, 1/1000로 구분한다.
㉯ 면적이나 현황선을 도면상에 지정하여 현장에 표시하는 경우에는 본 품에 의한 측량비의 40%의 값을 가산한다. 이 경우 추가로 현장측량 할 때마다 가산한다.
㉰ 측량대상토지가 연속 또는 집단되어 동일한 작업과정으로 계속해서 측량업무를 수행할 수 있는 경우로 분할후 전체 필지수가 50필지 이하인 경우, 3필지부터 25필지까지는 0.03을, 26필지부터 50필지까지는 0.02를 추가로 기본품에서 감(-)하여 적용한다. 다만, 기본품에 의한 산출비용을 적용하지 않거나 경감하는 경우에는 예외로 한다.
㉱ 본 품의 측량결과에 대한 설명을 부가한 감정도 및 감정서 발급을 요청할 경우에는 추가 품을 가산 적용할 수 있다.
㉲ 본 품에 사용되는 기계경비 및 재료소모품비는 별도 계상한다.
㉳ 작업상 지적기준점측량과 수준측량을 실시할 경우에는 지적기준점측량 및 수준측량 비용을 별도 계상한다.
㉴ 도서지역 등의 측량을 위하여 선박 등을 임차할 경우에는 임차료 실비를 별도 계상한다.
㉵ 본 품의 외업에 필요한 여비는 공무원여비규정에 의한 국내여행자의 일비를 별도 계상한다.

[계산예]
① 기준단가
수치지역인 시지역의 1필지 면적이 5,000㎡인 토지를 2필지로 현황측량 할 경우

㉠ 기본계수 : 1.0 ㉡ 지역구분계수 : 0.40 ㉢ 면적계수 : 0.60
합계 : 2.00 = (㉠+㉡+㉢)

구분 \ 내용	수량	단가	금액
지 적 기 사	0.70×2.00=1.40	w1	W1=1.40×w1
지 적 산 업 기 사	1.12×2.00=2.24	w2	W2=2.24×w2
지 적 기 능 사	0.40×2.00=0.80	w3	W3=0.80×w3
계			ΣW

[결정단가] = (ΣW+직접경비+간접측량비)/2

② 집단지·연속지
  수치지역인 시지역의 70필지 토지를 현황측량 할 경우 (1필지당 단가)

  ㉠ 기본계수(50필지까지) : 1.0, ㉡ 기본계수(100필지까지) : 0.97
  ㉢ 지역구분계수 : 0.40 | 합계 : 1.40 = (㉠+㉢), 1.37 = (㉡+㉢)

  ㉮ 기본단가(50필지까지)

구분 \ 내용	수량	단가	금액
지 적 기 사	0.70×1.40=0.98	w1	W1=0.98×w1
지 적 산 업 기 사	1.12×1.40=1.57	w2	W2=1.57×w2
지 적 기 능 사	0.40×1.40=0.56	w3	W3=0.56×w3
계			ΣW

[결정단가 ⓐ] = (ΣW+직접경비+간접측량비)/2

  ㉯ 체감계수 적용단가 (51필지~100필지까지)

구분 \ 내용	수량	단가	금액
지 적 기 사	0.70×1.37=0.96	w1	W1=0.96×w1
지 적 산 업 기 사	1.12×1.37=1.53	w2	W2=1.53×w2
지 적 기 능 사	0.40×1.37=0.55	w3	W3=0.55×w3
계			ΣW

[결정단가 ⓑ] = (ΣW+직접경비+간접측량비)/2
[합계] = (단가 ⓐ×50필지)+(단가 ⓑ×20필지)

※ ① 측량비 산출단가에는 직접경비(현장여비·기계경비·재료소모품비) 및 간접측량비(제경비·기술료)를 별도 계상한다.
  ② 집단지·연속지인 경우 50필지까지는 기본단가를, 100필지까지는 체감계수가 적용된 단가로 측량비를 산출하여 전체 합산한다.

9-12-3 지적불부합지조사 측량(도해)

구분 작업별		일수	인 원 수								비고
			1일당				합계				
			지적기사	지적산업기사	지적기능사	인부	지적기사	지적산업기사	지적기능사	인부	
자 료 조 사		(0.19)		1				(0.19)			( )는 내업임
계 획 준 비		(0.03)	1	1			(0.03)	(0.03)			
지적전산파일변환		(0.06)		1				(0.06)			
준비도	작 성	(0.04)		1				(0.04)			
	확 인	(0.01)	1				(0.01)				
실 지 측 량		0.36	1	2			0.36	0.72			
결 과 도 작 성		(0.16)		2				(0.32)			
면적측정 및 계산		(0.08)		2				(0.16)			
결과부 및 조서작성		(0.12)		2				(0.24)			
점 검		(0.04)	1				(0.04)				
성 과 인 계		(0.05)	1				(0.05)				
소계	외 업	0.36					0.36	0.72			
	내 업	(0.78)					(0.13)	(1.04)			
합 계		1.14					0.49	1.76			

[주] ① 면적계수

본 품은 1필지당 토지는 1,500㎡, 임야는 5,000㎡를 기준으로 하였으며, 기준면적 이하는 기준면적을 적용하고, 기준면적을 초과할 때에는 다음의 계수를 곱하여 계상한다.

구분	가산횟수	0회	1	2	3	4	5	6이상
계수		1.0	1.2	1.4	1.6	1.8	2.0	1.5+(0.1×n)

※ n은 가산횟수로 (대상면적-기준면적) ÷ 기준면적

② 등록계수

지적공부 등록지(토지, 임야)별로 다음의 계수를 곱하여 계상한다.

내용	구분	토지	임야
계수		1.00	1.28

③ 지역구분계수

본 품은 군지역을 기준으로 하였으며, 행정구역이 다를 경우 다음의 계수를 곱하여 품을 계상한다.

내용	구분	군지역	시지역	구지역
계수		1.00	1.40	1.54

④ 집단지·연속지 체감계수

집단지·연속지라 함은 불부합지측량 필지수가 51필지 이상 연속 및 집단되어 동일한 작업과정으로 계속하여 측량업무를 수행할 수 있는 경우, 다음의 계수를 곱하여 계상한다.

내용 \ 구분	50필지이하	51~100필지	101~500필지	501~1000필지	1000필지초과
계수	1.00	0.97	0.91	0.84	0.76

⑤ 성과작성품

본 품에는 다음의 성과작성품이 포함되어 있다.
㉮ 불부합지조사 측량결과도　　　　　1부
㉯ 면적측정부　　　　　　　　　　　1부
㉰ 면적조서　　　　　　　　　　　　3부
㉱ 측량결과부(측량성과도 등)　　　　1부

⑥ 기타사항
㉮ 본 품은 도해지역의 불부합지조사 측량시 작업한 품이다.
㉯ 측량할 토지의 축척은 1/600, 1/1000, 1/1200, 1/2400, 1/3000, 1/6,000로 구분한다.
㉰ 작업상 지적측량기준점을 설치할 경우에는 지적측량기준점 설치비를 별도 계상한다.
㉱ 도서지역 등의 측량을 위하여 선박 등을 임차할 경우에는 임차료 실비를 별도 계상한다.
㉲ 본 품에 사용되는 기계경비 및 재료소모품비는 별도 계상한다.
㉳ 본 품의 외업에 필요한 여비는 공무원여비규정에 의한 국내여행자의 일비를 별도 계상한다.

9-12-4 조서작성('05년 신설)

작업별	일수	1일당 지적기사	1일당 지적산업기사	1일당 지적기능사	1일당 인부	합계 지적기사	합계 지적산업기사	합계 지적기능사	합계 인부	비고
자 료 조 사	(0.01)		1				(0.01)			
조 서 작 성	(0.01)		1				(0.01)			( )는 내업임
점　　　검	(0.01)		1				(0.01)			
성 과 인 계	(0.01)		1				(0.01)			
합　　　계	(0.04)						(0.04)			

[주] ① 성과품

본 품에는 다음의 성과작성품이 포함되어 있다.
㉮ 면적조서 1부

② 기타사항
㉮ 본 품은 일단의 토지개발사업지구, 도로편입지, 하천편입지 등에 대한 전필별 조서작성에 따른 작업 품이다.
㉯ 본 품에 사용되는 기계경비 및 재료소모품비는 별도 계상한다.
㉰ 조서용지는 A4횡 사이즈 10횡(또는 줄)을 기준 서식으로 한다.

9-12-5 지적재조사측량

구분 작업별		일수	인원수 1일당				인원수 합계				비고
			지적기사	지적산업기사	지적기능사	인부	지적기사	지적산업기사	지적기능사	인부	
자 료 조 사		(0.06)	1				(0.06)				
계획준비	현장답사	0.02	1	1	1		0.02	0.02	0.02		( )는 내업임
	사전계획	(0.01)	1	1			(0.01)	(0.01)			
일필지 측 량	현장측량	0.40	1	1	1		0.40	0.40	0.40		
	결과작성	(0.06)	1	1			(0.06)	(0.06)			
면적측정 및 계산		(0.10)	1	1			(0.10)	(0.10)			
경계확정 (조정)측량	현장측량	0.19	1	1	1		0.19	0.19	0.19		
	결과작성	(0.13)	1	1			(0.13)	(0.13)			
경계점표지 등록부작성	거리측정	0.09	1	1	1		0.09	0.09	0.09		( )는 내업임
	등록부작성	(0.07)		1	1			(0.07)	(0.07)		
일필지조사	현지조사	0.06	1	1	1		0.06	0.06	0.06		
	조사표작성	(0.04)		1	1			(0.04)	(0.04)		
소 계	외 업	0.76					0.76	0.76	0.76		
	내 업	(0.47)					(0.36)	(0.41)	(0.11)		
합 계		1.23					1.12	1.17	0.87		

[주] ① 본 품은 「지적재조사에 관한 특별법」에 따라 종이에 구현된 지적을 디지털 지적으로 전환함으로써 국토의 효율적 관리를 위한 지적재조사 측량을 실시하는 경우에 적용한다.
② 지역구분계수
   본 품은 군지역을 기준으로 하였으며 행정구역이 다를 경우 다음의 계수를 곱하여 계상한다.

구분 내용	군지역	시지역	구지역
계수	1.00	1.40	1.54

③ 성과작성품
   본 품에는 다음의 성과작성품이 포함되어 있다.
   ㉮ 좌표면적 및 경계점간 거리계산부   2부
   ㉯ 일필지경계점간 거리측정부   2부
   ㉰ 재조사측량 계획도   2부
   ㉱ 위성(일필지경계점) 측량부   2부
   ㉲ 네트워크 RTK 위성측량 관측기록부   2부
   ㉳ 경계점(보조점) 관측 및 좌표 계산부   2부
   ㉴ 면적 집계표 및 대비표   2부
   ㉵ 지적확정조서   2부
   ㉶ 종전 지번별 조서   1부
   ㉷ 경계점표지 등록부   1부
   ㉸ 일필지 조사서   1부
④ 기타사항

㉮ 본 품에 사용된 거리측정 기계는 Network-RTK, 토털스테이션, 광파측거기, 각 관측 장비이다.
㉯ 본 품은 지구 당 130필지 ~ 160필지를 기준으로 조사한 것이며, 필지 수가 증감 되어도 본 기준을 적용한다.
㉰ 도서지역 등의 측량을 위하여 선박 등을 임차할 경우에는 임차료 실비를 별도 계상한다.
㉱ 본 품에 사용되는 기계경비 및 재료소모품비는 별도 계상한다.
㉲ 본 품의 외업에 필요한 여비는 공무원여비규정에 의한 국내여행자의 일비를 별도 계상한다.

9-12-6 지적기준점현황조사('21년 신설)

가. 지적삼각점

작업구분		일수	인 원 수								비고
			1일당				합 계				
			지적기사	지적산업기사	지적기능사	인부	지적기사	지적산업기사	지적기능사	인부	
자 료 조 사		(0.48)	1.00				(0.48)				( )는 내업임
계 획 준 비		(0.27)	1.00				(0.27)				
현 지 조 사		4.33	1.00	1.00			4.33	4.33			
조사보고서작성		(0.34)	1.00				(0.34)				
점검 및 보고		(0.27)	1.00				(0.27)				
소계	외업	4.33					4.33	4.33			
	내업	(1.36)					(1.36)				
합 계		5.69					5.69	4.33			

나. 지적도근점

작업구분		일수	인 원 수								비고
			1일당				합 계				
			지적기사	지적산업기사	지적기능사	인부	지적기사	지적산업기사	지적기능사	인부	
자 료 조 사		(0.03)	1.00				(0.03)				( )는 내업임
계 획 준 비		(0.01)	1.00				(0.01)				
현 지 조 사		0.21	1.00	1.00			0.21	0.21			
조사보고서작성		(0.03)	1.00				(0.03)				
점검 및 보고		(0.02)	1.00				(0.02)				
소계	외업	0.21					0.21	0.21			
	내업	(0.09)					(0.09)				
합 계		0.30					0.30	0.21			

[주] ① 본 품은 「공간정보의 구축 및 관리 등에 관한 법률」제105조 및 같은 법 시행령 제104조에 따라 위탁된 지적삼각점, 지적삼각보조점, 지적도근점의 정확하고 효율적인 관리를 위해 기준점의 위치,

망실·훼손시인성 등의 현황을 조사하는 업무를 수행할 경우의 품이다
② 본 품은 지적기준점 10점을 현황조사하는데 소요되는 품으로 1점의 품셈을 산출하기 위해서는 위의 품의 10분의 1을 적용한다.
③ 지적삼각보조점의 현황조사는 지적도근점 현황조사품을 준용한다. 다만, 지적삼각보조점의 위치가 산악지에 위치한 경우에는 지적삼각점 현황조사품을 준용할 수 있다.
④ 작업상 지적도근점측량 등이 수반되는 경우에는 별도 계상한다.
⑤ 도서지역 등의 조사업무를 위하여 선박 등을 임차할 경우에는 임차료 실비를 별도 계상한다.
⑥ 본 품에는 다음의 성과작성품이 포함되어 있다.
  ㉮ 지적기준점 현황조사서   1부
  ㉯ 지적기준점 현황조사 결과 파일 1식

9-13 택지개발예정지적좌표도 작성업무 측량('05년 신설, '11년 보완)

9-13-1 택지개발예정지적좌표도 작성업무 측량(지구계점)('11년 보완)

작업별 \ 구분	일 수	인 원 수								비고
		1일당				합계				
		지적기사	지적산업기사	지적기능사	인부	지적기사	지적산업기사	지적기능사	인부	
자 료 조 사	(3.33)	1	2			(3.33)	(6.66)			( )는 내업임
계 획 준 비	(0.93)	1	1			(0.93)	(0.93)			
현 장 조 사	0.70	1	2			0.70	1.40			
지적전산파일변환	(2.33)	1	2			(2.33)	(4.66)			
준비도 작성	(2.95)	1	2			(2.95)	(5.90)			
준비도 확인	(0.82)	1				(0.82)				
지 구 계 측 량	14.63	1	2		1	14.63	29.26	14.63		
예 정 면 적 산 출	(1.45)	1	2			(1.45)	(2.90)			
예정결과도작성	(3.89)	1	2			(3.89)	(7.78)			
성 과 작 성	(9.87)	1	2			(9.87)	(19.74)			
점 검	(0.96)	1				(0.96)				
성 과 인 계	(1.19)	1				(1.19)				
소계 외업	15.33					15.33	30.66	14.63		
소계 내업	(27.72)					(27.72)	(48.57)			
합 계	43.05					43.05	79.23	14.63		

[주] ① 본 품은 「공간정보의 구축 및 관리 등에 관한 법률」 제86조 및 같은 법 시행령 제83조의 규정에 의한 도시개발사업 또는 그 밖에 대통령이 정하는 토지개발사업(토지구획정리·공업단지 등) 등을 위하여 실시하는 택지개발사업지구의 지구계점에 대하여 택지개발예정지적좌표도 작성업무의 측량 품이다.
② 면적계수
본 품의 기준면적은 1지구 100,000㎡를 기준한 것으로 측량지구면적이 100,000㎡를 초과하는 경우에는 다음의 체감계수를 곱하여 각각 합산한 품으로 하며, 작업과정이 동일한 방법으로 연속되지 않을 경우에는 체감계수를 적용하지 않는다.

구분 내용	10만㎡ 이하	10만㎡초과 ~50만㎡	50만㎡초과 ~100만㎡	100만㎡초과 ~200만㎡	200만㎡초과 ~300만㎡	300만㎡ 초과
계수	1.0	0.9	0.8	0.7	0.6	0.5

③ 성과작성품

본 품에는 다음의 성과작성품이 포함되어 있다.
㉮ 지구계점 예정지적좌표계산부   1부
㉯ 좌표면적 및 경계점간 거리계산부   1부
㉰ 지구계 예정도(1/500 또는 1/1000)   1부
㉱ 지구계 예정종합도   1부

※ 본 품에 없는 성과작성 요구시 별도의 품을 가산한다.

④ 기타사항
㉮ 축척은 1/500 또는 1/1000으로 한다.
㉯ 측량지구면적이 50,000㎡ 이하인 경우에는 50,000㎡의 해당하는 측량비를 적용한다.
㉰ 본 품에 의한 면적계산은 좌표를 면적프로그램에 의하여 컴퓨터로 계산한 품으로 한다.
㉱ 본 품에 의한 좌표점 전개는 프로그램에 의하여 전개하였다.
㉲ 본 품에 의한 거리측정 등의 측량기계는 토탈스테이션, 광파측거기, 각 관측 장비로 한다.
㉳ 본 품에 의한 결과도 작성은 프로그램에 의한 것이다.
㉴ 작업상 지적측량기준점을 설치할 경우에는 지적측량기준점 설치비를 별도 계상한다.
㉵ 본 품에는 택지개발예정지적좌표도 지구계점 측량업무 이외의 품은 포함되어 있지 않다.
㉶ 본 품에 사용되는 기계경비 및 재료소모품비는 별도 계상한다.
㉷ 본 품의 외업에 필요한 여비는 공무원여비규정에 의한 국내여행자의 일비를 별도 계상한다.

9-13-2 택지개발예정지적좌표도 작성업무 측량(전체지구)('11년 보완)

구분 작업별		일 수	인 원 수								비고
			1일당				합 계				
			지적 기사	지적 산업 기사	지적 기능사	인부	지적 기사	지적 산업 기사	지적 기능사	인부	
자 료 조 사		(5.33)	1	2			(5.33)	(10.66)			
계 획 준 비		(1.68)	1	1			(1.68)	(1.68)			
현 장 조 사		2.19	1	2			2.19	4.38			
지적전산파일변환		(3.31)	1	2			(3.31)	(6.62)			
준비도	작 성	(5.26)	1	2			(5.26)	(10.52)			
	확 인	(0.62)	1				(0.62)				( )는 내업임
지 구 계 측 량		20.83	1	2		1	20.83	41.66		20.83	
중심점 측 량	계 산	(31.04)	1	2			(31.04)	(62.08)			
	말 박 기	10.77	1	2		1	10.77	21.54		10.77	
가구점 측 량	계 산	(23.85)	1	2			(23.85)	(47.70)			
	말 박 기	9.62	1	2		1	9.62	19.24		9.62	
필계점 측 량	계 산	(19.36)	1	2			(19.36)	(38.72)			
	말 박 기	8.08	1	2		1	8.08	16.16		8.08	

구분 작업별	일 수	인 원 수								비고
		1일당				합계				
		지적 기사	지적 산업 기사	지적 기능사	인부	지적 기사	지적 산업 기사	지적 기능사	인부	
예정면적산출	(10.21)	1	2			(10.21)	(20.42)			( )는 내업임
예정결과도작성	(12.03)	1	2			(12.03)	(24.06)			
성 과 작 성	(32.43)	1	2			(32.43)	(64.86)			
점 검	(3.59)	1				(3.59)				
성 과 인 계	(2.03)	1				(2.03)				
소 계 외 업	51.49					51.49	102.98	49.30		
내 업	(150.74)					(150.74)	(287.32)			
합 계	202.23					202.23	390.30	49.30		

[주] ① 본 품은 「공간정보의 구축 및 관리 등에 관한 법률」 제86조 및 같은 법 시행령 제83조의 규정에 의한 도시개발사업 또는 그 밖에 대통령이 정하는 토지개발사업(토지구획정리·공업단지 등) 등을 위하여 실시하는 택지개발사업지구의 전체지구에 대하여 택지개발예정지적좌표도 작성업무의 측량 품이다.
② 면적계수
본 품의 기준면적은 1지구 100,000㎡를 기준한 것으로 측량지구면적이 100,000㎡를 초과하는 경우에는 다음의 체감계수를 곱하여 각각 합산한 품으로 하며, 작업과정이 동일한 방법으로 연속되지 않을 경우에는 체감계수를 적용하지 않는다.

구분 내용	10만㎡ 이하	10만㎡초과 ~ 50만㎡	50만㎡초과 ~100만㎡	100만㎡초과 ~200만㎡	200만㎡초과 ~300만㎡	300만㎡ 초과
계수	1.0	0.9	0.8	0.7	0.6	0.5

③ 성과작성품
본 품에는 다음의 성과작성품이 포함되어 있다.
㉮ 지구계점 예정지적좌표계산부   1부
㉯ 지구계 예정지적좌표도(1/500 또는 1/1000)   1부
㉰ 중심점, 가구점, 필계점 예정좌표계산부   각1부
㉱ 지구, 가구, 필지별 예정좌표면적 및 경계점간 거리계산부   각1부
㉲ 예정지적좌표도(1/500 또는 1/1000)   1부
㉳ 예정종합도(폴리에스테필름)   1부
※ 본 품에 없는 성과작성 요구시 별도의 품을 가산한다.
④ 기타사항
㉮ 축척은 1/500 또는 1/1000으로 한다.
㉯ 측량지구면적이 50,000㎡이하인 경우에는 50,000㎡의 해당하는 측량비를 적용한다.
㉰ 본 품에 의한 면적계산은 좌표를 면적프로그램에 의하여 컴퓨터로 계산한 품으로 한다.
㉱ 본 품에 의한 좌표점 전개는 프로그램에 의하여 전개하였다.
㉲ 본 품에 의한 거리측정 등의 측량기계는 토탈스테이션, 광파측거기, 각 관측 장비로 한다.
㉳ 본 품에 의한 결과도 작성은 프로그램에 의한 것이다.
㉴ 본 품에는 택지개발예정지적좌표도 지구계점, 중심점, 가구점, 필계점측량업무 이외의 품은 포함되어 있지 않다.
㉵ 중심점, 가구점, 필계점에 대한 계산과 말박기측량을 구분하여 품을 적용할 수 있다.
㉶ 작업상 지적측량기준점을 설치할 경우에는 지적측량기준점 설치비를 별도 계상한다.
㉷ 본 품에 사용되는 기계경비 및 재료소모품비는 별도 계상한다.

㉮ 본 품의 외업에 필요한 여비는 공무원여비규정에 의한 국내여행자의 일비를 별도 계상한다.

9-14 자동제도

9-14-1 자동제도(좌표독취)

구분 작업별	일수	인 원 수								비고
		1일당				합계				
		지적기사	지적산업기사	지적기능사	인부	지적기사	지적산업기사	지적기능사	인부	
자 료 조 사	(0.04)		1				(0.04)			( )는 내업임
계 획 준 비	(0.03)	1	1			(0.03)	(0.03)			
좌 표 독 취	(0.37)		1				(0.37)			
도면작성편집	(0.15)		1				(0.15)			
대 조 수 정	(0.09)	1				(0.09)				
성 과 작 성	(0.06)		1				(0.06)			
점 검	(0.07)	1				(0.07)				
성 과 인 계	(0.02)	1				(0.02)				
합 계	(0.83)					(0.21)	(0.65)			

[주] ① 등록계수
　　　　지적공부 등록지(토지, 임야)별로 다음의 계수를 곱하여 계상한다.

구분 내용	토지	임야
계수	1.00	1.28

② 성과품
　㉮ 자동제도기에 의하여 작성된 도면 1부
③ 기타사항
　㉮ 본 품은 좌표를 독취하여 자동제도기에 의해 도면작성 한 것이다.
　㉯ 본 품은 지적도 크기의 1매를 기준으로 한 것이다.
　㉰ 본 품에 사용되는 기계경비 및 재료소모품비는 별도 계상한다.
　㉱ 특수한 용지를 사용할 때에는 실정에 따라 재료비를 별도 계상한다.
　㉲ 기준규격의 1/2 이하의 도면작성시에는 본 품에 의한 도면작성수수료의 50%의 값을 적용한다.

9-14-2 자동제도(좌표입력)

구분 작업별	일수	인 원 수								비고
		1일당				합계				
		지적 기사	지적 산업 기사	지적 기능사	인부	지적 기사	지적 산업 기사	지적 기능사	인부	
자 료 조 사	(0.05)		1				(0.05)			( )는 내업임
계 획 준 비	(0.03)	1	1			(0.03)	(0.03)			
좌 표 입 력	(0.31)		1				(0.31)			
도 면 작 성	(0.19)		1				(0.19)			
대 조 수 정	(0.07)	1				(0.07)				
성 과 작 성	(0.05)		1				(0.05)			
점 검	(0.03)	1				(0.03)				
성 과 인 계	(0.01)	1				(0.01)				
합 계	(0.74)					(0.14)	(0.63)			

[주] ① 등록계수

지적공부 등록지(토지, 임야)별로 다음의 계수를 곱하여 계상한다.

내용 \ 구분	토지	임야
계수	1.00	1.28

② 성과품
  ㉮ 자동제도기에 의하여 작성된 도면 1부

③ 기타사항
  ㉮ 본 품은 좌표를 컴퓨터에 입력하여 자동제도기에 의해 도면작성 한 것이다.
  ㉯ 본 품은 지적도 크기의 1매를 기준으로 한 것이다.
  ㉰ 본 품에 사용되는 기계경비 및 재료소모품비는 별도 계상한다.
  ㉱ 특수한 용지를 사용할 때에는 실정에 따라 재료비를 별도 계상한다.
  ㉲ 기준규격의 1/2 이하의 도면작성시 본 품에 의한 도면작성수수료의 50%의 값을 적용한다.

9-14-3 자동제도(파일제공)

구분 작업별	일수	인 원 수								비고
		1일당				합계				
		지적 기사	지적 산업 기사	지적 기능사	인부	지적 기사	지적 산업 기사	지적 기능사	인부	
자 료 조 사	(0.05)		1				(0.05)			( )는 내업임
계 획 준 비	(0.04)	1	1			(0.04)	(0.04)			
데이터 편집	(0.09)		1				(0.09)			
도 면 작 성	(0.06)		1				(0.06)			
대 조 수 정	(0.08)	1				(0.08)				
성 과 작 성	(0.07)		1				(0.07)			

구분 작업별	일수	인원수								비고
		1일당				합계				
		지적 기사	지적 산업 기사	지적 기능사	인부	지적 기사	지적 산업 기사	지적 기능사	인부	
점 검	(0.03)	1				(0.03)				( )는 내업임
성 과 인 계	(0.03)		1				(0.03)			
합 계	(0.45)					(0.15)	(0.34)			

[주] ① 등록계수
지적공부 등록지(토지, 임야)별로 다음의 계수를 곱하여 계상한다.

구분 내용	토지	임야
계수	1.00	1.28

② 성과품
   ㉮ 자동제도기에 의하여 작성된 도면 1부
③ 기타사항
   ㉮ 본 품은 좌표파일을 제공받아 자동제도기에 의해 도면작성한 것이다.
   ㉯ 본 품은 지적도 크기의 1매를 기준으로 한 것이다.
   ㉰ 본 품에 사용되는 기계경비 및 재료소모품비는 별도 계상한다.
   ㉱ 특수한 용지를 사용할 때에는 실정에 따라 재료비를 별도 계상한다.
   ㉲ 기준규격의 1/2 이하의 도면작성시 본 품에 의한 도면작성수수료의 50%의 값을 적용한다.

9-15 축척변경 측량

9-15-1 축척변경 측량(도해지역에서 도해지역으로)

구분 작업별	일수	인원수								비고
		1일당				합계				
		지적 기사	지적 산업 기사	지적 기능사	인부	지적 기사	지적 산업 기사	지적 기능사	인부	
자 료 조 사	(0.24)		1				(0.24)			
계 획 준 비	(0.09)	1	1			(0.09)	(0.09)			
준 비 도 작 성	(0.17)		1				(0.17)			
현 지 측 량	0.56	1	1	1		0.56	0.56	0.56		( )는 내업임
성 과 설 명	0.14	1				0.14				
면 적 측 정 및 계 산	(0.07)		1				(0.07)			
결 과 도 작 성	(0.10)		1				(0.10)			
결 과 부 및 조 서 작 성	(0.10)		1				(0.10)			
성 과 점 검 및 인 계	(0.12)	1				(0.12)				
소 계 외 업	0.70					0.70	0.56	0.56		
내 업	(0.89)					(0.21)	(0.77)			
합 계	1.59					0.91	1.33	0.56		

[주] ① 본 품은 「공간정보의 구축 및 관리 등에 관한 법률」 제2조 제34호 규정에 의하여 지적도에 등록된 경계점의 정밀도를 높이기 위하여 작은 축척을 큰축척으로 변경하여 등록하기 위해서 도해측량방법으로 실시하는 측량 품이다.

② 면적계수

본 품은 1필지당 토지는 1,500㎡, 임야는 5,000㎡를 기준으로 하였으며, 기준면적 이하는 기준면적을 적용하고, 기준면적을 초과할 때에는 다음의 계수를 곱하여 계상한다.

가산횟수 구 분	0회	1	2	3	4	5	6이상
계수	1.0	1.2	1.4	1.6	1.8	2.0	1.5+(0.1×n)

※ n은 가산횟수로 (대상면적-기준면적) ÷ 기준면적

③ 등록계수

지적공부 등록지(토지, 임야)별로 다음의 계수를 곱하여 계상한다.

구 분 내 용	토지	임야
계수	1.00	1.28

④ 지역구분계수

본 품은 군지역을 기준으로 하였으며, 행정구역이 다를 경우 다음의 계수를 곱하여 품을 계상한다.

구 분 내 용	군지역	시지역	구지역
계수	1.00	1.40	1.54

⑤ 집단지·연속지 체감계수

집단지·연속지라 함은 축척변경 필지수가 51필지 이상 연속 및 집단되어 동일한 작업과정으로 계속하여 측량업무를 수행할 수 있는 경우, 다음의 계수를 곱하여 계상한다.

구분 내용	50필지이하	51~100필지	101~500필지	501~1000필지	1000필지초과
계수	1.00	0.97	0.91	0.84	0.76

⑥ 성과작성품

본 품에는 다음의 성과작성품이 포함되어 있다.
㉮ 축척변경 측량결과도   1부
㉯ 측량결과부(측량성과도 등)   1부

⑦ 기타사항

㉮ 본 품은 도해측량방법에 의하여 도해지역에서 도해지역으로 축척변경할 경우에 수반되는 측량 품이다.
㉯ 축척변경 할 토지의 축척은 1/500, 1/600, 1/1000, 1/1200, 1/2400로 구분한다.
㉰ 본 품에 사용되는 기계경비 및 재료소모품비는 별도 계상한다.
㉱ 본 품의 외업에 필요한 여비는 공무원여비규정에 의한 국내여행자의 일비를 별도 계상한다.
㉲ 작업상 지적측량기준점을 설치할 경우에는 지적측량기준점 설치비를 별도 계상한다.
㉳ 도서지역 등의 측량을 위하여 선박 등을 임차할 경우에는 임차료 실비를 별도 계상한다.

9-15-2 축척변경 측량(도해지역에서 수치지역으로)

작업별 \ 구분	일수	인원 수 1일당 지적기사	1일당 지적산업기사	1일당 지적기능사	1일당 인부	합계 지적기사	합계 지적산업기사	합계 지적기능사	합계 인부	비고
자 료 조 사	(0.26)		1				(0.26)			
계 획 준 비	(0.09)	1	1			(0.09)	(0.09)			
준 비 도 작 성	(0.12)		1				(0.12)			
현 지 측 량	0.62	1	1	1		0.62	0.62	0.62		( )는 내업임
성 과 설 명	0.13	1				0.13				
면적측정 및 계산	(0.04)		1				(0.04)			
결 과 도 작 성	(0.15)		1				(0.15)			
결과부및조서작성	(0.11)		1				(0.11)			
성과점검 및 인계	(0.13)	1				(0.13)				
소 계 외 업	0.75					0.75	0.62	0.62		
소 계 내 업	(0.90)					(0.22)	(0.77)			
합 계	1.65					0.97	1.39	0.62		

[주] ① 본 품은 「공간정보의 구축 및 관리 등에 관한 법률」 제2조 제34호 규정에 의하여 지적도에 등록된 경계점의 정밀도를 높이기 위하여 작은 축척을 큰축척으로 변경하여 수치로 등록하기 위해서 경위의 측량방법으로 실시하는 측량 품이다.

② 면적계수

본 품은 1필지당 토지는 1,500㎡, 임야는 5,000㎡를 기준으로 하였으며, 기준면적 이하는 기준면적을 적용하고, 기준면적을 초과할 때에는 다음의 계수를 곱하여 계상한다.

구분 \ 가산횟수	0회	1	2	3	4	5	6이상
계수	1.0	1.2	1.4	1.6	1.8	2.0	1.5+(0.1×n)

※ n은 가산횟수로 (대상면적-기준면적) ÷ 기준면적

③ 지역구분계수

본 품은 군지역을 기준으로 하였으며, 행정구역이 다를 경우 다음의 계수를 곱하여 품을 계상한다.

내용 \ 구분	군지역	시지역	구지역
계수	1.00	1.40	1.54

④ 집단지·연속지 체감계수

집단지·연속지라 함은 축척변경 필지수가 51필지 이상 연속 및 집단되어 동일한 작업과정으로 계속하여 측량업무를 수행할 수 있는 경우, 다음의 계수를 곱하여 계상한다.

내용 \ 구분	50필지이하	51~100필지	101~500필지	501~1000필지	1000필지초과
계수	1.00	0.97	0.91	0.84	0.76

⑤ 성과작성품

본 품에는 다음의 성과작성품이 포함되어 있다.

㉮ 축척변경 측량결과도 및 계산부   1부

㉯ 측량결과부(측량성과도 등)　　　　1부
　　　㉰ 좌표면적계산부　　　　　　　　　　1부
　⑥ 기타사항
　　　㉮ 본 품은 경위의측량방법에 의하여 도해지역에서 수치지역으로 축척변경 할 경우에 수반되는 측량품이다.
　　　㉯ 축척변경 할 토지의 축척은 1/500, 1/1000로 구분한다.
　　　㉰ 본 품에 사용되는 기계경비 및 재료소모품비는 별도 계상한다.
　　　㉱ 작업상 지적측량기준점을 설치할 경우에는 지적측량기준점 설치비를 별도 계상한다.
　　　㉲ 도서지역 등의 측량을 위하여 선박 등을 임차할 경우에는 임차료 실비를 별도 계상한다.
　　　㉳ 본 품의 외업에 필요한 여비는 공무원여비규정에 의한 국내여행자의 일비를 별도 계상한다.

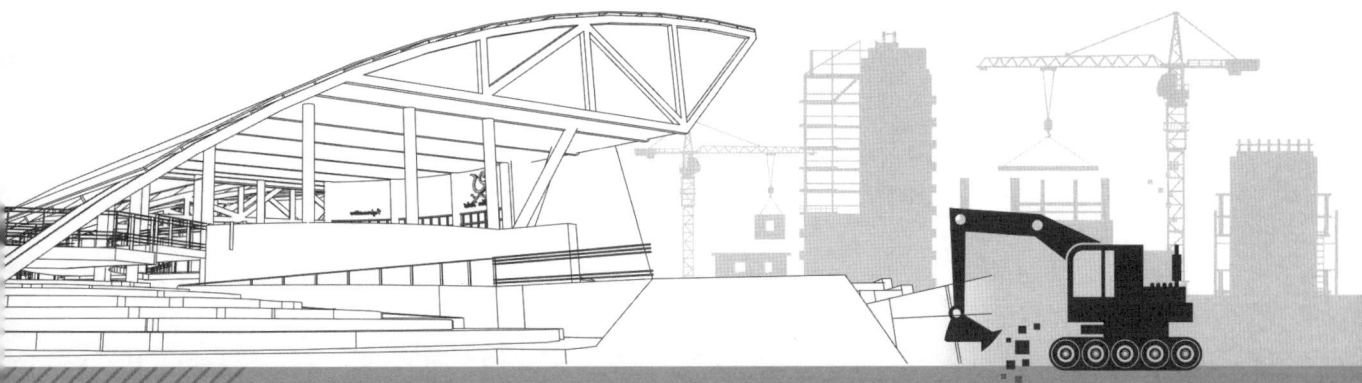

2023
건설공사 표준품셈

건축부문

제1장   철골공사
제2장   조적공사
제3장   타일공사
제4장   목공사
제5장   수장공사
제6장   방수공사
제7장   지붕 및 홈통공사
제8장   금속공사
제9장   미장공사
제10장   창호 및 유리공사
제11장   칠공사

제 1 장 철골공사

1-1 철골 가공 조립(공장생산)

1-1-1 기본철골공수('08, '13년 보완)

강재 총사용량(t)	60 미만	60 이상	100 이상	300 이상	1,000 이상	2,000 이상
기 본 철 골 공 수 (인 · 일 / t)	2.48	2.31	2.20	1.97	1.75	1.63
비 고	- 전용접부재(Built up) 제작을 기준으로 한 공수로써 H형강부재 (Rolled shape) 제작의 경우는 기본 철골공수×0.71로 산정한다.					

[주] ① 기본철골공수에는 비계 및 보조공이 포함되었다.
　② 공장제작에 따른 제경비는 기본철골공수의 60%이며, 기본철골공수에 포함되지 않았다.
　③ 산재보험료·기타경비·간접노무비·일반관리비·이윤 등은 공장제작에 따른 제경비에 포함되지 않았다.
　④ 용접품은 별도 계상한다.

有權解釋

제목 1 건축/철골공사 중 철골 가공 조립(공장생산)의 built-up제작 관련 질의

질의문
신청번호 2201-012 신청일 2022-01-04
질의부분 건축 제1장 철골공사 1-1-1 기본철골공 수

표준품셈상 철골 가공조립(공장생산) 기본 철골공 수는 전용접부재(built-up) 제작을 기준이라고 명시되어 있는데요, 위 품에는 후판을 사용하여(절단 및 용접) H형강 형태로 만드는 작업까지 포함하는지 궁금합니다.

회신문
표준품셈 건축부문 "1-1-1 기본 철골공 수"에서 전용접부재(Built up)는 철판을 가공하여 제작하는 것이며, H형강부재(Rolled shape)는 공장에서 규격화하여 생산된 형강제품을 말합니다. 강판을 가공 제작하는 H형강은 전용접부재에 해당됩니다.

제목 2 철골가공 조립의 공장 가조립 반영 질의

질의문
신청번호 2107-014 신청일 2021-07-05
질의부분 건축 제1장 철골공사 1-1-1 기본철골공 수

전시관공사 관련 공사의 철골구조는 비정형 타원체의 조형물에 준하는 구조로 설계되었으며, 지붕부의 각형 강관 각기 다른 밴딩 값을 가진 메인부재와 서브부재로 이루어져 있으며, 지붕부는 싱글레이어구조로 모든 부재가 용접처리되어 있습니다. 철골제작 후 현장 설치 전 지붕의 구조적 안정성과 품질면의 고려하여 감리단과 협의하에 공장 가조립을 진행하였습니다.

진행 후 공장 가조립의 대가 반영 관련하여 의견이 상충하여 이에 질의를 드리오니 답변을 바랍니다. 품셈 철골공사 철골가공 조립의 공장 제작에 따른 제경비에 어떠한 항목들이 포함되어 있나요? 공장 가조립에 대한 품도 포함되어 있나요? 포함되어 있다면 일반적인 형태나 구조를 벗어난 복잡다단한 형태와 구조의 공장 가조립에 대한 반영은 별도 계상할 수 있는가요?

회신문

표준품셈 건축부문 "1-1-1 기본철골공수"에서 정하는 '제경비'는 건축철골을 공장에서 생산하는 것으로, 공장 제작에 따른 제경비는 철골 공장생산에 따른 중기임차료 및 유지비, 운반비(현장내운반), 외주가공비, 잡비 등을 말합니다. 현장제작 시에는 공장제작비용을 제외하시기 바랍니다.

공장 제작에 따른 제경비는 작업난이도가 반영된 기본철골공 수의 60%에 해당된다는 것을 의미하는 것으로 산재보험료·기타경비·간접노무비·일반관리비·이윤 등은 포함되어 있지 않습니다.

또한 기본철골공 수 항목은 공장생산을 기준한 철골가공 조립 품을 제시하고 있으며, 용접 품은 별도로 계상하셔야 합니다. 철골공 수 산정은 건축부문 "1-1-2 철골공수 산정방법"을 참조하시어 현장 여건에 따라 작업난이도를 선정하여 계상하시기 바랍니다.

제목 3 철골 가공조립(공장생산)관련 질의

질의문
신청번호 2010-022 신청일 2020-10-14
질의부분 건축 제1장 철골공사 1-1-1 기본철골공수

철골가공조립(공장생산)의 기본철골공수 관련 문의입니다.
표준품셈에는 기본철골공수 산정 중 공장제작에 따른 제경비를 60% 라고만 규정하고 있고, 산재보험료, 기타경비, 간접노무비, 일반관리비, 이윤 등(이하 '산재보험료 등'이라 함)은 '제경비에 포함되지 않았다'고 명시되어 있습니다. 질의드립니다.
1) 제경비에 포함되지 않은 산재보험료 등을 별도로 계상하는 것이 타당한지 여부?
2) 별도 계상하는 것이 타당하다면 해당 요율은 얼마나 반영하여야 하는지 여부?
3) 공장 제작이 하도급일 경우 별도 계상된 해당 산재보험료 등이 원도급의 산재보험료 등과 중복되는지 여부?

회신문

[답변1]
표준품셈 건축부문 "1-1-1 기본철골공수" [주3]에 따라 산재보험료는 제경비에 포함되지 않으므로 별도 계상하시기 바랍니다.
[답변2, 3]
표준품셈 건축부문 "1-1-1 기본철골공수"에서는 산재보험료 요율에 대한 기준을 정하고 있지 않습니다.

제목 4 철공가공 조립 품 적용

질의문
신청번호 1901-109 신청일 2019-01-30

7-1 철골가공 조립(공장생산) 7-1-1에서 기본철골공수 관련하여 H형강부재는 철골공수×0.71로 산정된다고 나와 있는데, 철골공수 산정은 가공부재 적은 경우로 0.95 적용, 강재 총량은 12톤이라 60만 미만 2.48을 적용일 때 2.48×0.95× 0.71 = 1.67276 계산식이 나오는데요 톤당 계산법이 철골공노임(170,500×1.67276) 적용해야 하는게 맞는지?

또한 품셈적용 중 7-2 철골세우기는 철골공 0.33, 비계공 0.14, 특별인부 0.07 이런 식으로 계상되어 있던데, 가공 조립은 어떤 작업공을 적용해야하는지? 철골공만 톤당 1.67276 적용하면 되는건가요? 철골세우기에서 보정계수 적용 중 〈표·a-1〉 m²당 강재사용에 따른 보정치에서 m²의 기준은 건물의 바닥 면적(m²) 기준인지? 아니면 철골이 설치된 면의 면적(m²)인지?

회신문

2019년 표준품셈 건축부문 "1-1-1 기본철골공수"는 건축공사의 철골제작(공장생산)을 위한 부재의 금긋기, 절단, 구멍뚫기, 조립 등의 철골가공 조립 작업이 포함되어 있으며, H형강 부재로 강재총량 12톤, 작업난이도 가공부재 종류가 적은 구조인 경우 톤당 "철골공수={기본철골공수(2.48인)×0.71}×{작업난이도(0.8~0.95)}×노임단가"를 적용하시면 됩니다.

"1-2-1 현장세우기"는 가공이 완료된 상태의 철골을 현장에 설치하는 기준임을 참고하시기 바라며, 현장세우기 보정의 m²당 강재사용량에 따른 보정치에서 m²은 철골이 설치되는 연면적 기준입니다.

監査

제목 철골공사 공수 과다적용 설계변경 미 이행

내용

건설공사 표준품셈 건축부문 제7장 7-1 철골가공조립에서 기본철골공수를 강재 총사용량에 따라 적용하도록 하고 있어 강재 총량기준으로 100t 이상에 해당되는 철골공수를 적용하여야 하는데도 설계내역서상 철골량을 용접조립 강재(Built up)와 압연형강(Rolled shape)로 각각 60t미만으로 분리 적용함에 따라 철골공수가 과다 적용되어 공사비 감액요인이 있다.

※ 강재사용량(기본철골공수) : 강재사용량 60t 미만(2.48), 60t 이상(2.31), 100t 이상(2.20), 300t 이상(1.97)

조치할 사항

○○○장은 과다 적용된 철골가공 조립 품의 기본철골공수를 강재 총사용량에 따라 적용하여 설계변경(감 9,524천원)등의 조치를 하시기 바람(시정)

契約審査

제목 데크제작 설치 및 할증 조정

내용

데크제작 철골가공 조립 공수산정 시 H형강부재 제작의 경우, 기본철골공수의 71%를 적용해야 하나, 100%용으로 과다 산정하여 조정(60톤 미만 7.45인 → 5.28인) 표준품셈을 근거하여 과다 적용된 할증 조정(소형형강 7% → 5%, 도장면 10% → 0%)

심사 착안사항

현장설치 품에 대해서는 표준품셈 및 현장여건 등을 고려하여 과다 계상 여부 검토

1-1-2 철골공수 산정방법('23년 보완)

철골공수=기본철골공수×작업난이도

〈작업난이도〉

구조공별	조립공장, 창고 등으로 가공부재종류가 적은 구조	사무청사 등 표준라멘구조	기타 가공부재 종류가 많은 구조
난 이 도	0.8~0.95	1.0	1.05~1.2

〈소요 부자재량〉

(ton당)

재 료	단 위	전용접부재	H형강부재
산 소	㎥	7.0	3.5
L.P.G	kg	2.8	1.4
서비스볼트	본	2.0	1.0
보 조 강 재	kg	6.0	2.0

※ 철골제작에서 용접을 제외한 철골가공 조립과정에서 소요되는 부자재량이며, 현장 철골 세우기는 별도 계상함.
※ 서비스 볼트는 일반 볼트이며 규격은 설계에 따라 계상함.

有權解釋

제목 철골공 수 산정방법에 관한 질의

질의문

신청번호 2105-064 신청일 2021-05-25
질의부분 건축 제1장 철골공사 1-1-2 철골공 수 산정방법

표준품셈의 철골공사부분 1-1-2 철골공 수 산정방법의 작업난이도와 관련하여 표준품셈은 기본 철골공 수×작업난이도에 따른 계수를 곱하여 산정하게 되어 있습니다. 우리 현장은 인공암벽장이라는 특수구조물의 현장입니다.

[작업난이도]
1. 조립공장, 창고 등으로 가공부재 종류가 적은 구조
2. 사무청사 등 표준라멘구조
3. 기타 가공부재 종류가 많은 구조 등 3가지 항목이 있습니다.

[질의1]
여기서 말하는 가공부재의 종류는 형강의 종류가 많음을 말하는 것인지 가공할 종류의 양을 말하는 것인지 여부?

[질의2]
많고 적음을 기준할 수 있는 기준량이 따로 제시되어 있는지?

회신문

표준품셈 건축부문 "1-1-2철골공 수 산정방법"에서 작업난이도별 판단기준은 다음과 같습니다.
1. 조립공장, 창고 등으로 가공부재 종류가 적은 구조는 조립식 공장 또는 조립식 창고 등으로 일반적으로 가공부재가 적게 소요되는 구조물을 의미합니다.
2. 사무청사 등 표준라멘구조는 사무실, 청사 등 일반적으로 사용되는 표준적인 철골구조물에 해당됩니다.
3. 기타 가공부재 종류가 많은 구조는 플랜트시설물 등 상기 앞에서 제시한 구조물보다 가공부재가 많이 소요되는 구조물을 의미합니다. 또한 가공부재의 많고 적음의 정량적인 기준은 별도로 정하고 있지 않습니다.

1-1-3 기본용접공수

환산용접길이 (m/t)	20 미만	20 이상	30 이상	40 이상	50 이상	60 이상	70 이상	80 이상	90 이상	100 이상
기본용접공수 (인·일/t)	0.22	0.37	0.51	0.63	0.73	0.85	0.95	1.05	1.15	1.24
환산용접길이 (m/t)	110 이상	120 이상	130 이상	140 이상	150 이상	160 이상	170 이상	180 이상	190 이상	200 이상
기본용접공수 (인·일/t)	1.34	1.43	1.51	1.60	1.69	1.77	1.85	1.93	2.02	2.09
비고	- 전용접부재(Built up) 제작을 기준으로 한 공수로써 H형강부재(Rolled shape) 제작의 경우는 기본용접공수× 0.73으로 산정한다.									

[주] ① 1ton당 필릿 용접 각장 6㎜ 환산수량이다.
② 공장제작에 따른 제경비는 기본용접공수의 60%이며, 기본용접공수에 포함되지 않았다.
③ 산재보험료·기타경비·간접노무비·일반관리비·이윤 등은 공장제작에 따른 제경비에 포함되지 않았다.
④ 환산용접길이는 '용접길이×환산계수'로 산출한다.
⑤ 특수 구조물의 경우, 세부적인 용접과 절단작업에 대하여, 기계설비부문 플랜트용접공사의 세부 항목을 참조할 수 있다.

〈필릿용접시의 환산계수〉

판두께 (㎜)	5	6	7	8	9	10	11	12
환산계수	0.55	0.68	0.81	0.94	1.06	1.17	1.29	1.40
판두께 (㎜)	13	14	15	16	17	18	19	20
환산계수	1.50	1.60	1.70	1.79	1.87	2.0	2.04	2.11

〈V, K, X용접시의 환산계수〉

판두께 (㎜)	6	7	8	9	10	11	12	13	14	15
환산계수	2.86	2.94	3.03	3.12	3.22	3.32	3.43	3.54	3.66	3.78
판두께 (㎜)	16	18	20	22	24	26	28	30	32	34
환산계수	3.90	4.17	4.45	4.75	5.07	5.41	5.77	6.14	6.53	6.95
판두께 (㎜)	35	40	45	50	55	60	65	70	75	80
환산계수	7.16	8.29	9.54	10.90	12.58	13.97	15.68	17.50	19.44	21.49

有權解釋

제목 철공공사 기본용접공 수 공장 제작에 따른 제경비 적용 여부

질의문

신청번호 2202-021 신청일 2022-02-09
질의부분 건축 제1장 철골공사 1-1-3 기본용접공 수

〈공사개요〉
1) 공 사 명 : 경부선 00~00간 0000 교량개량공사
2) 입찰방식 : 종합심사낙찰제
3) 계약방식 : 장기계속공사

<질의내용>

표준품셈 철골공사의 1-1-3 기본용접공 수 중 우리 현장이 아닌 별도 공장 제작에 따른 제경비는 기본용접공 수의 60%가 적용(경비 적용)되어 있어, 이에 대한 산재보험료, 기타경비, 간접노무비, 일반관리비, 이윤 등을 산출하여 포함하였으나, 원가계산서에 해당 용접공 수는 노무비 비목으로 반영되어 있어 현장 원가계산서에서 각종 4대 보험료 등을 적용을 받는 상황이며, 이는 엄연이 공장에서 제작되어지는 것으로서 현장 원가계산서(4대 보험 등)와 공장 제작 원가계산서에도 중복 반영됨에 따라 현장 원가계산서에는 해당 용접공 수의 4대 보험료 등을 제외시켜야 하는지 여부

회신문

표준품셈 건축부문 "1-1-1 기본철골공 수 1-1-3 기본용접공 수"에서 정하는 '제경비'는 건축 철골을 공장에서 생산하는 것으로, 공장 제작에 따른 제경비는 철골 공장생산에 따른 중기 임차료 및 유지비, 운반비(현장내 운반), 외주가공비, 잡비 등을 말합니다. 현장 제작 시에는 공장 제작비용을 제외하시기 바랍니다.

공장 제작에 따른 제경비는 작업난이도가 반영된 기본철골공 수/기본용접공 수의 60%에 해당된다는 것을 의미하는 것으로 산재보험료, 기타경비, 간접노무비, 일반관리비, 이윤 등은 포함되어 있지 않습니다. 공장에 따른 제경비는 기본철골공 수와 기본용접공 수에서 분리하여 별도로 계상하라는 것이며, 그 외 제경비에 포함되지 않은 산재보험료, 기타경비, 간접노무비, 일반관리, 이윤 등은 해당 공사의 특성에 맞는 기준에 따라 산출하시기 바랍니다.

공사원가계산서 산출 및 작성 방법은 표준품셈관리기관에서 답변드릴 수 없는 사항임을 양지해 주시기 바랍니다.

1-1-4 용접공수 산정방법

용접공수=기본용접공수×강재총사용량에 의한 보정계수

〈강재총사용량에 의한 보정계수〉

강재총사용량 (t)	30 미만	30 이상	60 이상	100 이상	200 이상	300 이상	400 이상	500 이상	600 이상	700 이상	800 이상	900 이상	1,000 이상	1,500 이상	2,000 이상
보정계수	1.36	1.31	1.22	1.16	1.08	1.04	1.01	0.99	0.97	0.96	0.94	0.93	0.92	0.89	0.86

〈소요 용접재료량〉

(m당)

재료	단위	수용접	반자동용접	자동용접
용 접 봉	kg	0.42	-	-
CO_2 와 이 어	kg	-	0.23	-
탄 산 가 스	kg	-	0.12	-
잠호용접와이어	kg	-	-	0.21
F L U X	kg	-	-	0.21

※ 필릿 용접 6㎜ 환산수량으로 반자동용접을 표준으로 함.

> **有權解釋**
>
> **제목** 용접공 수 산정방법
>
> **질의문**
> 신청번호 2105-051 신청일 2021-05-18
> 질의부분 건축 제1장 철골공사 1-1-4 용접공 수 산정방법
>
> 용접공 수 산정방법 중 〈강재 총사용량에 의한 보정계수〉에서 "강재 총사용량"이란 H-BIM(ROLL) 및 PLATE, ANGLE 등을 포함한 모든 철골부재를 포함하는 의미인지요?
>
> **회신문**
> 표준품셈 건축부문 "1-1-4 용접공 수 산정방법"에서 용접공 수 산정 시 강재 총사용량에 의한 보정계수에서 강재 총사용량은 해당되는 시설물의 총 강재 수량을 의미합니다.

1-2 철골 세우기

1-2-1 현장 세우기('08, '18년 보완)

(ton당)

구 분	단위	6층 미만	20층 미만	30층 미만	40층 미만	40층 이상
철 골 공	인	0.33	0.44	0.52	0.59	0.65
비 계 공	인	0.14	0.18	0.22	0.24	0.27
특 별 인 부	인	0.07	0.09	0.11	0.12	0.14

[주] ① 본 품은 가공이 완료된 상태의 철골을 현장에 설치하는 기준이다.
② 본 품은 철골 세우기, 가조임 및 변형잡기를 포함한다.
③ 타워크레인의 가설·이동·해체에 소요되는 품은 별도 계상한다.
④ 자재의 진출입이 어렵고, 작업공간이 협소한 현장(도심지 등)에서는 본 품의 20%를 할증하여 적용할 수 있다.
⑤ 재료량은 다음을 참고하여 적용한다.

(ton당)

구 분	규 격	단 위	수 량	비 고
보 통 볼 트	가조임	본	20.0	손율 4%

⑥ 현장세우기 보정
※ 현장조립비=표준단가×K1(보정계수 K1=a×b×c×d)
 a. ㎡당강재사용량에 따른 보정치 ·························〈표·a-1〉〈표·a-2〉
 b. 강재총사용량에 따른 보정치 ····························〈표·b-1〉〈표·b-2〉
 c. 건물 높이에 따른 보정치 ································〈표·c〉
 d. 스판평균면적(割面積)에 따른 보정치 ··············〈표·d〉
※ 발전소, 공항터미널 등과 같은 특수구조물과 50층 이상(또는 150M 이상)의 초고층건물 현장세우기는 별도 계상할 수 있다.

〈표·a-1〉 ㎡당 강재사용에 따른 보정치(6층 미만인 경우)

(1㎡당)

강재사용량(kg)	50 미만	50이상 55미만	55이상 60미만	60이상 65미만	65이상 70미만	70이상 80미만
보정치(a)	1.3	1.26	1.22	1.18	1.14	1.1
강재사용량(kg)	80이상 90미만	90이상 110미만	110이상 130미만	130이상 150미만	150이상 190미만	190이상 250미만
보정치(a)	1.05	1.0	0.95	0.89	0.84	0.77

〈표·a-2〉 ㎡당 강재사용에 따른 보정치(6층 이상인 경우)
a=1+(60-N)×0.003, N : ㎡당 강재사용량(kg/㎡)

N(kg)	40	50	60	70	80	90	100	110	120	130
보정치(a)	1.06	1.03	1.00	0.97	0.94	0.91	0.88	0.85	0.82	0.79

〈표·b-1〉 강재 총 사용량에 따른 보정치(6층 미만인 경우)

강재 총사용량(ton)	10 미만	10이상 15미만	15이상 20미만	20이상 30미만	30이상 50미만	50이상 80미만	80이상 150미만	150이상 250미만	250이상 500미만	500 이상 1,000미만	1,000 이상
보정치(b)	1.34	1.3	1.26	1.22	1.18	1.14	1.1	1.05	1.0	0.95	0.89

〈표·b-2〉 강재 총 사용량에 따른 보정치(6층 이상인 경우)
100ton이하 b=1.12+7/T, 100ton이상 b=0.97+15/T

T : 가공총톤수(ton)

T(ton)	40 이하	50	60	70	80	90	100	200	300	400
보정치(b)	1.3	1.26	1.24	1.22	1.21	1.20	1.19	1.045	1.02	1.008
T(ton)	500	600	700	800	900	1,000	1,100	1,200	1,300	1,400
보정치(b)	1.00	0.995	0.991	0.989	0.987	0.985	0.984	0.983	0.982	0.981

〈표·c〉 건물 높이에 따른 보정치(6층 이상인 경우)
c=1+(0.5H-10)×0.003, H : 건물높이

건물높이(H)	50m	45	40	35	30	25	20	15	10	5
보정치(c)	1.045	1.038	1.030	1.023	1.015	1.008	1.000	0.993	0.985	0.978

〈표·d〉 스판평균면적에 따른 보정치(6층 이상인 경우)
d=33/S+0.33, S : 스판 평균면적(㎡)

스판평균면적(S)	20㎡ (16-25)	30 (26-35)	40 (36-45)	50 (46-55)	60 (56-65)	70 (66-75)	80 (76-85)
보정치(d)	1.98	1.43	1.16	0.99	0.88	0.80	0.74

※ 본 표는 간사이(Span)가 10m 이하인 경우임

有權解釋

제목 1 현장세우기 중…표.a-1

질의문
신청번호 2107-017 신청일 2021-07-06
질의부분 건축 제1장 철골공사 1-2-1 현장세우기

현장세우기 보정치 값 a-1
강재 사용량 m²당 kg을 적용할지 모르겠습니다. 규격적용 시 50kg/m², 10~15톤, 뒤의 10~15톤은 총중량인 것으로 알지만 앞의 면적당 kg 산출방법을 모르겠습니다. 보정치를 넣어야 되는데 어떻게 적용해야지요? 산출식 답변 부탁드립니다.(1면적당/총톤수)?

회신문
표준품셈 건축부문 "1-2-1 현장세우기"는 가공이 완료된 상태의 철골을 현장에 설치하는 기준임을 참고하시기 바라며, 현장세우기 보정의 m²당 강재사용량에 따른 보정치에서 m²은 철골(강재)이 설치되는 해당되는 면적을 적용하시면 됩니다.

제목 2 철골세우기 높이 기준

질의문
신청번호 2004-017 신청일 2020-04-07
질의부분 건축 제1장 철골공사 1-2-1 현장세우기

철골 높이 21.4m로 단층 건물입니다. 건축 철골세우기에서
1. 단층이므로 6층이하로 품을 적용.
2. 높이가 21.4m/3m/층 = 약 7층으로 20층 이하 적용. 질의드립니다.

회신문
표준품셈 건축부문 "1-2-1 현장 세우기"는 일반적인 철골건축구조물의 생산 및 세우기를 위한 품으로, 일반적으로 조립공장, 창고, 사무청사, 라멘구조 등에 해당되며, 발전소, 공항터미널 등과 같은 특수구조물과 50층 이상(또는 150m 이상)의 초고층건물 현장세우기는 별도 계상할 수 있도록 명시하고 있습니다.

1-2-2 탑다운공법 지하 현장 세우기('23년 신설)

(ton당)

구분	단위	지하4층 미만	지하7층 미만	지하10층 미만	지하10층 이상
철 골 공	인	0.812	0.878	0.927	0.976
용 접 공	인	0.382	0.344	0.306	0.268
특 별 인 부	인	0.171	0.208	0.242	0.276

[주] ① 본 품은 탑다운 공법에 의해 설치되는 1층 바닥 스판을 포함하여 지하층 바닥 스판에 가공이 완료된 상태의 철골을 현장에서 설치하는 기준이다.
② 지하 현장 세우기는 철골 가공 조립(공장 생산)이 완료된 상태로 지하에 철골 자재 반입이 완료된 것을 조립 설치하는 기준으로 지상에서 지하로 자재를 반입하는 작업은 제외되어 있다.
③ 본 품은 철골 세우기, 가조임 및 변형잡기, 고장력 볼트 본조임, 현장용접을 포함한다.
④ 공구손료 및 경장비(전기드릴, 용접기 등)의 기계경비는 인력품의 2%로 계상한다.
⑤ 재료량은 설계수량을 적용한다.

1-2-3 철골세우기 장비의 작업능력('18, '23년 보완)

철골세우기중기	철골건물의 종류	1일 처리능력(ton)
크 레 인 (무한궤도 / 타이어)	창고소규모건물, 공장대규모건물, 트러스, 거더류	15
	기둥, 크레인거더	25
	기타	8
타 워 크 레 인 트럭탑재형 크 레 인	고층건물	15
	소규모건물	10
굴 삭 기	탑다운공법 지하 거더류	12

[주] ① 부재의 단위중량에 대한 작업량 및 작업여건에 따라 처리능력을 별도로 결정할 수 있다.
② 철골세우기 장비의 손료산정기준에 적용한다.
③ 장비규격은 작업여건(작업범위, 위치 등)에 따라 변경할 수 있다.

有權解釋

제목 경량철골제작 설치-잡철물제작 설치 설계 품 적용문의

질의문
신청번호 1911-096 신청일 2019-11-29
질의부분 건축 제1장 철골공사 1-2-2 철골세우기 장비의 작업능력

1. 공사개요
   - 공사형태 : 건축공사(철구조물)
   - 공종 : 자전거보관대 비가림시설
   - 주요자재 : 일반구조용 각관(200×200×6t, 200×100×6t), 일반구조용압연강판(6t-12t), 기계구조용 스테인레이 강관(50×50×1.2mm, 50×100×1.5mm)

2. 질의요지
   - 공사계약 일반조건(공사의 설계변경)에 보면 설계서에 누락, 오류 또는 상호 모순점이 있을 경우 등 신규품목에 대해서는 설계변경이 가능하다.
   - 당초 설계에 경량형 강철골조조립 설치 품으로 계상되어 있음
   - 위의 주요자재로 보았을 때 당초 설계와 같이 철골자재가 사용되지 않고 잡철물 자재가 사용되고 있고, 용접, 절단, 밴딩 등의 공정이 수반되는 현장 조립 시설물로써 잡철물제작 설치(보통) 품을 변경하여 시공하고자 합니다.
   - 위의 사항이 잡철물제작 설치 품으로 계상하는 것이 합당한지?

회신문
표준품셈 건축부문 "7-9 경량형강 철골조조립 설치"는 공장에서 생산된 건축구조용 표면처리 경량형강을 철골세우기(스틸하우스 등) 기준으로 제시된 것이며, 표준품셈 "14-5 각종 잡철물제작 설치"는 철골공사에서 해당되지 않는 철제품(주자재 : 철판, 앵글, 파이프 등)을 제작/설치하는 것입니다. 당해공사에서 표준품셈의 적용여부 및 판단, 수량산출 등에 관련된 사항은 해당공사의 특성을 고려하시고 표준품셈을 참조하시어 공사관계자가 직접 결정하실 사항임을 양지해 주시면 감사드리겠습니다.

1-2-4 고장력 볼트 본조임('08, '18, '23년 보완)

(강재 ton당)

구 분	단위	30본/t 미만	50본/t 미만	70본/t 미만	90본/t 미만	110본/t 미만	110본/t 이상
철 골 공	인	0.43	0.52	0.59	0.66	0.72	0.74
특 별 인 부	인	0.12	0.14	0.16	0.18	0.20	0.20

[주] ① 본 품은 철골세우기 완료 후 볼트 조임을 완료하는 작업 기준이다.
② 본 품은 고장력 볼트(육각볼트, 토크-전단형볼트)의 본조임 및 조임검사가 포함된 것이다.
③ 공구손료 및 경장비(전기드릴 등)의 기계경비는 인력품의 3%로 계상한다.
④ 본 품은 철골설계수량 300ton 미만을 표준으로 한 것이며 300ton 이상인 고장력 볼트 본조임은 다음의 보정치를 적용한다.
※ 볼트본조임비=표준단가×K
보정계수 K=a(고장력 볼트조임 보정계수)

⟨ 고장력 볼트조임 보정계수표(a) ⟩

강재 총사용량 \ 1ton당 볼트 본수	50본 미만	50본 이상	90본 이상
300t이상 ~ 500t미만	0.91	0.92	0.93
500t이상 ~ 1,000t미만	0.87	0.88	0.89
1,000t이상	0.84	0.85	0.86

1-2-5 현장용접('08, '18, '23년 보완)

(각장 6㎜ 환산용접 길이 1m당)

구 분	단 위	수 량
용 접 공	인	0.04

[주] ① 본 품은 철골부재를 CO_2 용접으로 반자동 용접하는 기준이다.

② 본 품은 용접 준비, 용접 및 정리작업이 포함된 것이다.
③ 공구손료 및 경장비(용접기 등)의 기계경비는 인력품의 4%로 계상한다.
④ 별도의 방풍설비가 필요한 경우 별도로 계상한다.
⑤ 본 품은 용접 준비, 용접 및 정리작업이 포함된 것이다.
⑥ 재료량은 다음을 참고하여 적용한다.

(각장 6㎜ 환산용접 길이 1m당)

구 분	단 위	수 량
CO_2 와이어	kg	0.28
탄산가스	kg	0.14

1-2-6 앵커 볼트 설치('08, '18년 보완)

(개당)

구 분	단위	수 량					
		ø 16이하	ø 20이하	ø 24이하	ø 28이하	ø 32이하	ø 40이하
철 골 공	인	0.05	0.08	0.12	0.16	0.20	0.23
특 별 인 부	인	0.02	0.03	0.05	0.06	0.07	0.09

[주] ① 본 품은 철골세우기를 위해 앵커볼트 설치를 기준한 것이다.
② 본 품은 설치위치 확인, 앵커볼트 및 틀 설치가 포함된 것이다.
③ 별도의 철제틀이 필요한 경우에는 철물 제작품을 적용한다.
④ 일반철골공사에 적용하고 기계설치에는 적용하지 않는다.
⑤ 공구손료 및 경장비(용접기 등)의 기계경비는 인력품의 2%로 계상한다.
⑥ 콘크리트 독립주 위에서나 기타 비계가 양호치 못한 장소에서는 본 품의 20%까지 가산한다.

有權解釋

제목 앵커볼트 설치 품

질의문
신청번호 2003-069 신청일 2020-03-18
질의부분 건축 제1장 철골공사 1-2-5 앵커볼트 설치

보통 300×300×300 기초에 셋트앙카 M12를 사용하는데, 이를 설치하는데 표준품셈 1-2-5에 적용된 앵커볼트설치 품을 사용해도 될까요?

회신문
표준품셈 건축부문 "1-2-5 앵커볼트 설치"는 철골조 시설물에서 일반적으로 형강류의 기둥을 콘크리트기초 구조물에 연결하기 위해 매립할 경우 적용되는 품입니다.

1-2-7 철골세우기용 장비의 가설 및 해체이동

(대당)

기 종	공 종 별	비계공(인)
타 워 크 레 인	가설	42.0
	해체정비	42.0
	수직이동(1회당)	6.0

[주] ① 타워크레인 규격은 8ton(권상능력)×50m(작업반경)이고 가설높이는 32.5m일 때의 기준이다.
② 타워크레인의 가설이동 해체의 장비와 자재운반(부속자재포함)의 기계경비는 별도 계상한다.
③ 타워크레인의 기초설치 및 철거에 소요되는 재료 및 품은 별도 계상한다.
④ 타워크레인의 가설이동 해체에 소요되는 공구손료는 인력품에 3%로 계상한다.
⑤ 본 품의 타워크레인은 건물 외부 고정식일 경우이며 브레이싱 설치 해체에 대한 재료 및 품은 별도 계상한다.
⑥ 본 품의 타워크레인의 가설·해체정비, 수직 이동품은 특수 비계공이며 이외의 필요한 품(전공 등)은 별도 계상한다.

⑦ 타워크레인의 가설이동 해체 소요일수 표준은 다음과 같다.

구 분	소요일수	비 고
가 설	5~8일	
정 비	100ton시마다 1일	
수 직 이 동	1일	
해 체	4~7일	

1-3 데크플레이트

1-3-1 데크플레이트 가스절단('18년 보완)

(절단길이 10m당)

구 분	단 위	수 량	
		판두께 1.6㎜	판두께 2.3㎜
용 접 공	인	0.17	0.23

[주] ① 본 품에는 공구손료가 포함되어 있다.
② 재료량은 다음을 참고하여 적용한다.

(절단길이 10m당)

규 격	산소(㎥)	아세틸렌 (kg)	L.P.G(kg)
판두께 1.6㎜	0.37	0.15	0.12
판두께 2.3㎜	0.42	0.16	0.14

※ 아세틸렌(산소포함) 또는 L.P.G 중 한가지만 선택 사용한다.
※ 산소량은 대기압상태의 기준량이며, 압축산소는 35℃에서 150기압으로 압축용기에 넣어 사용하는 것을 기준으로 한다.

1-3-2 데크플레이트 플라즈마 절단('18년 신설)

(절단길이 10m당)

구 분	단 위	수 량
철 골 공	인	0.05
특 별 인 부	인	0.02

[주] ① 본 품은 플라즈마 절단기를 사용하여 데크플레이트를 절단하는 기준으로 일반 데크플레이트와 철근일체형 데크플레이트에 동일하게 적용한다.
② 본 품은 절단위치 확인, 데크플레이트 절단작업이 포함된 것이다.
③ 공구손료 및 경장비(플라즈마 절단기 등)의 기계경비는 인력품의 10%로 계상한다.

1-3-3 데크플레이트 설치('08, '18, '23년 보완)

(m²당)

구 분	단 위	수 량
철 골 공	인	0.03
용 접 공	인	0.01
특 별 인 부	인	0.01
비 고	- 본 품은 10층까지 적용하며, 높이별 인력품의 할증은 11층에서 15층까지는 4%, 16층 이상은 매 5개층 증가마다 1%씩 추가 가산한다.	

[주] ① 본 품은 주문 제작된 데크플레이트를 설치하는 기준으로 일반 데크플레이트와 철근 일체형 데크플레이트에 동일하게 적용한다.
② 본 품은 데크설치(판개), 고정 및 용접, 마감부 처리, 개구부 막이, 엔드플레이트, 콘크리트 스토퍼 작업이 포함된 것이다.
③ 소모재료는 설계에 따라 별도 계상한다.
④ 공구손료 및 경장비(용접기 등)의 기계경비는 인력품의 5%로 계상한다.
⑤ 사용재료의 양중은 현장여건에 따라 양중기계를 선정할 수 있으며 기계경비는 별도 계상한다.

1-4 부대공사

1-4-1 부대철골 설치('08, '18년 보완)

(ton당)

구 분	규 격	단 위	수 량
철 골 공		인	1.67
특 별 인 부		인	0.42
크 레 인	50ton	hr	2.50

[주] ① 본 품은 중도리, 띠장, 캐노피 등 철골공사와 병행하여 시공되는 부대철골의 설치를 기준한 것이다.
② 본 품은 현장설치 및 볼트조임 작업이 포함된 것이다.
③ 장비의 규격은 작업여건(작업범위, 위치 등)에 따라 변경할 수 있다.

有權解釋

제목 1 각 파이프 철재구조물제작 설치 시 표준품셈 적용은 어떻게 하는지

질의문

신청번호 2011-058 신청일 2020-11-23
질의부분 건축 제1장 철골공사 1-4-1 부대철골설치

금속구조물 창호공사업으로 아래와 같은 공사를 함에 있어 제작, 설치 품 등을 표준품셈 항목 중 어디에 적용하면 되는지?
- 공사의 성격
  철재 각 파이프(형강, 100×100×3.2t)를 사용하여 기둥을 세우고 각각의 기둥 위에 각 파이프를 이용하여 연결하고 그 틀에 간판을 부착하는 공사임(H형강은 사용하지 않고 전체 주재료가 각 파이프임)

- 위 공사성격을 감안할 때 아래에 표준품셈 적용의 몇가지 설중 어느 설에 해당되는지?
  갑설 : 건축 철골공사의 부대공사로 보아 제1장 철골공사 1-4 부대공사 중 1-4-1 부대철골 설치의 일위대가를 적용해야 한다는 설
   * 반대 의견설 : 주재료가 각 파이프이므로 철골공사에 해당하지 않으므로 부대철골 설치에 해당 안 됨.
  을설 : 건축 철골공사의 부대공사로 보아 제1장 철골공사 중 1-4 부대공사 중 1-4-4 경량형량 철골조조립 설치의 일위대가를 적용해야 한다는 설
   * 반대 의견설 : 주재료가 각 파이프이므로 철골공사에 해당하지 않으므로 부대철골 설치에 해당안 됨.
  병설 : 갑과 을은 철골공사의 부대공사로서 본 공사는 주재료인 H형강 등을 사용하지 않는 공사로서 본 공사의 성격은 주재료인 각 파이프를 절단가공 용접조립 설치하는 공사로서 철골공사가 아닌 금속공사로 분류해서 제8장 8-4 부대공사 중 8-4-1 각종 잡철물제작 설치의 일위대가를 적용해야 한다는 설
- 당사의견 : 본 공사는 철골공사와 병행하지 않으므로 잡철물제작 설치의 주 ⑧항 ㉭목에 해당되며, 또한 주재료가 주 ①항과 같이 각 파이프와 철판만을 가지고 제작 설치하므로 "병설"이 타당하다고 사료됨.

회신문
표준품셈 건축부문 "8-4-1 각종 잡철물제작 설치"에서는 철골공사에서 해당되지 않는 철제품(주자재 : 철판, 앵글, 파이프 등)을 제작/설치하는 것으로 일반적인 잡철물의 예는 동 항목 [주] ⑨에서 "피트 및 맨홀뚜껑류, PD문, DC문, 환기구철물, 간이창호류, Checked Plate, Expanded Metal류 등), 기타 철골공사에 해당되지 않는 철재품의 제작 및 설치"로 해당 품을 제시하고 있습니다.
"1-4-4 경량형강철골조조립 설치"는 공장에서 생산된 건축구조용 표면처리 경량형강을 철골세우기(스틸하우스 등) 기준으로 제시된 것이며, "1-4-1 부대철골 설치"는 건축공사의 중도리, 띠장, 캐노피 등의 부대철골을 가공 및 설치하는 품 기준입니다.
당해공사에서 표준품셈의 적용여부 및 판단, 수량산출 등에 관련된 사항은 해당공사의 특성을 고려하시고 표준품셈을 참조하시어 공사관계자가 직접 결정하실 사항임을 양지해 주시면 감사드리겠습니다.

제목 2 부대철골설치 잡철물제작·설치 해당 여부

질의문
신청번호 2003-020 신청일 2020-03-05
질의부분 건축 제1장 철골공사 1-4-1 부대철골설치

구조물은 전체 각 파이프(150×150×9)로 약 14톤 가량 소요되고, 특성상 현장에서 절단 및 용접을 하여야 합니다. 이런 경우 잡철물제작 및 설치에 해당되는지?
기존은 철골공사+부대철골설치 공사로 되어있어, 현장여건과는 많은 차이가 있습니다.

회신문
표준품셈 건축부문 "8-4-1 각종 잡철물제작 및 설치"에서는 철골공사에서 해당되지 않는 철제품(주자재 : 철판, 앵글, 파이프 등)을 제작/설치하는 것으로 일반적인 잡철물의 예는 동 항목 [주] ⑨에서 "피트 및 맨홀뚜껑류, PD문, DC문, 환기구철물, 간이창호류, Checked Plate, Expanded Metal류 등), 기타 철골공사에 해당되지 않는 철재 품의 제작 및 설치"로 해당 품을 제시하고 있습니다. "1-4-1 부대철골 설치"는 건축공사의 중도리, 띠장, 캐노피 등의 부대 철골을 가공 및 설치하는 품 기준입니다.

1-4-2 스터드볼트(Stud bolt) 설치('18, '23년 보완)

(1,000개당)

구분	단위	데크플레이트		지하 철골 기둥	
		자동용접	수동용접	자동용접	수동용접
용 접 공	인	1.52	2.67	0.94	1.65
특 별 인 부	인	0.90	1.58	0.63	1.11

[주] ① 데크플레이트는 데크플레이트가 설치된 상태에서 스터드볼트를 2열로 용접하는 것을 기준으로 한다.
② 지하 철골 기둥은 탑다운공법에 의해 설치된 지하 철골 기둥에 스터드볼트를 용접하는 것을 기준으로 한다.
③ 자동용접은 스터드볼트 전용용접기를 사용하는 것을 말하며, 수동용접은 아크용접기를 사용하는 것을 말한다.
④ 본 품은 설치위치 확인, 용접 작업이 포함된 것이다.
⑤ 공구손료 및 경장비(용접기 등)는 자동용접인 경우 인력품의 22%, 수동용접인 경우 인력품의 18%로 계상한다.
⑥ 잡재료는 주재로비의 5%로 계상한다.

1-4-3 철골 내화 피복뿜칠('18년 보완)

(mm/100㎡당)

구 분	규 격	단 위	수 량
도 장 공		인	0.062
특 별 인 부		인	0.056
보 통 인 부		인	0.062
그 라 우 팅 믹 서	390×2(ℓ)	hr	0.180
그 라 우 팅 펌 프	40~125(ℓ/min)	hr	0.180

[주] ① 본 품은 내화 피복 질석계 자재를 습식으로 시공하는 기준이다.
② 본 품은 방진막 설치 및 해체, 뿜칠작업이 포함된 것이다.
③ 철골 바탕면 처리, 청소 및 검사는 별도 계상한다.
④ 소모재료 및 장비의 설치, 해체, 이동에 소요되는 품은 별도 계상한다.
⑤ 공구손료 및 경장비(분사기 능)의 기계경비는 인력품의 5%로 계상한다.
⑥ 철골내화 피복 뿜칠 내화 시간은 국토교통부고시 내화구조의 성능기준에 따른다.
⑦ 재료량은 다음을 참고하여 적용한다.

(mm/100㎡당)

구 분	단 위	수 량
질 석	kg	38.8

1-4-4 경량형강철골조 조립설치

(ton당)

구 분	단 위	수 량		비 고
		내력식	비내력식	
철 공	인	15.93	12.54	

[주] ① 본 품은 건축구조용 표면처리 경량형강을 기준한 것이다.
② 본 품은 경량형강 철골세우기로서 내력식은 4층이하를 기준한 것이다.
③ 지붕트러스는 내력식을 적용한다.
④ 본 품은 소운반, 먹매김, 가공, 조립·설치품이 포함되어 있다.
⑤ 공구손료는 인력품의 3%로 계상한다.
⑥ 경량형강 철골설치에 장비가 필요한 경우 기계경비는 별도 계상한다.
⑦ 외부 비계매기가 필요할 경우 별도 계상한다.
⑧ 주재료(스터드, 트랙, 조이스트 등)는 설계수량에 따라 계상하며, 부자재(스크류, 힐티 등)는 주자재비의 3%를 계상한다.

有權解釋

제목 1 백관파이프로 구성된 트러스구조의 창고형 건물설치 시 적용 품에 대한 질의

질의문

신청번호 2211-067 신청일 2022-11-17
질의부분 건축 제1장 철골공사 1-4-4 경량형강 철골조조립 설치

트러스구조의 비가림 시설(외부천막 설치)을 제작 설치하기 위해 당초 내역에 철골가공 조립 및 철골세우기 품으로 적용되었으나, 철골공사 시 적용 품에 대한 상호간 이견이 있어 질의를 드립니다.
철골공사용 자재 : 백관 Pipe(Φ165.2*4.5t~Φ34*2.3t), 180ton
갑설 : 당초 설계사가 철골가공 조립 및 철골세우기로 내역에 반영하였으므로 변경이 불가함
을설 : 백관 파이프(Φ165.2*4.5t~Φ34*2.3t)는 경량형강이므로 "경량형강철골조 조립설치"로 변경하여야 함 이와 같이 이견에 대하여 명확한 답변을 부탁드립니다.

회신문

표준품셈 건축부문 "1-2-1 현장세우기"는 가공이 완료된 상태의 철골을 현장에 설치하는 기준임을 참고하시기 바라며, 일반적인 철골 건축구조물의 생산 및 세우기를 위한 품으로, 일반적으로 조립공장, 창고, 사무청사, 라멘구조 등에 해당됩니다.
표준품셈 건축부문 "1-4-4 경량형강 철골조조립 설치"는 공장에서 생산된 건축구조용 표면처리 경량형강을 철골세우기(스틸하우스 등) 기준으로 제시된 것이며, 공장에서 제작된 경량철골조를 현장에서 가공, 조립, 설치하는 품으로 여기에서 가공은 일반적으로 현장에서 설치를 위한 금긋기, 절단, 구멍뚫기 등이 포함되어 있습니다.
철골공사/ 경량형강 철골조공사는 시공 특성, 자재에 맞게 분리하여 제시된 기준입니다.

제목 2 경량형강 철골조조립 설치 질문

질의문

신청번호 2006-004 신청일 2020-06-01
질의부분 건축 제1장 철골공사 1-4-4 경량형강 철골조조립 설치

데크설계 관련하여 기초위에 베이스플레이트를 올리고 셋트앵커(M12×125)로 고정한 뒤 100×100 아연도 각관을 용접할 때 플레이트판은 경량형강 철골조조립으로 잡고 셋트앵커는 셋트앵커조립 설치 품으로 내역을 잡았습니다. 경량형강철골조조립 설치 품 (8)번을 보면 주재료(스터드, 트랙, 조이스트 등)는 설계수량에 따라 계상하며, 부자재(스크류, 힐티 등)는 주자재의 3%로 계상한다고 되어있는데, 셋트앵커는 주재료나 부재료에 포함되어야 하는게 맞는 건지 별도계상이 맞는 건지 궁금합니다.

회신문

[답변1]
표준품셈 건축부문 "1-4-4 경량형강철골조조립 설치"에서 셋트앵커의 수량이 설계 시 산출가능하다면 설계수량에 따라 계상하시고, 설계 시 산출이 불가능하다면 부자재로 계상하시기 바랍니다.

[답변2]
표준품셈 건축부문 "1-4-4 경량형강철골조조립 설치"는 공장에서 생산된 건축구조용 표면처리 경량형강을 철골세우기(스틸하우스 등) 기준으로 제시된 것이며, 앵커볼트설치 포함 철골세우기 기준입니다. "1-2-5 앵커볼트설치"는 경량형강철골조 외 철골공사에서 앵커볼트설치 시 필요한 품을 제시한 것입니다.

제목 3 경량 형강철골조 조립 및 설치 품셈, 용접식 난간 문의

질의문

신청번호 2003-018 신청일 2020-03-05
질의부분 건축 제1장 철골공사 1-4-4 경량 형강철골조 조립 및 설치

100×100 각관 기둥과 멍에가 시공되고, 50×50 각관 장선이 설치되는 각관 구조물입니다.
1) 목재데크틀설치 품셈에 50×50 각관설치를 기준으로 한다고 나와 있습니다. 100×100각관 기둥과 멍에는 별도가 맞는지요?
2) 100×100각관 기둥을 세울 때 하부 기초콘크리트에 앙카볼트시공을 한 후 기둥 용접을 합니다. 앙카볼트설치비가 경량형강철골조조립설치 품에 포함되어 있는지요?
3) 금속제울타리인 디자인형울타리는 금속 속주가 용접고정 후 목재 커버가 금속 속주를 감싸는 형태입니다. 용접식 난간 ton수에 목재무게도 포함이 가능한지요?

회신문

[답변1]
표준품셈 건축부문 "4-3-2 목재데크틀설치"는 구조용각관 50mm×50mm로 목재데크 바닥틀을 설치하는 기준이며, 하부기초 작업을 위한 기둥, 멍에 등은 제외되어 있습니다. 하부기초 작업은 현장여건에 따라 별도 계상하셔야 하며, 표준품셈에서 정하지 않는 사항은 동 품셈 1-1-3의 4항을 참조하시어 적정한 예정가격산정기준을 적의 결정하여 사용하시기 바랍니다.

[답변2]
표준품셈 "1-4-4 경량형강철골조 조립설치"에는 앵커볼트설치 포함 철골세우기 기준입니다.

[답변3]
표준품셈 건축부문 "8-2-1 용접식 난간설치"는 형상의 변화가 다양하여 현장에서 자재가 제작되는 '주자재 제작 및 설치'와 유사규격이 연속적으로 시공이 가능하여 1차 제작되어 반입되어 현장에서 용접 접합 및 설치하는 '규격자재 설치'를 구분하여 정하고 있습니다.

제목 4 1-4-4 경량형강 철골조 조립설치에 관한 질문

질의문

신청번호 2002-073 신청일 2020-02-27
질의부분 건축 제1장 철골공사 1-4-4 경량형강 철골조조립 설치

경량형강 철골조조립 설치 (4) 항목에 소운반, 먹매김, 가공, 조립, 설치 품이 포함되어 있다.라고 명시되어 있는데 가공의 정의가 어디까지인지? 밴딩도 가공에 포함되는 건지?

회신문

표준품셈 건축부문 "1-4-4 경량형강 철골조조립 설치"는 공장에서 제작된 경량철골조를 현장에서 가공, 조립, 설치하는 품으로 여기에서 가공은 일반적으로 현장에서 설치를 위한 금긋기, 절단, 구멍뚫기 등이 포함되어 있습니다.

제목 5 내력식과 비내력식의 적용기준

질의문

신청번호 1912-042 신청일 2019-12-22
질의부분 건축 제1장 철골공사 1-4-4 경량형강 철골조조립 설치

1-6 경량형강 철골조조립 설치(2002년 신설)
[주] (1) 본 품은 건축구조용 표면처리 경량형강을 기준한 것이다.
   (2) 본 품은 경량형강 철골 세우기로서 내력식은 4층 이하를 기준한 것이다.
   (3) 지붕 트러스는 내력식을 적용한다.
[질의]
위 품셈에서 경량형강 철골조는 KSD3854로 규정된 건축구조용 표면처리 경량형강을 기준하도록 되어 있습니다. 건축구조용 표면처리 경량형강으로는 5층이상의 고층 건물을 지을 수 없습니다(저층의 주택 등 가능) 그럼 비내력식은 어떤 경우에 적용하나요?

회신문

표준품셈 건축부문 "1-4-4 경량형강철골조 조립설치"에서 제시하는 비내력식에 대한 적용방법은 별도로 정하고 있지 않습니다. 참고로, "경량형강 철골조조립 설치"는 공장에서 생산된 건축구조용 표면처리 경량형강을 철골세우기(스틸하우스 등) 기준으로 제시된 것입니다. "1-4-1 부대철골 설치"는 건축공사의 중도리, 띠장, 캐노피 등의 부대철골을 가공 및 설치하는 품 기준입니다.

제 2 장 조적공사

2-1 벽돌

2-1-1 벽돌 쌓기('13, '19년 보완)

(㎡당)

구 분	단위	수 량 (높이 / 벽두께)					
		3.6m 이하			3.6m 초과		
		0.5B	1.0B	1.5B	0.5B	1.0B	1.5B
조 적 공	인	0.11	0.19	0.27	0.14	0.26	0.35
보 통 인 부	인	0.03	0.06	0.08	0.05	0.08	0.11
비 고	\multicolumn{7}{l}{- 공간쌓기를 하는 경우 인력품의 10%를 가산한다. - 홈벽돌을 포함하여 쌓는 경우(홈벽돌 사용량 20% 기준) 인력품의 20%를 가산한다.}

[주] ① 본 품은 시멘트 벽돌(19×9×5.7㎝) 쌓기 기준이다.
② 먹매김, 규준틀설치, 정착철물 설치, 모르타르 비빔, 벽돌 절단 및 쌓기, 줄눈누르기 및 마무리 작업을 포함한다.
③ 공구손료 및 경장비(비빔기 등)의 기계경비는 인력품의 2%로 계상한다.

[참고자료] 벽돌쌓기 재료량

(㎡당)

구 분	단위	수 량 (벽두께)		
		0.5B	1.0B	1.5B
벽돌(19×9×5.7㎝)	매	75	149	224
모르타르	㎥	0.019	0.049	0.078

※ 모르타르의 재료량은 할증이 포함된 것이며, 배합비는 1:3 이다.

有權解釋

제목 1 건축품셈 조적쌓기 3.6m이상 기준에 관하여

질의문

신청번호 2206-099 신청일 2022-06-22
질의부분 건축 제2장 조적공사 2-1-1 벽돌쌓기

벽돌쌓기 기준에 3.6m이하, 3.6m초과로 구분하며, 이 기준에 산출하여 내역서 작성에 대한 질의입니다. 한면(벽체 길이 3.0m)의 벽체 높이 6.0m라면 품셈기준 3.6m초과 18㎡로 적용하며, 한면(벽체 길이 3.0m)의 벽체 높이 3.0m라면 품셈기준 3.6m이하 9㎡로 적용하는게 타당한지 질의드립니다. 아니면 한면(벽체 길이 3.0m)의 벽체 높이 6.0m라면 품셈기준 3.6m이하로 한번 3.6m초과로 적용하는 적정한지 질의드립니다.

회신문
표준품셈 건축부문 "2-1-1 벽돌쌓기"에서 전체 높이가 3.6m를 초과하는 경우, 초과되는 높이에 대해서만 "3.6m 초과"를 반영하시면 됩니다.

제목 2 벽돌쌓기

질의문
신청번호 2008-053 신청일 2020-08-21
질의부분 건축 제2장 조적공사 2-1-1 벽돌쌓기

건축분야 – 조적공사 – 벽돌쌓기에서 본 품은 ――――, 모르타르 비빔, ―――― 작업을 포함한다.라고 규정하고 있는데요. 여기서 '모르타르비빔' 공정과정에는 ''모르타르배합' 공정도 포함된다고 판단하면 되는 것인지?
비빔 공정에는 배합 공정이 당연히 포함된다고 주장하시는 분도 있고, 비빔과 배합은 별도의 공정이므로 "벽돌쌓기" 품 작성 시 비빔작업은 포함이지만, 배합작업은 추가로 산정하여 산입해줘야 한다고 주장하시는 분도 있습니다.
표준품셈 "벽돌쌓기 – 모르타르비빔 포함"에 배합의 포함 여부 등 정확한 의미를 알고 싶습니다.

회신문
표준품셈 건축부문 "2-1-1 벽돌쌓기"에서 모르타르배합은 제외되어 있으므로 필요한 경우 표준품셈 건축부문 "9-1-1 모르타르배합"을 참조하시기 바랍니다.

監査

제목 벽돌쌓기 품셈 적용 부적정

내용
표준품셈에 따라 벽돌쌓기 품은 10,000매 이상을 기준으로 산정하며, 10,000매 이하일 경우에 품을 가산하여야 하는데도 ****에서는 벽돌쌓기 수량이 60,000매 임에도 5,000~10,000매 쌓기에 해당하는 품 10%을 가산하여 적용하였음.

조치할 사항
○○군수는 ****신축공사에서 벽돌쌓기 품셈을 과다 계상하여 예산이 낭비되는 사례가 없도록 관련자 등 교육 조치하시기 바람

2-1-2 치장쌓기 및 줄눈설치('13, '19년 보완)

(㎡당)

구 분	단 위	수 량 (높이 / 벽두께)					
		3.6m 이하			3.6m 초과		
		0.5B	1.0B	1.5B	0.5B	1.0B	1.5B
조 적 공	인	0.16	0.27	0.37	0.20	0.35	0.48
보 통 인 부	인	0.06	0.10	0.13	0.07	0.13	0.17
줄 눈 공	인	0.05	0.05	0.05	0.07	0.07	0.07

[주] ① 본 품은 치장벽돌(19×9×5.7㎝)의 공간쌓기(한면치장) 기준이다.
② 먹매김, 규준틀설치, 정착철물 설치, 모르타르 비빔, 벽돌 절단 및 쌓기, 줄눈파기, 치장줄눈 작업을 포함한다.
③ 공구손료 및 경장비(비빔기 등)의 기계경비는 인력품의 2%로 계상한다.

[참고자료] 치장쌓기 및 줄눈 재료량

(㎡당)

구 분		단 위	수 량 (벽두께)		
			0.5B	1.0B	1.5B
벽돌(19×9×5.7㎝)		매	75	149	224
모르타르	쌓기	㎥	0.019	0.049	0.078
	치장줄눈	㎥	0.003	0.003	0.003

※ 모르타르의 재료량은 할증이 포함된 것이며, 배합비는 쌓기 1:3 / 치장줄눈 1:1 이다.

監査

제목 조적공사 연결철물 중복계상

내용
건설공사 표준품셈. 건축부문. 제8장 조적공사에 치장쌓기 품에는 정착철물설치 가 포함되어 있는데도 철물설치비를 별도로 계상하여 공사비 감액(12,607천원) 요인이 있는데도 감사일 현재까지 설계변경을 위한 실정보고 등의 조치를 하지 않고 있다.

조치할 사항
○○○장은 중복 계상된 치장쌓기 철물설치비에 대하여 설계변경(감 12,607천원)등의 조치를 하시기 바람(시정)

2-1-3 아치쌓기('13년 보완)

(1,000매당)

구 분	단 위	수 량 (벽두께)	
		1.0B	1.5B
조 적 공	인	4.5	3.6
보 통 인 부	인	2.2	2.0

[주] ① 본 품은 기본벽돌(19×9×5.7㎝)의 아치쌓기 기준이다.
② 모르타르 배합 및 비빔, 먹매김, 아치벽돌쌓기, 줄눈파기 및 마무리작업을 포함한다.
③ 아치용 쌓기에 필요한 가설형틀 및 동바리는 별도 계상한다.
④ 공구손료 및 경장비(비빔기 등)의 기계경비는 인력품의 2%로 계상한다.

2-1-4 아치쌓기 치장줄눈 설치('13년 보완)

(1,000매당)

구 분	단 위	수 량 (벽두께)	
		1.0B	1.5B
줄 눈 공	인	0.4	0.3

[주] ① 본 품은 아치쌓기 구간에 치장줄눈을 채우는 기준이다.
② 모르타르 배합 및 비빔, 치장줄눈설치 및 마무리 작업을 포함한다.

[참고자료] 아치쌓기 및 치장줄눈 재료량

(1,000매당)

구 분		단 위	수 량 (벽두께)	
			1.0B	1.5B
모르타르	쌓기	m³	0.31	0.34
	치장줄눈	m³	0.019	0.013

※ 재료량은 할증이 포함된 것이며, 배합비는 쌓기 1:2 / 치장줄눈 1:1 이다.

2-2 블록

2-2-1 블록쌓기('13, '19년 보완)

(m²당)

구 분		단 위	수 량 (높이)			
			3.6m 이하		3.6m 초과	
			한면마감	양면마감	한면마감	양면마감
390×190×190	조 적 공	인	0.13	0.14	0.16	0.17
	보 통 인 부	인	0.07	0.06	0.09	0.08
390×190×150	조 적 공	인	0.11	0.12	0.14	0.15
	보 통 인 부	인	0.06	0.05	0.07	0.07
390×190×100	조 적 공	인	0.09	0.10	0.12	0.13
	보 통 인 부	인	0.05	0.05	0.06	0.06

[주] ① 본 품은 콘크리트 블록을 막힌줄눈으로 쌓는 기준이다.
② 먹매김, 규준틀설치, 와이어 매쉬 삽입, 모르타르 비빔, 블록 절단 및 쌓기, 줄눈누르기 및 마무리 작업을 포함한다.
③ 공구손료 및 경장비(비빔기 등)의 기계경비는 인력품의 2%로 계상한다.

[참고자료] 블록쌓기 재료량

(m²당)

구 분	단 위	수 량 (블록규격)		
		390×190×190mm	390×190×150mm	390×190×100mm
모르타르	m³	0.010	0.009	0.006

※ 재료량은 할증이 포함된 것이며, 배합비는 1:3 이다.

> **有權解釋**
>
> **제목** 블록쌓기 세부내용 문의
>
> **질의문**
> 신청번호 1902-093 신청일 2019-02-25
>
> 제2장 조적공사의 2-2-1 블록쌓기에 대한 부분의 "한면 마감"과 "양면 마감"의 적용기준에 따른 자세한 내용이 궁금합니다.
>
> **회신문**
> 표준품셈 건축부문 "2-2-1 블록쌓기"에서 한면 마감은 블록을 쌓고 줄눈누르기 및 마무리 작업을 한쪽 면에서만 하는 경우에 적용하시기 바라며, 양면마감은 양쪽면에서 줄눈누르기 및 마무리 작업을 하는 경우에 적용하시기 바랍니다.

2-2-2 블록 보강쌓기('13, '19년 보완)

(㎡당)

구 분		단 위	수 량 (높이)			
			3.6m 이하		3.6m 초과	
			한면마감	양면마감	한면마감	양면마감
390×190×190	조 적 공	인	0.14	0.15	0.18	0.19
	보 통 인 부	인	0.06	0.07	0.08	0.09
390×190×150	조 적 공	인	0.12	0.13	0.16	0.17
	보 통 인 부	인	0.05	0.06	0.07	0.08
390×190×100	조 적 공	인	0.10	0.11	0.13	0.14
	보 통 인 부	인	0.04	0.05	0.06	0.06
비 고			- 블록 매장마다(간격 400mm) 사춤을 하는 경우 인력품의 5%를 가산한다.			

[주] ① 본 품은 콘크리트 블록 2장마다(간격 800mm) 사춤하는 통줄눈 쌓기 기준이다.
② 먹매김, 규준틀설치, 모르타르 비빔, 철망 및 고정철물 설치, 철근 절단 및 설치, 블록 절단 및 쌓기, 모르타르 사춤, 줄눈누르기 및 마무리 작업을 포함한다.
③ 공구손료 및 경장비(비빔기 등)의 기계경비는 인력품의 3%로 계상한다.

[참고자료] 블록 보강쌓기 재료량

(㎡당)

구 분	단 위	수 량 (블록규격)		
		390×190×190mm	390×190×150mm	390×190×100mm
모르타르	㎥	0.027	0.019	0.012

※ 재료량은 할증이 포함된 것이며, 배합비는 1:3 이다.

> **有權解釋**
>
> **제목** 블록보강 쌓기 관련 질문
>
> **질의문**
>
> 신청번호 1901-096 신청일 2019-01-25
>
> [블록쌓기(2-2-2) 품에 대한 질문]
> 1. 2018년에 사춤 제1종과 사춤 제2종으로 구분되어 있던 것이(사춤 제1종 : 블록매장마다 세로접합부분의 빈속에 모르타르를 채우는 것/ 사춤 제2종 : 제1종보다 빈속 1개를 더 채우는 것) 2019년에는 비고로 '블록 매장마다 사춤하는 경우 인력품의 5%를 가산한다.'고 되어 있습니다. 이 의미가 사춤 제1종인가요 사춤 제2종인가요?
> 2. 또한 구분이 한면마감/ 양면마감으로 변경되었습니다. 한면마감/ 양면마감에 대한 설명이 없어서 어떻게 적용해야 하는지 모르겠습니다. 한면마감과 양면마감 각각 어떤 경우일 때 적용하나요? 어떤 마감에 대한 기준인지 그에 대한 설명 부탁드립니다.
>
> **회신문**
>
> [답변1]
> 표준품셈 건축부문 "2-2-2 블록보강 쌓기"는 콘크리트블록 2장마다(간격800mm) 사춤하는 기준이며, 이는 기존의 사춤 1종에 해당됩니다. 또한, 기존의 사춤 2종은 블록 매장마다(간격400mm) 사춤하는 경우에 해당됩니다.
>
> [답변2]
> 한면마감은 블록을 쌓고 줄눈누르기 및 마무리 작업을 한쪽 면에서만 하는 경우에 적용하시기 바라며, 양면마감은 양쪽면에서 줄눈누르기 및 마무리 작업을 하는 경우에 적용하시기 바랍니다.

2-3 ALC

2-3-1 ALC블록 쌓기('13, '19년 보완)

(㎡당)

구 분		단 위	수 량 (높이)	
			3.6m 이하	3.6m 초과
600×400×100mm	조 적 공	인	0.111	0.132
	보 통 인 부	인	0.071	0.090
600×400×125mm	조 적 공	인	0.131	0.157
	보 통 인 부	인	0.085	0.106
600×300×150mm	조 적 공	인	0.137	0.167
	보 통 인 부	인	0.092	0.113
600×300×200mm	조 적 공	인	0.143	0.179
	보 통 인 부	인	0.106	0.121

[주] ① 본 품은 경량기포 콘크리트 블록(ALC블록)의 쌓기 기준이다.
② 먹매김, 규준틀설치, 모르타르 비빔, 고정철물 설치, 블록 절단 및 설치, 줄눈누르기 및 마무리 작업을 포함한다.
③ 공구손료 및 경장비(비빔기 등)의 기계경비는 인력품의 3%로 계상한다.

[참고자료] 경량기포 콘크리트(ALC) 재료량

(㎡당)

구 분	단위	수 량 (블록규격 mm)			
		600×400×100	600×400×125	600×300×150	600×300×200
모르타르	kg	6.0	7.0	9.5	12.0

※ 재료량은 할증이 포함된 것이다.

2-3-2 ALC패널 설치('13년 보완)

(㎡당)

구 분	단위	수량(패널두께 mm)					
		75	100	125	150	175	200
조 적 공	인	0.14	0.16	0.18	0.20	0.23	0.25
보 통 인 부	인	0.04	0.05	0.07	0.08	0.09	0.11

[주] ① 본 품은 경량콘크리트 패널의 내벽설치 기준이다.
② 먹매김, 패널 절단 및 설치, 충전재 주입 및 마무리 작업을 포함한다.
③ 부속철물 설치는 별도 계상한다.
④ 공구손료 및 경장비(절단기 등)의 기계경비는 인력품의 3%를 계상한다.

제 3 장 타일공사

3-1 공통공사

3-1-1 바탕 고르기('13, '14, '20년 보완)

(10㎡당)

구 분	단 위	수 량	
		벽	바닥
미 장 공	인	0.47	0.35
보 통 인 부	인	0.16	0.12

[주] ① 본 품은 타일공사 전 두께 24mm이하(2회 바름)로 모르타르를 바르는 기준이다.
② 본 품은 모르타르 비빔 및 바름, 쇠흙손 마감, 물매 맞추기를 포함한다.
③ 공구손료 및 경장비(비빔기 등)의 기계경비는 인력품의 2%로 계상한다.

有權解釋

제목 1 타일공사 바탕고르기 관련

질의문

신청번호 2203-006 신청일 2022-03-03
질의부분 건축 제3장 타일공사 3-1-1 바탕고르기

타일공사 - 바탕고르기 품셈에 관련하여 질의합니다. 바탕고르기 품 맨 아래 (주해)를 보면 신규 건설공사를 위한 품이라고 명시되어 있는데, 신규에만 적용은 하는지, 아니면 화장실 리모델링공사를 위한 바닥 바탕고르기도 가능한지 여쭤봅니다.

회신문

표준품셈 건축부문 "3-1-1 바탕고르기"는 신설공사를 위한 기준입니다. 리모델링 공사를 위한 바탕고르기 기준은 별도로 정하고 있지 않습니다.

제목 2 타일 바탕처리

질의문

신청번호 1904-019 신청일 2019-04-04
질의부분 건축 제3장 타일공사 3-1-1 바탕고르기

표준품셈 건축부문 3-1-1 바탕고르기 품의 범위가 어디까지인지
시공 예정인 정수장 침전지는 약품을 사용하는 곳으로 압착타일공법으로 시공 시 기존에 에폭시도장이 되어있으면 부착력도 떨어져 하자가 발생합니다. 그럼 위 3-1-1품에 기존 에폭시도 제거하는 품이 들어 있는지요. 아니면 "페인트 긁어내기" 품을 별도 적용하여야 하는지?

회신문

표준품셈 건축부문 "3-1-1 바탕고르기"는 신규 건설공사의 타일공사 전 벽 및 바닥면 바탕을 고르기 위한 품입니다. 엑폭시를 제거하는 기준은 표준품셈에서 별도로 정하고 있지 않습니다.

3-1-2 타일줄눈 설치('98년 신설, '13, '20년 보완)

(㎡당)

구 분			단위	수 량		
				0.04~0.10㎡이하	0.11~0.20㎡이하	0.21~0.40㎡이하
바 닥 면	줄 눈 공		인	0.016	0.013	0.011
벽 면	줄 눈 공		인	0.020	0.017	0.015

[주] ① 본 품은 타일의 줄눈을 기배합된 줄눈재로 설치하는 기준이다. 줄눈재 도포 기준이다.
② 본 품은 줄눈재 비빔, 줄눈설치 및 마무리 작업을 포함한다.
③ 재료량은 다음을 참고한다.

(㎡당)

구 분	떠붙이기	압착붙이기
줄눈 모르타르량(㎥)	0.005	0.001

※ 배합비 1:1 기준하며, 재료할증은 포함되어 있다.

監査

제목   OO야구장 화장실 개선공사, 정산 및 설계변경 부적정

내용
OO야구장 화장실 벽체의 줄눈은 산출내역서상 타일공종의 세부구성 요소인 일위대가에 특수줄눈(HOOOO)을 폭 5mm, 깊이 3mm로 계상되었으나, 설계도면, 시방서 등에 구체적으로 명기하지 않아 시공자는 일반적인 방법인 줄눈 폭 3mm로 시공하였고, 공사감독자 역시 이를 알지 못하여 조치를 취하지 못함으로써 5,579천원의 예산이 낭비되는 결과를 초래하였다.
또한, 당해공사에 포함된 2층 VIP남자화장실은 바닥면적이 18㎡로 급수급탕설비 중 배관(D15~32mm)은 47m를 시공하였으나, 155m를 시공한 것으로, 7개 화장실을 개축하면서는 각종 배관 등을 수용하는 배관실(PIT층)의 벽체는 기존에 뚫린 구멍을 활용하고도 설계된 대로 55개소의 구멍을 신규로 뚫어 급수급탕관 및 오배수관을 연결한 것으로 정산없이 준공대가를 지급하였다.
그리고, 6개 화장실은 설계도면에 따르면 대·소변기로 연결되는 급수관은 바닥슬라브 아래쪽 주배관에서 슬라브를 뚫고 올라와 각 대·소변기와 연결하는 것으로 되어 있으나, 시공은 바닥슬라브의 1개소를 뚫고 올라온 후 벽을 타고 관을 부설하여 각 대·소변기로 연결하는 방식으로 시공되어 있었음에도 설계대로 시공한 것으로, 설계변경으로 2층 VIP화장실(남자, 여자)에 대한 개축공사를 추가하면서는 필요한 바닥천공은 12개소이나 16개소를 시공하는 것으로, D20mm 급수급탕관은 불필요하나 7m를 부설하는 것으로 과다 반영시켜 계약상대자가 설계변경을 위한 실정보고를 하였고, 공사감독자는 이 사실을 알지 못한 채 이를 승인하고는 준공처리 하는 등으로 공사금액 12,672천원이 부당하게 과다지급 되었다.

조치할 사항
OOOOOO사업소장은 OO야구장 화장실 개선공사에서 과다 지급된 공사비 12,672천원은 조속히 환수조치 하시기 바람(시정요구)

3-2 타일 붙임

3-2-1 떠붙이기('07, '13, '16, '20년 보완)

(m²당)

구 분			단위	수 량		
				0.04~0.10㎡이하	0.11~0.20㎡이하	0.21~0.40㎡이하
벽	면	타 일 공	인	0.155	0.138	0.126
		보 통 인 부	인	0.062	0.057	0.055
비	고	- 모자이크(유니트형) 타일 붙임은 본 품에 25%를 가산한다. - 특수타일(유도타일, 축광타일, 문양을 내기위해 비규칙적으로 절단하여 시공되는 이형타일 등) 붙임은 품의 35~50%를 가산한다.				

[주] ① 본 품은 타일의 모르타르 떠붙이기 기준이다.
② 본 품에는 모르타르 비빔, 먹매김, 규준틀설치, 타일붙임, 줄눈파기 및 마무리작업을 포함한다.
③ 특정 모양으로 형상화된 타일(부조타일, 벽화타일)을 붙이는 경우 별도 계상한다.
④ 공구손료 및 경장비(비빔기 등)의 기계경비는 인력품의 3%로 계상한다.
⑤ 붙임 모르타르 재료량은 다음을 참고한다.

(m²당)

구분(바름두께)	붙임 모르타르(벽체, ㎥)
12㎜	0.014
15㎜	0.017
18㎜	0.020
24㎜	0.026

※ 배합비 1:3 기준하며, 재료할증은 포함되어 있다.

監査

제목 수도시설 유지보수공사 공사원가 및 설계변경 부적정

내용
○○○○사업소에서는 「00년 ◆◆구 관내 상수도 시설물설치 및 보수공사」를 설계 변경하여 신규로 공사를 추가하여 시행하면서 ***가압장 인테리어공사는 준공사진 등에 따르면, 벽체의 유리섬유(그라스울) 계열의 흡음재를 석면철거한 것으로, 벽체타일은 접착제로 붙이는 방식으로 시공하고도 몰탈을 사용한 타일 떠붙이기로, 천장은 경량철골 천장틀을 사용하여 PVC천장 마감재로 설치하고도 각목 등을 사용하여 천장틀을 짜고 불연재로 고가인 SMC천장재를 끼워서 설치한 것으로 계약상대자가 공사비를 과다하게 계상하여 발주청에 설계변경 요청하였으나 발주청의 공사감독자는 검토 확인 업무를 소홀히 하여 이를 알지 못하고 설계변경 요청 당일 설계변경 사항을 그대로 승인하고 기성처리 하여 15,730천원의 공사비가 과다지급 되었다.

조치할 사항
○○○○사업소장은 「00년 ◉◉구 관내 상수도시설물설치 및 보수공사」에서 과다지급 된 15,730천원은 감사기간 중 계약상대자가 제출한 사실확인서 등에 따라 환수 조치하고, 지급되지 않은 치핑공종에 대한 공사비 4,620천원은 감액조치 하시기 바라며, 앞으로는 원가계산 및 감독업무 소홀로 예산이 낭비되는 일이 없도록 관련 직원에 대한 교육을 시행하기 바람

3-2-2 압착 붙이기('13, '20년 보완)

(㎡당)

구 분		단위	수 량		
			0.04~0.10㎡이하	0.11~0.20㎡이하	0.21~0.40㎡이하
바 닥 면	타 일 공	인	0.122	0.108	0.098
	보 통 인 부	인	0.032	0.029	0.028
벽 면	타 일 공	인	0.152	0.135	0.123
	보 통 인 부	인	0.040	0.037	0.036
비 고		- 모자이크(유니트형) 타일 붙임은 본 품에 25%를 가산한다. - 특수타일(유도타일, 축광타일, 문양을 내기위해 비규칙적으로 절단하여 시공되는 이형타일 등) 붙임은 품의 35~50%를 가산한다.			

[주] ① 본 품은 타일의 모르타르 압착 붙이기 기준이다.
② 본 품에는 모르타르 비빔, 먹매김, 규준틀설치, 타일붙임, 줄눈파기 및 마무리작업을 포함한다.
③ 특정 모양으로 형상화된 타일(부조타일, 벽화타일)을 붙이는 경우 별도 계상한다.
④ 공구손료 및 경장비(비빔기 등)의 기계경비는 인력품의 3%로 계상한다.
⑤ 붙임 모르타르 재료량은 다음을 참고한다.

(㎡당)

구 분 바름두께	붙임 모르타르(㎥)	
	바 닥 면	벽 면
5 ㎜	0.005	0.006
6 ㎜	0.006	0.007
7 ㎜	0.007	0.008

※ 배합비 1:2 기준하며, 재료할증은 포함되어 있다.

有權解釋

제목 압착붙이기

질의문

신청번호 2104-091 신청일 2021-04-21
질의부분 건축 제3장 타일공사 3-2-2 압착 붙이기

2021년 건설공사 표준품셈 중 계산하는 방법에 대한 문의입니다. 3-2 타일붙임 중 3-2-2 압착 붙이기 관련하여 압착공법으로 바닥면을 600×600각 타일로 타일공이 10㎡를 시공한다고 가정했을 때, 600각 타일면적은 0.36㎡ 이므로 수량은 0.21~0.40㎡ 이하에 해당된 0.098인에 해당하니까 10(㎡)×0.098(인)=0.98인이라는 계산이 나오는데, 이걸 해석할 때, 1인은 하루 8시간 작업을 기준으로 하고 있으므로 1명의 타일공이 약 8시간 동안 작업할 양이다. 라고 결론 내는 것이 맞나요? 만약 이렇게 계산하는 것이 맞는다면, 타일공과 보통인부를 봤을 때 값으로만 따지면 타일공 0.98, 보통인부 0.28, 보통인부 작업속도가 더 빠르게 보여지는데, 보통인부와 타일공의 숙련도 차이가 보통인부가 더 숙련된 기술자로 표기한 것인가요?
* 다른 부분에서도 건축인부와 일반인부를 나눈 기준은 무엇인가요

회신문

표준품셈 건축부문 "3-2-2 압착붙이기"에서 m²당 투입되는 타일공과 보통인부의 품 기준을 제시하고 있습니다. 이는 0.21~0.40m² 이하 규격의 기준으로 보면 1일 8시간 동안 10m²를 시공하기 위해서는 타일공 0.98인과 보통인부 0.28인이 함께 투입된다는 뜻입니다.

또한 대한건설협회에서 발표하는 직종 해설에 따르면 '보통인부'는 기능을 요하지 않는 경작업인 일반작업에 종사하면서 단순 육체노동을 하는 사람이며, 타일공은 타일 또는 아스타일 등 타일류를 구조물의 표면에 부착시키는 사람으로 정의하고 있습니다.

契約審査

제목 타일압착 붙임 중복 반영된 바탕고르기 제외

내용 타일압착 붙임(300×300, 벽, 바닥) 일위대가 중 바탕고르기(미장공, 보통인부)품은 미장공종에 별도로 반영되어 있으므로 제외

심사 착안사항 선 후행 공종을 비교 검토하여 중복 공종 제외 조치

3-2-3 접착 붙이기('98년 신설, '13, '16, '20년 보완)

(m²당)

구 분		단위	수 량		
			0.04~0.10m²이하	0.11~0.20m²이하	0.21~0.40m²이하
벽 면	타 일 공	인	0.082	0.076	0.072
	보 통 인 부	인	0.035	0.034	0.033
비 고	- 모자이크(유니트형) 타일 붙임은 본 품에 25%를 가산한다. - 특수타일(유도타일, 축광타일, 문양을 내기위해 비규칙적으로 절단하여 시공되는 이형타일 등) 붙임은 품의 35~50%를 가산한다.				

[주] ① 본 품은 타일의 접착제 붙이기 기준이다.
② 본 품에는 먹매김, 규준틀설치, 접착제 비빔, 타일붙임, 줄눈파기 및 마무리작업을 포함한다.
③ 특정 모양으로 형상화된 타일(부조타일, 벽화타일)을 붙이는 경우 별도 계상한다.
④ 공구손료 및 경장비(비빔기 등)의 기계경비는 인력품의 3%로 계상한다.

監査

제목 콘크리트 바탕면 정리 중복 계상

내용 보도 교량공사에 타일벽화설치 500m²가 반영되어 있고 타일 붙임으로 에폭시충진 품에 면정리 등이 포함되어 있으므로 별도의 콘크리트면 바탕처리(410m²)는 불필요하여 삭제하고 공사비 10,309천원(제경비 포함) 상당 감액이 필요하다.

조치할 사항 ○○○○사업소장은 "보도교량공사"에서 과다설계된 콘크리트 바탕면정리(공사비 10,309천원 상당)는 공사계약 일반조건에 따라 설계변경 감액 조치하시기 바라며, 향후 동일한 사례가 발생되지 않도록 관련자 교육을 실시하시기 바람

제 4 장 목공사

4-1 구조목공사

4-1-1 먹매김('15년 보완)

(㎡당)

구 분	단 위	거푸집 먹매김		구조부 먹매김	
		주택	일반	주택	일반
건 축 목 공	인	0.021	0.012	0.009	0.005

[주] ① 본 품은 바닥면적 기준이다.
　　② 거푸집 먹매김은 거푸집을 설치하기 위한 작업이며, 구조부 먹매김은 거푸집해체 후 구조부 내부의 기준선을 표시하기 위한 작업이다.
　　③ '일반'은 학교, 공장, 사무소 등으로 '주택'에 비해 공간, 벽이 적은 구조물을 의미한다.

有權解釋

제목 먹매김의 바닥면적 문의

질의문

신청번호 1909-070 신청일 2019-09-27
질의부분 건축 제4장 목공사 4-1-1 먹매김

먹매김 산출면적 관련하여 품셈의 단위가 바닥 면적으로 정의되어 있습니다. 현재 내역서상에 건축법상 연면적(물탱크 및 정화조 등 설비사항 제외)을 기준으로 산출이 되어있지만 실제 시공시 전체 시공면적에 대한 먹매김작업이 이뤄지므로 실 시공면적으로 물량이 산정되어야 한다는 의견입니다. 면적산출 시 건축법상 연면적을 적용하여야 하는지? 아니면 실시공면적을 기준으로 적용하여야 하는지?

회신문

표준품셈 건축부문 "11-1-1 먹매김"에서 거푸집 먹매김은 거푸집을 설치하기 위한 작업이며, 구조부 먹매김은 거푸집해체 후 구조부 내부의 기준선을 표시하기 위한 작업입니다. 수량산출방식은 공사관계자께서 판단하실 사항임을 알려드립니다.

4-1-2 마루틀 설치

(㎡당)

구 분	단 위	수 량
건 축 목 공	인	0.050
보 통 인 부	인	0.019

[주] ① 본 품은 콘크리트 바탕 위 장선목을 사용한 이중바닥틀 설치 기준이다.
　　② 본 품은 PE필름 깔기, 받침목(높이조절용) 설치, 장선목 절단 및 설치 작업을 포함한다.
　　③ 공구손료 및 경장비(절단기, 공기압축기 등)의 기계경비는 인력품의 4%로 계상한다.

4-1-3 마루바탕 설치

(㎡당)

구 분	단 위	수 량
건 축 목 공	인	0.024
보 통 인 부	인	0.009

[주] ① 본 품은 마루틀 장선 위에 합판 깔기 기준이다.
② 공구손료 및 경장비(절단기, 공기압축기 등)의 기계경비는 인력품의 4%로 계상한다.

4-1-4 마루널 설치

(㎡당)

구 분	단 위	수 량
건 축 목 공	인	0.054
보 통 인 부	인	0.021

[주] ① 본 품은 합판 위에 못을 사용한 마루널 설치 기준이다.
② 마루널은 두께 22㎜, 폭 60㎜를 기준한 것이다.
③ 공구손료 및 경장비(절단기, 공기압축기 등)의 기계경비는 인력품의 4%로 계상한다.

4-2 수장목공사

4-2-1 벽체틀 설치

(㎡당)

구 분	단 위	수 량
건 축 목 공	인	0.033
보 통 인 부	인	0.003

[주] ① 본 품은 벽체 바탕면에 합판 또는 석고보드 등을 붙이기 위해 목조벽체틀을 설치하는 기준이다.
② 본 품의 틀간격은 450~600㎜를 기준한 것이다.
③ 본 품은 틀 절단 및 설치 작업을 포함한다.
④ 공구손료 및 경장비(절단기, 공기압축기 등)의 기계경비는 인력품의 2%를 계상한다.

4-2-2 칸막이벽틀 설치

(㎡당)

구 분	단 위	수 량
건 축 목 공	인	0.110
보 통 인 부	인	0.030

[주] ① 본 품은 내부 칸막이벽틀(틀간격 450~600㎜)을 설치하는 기준이다.
② 본 품은 틀 절단 및 설치 작업을 포함한다.
③ 공구손료 및 경장비(절단기, 타정기 등)의 기계경비는 인력품의 3%로 계상한다.
④ 잡재료 및 소모재료(못 등)은 주재료비의 5%로 계상한다.

4-2-3 벽체합판 설치

(㎡당)

구 분	단 위	수 량
건　축　목　공	인	0.060
보　통　인　부	인	0.006

[주] ① 본 품은 벽체틀 바탕에 목재합판을 설치하는 기준이다.
　　② 본 품은 합판 절단 및 설치 작업을 포함한다.
　　③ 공구손료 및 경장비(절단기, 공기압축기 등)의 기계경비는 인력품의 2%를 계상한다.

4-2-4 수장합판 설치

(㎡당)

구 분	단 위	수 량
건　축　목　공	인	0.065
보　통　인　부	인	0.007

[주] ① 본 품은 바탕합판 위에 수장합판을 설치하는 기준이다.
　　② 본 품은 합판 절단 및 설치 작업을 포함한다.
　　③ 공구손료 및 경장비(절단기, 공기압축기 등)의 기계경비는 인력품의 2%를 계상한다.

　　④ 재료량은 다음을 참고한다.

구 분	단 위	수 량
접　　착　　제	kg	0.27

4-2-5 커튼박스 설치

(m당)

구 분	단 위	수 량
건　축　목　공	인	0.037
보　통　인　부	인	0.004

[주] ① 본 품은 천장에 목재로 커튼박스를 설치하는 기준이다.
　　② 본 품은 커튼박스 제작 및 설치 작업을 포함한다.
　　③ 공구손료 및 경장비(절단기, 공기압축기 등)의 기계경비는 인력품의 2%를 계상한다.

4-3 부대목공사

4-3-1 토대설치('15년 신설)

(m당)

구 분	단 위	수 량
건　축　목　공	인	0.073
보　통　인　부	인	0.025

[주] ① 본 품은 콘크리트 바닥면에 씰실러와 방부목으로 토대를 설치하는 기준이다.
　　② 본 품은 앵커설치, 씰실러 깔기, 방부목 절단 및 설치 작업을 포함한다.
　　③ 공구손료 및 경장비(절단기, 공기압축기 등)의 기계경비는 인력품의 2%를 계상한다.

4-3-2 목재데크틀 설치

(ton당)

구 분	단 위	평구조	계단구조
철 공	인	8.13	12.78
용 접 공	인	0.95	3.19
보 통 인 부	인	3.77	5.32

[주] ① 본 품은 철물(각관 및 형강)을 사용하여 데크틀(H-Beam 등 철골류 제외)을 설치하는 기준이다.
② 본 품은 수직재 및 수평재(기초철물, 멍에, 장선 등) 제작 및 설치 작업을 포함한다.
③ 평구조는 데크 바탕면을 수평형태로 형성하는 구조이다.
④ 계단구조는 데크 바탕면을 계단형태로 형성하는 구조이다.
⑤ 기초콘크리트 설치는 별도 계상한다.
⑥ 공구손료 및 경장비(절단기, 용접기 등)의 기계경비는 인력품의 4%로 계상한다

有權解釋

제목 1 표준품셈 목재데크 틀 품의 범위

질의문

신청번호 2209-039 신청일 2022-09-14
질의부분 건축 제4장 목공사 4-3-2 목재데크틀 설치

표준품셈 중 목재데크틀 품의 범위가 궁금합니다.
01. 기초부분은 제외라고 되어 있는데, 독립기초 또는 줄기초 위에 설치되는 기둥부같은 경우는 잡철물 제작설치품으로 되어야 하는 건가요? 아니면, 그 또한 목재데크틀 품에 포함됐다고 보는게 맞는 건가요?
02. 바닥의 장선과 멍에는 품에 포함인가요? 아니면 장선만 품에 포함이고, 멍에는 제외인가요?
03. 장선은 일반적으로 50×50으로 설치하는데, 멍에와 같은 경우는 규격이 다른 경우가 있는데, 멍에가 포함이라면, 규격에 따른 품을 어떻게 해석해야 하나요?
04. 엥커볼트 및 "ㄱ"형강의 설치 품 또한 포함인가요?
05. 장선까지만, 목재데크틀 품이라면, 멍에 또는 기둥부에 설치되는 엥커볼트와 "ㄱ"형강은 데크틀 설치품에 포함되어 있다 해석하고, 멍에와 기둥부만 별도로 잡철물제작 설치 품으로 작아야 하나요?
06. 04번 질문에서 만약 포함이고, 01번의 기둥부분도 포함이라면, 면적당 데크틀 설치 품으로 끝나는 건가요? 질의드립니다

회신문

[답변1.2.3.5]
2022년 개정된 표준품셈 건축부문 "4-3-2 목재데크틀 설치"는 철물(각관 및 형강)을 사용하여 데크틀을 설치하는 기준으로, 수직재 및 수평재(기초철물, 멍에, 장선) 제작 및 설치작업을 포함하며, ton당 품 기준으로 제시되어 있습니다. 또한 멍에의 규격에 따른 품 구분을 별도로 하고 있지 않습니다.

[답변4]
표준품셈 건축부문 "4-3-2 목재데크틀 설치"에서 철물(각관 및 형강)은 구조용각관, ㄱ형강, ㄷ형강 등을 대상으로 조사되었습니다. 또한 기초 앵커볼트 설치는 포함되어 있지 않습니다.

[답변6]
표준품셈 건축부문 "4-3-2 목재데크틀 설치"는 ton당 품 기준으로 제시되어 있습니다.

제목 2   목재데크틀 설치 질의

질의문

신청번호 2209-039 신청일 2022-09-14
질의부분 건축 제4장 목공사 4-3-2 목재데크틀 설치

목재데크틀 설치 관련하여 아래 해석부분에서 2번 본 품은 수직재 및 수평재(기초철물, 멍에, 장선 등) 제작 및 설치 작업을 포함한다.에서 기초철물과 멍에는 어떤 것을 말하는지 궁금합니다. 예시를 부탁드리며 그림으로 제가 이해하는 기준으로 표기를 해보았습니다.

회신문

2022년 개정된 표준품셈 건축부문 "4-3-2 목재데크틀 설치"는 철물(각관 및 형강)을 사용하여 데크틀을 설치하는 기준으로, 수직재 및 수평재 제작 및 설치작업을 포함하며, ton당 품 기준으로 제시되어 있습니다. 귀하께서 표시하신 멍에 장선, 기초철물 설치가 포함된 기준입니다.

監査

제목 1   목제데크틀설치 품 과다 계상

내용

목재데크틀 공사원가는 표준품셈에 따라 목재데크틀설치 품 적용이 적정함에도 고가의 잡철물제작 및 설치 품셈을 적용한 결과 총사업비 14,500천원(제경비 포함)을 과다 계상하는 등 사업추진에 적정을 기하지 못한 사실이 있다.

조치할 사항

○○군수는 과다 계상된 공사비 14,500천원은 설계변경하여 감액조치 하시기 바라며, 앞으로는 이러한 사례가 발생하지 않도록 관련 업무에 철저를 기하기 바람

제목 2   아연도금된 제품(각관)에 녹막이페인트 설계 부적정

내용

"○○야영장 조성공사"에 설치되는 데크시설물의 데크틀 자재는 아연도 각관으로 설치하도록 설계내역에 반영되어 있다. 아연도금 제품은 철제품의 산화(녹) 방지를 위해 아연을 그 철재면 표면에 얇게 입히는 것이어서 아연도 제품에는 녹막이 페인트칠 등이 필요하지 않음에도 바탕면만들기, 녹막이페인트칠, 조합페인트칠이 설계내역에 별도로 반영되어 있어 실정보고 등을 통하여 이에 대한 공종을 삭제하여야 하나, 감사일 현재까지 설계변경을 위한 실정보고(감 19,736천원 상당, 제경비 포함) 등의 조치를 하지 않은 사실이 있다.

조치할 사항

○○○청장은 녹막이페인트칠 등의 공정 삭제를 위한 설계변경(감액 19,736천원 상당) 등의 조치를 하시기 바람(시정)

4-3-3 목재데크 설치

(㎡당)

구 분	단 위	수 량
건 축 목 공	인	0.167
보 통 인 부	인	0.056

[주] ① 본 품은 목재데크(평구조, 계단구조)를 볼트로 고정하여 설치하는 기준이다.
② 본 품은 목재데크 절단 및 설치작업을 포함한다.
③ 난간 설치, 오일스테인칠은 별도 계상한다.
④ 공구손료 및 경장비(절단기, 전동드릴, 발전기 등)의 기계경비는 인력품의 2%로 계상한다.
⑤ 잡재료 및 소모재료(데크 연결용 클립, 고정피스 등)는 주재료비의 6%로 계상한다.

제 5 장   수장공사

5-1 바닥

5-1-1 PVC계 바닥재 설치('15년 보완)

(m²당)

구 분	단 위	타 일	시 트	
			전면접합	부분접합 방식
내 장 공	인	0.053	0.020	0.012
보 통 인 부	인	0.020	0.010	0.010

[주] ① 본 품은 접착제를 사용한 PVC계 바닥재(타일형, 시트형)를 설치하는 기준이다.
　　② 본 품은 접착제 바르기, 바닥재 절단 및 붙이기, 보양재 덮기 및 제거 작업을 포함한다.
　　③ 재료량은 다음을 참고한다.

구 분	단 위	바닥 타일	바닥 시트	
			전면접합	부분접합 방식
접 착 제	kg	0.24~0.45	0.40	0.12

※ 위 재료량은 할증이 포함된 것이다.

5-1-2 카페트 설치

(m²당)

구 분	단 위	수 량
내 장 공	인	0.052
보 통 인 부	인	0.020

[주] ① 본 품은 청소, 바탕처리 등이 포함되어 있다.
　　② 공구손료는 인력품의 3%이내에서 계상한다.
　　③ 재료량은 다음을 참고한다.

구 분	단 위	수량	비고
카 페 트	m²	1.1	※ 톱밥, 비닐 등은
펠 트	m²	1.1	필요시 별도 계상
접 착 제	kg	0.1	

※ 위 재료량은 할증이 포함된 것이다.

5-1-3 플로어링 마루 설치('06년 신설, '15년 보완)

(m²당)

구 분	단 위	수 량
내 장 공	인	0.041
보 통 인 부	인	0.015

[주] ① 본 품은 플로어링류 마루(합판마루, 강화마루, 온돌마루 등)를 설치하는 기준이다.

② 본 품은 접착제 바르기 또는 바탕시트깔기, 마루 절단 및 설치, 코킹, 모래주머니 누르기, 보양재 덮기 및 제거 작업을 포함한다.
③ 공구손료 및 경장비(절단기 등)의 기계경비는 인력품의 2%를 계상한다.

> **有權解釋**
>
> **제목** 악세스플로어 설치 관련
>
> **질의문**
> 신청번호 2206-102 신청일 2022-06-23
> 질의부분 건축 제5장 수장공사 5-1-3 플로어링 마루 설치
>
> 2022년부터 건축품셈 5-1-4 이중바닥 설치가 신설되었습니다. 본 품셈에서 의미하는 독립지지 이중바닥은 악세스플로어 설치를 말하는 건지, 적용 가능한지 궁금합니다. 아직 항목번호 디폴트 값에는 22년 개정된 품셈 목록이 업데이트되지 않아 임의로 선택한 점 양해바랍니다.
>
> **회신문**
> 표준품셈 건축부문 "5-1-4 이중바닥 설치"에서 독립다리 지지방식은 높이조절용(이격높이 약 100~150mm 정도) 지지철물을 고정시키고 설치하는 방식으로 일반적인 사무실 등에서 사용됩니다.
> 장선 방식은 높이조절용 지지철물(이격 높이 약 300mm 이상) 및 장선을 고정시키고 패널을 설치하는 방식으로 일반적으로 전산실 등 중량물 장소에 적용됩니다.
> 이중바닥 설치는 OA플로어, 액세스플로어 등으로 지칭되고 있으며, 해당되는 방식을 적용하시기 바랍니다.

5-1-4 이중바닥 설치('22년 신설)

(m²당)

구 분	단 위	독립지지 다리방식	장선방식
내 장 공	인	0.074	0.090
보 통 인 부	인	0.028	0.034

[주] ① 본 품은 바닥을 이중구조로 이격하여 설치하는 이중바닥(스틸패널, 무기질패널) 기준이다.
② 독립지지 다리방식은 높이조절용 지지철물 설치, 패널 절단 및 설치, 보양 작업을 포함한다.
③ 장선방식은 높이조절용 지지철물 및 장선 설치, 패널 절단 및 설치, 보양 작업을 포함한다.
④ 바닥마감재 설치(PVC계, 카페트 등)는 별도 계상한다.
⑤ 공구손료 및 경장비(절단기 등)의 기계경비는 인력품의 5%를 계상한다.

5-2 천장

5-2-1 흡음텍스 설치

(㎡당)

구 분	단 위	수 량
내 장 공	인	0.050
보 통 인 부	인	0.010

[주] ① 본 품은 흡음텍스(300 x 600㎜)의 천장 설치작업을 기준한 것이다.
② 본 품은 텍스 절단 및 설치 작업이 포함되어 있다.
③ 공구손료 및 경장비(전동드릴 등)의 기계경비는 인력품의 3%로 계상한다.
④ 잡재료 및 소모재료(못 등)는 주재료비의 3%로 계상한다.

有權解釋

제목 1 천정텍스 시공 품

질의문
신청번호 2204-034 신청일 2022-04-10
질의부분 건축 제5장 수장공사 5-2-1 아코스틱텍스 설치

2022년 표준품셈 관련하여 천장 흡음텍스 설치(Page 658) 품에 내장공 0.05인/㎡ 되어 있네요.
질문 : 텍스판 설치를 위하여 사전작업, 즉 달대(Strong anchor, 전산볼트, 걸이대 등) 등의 시공 품은 반영 안 되었는지, 아니면 텍스 품에 포함되어 있는지요

회신문
표준품셈 건축부문 "5-2-1 흡음텍스 설치"는 텍스 절단 및 설치작업을 포함하고 있으며, 달대 설치는 포함되어 있지 않습니다. 천장틀 설치는 건축부문 "8-2-4 경량 천장 철골틀 설치"를 참조하시기 바랍니다.

제목 2 경량천장철골틀 + 텍스 마감하는 경우 AL몰딩설치 품 별도 적용 여부

질의문
신청번호 2004-066 신청일 2020-04-21
질의부분 건축 제5장 수장공사 5-2-1 아코스틱텍스설치

금속공사 8-3-1 경량천장 철골틀설치 후 텍스마감하는 경우 AL몰딩설치 품을 별도로 계상해 주어야 하는지? 수장공사 5-2-1 텍스설치 품에 포함되어 있어 재료비만 산정해 주어도 되는지?

회신문
건설공사 표준품셈 건축부문 "8-3-1 경량천장 철골틀설치"의 '주3. 천정마감 및 몰딩설치는 별도 계상한다'에서 몰딩설치는 별도 계상하도록 하고 있습니다.

5-2-2 열경화성수지천장판 설치('22년 신설)

(㎡당)

구 분	단 위	개당 면적	
		0.2㎡이하	0.4㎡이하
내 장 공	인	0.050	0.042
보 통 인 부	인	0.010	0.008

[주] ① 본 품은 경량천장철골틀(Clip-BAR)에 열경화성수지천장판(0.4㎡이하)을 설치하는 기준이다.
② 본 품은 천장판 절단 및 설치 작업을 포함한다.
③ 공구손료 및 경장비(절단기, 전동드릴 등)의 기계경비는 인력품의 3%로 계상한다.
④ 흡음텍스의 잡재료 및 소모재료(못 등)는 주재료비의 3%로 계상한다.

5-2-3 석고판 설치(나사고정)('22년 신설)

(㎡당)

구 분	단 위	바탕용		치장용
		1겹 붙임	2겹 붙임	
내 장 공	인	0.043	0.060	0.086
보 통 인 부	인	0.021	0.030	0.042

[주] ① 본 품은 경량천장철골틀에 석고판을 나사로 고정하여 설치하는 기준이다.
② 치장용은 바탕용 석고판(1겹)과 치장용 석고판(1겹) 붙임 기준이다.
③ 본 품은 석고판 절단 및 설치 작업을 포함한다.
④ 공구손료 및 경장비(드릴 등)의 기계경비는 인력품의 1%로 계상한다.

5-3 벽

5-3-1 석고판 설치(나사고정)('15년 보완)

(㎡당)

구 분	단 위	바탕용		치장용
		1겹 붙임	2겹 붙임	
내 장 공	인	0.033	0.046	0.066
보 통 인 부	인	0.016	0.023	0.032

[주] ① 본 품은 벽면 바탕틀에 석고판을 설치하는 기준이다.
② 치장용은 바탕용 석고판(1겹)과 치장용 석고판(1겹) 붙임 기준이다.
③ 본 품은 석고판 절단 및 설치 작업을 포함한다.
④ 공구손료 및 경장비(드릴 등)의 기계경비는 인력품의 1%를 계상한다.

> **有權解釋**
>
> **제목** 석고판(나사 고정) 설치 기준 관련
>
> **질의문**
> 신청번호 2111-018 신청일 2021-11-08
> 질의부분 건축 제5장 수장공사 5-2-2 석고판(나사 고정) 설치
>
> 2021년 건설공사 표준품셈의 5-2-2 석고판(나사고정) 설치 문의입니다. 1겹 붙임, 2겹 붙임은 벽체 단면을 의미하는 것인가요?
> 예) 간벽의 경우, 양면에 2겹 붙임을 해야 되는데, 품셈의 2배.
> 합벽의 경우, 단면에 2겹 붙임을 해야 되는데, 품셈의 1배로 생각을 하면 될까요?
>
> **회신문**
> 표준품셈 건축부문 "5-2-2 석고판(나사 고정) 설치"는 바탕용(1겹 붙임, 2겹 붙임), 치장용 석고판을 각 벽면(한면 설치기준) 바탕 틀에 나사로 고정하여 설치하는 품을 제시한 것입니다.

5-3-2 석고판(접착제) 설치

(m²당)

구 분	단 위	수 량
내 장 공	인	0.030
보 통 인 부	인	0.013

[주] ① 본 품은 접착제로 석고판 1겹 붙임 기준이다.
② 본 품은 접착제 비빔, 석고판 절단 및 설치, 정리 및 마무리 작업을 포함한다.
③ 공구손료 및 경장비(접착제비빔기 등)의 기계경비는 인력품의 1%를 계상한다.
④ 재료량은 다음을 참고한다.

구 분	단 위	수 량
접 착 제	kg	2.43

※ 위 재료량은 할증이 포함된 것이다.
⑤ 내화벽인 경우에는 별도 계상한다.

5-3-3 샌드위치(단열)패널 설치

(m²당)

구 분		규 격	단 위	칸막이벽	지붕
인 력	내 장 공		인	0.124	0.061
	보 통 인 부		인	0.023	0.012
장 비	크레인(타이어)	20ton	시간	-	0.049
비 고	\- 줄눈재 설치가 필요한 경우 다음을 적용한다. (m당)					

구 분		단 위	수 량
줄 눈 재	줄 눈 재	m	1.0
	내 장 공	인	0.027

[주] ① 본 품은 샌드위치 패널(두께 50~100㎜) 설치 기준이다.
② 본 품은 패널 절단 및 설치, 코너비드 설치, 실리콘 마감(코킹) 작업을 포함한다.
③ 공구손료 및 경장비(절단기, 전동드릴 등)의 기계경비는 인력품의 2%로 계상한다.
④ 샌드위치패널 및 부속철물은 별도 계상한다.
⑤ 잡재료 및 소모재료(실리콘 등)는 주재료비의 5%로 계상한다.

5-3-4 흡음판 설치('15년 보완)

(㎡당)

구 분	단 위	수 량
내 장 공	인	0.045
보 통 인 부	인	0.031

[주] ① 본 품은 건축물 내부 공조실, 기계실 등에 방음을 위하여 흡음판을 조이너로 고정하여 설치하는 기준이다.
② 공구손료 및 경장비(드릴 등)의 기계경비는 인력품의 1%를 계상한다.
③ 재료량은 다음을 참고한다.

구 분	규 격	단 위	수 량
흡 음 판	1,000×2,000×50㎜	㎡	1.05
조 이 너	P.V.C 50T	m	3.05
접 착 제		kg	0.28

※ 위 재료량은 할증이 포함된 것이다.

5-3-5 걸레받이 설치('16년 보완)

(m당)

구 분	단 위	석재류	합성수지류	중밀도섬유판
석 공	인	0.106	-	-
내 장 공	인	-	0.012	0.014
보 통 인 부	인	0.053	0.002	0.003

[주] ① 본 품은 걸레받이(높이 75~120㎜) 설치 기준이다.
② 본 품은 바탕면 정리, 걸레받이 절단 및 설치작업을 포함한다.
③ 공구손료 및 경장비(절단기 등)의 기계경비는 인력품의 2%로 계상한다.
④ 재료량은 다음을 참고한다.

구 분	단 위	석재류	합성수지류	중밀도섬유판
테 라 조	m	1.0	-	-
합 성 수 지	m	-	1.04	-
중 밀 도 섬 유 판	m	-	-	1.04
접 착 제	kg	-	0.022 ~ 0.035	0.022 ~ 0.035
모 르 타 르		별도계상	-	-

5-3-6 마루귀틀 설치('22년 신설)

(m당)

구 분	단 위	수량
내 장 공	인	0.060
보 통 인 부	인	0.010

[주] ① 본 품은 현관마루 등 굽이 있는 테두리에 설치하는 마루귀틀 기준이다.
② 본 품은 귀틀 절단 및 설치, 모르타르 사춤 작업을 포함한다.
③ 공구손료 및 경장비(절단기 등)의 기계경비는 인력품의 2%로 계상한다.

5-3-7 도배바름('15년 보완)

(m²당)

구 분	단 위	합판·석고보드면	콘크리트·모르타르면
도 배 공	인	0.027	0.024
보 통 인 부	인	0.006	0.006
비 고	- 천장은 본 품의 30%를 가산한다.		

[주] ① 본 품은 바탕 벽면에 초배지와 정배지를 바르는 기준이다.
② 도배 방법은 다음과 같다.

바 름	합판·석고보드면	콘크리트·모르타르면
초 배 지	갈램막이 붙임	봉투붙임
정 배 지	전면붙임	

③ 본 품은 풀먹임, 초배 바름, 정배 바름이 포함된 것이다.
④ 재료량은 다음을 참고한다.

구 분	단 위	합판·석고보드면	콘크리트·모르타르면
초 배 지	m²	0.8	1.2
정 배 지	m²	1.2	1.2
풀	kg	0.3	0.3

※ 위 재료량은 할증이 포함된 것이다.

5-4 단열

5-4-1 단열재 공간넣기('22년 보완)

(m²당)

구 분	단 위	단열두께(mm)			
		50이하	100이하	200이하	300이하
내 장 공	인	0.024	0.026	0.027	0.028
보 통 인 부	인	0.004	0.005	0.006	0.007

[주] ① 본 품은 단열재의 상하좌우 이음면을 접착제로 접착시키며, 벽사이 공간에 단열재를 설치하는 기준이다.
② 본 품은 발포폴리스티렌(비드법, 압출법), 인조광물섬유판(글라스울) 단열재의 1겹 붙임 기준이다.
③ 본 품은 접착제 바름, 단열재 절단 및 설치, 이음부 마감(우레탄폼 충전 등) 작업을 포함한다.

④ 재료량은 다음을 참고한다.

구분	단위	수량
단 열 재	㎡	1.1
접 착 제	kg	0.035

※ 위 재료량은 할증이 포함된 것이며, 벽체와의 고정에 필요한 쐐기 또는 철물은 별도 계상한다.

5-4-2 단열재 접착제 붙이기('22년 보완)

(㎡당)

구 분	단 위	단열두께(mm)							
		50이하		100이하		200이하		300이하	
		벽	천장	벽	천장	벽	천장	벽	천장
내 장 공	인	0.051	0.062	0.057	0.069	0.060	0.073	0.063	0.077
보 통 인 부	인	0.009	0.010	0.010	0.011	0.011	0.012	0.012	0.013

[주] ① 본 품은 바탕면에 접착제를 사용하여 단열재를 설치하는 기준이다.
② 본 품은 발포폴리스티렌(비드법, 압출법) 단열재의 1겹 붙임 기준이다.
③ 본 품은 접착제 바름, 단열재 절단 및 설치, 이음부 마감(우레탄폼 충전 등) 작업을 포함한다.
④ 재료량은 다음을 참고한다.

구분	단위	수량
단 열 재	㎡	1.1
접 착 제	kg	0.3~0.35

※ 위 재료량은 할증이 포함된 것이다.

5-4-3 단열재 격자넣기('22년 보완)

(㎡당)

구 분	단 위	단열두께(mm)							
		50이하		100이하		200이하		300이하	
		벽	천장	벽	천장	벽	천장	벽	천장
내 장 공	인	0.030	0.033	0.033	0.036	0.035	0.038	0.036	0.040
보 통 인 부	인	0.004	0.004	0.005	0.005	0.006	0.006	0.007	0.007
비 고	- 발포폴리스티렌(압출법, 비드법) 단열재는 본 품의 15%를 감하여 적용한다.								

[주] ① 본 품은 격자틀 사이에 단열재를 설치하는 기준이다.
② 본 품은 인조광물섬유판(글라스울) 단열재의 1겹 붙임 기준이다.
③ 본 품은 핀붙이기, 단열재 절단 및 설치, 이음부 마감작업을 포함한다.
④ 재료량은 다음을 참고한다.

구분	단위	수량
단 열 재	㎡	1.1

※ 위 재료량은 할증이 포함된 것이다.

5-4-4 단열재 핀사용 붙이기('22년 보완)

(㎡당)

구 분	단 위	단열두께(mm)			
		50이하	100이하	200이하	300이하
내 장 공	인	0.053	0.058	0.061	0.064
보 통 인 부	인	0.008	0.009	0.010	0.011

[주] ① 본 품은 바탕벽면에 쐐기를 부착 후 단열재를 설치하는 기준이다.
　② 본 품은 인조광물섬유판(글라스울) 단열재의 1겹 붙임 기준이다.
　③ 본 품은 접착제 바름, 쐐기 부착, 단열재 절단 및 설치, 이음부 마감(우레탄폼 충전 등) 작업을 포함한다.
　⑤ 재료량은 다음을 참고한다.

구분	단위	수량
단　　열　　재	㎡	1.1
알　루　미　늄　핀	개	6.3
접　　착　　제	kg	0.03

※ 위 재료량은 할증이 포함된 것이다.

5-4-5 단열재 타정 부착('22년 신설)

(㎡당)

구 분	단 위	단열두께(mm)							
		50이하		100이하		200이하		300이하	
		벽	천장	벽	천장	벽	천장	벽	천장
내 장 공	인	0.048	0.058	0.052	0.062	0.056	0.067	0.058	0.070
보 통 인 부	인	0.008	0.010	0.009	0.011	0.010	0.012	0.011	0.013

[주] ① 본 품은 화스너로 타정하여 단열재를 설치하는 기준이다.
　② 본 품은 경질우레탄폼, 패놀폼(PF) 단열재의 1겹 붙임 기준이다.
　③ 본 품은 단열재 절단 및 설치, 이음부 마감(우레탄폼 충전 등) 작업을 포함한다.
　④ 공구손료 및 경장비(타정기 등)의 기계경비는 인력품의 2%로 계상한다.

5-4-6 단열재 콘크리트타설 부착('22년 보완)

(㎡당)

구 분	단 위	단열두께(mm)			
		50이하	100이하	200이하	300이하
내 장 공	인	0.033	0.036	0.037	0.039
보 통 인 부	인	0.005	0.006	0.007	0.008

[주] ① 본 품은 거푸집면(벽, 바닥)에 단열재를 설치하는 기준이다.
　② 본 품은 발포폴리스티렌(비드법, 압출법), 패놀폼(PF) 단열재의 1겹 붙임 기준이다.
　③ 본 품은 단열재 절단 및 설치, 이음부 마감(우레탄폼 충전 등) 작업을 포함한다.
　④ 공구손료 및 경장비(타정기 등)의 기계경비는 인력품의 2%로 계상한다.

⑤ 재료량은 다음을 참고한다.

구분	단위	수량
단 열 재	m²	1.1

※ 위 재료량은 할증이 포함된 것이다.

5-4-7 단열재 슬래브위 깔기('22년 보완)

(m²당)

구 분	단 위	단열두께(mm)			
		50이하	100이하	200이하	300이하
내 장 공	인	0.009	0.010	0.011	0.012
보 통 인 부	인	0.002	0.003	0.004	0.005

[주] ① 본 품은 콘크리트 바닥면에 단열재를 설치하는 기준이다.
② 본 품은 발포폴리스티렌(비드법, 압출법) 단열재의 1겹 붙임 기준이다.
③ 본 품은 단열재 절단 및 설치, 이음부 마감(우레탄폼 충전 등) 작업을 포함한다.
④ 방습층(폴리에틸렌 필름 등) 또는 와이어메시 설치는 별도 계상한다.
⑤ 재료량은 다음을 참고한다.

구분	단위	수량
단 열 재	m²	1.05
접 착 제	kg	0.35(필요시)

※ 위 재료량은 할증이 포함된 것이다.

5-4-8 방습필름설치('15년 보완)

(m²당)

구 분	단 위	바닥	벽
내 장 공	인	0.005	0.007
보 통 인 부	인	0.001	0.001

[주] ① 본 품은 필름 절단 및 설치 작업을 포함한다.
② 재료량은 다음을 참고한다.

구 분	단 위	바닥	벽
방 습 필 름	m²	1.15	1.15

※ 위 재료량은 할증이 포함되어 있으며, 필름 폭 0.9m를 기준한 것이다.

5-4-9 외벽단열공법('99년 신설, '15, '22년 보완)

(m²당)

구 분	단 위	단열두께(mm)		
		60mm이하	100mm이하	200mm이하
내 장 공	인	0.060	0.063	0.081
미 장 공	인	0.038	0.040	0.052
보 통 인 부	인	0.031	0.033	0.042
비 고	- 하부 충격보강작업이 필요한 경우 다음과 같이 계상한다. (단위 m²당) <table><tr><th>구 분</th><th>단 위</th><th>수 량</th></tr><tr><td>미 장 공</td><td>인</td><td>0.076</td></tr><tr><td>보 통 인 부</td><td>인</td><td>0.025</td></tr></table>			

[주] ① 본 품의 4층이하의 건축물 외벽에 타정 부착하여 단열재를 설치(화재확산 방지구조)하는 기준이다.
② 본 품은 바탕면 정리, 단열재 절단 및 설치, 우레탄폼 충전, 이음부 마감, 메시 설치 및 미장 작업을 포함한다.
③ 마감재(도장, 스타코 등) 시공은 별도 계상한다.
④ 공구손료 및 경장비(드릴, 접착제 비빔기 등)의 기계경비는 인력품의 1%를 계상한다.

[참고자료] 외벽단열공법 재료량

(단열두께 50mm 기준)

구 분	단 위	외벽단열	하부보강
단 열 판	m²	1.10	-
접 착 제	kg	3.84	1.60
시 멘 트	kg	3.84	1.60
표 준 보 강 메 시	m²	1.44	-
고 강 도 메 시	m²	-	1.21

※ 위 재료량은 할증이 포함된 것이다.

제 6 장 방수공사

6-1 공통공사

6-1-1 바탕처리('18, '23년 보완)

(㎡당)

구분	단위	보통		불량	
		바닥	수직부	바닥	수직부
방 수 공	인	0.030	0.032	0.036	0.040
보 통 인 부	인	0.012	0.014	0.015	0.017

[주] ① 본 품은 방수공사를 위한 바탕면(콘크리트)을 정리하는 기준이다.
　② 본 품은 들뜸 및 요철 제거, 홈메우기, 불순물 청소, 퍼티 작업을 포함하고 있으며, 들뜸 및 레이턴스 등 과다로 바탕전면에 연마를 수행해야하는 경우 불량을 적용한다.
　③ 공구손료 및 경장비(엔진송풍기, 연마기 등)의 기계경비는 인력품의 요율로 다음과 같이 계상한다.

구분	보통	불량
요율(%)	4	6

　④ 바탕처리에 사용되는 재료(퍼티, 방수테이프 등)는 별도 계상한다.

6-1-2 방수프라이머 바름('18년 보완)

(㎡당)

구 분	단 위	수 량
방 수 공	인	0.011
보 통 인 부	인	0.005

[주] ① 본 품은 프라이머의 롤러 1층(회) 바름을 기준한 것이다.
　② 본 품은 보조붓칠 작업이 포함된 것이다.
　③ 공구손료는 인력품의 2%로 계상한다.

6-1-3 방수층보호재 붙임('18년 보완)

(㎡당)

구 분	단 위	PE필름		발포 PE시트	
		바닥	수직부	바닥	수직부
방 수 공	인	0.011	0.013	0.012	0.016
보 통 인 부	인	0.003	0.004	0.004	0.005

[주] 본 품은 방수층 보호재(PE필름, 발포 PE시트) 붙임을 기준한 것이다.

6-1-4 방수층 누름철물 설치('18년 신설)

(m당)

구 분	단 위	수 량
방 수 공	인	0.011
보 통 인 부	인	0.011

[주] 본 품은 시트 및 보호재 상부의 누름철물 마감 작업을 기준한 것이다.

6-2 도막방수

6-2-1 도막바름('23년 보완)

(m²당)

구 분	단 위	바닥	수직부
방 수 공	인	0.015	0.020
보 통 인 부	인	0.009	0.012

[주] ① 본 품은 우레탄 고무계, 아크릴 고무계, 고무아스팔트계 등 도막 1층(회)을 형성하는 작업을 기준한 것이다.
② 본 품은 치켜올림 부위, 드레인 주위 등에 방수테이프 및 실란트 덧바름 작업을 포함한다.
③ 공구손료는 인력품의 2%로 계상한다.

監査

제목 저류시설의 방수공 정산 부적정, 공사대가 과다 지급

내용
공사에 포함된 저류시설의 방수는 당초 설계된 '에폭시라이닝(T = 3mm) 방수'를 작업공종이 단순하고 방수효과가 뛰어나 단시간 내에 충분한 강도를 발현할 수 있다는 사유로 '폴리우레아(T = 3mm) 방수'로 공법 변경하였다.
공사의 이행 중 설계변경이 필요한 때는 공사계약 일반조건에 따라 설계변경 등 조치를 하고 공사량의 증·감이 발생하는 경우에는 계약금액을 조정하여야 한다. 그리고 계약담당자는 준공 검사에 있어서 동 일반조건 제9절 1-가-3)에 따라 계약상대자의 계약이행 내용이 계약에 위반되거나 부당함을 발견한 때에는 이에 필요한 시정조치를 하여야 한다.
공사감독자와 공사담당팀장, 감사담당자가 합동으로 현장 확인결과 저류시설의 공간벽(시멘트블록) 77.6m와 사각철근콘크리트 기둥 75개소는 높이 2m까지 방수하도록 설계되어 있는데 공간벽 상단에 통기 (40×40cm)가 위치하여 1.8m만 시공하였다. 그리고 설계된 53개소의 원형 철골 기둥의 기초부 상단 모르타르 채움부에 대한 방수시공을 누락하였다. 발주청은 공사과정에서 현장의 시공상태를 철저히 확인하지 아니하고 준공처리하면서도 시공물량에 대한 확인업무를 소홀히 하여 공사비 15,125천원이 과다 지급되고 일부 방수가 누락 시공되는 결과가 초래된 것으로 판단된다.

조치할 사항
○○○○시 ○○○○장은 저류시설의 방수공 시공량을 부적정하게 정산하여 과다 지급된 공사비 15,126천원을 계약상대자에게 회수 조치하시기 바라며(시정), 53개소의 원형 철골기둥 기초부 상단 모르타르 채움부는 방수 조치하시기 바라며(시정요구), 위 공사의 관리·감독업무를 소홀히 한 공사감독자에 대하여 "주의" 조치하시기 바람(주의요구)

6-2-2 보강포 붙임('18년 신설)

(㎡당)

구 분	단 위	바닥	수직부
방 수 공	인	0.010	0.015
보 통 인 부	인	0.004	0.006

[주] 본 품은 방수층 보강에 사용되는 보강포(부직포 등) 1층(회) 붙임을 기준한 것이다.

6-2-3 마감도료(Top-coat) 바름('18년 신설)

(㎡당)

구 분	단 위	바닥	수직부
방 수 공	인	0.012	0.015
보 통 인 부	인	0.005	0.007

[주] ① 본 품은 노출방수층의 마감도료(Top-Coat) 1층(회) 바름을 기준한 것이다.
　　② 공구손료는 인력품의 2%로 계상한다.

6-3 시트 방수

6-3-1 가열식시트 붙임('18, '23년 보완)

(㎡당)

구 분	단 위	바닥	수직부
방 수 공	인	0.060	0.080
보 통 인 부	인	0.030	0.040

[주] ① 본 품은 토치로 가열하여 접착시키는 시트 1겹 붙임 기준이다.
　　② 방수시트는 두께 2.5~3.0㎜, 폭 1.0m 기준이다.
　　③ 본 품은 치켜올림 부위, 드레인 주위, 시트접합부 등에 방수재 덧바름 및 덧붙임 작업을 포함한다.
　　④ 공구손료 및 경장비(토치 등)의 기계경비는 인력품의 3%로 계상한다.
　　⑤ 재료량은 다음을 참고하여 적용한다.

(㎡당)

구 분	단 위	수 량
시 트	㎡	1.2

※ 재료량은 할증이 포함된 것이며, 연료는 별도 계상한다.

6-3-2 접착식시트 붙임('18, '23년 보완)

(㎡당)

구 분	단 위	바닥	수직부
방 수 공	인	0.034	0.046
보 통 인 부	인	0.020	0.025

[주] ① 본 품은 방수시트를 접착제로 1겹 붙임하는 기준이다.
　　② 방수시트는 두께 1.0~2.0㎜, 폭 1.0m 기준이다.

③ 본 품은 치켜올림 부위, 드레인 주위, 시트접합부 등에 방수재 덧바름 및 덧붙임 작업을 포함한다.
④ 공구손료는 인력품의 2%로 계상한다.
⑤ 재료량은 '[건축부문] 6-3-1 가열식시트 붙임'을 참고하여 적용한다.

6-3-3 자착식시트 붙임('18년 신설, '23년 보완)

(㎡당)

구 분	단 위	바닥	수직부
방 수 공	인	0.026	0.036
보 통 인 부	인	0.016	0.020

[주] ① 본 품은 접착 성능을 가진 자착형 방수시트를 1겹 붙임하는 기준이다.
② 방수시트는 두께 1.4~3.0㎜, 폭 1.0m 기준이다.
③ 본 품은 치켜올림 부위, 드레인 주위, 시트접합부 등에 방수재 덧바름 및 덧붙임 작업을 포함한다.
④ 재료량은 '[건축부문] 6-3-1 가열식시트 붙임'을 참고하여 적용한다.

6-4 시멘트 모르타르계 방수

6-4-1 시멘트 액체방수 바름('09, '18, '23년 보완)

(㎡당)

구 분	단 위	바 닥	수직부
방 수 공	인	0.075	0.060
보 통 인 부	인	0.040	0.030

[주] ① 바닥은 "물뿌리기→시멘트페이스트 1차→방수액 침투→시멘트페이스트 2차→모르타르" 기준이다.
② 수직부는 "물뿌리기→바탕접착제→시멘트페이스트→모르타르" 기준이다.
③ 본 품은 모르타르 비빔작업과 치켜올림, 드레인 주위 등에 모르타르 면잡기 작업을 포함한다.
④ 모르타르 배합(시멘트, 모래)은 '[건축부문] 9-1-1 모르타르 배합'을 따른다.
⑤ 양생 후 아스팔트도막 바름은 '6-2-1 도막바름'을 따른다.
⑥ 공구손료 및 경장비(비빔기 등)의 기계경비는 인력품의 3%로 계상한다.

有權解釋

제목 시멘트 액체방수 표준품셈 관련 원가계산 질의

질의문
신청번호 2008-072 신청일 2020-08-26
질의부분 건축 제6장 방수공사 6-4-1 시멘트 액체방수 바름

1. 시멘트 액체방수의 표준품셈은 과거 2008년 13-4 액체방수에서 방수면적 ㎡당(시멘트, 모래, 방수액 등)의 사항에 대하여 그 재료량이 표시되어 있었습니다. 그러나 지금은 이 부분이 삭제되었으며, 통상적으로는 이때의 기준으로 많은 적산회사나 건축사는 이것을 인용하여 현재까지 사용하고 있는 실태입니다.

2. 사실 그동안 표준시방서 등 많은 변혁이 있었으며(두께 규정의 삭제, 1종 및 2종의 개념이 벽 및 바닥으로의 전환 등) 이에 따라 1항의 방수 면적당의 시멘트, 모래, 방수액은 맞지 않는다고 판단할 수 있습니다(왜냐하면 그 층별의 구분과 두께의 변화로 인해)

[결론]
이에 따라, 현재 표준시방서 등을 고려한 '방수면적'당 재료량은 어떻게 판단해야 맞는 것인지?

회신문

표준품셈 건축부문 "6-4-1 시멘트 액체방수 바름"의 경우 m²당 바닥, 벽 기준으로 방수공과 보통인부의 투입 품을 제시하고 있습니다. 2009년 적용 표준품셈 개정 시 재료량은 삭제되었으며, 시방기준 등에 따라 계상하시기 바랍니다.

감사

제목 옥상 방수공사 이중 계상으로 예산 낭비

내용
○○○○○○공단 ○○○○○○처에서는 발주청인 ****사업소(○○과)에서 설계한 설계도면 및 내역서에 옥상층 382m²의 방수공사가 "시멘트액체방수"와 "이중복합옥상방수(지붕)"로 이중 설계되어 있는데도 설계도서에 대한 검토를 소홀히 하여 발주청에 보고 등 적절한 조치없이 이중으로 시공하게 함으로써 "시멘트액체방수" 공사비 8,547천원(제경비 포함) 또는 "이중복합옥상방수(지붕)"의 공사비 21,087천원(제경비 포함)의 예산을 낭비하였다.

조치할 사항
○○○○○○이사장은 향후 동일한 사례가 발생되지 않도록 관련자 교육을 실시하시기 바람

6-4-2 폴리머 시멘트 모르타르방수 바름('09년 신설, '23년 보완)

(m²당)

구 분	단 위	1종	2종
방 수 공	인	0.060	0.040
보 통 인 부	인	0.040	0.020

[주] ① 1종은 모르타르 3층(회) 바름, 2종은 모르타르 2층(회) 바름을 기준이다.
② 본 품은 모르타르 비빔작업과 치켜올림, 드레인 주위 등에 모르타르 면잡기 작업을 포함한다.
③ 모르타르 배합(시멘트, 모래)은 '[건축부문] 9-1-1 모르타르 배합'을 따른다.
④ 양생 후 아스팔트도막 바름은 '6-2-1 도막바름'을 따른다.
⑤ 공구손료 및 경장비(비빔기 등)의 기계경비는 인력품의 3%로 계상한다.

6-4-3 방수모르타르 바름('09, '15, '18년 보완)

(m²당)

구 분	단 위	10mm이하	15mm이하	20mm이하
미 장 공	인	0.047	0.056	0.073
보 통 인 부	인	0.035	0.043	0.048

[주] ① 본 품은 벽돌, 콘크리트 바탕에 방수모르타르 바름을 기준한 것이다.
② 본 품은 비빔작업이 포함된 것이며, 모르타르 배합(시멘트, 모래)은 '[건축부문] 9-1-1 모르타르 배합'을 따른다.
③ 외벽은 높이에 따라 다음 할증률에 의한 품을 가산할 수 있으며 19층 이상은 매 3층 증가마다 4%씩 가산할 수 있다.

지하층 및 1~3층	4~6층	7~9층	10~12층	13~15층	16~18층
-	5%	8%	12%	16%	20%

※ 층의 구분을 할 수 없는 건축물인 경우 1개층의 층고를 3.6m로 기준하여 층수를 환산한다.
④ 공구손료 및 경장비(비빔기 등)의 기계경비는 인력품의 2%로 계상한다.

監査

제목 방수모르타르 바름 공종의 단가산정 시 표준품셈

내용
'예정가격 작성요령'에 따르면 원가계산으로 예정가격 작성 시 계약담당자는 표준품셈을 공사원가의 비목별 가격결정의 기초자료로 적용할 수 있으며, 예산사정 등을 이유로 부당하게 감액하거나 과잉 계산하지 않도록 되어 있다. 그런데 0000처는 "○○전진기지 샤워장 개선공사"을 시행하면서 방수모르타르 바름 공종의 단가산정 시 표준품셈에 의거 보통인부 0.033인을 적용해야 하나 0.077인으로 품을 과다 적용하여 총 00,000천원의 예산을 낭비한 사실이 있다.

조치할 사항
0000처장은 향후 이와 같은 사례가 발생되지 않도록 관련 직원 교육 및 업무에 철저를 기하기 바람.

6-4-4 시멘트 혼입 폴리머계 도막방수 바름('09년 신설)

(m²당)

구 분	단 위	노출 공법	비노출 공법
방 수 공	인	0.100	0.090
보 통 인 부	인	0.070	0.060

[주] ① 노출공법은 마감도료(Top-Coat)를 포함한 것이다.
② 본 품은 바탕처리, 프라이머바름 및 방수층 보호재 깔기가 제외되어 있다.
③ 공구손료는 인력품의 3%로 계상한다.
④ 재료는 별도 계상하며, 뿜칠 시공시에는 재료량을 10% 가산한다.

6-5 기타방수

6-5-1 규산질계 도포방수 바름('09년 신설, '18년 보완)

(㎡당)

구 분	단 위	바 닥	수직부
방 수 공	인	0.059	0.065
보 통 인 부	인	0.021	0.023

[주] ① 본 품은 규산질계 도포 방수 2층(회) 바름을 기준한 것이다.
② 본 품은 비빔작업이 포함된 것이며, 모르타르 배합(시멘트, 모래)은 '[건축부문] 9-1-1 모르타르 배합'을 따른다.
③ 공구손료 및 경장비(비빔기 등)의 기계경비는 인력품의 3%로 계상한다.

6-5-2 액상형 흡수방지방수 도포('09, '18년 보완)

(㎡당)

구 분	단 위	바름		뿜칠	
		1층(회)	2층(회)	1층(회)	2층(회)
방 수 공	인	0.014	0.021	0.011	0.017
보 통 인 부	인	0.003	0.005	0.003	0.004

[주] ① 본 품은 구조물 외벽의 발수제 도포를 기준한 것이다.
② 외벽은 높이에 따라 다음 할증률에 의한 품을 가산할 수 있으며 19층 이상은 매 3층 증가마다 4%씩 가산할 수 있다.

구분\외벽층	1,2,3층	4,5,6층	7,8,9층	10,11,12층	13,14,15층	16,17,18층
인력품	0	5%	8%	12%	16%	20%

※ 층의 구분을 할 수 없는 건축물은 1개층의 층고를 3.6m로 기준하여 층수를 환산한다.
③ 크레인(고소작업차)을 사용하는 경우 기계경비는 별도 계상한다.
④ 뿜칠 시 공구손료 및 경장비(엔진식 도장기 등)의 기계경비는 인력품의 4%로 계상한다.
⑤ 재료는 별도 계상하며, 뿜칠시공시에는 재료량을 10% 가산한다.

有權解釋

제목 액상형 흡수방지 방수도포 품셈 질의

질의문
신청번호 2005-052 신청일 2020-05-18
질의부분 건축 제6장 방수공사 6-5-2 액상형 흡수방지 방수 도포

액상형 흡수방지 방수도포 품셈 뿜칠 2층(회) 기준이 1회 기준인지 2회 기준인지?

회신문
표준품셈 건축부문 "6-5-2 액상형 흡수방지 방수도포"에서 뿜칠 2층(회)는 뿜칠 2회를 기준으로 제시된 품입니다.

> **契約審査**
>
> **제목** 침투성 방수 품 적정성 검토
>
> **내용**
> 지하층에 침투성 방수공법을 많이 사용하고 있으나 별도기준이 없어 유사품인 액체방수 품을 적용하였으나, 현장여건에 맞는 적정공사비 산출하기 위하여 현장실사 및 전문가 자문을 거쳐 만든 서울형 품셈 침투성 방수 품을 적용하여 37백만원 절감
>
> **심사 착안사항**
> 표준품셈에 없는 사항은 건축, 기계설비 등 유사품셈을 우선 적용하고, 유사품셈도 없을 경우 발주기관이 실사한 품셈 적용[특정업체 품셈(견적) 적용 지양]

6-5-3 벤토나이트방수 붙임('09, '18년 보완)

(㎡당)

구 분	단위	벤토나이트 매트		벤토나이트 시트	
		바닥	수직부	바닥	수직부
방 수 공	인	0.038	0.043	0.027	0.032
보 통 인 부	인	0.013	0.014	0.009	0.011

[주] ① 본 품은 지하구조물 외부에 벤토나이트 방수재 붙임을 기준한 것이다.
② 본 품은 벤토나이트 씰 보강, 방수재 절단 및 설치, 조인트 테이프 붙임 작업이 포함된 것이다.
③ 공구손료 및 경장비(에어콤프, 화약총 등)의 기계경비는 인력품의 3%로 계상한다.
④ 재료량은 다음을 참고하여 적용한다.

(㎡당)

구 분	규 격	단위	매트		시트	
			바닥	수직부	바닥	수직부
벤 토 나 이 트 방 수 재	매트 1219×4570×6.4㎜ 시트 1220×6700×4.5㎜	㎡	1.18	1.20	1.15	1.20
벤 토 나 이 트 씰 재		L	0.45	0.50	0.15	0.42
벤 토 나 이 트 알 갱 이		kg	3.38	1.46	0.80	0.80
P E 필 름	0.04㎜	㎡	1.20	1.20	0.6	0.8
카 트 리 지	화약	개	10	10	10.5	10.5
콘 크 리 트 못	32㎜	개	10	10	10.5	10.5
와 셔		개	10	10	10.5	10.5
조 인 트 테 이 프		m	-	-	1.1	1.1

※ 재료량은 할증이 포함된 것이다.

6-6 부대공사

6-6-1 수밀코킹('18년 보완)

(m당)

구 분	단 위	수 량
코 킹 공	인	0.025

[주] ① 본 품은 전용건을 사용한 실링마감 작업을 기준한 것이다.
　　② 본 품은 마스킹테이프 설치 및 제거, 실링재 충전 작업이 포함된 것이다.
　　③ 재료량은 다음을 참고하여 적용한다.

(m당)

구 분	단 위	수 량
실 링 재	m	1.2

※ 재료량은 할증이 포함되어 있다.

有權解釋

제목 방수공사 수밀코킹 실링재 수량

질의문
신청번호 1904-059　신청일 2019-04-16
질의부분 건축 제6장 방수공사 6-6-1 수밀코킹의

수밀코킹의 재료비가 실링재 1.2m(m당)으로 표기 되어있는데, 단위가 잘못된 건가요? 1m단위당 실링재는 L단위로 투입이 될 것 같은데, 답변 부탁드립니다.

회신문
표준품셈 건축부문 "6-6-1 수밀코킹"에서 실링재는 제품별로 권장사용량을 제시하고 있으며, 제품에 따른 m당 체적 및 비중을 적용하여 환산하시기 바랍니다.

6-6-2 줄눈 절단('18년 신설)

(m당)

구 분	규 격	단 위	수 량
방 수 공		인	0.005
보 통 인 부		인	0.001
커 터	320~400㎜	hr	0.017

[주] ① 본 품은 옥상 보호콘크리트의 절단을 기준한 것이다.
　　② 본 품은 먹매김, 콘크리트 절단 작업이 포함된 것이다.
　　③ 공구손료 및 경장비(청소기 등) 기계경비는 인력품의 2%로 계상한다.

6-6-3 줄눈 설치('18년 신설)

(m당)

구 분	단 위	수 량
방 수 공	인	0.005
보 통 인 부	인	0.001

[주] ① 본 품은 옥상 보호콘크리트의 줄눈 설치를 기준한 것이다.
② 본 품은 프라이머 바름, 백업재 주입, 실링마감 작업을 포함한다.

제 7 장 지붕 및 홈통공사

7-1 지붕

7-1-1 금속기와 잇기('16년 신설, '22년 보완)

(㎡당)

구 분	단 위	개당 면적	
		1.0㎡이하	1.0㎡초과
지 붕 잇 기 공	인	0.050	0.040
보 통 인 부	인	0.010	0.010
비 고	- 급경사(3/4이상, 35°이상)일 경우 본 품의 20%를 가산한다.		

[주] ① 본 품은 피스로 고정하는 금속기와 지붕재의 설치 기준이다.
② 본 품은 금속기와 절단 및 잇기 작업을 포함한다.
③ 후레싱 설치는 '[건축부문] 7-1-7 후레싱 설치'를 따른다.
④ 가시설물(비계, 안전발판 등)이 필요한 경우 작업여건(경사도 등) 및「지붕공사 안전보건작업 기술지침」을 고려하여 별도 계상한다.
⑤ 공구손료 및 경장비(전동드릴 등)의 기계경비는 인력품의 2%로 계상한다.
⑥ 잡재료 및 소모재료(고정철물 등)는 주재료비의 2%로 계상한다.

7-1-2 금속판 평잇기('16년 신설)

(㎡당)

구 분	단 위	수 량
지 붕 잇 기 공	인	0.07
보 통 인 부	인	0.01
비 고	- 현장조건에 따라 다음과 같이 가산한다.	
	벽	급경사(3/4이상, 35°이상)
	10%	20%

[주] ① 본 품은 금속판(1㎡ 이하)의 평잇기 작업 기준이다.
② 본 품은 금속판 절단, 잇기, 단부마감(거멀접기) 작업을 포함한다.
③ 후레싱 설치는 '[건축부문] 7-1-7 후레싱 설치'를 따른다.
④ 가시설물(비계, 안전발판 등)이 필요한 경우 작업여건(경사도 등) 및「지붕공사 안전보건작업 기술지침」을 고려하여 별도 계상한다.
⑤ 공구손료 및 경장비(전동드릴 등)의 기계경비는 인력품의 1%로 계상한다.
⑥ 잡재료 및 소모재료(고정철물 등)는 주재료비의 5%로 계상한다.

7-1-3 금속판 돌출잇기 현장제작('16년 신설)

(㎡당)

구 분	단 위	수 량
지 붕 잇 기 공	인	0.05
보 통 인 부	인	0.01

[주] ① 본 품은 돌출잇기(돌출간격 0.3~0.5m)를 위해 금속판(두께 1.0mm이하)을 현장에서 제작하는 기준이다.
② 본 품은 금속판 절단 및 절곡, 거멀접기 작업을 포함한다.
③ 제작대 설치는 별도 계상한다.
④ 공구손료 및 경장비(절곡기 등)의 기계경비는 인력품의 2%로 계상한다.

有權解釋

제목 지붕공사 돌출잇기 관련 질의

질의문
신청번호 2110-044 신청일 2021-10-15
질의부분 건축 제7장 지붕 및 홈통공사 7-1-3 금속판 돌출잇기현장 제작

지붕 마감이 동판으로 되어 있어 도면검토 중 수량 및 할증의 차이가 있어 책임감리단과 협의 중에 표준품셈 돌출잇기 내용 중 몰딩, 거멀접기 작업이 포함되어 있다는 것이 몰딩, 거멀접기의 수량이 포함된 것이라고 얘기하고 있어 상호간의 의견이 조율되지 않아 질의를 드립니다.
1. 시공사 의견 – 도면 평면상의 누락된 거멀접기 및 몰딩의 수량은 반영되어야 한다.
2. 책임감리단 의견 – 표준품셈 돌출잇기 절단 및 절곡, 거멀접기 작업이 포함되어 있다.의 내용은 그 수량까지도 포함된 것이다.

회신문
표준품셈 건축부문 "7-1-3 금속판 돌출잇기 현장제작" 금속판의 현장 제작작업 품이며, 금속판 절단 및 절곡, 거멀접기 작업이 포함되어 있습니다.

7-1-4 금속판 돌출잇기

(㎡당)

구 분	단 위	수 량
지 붕 잇 기 공	인	0.06
보 통 인 부	인	0.01
비 고	- 현장조건에 따라 다음과 같이 가산한다.	

벽	급경사(3/4이상, 35°이상)
10%	20%

[주] ① 본 품은 금속판(돌출간격 0.3~0.5m)의 돌출잇기 작업 기준이다.
② 본 품은 금속판 절단, 잇기, 단부마감(거멀접기) 작업을 포함한다.
③ 후레싱 설치는 '[건축부문] 7-1-7 후레싱 설치'를 따른다.

④ 가시설물(비계, 안전발판 등)이 필요한 경우 작업여건(경사도 등) 및「지붕공사 안전보건작업 기술지침」을 고려하여 별도 계상한다.
⑤ 공구손료 및 경장비(전동드릴 등)의 기계경비는 인력품의 1%로 계상한다.
⑥ 잡재료 및 소모재료(고정철물 등)는 주재료비의 4%로 계상한다.

有權解釋

제목 지붕 및 홈통공사 돌출 잇기 관련

질의문
신청번호 1911-051 신청일 2019-11-15
질의부분 건축 제7장 지붕 및 홈통공사 7-1-4 금속판 돌출 잇기

품셈참고 시 돌출 잇기 관련 1. 현장제작 2. 설치로 구분이 되어 있습니다. 그러면 징크판넬작업 시 제작과 설치를 별도로 내역에 태워야 하는지? 아님 설치에 제작(제단, 절곡 등)이 포함인지?

회신문
표준품셈 건축부문 "7-1-4 금속판 돌출 잇기"에서는 금속판 절단, 잇기, 단부가감 작업이 포함된 기준으로 현장에서의 제작과 설치를 별도로 구분하고 있지 않습니다.

7-1-5 아스팔트싱글 설치('16년 보완)

(㎡당)

구 분	단 위	수 량
지 붕 잇 기 공	인	0.07
보 통 인 부	인	0.01
비 고	- 급경사(3/4이상)일 경우 본 품의 20%를 가산한다.	

[주] ① 본 품은 아스팔트싱글(336×1,000×3㎜) 지붕을 설치하는 기준이다.
② 본 품은 싱글 절단 및 잇기 작업을 포함한다.
③ 후레싱 설치는 '[건축부문] 7-1-7 후레싱 설치'를 따른다.
④ 방수재 깔기 및 아스팔트 프라이머 바름 작업은 별도 계상한다.
⑤ 가시설물(비계, 안전발판 등)이 필요한 경우 작업여건(경사도 등) 및「지붕공사 안전보건작업 기술지침」을 고려하여 별도 계상한다.
⑥ 재료량은 다음을 참고한다.

구 분	규 격	단 위	수 량
아 스 팔 트 싱 글	336×1,000×3㎜	매	7.30
잡재료 및 소모재료 (콘크리트 못 등)	주재료비의	%	3

※ 위 재료량은 할증(3%)이 포함되어 있다.
※ 용마루 및 골에 사용하는 싱글의 재료량은 별도계상한다.

7-1-6 폴리카보네이트 설치('03년 신설, '16년 보완)

(㎡당)

구 분	단 위	수 량
지 붕 잇 기 공	인	0.15
보 통 인 부	인	0.03

[주] ① 본 품은 폴리카보네이트(두께 16mm이하) 지붕을 설치하는 기준이다.
② 본 품은 몰딩 설치, 폴리카보네이트 절단 및 설치, 덮개Bar 설치, 실리콘 마감(코킹) 작업을 포함한다.
③ 가시설물(비계, 안전발판 등)이 필요한 경우 작업여건(경사도 등) 및「지붕공사 안전보건작업 기술지침」을 고려하여 별도 계상한다.
④ 공구손료 및 경장비(전동드릴, 절단기 등)의 기계경비는 인력품의 3%로 계상한다.
⑤ 재료량은 다음을 참고한다.

구 분	규 격	단 위	수 량
폴 리 카 보 네 이 트	-	㎡	1.1
잡 재 료 및 소 모 재 료 (몰딩, 실리콘, 덮개 B a r 등)	주재료비의	%	10

※ 위 재료량은 할증이 포함되어 있다.

7-1-7 후레싱 설치('16년 신설)

(m당)

구 분	단 위	수 량
지 붕 잇 기 공	인	0.02
비 고	- 급경사(3/4이상, 35°이상)일 경우 본 품의 20%를 가산한다.	

[주] ① 본 품은 금속재 후레싱(설치폭 0.25m 이하)을 설치하는 기준이다.
② 본 품은 후레싱 현장 절단 및 설치, 실리콘 마감 작업을 포함한다.
③ 가시설물(비계, 안전발판 등)이 필요한 경우 작업여건(경사도 등) 및「지붕공사 안전보건작업 기술지침」을 고려하여 별도 계상한다.
④ 공구손료 및 경장비(전동드릴 등)의 기계경비는 인력품의 5%로 계상한다.
⑤ 재료량은 다음을 참고한다.

구 분	규 격	단 위	수 량
후 레 싱	-	m	1.1
잡 재 료 및 소 모 재 료 (못, 실 리 콘 등)	주재료비의	%	3

※ 위 재료량은 할증이 포함되어 있다.

7-2 홈통

7-2-1 금속 처마홈통 설치('16년 보완)

(m당)

구 분	단 위	수 량
배 관 공	인	0.06
보 통 인 부	인	0.01

[주] ① 본 품은 금속재 처마홈통(폭 150㎜ 이하)의 설치 기준이다.

② 본 품은 홈통걸이 설치, 홈통 절단 및 설치, 실리콘마감 작업을 포함한다.
③ 공구손료 및 경장비(전동드릴 등)의 기계경비는 인력품의 2%로 계상한다.

7-2-2 염화비닐 처마홈통 설치

(m당)

구 분	단 위	수 량
배 관 공	인	0.05
보 통 인 부	인	0.01

[주] ① 본 품은 염화비닐 처마홈통(폭 150㎜ 이하)의 접착제 부착 작업 기준이다.
② 본 품은 홈통걸이 설치, 홈통 절단 및 설치, 실리콘마감 작업을 포함한다.
③ 공구손료 및 경장비(전동드릴 등)의 기계경비는 인력품의 2%로 계상한다.

7-2-3 금속 선홈통 설치('18년 보완)

(m당)

구 분	단 위	수 량
배 관 공	인	0.09
보 통 인 부	인	0.02

[주] ① 본 품은 금속재 선홈통(ø150㎜, T2.0㎜ 이하)의 설치 기준이다.
② 본 품은 홈통걸이 설치, 홈통 절단 및 설치작업을 포함한다.
③ 공구손료 및 경장비(전동드릴 등)의 기계경비는 인력품의 2%로 계상한다.

7-2-4 염화비닐 선홈통 설치

(m당)

구 분	단 위	수 량
배 관 공	인	0.06
보 통 인 부	인	0.02
비 고	- 공동주택 등 상하층간 연결고정방식은 본 품의 80%를 적용한다.	

[주] ① 본 품은 염화비닐 선홈통(규격 ø150㎜ 이하)의 접착제 부착 작업 기준이다.
② 본 품은 홈통걸이 설치, 홈통 절단 및 설치작업을 포함한다.
③ 공구손료 및 경장비(전동드릴 등)의 기계경비는 인력품의 2%로 계상한다.

7-2-5 물받이홈통 설치('16년 보완)

(개소당)

구 분	단 위	수 량
배 관 공	인	0.08
보 통 인 부	인	0.02

[주] ① 본 품은 처마 또는 지붕배수구에 연결하는 물받이홈통의 설치 기준이다.
② 본 품은 홈통 설치, 실리콘 마감 작업을 포함한다.
③ 잡재료 및 소모재료(실리콘 등)는 주재료비의 2%로 계상한다.

7-3 드레인

7-3-1 루프드레인 설치('16년 보완)

(개소당)

구 분	단 위	수 량
배 관 공	인	0.17
보 통 인 부	인	0.04

[주] ① 본 품은 루프드레인 규격 ø100mm~150mm의 설치 기준이다.
　　② 본 품은 슬리브 설치, 루프드레인 설치, 방수시멘트 바름 작업을 포함한다.
　　③ 잡재료 및 소모재료(방수시멘트 등)는 주재료비의 2%로 계상한다.

제 8 장　금속공사

8-1 제품

8-1-1 계단논슬립 설치('07, '18년 보완)

(m당)

구 분	단 위	목조계단	콘크리트계단
내　장　공	인	0.015	0.020
보 통 인 부	인	0.005	0.006

[주] ① 본 품에 나사볼트를 사용한 계단논슬립의 설치 기준이다.
　　② 본 품은 바탕면갈기, 접착제 바름, 논슬립 설치 및 마감 작업을 포함한다.
　　③ 공구손료 및 경장비(전동드릴, 그라인더 등)의 기계경비는 인력품의 3%로 계상한다.

8-1-2 코너비드 설치('14년 보완)

(10m당)

구 분	단 위	수 량
미　장　공	인	0.24

[주] 코너비드(Corner Bead)는 기둥·벽 등 모서리에 대어 미장 바름을 보호하는 철물이다.

8-1-3 와이어메시 바닥깔기('04, '07, '16년 보완)

(㎡당)

구 분	단 위	수 량
특　별　인　부	인	0.006

[주] ① 본 품은 와이어메시(크기 1,800×1,800㎜)의 바닥 설치 기준이다.
　　② 재료량은 다음을 참고한다.

(㎡당)

구 분	규 격	단 위	수 량
와 이 어 메 시	1,800×1,800㎜	매	0.36
잡 재 료 및 소 모 재 료 (결 속 선 등)	주재료비의	%	3

※ 위 재료량은 할증이 포함되어 있다.

8-1-4 인서트(Insert) 설치('16년 보완)

(개당)

구 분	단 위	설치대상		
		거푸집	데크플레이트	콘크리트
내　장　공	인	0.004	0.007	0.009

[주] ① 본 품의 거푸집은 거푸집에 못으로 고정하며, 데크플레이트와 콘크리트는 구멍을 뚫어 설치하는 기준이다.
　　② 본 품은 위치측정, 구멍뚫기, 인서트 설치 작업을 포함한다.
　　③ 공구손료 및 경장비(전동드릴 등)의 기계경비는 다음과 같다.

구 분	데크플레이트	콘크리트
인력품의(%)	4%	4%

　　④ 재료량은 다음을 참고한다.

(개당)

구 분	단 위	수 량	비 고
인　서　트	개	1.03	인서트 고정용 못 포함

※ 위 재료량은 할증이 포함되어 있다.

8-1-5 조이너 및 몰딩 설치('16년 보완)

(m당)

구 분	단 위	조이너	몰딩
내　장　공	인	0.020	0.035

[주] ① 본 품에서 몰딩은 천장갓둘레 설치 기준이다.
　　② 본 품은 자재 절단 및 설치 작업을 포함한다.
　　③ 공구손료 및 경장비(전동드릴 등)의 기계경비는 인력품의 4%로 계상한다.
　　④ 재료량은 다음을 참고한다.

(m당)

구 분	규 격	단 위	수 량
조 이 너 및 몰 딩	-	m	1.1
잡재료 및 소모재료	주재료비의	%	5

※ 위 재료량은 할증이 포함되어 있다.

8-1-6 천장점검구 설치

(개소당)

구 분	단 위	규 격(mm)	
		450×450	600×600
내　장　공	인	0.308	0.343
보　통　인　부	인	0.057	0.063

[주] ① 본 품은 천장점검구(규격 0.6×0.6m 이하)의 설치 기준이다.
　　② 본 품은 천장타공, 점검구 보강, 점검구 설치 작업을 포함한다.
　　③ 공구손료 및 경장비(전동드릴 등)의 기계경비는 인력품의 3%로 계상한다.
　　④ 천장점검구 보강을 위한 천장틀과 천장틀받이재는 별도 계상한다.
　　⑤ 잡재료 및 소모재료(고정철물 등)는 주재료비의 3%로 계상한다.

8-2 시설물

8-2-1 용접식난간 설치('17년 보완)

(ton당)

구 분	단 위	현장제작 설치	규격철물 설치
용 접 공	인	9.73	6.02
특 별 인 부	인	10.81	6.69
보 통 인 부	인	3.16	1.95
비 고	- 경량철물(스테인리스)의 설치는 본 품의 25%를 가산한다.		

[주] ① 본 품은 용접을 사용한 철제 난간의 설치 기준이다.
② 현장제작 설치는 형상의 변화가 다양(진입램프 및 계단 등)하여 주자재로 반입되어 현장에서 제작(절단, 가공, 용접 등)하여 설치하는 기준이다.
③ 규격철물 설치는 유사규격이 연속적으로 시공이 가능(외부발코니 등)하여 1차 제작된 자재로 반입되어 현장에서 용접 접합 및 설치하는 기준이다.
④ 용접부위의 갈기 및 재도장이 필요한 경우는 별도 계상한다.
⑤ 난간 설치에 있어 비계매기 또는 장애물처리에 필요한 경우 별도 계상한다.
⑥ 설치용 장비(크레인 등)가 필요한 경우 별도 계상한다.
⑦ 공구손료 및 경장비의 기계경비(용접기, 절단기 등), 잡재료(용접봉 등)비는 인력 품에 다음 요율을 계상한다.

구 분	주자재 제작설치	규격자재 설치
공 구 손 료 / 경 장 비 기 계 경 비	2%	2%
잡 재 료 비	2%	2%

有權解釋

제목 건축 8-2-1 용접식 난간 설치에 대한 질의

질의문
신청번호 2010-042 신청일 2020-10-21
질의부분 건축 제8장 금속공사 8-2-1 용접식난간설치

현장에서 안전난간을 설계하여 시공관련하여 건축 8-2-1 용접식난간의 설치 품 중 비고에 "경량철물(스테인리스)의 설치는 본 품의 25%를 가산한다."라고 하는데 경량철물의 기준을 정확히 알고 싶으며, 제가 설치하려는 난간은 스테인리스구조용 강관으로 설치하려 하는데 해당 공사 시 "경량철물(스테인리스)의 설치는 본 품의 25%를 가산한다."의 기준을 적용해야 하는지?

회신문
표준품셈 건축부문 "8-2-1 용접식 난간설치" '경량철물(스테인리스)의 설치는 본 품의 25%를 가산한다.'는 경량철물(스테인리스) 난간설치 시 적용되며, 스테인리스 구조용강관설치에는 해당되지 않습니다.

8-2-2 앵커고정식난간 설치('97년 신설, '07, '16년 보완)

(m당)

구 분	단 위	수 량
철 공	인	0.042
보 통 인 부	인	0.029

[주] ① 본 품은 발코니 및 계단에 분체도장된 난간(공장제작)의 조립설치 기준이다.
② 본 품은 앵커설치, 난간 연결 및 설치 작업을 포함한다.
③ 공구손료 및 경장비(전동드릴 등)의 기계경비는 인력품의 3%로 계상한다.
④ 재료량은 다음을 참고한다.

(m당)

구 분	규 격	단 위	수 량
앵 커	ø 10㎜	개	3.3
A L 리 벳	ø 4.2㎜	개	0.7

8-2-3 철조망 울타리 설치('02, '18년 보완)

(경간당)

구 분	규 격	단 위	일자형 지주	Y자형 지주
특 별 인 부		인	0.194	0.272
보 통 인 부		인	0.084	0.118
굴 삭 기	0.2㎥	hr	0.222	0.253

[주] ① 본 품은 철조망 울타리(높이 3m이하, 경간 2m)의 설치 기준이다.
② Y자형 지주는 상부 원형 철조망 및 가시철선 설치 작업을 포함한다.
③ 본 품은 터파기 및 되메우기, 지주 및 보조기둥 매립, 띠장설치, 철조망 설치 작업을 포함한다.
④ 본 품은 평지 기준으로 지형에 따라서 품을 20%까지 가산할 수 있다.
⑤ 기초콘크리트의 제작 및 타설 작업은 별도 계상한다.
⑥ 공구손료 및 경장비(그라인더, 전동드릴 등)의 기계경비는 인력품의 3%로 계상한다.

有權解釋

제목 인력 소운반관련

질의문

신청번호 2110-055 신청일 2021-10-18
질의부분 건축 제8장 금속공사 8-4-2 철조망울타리 설치

당 현장은 군부대 철책공사로서 평균경사(10%~40%)까지의 경사구간의 현장이며, 일부구간에 장비가 진입이 불가하여 자재 인력 소운반이 반영되어 있으나 수평거리로 반영되어 품셈에 따라 경사지 할증을 반영하려고 합니다.
- 갑설 : 품셈 소운반편을 기준으로 직고 1m당 수평거리 6m의 비율로 환산하여 계산하는 방법과
- 을설 : 소운반 및 인력운반 기본공식을 사용하여 경사지 환산거리 a×L의 환산계수를 사용(경사지 운반 환산계수 a를 활용)

[질문 1]
수평거리로 되어 있는 것을 경사지 할증거리로 반영하는 것이 타당한지?
[질문 2]
경사지 환산거리 반영 시 갑설과 을설 중 어느 것을 반영하여야 하나요?
(현장별 및 구간별 경사도가 달라서 을설이 합리적이라고 생각합니다.)

회신문

표준품셈 공통부문 "1-5-1 소운반 및 인력운반"의 '품에서 포함된 것으로 규정된 소운반 거리는 20m 이내의 거리를 말하므로, 소운반이 포함된 품에 있어서 소운반 거리가 20m를 초과할 경우에는 초과분에 대하여 이를 별도 계상하며, 경사면의 소운반 거리는 직고 1m를 수평거리 6m의 비율로 본다.'로 명시하고 있으니 이를 참조하시기 바랍니다.

경사지 운반 환산계수는 '5. 인력운반(기계설비)'에서 제시하고 있으며 '5. 인력운반(기계설비)'는 장대물, 중량물 등을 대상으로 한 운반을 위한 기준입니다.

8-2-4 경량천장철골틀 설치('02, '07, '16, '22년 보완)

(㎡당)

구 분	단 위	BAR 간격		
		300mm	450mm	600mm
내 장 공	인	0.043	0.041	0.038
보 통 인 부	인	0.004	0.004	0.004
비 고	- 톱니형 달대볼트로 시공할 경우에는 본 품의 30%를 감한다.			

[주] ① 본 품은 경량철골(M-BAR, T-BAR, Clip-BAR)을 사용한 천장틀 설치 기준이다.
② 본 품은 인서트, 달대 및 행거, 천장틀(채널, BAR 등) 설치 작업을 포함한다.
③ 천장마감(텍스류, 석고보드 등) 및 몰딩 설치는 별도 계상한다.
④ 특수구조의 천장(우물천장 등)은 별도 계상할 수 있다.
⑤ 공구손료 및 경장비(절단기, 전동드릴 등)의 기계경비는 인력품의 6%로 계상한다.

8-2-5 경량벽체철골틀 설치('22년 신설)

(㎡당)

구 분	단 위	수량
내 장 공	인	0.038
보 통 인 부	인	0.004

[주] ① 본 품은 경량철골(스터드)을 사용한 벽체틀(폭 150mm이하) 설치 기준이다.
② 본 품은 위치측정, 러너, 스터드 절단 및 설치 작업을 포함한다.
③ 단열재 및 마감재(합판, 석고보드 등) 설치는 별도 계상한다.
④ 공구손료 및 경장비(절단기, 공기압축기 등)의 기계경비는 인력품의 6%로 계상한다.

8-3 기타공사

8-3-1 잡철물 제작 및 설치('07, '22년 보완)

(ton당)

구분	단위	제품 설치		규격철물 설치		현장제작 설치	
		일반철재	경량철재	일반철재	경량철재	일반철재	경량철재
철 공	인	2.85	3.71	7.05	9.17	12.38	16.09
용 접 공	인	1.04	1.35	2.57	3.34	3.38	4.39
특 별 인 부	인	0.78	1.01	1.92	2.50	4.50	5.85
보 통 인 부	인	0.52	0.68	1.28	1.66	2.25	2.93
비 고	\- 관로뚜껑, Sole Plate 등 용접, 부속자재 연결 작업 없이 기성제품을 단순 설치만하는 경우 제품설치 품의 10%를 감한다. \- 트러스, 원형, 곡선 등의 부재와 같이 구조나 형태가 복잡한 경우, 또는 절단, 절곡, 용접 개소가 과다하게 발생하는 경우 본 품의 30%를 가산한다.							

[주] ① 본 품은 철판, 앵글, 파이프 등 철재류를 활용한 잡철물의 현장 제작 및 설치에 대한 기준이다.
② 제품 설치는 맨홀사다리 등 제작된 제품을 반입하여 설치하는 기준이다.
③ 규격철물 설치는 일정규격으로 1차 제작된 철물을 반입하여 조립하고 설치하는 기준이다.
④ 현장제작 설치는 구조틀, 배관지지대 등 각관, 형강 등 원자재를 반입하여 현장조건에 맞게 제작하고 설치하는 기준이다.
⑤ 주문제작에 의해 공장가공을 요하는 대형부재(강재거푸집, 라이닝폼 등) 및 특수철물(조형물 등)의 제작·설치는 별도 계상한다.
⑥ 잡철물 설치를 위한 장비(크레인 등) 및 비계매기는 필요한 경우 별도 계상한다.
⑦ 공구손료 및 경장비(절단기, 용접기 등)의 기계경비 및 잡재료비(용접봉, 볼트 등)는 인력품의 요율로 다음을 적용한다.

구분	일반철재	경량철재
공구손료 및 경장비의 기계경비	5%	4%
잡재료비	3%	2%

有權解釋

제목 1 소규모 철물 가공 조립 시 적용 품에 대한 질의

질의문

신청번호 2208-023 신청일 2022-08-03
질의부분 건축 제8장 금속공사 8-3-1 각종 잡철물 제작 설치

교량시공을 위한 가시설을 설계변경 중으로서, 설계변경 시 신규단가 적용 품에 대한 이견이 있어 질의 드립니다. 가시설을 설치하기 위해 작은 규격의 H형강, L형강, 철판, EX메탈망 등의 철물을 절단, 용접 등을 통하여 제작 및 설치하여야 하는 상황입니다.
[참고] 가시설 제작 시 사용되는 철물(형강) 규격 및 수량
앵글(L-90×90×10) : L=5m, 24개, L=3m, 24개, L=1m, 72개, L=1.4m, 24개, L=0.5m, 72개
H-beam(H-100×100×6×8) : L = 0.4m, 72개, L = 7m, 24개, L = 12m, 18개

이 가시설을 설치하기 위한 단가를 산정하는 과정에 이견이 발생하여 질의드리니 명확한 답변을 부탁드립니다.
- 갑설 : 구조물에 사용되는 철물 중 형강은 철골이므로, 형강 수량에 대해서는 건축부문/ 철골공사 / 철골가공 조립의 품을 적용하여야 한다.
- 을설 : 구조물에 형강이 사용되긴 하지만, 작은 규격의 형강으로서 잡철물에 포함되므로 "잡철물 제작 설치"의 품을 적용하여야 한다.("경량형강 철골조조립 설치"의 품은 건축구조용 형강을 기준하여 토목과는 별개 판단)

"철골가공 조립"의 품은 건축공사에서 대규모의 철골공사를 할 때 적용되는 품으로 작은 규격의 형강을 소규모로 사용하는 당 현장 토목공사 가시설에 적용하는 것은 불합리함.
또한, 표준품셈 "잡철물제작 및 설치"의 (주) 4를 보면 "현장제작 설치는 구조틀, 배관지지대 등 각관, 형강 등 원자재를 반입하여 현장 조건에 맞게 제작하고 설치하는 기준이다"로 명기되어 있으며, 이 중 "형강"이 포함되기 때문에 "형강"이라고 해서 무조건 "철골가공 조립"의 품을 적용하여야 하는 것은 아니며, 가시설을 설치함에 있어 두 의견 중 어느 의견이 적정한지에 대해 명확한 답변을 부탁드립니다.

회신문
표준품셈 건축부문 "1-2-1 현장 세우기"는 가공이 완료된 상태의 철골을 현장에 설치하는 기준임을 참고하시기 바라며, 일반적인 철골 건축구조물의 생산 및 세우기를 위한 품으로, 일반적으로 조립공장, 창고, 사무청사, 라멘구조 등에 해당됩니다.
표준품셈 건축부문 "1-4-4 경량형강 철골조조립 설치"는 공장에서 생산된 건축구조용 표면처리 경량형강을 철골 세우기(스틸하우스 등) 기준으로 제시된 것이며, 공장에서 제작된 경량철골조를 현장에서 가공, 조립, 설치하는 품으로 여기에서 가공은 일반적으로 현장에서 설치를 위한 금긋기, 절단, 구멍 뚫기 등이 포함되어 있습니다.
표준품셈 건축부문 "8-3-1 잡철물제작 설치"는 철골공사에서 해당되지 않는 철제품(주자재 : 철판, 앵글, 파이프 등)을 제작/설치하는 것으로, 철골공사에 해당되지 않는 철재품의 제작 및 설치"로 해당 품을 제시하고 있습니다.
표준품셈 건축부문 "1-4-1 부대철골 설치"는 건축공사의 중도리, 띠장, 캐노피 등의 부대철골을 가공 및 설치하는 품 기준입니다.
철골공사/ 잡철물공사/ 부대철골 공사는 시공 특성, 자재에 맞게 분리하여 제시된 기준으로 형강을 사용한 교량 가시설 설치기준은 아닙니다.

제목 2 각종 잡철물 제작 설치의 '경량 철재'의 정의

질의문
신청번호 2206-112 신청일 2022-06-24
질의부분 건축 제8장 금속공사 8-3-1 각종 잡철물제작 설치

경량 철재의 종류에 대하여 문의드립니다. 설계변경을 원하는 시공사입니다.
ㄷ-형강(150×75)으로 철구조물을 제작/설치하고자 합니다. ㄷ-형강(150×75)이 경량 철재에 해당되는지? 잡철물제작 설치로 적용해야 되는지(앵글은 표기되어 있으나, ㄷ-형강은 미표기 되어 있음) 철골가공 조립 및 철골세우기 품셈을 적용해야 하는지 문의드립니다.

회신문
[답변1]
2022년 표준품셈 건축부문 "8-3-1 잡철물제작 및 설치"에서 경량 철재는 원자재(철재, 스테인리스, 알루미늄 등)의 두께를 얇게 하여 제작 및 설치에 필요로 하는 중량을 낮춘 경우이며, 일반적으로 중하중을 필요로 하지 않는 시설[ex. 강화유리 문틀, 경량벽체 철골틀(스터드, 러너), 스테인리스난간 등]에 해당됩니다. 그 외 경량 철재에 대한 세부적인 규정은 별도로 정하고 있지 않습니다.

[답변2]
표준품셈 건축부문 "1-2-1 현장 세우기"는 가공이 완료된 상태의 철골을 현장에 설치하는 기준임을 참고하시기 바라며, 일반적인 철골 건축구조물의 생산 및 세우기를 위한 품으로, 일반적으로 조립공장, 창고, 사무청사, 라멘구조 등에 해당됩니다.
표준품셈 건축부문 "8-3-1 잡철물제작 설치"는 철골공사에서 해당되지 않는 철제품(주자재 : 철판, 앵글, 파이프 등)을 제작/설치하는 것으로, 철골공사에 해당되지 않는 철재품의 제작 및 설치"로 해당 품을 제시하고 있습니다.
[답변3]
표준품셈관리기관에서는 표준품셈 현장실사 자료를 외부에 공유하고 있지 않습니다.

제목 3 각종 잡철물 제작 설치

질의문

신청번호 2206-007 신청일 2022-06-02
질의부분 건축 제8장 금속공사 8-3-1 각종 잡철물제작 설치

잡철물제작 및 설치 시 앵카볼트설치 포함 여부 궁금합니다. 2021년 품셈에는 앵카볼트설치 포함됐다고 적혀져 있습니다.

회신문

표준품셈 건축부문 "1-2-5 앵커볼트 설치"는 철골조 시설물에서 일반적으로 형강류의 기둥을 콘크리트기초 구조물에 연결하기 위해 매립할 경우 적용되는 품입니다.
표준품셈 건축부문 "8-3-1 잡철물 제작 설치"는 철판, 앵글 파이프 등 철재류를 활용한 잡철물의 현장 제작 및 설치 기준입니다. 목적물을 설치하기 위해 앵커볼트가 사용되었다면 이는 잡철물의 설치 작업에 포함된 것으로 판단되며, 앵커볼트 재료량은 별도 계상하시면 됩니다.

제목 4 잡철물 제작 및 설치 중 절단, 절곡 적용 기준

질의문

신청번호 2202-023 신청일 2022-02-09
질의부분 건축 제8장 금속공사 8-3-1 각종 잡철물 제작 설치

건축 표준품셈 8-3-1 잡철물 제작 및 설치 중 비고란에 보면 '트러스, 원형, 곡선 등의 부재와 같이 구조나 형태가 복잡한 경우, 또는 절단, 절곡, 용접 개소가 과다하게 발생하는 경우 본 품의 30%를 가산한다.'라고 나와 있습니다.
여기 비고에 적혀있는 30%를 가산하는 기준이 현장 제작 설치 공사를 할 때 단순 절단, 절곡이 포함된 품목은 30%를 가산한다는 것이 아니고, 용접 개소가 과다하게 발생하는 경우처럼 절단 및 절곡의 개소가 과다하게 발생하는 경우에 한해 30%를 가산하라고 이해하는 것이 맞습니까?

회신문

2022년 개정된 표준품셈 건축부문 "8-3-1 잡철물 제작 및 설치"에서 비고란에 '트러스, 원형, 곡선 등의 부재와 같이 구조나 형태가 복잡한 경우, 또는 절단, 절곡, 용접 개소가 과다하게 발생하는 경우 본 품의 30%를 가산한다'는 일반적인 잡철물에 비해 형태가 복잡하거나 절단. 절곡, 용접 개소가 과다할 경우 30%를 가산할 수 있도록 제시된 것이며, 단순 절단 절곡은 해당되지 않습니다.

제목 5 잡철물 제작 및 설치 관련 질의

질의문

신청번호 2201-113 신청일 2022-01-26
질의부분 건축 제8장 금속공사 8-3-1 각종 잡철물 제작 설치

2022년 잡철물 제작 및 설치 품 관련하여 현재 기 설치되어 운용 중인 원형계단(철물)에 대하여 안전난간 높이를 상향하는 공사입니다. 기존 원형계단에 안전난간대(STS 원형관) 및 기둥(STS 평철)을 추가 설치하는 공종의 특성상 원형계단의 원형(직경 등) 및 수직 높이 등이 일정하지 않아 STS 원형관 등을 현장 여건에 맞게 어느 정도의 규모로 절단하여 현장에서 용접 및 앵커로 설치할 수 밖에 없는 여건입니다. 이때 추가 설치하는 'STS 원형관' 및 'STS 평철'을 1차 제작된 철물로 보아 규격철물 설치를 적용하여야 하는지? 아니면 원자재를 반입하여 현장조건에 맞게 제작하고 설치하는 현장 제작 설치를 적용하여야 하는지?

회신문

2022년 개정된 표준품셈 건축부문 "8-3-1 잡철물제작 및 설치"에서 규격철물 설치는 계단난간 등 일정 규격으로 1차 제작된 철물을 반입하여 조립하고 설치하는 기준이며, 현장제작 설치는 구조틀, 배관지지대 등 각관, 형강 등 원자재를 반입하여 현장 조건에 맞게 제작하고 설치하는 기준입니다. 1차 제작된 일정 규격의 자재가 들어와 시공하는 경우 규격철물 설치를 적용하시기 바라며, 원자재를 반입하여 현장 조건에 맞게 제작하고 설치할 경우 현장 제작 설치를 적용하시기 바랍니다.
또한 용접을 사용한 철제난간의 설치 경우 건축부문 "8-2-1 용접식 난간 설치"에서 현장제작 설치와 규격철물 설치로 나누어 제시하고 있습니다.
"현장제작 설치"는 형상의 변화가 다양하여 현장에서 자재가 제작(절단, 가공 용접 등)하여 설치하는 기준이며 외부발코니 등에 유사 규격이 연속적으로 시공이 가능하여 1차 제작된 자재가 반입되어 현장에서 용접 접합 및 설치하는 '규격자재 설치'를 구분하여 정하고 있습니다.
규격자재 설치는 난간의 제작이 필요없는 자재가 들어와 현장에서 용접 접합 설치만 이루어지는 경우에 해당합니다.

제목 6 제품설치 품의 적용 기준(스틸그레이팅, 사각주물뚜껑, 맨홀뚜껑 등) 문의

질의문

신청번호 2201-022 신청일 2022-01-06
질의부분 건축 제8장 금속공사 8-3-1 각종 잡철물 제작 설치

품셈에 기재된 비고 : 관로뚜껑, Sole Plate 등 용접, 부속자재 연결 작업 없이 기성 제품을 단순 설치만 하는 경우 제품설치 품의 10%를 감한다. 위 사항은 집수정에 설치되는 스틸그레이팅 또는 사각주물 뚜껑, 맨홀 뚜껑 등의 설치에 적용가능 한지? 적용 시 품의 10%를 감하여 적용하는 품의 기준인지 궁금합니다.

회신문

2022년 표준품셈 건축부문 "8-3-1 잡철물 제작 및 설치"에서 '관로뚜껑, Sole Plate 등 용접, 부속자재 연결작업 없이 기성제품을 단순 설치만 하는 경우 제품설치 품의 10%를 감한다'를 참조하시기 바랍니다. 집수정에 설치되는 스틸그레이팅 또는 사각주물 뚜껑, 맨홀 뚜껑 등이 용접, 부속자재 연결작업이 없이 기성 제품을 단순 설치한다면 제품설치 품의 10%를 감한다를 참조하시기 바랍니다.

契約審査

제목 압축상태의 산소가격으로 잘못 적용된 것을 대기압 상태의 산소가격으로 조정

내용
잡철물제작 설치 품 중 대기압상태의 산소임에도 압축상태의 산소가격으로 잘못 적용된 것을 대기압 상태의 산소가격으로 조정 적용
- 산소 : 13,000원/ℓ →2원/ℓ

심사 착안사항
표준품세 및 시중물가지 등 설계기준을 활용하여 원가를 산출할 때 단위수량 환산에 주의 필요
(일당을 단위 ㎡, 단위 ㎥, 경간당을 단위m등 단위환산에 주의)

※ 표준품셈 기준
- 산소량은 대기압상태의 기준량이며, 압축산소는 35℃에서 150기압으로 압축용기에 넣어 사용하는 것을 기준한다.
☞ 공업용 산소는 1병(40ℓ)용기에는 기체 6,000ℓ가 저장된 상태이므로 산소가격 적용 시 기체상태 13,000원/6,000ℓ=2.19원/ℓ 적용함
♣ 13,000원/40ℓ(액체상태)=325원/ℓ〈부적정 방법〉

제 9 장 미장공사

9-1 모르타르 바름 및 타설

9-1-1 모르타르 배합('14, '19년 보완)

(㎥당)

구 분	단 위	수 량	
		모래체가름 포함	모래체가름 제외
보 통 인 부	인	0.66	0.43

[주] ① 본 품은 시멘트와 모래를 배합하는 기준이다.
　　② 배합이 포함된 것이며, 비빔은 제외되어 있다.

[참고자료] 모르타르 배합 재료량

(㎥당)

배합용적비	수 량	
	시멘트(kg)	모래(㎥)
1 : 1	1,093	0.78
1 : 2	680	0.98
1 : 3	510	1.10
1 : 4	385	1.10
1 : 5	320	1.15

※ 위 재료량은 할증이 포함된 것이다.

有權解釋

제목　표준품셈 미장공사 모르타르바름 관련 문의

질의문
신청번호 1911-042 신청일 2019-11-13
질의부분 건축 제9장 미장공사 9-1-2 모르타르바름

표준품셈 제9장 미장공사 9-1-2 모르타르바름('14, '15, '19년 보완) 중 "3.6m 이하"와 "3.6m초과"에 따라 인력 품이 다릅니다. 벽체 높이가 3.6m초과되면 "3.6m초과" 인력 품으로 적용해야 하는지? 같은 벽체에서 높이 3.6m 이하는 모르타르바름 "3.6m 이하" 품을 적용하고, 3.6m초과 부분은 "3.6m초과" 인력 품을 적용해야 하는지? 상기 1, 2안 중 어떤 것을 적용해야 하는지?

회신문
표준품셈 건축부문 "9-1-2 모르타르바름"에서 전체 높이가 3.6m를 초과하는 경우, 초과되는 높이에 대해서만 "3.6m초과"를 반영하시면 됩니다.

9-1-2 모르타르 바름('14, '15, '19년 보완)

(㎡당)

구 분	단 위	수 량 (높이 / 바름횟수)					
		3.6m 이하			3.6m초과		
		1회	2회	3회	1회	2회	3회
미 장 공	인	0.05	0.07	0.10	0.07	0.09	0.13
보 통 인 부	인	0.02	0.03	0.05	0.03	0.04	0.06
비 고	- 바탕의 폭 30㎝이하이거나 원주 바름면일 때에는 본 품을 20% 가산한다.						

[주] ① 본 품은 벽체에 바름 두께 24mm이하로 모르타르를 바르고 쇠흙손으로 마감하는 기준이다.
② 바름 횟수에 따른 기준은 다음과 같다.

구 분	바름기준
1회	바탕면에 페이스트를 바르고 정벌 바름하여 마무리하는 기준
2회	초벌바름 후 정벌 바름하여 마무리하는 기준
3회	초벌바름 후 재벌하고 정벌 바름하여 마무리하는 기준

③ 바탕 청소(물뿌리기), 페이스트 바르기, 모르타르 비빔 및 바름, 쇠갈퀴 긁기, 고름질, 쇠흙손마감을 포함한다.
④ 공구손료 및 경장비(비빔기 등)의 기계경비는 인력품의 2%로 계상한다.

有權解釋

제목 코너비드설치

질의문

신청번호 1906-008 신청일 2019-06-04
질의부분 건축 제9장 미장공사 9-1-2 모르타르바름

2018년 표준품셈에서는 모르타르 바름에 코너비드설치 작업이 포함이었으나, 2019년 표준품셈에서는 코너비드설치 작업이 누락되어 있는 이유는 무엇인가요? 코너비드설치 시 8-1-2 코너비드설치를 계상해 주어야 하는지?

회신문

표준품셈 건축부문 "9-1-2 모르타르바름"에서 '코너비드' 설치 작업은 포함되어 있지 않으며, 필요하신 경우 "8-1-2 코너비드"를 참조하시기 바랍니다.

監査

제목 콘크리트구조물에 대한 단면보수 두께 부족시공

내용

공사설계서(공사시방서, 물량내역서)에 따르면 도로시설물의 콘크리트가 일부 박락되고 철근이 노출된 경우 콘크리트 표면을 깊이 30mm까지 쪼아내고 노출된 철근의 녹제거 및 방청처리 후 단면보수하도록 되어있다. 그런데 합동으로 콘크리트 단면보수 완료 부분에 코아 두께를 측정하고, 계약상대자(현장대리인) 진술 등을 통해 두께를 확인한 결과, 00년에 시행한 OO공단IC는 단면보수 면적 184.4m² 중 147m²(79.7%)를 두께 20mm로 시공하였으며, **년에 시행한 OO교는 단면보수 면적 71.8m² 전부를 두께 5mm로 시공, OOIC는 37.5m² 중 26m²(56%)를 두께 10mm로 시공한 것으로 확인되었다. 그리고 단면보수의 시공 두께가 20mm 이하인 것은 철근이 노출되지 않았기 때문에 철근의 녹 제거 및 방청처리도 하지 않은 것으로 나타났다.

위와 같은 결과로 "00년 도로시설물 일상유지 보수공사"에서 10,529천원이 과다 지급되었고, "**년 도로시설물 일상유지 보수공사"에서 16,296천원이 과다 지급된 결과가 초래되었다.

조치할 사항

OOOO시 *******장은 00년 및 00년 도로시설물 일상유지 보수공사를 하면서 단면보수 두께를 설계 규격보다 부족하게 시공하고도 설계대로 시공한 것으로 준공 처리하여 과다 지급된 공사비 26,825천원은 환수조치 또는 재시공하시기 바라며, 교량 콘크리트의 단면보수 두께를 설계도서와 다르게 시공하여 보완시공이 필요한 결과를 초래한 건설업자 및 건설기술자에 대하여 건설기술진흥법 시행령 제87조 제5항에 따라 벌점을 부과하시기 바람(통보).

또한 공사감독업무를 소홀히 하여 콘크리트 단면보수 두께가 설계 규격보다 작게 시공되었는데도 설계대로 시공한 것으로 준공처리하여 공사비 26,825천원을 과다 지급한 관련 공무원은 훈계 등 조치바람

9-1-3 모르타르 타설('14, '15, '19, '22년 보완)

(10m³당)

구 분	단 위	수 량
일 반 기 계 운 전 사	인	0.20
미 장 공	인	0.39
보 통 인 부	인	0.47
모 르 타 르 타 설 장 비	hr	1.17
비 고	- 단열 및 차음성능 향상을 위해 난방배관 하부에 스티로폴 입자/기포액을 포함하여 모르타르를 타설하는 경우 본 품의 75%를 적용한다.	

[주] ① 본 품은 모르타르 타설장비를 이용한 바닥 모르타르 타설 기준이다.
② 준비작업(바탕청소, 보양 등), 압송관 조립 및 철거, 모르타르 타설 및 고르기 작업을 포함한다.
③ 모르타르 타설장비의 기계조합은 다음을 기준으로 한다.

구 분	기 계 명	규 격	비 고
모르타르 타설장비	모 르 타 르 펌 프	37kW	
	믹 서	0.3m³	
	양 수 기	1.49kW	
	배 관 파 이 프	ø 50-2.6m	

9-1-4 표면 마무리('14, '15, '19년 보완)

(100㎡당)

구 분	규 격	단 위	수 량	
			인력마감	기계마감
미 장 공	-	인	0.30	0.22
비 고	현장 조건에 따라 작업대기 등이 발생되는 경우, 다음 할증까지 가산하여 적용한다.			

구 분	인력마감	기계마감
할증(인력품의 %)	55	75

[주] ① 본 품은 바닥 모르타르 타설 후 표면을 마감하는 것으로 연속적인 작업이 가능하여 대기시간이 발생되지 않는 기준이다.
② 공구손료 및 경장비(미장기계 등)의 기계경비는 다음을 계상한다.

구 분	규 격	인력마감	기계마감
기계경비	인력품의 %	-	9

9-1-5 라스 붙임('17년 신설)

(10㎡당)

구 분	단 위	수 량
미 장 공	인	0.14

[주] 본 품은 미장면 보강을 위해 미장 시 메탈라스 또는 유리섬유메쉬를 붙이는 작업을 기준한 것이다.

9-2 콘크리트면 마무리

9-2-1 콘크리트면 정리('14, '19년 보완)

(10㎡당)

구 분	단 위	수 량 (높이)	
		3.6m 이하	3.6m 초과
견 출 공	인	0.11	0.14
비 고	- 천장은 본 품의 20%를 가산한다.		

[주] ① 본 품은 콘크리트 바탕면에 연마기를 사용하여 면정리하는 기준이다.
② 공구손료 및 경장비(연마기 등)의 기계경비는 인력품의 3%로 계상한다.

9-2-2 부분 마감('19년 신설)

(10㎡당)

구 분	단 위	수 량 (높이)	
		3.6m 이하	3.6m 초과
미 장 공	인	0.12	0.16
보 통 인 부	인	0.05	0.07
비 고	- 천장은 본 품의 20%를 가산한다.		

[주] ① 본 품은 콘크리트 바탕 전면에 시멘트페이스트로 부분마감하는 기준이다.
　　② 홈메우기, 시멘트페이스트 바름, 붓칠 작업을 포함한다.

9-2-3 전면 마감('14, '19년 보완)

(10㎡당)

구 분	단 위	수 량 (높이)	
		3.6m 이하	3.6m 초과
미 장 공	인	0.17	0.22
보 통 인 부	인	0.07	0.09
비　　　　고	- 천장은 본 품의 20%를 가산한다.		

[주] ① 본 품은 콘크리트 바탕 전면에 시멘트페이스트로 전면마감하는 기준이다.
　　② 홈메우기, 시멘트페이스트 바름, 붓칠 및 마무리 작업을 포함한다.

[참고자료] 전면 마감 재료량

구 분	단 위	수 량
시 멘 트	kg	14.3
혼 화 제	g	22.7

※ 혼화재는 필요에 따라 사용한다.

監査

제목 신구콘크리트접착제 및 세라믹코트 도포 과다 설계

내용

건설공사 표준품셈 제9장(미장공사) 9-2(콘크리트면 마무리) 9-2-3(전면마감)에 따르면 '콘크리트면 마무리 전면마감'은 1㎡당 높이 3.6m를 기준으로 이하의 경우 미장공 0.017인, 보통인부 0.007인, 3.6m 초과의 경우 미장공 0.022인, 보통인부 0.009인으로 노무비 품을 적용하도록 되어 있다. 그리고 이건 공사의 「공사시방서」에 따르면 OOO코트 도포 공종에 사용되는 표면처리제인 ****의 사용량은 하도 1회 1㎡당 0.2kg으로 도포하도록 되어있다.

그런데도 발주자는 이 건 공사를 직접 설계하면서 주요 공종인 '신구 콘크리트 접착제 도포' 공종 2,307㎡와 'OOO코트도포' 공종 2,939㎡를 아래 표와 같이 건설공사 표준품셈 및 공사시방서의 기준과 다르게 과다 적용하여 공사비 53,141천원이 과다 설계되는 결과를 초래하였다.

[신구콘크리트 접착제 도포 및 OOO코트 도포 공종 과다설계 현황]

공종	수량 (㎡)	구분		단위	설계기준	실제 설계적용	과다 설계비 (천원)
신구콘크리트 접착제 도포	2,307	3.6m 이하	미 장 공	인	0.017	0.05	41,856
			보통인부	인	0.007	0.02	
		3.6m초과	미 장 공	인	0.022	0.009	
			보통인부	인	0.07	0.03	
OOO코트 도포	2,939	표면처리제 사용량(하도)		kg	0.2	0.4	11,285
계							53,141

> **조치할 사항**
> ○○○○시 ○○○○○○○○○장은 앞으로 신구콘크리트접착제 및 ○○○코트도포 공종 설계시 '건설공사 표준품셈' 등에 따라 설계하시기 바라며, 관련자에게는 주의를 촉구하시기 바람(주의)

9-3 충전

9-3-1 창호주위 모르타르 충전('14, '20년 보완)

(10m당)

구 분	단 위	수 량
미 장 공	인	0.14
보 통 인 부	인	0.04

[주] ① 본 품은 창호틀 주위에 모르타르를 사용하여 충전하는 기준이다.
② 본 품은 바탕정리, 모르타르 비빔 및 충전, 마무리작업을 포함한다.
③ 방수 코킹은 '6-6-1 수밀코킹'을 따른다.
④ 공구손료 및 경장비(비빔기 등)의 기계경비는 인력품의 2%로 계상한다.
⑤ 모르타르 재료량은 다음을 참고한다.

구 분	단 위	수 량
시 멘 트	kg	27.3
모 래	m³	0.06

9-3-2 창호주위 발포우레탄 충전('14년 신설, '20년 보완)

(10m당)

구 분	단 위	수 량
미 장 공	인	0.08
보 통 인 부	인	0.03

[주] ① 본 품은 창호틀 주위에 발포우레탄을 사용하여 충전하는 기준이다.
② 본 품은 바탕정리, 발포우레탄 충전, 마무리작업을 포함한다.
③ 방수 코킹은 '6-6-1 수밀코킹'을 따른다.

9-3-3 주각부 무수축 모르타르 충전('08, '18년 보완)

(개소당)

구 분	단위	400×400(㎜)	500×500(㎜)	600×600(㎜)	700×700(㎜)
미 장 공	인	0.16	0.20	0.23	0.27
보 통 인 부	인	0.05	0.06	0.07	0.09

[주] ① 본 품은 철골세우기를 위해 기초부에 무수축 모르타르를 타설하는 것으로, 모르타르 두께는 50㎜를 기준한 것이다.
② 본 품은 설치위치 확인, 형틀설치, 모르타르 비빔 및 타설 작업이 포함된 것이다.

③ 재료량은 다음을 참고하여 적용한다.

(개소당)

구 분	단 위	400×400(㎜)	500×500(㎜)	600×600(㎜)	700×700(㎜)
무수축몰탈	kg	15.6	24.4	35.1	47.8

9-3-4 우레탄폼 분사 충전('15년 신설)

(㎥당)

구 분		단 위	벽	천장
인 력	내 장 공	인	0.082	0.093
	특 별 인 부	인	0.082	0.093
장 비	우레탄폼 분사용기구	hr	0.26	0.42

[주] ① 본 품은 우레탄폼 분사장비로 바탕면 공간에 단열재를 분사하여 충전하는 기준이다.
② 본 품은 장비 조립 및 해체, 단열재 충전, 시공면 정리 작업이 포함된 것이다.
③ 보양 작업은 별도 계상한다.

제 10 장 창호 및 유리공사

10-1 창호

10-1-1 목재창호 설치('14, '20년 보완)

(개소당)

구 분		단위	수 량			
			1.0㎡이하	1.0~3.0㎡이하	3.0~6.0㎡이하	6.0~8.0㎡이하
여닫이	창호공	인	0.261	0.313	0.431	0.554
	보통인부	인	0.056	0.064	0.088	0.113
미서기 (단창)	창호공	인	0.248	0.297	0.409	0.526
	보통인부	인	0.054	0.061	0.084	0.108
비 고	\- 문선을 설치하는 경우 다음 품을 추가 계상한다. (m당)					
	구 분		단 위		수 량	
	창 호 공		인		0.010	

[주] ① 본 품은 목재창호의 조립 및 설치 기준이다.
② 본 품은 창호틀(내틀, 스토퍼, 레일 등) 조립 및 설치, 창호짝 설치, 부속철물(경첩, 문달기) 설치 및 마무리 작업을 포함한다.
③ 공구손료 및 경장비(전동대패, 전동드라이버 등)의 기계경비는 인력품의 3%로 계상한다.

監査

제목 창호공사를 설계도서와 다르게 부실시공

내용
공사 지침서(구 공사시방서) B. 창호공사, 4.2 창호제작과 설계도면에 따르면 각 창틀에는 좌·우측 각 3개소와 상·하부에 45cm 간격으로 앵커연결 철물을 상하 5cm, 좌우 2cm 이내의 이동이 가능한 구조로 제작하여 공장에서 미리 부착시켜 현장 반입하고, 현장에 시공된 세트앵커볼트와 용접하도록 되어있으며, 각 창호에 설치되는 5장의 고정창은 좌측 기둥에 홈을 만들어 유리를 끼운 후 위·아래 창틀에 홈을 파고 유리를 끼워 바람 등 외부 압력에 의해 유리가 이탈되지 않도록 한 후 홈과 유리사이에 백업재를 충진하여 코킹으로 마무리 하도록 되어있다.
그러나, 감사기간 중 계약상대자가 OOO경기장에 설치한 대형 창호인 규격 W8.5× H2.5m, 유리두께 12mm의 창호 17개, W7.57×H2.5m, 유리두께 12mm의 창호 2개의 시공 상태를 확인한 바, 19개의 창호틀 모두 창틀을 벽체에 고정하기 위한 좌·우의 연결철물과 앵커 6개를 시공하지 않았으며, 미닫이 창과 겹치는 첫 번째
고정창(W1.26~1.35 H2.42m, t = 12mm) 38개소의 위·아래 창틀에 홈을 만들지 않는 등 불안전하게 시공함으로써 보완시공(6,267천원)이 필요한 실정이다.

> **조치할 사항**
> ○○○○시 ○○○○○○○○장은 19개소의 수직창틀이 벽체에 견고히 고정될 수 있도록 재시공 또는 보완시공 조치하시고, 창틀의 홈에 끼워지지 않은 채 코킹으로만 고정된 고정창 38개소 역시 유리의 이탈이 없도록 재시공 또는 보완시공 하시기 바라며(시정요구), 창호공사에서 설계도서 및 관련기준과 달리 시공하여 보완시공이 필요한 결과를 초래한 건설업자 및 건설기술자에 대하여 벌점부과 조치하시기 바람. 또한 공사감독 업무를 소홀히 한 담당자에 대하여 신분상 처분하시기 바람

10-1-2 강재창호 설치('14, '20년 보완)

(개소당)

구 분	단위	수량			
		1.0㎡이하	1.0~3.0㎡이하	3.0~6.0㎡이하	6.0~8.0㎡이하
창 호 공	인	0.393	0.432	0.560	0.658
보 통 인 부	인	0.094	0.103	0.134	0.157

[주] ① 본 품은 여닫이 강재창호 설치 기준이다.
② 본 품은 창호틀 설치, 창호짝 설치, 부속철물(경첩) 설치 및 마무리 작업을 포함한다.
③ 공구손료 및 경장비(용접기, 전동드릴, 그라인더 등)의 기계경비는 인력품의 3%로 계상한다.

10-1-3 알루미늄창호 설치('14, '20년 보완)

(개소당)

구 분	단위	수량				
		1.0㎡이하	1.0~3.0㎡이하	3.0~6.0㎡이하	6.0~9.0㎡이하	9.0~12.0㎡이하
창 호 공	인	0.208	0.283	0.403	0.471	0.512
보 통 인 부	인	0.047	0.063	0.084	0.108	0.116

[주] ① 본 품은 미서기, 프로젝트창 등 알루미늄창호 설치 기준이다.
② 본 품은 앵커 및 연결철물 설치, 창호(틀, 짝) 설치, 마무리 작업을 포함한다.
③ 공구손료 및 경장비(전동드라이버 등)의 기계경비는 인력품의 2%로 계상한다.

10-1-4 합성수지창호 설치('14년 신설, '20년 보완)

(개소당)

구 분		단위	수량				
			1.0㎡이하	1.0~3.0㎡이하	3.0~6.0㎡이하	6.0~9.0㎡이하	9.0~12.0㎡이하
단 창	창 호 공	인	0.169	0.210	0.337	0.413	0.468
	보 통 인 부	인	0.037	0.046	0.068	0.091	0.104
이 중 창	창 호 공	인	0.200	0.247	0.381	0.476	0.542
	보 통 인 부	인	0.044	0.055	0.085	0.106	0.121

[주] ① 본 품은 미서기 합성수지창호 설치 기준이다.
② 본 품은 앵커 및 연결철물 설치, 창호(틀, 짝) 설치, 마무리 작업을 포함한다.
③ 공구손료 및 경장비(전동드릴 등)의 기계경비는 인력품의 2%로 계상한다.

10-1-5 셔터설치(장치포함)('20년 보완)

(개소당)

구 분	단위	수 량				
		5㎡미만	5~10㎡미만	10~15㎡미만	15~20㎡미만	20~25㎡미만
창 호 공	인	2.35	2.94	3.53	4.12	4.71
보 통 인 부	인	0.79	0.99	1.19	1.39	1.58

[주] ① 본 품은 전동셔터(강재, AL) 설치 기준이다.
② 본 품은 가이드레일, 샤프트, 전동개폐기, 셔터 및 셔터박스 설치 작업을 포함한다.
③ 공구손료 및 경장비(용접기, 전기그라인더 등)의 기계경비는 인력품의 2%로 계상한다.

10-2 부속자재

10-2-1 도어체크 설치('20년 보완)

(10개소당)

구 분	단 위	수 량
창 호 공	인	0.62
보 통 인 부	인	0.31

[주] ① 본 품은 여닫이문의 도어체크 설치 기준이다.
② 본 품은 도어체크 조립(브라켓, 링크, 바디) 및 설치를 포함한다.
③ 공구손료 및 경장비(전동드릴 등)의 기계경비는 인력품의 2%로 계상한다.

10-2-2 플로어힌지 설치('20년 보완)

(10개소당)

구 분	단 위	수 량
창 호 공	인	0.96
보 통 인 부	인	0.48

[주] ① 본 품은 강화유리문의 플로어힌지 설치 기준이다.
② 본 품은 플로어힌지 및 로트 설치를 포함한다.
③ 공구손료 및 경장비(용접기, 전동드릴 등)의 기계경비는 인력품의 2%로 계상한다.

10-2-3 도어록 설치('20년 보완)

(10개소당)

구 분	단 위	수 량		
		일반도어록		디지털도어록
		목재창호	강재창호	강재창호
창 호 공	인	0.31	0.24	0.43

[주] ① 본 품은 목재 및 강재창호의 도어록 기준이다.
    ② 일반도어록은 레버형, 원형 기준이다.
    ③ 본 품은 손잡이 및 캐치박스 설치를 포함하며, 목재창호는 구멍뚫기를 포함한다.
    ④ 공구손료 및 경장비(전동드릴, 절단기 등)의 기계경비는 다음을 계상한다.

구 분	목재창호	강재창호
인력품의	4%	2%

10-3 유리

10-3-1 창호유리 설치('14, '20년 보완)

(㎡당)

구 분		단 위	수 량								
			3mm 이하	5mm 이하	9mm 이하	12mm 이하	16mm 이하	18mm 이하	22mm 이하	24mm 이하	28mm 이하
판유리	유 리 공	인	0.072	0.083	0.095	0.124	-	-	-	-	-
	보 통 인 부	인	0.011	0.013	0.015	0.017	-	-	-	-	-
복층유리	유 리 공	인	-	-	-	0.103	0.113	0.118	0.120	0.124	0.133
	보 통 인 부	인	-	-	-	0.016	0.017	0.018	0.019	0.020	0.021

[주] ① 본 품은 일반창호의 유리끼우기 기준이다.
    ② 본 품은 유리끼우기, 누름대 설치, 실링재 도포, 유리닦기 및 마무리 작업을 포함한다.
    ③ 특수창호 및 특수유리(접합유리, 3중유리 등)인 경우에는 별도 계상한다.

有權解釋

제목 유리주위 코킹 관련

질의문

신청번호 2002-077 신청일 2020-02-28
질의부분 건축 제10장 창호 및 유리공사 10-3-1 창호유리설치

품셈상 건축부분 창호공사 중 유리끼우기 주기란에 유리주위 코킹포함이란 말이 빠져 있습니다. 별도로 유리주위 코킹설치에 품을 봐야하는지 아니면 작년까지 처럼 유리끼우기에 유리주위 코킹 설치비가 포함인지?

회신문

표준품셈 건축부문 "10-3-1 창호유리 설치"에서는 유리와 창호틀 사이의 실링재 도포작업이 포함되어 있습니다.

감사

제목 1 유리공사 과다설계

내용
공사금액 산정의 기초가 되는 수량 산출은 정미량으로 정확하게 산출하여야 하는데도 ****에서는 유리 및 유리끼우기 닦기 수량을 정미 수량으로 산출하지 않고 창호의 틀 면적을 포함하여 15,000천원 상당 과다 산출한 사실이 있다.

조치할 사항
○○○○군수는 유리 및 유리끼우기 닦기 수량 과다산출로 15,000천원 상당 과다 산출한 부분에 대하여 설계변경 등으로 감액 조치하시기 바람(시정)

제목 2 일위대가 적용시 공사비 중복·과다계상 주의 주요 공종

내용
유리 끼우기(주위) 코킹 시공시 노무비 계상 주의

구분	규격	m당 소요물량	비고
실링재	실리콘(초산), 유리용	0.06L	양면시공

※ 주의사항
- 유리끼우기 품(유리공)에 코킹재설치 및 실링재도포 및 마무리작업까지 포함되어 있음
  (예) 유리끼우기 코킹시공(1m 양면시공의 경우)
   - 1m당 : 0.06L(실리콘)×6,300(해당년도 단가 적용) = 378원(재료비만 계상)
   - 유리주위 코킹시공 시 노무비 별도계상은 공사비 중복계상에 해당됨
- 유리끼우기 코킹시공 물량산출 주위 1면 산출(일위대가 재료량 양면시공)

조치할 사항
○○○○장은 유리끼우기 품(유리공)에 코킹재설치 및 실링재도포 및 마무리작업까지 포함되어 있음에도 별도항목으로 유리끼우기 코킹 시공물량을 반영함으로써 12,000천원 상당 과다계상한 부분에 대하여 설계변경 등으로 감액 조치하시기 바람(시정)

계약심사

제목 설계도서와 다르게 산출한 내역 조정

내용
외부마감 유리가 특별시방서에 12mm 강화유리+비산방지 필름부착으로 설계되었으나, 두께 36mm 칼라복층유리로 적용되어 특별시방서와 일치토록 변경 조정

심사 착안사항
※ 설계도서와 내역서간 수량, 규격 등이 일치하도록 확인

10-3-2 커튼월유리 설치('14, '20년 보완)

(㎡당)

구 분	단위	수 량					
		12㎜이하	16㎜이하	18㎜이하	22㎜이하	24㎜이하	28㎜이하
유 리 공	인	0.120	0.131	0.137	0.139	0.145	0.155
보 통 인 부	인	0.020	0.021	0.022	0.023	0.024	0.025

[주] ① 본 품은 커튼월 프레임에 구조용실란트를 사용하여 복층유리를 부착하는 기준이다.
② 본 품은 노튼테이프 설치, 유리 붙이기, 구조실란트 및 방수실링재 도포, 유리닦기 및 마무리 작업을 포함한다.
③ 특수창호 및 특수유리(접합유리, 3중유리 등)인 경우에는 별도 계상한다.
④ 비계매기에 대한 품 또는 고소작업차 기계경비는 별도 계상한다.
⑤ 외벽의 높이에 따라 다음 할증률에 의한 품을 가산할 수 있으며 19층 이상인 경우 매 3층마다 4%씩 가산할 수 있다.

구분 \ 층	1~3층	4~6층	7~9층	10~12층	13~15층	16~18층
할증률(%)	0	5	8	12	16	20

有權解釋

제목 커튼월 유리설치 단가 할증 관련 질의

질의문

신청번호 2207-090 신청일 2022-07-22
질의부분 건축 제10장 창호 및 유리공사 10-3-2 커튼월 유리설치

표준품셈 건축부문 제10장 창호 및 유리공사 10-3-2 관련입니다. 커튼월 유리설치 단가 품셈 중 (주)-⑤ 외벽의 높이에 따른 설치품의 할증기준에 대해서 질의합니다.
예를 들면 7층 건물의 경우 커튼월 유리설치 부위가 1~3층에 20%, 4~6층에 30%, 7층에 50%를 설치할 경우 품 할증은 어떻게 적용하는 것이 맞는지요?
[갑설] 층별로 할증 품 적용을 다르게 해야 한다
  (1~3층 시공 품×0%) + (4~6층 시공 품×5%) + (7층 시공 품×8%)
[을설] 7층 건물이므로 (1~7층 시공 품×8%)
  어떤 품의 적용 방법이 적정한지 검토바랍니다.

회신문

표준품셈 건축부문 "10-3-2 커튼월 유리설치"에서 주. 5 외벽에 높이에 따른 할증률은 해당되는 각 층별로 할증률을 적용하시기 바랍니다.

10-4 커튼월

10-4-1 알루미늄 프레임 설치('14, '20년 보완)

(10kg당)

구 분	단 위	수 량	
		현장가공	공장가공
창 호 공	인	0.23	0.20
보 통 인 부	인	0.08	0.07

[주] ① 본 품은 스틱월방식 커튼월의 알루미늄 프레임을 조립해서 설치하는 기준이다.
② 현장가공은 현장 가공장에서 프레임을 가공, 제작하여 설치하는 기준이다.
③ 공장가공은 공장에서 가공, 제작한 프레임을 반입하여 조립하는 기준이다.
④ 본 품은 먹매김, 앵커설치, 프레임 제작 및 조립, 커튼월 설치를 포함한다.
⑤ 비계매기 또는 고소작업차 비용은 필요시 별도 계상한다.
⑥ 공구손료 및 경장비(절단기, 전동드릴 등)의 기계경비는 3%로 계상한다.
⑦ 외벽의 높이에 따라 다음 할증률에 의한 품을 가산할 수 있으며 19층 이상인 경우 매 3층마다 4%씩 가산할 수 있다.

구분 \ 층	1~3층	4~6층	7~9층	10~12층	13~15층	16~18층
할증률(%)	0	5	8	12	16	20

감사

제목   벽체 부착물(외장 알루미늄 장식루버) 시공 부적정

내용

OO동 주민센터 신축건물 북측외벽의 알루미늄 장식루버(50×150×1.2mm)는 석재판붙임 뒤에 알루미늄 레일, 스테인레스 H형강(80×50), 스테인레스 L형강(100×100), 스테인레스 각재(50×50)를 제작하여 설치하는 것으로 설계하고, 산출내역서에도 아래와 같이 각 파이프(50×50×1.6)가 포함되도록 되어있다.

계약상대자는 석재판 뒤에 각 파이프지지대를 설치하는 것이 복잡하고 어렵다는 사유로 설계도면과 다르게 각 파이프지지대를 제작·설치하지 않고 석재판에 간단하게 알루미늄루버 레일을 칼브럭으로 직접 고정하는 방식으로 시공하고는 준공도면은 당초설계대로 시공된 것으로 작성·제출하였다.

당초 계약된 대로 시공하였다면 원가산정 시 제출된 견적서에 따라 'A/L루버'와 '각 파이프 골조작업'을 합하여 m당 35,700원에 낙찰률을 곱한 금액(29,463원/m)이 정당한 단가이나, 계약상대자가 임의 변경하여 각 파이프 골조작업(9,500원/m)을 시공하지 않아 전체 물량(825m)에 대하여 약 9,234천원(낙찰률 86%, 제잡비율 1.37%적용)의 금액이 과다 지급된 것으로 나타났다.

조치할 사항

OOOO시 OOOO장은 벽체부착물(알루미늄 루버)은 제반여건을 검토하여 재시공 또는 과다 지급된 금액(9,234천원 상당)을 회수 등 조치하시기 바라며(시정요구), 공사에 대한 관리감독 등 업무를 소홀히 한 공무원은 신분상 조치하시기 바람(주의요구)

10-4-2 외벽 패널 설치('14, '20년 보완)

(10㎡당)

구 분	단 위	수 량			
		트러스 설치		패널 설치	
		벽	천장 및 지붕	벽	천장 및 지붕
용 접 공	인	1.30	1.56	-	-
철 공	인	0.72	0.86	0.39	0.47
보 통 인 부	인	-	-	0.24	0.29

[주] ① 본 품은 강재(각관) 트러스 및 AL 패널 설치 기준이다.
② 본 품은 앵커철물 설치, 트러스 절단 및 설치, 패널 설치, 마무리작업이 포함된 것이다.

③ 단열재를 설치하는 경우 '[건축부문] 5-3 단열재'를 따른다.
④ 비계매기 또는 고소작업차 비용은 필요시 별도 계상한다.
⑤ 공구손료 및 경장비(절단기, 용접기 등)의 기계경비는 인력품의 3%로 계상한다.
⑥ 외벽의 높이에 따라 다음 할증률에 의한 품을 가산할 수 있으며 19층 이상인 경우 매 3층마다 4%씩 가산할 수 있다.

구분 \ 층	1~3층	4~6층	7~9층	10~12층	13~15층	16~18층
할증률(%)	0	5	8	12	16	20

有權解釋

제목 창호 및 유리공사중 외벽패널설치공사에 적용해야 할 자재 해설 요청

질의문
신청번호 2109-046 신청일 2021-09-16
질의부분 건축 제10장 창호 및 유리공사 10-4-2 외벽패널 설치

공사비 산출 시 적용하는 건설공사 표준품셈중 제10장 창호 및 유리공사 10-4-2 외벽판넬공사 설치 건입니다.
[갑설]
단열재가 부착된 샌드위치단열판넬(예:강판0.5+그라스울120+강판0.5, 공장의 외벽에 주로 사용)에 적용하는 품이다. 중량으로 크레인 사용인양
[을설]
경량 알미늄판넬(예 : 3T AL불소코팅 한면, 지하철 역사내 벽면 마감, 커튼월 상하부 마감에 사용)에 적용하는 품이다. 경량으로 소운반 가능
품셈에 "외벽판넬"의 용어로 인하여 갑. 을설이 존재함을 이해해 주시면 감사하겠습니다.

회신문
표준품셈 건축부문 "10-4-2 외벽패널 설치"는 커튼월공사를 위한 외벽의 강재트러스와 AL패널을 인력으로 설치하는 기준으로 제시된 품입니다. 단열재를 포함한 AL복합패널과 단열재가 없는 경량 AL패널 설치작업의 현장조사를 통해 AL패널의 설치기준을 반영하였습니다.
AL패널이 아닌 샌드위치패널에 대한 외벽 설치기준은 별도로 제시하고 있지 않습니다.

10-4-3 코킹('14년 신설, '20년 보완)

(10m당)

구 분	단 위	수 량
코 킹 공	인	0.15
보 통 인 부	인	0.07

[주] ① 본 품은 외벽 패널의 줄눈 및 수밀코킹 기준이다.
② 본 품은 백업재 채움, 마스킹테이프 붙임, 코킹, 보양재 제거 및 마무리 작업을 포함한다.
③ 비계매기 또는 고소작업차 비용은 필요시 별도 계상한다.
④ 외벽의 높이에 따라 다음 할증률에 의한 품을 가산할 수 있으며 19층 이상인 경우 매 3층마다 4%씩 가산할 수 있다.

구분 \ 층	1~3층	4~6층	7~9층	10~12층	13~15층	16~18층
할증률(%)	0	5	8	12	16	20

제 11 장 칠공사

11-1 공통공사

11-1-1 콘크리트·모르타르면 바탕만들기('15년 보완)

(㎡당)

구 분	단 위	수 량
도 장 공	인	0.010
보 통 인 부	인	0.001
비 고	\- 천장은 본 품의 20%를 가산한다.	

[주] ① 본 품은 하도 바름 전 콘크리트, 모르타르면의 바탕만들기 기준이다.
② 본 품은 바탕 처리, 퍼티 및 연마 작업이 포함된 것이다.
③ 콘크리트 견출 및 마감미장, 프라이머 바름은 별도 계상한다.
④ 비계사용시 높이에 따라 다음 할증률에 의한 품을 가산할 수 있으며 19층 이상은 매 3층 증가마다 4%씩 가산할 수 있다.

지하층 및 1~3층	4~6층	7~9층	10~12층	13~15층	16~18층
0	5%	8%	12%	16%	20%

※ 외벽에서 층의 구분을 할 수 없을 때에는 층고를 3.6m로 기준하여 층수를 환산하고 내벽 높이에서도 3.6m를 기준하여 환산 적용한다.
⑥ 공구손료 및 잡재료비(연마지 등)는 인력품의 3%로 계상한다.
⑦ 재료량(퍼티 등)은 도료 종류에 따라 시방서 및 제조사에서 제시하고 있는 수량을 적용한다.

有權解釋

제목 기본 품 포함 여부 질의

질의문

질의번호 1805-061 질의일자 2018-05-24

표준품셈 1-16, 16. 할증의 중복가산 요령에서 기본 품의 정의는 "각 항 [주]란의 필요한 할증.감 요소가 감안된 품"이라고 정의되어 있으며, 표준품셈 건축 제17장 칠공사에서 각 공종별로 비고란에 '천장은 본 품의 20%를 가산한다.'라고 명시되어 있습니다.
여기서 천정은 20% 할증을 가산한 품이 기본 품이 되는 것인지?
- 기본 품 0.01
- 비고 : 천장은 품의 20% 가산
- 고소작업 : 20% 할증
- 주택가 할증 15%로 가정할 때 다음 계산식 중 맞는 할증 중복가산 요령은?
  • 계산1 : W = 0.01 × (1 + 0.2 + 0.2 + 0.15) = 0.16(인)
  • 계산2 : W = (0.01 × 1.2) × (1 + 0.2 + 0.15) = 0.0162(인)

> **회신문**
> 표준품셈 건축부문 "제17장 칠공사"의 본 품 비고에서 제시한 '천장은 본 품의 20%를 가산한다.'는 기본 품에 해당됩니다.

11-1-2 석고보드면 바탕만들기('06년 신설, '15년 보완)

(㎡당)

구 분	단 위	올퍼티	줄퍼티
도 장 공	인	0.066	0.035
보 통 인 부	인	0.018	0.010
비 고	- 천장은 본 품의 20%를 가산한다.		

[주] ① 본 품은 도장 전 석고보드면의 바탕만들기 기준이다.
② 올퍼티의 작업순서는 "바탕처리 → F-Tape부착 → 줄퍼티1차(필러) → 줄퍼티2차(퍼티) → 올퍼티1차 → 올퍼티2차 → 연마" 기준이다.
③ 줄퍼티의 작업순서는 "바탕처리 → F-Tape부착 → 줄퍼티1차(필러) → 줄퍼티2차(퍼티) → 연마" 기준이다.
④ 공구손료 및 경장비(샌딩머신 등)의 기계경비, 잡재료비(연마지, F-Tape 등)는 인력품의 4%를 계상한다.
⑤ 재료량(퍼티 등)은 도료 종류에 따라 시방서 및 제조사에서 제시하고 있는 수량을 적용한다.

11-1-3 철재면 바탕만들기('21년 신설)

(㎡당)

구 분	단 위	수 량
도 장 공	인	0.006
보 통 인 부	인	0.001

[주] ① 본 품은 철재면의 도장 전 먼지, 오염, 용접 등 부착된 불순물을 제거하는 기준으로 필요한 경우 적용한다.
② 인산염처리, 블라스트법을 하는 경우 별도 계상한다.
③ 공구손료 및 잡재료비(브러시 등)는 인력품의 3%로 계상한다.

11-1-4 목재면 바탕만들기('21년 신설)

(㎡당)

구 분	단 위	불순물 제거	퍼티 및 연마
도 장 공	인	0.006	0.009
보 통 인 부	인	0.001	0.001

[주] ① 본 품은 목재면의 도장 전 바탕처리하는 기준으로 필요한 경우 적용한다.
② 불순물 제거는 도장 전 먼지, 오염 등 부착된 불순물을 제거하는 기준이다.
③ 퍼티 및 연마는 합판목재 등 시공 후 이음자리, 못구멍 등에 도장 전 퍼티 및 연마하는 기준이다.
③ 공구손료 및 잡재료비(연마지 등)는 인력품의 3%로 계상한다.
④ 재료량(퍼티 등)은 도료 종류에 따라 시방서 및 제조사에서 제시하고 있는 수량을 적용한다.

11-1-5 도장 후 퍼티 및 연마('15년 신설)

(㎡당)

구 분	단 위	수 량
도 장 공	인	0.005
보 통 인 부	인	0.001
비 고	- 천장은 본 품의 20%를 가산한다.	

[주] ① 본 품은 하도 바름 이후의 퍼티 및 연마를 기준한 것이다.
　② 비계사용시 높이별 품 할증은 '[건축부문] 11-1-1 콘크리트·모르타르면 바탕만들기'에 준하여 계상한다.
　③ 공구손료 및 잡재료비(연마지 등)는 인력품의 3%로 계상한다.
　④ 재료량(퍼티 등)은 도료 종류에 따라 시방서 및 제조사에서 제시하고 있는 수량을 적용한다.

11-1-6 비닐 보양('21년 신설)

(보양길이 100m당)

구 분	규 격	단 위	창호 및 난간류	배관류
보 통 인 부		인	0.625	0.912

[주] ① 본 품은 도장 전 창호, 배관 등 시설물의 오염을 방지하기 위해 보양하는 기준이다.
　② 보양길이는 비닐보양 테이프의 접착길이를 적용한다.
　③ 차량 등 다면으로 보양이 필요한 시설물은 별도 계상한다.
　④ 현장여건에 따라 비계 또는 장비가 필요한 경우에는 별도 계상한다.

11-2 페인트

11-2-1 수성페인트 붓칠('15년 보완)

(㎡당)

구 분	단 위	수 량
도 장 공	인	0.022
보 통 인 부	인	0.004
비 고	- 천장은 본 품의 20%를 가산한다.	

[주] ① 본 품은 수성페인트를 1회 칠하는 기준이다.
　② 바탕만들기는 '11-1 바탕만들기'에 준하여 계상한다.
　③ 비계사용시 높이별 품 할증은 '[건축부문] 11-1-1 콘크리트·모르타르면 바탕만들기'에 준하여 계상한다.
　③ 공구손료 및 잡재료비는 인력품의 2%로 계상한다.
　④ 재료량(페인트 등)은 도료 종류에 따라 시방서 및 제조사에서 제시하고 있는 수량을 적용한다.

11-2-2 수성페인트 롤러칠('98, '15년 보완)

(㎡당)

구 분	단 위	수 량
도 장 공	인	0.012
보 통 인 부	인	0.002
비 고	- 천장은 본 품의 20%를 가산한다.	

[주] ① 본 품은 수성페인트를 1회 칠하는 기준이다.
② 본 품은 보조 붓칠 작업을 포함한다.
③ 바탕만들기는 '11-1 바탕만들기'에 준하여 계상한다.
④ 비계사용시 높이별 품 할증은 '[건축부문] 11-1-1 콘크리트·모르타르면 바탕만들기'에 준하여 계상한다.
⑤ 공구손료 및 잡재료비는 인력품의 2%로 계상한다.
⑥ 재료량(페인트 등)은 도료 종류에 따라 시방서 및 제조사에서 제시하고 있는 수량을 적용한다.

11-2-3 수성페인트 뿜칠('15년 보완)

(10㎡당)

구 분	단 위	수 량
도 장 공	인	0.027
보 통 인 부	인	0.013
비 고	- 천장은 본 품의 20%를 가산한다.	

[주] ① 본 품은 수성페인트를 1회 칠하는 기준이다.
② 본 품은 보조 붓칠 작업을 포함한다.
③ 바탕만들기는 '11-1 바탕만들기'에 준하여 별도 계상한다.
④ 비계사용시 높이별 품 할증은 '[건축부문] 11-1-1 콘크리트·모르타르면 바탕만들기'에 준하여 별도 계상한다.
⑤ 스프레이 도장 시 분진방지용 시설비용은 별도 계상한다.
⑥ 공구손료 및 경장비(엔진식 도장기 등)의 기계경비와 잡재료비는 인력품의 12%로 계상한다.
⑦ 재료량(페인트 등)은 도료 종류에 따라 시방서 및 제조사에서 제시하고 있는 수량을 적용한다.

有權解釋

제목 수성페인트 뿜칠 기계경비와 잡재료비 적용 관련 문제

질의문
신청번호 2111-025 신청일 2021-11-09
질의부분 건축 제11장 칠공사 11-2-3 수성페인트 뿜칠

'공구손료 및 경장비의 기계경비와 잡재료비는 인력품의 12%로 계상한다'라고 명시되어 있는데 이 문구가 인력품의 12%를 기계경비와 잡재료비에 각각 적용시키는지? 아니면 기계경비와 잡재료비를 합친 금액이 인력 품의 12%가 되는지 궁금합니다.

회신문
표준품셈 건축부문 "11-2-3 수성페인트 뿜칠"에서 '공구손료 및 경장비의 기계경비와 잡재료비는 인력품의 12%를 계상한다'에서 12%는 공구손료와 경장비의 기계경비, 잡재료비를 모두 포함한 비용이 인력 품의 12%라는 의미입니다.

11-2-4 유성페인트 붓칠('02, '04, '15년 보완)

(㎡당)

구 분		단 위	수 량
바탕면	인 력		
철 재 면	도 장 공	인	0.020
	보 통 인 부	인	0.004
콘크리트·모르타르면 석 고 보 드 면	도 장 공	인	0.024
	보 통 인 부	인	0.004
비 고	- 천장은 본 품의 20%를 가산한다.		

[주] ① 본 품은 유성페인트를 1회 칠하는 기준이다.
② 바탕만들기는 '11-1 바탕만들기'에 준하여 계상한다.
③ 비계사용시 높이별 품 할증은 '[건축부문] 11-1-1 콘크리트·모르타르면 바탕만들기'에 준하여 계상한다.
③ 공구손료 및 잡재료비는 인력품의 2%로 계상한다.
④ 재료량(페인트 등)은 도료 종류에 따라 시방서 및 제조사에서 제시하고 있는 수량을 적용한다.

11-2-5 유성페인트 롤러칠('02, '04, '15년 보완)

(㎡당)

구 분		단 위	수 량
바탕면	인 력		
철 재 면	도 장 공	인	0.011
	보 통 인 부	인	0.002
콘크리트·모르타르면 석 고 보 드 면	도 장 공	인	0.013
	보 통 인 부	인	0.003
비 고	- 천장은 본 품의 20%를 가산한다.		

[주] ① 본 품은 유성페인트를 1회 칠하는 기준이다.
② 본 품은 보조붓칠 작업을 포함한다.
③ 바탕만들기는 '11-1 바탕만들기'에 준하여 계상한다.
④ 비계사용시 높이별 품 할증은 '[건축부문] 11-1-1 콘크리트·모르타르면 바탕만들기'에 준하여 계상한다.
⑤ 공구손료 및 잡재료비는 인력품의 2%로 계상한다.
⑥ 재료량(페인트 등)은 도료 종류에 따라 시방서 및 제조사에서 제시하고 있는 수량을 적용한다.

有權解釋

제목 유성페인트(롤러칠) 2회 시 재료량

질의문

신청번호 2208-067 신청일 2022-08-19
질의부분 건축 제11장 칠공사 11-2-5 유성페인트 롤러칠

1. 유성페인트 뿜칠은 표준품셈이 따로 없는데 수성페인트 뿜칠로 적용해도 될까요?
2. 유성페인트 롤러칠(혹은 수성페인트 뿜칠 시) 2회 시 재료량은 유성페인트 붓칠에 있는데 인력은 1회 시의 2배수 하면 되나요?

3. 철재면 바탕처리 하려는데 21년도 신설 유지보수관리공사 12-3-2에 재도장시 바탕면처리와 11-1-3 철재면 바탕만들기 차이는 뭔가요?
철재면 300을 재도장한다 봤을 때 칠공사는 1.8 도장인부, 0.3 보통인부인데, 유지관리보수는 (b급이라 가정) 5일이므로 도장 10인, 보통 5인의 품으로 차이가 큽니다. 새로 생긴 유지관리보수의 재도장이 더욱 비쌉니다

회신문
[답변1]
표준품셈에서 유성페인트 뿜칠 기준은 별도로 정하고 있지 않습니다. 표준품셈에서 정하지 않는 사항은 동 품셈 1-1-3의 4항을 참조하시어 적정한 예정가격 산정기준을 적의 결정하여 사용하시기 바랍니다.
[답변2]
표준품셈 건축부문 "11-2-4 유성페인트 붓칠"에서 재료량은 '주 4. 재료량은 도료 종류에 따라 시방서 및 제조사에서 제시하고 있는 수량을 적용한다'를 참조하시기 바라며, 인력 품은 건축부문 "11-2-5 유성페인트 롤러칠" '주 1.에 본 품은 유성페인트 1회 칠하는 기준이다'를 참조하시기 바랍니다.
[답변3]
표준품셈 건축부문 "11-1-3 철재면 바탕만들기"는 신설공사에서 철재면의 도장 전 바탕만들기 투입기준으로 도장 전 먼지, 오염, 용접 등 부착된 불순물을 제거하는 기준이며, 표준품셈 건축부문 12-3-2 "재도장 시 바탕처리(철재면)"의 경우 기존 건축물의 유지관리 기준으로 건축물 노출 철재면을 대상으로 오염(기름때 등) 및 부착물 제거, 도장면 연마 및 청소 작업을 포함하는 등 재도장 시의 바탕정리의 보편적인 작업조건을 기준으로 조사된 기준입니다.

11-2-6 녹막이 페인트칠('15년 보완)

(m²당)

구 분	단 위	수 량
도 장 공	인	0.015
보 통 인 부	인	0.003
비 고	- 천장은 본 품의 20%를 가산한다.	

[주] ① 본 품은 철재면에 방청성페인트를 붓으로 1회 칠하는 기준이다.
② 바탕만들기는 '11-1 바탕만들기'에 준하여 계상한다.
③ 비계사용시 높이별 품 할증은 '[건축부문] 11-1-1 콘크리트·모르타르면 바탕만들기'에 준하여 계상한다.
③ 공구손료 및 잡재료비는 인력품의 2%로 계상한다.
④ 재료량(페인트 등)은 도료 종류에 따라 시방서 및 제조사에서 제시하고 있는 수량을 적용한다.

감사

제목 녹막이페인트 과다설계

내용
녹막이 칠이 필요 없는 재질이나 부위에는 녹막이 칠을 설계에 반영하지 않아야 하는데도 ※※※※에서는 스텐레스 후레임 철제보강재가 아연도 강관임에도 12,000천원 상당 녹막이 칠을 계상하였다.

조치할 사항
○○○○군수는 녹막이 칠이 필요 없는 재질이나 부위에는 녹막이 칠을 설계에 과다(12,000천원 상당) 부분에 대하여 설계변경 등으로 감액 조치하시기 바람(시정)

```
契約審査
```
제목 ○○배수지 구조물(4지) 보수공사

내용
- 일위대가(철근방청처리 외 5종) 조정
  ※ 철근방청처리 : 도장공 0.06인/㎡ → 도장공 0.015인/㎡, 보통인부 0.03인/㎡

심사 착안사항
연도 초 공사발주 시 개정되는 표준품셈 내용 우선 확인

11-2-7 오일스테인칠('17, '21년 보완)

(㎡당)

구 분	단 위	수 량
도 장 공	인	0.019
보 통 인 부	인	0.003

[주] ① 본 품은 목재면에 오일스테인을 붓으로 1회 칠하는 기준이다.
② 바탕만들기는 '11-1 바탕만들기'에 준하여 계상한다.
③ 비계사용시 높이별 품 할증은 '[건축부문] 11-1-1 콘크리트·모르타르면 바탕만들기'에 준하여 계상한다.
③ 공구손료 및 잡재료비는 인력품의 2%로 계상한다.
④ 재료량(페인트 등)은 도료 종류에 따라 시방서 및 제조사에서 제시하고 있는 수량을 적용한다.

```
有權解釋
```
제목 오일스테인 칠(11-2-7)관련 질의

질의문
신청번호 2107-001 신청일 2021-07-01
질의부분 건축 제11장 칠공사 11-2-7 오일스테인 칠

목재면 오일스테인 칠을 하려고 설계내역서를 하려다가 바뀌어서 매우 당혹스럽네요
개정 전에 있던 주재료는 개정 후 무엇을 써야 할까요? 개정 전과 같이 쓰면 되나요? 잡재료비 및 공구손료는 인력 품의 2%로 계상한다.고 하는데, 그럼 잡재료비와 공구손료 각각 2%씩 모두 다 지급하라는 건가요? 아니면 둘 중 알아서 한 개만 지급하라는 건가요?
인력 품의가 무엇인가요? 아무리 찾아도 안 나옵니다. 무엇을 인력 품의라고 하는지 모르겠어요.
전 딱 목재면에 2회만 칠하면 됩니다.

회신문
[답변1]
표준품셈 건축부문 "11장 칠공사"에서 재료량 관련 주기는 '15년 개정 이전 기준수량으로 친환경 자재 등 다양한 도료자재의 개발 및 업체별 권장 수량의 차이 등으로 인해 각 도료별 기준수량과 차이가 발생하여 삭제하였습니다. 주재료의 재료량 기준은 시방서 및 제조사 수량 기준을 적용하시기 바랍니다.
[답변2]
표준품셈 건축부문 "11-2-7 오일스테인 칠"에서 '공구손료 및 잡재료비는 인력 품의 2%를 계상한다' 에서 2%는 공구손료와 잡재료비를 모두 포함한 비용이 인력품의 2%라는 의미입니다.

[답변2]
표준품셈 건축부문 "11-2-7 오일스테인 칠"에서 '공구손료 및 잡재료비는 인력 품의 2%를 계상한다'에서 2%는 공구손료와 잡재료비를 모두 포함한 비용이 인력품의 2%라는 의미입니다.
[답변3]
표준품셈 건축부문 "11-2-7 오일스테인 칠"에서 인력 품은 m^2당 투입되는 인력 품을 의미합니다.
[답변4]
표준품셈 건축부문 "11-2-7 오일스테인 칠"은 목재면에 오일스테인 붓으로 1회 칠하는 기준입니다.

11-2-8 에폭시 페인트칠('01년 신설, '15년 보완)

(m^2당)

구 분	단 위	에폭시 코팅 (롤러칠)	에폭시 라이닝 (레기칠)
도 장 공	인	0.039	0.044
보 통 인 부	인	0.008	0.023

[주] ① 본 품은 콘크리트 바닥면에 에폭시 페인트를 칠하는 기준이다.
② 본 품은 바닥정리, 보조붓칠 작업을 포함한다.
③ 에폭시 코팅은 하도 1회(롤러)→퍼티 및 연마→에폭시 페인트 2회(롤러) 기준이다.
④ 에폭시 라이닝(도장두께 3mm이하)은 하도 1회(롤러)→퍼티 및 연마→에폭시 페인트 1회(레기)→에폭시 페인트 1회(롤러) 기준이다.
⑤ 공구손료 및 잡재료비는 인력품의 2%로 계상한다.
⑥ 재료량(페인트 등)은 도료 종류에 따라 시방서 및 제조사에서 제시하고 있는 수량을 적용한다.

有權解釋

제목 1 에폭시 페인트칠 질의

질의문

신청번호 2211-023 신청일 2022-11-08
질의부분 건축 제11장 칠공사 11-2-8 에폭시페인트 칠

표준품셈 건축 11-2-8 에폭시페인트 칠('01년 신설, '15년 보완) 관련 문의드립니다.
이 품셈에서는 m^2당 에폭시코팅(롤러칠)과 에폭시라이닝(레기칠)로 구분하였습니다.
위와 관련한 주의사항에서 ③번과 ④번으로 기준을 잡아 주셨는데 ③번은 하도 1회(롤러) → 퍼티 및 연마 → 에폭시 페인트 2회(롤러) 기준이라 하셨습니다.
이것은 에폭시 코팅(롤러칠) 도장공 0.039인과 보통인부 0.008인이 ③번에 명시된 1회 2회 롤러칠을 모두 포함하는 것인지 또한 퍼티 및 연마가 포함된 품인지 여쭙고 싶습니다.
④번과 관련하여서는 하도 1회(롤러) → 퍼티 및 연마 → 에폭시 페인트 1회(레기) → 에폭시 페인트 1회(롤러) 기준이라 명시되어 있는데, 표에 있는 에폭시 라이닝(레기칠) 도장공 0.044인과 보통인부 0.023인으로 이 모든 공정을 다 포함하는 것인지, 아니라면 하도에 롤러 품 적용, 레기칠에 레기칠 품 적용, 상도 에폭시 롤러 1회 칠에 롤러칠을 또 적용해야 하는 것인지 여쭙고 싶습니다.

회신문

표준품셈 건축부문 "11-2-8 에폭시 페인트칠"은 면적(㎡)당 품으로, ㎡당 품에 바탕만들기가 완료된 상태에서 바닥정리(이물질 제거 등), 하도 1회(프라이머), 퍼티 및 연마, 에폭시 페인트(2회), 부분적인 보조 붓칠의 작업이 모두 포함되어 있습니다.

제목 2 에폭시 페인트칠 문의

질의문

신청번호 2104-030 신청일 2021-04-07
질의부분 건축 제11장 칠공사 11-2-8 에폭시페인트 칠

건설공사 표준품셈 건축 11-2-8 에폭시 페인트칠에서 칠공사 타 품셈과 비교하였을 때 본 품셈은 바탕면 만들기 별도 계상의 내용이 없는 것으로 보아 바닥정리를 바탕면 만들기로 판단해도 되는지? 주2의 바닥정리에 대한 정의(작업방법, 작업범위 등)를 알려주시기 바랍니다.

회신문

표준품셈 "11-2-8 에폭시 페인트칠"는 바탕만들기가 완료된 상태에서 바닥정리(이물질제거 등), 하도 1회(프라이머), 퍼티 및 연마, 에폭시페인트(2회), 부분적인 보조 붓칠의 작업범위입니다.

監査

제목 옥상층 에폭시 페인트 마감에 관한 사항

내용

에폭시계 도료는 외부 햇빛(자외선)에 노출될 경우 시간이 경과할수록 균열 및 변색 등 하자가 발생할 수 있어 일반적으로 옥상 바닥마감에는 사용하지 않는다.
※ **페인트, ◆◆페인트, ☆☆☆페인트 홈페이지의 제품설명(기술자료)에는 에폭시 페인트를 옥외에 사용할 경우 하자가 발생할 우려가 있음을 명기하고 있음
그러나 5층 옥상바닥(계단실 상부 포함)을 에폭시 페인트 마감하는 것으로 되어 있어 옥상바닥 마감자재에 대한 재검토 등 하자발생 방지대책이 필요하다.

조치할 사항

○○○○시 *****장(군수)은 옥상바닥 에폭시페인트 마감 시 균열 및 변색 등 하자가 발생할 수 있으므로 마감자재 재검토 등 하자방지 대책을 강구하시기 바람(통보)

11-2-9 낙서방지용 페인트칠('02년 신설, '15년 보완)

(㎡당)

구 분	단 위	수 량
도 장 공	인	0.031
보 통 인 부	인	0.007

[주] ① 본 품은 낙서방지용 페인트를 롤러로 2회 칠하는 기준이다.
② 본 품은 마스킹 테이프 붙이기, 퍼티 및 연마, 보조붓칠 작업을 포함한다.
③ 하도 전 바탕만들기는 '[건축부문] 11-1-1 콘크리트·모르타르면 바탕만들기'에 준하여 별도 계상한다.
③ 공구손료 및 잡재료비(연마지 등)는 인력품의 3%로 계상한다.
④ 재료량(페인트 등)은 도료 종류에 따라 시방서 및 제조사에서 제시하고 있는 수량을 적용한다.

> **有權解釋**
>
> **제목** 칠공사에서 잡재료비의 범위
>
> **질의문**
> 신청번호 2101-096 신청일 2021-01-27
> 질의부분 건축 제11장 칠공사 11-2-9 낙서방지용페인트 칠
>
> 2021년 칠공사에 대한 품셈이 개정되며 기존에 제시하고 있던 재료(아크릴수지, 시너, 퍼티, 연마지)에 대한 수량이 삭제되고 "공구손료 및 잡재료비(연마지 등)는 인력품의 3%로 계상한다"라는 내용이 생겼습니다. 여기서 잡재료비에 포함되는 재료의 범위가 어디까지 인가요?
> 질의내용 정리 : 잡재료비(연마지 등) 에서 "연마지 등"의 범위에 대한 질의
>
> **회신문**
> 표준품셈 건축부문 제 11장 칠공사에서 재료량 주기는 삭제되었으며, '공구손료 및 잡재료비(연마지 등)는 인력 품의 3%로 계상한다'에서 공구 손료 는 붓, 롤러, 헤라 등이 포함되어 있으며, 잡재료비에는 칠공사에 사용되는 마스킹테이프, 연마지 등이 포함되어 있습니다.

11-2-10 걸레받이용 페인트칠('02년 신설, '15년 보완)

(㎡당)

구 분	단 위	수 량
도 장 공	인	0.067
보 통 인 부	인	0.011

[주] ① 본 품은 걸레받이용 페인트를 붓으로 2회 칠하는 기준이다.
② 본 품은 마스킹 테이프 붙이기, 퍼티 및 연마, 보조붓칠 작업을 포함한다.
③ 하도 전 바탕만들기는 '[건축부문] 11-1-1 콘크리트·모르타르면 바탕만들기'에 준하여 별도 계상한다.
③ 공구손료 및 잡재료비(연마지 등)는 인력품의 2%로 계상한다.
④ 재료량(페인트 등)은 도료 종류에 따라 시방서 및 제조사에서 제시하고 있는 수량을 적용한다.

11-3 스프레이

11-3-1 무늬코트칠('15년 보완)

(㎡당)

구 분	단 위	수 량
도 장 공	인	0.056
보 통 인 부	인	0.011
비 고	- 천장은 본 품의 20%를 가산한다.	

[주] ① 본 품은 콘크리트, 모르타르 벽면에 무늬코트를 뿜칠하는 기준이다.
② 본 품은 하도2회(롤러칠), 퍼티 및 연마, 무늬코트1회(스프레이칠), 상도코팅 1회(롤러칠)칠 기준이며, 보조 붓칠 작업을 포함한다.
③ 하도 전 바탕만들기는 '[건축부문] 11-1-1 콘크리트·모르타르면 바탕만들기'에 준하여 별도 계상한다.
④ 보양작업은 별도 계상한다.

⑤ 공구손료 및 경장비(에어콤프레샤, 스프레이건 등)의 기계경비 및 잡재료(연마지 등)는 인력품의 2%를 계상한다.
⑥ 재료량(페인트 등)은 도료 종류에 따라 시방서 및 제조사에서 제시하고 있는 수량을 적용한다.

11-3-2 탄성코트칠('15년 신설)

(㎡당)

구 분	단 위	수 량
도 장 공	인	0.044
보 통 인 부	인	0.009
비 고	- 천장은 본 품의 20%를 가산한다.	

[주] ① 본 품은 콘크리트, 모르타르 벽면에 탄성코트를 칠하는 기준이다.
② 본 품은 하도1회(롤러칠), 퍼티 및 연마, 탄성코트1회(스프레이칠), 상도코팅1회(롤러칠)칠 기준이며, 보조 붓칠 작업을 포함한다.
③ 하도 전 바탕만들기는 '[건축부문] 11-1-1 콘크리트·모르타르면 바탕만들기'에 준하여 별도 계상한다.
④ 보양작업은 별도 계상한다.
⑤ 공구손료 및 경장비(에어콤프레샤, 스프레이건 등)의 기계경비는 인력품의 2%를 계상한다.
⑥ 재료량(페인트 등)은 도료 종류에 따라 시방서 및 제조사에서 제시하고 있는 수량을 적용한다.

11-3-3 석재도료칠('14년 신설)

(100㎡당)

구 분	규 격	단 위	줄눈무늬(無)	줄눈무늬(有)
도 장 공		인	0.620	0.810
보 통 인 부		인	0.100	0.130
고 소 작 업 차	3ton	hr	3.270	4.280

[주] ① 본 품은 석재가 포함된 도료를 1회 뿜칠하는 기준이다.
② 본 품은 도료 배합, 스프레이칠1회, 보조 붓칠, 줄눈테이프 부착 및 제거 작업을 포함한다.
③ 바탕만들기, 페인트칠(하도), 보양작업은 별도 계상한다.
④ 공구손료 및 경장비(에어콤프레샤, 스프레이건 등)의 기계경비는 인력품의 3%를 계상한다.
⑤ 재료량(페인트 등)은 도료 종류에 따라 시방서 및 제조사에서 제시하고 있는 수량을 적용한다.

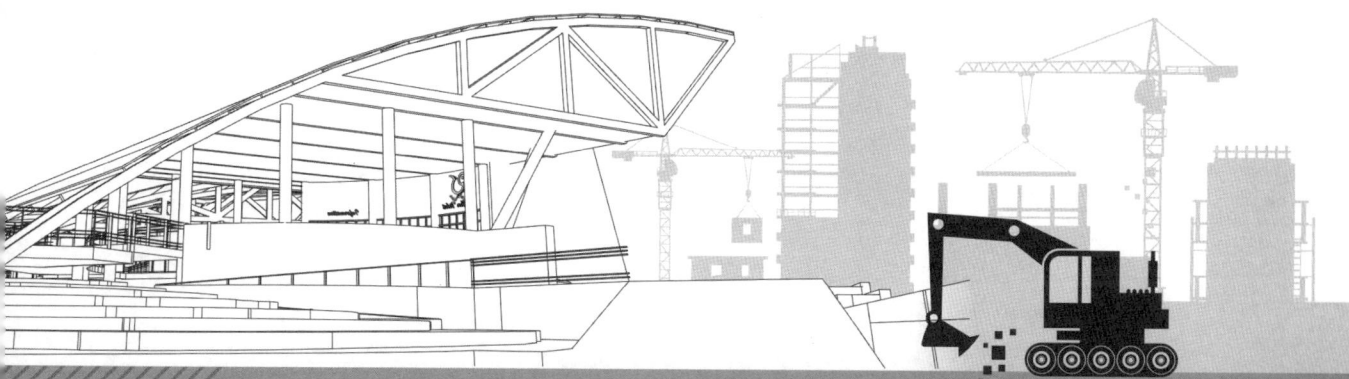

2023

건설공사 표준품셈

기계설비부문

제1장 배관공사
제2장 덕트공사
제3장 보온공사
제4장 펌프 및 공기설비공사
제5장 밸브설비공사
제6장 측정기기공사
제7장 위생기구설비공사
제8장 공기조화설비공사
제9장 기타공사
제10장 소방설비공사
제11장 가스설비공사
제12장 자동제어설비공사
제13장 플랜트설비공사

제 1 장 배관공사

1-1 강관

1-1-1 용접접합('93, '13, '15, '19년 보완)

(용접개소당)

규 격(mm)	용접공(인)	규 격(mm)	용접공(인)
ø 15	0.036	100	0.152
20	0.043	125	0.184
25	0.052	150	0.216
32	0.062	200	0.281
40	0.070	250	0.345
50	0.085	300	0.409
65	0.105	350	0.456
80	0.121	400	0.519
비 고	- 자체 추진 고소작업대(시저형)시공의 경우 20%를 감한다.		

[주] ① 본 품은 아크용접으로 강관을 접합하는 기준이다.
② 공구손료 및 경장비(절단기, 자체 추진 고소작업대(시저형) 등) 기계경비는 인력품의 3%(인력시공), 13%(자체 추진 고소작업대(시저형) 시공)를 계상한다.
③ 용접접합에 필요한 부자재는 별도 계상한다.
④ 자체 추진 고소작업대(시저형)의 이동을 위한 크레인, 지게차 등의 비용은 별도 계상한다.

有權解釋

제목 1 강관 배관 설치 적산 문의

질의문
신청번호 2206-075 신청일 2022-06-15
질의부분 설비 제1장 배관공사 1-1-1 용접 접합

강관 배관을 용접 접합하여 설치할 경우, '용접접합 품(단위 : 개소)'만 사용하면 되는 것인지, '용접 배관 품(단위 : m)'도 같이 적용하여야 하는 것인지 해석 부탁드리겠습니다.

회신문
표준품셈 기계설비부문 "1-1-2 용접 배관"에의 '주 3 관이음부석류의 설치 품은 본 품에 포함되어 있으며, 용접 접합 품은 별도 계상한다'에 대하여, '밸브 및 콕류'를 제외한 엘보 티 등 '관이음부속류'의 설치 품을 포함하고 있으며, 용접 품은 기계설비부문 "1-1-1 용접 접합"에서 용접 접합 개소당 품으로 제시하고 있으니 "1-1-1 용접 접합" 품을 참조하시기 바랍니다.

제목 2 기계실 배관 할증

질의문

신청번호 2107-022 신청일 2021-07-07
질의부분 설비 제1장 배관공사 1-1-1 용접접합

기계설비 품셈중 "기계실 할증"을 적용 부분이 구체적으로 어느 부분을 말하는 건지요? 물탱크실, 펌프실, 냉동기실, 공조실, 보일러실, 폐액탱크실, 냉각탑 설치장소는 기계실이라고 볼 수 있는지요? 또한 상기 장소 외에 주변에 설치되는 장비(스크루바실-일종의 대기정화장치실, 팽창탱크, 열교환기, 소형스크루바 등등)가 다수 설치장소는 기계실로 볼 수 있는지요?

회신문

표준품셈 기계설비부문 "1-1 배관공사"의 경우, 일반 옥내배관 기준이며, 화장실 배관은 할증(20%), 기계실 배관은 할증(30%), 옥외배관은 할감(10%)를 부여하게 되어 있습니다.

여기에서 제시하는 기계실은 시설물 전체로 공급되는 다양한 장치(급배수펌프, 각종 보일러 설비, 공조기 등)들이 하나의 공간내에 설치되어 연결배관이 복잡해지고, 간섭 등으로 인해 시공난이도가 증가하는 구역을 의미합니다.

제목 3 표준품셈 기계설비부문 배관공사 중 강관 용접배관에 관한 질의

질의문

신청번호 2008-007 신청일 2020-08-04
질의부분 설비 제1장 배관공사 1-1-1 용접접합

건설공사 표준품셈 기계설비부문 중 배관공사 1-1-2. 용접배관 중 일반배관용 탄소강관에 대해선 품이 나와 있습니다. 배관공사 중 압력배관용 탄소강관에 대해선 나와 있지 않습니다. 다만, 표준품셈 제13장 플랜트배관에는 배관용탄소강관과 압력배관용탄소강관 품이 있습니다.

질의할 내용은 일반적인 현장(아파트, 제약공장, 근생, 학교 기타 등등)에도 압력배관용 탄소강관을 사용하고 있습니다. 이 경우 압력배관용 탄소강관의 품의 적용은 어떻게 해야 하는지요?

회신문

표준품셈 기계설비부문 "제1장 배관공사"는 일반시설물의 옥내, 옥외, 화장실, 기계실 등을 기준으로 제시된 것이며, "제13장 플랜트설비공사"의 배관공사는 플랜트시설물을 기준으로 제시된 것입니다. 표준품셈 기계설비부문 "1-1-2 용접배관"에서는 압력배관용 탄소강관 기준으로 적용을 위한 설치품은 별도로 정하고 있지 않습니다.

1-1-2 용접배관('93, '13, '15, '19년 보완)

(m당)

규 격(mm)	배관공(인)	보통인부(인)	규 격(mm)	배관공(인)	보통인부(인)
ø15	0.029	0.022	100	0.155	0.065
20	0.033	0.023	125	0.200	0.081
25	0.043	0.026	150	0.236	0.093
32	0.051	0.029	200	0.365	0.138
40	0.057	0.031	250	0.489	0.181
50	0.074	0.037	300	0.634	0.232
65	0.088	0.042	350	0.765	0.277
80	0.113	0.051	400	0.907	0.327
비 고	- 화장실 배관은 본 품에 20%, 기계실배관은 본 품의 30%를 가산한다. - 옥외배관(암거내)은 본 품에 10% 감한다. - 자체 추진 고소작업대(시저형)시공의 경우 20%를 감한다.					

[주] ① 본 품은 배관용 탄소 강관의 옥내일반배관 기준이다.
② 인서트(거푸집용), 지지철물설치, 절단, 배관(가용접), 배관시험을 포함한다.
③ 밸브류 설치품은 '[기계설비부문] 5-1-1 일반밸브 및 콕류 설치'를 적용하고, 관이음부속류의 설치품은 본 품에 포함되어 있다.
④ 현장여건에 따라 콘크리트용 인서트를 사용할 경우 '[건축부문] 8-1-4 인서트(Insert) 설치'를 따른다.
⑤ 단열 지지대 및 관 지지대 설치 시에는 별도 계상한다.
⑥ 공구손료 및 경장비(절단기, 자체 추진 고소작업대(시저형) 등) 기계경비는 인력품의 2%(인력시공), 10%(자체 추진 고소작업대(시저형) 시공)를 계상한다.
⑦ 자체 추진 고소작업대(시저형)의 이동을 위한 크레인, 지게차 등의 비용은 별도 계상한다.

有權解釋

제목 1 용접합플랜지 적용기준

질의문
신청번호 2104-101 신청일 2021-04-22
질의부분 설비 제1장 배관공사 1-1-2 용접배관

기계설비부문 1-1-2 용접배관에서 "용접접합 품은 별도 계상한다."라고 나와 있습니다. 강관용접 시 들어가는 용접접합 플랜지에 대해서 어떤 품셈을 따라 가야 하는지 답변 부탁드립니다.

회신문
표준품셈 기계설비부문 "1-1-2 용접배관"에의 주 3. 관이음부속류의 설치 품은 본 품에 포함되어 있다.에 대하여 '밸브 및 콕류'를 제외한 엘보 티 등 '관이음부속류'의 설치 품을 포함하고 있으며, 용접 품은 기계설비부문 "1-1-1 용접접합"에서 용접접합 개소당 품으로 제시하고 있으니 "1-1-1 용접접합" 품을 참조하시기 바랍니다.

제목 2   기계설비부문 배관공사 용접접합과 용접배관의 차이점 문의

질의문

신청번호 2010-072 신청일 2020-10-29
질의부분설비 제1장 배관공사 1-1-2 용접배관

표준품셈 제4편 기계설비부문 제1장 배관공사와 관련하여 1-1 강관편에 1-1-1 용접접합과 1-1-2 용접배관 두 품셈의 차이점에 대하여 질문드립니다.
1-1-1 용접접합은 주석에 아크용접으로 강관을 접합하는 기준이라고 명확하게 표기가 되어 있지만 1-1-2 용접배관은 주석에 '본 품은 배관용 탄소강관의 옥내일반기준이다' 라고 명시되어 있습니다. 제가 이해한 바로는 1-1-2 용접배관은 배관용접을 하기 위한 준비단계로서 소운반, 도면해독에 따른 위치결정, 가용접, 현장맞춤을 위한 절단 및 가공, 배관시험 등을 포함한 품셈으로 이해가 됩니다. 다만 품셈의 명칭이 용접배관으로 되어 있어 다소 혼란이 있습니다.
차이점 설명 좀 부탁드리겠습니다.

회신문

표준품셈 기계설비부문 "1-1-1 용접접합"은 배관을 용접하는 개소당 품이며, "1-1-2 용접배관"은 용접식 배관을 설치하는 품으로 m당 품입니다.

1-1-3 나사식 접합 및 배관('04, '13, '19년 보완)

(m당)

규 격(㎜)	배관공(인)	보통인부(인)
ø15	0.033	0.029
20	0.038	0.030
25	0.051	0.034
32	0.062	0.037
40	0.069	0.039
50	0.092	0.046
비 고	- 화장실 배관은 본 품에 20%, 기계실배관은 본 품의 30%를 가산한다. - 옥외배관(암거내)은 본 품에 10% 감한다. - 자체 추진 고소작업대(시저형)시공의 경우 20%를 감한다.	

[주] ① 본 품은 배관용 탄소 강관의 옥내일반배관 기준이다.
② 인서트(거푸집용), 지지철물설치, 절단, 나사홈가공, 배관 및 나사접합, 배관시험을 포함한다.
③ 밸브류 설치품은 '[기계설비부문] 5-1-1 일반밸브 및 콕류 설치'를 적용하고, 관이음부속류의 설치품은 본 품에 포함되어 있다.
④ 현장여건에 따라 콘크리트용 인서트를 사용할 경우 '[건축부문] 8-1-4 인서트(Insert) 설치'를 따른다.
⑤ 단열 지지대 및 관 지지대 설치 시에는 별도 계상한다.
⑥ 공구손료 및 경장비(절단기, 자체 추진 고소작업대(시저형) 등) 기계경비는 인력품의 2%(인력시공), 10%(자체 추진 고소작업대(시저형) 시공)를 계상한다.
⑦ 자체 추진 고소작업대(시저형)의 이동을 위한 크레인, 지게차 등의 비용은 별도 계상한다.

> **有權解釋**
>
> **제목** 배관설치 및 시험 문의사항
>
> **질의문**
> 신청번호 2011-060 신청일 2020-11-24
> 질의부분 설비 제1장 배관공사 1-1-3 나사식접합 및 배관
>
> 배관공사 1-1-3관련하여 주석 2항에 보면 ② 인서트(거푸집용), 지지철물설치, 절단, 나사홈가공, 배관 및 나사접합, 배관시험을 포함한다. 라고 되어 있는데 용접테스트를 이야기 하는 것인지, 압력테스트를 이야기 하는지 문의 드립니다. 여기에서 배관시험이 어떤 시험을 이야기 하는 것인지 알고 싶고, 그리고 제9장 기타공사의 9-4-1의 기밀시험은 상기의 배관공사 1-1-3과 추가로 기타공사 9-4-1이 적용될 수 있는지?
>
> **회신문**
> [답변1]
> 표준품셈 기계설비부문 "1-1-2 용접배관" '주2'에서 배관시험을 포함한다고 명시하고 있으며, 이는 일반적으로 배관의 용접이후 수밀, 수압, 통수 및 기밀시험을 수행하는 것으로 특정한 시험방법을 명시하고 있지는 않습니다.
> [답변2]
> 표준품셈 기계설비부문 "9-4-1 기밀시험"은 시험재료를 1회 투입하여 기밀시험을 수행하는 작업으로 1m3미만의 재료를 투입하는 기준입니다. 자기압력기록계와 공기를 시험재료로 사용한 저압 및 중압의 기밀시험을 할 경우 "9-4-1 기밀시험"을 적용하시기 바랍니다.

1-1-4 그루브조인트식 접합 및 배관(Groove Joint)('00년 신설, '04, '13, '19년 보완)

(m당)

규 격(㎜)	배관공(인)	보통인부(인)	규 격(㎜)	배관공(인)	보통인부(인)
ø25	0.049	0.026	200	0.444	0.116
32	0.061	0.030	250	0.582	0.139
40	0.069	0.032	300	0.742	0.154
50	0.093	0.040	350	0.893	0.178
65	0.112	0.045	400	1.056	0.204
80	0.145	0.054	450	1.187	0.225
100	0.219	0.067	500	1.318	0.246
125	0.260	0.079	550	1.444	0.266
150	0.322	0.088	600	1.576	0.287
비 고	\- 화장실 배관은 본 품에 20%, 기계실배관은 본 품의 30%를 가산한다. - 옥외배관(암거내)은 본 품에 10% 감한다. - 자체 추진 고소작업대(시저형)시공의 경우 20%를 감한다.				

[주] ① 본 품은 배관용 탄소 강관 및 배관용 스테인리스 강관의 옥내일반배관 기준이다.
② 인서트(거푸집용), 지지철물설치, 절단, 그루브 홈가공, 배관 및 그루브 접합, 배관시험을 포함한다.
③ 밸브류 설치품은 '[기계설비부문] 5-1-1 일반밸브 및 콕류 설치'를 적용하고, 관이음부속류의 설치품은 본 품에 포함되어 있다.

④ 현장여건에 따라 콘크리트용 인서트를 사용할 경우 '[건축부문] 8-1-4 인서트(Insert) 설치'를 따른다.
⑤ 단열 지지대 및 관 지지대 설치 시에는 별도 계상한다.
⑥ 공구손료 및 경장비(절단기, 자체 추진 고소작업대(시저형) 등) 기계경비는 인력품의 2%(인력시공), 10%(자체 추진 고소작업대(시저형) 시공)를 계상한다.
⑦ 자체 추진 고소작업대(시저형)의 이동을 위한 크레인, 지게차 등의 비용은 별도 계상한다.

有權解釋

제목 터널 공동구에 설치하는 배관(그루브조인트식 접합 및 배관)의 품셈 적용에 관한 질의

질의문
신청번호 2210-028 신청일 2022-10-10
질의부분 설비 제1장 배관공사 1-1-4 그루브조인트식 접합 및 배관

22년 표준품셈 717p를 보시면 그루브조인트식 접합 및 배관중 비고란에 "옥외배관(암거내)은 본 품에 10% 감한다."라고 되어 있는데 터널의 공동구에 설치되는 그루브조인트식 접합배관의 경우 옥외배관에 해당하는지 질의드립니다.

회신문
표준품셈 기계설비부문 "1장 배관공사"에서의 옥외배관은 일반적으로 암거내 배관을 의미하며, "제13장 플랜트설비공사"에서의 옥외배관은 일반적으로 외기에 노출된 배관을 의미합니다. 또한 터널내 배관의 옥내/외 배관 기준은 표준품셈에서 별도로 정하고 있지 않습니다.

1-2 동관

1-2-1 용접접합('93, '13, '15, '19년 보완)

(용접개소당)

규 격(mm)	용접공(인)	규 격(mm)	용접공(인)
ø8	0.014	65	0.089
10	0.018	80	0.105
15	0.022	100	0.137
20	0.030	125	0.169
25	0.038	150	0.201
32	0.045	200	0.265
40	0.053	250	0.329
50	0.067		
비 고	- 자체 추진 고소작업대(시저형)시공의 경우 20%를 감한다.		

[주] ① 본 품은 브레이징(Brazing)용접으로 동관을 접합하는 기준이다.
② 공구손료 및 경장비(절단기, 자체 추진 고소작업대(시저형) 등) 기계경비는 인력품의 3%(인력시공), 13%(자체 추진 고소작업대(시저형) 시공)를 계상한다.
③ 용접접합에 필요한 부자재는 별도 계상한다.
④ 자체 추진 고소작업대(시저형)의 이동을 위한 크레인, 지게차 등의 비용은 별도 계상한다.

[참고자료]
  ◦ Brazing 용접 소모재료

(용접개소당)

규 격(㎜)	용접봉(g)	플럭스(g)	산소(ℓ)	아세틸렌(g)
ø6	0.3	0.05	2.5	3.8
8	0.5	0.08	4.0	4.5
10	0.8	0.11	5.4	5.9
15	1.2	0.15	7.5	8.0
16	1.8	0.22	10.8	11.4
20	2.5	0.32	15.8	16.5
25	4.0	0.49	19.0	20.2
32	5.2	0.65	27.2	28.6
40	6.9	0.86	35.0	37.0
50	11.2	1.40	45.8	48.6
65	15.4	1.92	57.9	61.3
80	21.0	2.62	80.8	85.4
100	36.6	4.58	127.8	135.0
125	56.3	7.02	158.8	167.7
150	78.9	9.89	254.0	268.3
200	173.5	13.25	615.7	650.5

※ 산소량은 대기압상태의 기준량이며, 압축산소는 35℃에서 150기압으로 압축용기에 넣어 사용하는 것을 기준한다.

有權解釋

제목 동관 배관 품과 동관 용접 품에 관한 질문

질의문

신청번호 2206-115 신청일 2022-06-24
질의부분 설비 제1장 배관공사 1-2-1 용접 접합

대미사업 관련하여 미군부대 시공을 하고 있는 시공사의 기계설비 담당자입니다. 용접 접합과 용접 배관의 품셈 적용에 관련된 질의 사항입니다. 용접 접합과 용접 배관이 품셈에 따로 되어 있는데, 용접 배관 품은 배관을 시공하는데 적용되는 품이다. 용접 접합은 설치해 놓은 배관을 용접할 경우 적용하는 품이다. 1, 2번 사항이 맞는다면 용접 접합과 용접 배관은 따로 품을 적용해야 되는 것이 합당하다. 발주처와 계약한 내역서에도 용접 접합과 용접 배관의 품이 따로 적용이 되어 있습니다.
제가 질의드리는 이유는 두가지 품을 함께 적용하면 이중 적용이라는 말이 있는데 그 부분이 이해가 되지 않아 질의드립니다.
용접 배관은 첨부해 드린 품(1-3-2)에도 보시면 가용접만 적용한다고 되어 있습니다. 따라서, 가용접한 배관을 용접작업을 진행해야 하므로 용접접합 품(1-2-1)을 적용함이 합당하다 생각합니다. 합당하지 않다면 용접관련한 품을 어떻게 적용해야 하는가요

> **회신문**
>
> 표준품셈 기계설비부문 "1-2-2 용접 배관"은 용접 배관 설치기준으로 용접접합 품은 별도로 계상하셔야 합니다. 편집과정에서 '용접 접합 별도 계상' 문구가 누락되어 향후 개정 시 수정하도록 하겠습니다. 용접 품은 기계설비부문 "1-2-1 용접 접합"에서 용접 접합 개소당 품으로 제시하고 있으니 "1-2-1 용접 접합" 품을 참조하시기 바랍니다.

1-2-2 용접배관('93, '13, '15, '19년 보완)

(m당)

규격(㎜)	배관공(인)	보통인부(인)	규격(㎜)	배관공(인)	보통인부(인)
ø8	0.021	0.010	65	0.083	0.047
10	0.023	0.013	80	0.104	0.059
15	0.026	0.016	100	0.143	0.077
20	0.030	0.020	125	0.180	0.093
25	0.036	0.025	150	0.218	0.109
32	0.044	0.029	200	0.330	0.154
40	0.052	0.033	250	0.442	0.195
50	0.069	0.042			
비 고	- 화장실 배관은 본 품에 20%, 기계실배관은 본 품의 30%를 가산한다. - 옥외배관(암거내)은 본 품에 10% 감한다. - 자체 추진 고소작업대(시저형)시공의 경우 20%를 감한다.				

[주] ① 본 품은 이음매 없는 구리합금관의 옥내일반배관 기준이다.
② 인서트(거푸집용), 지지철물설치, 절단, 배관(가용접), 배관시험을 포함한다.
③ 밸브류 설치품은 '[기계설비부문] 5-1-1 일반밸브 및 콕류 설치'를 적용하고, 관이음부속류의 설치품은 본 품에 포함되어 있다.
④ 현장여건에 따라 콘크리트용 인서트를 사용할 경우 '[건축부문] 8-1-4 인서트(Insert) 설치'를 따른다.
⑤ 단열 지지대 및 관 지지대 설치 시에는 별도 계상한다.
⑥ 공구손료 및 경장비(절단기, 자체 추진 고소작업대(시저형) 등) 기계경비는 인력품의 2%(인력시공), 10%(자체 추진 고소작업대(시저형) 시공)를 계상한다.
⑦ 자체 추진 고소작업대(시저형)의 이동을 위한 크레인, 지게차 등의 비용은 별도 계상한다.

有權解釋

제목 1 기계설비공사 소운반

질의문

신청번호 2102-109 신청일 2021-02-26
질의부분 설비 제1장 배관공사 1-2-2 용접배관

2018년과 2019년 이후 "기계설비부문 제1장 배관공사" 품셈에서 조정된 사항에 대한 문의입니다. 2018년 배관공사의 품셈에는 각종 배관공사의 주기란에 "소운반"이 포함되었으나, 2019년 이후의 품셈에는 공량의 변경은 없으면서 "소운반"이라는 단어가 빠져 있습니다. 여전히 소운반이 포함된 것으로 해석되는지 확인 부탁드립니다.

회신문

소운반은 일반적으로 품에서 포함된 것으로 품에서 포함된 것으로 규정된 소운반 거리는 20m 이내의 거리이며, 20m를 초과하는 경우에는 초과분에 대하여 표준품셈 "1-5-1 소운반 및 인력운반" 등을 활용하여 별도 계상하도록 정하고 있습니다. 품 항목과 무관하게 인력운반을 적용하실 경우 전체 운반거리를 적용하시기 바랍니다.

제목 2 기계설비 배관 품에 관한 질문

질의문

신청번호 1909-055 신청일 2019-09-23
질의부분 기계설비 제1장 배관공사 1-2-2 용접배관

1. 기계설비 배관설치 품의 비고란에 용접배관이던 프레스접합이던 동일하게 화장실 품은 본 품의 20%, 기계실 품은 본 품의 30%를 가산한다고 명시되어 있는데 이 문구를 화장실 품은 명기된 기본 품에 20%를 할증한 품으로 적용되어야 하고, 기계실 품은 30%를 할증한 품으로 적용되어야 한다는 뜻으로 사료되는데 맞지요? 일부에서는 이 문구를 자율적 할증, 즉 해도되고 안해도 되는 그런 품 할증으로 해석하는데 저는 할증된 품으로 적용되어야 하는 것이 맞다고 사료되는데 이에 대한 답변 부탁드립니다.
2. 배관설치 품의 주기란 4번 항목의 콘크리트인서트를 사용할 경우 건축품셈 8-1-4 인서트설치를 따른다고 되어있는데 데크플레이트인 현장은 건축품셈 8-1-4 인서트설치의 데크플레이트 인서트설치를 별도 계상하는 것이 맞는 것인지?

회신문

[답변1]
표준품셈 기계설비부문 "1-2-2 용접배관"의 비고 '화장실 배관은 본 품에 20%, 기계실배관은 본 품의 30%를 가산한다.'는 일반적으로 화장실 및 기계실의 배관시공 시 나타나는 협소 및 타 배관들간의 간섭으로 인한 작업능률 저하에 따른 할증율입니다.

[답변2]
데크플레이트에 인서트를 설치하는 기준은 "8-1-4 인서트 설치"의 설치 대상에서 '데크플레이트'를 참조하여 계상하시기 바랍니다.

제목 3 스텐인리스 강관 TIG용접 시 사용하는 알곤가스량의 사용범위

질의문

신청번호 1904-099 신청일 2019-04-29
질의부분 기계설비 제1장 배관공사 1-2-2 용접배관

기계설비 표준품셈 106Page의 스테인리스 TIG용접 소모재료에 대하여 아래와 같이 질의합니다.
여기에 표현된 알곤가스량이 TIG 용접용+퍼지용를 포함한 것인지? 아니면 TIG용접만을 위한 것인지?, TIG용접만을 위한 것이라면 퍼지용은 어떻게 물량을 산출해야 하는지?

회신문

표준품셈 기계설비부문 "1-3-1용접접합"에서 TIG용접 소모재료는 스테인리스강관의 TIG용접 시 필요한 용접봉과 아르곤가스의 양을 참고로 제시한 것이며, 퍼지가스에 대한 기준은 별도로 정하고 있지 않습니다.

1-3 스테인리스 강관

1-3-1 용접접합('92, '13, '19년 보완)

(용접개소당)

규 격(mm)	용접공(인)	규 격(mm)	용접공(인)
ø6	0.036	65	0.119
8	0.040	80	0.135
10	0.045	90	0.151
15	0.050	100	0.167
20	0.057	125	0.199
25	0.066	150	0.231
32	0.077	200	0.295
40	0.084	250	0.359
50	0.099	300	0.423
비 고	- 자체 추진 고소작업대(시저형)시공의 경우 20%를 감한다.		

[주] ① 본 품은 TIG용접으로 스테인리스 강관을 접합하는 기준이다.
② 공구손료 및 경장비(절단기, 자체 추진 고소작업대(시저형) 등) 기계경비는 인력품의 4%(인력시공), 13%(자체 추진 고소작업대(시저형) 시공)를 계상한다.
③ 용접접합에 필요한 부자재는 별도 계상한다.
④ 자체 추진 고소작업대(시저형)의 이동을 위한 크레인, 지게차 등의 비용은 별도 계상한다.

[참고자료]
○ TIG용접 소모재료

(용접개소당)

규 격(mm)	용접봉(kg)	Argon(ℓ)
ø15	0.007	64
20	0.013	95
25	0.020	129
40	0.040	191
50	0.055	265
65	0.168	343
80	0.213	430
90	0.257	565
100	0.313	699
125	0.443	1,098
150	0.601	1,285
200	1.007	2,170
250	1.455	3,060
300	2.070	3,945

1-3-2 용접배관('92, '13, '19년 보완)

(m당)

규 격(mm)	배관공(인)	보통인부(인)	규 격(mm)	배관공(인)	보통인부(인)
ø6	0.020	0.013	65	0.097	0.040
8	0.021	0.013	80	0.110	0.045
10	0.026	0.014	90	0.144	0.060
15	0.028	0.015	100	0.158	0.066
20	0.033	0.017	125	0.211	0.088
25	0.048	0.022	150	0.240	0.101
32	0.059	0.025	200	0.341	0.135
40	0.065	0.027	250	0.458	0.187
50	0.079	0.032	300	0.618	0.231
비 고	- 화장실 배관은 본 품에 20%, 기계실배관은 본 품의 30%를 가산한다. - 옥외배관(암거내)은 본 품에 10% 감한다. - 자체 추진 고소작업대(시저형)시공의 경우 20%를 감한다.				

[주] ① 본 품은 일반 배관용 스테인리스 강관의 옥내일반배관 기준이다.
② 인서트(거푸집용), 지지철물설치, 절단, 배관(가용접), 배관시험을 포함한다.
③ 밸브류 설치품은 '[기계설비부문] 5-1-1 일반밸브 및 콕류 설치'를 적용하고, 관이음부속류의 설치품은 본 품에 포함되어 있다.
④ 현장여건에 따라 콘크리트용 인서트를 사용할 경우 '[건축부문] 8-1-4 인서트(Insert) 설치'를 따른다.
⑤ 단열 지지대 및 관 지지대 설치 시에는 별도 계상한다.
⑥ Bending가공이 필요한 경우에는 별도 계상한다.
⑦ 공구손료 및 경장비(절단기, 자체 추진 고소작업대(시저형) 등) 기계경비는 인력품의 2%(인력시공), 10%(자체 추진 고소작업대(시저형) 시공)를 계상한다.
⑧ 자체 추진 고소작업대(시저형)의 이동을 위한 크레인, 지게차 등의 비용은 별도 계상한다.

1-3-3 프레스식 접합 및 배관('92, '13, '15, '19년 보완)

(m당)

규 격(mm)	배관공(인)	보통인부(인)	규 격(mm)	배관공(인)	보통인부(인)
13SU	0.034	0.017	50	0.084	0.043
20	0.045	0.023	60	0.109	0.057
25	0.053	0.027	75	0.126	0.066
30	0.067	0.034	80	0.165	0.087
40	0.078	0.040	100	0.192	0.102
비 고	- 화장실 배관은 본 품에 20%, 기계실배관은 본 품의 30%를 가산한다. - 옥외배관(암거내)은 본 품에 10% 감한다. - 자체 추진 고소작업대(시저형)시공의 경우 20%를 감한다.				

[주] ① 본 품은 일반 배관용 스테인리스 강관의 옥내일반배관 기준이다.
② 인서트(거푸집용), 지지철물설치, 절단, 배관 및 프레스 접합, 배관시험을 포함한다.
③ 밸브류 설치품은 '[기계설비부문] 5-1-1 일반밸브 및 콕류 설치'를 적용하고, 관이음부속류의 설치품은 본 품에 포함되어 있다.

④ 현장여건에 따라 콘크리트용 인서트를 사용할 경우 '[건축부문] 8-1-4 인서트(Insert) 설치'를 따른다.
⑤ 단열 지지대 및 관 지지대 설치 시에는 별도 계상한다.
⑥ Bending가공이 필요한 경우에는 별도 계상한다.
⑦ 공구손료 및 경장비(절단기, 자체 추진 고소작업대(시저형) 등) 기계경비는 인력품의 2%(인력시공), 10%(자체 추진 고소작업대(시저형) 시공)를 계상한다.
⑧ 자체 추진 고소작업대(시저형)의 이동을 위한 크레인, 지게차 등의 비용은 별도 계상한다.

有權解釋

제목 기계 품셈 1-3-3 프레스식 접합 및 배관 품셈관련 문의

질의문
신청번호 1905-095 신청일 2019-05-30
질의부분 설비 제1장 배관공사 1-3-3 프레스식접합 및 배관

1. 기계 품셈 1-3. 스테인리스강관 중 1-3-3 프레스식접합의 품셈 주기를 보면 일반배관용 스테인리스강관 품셈 옥내배관 기준이라 되어 있습니다. 이 강관 품셈 기준은 꼭 프레스접합방식만 적용하여야 하는지요?
2. 접합방식이 삽입식 부속이면 상기 항목의 공량을 적용하지 않으며, 품셈에 없는 접합방식이기에 업체에서 제공하는 품셈을 적용하는 것이 타당한지요?
상기 항의 삽입식 부속의 업체제공 품셈을 보면 배관절단, 인서트, 배관시험, 지지철물설치, 인서트설치의 조건은 프레스식접합과 동일하나, 접합방식만 상이한데, 업체제공 품셈이 프레스접합 품셈의 30%도 않되는 공량이라면 타당한지요?(프레스식접합 품셈의 구성비가 궁금하기도 합니다.)
3. 프레스접합의 주기 중 "현장여건에 따라 콘크리트용 인서트를 사용하는 경우 건축부문 8-1-4 인서트 설치를 따른다."고 되어 있는데 여기서 "따른다"는 문구는 어떻게 적용해야 하나요? 건축부문의 해당 사항을 별도 계상하라는 건지요?

회신문
[답변1, 2]
표준품셈 기계설비부문 "1-3-3 프레스식 접합"은 일반배관용 스테인리스 강관의 옥내일반배관 기준입니다. 삽입식 부속 접합방식에 본 품의 적용 유무와 같은 당해 공사에서 표준품셈의 적용여부 및 판단, 수량산출 등에 관련된 사항은 해당공사의 특성을 고려하시고 표준품셈을 참조하시어 공사관계자가 직접 결정하실 사항임을 양지해 주시면 감사드리겠습니다.
[답변3]
동 품 '주4. 콘트리트용 인서트를 사용할 경우 [건축부문] 8-1-4 인서트설치'를 따른다.'는 필요할 경우 건축부문의 인서트설치를 별도 계상하라는 의미입니다.

1-3-4 주름관 접합 및 배관('92, '13, '19년 보완)

(m당)

규 격(mm)	배관공(인)	보통인부(인)
ø 15	0.034	0.027
ø 20	0.039	0.031
비 고	- 자체 추진 고소작업대(시저형)시공의 경우 20%를 감한다.	

[주] ① 본 품은 스테인리스 주름관의 옥내일반배관 기준이다.
② 인서트(거푸집용), 지지철물설치, 절단, 배관 및 접합, 배관시험을 포함한다.
③ 현장여건에 따라 콘크리트용 인서트를 사용할 경우 '[건축부문] 8-1-4 인서트(Insert) 설치'를 따른다.
④ 단열 지지대 및 관 지지대 설치 시에는 별도 계상한다.
⑤ 공구손료 및 경장비(절단기, 자체 추진 고소작업대(시저형) 등) 기계경비는 인력품의 2%(인력시공), 10%(자체 추진 고소작업대(시저형) 시공)를 계상한다.
⑥ 자체 추진 고소작업대(시저형)의 이동을 위한 크레인, 지게차 등의 비용은 별도 계상한다.

1-4 주철관

1-4-1 기계식접합 및 배관(Mechanical Joint)('96, '01, '13, '19년 보완)

(접합개소당)

규 격(mm)	배관공(인)	보 통 인 부(인)
ø 50	0.152	0.081
65	0.193	0.089
75	0.219	0.094
100	0.287	0.107
125	0.352	0.120
150	0.399	0.130
200	0.523	0.154
비 고	- 자체 추진 고소작업대(시저형)시공의 경우 20%를 감한다.	

[주] ① 본 품은 배수용 주철관의 옥내일반배관 기준이다.
② 인서트(거푸집용), 지지철물설치, 절단, 배관 및 접합, 배관시험을 포함한다.
③ 현장여건에 따라 콘크리트용 인서트를 사용할 경우 '[건축부문] 8-1-4 인서트(Insert) 설치'를 따른다.
④ 단열 지지대 및 관 지지대 설치시에는 별도 계상한다.
⑤ 공구손료 및 경장비(절단기, 자체 추진 고소작업대(시저형) 등) 기계경비는 인력품의 2%(인력시공), 10%(자체 추진 고소작업대(시저형) 시공)를 계상한다.
⑥ 자체 추진 고소작업대(시저형)의 이동을 위한 크레인, 지게차 등의 비용은 별도 계상한다.

> **契約審査**
>
> **제목** 오배수 주철관 관 종류 변경
>
> **내용**
> 옥내 오배수는 별도 압력없이 중력에 의해 자연적인 흐름이 가능함에도 압력 배관에 사용하는 주철관(NEW MACH)으로 과다 설계되어 이를 용도에 적합하고 가격이 저렴한 NO HUB 주철관으로 변경
>
> **심사 착안사항**
> 설치 품 적용 시 품셈 적정 적용 및 공정상 불필요한 설계 여부 검토

1-4-2 수밀밴드 접합 및 배관('13년 신설, '19년 보완)

(접합개소당)

규 격(mm)	배관공(인)	보 통 인 부(인)
ø50	0.143	0.066
65	0.175	0.083
75	0.196	0.094
100	0.248	0.122
125	0.300	0.150
150	0.353	0.178
200	0.434	0.220
비 고	- 자체 추진 고소작업대(시저형)시공의 경우 20%를 감한다.	

[주] ① 본 품은 배수용 주철관의 노허브(no-hub)관을 접합하는 기준이다.
② 인서트(거푸집용), 지지철물설치, 절단, 배관 및 접합, 배관시험을 포함한다.
③ 현장여건에 따라 콘크리트용 인서트를 사용할 경우 '[건축부문] 8-1-4 인서트(Insert) 설치'를 따른다.
④ 단열 지지대 및 관 지지대 설치시에는 별도 계상한다.
⑤ 공구손료 및 경장비(절단기, 자체 추진 고소작업대(시저형) 등) 기계경비는 인력품의 2%(인력시공), 10%(자체 추진 고소작업대(시저형) 시공)를 계상한다.
⑥ 자체 추진 고소작업대(시저형)의 이동을 위한 크레인, 지게차 등의 비용은 별도 계상한다.

1-5 경질관

1-5-1 접착제 접합(T.S) 및 배관('13, '19년 보완)

(m당)

규 격(mm)	배관공(인)	보통인부(인)	규 격(mm)	배관공(인)	보통인부(인)
ø25	0.047	0.037	75	0.117	0.063
30	0.054	0.040	100	0.147	0.074
35	0.060	0.041	125	0.178	0.085
40	0.067	0.043	150	0.207	0.093
50	0.086	0.047	200	0.266	0.112
65	0.104	0.059			
비 고	- 자체 추진 고소작업대(시저형)시공의 경우 20%를 감한다.				

[주] ① 본 품은 일반용 경질 폴리염화 비닐관의 옥내일반배관 기준이다.
② 인서트(거푸집용), 지지물 설치, 절단, 배관 및 접합, 배관시험을 포함한다.
③ 현장여건에 따라 콘크리트용 인서트를 사용할 경우 '[건축부문] 8-1-4 인서트(Insert) 설치'를 따른다.
④ 단열 지지대 및 관 지지대 설치시에는 별도 계상한다.
⑤ 공구손료 및 경장비(절단기, 자체 추진 고소작업대(시저형) 등) 기계경비는 인력품의 2%(인력시공), 10%(자체 추진 고소작업대(시저형) 시공)를 계상한다.
⑥ 자체 추진 고소작업대(시저형)의 이동을 위한 크레인, 지게차 등의 비용은 별도 계상한다.

有權解釋

제목 1 PVC부속 접합에 관한 품

질의문
신청번호 2002-044 신청일 2020-02-18
질의부분 설비 제1장 배관공사 1-5-1 접착제(TS)접합 및 배관

기계설비부문 PVC배관접합 품셈(m당) 품은 있는데 PVC부속접합에 대한 품은 없는 건가요?

회신문
표준품셈 기계설비부문 "1-5 경질관"은 일반용 경질폴리염화비닐관의 옥내일반배관 기준이며, 접착제 접합과 소켓접합으로 구분하고 있습니다. 단위는 m로 정하고 있으며, 옥내일반배관(경질관)을 접합하는 부속접합에 대한 기준은 표준품셈에서 별도로 정하고 있지 않습니다.

제목 2 접합 및 부설의 단위 해석

질의문
신청번호 1903-082 신청일 2019-03-20
제1장 배관공사 1-5-1 접착제(TS)접합 및 배관

1-5 경질관 1-5-1 비접착제접합(T.S식) 및 부설의 단위는 m당으로 표기가 되어있으며, 하기 주석에는 (2) 인서트(거푸집용), 지지물설치, 절단, 배관 및 접합, 배관시험을 포함한다. 라고 되어있습니다. 그러면 배관 직관 10m설치 중 2point의 접합 부위가 있다고 가정할 때 품셈 공량을 기준으로 10m를 적용하면, 10m 배관설치와 2point의 접합이 적용되었다고 보면 되는건지요? 그럼 중간에 티나 레듀서로 인하여 10m배관중 접합point의 수량의 증감에 대한 것들은 어떻게 계산하여야 하나요?

회신문
표준품셈 기계설비부문 "1-5-1 접착제(TS)접합 및 배관"에서 접합부의 개소에 따른 품 기준은 별도로 정하고 있지 않습니다.

1-5-2 소켓 접합 및 배관('13년 신설, '19년 보완)

(m당)

규 격(mm)	배관공(인)	보통인부(인)	규 격(mm)	배관공(인)	보통인부(인)
ø 10	0.021	0.011	50	0.034	0.018
13	0.021	0.012	65	0.038	0.021
16	0.022	0.012	75	0.049	0.026
20	0.023	0.013	100	0.064	0.034
25	0.025	0.014	125	0.075	0.041
30	0.026	0.014	150	0.094	0.051
35	0.027	0.015	200	0.118	0.064
40	0.029	0.016			
비 고	- 자체 추진 고소작업대(시저형)시공의 경우 20%를 감한다.				

[주] ① 본 품은 일반용 경질 폴리염화 비닐관의 옥내일반배관 기준이다.
② 인서트(거푸집용), 지지물 설치, 절단, 배관 및 접합, 배관시험을 포함한다.
③ 현장여건에 따라 콘크리트용 인서트를 사용할 경우 '[건축부문] 8-1-4 인서트(Insert) 설치'를 따른다.
④ 단열 지지대 및 관 지지대 설치시에는 별도 계상한다.
⑤ 공구손료 및 경장비(절단기, 자체 추진 고소작업대(시저형) 등) 기계경비는 인력품의 2%(인력시공), 10%(자체 추진 고소작업대(시저형) 시공)를 계상한다.
⑥ 자체 주진 고소작업대(시저형)의 이동을 위한 크레인, 지게차 등의 비용은 별도 계상한다.

1-6 연질관

1-6-1 폴리부틸렌(PB) 일반접합 및 배관('96년 신설, '13, '19년 보완)

(m당)

구 분	단 위	수 량 (규격)	
		ø 16mm	ø 20mm
배 관 공	인	0.038	0.042
보 통 인 부	인	0.015	0.017

[주] ① 본 품은 폴리부틸렌(PB)관의 급수, 급탕용 배관 기준이다.
② 절단, 배관 및 고정철물 설치, 접합, 배관시험을 포함한다.
③ 공구손료 및 경장비의 기계경비는 인력품의 1%로 계상한다.

1-6-2 폴리부틸렌(PB) 이중관 접합 및 배관 ('13, '19년 보완)

(m당)

구 분	단 위	수 량 (규격)	
		ø 16mm	ø 20mm
배 관 공	인	0.048	0.053
보 통 인 부	인	0.021	0.023

[주] ① 본 품은 합성수지제 휨(가요) 전선관 중 CD(Combine Duct)관 내에 폴리부틸렌(PB)관이 삽입된 이중관의 옥내바닥배관 기준이다.
② 절단, 배관 및 고정철물 설치, 접합, 배관시험을 포함한다.
③ 공구손료 및 경장비의 기계경비는 인력품의 1%로 계상한다.

有權解釋

제목 폴리부틸렌(PB) 이중관 접합 및 배관 질의

질의문
신청번호 1904-056 신청일 2019-04-15
질의부분 설비 제1장 배관공사 1-6-2 폴리부틸렌(PB) 이중관접합 및 배관

PB이중관접합 및 배관 인건비 항목에서 [주]본 품은 합성수지제 휨(가요)전선관중 CD관내에 PB관이 삽입된 이중관의 옥내바닥 배관기준이다. 라고 되어있는데 CD관 인건비를 별도로 적용하지 않아도 된다는 것인지?

회신문
표준품셈 기계설비부문 "1-6-2 폴리부틸렌(PB) 이중관접합 및 배관"은 CD관에 PB관이 삽입된 상태로 시공하는 기준입니다.

契約審査

제목 1 단위세대에 불필요하게 계상된 급수·급탕 배관 수충격흡수기 삭제

내용
폴리부틸렌(PB)이중관 헤더공법이 적용된 급수·급탕배관에서는 수충격으로 인한 이상 압력이 발생되지 않으므로 불필요하게 설치되는 수충격흡수기 삭제

심사 착안사항
- 설치 품 산출시 품셈 적정 적용 및 공정상 불필요한 설계여부 검토
- 심사요청 현장조사를 통하여 시공과정과 설계도서 적정성 정밀 검토
- 설계공종 중 시공 가능성에 대한 적정성 검토

제목 2 폴리에틸렌(PE) 융착식 소켓 삭제

내용
작업공정으로 연결장치 없이 직접 연결하는 방식인 버트 융착공법을 적용하면서 불필요한 연결 소켓이 반영되어 있으므로 이를 삭제

심사 착안사항
- 설치 품 산출시 품셈 적정 적용 및 공정상 불필요한 설계여부 검토
- 심사요청 현장조사를 통하여 시공과정과 설계도서 적정성 정밀 검토
- 설계공종 중 시공 가능성에 대한 적정성 검토

1-6-3 가교화 폴리에틸렌관 접합 및 배관('13, '19년 보완)

(m당)

구 분	단 위	수 량 (규격)	
		ø16mm	ø20mm
배 관 공	인	0.029	0.036
보 통 인 부	인	0.014	0.018

[주] ① 본 품은 가교화 폴리에틸렌(PE-X)관의 옥내난방배관 기준이다.
② 절단, 배관 및 고정철물 설치, 접합, 배관시험을 포함한다.
③ 공구손료 및 경장비의 기계경비는 인력품의 1%로 계상한다.

제 2 장 덕트공사

2-1 덕트

2-1-1 아연도금강판덕트(각형덕트) 설치('15, '16, '21년 보완)

(㎡당)

구 분		규 격	덕트공 (인)	보통인부 (인)
호 칭 두 께		0.5㎜	0.182	0.031
		0.6㎜	0.171	0.029
		0.8㎜	0.179	0.030
		1.0㎜	0.219	0.037
		1.2㎜	0.252	0.043
		1.6㎜	0.317	0.054
비 고		- 자체 추진 고소작업대(시저형) 시공의 경우 20%를 감한다.		

[주] ① 본 품은 제작이 완료된 상태의 덕트를 설치하는 기준이다.
② 본 품은 지지물 설치, 보강재 설치, 덕트의 접합 및 설치 작업을 포함한다.
③ 덕트의 절단 및 가공이 필요한 경우 별도 계상한다.
④ 공구손료 및 경장비(드릴,자체 추진 고소작업대(시저형) 등) 기계경비는 인력품의 2%(인력시공), 10%(자체 추진 고소작업대(시저형) 시공)를 계상한다.
⑤ 벽체통과 구간의 콘크리트 깨기(쪼아내기) 등이 필요한 경우에는 별도 계상한다.
⑥ 자체 추진 고소작업대(시저형)의 이동을 위한 크레인, 지게차 등의 비용은 별도 계상한다.

有權解釋

제목 덕트공사 품셈적용 단위관련 질의

질의문
신청번호 2111-081 신청일 2021-11-29
질의부분 설비 제2장 덕트공사 2-1-1 아연도금 강판덕트(각형 덕트) 설치

2장 덕트공사 2-1-2는 m로 적용되어 있어 덕트 사용 길이로 품을 책정할 수 있게 나와 있는 반면 2-1-1, 2-1-3, 2-1-4 에서 덕트공사 품셈적용 기준이 제곱미터로 되어 있습니다. 제곱미터로 품셈을 적용 시 기준 너비는 어디로 설정해야 하는지 답변해 주시면 감사하겠습니다.

회신문
표준품셈 기계설비부문 "2-1-1 아연도금 강판덕트(각형 덕트) 설치", "2-1-3 스테인리스덕트(각형 덕트) 설치", "2-1-4 PVC덕트 설치"의 단위는 ㎡당이며, 덕트를 구성하는 아연도강판, 스테인리스판, PVC판의 면적(㎡) 기준으로 설치되는 판의 전체 면적을 기준으로 계상하시기 바랍니다.

2-1-2 아연도금강판덕트(스파이럴덕트) 설치('15, '16, '21년 보완)

(m당)

철판두께	규격 (㎜)	덕트공 (인)	보통인부 (인)
0.5㎜	ø80~150	0.131	0.017
	160	0.137	0.018
	180	0.151	0.021
	200	0.164	0.023
0.6㎜	225	0.181	0.027
	250	0.198	0.030
	275	0.214	0.033
	300	0.231	0.036
	350	0.265	0.043
	400	0.298	0.050
	450	0.376	0.056
	500	0.410	0.063
	550	0.443	0.069
	600	0.476	0.076
0.8㎜	650	0.510	0.082
	700	0.543	0.089
	750	0.577	0.095
	800	0.610	0.102
1.0㎜	850	0.644	0.108
	900	0.677	0.115
	950	0.711	0.122
	1,000	0.744	0.128
비 고	- 자체 추진 고소작업대(시저형) 시공의 경우 20%를 감한다.		

[주] ① 본 품은 제작이 완료된 상태의 스파이럴덕트를 설치하는 기준이다.
② 본 품은 지지물 설치, 보강재 설치, 덕트의 절단, 접합 및 설치 작업을 포함한다.
③ 공구손료 및 경장비(드릴, 자체 추진 고소작업대(시저형) 등) 기계경비는 인력품의 2%(인력시공), 10%(자체 추진 고소작업대(시저형) 시공)를 계상한다.
④ 벽체통과 구간의 콘크리트 깨기(쪼아내기) 등이 필요한 경우에는 별도 계상한다.
⑤ 자체 추진 고소작업대(시저형)의 이동을 위한 크레인, 지게차 등의 비용은 별도 계상한다.

> **有權解釋**
>
> **제목** 표준품셈 1-6-2 폴리부틸렌(PB) 이중관 접합 및 배관 질의
>
> **질의문**
> 신청번호 2006-091 신청일 2020-06-29
> 질의부분 설비 제2장 덕트공사 2-1-3 스파이럴덕트설치
>
> 2-1-3 스파이럴덕트설치('15, '16년 보완), 스파이럴덕트 품셈적용 시 0.5T의 250mm나 300mm의 스파이럴덕트를 설치할 예정이나, 품셈에는 해당 규격이 없어 적용이 불가합니다. 첨부된 표와 같이 0.6T 규격에만 250mm나 300mm의 스파이럴덕트설치 품셈이 있는데 이런 경우엔 어떤 항목에 품셈을 적용하여야 하나요?
>
> **회신문**
> 표준품셈 기계설비부문 "2-1-3 스파이럴덕트설치"에서는 0.5mm철판 두께의 규격 250mm, 300mm에 대한 기준을 제시하고 있지 않습니다.

2-1-3 스테인리스덕트(각형덕트) 설치('21년 보완)

(m²당)

구 분			규 격	덕 트 공(인)	보통인부(인)
호	칭	두 께	0.5mm	0.238	0.041
			0.6mm	0.224	0.038
			0.8mm	0.244	0.042
			1.0mm	0.300	0.051
비		고	- 자체 추진 고소작업대(시저형) 시공의 경우 20%를 감한다.		

[주] ① 본 품은 제작이 완료된 상태의 덕트를 설치하는 기준이다.
② 본 품은 지지물 설치, 보강재 설치, 덕트의 접합 및 설치 작업을 포함한다.
③ 덕트의 절단 및 가공이 필요한 경우 별도 계상한다.
④ 공구손료 및 경장비(드릴,자체 추진 고소작업대(시저형) 등) 기계경비는 인력품의 2%(인력시공), 10%(자체 추진 고소작업대(시저형) 시공)를 계상한다.
⑤ 벽체통과 구간의 콘크리트 깨기(쪼아내기) 등이 필요한 경우에는 별도 계상한다.
⑥ 자체 추진 고소작업대(시저형)의 이동을 위한 크레인, 지게차 등의 비용은 별도 계상한다.

2-1-4 PVC덕트 설치

(m²당)

구 분			규 격	덕 트 공(인)	보통인부(인)
호	칭	두 께	3mm	0.214	0.036

[주] ① 본 품은 제작이 완료된 상태의 PVC덕트를 설치하는 기준이다.
② 본 품은 지지물 설치, 보강재 설치, 덕트의 접합 및 설치 작업이 포함된 것이다.
③ 덕트의 절단, 가공 및 보온은 별도 계상한다.
④ 공구손료 및 경장비(드릴 등)의 기계경비는 인력품의 2%를 계상한다.
⑤ 벽체통과 구간의 콘크리트 깨기(쪼아내기) 등이 필요한 경우에는 별도 계상한다.

2-1-5 세대내 환기덕트 설치('21년 신설)

(m당)

구 분	단 위	수 량
덕 트 공	인	0.020
보 통 인 부	인	0.010

[주] ① 본 품은 세대내 환기덕트(204x60mm이하)를 설치하는 기준이다.
② 본 품은 덕트 절단, 덕트 조립 및 설치, 우레탄 충전 작업을 포함한다.
③ 플렉시블 덕트 및 취출구 설치는 별도 계상한다.
④ 공구손료 및 경장비(드릴 등)의 기계경비는 인력품의 2%를 계상한다.
⑤ 벽체통과 구간의 콘크리트 깨기(쪼아내기) 등이 필요한 경우에는 별도 계상한다.

2-1-6 플렉시블덕트 설치

(개소당)

규격 (mm)	덕트공(인)	규격 (mm)	덕트공(인)
ø 100	0.050	250	0.120
125	0.060	275	0.140
150	0.080	300	0.170
175	0.090	350	0.210
200	0.100	400	0.250
225	0.110		

[주] ① 본 품은 플렉시블 덕트를 일반 덕트에 연결하여 설치하는 기준이다.
② 본 품은 덕트 타공 및 절단, 플렉시블 덕트 접합 및 설치 작업을 포함한다.

有權解釋

제목 플렉시블덕트 품셈적용에 관련

질의문
신청번호 1905-054 신청일 2019-05-22
질의부분 설비 제2장 덕트공사 2-4-1 덕트설치

기계분야 2-4 플렉시블덕트 적용은 2-4-1 덕트설치를 참조하여야 하는지요? 적용한다면 m당 공량은 어떻게 산정하는지요?
(예) D100 → 0.05(인)/1.3m로 적용하여야 하는지요?

회신문
표준품셈 기계설비부문 "2-4-1 덕트설치"는 일반적으로 3m내외의 플렉시블덕트 개소당 설치품이며, 설치 길이별 품은 별도로 정하고 있지 않습니다.

> **契約審査**
>
> **제목** 플렉시블덕트 품셈적용에 관련
>
> **내용**
> 품셈에서의 플렉시블덕트설치 품은 3m설치 품으로 산출되어 있어 이를 설계에 적용할 때는 기준 길이로 환산하여야 하는데도 1m 기준 설치품에 그대로 적용한 오류를 조정
> ※ 플렉시블덕트설치(D200)/m당 : 덕트공 0.1인 → 0.033인(감 0.067인)
>
> **심사 착안사항**
> - 설계수량 및 원가산출 시 품셈의 단위수량 적용에 주의 필요(1일당을 1m², 1경간을 1m 등)
> - 본 공사의 특수성과 무관하게 관례적으로 적용한 공정의 필요성 검토

2-2 덕트기구

2-2-1 취출구 설치('21년 보완)

(개당)

구분	규격		덕트공 (인)
아네모디퓨저	목지름 (mm)	100mm이하	0.368
		200mm이하	0.430
		300mm이하	0.460
		400mm이하	0.490
		500mm이하	0.505
		600mm이하	0.552
유니버설형	단면적 (m²)	0.04m²이하	0.315
		0.06	0.322
		0.08	0.348
		0.10	0.365
유니버설형	단면적 (m²)	0.15	0.382
		0.20	0.425
		0.25	0.458
		0.30	0.517
		0.35	0.560
		0.40	0.670
펀칭메탈형	길이 (m)	1m 미만	0.255
		1m 미만(셔터)	0.356
		1m이상	0.721
		1m이상(셔터)	1.010
슬릿형	변길이 (m)	1m 미만	0.390
		1m 이상	1.102

[주] ① 본 품은 덕트에 연결하여 설치하는 취출구 설치 기준이다.
② 본 품은 덕트 연결, 개스킷 설치, 취출구 설치 및 고정 작업을 포함한다.
③ 타공이 필요한 경우 별도 계상한다.

2-2-2 흡입구 설치

(개당)

구 분	규 격		덕트공(인)
그릴(도어그릴)	흡입구	1m미만	0.525
	장변길이	1m이상	0.840
점검구	300㎜×300㎜ 이하		0.355
후드	일반	투영면적 ㎡당	0.800
	2중	〃 ㎡당	0.960
	그리스필터	〃 ㎡당	0.860
	2중 그리스필터	〃 ㎡당	1.000

[주] 본 품은 덕트 타공, 기기의 설치 및 고정 작업을 포함한다.

2-2-3 덕트 플렉시블 조인트 설치

(개소당)

송풍기 규격 호칭 번호	덕트공 (인)	보통인부 (인)	송풍기 규격 호칭 번호	덕트공 (인)	보통인부 (인)
032(2)	0.205	0.062	080(5⅓)	0.577	0.176
036(2⅓)	0.228	0.069	090(6)	0.682	0.207
040(2⅔)	0.252	0.077	100(6⅔)	0.795	0.242
045(3)	0.285	0.087	112(7½)	0.944	0.287
050(3⅓)	0.320	0.097	125(8⅓)	1.119	0.341
056(3⅔)	0.365	0.111	140(9⅓)	1.341	0.408
063(4)	0.421	0.128	160(10⅔)	1.669	0.508
071(4⅔)	0.492	0.150	180(12)	2.034	0.619

[주] ① 본 품은 송풍기와 덕트를 연결하는 플렉시블 조인트 설치 기준이다.
② 플렉시블 조인트의 규격은 송풍기의 호칭번호 기준이다.
③ 본 품은 플렉시블 조인트 연결 및 고정 작업을 포함한다.

2-2-4 일반댐퍼(사각) 설치

(개당)

구 분	단 위	방화댐퍼	풍량조절댐퍼(수동식)
덕 트 공	인	0.415	0.375
비 고	- 댐퍼면적 0.1㎡이하 기준으로, 0.1㎡ 증마다 다음 품을 가산한다.		
	구분	방화댐퍼	풍량조절댐퍼(수동식)
	덕 트 공	0.125	0.110

[주] 본 품은 덕트 타공, 기기의 설치 및 고정 작업을 포함한다.

2-2-5 일반댐퍼(원형) 설치('21년 신설)

(개당)

구 분	규 격	덕트공(인)
방화댐퍼	ø100mm이하	0.292
	200mm이하	0.346
	300mm이하	0.403
풍량조절댐퍼(수동식)	ø100mm이하	0.264
	200mm이하	0.313
	300mm이하	0.364

[주] 본 품은 덕트 타공 및 연결, 댐퍼 설치 및 고정 작업을 포함한다.

2-2-6 제연댐퍼 설치('21년 보완)

(㎡당)

구 분	단 위	수직덕트 연결방식	승강로 연결방식
덕 트 공	인	2.041	1.216
보 통 인 부	인	0.588	0.350

[주] ① 본 품은 입상덕트 타공 및 연결, 댐퍼 설치, 제어선 결선, 코킹마감 작업을 포함하고 있으며, 승강로 연결방식은 입상덕트 타공 및 연결 작업이 제외되어 있다.
② 전기배관 및 입선은 별도 계상한다.
③ 공구손료 및 경장비(절단기 등)의 기계경비는 인력품의 2%를 계상한다.

[참고자료] 제연댐퍼 재료량

(㎡당)

구 분	규 격	단 위	수 량
앵 커	1/2″	개	20
블라인드리벳		개	75
철 물	D22 철근	kg	12.5
실 리 콘		kg	1.25

제 3 장 보온공사

3-1 배관보온

3-1-1 일반마감 배관보온('92, '14, '20년 보완)

(m당)

구 분		단위	고무발포보온재		발포폴리에틸렌보온재	
규격 (㎜)	보온두께 (㎜)		보온공	보통인부	보온공	보통인부
ø15	25이하	인	0.034	0.003	0.024	0.002
	50이하	인	0.056	0.004	0.040	0.003
20	25이하	인	0.039	0.003	0.028	0.002
	50이하	인	0.064	0.004	0.046	0.003
25	25이하	인	0.043	0.003	0.031	0.002
	50이하	인	0.067	0.004	0.048	0.003
32	25이하	인	0.050	0.004	0.036	0.003
	50이하	인	0.077	0.007	0.055	0.005
40	25이하	인	0.059	0.004	0.042	0.003
	50이하	인	0.090	0.007	0.064	0.005
50	25이하	인	0.069	0.006	0.049	0.004
	50이하	인	0.105	0.008	0.075	0.006
65	25이하	인	0.083	0.007	0.059	0.005
	50이하	인	0.112	0.010	0.080	0.007
80	25이하	인	0.098	0.007	0.070	0.005
	50이하	인	0.129	0.010	0.092	0.007
100	25이하	인	0.118	0.008	0.084	0.006
	50이하	인	0.147	0.011	0.105	0.008
125	25이하	인	0.141	0.011	0.101	0.008
	50이하	인	0.176	0.014	0.126	0.010
150	25이하	인	0.167	0.013	0.119	0.009
	50이하	인	0.206	0.015	0.147	0.011
200	25이하	인	0.216	0.017	0.154	0.012
	50이하	인	0.245	0.020	0.175	0.014
250	25이하	인	0.260	0.020	0.186	0.014
	50이하	인	0.283	0.021	0.202	0.015
300	25이하	인	0.304	0.024	0.217	0.017
	50이하	인	0.319	0.025	0.228	0.018

비고	- 기계실은 본 품의 20%를 가산한다. - 그루브조인트식 배관에 보온을 하는 경우 본 품의 10%를 가산한다. - 유리면보온재(글라스울)로 보온하는 경우는 고무발포보온재 품에 90%를 적용한다. - 결로방지를 위해 보온전 사전 비닐감기가 필요한 경우는 발포폴리에틸렌보온재 설치 품의 15%를 적용한다. - 다음의 경우에는 기준품을 할증하여 적용한다. | 할 증 요 인	할증률
- 마감재를 시공하지 않는 경우	- 10%
- 마감재를 폴리프로필렌 sheet(APS 또는 TS커버)로 시공할 경우	15%	

[주] ① 본 품은 고무발포보온재, 발포폴리에틸렌보온재를 사용한 기계설비배관 보온 기준이다.
　② 본 품은 보온재 절단 및 설치, PVC보온테이프(매직테이프) 및 알루미늄 밴드마감 작업을 포함한다.

3-1-2 칼라함석마감 배관보온('14, '20년 보완)

(m당)

구 분		단위	수 량	
규격(mm)	보온두께(mm)		보온공	보통인부
ø15	25t	인	0.075	0.012
20	25t	인	0.079	0.013
25	25t	인	0.083	0.013
32	25t	인	0.089	0.014
40	25t	인	0.093	0.015
50	25t	인	0.101	0.016
65	40t	인	0.133	0.021
80	40t	인	0.142	0.023
100	40t	인	0.159	0.026
125	40t	인	0.177	0.028
150	40t	인	0.194	0.031
200	50t	인	0.243	0.039
250	50t	인	0.278	0.045
300	50t	인	0.314	0.051

[주] ① 본 품은 공장에서 가공된 상태의 칼라함석을 사용하여 배관을 보온하는 기준이다.
　② 본 품은 보온재의 소운반, 보온재 설치, 마무리 작업을 포함한다.
　③ 규격은 본관의 규격을 의미하며, 보온두께는 관보온재 설치두께를 의미한다.

有權解釋

제목 보온공사 품셈에 관련한 질문

질의문
신청번호 2008-027 신청일 2020-08-12
질의부분 설비 제3장 보온공사 3-1-2 칼라함석마감 배관보온

'2020년 건설공사 표준품셈'의 기계설비부문 제3장 보온공사의 품셈에 관련한 질문입니다.
"3-1-2 칼라함석마감 배관보온의 품셈(이하 '칼라함석 품셈'이라 칭함.)"은 "3-1-1 일반마감 배관보온의 품셈(이하 '일반보온 품셈'이라 칭함.)"을 포함하는 품셈인지? 아니면 '일반보온 품셈'과는 별도로 칼라함석마감 배관보온만의 품셈인지?

회신문
표준품셈 기계설비부문 "3-1-2 칼라함석마감 배관보온"은 배관보온 작업이 완료된 후 칼라함석만을 마감하는 기준입니다.

契約審査

제목 마감재를 시공하지 않는 경우 품 조정

내용
OO역 내진보강 중 기계설비 이설공사 원가를 산정하면서 동 품셈 비고란에 '마감재를 시공하지 않는 경우 기준 품에서 10%감'하여야 하고, '기계실은 기본 품을 20% 가산하여야 한다.'고 규정 함
- 기계실 관 보온(고무발포보온) 시공 : 노임할증 30% → 20%
- 마감재를 시공하지 않는 경우 : 기준 품에서 10% 감(감하지 아니함)

심사 착안사항
- 해당 품셈 적용 시 주기 사항 및 비고 란의 특별사항 적용 유의
- 심사요청 현장조사를 통하여 시공과정과 설계도서 적정성 정밀 검토
- 본 공사의 특수성과 무관하게 관례적으로 적용한 공정의 필요성 검토

3-2 밸브보온

3-2-1 일반마감 밸브보온('92, '14, '20년 보완)

(개소당)

구 분			고무발포보온재		발포폴리에틸렌보온재	
규격 (㎜)	보온두께 (㎜)	단위	보온공	보통인부	보온공	보통인부
ø15	25이하	인	0.198	0.066	0.149	0.049
	50이하	인	0.333	0.111	0.251	0.083
20	25이하	인	0.204	0.068	0.153	0.051
	50이하	인	0.344	0.114	0.259	0.086
25	25이하	인	0.211	0.070	0.158	0.052
	50이하	인	0.355	0.118	0.267	0.089
32	25이하	인	0.220	0.073	0.165	0.055
	50이하	인	0.371	0.123	0.279	0.092
40	25이하	인	0.230	0.076	0.173	0.057
	50이하	인	0.388	0.129	0.292	0.097
50	25이하	인	0.243	0.081	0.183	0.061
	50이하	인	0.410	0.136	0.308	0.102
65	25이하	인	0.258	0.086	0.194	0.064
	50이하	인	0.440	0.146	0.331	0.110
80	25이하	인	0.288	0.096	0.217	0.072
	50이하	인	0.471	0.156	0.354	0.117
100	25이하	인	0.342	0.113	0.257	0.085
	50이하	인	0.531	0.176	0.400	0.132
125	25이하	인	0.361	0.120	0.271	0.090
	50이하	인	0.592	0.196	0.445	0.148
150	25이하	인	0.383	0.127	0.288	0.096
	50이하	인	0.638	0.211	0.479	0.159
200	25이하	인	0.418	0.138	0.314	0.104
	50이하	인	0.653	0.216	0.491	0.163
250	25이하	인	0.440	0.146	0.331	0.110
	50이하	인	0.744	0.247	0.559	0.185
300	25이하	인	0.516	0.171	0.388	0.129
	50이하	인	0.774	0.257	0.582	0.193
비 고	- 기계실은 본 품의 20%를 가산한다.					

[주] ① 본 품은 고무발포보온재, 발포폴리에틸렌보온재를 사용한 기계설비밸브 보온 기준이다.
② 본 품은 보온재 절단 및 설치, PVC보온테이프(매직테이프) 및 알루미늄 밴드마감 작업을 포함한다.
③ 알람체크밸브, 준비작동식밸브 등 각종부속(자동경보장치, 배수밸브, 작동시험밸브, 압력스위치, 압력계 등)이 부착되어 있는 밸브에 보온하는 경우 25%까지 가산할 수 있다.

3-2-2 함석마감 밸브보온('92년 신설, '15, '20년 보완)

(개소당)

규격 (㎜)	단위	보온공 (인)	보통인부 (인)
ø50 이하	인	0.206	0.033
65	인	0.231	0.036
80	인	0.255	0.040
100	인	0.288	0.046
125	인	0.329	0.052
150	인	0.370	0.058
200	인	0.452	0.071
250	인	0.534	0.084
300	인	0.616	0.097

[주] ① 본 품은 공장에서 가공된 상태의 함석을 사용하여 밸브를 보온하는 기준이다.
② 본 품은 보온재의 설치 및 마무리 작업을 포함한다.
③ 본 품은 개폐형을 기준으로 한 것이다.

3-3 덕트보온

3-3-1 각형덕트 보온('14, '20년 보완)

(㎡당)

구 분	단위	고무발포보온재 발포폴리에틸렌보온재		유리면보온재 (글라스울)	
		25㎜ 이하	50㎜ 이하	25㎜ 이하	50㎜ 이하
보 온 공	인	0.257	0.286	0.304	0.338
보 통 인 부	인	0.046	0.051	0.054	0.060

[주] ① 본 품은 접착제가 부착된 고무발포 보온재, 발포 폴리에틸렌 보온재와 접착제가 부착되지 않은 유리면보온재(글라스울)를 사용한 각형덕트 보온 기준이다.
② 본 품은 보온재의 소운반, 보온재 재단, 보온재 및 알루미늄밴드 설치, 마무리 작업을 포함한다.

3-3-2 원형덕트 보온('14, '20년 보완)

(㎡당)

구 분	단위	고무발포보온재 발포폴리에틸렌보온재		유리면보온재 (글라스울)	
		25㎜ 이하	50㎜ 이하	25㎜ 이하	50㎜ 이하
보 온 공	인	0.261	0.290	0.308	0.343
보 통 인 부	인	0.047	0.052	0.056	0.061

[주] ① 본 품은 접착제가 부착된 고무발포 보온재, 발포 폴리에틸렌 보온재와 접착제가 부착되지 않은 유리면보온재(글라스울)를 사용한 원형덕트 보온 기준이다.
② 본 품은 보온재의 소운반, 보온재 재단, 보온재 및 알루미늄밴드 설치, 마무리 작업을 포함한다.

3-4 발열선

3-4-1 발열선 설치('06년 신설, '14, '20년 보완)

(m당)

구 분	단 위	수 량	
		세대내	공용부위
기 계 설 비 공	인	0.015	0.017
보 통 인 부	인	-	0.006

[주] ① 본 품은 배관의 발열선 설치를 기준한 것이다.
② 본 품은 다음을 포함한다.

구 분	세대내	공용부위

발열선 설치	• 발열선 설치 및 고정
	  (유리면 접착 테이프 사용)
	• 분기부 Tee Splice 설치
	• 관말 End Seal 설치
	• 온도센서 설치
	• 발열선 경고판 부착
		• 발열선 설치 및 고정
		  (유리면 접착 테이프 사용)
		• 분기부 Tee Splice 설치
		• 관말 End Seal 설치
		• 온도센서 설치
		• 발열선 경고판 부착
		• 램프킷트 설치 및 연결
		• 파워커넥션킷트 설치 및 연결

③ 강제전선관 배관, 전기배선 인입작업은 별도 계상한다.

3-4-2 분전함 설치('06년 신설, '14, '20년 보완)

(개소당)

구 분	단 위	수 량
기 계 설 비 공	인	0.271
보 통 인 부	인	0.135

[주] ① 본 품은 발열선의 작동을 위한 분전함(제어부) 설치 기준이다.
② 본 품은 분전함 설치 및 고정, 배선 인입부 가공, 분전함 내부 배선 및 결선, 작동시험 및 정리작업을 포함한다.
③ 강제전선관 배관, 통신·전기배선 인입 및 결선작업은 별도 계상한다.

제 4 장 펌프 및 공기설비공사

4-1 펌프

4-1-1 일반펌프 설치('14년 보완)

(대당)

규 격	단 위	기계설비공	보통인부
0.75 kW 이하	인	0.766	0.254
1.5 kW 이하	인	0.848	0.281
2.2 kW 이하	인	0.977	0.324
3.7 kW 이하	인	1.122	0.372
5.5 kW 이하	인	1.352	0.448
7.5 kW 이하	인	1.706	0.565
11 kW 이하	인	2.144	0.710
15 kW 이하	인	2.276	0.754
22 kW 이하	인	3.677	1.218
37 kW 이하	인	4.748	1.572
55 kW 이하	인	7.638	2.530
75 kW 이하	인	9.357	3.099

[주] ① 본 품은 급수 및 소방펌프를 옥내에 인력으로 운반하여 설치하는 기준이다.
② 본 품은 펌프 설치, 자동제어설비와의 결선, 펌프 시운전 및 교정 작업을 포함한다.
③ 펌프 기초 및 방진가대, 전기배선 및 입선, 펌프주위 연결배관은 제외되어 있다.
④ 펌프 압력탱크, 펌프 운영을 위한 자동제어설비의 설치는 제외되어 있다.
⑤ 공구손료 및 경장비(원치 등)의 기계경비는 인력품의 3%를 계상한다.
⑥ 펌프 설치를 위해 장비(지게차 등)를 사용할 경우 별도 계상한다.

有權解釋

제목 1 장비류(기계설비 기기류) 전기결선 작업 범위

질의문

신청번호 2206-065 신청일 2022-06-15
질의부분 설비 제4장 펌프 및 공기설비공사 4-1-1 일반펌프설치

기계설비공사업체입니다. 장비류에 전기가 인입될 때 장비결선 작업은 누가 하나요? 고압의 전기가 기계 설비공사에서 작업 할 수 있는지요?(전기면허업체 아니면 할 수 없는 것으로 아는데)
질의내용의 2015년 4월20일자에는 설비 품셈에 '결선작업은 포함한다.' 되어 있는데 이것은 전기면허가 없는데 어렵지 않나 생각이 듭니다. 품셈에 좀더 명확하게 해주시면 도움이 많이 되겠습니다.

회신문

표준품셈 기계설비부문 "4-1-1 펌프 설치"에서 자동제어설비와 펌프와의 결선작업은 동작제어반(자동제어판넬) 연결을 의미하는 것이며, 모든 배관 배선은 별도 작업조에 의해 완료된 상태에서 펌프의 가동을 위한 연결(결선) 작업은 본 품에 포함되어 있습니다. 또한, 전원공급반(MCC판넬) 연결은 본 품에는 제외되어 있으며, 아래 그림을 참조하시기 바랍니다.

1차측			펌프		2차측	
전원공급반 (MCC판넬)	배선 및 입선	결선	펌프설치	결선	배선 및 입선	동작제어반, 자동제어반 (MCC판넬)
별도작업(전기팀)			본품 포함		별도작업(전기팀)	

제목 2 펌프 정비시 표준품셈 문의

질의문

신청번호 2107-025 신청일 2021-07-08
질의부분 설비 제4장 펌프 및 공기설비공사 4-1-1 일반펌프설치

정수장에서 사용하는 대형 펌프정비 시 예를 들어 베어링교체, 슬리브교체, 축 얼라이먼트조정, 임펠라 교체, 완전분해 점검(오버홀) 등등에서 품셈 적용을 어떻게 해야 하는지요. 펌프 설치기준은 있는데 펌프정비 시 품셈 기준은 알 수 없어서 질문드립니다. 또한, 기계설비부문 4-1 펌프설치와 플랜트설비공사 13-5-12의 원심펌프설치의 차이점은 무엇인지요? 정수장에서 사용하는 취수펌프(원심펌프) 경우 플랜트설비공사 13-5-12의 품셈을 적용하는게 맞는지 문의드립니다.

회신문

[답변1]
표준품셈에서는 펌프정비에 대한 기준은 별도로 정하고 있지 않습니다. 표준품셈에서 정하지 않는 사항은 동 품셈 1-1-3의 4항을 참조하시어 적정한 예정가격 산정기준을 적의 결정하여 사용하시기 바랍니다.

[답변2]
표준품셈 기계설비부문 4장 펌프 및 공기설비공사는 일반적으로 주거용, 업무용, 공공용 등의 건축시설물 대상이고, 제13장 플랜트설비공사는 플랜트시설물을 대상으로 적용되고 있습니다. 기계설비 부문 "13-5-12"의 경우 "13-5 화력발전 기계설비"를 대상으로 하고 있습니다.

제목 3 일반펌프설치

질의문

신청번호 1905-081 신청일 2019-05-28
질의부분 설비 제4장 펌프 및 공기설비공사 4-1-1 일반펌프설치

기계설비 1-6의 일반펌프설치에 관련하여 순환펌프설치의 경우 일반펌프 품을 적용하고 동력결선에 대한 품을 따로 적용하고 있습니다. 그런데 발주처에서 해설에 적힌 내용 2번에 관련 내용인 본 품은 소운반 펌프설치 제어설비와의 결선펌프 시운전 및 교정작업을 포함한다. 2번 내용과 같이 제어설비와의 결선은 포함하고 있다고 적혀 있어, 적용을 받지 못하고 있습니다.
순환펌프 같은 경우는 제어설비와의 결선으로 봐야할지 동력결선으로 봐야할지 질의드립니다. 또한 제어설비와의 결선이라고 하면 컨트롤하는 판넬 결선으로 봐야하는 건지? 정확한 내용을 알고 싶어 질의를 드립니다.

> **회신문**
> 현행 표준품셈 기계설비부문 "4-1-1 펌프설치"에서 자동제어설비와 펌프와의 결선작업은 동작제어반(자동제어판넬) 연결을 의미하는 것이며, 모든 배관배선은 별도 작업조에 의해 완료된 상태에서 펌프의 가동을 위한 연결(결선) 작업은 본 품에 포함되어 있습니다.

> **契約審査**
>
> **제목 1** 펌프설치 품 및 과다수량 조정
>
> **내용**
> 바닥분수의 깊이는 0.5m로 일반펌프류설치 품을 적용하여야 하나, 우물속의 수중펌프설치 품으로 과다 계상되어 있어 조정
> - 설치품 : 5.5kW 펌프류 → 3.7kW이하 펌프류
>
> **심사 착안사항**
> - 내역서작성시 설계도면 및 공사시방서를 기준으로 수량산출하여 착오되는 사례가 없도록 유의
> - 심사요청 현장조사를 통하여 시공과정과 설계도서 적정성 정밀 검토
> - 본 공사의 특수성과 무관하게 관례적으로 적용한 공정의 필요성 검토
>
> **제목 2** 현장 여건에 맞는 수중펌프 등 규격 변경 조정
>
> **내용**
> - 수중펌프설치 장비의 규모 변경 : 크레인 30톤 → 5톤 트럭크레인으로 변경 적용
> - 수중펌프의 용량 : 7.5KW 일괄 적용을 장소별 차등 적용
> - 기자재 설치 : 견적에 의한 가격에서 일반기기설치 품 적용
> - 수중펌프 교체설치 품 조정 : 기품 6-1 설비공 공량 6.1 → 기품 1-6-1 설비공 공량 1.706
>
> **심사 착안사항**
> - 내역서작성시 설계도면 및 공사시방서를 기준으로 수량산출하여 착오되는 사례가 없도록 유의
> - 본 공사의 특수성과 무관하게 관례적으로 적용한 공정의 필요성 검토

4-1-2 집수정 배수펌프 설치('15년 신설)

(대당)

규 격	단 위	기계설비공	보통인부
0.75 kW이하	인	1.325	0.471
1.5 kW이하	인	1.498	0.533
2.2 kW이하	인	1.660	0.590
3.7 kW이하	인	2.005	0.713
5.5 kW이하	인	2.420	0.861
7.5 kW이하	인	2.881	1.025

[주] ① 본 품은 수중펌프를 집수정에 인력으로 설치하는 기준이다.
② 본 품은 지지대 및 가이드파이프 설치, 펌프 연결 및 고정, 자동제어설비와 결선, 시운전 및 교정 작업을 포함한다.
③ 본 품에는 기초, 전기배선 및 입선, 펌프주위 연결배관, 자동제어설비의 설치는 제외되어 있다.

④ 공구손료 및 경장비(용접기 등)의 기계경비는 인력품의 3%를 계상한다.
⑤ 본 품은 인력과 윈치설치 기준이며, 펌프 설치를 위해 장비를 사용할 경우 별도 계상한다.

有權解釋

제목 1 75kw 수중펌프 설치시 적용 품셈과 작업 범위문의

질의문
신청번호 2108-014 신청일 2021-08-04
질의부분 설비 제4장 펌프 및 공기설비공사 4-1-2 집수정 배수펌프 설치

75kw 수중펌프 설치 시 적용 품셈과 적용 범위가 알고 싶습니다. 집수정 배수펌프 설치 품의 "지지대 및 펌프 설치, 자동제어설비와의 결선, 펌프 시운전 및 교정작업이 포함된 것이다.", "기초, 전기배선 및 입선, 펌프주위 연결배관은 제외"가 적용되는게 맞는지요.

회신문
[답변1]
표준품셈 공통부문 "8-2-30 수중펌프"에서 수중펌프설치 시 적용 품셈을 제시하고 있으니 참조하시기 바랍니다. 다만 표준품셈에서는 수중펌프의 전동기 출력 규격 3.7kw, 7.5kw를 대상으로 하고 있습니다.
[답변2]
표준품셈 기계설비부문 "4-1-2 집수정 배수펌프 설치"는 '지지대 및 가이드파이프 설치, 펌프 연결 및 고정, 자동제어설비와 결선, 시운전 및 교정작업'이 포함되어 있으며, '기초, 전기배선 및 입선, 펌프 주위 연결 배관, 자동제어설비의 설치'는 제외되어 있습니다.

제목 2 수중펌프 품셈적용 문의

질의문
신청번호 1903-062 신청일 2019-03-17
질의부분 공통 제8장 건설기계 8-2-30 수중펌프

표준품셈 공통 8장 건설기계 8-2-30 수중펌프에 관련하여. 펌프운전공은 동력원을 상용전원(전기) 사용시에만 적용하고 발전기 사용시 제외하는 사항인지? 상용전원, 발전기 둘 중 어느 것을 사용해도(상시배수- 상용전원시 0.17인, 상시배수- 발전기사용 시 0.24인) 기준에 맞게 적용하는 사항인지?

회신문
표준품셈 공통부문 "8-2-30 수중펌프/2. 펌프운전공"에서 상용전원사용 시와 발전기사용 시 각각의 투입인원을 정하고 있으니 이에 맞게 적용하시기 바랍니다.

> **契約審査**
>
> **제목** 펌프설치 품 및 과다 수량 조정
>
> **내용**
> 바닥분수의 깊이는 0.5m로 일반 펌프류설치 품을 적용하여야 하나, 우물속의 수중펌프설치 품으로 과다계상 되어 있어 조정
> – 설치 품 : 5.5kW 펌프류 → 3.7kW이하 펌프류
>
> **심사 착안사항**
> – 펌프의 깊이가 깊지 않을 경우는 일반펌프로 우선 검토 필요
> – 심사요청 현장조사를 통하여 시공과정과 설계도서 적정성 정밀 검토
> – 설계공종 중 시공 가능성에 대한 적정성 검토

4-1-3 펌프 방진가대 설치('14년 보완)

(대당)

규 격	단 위	기계설비공	보통인부
0.75 kW 이하	인	0.650	0.207
1.5 kW 이하	인	0.675	0.215
2.2 kW 이하	인	0.715	0.228
3.7 kW 이하	인	0.759	0.242
5.5 kW 이하	인	0.830	0.265
7.5 kW 이하	인	0.891	0.284
11 kW 이하	인	0.987	0.315
15 kW 이하	인	1.021	0.326
22 kW 이하	인	1.349	0.430
37 kW 이하	인	1.566	0.499
55 kW 이하	인	1.988	0.634
75 kW 이하	인	2.378	0.758

[주] ① 본 품은 펌프설치를 위한 방진가대 설치 품이다.
② 본 품은 소운반, 방진가대 및 방진마운트 설치를 포함한다.
③ 방진가대 내에 콘크리트(모르타르) 충전이 필요한 경우 별도 계상한다.

4-2 송풍기 및 환풍기

4-2-1 송풍기 설치('15년 보완)

(대당)

송풍기규격 호칭 번호	편흡입 기계설비공(인)	편흡입 보통인부(인)	양흡입 기계설비공(인)	양흡입 보통인부(인)
032(2)	1.042	0.309	1.377	0.409
036(2⅓)	1.111	0.330	1.469	0.436
040(2⅔)	1.200	0.356	1.586	0.471
045(3)	1.313	0.390	1.735	0.515
050(3⅓)	1.440	0.428	1.903	0.565
056(3⅔)	1.613	0.479	2.132	0.633
063(4)	1.843	0.547	2.435	0.723
071(4⅔)	2.142	0.636	2.830	0.840
080(5⅓)	2.526	0.750	3.338	0.991
090(6)	3.014	0.895	3.982	1.183
100(6⅔)	3.565	1.059	4.711	1.399
112(7½)	4.177	1.240	5.519	1.639
125(8⅓)	4.606	1.368	6.086	1.807
140(9⅓)	5.165	1.534	6.824	2.027
160(10⅔)	6.760	2.008	8.933	2.653
180(12)	7.682	2.281	10.150	3.014
비 고	- 천장(높이 3.5m)에 행거형으로 송풍기를 설치하는 경우, 본 품의 70%를 가산한다.			

[주] ① 본 품은 다익형 송풍기를 인력으로 운반하여 설치하는 기준이다.
② 송풍기 호칭번호는 임펠러 깃 바깥 지름의 최대 치수(㎜)를 적용한다.
③ 본 품은 송풍기 설치, 자동제어설비와의 결선, 송풍기 시운전 및 교정 작업을 포함한다.
④ 송풍기 기초 및 방진가대, 전기배선 및 입선, 송풍기 주위 연결시설물은 제외되어 있다.
⑤ 공구손료 및 경장비(원치 등)의 기계경비는 인력품의 3%를 계상한다.
⑥ 산업용 송풍기 설치는 '[기계설비부문] 13-5-7 Fan 설치'를 적용한다.
⑦ 장비(지게차 등)를 사용할 경우 기계경비는 별도 계상한다.

有權解釋

제목 품셈의 시운전 비용관련 문의

질의문

신청번호 1902-077 신청일 2019-02-19

[기계설비공사 품셈 중 시운전비 관련하여]
1) 제2편 기계설비공사 제1장 공통공사 1. 강관배관 품셈의 주석란에 배관시험을 포함한다.라고 되어 있습니다. 여기서 배관시험이 순수 인건비만을 이야기 하는지? 배관시험에 필요한 전기료, 수도료 등이 포함된 것인지?
2) 1-7 송풍기설치 품셈의 주석란에 송풍기 시운전이 포함되어 있다.고 되어 있습니다. 여기서 시운전 품이 순수 인건비만을 이야기 하는지 전기료가 포함된 것인지?

3) 2-6 시운전을 보면 배관계통 등의 시운전비가 표현되어 있는데 여기서 말한 시운전비는 상기 1), 2)와 중복되는 것인지 별도 계상할 수 있는지?, 또한 시운전비에 전기료가 포함된 것인지?

회신문

표준품셈 기계설비공사 "1-1 강관" 및 "4-2-1 송풍기 설치"에서는 투입되는 인력 품을 제시하고 있으며, 공구손료 및 경장비의 기계경비의 요율외 기타비용은 별도로 정하고 있지 않습니다. 또한, 시운전과 배관시험은 별도의 작업내용임을 알려드립니다.

4-2-2 벽걸이 배기팬 설치('16, '21년 보완)

(개당)

구 분	단 위	200㎜	300㎜	400㎜	600㎜
기 계 설 비 공	인	0.30	0.40	0.50	0.80

[주] ① 본 품은 전동기 직결형 배기팬의 벽걸이형 설치작업을 기준한 것이다.
　　② 형틀 설치가 필요한 경우에는 별도 계상한다.

4-2-3 욕실배기팬 설치('21년 신설)

(개당)

구 분	단 위	Ø100㎜이하	Ø200㎜이하
기 계 설 비 공	인	0.083	0.111
보 통 인 부	인	0.042	0.056

[주] ① 본 품은 욕실 천장에 설치하는 원심형 환풍기 기준이다.
　　② 본 품은 덕트 연결, 환풍기(브라켓 및 커버) 설치, 결선, 작동시험을 포함한다.
　　③ 플렉시블덕트 및 댐퍼 설치는 별도 계상한다.

4-2-4 무덕트 유인팬 설치('01년 신설, '21년)

(대당)

구 분	단 위	풍량 1,600㎥/h이하	풍량 2,400㎥/h이하
기 계 설 비 공	인	0.230	0.246
보 통 인 부	인	0.170	0.182

[주] ① 본 품은 천장에 무덕트 유인팬을 설치하는 기준이다.
　　② 본 품에는 앵커설치, 가대조립, 유인팬 설치, 작동시험을 포함한다.

4-2-5 레인지후드 설치('96년 신설, '16년 보완)

(개당)

구 분	단 위	수 량	
		700㎜이하	900㎜이하
기 계 설 비 공	인	0.119	0.142
보 통 인 부	인	0.038	0.046

[주] ① 본 품은 가정용 주방에 설치하는 레인지후드(최대 풍량 6~12㎥/분) 기준이다.
　　② 본 품에는 플렉시블 덕트의 연결, 후드 설치, 시운전 및 검사를 포함한다.

제 5 장 밸브설비공사

5-1 밸브

5-1-1 일반밸브 및 콕류 설치('07, '13, '19년 보완)

(개당)

규격 (mm)	수량		규격 (mm)	수량	
	배관공(인)	보통인부(인)		배관공(인)	보통인부(인)
ø15~ 25	0.050	-	125	0.278	0.121
32~ 50	0.074	-	150	0.343	0.147
65	0.108	0.073	200	0.471	0.188
80	0.141	0.083	250	0.616	0.230
100	0.214	0.105	300	0.788	0.261

[주] ① 본 품은 설치위치 선정, 설치, 작동시험 및 마무리 작업을 포함한다.
  ② 공구손료 및 경장비(전기드릴 등)의 기계경비는 인력품의 2%로 계상한다.

有權解釋

제목 밸브설치 품에 대하여 질의

질의문

신청번호 2209-028 신청일 2022-09-08
질의부분 설비 제5장 밸브설비공사 5-1-1 일반 밸브 및 콕류 설치

질의부문 선택에서처럼 일반밸브에 해당되는 것이 구체적으로 어느 밸브를 얘기하는지 질의합니다. 하수처리장이나 폐수처리장에서 사용하는 주철 게이트밸브나 주철 및 주강 체크밸브 등이 여기에 해당되는 것인지 아니면 플랜트설비 공사에서 밸브 취부로 선택을 해야 하는지요? 아울러 배관의 피팅류중에 유니온이나 소켓의 설치비는 어떻게 구성하여야 하는지요?
예를 들어 유니온같은 경우는 어느 현장에서는 설계가 밸브 설치로 되어 있었습니다.
추가적으로 더 말씀드리면 5-1-1 일반 밸브 및 콕류 설치로 주철게이트밸브를 일위대가 꾸몄을 때 5-3-2 플랙시블커넥터 설치로 스텐플렉시블죠인트를 일위대가를 꾸몄을 때 각각 같은 사이즈로 비교해보면 중량 차이로보나 금액으로 보나 게이트밸브가 2배 이상인데 일위대가 금액은 스텐플렉시블 죠인트가 2배 이상으로 산정되어 집니다.

회신문

[답변1]
표준품셈 기계설비부문 5장 밸브설비 공사는 일반적으로 주거용, 업무용, 공공용 등의 건축시설물 대상이고, 제13장 플랜트설비 공사는 플랜트 시설물을 대상으로 적용되고 있습니다.
표준품셈 기계설비부문 "13-1 플랜트배관 공사"는 플랜트 시설물의 배관공사를 대상으로 적용되고 있습니다. 플랜트 시설물의 종류는 동 품셈 "제13장 플랜트설비공사" 목차에서 화력발전기계설비, 수력발전기계설비, 제철기계설비, 쓰레기소각 기계설비, 하수처리 기계설비, 운반기계설비 등으로 정하고 있으니 이를 참조하시기 바랍니다.

[답변2]
현행 표준품셈 기계설비부문 "1장 배관공사"의 '용접배관' 항목에는 관이음부속류의 설치 품은 포함되어 있으며, 관이음류는 동 품셈 "1-3-8 강관 배관의 부자재 산정 요율"의 [주]에서 엘보, 티, reducer, 유니온, 소켓, 캡, 플러그 등으로 정의하고 있으니 이를 참조하시기 바랍니다.

답변3. 표준품셈은 단위 공종당 투입되는 품 기준을 제시하고 있으며, 품셈의 제.개정은 현장조사 결과에 의해 이루어고 있음을 알려드립니다. 또한 일위대가 작성 및 판단에 대한 사항은 표준품셈관리기관에서 답변드릴수 없는 사항임을 양지하여 주시기 바랍니다.

5-1-2 감압밸브장치 설치('04, '13, '19년 보완)

(조당)

규격(㎜)	수량 배관공(인)	수량 보통인부(인)	규격(㎜)	수량 배관공(인)	수량 보통인부(인)
ø 15	2.084	0.212	65	5.477	1.047
20	2.527	0.295	80	6.224	1.297
25	2.934	0.379	100	7.220	1.631
32	3.462	0.496	125	8.465	2.049
40	4.020	0.629	150	9.710	2.466
50	4.668	0.796	200	11.815	3.301
비고	- 밸런스 파이프를 필요로 할 경우에는 30% 가산한다.				

[주] ① 본 품은 밸런스 파이프를 필요로 하지 않는 기준이다.
② 감압밸브, 게이트밸브, 글로브밸브, 스트레이너, 압력계, 안전밸브 등 바이패스 배관조립 및 설치, 배관시험을 포함한다.
③ 온도조절장치의 경우 본 품을 준용하여 적용할 수 있다.
④ 공구손료 및 경장비(전기드릴 등)의 기계경비는 인력품의 2%로 계상한다.

有權解釋

제목 감압밸브장치 설치

질의문
신청번호 2211-007 신청일 2022-11-02
질의부분 설비 제5장 밸브설비공사 5-1-2 감압밸브장치 설치

기계설비 표준품셈 5-1-2 감압밸브장치 설치
[질의]
감압밸브장치 설치 시 배관용접, 플랜지용접 품을 별도로 계상하여야 하는지?
[주] ① 본 품은 밸런스 파이프를 필요로 하지 않는 기준이다.
② 감압밸브, 게이트밸브, 글로브밸브, 스트레이너, 압력계, 안전밸브 등 바이패스 배관조립 및 설치, 배관시험을 포함한다.
③ 온도조절장치의 경우 본 품을 준용하여 적용할 수 있다.
④ 공구손료 및 경장비(전기드릴 등)의 기계경비는 인력품의 2%로 계상한다.

> **회신문**
> 표준품셈 기계설비부문 "5-1-2 감압밸브장치 설치"는 나사식 및 플랜지 접합을 반영한 것으로 용접작업은 포함하고 있지 않습니다.

> **契約審査**
>
> **제목** 과다 적용된 삼방변장치설치 품 조정
>
> **내용**
> 삼방변장치설치에 대해 구성요소가 다른 증기용 감압밸브장치 품으로 잘못 적용된 것을 삼방변장치설치에 적합한 품으로 재 산정
> ※ 삼방변장치(동, D50×25×50)/SET : 배관공 4.14인 → 0.668인, 보통인부 0.2인 → 0.087인
>
> **심사 착안사항**
> - 설치 품 산출시 품셈 적정 적용 및 공정상 불필요한 설계 여부 검토
> - 심사요청 현장조사를 통하여 시공과정과 설계도서 적정성 정밀 검토
> - 설계공종 중 시공 가능성에 대한 적정성 검토

5-2 증기트랩

5-2-1 스팀트랩 장치 설치('14, '19년 보완)

(조당)

구 분	단 위	수 량 (규격)					
		ø15mm	ø20mm	ø25mm	ø32mm	ø40mm	ø50mm
배 관 공	인	0.632	0.856	1.081	1.396	1.756	2.206
보 통 인 부	인	0.235	0.319	0.402	0.519	0.653	0.820

[주] ① 본 품은 고압버킷 및 저압벨로스형 트랩을 포함한 기준이다.
② 트랩, 게이트밸브, 글로브밸브, 스트레이너, 바이패스 배관조립 및 설치, 배관시험을 포함한다.
③ 바이패스 구간에 기타 부속품이 추가되는 경우에는 별도 계상한다.
④ 스팀트랩 장치 설치를 위한 지지대 및 가대설치는 별도 계상한다.
⑤ 공구손료 및 경장비(전기드릴 등)의 기계경비는 인력품의 2%로 계상한다.

5-3 플랙시블 이음 및 팽창이음

5-3-1 익스팬션조인트 설치('07, '19년 보완)

(개당)

규 격(mm)	수 량			
	복식		단식	
	배관 공(인)	보통인부(인)	배관 공(인)	보통인부(인)
ø20~25	0.219	0.142	0.195	0.122
32	0.344	0.198	0.306	0.169
40	0.459	0.244	0.408	0.209
50	0.611	0.301	0.544	0.258
65	0.857	0.385	0.762	0.330
80	1.119	0.468	0.995	0.401
100	1.490	0.577	1.325	0.494
125	1.985	0.711	1.766	0.609
150	2.510	0.844	2.232	0.723
200	3.633	1.107	3.231	0.948

[주] ① 본 품은 자재 및 공구 설치위치 재단, 플랜지 접합(강관) 또는 동관용접, 벽체 앵커 설치, 고정바 취부, 수압시험, 고정바 및 고정핀 제거, 정리 및 마무리 작업을 포함한다.
② 지지대 설치가 필요한 경우 별도 계상한다.
③ 공구손료 및 경장비(용접기 등)의 기계경비는 인력품의 2%로 계상한다.

5-3-2 플랙시블커넥터 설치('07년 신설, '13, '19년 보완)

(개당)

규 격	수 량	
	배관 공(인)	보통인부(인)
ø15~25	0.034	0.025
32~50	0.083	0.046
65	0.191	0.095
80	0.260	0.114
100	0.400	0.151
125	0.560	0.193
150	0.696	0.237
200	0.968	0.315
250	1.250	0.393
300	1.512	0.461

[주] ① 본 품은 진동을 흡수하는 플랙시블커넥터(커넥팅로드_플랜지접합형)를 설치하는 기준이다.
② 수평보기, 콘트롤로드설치, 배관시험을 포함한다.
③ 플랙시블조인트의 경우 본 품을 준용하여 적용할 수 있다.
④ 공구손료 및 경장비(용접기 등)의 기계경비는 인력품의 2%로 계상한다.

5-4 수격방지기

5-4-1 수격방지기 설치('02년 신설, '19년 보완)

(개당)

규 격 (㎜)	수 량		규 격 (㎜)	수 량	
	배관공(인)	보통인부(인)		배관공(인)	보통인부(인)
ø15 ~ 25	0.028	-	100	0.136	0.045
32 ~ 50	0.056	-	125	0.181	0.060
65	0.073	0.024	150	0.226	0.075
80	0.100	0.033	200	0.316	0.105

[주] ① 본 품은 나사(삽입)접합식(50mm이하)과 플랜지접합식(65mm이상)의 설치 기준이다.
② 설치위치 선정, 수격방지기 설치, 작동시험 및 마무리 작업을 포함한다.
③ 수격방지기를 설치하기 위하여 벽체 홈파내기가 필요한 경우 별도 계상한다.
④ 공구손료 및 경장비(전기드릴 등)의 기계경비는 인력품의 2%로 계상한다.

제 6 장 측정기기공사

6-1 유량계

6-1-1 직독식 설치('92, '11, '14, '19년 보완)

(개당)

구 분		단위	수 량 (규격 mm)					
			ø13~15	ø20~32	ø40~50	ø65~80	ø100~150	ø200~300
보호통	배 관 공	인	0.148	0.188	0.253			
	보통인부	인	0.148	0.188	0.253			
유량계	배 관 공	인	0.094	0.113	0.143	0.446	0.533	0.838
	보통인부	인	0.094	0.113	0.143	0.446	0.533	0.838
비고			- 건축물내의 유량계 설치위치·형태가 개소별로 상이하거나 연속작업이 불가능한 경우는 본 품의 20%를 가산한다. - 동일장소에서 수도미터, 온수미터를 병행 설치시에는 단독 설치품에 30%를 가산한다.					

[주] ① 본 품은 수도미터(급수용), 온수미터(급탕용, 난방용)의 옥내배관 설치 기준이다.
② 가배관 철거, 유량계설치, 작동시험 및 마무리 작업을 포함한다.
③ 공구손료 및 경장비의 기계경비는 인력품의 1%로 계상한다.

有權解釋

제목 1 유량계(직독식)설치 관련 적용 문의

질의문

신청번호 2009-080 신청일 2020-09-28
질의부분 설비 제6장 측정기기공사 6-1-1 직독식설치

6-6-1 직독식유량계설치 관련하여 만기계량기 교체관련 예산을 검토중에 있습니다.
[주] (2)에 "가배관철거, 유량계설치, 작동시험 및 마무리작업을 포함한다."라고 설명되어 있는데
[질문1]
상수도용 만기계량기교체 시 기존 유량계를 철거하고 신규 유량계를 설치할 때 가배관철거 품을 제외하여야 할 것으로 판단되는데 제외 품을 어떻게 적용해야 하는지?
[질문2]
개소별로 상이하거나 연속작업이 불가능한 경우 품을 20% 할증한다고 되어있는데 인접한 수용가의 경우 개소별로 상이하고 수분이내에 연속해서 작업할 수 있는데 이때의 품을 어떻게 해야 하는지?
[질문3]
만기 계량기 교체업무를 수행하고 있는데 13mm기준으로 1일 최소 10여개부터 최대 30가지 교체하는데 품셈상의 품을 환산해보면 1일 2인이 7개 정도 교체하는 것으로 규정되어 있는데 이 품(배관공 0.148인, 보통인부 0.148인)으로 결정한 근거가 무엇인지?

> **회신문**
> [답변1]
> 표준품셈 기계설비부문 "6-1-1 직독식설치"의 경우 수도미터, 온수미터의 옥내배관설치 기준이며, 가배관철거, 유량계설치, 작동시험 및 마무리 작업에 대한 품을 제시하고 있으며, 가배관철거 품이 제외된 기준에 대해서는 제시하고 있지 않습니다.
> [답변2]
> 표준품셈 기계설비부문 "6-1-1 직독식설치"는 동일한 공동주택에서 설치 위치, 형태가 상이하여 연속작업이 불가능할 경우 가산할 수 있으나, 설치 위치, 형태가 개소별로 상이하지만 연속작업이 가능할 경우 그에 대한 할증 적용 여부는 현장여건을 고려하시어 공사관계자가 판단하시기 바랍니다.
> [답변3]
> 표준품셈은 현장조사를 토대로 품을 제정하고 있습니다. 표준품셈 적용기준 "1-3 3. 본 표준품셈은 건설공사 중 대표적이고 보편적이며 일반화된 공종, 공법을 기준한 것이며 현장여건, 기후의 특성 및 조건에 따라 조정하여 적용하되, 예정가격작성기준 제2조에 의거 부당하게 감액하거나 과잉 계산되지 않도록 한다."에 의해 대표적이고 보편적인 현장조건을 기준으로 조사된 결과입니다.
>
> **제목 2 유량계설치 품 적용 문의**
>
> **질의문**
> 신청번호 1905-013 신청일 2019-05-08
> 질의부분 설비 제6장 측정기기공사 6-1-1 직독식설치
>
> 기계설비부문 제6장 측정기기공사 6-1 유량계 6-1-1 직독식설치 비고란에 건축물 내의 유량계 설치 위치, 형태가 개소별로 상이 하거나 연속작업이 불가능한 경우는 본 품의 20%를 가산한다. 라고 되어 있는데요.
> [문의사항]
> 건축물내의 유량계설치 위치, 형태가 동일건축물(아파트, 빌라, 다세대등 층마다 유량계가 설치되어있는 경우)내에 동일 장소로 봐야 하는지? 상이한 장소로 봐서 연속작업이 불가능한 경우로 20%를 가산하여야 하는지?
>
> **회신문**
> 현행 표준품셈 기계설비부문 "6-1-1 직독식설치"는 공동주택을 기준으로 제시한 품으로, 동일한 공동주택에서 설치 위치, 형태가 상이하여 연속작업이 불가능할 경우 가산할 수 있습니다.

6-1-2 원격식 설치('14, '19년 보완)

(개당)

구 분	단 위	수 량 (규격)	
		ø13~15mm	ø20~32mm
배 관 공	인	0.112	0.132
보 통 인 부	인	0.112	0.132

[주] ① 본 품은 원격식 냉수용 수도미터, 원격식 온수미터의 옥내배관 설치 기준이다.
② 가배관 철거, 유량계 설치, 전선관 결선, 시험·점검을 포함한다.
③ 밸브, 스트레이너 및 주위배관 설치는 별도 계상한다.
④ 전선관 배관 및 입선, 지시부 설치는 별도 계상한다.
⑤ 공구손료 및 경장비의 기계경비는 인력품의 1%로 계상한다.

6-2 적산열량계

6-2-1 세대용 설치('03, '04, '14년 보완)

(개당)

구 분	단 위	수 량 (규격)	
		ø13~15mm	ø20~32mm
배 관 공	인	0.122	0.142
보 통 인 부	인	0.122	0.142

[주] ① 본 품은 적산열량계의 옥내배관 설치 기준이다.
② 가배관 철거, 적산열량계 및 감온부 설치, 전선관 결선, 시험·점검을 포함한다.
③ 밸브, 스트레이너 및 주위배관 설치 품은 별도 계상한다.
④ 전선관 배관 및 입선, 지시부 설치는 별도 계상한다.
⑤ 공구손료 및 경장비의 기계경비는 인력품의 1%로 계상한다.

6-2-2 건물용 설치('14, '19년 보완)

(개당)

구 분	단 위	수 량 (규격)				
		ø50mm	ø65mm	ø80mm	ø125mm	ø150mm
배 관 공	인	0.424	0.478	0.489	0.521	0.634
보 통 인 부	인	0.424	0.478	0.489	0.521	0.634

[주] ① 본 품은 가배관을 철거하고, 건물입구(지하층 또는 기계실)에 적산열량계를 설치하는 기준이다.
② 배관세정작업, 적산열량계 및 온도감지기 설치, 전선관 결선, 시험·점검을 포함한다.
③ 밸브, 스트레이너 및 연결배관 조립 품은 별도 계상한다.
④ 전선관 배관 및 입선, 지시부 설치는 별도 계상한다.
⑤ 공구손료 및 경장비의 기계경비는 인력품의 1%로 계상한다.

6-2-3 산업용 설치('19년 보완)

(대당)

구 분	단 위	수 량 (규격)			
		ø32mm	ø50mm	ø100mm	ø150mm
플 랜 트 배 관 공	인	0.71	0.75	0.85	0.95
특 별 인 부	인	0.71	0.75	0.85	0.95
계 장 공	인	0.71	0.75	0.85	0.95

[주] ① 본 품은 가배관을 철거하고, 지역난방공사와 같이 산업용으로 적산열량계를 설치하는 기준이다
② 배관세정작업, 유량계, 온도감지기, 열량지시계, 단자함 설치, 전기배선 및 결선, 시험을 포함한다.
③ 전선관, 밸브, 스트레이너 설치품은 별도 계상한다.
④ 열량지시계는 노출기준이며 매립 시는 별도 계상한다.
⑤ 공구손료 및 경장비의 기계경비는 인력품의 1%로 계상한다.

有權解釋

제목 지역난방사업자 열요금 부과용 적산열량계 설치관련 적용대상

질의문

신청번호 2106-083 신청일 2021-06-29
질의부분 설비 제6장 측정기기공사 6-2-3 산업용 설치

1. 공동주택의 세대에 지역난방 열 공급을 위하여 공동주택 세대내가 아닌 종합관리실의 기계실(열교환실)에 지역난방 사업자 열 요금부과용 적산열량계가 설치되어 있으며, 이 적산열량계의 철거 및 재설치 공사에 적용할 항목이 (1. 건물용 2. 산업용) 어디에 해당하는지 여부?
2. 품셈에 표시되어 있는 건물용 설치 기준 정의 및 산업용 설치기준 정의를 설명바라며?
3. 지역난방사업자로써 지금껏 사용자시설 열 요금부과용 적산열량계를 산업용 계량기로 간주하여 철거 및 재설치 공사 시 산업용품으로 적용하여 왔으나, 건물용설치 품과 산업용설치 품 단가차이가 너무나며, 또한 사용자 기계실 특성상 건물용 품으로 적용하여도 된다는 생각이 분분하여 건물용 품으로 적용하여도 되는지?

회신문

표준품셈 기계설비 부분 "6-2 적산열량계"에서 "6-2-2 건물용 설치"는 가배관을 철거하고 건물입구(지하층 또는 기계실)에 적산열량계를 설치하는 기준이며, "6-2-3 산업용 설치"는 가배관을 철거하고 지역난방공사와 같이 산업용으로 적산열량계를 설치하는 기준입니다.
또한 현행 표준품셈에서 '적산열량계 철거, 재설치, 교체'품을 별도로 정하고 있지 않습니다.

제 7 장 위생기구설비공사

7-1 위생기구류

7-1-1 소변기 설치('14, '22년 보완)

(개당)

구 분	단위	F.V형 소변기		전자감응기 일체형 소변기		전자감응기 노출형 소변기		전자감응기 벽매립형 소변기	
		거치형	벽걸이형	거치형	벽걸이형	거치형	벽걸이형	거치형	벽걸이형
위 생 공	인	0.747	0.784	0.796	0.835	0.907	0.952	0.934	0.980
보 통 인 부	인	0.241	0.253	0.241	0.253	0.241	0.253	0.241	0.253

[주] ① 본 품은 스톨소변기를 설치하는 기준이다.
　　② 본 품은 연결구 플러그 제거, 앵커 및 지지철물 설치, 플랜지 설치, 니플 및 연결관 설치, 소변기 설치, 시멘트 및 실리콘 마감, 전자감응기 설치 및 결선, 통수시험을 포함한다.
　　③ 전자감응기 벽매립형 설치에는 슬리브BOX 매립 작업을 포함한다.

7-1-2 대변기 설치('14년 보완)

(개당)

구 분	단 위	동양식대변기 (F.V형)	서양식대변기 (탱크형)	서양식대변기 (F.V형)
위 생 공	인	0.605	0.694	0.669
보 통 인 부	인	0.174	0.200	0.193

[주] 본 품은 연결구 플러그 제거, 플랜지 설치, 앵글밸브 및 연결관 설치, 세척밸브 설치, 양변기 및 시트 설치, 시멘트 및 실리콘 마감, 통수시험을 포함한다.

7-1-3 도기세면기 설치('14년 보완)

(개당)

구 분	단 위	수 량
위 생 공	인	0.275
보 통 인 부	인	0.065

[주] ① 본 품은 벽붙임 도기세면기를 설치하는 기준이다.
　　② 본 품은 앵커 설치, 세면기 설치, 폽업 및 배수구 연결, 배관커버 설치, 실리콘 마감, 통수시험을 포함한다.

7-1-4 카운터형 세면기 설치(일체형)('14년 보완)

(세면기 개당)

구 분	단 위	수 량
위 생 공	인	0.240
보 통 인 부	인	0.094

[주] ① 본 품은 세면기와 세면대가 일체화로 반입된 카운터형 세면기를 설치하는 기준이다.
② 본 품은 앵커 및 브라켓 설치, 세면대 및 세면기 설치, 폽업 및 배수구 연결, 실리콘 마감, 통수시험을 포함한다.

7-1-5 카운터형 세면기 설치(분리형)

(세면기 개당)

구 분	단 위	수 량
위 생 공	인	0.285
보 통 인 부	인	0.112

[주] ① 본 품은 세면기와 세면대를 분리하여 반입된 카운터형 세면기를 설치하는 기준이다.
② 본 품은 앵커 및 브라켓 설치, 세면대 및 세면기 설치, 폽업 및 배수구 연결, 실리콘 마감, 통수시험을 포함한다.

7-1-6 욕조 설치('14년 보완)

(개당)

구 분	단 위	수 량
위 생 공	인	0.634
보 통 인 부	인	0.203

[주] ① 본 품은 욕조(월풀욕조 제외)를 설치하는 기준이다.
② 본 품은 지지대 설치, 배수구연결, 몰탈충전, 욕조설치, 에이프런설치, 코킹작업, 보양재 제거, 통수시험을 포함한다.

7-1-7 청소용 수채 설치('14년 신설)

(개당)

구 분	단 위	수 량
위 생 공	인	0.250
보 통 인 부	인	0.096

[주] 본 품은 앵커설치, 배수구 연결, 수채 설치, 실리콘 마감, 통수시험을 포함한다.

7-2 수전

7-2-1 매립형 욕조수전 설치('14년 보완)

(개당)

구 분	단 위	수 량
위 생 공	인	1.000
보 통 인 부	인	0.200

[주] ① 본 품은 연결구 플러그 제거, 니플조정, 씰테이프감기, 관자금 설치, 천공 및 목심설치, 호스 및 헤드 연결, 기능시험을 포함한다.
② 욕조혼합수전(매립형)의 품은 매립 배관품이 포함되어 있다.

7-2-2 샤워수전 설치('14, '22년 보완)

(개당)

구 분	단 위	노출형	선반형
위 생 공	인	0.090	0.093
보 통 인 부	인	0.018	0.019

비 고
- 샤워헤드걸이를 설치는 다음을 적용하여 가산한다.

(개당)

구 분	단 위	고정식	높이조절식
위 생 공	인	0.071	0.099

[주] ① 본 품은 벽붙임 혼합수전을 설치하는 기준이다.
② 본 품은 연결구 플러그 제거, 관이음부속류 설치, 수전 및 샤워헤드 설치, 관자금 설치, 기능시험을 포함한다.

7-2-3 세면기수전 설치('14년 보완)

(개당)

구 분	단 위	수 량
위 생 공	인	0.139
보 통 인 부	인	0.028
비 고	고	- 냉수 또는 온수만 전용으로 하는 수전은 30% 감하여 적용한다

[주] ① 본 품은 세면기에 대붙임 혼합수전을 설치하는 기준이다.
② 본 품은 연결구 플러그 제거, 관이음부속류 설치, 연결관 설치, 수전 설치, 관자금 설치, 기능시험을 포함한다.

7-2-4 씽크수전 설치('14년 보완)

(개당)

구 분	단 위	수 량
위 생 공	인	0.164
보 통 인 부	인	0.033

[주] ① 본 품은 씽크대에 대불임 혼합수전을 설치하는 기준이다.
　　② 본 품은 연결구 플러그 제거, 관이음부속류 설치, 연결관 설치, 수전 설치, 하부보강판 및 패킹 설치, 관자금 설치, 기능시험을 포함한다.

7-2-5 손빨래수전 설치('14년 보완)

(개당)

구 분	단 위	수 량
위 생 공	인	0.087
보 통 인 부	인	0.017
비 고	- 냉수 또는 온수만 전용으로 하는 수전은 30% 감하여 적용한다	

[주] ① 본 품은 발코니 등 벽붙임 혼합수전을 설치하는 기준이다.
　　② 본 품은 연결구 플러그 제거, 관이음부속류 설치, 수전 설치, 관자금 설치, 기능시험을 포함한다.

有權解釋

제목 위생기구 설비공사 품 중 7-2-5 손빨래 수전설치 품 관련 질의

질의문

신청번호 2211-055 신청일 2022-11-16
질의부분 설비 제7장 위생기구 설비공사 7-2-5 손빨래수전설치

위생기구 설비공사 품 중 7-2-5 손빨래수전설치 품 관련 문의사항이 있어 질의 신청합니다. 해당 품을 보면 [위생공 0.087/ 보통인부 0.017] 이며, 발코니 벽붙임 혼합수전을 설치하는 품 기준이라고 나와 있습니다.
그러나 비고란을 보면 "냉수 또는 온수만 전용으로 하는 수전은 30% 감하여 적용한다."라고 나와있는데, 만약 냉수 또는 온수 전용 세탁기수전(혹은 손빨래수전)을 설치하는 경우에 관한 질의입니다. 냉수 또는 온수전용 세탁기수전 2EA를 설치하는 경우 해당 품에서 70%를 감한 품만 적용하면 되는지 아니면 2EA니까 70%를 감한 품에 2배를 해야 하는지 만약 냉수만 설치하는 경우(1EA) 품은 어떻게 적용하면 되는지 스프레이건을 설치하는 경우 7-2-2 품의 고정식 헤드걸이 품 [위생공 0.071]을 추가하면 되는지

회신문

답변1. 표준품셈 기계설비부문 "7-2-5 손빨래수전 설치"에서 냉수 또는 온수만 전용으로 하는 수전의 경우 본 품의 30%를 감하여 적용하시기 바라며, (EA)개당 설치 품 기준입니다.
답변2. 표준품셈 기계설비부문 "7-2-5 손빨래수전설치"에서 냉수전용 수전설치 시 본 품의 30%를 감하여 적용하시기 바랍니다.
답변3. 표준품셈 기계설비부문에서 샤워헤드 걸이 설치는 "7-2-2 샤워수전 설치"의 비고를 참조하시기 바랍니다.

7-3 욕실 부착물

7-3-1 욕실거울 설치('22년 보완)

(개당)

구 분	단 위	개당 면적(㎡)		
		0.5미만	1.0미만	1.5미만
위 생 공	인	0.180	0.218	0.277
보 통 인 부	인	0.028	0.034	0.044

[주] ① 본 품은 욕실 벽면에 거울을 설치하는 기준이다.
　　② 본 품은 구멍뚫기, 지지철물 설치, 거울 설치, 실리콘 코킹을 포함한다.

7-3-2 욕실금구류 설치('07년 신설, '14, '22년 보완)

(개당)

규 격		단 위	위생공
수 건 걸 이	B A R 형	인	0.099
	환 형	인	0.071
휴 지 걸 이	노 출 형	인	0.071
	매 립 형	인	0.150
비 누 대 · 컵 대		인	0.071
옷 걸 이		인	0.071

[주] ① 본 품은 욕실 벽면에 볼트로 고정하는 금구류 기준이다.
　　② 본 품은 구멍뚫기, 칼블록 설치, 금구류 설치를 포함한다.
　　③ 휴지걸이 매립형 설치에는 슬리브BOX 매립 작업을 포함한다.

7-3-3 바닥배수구 설치('93년 신설, '07, '14년 보완)

(개소당)

구 분	단 위	규 격		
		ø 50㎜	ø 75㎜	ø 100㎜
배 관 공	인	0.115	0.151	0.164
보 통 인 부	인	0.039	0.051	0.055

[주] ① 본 품은 옥내 바닥배수구를 설치하는 기준이다.
　　② 본 품은 성형슬래브 매립, 트랩 설치, 바닥배수구 설치, 통수시험을 포함한다.

7-3-4 안전손잡이 설치

(개당)

구 분	단 위	고정단 2개	고정단 3개	고정단 4개	고정단 6개
위 생 공	인	0.100	0.110	0.120	0.130
보 통 인 부	인	0.011	0.012	0..013	0.014

[주] ① 본 품은 욕실, 화장실 등 볼트로 고정하는 안전손잡이(일자형, L자형, T자형, 소변기용, 세면기용)를 설치하는 기준이다.
② 본 품은 구멍뚫기, 칼블록 설치, 금구류 설치를 포함한다.

有權解釋

제목 위생기구 설비공사 안전손잡이 설치 관련 질의

질의문
신청번호 2205-051 신청일 2022-05-13
질의부분 설비 제7장 위생기구설비공사 7-3-4 안전손잡이 설치

장애인 안전 손잡이의 경우 대변기는 L자형, 상하가동형, 소변기는 고정형, 세면기는 상하가동형 2개 설치가 됩니다. 이렇게 설치 될 경우 고정하는 부분의 볼트 갯수를 말하는 것인지 손잡이 갯수를 말하는 것인지 명확한 해석이 필요합니다.

회신문
표준품셈 기계설비부문 "7-3-4 안전손잡이 설치"에서 고정단은 안전손잡이 고정하기 위해 위해 벽이나 바닥에 설치되는 지점으로 고정단은 구멍 뚫기, 칼블록 설치, 금구류 설치, 볼트 설치 등을 통하여 고정됩니다. 고정단 2개가 볼트를 2개 설치한다는 뜻은 아닙니다.
예를 들어 안전손잡이 일자형은 2개 지점에서 고정을 하기 때문에 고정단이 2개소를 적용하시면 되며, 안전손잡이 L자형은 3개 지점에서 고정을 하기 때문에 고정단 3개소를 적용하시면 됩니다.

제 8 장 공기조화설비공사

8-1 냉동기 및 냉각탑

8-1-1 냉동기 반입

냉동 U.S. ton \ 작업횟수 층별 공종	1회						2회				소운반 10m 거리내		가조립 설치기초상	
	지하1층		지하2층		지하3층		지하2층		지하3층					
	비계공	특별인부	비계공	특별인부	비계공	특별인부	비계공	특별인부	비계공	특별인부	비계공	특별인부	비계공	특별인부
10	3	1	3	2	3	2	6	2	7	2	1	-	2	-
20	4	2	4	3	5	3	7	4	10	4	2	-	3	-
30	5	3	5	4	7	4	10	5	12	7	2	-	4	1
50	7	3	7	4	9	5	14	6	16	8	2	1	4	2
80	10	5	12	7	15	7	23	8	28	10	4	1	7	3
100	14	6	16	8	20	8	30	10	36	12	4	2	7	4
150	20	11	24	14	31	14	46	18	57	20	6	3	13	6
200	29	11	32	16	40	16	60	20	72	24	7	4	16	8
300	40	20	44	28	56	28	80	40	90	54	12	6	24	12
400	50	30	56	40	72	40	100	60	112	80	16	8	34	14
500	60	40	70	50	90	50	120	80	140	100	20	10	40	20
600	70	50	84	60	108	60	140	100	169	120	24	12	48	24

有權解釋

제목 냉동기, 냉각탑, 공기조화기 등의 단위 표시

질의문

신청번호 2209-011 신청일 2022-09-03
질의부분 설비 제8장 공기조화설비공사 8-1-1 냉동기 반입

표준품셈 8-1-1에 냉동기 반입에 대한 내용이 있습니다. 그런데 보통은 단위가 표시되어 있는데 여기에는 단위가 표기되어 있지 않습니다. 예를 든다면 품명은 냉동기 반입, 규격은 1회, 지하1층 10톤, 단위는? 단위가 "대", "기", "ton", "식" 등 어떤 것을 사용해야 하는지요.
마찬가지로 8-2-2에 패키지형 공기조화기 설치 여기에도 동일하게 단위가 표기되어있 지 않습니다. 여기에도 어떤 단위를 사용해야 할런지요~?
그리고 8-1-3의 냉각탑 설치 여기에는 왼쪽에 숫자가 의미하는 것이 무엇인가요? 그리고 단위는 "대", "기", "톤", "식" 등 어떤 단위를 사용해야 하는지요.

> **회신문**
>
> [답변1]
> 표준품셈 기계설비부문 "8-1-1 냉동기반입"은 ton당 작업 횟수에 따른 품 기준을 제시하고 있으며, 여기서 작업 횟수는 해당 냉동기를 반입하기 위한 현장별 작업 횟수를 뜻합니다.
>
> [답변2]
> 표준품셈 기계설비부문 "8-2-2 패키지형 공기조화기 설치"는 공기조화기 출력(kw)당 작업 횟수에 따른 품 기준을 제시하고 있으며, 여기서 작업 횟수는 해당 공기조화기를 반입하기 위한 현장별 작업 횟수를 뜻합니다.
>
> [답변3]
> 표준품셈 기계설비부문 "8-1-3 냉각탑 설치"는 ton당 작업 횟수에 따른 품 기준을 제시하고 있으며, 여기서 작업 횟수는 해당 냉각탑을 반입하기 위한 현장별 작업 횟수를 뜻합니다.

8-1-2 냉동기 설치

(대당)

규 격		배관공	보통인부
왕복동식냉동기5	냉동톤	2.19	1.09
7.5	〃	2.80	1.27
15	〃	3.37	1.70
20	〃	3.93	1.98
30	〃	5.04	2.53
50	〃	5.91	3.80
80	〃	12.03	5.91

[주] ① 본 품은 현장 반입 후 지하 1층 설치를 기준하였다.
② 본 품에는 시운전품이 포함되어 있다.
③ 기초 및 소운반은 제외되었다.

> **有權解釋**
>
> **제목** 흡수식냉온수기 철거 관련 품셈
>
> **질의문**
> 신청번호 2104-012 신청일 2021-04-05
> 질의부분 설비 제8장 공기조화설비공사 8-1-2 냉동기 설치
>
> 흡수식 냉온수기(120RT)를 철거하려고 하는데 어떤 품셈을 적용해야 할런지 모르겠습니다. 적합한 항목을 알려주세요.
>
> **회신문**
> 표준품셈 기계설비부문 "14-1-1 기계설비철거 및 이설"에서는 철거 시 재사용을 고려할 경우와 재사용을 고려 안할 경우, 동일구내(인접장소)이설에 대한 기준을 정하고 있습니다.
> 기기를 다시 사용할 목적으로 철거하는 경우 "재사용을 고려할 경우"를 적용하시기 바라며, 기기를 다시 사용하지 않은 경우 "재사용을 고려 안할 경우"를 적용하시기 바랍니다.
> 재사용을 고려하여 기기를 철거하고 바로 인접구내로 설치하는 경우 동 품의 "동일구내(인접장소) 이설"을 참조하시면 됩니다.

8-1-3 냉각탑 설치

1. 2층건물

구 분		1회			2회	
		옥상	탑옥1층	탑옥3층	탑옥1층	탑옥3층
5	비계공	6	6	6	10	10
	특별인부	2	2	3	4	5
10	비계공	7	7	8	13	14
	특별인부	3	3	3	5	5
20	비계공	8	9	10	14	15
	특별인부	3	3	4	6	6
30	비계공	11	12	13	19	20
	특별인부	4	4	5	7	7
50	비계공	15	15	17	22	23
	특별인부	5	5	5	8	8
80	비계공	23	24	26	37	38
	특별인부	8	8	8	12	12
100	비계공	30	30	32	43	44
	특별인부	10	10	10	18	18
150	비계공	41	41	44	61	61
	특별인부	15	15	15	24	24
200	비계공	57	57	60	78	79
	특별인부	19	19	19	32	32
300	비계공	82	82	86	119	120
	특별인부	34	34	34	48	48
400	비계공	108	109	112	164	166
	특별인부	48	48	48	60	60
500	비계공	131	131	146	192	192
	특별인부	65	65	65	90	90
600	비계공	157	157	162	199	199
	특별인부	80	80	80	140	140

2. 5층건물

구 분		1회			2회	
		옥상	탑옥1층	탑옥3층	탑옥1층	탑옥3층
5	비계공	7	7	8	11	12
	특별인부	3	3	3	6	6
10	비계공	8	8	10	14	15
	특별인부	4	4	4	6	6
20	비계공	9	10	11	15	16
	특별인부	5	5	5	7	7
30	비계공	12	13	14	20	21
	특별인부	6	6	6	8	8
50	비계공	16	17	18	24	25
	특별인부	6	6	6	8	8
80	비계공	24	25	26	38	39
	특별인부	10	10	10	13	13
100	비계공	32	32	33	45	46
	특별인부	11	11	11	18	18
150	비계공	42	43	44	64	65
	특별인부	17	17	17	24	24
200	비계공	55	56	57	79	80
	특별인부	24	24	24	33	33
300	비계공	85	86	87	120	121
	특별인부	35	35	35	49	49
400	비계공	112	113	114	169	170
	특별인부	49	49	49	68	68
500	비계공	139	140	141	192	193
	특별인부	63	63	63	92	92
600	비계공	155	156	157	201	202
	특별인부	88	88	88	140	140

3. 9층건물

구 분		1회			2회	
		옥상	탑옥1층	탑옥3층	탑옥1층	탑옥3층
5	비계공	8	8	10	12	13
	특별인부	4	4	4	6	6
10	비계공	10	11	12	14	15
	특별인부	4	4	4	8	8
20	비계공	11	12	13	15	16
	특별인부	5	5	5	9	9
30	비계공	14	15	16	21	23
	특별인부	6	6	6	9	9
50	비계공	17	18	19	23	24
	특별인부	7	7	7	10	10
80	비계공	28	29	30	38	39
	특별인부	8	8	8	15	15
100	비계공	35	35	36	47	48
	특별인부	10	10	10	18	18
150	비계공	43	44	45	65	66
	특별인부	18	18	18	25	25
200	비계공	57	58	59	81	81
	특별인부	24	24	24	34	34
300	비계공	86	87	88	121	122
	특별인부	36	36	36	50	50
400	비계공	113	114	115	161	162
	특별인부	50	50	50	68	68
500	비계공	142	143	144	193	194
	특별인부	62	62	62	93	93
600	비계공	163	163	164	201	202
	특별인부	82	82	82	142	142

[주] ① 탑본체, 수조 등 부속기기의 반입 및 설치를 포함한 것이다.
② 반입시 사용되는 장비의 사용료를 포함한 것이다.

> **有權解釋**
>
> **제목** 공기조화설비공사 중 냉동기 냉각탑에 대해 질의
>
> **질의문**
> 신청번호 2106-067 신청일 2021-06-25
> 질의부분 설비 제8장 공기조화설비공사 8-1-3 냉각탑 설치
>
> 냉동기 및 냉각탑 중 가조립(설치 기초상) 관련하여 명시하는 가조립의 기준이 무엇을 뜻하는 건가요? 해당 자료에는 최대 600rt까지 나와 있습니다. 초과되는 장비는 어떻게 계산해야 하나요? 현재 3000rt의 금액이 필요하며, 이럴 땐 600rt 단가의 5배를 적용하면 되나요? 철거 시는 원래품의 50%를 반영하는데 이것은 재사용을 고려치 않을 경우로 나와 있습니다. 만약 재사용을 한다면 몇 %로 반영해야 할까요?
>
> **회신문**
> [답변1]
> 가조립은 냉동기설치 전 부재를 임시로 맞추는 작업을 뜻합니다.
> [답변2]
> 표준품셈 기계설비부문 "8-1 냉동기 및 냉각탑"은 규격 600까지만 제시하고 있으며, 규격 600이상의 설치기준에 대해서는 제시하고 있지 않습니다.
> [답변3]
> 기계설비 재사용 시 철거에 대한 기준은 표준품셈 기계설비부문 "14-1-1 기계설비 철거 및 이설"항목을 참조하시기 바랍니다.

8-2 공기조화기

8-2-1 공기가열기, 공기냉각기, 공기여과기 설치

(대당)

규 격		기계설비공(인)	보통인부(인)
유효길이	610㎜	2.0	0.60
	762〃	2.5	0.75
	914〃	3.0	0.90
	1,067〃	3.5	1.00
	1,219〃	4.0	1.20
	1,372〃	4.5	1.30
	1,524〃	5.0	1.50
	1,676〃	5.5	1.60
	1,829〃	6.0	1.80
	1,981〃	6.5	1.90
	2,134〃	7.0	2.10

규 격	기계설비공(인)	보통인부(인)
2,286 ″	7.5	2.20
2,438 ″	8.0	2.40
2,591 ″	8.5	2.50
2,875 ″	10.0	3.00
3,048 ″	11.0	3.30

[주] ① 직접 팽창식(디스트리뷰터 포함)은 본 품에 30%를 가산한다.
② 헤더 분리형은 본 품에 50%를 가산한다.
③ 연결 케이싱은 납땜 시공한다.
④ 풍압이 특히 높을 경우에는 별도 계상한다.
⑤ 에로핀, 플레이트핀 및 핀피치에 상관없이 핀치수 18본 1~3열을 기준(W254㎜×H737㎜)한 것이다.
⑥ 튜브의 본 수에 의한 증감은 2본 감할 때마다 4%씩 감하고, 2본 증할 때마다 5%씩 가산한다.

有權解釋

제목 8-2-1 공기가열기 규격 정의 질의

질의문
신청번호 2003-128 신청일 2020-03-31
질의부분 설비 제8장 공기조화설비공사 8-2-1 공기가열기, 공기냉각기, 공기여과기설치

Steam Unit Heater공사 관련 8-2-1 공기가열기를 적용하고자 하는데 분류기준이 유효 길이로 되어 있습니다. 붙임에 있는 스팀유니트히터 규격에는 유효 길이에 대한 사항은 없어서 확인 부탁드리겠습니다.

회신문
표준품셈 기계설비부문 "8-2-1 공기가열기, 공기냉각기, 공기여과기 설치"는 각각 대당설치 품을 제시하고 있으며, 유효길이 610~3,048mm 기준으로 제시된 것입니다.

8-2-2 패키지형 공기조화기 설치

출력(kW)	작업횟수 층별 공종 반입대수	1회 지하1층 비계공	1회 지하1층 특별인부	1회 지하2층 비계공	1회 지하2층 특별인부	1회 지하3층 비계공	1회 지하3층 특별인부	2회 지하2층 비계공	2회 지하2층 특별인부	2회 지하3층 비계공	2회 지하3층 특별인부	1회 2층 비계공	1회 2층 특별인부	1회 5층 비계공	1회 5층 특별인부	1회 9층 비계공	1회 9층 특별인부
0.75이하	15대분	9.7	4.9	10.3	5.1	11.5	5.7	19.5	9.7	21.2	10.6	9.7	4.9	11.5	5.7	12.9	6.5
1.5	8	9.7	4.9	10.3	5.1	11.5	5.7	19.5	9.7	21.2	10.6	9.7	4.9	11.5	5.7	12.9	6.5
2.2	5	9.7	4.9	10.3	5.1	11.5	5.7	19.5	9.7	21.2	10.6	9.7	4.9	11.5	5.7	12.9	6.5
3.7	4	9.7	4.9	10.3	5.1	11.5	5.7	19.5	9.7	21.2	10.6	9.7	4.9	11.5	5.7	12.9	6.5
5.5	3	8.2	4.1	8.8	4.4	9.7	4.9	16.2	8.1	18.0	9.0	8.2	4.1	9.7	4.9	11.5	5.7
7.5	2	8.2	4.1	8.8	4.4	9.7	4.9	16.2	8.1	18.0	9.0	8.2	4.1	9.7	4.9	11.5	5.7
9.8	1	6.5	3.2	7.1	3.5	8.8	4.4	12.9	6.5	14.7	7.4	6.5	3.2	8.8	4.4	9.7	4.9
15.0	1	7.9	4.0	8.8	4.4	9.7	4.9	16.2	8.1	21.2	10.6	8.2	4.1	9.7	4.9	11.5	5.7
17.0	1	12.9	6.5	13.5	6.8	14.7	7.4	25.9	13.0	26.5	13.3	12.9	6.5	14.7	7.4	16.2	8.1
20.0	1	14.7	7.4	15.3	7.7	16.2	8.1	29.2	14.6	30.9	15.5	14.7	7.4	16.2	8.1	18.0	9.0
37.0	1	25.9	13.0	26.5	13.3	27.7	13.8	51.9	25.9	53.7	26.8	25.9	13.0	27.7	13.8	29.2	14.6

[주] ① 반입 및 설치품을 포함한 것이다.
② 반입시 사용되는 장비사용료를 포함한 것이다.

8-2-3 공기조화기(Air Handling Unit) 설치

(대당)

규 격		기계설비공(인)	보통인부(인)
1) 수냉식 패키지형 압축기전동기출력	0.75kW 이하	0.5	0.5
	1.1kW이하	0.6	0.6
	1.5kW이하	1.0	1.0
	2.2kW이하	1.3	1.3
	3.7kW이하	1.5	1.5
	10.8kW이하	2.0	2.0
	30.0kW이하	3.0	3.0
	37.0kW이하	3.5	3.5

규 격		기계설비공(인)	보통인부(인)
2) 공냉식 패키지형 압축기전동기출력	2.2kW이하	1.0	1.0
	3.7kW이하	1.3	1.3
	7.5kW이하	1.5	1.5
3) 핸들링유닛전동기출력	7.5kW이하	4.0	1.2
〃	15kW 이하	6.0	1.8
〃	15kW 이상	7.0	2.5
4) 팬코일유닛(床置형)풍량	510㎥/hr이하	1.0	
〃	680㎥/hr이상	1.0	0.2
팬코일유닛(天井형)	510㎥/hr이하	1.5	0.5
〃	680㎥/hr이상	2.0	0.5
5) 윈도우타입	0.4kW이하	1.0	0.5
〃	0.55kW 이하	1.3	0.5
〃	0.75kW 이하	1.5	1.0

[주] ① 조립 및 부속품 설치품을 포함한다.
② 수배관 전기배관품은 포함하지 않았다.
③ 운반품 및 가대는 별도 계상한다.
④ 핸들링유닛설치에는 가열기 또는 냉각기 설치품이 제외되었다.

8-2-4 천장형 에어컨 설치('20년 신설)

(대당)

구 분	단 위	수량 (냉방능력 kW)		
		실내기	실외기	
		16이하	6~12이하	16이하
기 계 설 비 공	인	0.45	1.00	1.33
보 통 인 부	인	0.22	0.50	0.67
비 고	- 본 품의 실외기는 실내기 1대 연결기준이며, 실내기 추가로 인해 실외기에 배관접합이 추가되는 경우, 실내기 대당 실외기 품의 15%를 가산한다.			

[주] ① 본 품은 천장에 설치하는 에어컨 실내기와 바닥에 상치하는 에어컨 실외기 설치 기준이다.
② 실내기는 위치선정, 앵커 및 달대 설치, 실내기 및 커버 설치, 제어부 결선, 배관접합 작업을 포함한다.
③ 실외기는 위치선정, 실외기 설치, 배관접합, 냉매진공 및 충전, 작동시험을 포함한다.
④ 배관 설치 및 보온, 전기·통신배선 작업은 별도 계상한다.
⑤ 장비(크레인, 냉매가스 충전기 등)는 별도 계상한다.
⑥ 공구손료 및 경장비(전동드릴 등) 기계경비는 인력품의 2%로 계상한다.

> **有權解釋**
>
> **제목** 천장형 에어컨 설치
>
> **질의문**
> 신청번호 2004-045 신청일 2020-04-16
> 질의부분 설비 제8장 공기조화설비공사 8-2-4 천장형에어컨설치
>
> 해당 품셈의 비고란에 '본 품의 실외기는 실내기 1대 연결기준이며, 실내기 추가로 인해 실외기에 배관 접합이 추가되는 경우, 실내기 대당 실외기 품의 15%를 가산한다.'라고 되어 있는데, 실내기가 추가가 되면 실외기 냉방능력도 올라가게 되는데, 단순히 실내기 대당으로 품을 가산하는 것이 차등을 생기지 않을까 하여, 실외기 품의 산정기준을 어떻게 해야 하는지?
>
> **회신문**
> 표준품셈 기계설비부문 "8-2-4 천장형 에어컨설치"에서 실외기 품의 경우 냉방능력(kW)에 6~12, 16 하로 설치 기준을 구분하고 있으니 이를 참조하시기 바랍니다.

8-2-5 전열교환기 설치('20년 신설)

(대당)

구 분	단 위	수량 (풍량 ㎥/h)		
		250이하	500이하	800이하
기 계 설 비 공	인	0.21	0.28	0.36
보 통 인 부	인	0.12	0.16	0.20

[주] ① 본 품은 천장에 설치하여 덕트와 연결하는 환기시스템(전열교환기) 기준이다.
② 본 품은 앵커 및 달대 설치, 전열교환기 설치, 덕트연결(4구), 제어부 결선, 작동시험을 포함한다.
③ 덕트공사(덕트 설치, 취출구 등) 및 전기·통신배선 작업은 별도 계상한다.
④ 공구손료 및 경장비(전동드릴 등)의 기계경비는 인력품의 2%로 계상한다.

8-3 보일러 및 방열기

8-3-1 보일러 설치

규 격		단위	보일러공	특별인부
주철제 보일러	1호(20~60미만) 1,000Kcal/hr	인/절	0.90	0.30
	2호(60~135미만) 〃	〃	1.10	0.30
	3호(135~230미만) 〃	〃	1.10	0.30
	4호(230~330미만) 〃	〃	2.10	0.50
	5호(330~640미만) 〃	〃	3.0	0.70
	6호(640~1,180미만) 〃	〃	4.5	0.70
강판제보일러		인/중량톤	1.2	0.8
패키지형수관식보일러		인/중량톤	6.0	2.0

[주] ① 각 보일러 품은 지면과 동일한 평면에 설치하는 경우이며 운반자동차가 설치위치까지 들어가지 못할 시는 하치장에서의 반입비는 별도 계상한다.

② 조립, 설치, 수압시험 및 시운전 등을 포함한다.
③ 강판제 및 패키지형 보일러는 내화시설품이 포함되었다.
④ 산업용 보일러 설치는 '[기계설비부문] 13-5-1 보일러 설치'를 적용한다.

> **감사**
>
> **제목** 공사원가를 구체적으로 산출하지 않고 표준품셈과 다르게 과다 산출하여 예산낭비
>
> **내용**
> ○○경로당외 5개소 시설보수 공사원가산출 시 배관공사, 도색공사 m²당 단가를 산출하여야 함에도 배관자재비 1식, 페인트 리터 단위로 산출하였으며, 가스보일러설치 시 표준품셈에는 배관공(0.91)과 보통인부(0.36)로 구분하여 인력 품을 적용하도록 되어 있음에도 보일러공(2.06)으로 과다 적용하는 등 총 11,590천원을 과다 산출한 사실이 있다.
>
> **조치할 사항**
> ○○군수는 원가를 구체적으로 산출하지 않고 1식으로 산출하고 표준품셈과 다르게 과다 산출하여 11,590천원 상당의 예산을 낭비한 담당자에게 주의 조치하시기 바라며, 동일한 사례가 재 발생하지 않도록 교육을 실시하기 바람

8-3-2 경유보일러 설치

(대당)

규 격	배관공	보통인부
15,000 Kcal/hr	1.00	0.39

[주] ① 수압시험, 시운전품은 본 품에 포함되어 있다.
② 소운반은 별도 계상한다.

8-3-3 가스보일러(가정용) 설치('92년 신설, '16, '20년 보완)

(대당)

구 분	단 위	수 량				
		13,000 Kcal/hr	16,000 Kcal/hr	20,000 Kcal/hr	25,000 Kcal/hr	30,000 Kcal/hr
보일러공	인	0.845	0.952	1.028	1.123	1.218
보통인부	인	0.164	0.184	0.199	0.217	0.236
비 고	- 바닥설치형은 본 품에 15%를 감한다.					

[주] ① 본 품은 세대내 벽걸이형 가스보일러 설치 기준이다.
② 본 품은 보일러 설치, 연도용 슬리브, 배기팬 설치 및 접속부의 기밀유지, 수압시험 및 시운전을 포함한다.
③ 보일러 하부 마감재(배관 커버 등)가 필요한 경우 별도 계상한다.

8-3-4 온수보일러 설치('98년 신설)

(대당)

규 격	보일러공	특별인부
70×1,000kcal/hr이하	1.46	0.58
120　〃	2.06	0.83
150　〃	2.47	0.99
240　〃	3.03	1.22
360　〃	3.85	1.54

[주] ① 본 품은 온수보일러를 조립 및 설치하는 품으로 수압시험이 포함되어 있다.
② 기초공사, 반입 및 시운전은 현장여건에 따라 필요시 별도 계상한다.

8-3-5 전기보일러 설치('03년 신설)

(대당)

규 격	보일러공	비계공
135,000kcal (30kW)	3.8	2.3

[주] ① 본 품은 축열식심야 전기보일러, 실내온도조절기 설치기준으로 시운전 및 소운반이 포함되어 있다.
② 본 품에는 팽창탱크, 안전핀, 순환펌프 설치가 포함되었으며, 기초공사, 전선관, 전기배선은 별도 계상한다.
③ 사용장비는 다음기준에 따라 적용한다.

장 비 명	규 격	사 용 기 간
트럭탑재형 크레인	5톤	3hr

8-3-6 방열기('07년 보완)

규 격		단 위	배관공	보통인부
주철재 바닥설치	20절 이하	인/조	1.10	0.10
	21절 이상	인/조	1.50	0.10
벽　걸　이	3절	인/조	1.60	0.20
천　장　달　기	3절	인/조	2.50	0.50
1　m　길　트		인/본	0.70	0.10
콘벡터 길이 1m 미만		인/조	0.80	0.10
1m 이상		인/조	1.10	0.10
베이스보드 1단형길이 2m 미만		인/단	1.90	0.20
2m이상		인/단	2.40	0.20
강판제 및 알루미늄제 방열기 1m 미만		인/조	0.44	0.06
1m 이상		인/조	0.60	0.06

[주] ① 본체, 밸브, 트랩류(강판제 및 알루미늄제 방열기 제외) 등 지지철물 설치, 소운반, 기밀시험 및 공기빼기 품이 포함되어 있다.
② 벽걸이 3절 초과하는 경우 매 1절 증가마다 15%씩 가산한다.
③ 콘벡터 및 베이스 보드는 1단 증가마다 20%씩 가산한다.
④ 패널 라디에이터(panel radiator)는 콘벡터 품을 적용한다.

8-3-7 전기콘벡터 설치('20년 신설)

(대당)

구 분	단 위	수 량
기 계 설 비 공	인	0.09

[주] ① 본 품은 벽걸이형 전기콘벡터(740×440×105mm) 설치 기준이다.
　　② 본 품에는 브라켓 설치, 콘벡터 설치 작업을 포함한다.
　　③ 공구손료 및 경장비(전동드릴 등)의 기계경비는 인력품의 3%로 계상한다.

8-4 온수기 및 온수분배기

8-4-1 전기온수기 설치('03년 신설)

(대당)

규 격	보일러공	비계공
350ℓ	2.0	0.3

[주] ① 본 품은 축열식심야 전기온수기 설치기준으로 시운전 및 소운반이 포함되어 있다.
　　② 본 품에는 안전핀, 감압밸브 설치가 포함되었으며 기초공사, 전선관, 전기배선은 별도 계상한다.

8-4-2 전기온수기(벽걸이형) 설치('20년 신설)

(대당)

구 분	단 위	수 량		
		15L	30L	50L
보 일 러 공	인	0.17	0.18	0.23
보 통 인 부	인	0.07	0.08	0.09

[주] ① 본 품은 벽걸이형 전기온수기 설치 기준이다.
　　② 본 품에는 브라켓 설치, 전기온수기 설치, 시운전 작업을 포함한다.
　　③ 배관 및 밸브 등 부속 설치, 보온, 지지대 설치는 별도 계상한다.
　　④ 전선관, 전기배선은 별도 계상한다.
　　⑤ 공구손료 및 경장비(전동드릴 등)의 기계경비는 인력품의 2%로 계상한다.

8-4-3 온수분배기 설치('13년 보완)

(개당)

구 분	단 위	수 량 (규격)					
		2구	3구	4구	5구	6구	7구
배 관 공	인	0.286	0.339	0.391	0.432	0.471	0.506
보 통 인 부	인	0.150	0.173	0.194	0.211	0.226	0.239

[주] ① 본 품의 규격은 공급 및 환수 헤더 개수 기준이며 퇴수구는 제외한다.
　　② 온수분배기의 조립, 설치, 배관연결, 밸브 및 커넥터 설치, 배관시험을 포함한다.
　　③ 공구손료 및 경장비(전동드릴 등)의 기계경비는 인력품의 2%로 계상한다.

8-5 탱크 및 헤더

8-5-1 오일서비스탱크 설치

탱크용량(ℓ)	배관공	보통인부
100	0.75	0.90
200	0.98	1.05
300	1.13	1.28
400	1.50	1.50
500	1.50	1.50
750	2.10	2.10
1,000	2.63	2.63

[주] 본 품에는 가대설치품이 포함되어 있다.

8-6 부수장비

8-6-1 로터리 오일 버너

전동기 전력 (kW)	로터리오일버너 (수동식)		로터리오일버너 (반자동식)		로터리오일버너 (전자동식)(on off)		로터리오일버너 (전자동식)(비례)	
	기계설비공 (인)	특별인부 (인)	기계설비공 (인)	특별인부 (인)	기계설비공 (인)	특별인부 (인)	기계설비공 (인)	특별인부 (인)
0.4이하	2.5~3.0	1.0~1.2	4.2~5.0	1.4~1.7	5.0~6.0	1.7~2.0	5.9~7.1	2.0~2.4
0.55이하	2.7~3.2	1.2~1.4	4.5~5.0	2.0~2.4	5.4~6.5	2.4~2.9	6.3~7.6	2.8~3.4
0.75이하	3.0~3.6	1.4~1.7	5.0~6.0	2.3~2.8	6.0~7.2	2.7~3.2	7.0~8.4	3.2~3.8
1.5이하	3.3~4.0	1.5~1.8	5.5~6.6	2.5~3.0	6.6~7.9	3.0~3.6	7.7~9.2	3.5~4.2

[주] ① 수동식에는 유량조절기, 오일프리히터, 2차공기주입구, 철물 등을 포함한다.
② 반자동식에는 수동의 부속품 조작기, 압력스위치 또는 광전관저수위 스위치 등을 포함한다.
③ 전자동식 ON-OFF에는 반자동의 부속품, 착화장치, 댐퍼컨트롤러 등을 포함하고 비례제어에는 전자동 ON-OFF의 부속품의 모지트릴, 컨트롤, 오요터, 비례압력, 조절기품 등을 포함한다.

8-6-2 건타입 오일버너

(대당)

규격	보일러공	특별인부
건타입 오일버너 0.75kW	4.2	2.0
1.5	4.6	2.2
(전자동방식) 2.2	5.0	2.5
3.7	6.0	3.0

[주] 조립, 설치, 수압시험 및 시운전 등을 포함한다.

제 9 장   기타공사

9-1 지지금구

9-1-1 입상관 방진가대 설치('93년 신설, '19년 보완)

(조당)

규격(mm)	배관공(인)	용접공(인)
ø 50	0.093	0.093
65	0.093	0.093
80	0.109	0.109
100	0.125	0.125
125	0.125	0.125
150	0.140	0.140
200	0.156	0.156
250	0.197	0.197
300	0.239	0.239
350	0.281	0.281

[주] ① 본 품은 옥내기준의 입상관 방진가대를 설치하는 기준이다.
　　② 볼트체결, 클램프체결, 클램프와 강관이음매의 용접 및 조정 작업을 포함한다.
　　③ 지지찬넬 가대설치는 별도 계상한다.
　　④ 공구손료 및 경장비(절단기, 용접기 등)의 기계경비는 인력품의 3%로 계상한다.

9-1-2 잡철물 제작 및 설치('07, '22년 보완)

(ton당)

구분	단위	제품 설치		규격철물 설치		현장제작 설치	
		일반철재	경량철재	일반철재	경량철재	일반철재	경량철재
철　　　공	인	2.85	3.71	7.05	9.17	12.38	16.09
용　접　공	인	1.04	1.35	2.57	3.34	3.38	4.39
특 별 인 부	인	0.78	1.01	1.92	2.50	4.50	5.85
보 통 인 부	인	0.52	0.68	1.28	1.66	2.25	2.93
비　　고	- 관로뚜껑, Sole Plate 등 용접, 부속자재 연결 작업 없이 기성제품을 단순 설치만하는 경우 제품설치 품의 10%를 감한다. - 트러스, 원형, 곡선 등의 부재와 같이 구조나 형태가 복잡한 경우, 또는 절단, 절곡, 용접 개소가 과다하게 발생하는 경우 본 품의 30%를 가산한다.						

[주] ① 본 품은 철판, 앵글, 파이프 등 철재류를 활용한 잡철물의 현장 제작 및 설치에 대한 기준이다.
　　② 제품 설치는 맨홀사다리 등 제작된 제품을 반입하여 설치하는 기준이다.
　　③ 규격철물 설치는 계단난간 등 일정규격으로 1차 제작된 철물을 반입하여 조립하고 설치하는 기준이다.
　　④ 현장제작 설치는 구조틀, 배관지지대 등 각관, 형강 등 원자재를 반입하여 현장조건에 맞게 제작하고 설치하는 기준이다.

⑤ 주문제작에 의해 공장가공을 요하는 대형부재(강재거푸집, 라이닝폼 등) 및 특수철물(조형물 등)의 제작·설치는 별도 계상한다.
⑥ 잡철물 설치를 위한 장비(크레인 등) 및 비계매기는 필요한 경우 별도 계상한다.
⑦ 공구손료 및 경장비(절단기, 용접기 등)의 기계경비 및 잡재료비(용접봉, 볼트 등)는 인력품의 요율로 다음을 적용한다.

구분	일반철재	경량철재
공구손료 및 경장비의 기계경비	5%	4%
잡재료비	3%	2%

有權解釋

제목 1 잡철물 설치. 제작설치 앵커시공 작업 포함 여부 문의

질의문
신청번호 2210-053 신청일 2022-10-18
질의부분 설비 제9장 기타공사 9-1-2 잡철물 제작 설치

잡철물설치, 잡철물제작 설치에 시공되는 앵커시공 작업(품)에 있어 표준품셈의 기준은 건설공사 중 대표적이고 보편적이며 일반화된 공종, 공법을 기준하여 단위작업 당 재료 수량, 노무량, 장비사용시간 등을 수치로 표시 표준품셈 재. 개정한다.라고 설명되어 있습니다.
그러나 SDC당사는 보편적이고 일반적인 작업이 아닌 엄격한 시공, 품질관리에 있어 잡철물설치, 잡철물제작 설치 시공되는 앵커시공 작업(품)에 ① 앵커 실리콘 마감, ② 평와셔(1개)+스프링와셔(1개)+너트 체결에 있어서도 평와셔 & 스프링와셔중 2개가 들어가면 품질오류 ③ 너트체결은 나사산 3개이상 돌출 시공(여장길이 볼트지름 1.5배 이하), ④ 아이마킹(i-Marking)_해설 : 너트가 풀렸는지 확인 하기 위한 표시작업(메직으로 볼트+너트+와셔+모재까지 일자로 표시) ⑤ 볼트머리 Cap 씌우기
위 5가지 앵커 시공작업이 절차/ 작업 품이 보편적이고 일반적인 작업내용이 아님에 "잡철물 설치", "잡철물제작 설치"는 앵커작업(품) 별도 지급 대상인지 질의합니다.

회신문
표준품셈 건축부문 "8-3-1 잡철물제작 설치"는 철골공사에서 해당되지 않는 철제품(주자재 : 철판, 앵글, 파이프 등)을 제작/ 설치하는 것으로, 철골공사에 해당되지 않는 철재 품의 제작 및 설치"로 해당 품을 제시하고 있습니다. 목적물을 설치하고 각관을 고정하기 위한 부속철물(앵커볼트)이 사용되었다면 이는 잡철물의 설치작업에 포함된 것이며, 앵커볼트 재료량은 별도 계상하시면 됩니다. 또한 앵커시공 작업의 세부적인 기준에 대해서는 정하고 있지 않습니다.

제목 2 9-1-2 잡철물 제작 및 설치 관련

질의문
신청번호 2207-067 신청일 2022-07-15
질의부분 설비 제9장 기타공사 9-1-2 잡철물제작 설치

안전난간을 제작하여 설치하려고 하는데 '9-1-2 잡철물제작 및 설치' 품셈을 적용하려 합니다. 근데 여기서 '규격철물 설치'를 적용하면 '1-3-1 스테인리스강관 용접접합' 품셈도 같이 적용시킬 수 있나요? 용접 개소가 많아 품셈을 2개 적용시키려 합니다.
품셈을 읽어보면 '규격 철물 설치는 계단 난간 등 일정 규격으로 1차 제작된 철물을 반입하여 조립하고 설치하는 기준이다'라고 적혀 있는데 여기서 1차 제작된 철물이라는게 기성품을 말하는 건가요?

회신문

2022년 개정된 표준품셈 기계설비부문 "9-1-2 잡철물제작 및 설치"에서 제품 설치는 제작된 제품을 반입하여 설치하는 기준이고, 규격철물 설치는 계단 난간 등 일정 규격으로 1차 제작된 철물을 반입하여 조립하고 설치하는 기준이며, 현장제작 설치는 구조틀, 배관지지대 등 각관, 형강 등 원자재를 반입하여 현장 조건에 맞게 제작하고 설치하는 기준입니다.

제작된 제품을 반입하여 바로 설치할 경우 제품설치를 적용하시기 바라며, 1차 제작된 일정 규격의 자재가 들어와 시공하는 경우 규격철물설치를 적용하시기 바랍니다.

원자재를 반입하여 현장 조건에 맞게 제작하고 설치할 경우 현장제작 설치를 적용하시기 바랍니다. 또한 비고의 '트러스, 원형, 곡선 등의 부재와 같이 구조나 형태가 복잡한 경우, 또는 절단, 절곡, 용접 개소가 과다하게 발생하는 경우 본 품의 30%를 가산한다'를 참조하시기 바랍니다.

표준품셈 기계설비부문 "1-3-1 스테인리스 강관용접 접합"은 배관공사를 대상으로 한 품으로 안전난간 제작작업과는 무관합니다.

제목 3 기계설비공사 제9장 잡철물 제작 설치 관련 질의

질의문

신청번호 2201-008 신청일 2022-01-03
질의부분 설비 제9장 기타공사 9-1-2 잡철물 제작 설치

기계설비공사 제9장 9-1-2 잡철물 제작 및 설치 품셈 내용이 올해 변경이 되었는데
1. 작년까지 있었던 설치할 때 필요한 다른 재료(산소, 아세틸렌 등)는 계산하지 않아도 되는지 질의합니다.
2. 일반 철재와 경량 철재의 기준이 무엇인지 질의합니다

회신문

[답변1]
개정된 2022년 표준품셈 기계설비부문 "9-2-1 잡철물 제작 및 설치"에서 공구손료 및 재료비는 인력품의 요율로 제시되고 있습니다.

[답변2]
2022년 표준품셈 기계설비부문 "9-2-1 잡철물 제작 및 설치"에서 일반 철재는 일반강재를 사용한 기준이며, 경량 철재는 알루미늄, 경량 스테인리스, 경량 철재를 사용하였을 경우 기준이며, KS규격 등을 참고하여 적용하시기 바랍니다.

9-2 도장

9-2-1 바탕만들기

(㎡당)

구 분	자 재			인 력	
	규격	단위	수량	도장공	보통인부
Shot Blast	steel shot ø1㎜ 기준	kg	0.215 0.415	0.0375	0.0125
Sand Blast	규사함유량 80%	㎥	0.0508	0.0329 (모래분사공)	0.036
Power Tool	동력 Brush	개	0.03	0.1	-
Wire Brush	Gasolin Wire Brush	ℓ 개	0.05 0.016	-	0.05

[주] ① 본 품에는 모래의 현장 소운반 shot의 소운반 및 회수가 포함되어 있다.
② 모래 및 shot의 수량은 녹의 정도 및 회수 조건에 따라 조정 적용한다.
③ 모래의 채집, 적사, 운반, 굵기는 채집조건에 따라 별도 계상한다.
④ 장비 및 공구손료 소모재료는 별도 계상한다.
⑤ 소형 형강(100㎜ 미만) 구조일 경우 50% 가산한다.

9-2-2 녹막이페인트 칠('15년 보완)

(m당)

구분	단위	ø50㎜ 이하	ø100㎜ 이하	ø200㎜ 이하	ø300㎜ 이하
도 장 공	인	0.010	0.015	0.024	0.034
보 통 인 부	인	0.002	0.003	0.004	0.006

[주] ① 본 품은 기계설비 배관에 방청 페인트를 붓으로 1회 칠하는 기준이다.
② 본 품은 붓칠 및 마무리 작업을 포함한다.
③ 재료량은 도료 종류에 따라 시방서 및 제조사에서 제시하고 있는 수량을 적용한다.
④ 비계사용시에는 높이 6~9m까지는 품을 15% 가산하고 높이 9m를 초과하는 경우 매 3m 증가마다 품을 5%씩 가산한다.
⑤ 공구손료 및 잡재료비는 인력품의 2%로 계상한다.

9-2-3 유성페인트 칠('03, '15년 보완)

(m당)

구분	단위	ø50㎜ 이하	ø100㎜ 이하	ø200㎜ 이하	ø300㎜ 이하
도 장 공	인	0.008	0.012	0.021	0.030
보 통 인 부	인	0.001	0.002	0.004	0.005

[주] ① 본 품은 기계설비 배관에 유성도료를 롤러로 1회 칠하는 기준이다.
② 본 품은 롤러칠, 보조붓칠 및 마무리 작업을 포함한다.
③ 재료량은 도료 종류에 따라 시방서 및 제조사에서 제시하고 있는 수량을 적용한다.

④ 비계사용시에는 높이 6~9m까지는 품을 15% 가산하고 높이 9m를 초과하는 경우 매 3m 증가마다 품을 5%씩 가산한다.
⑤ 공구손료 및 잡재료비는 인력품의 2%로 계상한다.

9-3 슬리브

9-3-1 슬리브 설치('13년 신설, '19년 보완)

(개소당)

구 분		단위	수 량 (슬리브규격 mm)				
			ø25~50	ø65~100	ø125~150	ø200~250	ø300~400
바닥	배 관 공	인	0.043	0.055	0.066	0.077	0.089
	보 통 인 부	인	0.022	0.029	0.035	0.041	0.047
벽체	배 관 공	인	0.060	0.069	0.085	0.104	0.124
	보 통 인 부	인	0.012	0.018	0.029	0.047	0.072
비 고		- 단열재 설치구간에는 본 품의 20% 까지 가산하여 적용한다.					

[주] ① 본 품은 배관 사전작업으로 제작이 완료된 슬리브의 설치 기준이다.
② 먹줄치기, 마킹, 슬리브 설치를 포함한다.
③ 공구손료 및 경장비의 기계경비는 인력품의 1%로 계상한다.
④ 방수층을 관통하는 지수판 부착형 슬리브는 별도 계상한다.

契約審査

제목 통합배관 설치 공법으로 변경

내용
도서관 각 실의 특성에 맞게 설계된 다양한 실내기와 실외기를 연결하는 냉매배관(고압관, 저압관)이 76개의 부분냉매 배관으로 설계되었으나, 시공의 편리성과 공사비 절감 및 준공 후 효율적인 유지관리가 가능한 통합배관 설치공법으로 조정
- 냉매배관 : 76개 부분배관 → 4~8개 통합배관

심사 착안사항
현장여건을 확인하여 시공의 편리성과 공사비가 절감되는 통합배관 설치공법을 적용

9-3-2 배관을 위한 구멍뚫기('14, '21년 보완)

(개소당)

구분		단위	콘크리트 두께 150mm		콘크리트 두께 300mm	
			바닥	벽체	바닥	벽체
25mm	착 암 공	인	0.096	0.123	0.169	0.216
	보 통 인 부	인	0.096	0.123	0.169	0.216
50mm	착 암 공	인	0.119	0.152	0.208	0.266
	보 통 인 부	인	0.119	0.152	0.208	0.266

구분		단위	콘크리트 두께 150mm		콘크리트 두께 300mm	
			바닥	벽체	바닥	벽체
75mm	착 암 공	인	0.142	0.181	0.248	0.317
	보 통 인 부	인	0.142	0.181	0.248	0.317
100mm	착 암 공	인	0.165	0.211	0.287	0.368
	보 통 인 부	인	0.165	0.211	0.287	0.368
150mm	착 암 공	인	0.210	0.268	0.367	0.469
	보 통 인 부	인	0.210	0.268	0.367	0.469
200mm	착 암 공	인	0.252	0.322	0.446	0.570
	보 통 인 부	인	0.252	0.322	0.446	0.570
250mm	착 암 공	인	0.295	0.377	0.525	0.671
	보 통 인 부	인	0.295	0.377	0.525	0.671
300mm	착 암 공	인	0.339	0.434	0.604	0.772
	보 통 인 부	인	0.339	0.434	0.604	0.772
350mm	착 암 공	인	0.384	0.491	0.683	0.874
	보 통 인 부	인	0.384	0.491	0.683	0.874
400mm	착 암 공	인	0.426	0.544	0.762	0.975
	보 통 인 부	인	0.426	0.544	0.762	0.975

[주] ① 본 품은 코아드릴을 사용하여 철근콘크리트 슬래브를 천공하는 기준이다.
② 본 품은 코아드릴 설치 및 해체, 천공 및 마무리 작업을 포함한다.
③ 부산물 처리 및 반출, 철근탐색 및 시험천공작업은 별도 계상한다.
④ 공구손료 및 경장비(코어드릴 등)의 기계경비는 인력품의 2%로 계상한다.
⑤ 재료비(다이아몬드 비트 등)는 별도 계상한다.

契約審査

제목 자체 품셈 제정으로 공사원가 심사

내용

건설현장에서 콘크리트구멍 뚫기는 기능공의 노령화와 장비의 발달로 인력시공에서 시공능력이 향상된 기계시공으로 변화하고 있음에도 표준품셈은 기계장비가 발달하지 못한 시절의 인력시공 품으로 구성
→ 시대상황의 발달을 적기에 반영되지 못하고 있는 실정

※ 표준품셈에는 기능공의 사용에 편리하고 천공 성능이 우수한 『전기드릴에 의한 구멍 뚫기』 규정 없음
  – 대부분의 건설현장에서는 철근 및 앙카삽입을 위한 콘크리트구멍 뚫기는 전기함마드릴로 시공하고 있음에도 공사원가는 인력 및 코어드릴 시공으로 과다산출하고 있는 실정
실제 현장에서 많이 활용하고 있는 방법으로 자체 품셈 제정하여 원가계산에 활용

심사 착안사항

표준품셈에는 없으나 공사현장에서 많이 활용되고 있는 공종에 대하여 자체 품셈 제정 운용

9-4 배관관리 및 시험

9-4-1 기밀시험('15, '19년 보완)

(회당)

구 분	단 위	수 량	
		지상노출관	지하매설관
배 관 공	인	0.14	0.19
보 통 인 부	인	0.14	0.19

[주] ① 본 품은 자기압력기록계와 공기를 시험재료로 사용한 저압 및 중압의 기밀시험 1회 기준이다.
② 시험준비 및 측정기 설치, 시험재료 투입($1m^3$미만), 해체정리 작업과 기밀유지시간(30분 미만)을 포함한다.
③ 시험재료 $1m^3$이상 투입시에는 별도 계상한다.
④ 기밀유지시간이 30분이상 소요되는 경우 시험관리 인력을 추가 계상한다.
⑤ 기밀시험에 맹관, 맹판 접합 및 해체가 필요한 경우 별도 계상한다.
⑥ 공구손료 및 경장비(콤프레셔, 압력계 등)의 기계경비는 인력품의 8%로 계상하며, 질소를 기밀시험 재료로 사용할 경우 재료비는 별도 계상한다.

有權解釋

제목 기밀시험 문의

질의문
신청번호 1904-053 신청일 2019-04-15
질의부분 기계설비 제9장 기타공사 9-4-1 기밀시험
9-4-1 기밀시험 적용기준이 회당으로 변경되었는데 회당 산출기준을 알고 싶습니다(기존은 구간당 이 었음)

회신문
표준품셈 기계설비부문 "9-4-1 기밀시험"은 시험재료를 1회 투입하여 기밀시험을 수행하는 작업으로 $1m^3$미만의 재료를 투입하는 기준으로, 배관의 연장에 관계없이 1회의 기밀시험을 수행하는데 투입되는 품입니다.

9-4-2 시험점화

(호당)

구 분	배 관 공(인)	보 통 인 부(인)
단 독 주 택	0.10	0.10
집 단 아 파 트	0.05	0.05

[주] ① 본 품은 단독주택 10호당 1조 및 집단아파트 20호당 1조를 기준한 품이다.
② 본 품은 관 내부의 공기를 가스로 완전 치환하여 연소기구로서 점화상태를 시험하는데 필요한 품이다.
③ 공구손료는 인력품의(연소기 및 호스) 2%로 계상한다.

9-5 시운전 및 조정

9-5-1 시운전

명칭	적용	단위	배관공	덕트공	비고
배관계통	배관, 밸브류의 조정	m	0.026		주관연장
덕트계통 (공조,환기 배연)	풍량조정댐퍼, 방화댐퍼의 조정, 풍량, 풍속, 소음의 측정, 필요개소의 온습도 측정	m² m		0.021 0.012	각형덕트 스파이럴덕트
주기계 실내기기	보일러, 냉동기 등의 점검, 조정, 계기측정 기록 기타 건물 연면적 5,000m²이하 6,000~15,000m² 16,000~30,000m²	1식 1식 1식	8.0(4.0) 12.0(6.0) 16.0(8.0)		( )는 온풍난방의 경우
각층기계 실내기기	에어헨들링 유닛의 조정 등	대	1.2		
팬코일 유닛	조정	대	0.08		

[주] ① 본 품은 난방 및 공조계통에 대한 각각의 설비를 완료하고 시운전 및 조정을 실시할 경우 적용한다.
② 배관계통에 있어서 주관이란 시운전 및 조정을 요하는 보일러 또는 냉동기와 에어핸들링 유닛 또는 냉각탑(공냉식 옥외기 포함)을 연결하는 증기, 냉온수 및 냉각수 배관을 말하며 방열기 또는 팬코일 유닛을 설치하는 경우에는 입상관에서의 분기관 또는 수평 주기관에서의 분기관을 제외한다.

9-5-2 건물의 냉난방 및 공조설비 정밀진단(T.A.B)('92년 보완)

정밀진단이 필요한 경우 전체시스템, 공기분배계통, 물분배계통, 소음 및 진동 등의 T.A.B(Testing, Adjusting and Balancing)에 필요한 비용은 별도 계상할 수 있다.

제 10 장 소방설비공사

10-1 소화함

10-1-1 옥내소화전함 설치('07, '14년 보완)

(조당)

구 분	규 격	단위	수 량	
			배 관 공(인)	보통인부(인)
옥내소화전함	매립형	인	0.906	0.375
	노출형	인	0.816	0.338

[주] ① 본 품은 소운반, 설비 설치품을 포함한다.
② 옥내소화전함 설치 품에는 호스걸이 및 기타장치 설치품이 포함되어 있다.
③ 소화전 내부 전기설비, 주위배관, 보온은 별도 계상한다.

10-1-2 소화용구 격납상자 설치

(조당)

구 분	단 위	수 량	
		배 관 공(인)	보통인부(인)
소화용구 격납상자	인	0.625	0.250

[주] 본 품은 소운반, 설비 설치품을 포함한다.

有權解釋

제목 소화용구 격납상자설치 관련하여

질의문
신청번호 2008-051 신청일 2020-08-21
질의부분 설비 제10장 소방설비공사 10-1-2 소화용구 격납상자설치

품셈에 면적 환산하여 적용해야 하는지?(옥내소화전함×40%-소화기함이 옥내소화전함 면적의 40% 정도라고 치면...)

회신문
표준품셈 기계설비부문 "10-1-2 소화용구 격납상자설치"는 일반적으로 소화용 기기구함, 방수기구함 등의 목적으로 설치되는 것이며, "10-1-1 옥내소화전함설치"는 매립형 옥내소화전함설치 기준으로 호스걸이 및 기타 장치설치 품이 포함되어 있습니다. 표준품셈에서 소화기 매립함 설치품은 별도로 정하고 있지 않습니다.

10-2 소방밸브

10-2-1 알람밸브 설치

(조당)

구 분	규 격	배 관 공(인)	보통인부(인)
알람밸브	ø 65	1.230	-
	80	1.510	-
	100	1.660	-
	125	1.820	0.190
	150	2.020	0.190

[주] ① 본 품은 스프링클러 시스템의 설비별 설치 품 기준이다.
② 본 품에는 소운반, 설비별 설치품을 포함한다.
③ 경보밸브장치는 자동경종장치, 배수밸브, 작동시험밸브, 압력스위치, 압력계부착 등을 포함한다.
④ 템퍼스위치결선, 종단저항설치, 주위배관 및 보온은 별도 계상한다.

10-2-2 준비작동식밸브 설치

(조당)

구 분	규 격	배 관 공(인)	보통인부(인)
준비작동식밸브	ø 80	1.830	-
	100	2.010	-
	125	2.190	0.190
	150	2.440	0.190

[주] ① 본 품은 스프링클러 시스템의 설비별 설치 품 기준이다.
② 본 품에는 소운반, 설비별 설치품을 포함한다.
③ 경보밸브장치는 자동경종장치, 배수밸브, 작동시험밸브, 압력스위치, 압력계부착 등을 포함한다.
④ 템퍼스위치결선, 종단저항설치, 주위배관 및 보온은 별도 계상한다.

10-2-3 드라이밸브 설치

(조당)

구 분	규 격	배 관 공(인)	보통인부(인)
드라이밸브	ø 100	2.110	-
	150	2.560	0.190

[주] ① 본 품은 스프링클러 시스템의 설비별 설치 품 기준이다.
② 본 품에는 소운반, 설비별 설치품을 포함한다.
③ 경보밸브장치는 자동경종장치, 배수밸브, 작동시험밸브, 압력스위치, 압력계부착 등을 포함한다.
④ 템퍼스위치결선, 종단저항설치, 주위배관 및 보온은 별도 계상한다.

10-2-4 관말시험밸브 설치

(개당)

구 분	배 관 공	보통인부
관말시험밸브	0.356	0.144

10-3 옥외소화전

10-3-1 지하식 설치

(조당)

구 분	규 격	배 관 공(인)	보통인부(인)
지하식	단구형	0.500	-
	쌍구형	0.600	-

[주] 본 품은 소운반, 설비 설치품을 포함한다.

10-3-2 지상식 설치

(조당)

구 분	규 격	배 관 공(인)	보통인부(인)
지상식	단구형	0.620	-
	쌍구형	1.500	-

[주] 본 품은 소운반, 설비 설치품을 포함한다.

10-4 송수구

10-4-1 일반송수구 설치

(조당)

구 분	규 격	배 관 공(인)	보통인부(인)
일반송수구	단구형	0.400	-
	쌍구형	0.600	-
	단구스탠드형	0.800	-
	쌍구스탠드형	1.200	-

[주] 본 품은 소운반, 설비 설치품을 포함한다.

10-4-2 방수구 설치

(조당)

구 분	규 격	배 관 공(인)	보통인부(인)
방수구	40mm	0.078	-
	65mm	0.115	-

[주] 본 품은 소운반, 설비 설치품을 포함한다.

10-4-3 연결송수구설치

(대당)

구 분	배 관 공(인)	보통인부(인)
연결송수구	0.620	-

[주] ① 본 품은 스프링클러 시스템의 설비별 설치 품 기준이다.
② 본 품에는 소운반, 설비별 설치품을 포함한다.

10-5 탱크

10-5-1 압력공기탱크설치

(개당)

구 분	배 관 공(인)	보통인부(인)
압력공기탱크	1.782	0.718

[주] ① 본 품은 스프링클러 시스템의 설비별 설치 품 기준이다.
② 본 품에는 소운반, 설비별 설치품을 포함한다.

10-5-2 마중물탱크설치

(대당)

구 분	규 격	배 관 공(인)	보통인부(인)
마중물탱크	100 ~150 ℓ	2.060	-

[주] ① 본 품은 스프링클러 시스템의 설비별 설치 품 기준이다.
② 본 품에는 소운반, 설비별 설치품을 포함한다.

10-6 소방용 유량계

10-6-1 유량측정장치설치

(조당)

구 분	배 관 공(인)	보통인부(인)
유량측정장치	1.030	-

[주] ① 본 품은 스프링클러 시스템의 설비별 설치 품 기준이다.
② 본 품에는 소운반, 설비별 설치품을 포함한다.

10-7 소화용 헤드

10-7-1 스프링클러 헤드설치

(개당)

구 분	단 위	배관공	보통인부
스프링클러 헤드	인	0.092	0.037

[주] ① 본 품은 스프링클러 시스템의 설비별 설치 품 기준이다.
② 본 품에는 소운반, 설비별 설치품을 포함한다.

10-7-2 스프링클러 전기설비설치

구 분	규 격	단 위	배관공	보통인부
펌프기동반	7.5kW 이하	면	2.580	-
	11 ~ 19kW	면	2.890	-
	22kW	면	3.400	-
벨		개	0.210	-

[주] ① 본 품은 스프링클러 시스템의 설비별 설치 품 기준이다.
② 본 품에는 소운반, 설비별 설치품을 포함한다.
③ 템퍼스위치결선, 종단저항설치, 주위배관 및 보온은 별도 계상한다.

10-8 소화기

10-8-1 소화약제 소화설비설치('14년 보완)

구 분		규 격	단 위	배 관 공
기계설비	선 택 밸 브	ø 25이하	인/개	0.52
		32이하	〃	0.82
		40이하	〃	0.82
		50이하	〃	0.82
		65이하	〃	1.03
		80이하	〃	1.24
		100이하	〃	2.06
		125이하	〃	2.06
		150이하	〃	2.06
	가 스 분 사 헤 드	노출형	인/개	0.21
		매입형	〃	0.41
	용 기 지 지 대	5본 이하	인/조	1.03
		6 ~ 10본	〃	1.55
		11 ~ 20본	〃	2.06
	용 기 집 합 함	5본 이하	인/조	0.42
		6 ~ 10본	〃	0.72
	기 동 용 기		인/조	0.62
	수 동 기 동 함		인/개	0.41
	압 력 스 위 치		인/개	0.31
	역 지 밸 브		인/개	0.10
전기설비	배 전 반	1 ~ 3실용	인/면	2.06
		4 ~ 6실용	〃	3.09
	단 자 함	대 형	인/면	0.41
		소 형	〃	0.21
	가 스 방 출 표 시 등 함		인/개	0.41
	모 터 사 이 렌		인/개	0.31
	벨		인/개	0.21

[주] ① 본 품은 소화약제 소화설비의 설비별 설치 품 기준이다.
② 본 품에는 소운반, 설비별 설치품이 포함되어 있다.
③ 소화약제 용기설치는 규격별, 약제별로 별도 계상한다.

10-8-2 자동식 소화기 설치('99년 신설, '14년 보완)

(개당)

구 분	단 위	수 량
기 계 설 비 공	인	0.212
보 통 인 부	인	0.117

[주] ① 본 품은 세대내 레인지후드에 자동식 소화기를 설치하는 품이다.
    ② 본 품은 소운반, 구멍뚫기, 분사노즐, 탐지부, 조작부, 수신부, 자동식소화기 및 지지철물 설치를 포함한다.
    ③ 본 품은 제어배선의 결선은 포함되어 있으나, 제어배관 및 입선은 별도 계상한다.
    ④ 가스차단 밸브설치품은 별도 계상한다.

10-9 피난기구

10-9-1 완강기 설치('04년 신설, '09, '14년 보완)

(개당)

구 분	단 위	수 량
기 계 설 비 공	인	0.094
보 통 인 부	인	0.046

[주] ① 본 품은 피난용 완강기를 설치하는 품이다.
    ② 본 품에는 소운반, 완강기 지지대, 보호함, 안전표시 설치를 포함한다.

제 11 장 가스설비공사

11-1 강관

11-1-1 용접접합('15년 보완)

(용접개소당)

규 격(mm)	플랜트용접공(인)	규 격(mm)	플랜트용접공(인)
ø15	0.044	100	0.159
20	0.049	125	0.191
25	0.058	150	0.223
32	0.069	200	0.287
40	0.076	250	0.351
50	0.091	300	0.415
65	0.111	350	0.462
80	0.127	400	0.526
비 고	- 아크용접으로 가스용 강관을 접합하는 경우는 본 품의 5%를 감한다.		

[주] ① 본 품은 알곤용접으로 가스용 강관을 접합하는 기준이다.
② 용접접합에 필요한 부자재는 별도 계상한다.
③ 공구손료 및 경장비(용접기 등)의 기계경비는 인력품의 3%를 계상한다.

11-1-2 용접식 부설('15년 보완)

(m당)

규 격 (mm)	인력시공		기계시공		
	배관공(인)	보통인부(인)	배관공(인)	보통인부(인)	크레인(hr)
ø15	0.022	0.005	-	-	-
20	0.024	0.006	-	-	-
25	0.032	0.007	-	-	-
32	0.037	0.008	-	-	-
40	0.043	0.010	-	-	-
50	0.052	0.012	-	-	-
65	0.060	0.014	-	-	-
80	0.072	0.017	-	-	-
100	0.094	0.022	-	-	-
125	0.117	0.027	-	-	-
150	0.136	0.031	0.051	0.012	0.04
200	0.202	0.047	0.076	0.018	0.06
250	0.266	0.061	0.100	0.023	0.07
300	0.333	0.077	0.126	0.029	0.09
350	0.409	0.094	0.154	0.035	0.11
400	0.482	0.111	0.182	0.042	0.13

[주] ① 본 품은 중압이하의 가스용 강관을 부설하는 기준이다.
② 절단 및 가공, 부설 및 표시용 비닐 깔기 작업을 포함한다.
③ 강관 부설시 터파기, 되메우기, 기초 및 흙막이, 잔토처리 및 물푸기, 기밀시험은 별도 계상한다.
④ 크레인의 규격은 10톤급 트럭탑재형 크레인을 기준으로 한다.
⑤ 공구손료 및 경장비(절단기 등)의 기계경비는 다음의 요율을 계상한다.

인력시공	기계시공
인력품의 1%	인력품의 3%

⑥ 지지철물을 설치하여 시공되는 경우에는 '[기계설비부문] 1-1-2 용접배관'을 참고하여 계상한다.

11-1-3 나사식 접합 및 배관

(접합개소당)

규 격(mm)	배관공(인)	보통인부(인)
ø20	0.061	0.017
25	0.087	0.024
32	0.109	0.030
40	0.123	0.034
50	0.168	0.046

[주] ① 본 품은 중압이하의 가스용 강관의 나사식 접합 및 배관 기준이다.
② 절단, 나사홈가공, 배관 및 나사접합 작업을 포함한다.
③ 공구손료 및 경장비(절단기, 나사홈가공기 등)의 기계경비는 인력품의 2%를 계상한다.
④ 재료량은 다음과 같다.

(접합개소당)

구경(mm)	스레트실테이프(cm)		컴파운드(g)
ø20	13mm	34.3	3.0
25	〃	43.0	4.2
30	〃	53.8	5.8
40	〃	78.7	7.3
50	〃	95.1	10.6

契約審査

제목 중복 계상된 가스배관 설치비 조정

내용
가스배관 설치를 위한 나사접합 공정에 이미 금속 플렉시블관 설치 품이 포함되어 있으므로 불필요하게 추가 계상된 금속 플렉사블관 설치비 삭제

심사 착안사항
가스배관설치 품 적용 시 품셈 적정 적용 및 공정상 불필요한 설계 여부 검토

11-2 PE관

11-2-1 버트 융착식 접합 및 부설('15년 보완)

(개소당)

관 경(mm)	배 관 공(인)	보통인부(인)
ø 25	0.081	0.019
32	0.094	0.022
40	0.108	0.025
50	0.141	0.033
63	0.184	0.043
75	0.210	0.049
90	0.244	0.057
110	0.288	0.067
125	0.322	0.075
140	0.355	0.083
160	0.400	0.094
180	0.444	0.104
200	0.489	0.114
225	0.545	0.127
250	0.601	0.140
280	0.667	0.156
315	0.745	0.174
355	0.835	0.195
400	0.935	0.219

[주] ① 본 품은 가스용 폴리에틸렌(PE)관을 버트용착식으로 접합 및 부설하는 기준이다.
② 전기융착기를 사용하여 전자소켓으로 폴리에틸렌관을 접합 및 부설하는 경우에도 본 품을 적용한다.
③ 절단, 부설 및 접합, 표시용 비닐 깔기 작업을 포함한다.
④ PE관 부설시 터파기, 되메우기, 기초 및 흙막이, 잔토처리 및 물푸기, 기밀시험은 별도 계상한다.
⑤ 공구손료 및 경장비(융착기, 절단기 등)의 기계경비는 인력품의 5%를 계상한다.

11-3 부속기기

11-3-1 분기공 설치('15년 보완)

(개당)

구경(㎜)	배관공(인)	보통인부(인)	플랜트용접공(인)
ø20~25	0.193	0.134	0.290
40~50	0.270	0.187	0.406
65	0.317	0.219	0.476
80	0.363	0.252	0.546
100	0.425	0.295	0.639
125	0.503	0.348	0.755
150	0.580	0.402	0.872
200	0.735	0.509	1.105
250	0.890	0.616	1.337
300	1.045	0.724	1.570
350	1.200	0.831	1.803
400	1.354	0.938	2.036

[주] ① 본 품은 기존관 절단 후 T형분기관(개)을 설치하여 분기하는 기준이다.
② 절단 및 가공, T형관 부설 및 접합 작업을 포함한다.
③ 분기공 시공시 터파기, 되메우기, 기초 및 흙막이, 잔토처리 및 물푸기, 기밀시험은 별도 계상한다.
④ 공구손료 및 경장비(절단기, 용접기 등)의 기계경비는 인력품의 1%를 계상한다.

11-3-2 밸브 설치('15년 보완)

(개당)

구경\명칭	배관공	보통인부	구경\명칭	배관공	보통인부
ø15~25	0.197	0.064	ø150	0.754	0.244
32~50	0.308	0.100	200	0.976	0.316
65	0.375	0.121	250	1.199	0.389
80	0.442	0.143	300	1.422	0.461
100	0.531	0.172	350	1.645	0.533
125	0.642	0.208	400	1.868	0.605

[주] ① 설치위치 선정, 밸브 설치, 작동시험 및 마무리 작업을 포함한다.
② 공구손료 및 경장비(절단기 등)의 기계경비는 인력품의 2%를 계상한다.

11-3-3 직독식 가스미터 설치('15년 보완)

(개소당)

구 분	단 위	ø15㎜	ø20 ~ 25㎜
배 관 공	인	0.209	0.250
보 통 인 부	인	0.052	0.063

[주] ① 본 품은 가스미터를 세대내에 설치하는 기준이다.
　　② 가스미터 설치 및 고정, 작동시험 및 마무리 작업을 포함한다.
　　③ 재료량은 다음과 같다.

구경(㎜)	스레트실테이프(㎝)	컴파운드(g)
ø15	45.7㎝	4g
ø20~25	68.6㎝	6g

11-3-4 원격식 가스미터 설치

(개소당)

구 분	단 위	ø15㎜	ø20 ~ 25㎜
배 관 공	인	0.230	0.270
보 통 인 부	인	0.057	0.068

[주] ① 본 품은 원격식 가스미터를 세대내에 설치하는 기준이다.
　　② 가스미터 설치 및 고정, 전선관 결선, 작동시험 및 마무리 작업을 포함한다.
　　③ 전선관 배관 및 입선, 지시부 설치는 별도 계상한다.

제 12 장　자동제어설비공사

12-1 계기반 및 함류

12-1-1 계기반 설치

명칭	규격	단위	계장공	보통인부
분　전　반	W800×H500×D300이하	대	4.2	2.8
조　작　반	W800×H500×D300이하	대	4.2	2.8
계기반(자립개방)	W1200×H2100×D800이하	면	6.72	4.48
계기반(자립밀폐)	1200×2100× 800 〃	〃	8.4	5.6
계기반(현　　장)	900× 900× 600 〃	〃	5.88	3.92
〃	1000×1800× 600 〃	〃	8.82	5.88
〃	1300×2000× 700 〃	〃	9.88	6.58
〃	1400×2000× 700 〃	〃	10.64	7.09
〃 (발신기수납상)	1대용W(800×1600×900)	대	2.0	1.33
〃 (〃)	2대용 (1000×1600×900)	〃	2.4	1.60
〃 (〃)	3대용 (1200×1600×900)	〃	2.8	1.86
〃 (〃)	4대용 (1400×1600×900)	〃	3.2	2.13
〃 (〃)	5대용 (1600×1600×900)	〃	3.6	2.39
〃 (〃)	6대용 (1800×1600×900)	〃	4.0	2.65
비　　고	- 본 품은 완제품 설치기준이며, 이면반이 있을 경우 본 품의 150%를 계상한다. - 완제품이 아닐 경우는 본 품의 65%를 적용하고 계기설치는 별도 계상한다. - 완제품인 경우 계기반에 취부된 계기의 시험조정시는 '[기계설비부문] 12-1-2 플랜트 계기 설치"품의 25%를 가산한다.			

[주] ① 포장해체, 청소, 내부결선, 소운반 Channel Base 및 기초공사품이 포함되어 있다.
　　② 제어 Cable 배선 및 결선은 제외한다.

12-1-2 플랜트 계기 설치

(단위당)

명칭	규격	단위	계장공	비고
파 이 프 스 텐 션	28×1,200~1,600	본	0.37	기초별도
계　　　　　기	일반각종	대	0.3	
발　　신　　기	DPT, PT, TT, LT, FT	〃	0.27	
수　　신　　기	일반각종	대	0.22	
Air Set		대	0.22	
변　　환　　기	J/P, A/D, P/P, MV/I	대	0.25	
수 동 조 작 기		대	0.2	
비 율 설 정 기		대	0.2	
기　　록　　계		대	0.75	

명 칭	규 격	단위	계장공	비 고
현 장 지 시 계	LG LPG, VG PG TG	대 〃 〃 〃	0.75 0.4 0.22 0.15	
후로드식액면계		대	1.8	
측 온 계		대	0.15	
분 석 계	적외선식, 자기식	대	12.0	
Mono Meter		Set	0.3	
Thermocouple		대	0.37	
Dispressor	외통식	대	3.0	
스 위 치	일반각종	대	0.22	
전 자 Valve	소형 대형	대 〃	0.1 0.3	2방변 3방변 4방변
강 압 Valve	소형 대형	대 〃	0.1 0.3	단체용 대용량용
여 과 기	소형 대형	대 〃	0.1 0.3	단체용 대용량용
조 절 Valve	1B 2B 3B 4B	대 〃 〃 〃	0.8 1.0 1.2 1.5	
Butterfly Valve	200ø 300ø 400ø 500ø	대 〃 〃 〃	1.2 2.5 3.7 5.0	
Orifice	200ø 이하 201ø~500ø 501ø 이상	대 〃 〃	0.5 0.7 1.0	
출 력 Gauge	공기식	대	0.22	
Cylinder Valve		대	4.5	
탈 습 장 치		대	22.5	after-cooler, separator 포함
탁 도 검 출 기		대	0.4	
P-Hmeter 검출기		대	0.4	
X-Ray 발생장치		Set	15	
α-Ray 발생장치		Set	15	
Power Pack		Set	3	
현 장 조 절 계	일반각종	대	0.75	
중성자발생장치	〃	〃	15	
FLAME DETECTOR		Set	0.25	
비고	- 방폭공사시는 본 품의 20%를 가산한다. - Loop 시험시는 본 품의 25%를 가산한다.			

12-2 자동제어기기

12-2-1 자동제어기기 설치

구 분	규 격	단 위	계장공
실 내 온 도 조 절 기	전 기 전 자 식	개	0.22
	공 기 식	〃	0.29
삽 입 식 온 도 조 절 기	덕 트 용	개	0.43
	배 관 용	〃	0.90
습 도 조 절 기	전 기 전 자 식	개	0.22
	공 기 용	〃	0.29
	덕 트 용	〃	0.41
댐 퍼 용 모 터		조	0.48
자 동 조 절 밸 브 용 모 터		〃	0.22
압 력 조 정 기		〃	0.10
스 탭 컨 트 롤 러		〃	0.48
수 동 조 작 기		개	0.38
온 습 도 지 시 계		〃	1.90
기 록 계		〃	1.90
액 면 지 시 계 류		〃	1.90
전 자 식 패 널		〃	0.95
릴 레 이 류		〃	0.38
현 장 반	벽 붙 이 형	면	2.85
	스 탠 드 형	〃	6.65
공 업 용 압 력 발 신 기		개	1.90
공 업 용 차 압 발 신 기		〃	1.90

[주] 본 품에는 소운반이 포함되어 있다.

12-2-2 계량기 설치

명 칭	규 격	단 위	계장공	보통인부
Hopper Scale	대(30Ton이상)	대	10.8	7.2
	중(15~29Ton)	〃	9.0	6.0
	소(14Ton이하)	〃	7.2	4.8
Conveyor Scale	대(500T/H 이상)	대	12.0	8.0
	중(100~400Ton)	〃	9.0	6.0
	소(90Ton이하)	〃	7.2	4.8
대 형 개 량 장 치	대(50Ton이상)	대	15.0	10.0
	중(10~40Ton)	〃	10.8	7.2
	소(9Ton이하)	〃	7.2	4.8

비 고	- 옥외 노출 공사시 본 품의 10%를 가산한다.
	- 시험조정(분동시험)시는 HOPPER SCALE 30%를 가산한다.
	  CONVEYOR SCALE 20%를 가산한다.
	  대형계량장치 25%를 가산한다.

[주] ① 기계설치는 제외되어 있다.
　　② 분동, TEST CHAIN 운반 및 사용료는 별도 계상한다.
　　③ 관청인가 검정료는 별도 계상한다.

12-2-3 도압배관

명 칭	규 격	단위	계장공	배관공	보통인부	비고
유량(액면)계배관	SGP STPG 38 (SCH40)1/2B	m	0.1	0.1	0.2	SCH 80은 10%가산
압력계배관	SGP STPG38 SCH40)1/2B	〃	0.1	0.15	0.2	SUS27은 30%가산
Valve 조립	용접	개		0.1	0.1	
DRAIN POT	1/2B	〃		0.1	0.1	
SEAL POT	〃	〃		0.1	0.1	
CONDENSER POT	〃	〃	0.1		0.1	
3-WAY VALVE	〃	〃		0.2	0.2	
STEAM TRAP	〃	〃		0.1	0.1	
비 고	- Loop 시험(LEAK TEST 포함)은 20%를 가산한다. - 화기사용 금지구역은 본 품의 1.5배를 가산한다.					

[주] ① 본 품에는 관의 절단, 나사내기, 체결, 용접, 구부림 등의 품이 포함되어 있다.
　　② Union, Elbow, Tee 부속품 취부품이 포함되어 있다.

12-2-4 Control Air 배관

(m당)

명 칭	규 격	Screw형 계장공	용접 계장공
SGP 및 STPG 38(SCH40)	1/2 B	0.18	0.21
	3/4B	0.21	0.26
	1B	0.24	0.29
	1 1/2B	0.36	0.43
	2B	0.48	0.58
Valve (개당)	각종	0.15	0.20
비 고	- 화기사용 금지구역은 1.5배 가산한다. - Flange 접속, 고압 및 특수강관은 20% 가산한다. - Stainless관은 30% 가산한다. - Loop 시험은 25%를 가산한다.		

[주] ① 도압배관 및 Process 배관에는 적용치 않는다.
　　② 배관지지물은 별도 계상한다.
　　③ 관의 절관, 나사내기, 구부림, Union, Elbow, Tee 부속품 설치품은 포함되어 있다.

12-2-5 압축공기 발생장치 및 공기관 배관

명 칭	규 격	단위	계장공	보통인부
압축공기발생장치	5kg/cm²이하	조당	1.40	0.40
	10kg/cm²이하	〃	2.90	0.90
	30kg/cm²이하	〃	8.50	2.50
주 공 기 Tank	500ℓ 이하	조당	2.60	0.80
	700ℓ 이하	〃	3.0	1.5
	700ℓ 이상	〃	4.5	2.5
유 니 온 엘 보	20~25mm	개당	0.25	0.05
유압 Cylinder	60K	대	0.7	
	90K	〃	0.8	
	130K	〃	1.0	
Oil Pump	0.75kW	대	1.5	
	1.50kW	〃	1.6	
	2.25kW	〃	1.7	
	3.00kW	〃	1.8	
Air Cylinder	100ø 이하	대	1.0	
	100ø 이상	〃	1.2	
Air Compressor	소형	대	1.5	
	대형	〃	2.0	
제 습 기		대	1.5	
공 기 압 축 기 시 험		조당	1.0	1.0
조작함(설비물)	분전반, 계기, 스위치 기타	조당	2.0	1.0
비 고	- 시험시 기계 기술자 1인을 가산한다.			

12-3 전선배선

12-3-1 중앙처리장치(CPU) 설치('03년 신설)

공 정	단 위	기 사	계 장 공
설 치	인/Point	0.061	0.029
통 신 상 태 점 검	인/DDC	-	0.718
점 검 · 시 험	인/Point	0.005	0.019

[주] ① 본 품은 개발되어 있는 프로그램을 중앙처리장치에 설치하고 현장특성에 맞추어 프로그램을 수정·보완하는 것으로 소운반이 포함되어 있다.
② 본 품은 프로그램으로 중앙처리장치와 DDC(Direct Digital Controller)사이를 연결하는 것이다. 다만 Service Module이 설치된 통신상태점검은 DDC에 포함된 것으로 본다.
③ 중앙처리장치와 DDC사이의 전선, 통신선 설치품은 별도 계상한다.
④ 본 품은 중앙처리장치에 Control 등록, 입·출력 Point 등록을 포함한다.
⑤ 그래픽작업은 장비별로, 보고서는 일간, 월간, 연간 각각 작성하는 것을 기준한 것이다.

⑥ 시설물 준공후, 시스템 운영·관리에 지원이 필요한 경우 다음기준에 따라 별도 가산한다.

기 간	3 개 월	6 개 월
가 산 율	점검·시험품의 15%	점검·시험품의 30%

12-3-2 입·출력장치(I/O Equipment) 설치('03년 신설)

공 정	단 위	기 사	계 장 공
설 치	인/Point	0.008	0.042
점 검 · 시 험	인/Point	0.046	0.080

[주] ① 본 품은 DDC(단자함내의 결선포함)을 설치하고, 점검·시험 및 소운반이 포함되어 있다.
② 본 품은 프로그램으로 DDC와 현장계기 사이를 연결하고, Hardware와 프로그램 Setting 하는 것이다.
③ DDC와 현장계기 사이의 전선, 통신선 설치품과 DDC외함 설치품은 별도 계상한다.
④ 시설물 준공후, 시스템 운영·관리에 지원이 필요한 경우 다음기준에 따라 별도 가산한다.

기 간	3 개 월	6 개 월
가 산 율	점검·시험품의 20%	점검·시험품의 40%

12-3-3 콘솔(Console) 설치('03년 신설)

공 정	단 위	기 사	계 장 공
조 립 및 설 치	인/대	-	6.8
시 험 및 조 정	인/대	1.9	-

[주] ① 본 품은 Desk를 현장에서 조립·설치하고 P.C, Keyboard, Monitor, Printer를 설치하는 것으로 소운반이 포함되어 있다.
② 본 품은 P.C를 Hard Formatting하고 운영체계를 Hard에 Setup한다.

제 13 장 플랜트설비공사

13-1 플랜트 배관

13-1-1 플랜트 배관 설치('92, '03년 보완)

구분	규격 (mm)	외경 (mm)	두께 (mm)	단위중량 (kg/m)	배관구분 옥내배관 용접식			옥내배관 나사식
					플랜트용접공	플랜트배관공	특별인부	플랜트배관공
배관용 탄소강관 KSD3507	6	10.5	2.0	0.419	92.0	46.0	46.0	92.0
	8	13.8	2.3	0.652	68.7	34.3	34.3	68.7
	10	17.3	2.3	0.851	59.8	30.0	30.0	59.8
	15	21.7	2.8	1.31	47.0	23.5	23.5	47.0
	20	27.2	2.8	1.68	42.9	21.4	21.4	42.9
	25	34.0	3.2	2.43	36.5	18.2	18.2	36.5
	32	42.7	3.5	3.38	32.4	16.2	16.2	32.4
	40	48.6	3.5	3.89	31.4	15.7	15.7	31.4
	50	60.5	3.8	5.31	28.9	14.4	14.4	28.9
	65	76.3	4.2	7.47	26.1	13.0	13.0	26.1
	80	89.1	4.2	8.79	25.5	12.8	12.8	25.5
	90	101.6	4.2	10.1	25.1	12.5	12.5	25.1
	100	114.3	4.5	12.2	23.9	11.9	11.9	23.9
	125	139.8	4.5	15.0	23.5	11.7	11.7	23.5
	150	165.2	5.0	19.8	21.9	11.0	11.0	21.9
	175	190.7	5.3	24.2	21.1	10.6	10.6	21.1
	200	216.3	5.8	30.1	20.1	10.0	10.0	20.1
	225	241.8	6.2	36.0	19.3	9.6	9.6	19.3
	250	267.4	6.6	42.4	18.6	9.3	9.3	18.6
	300	318.5	6.9	53.0	17.8	9.3	9.3	17.8

배관구분									
옥내배관 나사식		인/ton	옥외배관 용접식			옥외배관 나사식			인/ton
플랜트용접공	특별인부		플랜트용접공	플랜트배관공	특별인부	플랜트배관공	플랜트용접공	특별인부	
46.0	46.0	184.0	81.3	40.7	40.7	81.3	40.7	40.7	162.2
34.3	34.3	137.3	59.0	29.5	29.5	59.0	29.5	29.5	118.0
30.0	30.0	119.8	50.1	25.1	25.1	50.1	25.1	25.1	100.3
23.5	23.5	94.0	38.3	19.2	19.2	38.3	19.2	19.2	76.7

배관구분									
옥내배관				옥외배관					
나사식		인/ton	용접식			나사식			인/ton
플랜트 용접공	특별 인부		플랜트 용접공	플랜트 배관공	특별 인부	플랜트 배관공	플랜트 용접공	특별 인부	
21.4	21.4	85.7	34.2	17.1	17.1	34.2	17.1	17.1	68.4
18.2	18.2	72.9	28.5	14.2	14.2	28.5	14.2	14.2	56.9
16.2	16.2	64.8	24.8	12.4	12.4	24.8	12.4	12.4	49.6
15.7	15.7	62.8	23.8	11.9	11.9	23.8	11.9	11.9	47.6
14.4	14.4	57.7	21.5	10.8	10.8	21.5	10.8	10.8	43.1
13.0	13.0	52.1	19.2	9.6	9.6	19.2	9.6	9.6	38.4
12.8	12.8	51.1	18.7	9.4	9.4	18.7	9.4	9.4	37.5
12.5	12.5	50.1	18.3	9.1	9.1	18.3	9.1	9.1	36.5
11.9	11.9	47.7	17.3	8.7	8.7	17.3	8.7	8.7	34.7
11.7	11.7	46.9	16.9	8.5	8.5	16.9	8.5	8.5	33.9
11.0	11.0	43.9	15.5	7.7	7.7	15.5	7.7	7.7	30.9
10.6	10.6	42.3	15.1	7.6	7.6	15.1	7.6	7.6	30.3
10.0	10.0	40.1	14.3	7.2	7.2	14.3	7.2	7.2	28.7
9.6	9.6	38.5	13.7	6.9	6.9	13.7	6.9	6.9	27.5
9.3	9.3	37.2	13.2	6.6	6.6	13.2	6.6	6.6	26.4
9.3	9.3	36.4	12.8	6.4	6.4	12.8	6.4	6.4	25.6

구분	규격	외경	두께	단위 중량	배관구분			
					옥내배관			
					용접식			나사식
	mm	mm	mm	kg/m	플랜트 용접공	플랜트 배관공	특별 인부	플랜트 배관공
배관용 탄소강관 KSD3507	350	355.6	6.0	51.7	19.3	9.7	9.7	19.3
	〃	〃	6.4	55.1	18.7	9.3	9.3	18.7
	〃	〃	7.9	67.7	16.8	8.4	8.4	16.8
	400	406.4	6.0	59.2	19.5	9.3	9.3	19.5
	〃	〃	6.4	63.1	19.5	8.4	8.4	19.5
	〃	〃	7.9	77.6	16.7	8.4	8.4	16.7
	450	457.2	6.0	66.8	19.4	9.3	9.3	19.4
	〃	〃	6.4	71.1	19.5	8.3	8.3	19.5
	〃	〃	7.9	87.5	16.7	8.3	8.3	16.7
	500	508.0	6.0	74.3	19.5	9.2	9.2	19.5
	〃	〃	6.4	79.2	19.4	8.3	8.3	19.4
	〃	〃	7.9	97.4	16.6	8.3	8.3	16.6
	〃	〃	8.7	107	16.2	7.6	7.6	16.2
	〃	〃	9.5	117	13.3	9.5	9.5	13.3

구분	규격	외경	두께	단위중량	배관구분									
					옥내배관				옥외배관				
					용접식			나사식		용접식			나사식		
	mm	mm	mm	kg/m	플랜트 용접공	플랜트 배관공	특별 인부	플랜트 용접공	특별 인부	인/ton	플랜트 용접공	플랜트 배관공	특별 인부	플랜트 배관공	플랜트 용접공	특별 인부	인/ton
배관용 탄소강관 KSD3507	550	558.8	6.0	81.8	19.1	9.5	9.5	19.1	9.7	9.7	38.7	13.7	6.8	6.8	13.7	6.8	6.8	27.3
	〃	〃	6.4	87.2	18.5	9.2	9.2	18.5	9.3	9.3	37.3	13.2	6.6	6.6	13.2	6.6	6.6	26.4
	〃	〃	7.9	107	16.7	8.3	8.3	16.7	8.4	8.4	33.6	11.9	6.0	6.0	11.9	6.0	6.0	23.9
	〃	〃	9.5	129	15.1	7.6	7.6	15.1										
	600	609.6	6.0	89.0	19.1	9.5	9.5	19.1	9.3	9.3	38.1	13.6	6.8	6.8	13.6	6.8	6.8	27.2
	〃	〃	6.4	95.2	18.4	9.2	9.2	18.4	8.4	8.4	36.3	13.1	6.6	6.6	13.1	6.6	6.6	26.3
	〃	〃	7.1	106	17.5	8.7	8.7	17.5	8.4	8.4	33.5	11.9	5.9	5.9	11.9	5.9	5.9	23.7
	〃	〃	7.9	117	16.6	8.3	8.3	16.6	9.3	9.3	38.0	13.5	6.8	6.8	13.5	6.8	6.8	27.1
									8.3	8.3	36.1	13.1	6.6	6.6	13.1	6.6	6.6	26.3
									8.3	8.3	33.3	11.8	5.9	5.9	11.8	5.9	5.9	23.6
									9.2	9.2	37.9	13.5	6.7	6.7	13.5	6.7	6.7	26.9
									8.3	8.3	36.0	13.1	6.5	6.5	13.1	6.5	6.5	26.1
									8.3	8.3	33.2	11.7	5.9	5.9	11.7	5.9	5.9	23.5
									7.6	7.6	31.4	11.2	5.6	5.6	11.2	5.6	5.6	22.4
									9.5	9.5	32.3	10.7	5.4	5.4	10.7	5.4	5.4	21.5
									9.5	9.5	38.1	13.5	6.7	6.7	13.5	6.7	6.7	26.9
									9.2	9.2	36.9	13.0	6.5	6.5	13.0	6.5	6.5	26.0
									8.3	8.3	33.3	11.7	5.9	5.9	11.7	5.9	5.9	23.5
									7.6	7.6	30.3	10.7	5.3	5.3	10.7	5.3	5.3	21.3
									9.5	9.5	38.1	13.5	6.7	6.7	13.5	6.7	6.7	26.9
									9.2	9.2	36.8	13.0	6.5	6.5	13.0	6.5	6.5	26.0
									8.7	8.7	34.9	12.3	6.2	6.2	12.3	6.2	6.2	24.7
									8.3	8.3	33.2	11.7	5.9	5.9	11.7	5.9	5.9	23.5

구분	규격	외경	두께	단위중량	배관구분 옥내배관 용접식			배관구분 옥내배관 나사식
	mm	mm	mm	kg/m	플랜트용접공	플랜트배관공	특별인부	플랜트배관공
배관용 탄소강관 KSD3507	600	609.6	9.5	141	15.1	7.6	7.6	15.1
	"	"	10.3	152	14.5	7.3	7.3	14.5
	650	660.4	6.0	96.8	19.0	9.5	9.5	19.0
	"	"	6.4	103	18.4	9.2	9.2	18.4
	"	"	7.1	114	17.5	8.8	8.8	17.5
	"	"	7.9	127	16.6	8.3	8.3	16.6
	"	"	11.1	178	14.0	7.0	7.0	14.0
	700	711.2	6.0	104	19.0	9.5	9.5	19.0
	"	"	6.4	111	18.4	9.2	9.2	18.4
	"	"	7.1	123	17.5	8.7	8.7	17.5
	"	"	7.9	137	16.5	8.3	8.3	16.5
	"	"	11.9	205	13.5	6.7	6.7	13.5
	750	762.0	6.4	119	18.4	9.2	9.2	18.4
	"	"	7.1	132	17.5	8.7	8.7	17.5
	"	"	7.9	147	16.5	8.3	8.3	16.5
	"	"	11.9	220	13.5	6.7	6.7	13.5
	800	812.8	6.4	127	18.3	9.2	9.2	18.3
	"	"	7.1	141	17.4	8.7	8.7	17.4
	"	"	7.9	157	16.5	8.2	8.2	16.5
	"	"	11.9	235	13.5	6.7	6.7	13.5
	850	863.6	6.4	135	18.3	9.2	9.2	18.3
	"	"	7.1	150	17.4	8.7	8.7	17.4

배관구분 옥내배관 나사식		인/ton	배관구분 옥외배관 용접식			배관구분 옥외배관 나사식			인/ton
플랜트용접공	특별인부		플랜트용접공	플랜트배관공	특별인부	플랜트배관공	플랜트용접공	특별인부	
7.6	7.6	30.3	10.7	5.3	5.3	10.7	5.3	5.3	21.3
7.3	7.3	29.1	10.3	5.1	5.1	10.3	5.1	5.1	20.5
9.5	9.5	38.0	13.4	6.7	6.7	13.4	6.7	6.7	26.8
9.2	9.2	36.8	13.1	6.5	6.5	13.1	6.5	6.5	26.1
8.8	8.8	35.1	12.3	6.2	6.2	12.3	6.2	6.2	24.7
8.3	8.3	33.2	11.7	5.8	5.8	11.7	5.8	5.8	23.3
7.0	7.0	28.0	9.9	4.9	4.9	9.9	4.9	4.9	19.7

배관구분									
옥내배관			인/ton	옥외배관						인/ton
나사식				용접식			나사식			
플랜트 용접공	특별 인부		플랜트 용접공	플랜트 배관공	특별 인부	플랜트 배관공	플랜트 용접공	특별 인부	
9.5	9.5	38.0	13.4	6.7	6.7	13.4	6.7	6.7	26.8
9.2	9.2	36.8	13.0	6.5	6.5	13.0	6.5	6.5	26.0
8.7	8.7	34.9	12.3	6.2	6.2	12.3	6.2	6.2	24.7
8.3	8.3	33.1	11.7	5.8	5.8	11.7	5.8	5.8	23.3
6.7	6.7	26.9	9.5	4.7	4.7	9.5	4.7	4.7	19.1
9.2	9.2	36.8	12.9	6.5	6.5	12.9	6.5	6.5	25.9
8.7	8.7	34.9	12.3	6.1	6.1	12.3	6.1	6.1	24.5
8.3	8.3	33.1	11.7	5.8	5.8	11.7	5.8	5.8	23.3
6.7	6.7	26.9	9.5	4.7	4.7	9.5	4.7	4.7	18.9
9.2	9.2	36.7	12.9	6.5	6.5	12.9	6.5	6.5	25.9
8.7	8.7	34.8	12.3	6.1	6.1	12.3	6.1	6.1	24.5
8.2	8.2	32.9	11.6	5.8	5.8	11.6	5.8	5.8	23.2
6.7	6.7	26.9	9.5	4.7	4.7	9.5	4.7	4.7	18.9
9.2	9.2	36.7	12.9	6.5	6.5	12.9	6.5	6.5	25.9
8.7	8.7	34.8	12.3	6.1	6.1	12.3	6.1	6.1	24.5

구 분	규격	외경	두께	단위 중량	배관구분			
					옥내배관			
					용접식			나사식
	mm	mm	mm	kg/m	플랜트 용접공	플랜트 배관공	특별 인부	플랜트 배관공
배 관 용 탄 소 강 관 KSD3507	850	863.6	7.9	167	16.5	8.2	8.2	16.5
	〃	〃	9.5	200	15.1	7.5	7.5	15.1
	〃	〃	12.7	266	13.1	6.5	6.5	13.1
	900	914.4	6.4	143	18.3	9.2	9.2	18.3
	〃	〃	7.9	177	16.5	8.2	8.2	16.5
	〃	〃	8.7	194	15.7	7.9	7.9	15.7
	〃	〃	12.7	282	13.0	6.5	6.5	13.0
	1000	1016.0	8.7	216	15.7	7.8	7.8	15.7
	〃	〃	10.3	255	14.5	7.2	7.2	14.5
	1100	1117.6	10.3	281	14.4	7.2	7.2	14.4
	〃	〃	11.1	303	13.8	6.9	6.9	13.8
	1200	1219.2	11.1	331	13.9	6.9	6.9	13.9
	〃	〃	11.9	354	13.4	6.7	6.7	13.4
	1350	1371.6	11.9	399	13.4	6.7	6.7	13.4
	〃	〃	12.7	426	12.9	6.5	6.5	12.9

구 분	규격 (mm)	외경 (mm)	두께 (mm)	단위중량 (kg/m)	배관구분			
					옥 내 배 관			
					용 접 식			나사식
					플랜트 용접공	플랜트 배관공	특별 인부	플랜트 배관공
배 관 용 탄 소 강 관 KSD3507	1350	1371.6	13.1	439	12.7	6.4	6.4	12.7
	1500	1574	12.7	473	13.1	6.6	6.6	13.1
	〃	〃	13.1	488	12.9	6.5	6.5	12.9
	〃	〃	15.1	562	12.1	6.0	6.0	12.1
압력배관용 탄 소 강 관 KSD3562 SCH#40	6	10.5	1.7	0.369	101.3	50.7	50.7	101.3
	8	13.8	2.2	0.629	70.7	35.3	35.3	70.7
	10	17.3	2.3	0.851	59.9	29.9	29.9	59.9

배관구분										
옥 내 배 관			옥 외 배 관						
나 사 식		인/ton	용 접 식			나 사 식			인/ton
플랜트 용접공	특별 인부		플랜트 용접공	플랜트 배관공	특별 인부	플랜트 배관공	플랜트 용접공	특별 인부	
8.2	8.2	32.9	11.6	5.8	5.8	11.6	5.8	5.8	23.2
7.5	7.5	30.1	10.6	5.3	5.3	10.6	5.3	5.3	21.2
6.5	6.5	26.1	9.2	4.6	4.6	9.2	4.6	4.6	18.4
9.2	9.2	36.7	12.9	6.5	6.5	12.9	6.5	6.5	25.9
8.2	8.2	32.9	11.6	5.8	5.8	11.6	5.8	5.8	23.2
7.9	7.9	31.5	11.1	5.5	5.5	11.1	5.5	5.5	22.1
6.5	6.5	26.0	9.1	4.6	4.6	9.1	4.6	4.6	18.3
7.8	7.8	31.3	11.1	5.5	5.5	11.1	5.5	5.5	22.1
7.2	7.2	28.9	10.1	5.1	5.1	10.1	5.1	5.1	20.3
7.2	7.2	28.8	10.1	5.1	5.1	10.1	5.1	5.1	20.3
6.9	6.9	27.6	9.7	4.9	4.9	9.7	4.9	4.9	19.5
6.9	6.9	27.7	9.7	4.9	4.9	9.7	4.9	4.9	19.5
6.7	6.7	26.8	9.4	4.7	4.7	9.4	4.7	4.7	18.8
6.7	6.7	26.8	9.3	4.8	4.8	9.3	4.8	4.8	18.9
6.5	6.5	25.9	9.1	4.6	4.6	9.1	4.6	4.6	18.3
6.4	6.4	25.5	8.9	4.5	4.5	8.9	4.5	4.5	17.9
6.6	6.6	26.3	9.3	4.6	4.6	9.3	4.6	4.6	18.5
6.5	6.5	25.9	9.1	4.6	4.6	9.1	4.6	4.6	18.3
6.0	6.0	24.1	8.5	4.2	4.2	8.5	4.2	4.2	16.9
50.7	50.7	202.7	90.0	45.0	45.0	90.0	45.0	45.0	180.0
35.3	35.3	141.3	60.7	30.3	30.3	60.7	30.3	30.3	121.3
29.9	29.9	119.7	50.1	25.1	25.1	50.1	25.1	25.1	100.3

구분	규격 (mm)	외경 (mm)	두께 (mm)	단위중량 (kg/m)	배관구분 옥내배관 용접식 플랜트용접공	배관구분 옥내배관 용접식 플랜트배관공	배관구분 옥내배관 용접식 특별인부	배관구분 옥내배관 나사식 플랜트배관공	배관구분 옥내배관 나사식 플랜트용접공	배관구분 옥내배관 나사식 특별인부	인/ton	배관구분 옥외배관 용접식 플랜트용접공	배관구분 옥외배관 용접식 플랜트배관공	배관구분 옥외배관 용접식 특별인부	배관구분 옥외배관 나사식 플랜트배관공	배관구분 옥외배관 나사식 플랜트용접공	배관구분 옥외배관 나사식 특별인부	인/ton
압력배관용 탄소강관 KSD3562 SCH#40	15	21.7	2.8	1.31	47.0	23.5	23.5	47.0	23.5	23.5	94.0	38.3	19.2	19.2	38.3	19.2	19.2	76.7
	20	27.2	2.9	1.74	41.8	20.9	20.9	41.8	20.9	20.9	83.6	33.3	16.7	16.7	33.3	16.7	16.7	66.7
	25	34.0	3.4	2.57	35.2	17.6	17.6	35.2	17.6	17.6	70.4	27.4	13.7	13.7	27.4	13.7	13.7	54.8
	32	42.7	3.6	3.47	32.0	16.0	16.0	32.0	16.0	16.0	64.0	24.4	12.2	12.2	24.4	12.2	12.2	48.8
	40	48.6	3.7	4.10	30.4	15.2	15.2	30.4	15.2	15.2	60.8	23.0	11.5	11.5	23.0	11.5	11.5	46.0
	50	60.5	3.9	5.44	28.2	14.1	14.1	28.2	14.1	14.1	56.4	21.1	10.5	10.5	21.1	10.5	10.5	42.1
	65	76.3	5.2	9.12	23.4	11.7	11.7	23.4	11.7	11.7	46.8	17.1	8.6	8.6	17.1	8.6	8.6	34.3
	80	89.1	5.5	11.3	22.2	11.1	11.1	22.2	11.1	11.1	44.4	16.2	8.1	8.1	16.2	8.1	8.1	32.4
	90	101.6	5.7	13.5	21.5	10.7	10.7	21.5	10.7	10.7	42.9	15.5	7.8	7.8	15.5	7.8	7.8	31.1
	100	114.3	6.0	16.0	20.7	10.3	10.3	20.7	10.3	10.3	41.3	14.9	7.5	7.5	14.9	7.5	7.5	29.9
	125	139.8	6.6	21.7	19.3	9.7	9.7	19.3										
	150	165.2	7.1	27.7	18.4	9.2	9.2	18.4										
	200	216.3	8.2	42.1	16.0	8.0	8.0	16.0										
	250	267.4	9.3	59.2	15.7	7.8	7.8	15.7										
	300	318.5	10.3	78.3	14.8	7.4	7.4	14.8										
	350	355.6	11.1	94.3	14.2	7.1	7.1	14.2										
	400	406.4	12.7	123	13.3	6.6	6.6	13.3										
	450	457.2	14.3	156	12.5	6.2	6.2	12.5										
	500	508.0	15.1	184	12.1	6.0	6.0	12.1										

배관구분										
옥내배관			옥외배관							
나사식		인/ton	용접식			나사식			인/ton	
플랜트 용접공	특별 인부		플랜트 용접공	플랜트 배관공	특별 인부	플랜트 배관공	플랜트 용접공	특별 인부	
9.7	9.7	38.7	13.9	6.9	6.9	13.9	6.9	6.9	27.7
9.2	9.2	36.8	13.2	6.6	6.6	13.2	6.6	6.6	26.4
8.0	8.0	32.0	11.4	5.7	5.7	11.4	5.7	5.7	22.8
7.8	7.8	31.3	11.1	5.6	5.6	11.1	5.6	5.6	22.3
7.4	7.4	29.6	10.5	5.2	5.2	10.5	5.2	5.2	20.9
7.1	7.1	28.4	10.0	5.0	5.0	10.0	5.0	5.0	20.0
6.6	6.6	26.5	9.3	4.7	4.7	9.3	4.7	4.7	18.7
6.2	6.2	24.9	8.8	4.4	4.4	8.8	4.4	4.4	17.6
6.0	6.0	24.1	8.5	4.2	4.2	8.5	4.2	4.2	16.9

[주] ('93, '95, '98년, '03년 보완)
① 본 품은 Raw Material 기준으로 한 것이며 소운반, 절단, Edge Cutting, 나사내기, 배열, Fitting재 취부, Valve류 취부, 용접, 나사접합, Hangering, Supporting, Flushing, 기밀시험(leak test) 및 내압시험(Air, gas, Water test) 등이 포함되어 있다.
② 본 품은 Fitting류, Bracket류, Support류(hanger, shoe, Guide, Clamp, U-Bolt 등) 및 Valve류 등의 중량을 전체배관 설치중량의 30%로 간주하여 배관하는 품으로 10% 증감할 때마다 본 품에 10%씩 가감하고(단, 매설배관은 제외), Fitting류, Bracket류, Support 및 밸브류 등이 공장에서 제작조립된 경우에는 본 품에 30%까지 감하여 적용할 수 있다. 또한 설치중량에는 Fitting류, Bracket류, Support류 및 Valve류 등의 중량을 포함하여야 하며 현장에서 제작·설치되는 PIPE RACK은 SUPPORT류에서 제외하고 별도 계상한다.
③ 배관설치 높이가 지상 4m 초과하는 경우 매 4m 증가마다 3%씩 가산한다.
④ 기계실 옥내 옥외매설의 구분이 명확하지 않은 경우에는 옥내를 적용한다.
⑤ 기계실배관은 옥내배관의 50%가산, 옥외매설관은 옥외배관의 30% 감한다.
여기서 기계실배관이라 함은 보일러실, 터빈실, 펌프실 등과 같이 기계장치의 효율적인 운전 및 보수를 위하여 각종기계장치를 집합적으로 일정한 장소에 모아놓은 곳의 배관중에서, 일반적인 옥내배관보다 단위길이당 연결부위가 현저히 많고, 배관작업시 상호배관간의 간접 또는 작업방해 등으로 옥내배관보다 작업내용이 복잡하여 단위 품이 현저히 증가되는 배관을 말한다.
⑥ 공구손료, 소모자재작업 및 정밀배관의 Oil Flushing의 품은 별도 계상한다.
⑦ 예열 및 응력제거가 필요한 경우는 별도 계상한다.
⑧ Alloy Steel(합금강)인 경우 용접식은 용접공(플랜트 용접공) 나사식은 배관공(플랜트 배관공)량에 별표의 할증률을 적용 가산한다.
⑨ 규격이 같고 두께가 다를 경우 단위 중량에 비례 계상한다.
⑩ 외경은 참고 치수이다.
⑪ 고소배관 작업시 중량물 상량을 위한 조치가 필요한 경우에는 특수 비계공을 별도 계상할 수 있다.
⑫ 비파괴검사시 KS 1급 기준인 경우는 본 품에 100%까지 가산할 수 있다.
⑬ 유해가스가 없는 설계압력 5kg/cm^2미만의 배관공사에는 플랜트 용접공을 용접공으로, 플랜트 배관공을 배관공으로 적용한다.

[참 고]

규격이 같고 두께가 다른 경우 비례 계산 방법
- A_m : 탄소강관의 톤당품
- A_W : 탄소강관의 단위중량(Ton/m)
- A_D : 탄소강관의 m당품($A_m \times A_W$)
- B_m : Sch40의 톤당품
- B_W : Sch40의 단위중량(Ton/m)
- B_D : Sch40의 m당품($B_m \times B_W$)
- C_W : 구하고자 하는 두께의 단위 중량(Ton/m)
- C_D : 구하고자 하는 두께의 m당품
- $C_D = B_D + \dfrac{(B_D - A_D)}{(B_W - A_W)} \times (C_W - B_W)$
- C_m : 구하고자 하는 두께의 톤당품 $\left(\dfrac{C_D}{C_W}\right)$

[별 표]

재질에 따른 배관용접품 할증률

(%)

구경(㎜) 재질(ASTM기준)	50이하	80	100	125	150	200	250	300	350	400	450	500	550	600
MO합금강(A335-P1) Cr합금강(A335-P2,P3, P11,P12)	25.0	27.5	30.0	31.5	34.5	39.0	42.5	45.0	49.0	52.5	59.0	65.0	69.0	73.0
Cr합금강(A335-P3b,P21, 22,P5bc)	33.5	37.0	40.0	42.0	46.0	52.0	57.0	60.0	66.5	70.0	79.0	87.0	92.5	98.0
Cr합금강(A335-P7,P9), Ni합금강(A333-Gr3)	45.0	49.5	54.0	57.0	62.0	70.0	76.5	81.0	88.0	94.5	106.0	117.0	124.0	131.0
스텐레스강(Type304,309, 310,316) (L&H Grade포함)	47.5	52.0	57.0	60.0	63.5	72.0	81.0	86.0	93.0	100.0	112.0	123.5	131.0	139.0
동, 황동, Everdur	20.0	23.0	25.0	27.5	30.0	50.0	75.0	80.0	100.0	110.0	115.0	125.0	133.0	140.0
저온용합금강(A333-Gr 1, Gr4, Gr9)	58.0	61.0	68.0	73.0	75.0	87.5	95.0	104.0	117.0	128.0	138.0	149.0	154.5	160.0
Hastelloy,Titanium,Ni (99%)	125.0	132.0	135.0	-	140.0	150.0	175.0	200.0	-	-	-	-	-	-
스텐레스강(Type321&347) Cu-Ni,Monel Inconel,Incoloy,Alloy20	54.0	58.0	61.0	63.0	65.0	74.0	85.0	95.0	100.0	115.0	123.0	130.0	139.0	145.0
알루미늄	69.0	76.0	82.5	87.0	95.0	107.0	117.0	124.0	135.0	144.0	162.0	179.0	190.0	201.0

[비고] 탄소강관용접품에 본 비율을 가산함.

有權解釋

제목 1 배관설치 중량 산정에 대하여 질의

질의문

신청번호 2205-080 신청일 2022-05-23
질의부분 설비 제13장 플랜트설비공사 13-1-1 플랜트배관 설치

표준품셈 기계설비부문 "13-1-1 플랜트배관 설치"는 전체 배관설치 중량(배관중량+ Fitting류, Bracket류, Support류, Valve류 등)에 적용되는 품으로 여기에서 전체 배관설치 중량이 100ton이라 가정하면 이중 배관중량(70%인 70ton), Fitting류, Bracket류, Support류, Valve류 등의 중량(30%인 30ton)을 기준으로 제시된 것입니다. 또한, '주 2.'에서 Fitting류, Bracket류, Support류, Valve류 등의 중량이 전체 배관설치 중량의 30%에서 10%씩 증감할 때 마다 본 품에 10%씩 가감 적용해야 합니다. 번호 2205-028에 이렇게 답변을 주신 내용이 있는데 다시 여쭙니다.
전체 배관설치 중량은 100ton이라 하면 배관 중량은 70%인 70ton이라 답변을 주셨는데 물량을 산출할 때 전체 배관설치 중량은 산출이 어려우니 직관의 중량만 산출되는 부분인데 그럼 직관만 산출하여 중량이 70ton 여기에 30%을 가산하게 되면 21ton 합산하면 91ton이 아닌지요?

회신문

표준품셈 기계설비부문 "13-1-1 플랜트배관 설치"는 전체 배관설치 중량(배관중량+Fitting류, Bracket류, Support류, Valve류 등)에 적용되는 품으로 "전체 배관설치 중량이 100ton이라 가정하면 이중 배관중량(70%인 70ton), Fitting류, Bracket류, Support류, Valve류 등의 중량(30%인 30ton)을 기준으로 제시된 것입니다."는 Fitting류, Bracket류, Support류, Valve류 등의 중량이 전체 배관중량의 30%임을 설명하기 위해 설명한 예시입니다.
직관 중량만 산출했을 경우에 대한 기준은 별도로 제시하고 있지 않습니다.

제목 2 플랜트 배관 품의 절단, 용접의 포함건

질의문

신청번호 2104-034 신청일 2021-04-08
질의부분 설비 제13장 플랜트설비공사 13-1-1 플랜트배관 설치

기계설비 표준품셈 13-1-1 플랜트 배관의 품에는 절단과 용접이 포함되어 있다고 합니다. 그러면 상기 품셈에 의하여 품을 산출하면, 본 품셈 13-2의 플랜트용접(강관절단, 강관용접)에 의한 개소별로 별도로 산출할 필요가 없는지 문의드립니다. 그렇게 별도로 또 산출하면 품이 중복되는지요?

회신문

표준품셈 기계설비부문 "13-1-1 플랜트 배관 설치"는 '주 1'에서 용접을 포함하도록 하고 있습니다. "13-1-1 플랜트 배관공사"는 플랜트배관을 주목적으로 하는 공사로서 배관류, 밸브류, 플랜지류 등을 설치하는 기준이며, "13-2 플랜트 용접공사"는 주로 관절단, 관용접, 강관용접, 강판가스용접, 강판전기아크용접 등에 관한 품을 제시하는 것으로서, 보다 상세한 기준은 해당 항목의 주기 사항에 명기되어 있사오니, 이를 참조하시어 적용하시기 바랍니다.

제목 3 플랜트 배관설치와 플랜트 용접 적용범위

질의문

신청번호 2104-025 신청일 2021-04-07
질의부분 설비 제13장 플랜트설비공사 13-1-1 플랜트배관 설치

13-1-1 플랜트배관 설치 품은 Raw material 기준으로 절단, 용접, 취부나사 접합, 배관 설치 등 대부분이 포함되어 있습니다. 그렇다면 13-2 플랜트 용접 품은 어떠한 기준에서 적용해야 하는지 이해가 되지 않습니다.
예를 들면, 내역서를 작성할 때 13-1-1 기준으로 일위대가 내역을 만들면 기타 Fitting이나 Valve 취부, 배관설치 등에 대한 품을 따로 계산할 필요가 없지만 용접 개소를 따져가며 Fitting 용접/취부, Valve 취부 등을 따로 계산할 때 적용되는 것인지요? 만약 용접 개소별로 품을 계산하여 적용할 때 배관 설치에 대한 품은 어떤 항목을 적용해야 하는지요?

회신문

표준품셈 기계설비부문 "13-1-1 플랜트배관 설치"는 '주1'에서 용접을 포함하도록 하고 있습니다. "13-1-1 플랜트 배관공사"는 플랜트배관을 주목적으로 하는 공사로서 배관류, 밸브류, 플랜지류 등을 설치하는 기준이며, "13-2 플랜트 용접공사"는 주로 관절단, 관용접, 강판용접, 강판가스용접, 강판전기아크용접 등에 관한 품을 제시하는 것으로서, 보다 상세한 기준은 해당항목의 주기 사항에 명기되어 있사오니, 이를 참조하시어 적용하시기 바랍니다.

제목 4 규격이 같고 두께가 다른 경우 비례 계산방법 질의

질의문

신청번호 2007-104 신청일 2020-07-30
질의부분 설비 제13장 플랜트설비공사 13-1-1 플랜트배관설치

2020년도 건설공사 표준품셈 기계설비부문 제13장 플랜트설비공사 13-1 플랜트 배관설치 부분에서 안내 품은 배관용 탄소강관과 압력배관용 탄소강관 Sch40, 이렇게 2가지의 품이 안내되어 있고, 이외의 압력배관용 탄소강관의 경우 규격이 같고 두께가 다른 경우 비례 계산방법에 의해 산출해야 하는데, 여기서 Am, Aw, Ad는 각각 탄소강관의 톤당 품, 탄소강관의 단위중량, 탄소강관의 m당 품으로 표현이 됩니다. 여기의 탄소강관의 품등을 표준품샘 내의 기계설비부문 제13장 플랜트 설비공사 13-1 플랜트 배관설치 부분의 배관용 탄소강관의 톤당 품, 단위중량 등을 적용시키면 되는지 아니면 다른 자료를 참고하여 적용해야 하는지? 만약 다른 자료를 참고하여 적용해야 한다면 참고대상을 알려주시면 감사하겠습니다.

회신문

표준품셈 기계설비부문 "13-1-1 플랜트배관"의 [참고]에서 '탄소강관의 톤당 품 및 단위중량'은 "1-1-1 플랜트배관"에서 톤당 품(플랜트용접공, 플랜트배관공, 특별인부)과, '단위중량(kg/m)'을 제시하고 있으니 참고하시기 바랍니다. "13-1-1 플랜트배관"의[참고] 이외의 방법은 별도로 제시하고 있지 않습니다.

13-1-2 관만곡(Pipe Bending) 설치

구경 mm	구분 SCH No 직종	90° 및 90° 이하의 곡관 20~80 플랜트배관공	특별인부	100~160 플랜트배관공	특별인부	91°~180° U-곡관 20~80 플랜트배관공	특별인부	100~160 플랜트배관공	특별인부	편심곡관 20~80 플랜트배관공	특별인부
ø25		0.035	0.015	0.040	0.020	0.040	0.020	0.050	0.020	0.055	0.020
32		0.040	0.015	0.045	0.020	0.050	0.020	0.055	0.025	0.060	0.025
40		0.045	0.020	0.055	0.020	0.060	0.025	0.065	0.030	0.065	0.030
50		0.050	0.020	0.065	0.025	0.075	0.030	0.075	0.035	0.080	0.035
65		0.060	0.025	0.075	0.030	0.090	0.035	0.100	0.045	0.100	0.040
80		0.070	0.030	0.085	0.035	0.100	0.045	0.120	0.050	0.115	0.045
90		0.085	0.035	0.110	0.045	0.110	0.050	0.135	0.060	0.130	0.055
100		0.100	0.045	0.120	0.050	0.140	0.060	0.160	0.070	0.150	0.065
125		0.130	0.055	0.130	0.060	0.170	0.075	0.200	0.085	0.200	0.080
150		0.160	0.070	0.170	0.075	0.200	0.085	0.240	0.110	0.270	0.095
200		0.20	0.09	0.25	0.11	0.28	0.12	0.32	0.14	0.28	0.12
250		0.28	0.12	0.32	0.14	0.38	0.17	0.46	0.20	0.38	0.16
300		0.38	0.16	0.45	0.19	0.53	0.23	0.63	0.27	0.52	0.22
350		0.48	0.20	0.57	0.24	0.77	0.33	1.00	0.43	0.68	0.29
400		0.63	0.27	0.76	0.32	1.10	0.51	1.40	0.60	0.90	0.38
450		0.81	0.35	0.96	0.42	1.55	0.73	1.75	0.75	1.15	0.49
500		1.00	0.45	1.19	0.52					1.46	0.62
600		1.50	0.75	1.70	0.75					2.30	0.90

(개당)

편심곡관 100~160 플랜트배관공	특별인부	단편심 90°-곡관 20~80 플랜트배관공	특별인부	100~160 플랜트배관공	특별인부	단편심 U-곡관 20~80 플랜트배관공	특별인부	100~160 플랜트배관공	특별인부
0.060	0.025	0.065	0.030	0.075	0.035	0.075	0.035	0.090	0.035
0.070	0.030	0.075	0.030	0.085	0.040	0.090	0.040	0.100	0.045
0.080	0.035	0.085	0.035	0.100	0.045	0.100	0.045	0.125	0.055
0.095	0.040	0.100	0.045	0.120	0.050	0.120	0.055	0.155	0.065
0.120	0.050	0.125	0.055	0.150	0.060	0.150	0.065	0.185	0.08
0.135	0.060	0.150	0.055	0.170	0.070	0.180	0.080	0.210	0.095
0.160	0.070	0.170	0.075	0.190	0.080	0.210	0.090	0.280	0.120
0.185	0.080	0.190	0.085	0.230	0.095	0.240	0.100	0.350	0.150
0.220	0.095	0.240	0.100	0.280	0.120	0.300	0.125	0.420	0.180
0.250	0.110	0.290	0.120	0.340	0.145	0.350	0.150	0.600	0.250
0.30	0.125	0.38	0.16	0.44	0.19	0.51	0.17	0.81	0.34
0.46	0.18	0.49	0.21	0.58	0.25	0.69	0.29	1.16	0.49

편심곡관 100~160		단편심 90° - 곡관				단편심 U - 곡관			
		20~80		100~160		20~80		100~160	
플랜트 배관공	특별 인부	플랜트 배관공	특별 인부	플랜트 배관공	특별 인부	플랜트 배관공	특별 인부	플랜트 배관공	특별 인부
0.63	0.27	0.70	0.30	0.77	0.33	0.98	0.42	1.66	0.71
0.86	0.37	0.94	0.40	1.10	0.47	1.46	0.63	1.90	0.82
1.11	0.48	1.25	0.53	1.45	0.60	1.82	0.78		
1.14	0.60								

(개당)

구경 mm	구분 SCH No 직종	U곡관 및 팽창형 U곡관				2편심 U - 곡관			
		20~80		100~160		20~80		100~160	
		플랜트 배관공	특별 인부	플랜트 배관공	특별 인부	플랜트 배관공	특별 인부	플랜트 배관공	특별 인부
ø25		0.075	0.035	0.100	0.040	0.100	0.040	0.120	0.050
32		0.090	0.040	0.120	0.050	0.110	0.050	0.140	0.060
40		0.110	0.045	0.140	0.060	0.130	0.060	0.160	0.070
50		0.130	0.055	0.170	0.070	0.150	0.070	0.190	0.080
65		0.160	0.070	0.200	0.080	0.180	0.080	0.220	0.095
80		0.190	0.080	0.230	0.095	0.220	0.095	0.250	0.110
90		0.230	0.095	0.270	0.110	0.270	0.110	0.290	0.125
100		0.260	0.110	0.310	0.130	0.320	0.125	0.330	0.145
125		0.320	0.130	0.380	0.160	0.380	0.160	0.430	0.190
150		0.380	0.160	0.440	0.190	0.480	0.200	0.540	0.230
200		0.540	0.230	0.560	0.240	0.590	0.250	0.700	0.300
250		0.740	0.310	0.860	0.360	0.840	0.360	0.990	0.420
300		1.000	0.420	1.200	0.510	1.330	0.570	1.400	0.510
350		1.450	0.620	1.660	0.710	1.830	0.830	-	-
400		2.170	0.930	2.200	0.940	-	-	-	-
450									
500									
600									

[주] ① 본 품은 탄소강관을 기준으로 한 것이다.
② 본 품중에는 Pipe절단품이 포함되어 있다.
③ 현장 작업인 경우에는 본 품의 20%를 가산한다.
④ Stainless Steel, Aluminum, Brass 및 Copper의 합금 작업시에는 본 품에 다음표에 있는 할증율을 가산한다.
- 할증율(%)

구분 \ 구경(mm)	50	80	100	125	150	200	250	300	350	400	450	500	600
Stainless, Al	15	19	22	24	26	30	41	43	46	49	50	52	56
Copper, Brass	6	9	12	-	15	20	22	24	-	-	-	-	-

⑤ 공구손료 및 장비사용료는 별도 계상한다.

13-1-3 밸브 취부

1. Screwed Type

(개당)

구분 직종 구경(mm)	사용압력 (VALVE)									
	10.5 kg/cm²		21.0~27.5 kg/cm²		42~62 kg/cm²		105 kg/cm²		176 kg/cm²	
	플랜트 배관공	특별 인부	플랜트 배관공	특별 인부	플랜트 배관공	특별 인부	플랜트 배관공	특별 인부	플랜트 배관공	특별 인부
ø 25이하	0.066	0.033	0.066	0.033	0.093	0.046	0.093	0.046	0.100	0.050
32	0.066	0.033	0.066	0.033	0.100	0.050	0.110	0.055	0.140	0.070
40	0.086	0.043	0.086	0.043	0.140	0.070	0.150	0.075	0.170	0.085
50	0.093	0.046	0.120	0.060	0.160	0.080	0.170	0.085	0.210	0.105
65	0.133	0.066	0.160	0.080	0.187	0.093	0.230	0.110	0.240	0.120
80	0.166	0.083	0.190	0.095	0.233	0.116	0.270	0.130	0.290	0.140
90	0.187	0.093	0.210	0.105	0.260	0.130	0.290	0.140	0.310	0.150
100	0.220	0.110	0.250	0.125	0.300	0.150	0.340	0.170	0.370	0.180

2. Welder-Back Screwed Type

(개당)

구분 직종 구경(mm)	사용압력 (VALVE)									
	10.5 kg/cm²		21~27 kg/cm²		42~63 kg/cm²		105 kg/cm²		176 kg/cm²	
	플랜트 배관공	특별 인부	플랜트 배관공	특별 인부	플랜트 배관공	특별 인부	플랜트 배관공	특별 인부	플랜트 배관공	특별 인부
ø 25이하	0.107	0.053	0.107	0.053	0.133	0.066	0.134	0.067	0.140	0.066
32	0.133	0.066	0.133	0.066	0.166	0.083	0.180	0.090	0.206	0.103
40	0.153	0.076	0.154	0.077	0.206	0.103	0.220	0.110	0.240	0.120
50	0.186	0.093	0.220	0.110	0.253	0.126	0.266	0.133	0.300	0.150
65	0.240	0.120	0.266	0.133	0.293	0.146	0.333	0.166	0.346	0.173
80	0.300	0.150	0.326	0.163	0.366	0.183	0.400	0.200	0.420	0.210
90	0.360	0.180	0.380	0.190	0.434	0.217	0.466	0.233	0.480	0.240
100	0.406	0.203	0.406	0.203	0.486	0.243	0.526	0.263	0.550	0.270

3. Flange Type

(개당)

구분 직종 구경(mm)	사용압력 (VALVE) 10.5 kg/cm² 플랜트배관공	특별인부	21~27 kg/cm² 플랜트배관공	특별인부	42 kg/cm² 플랜트배관공	특별인부	63 kg/cm² 플랜트배관공	특별인부	105 kg/cm² 플랜트배관공	특별인부	176 kg/cm² 플랜트배관공	특별인부
ø50	0.100	0.050	0.133	0.067	0.180	0.090	0.198	0.097	0.220	0.110	0.293	0.147
65	0.133	0.066	0.167	0.084	0.207	0.104	0.220	0.110	0.287	0.144	0.340	0.170
80	0.166	0.083	0.200	0.100	0.254	0.127	0.267	0.134	0.327	0.164	0.387	0.194
90	0.220	0.110	0.240	0.120	0.300	0.150	0.320	0.160	0.380	0.190	0.440	0.220
100	0.240	0.120	0.287	0.144	0.347	0.174	0.360	0.180	0.433	0.217	0.520	0.260
125	0.286	0.143	0.334	0.167	0.394	0.197	0.407	0.204	0.487	0.244	0.580	0.290
150	0.313	0.156	0.367	0.184	0.427	0.214	0.447	0.224	0.560	0.280	0.627	0.314
200	0.407	0.203	0.486	0.243	0.574	0.287	0.606	0.303	0.746	0.373	0.900	0.450
250	0.520	0.260	0.606	0.303	0.694	0.347	0.735	0.368	0.954	0.477	1.090	0.550
300	0.646	0.323	0.746	0.373	0.867	0.434	0.920	0.460	1.190	0.600	1.430	0.720
350	0.746	0.373	0.860	0.430	1.010	0.506	1.060	0.530	1.420	0.710		
400	0.860	0.430	1.000	0.500	1.160	0.580	1.230	0.620	1.680	0.840		
450	0.960	0.480	1.130	0.570	1.350	0.630	1.430	0.720	1.950	0.980		
500	1.100	0.550	1.280	0.640	1.550	0.780	1.630	0.820	2.260	1.130		
600	1.260	0.630	1.480	0.740	1.760	0.880	1.810	0.910	2.660	1.330		

[주] ① 본 품에는 Flange형 Valve의 운반조작(Handling) 및 Bolt 결합이 포함 되어 있다.
② Valve 결합품에는 Gasket 및 Bolt Stud의 소운반이 포함되어 있다.
③ 공구손료 및 장비사용료는 별도 계상한다.

有權解釋

제목 밸브취부

질의문

신청번호 2104-057 신청일 2021-04-14
질의부분 설비 제13장 플랜트설비공사 13-1-3 밸브 취부

(4) 밸브 취부(welder-back screwed type)이 어떠한 공종인지 자세히 알 수가 없어서 설명 부탁드립니다.

회신문

표준품셈 기계설비부문 "13-1-3 밸브 취부"에서 2. Welder-Back Screwed Type은 밸브 취부 중 한쪽은 용접, 다른 한쪽은 스크류타입으로 취부하는 방법입니다. 보통 계장쪽(압력계, 유량계)이 스크류타입으로 취부되며 배관쪽이 용접으로 취부되는 경우입니다.

13-1-4 Fitting 취부

1. Screwed Type

(개당)

직종 \ 구경㎜ Fitting종류	(2개소결합) Elbow 플랜트배관공	특별인부	(3개소결합) Tee 플랜트배관공	특별인부	(4개소결합) Cross 플랜트배관공	특별인부
ø25 이하	0.040	0.020	0.060	0.03	0.08	0.040
32	0.040	0.020	0.060	0.03	0.08	0.040
40	0.053	0.026	0.080	0.04	0.11	0.055
50	0.053	0.026	0.080	0.04	0.11	0.055
65	0.066	0.033	0.100	0.05	0.13	0.060
80	0.066	0.033	0.100	0.05	0.13	0.060
90	0.066	0.033	0.100	0.05	0.13	0.060
100	0.080	0.040	0.120	0.06	0.16	0.080

[주] ① 본 품은 조립품으로 절단 및 Threading 등 품은 별도 계상한다.
　　 ② 공구손료 및 장비사용료는 별도 계상한다.

2. Flange Type

(개당)

구경(㎜) \ 직종 \ 구분	사용압력 범위(Fitting) 10.5 kg/㎠ 플랜트배관공	특별인부	21~27 kg/㎠ 플랜트배관공	특별인부	42 kg/㎠ 플랜트배관공	특별인부	63 kg/㎠ 플랜트배관공	특별인부	105 kg/㎠ 플랜트배관공	특별인부	176 kg/㎠ 플랜트배관공	특별인부
ø50	0.060	0.030	0.060	0.030	0.073	0.036	0.087	0.043	0.10	0.05	0.13	0.06
65	0.066	0.033	0.066	0.033	0.086	0.043	0.100	0.050	0.13	0.06	0.17	0.08
80	0.066	0.033	0.066	0.033	0.086	0.043	0.100	0.050	0.13	0.06	0.17	0.08
90	0.087	0.043	0.087	0.043	0.110	0.055	0.130	0.060	0.15	0.07	0.20	0.10
100	0.100	0.050	0.120	0.060	0.130	0.060	0.140	0.070	0.17	0.08	0.23	0.11
150	0.130	0.060	0.140	0.070	0.150	0.070	0.170	0.080	0.22	0.11	0.29	0.14
200	0.170	0.080	0.200	0.100	0.220	0.110	0.250	0.140	0.31	0.15	0.41	0.20
250	0.230	0.110	0.250	0.120	0.270	0.130	0.310	0.150	0.39	0.19	0.51	0.25
300	0.290	0.140	0.320	0.160	0.340	0.170	0.370	0.190	0.49	0.24	0.64	0.32
350	0.320	0.160	0.360	0.180	0.390	0.190	0.440	0.220	0.54	0.27		
400	0.370	0.180	0.410	0.200	0.430	0.210	0.500	0.250	0.62	0.31		
450	0.400	0.200	0.450	0.220	0.490	0.240	0.560	0.280	0.69	0.34		
500	0.460	0.230	0.520	0.260	0.550	0.270	0.630	0.310	0.77	0.38		
600	0.550	0.270	0.520	0.310	0.660	0.330	0.760	0.380	0.93	0.46		

[주] ① 본 품은 Flange로 된 Fitting 및 Spool의 결합에 필요한 품이다.
　　 ② 본 품에는 Bolt, Gasket 등의 소운반품이 포함되어 있다.
　　 ③ 공구손료 및 장비사용료는 별도 계상한다.

13-1-5 Flange 취부

1. Screwed Type

(조당)

구경(mm) \ 직종 \ 구분	사용압력범위(Flange) 10.5kg/cm² Steel 및 8.8kg/cm² 주철		21kg/cm² Steel 및 17.5kg/cm² 주철	
	플랜트배관공	특별인부	플랜트배관공	특별인부
ø50	0.100	0.050	0.120	0.060
65	0.106	0.053	0.126	0.063
80	0.120	0.060	0.133	0.066
90	0.133	0.066	0.153	0.076
100	0.140	0.070	0.166	0.083
125	0.153	0.076	0.186	0.093
150	0.173	0.086	0.193	0.096
200	0.206	0.103	0.233	0.116
250	0.260	0.130	0.286	0.143
300	0.306	0.153	0.340	0.170
350	0.373	0.186	0.427	0.213
400	0.453	0.226	0.506	0.253
450	0.540	0.270	0.606	0.303
500	0.640	0.320	0.727	0.363
600	0.920	0.460	1.040	0.520

[주] ① 본 품은 주철 및 탄소강을 기준으로 한 것이다.
② 본 품에는 Pipe절단, Threading 및 Flange취부, 면사상 및 조정(Alignment)이 포함되어 있다.
③ 공구손료 및 장비사용료는 별도 계상한다.

2. Seal Welded Screwed Type

(조당)

구경(mm) \ 구분/직종	압력범위(Flange)											
	10.5 kg/cm²		21 kg/cm²		28 kg/cm²		42 kg/cm²		63 kg/cm²		105 kg/cm²	
	플랜트배관공	특별인부	플랜트배관공	특별인부	플랜트배관공	특별인부	플랜트배관공	특별인부	플랜트배관공	특별인부	플랜트배관공	특별인부
φ 50	0.166	0.083	0.186	0.096	0.200	0.100	0.200	0.100	0.260	0.130	0.260	0.130
65	0.186	0.093	0.200	0.100	0.220	0.110	0.220	0.110	0.274	0.137	0.274	0.137
80	0.200	0.100	0.220	0.110	0.240	0.120	0.240	0.120	0.306	0.153	0.306	0.153
90	0.220	0.110	0.240	0.120	0.267	0.133	0.267	0.133	0.360	0.180	0.400	0.200
100	0.240	0.120	0.267	0.133	0.300	0.150	0.320	0.160	0.400	0.200	0.460	0.230
125	0.273	0.137	0.306	0.153	0.340	0.170	0.374	0.187	0.494	0.247	0.530	0.265
150	0.326	0.163	0.366	0.183	0.426	0.213	0.440	0.220	0.606	0.303	0.674	0.337
200	0.400	0.200	0.406	0.230	0.540	0.270	0.553	0.277				
250	0.520	0.260	0.566	0.283	0.606	0.300	0.666	0.333				
300	0.593	0.297	0.666	0.333	0.726	0.363	0.774	0.387				
350	0.706	0.353	0.800	0.400								
400	0.886	0.443	0.974	0.487								
450	1.030	0.515	1.110	0.555								
500	1.104	0.557	1.250	0.625								
600	1.580	0.797	1.700	0.850								

[주] ① 본 품은 탄소강을 기준으로 한 것이다.
② 본 품에는 Pipe절단, Threading 및 Flange취부후 전배면 용접, 면사상(面仕上) 및 조정(Alignment)이 포함되어 있다.
③ 공구손료 및 장비사용료는 별도 계상한다.

3. Slip-on Flange Welded Type

(조당)

구경(mm) \ 직종 / 구분	10.5kg/cm² 플랜트배관공	10.5kg/cm² 특별인부	21kg/cm² 플랜트배관공	21kg/cm² 특별인부	27kg/cm² 플랜트배관공	27kg/cm² 특별인부	42kg/cm² 플랜트배관공	42kg/cm² 특별인부	63kg/cm² 플랜트배관공	63kg/cm² 특별인부
ø25이하	0.066	0.033	0.087	0.044	0.120	0.060	0.120	0.060	0.133	0.067
32	0.087	0.043	0.100	0.050	0.120	0.060	0.120	0.060	0.153	0.077
40	0.087	0.043	0.107	0.054	0.120	0.060	0.120	0.060	0.153	0.077
50	0.107	0.053	0.120	0.060	0.153	0.077	0.156	0.078	0.200	0.100
65	0.126	0.063	0.140	0.070	0.193	0.097	0.183	0.092	0.254	0.127
80	0.153	0.076	0.173	0.087	0.240	0.120	0.240	0.120	0300	0.150
90	0.186	0.093	0.200	0.100	0.274	0.137	0.274	0.137	0.342	0.171
100	0.200	0.100	0.220	0.110	0.293	0.147	0.320	0.160	0.400	0.200
125	0.253	0.127	0.273	0.137	0.373	0.187	0.400	0.200	0.506	0.253
150	0.300	0.150	0.326	0.163	0.433	0.217	0.483	0.287	0.600	0.300
200	0.426	0.213	0.453	0.237	0.607	0.304	0.666	0.333	0.660	0.330
250	0.526	0.263	0.566	0.283	0.754	0.377	0.926	0.463	0.960	0.480
300	0.640	0.320	0.694	0.347	0.920	0.460	1.140	0.570	1.270	0.640
350	0.754	0.377	0.834	0.417	1.090	0.550	1.350	0.670	1.470	0.740
400	0.874	0.437	0.940	0.470	1.250	0.630	1.530	0.770	1.670	0.840
450	1.020	0.510	1.130	0.570	1.460	0.730	1.690	0.850	1.970	0.980
500	1.220	0.610	1.330	0.670	1.750	0.830	1.970	0.980	2.290	1.150
600	1.530	0.770	1.670	0.840	2.140	1.070	2.600	1.300	2.900	1.450

[주] ① 본 품은 탄소강을 기준으로 한 것이다.
② 본 품에는 Pipe를 절단하여 Flange활입(滑入)후 전배면을 용접하고 면사상 및 조정(Alignment)이 포함되어 있다.
③ 공구손료 및 장비사용료는 별도 계상한다.

有權解釋

제목 Flange Type Valve 취부에서 취부라는 용어

질의문
신청번호 2203-020 신청일 2022-03-08
질의부분 설비 제13장 플랜트설비공사 13-1-5 Flange취부

Flange Type Valve 취부에서 취부라는 용어가 찾아도 안 나오네요 취부는 설치를 말하는 건가요? 탈거 후 설치는 단순히 곱하기 2를 하면 될까요?

회신문
표준품셈 기계설비부문에서 취부는 기계가공을 위해 설치장소에 견고하게 고정 설치하는 것을 뜻합니다. 또한 기계설비의 철거 및 이설은 기계설비부문 "14-1 일반기계설비 해체"를 참조하시기 바랍니다.

13-1-6 Oil Flushing

(ton당)

규격(mm)	플랜트배관공	보통인부	계	규격(mm)	플랜트배관공	보통인부	계
ø8	7.43	141.19	148.62	ø65	1.05	19.89	20.94
10	6.32	120.00	120.32	80	0.85	16.05	16.90
15	4.94	93.89	98.83	100	0.60	11.33	11.93
20	4.38	83.30	87.68	125	0.44	8.31	8.75
25	3.72	70.59	74.31	150	0.34	6.55	6.89
32	2.75	52.29	55.04	200	0.23	4.30	4.53
40	2.33	44.25	46.58	250	0.16	3.06	3.22
50	1.76	33.35	35.11	300	0.12	2.31	2.43

[주] ① 본 품은 Scale의 조도가 50# 이상인 경우에 한하여 적용한다.
② 본 품은 Scale의 조도가 200#를 기준한 것으로 100#까지 10%, 50#까지 20%를 감한다.
③ 본 품에는 Flushing oil의 Charging 및 Drain, Hammering, 금망의 설치 및 교환 Scale의 Sampling 및 판정이 포함되어 있다.
④ Flushing을 위한 가배관 및 철거품은 별도 계상한다.
⑤ 장비 및 공구손료는 별도 계상한다.

13-1-7 장거리 배관('93년 보완)

(Joint당)

규격	개당 중량(kg)	보통인부	플랜트배관공	특별인부	플랜트용접공	크레인(시간)	비고
ø150	238	0.78	0.60	1.20	0.84	0.80	
175	290	0.82	0.63	1.26	0.89	0.84	
200	361	0.86	0.66	1.32	0.95	0.88	
225	432	0.90	0.69	1.38	1.00	0.92	
250	509	0.94	0.72	1.44	1.06	0.96	
300	636	1.01	0.78	1.56	1.17	1.04	
350	661	1.09	0.84	1.68	1.30	1.12	
400	710	1.17	0.90	1.80	1.44	1.20	
450	802	1.25	0.96	1.92	1.60	1.28	
500	892	1.33	1.02	2.04	1.71	1.34	
550	982	1.40	1.08	2.16	1.83	1.42	
600	1,068	1.48	1.14	2.28	1.94	1.50	
650	1,152	1.56	1.20	2.40	2.05	1.58	

[주] ① 본 품은 직관길이 12m를 기준한 것이며(수중, 터널내 등) 이형관 및 곡관 부설은 별도 계상할 수 있다.
② 본 품은 비파괴검사 KS 2급 기준이며, KS 1급 적용시는 본 품에 100%까지 가산할 수 있다.
③ 본 품은 소운반, 조양, Hangering, Supporting, Alignment, 가접, 본용접 등의 작업이 포함되어 있다.
④ 본 품은 비파괴시험작업, 수압시험작업이 제외되었다.
⑤ 작업장소에 따른 할증율 및 지세별 할증율은 '[공통부문] 1-4-3 품의 할증'의 해당할증 항을 적용한다.
⑥ 폴리에틸렌 피복관 배관시는 본 품에 10% 가산한다.
⑦ 타공사와 병행작업시는 상기 본 품에 20% 가산한다.
⑧ 장비휴지 대기시간이 일일 1시간이상 발생할 경우에는 인건비, 관리비를 별도 계상한다.
⑨ 배관작업구간내에 가설작업장을 건설치 못할 경우 장비 및 인원이동을 위하여 본 품에 10% 가산한다.

⑩ 본 품은 배관 및 용접품이므로 별도의 기구 부착 등은 별도 계상한다.
⑪ 기계기구(용접기, 발전기, 지게차, 견인차, 공기압축기 등) 및 잡재료는 필요에 따라 계상한다.
⑫ 부설을 위한 터파기, 되메우기, 기초, 잔토처리, 물푸기 등은 별도 계상한다.

13-1-8 이중보온관 설치

1. 이중보온관 부설

(m당 : 관길이기준)

구분 관경 (외경)(mm)	개당중량 (kg) (12m기준)	플랜트 배관공 (인)	특별인부 (인)	보통인부 (인)	크레인 (시간)	비고
ø 20(90)	34(17)	0.065	0.065	0.100		
25(90)	43(22)	0.066	0.066	0.101		
32(110)	60(30)	0.067	0.067	0.102		
40(110)	67(34)	0.068	0.068	0.104		
50(125)	87(43)	0.070	0.070	0.106		
65(140)	122(61)	0.073	0.073	0.109		
80(160)	145(72)	0.075	0.075	0.112		
100(200)	204(102)	0.078	0.078	0.116	0.100	
ø 125(225)	259	0.082	0.082	0.125	0.105	
150(250)	326	0.086	0.086	0.130	0.110	
200(315)	500	0.095	0.095	0.142	0.121	
250(400)	663	0.103	0.103	0.152	0.132	
300(450)	797	0.105	0.105	0.155	0.134	
350(500)	834	0.108	0.108	0.163	0.136	
400(560)	1,072	0.111	0.111	0.167	0.138	
450(630)	1,250	0.119	0.119	0.178	0.147	
500(710)	1,459	0.124	0.124	0.185	0.149	
550(710)	1,882	0.130	0.130	0.192	0.151	
600(800)	2,161	0.136	0.136	0.203	0.153	
650(850)	2,332	0.143	0.143	0.213	0.161	
700(900)	2,559	0.150	0.150	0.222	0.169	
750(950)	2,730	0.157	0.157	0.231	0.177	
800(1,000)	2,970	0.164	0.164	0.240	0.185	
850(1,100)	3,690	0.171	0.171	0.249	0.193	
900(1,100)	3,775	0.178	0.178	0.263	0.201	
1,000(1,200)	4,538	0.192	0.192	0.282	0.217	
1,100(1,300)	5,098	0.206	0.206	0.301	0.233	
1,200(1,400)	5,547	0.220	0.220	0.320	0.249	

[주] ① 본 품은 지역난방용 온수의 공급 및 회수를 위하여 선응력도입법(Prestress Method)을 이용하여 지중에 매설되는 이중보온관의 기계부설에 적용한다.

② 본 품은 직관길이 12m을 기준한 것으로 이형관 및 곡관 등의 부설품은 포함되었으며 접합품은 제외되었다.
③ 개당중량의 ( )안은 6m 기준일때의 중량이다.
④ 본 품에는 소운반 조양, Hangering, Supporting, Alignment 등의 작업이 포함되었다.
⑤ 본 품은 지장물통과, 도로 및 철도횡단, 수중, 터널내 등 특수 부설구간은 별도 계상할 수 있다.
⑥ 본 품에는 비파괴검사 수압시험이 제외되었다.
⑦ 본 품에는 용접부 보온, Foam pad 설치 등은 제외되었다.
⑧ 본 품은 누수감지연결부 취급, 공급 및 회수관 동시배열, 폴리에틸렌 피복관 등 지역난방 열배관 특성이 고려되었다.
⑨ 타 공사와 병행작업시는 본 품에 20%까지 계상할 수 있다.
⑩ 장비 휴지 대기시간이 1일 1시간이상 발생할 경우에는 장비에 대한 노무비, 관리비를 별도 계상할 수 있다.
⑪ 배관작업 구간내에 가설작업장을 건설치 못할 경우 장비 및 인원이동을 위하여 본 품에 10% 가산할 수 있다.
⑫ 본 품에는 관로유지 및 누수감지 연결부, 용접부위 유지관리품이 계상되었다.
⑬ 자재 적치장에서 현장간 이중보온관의 운반비는 별도 계상한다.
⑭ 부설을 위한 터파기, 되메우기, 기초, 잔토처리, 물푸기 등은 별도 계상한다.
⑮ 본 품의 부설장비의 규격은 다음을 기준으로 한다.

관경(mm)(내경기준)	부설장비규격	비 고
300A이하	15ton급 크레인(타이어)	
350~650A	20ton급 크레인(타이어)	
700A이상	25ton급 크레인(타이어)	

2. 이중보온관 용접

(JOINT당)

구분 관경 (외경)(mm)	개당강관 중량(kg) (12m기준)	플랜트 용접공 (인)	특별 인부 (인)	발전기 (50kW) (시간)	용접기 (300Amp) (시간)	용접봉 (kg)
ø 20(90)	21(10)	0.695	0.557	1.112	2.224	0.006
25(90)	31(15)	0.708	0.564	1.132	2.265	0.012
32(110)	42(21)	0.727	0.574	1.163	2.326	0.018
40(110)	49(25)	0.749	0.586	1.198	2.396	0.036
50(125)	65(33)	0.776	0.601	1.241	2.483	0.049
65(140)	96(48)	0.816	0.622	1.305	2.611	0.130
80(160)	113(56)	0.857	0.644	1.371	2.742	0.155
100(200)	159(79)	0.911	0.674	1.457	2.915	0.230
ø 125(225)	203	0.978	0.710	1.564	3.129	0.310
150(250)	260	1.046	0.747	1.673	3.347	0.420
200(315)	397	1.187	0.824	1.899	3.798	0.600
250(400)	494	1.256	0.853	2.009	4.019	0.750

구분 관경 (외경)(mm)	개당강관 중량(kg) (12m기준)	플랜트 용접공 (인)	특별 인부 (인)	발전기 (50kW) (시간)	용접기 (300Amp) (시간)	용접봉 (kg)
300(450)	591	1.362	0.908	2.179	4.358	0.880
350(500)	661	1.560	1.008	2.496	4.992	1.126
400(560)	757	1.775	1.109	2.840	5.680	1.296
450(630)	853	1.970	1.182	3.152	6.304	1.458
500(710)	950	2.107	1.257	3.371	6.742	1.620
550(710)	1.416	2.600	1.534	4.160	8.320	2.078
600(800)	1.547	2.763	1.623	4.420	8.841	2.235
650(850)	1.677	2.927	1.713	4.683	9.366	2.420
700(900)	1.808	3.081	1.797	4.929	9.859	2.606
750(950)	1.938	3.235	1.951	5.176	10.352	2.793
800(1,000)	2.070	3.389	2.105	5.422	10.844	2.979
850(1,100)	2.600	3.543	2.259	5.668	11.337	3.747
900(1,100)	2.755	3.697	2.413	5.915	11.830	3.968
1,000(1,200)	3.300	4.005	2.721	6.408	12.816	4.751
1,100(1,300)	3.634	4.313	3.029	6.900	13.801	5.226
1,200(1,400)	3.968	4.621	3.337	7.393	14.787	5.701

[주] ① 본 품은 지역난방용 온수의 공급 및 회수를 위하여 선응력 도입법(prestress Method)을 이용하여 지중에 매설되는 이중보온관의 용접에 적용한다.
② 본 품은 12m를 기준한 것이며 지장물 통과, 도로 및 철도 횡단, 수중, 터널내 등 특수구간은 별도 계상할 수 있다.
③ 개당 강관중량의 ( )안은 6m 기준일 때 중량이다.
④ 본 품은 비파괴시험 2급 기준이며 1급 적용시는 본 품에 100% 가산한다.
⑤ 본 품에는 가접, 본 용접 등의 작업이 포함되어 있다.
⑥ 본 품에는 비파괴시험작업, 수압시험작업이 제외되었다.
⑦ 본 품에는 용접부 보온, Foam pad 설치 등이 제외되었다.
⑧ 타 공사와 병행작업시에 본 품에 20%까지 계상할 수 있다.
⑨ 장비 휴지 대기시간이 1일 1시간 이상 발생할 경우에는 장비에 대한 노무비, 관리비는 별도 계상할 수 있다.
⑩ 기계·공구(지게차, 견인차, 공기압축기 등) 및 잡재료는 필요에 따라 별도 계상한다.
⑪ MITER용접시는 본 품에 50%까지 할증을 고려하여 가산할 수 있다.
⑫ MITER용접에 필요한 관절단시 피복관 폴리에틸렌 절단과 폴리우레탄의 제거비는 별도 계상한다.
⑬ 본 품은 공급 및 회수관 동시배열, 폴리에틸렌 피복관 등 지역난방 열배관 특성이 고려되었다.

13-2 플랜트 용접

13-2-1 강관절단('18년 보완)

(개소당)

구경 (mm)	SCH No 직종	20~40 용접공(인)	20~40 특별인부(인)	60~80 용접공(인)	60~80 특별인부(인)	100~160 용접공(인)	100~160 특별인부(인)
ø25		0.002	0.001	0.003	0.001	0.004	0.002
32		0.002	0.001	0.003	0.001	0.005	0.002
40		0.003	0.001	0.005	0.002	0.007	0.003
50		0.003	0.001	0.007	0.003	0.008	0.004
65		0.004	0.002	0.010	0.004	0.010	0.004
80		0.005	0.002	0.012	0.005	0.012	0.005
95		0.007	0.003	0.013	0.005	0.014	0.006
100		0.009	0.004	0.014	0.006	0.017	0.007
125		0.010	0.005	0.017	0.007	0.021	0.009
150		0.014	0.006	0.021	0.009	0.024	0.010
200		0.017	0.007	0.028	0.012	0.031	0.013
250		0.021	0.009	0.031	0.013	0.035	0.015
300		0.028	0.012	0.035	0.015	0.052	0.022
350		0.038	0.016	0.052	0.022	0.070	0.030
400		0.049	0.026	0.070	0.030	0.087	0.037
450		0.066	0.028	0.087	0.037	0.105	0.045
500		0.084	0.036	0.105	0.045	0.122	0.052
600		0.105	0.045	0.122	0.052	0.135	0.060

[주] ① 본 품은 산소+LPG를 사용하여 탄소강관을 인력으로 절단하는 기준이다.
② 본 품은 절단위치 확인, 절단 및 절단면 가공(Beveling)작업이 포함된 것이다.
③ Pipe절단은 평면절단을 기준으로 한 품이며 사단일 경우에는 품을 30% 가산한다.
④ 공구손료 및 경장비(절단장비 등)의 기계경비는 인력품의 3%를 계상한다.
⑤ 재료량은 다음을 참고하여 적용한다.

(개소당)

구경 (mm)	SCH No 직종	20~40 산소(ℓ)	20~40 LPG(kg)	60~80 산소	60~80 LPG(kg)	100~160 산소	100~160 LPG(kg)
ø25		2.4	0.002	2.5	0.002	5.2	0.005
32		2.7	0.003	2.9	0.003	6.6	0.006
40		3.2	0.003	3.4	0.003	9.0	0.009
50		3.8	0.004	5.2	0.005	17.2	0.017
65		4.8	0.005	14.2	0.014	26.2	0.026
80		6.2	0.006	19.5	0.019	37.8	0.037

구경 (mm)	SCH No	20~40		60~80		100~160	
	직종	산소(ℓ)	LPG(kg)	산소	LPG(kg)	산소	LPG(kg)
	95	7.5	0.007	26.2	0.026	42.0	0.041
	100	12.0	0.012	32.2	0.031	56.5	0.055
	125	22.0	0.021	50.0	0.049	77.0	0.075
	150	34.0	0.033	71.5	0.070	119.0	0.116
	200	56.0	0.055	105.0	0.103	179.0	0.175
	250	99.0	0.097	149.0	0.146	344.0	0.336
	300	129.0	0.126	227.0	0.222	592.0	0.578
	350	152.0	0.149	270.0	0.264	730.0	0.713
	400	195.0	0.191	345.0	0.337	950.0	0.928
	450	242.0	0.236	418.0	0.408	1,060.0	1.036
	500	290.0	0.283	527.0	0.515	1,210.0	1.182
	600	332.0	0.324	880.0	0.860	1,650.0	1.612

13-2-2 강판절단('18년 보완)

(m당)

철판두께 (mm)	화구경 (mm)	산소 압력 (kg/cm²)	용접공 (인)	특별인부 (인)
3	0.5~1.0	1.0~2.2	0.0055~0.0037	0.0027~0.0019
6	0.8~1.5	1.1~1.4	0.0066~0.0042	0.0033~0.0021
9	0.8~1.5	1.2~2.1	0.0075~0.0046	0.0036~0.0023
12	1.0~1.5	1.4~2.2	0.0091~0.0050	0.0045~0.0025
19	1.2~1.5	1.7~2.5	0.0091~0.0054	0.0045~0.0027
25	1.2~1.5	2.0~2.8	0.0120~0.0060	0.0060~0.0030
38	1.5~2.0	2.1~3.2	0.0190~0.0076	0.0095~0.0039
50	1.7~2.0	1.6~3.5	0.0190~0.0084	0.0095~0.0042
75	1.7~2.0	2.3~3.9	0.0280~0.0110	0.0140~0.0060
100	2.1~2.2	3.0~4.0	0.0280~0.0130	0.0140~0.0070
125	2.1~2.2	3.9~4.9	0.0310~0.0170	0.0150~0.0090
150	2.5~2.8	4.5~5.6	0.0370~0.0200	0.0185~0.0100
200	2.5~2.8	4.0~5.4	0.0430~0.0250	0.0220~0.0130
250	2.5~2.8	4.6~6.8	0.0560~0.0350	0.0280~0.0170
300	2.8~3.1	4.1~6.0	0.0790~0.0430	0.0400~0.0220

[주] ① 본 품은 산소+LPG를 사용하여 강판을 인력으로 절단하는 기준이다.
② 본 품은 절단위치 확인, 절단 및 절단면 가공(Beveling)이 포함된 것이다.
③ 공구손료 및 경장비(절단기 등)의 기계경비는 인력품의 3%를 계상한다.
④ 재료량은 다음을 참고하여 적용한다.

(m당)

철판두께 (mm)	산소(ℓ)	LPG(kg)
3	16.5~25.1	0.016~0.025
6	39.6~103	0.039~0.101
9	56.9~144	0.056~0.141
12	104~197	0.102~0.192
19	180~244	0.176~0.238
25	266~324	0.260~0.317
38	479~730	0.468~0.713
50	593~743	0.579~0.726
75	971~1,380	0.949~1.348
100	1,113~1,860	1.087~1.817
125	1,469~2,280	1.435~2.228
150	2,507~3,580	2.449~3.498
200	3,689~4,560	3.604~4.455
250	5,813~7,103	5.679~6.940
300	9,670~12,410	9.448~12.125

13-2-3 강관용접('18년 보완)

1. 전기아크용접

(개소당)

SCH No. 구경 mm	20 용접공 (인)	30 용접공 (인)	40 플랜트 용접공 (인)	60 플랜트 용접공 (인)	80 플랜트 용접공 (인)	100 플랜트 용접공 (인)	120 플랜트 용접공 (인)	140 플랜트 용접공 (인)	160 플랜트 용접공 (인)
φ 15			0.066		0.075				0.087
20			0.075		0.083				0.101
25			0.083		0.094				0.117
40			0.094		0.116				0.154
50			0.116		0.138				0.190
65			0.138		0.150				0.212
80			0.150		0.162				0.250
90			0.162		0.175				0.290
100			0.175		0.200		0.325		0.350
125			0.187		0.237		0.337		0.450
150			0.225		0.275		0.450		0.590
200	0.287	0.287	0.287	0.325	0.362	0.525	0.700	0.800	0.940
250	0.337	0.337	0.337	0.435	0.575	0.790	0.900	1.000	1.160
300	0.387	0.387	0.450	0.575	0.750	0.900	1.090	1.350	1.680
350	0.442	0.462	0.537	0.760	0.940	1.100	1.360	1.740	2.170

SCH No. 구경 mm	20 용접공 (인)	30 용접공 (인)	40 플랜트 용접공 (인)	60 플랜트 용접공 (인)	80 플랜트 용접공 (인)	100 플랜트 용접공 (인)	120 플랜트 용접공 (인)	140 플랜트 용접공 (인)	160 플랜트 용접공 (인)
400	0.540	0.540	0.725	0.950	1.220	1.660	1.830	2.360	2.710
450	0.640	0.750	0.960	1.290	1.600	1.990	2.300	2.840	3.220
500	0.690	0.940	1.050	1.460	1.820	2.360	2.930	3.560	4.050
600	0.800	1.100	1.230	1.790	2.280	3.180	4.200	5.000	5.560

[주] ① 본 품은 탄소강관의 현장 전기아크 용접을 기준한 것이다.
② 본 품은 접합면의 Beveling 및 손질이 되어 있는 상태에서 용접하는 품이다.
③ 수압시험 및 교정품은 본 품의 5%를 가산한다.
④ 합금강인 경우는 별표의 재질에 따른 배관 용접품 할증률을 가산한다.
   [별표] '[기계설비부문] 13-1-1 플랜트 배관 설치 [별표]' 참조
⑤ 비파괴검사 KS 1급 적용시에는 본 품에 100%까지 가산할 수 있다.
⑥ 다음과 같은 용접작업인 경우는 본 품을 증감할 수 있다.
   ㉮ Back Mirror 용접(극히 협소한 장소) : 30%까지 가산
   ㉯ Back Ring 사용시 : 25%까지 가산
   ㉰ Nozzle 용접시 : 50%까지 가산
   ㉱ Sloping Line 용접시 : 100%까지 가산
   ㉲ Mitre 용접시 : 50%까지 가산
   ㉳ Socket 용접시 : 40% 까지 감
⑦ 예열, 응력제거, Radiographic Test가 필요한 경우는 별도 계상한다.
⑧ Pipe내 Purge Gas(Argon, N2 등)를 사용하여 용접시는 Inert Gas Purge 용접품을 본 품에 별도 계상한다.
⑨ 공구손료 및 경장비(용접기 등)의 기계경비는 인력품의 3%로 계상한다.
⑩ 재료량은 다음을 참고하여 적용한다.

(개소당)

SCH No. 구경 mm	20 용접봉 (kg)	30 용접봉 (kg)	40 용접봉 (kg)	60 용접봉 (kg)	80 용접봉 (kg)	100 용접봉 (kg)	120 용접봉 (kg)	140 용접봉 (kg)	160 용접봉 (kg)
φ 15			0.006		0.015				0.024
20			0.012		0.021				0.063
25			0.018		0.036				0.092
40			0.036		0.090				0.150
50			0.049		0.130				0.250
65			0.150		0.240				0.370
80			0.190		0.320				0.560
90			0.230		0.410				0.760
100			0.280		0.480		0.730		1.010
125			0.400		1.010		1.130		1.650
150			0.540		1.060		1.650		2.490

→

SCH No. 구경 mm / 직종	20 용접봉(kg)	30 용접봉(kg)	40 용접봉(kg)	60 용접봉(kg)	80 용접봉(kg)	100 용접봉(kg)	120 용접봉(kg)	140 용접봉(kg)	160 용접봉(kg)
200	0.600	0.710	0.900	1.310	1.780	2.360	2.380	2.800	3.200
250	0.750	1.050	1.300	2.200	2.980	4.140	4.200	4.900	5.300
300	0.880	1.310	1.850	3.240	4.700	4.800	5.900	6.400	6.400
350	1.390	1.780	2.210	4.000	6.000	5.700	8.000	10.200	12.500
400	1.600	2.060	3.390	5.470	6.800	8.100	10.600	14.800	17.600
450	1.800	3.020	4.700	7.750	8.400	13.700	15.600	18.020	23.600
500	2.100	4.300	5.750	9.250	10.100	15.300	16.500	25.700	30.600
600	2.440	6.010	7.710	12.100	13.600	20.500	23.600	36.200	42.100

2. TIG(Tungsten Inert Gas) 용접('18년 신설)

(개소당)

SCH No. 구경 mm / 직종	20 플랜트용접공(인)	20 특별인부(인)	30 플랜트용접공(인)	30 특별인부(인)	40 플랜트용접공(인)	40 특별인부(인)	60 플랜트용접공(인)	60 특별인부(인)	80 플랜트용접공(인)	80 특별인부(인)
15					0.065	0.038			0.067	0.039
20					0.067	0.039			0.070	0.041
25					0.072	0.042			0.076	0.044
32					0.077	0.045			0.083	0.049
40					0.080	0.047			0.088	0.052
50	0.083	0.049			0.088	0.052			0.099	0.058
65	0.102	0.060			0.109	0.064			0.125	0.073
80	0.110	0.065			0.121	0.071			0.143	0.084
95	0.118	0.069			0.133	0.078			0.162	0.095
100	0.132	0.077			0.148	0.086			0.183	0.107
125	0.153	0.089			0.179	0.105			0.229	0.134
150	0.179	0.105			0.213	0.125			0.293	0.171
200	0.244	0.143	0.261	0.153	0.294	0.172	0.352	0.206	0.416	0.244
250	0.289	0.169	0.338	0.198	0.390	0.229	0.506	0.296	0.586	0.343
300	0.334	0.196	0.419	0.245	0.498	0.291	0.661	0.387	0.784	0.459
350	0.438	0.257	0.513	0.301	0.588	0.344	0.770	0.451	0.944	0.553
400	0.494	0.289	0.580	0.340	0.751	0.440	0.960	0.562	1.200	0.703
450	0.550	0.322	0.744	0.436	0.936	0.548	1.212	0.710	1.488	0.871
500	0.714	0.418	0.930	0.545	1.090	0.638	1.450	0.849	1.808	1.059
600	0.848	0.497	1.238	0.725	1.494	0.875	2.053	1.202	2.545	1.490

(개소당)

SCH No. 구경 mm	100 플랜트용접공 (인)	100 특별인부 (인)	120 플랜트용접공 (인)	120 특별인부 (인)	140 플랜트용접공 (인)	140 특별인부 (인)	160 플랜트용접공 (인)	160 특별인부 (인)
15							0.068	0.040
20							0.074	0.043
25							0.082	0.048
32							0.090	0.052
40							0.098	0.058
50							0.120	0.070
65							0.145	0.085
80							0.177	0.104
95							0.214	0.125
100			0.216	0.127			0.246	0.144
125			0.281	0.165			0.331	0.194
150			0.357	0.209			0.428	0.251
200	0.479	0.280	0.557	0.326	0.617	0.361	0.674	0.395
250	0.686	0.402	0.788	0.461	0.910	0.533	1.005	0.588
300	0.939	0.550	1.090	0.638	1.207	0.707	1.375	0.805
350	1.153	0.675	1.321	0.774	1.485	0.870	1.641	0.961
400	1.439	0.843	1.667	0.976	1.930	1.130	2.113	1.237
450	1.802	1.055	2.101	1.231	2.356	1.380	2.640	1.546
500	2.201	1.289	2.540	1.488	2.912	1.705	3.233	1.894
600	3.136	1.837	3.653	2.139	4.107	2.405	4.597	2.692

[주] ① 본 품은 탄소강관의 현장 TIG 용접을 기준한 것이다.
　② 본 품은 접합면의 Beveling 및 손질이 되어 있는 상태에서 용접하는 기준이다.
　③ 강관의 사용압력이 100kg/cm²이상인 배관 또는 압력용기를 용접하거나, 합금강을 용접하는 경우(난이도 특급수준)에는 플랜트특수용접공을 적용한다.
　④ 공구손료 및 경장비(용접기 등)의 기계경비는 인력품의 3%로 계상한다.
　⑤ 재료량(용접봉, 보호가스 등)은 별도 계상한다.
　⑥ 다음과 같은 용접작업인 경우는 본 품을 증감할 수 있다.
　　㉮ Back Mirror 용접(극히 협소한 장소) : 30%까지 가산
　　㉯ Back Ring 사용시 : 25%까지 가산
　　㉰ Nozzle 용접시 : 50%까지 가산
　　㉱ Sloping Line 용접시 : 100%까지 가산
　　㉲ Mitre 용접시 : 50%까지 가산
　　㉳ Socket 용접시 : 40% 까지 감
　⑦ 예열, 응력제거, Radiographic Test가 필요한 경우는 별도 계상한다.
　⑧ Pipe내 Purge Gas(Argon, N2 등)를 사용하여 용접시는 Inert Gas Purge 용접품을 본 품에 별도 계상한다.

有權解釋

제목 1 설비공사 강관용접 관련 질문

질의문

신청번호 2106-052 신청일 2021-06-18
질의부분 설비 제13장 플랜트설비공사 13-2-3 강관용접

공구손료 및 경장비(용접기 등)의 기계경비는 인력 품의 3%를 계상하게 되어 있는데, 전력(발전기 등)은 포함되어 있는지? 아니면 추가 계상해야 하는지?
TIG용접에 특별인부가 포함되어 있는데(전기아크용접에는 없음) 의미는? 배관 설치 품인지?
TIG용접에서 재료비(용접봉, 보호가스 등) 별도 계상하게 되어있는데 참고할 만한 자료가 있는지?

회신문

[답변1]
표준품셈 기계설비부문 "13-2-3 강관용접"에서 공구손료 및 경장비 기계경비에 용접기, 발전기 등의 경비가 모두 포함된 비율임을 알려드립니다.
[답변2]
특별인부 투입은 직종은 작업의 난이도, 현장 여건 등에 의해 정해진 사항입니다.
[답변3]
표준품셈 기계설비부문 "13-2-3 강관용접"에서는 재료비에 대한 계상기준은 별도로 제시하고 있지 않습니다.

제목 2 플랜트 TIG용접의 특별인부 할당 관련 문의

질의문

신청번호 2010-051 신청일 2020-10-23
질의부분 설비 제13장 플랜트설비공사 13-2-3 강관용접

[질의1]
TIG(Tungsten Inert Gas)용접('18년 신설)에서 특별인부를 할당하였으나, 1-3 스테인리스강관 1-3-1 용접접합('92, '13, '19년 보완)에서는 특별인부나 보통인부를 할당하지 않고 용접공만 할당하고 있습니다. 이에, 플랜트 TIG용접에서만 용접공의 특별인부를 할당한 이유를 알고 싶습니다. 또는 1-3-1에서 보통인부나 특별인부를 배제한 이유를 알고 싶습니다.
[질의2]
1-3 스테인리스강관 1-3-1 용접접합('92, '13, '19년 보완)의 참고자료에서 구경별 용접봉 사용량을 할당하고 있습니다. 파이트 두께와 상관없이 적용 가능한지와 사용량 산출의 근거를 알고 싶습니다.

회신문

[답변1]
표준품셈 기계설비부문 "1장 배관공사"는 일반적으로 주거용, 업무용, 공공용 등의 건축시설물 대상이고, "13장 플랜트설비공사"는 플랜트시설물을 대상으로 적용되고 있습니다.
표준품셈 적용기준 "1-3 3. 본 표준품셈은 건설공사 중 대표적이고 보편적이며 일반화된 공종, 공법을 기준한 것이며 현장여건, 기후의 특성 및 조건에 따라 조정 하여 적용하되, 예정가격작성기준 제2조에 의거 부당하게 감액하거나 과잉 계산되지 않도록 한다."에 의해 대표적이고 보편적인 현장조건을 기준으로 조사된 결과입니다.

[답변2]
표준품셈 기계설비부문 "1-3-1 용접접합"에서 TIG용접 소모재료는 스테인리스강관의 TIG용접 시 필요한 용접봉과 아르곤가스의 양을 참고로 제시한 것이며, 현장실사를 토대로 조사된 결과입니다. TIG용접 소모재료는 구경별로 제시되고 있으며, 구경에 따라 소모재료량을 참고하시기 바랍니다.

제목 3 TIG용접 일위대가 산출문의

질의문

신청번호 1901-069 신청일 2019-01-22
2018년 품셈에 보면 TIG용접이 신설되어 있는데 용접공이랑 특별인부만 적용되어 있습니다. 반장 및 배관공 기타인원은 어떻게 적용하여야 하는지?

회신문

2019년 기계설비부문 "13-2-3 강관용접/ 2. TIG용접"은 용접 개소당 품으로 용접작업을 수행하는 인원으로만 구성되어 있습니다.

13-2-4 강판 전기아크용접

1. 전기아크용접(V형)('93년 보완)

(m당)

구분 자세 및 직종 두께(mm)	용접봉사용량(kg)			인 력(인)						소요전력(kWh)		
				하향		횡향		입향				
	하향	횡향	입향	용접공	특별인부	용접공	특별인부	용접공	특별인부	하향	횡향	입향
3	0.17	0.20	0.22	0.030	0.009	0.036	0.011	0.044	0.013	0.60	0.70	0.90
4	0.28	0.30	0.33	0.033	0.010	0.041	0.012	0.050	0.015	1.00	1.20	1.45
5	0.38	0.40	0.45	0.037	0.011	0.046	0.014	0.056	0.017	1.45	1.70	1.95
6	0.58	0.60	0.66	0.042	0.012	0.052	0.016	0.063	0.019	1.85	2.50	2.75
7	0.78	0.80	0.89	0.057	0.014	0.068	0.017	0.079	0.021	2.20	3.20	3.45
8	0.98	1.00	1.08	0.071	0.016	0.084	0.020	0.098	0.023	3.15	4.00	4.40
9	1.15	1.20	1.30	0.080	0.017	0.094	0.023	0.106	0.027	5.00	6.00	6.35
10	1.33	1.40	1.50	0.087	0.020	0.106	0.025	0.121	0.030	7.00	8.00	8.40
11	1.51	1.60	1.75	0.103	0.023	0.120	0.028	0.139	0.034	8.00	9.0	9.50
12	1.71	1.80	1.96	0.116	0.026	0.134	0.032	0.157	0.039	9.00	10.0	10.50
13	1.90	2.00	2.20	0.130	0.029	0.151	0.036	0.181	0.044	10.00	11.5	12.25
14	2.08	2.20	2.43	0.146	0.033	0.169	0.040	0.198	0.049	11.10	13.0	13.75
15	2.25	2.40	2.65	0.162	0.037	0.187	0.044	0.218	0.054	13.50	15.0	15.80

[주] ① 본 품은 철판 두께에 따른 규정에 정해진 층수에 용접하는 품이다.
② 본 품은 Net Arc Time 기준이므로 본 품에 아래 작업효율을 감안하여 계상한다.
  수동용접 : 40%(공장가공), 30%(현장가공)
  자동용접 : 45%(공장가공), 35%(현장가공)
③ 본 품에는 Beveling이 포함되어 있다.
④ 공구손료는 별도 계상한다.

⑤ 비파괴시험, Preheating 및 Annealing은 필요한 경우 별도 계상한다.
⑥ 합금강에 대하여는 '[기계설비부문] 13-2-3 강관용접/1.전기아크 용접'과 같이 적용한다.
[계산예]
두께 3㎜의 강판을 하향자세에 의하여 수동용접으로 공장가공하는 경우의 용접공 품 : 0.03÷0.4=0.075인/m

2. 전기아크용접(U형)

(m당)

구분 자세 및 직종 두께(㎜)	용접봉소비량(kg)		소요전력(kWh)		하향한면용접(인)		하향양면용접(인)	
	하향한면용접	하향양면용접	하향한면용접	하향양면용접	용접공	특별인부	용접공	특별인부
15	2.05	2.40	8	9	0.250	0.075	0.275	0.083
20	2.80	3.10	11	12	0.344	0.103	0.362	0.109
25	3.70	4.00	15	16	0.488	0.146	0.525	0.158
30	4.80	5.00	22	24	0.513	0.154	0.550	0.165
35	6.00	6.40	31	34	0.600	0.180	0.638	0.191
40	7.40	7.90	42	45	0.688	0.206	0.750	0.225
45	8.90	9.40	53	57	0.788	0.236	0.844	0.253
50	10.40	11.00	66	71	0.900	0.270	0.962	0.289
55	12.00	12.70	80	86	1.038	0.311	1.060	0.318
60	13.50	15.40	84	100	1.137	0.341	1.200	0.360
65	15.10	16.10	109	116	1.250	0.365	1.310	0.390
70	16.60	17.70	124	131	1.425	0.428	1.485	0.446

[주] ① 본 품은 하향식 용접을 기준으로 한 품이다.
② 본 품은 Beveling 품이 포함되어 있다.
③ 공구손료는 별도 계상한다.
④ 비파괴시험, Preheating 및 Annealing은 필요한 경우 별도로 계상한다.
⑤ 작업효율은 '1. 전기아크용접(V형)'과 같이 적용한다.

3. 전기아크용접(H형)

(m당)

구분 자세 및 직종 두께(㎜)	용접봉소비량(kg)		소요전력(kWh)		하향한면용접(인)		하향양면용접(인)	
	하향한면용접	하향양면용접	하향한면용접	하향양면용접	용접공	특별인부	용접공	특별인부
15	1.60	1.70	4	8	0.114	0.034	0.165	0.050
20	1.90	2.40	5	10	0.150	0.045	0.312	0.094
25	2.35	3.30	6	14	0.175	0.053	0.388	0.116
30	2.90	4.30	10	20	0.200	0.060	0.462	0.139
35	3.60	5.40	14	28	0.219	0.066	0.537	0.161

→

구분 자세 및 직종 두께(mm)	용접봉소비량(kg)		소요전력(kWh)		하향한면용접(인)		하향양면용접(인)	
	하향한면용접	하향양면용접	하향한면용접	하향양면용접	용접공	특별인부	용접공	특별인부
40	4.30	6.70	20	36	0.275	0.083	0.625	0.188
45	5.20	8.00	25	46	0.313	0.093	0.713	0.214
50	6.10	9.40	32	57	0.350	0.105	0.894	0.268
55	7.10	10.90	39	68	0.413	0.124	0.900	0.270
60	8.00	12.40	46	81	0.475	0.143	1.013	0.304
65	9.10	13.90	53	95	0.563	0.169	1.125	0.338
70	10.20	15.30	61	109	0.656	0.197	1.242	0.373

[주] ① 본 품은 하향식 용접을 기준으로 한 품이다.
② 본 품에는 Beveling 품이 포함되어 있다.
③ 공구손료는 별도 계상한다.
④ 비파괴시험, Preheating 및 Annealing은 필요한 경우 별도로 계상한다.
⑤ 작업효율은 '1. 전기아크용접(V형)'과 같이 적용한다.

4. 전기아크용접(X형)

(m당)

구분 자세 및 직종 두께(mm)	용접봉소비량(kg)			인력(인)						전력소비량(kWh)		
	하향	횡향	입향	하향		횡향		입향		하향	횡향	입향
				용접공	특별인부	용접공	특별인부	용접공	특별인부			
16	1.95	1.97	2.10	0.166	0.051	0.200	0.062	0.260	0.076	12.0	12.5	14.0
18	2.10	2.15	2.25	0.192	0.056	0.230	0.068	0.310	0.082	14.0	15.0	17.0
20	2.25	2.30	2.45	0.225	0.062	0.270	0.073	0.340	0.088	17.0	18.0	20.0
22	2.45	2.50	2.65	0.250	0.068	0.310	0.078	0.390	0.094	20.0	22.0	24.0
24	2.60	2.70	2.90	0.290	0.074	0.350	0.084	0.450	0.105	23.5	26.0	28.0
26	2.75	2.90	3.15	0.320	0.079	0.400	0.089	0.510	0.110	27.5	30.6	33.0
28	3.00	3.15	3.40	0.370	0.085	0.450	0.095	0.580	0.116	33.0	36.6	38.0
30	3.25	3.45	3.70	0.413	0.090	0.495	0.105	0.632	0.123	39.5	41.9	43.9

[주] ① 본 품은 철판두께에 따라 규정에 정해진 층수를 용접하는 품이다.
② 본 품에는 Beveling품이 포함되어 있다.
③ 공구손료는 별도 계상한다.
④ 비파괴시험, Preheating 및 Annealing은 필요한 경우 별도로 계상한다.
⑤ 작업효율은 '1. 전기아크용접(V형)'과 같이 적용한다.

5. 전기아크용접(Fillet용접)

(m당)

구분 자세 및 직종 두께(㎜)	용접봉소비량(kg)				소요전력(kWh)				인력(인)							
									하향		횡향		상향		입향	
	하향	횡향	상향	입향	하향	횡향	상향	입향	용접공	특별인부	용접공	특별인부	용접공	특별인부	용접공	특별인부
5	0.27	0.30	0.33	0.35	1.90	2.20	2.30	2.50	0.010	0.002	0.020	0.006	0.027	0.008	0.031	0.009
6	0.33	0.40	0.42	0.43	2.25	2.65	2.75	2.90	0.014	0.004	0.026	0.008	0.032	0.009	0.036	0.011
7	0.40	0.50	0.53	0.55	2.60	3.10	3.25	3.50	0.021	0.006	0.031	0.009	0.038	0.011	0.042	0.013
8	0.49	0.60	0.61	0.62	3.25	3.75	4.00	4.25	0.027	0.008	0.040	0.012	0.048	0.012	0.052	0.016
9	0.68	0.80	0.82	0.83	3.80	4.50	4.75	5.10	0.033	0.010	0.052	0.015	0.056	0.017	0.063	0.019
10	0.86	1.0	1.01	1.01	4.70	5.25	5.70	6.10	0.048	0.013	0.062	0.017	0.069	0.021	0.073	0.022
11	0.95	1.15	1.18	1.20	5.50	6.20	6.70	7.10	0.057	0.015	0.071	0.021	0.079	0.024	0.083	0.025
12	1.09	1.30	1.33	1.35	6.40	7.10	7.75	8.20	0.066	0.017	0.081	0.024	0.092	0.028	0.096	0.029
13	1.26	1.50	1.55	1.58	7.25	8.10	8.80	9.30	0.075	0.020	0.092	0.028	0.104	0.031	0.110	0.033
14	1.45	1.70	1.73	1.75	8.20	9.10	10.00	10.30	0.083	0.023	0.110	0.031	0.119	0.034	0.125	0.038
15	1.64	1.90	1.94	1.96	9.20	10.25	11.10	11.70	0.089	0.026	0.128	0.036	0.135	0.041	0.142	0.043
16	1.90	2.20	2.25	2.29	10.50	11.50	12.50	13.00	0.096	0.029	0.138	0.039	0.150	0.045	0.160	0.048
17	2.20	2.50	2.56	2.60	11.50	12.50	16.00	14.50	0.108	0.032	0.150	0.044	0.160	0.051	0.175	0.053
18	2.49	2.80	2.88	2.93	13.75	16.00	16.30	17.00	0.110	0.035	0.163	0.049	0.190	0.057	0.196	0.059
19	2.80	3.10	3.20	3.27	15.50	16.80	17.20	19.00	0.129	0.039	0.175	0.053	0.204	0.061	0.216	0.069

[주] ① 본 품에는 Gouging은 제외되어 있다.
② 공구손료는 별도 계상한다.
③ 작업효율은 '1. 전기아크용접(V형)'과 같이 적용한다.

Arc Air Gouging

Carbon Rod	구분	Gouging량 (m/분)	작업속도 (m/hr)	Gouging형상		사용전압 (A)	전압 (V)
				Depth	Width		
6.5ø×305m/m	AC	1.8	36	3(m/m)	8(m/m)	290	35
	DC	2.2	45	3	8	240	40
8.0ø×305m/m	AC	2.1	39	4	9	360	35
	DC	2.6	52	4	9	300	40
9.5ø×305m/m	AC	2.3	31	6	12	400	35
	DC	2.8	36	6	12	330	40

◦ 적용범위 : 강판 주강 Stainless철판, 경합금, 황동주철물 등의 Gouging 및 절단 등.

> **契約審査**
>
> **제목** 착오 적용된 단가 표준품셈에 맞게 조정
>
> - FILLET(하향 t = 6mm)용접 품 조정
>   ※ 용접봉 0.58kg, 전력 1.85kW, 용접공 0.042인, 특별인부 0.012인, 기구손료 5% → 용접봉 0.33kg, 전력 2.25kW, 용접공 0.0014인, 특별인부 0.004,mm 기구손료 3%
>
> **심사 착안사항**
> 13-2-4 강판 전기아크용접 1.전기아크용접(V형) 주. ② 계산 예) 하향 수동작업의 경우 품 재 산출함에 주의

13-2-5 예열(Electric Resistance Heating)('92년 보완)

(개소당 플랜트 용접공)

PIPE SIZE (inch)	두께 (inch)									
	0.75이하	1.00	1.25	1.50	1.75	2.00	2.25	2.50	2.75	3.00
3이하	0.208	0.250								
4	0.292	0.312	0.375	0.417						
5		0.396	0.437	0.500	0.521	0.583				
6		0.437	0.521	0.562	0.625	0.667	0.708			
8		0.625	0.708	0.771	0.771	0.917	0.937	1.000		
10			0.854	0.917	0.979	1.125	1.208	1.312	1.479	1.583
12				1.271	1.375	1.458	1.542	1.667	1.792	1.896
14				1.521	1.646	1.750	1.896	2.000	2.146	2.271
16					1.958	2.083	2.187	2.417	2.562	2.708
18						2.562	2.708	2.854	3.083	3.292
20						2.917	3.146	3.312	3.542	3.792
22								3.583	3.833	4.125
24								3.875	4.125	4.417

[주] ① 본 품은 기구준비, 소정의 온도까지 가열, 가열후 기구철거에 필요한 품이 포함되어 있다.
② 예열품은 합금강의 재질에 따른 할증을 하지 않는다.
③ 예열작업을 위한 비계설치비용 등은 별도 계상한다.
④ Gas Heating의 경우 개소당 0.125인을 적용한다.
⑤ 예열온도는 다음과 같다.

(℃)

P No.	재질	두께 (inch)			
		½이하	1	1½	2이상
1	탄소강	-	-	-	-
2	단철	-	-	-	-
3	합금강 Cr¾%이하 합계2%이하	150	205	260	315
4	〃 Cr¾~2.0%이하 합계2¾%이하	205	242	280	315

→

P No.	재질	두께 (inch)			
		½이하	1	1½	2이상
5	〃 Cr2~3% 합계10%이하	205	242	280	315
	〃 Cr3~10% 합계10%이하	260	278	296	315
6	〃 Martensitic Stainless	260	295	333	370

○ 탄소강관은 예열이 필요 없으나 외기온도가 5℃이하에서는 손으로 따뜻함을 느낄 정도로 예열해야 함.
○ 가열속도는 Pipe내부와 외부의 온도차가 80℃를 초과하지 못하게 서서히 가열함.

13-2-6 응력제거

1. Induction Heating Device

(개소)

P No.	재질	두께 (inch)						
		½이하	¾	1	1½	2	2½	3
1	탄소강	-	0.72	0.72	0.78	1.03	1.15	1.22
2	단철	-	-	-	-	-	-	-
3	합금강 Cr¾%이하 합계2.0%이하	0.72	0.72	0.72	0.78	1.22	1.28	1.34
4	〃 Cr¾~2.0%이하 합계2¾%이하	0.72	0.72	0.72	0.78	1.22	1.28	1.34
5	〃 Cr2~3% 합계10%이하	0.72	0.72	0.72	0.78	1.22	1.28	1.34
	〃 Cr3~10% 합계10%이하	0.85	0.85	0.85	0.97	1.47	1.59	1.72
6	〃 Martensitic Stainless	0.85	0.85	0.85	0.97	1.47	1.59	1.72

[주] ① 두께 1½"까지는 시간상 550℃의 가열속도로 가열한다.
② 두께 1½"이상은 60Cycle로는 시간당 280℃의 가열속도로 400Cycle로는 시간당 220℃의 가열속도로 가열한다.
③ 소정의 온도를 유지 후 냉각속도는 가열시의 속도와 같다.
④ Cr 함량 3% 이하의 Low Alloy Steel로서 외경 4"이하의 Pipe중 두께 ½"이하는 특별지시가 없는 한 응력제거를 시행하지 않아도 좋다.
⑤ 기타 상세한 것은 해당 Instruction에 의한다.

⑥ 열처리 온도 및 유지시간은 다음과 같다.

P No.	재 질	유지온도℃	유지시간두께 inch당	최소유지시간
1	탄소강	600~650	1	1
2	단철	-	-	-
3	합금강 Cr¾% 합계2.0%이하	690~735	1	1
4	〃 Cr¾~2.0% 합계2¾%이하	700~760	1	1
5	〃 Cr2~3% 합계10%이하	700~790	1	1
5	〃 Cr3~10% 합계10%이하	700~770	2	2
6	〃 Martensitic Stainless	760~815	2	2

2. Ring Burner, Electric, Resistance Heating Device('92년 보완)

(개소당 플랜트 용접공)

파이프 규격 (inch)	파 이 프 벽 두 께 (inch)									
	0.75이하	1.00	1.25	1.50	1.75	2.00	2.25	2.50	2.75	3.00
3이하	0.64	0.68								
4	0.68	0.74	0.80	0.85						
5		0.79	0.84	0.90	0.95	1.03				
6		0.84	0.90	0.98	1.03	1.13	1.21			
8		0.93	0.98	1.05	1.11	1.19	1.26	1.35		
10			1.01	1.10	1.15	1.23	1.29	1.40	1.49	1.56
12				1.13	1.20	1.29	1.35	1.44	1.54	1.65
14				1.20	1.29	1.40	1.45	1.54	1.65	1.76
16					1.35	1.45	1.54	1.64	1.75	1.88
18						1.54	1.64	1.75	1.88	2.00
20						1.66	1.79	1.90	2.03	2.18
22								2.05	2.18	2.40
24								2.21	2.36	2.51

[주] ① 가열시에는 Pipe의 내부와 외부의 온도차가 80℃를 초과하지 않게 서서히 가열한다.
② Pipe를 300℃ 이상에서 가열할 때의 가열속도는 두께 2"까지는 시간당200℃의 가열속도로 두께 2" 이상은 200℃×2/T의 가열속도로 가열한다.
③ 소정의 온도를 유지후 냉각시킬 때 300℃까지의 냉각속도는 가열속도와 같다.
④ Cr 함량 3% 이하의 Low Alloy Steel로서 외경 4" 이하의 Pipe중 두께 ½"이하는 특별지시가 없는 한 응력제거를 시행하지 않아도 좋다.
⑤ 기타 자세한 것은 해당 Instruction에 의한다.
⑥ 열처리 온도 및 유지시간은 '[기계설비부문] 13-2-6 1. [주] ⑥'을 적용한다.
⑦ 본 품은 탄소강관 기준이며 합금의 경우 별표의 할증율을 적용한다.

[별 표]

재질에 따른 응력제거품 할증율

(%)

파이프규격(in)　　　재질(ASTM기준)	3 이하	4	5	6	8	10	12	14	16	18	20	22	24
MO합금강(A335-P1) Cr합금강 (A335-P2,P3,P11,P12)	18.5	20	21	23	26	28.5	30	33	35	39.5	43.5	46	49
Cr합금강 (A335-P3b,P21,22,P5bc)	25	27	28	31	35	38	40	44	47	53	58	62	66
Cr합금강(A335-P7,P9) Ni합금강(A333-Gr3)	33	36	38	41.5	47	51	54	59	63	71	78	83	88
스텐레스강 (Type304,309,310,316) (L&H Grade포함)	35	38	40	42.5	48	54	58	62	67	75	83	88	93
동, 황동, Everdur	15	17	18	20	33.5	50	54	67	74	77	84	89	94
저온용합금강 (A333-Gr1,Gr4,Gr9)	41	45.5	49	50	59	64	70	78	86	92	100	103	107
Hastelloy,Titanium,Ni(99%)	88	90.5		94	100.5	117	134						
스텐레스강 (Type321&347)Cu-Ni,Monel Inconel,Incoloy,Alloy20	39	41	42	43.5	49.5	57	64	67	77	82	87	93	97
알루미늄	51	55	58	64	72	78	83	90	96	108.5	120	127	135

[비고] 탄소강관용접품에 본 비율을 가산함.

13-2-7 아세틸렌량의 환산

일반적으로 아세틸렌의 부피단위(ℓ)를 중량단위(kg)로의 환산식은 다음과 같다.

$$\text{아세틸렌(kg)} = \text{아세틸렌}(\ell) \times \frac{26g}{22.4\ell} \div 1{,}000$$

　　26g　　: 아세틸렌의 1mol당 분자량
　　22.4 ℓ　: 표준상태에서 1mol당량

13-3 배관 및 기기보온

13-3-1 pipe보온('04년 보완)

1. 보온두께 30mm이하

Pipe Size mm	판(m당)		Fitting(개당)		Hanger(개당)		Valve및Flange(개당)		성형물(m)	직관의물량		Sheet Metal Screw(개)
	보온공	특별인부	보온공	특별인부	보온공	특별인부	보온공	특별인부		철선(m)	Lagging Sheet(㎡)	
φ 50이하	0.039	0.057	0.032	0.034	0.009	0.009	0.160	0.160	1	2.240	0.358	10
65	0.048	0.072	0.043	0.047	0.012	0.012	0.170	0.170	1	3.420	0.446	10
80	0.052	0.078	0.056	0.061	0.015	0.015	0.190	0.190	1	3.740	0.488	10
90	0.054	0.080	0.066	0.072	0.015	0.015	0.200	0.200	1	4.050	0.525	10
100	0.063	0.093	0.088	0.096	0.015	0.015	0.225	0.225	1	4.360	0.567	10
125	0.070	0.104	0.126	0.136	0.018	0.018	0.245	0.245	1	5.000	0.648	10
150	0.074	0.112	0.161	0.174	0.018	0.018	0.245	0.245	1	5.640	0.729	10
200	0.091	0.136	0.255	0.285	0.021	0.021	0.275	0.275	1	6.950	0.894	10
250	0.108	0.161	0.382	0.413	0.027	0.027	0.290	0.290	1	8.210	1.053	10
300	0.125	0.186	0.530	0.575	0.030	0.030	0.340	0.340	1	9.500	1.215	10
350	0.141	0.212	0.700	0.760	0.033	0.033	0.405	0.405	1	10.480	1.335	10
400	0.156	0.233	0.882	0.958	0.036	0.036	0.450	0.450	1	11.710	1.525	10
450	0.173	0.258	1.095	1.185	0.039	0.039	0.510	0.510	1	13.000	1.655	10
500	0.189	0.284	1.345	1.455	0.045	0.045	0.565	0.565	1	14.290	1.816	10
600	0.223	0.332	1.900	2.060	0.051	0.051	0.635	0.635	1	16.900	2.143	10
650	0.236	0.356	2.075	2.265	0.056	0.056	0.650	0.650	1	18.100	2.301	10
750	0.271	0.450	2.305	2.495	0.061	0.061	0.770	0.770	1	20.670	2.624	10

비 고
- Prefabricated Sheet로 Lagging할 때는 본 품에 50%를 가산한다. 2매이상 겹쳐 보온하는 경우에는 전체 두께를 1회 보온하는 품에 50%를 가산한다.
- 칼라강판, 아연도강판, 스테인리스 강판, 알루미늄판 등 원자재(Rawmaterial)로 시공할 때는 본 품에 100%를 가산한다. 2매이상 겹쳐 보온하는 경우에는 전체 두께를 1회 보온하는 품의 100%를 가산한다.

2. 보온두께 31mm~40mm

Pipe Size mm	관(m당)		Fitting(개당)		Hanger(개당)		Valve및Flange(개당)		성형물(m)	직 관 이 음 쇠		Sheet Metal Screw(개)
	보온공	특별인부	보온공	특별인부	보온공	특별인부	보온공	특별인부		철선(m)	Lagging Sheet(m²)	
φ 50이하	0.048	0.072	0.038	0.040	0.012	0.012	0.175	0.175	1	3.230	0.424	10
65	0.058	0.086	0.052	0.056	0.018	0.018	0.200	0.200	1	3.930	0.511	10
80	0.067	0.101	0.072	0.079	0.018	0.018	0.225	0.225	1	4.250	0.552	10
90	0.074	0.112	0.094	0.101	0.018	0.018	0.250	0.250	1	4.540	0.589	10
100	0.074	0.112	0.106	0.114	0.021	0.021	0.260	0.260	1	4.870	0.631	10
125	0.082	0.123	0.148	0.160	0.021	0.021	0.275	0.275	1	5.510	0.711	10
150	0.087	0.129	0.187	0.202	0.021	0.021	0.290	0.290	1	6.150	0.792	10
200	0.098	0.148	0.280	0.303	0.024	0.024	0.340	0.340	1	7.450	0.958	10
250	0.120	0.180	0.424	0.460	0.027	0.027	0.405	0.405	1	8.720	1.116	10
300	0.143	0.193	0.571	0.619	0.033	0.033	0.450	0.450	1	10.000	1.279	10
350	0.151	0.227	0.747	0.810	0.039	0.039	0.510	0.510	1	10.950	1.398	10
400	0.168	0.252	0.953	1.032	0.042	0.042	0.570	0.570	1	12.200	1.559	10
450	0.197	0.295	1.280	1.327	0.048	0.048	0.640	0.640	1	13.510	1.723	10
500	0.206	0.310	1.460	1.584	0.051	0.051	0.700	0.700	1	14.780	1.880	10
600	0.240	0.360	1.920	2.079	0.060	0.060	0.810	0.810	1	17.400	2.206	10
650	0.265	0.397	2.110	2.290	0.066	0.066	0.890	0.890	1	18.600	2.365	10
750	0.326	0.490	2.310	2.510	0.070	0.070	0.980	0.980	1	21.900	2.688	10

비 고
- Prefabricated Sheet로 Lagging할 때는 본 품에 50%를 가산한다. 2매이상 겹쳐 보온하는 경우에는 전체 두께를 1회 보온하는 품에 50%를 가산한다.
- 칼라강판, 아연도강판, 스테인리스 강판, 알루미늄판 등 원자재 (Rawmaterial)로 시공할 때는 본 품에 100%를 가산한다. 2매이상 겹쳐 보온하는 경우에는 전체 두께를 1회 보온하는 품의 100%를 가산한다.

3. 보온두께 41mm~60mm

Pipe Size mm	판(m당)		Fitting(개당)		Hanger(개당)		Valve및Flange(개당)		성형물(m)	직관의물량		Sheet Metal Screw(개)
	보온공	특별인부	보온공	특별인부	보온공	특별인부	보온공	특별인부		철선(m)	Lagging Sheet(m²)	
φ 50이하	0.074	0.112	0.063	0.067	0.015	0.015	0.270	0.270	1	4.240	0.551	10
65	0.086	0.130	0.078	0.084	0.018	0.018	0.290	0.290	1	4.940	0.637	10
80	0.094	0.140	0.101	0.111	0.021	0.021	0.310	0.310	1	5.250	0.679	10
90	0.104	0.158	0.138	0.144	0.024	0.024	0.330	0.330	1	5.550	0.716	10
100	0.104	0.158	0.149	0.162	0.024	0.024	0.350	0.350	1	5.870	0.758	10
125	0.115	0.173	0.207	0.225	0.027	0.027	0.390	0.390	1	6.500	0.839	10
150	0.120	0.180	0.259	0.287	0.030	0.030	0.420	0.420	1	7.150	0.919	10
200	0.143	0.212	0.400	0.435	0.033	0.033	0.430	0.430	1	8.460	1.085	10
250	0.160	0.242	0.518	0.562	0.039	0.039	0.490	0.490	1	9.740	1.244	10
300	0.210	0.300	0.870	0.940	0.045	0.045	0.510	0.510	1	11.000	1.406	10
350	0.210	0.300	1.010	1.090	0.051	0.051	0.550	0.550	1	11.950	1.525	10
400	0.214	0.320	1.210	1.310	0.054	0.054	0.560	0.560	1	13.200	1.684	10
450	0.220	0.346	1.470	1.590	0.060	0.060	0.590	0.590	1	14.500	1.941	10
500	0.264	0.396	1.870	2.020	0.066	0.066	0.610	0.610	1	15.800	2.102	10
600	0.305	0.458	2.600	2.820	0.075	0.075	0.620	0.620	1	18.400	2.333	10
650	0.324	0.486	2.840	3.070	0.083	0.083	0.680	0.680	1	19.600	2.492	10
750	0.357	0.537	3.120	3.380	0.091	0.091	0.740	0.740	1	22.200	2.940	10

비 고
- Prefabricated Sheet로 Lagging할 때는 본 품에 50%를 가산한다. 2매이상 접합 보온하는 경우에는 전체 두께를 1회 보온하는 품에 50%를 가산한다.
- 철사강판, 아연도강판, 스테인리스 강판, 알루미늄판 등 원자재(Rawmaterial)로 시공할 때는 본 품에 100%를 가산한다. 2매이상 접합 보온하는 경우에는 전체 두께를 1회 보온하는 품의 100%를 가산한다.

4. 보온두께 61mm~75mm

Pipe Size mm	판(m당)		Fitting(개당)		Hanger(개당)		Valve및flange(개당)		성형물(m)	직 관 의 물 량		Sheet Metal Screw(개)
	보온공	특별인부	보온공	특별인부	보온공	특별인부	보온공	특별인부		철선(m)	Lagging Sheet(㎡)	
φ 50이하	0.096	0.154	0.087	0.089	0.024	0.024	0.425	0.425	1	4.990	0.646	10
65	0.113	0.169	0.102	0.110	0.027	0.027	0.475	0.475	1	5.690	0.734	10
80	0.120	0.180	0.130	0.140	0.030	0.030	0.510	0.510	1	6.000	0.774	10
90	0.120	0.180	0.151	0.164	0.032	0.032	0.540	0.540	1	6.310	0.811	10
100	0.135	0.201	0.190	0.206	0.036	0.036	0.560	0.560	1	6.640	0.853	10
125	0.142	0.212	0.255	0.277	0.036	0.036	0.590	0.590	1	7.270	0.934	10
150	0.149	0.223	0.325	0.649	0.039	0.039	0.615	0.615	1	7.910	1.014	10
200	0.182	0.272	0.512	0.556	0.042	0.042	0.625	0.625	1	9.240	1.180	10
250	0.206	0.310	0.728	0.788	0.046	0.046	0.695	0.695	1	10.500	1.339	10
300	0.226	0.338	0.955	1.035	0.051	0.051	0.770	0.770	1	11.800	1.501	10
350	0.250	0.374	1.270	1.300	0.054	0.054	0.840	0.840	1	12.700	1.620	10
400	0.274	0.410	1.550	1.670	0.063	0.063	0.925	0.925	1	13.950	1.779	10
450	0.298	0.446	1.890	2.050	0.069	0.069	1.010	1.010	1	15.250	1.941	10
500	0.332	0.482	2.280	2.470	0.075	0.075	1.115	1.115	1	16.600	2.102	10
600	0.370	0.554	3.140	3.400	0.087	0.087	1.230	1.230	1	18.350	2.429	10
650	0.393	0.591	3.460	3.740	0.095	0.095	1.350	1.350	1	20.400	2.587	10
750	0.444	0.666	3.820	4.130	0.125	0.125	1.480	1.480	1	23.000	2.910	10

비 고
- Prefabricated Sheet로 Lagging할 때는 본 품에 50%를 가산한다. 2매이상 겹쳐 보온하는 경우에는 전체 두께를 1회 보온하는 품에 50%를 가산한다.
- 철판강판, 아연도강판, 스테인리스 강판, 알루미늄판 등 원자재(Rawmaterial)로 시공할 때는 본 품에 100%를 가산한다. 2매이상 겹쳐 보온하는 경우에는 전체 두께를 1회 보온하는 품의 100%를 가산한다.

5. 보온두께 76mm~90mm

Pipe Size mm	관(m당)		Fitting(개당)			Hanger(개당)		Valve및Flange(개당)		성형물(m)	직 관 이 물 량		Sheet Metal Screw(개)
	보온공	특별인부	보온공	특별인부		보온공	특별인부	보온공	특별인부		철선(m)	Lagging Sheet(㎡)	
φ 50이하	0.114	0.171	0.097	0.102		0.029	0.029	0.510	0.510	1	5.740	0.741	10
65	0.134	0.196	0.119	0.129		0.032	0.032	0.574	0.574	1	6.450	0.829	10
80	0.151	0.227	0.162	0.176		0.036	0.036	0.633	0.633	1	6.760	0.869	10
90	0.158	0.238	0.196	0.212		0.039	0.039	0.644	0.644	1	7.060	0.906	10
100	0.166	0.248	0.234	0.254		0.042	0.042	0.680	0.680	1	7.400	0.948	10
125	0.173	0.260	0.313	0.339		0.045	0.045	0.700	0.700	1	8.030	1.023	10
150	0.181	0.271	0.392	0.424		0.048	0.048	0.762	0.762	1	8.650	1.108	10
200	0.214	0.320	0.631	0.683		0.057	0.057	0.820	0.820	1	11.250	1.275	10
250	0.240	0.360	0.869	0.941		0.063	0.063	0.940	0.940	1	12.500	1.434	10
300	0.259	0.387	1.130	1.230		0.071	0.071	1.105	1.105	1	12.550	1.596	10
350	0.282	0.425	1.390	1.510		0.077	0.077	1.130	1.130	1	13.500	1.715	10
400	0.307	0.461	1.740	1.880		0.083	0.083	1.160	1.160	1	14.780	1.874	10
450	0.331	0.499	2.090	2.160		0.089	0.089	1.300	1.300	1	16.000	2.035	10
500	0.357	0.536	2.870	3.110		0.102	0.102	1.440	1.440	1	17.300	2.197	10
600	0.431	0.665	3.655	3.965		0.108	0.108	1.520	1.520	1	19.900	2.5232	10
650	0.448	0.672	3.890	4.230		0.135	0.135	1.600	1.600	1	21.190	2.682	10
750	0.476	0.714	4.140	4.480		0.170	0.170	1.720	1.720	1	23.700	3.005	10

비 고
- Prefabricated Sheet로 Lagging할 때는 본 품에 50%를 가산한다. 2매이상 겹쳐 보온하는 경우에는 전체 두께를 1회 보온하는 품에 50%를 가산한다.
- 칼라강판, 아연도강판, 스테인리스 강판, 알루미늄판 등 원자재(Rawmaterial)로 시공할 때는 본 품에 100%를 가산한다. 2매이상 겹쳐 보온하는 경우에는 전체 두께를 1회 보온하는 품의 100%를 가산한다.

[주] ① 본 품은 플랜트 배관보온에 적용하는 것으로서 성형물로 보온하는 품이며 물량은 정미 수량이다.
② 엘보, 밸브 등은 보온재를 절단 가공해서 보온하는 품이다.
③ 본 품은 보온재 소운반이 포함되어 있다.
④ 2매이상 겹쳐 보온하는 경우는 각각의 품을 합산한다.
　(예) 파이프 ø100에 보온두께 90㎜를 50㎜+40㎜로, 2회 보온하는 경우 아래의 ㉮+㉯로 함.
　㉮ 파이프 ø100에 보온두께 50㎜ 보온품
　㉯ 파이프 ø200에 보온두께 40㎜ 보온품
⑤ 본 품의 Lagging Sheet 물량을 3'×6'Sheet로 환산시는 3'×6'Sheet 1매를 1.35㎡로 보고 환산한다.
⑥ 철선은 Pipe길이 1m에 5회 감는 것으로 한다.
⑦ Cold 보온시공은 Hot 보온품에 적량 할증 가산할 수 있다.
⑧ 본 품은 보온 기본사양(Pipe+성형보온재+철선+PIECE연결)을 기준으로 한 것이므로 이외의 사양에 대하여는 별도 계산할 수 있다.
⑨ 두께 91㎜이상 보온은 본 품에 비례하여 적의 적용하되, 관(m당)의 보온공과 특별인부 품은 다음 공식에 의하여 품을 산출 적용한다.

○ 보온공 품 = $(\frac{12,000}{X^K} + 200) \times \frac{V}{C}$

○ 특별인부 품 = 보온공 품×1.5

　여기서　X : 보온두께(㎜)
　　　　　K : 상수
　　　　　C : 구경별 상수
　　　　　V : $\frac{\pi}{4}(d_1^2 - d_0^2)(m^3)$: 파이프 1m의 보온부피
　　　　　d_0 : 파이프의 외경(m)
　　　　　d_1 : 파이프보온의 외경(m)

〈구경별상수〉

ipe Size(㎜)	C	K
ø50이하	102	1.13
65	92	1.17
80	90	
90	90	
100	95	
125	99	
150	107	
200	104	1.21
250	110	
300	112	
350	106	1.28
400	109	
450	111	
500	107	
600	109	

ipe Size(mm)	C	K
650	113	
700	114	

> **契約審査**
>
> **제목** 배관밸브의 보온공사 품 질의
>
> **질의문**
>
> 신청번호 2210-091 신청일 2022-10-26
> 질의부분 설비 제13장 플랜트설비공사 13-3-1 pipe보온
>
> 2022 건설공사 표준품셈 제13장 플랜트설비공사 Page 823 13-3-1 pipe보온에서 아래와 같이 질의하고자 합니다.
> [질의사항]
> Valve 및 Flange(개당) 품 적용을 Flange 타입 밸브의 경우에, Valve와 Flange가 포함한 1set의 품인지? Valve, Flange 각각 개별의 품인지?
>
> **회신문**
> 표준품셈 기계설비부문 '13-3-1 pipe보온'에서 Valve 및 Flange의 경우 해당되는 개소수를 각각 적용하시면 됩니다.

13-3-2 기기보온

1. Boiler 본체보온('92년 보완)

(m²당)

두께(mm) \ 구분	Attachment 취부 용접공	보온재취부 보온공	Lagging 함석공	소운반 특별인부	계
60이하	0.01	0104	0.173	0.02	0.307
50+60	0.01	0.208	0.173	0.03	0.421
50+75	0.01	0.229	0.173	0.035	0.447
75+75	0.01	0.266	0.173	0.04	0.489
100+100	0.01	0.397	0.173	0.05	0.630
240	0.01	0.453	0.173	0.06	0.696
300	0.01	0.567	0.173	0.07	0.820
350	0.01	0.652	0.173	0.072	0.907
비고	- 본 보온품은 Blanket을 사용하는 품이므로 Block을 사용할 때에는 본 품에 40% 가산한다. - 일반기기 보온은 Duct 보온품에 100% 가산한다. - 원자재(Raw Material)로 Lagging Sheet를 제작하여 시공할 때에는 본 품의 함석공과 특별인부품의 50% 가산한다. - 보일러 본체 보온중 Lagging Sheet를 사용하지 않는 경우 함석공 0.173인 특별인부 0.008인을 감한다.				

- 본 품은 보온 기본사양(모재+Pin용접+보온+Lagging Sheet (Pipe연결))을 기준한 것이므로 마감작업(Seal Gasket취부, Hard Cement 충전) 필요시는 특별인부 품의 50%를 가산한다.
- 3겹이상 보온작업시는 보온공 품을 0.04인씩 가산한다.

[주] ① 보온재는 Blanket 형태를 사용하여 보온하는 품이다.
② 옥외형 보일러 외벽 보온작업 시 위험할증을 적용한다.

2. Duct보온('92년 보완)

(㎡당)

구분 직종 두께(㎜)	Attachment 취부 용접공	보온재취부 보온공	Lagging 함석공	소운반 특별인부	계
35이하	0.007	0.104	0.116	0.012	0.239
60	0.007	0.104	0.116	0.020	0.247
50+60	0.007	0.208	0.116	0.030	0.361
40+75	0.007	0.215	0.116	0.031	0.369
70+70	0.007	0.216	0.116	0.033	0.372
75+75	0.007	0.266	0.116	0.034	0.423

[주] '1. Boiler 본체 보온'의 [주]와 같이 적용한다.

13-4 강재 제작 설치

13-4-1 보통 철골재

1. 철골재의 무게산출 표준

(m당)

건 물 종 별		철골무게
종 별	구조별	(ton)
철 골 조 건 물	연면적에 대하여	0.10~0.15
	목재중도리	0.04~0.06
철 골 조 지 붕 틀	철골중도리	0.06~0.08
	철근을 구조계산에 가산할 경우	0.08~0.10
철 골 철 근 콘 크 리 트 조	철근을 구조계산에 가산하지 않을 경우	0.10~0.15

[주] 본 표는 주재의 개산치이며 주재란 구조의 주요재 즉, 기둥보, 지붕틀, 계단, 도리, 중도리 등을 말한다.

2. 부속재의 비율('18년 보완)

주 재	부속재(%)
작은보	15~20
지붕틀	10
큰보	10~15
격자기둥	10~15
강관기둥	10
벽보	10

[주] ① 본 표는 주재의 중량에 대한 부속재의 개산 비율이며 부속재란 접합강판(Gusset p.Spacer, Splice, p.Cover p), 볼트 등을 말한다.
② 강재의 중량산출은 KSD 3502에 따른다.

13-4-2 철골 가공조립('18년 보완)

1. 강판 구멍뚫기

(1일작업량)

방 법	강판두께 (mm)	구멍지름 (mm)	철골공 (인)	1일작업량 (개소)
펀 치 뚫 기	9	21	2	250
송 곳 뚫 기	9	21	1~2	100

[주] ① 본 품은 현장에서 인력으로 강판에 구멍을 뚫는 기준이다.
② 송곳뚫기에서 인력인 경우 구멍지름이 21mm이하일 때는 철골공 1인, 22mm 이상일 때는 2인(1조)을 기준으로 한다.
③ 기름소모량은 100개소당 0.05 ℓ 이다.
④ 기계손료, 운전경비 및 소모재료는 별도 계상한다.

2. 앵커 볼트 설치

(개당)

구 분	단위	수 량					
		ø16이하	ø20이하	ø24이하	ø28이하	ø32이하	ø40이하
철 골 공	인	0.05	0.08	0.12	0.16	0.20	0.23
특 별 인 부	인	0.02	0.03	0.05	0.06	0.07	0.09

[주] ① 본 품은 철골세우기를 위해 앵커볼트 설치를 기준한 것이다.
② 본 품은 설치위치 확인, 앵커볼트 및 틀 설치가 포함된 것이다.
③ 별도의 철제틀이 필요한 경우에는 철물 제작품을 적용한다.
④ 일반철골공사에 적용하고 기계설치에는 적용하지 않는다.
⑤ 공구손료 및 경장비(용접기 등)의 기계경비는 인력품의 2%로 계상한다.
⑥ 콘크리트 독립주 위에서나 기타 비계가 양호치 못한 장소에서는 본 품의 20%까지 가산한다.

有權解釋

제목 강판 구멍뚫기 작업 관련 품셈 할증 질의

질의문

신청번호 2005-034 신청일 2020-05-13
질의부분 설비 제13장 플랜트설비공사 13-4-2 철골 가공조립

강판 구멍뚫기 작업관련 범위에서 벗어나 두께별/ 홀 규격별 할증을 어떻게 산정을 해야 하는지 궁금합니다. 예를 들어 당해 공사와 관련 30mm 강판에 HOLE DIA. 30mm입니다. 이와 같이 해당 내용으로 품셈을 적용하였을 경우 무리한 경우가 있습니다.
분명 상식적으로 두께와 직경에 따른 작업시간이 추가적으로 발생할 것이며, 또한 HOLE DIA에 따른 추가적인 경비(드릴비트외 규격 상향에 따른 구매비용이 증가)가 발생합니다(예. 참조)
본 품셈은 강판 구멍뚫기 작업관련 사전작업인 해당부위에 금긋기 및 현도작업(강판에 홀위치 마킹작업)이 포함되어 있는 것인지?
(예) 두께 현물 30mm / 품셈 9mm = 333% 할증(가능 여부 질의요청)
 두께 현물 12mm / 품셈 9mm = 133% 할증(가능 여부 질의요청)
 직경 원주율 및 두께에 따른 스크랩 발생량 증가(청소 및 정리작업 시간 증가)
 직경에 따른 경비 증가(드릴비트 M22 6만원)

회신문

[답변1]
표준품셈 기계설비부문 "13-4-2 철골 가공조립/ 1. 강판 구멍뚫기"는 강판두께 9mm 기준으로 제시되어 있으며, 강판두께 30mm와 12mm에 대한 기준은 제시하고 있지 않습니다.
[답변2]
표준품셈 기계설비부문 "13-4-2 철골 가공조립/ 1. 강판 구멍뚫기"에는 금긋기 및 현도 작업에 대한 기준은 제시하고 있지 않습니다.

監査

제목 철골 공장가공. 조립임에도 야간할증 잘못 반영

내용

공사의 설계도서를 확인한 결과, 환승센터건축공사에 반영된 철골가공 조립은 공장에서 가공하여 조립하는 공종인데도 야간할증(87.5%)이 잘못 반영되어 있다.
그 결과 위 공사 도급내역서에는 철골가공 조립 야간할증비 공사비 19,000천원(제경비 포함)이 과다하게 반영되어 있다.

회신문

○○○○장은 위 공사에 과다하게 반영된 철골 가공조립 야간할증 공사비에 반영된 19,000천원 상당을 『공사계약 일반조건』 제19조(설계변경 등)에 따라 설계변경하고, 같은 조건 제20조(설계변경으로 인한 계약금액의 조정)에 따라 계약금액 조정(감액) 하시기 바람(시정)

契約審査

제목 실효성 없는 강판 구멍뚫기 품 개선

내용

가시설 강재(H형강, 강판 등) 구멍뚫기는 실효성이 없고 공사원가 고간인 인력(편칭)뚫기로 설계하였으나 건설현장에서 강재 구멍뚫기는 기능공의 노령화와 장비의 발달로 인력시공에서 시공능력이 향상된 기계시공으로 변화하고 있음에도 표준품셈은 기계장비가 발달하지 못한 시절의 인력시공 품으로 구성
▷ 시대상황의 발달을 적기에 반영되지 못하고 있는 실정
※ 기능공의 사용에 편리하고 천공 성능이 우수한『전기드릴에 의한 구멍 뚫기』규정 없음

○ 당초

명칭	규격	단위	수량	단가	금액	비고
강판구멍뚫기(인력)	t = 14mm	공	8.0	4,509	36,072	
강판구멍뚫기(인력)	t = 12mm	공	20.0	3,864	77,280	
볼트조이기(인력)	D = 22mm	개	20.0	2,095	41,900	

○ 조정〈자체 품 개발〉

명칭	규격	단위	수 량	단가	금액	비고
강판구멍뚫기(기계)	t = 14mm	공	8.0	440	3,520	마그네틱드릴
강판구멍뚫기(기계)	t = 12mm	공	20.0	360	7,200	
볼트조이기(기계)	D = 22mm	개	20.0	377	7,540	임팩트렌치

심사 착안사항

표준품셈에는 없으나 건설공사 현장에서 많이 활용되고 있는 공종에 대하여 발주기관 자체 품셈제정하여 공사원가 산출에 활용

13-4-3 STORAGE TANK

1. 탱크제작

가. Rolling 및 Edge 가공

(매당)

철판규격 \ 직종	일반기계운전사 (윈치운전)	플랜트 제관공	특별인부	계
8t×5ft×20ft이하	0.087	0.328	0.131	0.546
12×5×20 〃	0.177	0.477	0.191	0.795
16×5×20 〃	0.211	0.790	0.315	1.316
20×5×20 〃	0.252	0.972	0.378	1.602
24×5×20 〃	0.307	1.184	0.461	1.952
28×5×20 〃	0.361	1.392	0.542	2.295
32×5×20 〃	0.415	1.602	0.624	2.641
36×5×20 〃	0.470	1.813	0.706	2.989
40×5×20 〃	0.524	2.023	0.787	3.334

나. 금긋기 및 절단가공

(ton당)

작업구분	현도	괘서	절단	계
직 종	플랜트제관공	플랜트제관공	플랜트제관공	
공 량	0.437	1.161	0.318	1.916

다. 운반조작

(ton당)

직 종	비계공	건설기계운전(조/대)	특별인부	계
공 량	0.073	0.037	0.073	0.183
비 고	- 스테인리스 등 특수재질의 제작인 경우는 40~50%를 가산한다.			

[주] ① 본 품은 Tank 조립용 철판을 가공하는 품이다.
② 본 품에는 철판의 Rolling접합부의 Edge cutting작업이 포함되어 있다.
③ 본 품에는 기기운전 품이 포함되어 있다.

2. 탱크조립설치

(ton당)

용량(㎥) 직종별	50 이하	100 이하	300 이하	500 이하	1,500 이하	3,000 이하	5,000 이하	10,000 이하	10,000 이상
건설기계운전공	1.922	1.576	1.476	1.321	1.093	0.911	0.856	0.799	0.702
비 계 공	0.928	0.759	0.711	0.637	0.527	0.439	0.399	0.378	0.357
특 별 인 부	8.475	6.908	6.469	5.790	4.792	3.993	2.499	2.163	2.163
(플랜트제관공)	3.522	2.889	2.705	2.422	2.004	1.670	1.447	1.040	0.983
(플랜트용접공)	3.081	2.519	2.359	2.111	1.747	1.456	1.456	1.899	2.041
인 력 운 반 공	0.160	0.131	0.123	0.110	0.091	0.076	0.076	0.076	0.076
보 통 인 부	4.950	4.048	3.791	3.393	2.808	2.340	2.010	1.860	1.720
배 관 공	0.145	0.119	0.118	0.100	0.083	0.069	0.047	0.029	0.025

[주] ① 본 품은 가공된 철판으로 Tank를 조립 설치하는 품이다.
② 본 품은 소재운반, 배열, 가접, 본 용접이 포함되어 있다.
③ 본 품은 소정의 외관검사, Leak test 및 교정작업이 포함되어 있다.
④ 본 품에는 탱크외부에 실시하는 Sand blasting 작업은 포함되었으나, Painting 작업은 별도 계상한다.
⑤ 본 품은 열교환기 제작설치, 계단 및 난간설치 작업이 제외되어 있다.
⑥ 본 품은 소화시설, 부대배관 작업이 제외되어 있다.
⑦ 용접공은 용접장의 증감에 따라 조정한다.
⑧ '냉난방 위생설비 공사용 탱크제작'도 본 품을 적용한다.

[참 고] 탱크의 소요재료
1. 물량 개산치

(대당)

품 명	규 격	단위	용량별 3,000	5,000	7,000	10,000(㎥)
Steel plate	4.5t×4'×8'	매	103	147	220	295
	6t×5'×20'	〃	94	97	115	149
	16t×5'×20'	〃	-	-	15	17
	14t×5'×20'	〃	-	-	15	17
	12t×5'×20'	〃	-	-	15	17
	10t×5'×20'	〃	-	12	15	17
	8t×5'×20'	〃	10	-	15	17
	11t×5'×20'	매	-	12	-	-
	9t×5'×20'	〃	-	12	-	-
	7t×5'×20'	〃	10	12	-	-
pipe	ø12″	kg		4,250	11,280	11,280
〃	ø10″	〃	2,920	-	-	-
Channel	125×65×6	〃	6,040	8,780	14,620	14,620
	200×90×5	〃	2,360	2,580	2,350	2,350
Angle	75×75×9	〃	610	740	1,040	1,040
전기용접봉	ø4×440	개	4,450	8,359	11,201	12,834
〃	ø3.2×350	〃	6,790	9,960	12,989	18,176
〃	ø2.5×330	〃	1,705	2,660	3,647	4,826
모 래		㎥	48	128	170	206
화 목		kg	50	100	150	200
광명단 페인트	외부(1회)	ℓ	109	140	186	225
	외부(2회)	〃	134	160	213	258
보일유		〃	37	45	60	73
산 소		〃	28,728	43,092	67,830	80,997
아세틸렌		〃	15,048	22,572	35,530	42,427
시 너		〃	37	45	60	73

※ 산소량은 대기압상태의 기준량이며, 압축산소는 35℃에서 150기압으로 압축용기에 넣어 사용하는 것을 기준한다.

2. 용접장 개산치

(m/ton)

구분	두께(㎜)	용량(㎥) 1,501~3,000이하	5,000	10,000	10,000 이상
Roof	4.5	35	35	35	35
Wall	6	19	19	25	27
Bottom	6	16	16	16	16

[주] Wall의 용접장은 두께의 6㎜ 철판으로 환산하여 산출한 것이다.
  ○ 환산기준

6㎜ : 1		7㎜ : 1.30		8㎜ : 1.62	
9 : 1.81		10 : 2.04		11 : 2.31	
12 : 3.10		14 : 3.25		16 : 5.71	
18 : 6.07		22 : 8.00			

3. 사용장비

장비명	규격	단위	수량
Truck crane	20ton	대	1
Truck	4ton	대	1
Winch	25kW	대	1
Derrick	20ton	대	1
A.C.Welder	15KVA	대	4
Air Compressor	1.5㎥/min	대	1
Rolling Machine	ø10″×2m	대	1
Chipping Gun		대	1

4. 탱크설치용 JIG 손료기준

(개/Shell Plate 용접장 m)

종류	방향	수량	손율(%/회)
Scaffolding Bracket	원주	1.67	10
Channel Strong Back(Bend type)	수직	2.00	
Channel Strong Back(Straight type)	원주	1.00	
Wadge Pin	원주 수직	2.00 4.00	
Taper Pin	원주 수직	1.00 2.00	
Piece	원주	1.67	
Bracket Holder	원주	1.67	30
Horse Shoe	원주 수직	2.00 4.00	
Block	원주 수직	2.00 4.00	

[주] ① Fabrication된 철판의 용접 m당 소요수량을 산출한 것이므로 수직방향과 원주방향을 구분하였다.
  ② 원주방향의 용접장은 다음과 같이 계산한다.
    $\pi \times$ Tank직경 $\times$ (Tank철판단수-1)

有權解釋

제목 1 급탕탱크 철거 품셈에 대하여

질의문
신청번호 2206-083 신청일 2022-06-20
질의부분 설비 제13장 플랜트설비공사 13-4-3 STORAGE TANK

기계실에 설치되어 있는 급탕탱크 2대를 철거하여야 하는데, 표준품셈 13-4-3 storage tank(저장탱크)의 2. 탱크조립 설치, 14-1-7 일반 기계설비 철거 및 이설을 적용시켜야 하는데.
질의1) 탱크의 용량으로 품셈을 적용해야 하는지? 아니면 탱크의 무게로 품셈을 적용해야 하는지요? 표 상단에 보면 (ton당)이란 표기가 있어서
질의2) 탱크의 제작 및 설치는 전문 제작업체 선정 설치해왔던 바, 철거도 전문철거업체 견적으로 하여도 공식적인 자료로 인정받을 수 있는지요?

회신문
답변1. 표준품셈 기계설비부문 "13-4-3 STORAGE TANK"에서는 용량에 따른 단위무게당(TON) 투입품을 제시하고 있습니다. 이는 용량이 커짐에 따라 단위무게(ton)당 투입 품은 줄어들기 때문입니다.
답변2. 견적단가 적용 여부 관련은 표준품셈관리기관에서 답변드릴 수 없는 사항임을 양지해 주시면 감사드리겠습니다.

제목 2 플랜트 설비공사 - STORAGE TANK

질의문
신청번호 2004-044 신청일 2020-04-15
질의부분 설비 제13장 플랜트설비공사 13-4-3 STORAGE TANK

1. 대상항목 : 설비플랜트설비공사 - STORAGE TANK - 탱크조립 설치
2. 질의내용 : 탱크조립/설치 관련 철판배열 시 필요한 지그(JIG-STRONG BACK, WADGE PIN 등) 설치/해체 공량 포함 여부
   - '탱크조립설치' 항목의 [주-2]에는 소재운반, 배열, 가접, 본 용접이 포함되어 있다고 명시되어 있으며, 철판배열 및 가접을 위해 지그의 일시적 설치, 고정, 해체 작업이 품이 반영되어 있다고 볼 수 있는지?
   - 또한 [주-7]에 따라 지그설치에 필요한 용접장 증가에 따라 용접공의 MD를 조정하면 되는지?

회신문
건설공사 표준품셈 기계설비부문 "13-4-3 STORAGE TANK/ 2. 탱크조립설치" 주 2에 따라 소재운반, 배열, 가 용접, 본 용접이 포함되어 있습니다.

13-4-4 강재류 조립설치

(ton당)

직 종	수 량
기 계 산 업 기 사	0.30
철 골 공	4.98
비 계 공	3.27
기 계 설 비 공	0.82
용 접 공	0.80

비 고	- 본 품은 설치단위 1개의 중량이 1~5톤인 경우를 기준한 것이며 설치단위 1개의 중량에 따라 다음 같이 증감한다.
	  0.5ton 미만은 30% 가산 0.5~1ton 미만은 15% 가산
	  5ton 이상은 20% 감
	- 검사 및 교정이 필요한 경우에 기술관리를 제외한 본 품의 10%를 가산한다.
	- Steel Stack 등 ton당 용접장(6mm Fillet 환산)이 30m를 초과하는 경우 20%를 가산한다.

[주] ① 본 품은 플랜트용 철구조물에 적용한다.(발전, 화학, 제철, 보일러용 철구조물 등)
   ② 본 품은 Angle, Channel, H-Beam, T형강 등의 소재로 제작된 Deck, Frame가대, Hand Rail 및 기타 가공된 철물철골을 조립 설치하는 품이다.
   ③ 본 품은 기초 Chipping, Grouting은 포함되어 있다.

13-4-5 도장 및 방청공사

'[기계설비부문] 9-2 도장'의 품 적용

13-4-6 기계설비 철거 및 이설공사

'[기계설비부문] 14-1-1 기계설비 철거 및 이설"의 품 적용

13-4-7 탱크청소

(단위:바닥면적 m²당)

구 분		중유(B.C)	휘발유,경유	물
보 통 인 부	떠 내 기	0.25	0.13	0.03
	오 물 제 거	0.25	0.13	0.07
	녹 제 거	0.02	0.02	0.02
	되 붓 기	0.1	0.07	-
	드 럼 운 반	0.1	0.07	-
	닦 아 내 기	0.05	0.03	0.01
	계	0.77(인)	0.45(인)	0.13(인)
비 고	- 녹제거는 [주]①항 작업부분에 대해 심한 녹을 제거하는 품(도장등을 위한 바탕 처리와는 다름)이고, 추가작업 부분(Shell, Roof 등)에 대해서는 m²당 녹제거 품의 80%를 별도 계상한다. - Clean Out Door가 없는 탱크는 떠내기 및 오물제거에 각각 20%씩 가산한다.			

[주] ① 본 품은 펌프 등을 사용하여 가능한 만큼 유체를 이송 후 작업하는 품이므로 가설펌프 및 가설자재에 관한 비용은 별도 계상한다.
   ② 닦아내기품은 용접 등을 위하여 표면을 깨끗하게 할 필요가 있을 때만 적용하며 닦아내기용 소모자재는 별도 계상한다.

③ 잡재료비는 인력품의 3%로 계상한다.
④ 오물제거 및 녹제거작업시 유해가스가 발생할 경우에는 유해가스 할증율도 가산한다.

> **有權解釋**
>
> **제목** 탱크청소
>
> **질의문**
> 신청번호 1906-012 신청일 2019-06-05
> 질의부분 설비 제13장 플랜트설비공사 13-4-7 탱크청소
>
> 표준품셈 13-4-7 탱크청소 내용 중 단위가 "바닥면적 m^2당"으로 품을 적용하는데, 물탱크의 바닥면적은 같으나 높이 차이가 발생할 경우 체적은 두배가 차이 나는데 바닥 면적은 같음
> (예) (가로)5m×(세로)5m×(높이)2m, (가로)5m×(세로)5m×(높이)4m
> [질문] 바닥면적이 아닌 전체면적으로 품을 적용해야 하는지? 바닥면적으로만 적용해야 하는지?
>
> **회신문**
> 표준품셈 기계설비부문 "13-4-7 탱크청소" 품은 탱크 바닥면적을 기준으로 제시된 품이며, 높이에 따른 구분은 별도로 정하고 있지 않습니다.

13-5 화력발전 기계설비

13-5-1 보일러 설치

(기당)

작업구분	직종	단위	수량
기술관리 　Boiler 본체 설비공사 기간중	기 계 기 사	인/일	2.0
포장해체 　수송을 위해 포장된 목재를 해체하고 　목재를 소정 위치에 정리함	목　　　　공 특 별 인 부	인/m^3 〃	0.02 0.02
표면손질	특 별 인 부	인/m^2	0.1
용접면손질 　용착 효율을 높이기 위하여 용접전에 　Grinder 혹은 sand paper로 깨끗이 　손질하는 작업 joint당 면적은 　2×3.63t(D-t)	특 별 인 부	인/m^2	0.39
소운반 　Boiler tube용 자재 기타 작업에 필요한 　자재를 조양위치까지 운반	비 계 공 건 설 기 계 운 전 조	인/ton 〃	0.445 0.124
Scaffolder 조립설치 및 철거 　용접, 검사, 위치조정 등에 필요한 　Scaffolder 조립설치(1.5×2.0×1.6m Unit 　기준)	일반기계운전사 (윈 치 운 전) 비 계 공 특 별 인 부	인/m^2 〃 〃	0.0083 0.0083 0.0083

작업구분	직종	단위	수량

Chain block 설치 및 철거
   Tube Panel 조립시는 6개 설치 기준
   Header, Buck stay 조립시는 4개설치
   기준
	용 접 공
	비 계 공
	일반기계운전사
	(윈 치 운 전)
		인/개
		〃
		〃
			0.021
			0.028
			0.028

윈치설치 및 철거
   조양을 위한 윈치 플리 로프 등의
   설치와 사용후 철거까지 포함됨.
	기 계 설 비 공
	비 계 공
	용 접 공
	특 별 인 부
	건 설 기 계 운 전 조
		인/대
		〃
		〃
		〃
		조/대
			3.3
			11.0
			3.3
			4.95
			4.3

조양
   tube 및 header류, 기타 자재 등을 설치 위치까지
   조양해서 가고정하는 작업
	플랜트기계설치공
	비 계 공
	플 랜 트 용 접 공
	건 설 기 계 운 전 조
		인/ton
		〃
		〃
		조/ton
			0.63
			0.84
			0.42
			0.56

Tube Panel 조립조정
   조양된 Panel을 alignment하고
   hangering 혹은 supporting 후 가고정
   해체함
	플랜트기계설치공
	특 별 인 부
	플 랜 트 용 접 공
		인/개
		〃
		〃
			2.0
			2.0
			2.0

Header류 조립조정
   header 및 그에 준하는 것으로서 조양
   된 것을 alignment하고 hangering 혹은
   supporting후 가고정 해체함
	플랜트기계설치공
	특 별 인 부
	플 랜 트 용 접 공
		인/개
		〃
		〃
			1.5
			1.5
			1.5

Buckstay 조립조정
   조양된 buckstay를 alignment하고
   tiebar 취급함.
	플랜트기계설치공
	특 별 인 부
	플 랜 트 용 접 공
		인/개
		〃
		〃
			1.5
			1.5
			1.5

Tube piece 조립조정
   낱개로 되어 있는 tube 및 7개 미만의
   tube set로 된 것으로서 alignment
   hangering 부착물 취부함.
	플랜트기계설치공
	특 별 인 부
	플 랜 트 용 접 공
		인/개
		〃
		〃
			0.4
			0.4
			0.2

Casing 조립
   조작으로 분리된 casing의 소재를 성형
   용접함
	플 랜 제 관 공
	플 랜 트 용 접 공
	특 별 인 부
	건 설 기 계 운 전 조
		인/ton
		〃
		〃
		조/ton
			0.82
			0.22
			0.92
			0.61

Casing 설치
   성형된 casing을 운반, 조양 alignment
   후 설치
	윈 치 운 전 조
	비 계 공
	특 별 인 부
		〃
		인/ton
		〃
			1.01
			2.87
			1.33

본용접 Preheating, 본용접, annealing 작업		※각 tube size에 대하여 용접항을 참조 산출

검사 및 교정
   외관검사, 수압시험후 casing leak test 교정
   작업(비파괴 시험은 제외)
		기술관리, 포장해체를 제외한 모든 품의 10%

[주] 50만kW이상 보일러설치에 있어서 Tube Panel Header류 및 Buckstay 조립조정은 다음을 참고하여 적용할 수 있다.

[참고]

(기당)

작업구분	직종	단위	수량
Tube Panel 조립조정 조양된 Panel을 alignment하고 hangering 혹은 supporting 후 가고정 해체함	플랜트기계설치공 특 별 인 부 플 랜 트 용 접 공	인/ton 〃 〃	1.38 1.45 1.16
Header류 조립조정 header 및 그에 준하는 것으로서 조양된 것을 alignment하고 hangering 혹은 supporting후 가고정 해체함	플랜트기계설치공 특 별 인 부 플 랜 트 용 접 공	인/ton 〃 〃	0.90 1.02 0.78
Buckstay 조립조정 조양된 buckstay를 alignment하고 tiebar 취급함.	플랜트기계설치공 특 별 인 부 플 랜 트 용 접 공	인/ton 〃 〃	1.61 1.81 1.41

[참고]

장비명	규격	단위	수량
Truck crane	20ton	대	1
〃	40ton	대	1
Winch	25kW	대	4
Truck	4ton	대	2
A.C. Welder	15KVA	대	10
Trailer	30ton	대	1
알곤, 용접기		대	4

有權解釋

제목 화력발전 기계설비공사 관련 문의

질의문
신청번호 1912-049 신청일 2019-12-27
질의부분 기계설비 제13장 플랜트설비공사 13-5-1 보일러설치

기계설비공사 표준품셈 중 "용접면손질"과 관련하여 2019 표준품셈를 기준으로 보면 조인트당 면적이 "2X3.63t(D-t)"라고 되어 있는데 자세한 계산법이 어떻게 되는지 문의드리고자 합니다. 제곱미터당 특별인부 0.39인으로도 되어 있는데, 조인트당 면적을 기준으로 0.39인지, 부재의 면적 제곱미터당 0.39인지 궁금합니다.
아울러, 현재 국내는 물론 해외에서도 대부분 100만kW급의 화력발전소가 건설되고 있는데, 아주 오랫동안 품셈에는 변동이 없는 것 같습니다. 이 부분에 대한 계획이나 별도 적용방법은?

> **회신문**
> [답변1]
> 표준품셈 기계설비 부분 "13-5-1보일러 설치에서는" joint당 면적 2X3.63t(D-t) 를 기준으로 보통인부 0.39인/m2로 제시하고 있음을 참고하시기 바랍니다.
> [답변2]
> 귀하께서 제시하신 고견은 표준품셈의 제개정 요청에 해당되며, 이는 유관기관(발주기관인 국가, 지방자치단체, 공기업, 준정부기관, 기타공공기관), 건설회사의 경우 관련협회(대한건설협회, 전문건설협회, 대한설비건설협회 등)를 통해 요청해 주시면 감사드리겠습니다.

13-5-2 보일러 드럼 설치

(대당)

작 업 구 분	직 종	단 위	중량별수량					
			50이하	100	150	200	250	300(ton)
기술관리 drum설치공사기간중	기계기사	인/일	2.0	2.0	2.0	2.0	2.0	2.0
포장해체 수송을 위해 포장된 목재를 해체하고 목재를 소정 위치에 정리함	목공 특별인부	인/m³ ″	0.02 0.02	0.02 0.02	0.02 0.02	0.02 0.02	0.02 0.02	0.02 0.02
표면 및 내부손질	특별인부	인/m³	0.1	0.1	0.1	0.1	0.1	0.1
작업토의 중량물이므로 작업반에 대하여 검토하고 인원배치 등을 토의함	비계공 플랜트 기계설비공	인/대 ″	0.05 0.05	0.05 0.05	0.05 0.05	0.05 0.05	0.05 0.05	0.05 0.05
보조원치 설치 및 철거 원치 풀리설치 로프 걸기 및 가설구조 설치와 사용후 철거 까지 포함됨	기계설비공 비계공 용접공 건설기계운전조 특별인부	인/원치1대 ″ ″ 조/원치1대 인/원치1대	0.9 2.4 0.9 2.4 1.8	0.9 2.4 0.9 2.4 1.8	0.9 2.4 0.9 2.4 1.8	0.9 2.4 0.9 2.4 1.8	0.9 2.4 0.9 2.4 1.8	0.9 2.4 0.9 2.4 1.8
주원치설치 및 철거 원치 풀리설치 로프걸기 및 가설구조를 설치와 사용후 철거까지 포함됨.	기계설비공 비계공 용접공 건설기계운전조 특별인부	인/원치1대 ″ ″ ″ ″	3.3 26.0 12.3 7.4 11.8	3.3 26.0 12.3 7.4 11.8	3.3 26.0 12.3 7.4 11.8	3.3 26.0 12.3 7.4 11.8	3.3 26.0 12.3 7.4 11.8	3.3 26.0 12.3 7.4 11.8

작업구분	직종	단위	중량별수량					
			50이하	100	150	200	250	300(ton)
소운반 drum본체를 제외한 internal scaffolder, hanger 등 잡자재 운반	비계공 건설기계운전조	인/ton 조/ton	0.445 0.124	0.445 0.124	0.445 0.124	0.445 0.124	0.445 0.124	0.445 0.124
drum 굴림 운반 적치장으로부터 설치장소까지 굴림 운반	비계공 건설기계운전조	인/대 조/대	38.5 3.8	61.6 6.0	84.7 8.1	107.2 10.3	127.2 12.4	145.3 14.0
hanger, support 설치 hanger, Band, Pin, shim, Plate, setting Plate, support 등을 조양설치 함.	플랜트 기계설비공 비계공 특별인부 플랜트용접공 일반기계운전사 (원치운전)	인/대 " " " "	0.8 0.5 0.8 0.4 0.5	1.2 0.8 1.2 0.6 0.8	1.6 1.1 1.6 0.8 1.1	2.0 1.3 2.0 1.0 1.3	2.4 1.6 2.4 1.2 1.6	2.7 1.9 2.7 1.4 1.9
조양 drum에 wire를 걸고 준비를 마친후 조양 test하고 정위치까지 올리는 작업	일반기계운전사 (원치운전) 비계공 플랜트 기계설비공 특별인부	인/대 " " "	4.3 5.7 1.2 4.1	6.9 8.7 1.9 6.5	9.4 11.9 2.5 8.9	12.0 14.9 3.2 11.2	14.2 17.7 3.8 13.3	16.2 20.3 4.4 15.2
scaffolder설치 및 제거 1.5×2.0×6m 폭 2m, 높이 1.6m 규격기준	비계공 특별인부 일반기계운전사 (원치운전)	인/㎡ " "	0.0083 0.0063 0.0083	0.0083 0.0063 0.0083	0.0083 0.0063 0.0083	0.0083 0.0063 0.0083	0.0083 0.0063 0.0083	0.0083 0.0063 0.0083
Chain block설치 및 철거 drum 위치 조정을 위해서 필요한 Chain block 설치 작업	용접공 비계공 일반기계운전사 (원치운전)	인/개 " "	0.021 0.028 0.028	0.021 0.028 0.028	0.021 0.028 0.028	0.021 0.028 0.028	0.021 0.028 0.028	0.021 0.028 0.028
drum 위치조정 올려진 drum을 hanger band로 걸고 상하 좌우 조정하는 작업	플랜트 기계설비공 비계공 일반기계운전사 (원치운전) 측량사	인/대 " " "	1.4 1.9 4.8 0.8	2.3 3.1 7.7 1.2	3.2 4.3 10.5 1.6	4.0 5.3 13.4 2.0	4.8 6.3 15.4 2.4	5.4 7.2 18.1 2.7

작업구분	직종	단위	중량별 수량					
			50이하	100	150	200	250	300(ton)
drum internal조양 및 조립설치(internal 무게 ton당)	플랜트 기계설비공	인/ton	1.8	1.8	1.8	1.8	1.8	1.8
	특별인부	〃	1.8	1.8	1.8	1.8	1.8	1.8
	용접공	〃	0.9	0.9	0.9	0.9	0.9	0.9
	일반기계운전사 (원치운전)	〃	0.8	0.8	0.8	0.8	0.8	0.8
	비계공	〃	1.6	1.6	1.6	1.6	1.6	1.6
	도장공		1.2	1.2	1.2	1.2	1.2	1.2
검사 및 교정	기술관리, 포장해체, 작업토의를 제외한 10%							

[참고] 사용장비

장비명	규격	단위	수량
TRUCK CRANE	20 ton	대	1
〃	40 ton	〃	1
WINCH	25kW	〃	1
WINCH	50kW	〃	3
TRUCK	4 ton	〃	1
전기용접기	15KVA	〃	2

13-5-3 덕트제작(Air, Gas)

(ton당)

작업구분	직종	수량
본 뜨 기	플 랜 트 제 관 공	0.523
금 긋 기		1.390
절 단		0.380
구 멍 뚫 기		0.475
용 접	플 랜 트 용 접 공	2.550
교 정	플 랜 트 제 관 공	1.660
도 장	도 장 공	1.895
	비 계 공	0.073
운 반 조 작	건 설 기 계 운 전 (조)	0.037
	특 별 인 부	0.073
계		9.056

[주] ① 본 품은 Raw Material을 가공제작하는 품이다.
② 본 품에는 소운반이 포함되어 있다.
③ 본 품에는 Sand Blasting 및 Painting 공량이 포함되어 있다.
④ 본 품에는 조립 및 설치 품은 제외되었다.

13-5-4 덕트 설치

작 업 구 분	직 종	단 위	수 량
기술관리 　공사기간중	기 계 산 업 기 사	인/일	1.0
표면손질	특 별 인 부	인/㎡	0.1
포장해체 　수송을 위한 포장된 목재를 해체하고 　해체된 목재를 소정의 위치에 정돈함	목　　　　　공 특 별 인 부	인/㎥ 〃	0.02 0.02
현장교정 　수송도중 변형된 것을 바로 잡기	제 　관 　공 특 별 인 부	인/ton 〃	0.25 0.25
DUCT 조립 　조각으로 분리된 DUCT의 소재를 　성형 용접함	플 랜 트 제 관 공 플 랜 트 용 접 공 특 별 인 부 건 설 기 계 운 전 조	〃 〃 〃 조/ton	0.818 1.22 0.92 0.61
DUCT 설치 　성형된 duct를 운반조양 alignment후 　bolting 및 hangering	일 반 기 계 운 전 사 (윈 치 운 전) 비 　계 　공 특 별 인 부 플 랜 트 용 접 공 플 랜 트 제 관 공	인/ton 〃 〃 〃 〃	1.01 2.87 1.33 0.66 0.56
검사 및 교정 　외관검사 및 Leak test	기술관리, 포장해체를 제외한 모든 품의 10%		

[참고]
사용장비

장 비 명	규 격	단 위	수 량
TRUCK CRANE	20 ton	대	1
A.C WELDER	15 KVA	〃	4
WINCH	25 kW	〃	4

13-5-5 공기예열기(Preheater) 설치

작 업 구 분	직 종	단 위	수 량
기술관리 　공사기간중	기 계 산 업 기 사	인/일	1.0
포장해체 　수송을 위해 포장된 목재를 　해체하고 정위치에 정리	목　　　　　공 특 별 인 부	인/㎥ 인/㎥	0.02 0.02
소운반 및 조양 　적재장에서부터 설치장소까지 운반, 　조양함	건 설 기 계 운 전 조 비 　계 　공 특 별 인 부	인/ton 〃 〃	0.395 0.915 0.270

→

작업구분	직종	단위	수량
표면손질	특 별 인 부	인/m²	0.1
casing 조립 설치	플랜트기계설치공	인/ton	1.54
Support Structure, Rotor inner	플 랜 트 용 접 공	〃	0.324
casing, Outer Casing 등 Heating	플 랜 트 제 관 공	〃	0.648
Element를 제외한 모든 부분의	특 별 인 부	〃	1.54
조립설치	비 계 공	〃	1.13
	C r a n e 운 전 조	조/ton	0.35
Heating Element 삽입	플랜트기계설치공	인/ton	0.84
Hot busket, Interbusker, Cold busket의 삽입	특 별 인 부	〃	0.84
Sealing Plate 및 Packing ring	플랜트기계설치공	인/ton	13.6
조립 설치	특 별 인 부	〃	2.9
검사 및 교정	기술관리, 포장해체를 제외한 모든 품의 10%		

[참고]

장 비 명	규 격	단위	수 량
TRUCK CRANE	20 ton	대	1
〃	40 ton	〃	1
WINCH	25 kW	〃	2
TRUCK	4 ton	〃	1
A.C WELDER	18 KVA	〃	3
TRAILER	30 ton	〃	1
DERRICK	20 ton	〃	1

有權解釋

제목 플랜트설비공사 덕트설치 품 적용기준 관련 문의

질의문

신청번호 1905-071 신청일 2019-05-24
질의부분 기계설비 제13장 플랜트설비공사 13-5-4 덕트설치

플랜트설비공사 덕트설치(13-5-4) 품 적용기준에 대해 명확하게 알고 싶습니다.
(예) 집진덕트명칭의 배관의 경우(600A,두께 8t)에도 덕트설치 품으로 적용해야 하는지? 배관설치 품으로 적용해야 하는지?

회신문

표준품셈 기계설비부문 "13-5-4 덕트설치"는 일반적인 플랜트 현장의 턱트설치를 기준으로 한것입니다.

13-5-6 Soot Blower

(대당)

작 업 구 분	직 종	수 량
Rotary soot blower 설치 포장해체, 운반, 조양, 설치, 시운전 및 교정작업	목공 플랜트기계설치공 비계공 특별인부 건설기계운전(조) 플랜트용접공	0.04 1.40 0.68 1.85 0.27 0.50
계		4.74
Retractable soot blower 설치 포장해체, 운반, 조양, 설치 시운전 및 교정작업	목공 플랜트기계설치공 비계공 건설기계운전(조) 특별인부 플랜트용접공	0.12 1.4 0.87 0.34 3.16 0.5
계		6.39

[주] ① 본 품은 Motor와 blower가 assembly로 된 것을 설치하는 품이다.
② Steam line, Drain line의 배관품은 별도 계상한다.
③ 전기배선 품은 포함되지 않았다.

有權解釋

제목 Soot Blower정비 품셈 적용 관련 질의

질의문
신청번호 2103-014 신청일 2021-03-04
질의부분 설비 제13장 플랜트설비공사 13-5-6 Soot Blower

2021년 건설공사 표준품셈에 보면 13-5-6 Soot Blower 항목이 있는데 어셈블리로 되어 있는 것을 설치하는 품이라고 나와 있습니다. 궁금한 것은 새로 설비를 설치하는 것이 아니라 Soot Blower를 보일러, 절탄기에서 분해해서 정비한 후 다시 설치하려고 할 때에도 이 품을 적용해도 되는지 궁금합니다. 적용이 가능하다면 목공, 건설기계운전(조) 직종은 제외해야 하는 것인지? 적용이 불가능하다면 일반기기 설치 항목을 적용하면 되는지? 어떤 항목을 적용해야 하는지? 궁금합니다.

회신문
표준품셈 기계설비부분 "13-5-6 Soot Blower"는 Motor와 Blower가 assembly로 된 것을 설치하는 품으로, 절탄기, 보일러에서 분해해서 정비한 후 재설치하는 기준은 별도로 정하고 있지 않습니다. 표준품셈에서 정하지 않는 사항은 동품셈 1-1-3의 4항을 참조하시어 적정한 예정가격산정기준을 적의 결정하여 사용하시기 바랍니다.

13-5-7 Fan 설치

(대당)

용량(㎥/min) \ 직종	목공	플랜트 기계설치공	건설기계 운전공	비계공	특별인부	계
200이하	0.34	9.6	3.9	3.6	15.0	32.44
201~300	0.43	12.1	4.9	4.5	18.9	40.83
301~400	0.53	14.2	5.7	5.4	22.3	48.13
401~500	0.58	16.4	6.6	6.1	25.7	55.38
501~600	0.65	18.2	7.3	6.8	28.4	61.35
601~700	0.71	19.9	7.9	7.5	31.2	67.21
701~800	0.76	21.3	8.6	8.0	33.4	72.06
801~900	0.81	23.1	9.3	8.7	36.2	78.11
901~1,000	0.86	24.5	9.9	9.2	38.5	82.96
1,001~2,000	1.27	36.2	14.6	13.7	56.9	122.67
2,001~3,000	1.55	46.1	18.6	17.3	72.5	156.05
3,001~4,000	1.85	55.0	22.2	20.6	86.5	186.15
4,001~5,000	2.32	64.3	25.9	23.8	98.8	215.12
5,001~6,000	2.58	71.6	28.7	26.6	109.5	238.96
6,001~7,000	2.84	78.7	31.6	29.3	122.3	264.74
7,001~8,000	3.07	85.2	34.2	31.8	131.1	285.37
8,001~9,000	3.29	91.0	36.9	34.0	140.2	305.39
9,001~10,000	3.50	96.4	39.1	36.0	150.1	325.10
10,001~12,000	3.89	106.8	43.4	40.0	165.0	359.09

[주] ① 본 품은 1,000mmAq 이하의 Centrifugal Fan을 기준으로 하였다.
② 본 품에는 포장해체 소운반이 포함되어 있다.
③ 본 품에는 Foundation Chipping 및 Grouting 작업이 포함되어 있다.
④ 본 품에는 Motor 설치 및 Coupling Alignment의 품이 포함되어 있다.
⑤ 본 품에는 시운전 및 교정작업이 표시되어 있다.
⑥ 본 품에는 전기배선, 계장공사가 포함되어 있다.
⑦ 설비용 송풍기 설치는 '[기계설비부문] 4-2-1 송풍기 설치"의 품을 적용한다.

13-5-8 터빈 설치

(기당)

작업구분	직종	단위	용량별							
			50이하	100	150	200	250	300	350	500 (MW)
기술관리 공사기간중	기계기사	인/일	2.0	2.0	2.0	2.0	2.0	2.0	2.0	2.0
포장해체 수송을 위해 포장된 목재를 해체하고 목재를 정돈함.	목공 특별인부	인/m³ 〃	0.02 0.02	0.02 0.02	0.02 0.02	0.02 0.02	0.02 0.02	0.02 0.02	0.02 0.02	0.02 0.02
Foundation Chipping 양질의 Concrete 표면이 나올 때까지 2두께 정도 까냄.	특별인부	인/m²	0.335	0.335	0.335	0.335	0.335	0.335	0.335	0.335
Foundation Marking Anchor bolt 위치 Sole Plate 위치를 결정 표시함. (Turbine shaft 토막당)	플랜트 기계설치공 특별인부	인/Shaft 〃	5.0 2.0	5.0 2.0	5.0 2.0	5.0 2.0	5.0 2.0	5.0 2.0	5.0 2.0	5.0 2.0
Sole Plate 설치 sub-sole Plate 또는 Ram Pad 설치후 Level 조정하고 Sole Plate 설치함	플랜트 기계설치공 비계공 건설기계운전조 특별인부	인/매 〃 조/매 인/매	0.96 0.18 0.18 0.61	0.96 0.18 0.18 0.61	0.96 0.18 0.18 0.61	0.96 0.18 0.18 0.61	0.96 0.18 0.18 0.61	0.96 0.18 0.18 0.61	0.96 0.18 0.18 0.61	0.96 0.18 0.18 0.61
Grouting	플랜트 기계설치공 특별인부	인/m² 〃	0.41 0.26	0.41 0.26	0.41 0.26	0.41 0.26	0.41 0.26	0.41 0.26	0.41 0.26	0.41 0.26
표면손질 Rotor & Nozzle Plate는 별도	특별인부	인/m²	0.2	0.2	0.2	0.2	0.2	0.2	0.2	0.2
Lower outer casing 설치, 운반, 조양설치하고 leveling & centering (1회 설치기준)	플랜트 기계설치공 비계공 건설기계운전조 특별인부	인/개 〃 조/개 인/개	12.4 22.4 3.7 4.6	15.3 28.6 4.7 5.8	18.5 34.8 5.7 7.0	21.0 40.0 6.7 8.0	24.5 46.6 7.7 9.4	27.8 53.2 8.8 10.6	31.0 59.1 9.9 11.8	41.0 78.0 13.1 15.6

→

작 업 구 분	직 종	단위	용량별 50이하	100	150	200	250	300	350	500 (MW)
Lower inner casing 설치운반, 조양, 설치하고 Leveling & Centering (1회 설치기준)	플랜트 기계설치공	인/개	1.8	2.2	2.6	3.0	3.5	4.0	4.4	5.8
	비계공	〃	1.5	1.9	2.3	2.7	3.2	3.6	4.0	5.3
	건설기계운전조	조/개	0.8	1.0	1.2	1.4	1.6	1.8	2.0	2.7
	특별인부	인/개	0.7	0.8	0.9	1.0	1.2	1.3	1.5	2.0
점검 및 조정(Lower casing) Leveling, Centering Top-on, Top-off 측정	플랜트 기계설치공	〃	10.3	12.6	14.9	16.0	18.6	21.2	23.6	31.1
	건설기계운전조	조/개	3.1	4.0	4.7	5.3	6.3	7.1	7.9	10.4
	특별인부	인/개	10.3	12.6	14.9	16.0	18.6	21.2	23.6	31.1
Rotor 표면 손질 (Moving blade one circle당) (1회손질기준)	특별인부	인/단	0.96	0.96	0.96	0.96	0.96	0.96	0.96	0.96
Nozzle Plate 표면 손질 (한개는 반원 1회 손질 기준)	특별인부	인/개	0.96	0.96	0.96	0.96	0.96	0.96	0.96	0.96
Nozzle Plate 설치 Labirth seal 조립 포함 (한개는 반원)	플랜트 기계설치공	〃	1.0	1.0	1.0	1.0	1.0	1.0	1.0	1.0
	비계공	〃	0.6	0.6	0.6	0.6	0.6	0.6	0.6	0.6
	특별인부	〃	0.1	0.1	0.1	0.1	0.1	0.1	0.1	0.1
	건설기계운전조	조/개	0.7	0.7	0.7	0.7	0.7	0.7	0.7	0.7
Rotor 설치 운반, 조양, 설치 (2회 기준)	플랜트 기계설치공	인/개	2.3	2.9	3.5	4.0	4.7	5.3	5.9	7.8
	비계공	〃	0.8	1.0	1.2	1.4	1.6	1.8	2.0	2.7
	특별인부	〃	1.1	1.4	1.7	2.0	2.3	2.7	3.0	4.0
	건설기계운전조	조/개	1.5	1.9	2.3	2.7	3.1	3.6	4.0	5.3
Rotor clearance 측정 및 교정	플랜트 기계설치공	인/개	12.4	15.8	19.2	22.0	25.6	29.9	32.4	42.6
	건설기계운전조	조/개	4.5	5.7	6.9	8.0	9.3	10.6	11.9	15.7
	특별인부	인/개	9.1	11.5	13.9	16.0	18.7	21.2	23.6	31.1
Upper inner casing설치 운반, 조양, 설치 (3회설치기준)	플랜트 기계설치공	〃	35.4	43.8	52.2	60.0	69.8	79.5	88.5	117.0
	비계공	〃	5.1	6.6	8.1	9.3	10.9	12.4	14.2	18.7
	건설기계운전조	조/개	4.2	4.4	4.7	5.3	6.2	7.1	7.9	9.8
	특별인부	인/개	14.2	18.0	21.8	25.0	29.1	33.2	36.9	48.7

→

작 업 구 분	직 종	단위	용 량 별							
			50이하	100	150	200	250	300	350	500 (MW)
Upper Outer Casing 설치 운반, 조양, 설치 (2회 설치기준)	플랜트 기계설치공	인/개	21.4	27.2	33.0	38.0	44.3	50.5	56.0	73.9
	비계공	〃	3.1	3.9	4.7	5.3	6.2	7.1	7.9	9.8
	건설기계운전조	조/개	3.1	3.9	4.7	5.3	6.2	7.1	7.9	9.8
	특별인부	인/개	9.1	11.5	13.9	16.0	18.6	21.2	23.6	31.1
Upper casing clearance 측정 및 교정	플랜트 기계설치공	인/개	15.3	18.6	21.9	24.0	27.9	31.9	35.4	46.7
	건설기계운전조	조/개	4.7	5.7	6.9	8.0	9.3	10.6	11.9	15.7
	특별인부	인/개	11.2	14.3	17.4	20.0	23.3	26.6	29.5	38.9
Bearing 설치 운반, 조양, 설치	플랜트 기계설치공	인/개	6.0	6.0	6.0	6.0	6.0	6.0	6.0	6.0
	건설기계운전조	조/개	1.4	1.4	1.4	1.4	1.4	1.4	1.4	1.4
	특별인부	인/개	4.0	4.0	4.0	4.0	4.0	4.0	4.0	4.0
Turining gear 설치 운반, 조양, 설치	플랜트 기계설치공	인/개	8.0	8.0	8.0	8.0	8.0	8.0	8.0	8.0
	건설기계운전조	조/개	1.4	1.4	1.4	1.4	1.4	1.4	1.4	1.4
	비계공	인/개	4.0	4.0	4.0	4.0	4.0	4.0	4.0	4.0
	특별인부	〃	3.0	3.0	3.0	3.0	3.0	3.0	3.0	3.0
Front Pedestal 설치 Lower Part 운반설치 Main oil Pump 및 Thrust bearing 조립 Upper casing 조립 등을 포함한 작업	플랜트 기계설치공	인/개	8.0	10.1	12.2	14.0	16.3	18.6	20.6	27.2
	비계공	〃	2.7	3.4	4.1	4.8	5.5	6.3	7.0	9.3
	건설기계운전조	조/개	2.7	3.4	4.1	4.8	5.5	6.3	7.6	9.3
	특별인부	인/개	3.7	4.5	5.3	6.0	7.0	7.9	8.9	11.8
Steam chest & Gover- ning valve 조립설치	플랜트 기계설치공	인/개	28.1	35.8	43.5	50.0	58.2	66.3	73.8	97.5
	비계공	〃	4.5	5.7	6.9	8.0	9.3	10.6	11.9	15.7
	건설기계운전조	조/개	3.1	3.9	4.7	5.3	6.2	7.1	7.9	10.4
	특별인부	인/개	14.2	18.0	21.8	25.0	29.1	33.2	36.9	48.7
coupling 조정 및 조립	플랜트 기계설치공	인/개소	5.7	7.2	8.7	10.0	11.7	13.3	14.8	19.6
	건설기계운전조	조/대	1.5	1.9	2.3	2.7	3.1	3.6	4.0	5.3
	특별인부	인/개소	5.7	7.2	8.7	10.0	11.7	13.3	14.8	19.6
Bolt Beating	플랜트 기계설치공	인/개	0.0975	0.0975	0.0975	0.0975	0.0975	0.0975	0.0975	0.0975
	특별인부	〃	0.0975	0.0975	0.0975	0.0975	0.0975	0.0975	0.0975	0.0975
Foundation 침하 측정 (공사기간 중)	측량사	인/일	0.25	0.25	0.25	0.25	0.25	0.25	0.25	0.25
검사 및 교정	포장해체, 기술관리를 제외한 모든 품의 10%									

[주] ① Turbine 부대기기, oil tank cooler, 윤활유 정화장치 등의 설치품은 일반 보조기기 품을 적용하여 별도 계상한다.
② Turbine 부대배관 설치품은 일반배관 품산출 기준을 적용하여 별도 계상한다.

[참고] 사용장비

장 비 명	규 격	단 위	수 량
Over head crane		대	2
Trailer	30 ton	〃	1
Truck crane	60 ton	〃	1
〃	40 ton	〃	1
Winch	25 kW	〃	1
Truck	4 ton	〃	1
Fork lift		〃	1

13-5-9 발전기 설치

(기당)

| 작 업 구 분 | 직 종 | 단위 | 용 량 별 | | | | | | | |
			50이하	100	150	200	250	300	350	500 (MW)
기술관리	기계기사	인/일	2.0	2.0	2.0	2.0	2.0	2.0	2.0	2.0
포장해체	목공	인/㎥	0.02	0.02	0.02	0.02	0.02	0.02	0.02	0.02
수송을 위해 포장된 목재를 해체하여 해체된 목재를 정돈함.	특별인부	〃	0.02	0.02	0.02	0.02	0.02	0.02	0.02	0.02
표면손질	특별인부	〃	0.1	0.1	0.1	0.1	0.1	0.1	0.1	0.1
Foundation chipping concrete 표면을 양질의 concrete가 나올때까지 꺼냄.	특별인부	〃	0.335	0.335	0.335	0.335	0.335	0.335	0.335	0.335
Sole Plate 설치 sub-sole Plate 또는 ram	플랜트 기계설치공	인/대	9.86	10.9	13.2	15.4	17.9	20.2	23.1	31.1
Pad 설치 sole Plate	특별인부	〃	9.91	11.5	13.9	16.2	19.0	21.3	24.3	32.7
leveling & centering	건설기계운전조	조/대	0.4	0.5	0.6	0.7	0.8	0.9	1.0	1.4
Grouting	플랜트 기계설치공	인/㎥	0.41	0.41	0.41	0.41	0.41	0.41	0.41	0.41
	특별인부	〃	0.26	0.26	0.26	0.26	0.26	0.26	0.26	0.26

→

작 업 구 분	직 종	단위	용 량 별							
			50이하	100	150	200	250	300	350	500 (MW)
Lifting device 설치 Generator 조양설치를 위해 설치하고 완료후 철거함.	플랜트 기계설치공 건설기계운전조 용접공 비계공 특별인부	인/대 조/대인 /대 〃 〃	80.5 14.4 4.0 121.0 95.5	80.5 14.4 4.0 121.0 95.5	80.5 14.4 4.0 121.0 95.5	80.5 14.4 4.0 121.0 95.5	80.5 14.4 4.0 121.0 95.5	80.5 14.4 4.0 121.0 95.5	80.5 14.4 4.0 121.0 95.5	80.5 14.4 4.0 121.0 95.5
Stator 설치 적재장소부터 운반	플랜트 기계설치공 비계공	인/대 〃	4.1 36.1	5.2 46.1	6.3 56.3	7.3 65.7	8.5 75.8	9.6 85.0	10.9 98.5	14.7 133.0
조양설치 Leveling & Centering	플랜트 기계설치공 건설기계운전조 특별인부	인/대 조/대 인/대	1.0 5.5 4.0	1.2 7.1 5.2	1.4 8.7 6.4	1.6 10.0 7.5	1.9 11.7 8.8	2.1 13.1 9.9	2.4 15.1 11.3	3.3 20.3 15.2
Rotor 삽입설치 적재장소부터 운반·조양· 삽입함.	플랜트 기계설치공 비계공 건설기계운전조	〃 〃 조/대	3.4 12.4 2.9	4.4 16.5 3.7	5.4 20.6 4.5	6.3 24.0 5.3	7.4 28.0 6.2	8.3 31.5 6.9	9.4 37.0 7.8	12.7 50.0 10.5
Shaft End 조립 Fan, Fan nozzle 설치 Sealing Plate 조립 Sealing case 조립 Bearing case 조립 Side Plate 조립	플랜트 기계설치공 특별인부 비계공 건설기계운전조	인/대 〃 〃 조/대	7.7 1.9 2.5 2.5	9.6 2.4 3.3 3.3	11.5 2.9 4.1 4.1	13.4 3.4 4.8 4.8	15.7 4.0 5.6 5.6	17.6 4.5 6.4 6.4	20.1 5.1 7.2 7.2	27.1 6.9 9.7 9.7
Coupling 조립 Coupling alignment하고 bolt 조립	플랜트 기계설치공 건설기계운전조 특별인부	인/대 조/대 인/대	15.0 2.9 9.2	19.5 3.7 11.9	24.0 4.5 14.6	28.0 5.3 17.0	32.7 6.2 19.8	36.8 7.1 22.4	42.0 8.0 25.5	56.6 10.8 34.4
Exciter 설치 Exciter 운반설치 Coupling 조립 전기공사 제외	플랜트 기계설치공 건설기계운전조 비계공 특별인부	인/대 조/대 인/대 〃	7.4 0.5 1.4 7.8	9.7 0.6 1.7 10.1	12.0 0.7 2.0 12.4	14.0 0.8 2.3 14.5	16.4 0.9 2.7 16.9	18.4 1.1 2.9 19.1	21.0 1.2 3.5 21.8	28.8 1.6 4.7 29.5
Hydrogen cooler 설치	플랜트 기계설치공 비계공 특별인부 건설기계운전조	〃 〃 〃 조/대	2.6 2.2 2.9 2.0	3.3 2.8 3.7 2.6	4.0 3.4 4.5 3.2	4.7 3.9 5.3 3.7	5.5 4.6 6.2 4.3	6.2 5.1 7.0 4.9	7.1 5.9 8.0 5.6	9.6 8.0 10.8 7.6
검사 및 교정 Gas leak test 포함 ||	기술관리, 포장해체를 제외한 품의 10%								

[주] 부대기기 및 부대배관 작업의 품은 별도 계상한다.

[참고] 사용장비

장 비 명	규 격	단 위	수 량
Over head crane		대	1
Truck crane	60 ton	〃	1
〃	20 ton	〃	1
Truck	4 ton	〃	1
Air Compressor	15㎥/min	〃	1
Winch	50 kW	〃	1

[주] 본 품은 Lifting device로 설치할 때의 품이다.

13-5-10 복수기 설치

작 업 구 분	직 종	단 위	수 량
기술관리 　공사기간중	기 계 기 사	인/일	1.0
포장해체 　수송을 위해 포장된 목재를 해체하고 목재를 　정리함.	목　　　　　　　공 특　별　인　부	인/㎡ 〃	0.02 0.02
표면손질	특　별　인　부	인/㎡	0.1
Foundation chipping & Grouting	플 랜 트 기 계 설 치 공 특　별　인　부	〃 〃	0.41 0.595
소운반 　shell의 소재, tube, tube sheet, tube 　supporting plate, Expansion joint, 　Water box 등의 운반	건 설 기 계 운 전 조 비　　계　　공 특　별　인　부	조/ton 인/ton 〃	0.373 0.138 0.288
body 조립 설치 　body plate 설치 　Lower shell, upper shell 조립설치 　turbine exhaust hood 용접 　Expansion joint 설치 　Front & Rear water box 설치	플 랜 트 제 관 공 플 랜 트 용 접 공 비　　계　　공 특　별　인　부 C r a n e 운 전 조	〃 〃 〃 〃 조/대	0.78 1.04 2.05 1.54 0.346
Tube 삽입 설치 　Tube sheet support Plate 소재 tube 　삽입, Tube expanding 작업	플 랜 트 기 계 설 치 공 특　별　인　부 C r a n e 운 전 조	인/개 〃 조/개	0.0332 0.0629 0.0029
Condenser 내부소재 　Leak test 교정	기술관리 포장해체를 제외한 품의 15%		

[참고] 사용장비

장 비 명	규 격	단 위	수 량
Over head crane		대	1
Truck crane	20 ton	〃	1
Winch	25 kW	〃	1
A.C Welder	15 KVA	〃	4
Truck	4 ton	〃	1

13-5-11 왕복압축기 설치

(대당)

용량(㎥/hr) \ 직종	목공	플랜트기계 설치공	플랜트 용접공	비계공	플랜트 배관공	특별 인부	계
50이하	0.13	2.74	0.23	3.96	0.31	8.68	16.05
51~100	0.17	3.63	0.31	5.25	0.41	11.49	21.26
101~200	0.22	4.81	0.41	6.97	0.54	15.23	18.18
201~300	0.26	5.67	0.48	8.20	0.64	17.90	33.15
301~400	0.28	6.25	0.53	9.12	0.71	19.77	36.66
401~500	0.31	6.85	0.58	9.94	0.78	21.57	40.03
501~600	0.33	7.35	0.62	10.67	0.84	23.09	42.90
601~700	0.35	7.86	0.66	11.50	0.90	24.65	45.92
701~800	0.37	8.21	0.69	12.10	0.94	25.78	48.09
801~900	0.38	8.53	0.72	12.40	0.97	26.86	49.86
901~1,000	0.40	8.96	0.75	13.05	1.02	28.14	52.32
1,001~1,500	0.47	10.43	0.88	15.24	1.19	32.88	61.09
1,501~2,000	0.52	11.56	0.98	16.88	1.32	36.63	67.89
2,001~2,500	0.56	12.58	1.06	18.35	1.44	39.73	73.92
2,501~3,000	0.61	13.57	1.14	19.70	1.55	43.05	79.62

[주] ① 본 품은 조립된 압축기를 설치하는 것을 기준하였다.
② 본 품에는 포장해체 및 소운반이 포함되어 있다.
③ 본 품에는 Foundation chipping 및 Grouting 작업이 포함되어 있다.
④ 본 품에는 Motor 설치 coupling alignment 작업이 포함되어 있다.
⑤ 본 품에는 cooler 및 Receiver tank 설치공량이 포함되어 있다.
⑥ 본 품에는 시운전 및 교정작업이 포함되어 있다.
⑦ 본 품에는 air dryer 및 부대 배관작업이 제외되어 있다.
⑧ 본 품에는 전기배선, 계장공사가 제외되어 있다.

13-5-12 펌프 설치

1. 원심펌프(2단)

(대당)

직종 용량(㎥/hr)	목공	플랜트기계 설치공	인력운반공	특별인부	계
50이하	0.03	0.63	3.66	2.89	7.21
51~100	0.04	0.78	4.67	3.49	8.98
101~200	0.06	1.04	5.80	5.53	12.43
201~300	0.09	1.45	7.66	6.50	15.70
301~400	0.13	1.92	9.08	8.92	20.05
401~500	0.16	2.76	10.50	11.08	24.50
501~600	0.19	3.19	13.74	12.75	29.87
601~700	0.21	3.52	15.02	14.18	32.93
701~800	0.23	3.92	16.62	15.78	36.55
801~900	0.26	4.35	18.50	17.45	40.56
901~1,000	0.28	4.72	20.00	18.82	43.82

2. 원심펌프(2단 대용량)

(대당)

직종 용량(㎥/hr)	목공	플랜트기계 설치공	특별인부	비계공	건설기계 운전	계
1,001~2,000	0.4	12.6	21.3	12.3	3.1	49.7
2,001~3,000	0.5	14.6	24.1	14.0	3.5	56.1
3,001~4,000	0.5	16.3	26.2	15.4	3.9	62.6
4,001~5,000	0.6	17.4	28.5	16.5	4.2	67.2
5,001~6,000	0.6	18.4	30.2	17.6	4.4	71.2
6,001~7,000	0.6	19.1	31.3	18.3	4.7	74.0
7,001~8,000	0.7	19.9	32.7	19.1	5.0	77.4
8,001~9,000	0.7	20.7	34.0	19.8	5.1	80.3
9,001~10,000	0.7	21.3	35.0	20.2	5.2	82.4
10,001~12,000	0.7	23.2	37.6	21.9	5.5	88.9
12,001~14,000	0.8	24.1	39.5	23.1	5.7	93.2
14,001~16,000	0.8	25.2	41.4	24.0	6.1	97.5
16,001~18,000	0.9	26.6	43.3	25.2	6.4	102.4
18,001~20,000	0.9	27.9	45.4	26.3	6.8	107.3

3. Rotary Pump, Centrifugal pump(3,4 stage)

(대당)

용량(㎥/hr) \ 직종	목공	플랜트기계 설치공	인력운반공	특별인부	계
50이하	0.04	0.89	5.16	3.86	9.95
51~100	0.06	1.10	6.04	5.73	12.93
101~200	0.10	1.62	8.47	7.19	17.38
201~300	0.15	2.67	10.13	10.69	23.64
301~400	0.19	3.19	13.60	12.75	29.73
401~500	0.22	3.87	16.50	15.56	36.15
501~600	0.27	4.66	19.30	18.27	42.50
601~700	0.31	6.55	20.00	20.72	47.58
701~800	0.34	8.56	20.60	22.95	52.45
801~900	0.37	10.53	20.90	25.10	56.90
901~1,000	0.39	11.94	21.50	26.72	60.55
1,001~2,000	0.56	18.64	22.30	42.0	83.50

[주] ① 본 품은 조립된 Pump를 설치하는 품이다.
② 본 품에는 포장해체 및 소운반이 포함되어 있다.
③ 본 품에는 Foundation chipping 및 Grouting 작업이 포함되어 있다.
④ 본 품에는 Motor 설치 coupling alignment 작업이 포함되어 있다.
⑤ 본 품에는 시운전 및 교정작업이 포함되어 있다.
⑥ 본 품에는 전기배선, 계장공사가 제외되어 있다.
⑦ 본 품은 부대 배관작업이 제외되어 있다.
⑧ 각종 설비용 펌프설치는 '[기계설비부문] 4-1 펌프'의 품을 적용한다.

有權解釋

제목 원심펌프 설치 관련

질의문

신청번호 2102-003 신청일 2021-02-01
질의부분 설비 제13장 플랜트설비공사 13-5-12 펌프 설치

13-5-12 펌프 설치는 원심펌프 2단, 2단 대용량, 3~4단 이렇게 구분되어 있는데 1단 원심펌프의 적용은 2단 펌프의 몇프로는 적용하면 되나요? 아니면 적용 가능한 다른 품이 있는지요?
원심펌프(2단)에 보면 인력운반공이 상당히 많은 품이 계상되어 있는데 많은 현장은 펌프를 제작사로부터 납품 받아 크레인을 사용하여 설치장소에 이동하는데 이럴 경우 인력운반공은 계상하지 않아도 되는지요?

원심펌프(2단 대용량)에는 인력운반공 대신 비계공이 있는데 이 경우도 2번 문의와 같은 경우 계상하지 않아도 되는지요?

1-1-3에 따라 현장여건에 따라 적용하라는 답변이 아닌 인력운반공이나 비계공이 포함된 제정 이유를 알고 싶습니다.

회신문

[답변1]
표준품셈 기계설비부문 "13-5-12 펌프 설치"에는 1단 원심펌프에 대한 기준은 별도로 정하고 있지 않습니다.

[답변2]
"13-5-12 펌프 설치 1. 원심펌프(2단)"는 인력품으로 구성된 것으로, 크레인 사용 설치에 대한 기준은 별도로 정하고 있지 않습니다.

[답변3]
"13-5-12 펌프설치 2. 원심펌프(2단 대용량)"는 인력품으로 구성된 것으로, 크레인 사용 설치에 대한 기준은 별도로 정하고 있지 않습니다.

13-5-12 펌프 설치는 인력설치 기준으로 인력운반공, 비계공이 포함되어 있습니다. 표준품셈에서 정하지 않는 사항은 동 품셈 1-1-3의 4항을 참조하시어 적정한 예정가격산정기준을 적의 결정하여 사용하시기 바랍니다.

13-5-13 Boiler Feed Pump 설치

1. Tubine driven type

(대당)

직 종 \ 용량(ton/hr)	300이하	400	500	600	700
목 공	1.9	2.2	2.5	2.8	3.1
플 랜 트 기 계 설 치 공	62.8	71.4	81.6	91.5	98.6
비 계 공	23.2	26.4	30.4	34.4	37.3
건 설 기 계 운 전 (조 / 대)	13.2	14.7	16.4	18.0	19.2
특 별 인 부	67.5	77.6	89.4	101.1	109.2
계	168.6	192.3	220.3	247.8	267.4

[주] ① 본 품은 조립된 Pump와 조립된 turbine을 설치하는 품이다.
② 본 품은 Pump의 토출압력 200kg/㎠ 이내를 기준하였다.
③ 본 품에는 포장해체 및 소운반이 포함되어 있다.
④ 본 품에는 Foundation chipping 및 Grouting 작업이 포함되어 있다.
⑤ 본 품에는 Turning geart 설치 및 coupling alignment 작업이 포함되어 있다.
⑥ 본 품에는 시운전 및 교정작업이 포함되어 있다.
⑦ 본 품에는 Oil tank, Oil Pump, Oil cooler 등의 부대기기와 부대배관공사가 제외되어 있다.

2. Motor driven type

(대당)

직종 \ 용량(ton/hr)	300이하	400	500	600	700
목공	1.3	1.5	1.7	2.0	2.2
플랜트기계설치공	43.0	49.6	57.6	65.2	71.0
비계공	26.3	30.1	34.9	40.0	43.1
건설기계운전(조/대)	5.3	6.1	7.1	8.0	8.8
특별인부	50.2	57.9	67.1	76.3	82.6
계	126.1	145.2	168.4	191.5	207.7

[주] ① 본 품은 조립된 Pump의 본체를 설치하는 품이다.
② Pump의 토출압력은 200kg/㎠ 이내를 기준으로 하였다.
③ 본 품에는 포장해체 및 소운반이 포함되어 있다.
④ 본 품에는 Foundation chipping 및 Grouting 작업이 포함되어 있다.
⑤ 본 품에는 motor 및 증속기설치, coupling alignment 작업이 포함되어 있다.
⑥ 본 품에는 윤활유 탱크 및 윤활유 펌프설치 작업이 포함되어 있다.
⑦ 본 품에는 시운전 및 교정작업이 포함되어 있다.
⑧ 본 품에는 부대배관 작업이 제외되어 있다.
⑨ 본 품에는 전기배선, 계장공사가 제외되어 있다.

[참고] 사용장비

장비명	규격	단위	수량
Over head crane		대	1
Truck crane	60ton	〃	1
Trailer	30ton	〃	1
Air compressor	1.5㎥/min	〃	1

13-5-14 Heater 및 Tank 설치

1. 건설기계가 닿는 장소

(대당)

무게(ton) \ 직종	목공	플랜트기계 설치공	비계공	건설기계운전 (조/대)	특별인부	계
0.5이하	0.03	0.52	0.06	0.19	2.12	2.92
0.51~1.0	0.05	0.78	0.08	0.28	3.16	4.35
1.01~2.0	0.08	1.04	0.11	0.38	4.92	6.53
2.01~3.0	0.10	1.41	0.15	0.51	6.08	8.25
3.01~4.0	0.12	1.78	0.19	0.64	8.33	11.06
4.01~5.0	0.13	2.13	0.23	0.78	9.91	13.00
5.01~6.0	0.15	2.46	0.27	0.89	11.52	15.29
6.01~7.0	0.17	2.76	0.31	1.00	12.86	17.10
7.01~8.0	0.19	3.08	0.60	1.13	14.15	19.15
8.01~9.0	0.21	3.18	1.15	1.24	15.39	21.17
9.01~10.0	0.23	3.28	1.65	1.35	16.65	23.16
10.1~15.0	0.45	3.45	8.62	2.19	17.41	30.12
15.1~20.0	0.56	4.27	10.70	2.71	19.21	37.45
20.1~25.0	0.65	4.98	12.50	3.15	22.65	43.94
25.1~30.0	0.73	5.62	14.15	3.52	25.31	49.33
30.1~35.0	0.82	6.35	15.52	3.95	28.62	55.26
35.1~40.0	0.89	6.95	17.00	4.31	31.17	60.32
40.1~45.0	0.97	7.58	18.50	4.75	33.95	65.75
45.1~50.0	1.06	8.05	19.62	5.03	36.23	69.99

[주] ① 본 품은 조립된 heater 또는 cooler, 완전히 제작된 tank 또는 vessel을 기초 위에 설치하는 품이다.
② 본 품은 건설기계를 사용 설치하는 것으로 보았다.
③ 본 품에는 포장해체 소운반이 포함되어 있다.
④ 본 품에는 Foundation chipping, grouting이 포함되어 있다.

2. 건설기계가 닿지 않는 장소

직종 무게(ton)	목공	플랜트기계 설치공	비계공	건설기계운전 (조/대)	특별인부	계
0.5이하	0.03	2.22	5.40	0.11	2.36	10.12
0.51~1.0	0.05	3.23	7.83	0.16	3.56	14.83
1.01~2.0	0.08	4.59	11.12	0.22	5.46	21.47
2.01~3.0	0.10	5.88	13.50	0.29	6.63	26.29
3.01~4.0	0.12	6.67	15.55	0.38	8.86	31.58
4.01~5.0	0.13	7.39	17.27	0.45	10.39	35.63
5.01~6.0	0.15	8.03	18.70	0.53	11.92	39.33
6.01~7.0	0.17	8.61	20.02	0.61	13.22	42.63
7.01~8.0	0.19	8.61	23.00	1.73	13.59	46.62
8.01~9.0	0.21	8.61	24.20	1.81	14.94	49.77
9.01~10.0	0.23	8.90	25.23	1.88	16.22	52.46
10.1~15.0	0.45	11.38	32.38	2.49	17.47	62.17
15.1~20.0	0.56	12.95	36.60	2.85	19.08	72.04
20.1~25.0	0.65	14.45	40.90	3.19	22.37	81.56
25.1~30.0	0.73	15.93	44.90	3.51	24.94	90.01
30.1~35.0	0.82	17.19	48.50	3.77	28.07	98.35
35.1~40.0	0.89	18.09	51.10	3.97	30.44	104.49
40.1~45.0	0.97	19.13	54.10	4.22	33.04	111.46
45.1~50.0	1.06	20.03	56.60	4.52	35.29	117.50

[주] ① 본 품은 조립된 heater 또는 cooler, 완전히 제작된 tank 또는 vessel을 기초 위에 설치하는 품이다.
② 본 품은 건설기계를 사용해서 운반할 수 있는 곳까지 운반하고 다음은 굴림 운반으로 해서 설치하는 것으로 보았다.
③ 본 품에는 포장해체 소운반이 포함되어 있다.
④ 본 품에는 Foundation chipping, grouting이 포함되어 있다.

13-6 수력발전 기계설비

13-6-1 수차 설치

1. 직종별 설치품

(ton 당)

직종	수량	직종	수량
기 계 기 사	0.500	측 량 사	0.140
목 공	0.041	공 작 기 계 공	0.496
비 계 공	1.433	도 장 공	0.044
플 랜 트 기 계 설 치 공	1.540	특 별 인 부	1.313
플 랜 트 제 관 공	0.486	시 험 및 조 정	0.649
플 랜 트 용 접 공	1.119	계	7.751

2. 공정별 설치수량

(ton 당)

공정별	직종	수량
기술지도(종합공정관리포함)	기 계 기 사	0.50
포장해체	목 공	0.041
	특 별 인 부	0.034
소운반	비 계 공	0.385
Draft tube설치 　가설된 Concrete tube에 이어서 Leveling & Centering해서 연결	플 랜 트 기 계 설 치 공	0.051
	플 랜 트 제 관 공	0.195
	플 랜 트 용 접 공	0.037
	측 량 사	0.035
	비 계 공	0.035
	특 별 인 부	0.042
Speed ring 조립설치 　Speed ring의 위치결정해서 조립 설치하고 　Leveling & Centering 후 Draft tube와 연결	플 랜 트 기 계 설 치 공	0.117
	플 랜 트 제 관 공	0.195
	플 랜 트 용 접 공	0.085
	측 량 사	0.021
	비 계 공	0.080
	특 별 인 부	0.109
Casing & cover 조립설치 Casing 용접조립후 X-Ray test, Inner head cover 및 Outer head cover 조립설치	플 랜 트 기 계 설 치 공	0.479
	플 랜 트 용 접 공	0.347
	비 계 공	0.326
	플 랜 트 제 관 공	0.048
	특 별 인 부	0.394

공정별	직종	수량
수차 Centering Concrete 타설전에 casing centering하고 타설도중 움직이지 않게 고정함	플 랜 트 기 계 설 치 공 플 랜 트 용 접 공 비 계 공 측 량 사 특 별 인 부	0.174 0.127 0.119 0.056 0.143
Guide vane 조립조정 Stay vane 및 guide vane 조립 설치	플 랜 트 기 계 설 치 공 비 계 공 플 랜 트 용 접 공 특 별 인 부	0.172 0.117 0.125 0.142
Guide ring & Serve-Moter 조립설치 Guide ring, operating rod, Serve motor 등 조립 설치	플 랜 트 기 계 설 치 공 비 계 공 플 랜 트 용 접 공 특 별 인 부	0.093 0.063 0.068 0.077
Pit, liner 교정 Liner 취부 Joint 부분 용접보강함.	플 랜 트 기 계 설 치 공 플 랜 트 제 관 공 비 계 공 플 랜 트 용 접 공 특 별 인 부	0.008 0.048 0.006 0.006 0.006
Runner 조립 및 삽입	플 랜 트 기 계 설 치 공 비 계 공 플 랜 트 용 접 공 특 별 인 부	0.299 0.203 0.218 0.246
수차본체조립 수차본체 종합조립하고 각부의 간격 조정하여 Shop data와 일치시킴.	플 랜 트 기 계 설 치 공 비 계 공 플 랜 트 용 접 공 측 량 사 특 별 인 부	0.116 0.078 0.084 0.028 0.095
Governor 조립설치	플 랜 트 기 계 설 치 공 플 랜 트 용 접 공 비 계 공 특 별 인 부	0.031 0.022 0.021 0.025
수리공장 운영	공 작 기 계 공	0.496
도장	도 장 공	0.044
시험 및 조정 (기술관리, 포장해체, 도장을 제외한 모든 품의 10%)		0.649
비고	- 단 Kaplan 수차의 경우는 본 품중 공정별 구분에서 runner 조립 및 삽입과 수차본체조립의 품을 20% 가산한다.	

[주] 본 품은 Kaplan 수차, franses 수차 및 Propeller 수차 설치에 필요한 품이다.

[참고] 사용장비

장비명	규격	단위	수량
Over head crane	150ton	대	1
Truck crane	20ton	〃	1
Trailer	20ton	〃	1
Unloading hoist	40ton/50ton	〃	1
Lathe	182.88㎝	〃	1
Drilling machine	2.24㎾	〃	1
Shaper	17.90㎾	〃	1
Milling machine	17.90㎾	〃	1
Grinder	1.12㎾	〃	1
Blower	1.12㎾	〃	1
AC Welder	30KVA	〃	4
DC Welder	500A	〃	2
Gas cutting machine	중형	조	3
Air compressor	5-7㎏/㎠ 5.9㎥/min	대	1
Winch	22.38㎾	〃	1
Gouging machine	중형	〃	1
Pump	5.1㎥/min	〃	2

[참고] 소모자재

(ton당)

물품	규격	단위	수량
산 소	6.000ℓ입	Bt	0.360
아세틸렌	4,500ℓ입	〃	0.242
용 접 봉	4ø~5ø	kg	2.0
코 크 스		〃	9.0
Sand Paper	각종	S h	3.125
여 과 기	14"×14"	〃	3.0
걸 레	특상품	kg	2.50
세 유	C-3	ℓ	2.20
Grease		kg	0.20
Machine oil		ℓ	0.70
Gasoline		ℓ	0.240
Galvanized wire	#8~#16	kg	0.50
Grinding Wheel	8"ø×25m/m t	EA	0.375
비 닐 세 트	0.1t×2m	m	1.0

물 품	규 격	단 위	수 량
소 창 직		m	0.860
보 일 유		ℓ	0.008
시 너		〃	0.012
광 명 단		〃	0.062
조 합 페 인 트		〃	0.062

※ 산소량 규격은 대기압상태를 기준하며, 단위 '병'은 35℃에서 150기압으로 압축용기에 넣어 사용하는 것을 기준한다.

13-6-2 발전기 설치

1. 직종별 설치품

(ton 당)

직 종	수 량
기 계 기 사	0.500
목 공	0.399
인 력 운 반 공	0.111
비 계 공	0.432
플 랜 트 전 공	1.379
플 랜 트 기 계 설 치 공	2.244
플 랜 트 용 접 공	0.142
측 량 사	0.015
공 작 기 계 공	0.006
플 랜 트 배 관 공	0.017
특 별 인 부	2.118
시 험 및 조 정	0.679
계	8.042

2. 공정별 설치품

(ton 당)

공 정 별	직 종	수 량
기술지도(종합공정관리 포함)	기 계 기 사	0.50
포장해체	목 공 특 별 인 부	0.034 0.033
소운반	비 계 공	0.262

→

공정별	직종	수량
Stator조립 Frame 조립, coil 삽입 call binding 건조 및 varnish 처리	플 랜 트 전 공 비 계 공 플 랜 트 기 계 설 치 공 플 랜 트 용 접 공 인 력 운 반 공 목 공 특 별 인 부	0.490 0.014 0.311 0.022 0.087 0.125 0.268
Rotor 조립 York & Spider조립 Rim lamination 자극 및 rotor 부품취부, 건조 및 Varnish 처리	플 랜 트 전 공 플 랜 트 기 계 설 치 공 플 랜 트 용 접 공 인 력 운 반 공 목 공 특 별 인 부 비 계 공	0.544 0.587 0.049 0.013 0.179 0.788 0.033
기초 Chipping 및 concrete 타설 Barrel 기초점검, chipping out concrete 타설	플 랜 트 전 공 플 랜 트 기 계 설 치 공 비 계 공 목 공 플 랜 트 용 접 공 특 별 인 부 측 량 사	0.024 0.282 0.019 0.033 0.011 0.106 0.006
Stator 설치 Base block 설치, stator 안치, concrete 타설전의 centering Concrete 타설후의 Recentering Knock 치기	플 랜 트 전 공 비 계 공 플 랜 트 기 계 설 치 공 특 별 인 부 측 량 사 플 랜 트 용 접 공 공 작 기 계 공 목 공	0.141 0.011 0.227 0.179 0.009 0.011 0.006 0.008
Stator low end 조립설치 Lower bracket 조립 Stator centering을 위한 가조립설치 및 철거 Lower bracker 재설치 Lower Fan shield, lower cover space heater 등 설치	플 랜 트 전 공 비 계 공 플 랜 트 기 계 설 치 공 목 공 특 별 인 부 플 랜 트 용 접 공 플 랜 트 배 관 공	0.044 0.022 0.179 0.006 0.131 0.011 0.017

→

공 정 별	직 종	수 량
Stator upper end 조립	플 랜 트 전 공	0.065
Upper bracket 조립	비 계 공	0.030
Centering을 위한 가설치 및 철거	플 랜 트 기 계 설 치 공	0.179
Rotor 삽입후의 재설치	목 공	0.006
Air housing upper fan	플 랜 트 용 접 공	0.027
Shield upper cover 등 설치	특 별 인 부	0.210
Thrust bearing 조립설치	플 랜 트 전 공	0.027
Bearing 조립설치	비 계 공	0.030
Thrust tank cover 조립설치	플 랜 트 기 계 설 치 공	0.283
Thrust cooler 수압시험 및 설치	플 랜 트 용 접 공	0.011
윤활유여과 및 주입	목 공	0.008
	인 력 운 반 공	0.011
	특 별 인 부	0.176
Rotor 삽입 coupling 조립		
shaft deflection 조정	플 랜 트 전 공	0.044
rotor 삽입, coupling 조립	비 계 공	0.011
Key setting, upper lower	플 랜 트 기 계 설 치 공	0.196
Bearing 조립조정	특 별 인 부	0.227
Shost deflection check 및 조정		
시험 및 조정 (기술관리 포장해체를 제외한 품의 10%)		0.679

[참고] 사용장비

장 비 명	규 격	단 위	수 량
Over Head crane	150ton	대	1
〃	30ton	〃	1
Winch	5ton 7.46kW	〃	1
Air compressor	15kW 8.5㎥/min	〃	1
Portable drill	1.12kW	대	3
Portable Grinder	1.12kW	〃	2
A.C Welder	30KVA	〃	1
Gas welder	중형	조	4
Gas cutting machine	〃	〃	2
Truck crane	30ton	대	1
Trailer	50ton	〃	1
D.C Welde	500A	〃	2
Gouging machine	중형	〃	1

[참고] 소모자재

(ton)

품 명	규 격	단 위	수 량
세 유	0~3	ℓ	0.730
Gasoline		〃	0.730
보 일 유		〃	0.069
Machine oil		〃	0.365
Grease		kg	0.175
시 너	에나멜용	ℓ	0.138
Galvanized wire	#8~#16	kg	0.730
Wire brush	각종 3/8~1.6"	EA	0.292
Hack saw blade	12"	〃	0.438
Drill	1.6ø~3.8ø	kg	0.018
Grinder wheel	8"ø~25m/m t	〃	0.022
File	각종	kg	0.218
Oil stone	각종(황, 중, 세)	Sh	0.055
코 크 스		kg	0.328
목 탄	6,000ℓ	〃	0.820
산 소	4,500ℓ	병	0.109
아 세 틸 렌	4ø~5ø	병	0.084
전 기 용 접 봉	3.2ø	kg	0.365
가 스 용 접 봉	2ø	〃	0.146
신 주 용 접 봉	각종	〃	0.073
Sand Paper		Sh	0.110
광 목		m	0.402
소 창 직		m	0.134
걸 레	특상품	kg	0.730
비 닐 시 트	3m×3m	Sh	0.037
방 청 페 인 트	DR-80	ℓ	0.069
페 인 트	노루표	〃	0.040
땜 납	50 : 50	kg	0.055
봉 사		〃	0.016
Compound	절연용	〃	0.073
3-Bond	밀착제 No.2	〃	0.007

※ 산소량 규격은 대기압상태를 기준하며, 단위 '병'은 35℃에서 150기압으로 압축용기에 넣어 사용하는 것을 기준한다.

13-6-3 수문 제작

1. Tainter Gate 제작

가. 직종별 제작품

(ton 당)

직종	수량
기 계 기 사	0.500
플 랜 트 제 관 공	6.474
플 랜 트 용 접 공	3.570
비 계 공	3.318
플 랜 트 기 계 설 치 공	1.925
도 장 공	1.895
측 량 사	0.172
특 별 인 부	0.372
검 사 및 교 정	1.583
계	19.809

나. 공정별 제작품

(ton 당)

공정별	직종	수량
기 술 관 리	기 계 기 사	0.500
본 뜨 기	플 랜 트 제 관 공	0.523
금 긋 기	〃	1.390
절 단	〃	0.380
가 공	플 랜 트 제 관 공	1.590
구 멍 뚫 기	〃	0.475
용 접	플 랜 트 용 접 공	2.550
부 품 조 립	비 계 공	1.305
	플 랜 트 기 계 설 치 공	1.305
도 장	도 장 공	1.895
소 운 반 조 작	비 계 공	0.980
가 조 립	비 계 공	1.033
	플 랜 트 제 관 공	2.116
	플 랜 트 용 접 공	1.020
	측 량 사	0.172
	플 랜 트 기 계 설 치 공	0.620
	특 별 인 부	0.372
검 사 및 교 정 (기술관리 및 도장을 제외한 전품의 10%)		1.583

[참고] 장비사용기간

장비명	규격	시간(hr/ton)
Lathe	365.76cm×5.60kW	0.64
Planer	121.92cm×243.84cm	0.72
Boring machine	Horizontal Type 2.24kW	1.72
Union melt welder	5.5KVA	2.856
A.C Welder	10″	8.568
Gouging machine	중형	3.06
Gas cutting machine	Auto형	1.24
Gas cutting machine	Mannual	1.8
Gas heating touch	중형	3.984
Over head crane	30ton	0.759
〃	20ton	0.759
Hydro Press	300ton	1.771
Bending roller	701.04cm	1.48
Edge bending roller	701.04cm	1.38
Shearing machine		0.64
Drilling machine	2.24kW	0.368
〃	Radial 3.73kW	0.184
Compressor	5.9㎥/min	3.790
Portable drill	0.73kW	1.532
Tuck crane	30ton	0.506
Trailer	30ton	0.506
Fork lift	5ton	0.506

[주] 본 장비사용기간은 공작공장에서만 적용한다.

2. Roller Gate 제작

가. 직종별 제작품

(ton 당)

직종	수량	직종	수량
기 계 기 사	0.50	도 장 공	1.584
플 랜 트 제 관 공	5.438	측 량 사	0.143
플 랜 트 용 접 공	2.978	특 별 인 부	0.245
비 계 공	2.772	시 험 및 조 정	1.318
플 랜 트 기 계 설 치 공	1.608	계	16.586

나. 공정별 제작품

(ton 당)

공정별	직종	수량
기 술 관 리	기 계 기 사	0.500
본 뜨 기	플 랜 트 제 관 공	0.437
금 긋 기		1.161
절 단		0.318
가 공		1.359
구 멍 뚫 기		0.397
용 접	플 랜 트 용 접 공	2.125
부 품 조 립	비 계 공	1.090
	플 랜 트 기 계 설 치 공	1.090
도 장	도 장 공	1.584
소 운 반 조 작	비 계 공	0.818
가 조 립	비 계 공	0.864
	플 랜 트 제 관 공	1.766
	플 랜 트 용 접 공	0.853
	측 량 사	0.143
	플 랜 트 기 계 설 치 공	0.518
	특 별 인 부	0.245
검 사 및 교 정 (기술관리 및 도장을 제외한 전 품의 10%)		1.318

[참고] 장비사용시간

장 비 명	규 격	시간(hr/ton)
Lathe	365.76cm×5.60kW	0.536
Planer	121.92cm×243.84cm	0.076
Boring machine	Horizontal Type 2.24kW	1.436
Union melt welder	5.5KVA	2.72
A.C Welder	10KVA	8.16
Gouging machine	중형	1.7
Gas cutting machine	Auto 중형	1.016
Gas cutting machine	Mannual	1.016
Gas heating touch	중형	3.328
over head crane	30 ton	1.269
Hydro Press	100 ton	1.48
Bending roller	701.04cm	1.088
Shearing machine		0.256
Drilling machine	2.24kW	1.632
〃	Radial 3.73kW	0.816
Compressor	5.9㎥/min	3.17
Portable drill	0.373kW	1.221
Truck crane	30 ton	0.423
Trailor	30 ton	0.423
Fork lift	5 ton	0.423

[주] 본 장비사용기간은 공작공장에서만 적용한다.

[참고] 소모자재(Tainter Gate, Roller Gate)

(ton당)

품 명	규 격	단 위	수 문	
			Tainter	Roller
산 소	6,000ℓ 입	병	3.76	3.0
아 세 틸 렌	4,500ℓ 입	병	3.23	2.58
함 석	#31×3'×6'	매	0.71	0.62
용 접 봉	4ø×350ℓ	kg	24.99	20.0
모 래		m³	0.262	0.242
Nozzle		개	0.5	0.5
광 명 단		ℓ	2.5	2.2
전 력		kWh	370	310

※ 산소량 규격은 대기압상태를 기준하며, 단위 '병'은 35℃에서 150기압으로 압축용기에 넣어 사용하는 것을 기준한다.

13-6-4 수문 설치

1. Tainter Gate 설치

가. 직종별 설치품

(ton 당)

직 종	수 량
기 계 기 사	0.500
플 랜 트 제 관 공	6.169
비 계 공	4.277
플 랜 트 기 계 설 치 공	0.910
측 량 사	0.410
플 랜 트 용 접 공	0.810
도 장 공	0.635
플 랜 트 전 공	0.310
시 험 및 조 정	1.257
계	15.278

나. 공정별 설치품

(ton 당)

공정별	직종	수량
기술관리	기계기사	0.500
현장교정	플랜트제관공	1.034
	비계공	0.517
소업	비계공	2.3
	플랜트기계설치공	0.91
조립조정	비계공	1.46
	플랜트제관공	4.92
	측량사	0.41
용접	플랜트용접공	0.81
	플랜트제관공	0.215
도장	도장공	0.635
전원배선	플랜트전공	0.31
검사 및 교정		1.257
(기술관리, 도장, 전원배선을 제외한 모든 품의 10%)		

[참고] 장비사용명

(ton 당)

장비명	규격	수량(대/일)
A.C Welder	10KVA	1
D.C Welder	300A 5.5kW	5
Gas Cutting machine	중형	6
Gas welder	대형	3
Portable Drill	1.12kW	2
Portable Grinder	0.37kW	6
Air Compressor	5.9㎥/min	2
Winch	37.30kW	2
Truck Crane	50 ton	2
Floating Crane	75 ton	1
Derrick Crane	30 ton	1
Cable Crane	10 ton	1
Tow Crane	186.50kW	1
Truck	5 ton	4
Trailer	20 ton	1
Fork Lift	5 ton	1

2. Roller Gate

가. 직종별 설치품

(ton 당)

직 종	공 량	직 종	수 량
기 계 기 사	0.50	플 랜 트 용 접 공	0.705
제 관 공	3.038	도 장 공	0.552
비 계 공	4.568	플 랜 트 전 공	0.187
플 랜 트 기 계 설 치 공	1.318	검 사 및 교 정	1.188
측 량 사	0.812		
리 베 팅 공	1.447	계	14.315

나. 공정별 설치품

(ton 당)

공 정 별	직 종	수 량
기 술 관 리	기 계 기 사	0.50
현 장 교 정	플 랜 트 제 관 공	0.816
	비 계 공	0.146
소 운 반 제 작	비 계 공	1.992
	플 랜 트 기 계 설 치 공	0.791
소 립 조 정	비 계 공	2.43
	플 랜 트 제 관 공	2.035
	측 량 사	0.812
리 베 팅	리 베 팅 공	1.447
	플 랜 트 기 계 설 치 공	0.527
용 접	플 랜 트 용 접 공	0.705
	플 랜 트 제 관 공	0.187
도 장	도 장 공	0.552
전 원 배 선	플 랜 트 전 공	0.187
검 사 및 교 정		1.188
(기술관리, 도장, 전원배선을 제외한 모든 품의 10%)		

[참고] 사용장비

(ton당)

장 비 명	규 격	수량(대/일)
A.C Welder	10KVA	1
D.C Welder	300A 5.5kW	4
Gas Cutting machine	중형	4
Gas welder	대형	3
Portable Drill	1.12kW	2
Portable Grinder	0.37kW	4
Air Compressor	8.9㎥/min	1
Winch	7.46kW	2
Guy Derrick	10 ton	1
Fork Lift	7 ton	1
Truck Crane	30 ton	2
〃	40 ton	1
Trailer	30 ton	1
Truck	5 ton	4
Riveting Hammer		2

[참고] 소모자재(Tainter Gate, Roller Gate)

(ton당)

품 명	규 격	단 위	Tainter	Roller
산 소	6,000ℓ입	병	0.53	0.46
아세틸렌	4,500ℓ입	병	0.45	0.39
용접봉	4ø×350ℓ	kg	6.2	5.4
코크스		kg	-	27
광명단		ℓ	2.5	2.2
페인트	에나멜	ℓ	5.0	4.4

※ 산소량 규격은 대기압상태를 기준하며, 단위 '병'은 35℃에서 150기압으로 압축용기에 넣어 사용하는 것을 기준한다.

13-6-5 Stop-Log 제작

1. 직종별 제작품

(ton 당)

직 종	수 량
기 계 산 업 기 사	0.50
플 랜 트 제 관 공	3.564
플 랜 트 용 접 공	2.968
비 계 공	2.295
플 랜 트 기 계 설 치 공	1.325
도 장 공	1.639
시 험 및 조 정	1.015
계	13.306

2. 공정별 제작품

(ton 당)

공정별	직종	수량
기 술 관 리	기 계 산 업 기 사	0.50
본 뜨 기	플 랜 트 제 관 공	0.523
금 긋 기	〃	1.514
절 단	〃	0.414
가 공	〃	0.50
구 멍 뚫 기	〃	0.613
용 접	플 랜 트 용 접 공	2.968
부 품 조 립	비 계 공	1.325
	플 랜 트 기 계 설 치 공	1.325
도 장	도 장 공	1.639
소 운 반 조 작	비 계 공	0.97
검 사 및 교 정 (기술관리, 도장을 제외한 전 품의 10%)		1.015

[참고] 장비사용시간

장비명	규격	시간(hr/ton)
Lathe	365.76cm × 5.60kW	0.416
Planer	121.92cm × 243.84cm	0.076
Boring machine	Horizontal Type 2.24kW	0.248
Union melt welder	5.5KVA	3.224
A.C Welder	10〃	9.976
Gouging machine	중형	3.56
Gas cutting machine	Auto 중형	1.328
〃	Mannual 중형	1.984
Gas heating touch	중형	3.872
Over Head Crane	30 ton	0.88
〃	20 ton	0.88
Hydro Press	10 ton	1.72
Shearing machine		2.0
Drilling machine	Radial 3.73kW	0.488
〃	2.24kW	0.488
Compressor	5.9m³/min	3.32
Portable Drill	0.37kW	1.564
Truck Crane	30 ton	0.65
Trailer	30 ton	0.65
Fork Lift	5 ton	0.65

[주] 본 장비사용기간은 공작공장에서만 적용한다.

[참고] 소모자재

(ton당)

품 명	규 격	단 위	수 량
산　　　　　　　　　소	6,000ℓ 입	병	0.38
아　세　　틸　　렌	4,000ℓ 입	병	0.33
용　　접　　　봉	4ø×350ℓ	kg	3.0
코　　크　　　스		kg	-
광　　명　　　단		kg	2.2
페　　인　　　트	에나멜	kg	4.4

※ 산소량 규격은 대기압상태를 기준하며, 단위 '병'은 35℃에서 150기압으로 압축용기에 넣어 사용하는 것을 기준한다.

13-6-6 Stop-Log 설치

1. 직종별 설치품

(ton 당)

직 종	수 량	직 종	수 량
기 계 산 업 기 사	0.50	도　　　장　　　공	0.550
비　　　계　　　공	3.350	플 랜 트 전 공	0.063
플 랜 트 제 관 공	1.190	시 험 및 조 정	0.601
측　　　량　　　사	0.122		
플 랜 트 기 계 설 치 공	1.300	계	7.726

2. 공정별 설치품

(ton 당)

공정별	직 종	수 량
기　술　관　리	기 계 산 업 기 사	0.50
운　반　조　작	비　　　계　　　공	0.97
조　립　조　정	비　　　계　　　공	2.02
	플 랜 트 제 관 공	1.19
	측　　　량　　　사	0.122
	플 랜 트 기 계 설 치 공	1.17
설　　　　　치	비　　　계　　　공	0.36
	플 랜 트 기 계 설 치 공	0.13
도　　　　　장	도　　　장　　　공	0.55
전　원　배　선	플 랜 트 전 공	0.063
검 사 및 교 정 (기술관리, 도장, 전원배선을 제외한 전 품의 10%)		0.601

[참고] 사용장비

장 비 명	규 격	수량(대/일)
A.C Welder	10KVA	1
D.C Welder	300A 5.5kW	4
Gas Cutting machine	중형	4
Gas welder	중형	3
Portable Drill	1.12kW	2
Portable Grinder	0.37kW	2
Air Compressor	5.9㎥/min	1
Winch	7.46kW	1
Guy Derrick	10 ton	1
Fork Lift	3 ton	1
Truck Crane	20 ton	1
〃	40 ton	1
Trailer	30 ton	1
Truck	5 ton	2
Angle Griner	0.37 kW	2

[참고] 소모자재

품 명	규 격	단 위	수 량
산 소	6,000ℓ입	병	2.3
아 세 틸 렌	4,000ℓ입	병	1.98
함 석	#31×3×6	대	0.53
용 접 봉	4ø×350ℓ	kg	14.35
모 래		㎥	0.242
Nozzle		개	0.5
광 명 단		ℓ	2.2
전 력		kWh	306

※ 산소량 규격은 대기압상태를 기준하며, 단위 '병'은 35℃에서 150기압으로 압축용기에 넣어 사용하는 것을 기준한다.

13-6-7 수문 Hoist 설치

1. 직종별 설치품

(ton 당)

직 종	수량	직 종	수량
기 계 산 업 기 사	0.500	플 랜 트 용 접 공	1.030
비 계 공	3.933	플 랜 트 전 공	0.413
측 량 사	0.268	검 사 및 교 정	0.644
플 랜 트 기 계 설 치 공	2.475	계	9.263

2. 공정별 설치품

(ton 당)

공정별	직종	수 량
기　　술　　관　　리	기 계 산 업 기 사	0.50
소　운　반　조　작	비　　계　　공	1.105
조　립　조　정	비　　계　　공	1.928
	측　　량　　사	0.268
	플 랜 트 기 계 설 치 공	2.115
용　　　　　　　접	플 랜 트 용 접 공	1.03
시　운　전　및　조　작	플 랜 트 기 계 설 치 공	0.36
	플　랜　트　전　공	0.413
	비　　계　　공	0.9
검　사　및　교　정 (기술관리, 시운전 및 조작을 제외한 전 품의 10%)		0.644

[참고] 사용장비

장 비 명	규 격	수량(대/일)
A.C Welder	10KVA	1
D.C Welder	300A 5.5kW	1
Gas Cutting machine	중형	2
Portable Drill	1.12kW	1
Portable Grinder	0.37kW	2
Winch	7.46kW	2
Guy Derrick	10 ton	1
Truck Crane	30 ton	1
Trailer	30 ton	1
Truck	5 ton	1

[참고] 소모자재

(ton당)

품 명	규 격	단 위	수 량
산　　　　　　　소	6,000ℓ 입	병	0.38
아　세　틸　렌	4,500ℓ 입	병	0.33
용　　접　　봉	4ø×350ℓ	kg	3.0
세　　　　　　　유		ℓ	3.0
기　　　　　　　타	10%		

※ 산소량 규격은 대기압상태를 기준하며, 단위 '병'은 35℃에서 150기압으로 압축용기에 넣어 사용하는 것을 기준한다.

13-6-8 Spiral Casing 설치

1. 공정별 제작품

(ton 당)

공정별	직종	수량
기　　술　　관　　리	기　계　기　사	3.33
기　　초　　정　　리	특　별　인　부	0.098
Centering	측　　량　　사	0.038
Marking	마　　킹　　공	0.077
	석　　　　공	0.047
박　스　해　체　정　리	형　틀　목　공	0.1
청　　　　　　　소	특　별　인　부	0.1
	플 랜 트 기 계 설 치 공	0.2
	특　별　인　부	0.1
진　　형　　보　　완	산　소　절　단　공	0.12
	플 랜 트 기 계 설 치 공	0.12
	특　수　비　계　공	0.335
	특　별　인　부	0.258
Stay ring 조립설치 침목서포트 조작설치	인　력　운　반　공	0.154
	형　틀　목　공	0.058
	특　별　인　부	0.058
마　킹　센　터　링　조　립	특　수　비　계　공	0.167
	플 랜 트 기 계 설 치 공	0.25
	특　별　인　부	0.25
위　　치　　결　　정	측　　량　　기　사	0.038
	플 랜 트 기 계 설 치 공	0.077
	마　　킹　　공	0.038
	특　별　인　부	0.078
Bolt joint spider	특　수　비　계　공	0.167
	측　　량　　사	0.064
	플 랜 트 기 계 설 치 공	0.258
	특　별　인　부	0.258
Casing조립, 케이싱정치 및 가조립작업	특　수　비　계　공	0.67
	측　　량　　사	0.064
	플 랜 트 기 계 설 치 공	0.516
	특　별　인　부	0.327

공 정 별	직 종	수 량
Centering하여 최종으로 부착 조립고정	측 량 사	0.051
후 Brace 절단 철거	특 수 비 계 공	0.267
	플 랜 트 기 계 설 치 공	0.206
	마 킹 공	0.103
	특 별 인 부	0.154
Casing 원주방향 용접	플 랜 트 기 계 설 치 공	0.038
(용접별도계상)	특 별 인 부	0.019
Casing Inlet Section부 센터링 부착	플 랜 트 기 계 설 치 공	0.285
조정후 교정하여 용접작업(용접 별도계상)	특 별 인 부	0.193
	특 수 비 계 공	0.035
	측 량 사	0.032
	마 킹 공	0.129
Main shell 용접전장을 Griding하는 작업	플 랜 트 제 관 공	0.47
	특 별 인 부	0.23
X-Ray촬영	시 험 사 1 급	1.24
	특 별 인 부	1.24
Pitline 및 scaffold 조립철거	측 량 사	0.04
	특 수 비 계 공	0.47
	플 랜 트 기 계 설 치 공	0.36
	마 킹 공	0.18
	특 별 인 부	0.27
spider 철거 및 stay Ring check	특 수 비 계 공	0.1
	플 랜 트 기 계 설 치 공	0.077
	측 량 사	0.038
	마 킹 공	0.038
수 압 시 험		
Bulkhead 부착 및 가압해체	특 별 인 부	0.21
	플 랜 트 기 계 설 치 공	0.140
	특 수 운 전 공	0.073
	특 별 인 부	0.19
Bottom Ring	특 수 비 계 공	0.335
조 립 설 치 (용 접 별 도 계 상)	측 량 사	0.032
	마 킹 공	0.129
	플 랜 트 기 계 설 치 공	0.258
	특 별 인 부	0.193

공정별	직종	수량
콘크리트타설준비	특 수 비 계 공	0.267
(배관별도)(완충제별도)	플랜트기계설치공	0.206
	특 별 인 부	0.206
콘 크 리 트 타 설		
(2 차)(토 목 시 공)	특 수 비 계 공	1.167
철 거 및 Finish	플 랜 트 제 관 공	0.129
	특 별 인 부	0.5
도 장	도 장 공	1.029
절 단	산 소 절 단 공	0.16
	특 별 인 부	0.08
용 접	플 랜 트 용 접 공	6.355
	특 별 인 부	3.177
전 원 및 유 지 관 리	플 랜 트 전 공	0.66
	특 별 인 부	0.66
검 사 시 험	인 력 품 의 7 %	

[참고] 2. 소모자재

(ton당)

공정별	품명	규격	수량
용 접	전 기 용 접		9.77kg
	탄 소 봉		3.67본
절 단 및 진 형 가 공	산 소	6,000ℓ입	0.45병
	아 세 틸 렌	2,100ℓ입	0.32병
Grinding	Grinder	12" ø	0.815개
X-ray	돌	65×305	4.9매
도 장	Film	2회	405kg
동 력	Tar Epoxy		

※ 산소량 규격은 대기압상태를 기준하며, 단위 '병'은 35℃에서 150기압으로 압축용기에 넣어 사용하는 것을 기준한다.

13-6-9 Steel Penstock 제작

1. Steel Penstock 공장제관
   가. 공정별 제작품

(ton 당)

공정별	직종	수량
기 술 관 리	기 계 기 사	1.4
현 도	플 랜 트 제 관 공	0.25
괘 서	〃	0.86
절 단	산 소 절 단 공	0.4
	플 랜 트 제 관 공	0.08
Edge Bending	특 수 운 전 공	0.4
	플 랜 트 제 관 공	0.4
Rolling	플 랜 트 기 계 설 치 공	0.4
	특 수 운 전 공	0.4
	플 랜 트 제 관 공	0.4
기 계 가 공	플 랜 트 제 관 공	0.95
	비 계 공	0.95
	플 랜 트 용 접 공	0.47
	특 수 운 전 공	0.23
수 정	산 소 절 단 공	0.79
	플 랜 트 제 관 공	0.52
분 해 준 비	플 랜 트 제 관 공	0.66
운 반 용 Jig 용 접	플 랜 트 용 접 공	0.2
분 해	특 수 비 계 공	0.26
	플 랜 트 제 관 공	0.52
	산 소 절 단 공	0.26
	특 수 운 전 공	0.13
소 운 반	특 수 운 전 공	0.2
	특 수 비 계 공	0.8
동 력 조 작	플 랜 트 전 공	0.4
보 조	특 별 인 부	6.0
검 사 시 험	상기 인력품의 7 %	

[참고] 나. 소모자재

(ton당)

공정별	품 명	규 격	수 량
절 단 수 정	산 소	6,000ℓ입	1.89병
	아 세 틸 렌	3,500ℓ입	0.8병
용 접	용 접 봉		8kg
현 도	함 석	31×3×6	0.71매

※ 산소량 규격은 대기압상태를 기준하며, 단위 '병'은 35℃에서 150기압으로 압축용기에 넣어 사용하는 것을 기준한다.

2. Steel Penstock 현장제관
가. 공정별 제작품

(ton 당)

공정별	직종	수량
기 술 관 리	기 계 기 사	1.2
조 정	특 수 비 계 공	0.95
	플 랜 트 제 관 공	0.95
	산 소 절 단 공	0.23
	특 수 운 전 공	0.23
전 원 가 공	플 랜 트 기 계 설 치 공	1.57
	플 랜 트 제 관 공	1.05
용 접	플 랜 트 용 접 공	7.98
가 용 접	〃	1.22
가 조 립	특 수 비 계 공	0.22
	플 랜 트 제 관 공	0.44
가 조 립 마 킹	마 킹 공	0.11
분 해	특 수 비 계 공	0.16
	플 랜 트 제 관 공	0.33
도 장 준 비	〃	1.93
도 장	도 장 공	0.42
소 운 반	특 수 비 계 공	0.8
동 력 조 작	플 랜 트 전 공	0.4
X - R a y 촬 영	시 험 사 1 급	1.66
보 조	특 별 인 부	9.53
검 사 시 험	상 기 인 력 품 의 7 %	

[참고]

나. 소요자재

(톤당)

공정별	품명	규격	수량
전 원 가 공 및 가 설	산 소	6,000ℓ입	1.35병
절 단	아 세 틸 렌	2,500ℓ입	0.57병
용 접	전 기 용 접 봉		1.16kg
	탄 소 봉	8ø×350㎜	6본
도 장	규 사		0.23㎥
	중 유		0.023ℓ
	노 즐		0.38개
	징 크 프 라 이 머		0.246ℓ
	시 너		0.055ℓ
	탈 에 폭 시 레 신		2.05ℓ
	시 너		0.45ℓ
동 력			

※ 산소량 규격은 대기압상태를 기준하며, 단위 '병'은 35℃에서 150기압으로 압축용기에 넣어 사용하는 것을 기준한다.

13-6-10 Steel Penstock 현장설치

1. 공정별 설치품

(ton 당)

공정별	직종	수량
기 술 관 리	기 계 기 사	1.5
기준센타 및 기준	측 량 사	0.056
레 벨 표 시 작 업	마 킹 공	0.056
	특 별 인 부	0.035
앵 커 및 Jig 설 치	특 수 비 계 공	0.37
	플 랜 트 제 관 공	0.28
	특 별 인 부	0.28
정 치	특 수 비 계 공	2.6
	플 랜 트 기 계 설 치 공	2.0
	특 별 인 부	2.5
1 차 센 터 링	측 량 사	0.25
	특 수 비 계 공	0.65
	플 랜 트 기 계 설 치 공	0.25
	특 별 인 부	0.6
가 조 립	특 수 비 계 공	0.65
	플 랜 트 기 계 설 치 공	0.5
	특 별 인 부	0.5
2 차 센 터 링	측 량 사	0.25
	특 수 비 계 공	0.32
	플 랜 트 기 계 설 치 공	0.25
	특 별 인 부	0.37
용 접	플 랜 트 용 접 공	4.61
	특 별 인 부	4.61
절 단	산 소 절 단 공	0.17
	특 별 인 부	0.17
전 원 가 공	플 랜 트 용 접 공	0.25
	플 랜 트 기 계 설 치 공	0.25
	특 별 인 부	0.37
사 상 및 Grinding	플 랜 트 제 관 공	2.0
	특 별 인 부	1.0
	도 장 공	1.782
도 장 공	플 랜 트 전 공	0.25
동 력 배 선	특 별 인 부	0.25
	시 험 사 1 급	1.88
X - Ray 촬 영	특 별 인 부	1.88
검 사 시 험	상 기 인 력 품 의 7 %	

[참고]
2. 소모자재

(톤당)

공정별	품명	규격	수량
용 접	전 기 용 접 봉		9.81kg
	탄 소 봉	8ø×350mm	3.53본
절 단 및 진 원 가 공	산 소	6,000ℓ입	0.55병
	아 세 틸 렌	2,100ℓ입	0.39병
Finishing	그 라 인 더 돌	12"ø	0.5개
X-Ray	Film	65×305	4.8매
도 장	Tar epoxy		1.81ℓ
	마린 B / T (선 박 도 로 용)		0.96ℓ
동 력			

※ 산소량 규격은 대기압상태를 기준하며, 단위 '병'은 35℃에서 150기압으로 압축용기에 넣어 사용하는 것을 기준한다.

13-6-11 Roller Gate Guide Metal 제작

1. 공정별 설치품

(ton당)

공정별	직종	수량
기 술 관 리	기 계 기 사	2.5
사 도	제 도 공	1.0
재 료 절 단 현 도	현 도 공	0.63
쾌 서	마 킹 공	1.26
절 단	절 단 공	0.33
교 정	플 랜 트 제 관 공	0.6
단 재 가 공 쾌 서	마 킹 공	1.26
절 단	절 단 공	0.16
Edge 가 공	산 소 절 단 공	0.17
용 접	플 랜 트 용 접 공	1.3
교 정	플 랜 트 제 관 공	0.75
Holing	플 랜 트 제 관 공	0.15
부 분 조 립 , 취 부 조 정	플 랜 트 기 계 설 치 공	3.7
용 접	플 랜 트 기 계 용 접 공	8.4
절 단	절 단 공	0.1
교 정	플 랜 트 제 관 공	1.75
기 계 가 공	기 계 설 비 공	1.26
	기 계 연 마 공	0.126

→

공정별	직종	수량
가 조 립 조 립	플 랜 트 기 계 설 치 공	2.0
가 조 립 해 체	플 랜 트 기 계 설 치 공	1.0
도 장 준 비	플 랜 트 제 관 공	0.124
도 장	도 장 공	0.098
운 반 조 작	특 수 비 계 공	5.0
동 력 조 작	플 랜 트 전 공	1.0
보 조	특 별 인 부	14.4
검 사	인 력 품 의 7 %	

[참고]
2. 소모자재

(톤당)

공정별	품명	규격	수량
절 단 및 수 정	산 소	6,000ℓ 입	2.3병
	아 세 틸 렌	2,100 ℓ 입	1.6병
현 도	함 석	#32×3'×6'	1.9매
용 접	용 접 봉		54.6kg
도 장	규 사		0.018㎥
	중 유		0.0018D/M
	노 즐		0.037개
(하도1회)	Zinc primer	15μ	0.14kg
(상도3회)	Tar Epoxy	125μ	0.75ℓ
전 기			550kWh
그 라 인 딩	그 라 인 더 돌	12"∅	0.3개

※ 산소량 규격은 대기압상태를 기준하며, 단위 '병'은 35℃에서 150기압으로 압축용기에 넣어 사용하는 것을 기준한다.

13-6-12 Roller Gate Guide Metal 설치

1. 공정별 설치품

(ton당)

공정별	직종	수량
기 술 지 도	기 계 기 사	5.33
박 스 해 체	목 공	0.34
	특 별 인 부	0.34
검 측	플 랜 트 기 계 설 치 공	0.17
	특 별 인 부	0.17
수 정 및 교 정	플 랜 트 기 계 설 치 공	0.34
	특 별 인 부	0.17

공정별	직종	수량
설 치 준 비 Chipping	석 공	1.15
	특 별 인 부	0.86
가 설 장 비 설 치	플 랜 트 기 계 설 치 공	0.19
	플 랜 트 배 관 공	0.19
	산 소 절 단 공	0.12
	플 랜 트 용 접 공	0.12
	특 별 인 부	0.51
앵 커 바 정 리 작 업	산 소 절 단 공	0.56
	플 랜 트 기 계 설 치 공	0.56
	특 별 인 부	1.12
조 립	특 수 비 계 공	0.79
	플 랜 트 기 계 설 치 공	0.59
	산 소 절 단 공	0.29
	플 랜 트 기 계 설 치 공	0.29
	플 랜 트 용 접 공	1.6
	특 별 인 부	2.77
센 터 링	특 수 비 계 공	0.79
	플 랜 트 용 접 공	4.9
	측 량 사	0.59
	측 량 조 수	0.59
	산 소 절 단 공	0.59
	플 랜 트 기 계 설 치 공	1.48
	특 별 인 부	7.76
거 푸 집 하 부 용 앵 커 설 치	산 소 절 단 공	0.21
	플 랜 트 용 접 공	1.6
	특 별 인 부	1.81
검 사 기 록	측 량 사	0.29
	측 량 조 수	0.29
	플 랜 트 기 계 설 치 공	0.73
	특 별 인 부	2.29
도 장 준 비 도 장	도 장 공	0.067
	특 별 인 부	0.033
뒷 정 리	특 수 비 계 공	0.22
	플 랜 트 기 계 설 치 공	0.34
	산 소 절 단 공	0.22
	특 별 인 부	0.56
전 기 설 비, 설 치 유 지 비 철 거	플 랜 트 전 공	4.25
	특 별 인 부	4.25

[참고]
2. 소모자재

(톤당)

공정별	품명	규격	수량
절 단 및 수 정	산 소	6,000 ℓ 입	0.69병
	아 세 틸 렌	2,100 ℓ 입	0.2병
전 기 용 접	용 접 봉		31.05kg
도 장	Tar Epoxy	2회	0.536 ℓ

※ 산소량 규격은 대기압상태를 기준하며, 단위 '병'은 35℃에서 150기압으로 압축용기에 넣어 사용하는 것을 기준한다.

13-6-13 Tainter Gate Guide Metal 제작

1. 공정별 제작품

(ton당)

공정별	직종	수량
기 술 관 리	기 계 기 사	8.0
재 료 절 단 사 도	제 도 공	2.0
현 도	현 도 공	1.4
괘 서	마 킹 공	2.8
재 료 절 단	절 단 공	0.52
단 재 가 공 괘 서	마 킹 공	2.8
절	산 소 절 단 공	0.26
	플 랜 트 기 계 설 치 공	2.3
Edge	산 소 절 단 공	1.1
용 접	플 랜 트 용 접 공	0.78
교 정	플 랜 트 제 관 공	0.75
Holing	플 랜 트 제 관 공	0.62
부 분 조 립 취 부 조 정	플 랜 트 기 계 설 치 공	6.2
용 접	플 랜 트 용 접 공	3.9
교 정	플 랜 트 제 관 공	1.75
기 계 가 공	기 계 설 비 공	10
가 조 립 조 립	플 랜 트 기 계 설 치 공	2.0
해 체	플 랜 트 기 계 설 치 공	1.0
운 반 조 작	특 수 비 계 공	5.0
동 력 조 작	플 랜 트 전 공	2.0
보 조	특 별 인 부	2.5
검 사	인 력 품 의 7 %	

[참고]
2. 소모자재

(톤당)

공정별	품명	규격	수량
절 단 및 수 정	산 소	6,000ℓ입	2.2병
	아 세 틸 렌	2,100ℓ입	1.6병
현 도	함 석	#32×3'×6'	1.7매
용 접	전 기 용 접 봉		22.5kg
전 력			595kWh

※ 산소량 규격은 대기압상태를 기준하며, 단위 '병'은 35℃에서 150기압으로 압축용기에 넣어 사용하는 것을 기준한다.

13-6-14 Tainter Gate Guide Metal 설치

1. 공정별 설치품

(ton당)

공정별	직종	수량
기 술 관 리	기 계 기 사	12.882
B o x 해 체 검 수	(해 체) 목 공	4.706
검 수	플 랜 트 기 계 설 치 공	4.706
보 조	특 별 인 부	4.706
설 치 준 비 chipping	석 공	3.294
	특 별 인 부	2.470
가 설 비 Jig 및 Support 설치	플 랜 트 기 계 설 치 공	1.176
배 관	플 랜 트 배 관 공	1.176
절 단	산 소 절 단 공	0.941
용 접	플 랜 트 용 접 공	0.588
보 조	특 별 인 부	4.706
조 립 조 작	특 수 비 계 공	4.706
조 립	플 랜 트 기 계 설 치 공	4.706
교 정	플 랜 트 제 관 공	2.353
측 량	시 공 측 량 기 사	9.412
측 량 조 수	시 공 측 량 조 수	9.412
조 정	플 랜 트 기 계 설 치 공	9.412
검 측	플 랜 트 기 계 설 치 공	9.412
기 록	플 랜 트 기 계 설 치 공	4.706
용 접	플 랜 트 용 접 공	4.706
보 조	특 별 인 부	14.118
검 사 및 기 록		
측 량	시 공 측 량 기 사	2.353

→

공정별	직종	수량
측　　량　　조　　수	시공측량조수	2.353
검　　　　　　　측	플랜트기계설치공	2.353
도　면　대　조　기　록	플랜트기계설치공	2.353
보　　　　　　　조	특　별　인　부	2.353
뒷　　　　정　　　　리		
조　　　　　　　작	특　수　비　계　공	0.624
철　　　　　　　거	플랜트기계설치공	1.412
절　　　　　　　단	산　소　절　단　공	0.948
보　　　　　　　조	특　별　인　부	2.353
전　기　설　비　설　치　유　지		
철　　　　　　　거	플　랜　트　전　공	3.529
보　　　　　　　조	특　별　인　부	3.529

[참고]
2. 소모자재

(톤당)

공정별	품명	규격	수량
수　정　및　교　정	산　　　　　소	6,000ℓ입	0.5병
	아　세　틸　렌	2,100ℓ입	0.05병
용　　　　　　　접	용　　접　　봉	KSE 4301	7kg

※ 산소량 규격은 대기압상태를 기준하며, 단위 '병'은 35℃에서 150기압으로 압축용기에 넣어 사용하는 것을 기준한다.

13-6-15 Trash Rack 제작

1. 공정별 제작품

(ton당)

공정별	직종	수량
Holing	플　랜　트　제　관　공	3.22
Threading	플　랜　트　제　관　공	4.3
	기　계　연　마　공	18.66
사　　　　　　　도	제　　도　　공	0.3
현　　　　　　　도	현　　도　　공	0.086
괘　　　　　　　서	마　　킹　　공	2
교　　　　　　　정	플　랜　트　제　관　공	0.5
절　　　　　　　단	산　소　절　단　공	0.656
절　　　　　　　단	플　랜　트　제　관　공	36.902
기　　술　　관　　리	기　　계　　기　　사	5.2
제　　　작　　　정　　　리	플　랜　트　제　관　공	1.25

→

공정별	직종	수량
용　　　　　　접	플 랜 트 용 접 공	4.46
교　　　　　　정	플 랜 트 제 관 공	0.75
조　　　　　　작	특 수 비 계 공	3.3
소　　　운　　　반	인　　　　　부	1
보　조　(　기　능　)	특 별 인 부	37.68

[참고]

2. 소모자재

(톤당)

공정별	품명	규격	수량
절 단 및 교 정	산　　　　소	6,000ℓ입	1.805병
	아 세 틸 렌	2,100ℓ입	1.275병
용　　　　　접	용　접　봉		20.7kg
현　　　　　도	함 석 (Template)	#32×3'×6'	0.53매
Grinding	연 마 석	12"ø	1.55개
Holing	drill	1/4"	0.96개
	drill	11/15"	0.96개
Threading	Bite		2.5개
기 계 톱 절 단	톱　　　날		2.5개
선　반　절　단	Bite		3.2개
동　　　　　력			

※ 산소량 규격은 대기압상태를 기준하며, 단위 '병'은 35℃에서 150기압으로 압축용기에 넣어 사용하는 것을 기준한다.

13-6-16 Trash Rack 설치

1. 공정별 설치품

(ton당)

공정별	직종	수량
기　　술　　관　　리	기 계 기 사	1.66
운　　반　　검　　측	플 랜 트 기 계 설 치 공	0.05
	특 별 인 부	0.05
수　　　　　　　정	산 소 절 단 공	0.05
	플 랜 트 기 계 설 치 공	0.05
	특 별 인 부	0.10
설 치 준 비 철 근 정 리	산 소 절 단 공	0.047
	특 별 인 부	0.047
Chipping	석　　　　　공	0.1
	특 별 인 부	0.05
Beam　설　　　　치	특 별 인 부	0.175
Crane　작　　　　업	특 수 비 계 공	0.18
Beam 설　치 crane 작　업	측　　량　　사	0.14

→

공정별	직종	수량
1 차 센 터 링	측 량 조 수	0.14
	특 수 비 계 공	0.14
	특 별 인 부	0.28
	플 랜 트 기 계 설 치 공	0.14
턴 버 클 용 접	플 랜 트 용 접 공	0.21
	특 별 인 부	0.21
Beam 완 전 고 정	산 소 절 단 공	0.015
	플 랜 트 용 접 공	2.7
	특 별 인 부	2.7
Trash Rack 설 치	특 별 인 부	0.67
1 차 조 립	특 수 비 계 공	0.59
	플 랜 트 기 계 설 치 공	0.45
2 차 센 터 링	측 량 사	0.087
	측 량 조 수	0.087
	플 랜 트 기 계 설 치 공	0.087
	특 별 인 부	0.166
	플 랜 트 용 접 공	0.79
검 사	플 랜 트 기 계 설 치 공	0.035
	특 별 인 부	0.035
도 장 준 비	플 랜 트 제 관 공	2.98
도 장	도 장 공	2.98
강 재 거 푸 집 철 거	플 랜 트 용 접 공	0.017
	특 별 인 부	0.017
뒷 정 리	플 랜 트 기 계 설 치 공	0.035
	산 소 절 단 공	0.017
	특 별 인 부	0.35
전 원 조 작	플 랜 트 전 공	0.52
	특 별 인 부	0.52

[참고]
2. 소모자재

(톤당)

공정별	품명	규격	수량
수 정 · 절 단	산 소	6,000ℓ입	0.029병
	아 세 틸 렌	2,100ℓ입	0.012병
용 접	용 접 봉		5.95kg
도 장	Tar Epoxy	1회도장	7.06ℓ
	시 너		1.58ℓ
동 력			

※ 산소량 규격은 대기압상태를 기준하며, 단위 '병'은 35℃에서 150기압으로 압축용기에 넣어 사용하는 것을 기준한다.

13-6-17 Tainter Gate Anchorage 제관

1. 공정별 제작품

(ton당)

공정별	직종	수량
기술관리	기계기사	1.6
재료절단사도	제도공	0.5
현도	현도공	0.2
괘서	마킹공	1.3
절단	절단공	0.28
교정	플랜트제관공	0.5
단재가공괘서	마킹공	1.3
절단	절단공	0.14
Edge 가공	산소절단공	0.14
용접	플랜트용접공	1.0
교정	플랜트제관공	0.75
Holing	플랜트제관공	0.37
부분조립취부조정	플랜트기계설치공	2.5
용접	플랜용접공	6.8
절단	산소절단공	0.08
부분조립수정	플랜트제관공	1.75
Grinding	플랜트제관공	1.5
	연마공(기계)	0.13
가조립조립	플랜트기계설치공	2.0
해체	플랜트기계설치공	1.0
도장준비	플랜트제관공	2.26
도장	도장공	0.49
운반조작	특수비계공	3.3
동력조작	플랜트전공	0.66
보조	특별인부	14.3
검사	인력품의 7%	

[참고]

2. 소모자재

(톤당)

공정별	품명	규격	수량
절단 및 수정	산소	6,000ℓ입	2.2병
	아세틸렌	2,100ℓ입	1.5병
현도	도함석	#32×3'×6'	1.2매
용접	용접봉		30.5kg
도장	규사		0.19㎥

공정별	품명	규격	수량
	중 유		0.019D/M
	노 즐		0.4개
	Zinc primer	15μ	0.36ℓ
	Tar Epoxy	125μ	3.0ℓ
전 력			420kWh
Grinding	그 라 인 더 돌	12"ø	0.33개

※ 산소량 규격은 대기압상태를 기준하며, 단위 '병'은 35℃에서 150기압으로 압축용기에 넣어 사용하는 것을 기준한다.

13-7 제철기계설비

13-7-1 고로본체 및 부속기기 설치

(톤당)

직종	수량
기 계 기 사	0.58
플 랜 트 기 계 설 치 공	2.33
플 랜 트 제 관 공	1.58
플 랜 트 용 접 공	2.14
측 량 사	0.11
철 골 공	0.05
비 계 공	1.78
특 별 인 부	3.67

[주] ① 본 품은 로저관 설치부터 Large Bell 설치 가설 Deck까지의 설치 품이며 아래 작업내용이 포함된 품이다.
　㉮ 로저관 설치
　㉯ 로저 Ring 조립 설치
　㉰ 각 Mantel 조립 설치 및 Double Ring Girder 조립 설치
　㉱ 바람구멍(羽口) Mantel 사상, 송풍지관 Setting 및 조립
　㉲ 연와 반입로 뚫기 및 복구작업
　㉳ large Bell 설치용 Deck 설치 해체 및 철거
　㉴ 건조용 풍관설치 및 철거
　㉵ Blow Pipe, Tuyere Nozzle Elbow 조립 설치
　㉶ 광석 수급물 및 환상관 조립 설치
　㉷ 출선구 출제구 및 로저 점검 Deck 설치
　㉸ 기타 냉각판 Flange 부착 볼트조임 및 기타 부속기기 설치일체(점화장치, 산수장치, 가스 Sampler 등)
② 본 품은 기기본체 및 부속기기에 붙은 Flange까지의 설치 품이며 본 기기설치중 Tank, Pump, Heater, Fan, Blower 및 배관공사는 제외되어 있다.
③ 용접작업중 Gouging 및 예열 응력제거 Radiographic Test가 필요한 경우에는 별도 계상한다.
④ 본 품중 로제 내외부의 용접부 가설 Deck 설치품은 제외되어 있다.
⑤ 본 품에는 소운반 및 도장품이 제외되어 있다.
⑥ 본 품에는 기초공사인 Foundation chipping, pad 설치 및 기기 설치의 Alignment에 필요한 품이 포함되어 있다.

⑦ 본 품에는 시운전 및 고정작업에 필요한 품이 포함되어 있다.

13-7-2 노정장입 장치 기기 설치

(톤당)

직 종	수 량
기 계 기 사	0.47
플 랜 트 기 계 설 치 공	3.14
플 랜 트 제 관 공	0.54
플 랜 트 용 접 공	1.10
측 량 사	0.02
철 골 공	0.47
비 계 공	1.26
특 별 인 부	2.96
계	9.96

[주] ① 본 품은 아래 작업내용이 포함된 설치품이다.
　　㉮ 장입장치(Large 및 small Bell 선회장치 고정롤러) 조립설치
　　㉯ 장입장치용 구동장치(Large 및 Small Bell Rod 유압펌프, Cylinder, Lever Deck) 조립 설치
　　㉰ 배압기기 및 구동장치 조립설치
　　㉱ 기타 장입장치에 부수된 계단 Deck 등의 철골류 조립설치
② 본 품에는 유압배관 및 노정에 속하는 부분은 제외되어 있다.
③ 본 품에는 소운반 및 도장품이 제외되어 있다.
④ 본 품에는 기기설치에 Alignment에 필요한 품이 포함되어 있다.
⑤ 본 품에는 시운전 및 고정작업에 필요한 품이 포함되어 있다.

13-7-3 노체 4본주 및 DECK 설치

(톤당)

직 종	수 량
기 계 기 사	0.42
플 랜 트 기 계 설 치 공	1.50
플 랜 트 제 관 공	1.43
플 랜 트 용 접 공	0.64
철 골 공	0.74
비 계 공	1.78
특 별 인 부	2.13
계	8.64

[주] ① 본 품은 노체 4본주(상하부 및 7상 DECK) 및 각 상의 Main Beam, Floor Deck 보조 Beam 등의 조립설치 품이다.
② 본 품에는 노체 4본주 및 Deck 설치시 부속되는 계단 손잡이 등의 철골류 설치가 포함되어 있다.
③ 본 품에는 소운반 및 도장품이 제외되어 있다.
④ 본 품에는 설치물의 Alignment 및 고정작업품이 포함되어 있다.

13-7-4 열풍로 본체 및 부속설비 설치

직 종	수 량
기계기사	0.55
플랜트기계설치공	1.62
플랜트제관공	1.43
플랜트용접공	2.22
측량사	1.18
철골공	0.61
비계공	1.84
특별인부	0.21
계	9.66

[주] ① 본 품은 아래 작업내용이 포함된 설치품이다.
　㉮ 열풍로, 철괴, Dome, 배관용 Bracket 등 조립설치
　㉯ 연화 수공 Checker, Support 조립 설치
　㉰ 송풍관, 연도관 열풍관, Burner, 출입구 조립설치
　㉱ 열풍로, 건조장치 조립설치
② 본 품에는 Burner 설치 및 Air Blower, Motor 설치 품이 포함되어 있다.
③ 본 품에는 기밀시험에 필요한 품이 포함되어 있다.
④ 본 품에는 소운반 및 도장품이 제외되어 있다.
⑤ 본 품에는 기기설치의 Alignment에 필요한 품이 포함되어 있다.
⑥ 본 품에는 시운전 및 고정작업이 필요한 품이 포함되어 있다.
⑦ 본 품은 기기에 붙은 Flange까지의 설치품이며 배관공사는 제외되어 있다.
⑧ 용접작업 중 Gouging 및 예열, 응력제거 Radiographic test가 필요한 경우에는 별도 계상한다.

13-7-5 열풍로 DECK 설치

(ton당)

직 종	수 량
기계산업기사	0.38
플랜트기계설치공	1.80
플랜트제관공	1.73
플랜트용접공	0.54
비계공	1.63
특별인부	1.90
계	7.98

[주] ① 본 품에는 각 Deck, 계단, Hand Rail, 연락고 및 Elevator 철골 등의 설치품이다.
② 본 품에는 고정작업에 필요한 품이 포함되어 있다.
③ 본 품에는 소운반 및 도장품이 제외되어 있다.

13-7-6 주선기 본체 및 부속기기 설치

(ton당)

직 종	수 량
기 계 산 업 기 사	0.55
플 랜 트 기 계 설 치 공	4.11
플 랜 트 제 관 공	0.29
플 랜 트 용 접 공	1.14
철 골 공	1.40
비 계 공	1.74
특 별 인 부	2.48
계	11.71

[주] ① 본 품은 아래 작업내용이 포함된 설치품이다.
  ㉮ 주선기 본체 및 구동장치 조립설치
  ㉯ 냉각수 펌프 및 석회유 장치조립설치
  ㉰ Hoist 및 철골 Support, 계단, Hand rail 등 조립설치
  ㉱ Mould 취부 및 기타 본체에 부수된 기기일체 조립설치
② 본 품에는 기기본체 및 부속기기에 붙은 곳까지의 설치 배관 공사는 제외되어 있다.
③ 본 품에는 소운반 및 도장품이 제외되어 있다.
④ 본 품에는 기초공사인 Foundation Chipping, Gouging 및 기기설치의 Alignment에 필요한 품이 포함되어 있다.
⑤ 본 품에는 시운전 및 고정작업에 필요한 품이 포함되어 있다.

13-7-7 Edge Mill 설치

직 종	수 량
기 계 산 업 기 사	0.62
플 랜 트 기 계 설 치 공	4.71
플 랜 트 제 관 공	0.38
플 랜 트 용 접 공	1.20
철 골 공	0.89
비 계 공	1.58
특 별 인 부	3.51
계	12.89

[주] ① 본 품은 Fret Mill, IMpeller, Breaker, Baby Conveyor, tar 저장 탱크 및 부속장치 등의 설치 품이다.
② 본 품에는 소운반 및 도장품이 제외되어 있다.
③ 본 품에는 기초공사인 Foundation Chipping, Gouging 및 기기설치의 Alignment에 필요한 품이 포함되어 있다.
④ 본 품에는 시운전 및 고정작업에 필요한 품이 포함되어 있다.
⑤ 본 품에는 기기에 붙은 Flange까지의 설치 품이며 배관공사는 제외되어 있다.

13-7-8 제진기 본체 및 부속설비 설치

직 종	수 량
기 계 기 사	0.53
플 랜 트 기 계 설 치 공	0.27
플 랜 트 제 관 공	4.4
플 랜 트 용 접 공	1.4
철 골 공	0.52
비 계 공	1.14
특 별 인 부	2.06
계	10.32

[주] ① 본 품은 본체 및 본체에 부수되는 하부지지용 Structure Deck, 계단 및 본체의 상하부 Cone, 직동부, 내부, 나팔관, Pug Mill, Slide gate, Dumper gate, Bleeder Valve 등의 조립설치 품이다.
② 본 품에는 소운반 및 도장품이 제외되어 있다.
③ 본 품에는 기기설치의 Alignment에 필요한 품이 포함되어 있다.
④ 본 품에는 시운전 및 고정작업에 필요한 품이 포함되어 있다.
⑤ 본 품에는 기기 본체에 붙은 Flange까지의 설치품이며 배관공사는 제외되어 있다.

13-7-9 Ventri Scrubber 본체 및 부속설비 설치

(ton당)

직 종	수 량
기 계 기 사	0.50
플 랜 트 기 계 설 치 공	0.06
플 랜 트 제 관 공	3.67
플 랜 트 용 접 공	1.35
철 골 공	1.19
비 계 공	1.98
특 별 인 부	1.64
계	10.39

[주] ① 본 품은 본체 및 부속설비 일체의 설치품이며 아래 작업 내용이 포함된 품이다.
　㉮ 철피 지상 조립설치
　㉯ Steel Structure, support 및 Deck, 계단 등 조립설치
　㉰ Throat, Mist Separator, 비상배출 Valve 설치
　㉱ Throat 및 Sus 철편 조립설치
　㉲ 본체에 부수되는 펌프 및 모터 조립설치
② 본 품에는 내압시험에 필요한 품이 포함되어 있다.
③ 본 품에는 기기본체 및 부속설비 기기에 붙은 Flange까지의 설치 품이며 배관공사는 제외되어 있다.
④ 본 품에는 소운반 및 도장품이 제외되어 있다.
⑤ 본 품에는 시운전 및 고정작업에 필요한 품이 포함되어 있다.

13-7-10 전등 Mud Gun 설치

(ton당)

직 종	수 량
기 계 기 사	0.58
플 랜 트 기 계 설 치 공	5.46
플 랜 트 제 관 공	0.44
플 랜 트 용 접 공	1.06
비 계 공	0.63
특 별 인 부	3.18

[주] ① 본 품에는 기초공사인 Foundation Chipping, Pad 설치 및 Gouging 품이 포함되어 있다.
② 본 품에는 시운전 및 교정작업에 필요한 품이 포함되어 있다.
③ 본 품에는 기기설치의 Alignment에 필요한 품이 포함되어 있다.
④ 본 품에는 소운반 및 도장품이 제외되어 있다.
⑤ 본 품에는 배관공사는 제외되어 있다.

13-7-11 내화물(제철축로) 쌓기

(톤당)

노 별 \ 직 종	제철축로공	특별인부	보통인부	비 고
고 로	1.17	1.32	0.35	관류주선기포함
열 풍 로	1.28	1.23	0.56	연도포함
코 크 스 로	1.28	1.16	0.93	연도포함, 열간작업제외
후 판 가 열 로	1.68	1.25	1.51	
후 판 소 열 로	1.87	0.91	1.82	
열 연 가 열 로	1.69	1.61	2.23	
문 괴 균 열 로	1.58	1.26	1.52	Recuperator
강 편 가 열 로	1.57	1.21	0.98	하부연와석 포함
혼 선 로	2.01	1.34	0.49	
전 로	0.73	0.63	0.97	
L a d d l e	0.76	0.62	0.95	더밍 Laddle, Charging Laddle 포함
제 강	1.24	1.08	2.15	평대차, 평량기방열관 포함
석 회 소 성 로	1.62	0.93	1.87	Preheater Cooler 포함
용 선 와	1.03	0.40	0.79	
부 정 형 내 화 물	3.24	2.35	1.08	플라스틱, 캐스터블 충전제
소 결 점 화 로	1.38	1.56	0.93	
비 고	- 각종 로의 철거품은 설치품의 50%를 적용한다. 단, 전로 및 Laddle 25%			

[주] ① 본 품의 기준은 설치총정미 중량이며 연와 가공 품은 제외되어 있다.
② 본 품에는 소운반은 제외되어 있다.
③ 본 품에는 가설공사가 제외되어 있다.
④ 본 품에는 연도공사는 포함되고 연돌공사는 제외되어 있다.
⑤ 본 품에는 형틀제작은 제외되어 있다.

⑥ 본 품에는 노축조에 부수되는 철물제작 설치는 제외되어 있다.
⑦ 각종 로의 플라스틱, 케스터블, 충전재 시공은 부정형내화물의 품을 적용한다.

13-7-12 Craft 및 Tomlex Spray 공사

(인/m²)

직 종 \ 두께	15	25	40	50	65	80	100
보 온 공	0.06	0.082	0.112	0.132	0.16	0.192	0.232
특 별 인 부	0.12	0.016	0.224	0.264	0.32	0.384	0.464

13-7-13 Castable Spray 공사

(인/m²)

직 종 \ 두께	15	25	40	50	65	80	100
보 온 공	0.18	0.245	0.336	0.396	0.48	0.576	0.656
특 별 인 부	0.36	0.490	0.672	0.632	0.96	1.152	1.312
비 고	- 벽, 천장 Spray시는 본 품의 15% 가산한다. - 비계사용시 높이 6~9m까지 15% 가산하고, 9m초과하는 경우 매 3m 증가마다 품의 5%씩 가산한다.							

[주] ① 본 품은 기계로 Spray하는 것을 기준한 품이다.
② 공구손료 및 경비는 별도 계상한다.

13-7-14 혼선로 및 전로 본체 조립 설치

(기당)

작업구분	직 종	단위	수량	비 고
기 술 관 리	기 계 기 사	인/일	0.8	
표 면 손 질	특 별 인 부	인/m²	0.1	
작 업 토 의	비 계 공	인/기	1.6	
	플 랜 트 기 계 설 치 공	〃	1.6	
운 반 조 작	플 랜 트 기 계 설 치 공	〃	2.6	Wing 설치 및 철거
	비 계 공	인/대	8.8	
	플 랜 트 용 접 공	〃	2.6	
	특 별 인 부	〃	3.96	
	비 계 공	인/ton	0.422	굴림운반
	비 계 공	〃	0.095	조양 및 Setting
	플 랜 트 설 치 공	〃	0.021	
	특 별 인 부	〃	0.071	

[주] ① 본 품은 아래 작업내용이 포함된 설치품이다.
㉮ Shell의 조립 설치
㉯ Trunnion ring 및 Shaft의 조립설치

② 본 품은 기초 Foundation이 되어 있는 상태에서 조립설치하는 품이다.
③ 포장해체, 도장 품 및 기초작업은 제외되었다.
④ 시운전 품은 제외되었다.
⑤ 설치용 건설기계운전비는 제외되었다.

13-7-15 O_2, N_2 Spherical Gas Holder 조립설치

(기당)

작업구분	직종	단위	수량
기 술 관 리	기 계 기 사	인/일	1
표 면 손 질	특 별 인 부	인/㎡	0.2
용 접 면 손 질	특 별 인 부	〃	6.71
SCAFFOLDER 조립설치및철거	비 계 공	〃	0.0066
	특 별 인 부	〃	0.0066
용 접 및 끝 맺 음	플 랜 트 기 계 설 치 공	인/ton	0.38
	특 별 인 부	〃	0.11
조 양 및 위 치 조 정	플 랜 트 기 계 설 치 공	〃	0.80
	비 계 공	〃	0.54
	특 별 인 부	〃	1.34
검 사 시 험 및 교 정	외관검사, 수압시험, 기밀시험 및 기타 체반검사시험 및 교정기술관리를 제외한 본 품의 10%		

[주] ① 본 품은 Spherical gas holder의 조립설치에 필요한 품이다.
② 본 품은 prefabrication된 가스 홀더를 설치하는 품이다.
③ 기초 Foundation이 되어 있는 상태에서 앵커볼트가 설치된 장소에서의 품이다.
④ 포장해체, 도장품은 제외되었다.
⑤ 약품세척 조품은 별도 계상한다.
⑥ 설치공 각종 JIG류 제작 품은 본 품에서 제외되어 있다.
⑦ 설치용 중장비전공은 제외되었다.
⑧ 본 품 중 용접, 비파괴시험, 자분탐상 및 Color check 등의 시험은 별도 계상한다.
⑨ 현장가공은 별도 계상한다.

13-7-16 가열로 본체 및 Recuperator실 조립설치

(기당)

작업구분	직종	단위	수량	비고
기 술 관 리	기 계 기 사	인/일	1.40	
조 립 설 치	플 랜 트 기 계 설 치 공	인/ton	2.846	지하 10m 설치기준
	철 골 공	〃	2.846	
	비 계 공	〃	2.846	
	특 별 인 부	〃	2.846	
검 사 및 교 정	기술관리를 제외한 본 품의 10%			

[주] ① 본 품은 아래 기기를 조립 설치하는 품이다.
㉮ 본체 철피
㉯ skid pipe
㉰ recuperator 철피

② 본 품에는 Foundation chipping, marking 및 centering 작업이 제외되어 있다.
③ 본 품에는 포장해체 및 소운반이 제외되어 있다.
④ 본 품에는 시운전 및 교정작업이 포함되어 있다.
⑤ 본 품에는 전기, 계장 및 축로공사는 제외되어 있다.
⑥ 현장가공, 용접품은 별도 계상한다.

13-7-17 균열로 본체 및 Recuperator실 조립설치

(기당)

작업구분	직 종	단위	수량	비 고
기 술 관 리	기 계 기 사	인/일	0.70	
조 립 설 치	플랜트기계설치공	인/ton	2.587	지하 5m 설치기준
	철 골 공	〃	2.587	
	비 계 공	〃	2.587	
	특 별 인 부	〃	2.587	
검 사 및 교 정	기술관리를 제외한 본 품의 10%			

[주] ① 본 품은 아래 기기를 조립 설치하는 품이다.
　　㉮ 본체 철피
　　㉯ Down take
　　㉰ Recuperator 철피
② 본 품에는 포장해체 및 소운반이 제외되어 있다.
③ 본 품에는 Foundation chipping, marking 및 centering 작업이 제외되어 있다.
④ 본 품에는 시운전 및 교정작업이 포함되어 있다.
⑤ 본 품에는 전기 및 계장 축로공사는 제외되어 있다.
⑥ 현장가공, 용접품은 별도 계상한다.

13-7-18 가열로 및 균열로 부속기기 조립설치

(톤당)

작업구분	직 종	단위	수량	비 고
기 술 관 리	기 계 기 사	인/일	0.70	
표 면 손 질	특 별 인 부	인/m²	0.10	
조 립 설 치	플랜트기계설치공	인/ton	3.245	
	비 계 공	〃	1.622	
	플 랜 트 용 접 공	〃	0.541	
	특 별 인 부	〃	1.803	
검 사 및 교 정	기술관리를 제외한 본 품의 10%			

[주] ① 본 품은 아래 기기를 조립 설치하는 품이다.
　　㉮ Ingot buggy
　　㉯ Slag 대차 및 견인차
　　㉰ Slag 및 로상재 Bucket
　　㉱ Bottom making tool
　　㉲ Cover crane
　　㉳ Burner
　　㉴ 장압 Skid rail

㉮ 수정구 Slag door
㉯ 활대(滑臺)
② 본 품에는 포장해체 및 소운반이 제외되어 있다.
③ 본 품에는 시운전 및 교정작업이 포함되어 있다.
④ 본 품에는 전기 배선공사는 제외되어 있다.
⑤ 현장가공 품은 별도 계상한다.

13-7-19 Mill Line 기기류 조립설치

(톤당)

작업구분	직 종	단 위	수 량
기 술 관 리	기 계 기 사	인/일	1.40
표 면 손 질	특 별 인 부	인/㎡	0.10
가 조 립 및 해 체	플랜트기계설치공	인/ton	0.90
	특 별 인 부	〃	0.324
조 립 설 치	플랜트기계설치공	〃	3.245
	비 계 공	〃	1.622
	플 랜 트 용 접 공	〃	0.541
	특 별 인 부	〃	1.803
시 험 및 교 정	기술관리를 제외한 본 품의 10%		

[주] ① 본 품은 아래 기기를 조립 설치하는 품이다.
㉮ Slas depiler
㉯ Depiler Pusher
㉰ Dumper
㉱ Reducer
㉲ Down coiler
㉳ Down ender
㉴ Ingot scale
㉵ Finishing mill, Roughing mill
㉶ Coil car
㉷ Crop shear
② 본 품에는 포장해체 및 소운반이 제외되어 있다.
③ 본 품에는 Foundation chipping, marking 및 Centering 작업이 제외되어 있다.
④ 본 품에는 시운전 및 교정작업이 포함되어 있다.
⑤ 본 품에는 전기 배선공사는 제외되어 있다.
⑥ 현장가공 품은 별도 계상한다.

13-7-20 Roller Table 조립설치

(톤당)

작업구분	직 종	단 위	수 량
기 술 관 리	기 계 기 사	인/일	0.20
표 면 손 질	특 별 인 부	인/㎡	0.10
가 조 립 및 해 체	플랜트기계설치공	인/ton	0.79

작업구분	직종	단위	수량
조 립 설 치	특 별 인 부	〃	0.263
	플 랜 트 기 계 설 치 공	〃	2.47
	비 계 공	〃	1.05
	특 별 인 부	〃	1.17
검 사 및 교 정	기술관리를 제외한 본 품의 10%		

[주] ① 본 품은 아래 기기를 조립 설치하는 품이다.
      ㉮ Depiler table
      ㉯ Furnace entry table
      ㉰ Furnace delivery table
      ㉱ Reheating table
      ㉲ Delay table
      ㉳ Drop shear approach table
      ㉴ Hot run table
      ㉵ Roughing mill approach table
      ㉶ Front roughing mill table
      ㉷ Rear roughing mill table
② 본 품에는 포장해체 및 소운반이 제외되어 있다.
③ 본 품에는 Foundation chipping, marking 및 Centering 작업이 제외되어 있다.
④ 본 품에는 시운전 및 교정작업이 포함되어 있다.
⑤ 본 품에는 전기 배선공사는 제외되어 있다.
⑥ 현장가공 품은 별도 계상한다.

13-7-21 전기집진기 설치(Electric Precipitator)

작업구분	직종	단위	수량
1. 기술관리(공사기간중)	기 계 기 사	인/일	0.80
2. 표면손질	특 별 인 부	인/㎡	0.16
3. 본체조립설치			
본체 Frame	철 골 공	인/ton	4.98
Shell Plate	비 계 공	〃	3.27
Hand Rail	기 계 설 비 공	〃	0.82
Stair의 조립	용 접 공	〃	0.80
4. 기계조립설치			
구동기기 Chain,	기 계 설 비 공	인/ton	5.79
Conveyor 및	비 계 공	〃	2.29
Lapping Device 등의	용 접 공	〃	0.76
조립설치	특 별 인 부	〃	3.12
5. 양극 Plate 설치			
지상교정, 조양, 기기설치,	플 랜 트 제 관 공	인/㎡	0.0479
Leveling 재교정후	비 계 공	〃	0.0198
Setting함.	특 별 인 부	〃	0.0646

작업구분	직종	단위	수량
6. 음극 Plate 조립 설치, 지상교정 및 조립조양, 가조립	용　　접　　공	〃	0.0101
	플 랜 트 제 관 공	인/㎡	0.0618
	비　　계　　공	〃	0.0315
	용　　접　　공	〃	0.0045
	특　별　인　부	〃	0.0794
검　　사　　및　　교　　정	기술관리를 제외한 본 품의 10%		

[주] ① 본 품은 본체조립 설치로 Duct flange까지이며 Duct는 별도 계상한다.
　② 본 품은 양극 plate 2.25m×14m를 기준으로 한 것이다.
　③ 본 품에는 기초 check, chipping, Grouting이 포함되어 있다.
　④ 본 품에는 현장 소운반이 포함되어 있다.
　⑤ 장비 및 공구손료는 별도 계상한다.
　⑥ 본 품은 전기공사는 제외되어 있다.
　⑦ 양극의 열수는 (음극-1) 열이다.
　⑧ 음극 plate의 단위품은 양극 plate에 대응하는 부분에 대한 품이다.
　⑨ 설치면적 산출은 유체진행 방향과 평행한 투영면적으로 한다.
　⑩ 집진판의 배열이 벌집모양 등으로 공장조립후 현장반입될 경우에는 반입단위를 1열로 본다.

13-7-22 노 기밀 시험

(㎥당)

직종	수량	비고
기　　계　　기　　사	0.023	
특　　별　　인　　부	0.387	

[주] ① 본 품은 Furnace 및 주변 Duct의 Leak Test 품으로 소재준비, Test 기구설치, 비눗물 도포, 누설 Check, Joint부 수정 보완 그리고 정리작업이 포함되어 있다.
　② 가설비계틀은 별도 계상한다.
　③ 장비 및 공구손료는 별도 계상한다.
　④ 누설 Check용 가루비누는 ㎥당 0.04kg 계상한다.

13-8 쓰레기소각 기계설비

본 처리공정은 STOKER식 소각로에 대한 기본적인 공정을 예시한 것으로 추가설비·소각로 형식이 다른 경우, 그 처리공정에 의한다.

처리공정		작업내용
반 입 시 설	쓰 레 기 벙 커	쓰레기 임시저장시설
	이 동 식 크 레 인	쓰레기를 호퍼로 운반하기 위한 크레인
연 소 설 비 (소 각 로)	투　입　호　퍼	쓰레기를 소각로에 반입하기 위한 시설
	급　　진　　기	쓰레기를 화격자에 밀어넣는 장치
	화　　격　　자	쓰레기를 소각시키는 곳
	재　축　출　기	소각재를 모으는 장치

→

처리공정		작업내용
폐열보일러	Tube Panel	보일러몸체
	Buckstay	열팽창으로부터 보일러를 보호하기 위하여 보일러 몸체에 H빔을 띠 형태로 설치
	보 일 러 드 럼	증기를 저장하는 곳
환경설비	반 건 식 반 응 탑	소석회 슬러지를 분사하여 유해가스를 약품에 흡착시키는 장치
	여 과 집 진 기 (백필터)	반응탑에서 흡착된 유해가스, 중금속을 여과포에 걸러 제거하는 장치
	탈 질 설 비	촉매 또는 무촉매를 이용하여 질소산화물을 분해 정화하는 장치
	활성탄·반응조제 공 급 설 비	연도(반건식 반응탑과 여과집진기사이)에 활성탄 및 반응조제를 공급하거나 저장하는 시설
	소 석 회 공 급 설 비	반건식 반응탑에 소석회를 공급하거나, 저장하는 시설

13-8-1 소각로 설치('02년 신설, '03, '05년 보완)

1. 공정별 설치

작 업 구 분	직 종	단 위	수 량
○ 기술관리 - 소각로 본체 설치 공사	기 계 기 사	인/일	1.45
○ 포장해체 - 수송용 포장목재 해체 및 정리	목 공 특 별 인 부	인/㎥	0.07 0.33
○ 표면손질	특 별 인 부	인/㎡	0.15
○ 급진기(Fuel Fedder)설치 - 투입홉퍼, Flap Damper 및 Hanger 설치 포함	플랜트기계설치공 비 계 공 특 별 인 부 플 랜 트 제 관 공 플 랜 트 용 접 공	인/ton	4.45 3.35 3.73 4.75 2.96
○ 소각로 모듈(Grate Module) 설치 - 하부 홉퍼 설치 포함	플랜트기계설치공 비 계 공 플 랜 트 제 관 공 특 별 인 부 플 랜 트 용 접 공	인/ton	3.61 3.05 4.70 3.12 2.38
○ 화격자(Fire-Bar) 설치	플랜트기계설치공 플 랜 트 제 관 공 플 랜 트 용 접 공 비 계 공 특 별 인 부	인/ton	4.81 2.16 1.16 3.10 2.39
○ 내화물	제 철 축 조 공 목 공 비 계 공 특 별 인 부 보 통 인 부	인/ton	2.67 0.32 0.17 1.71 2.56

→

작 업 구 분	직 종	단 위	수 량
○ 재 축출기 설치 - Wet Scrapper 설치 포함	플랜트기계설치공 비　　계　　공 플랜트제관공 특　별　인　부	인/ton	5.47 4.36 3.44 3.37

○ 원치 설치 및 철거
  - 조양을 위한 원치플리·로프 등의 설치와 사용후
    철거까지 포함
	기　계　설　비　공
	비　　계　　공
	용　　접　　공
	특　별　인　부
		인/대	3.30
			11.00
			3.30
			4.95

○ 검사 및 교정
  - 외관검사, 교정작업
    (비파괴시험은 제외)
	기술관리, 포장해체를 제외한 전공량의 10%		

[주] ① 본 품은 급진기, 소각로모듈, 화격자, 내화물, 재 축출기 등 소각로 설비의 조립·설치를 기준으로 소운반을 포함한다.
② 급진기, 소각로모듈, 화격자, 내화물, 재축출기 등에 대한 중량은 공정별로 각각 조립·설치하는 중량을 기준으로 산출한다.
③ 보온이 필요한 경우 별도 계상한다.

2. 사용장비

장 비 명	규 격	단 위	수 량
지　게　차	5ton	대	1
크　　레　　인	30ton	대	1
	50ton	대	1
	150ton	대	1
	200ton	대	1
타　워　크　레　인	32ton	대	1
원　　　　치	3ton	대	1
용　　접　　기	15KVA	대	2

[주] ① 본 장비는 소각로 1대 설치를 기준한 것이다.
② 장비 사용시간은 작업조건, 작업량 등을 감안하여 산정한다.
③ 본 장비는 소각로 조립·설치에 대한 기본적인 장비를 나열한 것으로 현장여건 및 작업조건 등에 따라 필요한 장비를 선택하여 적용할 수 있으며, 본 장비 이외에 필요한 장비가 있을 경우 별도 계상한다.

13-8-2 폐열보일러 설치('02년 신설, '03, '05년 보완)

1. 공정별 설치

작업구분	직종	단위	수량
○ 기술관리 - Boiler본체 설치공사	기 계 기 사	인/일	1.90
○ 포장해체 - 수송용 포장목재 해체 및 정리	목 공 특 별 인 부	인/m³	0.04 0.18
○ 표면손질	특 별 인 부	인/m²	0.15
○ 용접손질 - 용접 Join부위 Grinding	특 별 인 부	인/m²	0.04
○ 보일러 드럼 설치 - Hanger 및 Support 설치 포함	플랜트기계설치공 비 계 공 특 별 인 부 플 랜 트 용 접 공	인/ton	1.86 0.92 1.21 1.55
○ Tube Panel 조립 및 설치 - 절탄기 및 Header류 설치 포함 - Hanger 및 Support설치 포함	플랜트기계설치공 플 랜 트 제 관 공 플 랜 트 용 접 공 비 계 공 특 별 인 부	인/ton	2.08 1.49 0.89 1.26 1.18
○ Buckstay 조립 및 설치 - Hanger 및 Support설치 포함	플랜트기계설치공 비 계 공 특 별 인 부 플 랜 트 용 접 공	인/ton	3.01 1.70 2.47 1.39
○ 본 용접 (Boiler Tube 용접부 전체) - Tube용접용 Support 및 운반 포함	플 랜 트 용 접 공 플 랜 트 제 관 공 특 별 인 부	인/ton	9.36 8.35 0.95
○ Sealing 용접(Boiler 용접부 전체) - 용접용 Support설치 및 운반 포함	플 랜 트 용 접 공 플 랜 트 제 관 공 특 별 인 부	인/ton	4.86 9.73 2.63
○ 원치 설치 및 철거 - 조양을 위한 원치플리·로프 등의 설치와 사용후 철거까지 포함	기 계 설 비 공 비 계 공 용 접 공 특 별 인 부	인/대	3.30 11.00 3.30 4.95
○ 검사 및 교정 - 외관검사, 교정작업 (비파괴시험은 제외)	기술관리, 포장해체를 제외한 전공량의 10%		

[주] ① 본 품은 보일러 드럼, Tube Panel, Buckstay 등 폐열보일러의 조립·설치 기준으로 소운반을 포함한다.
② 보일러 드럼, Tube Panel, Buckstay 등에 대한 중량은 공정별로 각각 조립·설치하는 중량을 기준으로 산출한다.
③ 보온이 필요한 경우 별도 계상한다.

2. 사용장비

장 비 명	규 격	단 위	수 량
지 게 차	5ton	대	1
크 레 인	150ton	대	1
	200ton	대	1
	300ton	대	1
타 워 크 레 인	30ton	대	1
윈 치	3ton	대	1
용 접 기	15KVA	대	6

[주] ① 본 장비는 폐열보일러 1대 설치를 기준한 것이다.
② 장비 사용시간은 작업조건, 작업량 등을 감안하여 산정한다.
③ 본 장비는 폐열보일러 조립·설치에 대한 기본적인 장비를 나열한 것으로 현장여건 및 작업조건 등에 따라 필요한 장비를 선택하여 적용할 수 있으며, 본 장비 이외에 필요한 장비가 있을 경우 별도 계상한다.

13-8-3 덕트 제작 및 설치('02년 신설)

'[기계설비부문] 13-5-3 덕트제작 및 13-5-4 덕트설치'의 품 적용

13-8-4 반건식 반응탑 설치('03년 신설, '05년 보완)

1. 공정별 설치

작 업 구 분	직 종	단 위	수 량
○ 기술관리 - 설치공사 기간중	기 계 기 사	인/일	1.03
○ 포장해체 - 수송을 위해 포장된 목재를 해체하고 목재를 정리함	목 공 특 별 인 부	인/m³	0.12 0.12
○ 표면손질	특 별 인 부	인/m²	0.39
○ 현장교정 - 수송도중 변형된 것을 바로잡기	플 랜 트 제 관 공 특 별 인 부	인/ton	0.64 0.29
○ 기초작업 - Chipping 및 Grouting	플 랜 트 기 계 설 치 공 특 별 인 부	인/ton	0.03 0.04
○ 소운반 - 작업 위치까지 필요한 자재를 운반	특 별 인 부 건 설 기 계 운 전 조	인/ton 조/ton	0.62 0.20
○ 본체조립 - 분리 운반된 Body 조립 포함	플 랜 트 제 관 공 플 랜 트 용 접 공 특 별 인 부 건 설 기 계 운 전 조	인/ton ″ ″ 조/ton	0.94 1.25 1.01 1.13

작업구분	직종	단위	수량
○ Inner Plate 및 Hanger 조립 - Suspention Device 조립 포함	플 랜 트 제 관 공 플 랜 트 용 접 공 특 별 인 부	인/ton	1.49 2.18 2.16
○ 본체 설치 - 반응물 배출장치(Lump Crusher) 및 Rotary Valve 설치 포함 ※ 소석회 분무장치 제외	플 랜 트 기 계 설 치 공 플 랜 트 제 관 공 플 랜 트 용 접 공 특 별 인 부 비 계 공 건 설 기 계 운 전 조	인/ton 〃 〃 〃 〃 조/ton	1.78 0.54 0.92 1.53 1.85 0.48
○ 검사 및 교정 - Gas Leak Test 포함	기술관리, 포장해체를 제외한 전공량의 10%		

[주] ① 본 품은 반응탑 본체, Rotary Valve 등 반건식 반응탑의 조립·설치기준으로 소운반이 포함되어 있다.
② 공정별 중량은 공정별로 각 각 조립·설치하는 중량을 기준으로 산출한다.
③ 보온 및 도장작업이 필요한 경우 별도 계상한다.
④ 건설기계운전조는 작업조건 및 설치물량 등을 감안하여 편성한다.

2. 사용장비

장 비 명	규 격	단 위	수 량
크 레 인	250톤	대	1
타 워 크 레 인	30톤	대	1
지 게 차	7.5톤	대	1
용 접 기	15KVA	대	2

[주] ① 본 장비는 반건식 반응탑 조립·설치에 대한 기본적인 장비를 나열한 것으로 현장여건 및 작업조건 등에 따라 필요한 장비를 선택하여 적용할 수 있으며, 본 장비 이외에 필요한 장비가 있을 경우 별도 계상한다.

13-8-5 탈질설비 설치('03년 신설, '05년 보완)

1. 공정별 설치

작 업 구 분	직 종	단 위	수 량
○ 기술관리 - 설치공사 기간중	기 계 기 사	인/일	0.96
○ 포장해체 - 수송을 위해 포장된 목재를 해체하고 목재를 정리함	목 공 특 별 인 부	인/㎥	0.06 0.14
○ 표면손질	특 별 인 부	인/㎡	0.24
○ 소운반 - 작업위치까지 필요한 자재를 운반	특 별 인 부 건 설 기 계 운 전 조	인/ton 조/ton	0.66 0.21
○ 기초작업 - Chipping 및 Grouting	플 랜 트 기 계 설 치 공 특 별 인 부	인/ton	0.01 0.01

→

작 업 구 분	직 종	단 위	수 량
○ 현장교정 - 수송도중 변형된 것을 바로 잡기	특 별 인 부 플 랜 트 기 계 설 치 공	인/ton	2.07 0.04
○ 본체조립 - 분리 운반된 Body 조립 포함	플 랜 트 제 관 공 플 랜 트 용 접 공 특 별 인 부 건 설 기 계 운 전 조	인/ton 〃 〃 조/ton	1.91 2.04 3.93 1.32
○ Inner Plate 및 Hanger 조립 - Suspention Device 조립 포함	플 랜 트 제 관 공 플 랜 트 용 접 공 특 별 인 부	인/ton	1.14 3.36 3.37
○ 용접손질 - 용접 Joint부위 용접효율을 높이기 위함	플 랜 트 제 관 공 특 별 인 부	인/ton	2.19 0.07
○ 본체 설치 - Reactor 설치 포함	플 랜 트 기 계 설 치 공 플 랜 트 제 관 공 비 계 공 특 별 인 부 플 랜 트 용 접 공 건 설 기 계 운 전 조	인/ton 〃 〃 〃 〃 조/ton	4.28 0.54 1.66 2.28 3.97 4.07
○ Sealing 용접 - 용접용 Support설치 및 운반포함	플 랜 트 용 접 공 플 랜 트 제 관 공 특 별 인 부	인/ton	14.74 4.99 1.07
○ 검사 및 교정 - Gas Leak Test 포함	기술관리, 포장해체를 제외한 전공량의 10%		

[주] ① 본 품은 촉매를 이용하여 질소산화물을 분해 정화하는 장치로서 탈질설비의 조립·설치와 소운반이 포함되어 있다.
② 공정별 중량은 공정별로 각각 조립·설치하는 중량을 기준으로 산출한다.
③ 보온 및 도장작업이 필요한 경우 별도 계상한다.
④ 건설기계운전조는 작업조건 및 설치물량 등을 감안하여 편성한다.

2. 사용장비

장 비 명	규 격	단 위	수 량
크 레 인	200톤	대	1
지 게 차	5톤	대	1
용 접 기	15KVA	대	2

[주] 본 장비는 탈질설비 조립·설치에 대한 기본적인 장비를 나열한 것으로 현장여건 및 작업조건 등에 따라 필요한 장비를 선택하여 적용할 수 있으며, 본 장비 이외에 필요한 장비가 있을 경우 별도 계상한다.

13-8-6 여과집진기 설치(Bag filter)('04년 신설, '05년 보완)

1. 공정별 설치

작업구분	직종	단위	수량
○ 기술관리 - 설치공사 기간중	기 계 기 사	인/일	0.85
○ 포장해체	목 공	인/㎥	0.12
	특 별 인 부	인/㎥	0.12
○ 기초작업 및 표면손질 - Chipping 및 Grouting 등	플 랜 트 기 계 설 치 공	인/ton	0.12
	특 별 인 부		0.37
○ 본체조립·설치 - Frame, Shell Plate 등 설치포함 - 펄스유닛 조립·설치	철 골 공	인/ton	3.39
	비 계 공	〃	1.89
	플 랜 트 기 계 설 치 공	〃	3.28
	플 랜 트 용 접 공	〃	2.43
	특 별 인 부	〃	4.02
	건 설 기 계 운 전 조	조/ton	0.81
○ 비산재 배출장치 조립·장치 - 비산재 사일로, 시멘트 사일로 설치 포함	플 랜 트 기 계 설 치 공	인/ton	4.61
	비 계 공		1.95
	플 랜 트 용 접 공		1.66
	특 별 인 부		3.34
○ 휠터백 및 백케이지 조립·설치 - 지상교정, 조양·기기 설치포함 - Leveling 재교정후 Setting 포함	플 랜 트 제 관 공	인/휠터수	0.05
	비 계 공		0.06
	특 별 인 부		0.08
	플 랜 트 용 접 공		0.01
○ 검사 및 교정 - Gas Leak Test 포함	기술관리, 포장해체를 제외한 공량의 10%		

[주] ① 본 품은 여과집진기 휠터백, 펄스유닛 등 여과집진기의 조립·설치 기준으로 소운반이 포함되어 있다.
　　 ② 보온 및 도장작업이 필요한 경우 별도 계상한다.
　　 ③ 건설기계운전조는 작업조건 및 설치물량 등을 감안하여 편성한다.

2. 사용장비

장 비 명	규 격	단 위	수 량
지 게 차	5톤	대	1
크 레 인	50톤	대	1
크 레 인	100톤	대	1
크 레 인	200톤	대	1
타 워 크 레 인	30톤	대	1
용 접 기	15KVA	대	3

[주] 본 장비는 여과집진기 조립·설치에 대한 기본적인 장비를 나열한 것으로 현장여건 및 작업조건 등에 따라 필요한 장비를 선택하여 적용할 수 있으며, 본 장비 이외에 필요한 장비가 있을 경우 별도 계상한다.

13-8-7 활성탄·반응조제 및 소석회 공급설비 설치('04년 신설, '05년 보완)

1. 공정별 설치

작업구분	직종	단위	수량
○기술관리 - 설치공사 기간중	기 계 기 사	인/일	0.5
○포장해체 - 수송을 위해 포장된 목재를 해체하고 목재를 정리함	목 공 특 별 인 부	인/㎥	0.12 0.12
○기초작업 및 표면손질 - Chipping 및 Grouting 등	플 랜 트 기 계 설 치 공 특 별 인 부	인/ton	0.19 0.39
○반응조제 및 탱크류 조립·설치	플 랜 트 제 관 공 플 랜 트 용 접 공 플 랜 트 기 계 설 치 공 비 계 공 특 별 인 부 건 설 기 계 운 전 조	인/ton " " " " 조/ton	1.93 1.93 0.96 0.96 1.93 0.96
○소석회, 활성탄 공급설비 조립·설치	플 랜 트 기 계 설 치 공 비 계 공 플 랜 트 용 접 공 특 별 인 부 건 설 기 계 운 전 조	인/ton " " " 조/ton	3.47 1.74 1.74 2.6 0.96
○혼합기, 이젝터, 로타리밸브 설치	플 랜 트 기 계 설 치 공 비 계 공 플 랜 트 용 접 공 특 별 인 부	인/ton	2.31 0.57 0.57 1.16
○검사 및 교정 - Gas Leak Test 포함	기술관리, 포장해체를 제외한 공량의 10%		

[주] ① 본 품은 활성탄·반응조제 및 소석회 공급설비의 조립·설치기준으로 소운반이 포함되어 있다.
② 보온 및 도장작업이 필요한 경우 별도 계상한다.
③ 건설기계운전조는 작업조건 및 설치물량 등을 감안하여 편성한다.

2. 사용장비

장비명	규격	단위	수량
지 게 차	5톤	대	1
크 레 인	70톤	대	1
용 접 기	15KVA	대	3

[주] 본 장비는 활성탄·반응조제 및 소석회 공급설비 조립·설치에 대한 기본적인 장비를 나열한 것으로 현장여건 및 작업조건 등에 따라 필요한 장비를 선택하여 적용할 수 있으며, 본 장비 이외에 필요한 장비가 있을 경우 별도 계상한다.

13-9 하수처리 기계설비

13-9-1 수중펌프 설치('03년 신설)

1. 설치품

(대당)

규 격	기계설비공	배관공	보통인부
7.5kW	6.1	2.4	4.1
15kW	7.3	2.6	4.3
30kW	9.7	3.0	4.6

[주] 본 품은 자동탈착식 수중펌프설치로서 앙카볼트, 펌프고정장치, 가이드바, 수중펌프 인양케이블설치와 시험·소운반이 포함되어 있다.

2. 사용장비

(대당)

장 비 명	규 격	사용시간(hr)		
		7.5kW	15kW	30kW
크 레 인	30톤	4	4	4
지 게 차	3.5톤	4	4	4
용 접 기	15KVA	32	35	40

[주] 본 장비는 펌프설치시 기본적인 장비이므로 현장여건, 작업조건 등에 따라 필요한 장비를 별도 계상한다.

有權解釋

제목 수중펌프 설치에 대한 범위

질의문
신청번호 2211-036 신청일 2022-11-11
질의부분 설비 제13장 플랜트설비공사 13-9-1 수중펌프 설치

기계품셈 13-9-1의 수중펌프설치의 설치 품에 대하여 오수펌프장 현장에서는 탈착장치, 가이드바, 수동밸브, 체크밸브, 후렉시블조인트를 설치하는데(50A에서 80A로 교체) 해당 규격에 만약 7.5kW 수중펌프 설치에 대하여 탈착장치 및 가이드바 케이블설치 및 소운반만 해당되는지? 아니면 배관자재(수동밸브, 체크밸브, 후렉시블조인트)를 포함하는 것인지? 알고 싶습니다.
탈착장치만을 교체하는 인건비로 12.6인과 철거비 40%인 5인 합계 17.6인이고, 관자재를 별도로 인건비를 반영하는 것은 너무 많은 것 같습니다. 집수정 배수펌프 설치 4-1-2는 7.5kW는 설치품 2.9인입니다

회신문
표준품셈 기계설비부문 "13-9-1 수중펌프 설치"는 자동탈착식 수중펌프 설치로서 '주 1. 본 품은 자동탈착식 수중펌프 설치로서 앙카볼트, 펌프고정장치, 가이드바, 수중펌프 인양케이블설치와 시험·소운반이 포함되어 있다.'에서 제시하지 않고 있는 내용은 별도 계상하시면 됩니다.
또한 표준품셈 기계설비부문 "4-1-2 집수정 배수펌프 설치"는 집수정내 수중펌프를 인력으로 설치하는 기준입니다.

13-9-2 모노레일 설치('03년 신설)

1. 설치품

(ton당)

측량사	비계공	기계설비공	용접공	특별인부	계장공
0.5	1.3	3.5	2.6	3.4	0.8

[주] ① 본 품은 레일고정판, 레일, Trolley Bar, 2차측 전선관(전기배선 포함) 설치기준으로 시운전·소운반이 포함되어 있다.
② 본 품의 설치중량은 레일고정판, 레일, Trolley Bar, Bracket류, Support류의 중량으로 한다.
③ 전동기, 철골빔, 1차측 전선관(전기배선 포함) 설치품과 도장작업은 별도 계상한다.

2. 사용장비

(ton당)

장 비 명	규 격	사용시간(hr)
트럭탑재형 크레인	5톤	1.3
용 접 기	15KVA	7.6

[주] 본 장비는 모노레일 설치시 기본적인 장비이므로 현장여건, 작업조건 등에 따라 필요한 장비를 별도 계상한다.

13-9-3 산기장치 설치('04년 신설)

1. 설치품

구 분	단 위	배관공	용접공	보통인부
산 기 분 기 관 제 작	인/개	0.036	0.036	0.036
분기관 및 산기장치 설치	인/개	0.036	0.036	0.036

[주] ① 산기 분기관 제작은 배관을 가공하여 제작하는 것으로 소운반이 포함되어 있다.
② 분기관 및 산기장치 설치는 산기 분기관(주배관 제외)을 설치하고, 설치된 산기분기관에 산기장치를 설치하는 것으로 앙카, 배관지지대, 수평레벨작업이 포함된 것이다.
③ 본 품은 시험 및 조정이 포함된 것이다.
④ 경장비 손료는 별도 계상한다.

2. 사용장비

장 비 명	규 격	단 위	사용시간(hr)	
			산기 분기관 제작	산기장치 설치
알 곤 용 접 기	300Amp	대/개	0.285	0.285
프 라 즈 마 절 단 기	100Amp	대/개	0.143	0.143
크 레 인	5톤	대/개	-	0.048

[주] 본 장비는 산기 분기관 제작 및 산기장치 설치시 일반적인 장비이므로 현장여건, 작업조건 등에 따라 필요한 장비를 별도 계상한다.

13-9-4 오수처리시설 설치('04년 신설)

1. 설치품

구 분	규 격	단 위	위생공	보통인부	계장공
오 수 처 리 시 설	20톤/일	인/조	4.13	4.13	-
제 어 함	-	인/개	-	-	3.75

[주] ① 본 품은 생물화학적 산소요구량(BOD) 20ppm을 기준한 것으로 소운반이 포함되어 있다.
② 본 품은 FRP로 제작된 오수처리조를 설치하는 것으로 공기주입배관, 배기배관, 수중펌프 등 부속설비 설치품이 포함되어 있다.
③ 본 품은 제어함(control box)내에 설치되는 전기, 공기펌프 등 부속설비 설치품이 포함되어 있다.
④ 본 품은 물채우기, 물푸기, 시험 및 조정이 포함된 것이다.
⑤ 유입 및 배수배관 설치공사와 터파기, 기초공사, 뒷채우기, 보호공사(조적 및 콘크리트공사)는 별도 계상한다.

2. 사용장비

장 비 명	규 격	단 위	사용시간(hr)
크 레 인	50톤	대/조	8
살 수 차	5,500ℓ	대/조	12

[주] 본 장비는 오수처리시설 설치시 일반적인 장비이므로 현장여건, 작업조건 등에 따라 필요한 장비를 별도 계상한다.

有權解釋

제목 오수처리시설 설치 품셈 문의

질의문
신청번호 2103-101 신청일 2021-03-31
질의부분 설비 제13장 플랜트설비공사 13-9-4 오수처리시설 설치

오수처리시설 설치 품셈을 보면 "오수처리시설(조당)"과 "제어함(개당)" 품셈이 있습니다. 궁금한 점은 "오수처리시설 품이 단위가 "조당"으로 나와 있는데, 이 조당이라는 것이 오수처리시설 용량과 상관없이 오수처리시설 전체를 기준으로 하는 것이지요? 아니면 오수처리시설 몇 톤까지를 기준으로 하는 것인지 궁금합니다.
예를 들면 오수처리시설 5톤짜리도 1조, 12톤짜리도 1조, 20톤짜리도 1조를 적용하는 것인가요?

회신문
표준품셈 기계설비부문 "13-9-4 오수처리시설 설치"에서 품의 단위는 인/조이며, 여기서 오수처리시설 규격은 20톤/일입니다.

13-10 운반기계설비

13-10-1 OPEN BELT CONVEYOR 설치('92년 보완)

Belt폭과 길이에 따른 Belt Conveyor 설치품은 아래의 산출식에 의한다.
1. Belt conveyor 길이 300M까지
   - 품(인)={0.6+(Belt폭-12")×0.025}×길이(M)+10.5
     (단, Belt 폭 단위는 Inch)
2. Belt conveyor 길이 300M 초과 600M까지
   - 품(인)={0.4+(Belt폭-12")×0.025}×길이(M)+70.5
3. Belt conveyor 길이 600M 초과
   - 품(인)={0.3+(Belt폭-12")×0.025}×길이(M)+130.5

[주] ① 본 품은 Open Belt 표준형을 설치하는 품이다.
② 공종별 품 배분표

공 종	플랜트기계설치공	비계공	철골공	용접공	특별인부	계
비율(%)	37.5	12.5	12.5	12.5	25	100

③ 본 품은 Roller 고정, Roller Frame 품이 포함되어 Support Structure 등의 설치품은 별도 계상한다.
④ Head, Tail Pulley 설치품이 포함되어 있다.
⑤ Guide Roller, Return Roller, Carrier Roller, Idle Roller 등의 설치 품이 포함되어 있다.
⑥ 본 품에는 Belt Endless 작업이 포함되어 있다.
⑦ Belt cover의 제작 및 설치 경우는 별도 계상한다.
⑧ Motor, 구동장치, Tension장치(Weight 제외), 평량기, Chute, Skirt, Liner, 진동장치 등의 설치품은 별도 계상한다.
⑨ Plummer block, Coupling, Pulley를 현장에서 조립할 경우 별도 계상한다.
⑩ Portable Belt conveyor의 설치 경우는 본 품의 50%까지 적용한다.
⑪ 5M 미만은 5M의 품을 적용한다.
⑫ Belt conveyor의 길이는 Tail Pulley Center에서 Head Pulley Center간의 연 길이를 말한다.
⑬ Belt Endless 작업만이 필요한 경우에는 다음 품을 적용한다.
    ㉮ 일반내열재

(개소당)

Belt폭 (inch)	Belt Conveyor 설치공	기계 설비공	비계공	특별인부	저압케이블 전공	계
18" 이하	3.78	1.51	3.02	0.75	0.75	9.81
26"	4.27	1.70	3.41	0.85	0.85	11.08
36"	4.43	1.77	3.55	0.88	0.88	11.51
48"	4.59	1.83	3.67	0.91	0.91	11.91
56"	5.07	2.03	4.06	1.01	1.01	13.18
70"	5.64	2.25	4.51	1.12	1.12	14.64
72"	6.68	2.67	5.34	1.33	1.33	17.35

㉴ Steel재

(개소당)

Belt폭 (inch) \ 공종	Belt Conveyor 설치공	기계 설비공	비계공	특별인부	저압케이블 전공	계
36" 이하	8.85	2.21	4.42	2.21	1.10	18.79
48"	9.12	2.28	4.56	2.28	1.14	19.38
56"	10.25	2.56	5.12	2.56	1.28	21.77
70"	12.02	3.00	6.01	3.00	1.50	25.53
72"	14.17	3.55	7.08	3.54	1.77	30.11

有權解釋

제목 에스컬레이터 트러스 청소 품셈 적용 방법

질의문

신청번호 2107-038 신청일 2021-07-12
질의부분 설비 제13장 플랜트설비공사 13-10-1 OPEN BELT CONVEYOR설치

에스컬레이터 트러스 청소를 품셈으로 적용함에 있어
1. 스텝을 모두 철거 후 재설치 품으로 어느 품이 유사할지 문의드립니다.
2. 또한 13-10-1에서 (13) belt endless 작업이 무엇을 의미하는지 이 품에서 적용해도 무관한지 궁금합니다.

회신문

[답변1]
표준품셈 기계설비부문에서는 에스컬레이터 철거후 재설치에 대한 기준은 별도로 정하고 있지 않습니다.

[답변2]
표준품셈 기계설비부문 "13-10-1 Open Belt Conveyor 설치"는 플랜트시설물에 들어가는 벨트컨베이어 설치를 대상으로 하는 항목입니다. 또한 Belt endless작업만이 필요한 경우는 이음매 없는 고무벨트(Endless Belt) 설치작업만 필요할 경우 적용하는 품입니다.

13-10-2 OVER HEAD CRANE 설치

1. 직종별 설치품

(ton당)

직 종	수 량
기 계 산 업 기 사	0.50
비 계 공	2.499
플 랜 트 기 계 설 치 공	2.478
특 별 인 부	2.555
측 량 사	0.250
용 접 공	0.297
시 험 및 조 정	0.807

2. 공정별 설치품

(ton당)

공 정 별	직 종	수 량
기 술 관 리	기 계 산 업 기 사	0.500
소 운 반 및 조 정	비 계 공	0.833
	플 랜 트 기 계 설 치 공	0.500
	특 별 인 부	0.666
조 립 준 비	비 계 공	0.833
	플 랜 트 기 계 설 치 공	0.500
	특 별 인 부	0.666
조 립 취 부 및 조 정	비 계 공	0.833
	플 랜 트 기 계 설 치 공	1.165
	측 량 사	0.250
	특 별 인 부	1.000
현 장 가 공	용 접 공	0.297
	플 랜 트 기 계 설 치 공	0.313
(용 접, 절 단, 구 명 뚫 기)	특 별 인 부	0.223
검 사 시 험 (기술관리를 제외한 품의 10%)		0.807

[주] ① 본 품에는 부품의 교정 파손부분의 수리품 포함되었다.
② 본 품에는 제청, 제유 및 도장이 포함되어 있지 않다.
③ 본 품에는 전원 배선 및 전기기기 설치 품은 제외되어 있다.

[참고]

장비명	규격	단위	수량	비고
Truck Crane	20 ton	대	1	
Trailer	20 ton	〃	1	
Truck	4 ton	〃	1	
Compressor	5.9㎥/min	〃	1	
전기용접기	30KVA	〃	2	Bolt tightening용
Guy derrick	5 ton×7.46kW	〃	1	
Wich	5 ton×7.46kW	〃	1	
Portable drill M	0.37kW	〃	1	
Portable electric G	0.37kW	〃	2	
Angle Grinder	0.75kW	〃	1	
Transit		〃	1	

[참고] 소모자재

(ton당)

품 명	규 격	단 위	수 량
산 소	6,000ℓ입	병	0.2
아 세 틸 렌	4,500ℓ입	〃	0.13
전 기 용 접 봉	ø4㎜×ℓ350	kg	3.5
걸 레		〃	2
세 유		ℓ	2
Grease		kg	0.2
Machine oil		ℓ	0.7

※ 산소량 규격은 대기압상태를 기준하며, 단위 '병'은 35℃에서 150기압으로 압축용기에 넣어 사용하는 것을 기준한다.

13-10-3 GANTRY CRANE 설치

1. 직종별 설치품

(ton당)

직 종	수 량
기 계 산 업 기 사	0.50
비 계 공	2.383
플 랜 트 기 계 설 치 공	1.554
특 별 인 부	1.309
제 관 공	1.502

→

직 종	수 량
용　　　접　　　공	1.311
측　　　량　　　사	0.250
도　　　장　　　공	0.525
시　험　및　조　정	0.830
계	10.164

2. 공정별 설치공량

(ton당)

공정별	직 종	수 량
기　　술　　관　　리	기 계 산 업 기 사	0.50
운　　반　　조　　작	비　　　계　　　공	0.635
	플 랜 트 기 계 설 치 공	0.182
	특　　별　　인　　부	0.182
조 립 준 비 및 수 정 교 정	비　　　계　　　공	0.626
	제　　　관　　　공	0.626
	플 랜 트 기 계 설 치 공	0.250
	용　　　접　　　공	0.250
	특　　별　　인　　부	0.250
조　　립　　조　　정	비　　　계　　　공	1.122
	제　　　관　　　공	0.876
	플 랜 트 기 계 설 치 공	1.122
	측　　　량　　　사	0.250
	특　　별　　인　　부	0.627
용　　접　　절　　단	용　　　접　　　공	1.061
	특　　별　　인　　부	0.250
검사시험(기술관리를 제외한 전품의 10%)		0.830

[주] ① 본 품에는 제청, 제유 및 페인팅 품이 포함되어 있지 않다.
　　② 본 품에는 전원 배선 및 전기기기 설치 품은 제외되었다.

[참고] 사용장비

품 명	규 격	단 위	수 량
Truck Crane	20 ton	대	1
〃	30 ton	〃	1
〃	40 ton	〃	1
Trailer	30 ton	〃	2
Truck	4 ton	〃	1
Compressor	5.9㎥/min	〃	1
Fork Lift	2.7 ton	〃	1
전기용접기	30KVA	〃	4

품 명	규 격	단 위	수 량
산소절단기	중형	조	4
산소용접기	〃	〃	3
Guy derrick	10 ton	대	1
Winch	5 ton	〃	2
Portable drill	0.37kW	〃	2
Portable Grinder	0.37kW	〃	2

[참고] 소모자재

(ton당)

품 명	규 격	단 위	수 량
산소	6,000ℓ입	병	0.68
아세틸렌	4,500ℓ입	〃	0.58
용접봉	ø4mm×ℓ350	kg	14.2
광명단		ℓ	2.2
페인트	유성	〃	4.4

※ 산소량 규격은 대기압상태를 기준하며, 단위 '병'은 35℃에서 150기압으로 압축용기에 넣어 사용하는 것을 기준한다.

13-10-4 천장크레인 레일설치

(한쪽길이 m당)

구 분	단 위	수 량	비 고
① 소요재료			
레일	m	1	
레일체결구	식	1	
② 소 요 품			
○준비작업 : 궤도공	인	0.014	
: 목도	〃	0.007	
: 보통인부	〃	0.012	
○본 작 업 : 궤도공	〃	0.013	
: 목도	〃	0.007	
: 보통인부	〃	0.002	
○뒷 정 리 : 궤도공	〃	0.026	
: 목도	〃	0.006	
: 보통인부	〃	0.013	

[주] ① 구멍뚫기 또는 용접은 별도 계상한다.
　② 레일운반용 장비 및 운반비는 별도 계상한다.
　③ 레일교환(50kg/m, ℓ=20m)에 준하여 산출된 것이다.

13-11 기타 기계설비

13-11-1 일반기기 설치

(ton당)

직 종	수 량
기 계 산 업 기 사	0.50
기 계 설 비 공	7.24
비 계 공	2.86
용 접 공	0.95
특 별 인 부	3.90
검 사 및 교 정	기술관리를 제외한 본 품의 10%

비 고	- 본 품은 조립된 기기를 설치하는 품으로 부분조립작업이 필요할 시는 본 품의 50%를 가산한다.
	- 설치 중량이 0.5ton 미만은 20% 가산한다.
	  0.5ton~1ton 미만은 10% 가산한다.
	  1ton~5ton 미만은 0% 가산한다.
	  5ton 이상은 15% 감한다.

[주] ① 일반기기란 본 품셈에 별도로 명시되어 있지 않은 기계류를 말한다.
② 본 품에는 기초 Check, Chipping, Grouting이 포함되어 있다.
③ 본 품에는 시운전 및 교정작업이 포함되어 있다.

有權解釋

제목 해체 품의 할증적용 방법 문의

질의문

신청번호 2007-103 신청일 2020-07-3
질의부분 설비 제13장 플랜트설비공사 13-11-1 일반기기설치

기계 품셈 13-11-1 일반기기설치 품에서 해체 시에는 60%를 적용하고, 소규모(0.5톤~1톤 미만) 경우에는 10%를 가산하게 되어 있습니다. 소규모 일반기기를 해체할 경우 할증 적용방법은?
1. 기본 공량×60% 적용(해체)×110%(소규모 할증 가산)
2. 기본 공량×70%(해체 60%+소규모할증 10%)
할증의 가산의 경우에는 각각의 할증 값을 더하여 적용하나, 해체의 경우(감)도 같은 방법으로 적용하는지?

회신문

표준품셈 기계설비부문 "14-1-1 기계설비 철거 및 이설"에서 제시된 철거 및 이설 비율(%)은 설치를 100%로 볼 때 적용되는 기준임을 참조하시기 바랍니다.

13-11-2 Cooling Tower 설치

(기당)

공정별	직종	단위	수량
기술관리 : 공사기간중	기 계 산 업 기 사	인/일	1.0
기초 Check : 기초 check Chipping 및 Grouting	기 계 설 비 공 특 별 인 부	인/m² 〃	0.41 0.595
표면손질 : Eliminator 및 구동부	특 별 인 부	인/m²	0.2
본체설치 : Distribution box, Distributor, Louver Post 등의 조립설치	철 골 공 비 계 공 특 별 인 부	인/ton 〃 〃	4.18 3.0 0.3
Drift-Eliminator 설치 : 판재로 된 Eliminator를 조립 설치함.	건 축 목 공 보 통 인 부	인/m² 〃	3.1 0.698
스레이트 잇기 : Louver side에 스레이트 잇기	스 레 이 트 공 보 통 인 부	인/m² 〃	0.05 0.04
충전물충전 : 충전물을 규격별 순서로 충전 작업함	보 통 인 부	인/m³	0.6
검사 및 교정	기술관리를 제외한 전 품의 10%		

[주] ① 본 품은 강재공냉식 Cooling tower를 기초 Tank 위에 조립 설치하는 품이다.
　　② Drift-Eliminator 설치는 가공된 목재 Eliminator를 설치하는 품으로 가공품은 제외되었다.

13-11-3 Batcher Plant 설치

1. 직종별 설치품

(ton당)

직종	수량	직종	수량
기 계 산 업 기 사	0.50	용 접 공	0.882
비 계 공	1.255	기 계 설 비 공	0.882
특 별 인 부	5.270	측 량 사	0.167
제 관 공	1.470	검 사 시 험	0.975

2. 공정별 설치품

(ton당)

공정별	직종	수량
기 술 관 리	기 계 산 업 기 사	0.500
소 운 반 조 작	비 계 공	0.667
	특 별 인 부	0.333
표 면 손 질	특 별 인 부	3.3
현 장 가 공	제 관 공	0.588
	용 접 공	0.588
	특 별 인 부	0.588

→

공정별	직종	수량
조 립 설 치	기 계 설 비 공	0.882
	제 관 공	0.882
	비 계 공	0.588
	용 접 공	0.294
조 립 설 치	특 별 인 부	0.882
	측 량 사	0.167
뒷 정 리	특 별 인 부	0.167
검 사 시 험		0.975
(기술관리 및 뒷정리를 제외한 전 품의 10%)		

3. 직종별 제관수리품

(ton당)

직 종	수 량
제 도 공	0.785
기 계 설 비 공	1.830
특 별 인 부	2.041
용 접 공	4.972
검 사 및 시 험	0.962
계	10.590

4. 공정별 제관 수리품

(ton당)

공 정 별	직 종	수 량
사 도 및 현 도	제 관 공	0.785
괘 서	기 계 설 비 공	1.830
	특 별 인 부	0.549
절 단	용 접 공	1.067
	특 별 인 부	0.320
용 접	용 접 공	3.905
	특 별 인 부	1.172
검 사 시 험 및 교 정		0.962
(모든 품의 10%)		

[주] ① 본 품은 Batcher Plant 설치시 파손 및 마모부분의 제작 설치에만 적용한다.
　② 본 품에는 소재의 소운반이 포함되어 있지 않으므로 소재의 운반품은 Batcher Plant 설치품에서 발췌 적용한다.
　③ 본 품에는 전기 배관, 배선 및 도장품은 포함되어 있지 않다.

[참고] 사용장비

품 명	규 격	단 위	수 량
Truck Crane	15 ton	대	1
Trailer	30 ton	대	1
A.C Welder	30KVA	대	1
산 소 용 접 기	중형	조	1
산 소 절 단 기	〃	조	2
Sand Paper		매	3.282
빠 데		kg	0.985
광 명 단		ℓ	6.583
페 인 트	유성	ℓ	0.386
개 소 린		ℓ	1.386
걸 레		kg	1.164
용 접 봉		kg	6.742
산 소	6,000ℓ입	병	0.195
아 세 틸 렌	4,500ℓ입	병	0.167
Wire Brush		개	1.741
Grease		kg	0.289

※ 산소량 규격은 대기압상태를 기준하며, 단위 '병'은 35℃에서 150기압으로 압축용기에 넣어 사용하는 것을 기준한다.

13-11-4 가설자재 손료율

번호	구 분	손료율(% / 월)	비고
1	IRON WIRE ROPE	4.2	내용년수 2년
2	MANILA ROPE	5.6	1.5년
3	RUBBER HOSE	8.3	1년
4	침목(육송)	3.0	2.7년
5	천막	5.6	1.5년
6	공사용 가설전원		
	가. 1차측(변압기 포함)	3.0	2.7년
	나. 2차측	5.6	1.5년

[주] 동일 공사장에서 내용년수 경과후는 손료를 계상하지 않는다.

13-11-5 공사별 설치 소모자재[참고]

(ton당)

품 명	단위	기기	철골	배관	Belt & Conveyor	Heater & Tank	Pump & Fan	Crane 류
산 소	병	0.109	1.5	(용접식)5.0	1.5	0.10	0.10	0.44
아 세 틸 렌	병	0.084	1.25	(용접식)3.7	1.25	0.08	0.08	0.355
용접봉(전기)	kg	0.365	2.25	(용접식)30.0	2.25	0.36	0.36	0.85
용접봉(산소)	kg	0.146	0.22	3.0	0.22	0.15	0.14	0.15
세 유	ℓ	0.73	0.07	0.07	0.20	0.05	0.73	2.00
M/C OIL	ℓ	0.365	0.04	(나사식)4.6	0.10	0.02	0.36	0.70
Wire Brush	EA	0.292	0.15	0.05	0.10	0.10	0.30	0.10
Grinder Wheel	매	0.022	0.05	0.05	0.05	0.05	0.02	0.05
Oil Stone	개	0.055	0.02	0.05	0.02	0.02	0.15	0.02
File	개	0.218	0.20	0.10	0.10	0.10	0.20	0.10
아연도철선	kg	0.73	0.73	0.40	0.20	0.20	0.73	0.20
Drill	개	0.018	0.04	0.02	0.02	0.02	0.02	0.02
Grease	kg	0.175	0.05	0.02	0.05	0.05	0.20	0.20
사 포	매	0.110	0.05	0.05	0.05	0.01	0.11	0.05
걸 레	kg	0.730	0.10	0.20	0.30	0.10	0.73	0.73
비 닐 시 드	㎡	0.037	0.02	0.02	0.02	0.02	0.04	0.20
시 너	ℓ	0.138	0.1	0.05	0.05	0.05	0.38	0.05
용 접 장 갑	족	0.05	0.10	0.05	0.05	0.05	0.03	0.05
Compound	kg	0.073	0.05	0.07	0.05	0.05	0.073	0.05
3-Bond	kg	0.007	0.05	0.07	0.05	0.05	0.07	0.05
Seal Tape	통	0.10	0.10	0.87	0.10	0.10	0.10	0.10
백 묵	통	0.10	0.20	0.10	0.15	0.15	0.15	0.15
석 필	통	0.20	0.30	0.20	0.20	0.20	0.20	0.20
함 석	매	0.05	0.07	0.05	0.05	0.05	0.05	0.07

→

품 명	단위	기기	철골	배관	Belt & Conveyor	Heater & Tank	Pump & Fan	Crane 류
흑 Welder Glass	연	0.01	0.05	0.01	0.01	0.01	0.01	0.01
백 Welder Glass	연	0.10	0.20	0.10	0.20	0.20	0.10	0.20
오 스 터 날	SET	0.05	0.05	0.30	0.05	0.05	0.05	0.05
탭	〃	0.05	0.05	0.05	0.05	0.05	0.05	0.05
다 이 스	개	0.05	0.05	0.05	0.05	0.05	0.05	0.05
정	개	0.10	0.20	0.05	0.05	0.05	0.10	0.05
용 접 면	개	0.01	0.02	0.02	0.02	0.02	0.01	0.02
용 접 홀 다	개	0.01	0.02	0.02	0.02	0.02	0.01	0.02
용 접 앞 치 마	개	0.01	0.05	0.02	0.05	0.05	0.01	0.05
Center Punch	개	0.02	0.02	0.02	0.02	0.02	0.02	0.02
써 비 스 볼 트	본	1.0	2.0	1.0	1.0	1.0	1.0	1.0
대 강	kg	0.02	0.10	0.02	0.10	0.10	0.02	0.10
유 지	ℓ	0.07	0.10	0.07	0.07	0.07	0.07	0.07
W a s h e r	매	0.30	0.50	0.30	0.30	0.30	0.30	0.30
페인트(표기용)	ℓ	0.069	0.10	0.5	0.1	0.10	0.07	0.10
페인트붓(표기용)	개	0.05	0.05	0.05	0.05	0.05	0.05	0.05

※ 산소량 규격은 대기압상태를 기준하며, 단위 '병'은 35℃에서 150기압으로 압축용기에 넣어 사용하는 것을 기준한다.

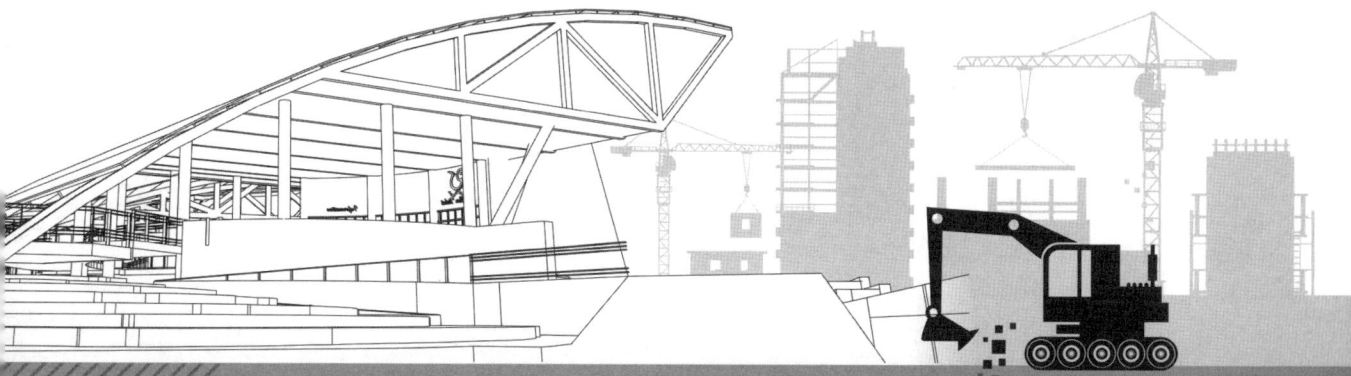

2023
건설공사 표준품셈

유지관리부문

제1장   공통
제2장   토목
제3장   건축
제4장   기계설비

제 1 장 공 통

1-1 토공사

1-1-1 비탈면 보강공('20년 신설)

1. 공용중인 도로 및 철도, 주거지 등에 인접하여 작업에 영향을 받는 비탈면 보강공사에 적용한다.

2. 장비 조립·해체
   '[공통부문] 3-5-5 비탈면 보강공 / 1.장비 조립·해체'를 적용한다.

3. 인력 및 장비 편성
   '[공통부문] 3-5-5 비탈면 보강공 / 2.인력 및 장비 편성'을 적용한다.

4. 작업소요시간

구 분	개 요	산출방법
T	작업소요시간	$T = t_1/f$
t_1	천공시간	$t_1 : \Sigma(L_1 \times a_1)$ L_1 : 지층별 굴착연장, a_1 : 지층별 굴착시간
f	작업계수	0.7

[주] ① 천공시간은 작업준비, 마킹, 천공, 보강재 삽입이 포함된 것으로 천공구경 105~127㎜ 사용을 기준한 것이다.
② 타 공종(토공사 등)과 간섭, 작업시간 통제 등 공사시간의 제약으로 작업시간의 현저한 저하가 예상되는 경우 작업계수를 조정하여 적용할 수 있다.
③ 철근을 보강재로 사용하기 위해 현장에서 가공이 필요한 경우, '[공통부문] 6-2 철근'을 참조하여 적용하며, 보강재 조립(접착판, 스페이서 등 부착)품은 다음과 같다.

(ton당)

구 분	단 위	수 량
철 근 공	인	0.66
보 통 인 부	인	0.33

○ 지층별 굴착시간(a_1)

(min/m)

구 분		토사	혼합층	풍화암	연암	보통암	경암
작업량	타격식	9.38	8.70	5.41	7.50	9.38	13.33

※ 혼합층은 케이싱을 사용할 수 없는 지반에서 자갈, 전석, 지하수로, 공동 등으로 인해 홀 막힘이 발생되는 경우에 적용한다.

5. 그라우팅

(일당)

구 분	규 격	단 위	수 량	시공량 (㎥)
보 링 공		인	1	
기 계 설 비 공		인	1	
특 별 인 부		인	2	3.0
그 라 우 팅 믹 서	190×2ℓ	대	1	
그 라 우 팅 펌 프	30~60ℓ/min	대	1	
고 소 작 업 차	5ton	대	1	

[주] ① 본 품은 고소작업차를 활용하여 경사면에 직접 시공하는 기준이다.
② 작업인력이 지반에 위치하여 작업하는 경우 고소작업차를 제외한다.
③ 물 공급을 위해 살수차 등의 장비가 필요한 경우 기계경비는 별도 계상한다.
④ 공구손료 및 경장비(발전기 등)의 기계경비는 인력품의 11%를 계상한다.
⑤ 소모재료(시멘트, 혼화재, 물)는 별도 계상한다.

1-1-2 지압판블록 설치('20년 신설)

(일당)

구 분	규 격	단 위	수 량	시공량(개소)
중 급 기 술 자		인	1	
보 링 공		인	1	
특 별 인 부		인	2	
보 통 인 부		인	2	9
크 레 인	-	대	1	
고 소 작 업 차	5ton	대	1	
강 연 선 인 장 기	60ton	대	1	

[주] ① 본 품은 비탈면에 앵커를 사용한 프리캐스트 콘크리트 블록(2ton이하) 설치 기준이다.
② 공용중인 도로 및 철도, 주거지 등에 인접하여 작업에 영향을 받는 비탈면 보강공사에 적용한다.
③ 비탈경사 1:1.5이하, 수직고 30m까지 기준이다.
④ 블록 인양 및 설치, 지압판 및 웨지 조립, 인장 작업을 포함한다.
⑤ 장비의 규격은 작업여건(작업범위, 위치 등)을 고려하여 변경할 수 있다.
⑥ 공구손료 및 경장비(절단기, 발전기 등)의 기계경비는 인력품의 6%로 계상한다.

1-1-3 비탈면 점검로 설치('02년 신설, '20년 보완)

(점검로 m당)

직 종	단 위	수 량
철 공	인	0.51
보 통 인 부	인	0.13
비 고	- 본 품은 수직고 30m까지를 기준한 것 이므로, 이를 초과하는 경우 매 10m증가마다 인력품을 10%씩 가산한다.	

[주] ① 본 품은 비탈면에 강관파이프 및 발판재(폭 90㎝이하)를 사용한 계단식 점검로 설치 기준이다.

② 본 품은 지주 및 보조기둥 설치, 점검로 난간 및 발판 조립을 포함한다.
③ 본 품은 비탈경사 1:1.0이하를 기준한 것으로, 1:1.0초과인 경우에는 본 품을 30%까지 감하여 적용할 수 있다.
④ 기초 터파기 및 콘크리트 타설은 별도 계상한다.
⑤ 현장여건상 크레인이 필요한 경우 별도 계상한다.
⑥ 공구손료 및 경장비(전동드릴, 절단기 등)의 기계경비는 인력품의 3%로 계상한다.

1-2 조경공사

1-2-1 일반전정('14, '19, '22년 보완)

(일당)

구 분			규 격	단위	수량	시공량 (주) 흉고직경						
						11cm 미만	11~21cm 미만	21~31cm 미만	31~41cm 미만	41~51cm 미만	51~61cm 미만	61cm 초과
인력 시공	낙엽수	조 경 공		인	2	36	22	13	-	-	-	-
		보 통 인 부		인	1							
	상록수	조 경 공		인	2	42	24	15	-	-	-	-
		보 통 인 부		인	1							
기계 시공	낙엽수	조 경 공		인	2	-	48	31	18	13	8	6
		보 통 인 부		인	1							
		고소작업차	3ton	대	1							
	상록수	조 경 공		인	2	-	56	35	22	15	10	7
		보 통 인 부		인	1							
		고소작업차	3ton	대	1							

[주] ① 본 품은 일반 공원 및 녹지대 등에서 수목의 정상적인 생육장애요인의 제거 및 외관적인 수형을 다듬기 위해 수행하는 전정작업 기준이다.
② 본 품은 작업준비, 전정, 뒷정리 작업을 포함한다.
③ 전정 후 외부 운반 및 폐기물처리비는 별도 계상한다.
④ 고소작업차 규격은 작업여건(위치, 높이 등)에 따라 변경할 수 있다.
⑤ 공구손료 및 경장비(전정기 등)의 기계경비는 인력품의 3%로 계상한다.

有權解釋

제목 1 조경 수목 관목 전정

질의문

신청번호 2204-028 신청일 2022-04-07
질의부분 공통 제4장 조경공사 4-5-1 일반 전정

관목 전정 관련 관목 전정이 일위대가에 ㎡로만 표기되어 있는데요.
[질의1]
한그루씩 떨어져 있는 관목은 품셈을 어떻게 적용해야 하는지요.
[질의 2]
관목 ㎡ 계산법은 전정하는 부분이 관목의 좌.우.앞.뒤. 윗부분 모두 하게 되면 면적계산은 전부 포함을 시키는 것인가요? 아니면 위부분 위 면적으로만 산출하는 건가요?

회신문

[답변1]
표준품셈 공통부문 "4-5-4 관목 전정"은 군식으로 식재된 관목의 전정 기준으로 ㎡당 단위로 품을 제시하고 있으며, 한 그루씩 떨어져 있는 관목에 대한 전정 기준은 별도로 정하고 있지 않습니다.
[답변2]
표준품셈 공통부문 "4-5-4 관목 전정"에서 단위 ㎡는 식재 면적을 대상으로 하고 있으며 위에서 바라본 평면 면적입니다.

제목 2 조경공사 품셈중 일반전정 개정 품이 뭘 의미하는 건가요!!

질의문

신청번호 2201-068 신청일 2022-01-17
질의부분 공통 제4장 조경공사 4-5-1 일반전정

*이번에 개정된 조경공사 품셈중 (4-5-1 일반전정 조경공 품이 0.06) 기존에서 개정 품이(36)으로 개정되었는데, 일위대가 작성 시 어떤식으로 적용을 시켜야 하나요!!
기존에는 '주당'으로 되어 있지만, 개정에는 '일당'으로 되어 있어서 무슨 의미로 해석해야 할지 알려주십시오.

회신문

2022년 표준품셈 공통부문 "4-5-1 일반전정"은 유지보수공사 특성에 맞게 일당 시공량 기준으로 개정되었습니다. 일당 시공량은 표준작업조의 인원들이 하루에 작업할 수 있는 시공량을 뜻합니다. 낙엽수 인력시공의 경우 표준작업조(조경공 2인, 보통인부 1인)가 흉고직경 11cm미만인 나무 대상으로 일당 36주 작업한다는 뜻입니다.

1-2-2 조형전정('22년 신설)

(일당)

구 분			규 격	단위	수량	시공량 (주)					
						흉고직경					
						11cm 미만	11~21cm 미만	21~31cm 미만	31~41cm 미만	41~51cm 미만	51~61cm 미만	61cm 초과
인력 시공	낙엽수	조 경 공		인	2	23	14	8				
		보 통 인 부		인	1							
	상록수	조 경 공		인	2	27	16	10				
		보 통 인 부		인	1							
기계 시공	낙엽수	조 경 공		인	2	-	31	20	12	8	5	4
		보 통 인 부		인	1							
		고소작업차	3ton	대	1							
	상록수	조 경 공		인	2	-	36	23	14	10	7	5
		보 통 인 부		인	1							
		고소작업차	3ton	대	1							

[주] ① 본 품은 일반 공원 및 녹지대 등에서 조형적인 수형을 형성하기 위해 정상적인 생육장애요인의 제거와 미적요소(구형, 반구형 등)를 고려하여 전정가위 등으로 수형을 다듬는 전정작업 기준이다.
② 본 품은 작업준비, 전정, 뒷정리 작업을 포함한다.
③ 특수관리가 필요한 수목(문화재보호수 등), 특수 조형물 형상(예술작품 등) 전정 등은 별도 계상한다.
④ 전정 후 외부 운반 및 폐기물처리비는 별도 계상한다.
⑤ 고소작업차 규격은 작업여건(위치, 높이 등)에 따라 변경할 수 있다.
⑥ 공구손료 및 경장비(전정기 등)의 기계경비는 인력품의 2%로 계상한다.

1-2-3 가로수 전정('03년 신설, '14, '19, '22년 보완)

(일당)

구 분		규 격	단위	수량	시공량 (주)					
					흉고직경					
					11cm 미만	11~21cm 미만	21~31cm 미만	31~41cm 미만	41~51cm 미만	51~61cm 미만	61cm 초과
약 전 정	조 경 공		인	2	31	21	16	12	10	8	7
	보 통 인 부		인	2							
	고소작업차	3ton	대	1							
강 전 정	조 경 공		인	2	19	14	10	8	7	6	5
	보 통 인 부		인	2							
	고소작업차	3ton	대	1							
조형전정	조 경 공		인	2	17	12	9	7	6	4	3
	보 통 인 부		인	2							
	고소작업차	3ton	대	1							

[주] ① 본 품은 가로수(낙엽수)를 전정하는 기준이다.

② 작업구분은 수종별, 형상별 등 필요에 따라 다음을 참고하여 적용한다.

구분	적용기준
약전정	- 수관내의 통풍이나 일조 상태의 불량에 대비하여 밀생된 부분을 솎아내거나 도장지 등을 잘라내어 수형을 다듬는 시공
강전정	- 굵은 가지 솎아내기 및 장애지 베어내기 등으로 수형을 다듬는 시공
조형전정	- 가로수의 미적인 형태를 살리기 위해 정상적인 생육장애요인의 제거와 미적요소(사각전정 등)를 고려하여 수형을 다듬는 시공

③ 본 품은 작업준비, 전정 및 전정 후 뒷정리 작업을 포함한다.
④ 전정 후 외부 운반 및 폐기물처리비는 별도 계상한다.
⑤ 고소작업차 규격은 작업여건(위치, 높이 등)에 따라 변경할 수 있다.
⑥ 공구손료 및 경장비(전정기 등)의 기계경비는 인력품의 3%로 계상한다.

1-2-4 관목 전정('14년 신설, '19, '22년 보완)

(일당)

구 분	단 위	수 량	시공량 (식재면적 ㎡)	
			나무높이	
			0.9m 미만	0.9m 이상
조 경 공	인	2	540	330
보 통 인 부	인	1		

[주] ① 본 품은 군식으로 식재된 관목의 전정 기준이다.
② 본 품은 작업준비, 전정 및 전정 후 뒷정리 작업을 포함한다.
③ 본 품은 인력에 의한 작업을 기준한 것이며, 고소작업차가 필요한 경우 기계경비는 별도 계상한다.
④ 전정 후 외부 운반 및 폐기물처리비는 별도 계상한다.
⑤ 공구손료 및 경장비(전정기 등)의 기계경비는 인력품의 3.5%를 계상한다.

1-2-5 수간보호('14, '19, '22년 보완)

(일당)

구 분		단 위	수 량	시공량 (주)				
				흉고직경				
				11cm 미만	11~21cm 미만	21~31cm 미만	31~41cm 미만	41~51cm 미만
수간보호 (조 형)	조 경 공	인	2	24	13	6	3	2
	보통인부	인	1					
수간보호 (일 반)	조 경 공	인	2	38	24	16	11	8
	보통인부	인	1					

[주] ① 본 품은 수간보호재로 교목의 줄기를 감싸주는 기준이다.
② 작업구분은 수종별, 형상별 등 필요에 따라 다음을 참고하여 적용한다.

구분	적용기준
수간보호 (조형)	- 교목의 조형미를 고려하여 줄기(주간, 주지 등)를 수형에 맞게 보호재로 감싸주는 기준이다.
수간보호 (일반)	- 동절기 동해 예방 및 햇볕, 건조에 의하여 발생하는 피소현상을 예방하고 병충해 방제를 목적으로 수간에 녹화마대 등으로 감싸주는 기준으로 지표로부터 1.5m 높이까지 설치 기준이다.

1-2-6 줄기싸주기('22년 신설)

(일당)

구분	단위	수량	시공량 (주)				
			흉고직경				
			11cm 미만	11~21cm 미만	21~31cm 미만	31~41cm 미만	41~51cm 미만
조경공	인	2	85	68	54	42	30
보통인부	인	1					

[주] ① 본 품은 수목의 보온유지 및 해충들의 동면장소 제공을 위해 짚이나 새끼 등으로 나무기둥에 설치하는 기준이다.
② 설치폭은 30cm~45cm를 설치하는 기준이다.

1-2-7 인력관수('19, '22년 보완)

(일당)

구분	단위	수량	시공량 (주)				
			흉고직경				
			10cm미만	10~20cm미만	20~30cm미만	30~40cm미만	40cm이상
보통인부	인	1	33	25	17	13	10

[주] 본 품은 인력에 의한 교목관수 기준이다.

1-2-8 살수차관수('19, '22년 보완)

(일당)

구 분	규격	단위	수량			시공량 (식재면적 ㎡)		
			소형장비	중형장비	대형장비	소형장비	중형장비	대형장비
보 통 인 부		인	1	1	1	700	1,100	2,200
물탱크(살수차)	1,800L	대	1					
물탱크(살수차)	3,800L	대		1				
물탱크(살수차)	5,500~6,500L	대			1			
비 고	이동거리가 5km를 초과하면 5km마다 다음을 가산한다.							

구 분	1,800ℓ	3,800ℓ	5,500~6,500ℓ
물탱크(살수차)	0.07h/100㎡		0.04h/100㎡

[주] 살수차의 운전시간에는 급수시간 및 1회당 5km까지의 이동시간을 포함한다.

1-2-9 제초('14, '19, '22년 보완)

(일당)

구 분	단위	수량	시공량 (㎡)	
			일반 잔디지역	지장물 지역
조 경 공	인	1	1,400	1,000
보 통 인 부	인	5		

[주] ① 본 품은 인력으로 잡초를 제거하는 기준이다.
② 지장물 지역은 정기적으로 제초작업이 진행되지 않아 대상지역 잡초의 밀도가 높거나, 지장물(초화류, 관목류 등)이 많은 지역을 의미한다.
③ 제초 및 뒷정리를 포함한다.
④ 외부 운반 및 폐기물처리비는 별도 계상한다.

1-2-10 잔디깎기('14, '19, '22년 보완)

(일당)

구 분		단위	수량	시공량 (㎡)
배 부 식	특 별 인 부	인	3	3,300
	보 통 인 부	인	1	
핸 드 가 이 드 식	특 별 인 부	인	1	4,000
	보 통 인 부	인	1	
비 고	잔디깎기의 연간 시공횟수를 기준으로 다음의 할증을 적용한다.			

구 분	연1회	연2회	연3회 이상
시공량 할증률	-30%	-20%	-

[주] ① 본 품은 기계를 사용하여 잔디를 연3회 이상 깎는 기준이다.

② 잔디깎기, 풀 모으기 및 적재 작업을 포함한다.
③ 외부 운반 및 폐기물처리비는 별도 계상한다.
④ 공구손료 및 경장비의 기계경비는 다음의 요율을 적용한다.

구 분	배부식 기계	핸드가이드식 기계
공구손료 및 경장비의 기계경비	인력품의 8%	인력품의 7%

有權解釋

제목 1 2022년 개정된 잔디깍기 일위대가 문의

질의문

신청번호 2207-044 신청일 2022-07-12
질의부분 공통 제4장 조경공사 4-5-10 잔디깎기

잔디깍기 일위대가 질의드립니다.
질의내용 1> 위에 표기된 배부식 잔디깍기 금액 710,815원이 3,300㎡을 3번 깍는 금액인지요 한번깍는 금액인지요.
질의내용 2> 한번 깍는 금액이라는 전제하에 아래 할증 적용은 깍는 회차별 감액할증이 아닌 증액 할증이 되어야 맞는게 아닌지요.

회신문

답변1. 2022년 표준품셈 공통부문 "4-5-10 잔디깎기"는 연 3회 이상 풀을 깎고 제거하는 기준으로 유지보수공사 특성에 맞게 일당 시공량 기준으로 개정되었습니다. 배부식의 경우 연 3회 시공 시 표준작업조(특별인부 3인, 보통인부 1인)가 일당 3,300㎡를 시공하는 기준입니다.
답변2. 표준품셈 공통부문 "4-5-10 잔디깎기"에서 연 1회 시공 시 일당 시공량 3,300㎡에 -30%의 할증률을 적용한 것으로 일당 시공량은 3,300㎡×(100-30%)=2,310㎡입니다.
일당 시공량이 높을수록 생산성이 높은 것이며, 현장조사 결과 연 1회, 연 2회 작업이 연 3회 작업보다 생산성이 떨어짐으로 일당 시공량을 감산한 것입니다.

제목 2 2022년 조경공사 풀베기 품셈 질문

질의문

신청번호 2201-071 신청일 2022-01-18
질의부분 공통 제4장 조경공사 4-5-10 잔디깎기

개정된 조경공사 품셈 관련하여 4-5-10 잔디깎기 품셈에서 배부식 기계를 사용하는 경우 시공량 3,300㎡과 4-5-11 예초 품셈을 이용하여 풀베기를 하였을 경우 시공량 2,500㎡으로 차이가 있습니다.(예초 품셈은 배부식 기계를 사용하는 기준이다.)
배부식 기계를 사용하여 풀베기를 하였을 경우 잔디깎기 품셈과 예초 품셈 중 어느 것을 적용하여야 하는 것이 맞는 것이며 둘의 차이점이 무엇인지 시공량이 차이가 발생하는 이유는 무엇인지에 대해서 질문드립니다.

회신문

표준품셈 공통부문 "4-5-10 잔디깎기"는 잔디밭의 잔디를 기계를 이용하여 깍는 기준이며, "4-5-11 예초"는 배부식 기계로 풀을 깎는 기준입니다. 잔디깎기와 예초의 품이 다른 이유는 깎는 대상이 잔디와 일반 풀로 다르기 때문이며 현장조사 결과 제시된 기준입니다.

1-2-11 예초('13년 신설, '19, '22년 보완)

(일당)

구 분	단 위	수 량	시공량 (㎡)
특 별 인 부	인	3	2,500
보 통 인 부	인	1	

비 고
- 예초의 연간 시공횟수를 기준으로 다음의 할증을 적용한다.

구 분	연1회	연2회	연3회 이상
시공량 할증률	-30%	-20%	-

- 경사구간에서는 다음의 할증을 적용한다.

구 분	경사도 25°이상
시공량 할증률	-10%

[주] ① 본 품은 배부식기계를 사용하여 연3회 이상 풀을 깎고 제거하는 기준이다.
② 풀 모으기 및 제거는 인력에 의한 풀 모으기 및 적재작업을 기준하며 외부 운반, 폐기물처리비는 별도 계상한다.
③ 공구손료 및 경장비(예초기 등)의 기계경비는 인력품의 6%로 계상한다.

有權解釋

제목 1 예초 경사도 시공량 할증률 문의

질의문
신청번호 2209-031 신청일 2022-09-08
질의부분 공통 제4장 조경공사 4-5-11 예초

예초 품셈 중 경사구간 할증 문의드립니다. 21년 품셈에서는 같은 25도이상 경사구간에 할증률을 10%를 가산하도록 되어 있었는데, 22년 품셈에서는 (-)부호가 붙어서 감산하도록 되어 있습니다. 왜 이렇게 기준이 바뀐 것인지 문의드립니다.

회신문
표준품셈 공통부문 "4-5-11 예초"에서 경사 할증률 -10%는 일당시공량에 -10%를 적용하시면 됩니다. 경사지 기준으로 연 3회 시공할 경우 일당 시공량 2,500㎡에 -10%를 적용하시어 (2,500㎡×90%)를 적용하시면 됩니다. 이는 경사가 있을 경우 일당 작업할 수 있는 시공량이 줄어들기 때문에 주는 할증율 입니다.

제목 2 예초에 대한 질의

질의문
신청번호 2207-108 신청일 2022-07-29
질의부분 공통 제4장 조경공사 4-5-11 예초

설계내역서상 예초(연 2회), 설계 면적 : 263,930㎡입니다[발주청의 연 2번(상반기 1번, 하반기 1번) 위 면적을 예초토록 지침]

품셈에 의거하여 연 2회(시공량 할증률 -20% 적용) 단가를 ㎡당 단가로 환산하여 1㎡당 376원이 나왔습니다. 위와 관련하여 예초 면적 263,930㎡를 1㎡당 376원으로 연 2번 깍기를 적용해야 할지? 예초 면적 263,930㎡를 한번 깍을때 마다 1㎡당 376원을 적용해야 할지?

> 회신문

2022년 표준품셈 공통부문 "4-5-11 예초"는 연 3회 이상 풀을 깎고 제거하는 기준으로 유지보수공사 특성에 맞게 일당 시공량 기준으로 개정되었습니다.
표준 작업조(특별인부 3인, 보통인부 3인) 기준으로 연 3회 시공 시 일당 시공량 2,500㎡을 적용하시면 되며, 연 2회 작업 시 일당 시공량은 2,500㎡에 -20% 할증률을 적용한 것으로 2,500㎡*(100-20)% = 2000㎡입니다. 특별인부 3인, 보통인부 3인의 작업조가 연 2회 예초작업 시 하루에 2,000㎡를 시공할 수 있다는 의미입니다.
연 1회 시공할 경우 일당 시공량은 2,500㎡에 할증률 -30%를 적용하여(2500*70%) 1,750㎡을 적용하시면 됩니다. 연 2회 시공시 각 횟수별로 일당 시공량 2,000㎡를 각각 적용하시면 되며, ㎡당 투입 기준은 환산하여 적용하시기 바랍니다.

제목 3 조경공사의 예초항목 관련하여 질의

> 질의문

신청번호 2201-049 신청일 2022-01-12
질의부분 공통 제4장 조경공사 4-5-11 예초

2022년 표준품셈 제4장 조경공사 관련하여 현재 예초항목의 품셈 관련 '비고' 란에 보면 연 1회와 연 2회에서 감한다는 뜻으로 보이는 '-'가 할증률 앞에 붙어 있으며, 경사도 25º 또한 마찬가지로 음수처리가 되어 있는데, 통상적으로 생각하였을 때 2회차, 3회차 작업은 이미 1회차 예초를 시행하여 지반표면이 작업을 하기에 더 원활한 상태이고, 추후 작업이 더 쉬울 것으로 생각되어 연 1회, 연 2회 작업에서 연 3회보다 감산이 아닌 가산을 하는 것이 맞다고 생각되고, 경사도 또한 마찬가지로, 경사가 있을수록 작업의 난이도가 더 높으며, 경사까지 보정한 면적을 고려하였을 때 감산이 아닌 가산을 하는 것이 맞다고 생각됩니다.
이전 표준품셈에서도 경사지역 및 정기적인 예초작업이 진행되지 않은 곳에 관련해서 가산을 한다고 명시되어 있는데, 현재 표준품셈에서 오타가 난 것인지 아니면 제가 해석을 잘못한 것인지 답변 부탁드리겠습니다.

> 회신문

2022년 표준품셈 공통부문 "4-5-11 예초"는 연 3회 이상 풀을 깎고 제거하는 기준으로 유지보수공사 특성에 맞게 일당 시공량 기준으로 개정되었습니다. 일당 시공량은 표준작업조의 인원들이 하루에 작업할 수 있는 시공량을 뜻합니다. 일당 시공량이 높을수록 생산성이 높은 것이며, 현장조사 결과 연 1회, 연 2회 작업이 연 3회 작업보다 생산성이 떨어짐으로 일당 시공량을 감산한 것입니다. 경사지도 마찬가지로 경사도 25도 이상인 경우 생산성이 떨어지므로 경사도 25도 이상의 구간에서는 일당시공량을 감산하는 것입니다. 또한 여기서 할증은 품(투입인부)에 적용하는 것이 아닌 일당 시공량에 적용하는 것입니다.

1-2-12 교목시비(喬木施肥)('14, '22년 보완)

(일당)

구 분		단위	수량	시공량 (주)					
				근원직경					
				11cm 미만	11~21cm미만	21~31cm미만	31~41cm미만	41~51cm미만	51cm 이상
환상시비	조 경 공	인	2	76	61	51	44	38	34
	보 통 인 부	인	1						
방사형시비	조 경 공	인	2	100	82	69	59	52	46
	보 통 인 부	인	1						

[주] ① 본 품은 터파기, 비료포설, 되메우기 작업을 포함한다.
② 작업구분은 수종별, 형상별 등 필요에 따라 다음을 참고하여 적용한다.

구분	적용기준
환상시비	- 뿌리가 손상되지 않도록 뿌리분 둘레를 깊이 0.3 m, 가로 0.3 m, 세로 0.5 m 정도로 흙을 파내고 소요량의 퇴비(부숙된 유기질비료)를 넣은 후 복토한다.
방사형시비	- 1회시에는 수목을 중심으로 2개소에, 2회시에는 1회시비의 중간위치 2개소에 시비 후 복토한다.

③ 비료의 종류, 수량은 토양의 상태, 수종, 수세 등을 고려하여 결정한다.

1-2-13 관목시비(灌木施肥)('22년 보완)

(일당)

구 분	단 위	수 량	시공량 (㎡)
조 경 공	인	2	300
보 통 인 부	인	1	

[주] ① 본 품은 군식 관목 기준이다.
② 비료의 종류, 수량은 토양의 상태, 수종, 수세 등을 고려하여 결정한다.

1-2-14 잔디시비('22년 보완)

(일당)

구 분	규격	단 위	수 량	시공량 (㎡)
조 경 공		인	2	22,500
보 통 인 부		인	1	
트 럭	2.5ton	대	1	

[주] ① 본 품은 화학비료의 살포가 300~700kg/10,000㎡인 경우 기준이다.
② 현장조건, 살포조건에 따라 살포량이 다를 때는 본 품의 20%범위 내에서 증감할 수 있다.
③ 비료량은 별도 계상한다.

1-2-15 약제살포(기계)('19, '22년 보완)

(일당)

구 분	규격	단위	수량	시공량 (ℓ)
조 경 공		인	1	2,600
보 통 인 부		인	1	
동 력 분 무 기	4.85kW	대	1	
덤 프 트 럭	2.5ton	대	1	

[주] ① 본 품은 배합된 액체형 약제를 동력분무기를 사용하여 수목류에 살포 하는 기준이다.
② 본 품은 약제배합, 살포 및 뒷정리 작업을 포함한다.
③ 약재와 배합되는 물공급은 별도 계상한다.
④ 작업여건(동력분무기의 살포범위를 벗어나는 경우)에 따라 고소작업 차가 필요한 경우에는 기계경비를 별도 계상한다.

1-2-16 약제살포(인력)('18년 신설, '19, '22년 보완)

(일당)

구 분	단위	수량	시공량 (㎡)
조 경 공	인	1	2,000

[주] ① 본 품은 배합된 액체형 약제(100㎡당 20L)를 인력으로 잔디에 살포하는 기준이다.
② 약제배합, 살포 및 뒷정리 작업을 포함한다.
③ 약재와 배합되는 물공급은 별도 계상한다.

1-2-17 방풍벽 설치(거적세우기)('14년 신설, '22년 보완)

(일당)

구 분	단위	수량	시공량 (m)	
			설치높이 0.45m	설치높이 0.9m
조 경 공	인	2	350	250
보 통 인 부	인	1		

[주] ① 본 품은 도로인접구간에 식재된 관목의 염해방지 및 방풍을 위해 거적을 세워 설치하는 기준이다.
② 본 품은 지지대 및 지지철선 설치, 거적 설치, 고정 및 마무리 작업을 포함한다.

1-2-18 은행나무 과실채취('22년 신설)

(일당)

구 분	규 격	단 위	수 량	시공량 (주)					
				흉고직경					
				11cm 미만	11~21cm 미만	21~31cm 미만	31~41cm 미만	41~51cm 미만	51~61cm 미만	61cm 초과
조 경 공		인	2	46	31	23	17	15	14	10
보 통 인 부		인	4						
고 소 작 업 차	3ton	대	1						
비 고		지속적인 대상수목의 관리(전정작업 등)이 이루어지지 않았거나, 민원발생 등으로 인해 단독 수목을 시공하는 경우에는 본 시공량의 30%를 감하여 적용한다.								

[주] ① 본 품은 지속적인 전정 작업이 수행된 구간의 은행나무 가로수 과실채취 기준이다.
② 본 품은 작업준비, 은행 털어내기, 뒷정리 작업을 포함한다.
③ 과실채취 후 외부 운반 및 폐기물처리비는 별도 계상한다.

1-3 철근콘크리트공사

1-3-1 콘크리트 균열 보수(표면처리공법)('21년 보완)

(일당)

구 분	단 위	수 량	시공량(m)
미 장 공	인	1	110

[주] ① 본 품은 콘크리트 구조물의 균열에 표면처리재를 사용하여 보수하는 품이다.
② 본 품은 균열부위 청소(와이어브러쉬), 표면처리재 배합, 표면처리 바름을 포함한다.
③ 균열폭은 10㎜까지를 기준으로 한 것이며, 균열의 폭이나 형태가 다양하여 본 품에 준할 수 없을 때에는 적의 산출할 수 있다.
④ 공구손료 및 경장비(믹서 등)의 기계경비는 인력품의 2%로 계상한다.
⑤ 주재료(표면처리재)는 설계수량에 따르며, 잡재료 및 소모재료는 주재료의 5%까지 계상한다.
⑥ 현장 여건상 고소작업 등의 인력인상에 장비가 필요할 시 기계경비는 별도 계상한다.

有權解釋

제목 콘크리트 균열보수 표면처리공법 수량 단위 기준 문의

질의문
신청번호 2211-039 신청일 2022-11-11
질의부분 공통 제6장 철근콘크리트공사 6-8-1 콘크리트균열보수(표면처리공법)

콘크리트 균열보수(표면처리공법)과 관련하여, 공사 시공 단위 기준이 m로 되어 있어 균열 연장을 적용하면 되는데, 시공 폭을 얼마로 해야 하는지 문의드립니다.

- 첫번째 문의사항 연관으로 정밀 안전점검용역 결과 콘크리트 백태나 망상 균열부에 표면처리공법을 적용하라는 결과가 도출되었는데, 면적으로 산출되어 있어, 품셈기준(산출기준 : m)과 상이합니다. 콘크리트 균열 보수(표면처리공법)에 균열부위 청소는 와이어브러쉬로 되어 있습니다. 만약 보수부위에 대한 바탕면 연마(그라인딩)이 필요하다면, 별도로 반영이 가능한지 문의드립니다.

회신문
표준품셈 공통부문 "6-8-1 콘크리트 균열보수(표면처리공법)"은 일반적으로 미세균열을 보수하기 위한 공법이나, 균열폭 10㎜까지를 기준으로 조사된 품입니다.
표준품셈 공통부문 "6-8-1 콘크리트 균열보수"는 일당 시공량 110m를 보수하기 위한 소요인력을 제시하고 있으며, 균열폭 10㎜이하의 표면처리공법으로 보수한 현장을 기준으로 조사되었으며(균열부위 m당), ㎡당 투입 기준은 정하고 있지 않습니다.
또한 "6-8-1 콘크리트 균열보수(표면처리공법)"은 와이어브러쉬를 활용하여 균열부위를 청소하는 기준으로 바탕면을 그라인더로 연마하는 작업은 포함하고 있지 않습니다.

1-3-2 콘크리트 균열 보수(주입공법)('21년 보완)

(일당)

구 분	단 위	수 량	시공량(m)
특 별 인 부	인	2	28
보 통 인 부	인	1	

[주] ① 본 품은 콘크리트 구조물의 균열에 Epoxy 주입제를 사용하여 보수하는 품이다.
② 본 품은 균열부위 청소(와이어브러쉬), 좌대설치, 주입재 주입, 주입량 확인 및 양생, 좌대 제거 및 마무리 작업을 포함한다.
③ 균열폭은 10㎜까지를 기준으로 한 것이며, 균열의 폭이나 형태가 다양하여 본 품에 준할 수 없을 때에는 적의 산출할 수 있다.
④ 공구손료 및 경장비(주입장치 등)의 기계경비는 인력품의 2%로 계상한다.
⑤ 주재료(Epoxy 주입재)는 설계수량에 따르며, 잡재료 및 소모재료는 주재료의 5%까지 계상한다.
⑥ 현장 여건상 고소작업 등의 인력인상에 장비가 필요할 시 기계경비는 별도 계상한다.

1-3-3 콘크리트 균열 보수(패커주입공법)('21년 신설)

(일당)

구 분	단 위	수 량	시공량(m)
특 별 인 부	인	3	24
보 통 인 부	인	1	

[주] ① 본 품은 콘크리트 구조물을 천공하여 패커를 설치하고 지수발포재를 사용하여 보수하는 품이다.
② 본 품은 균열부위 청소(와이어브러쉬), 천공 및 패커설치, 주입재 주입, 주입량 확인 및 양생, 패커 제거 및 마무리 작업을 포함한다.
③ 균열폭은 10㎜까지를 기준으로 한 것이며, 균열의 폭이나 형태가 다양하여 본 품에 준할 수 없을 때에는 적의 산출할 수 있다.
④ 공구손료 및 경장비(천공기, 주입기(인젝터) 등)의 기계경비는 인력품의 3%로 계상한다.
⑤ 주재료(지수발포재)는 설계수량에 따르며, 잡재료 및 소모재료는 주재료의 5%까지 계상한다.
⑥ 현장 여건상 고소작업 등의 인력인상에 장비가 필요할 시 기계경비는 별도 계상한다.

1-3-4 콘크리트 균열 보수(충전공법)('21년 보완)

(일당)

구 분	단 위	수 량	시공량(m)
특 별 인 부	인	1	23
보 통 인 부	인	1	

[주] ① 본 품은 각종 콘크리트 구조물의 균열에 U형 또는 V형으로 컷팅한 후 충전재를 사용하여 보수하는 품이다.
② 균열폭은 10㎜까지를 기준으로 한 것이며, 균열의 폭이나 형태가 다양하여 본 품에 준할 수 없을 때에는 적의 산출할 수 있다.
③ 공구손료 및 경장비의 기계경비는 인력품의 3%로 계상한다.
④ 주재료(충전재)는 설계수량에 따르며, 잡재료 및 소모재료는 주재료의 5%까지 계상한다.
⑤ 현장 여건상 인력인상에 장비가 필요할 시 기계경비는 별도 계상한다.

1-3-5 콘크리트 단면처리('21년 신설)

(일당)

구 분	단 위	수 량	시공량(㎡)
특 별 인 부	인	3	81
보 통 인 부	인	1	

[주] ① 본 품은 콘크리트 표면의 보수를 위해 콘크리트면을 그라인더로 연마(견출)하고, 표면을 모르타르로 미장하여 마감하는 기준이다.
② 본 품은 보수부위 확인, 보수부위 바탕면 연마(그라인더를 활용한 견출작업), 연마면 와이어 브러쉬 청소, 보수부위 모르타르 바름, 쇠흙손 마감 작업을 포함한다.
③ 콘크리트 표면의 보수(견출) 두께는 10mm 이하를 기준하며, 보수 대상 표면의 두께나 형태가 다양하여 본 품에 준할 수 없을 때에는 적의 산출할 수 있다.
④ 공구손료 및 경장비(그라인더, 배합기 등)의 기계경비는 인력품의 3%로 계상한다.
⑤ 현장 여건상 인력 인상에 장비(고소작업차 등)가 필요할 시 기계경비는 별도 계상한다.

有權解釋

제목 1 콘크리트 단면처리('21년 신설)에 대해 질의

질의문
신청번호 2104-095 신청일 2021-04-22
질의부분 공통 제6장 철근콘크리트공사 6-8-5 콘크리트 단면처리

표준품셈 공통부분 6-8-5 단면처리('21년 신설)관련 교량, 터널, 복개 등 콘크리트면 표면보수에 '21년 신설된 표준품셈 공통부분 6-8-5 단면처리를 적용하려 합니다.
위 품(6-8-5 단면처리)의 (주) 1에 의하면 본 품은 콘크리트면의 보수를 위해 콘크리트면을 그라인더로 연마(견출)하고, 표면을 모르타르로 미장하여 마감하는 기준이다. 라고 되어 있습니다.
[질의 내용]
위 품에는 표면보수(콘크리트 중성화방지 등을 위해 최종적으로 표면보수 재로 마감 코팅하는 것)에 대한 품이 포함되어 있는지?

위 표준품셈 공통부분 6-8-5 단면처리 품은 표면보수를 위한 전처리(연마)에 대한 품으로 보아서 표면보수(콘크리트 중성화방지 등을 위해 최종적으로 표면보수 재로 마감 코팅하는 것 일체)품을 별도로 계상해야 되는지?

회신문

표준품셈 공통부문 "6-8-5 콘크리트 단면처리"에는 콘크리트 표면의 보수를 위해 그라인더 연마, 표면 모르타르 미장 마감하는 기준입니다. 보수 부위 확인, 보수 부위 바탕면 연마, 연마면 와이어 브러쉬 청소, 보수 부위 모르타르 바름, 쇠흙손 마감 작업을 포함하고 있으며, 표면보수재 마감코팅은 포함하고 있지 않습니다.

제목 2 콘크리트 단면처리 품에 대해 문의

질의문

신청번호 2104-033 신청일 2021-04-08
질의부분 공통 제6장 철근콘크리트공사 6-8-5 콘크리트 단면처리

표준품셈 공통부문 6-8-5 콘크리트 단면처리('21년 신설)관련 터널 등 콘크리트 표면보수 전 바탕만들기 공종에 대해 기존 건축 11-1-1 콘크리트, 모르타르면 바탕만들기 품을 적용해 왔었는데, 공통부문 6-8-5 콘크리트 단면처리 품이 '21년에 신설되어 기존 바탕만들기에 적용이 가능한지 검토 중에 있습니다.
콘크리트 표면보수 전 작업은 주로 그라인딩, 물세척, 볼륨조정(콘크리트 곰보자국을 평탄하게 메꾸는 것)이 이루어지는데 이를 6-8-5 단면처리 품으로 적용이 가능한지 궁금합니다.
신설된 콘크리트 단면처리 품을 보면 그라인더로 연마, 청소, 모르타르 바름(견출 10mm 이하)이 포함되는데 모르타르 바름을 볼륨조정 작업으로 볼 수 있는지에 대한 해석에 다소 어려움이 있습니다.(해당 품이 바탕만들기인지, 아니면 10mm 이하의 단면복구로 봐야 하는지.)
해당 콘크리트 단면처리 품이 어떤 공종을 대상으로 만들어졌는지에 대한 적용 가능 범위도 문의드립니다.

회신문

표준품셈 공통부문 "6-8-5 콘크리트 단면처리"는 콘크리트 표면의 보수를 위해 그라인더 연마, 표면 모르타르미장 마감하는 기준입니다. 보수 부위 확인, 보수 부위 바탕면 연마, 연마면 와이어브러쉬 청소, 보수 부위 모르타르 바름, 쇠흙손 마감 작업을 포함하고 있으며, 표면의 보수 두께는 10mm 이하를 대상으로 하고 있습니다.
표준품셈 건축부문 "11-1-1 콘크리트, 모르타르면 바탕만들기"는 하도바름 전 콘크리트, 모르타르면의 바탕만들기 기준이며, 바탕만들기, 퍼티 및 연마작업이 포함되어 있으며, 콘크리트 견출 및 마감미장, 프라이머 바름은 별도 계상하도록 되어 있습니다.

> **監査**
>
> **제목** 콘크리트구조물에 대한 단면보수 두께 부족 시공
>
> **내용**
> 공사설계서(공사시방서, 물량내역서)에 따르면 도로시설물의 콘크리트가 일부 박락되고 철근이 노출된 경우 콘크리트 표면을 깊이 30mm까지 쪼아내고 노출된 철근의 녹제거 및 방청처리 후 단면보수하도록 되어있다. 그런데 합동으로 콘크리트 단면보수 완료 부분에 코아 두께를 측정하고, 계약상대자(현장대리인) 진술 등을 통해 두께를 확인한 결과, 00년에 시행한 ○○공단IC는 단면보수 면적 184.4m² 중 147m²(79.7%)를 두께 20mm로 시공하였으며, **년에 시행한 ○○교는 단면보수 면적 71.8m² 전부를 두께 5mm로 시공, ○○IC는 37.5m²중 26m²(56%)를 두께 10mm로 시공한 것으로 확인되었다. 그리고 단면보수의 시공 두께가 20mm 이하인 것은 철근이 노출되지 않았기 때문에 철근의 녹 제거 및 방청처리도 하지 않은 것으로 나타났다.
> 위와 같은 결과로 "00년 도로시설물 일상유지 보수공사"에서 10,529천원이 과다 지급되었고, "**년 도로시설물 일상유지 보수공사"에서 16,296천원이 과다 지급된 결과가 초래되었다.
>
> **조치할 사항**
> 0000시 ****사업소장은 **년 및 **년 도로시설물 일상유지 보수공사를 하면서 단면보수 두께를 설계규격보다 부족하게 시공하고도 설계대로 시공한 것으로 준공 처리하여 과다 지급된 공사비 26,825천원은 환수조치 또는 재시공하시기 바라며, 교량 콘크리트의 단면보수 두께를 설계도서와 다르게 시공하여 보완시공이 필요한 결과를 초래한 건설업자 및 건설기술자에 대하여 건설기술진흥법 시행령 제87조 제5항에 따라 벌점을 부과하시기 바람(통보)
> 또한 공사감독업무를 소홀히 하여 콘크리트 단면보수 두께가 설계 규격보다 작게 시공되었는데도 설계대로 시공한 것으로 준공처리하여 공사비 26,825천원을 과다 지급한 관련 공무원은 훈계 등 조치바람

1-3-6 콘크리트 단면복구('21년 신설)

(일당)

구 분	단 위	수 량	시공량(m²)
특 별 인 부	인	3	9
보 통 인 부	인	1	

[주] ① 본 품은 콘크리트 단면의 복구를 위해 콘크리트면을 치핑하고, 표면을 모르타르로 미장하여 마감하는 기준이다.
② 본 품은 보수부위 확인, 보수부위 파쇄(콘크리트 단면 치핑), 파쇄면 고압 물세척, 프라이머 바름, 보수부위 모르타르 바름, 바름면 쇠흙손 마감, 복구면 표면 코팅재 바름 작업을 포함한다.
③ 콘크리트 표면의 보수(파쇄) 두께는 50mm 이하를 기준하며, 보수 대상 표면의 두께나 형태가 다양하여 본 품에 준할 수 없을 때에는 적의 산출할 수 있다.
④ 공구손료 및 경장비(치핑기, 동력분무기, 배합기 등)의 기계경비는 인력품의 4%로 계상한다.
⑤ 단면의 보강을 위해 보강재(탄소섬유, 철판, 와이어매쉬 등)를 삽입하는 경우는 별도계상한다.
⑥ 현장 여건상 인력 인상에 장비(고소작업차 등)가 필요할 시 기계경비는 별도 계상한다.

有權解釋

제목 1 콘크리트 단면복구 문의

질의문

신청번호 2202-106 신청일 2022-02-28
질의부분 공통 제6장 철근콘크리트공사 6-8-6 콘크리트단면복구

2022 공통품셈 6-8-6 콘크리트 단면복구의 품을 보면 (일당) 특별인부: 3인(시공량 9㎡), 보통인부: 1인(시공량 9㎡)이라고 되어 있습니다.
보통 수량(면적) 당 투입 0인 이런 식으로 되어 있는 경우와 달리, (일당)이라는 전제조건이 붙어 있는 경우 1일 시공량(9㎡) 미만의 물량(ex. 시공량 5㎡)을 작업할 경우 최소 1일 작업분에 대한 투입 인원(특별인부 3인, 보통인부 1인)을 보존해 주라는 의미로 해석하면 될까요?

회신문

표준품셈 공통부문 "6-8-6 콘크리트 단면복구"는 유지보수공사 특성에 맞게 일당 시공량 기준으로 제시되고 있습니다.
건설공사 표준품셈에서 '일당 시공량'으로 제시하는 품은 해당 작업을 위하여 요구되는 효율적인 작업조(인력 및 장비)의 조합에 따라 1일(8시간 기준)간 시공할 수 있는 작업량을 제시한 사항으로 본 품에서 제시하는 장비 및 인력조합으로 작업하는 평균적인 시공량을 의미하며, 현장여건에 따라 실제 시공에서 시공량 미만 혹은 초과가 될 수 있습니다.
이에 동 품셈 공통부문 "1-1-3 적용방법/6항"에서는 "시공량/일"로 명시된 항목의 총 시공량이 본 품의 기준 미만일 경우 현장여건을 고려하여 별도로 계상토록 하고 있습니다.

제목 2 콘크리트 단면복구 시 노출 철근의 방청 관련

질의문

신청번호 2202-044 신청일 2022-02-15
질의부분 공통 제6장 철근콘크리트공사 6-8-6 콘크리트단면복구

6-8-6 콘크리트 단면복구 품과 관련하여 50㎜ 치핑작업 시 철근이 필요적으로 발생하게 됩니다. 이 경우 노출된 철근의 방청작업이 필요한데 본 품에 방청작업이 포함되어 있는 것인지 알려주세요. 포함되지 않는다면 향후 품셈개정 시 철근방청작업 품을 신설하여 주시기 바랍니다.

회신문

표준품셈 공통부문 "6-8-6콘크리트 단면복구"는 단면복구를 위해 치핑기 등으로 콘크리트면을 치핑하고, 표면을 모르타르로 미장하여 마감하는 기준으로 보수부위 확인, 보수부위 파쇄, 파쇄면 고압 물세척, 프라이머 바름, 보수부위 모르타르 바름, 바름면 쇠흙손 마감, 복구면 표면 코팅재 바름작업을 포함하고 있으며, 노출된 철근의 방청작업은 포함하고 있지 않습니다.

제목 3 콘크리트 단면복구 질의

질의문

신청번호 2107-015 신청일 2021-07-05
질의부분 공통 제6장 철근콘크리트공사 6-8-6 콘크리트 단면복구

6-8-6 콘크리트 단면복구, 단면처리의 단위당 m로 되어 있는데, 폭은 얼마를 기준으로 한 것인지 궁금합니다. 단면처리 및 단면복구는 면적으로 산출하는데 품의 단위 m로 되어 있어서 면적으로 환산하려고 합니다.

회신문

표준품셈 공통부문 "6-8-5 콘크리트 단면처리"의 경우 두께 10mm 이하를 기준으로 하고 있으며, 일당 시공량은 81㎡, 면적으로 제시하고 있습니다.
표준품셈 공통부문 "6-8-6 콘크리트 단면복구"의 경우 두께 50mm 이하를 기준으로 하고 있으며 일당 시공량은 9㎡, 면적으로 제시하고 있습니다.

監査

제목 벽체 단면복구 물량산출 시 천장 할증(20%) 계상으로 공사비 과다 산출

내용
○○○○공원은 "○○○○공원 노후건축물 보수보강공사"를 시행하면서 발주설계 시 단면복구(철근 부식, 30mm)의 ㎡당 단가 산출 시 천장에 대한 노무비 할증 20%를 반영하면서 노무비 금액을 13,763원을 적용하여야 하나 16,042원을 적용하여 ㎡당 2,279원을 과다 적용하고, 벽체에 대해서는 천장 할증이 적용되지 않은 단가를 적용하여야 하나 벽체 55.34㎡에 천장 할증이 적용된 단가를 적용하였으며, 단면복구 수량에 할증(3%)이 포함된 수량으로 준공 처리하여 총 12,850천원 상당의 예산을 낭비한 사실이 있다.

조치할 사항
○○○○공원장은 향후 이와 같은 사례가 발생되지 않도록 관련 직원(4급 ○○○)에게 주의 촉구하시기 바람(주의 요구)

1-3-7 워터젯 치핑('21년 신설)

(일당')

구 분	규격	단위	수량	시공량(㎡)
특 별 인 부		인	3	
보 통 인 부		인	2	
워 터 젯 장 비	-	대	1	
로 더 (타 이 어)	0.57㎥	대	1	110
살 수 차	16,000ℓ	대	1	
트 럭	2.5ton	대	1	
트 럭 탑 재 형 크 레 인	5ton	대	1	

[주] ① 본 품은 워터젯 치핑장비를 활용한 콘크리트면 치핑작업 기준이다.
② 본 품은 일반 구조물의 보수 필요부위(콘크리트 열화 발생 등)를 워터젯 공법으로 치핑하는 기준으로 파쇄깊이는 3cm이상에 적용한다.
③ 본 품에는 워터젯 치핑, 청소 및 정리품을 포함한다.
④ 워터젯 장비(파워팩, 워터젯 로봇, 필터프레스 등)의 기계경비는 별도 계상한다.
⑤ 투입장비의 규격은 작업여건에 따라 변경할 수 있다.
⑥ 워터젯 시공으로 인해 발생되는 오염수의 처리는 별도 계상한다.

1-3-8 교량받침 교체('21년 신설)

(일당)

구 분			단위	교대 및 교각높이					
				20m 이하		40m 이하		40m 초과	
				수량	시공량(개)	수량	시공량(개)	수량	시공량(개)
교량받침 1기당 중량 0.2ton 이하	인력	특 별 인 부	인	2	0.54	2	0.45	2	0.38
		보 통 인 부	인	1		1		1	
		용 접 공	인	1		1		1	
	장비	크 레 인	대	1		1		1	
		고 소 작 업 차	대	1		1		1	
교량받침 1기당 중량 0.3ton 이하	인력	특 별 인 부	인	2	0.45	2	0.38	2	0.31
		보 통 인 부	인	1		1		1	
		용 접 공	인	1		1		1	
	장비	크 레 인	대	1		1		1	
		고 소 작 업 차	대	1		1		1	
교량받침 1기당 중량 0.5ton 이하	인력	특 별 인 부	인	3	0.40	3	0.34	3	0.28
		보 통 인 부	인	1		1		1	
		용 접 공	인	1		1		1	
	장비	크 레 인	대	1		1		1	
		고 소 작 업 차	대	1		1		1	
교량받침 1기당 중량 1.0ton 이하	인력	특 별 인 부	인	3	0.30	3	0.25	3	0.21
		보 통 인 부	인	1		1		1	
		용 접 공	인	1		1		1	
	장비	크 레 인	대	1		1		1	
		고 소 작 업 차	대	1		1		1	
교량받침 1기당 중량 1.5ton 이하	인력	특 별 인 부	인	4	0.26	4	0.22	4	0.18
		보 통 인 부	인	1		1		1	
		용 접 공	인	1		1		1	
	장비	크 레 인	대	1		1		1	
		고 소 작 업 차	대	1		1		1	
교량받침 1기당 중량 1.5ton 초과	인력	특 별 인 부	인	4	0.22	4	0.18	4	0.15
		보 통 인 부	인	1		1		1	
		용 접 공	인	1		1		1	
	장비	크 레 인	대	1		1		1	
		고 소 작 업 차	대	1		1		1	

[주] ① 본 품은 교량의 교대 및 교각의 기존 교량받침(포트받침, 탄성받침)을 철거하고 신규 자재를 재설치하는 기준이다.
② 본 품은 기존 교량받침 철거 작업으로 콘크리트 깨기, 기존 교량받침 및 Sole Plate 철거와 신규 교량받침 설치 작업으로 콘크리트 치핑 및 청소, 용접, 위치확인, 받침설치, 무수축 모르타르 타설 및 양생작업을 포함한다.

③ 기존 교량의 상부 인상 및 인하작업과 교대 및 교각의 코핑부 보강, 비계 및 작업발판, 난간 등의 설치는 별도 계상하며, 교대 및 교각 전체에 비계 및 작업발판을 설치한 경우에는 고소작업차의 투입을 제외한다.
④ 투입장비(크레인, 고소작업차 등)의 규격은 다음을 기준 참고하며, 작업여건에 따라 변경할 수 있다.

장 비	크레인	고소작업차
규 격	25~50ton	3~5ton

⑤ 공구손료 및 경장비(치핑기, 용접기, 발전기, 핸드믹서기 등)의 기계경비는 인력품의 5%로 계상한다.
⑥ 교량받침 설치를 위한 소모재료(무수축 모르타르 등)는 설계수량에 따른다.

有權解釋

제목 1 교량받침 교체 관련 질의

질의문

신청번호 2104-088 신청일 2021-04-20
질의부분 공통 제6장 철근콘크리트공사 6-8-8 교량받침 교체

품셈 공통부문 "6-8-8 교량받침 교체"에 포함된 항목 중 기존 교량받침 철거 후 신규 교량받침 설치(콘크리트 치핑 및 청소, 용접, 위치 확인, 받침 설치, 무수축 모르타르타설 및 양생 작업)와 관련하여 해당 품의 "받침 설치"적용 범위에 아래의 공종을 포함하는지 질의합니다.
1. 솔플레이트 제작 2. 솔플레이트 설치 3. 협소부 천공 4. 앵커볼트설치 5. 에폭시 충진 6. 철근가공 및 조립

회신문

표준품셈 공통부문 "6-8-8 교량받침 교체"에는 기존 교량받침 철거(콘크리트 깨기, 기존 교량받침 및 Sole Plate철거), 신규 교량받침 설치[콘크리트 치핑 및 청소, 위치측량, 충진 및 설치(무수축 모르타르타설 작업), 기존 철근과 교량받침 조립 및 용접, 신구콘크리트 접합(무수축모르타르타설 작업), 거푸집 설치작업(무수축 모르타르타설 작업)]을 포함하고 있습니다.
또한 에폭시 충진, 솔플레이트 제작, 앵커홀 천공, 거푸집 제작은 포함되어 있지 않으므로 별도 계상하시기 바랍니다.

제목 2 교량받침 설치(교체) 관련 질의

질의문

신청번호 2103-012 신청일 2021-03-04
질의부분 공통 제6장 철근콘크리트공사 6-6-1 교량받침 설치

2021년 기준 품셈 중 "6-6-1 교량받침 설치"에는 개당 0.18인의 보통인부가 산정되나, "6-8-8 교량받침 교체"에는 개당 1.85인의 보통인부가 산정됨(일당 시공량을 개당 시공량으로 환산함)
"교체"와 "설치"의 주요한 차이는 "교체"="철거"+"설치"로 구분될 수 있습니다.
그런데 설치비에 비하여 교체비가 10배 이상 차이가 나는 등 일반적인 경우로 보기 어려운 실정입니다(보통인부 뿐만 아니라 특별인부, 용접공, 크레인, 고소작업차 등도 마찬가지임)
철거 공종이 상당한 부분을 차지하고 있으므로, 이에 대한 보다 상세한 설명이 필요하다고 판단됩니다.
크레인의 경우 교량받침 1개소 설치에는 0.62hr이나, 교체에는 14.8hr입니다.
따라서 위와 같은 차이점에 대한 보다 상세한 산정근거 설명 및 적용 방법 확인을 요청합니다.

> **회신문**
> 표준품셈 공통부문 "6-8-8 교량받침 교체"에는 기존 교량받침 철거(콘크리트 깨기, 기존 교량받침 및 Sole Plate 철거), 신규 교량받침 설치(콘크리트 치핑 및 청소, 위치측량, 충진 및 설치(무수축 모르타르 타설 작업), 기존 철근과 교량받침 조립 및 용접, 신구콘크리트 접합(무수축모르타르타설 작업), 거푸집 설치작업(무수축 모르타르타설 작업))을 포함하고 있습니다.
> 교량받침 교체의 전 공정을 포함한 투입 기준을 산정한 항목이며, 운영중인 교량의 기존 교량받침 철거와 설치작업을 포함한 기준입니다.

1-3-9 교량신축이음 교체('21년 신설)

(일당)

구 분			규격	단위	1차로 차단		2차로 차단		3차로 차단	
					수량	시공량 (m)	수량	시공량 (m)	수량	시공량 (m)
절단폭 900㎜ 이하	인력	용 접 공		인	2	3.0~4.0	2	6.0~8.0	2	9.0~12.0
		콘 크 리 트 공		인	2		2		2	
		특 별 인 부		인	3		3		3	
		보 통 인 부		인	1		2		2	
	장비	굴삭기+브레이커	0.2㎥~0.6㎥	대	1		1		1	
		트럭탑재형크레인	5ton	대	1		1		1	
절단폭 1,200㎜ 이하	인력	용 접 공		인	2	3.0~4.0	2	6.0~8.0	2	9.0~12.0
		콘 크 리 트 공		인	2		2		2	
		특 별 인 부		인	3		3		4	
		보 통 인 부		인	1		2		2	
	장비	굴삭기+브레이커	0.2㎥~0.6㎥	대	1		1		1	
		트럭탑재형크레인	5ton	대	1		1		1	
절단폭 1,500㎜ 이하	인력	용 접 공		인	2	3.0~4.0	2	6.0~8.0	2	9.0~12.0
		콘 크 리 트 공		인	2		2		2	
		특 별 인 부		인	3		3		4	
		보 통 인 부		인	1		2		2	
	장비	굴삭기+브레이커	0.2㎥~0.6㎥	대	2		2		2	
		트럭탑재형크레인	5ton	대	1		1		1	
절단폭 1,800㎜ 이하	인력	용 접 공		인	2	3.0~4.0	2	6.0~8.0	2	9.0~12.0
		콘 크 리 트 공		인	2		2		2	
		특 별 인 부		인	3		3		4	
		보 통 인 부		인	2		2		2	
	장비	굴삭기+브레이커	0.2㎥~0.6㎥	대	2		2		2	
		트럭탑재형크레인	5ton	대	1		1		1	

[주] ① 본 품은 교량에 신축이음장치(모노셀형, 핑거형, 레일형 등)를 철거하고 포장 및 콘크리트 파쇄 후 신규 자재를 설치하는 기준이다.
② 본 품은 기존 포장절단, 콘크리트 깨기, 기존 신축이음 철거, 신규 신축이음장치 설치, 철근가공조립, 보강철근 용접, 간격재(거푸집) 설치, 무수축 콘크리트 타설 및 양생을 포함한다.
③ 시공량은 운행도로의 교통통제 여건에 따라 차단되어 시공되는 차로의 길이를 적용하며, 1차로 연장이 좁은 갓길 등도 1차로 연장으로 적용한다.
④ 공구손료 및 경장비(소형브레이커, 용접기, 절단기, 공기압축기, 발전기, 믹서 등)의 기계경비는 인력품의 6%로 계상한다.
⑤ 재료량은 설계수량을 적용한다.
⑥ 현장작업조건을 고려하여 장비조합 및 규격을 변경할 수 있다.

有權解釋

제목 1 교량 신축이음 교체공정 설계단계에서의 단가 적용

질의문
신청번호 2209-085 신청일 2022-09-22
질의부분 공통 제6장 철근콘크리트공사 6-8-9 교량 신축이음 교체

기존 절단 폭의 의미는 양쪽 후타콘크리트와 신축이음장치(유간)을 포함하는 폭이라고 답변받았습니다. 하지만 유간이라 함은 경간장의 길이에 따라 온도변화 시 재료 온도계수에 따라 변화하는 요소입니다. 그러면 특정 작업장 기온을 예상하고 설계를 해야 하는데 이는 예상하기가 상당히 어려울 뿐만 아니라, 많은 물량의 신축이음장치 교체공사 발주설계 시 특정 온도에 맞추어 단가설계도 할수 없는 노릇입니다. 또 콘크리트 절단, 콘크리트 깨기, 신구접착제 도포, 철근 용접 등의 작업은 모두 후타콘크리트 부에서 주 작업합니다.
위의 사항으로 유간으로 포함한다는 내용에 의문이 있습니다.
내용 확인하시고 설계단계에서 어떻게 절단 폭의 기준으로 단가를 반영하는지 확인해주세요.

회신문
표준품셈 공통부문 "6-8-9 교량신축이음 교체"에서 절단 폭은 양쪽 후타콘크리트와 신축이음장치를 포함하는 폭입니다. 신축이음장치 규격에서 유간은 최대, 최소, 중간값을 제시하고 있으며, 중간값으로 산정하면 타당합니다.

제목 2 교량신축이음 교체 절단 폭 기준

질의문
신청번호 2209-040 신청일 2022-09-14
질의부분 공통 제6장 철근콘크리트공사 6-8-9 교량신축이음 교체

교량신축이음 교체 관련 절단 폭은 신축이음 블록아웃 부분(후타콘크리트 깨는 폭)만 해당하는지, 아니면 유간까지(후타콘크리트+신축이음장치) 해당하는지 여부

회신문
표준품셈 공통부문 "6-8-9 교량신축이음 교체"에서 절단 폭은 신축이음장치를 설치하기 위해서 절단하는 폭(양쪽 후타재 포함)의 길이를 의미합니다

1-3-10 플륨관 해체('22년 보완)

(일당)

구 분	규격	단위	수량	본당 중량(kg)							
				50~500 미만	500~700 미만	700~900 미만	900~1,100 미만	1,100~1,300미만	1,300~1,500 미만	1,500~1,800 미만	1,800~2,100 미만
특별인부		인	2	84	66	57	50	44	34	30	26
보통인부		인	1								
크 레 인	10ton	대	1								

[주] ① 본 품은 철근 콘크리트 플륨관 및 벤치 플륨을 유용할 목적으로 해체하는 기준이다.
② 본 품은 플륨관 들어내기 및 정리작업을 포함한다.
③ 터파기, 기초(콘크리트, 자갈, 모래)의 해체, 지반고르기, 되메우기 등은 별도 계상한다.
④ 크레인규격은 작업여건에 따라 변경하여 적용할 수 있다.

제 2 장 토 목

2-1 도로포장공사

2-1-1 교통통제 및 안전처리('23년 신설)

- 도로의 확포장, 도로시설 유지보수 등 교통통제 및 안전처리를 위한 인력은 각 항목에서 제외되어 있으며, 필요시 배치인원은 현장조건(교통상황, 통제시간 및 범위 등)을 고려하여 별도계상한다.
- 통행안전 및 교통소통을 위해 라바콘, 공사안내판 등 안전시설물을 시공하는 경우 특별인부 2인을 계상하고, 차량 등 장비가 필요한 경우 추가 계상한다.

2-1-2 포장 절단('21년 보완)

(일당)

구 분	규 격	단 위	수 량	시공량 (m)	
				아스팔트포장	콘크리트포장
특 별 인 부		인	1	500	450
보 통 인 부		인	1		
커 터	320-400mm	대	1		
동 력 분 무 기	4.85kW	대	0.5		

[주] ① 본 품은 아스팔트 포장 및 콘크리트 포장을 절단하는 기준이다.
② 포장두께는 20cm이하를 기준한다.
③ 블레이드 및 물 소비량은 별도 계상한다.

有權解釋

제목 1 포장절단(2021 개정) 관련

질의문

청번호 2201-045 신청일 2022-01-12
질의부분 토목 제1장 도로포장공사 1-10-1 포장 절단

도로의 일부분을 파내어 도로 아래에 있는 배관을 교체하기 위해 사용합니다.
포장절단이라는 품이 순수하게 필요 부위를 절단만 하는 품을 이야기 하는 것인지? 절단 후 철거를 포함한 품인지 궁금하며, 절단에만 해당이 되는 경우 아스콘 철거는 터파기 수량에 포함하여야 하는지 절단한 부위 아스콘 철거를 별도로 계상하여야 하는지? 만약 아스콘 철거를 별도로 계상하여야 한다면 어떤 품셈을 적용하면 되는지?
위 3가지 사항이 궁금하여 질의 남겨드립니다. 답변 부탁드리겠습니다.

회신문

표준품셈 토목부문 "1-10-1 포장 절단"은 아스팔트포장 및 콘크리트포장을 절단하는 기준으로, 아스콘 철거 작업은 포함하고 있지 않습니다.

아스콘 헐기의 경우 표준품셈 공통부문 "8-2-15 대형브레이커/ 2. 작업능력"에서 제시하고 있으니 참조하시기 바랍니다.

제목 2 포장절단(2021 개정) 관련

질의문

신청번호 2101-091 신청일 2021-01-26
질의부분 토목 제1장 도로포장공사 1-7-1 콘크리트포장 절단

2021년도 건설공사 표준품셈 1-10-1 포장 절단(2021 개정) 관련입니다.
[질의1]
2020년 표준품셈 1-7-1 콘크리트포장 절단의 〈주〉 ③ 절단 깊이는 1차 절단(50mm~75mm)을 기준한다.에서 콘크리트포장 절단 깊이를 50mm~75mm로 정한 이유는 어떤 경우에 대한 절단 범위인지 질의합니다.
[질의2]
2021년 표준품셈 1-10-1 포장 절단의 "〈주〉 ② 포장두께는 20cm 이하를 기준한다."에서 1회 절단 깊이를 7.5cm로 적용하게 되면 포장두께 7.5cm 이상일 경우 포장 절단 품을 2회 적용해야 되나요?

회신문

[답변1]
2020년 표준품셈 토목부문 "1-7-1 콘크리트 포장 절단"은 일반 신설도로 포장 줄눈시공을 위한 기준으로 포장 줄눈시공을 위한 절단 깊이를 반영하여 1차 절단(50~75mm)를 기준으로 한 것입니다.
[답변2]
2021년 표준품셈 토목부문 "1-10-1 포장 절단"은 유지보수 현장에서 적용되는 기준으로 포장 절단은 포장두께 20cm 이하의 절단 기준을 반영하고 있습니다.

2-1-3 절삭 후 아스팔트 덧씌우기('20년 보완)

(일당)

구 분	규 격	단위	A-Type 수 량	A-Type 시공량 (㎡)	B-Type 수 량	B-Type 시공량 (㎡)	C-Type 수 량	C-Type 시공량 (㎡)
포 장 공		인	4		4		4	
보 통 인 부		인	2		2		2	
노 면 파 쇄 기	2m	대	2		2		1	
로더(타이어)+소형노면파쇄기	0.95㎥	대	1		1		1	
로 더 (타 이 어)	0.57㎥	대	2		2		1	
아 스 팔 트 피 니 셔	3.0m	대	1	5,000	1	3,400	1	1,800
머 캐 덤 롤 러	10~12t	대	1		1		1	
타 이 어 롤 러	8~15t	대	1		1		1	
탠 덤 롤 러	5~8t	대	1		1		1	
아 스 팔 트 디 스 트 리 뷰 터	3,800L	대	1		1		1	
살 수 차	16,000ℓ	대	1		1		1	

[주] ① 본 품은 아스팔트 포장면을 대형장비로 절삭(밀링깊이 70mm 이하) 후 아스팔트로 재포장하는 기준이다.

② 본 품은 아스팔트 포장 절삭, 유제살포, 포장 및 다짐을 포함한다.
③ 현장 여건별 적용기준은 다음표를 기준한다.

구 분	적 용 기 준
A Type	- 고속도로, 자동차전용도로, 평면교차로가 없는 일반도로 등과 같이 시공구간이 연결되어 있는 경우
B Type	- 평면교차로 등으로 인해 시공구간이 단절되어 일시적인 장비의 이동이 발생하되, 이동을 위한 장비의 운반이 발생되지 않는 경우
C Type	- 평면교차로 등으로 인해 시공구간이 단절되어 작업위치 이동을 위한 장비의 운반이 발생되는 경우

④ 절삭시 1㎥당 팁(날)을 0.69개 계상한다.
⑤ 작업시 공사 시방에 따라 장비 조합을 변경할 수 있다.

有權解釋

제목 1 절삭 후 아스팔트 덧씌우기 적용관련

질의문

신청번호 2205-083 신청일 2022-05-24
질의부분 토목 제1장 도로포장공사 1-10-2 절삭 후 아스팔트덧씌우기

안녕하세요. 절삭 후 아스팔트 덧씌우기 적용과 관련해서 질의드립니다.
A-Type : 고속도로, 자동차전용도로, 평면교차로가 없는 일반도로 등과 같이 시공구간이 연결되어 있는 경우라고 나와 있습니다.
여기서 일반도로 등 이라는게 주차장 같은 시공구간이 연결되어 있는 곳도 포함이 되는건가요? 만약 아니라면 주차장 같은 경우 품 적용을 어떻게 해야 하는지 궁금해서 질의합니다.

회신문

표준품셈 토목부문 "1-10-2 절삭 후 아스팔트 덧씌우기"에서는 현장 여건을 고려하여 Type을 정한 후, 일당 시공량을 산정하시기 바랍니다.
Type별 일당 시공량은 본 품에서 제시하는 장비 및 인력 조합으로 작업하는 평균적인 시공량을 의미하며, 현장 여건에 따라 실제 시공에서 시공량(A-Type 5,000㎡, B-Type 3,400㎡, C-Type 1,800㎡) 미만 혹은 초과가 될 수 있습니다.
또한 현장 여건별 적용기준은 주3의 표를 참조하시어 현장 여건을 고려하여 Type을 결정하시기 바랍니다. A-Type은 시공구간이 연결되어 있어 장비의 이동없이 연속작업이 가능한 경우를 뜻하며, B-type의 "일시적 장비 이동이 발생하되 이동을 위한 장비 운반이 발생되지 않을 경우"는 포장장비가 직접 이동하는 경우를 뜻하며, C-Type의 "작업위치 이동을 위한 장비의 운반이 발생되는 경우"는 포장장비의 작업위치 이동을 위해서 트레일러 등을 이용하여 작업위치 이동을 위한 장비의 운반이 발생하는 경우입니다.
Type 결정 등 당해 공사에서 표준품셈의 적용여부 및 판단에 관련된 사항은 해당공사의 특성을 고려하시고 표준품셈을 참조하시어 공사관계자가 직접 결정하실 사항임을 양지해 주시면 감사드리겠습니다.

제목 2 아스팔트포장 절삭 및 덧씌우기 적용

질의문

신청번호 2107-077 신청일 2021-07-23
질의부분 토목 제1장 도로포장공사 1-10-2 절삭 후 아스팔트덧씌우기

절삭 후 아스팔트 덧씌우기 품셈 적용과 관련하여 질의코자 합니다.
[질의1]
위의 품은 밀링 깊이 70mm 이하를 기준으로 적용되어 있으나, 그 이상에 밀링 깊이에 대해 적용기준이 없어 질의드립니다. 실제 시공 시 70mm단위로 추가 절삭을 해야하므로 위의 작업량 Q값을 깊이에 따라 70mm단위로 적용이 적정한지?(예) 100mm절삭 시 70mm초과 140mm 이하이므로 Q값의 50% 적용)
[질의2]
같은 항의 "현장 여건별 적용기준 중 B-type과 C-type" 관련하여 B-type의 "일시적 장비 이동이 발생하되 이동을 위한 장비 운반이 발생되지 않을 경우"와 C-type의 "작업 위치 이동을 위한 장비 운반이 발생되는 경우"의 "장비 운반"이 궤도장비의 트레일러 등을 이용한 바퀴차량의 운반을 뜻하는 건인지? 아니면 궤도장비의 일정거리 이동(운반)을 나타내는지 궁금합니다.

회신문

[답변1]
표준품셈 토목부문 "1-10-2 절삭 후 아스팔트덧씌우기"는 밀링 깊이 70mm 이하 기준으로는 밀링 깊이 70mm 초과하는 기준에 대해서는 정하고 있지 않습니다.
[답변2]
표준품셈 토목부문 "1-10-2 절삭 후 아스팔트덧씌우기"에서 B-type의 "일시적 장비 이동이 발생하되 이동을 위한 장비 운반이 발생되지 않을 경우"는 포장장비가 직접 이동하는 경우를 뜻하며, C-Type의 "작업 위치 이동을 위한 장비의 운반이 발생되는 경우"는 포장장비의 작업위치 이동을 위해서 트레일러 등을 이용하여 작업 위치 이동을 위한 장비의 운반이 발생하는 경우입니다.

제목 3 아스팔트 노면절삭 시공 시 폐기물 상차 관련

질의문

신청번호 2105-072 신청일 2021-05-27
질의부분 토목 제1장 도로포장 1-10-2 절삭 후 아스팔트덧씌우기

아스팔트 노면절삭 시공 시 폐기물상차 관련해서 질의드립니다. 노면절삭 품셈과 폐기물상차 품셈이 독립적인 것인지? 노면파쇄기(2.0m) 작업 품셈에 상차 품까지 포함되어 있는 것인지?

회신문

표준품셈 토목부문 "1-10-2 절삭 후 덧아스팔트씌우기"은 노면파쇄기를 이용한 절삭기준으로 일반적인 아스콘폐기물 상차 품은 포함되어 있습니다.

監査

제목 현장조건과 맞지 않게 과다 적용된 '절삭 후 아스팔트덧씌우기' 설계변경 미 조치

내용
「건설공사 표준품셈」 토목부문 1-11-1(절삭 후 아스팔트덧씌우기)에 따르면 현장여건별 적용기준은 [표1]과 같이 3개 유형으로 되어있다.
그런데 위 관서에서는 노후관 개량사업 및 블록구축 정비사업을 시행하면서 '절삭 후 아스팔트덧씌우기' 공종에 대하여 현장여건별 적용기준을 적용하면서, "OO동 00번지 일원 노후관 개량공사"의 경우 시공구간 단절없이 연결된 상태이므로 3개 유형 중 A-Type에 해당되는데도 C-Type으로 설계 후 착공 하였고, "OO동 00번지 일원 노후관 개량공사" 등 15개 공사의 경우 시공구간이 단절되어 일시적인 장비의 이동은 발생하지만 작업 위치이동을 위한 장비의 운반이 발생하지 않는 유형이므로 B-Type을 적용해야 하는데도 C-Type을 적용하여 총 176,881천원을 과다 계상하였다.

조치할 사항
OOOO시 OOOO본부장은 현장조건과 맞지 않게 적용된 '절삭 후 아스팔트덧씌우기' 공종은 「지방자치단체 입찰 및 계약집행기준」 제13장 공사계약 일반조건에 따라 과다 계상된 공사비 176,881천원을 설계변경 감액조치 하시기 바람(시정)

契約審査

제목 1 수량단위 착오 적용

내용
- 도로포장 공사의 원가산출 적정성 검토
  ※ 기존도로 재포장을 위한 아스팔트포장도로 절삭 수량을 면적(m^2)으로 산출하였으나, 원가산출은 체적(m^3)당 단가로 적용하여 절삭 수량을 체적(m^3)당 재 산정(당초 : 572m^2 → 변경 : 45.76m^3)함

심사 착안사항
표준품셈에서 일당으로 산출하는 도로포장부분 품셈을 단위 m^2당으로 환산할 때 단위 확인 철저

제목 2 아스콘 덧씌우기 절삭시 팁(날) 적용수량 정정

내용
- 당초

공종	규격	수량 (m^3당)	단위	단가	금액
팁 (날) 수량		0.69	개	152,000	104,880원

- 조정

공종	규격	수량 (m^2당)	단위	단가	금액
팁 (날) 수량		0.69×0.05 = 0.0345	개	152,000	5,244원

※ 적용 면적당(m^2)으로 환산한 수량으로 계산

심사 착안사항
절삭기의 팁(날)은 단위m^3당 개수로 적용한 것을 도로포장은 면적으로 산출하므로 적용 면적당(m^2)으로 환산한 수량으로 계산

2-1-4 절삭 후 콘크리트 덧씌우기('20년 보완)

(일당)

구 분	규 격	단 위	수 량	시공량 (㎡)	
				밀링깊이100㎜	밀링깊이150㎜
포　　장　　공		인	4		
특　별　인　부		인	1		
보 통 인 부 (절 삭)		인	1		
보 통 인 부 (청 소)		인	1	2,500	1,600
보 통 인 부 (포 설)		인	4		
콘 크 리 트 페 이 버	75kW	대	1		
조 면 마 무 리 기	7.95m	대	1		
노 면 파 쇄 기	2m	대	1		
로 더 (타 이 어)	0.57㎥	대	1		

[주] ① 본 품은 아스팔트 포장 절삭 후 콘크리트 덧씌우기의 포장면 절삭 및 청소, 포설, 양생, 조면마무리에 대한 품이다.
　　② 절삭시 1㎥당 팁(날)을 0.69개 계상한다.
　　③ 양생제, 마대, 잡품 등 부대 재료비는 별도 계상한다.
　　④ 포장절단 및 줄눈설치는 '[토목부문] 1-7 포장절단 및 줄눈'을 참조하며 1차 줄눈컷팅과 줄눈설치를 적용한다.

2-1-5 아스팔트 덧씌우기('14, '20년 보완)

(일당)

구 분	규 격	단 위	수 량	시공량 (㎡)
포　　장　　공		인	4	
보　통　인　부		인	1	
아 스 팔 트 피 니 셔	3.0m	대	1	
머 캐 덤 롤 러	10~12 t	대	1	
타 이 어 롤 러	8~15 t	대	1	2,000
탠 덤 롤 러	5~8t	대	1	
타 이 어 로 더	0.25㎥	대	1	
플 레 이 트 콤 팩 터	1.5ton	대	1	
살　　수　　차	16,000ℓ	대	1	
아 스 팔 트 스 프 레 이 어	400ℓ	대	1	
비　　　　　　　고	- 개질아스팔트 포장의 경우 10%, 투배수성 포장의 경우 20% 시공량 기준을 할증하고, 사용기계에서 타이어롤러 대신 머캐덤 롤러(10~12t) 1대를 추가로 계상한다.			

[주] ① 본 품은 아스팔트 포장에 아스팔트로 덧씌우기 포장하는 기준이다.
　　② 본 품은 단지내 소로, 주택가 도로, 마을길 등의 소규모포장(3m≤시공폭)의 경우에 적용한다.
　　③ 작업시 공사 시방에 따라 장비 조합을 변경할 수 있다.

> 有權解釋

제목 1 절삭 후 아스팔트덧씌우기(품셈 1-11-1)

질의문

신청번호 2008-090 신청일 2020-08-31
질의부분 토목 제1장 도로포장공사 1-11-3 아스팔트덧씌우기

표준품셈 적용 관련하여 일당 시공량(B~CType) 적용에 있어 상충된 의견으로 질의드립니다.
- 갑설 : 당 현장여건[교통체증(왕복 2차로 시가지) 및 평면교차로 등]으로 인하여 장비의 일시적인 중단 및 이동이 예상되나, 적용기준에서 제시한 '장비의 운반이 발생하지 않는 경우'는 B-Type 적용이 타당함 (품셈에서 제시한 인원 및 장비 조합은 고려하지 않고 [주] ③ 현장여건별 적용기준만으로 판단)
- 을설 : 당 현장여건[교통체증(왕복 2차로 시가지) 및 평면교차로 등]으로 인하여 B-Type에서 제시한 노면파쇄기의 2대 편성(동시 작업)이 불가능하므로 C-Type 적용이 타당함(품셈에서 제시한 인원 및 장비조합과 [주] ③ 현장여건별 적용기준을 종합적으로 판단)

품셈에서 제시한 일당 시공량을 적용함에 있어 '제시된 품셈의 인원 및 장비조합의 편성을 함께 고려하여 적용할 것인가?'와 '[주]의 현장여건별 적용기준을 문안 그대로 준수하여 적용할 것인지?'

회신문

표준품셈 토목부문 "1-11-1 절삭 후 아스팔트덧씌우기"에서 정하는 일당 시공량은 본 품에서 제시하는 장비 및 인력 조합으로 작업하는 평균적인 시공량을 의미하며, 현장여건에 따라 실제 시공에서 시공량(A-Type 5,000m^2, B-Type 3,400m^2, C-Type 1,800m^2) 미만 혹은 초과가 될 수 있습니다. 또한 현장여건별 적용기준은 주 3의 표를 참조하시어 현장여건을 고려하여 Type을 결정하시기 바랍니다. 장비조합의 경우 '주 5. 작업 시 공사시방서에 따라 장비조합을 변경할 수 있다'를 참조하시기 바랍니다.

제목 2 아스팔트덧씌우기

질의문

신청번호 2003-026 신청일 2020-03-07
질의부분 토목 제1장 도로포장공사 1-11-3 아스팔트덧씌우기

2019년도까지 1일 시공량이 1.4m≤시공 폭<3m, 3m≤시공 폭 2개의 기준이 있었는데, 2020년도에 개정이 되어 3m≤시공 폭으로 변경된 부분에 있어 마을안길 소규모 덧씌우기 포장시 3m미만의 시공 폭인 경우 별도의 품이 없는데, 그 부분은 1-5-5 표층 기계포설(기계) 2m≤시공 폭<3m로 적용해야 하는지? 또한 그 이하의 시공 폭 2m 이하인 경우는 1-5-4 표층 기계포설(소규모 장비)로 적용해도 되는지?

회신문

2020년 건설공사 표준품셈 토목부문 "1-11-3 아스팔트덧씌우기"는 '주 2. 본 품은 단지내 소로, 주택가 도로, 마을길 등의 소규모포장의 경우(3m≤시공 폭)'에 적용하시기 바라며, 시공 폭 3m 미만일 경우의 기준에 대해서는 제시하고 있지 않습니다.

제목 3 표준품셈 1-11-3 아스팔트덧씌우기

질의문

신청번호 2002-072 신청일 2020-02-27
질의부분 토목 제1장 도로포장공사 1-11-3 아스팔트덧씌우기

아스팔트덧씌우기 일 시공량(2,000m^2) 시공 시 아스팔트 스프레이어가 있는데 유제살포 품을 따로 잡아 주어야 하나요. 다른 유지보수에는 적용기준이 있는데 1-11-3에는 적용기준이 안 나오네요.

> **회신문**
>
> 표준품셈 토목부분 "1-11-3 아스팔트덧씌우기"는 아스팔트포장에 아스팔트로 덧씌우기 포장하는 기준이며, 아스팔트 스프레이어로 유제살포를 하는 기준으로 별도 계상하실 필요가 없습니다.
>
> **제목 4** 아스팔트덧씌우기 문의
>
> **질의문**
>
> 신청번호 2002-019 신청일 2020-02-08
> 질의부분 토목 제1장 도로포장공사 1-11-3 아스팔트덧씌우기
>
> 제방도로 콘크리트포장, 상하수관로 및 통신 등 지중매설물 없음, 폭 4~5m입니다.
> 저의 입장에서는 품셈 1-11-3을 적용하여 설계서를 작성하는 것이 맞다는 생각이나 발주청에서는 1-11-3의 경우는 '[주]'에서 아스팔트포장에 아스팔트덧씌우기 기준이며, 또한 '(2)에서 언급하였듯이 단지내 도로, 주택가 도로, 마을길 등이 언급되어 있는 것은 하수도 맨홀이나 상수도 등 지중매설물로 인해 시공량을 2,000m²로 한 것으로 제방도로와 같이 지중매설물 없이 단순 덧씌우기라면 1-5-5 표층 기계포설(기계)로 보는 것이 타당하다는 의견입니다.
> 추가로 발주청은 제방도로 아스팔트덧씌우기의 경우 우회로가 있어 작업의 방해가 없고, 원활한 시공이 가능하여 1-5-5 적용이 타당하다는 의견을 갖고 있는데, 품 적용을 어떻게 하는 것이 바람직한 경우인지?
>
> **회신문**
>
> 표준품셈 토목부문 "1-11-3 아스팔트덧씌우기"는 '주2. 본 품은 단지내 소로, 주택가 도로, 마을길 등의 소규모포장의 경우…'에 적용하시기 바라며, 동 품셈 "1-5-5 표층 기계포설(기계)"는 신설현장 또는 이와 유사한 현장여건에서 아스팔트 표층 및 중간층을 포설하는 작업을 할 경우 적용하시기 바랍니다.

2-1-6 소파보수(표층)('20년 신설)

(일당)

구 분	규 격	단위	A-Type 수량	A-Type 시공량(m²)	B-Type 수량	B-Type 시공량(m²)	C-Type 수량	C-Type 시공량(m²)
포 장 공		인	3		3		3	
보 통 인 부		인	1		1		1	
로더(타이어)+소형노면파쇄기	0.95m³	대	1		1		1	
로 더 (타 이 어)	0.57m³	대	1	400	1	140	1	50
진 동 롤 러 (진 동 + 타 이 어)	2.5ton	대	1		1		1	
아 스 팔 트 스 프 레 이 어	400ℓ	대	1		1		1	
트 럭	2.5ton	대	2		2		2	

[주] ① 본 품은 대형장비의 투입이 어려운 상황에서 아스팔트 포장면을 소형장비로 절삭(밀링깊이 70mm 이하) 후 아스팔트로 재포장하는 기준이다.
② 본 품은 아스팔트 포장 절삭, 유제살포, 포장 및 다짐을 포함한다.

③ 트럭은 다음의 작업에 적용한다.

구 분	2.5ton	2.5ton
작업	아스팔트 및 소모자재 운반	공구 및 경장비 운반

④ 현장 여건별 적용기준은 다음표를 기준한다.

구 분	포장 시공시간	적용기준
A Type	7시간 이상	- 보수 개소가 작업구간에 밀집(연결)되어, 운반장비를 활용한 시공 장비의 이동 및 작업대기로 인한 포장 시공시간 손실이 미미한 경우
B Type	5시간 이상	- 보수 개소가 작업구간에 부분적으로 산재하여, 운반장비를 활용한 시공 장비의 이동 및 작업대기가 발생되는 경우
C Type	3시간 이상	- 보수 개소가 작업구간에 산발적으로 발생하여, 운반장비를 활용한 시공 장비의 이동 및 작업대기가 빈번히 발생되는 경우

※ '포장 시공시간'은 작업 준비, 절삭, 포장 및 다짐, 마무리를 포함하며, 작업 중 운반장비에 의한 현장이동(이동준비 및 운반시간), 작업대기(교통상황, 자재수급 지연 등)의 시간을 제외한다.

⑤ 현장별 시공여건에 대한 시공량의 할증은 다음표를 참고하여 적용한다.

구 분	개소별 평균 시공면적				
A-Type	30㎡이하	60㎡이하	120㎡이하	180㎡이하	180㎡초과
시공량 할증계수	0.79	0.89	1.00	1.12	1.26

구 분	개소별 평균 시공면적				
B-Type	15㎡ 이하	30㎡ 이하	60㎡ 이하	90㎡ 이하	90㎡ 초과
시공량 할증계수	0.79	0.89	1.00	1.12	1.26

구 분	개소별 평균 시공면적				
C-Type	5㎡ 이하	10㎡ 이하	20㎡ 이하	30㎡ 이하	30㎡ 초과
시공량 할증계수	0.79	0.89	1.00	1.12	1.26

⑥ 작업시 공사 시방에 따라 장비 조합을 변경할 수 있다.
⑦ 절삭없이 아스팔트를 덧씌우는 경우에는 포장공 1인, 파쇄기 1대를 제외하고, 시공량은 25%를 증하여 적용한다.

有權解釋

제목 1 소파보수(표층)에서 트럭(2.5톤) 적용기준 문의

질의문

신청번호 2202-098 신청일 2022-02-27
질의부분 토목 제1장 도로포장공사 1-10-5 소파보수(표층)

해당 공종에서 트럭 2.5톤에 대한 질의 사항입니다. [주] ③에서 1대는 "아스팔트 및 소모자재 운반", 그리고 1대는 "공구 및 경장비 운반"으로 규정되어 있습니다. 이 중 "아스팔트 및 소모자재 운반"은 아스팔트 콘크리트(asphalt concrete, ascon)을 포함한 운반 품인지? 아스팔트(asphalt, 역청재)등의 소모자재만을 운반하는 품인지? 소규모 공사로 인하여 건설폐기물(폐아스콘)을 임시야적장으로 운반하여야 하는 경우에도 해당 운반 품도 적용된 것인지? 별도의 품을 적용하여야 하는지?

회신문

답변1. 표준품셈 토목부문 "1-10-5 소파보수(표층)"에서 제시하고 있는 2.5ton 트럭은 '포장 유지보수'의 경우 작업구역이 산재해 있고, 작업중 이동이 빈번히 발생하게 되어 상시적인 공구 및 장비의 운반을 위한 이동장비입니다.
답변2. 동 품에서는 폐기물 상차 품은 포함되어 있으나, 폐기물 운반 및 처리비용은 제외되어 있으니 별도 계상하시기 바랍니다.

제목 2   도로포장공사의 유지보수 분야 지세할증 적용

질의문
신청번호 2102-050 신청일 2021-02-09
질의부분 토목 제1장 도로포장공사 1-11-4 소파 보수(표층)

토목품셈 1-10장 유지보수관련 유지보수라는 장을 감안하여 볼때 차량의 부분 통제, 신호간섭 등으로 시공에 지장을 받는 것을 전제로 하거나, 또는 주택가, 번화가 등에서 조사된 품으로 인하여 할증을 반영할 필요가 없다. 라는 문구를 볼 수 있습니다.
1-10장 유지보수에 들어 있는 항목들에 일괄적으로 할증을 반영할 필요가 없는지 문의합니다.
아니면 개별적으로 해설에 나와 있는 품만 할증을 미반영하고, 해설에 없는 항목들은 지세할증을 반영해도 상관이 없나요?

회신문
2021년 표준품셈 토목부문 "1-10 유지보수" 각 항목내에 타입과 주기를 잘 파악하시어, 지세 할증 적용 여부를 판단하시고. 지세 할증을 적용하시기 바랍니다.

감사

제목   수량산출 시 단위수량 착오 적용으로 아스콘 수량 과다계상

내용
수량산출서(단위수량 m^2)의 단면(그림)을 근거한 시험굴착 부분의 복구용 아스팔트콘크리트[기층(#467), T = 30cm]의 수량산출은 $1.0m^2 \times 0.3m(T) \times 2.35ton/m^2$(단위중량)로 계상하여 얻은 값인 $0.705톤/m^2$를 복구면적 $156m^2$(△공구 $96m^2$, △공구 $60m^2$)에 곱하여 얻은 물량($109.98m^3$)을 관급자재 구입내역에 적용하여야 한다.
그런데 시험굴착 부분의 복구용 아스팔트콘크리트[기층(#467), T = 30cm]의 수량산출을 단위수량을 $3m^2$로, 포장 두께(T)는 1.0m, 단위중량 $2.35ton/m^2$로 계상[즉, $3.0m^2 \times 1.0m(T) \times 2.35ton/m^2$(단위중량)]하여 잘못된 값인 7.050톤을 오류 적용함으로서 총 989.9톤[△공구 609.2톤, △공구 380.7톤]의 물량이 과다 적용되어 있는데도 감사일 현재까지 관급자재비 56,755천원에 대하여 설계변경(감액) 없이 공사추진 중에 있어 예산 낭비가 우려된다.

조치할 사항
○○○○시 ○○○○○본부장은 시험굴착 부분의 복구용 아스팔트콘크리트 물량을 과다 적용한 공사비 56,755천원에 대하여 설계변경(감액) 조치하시고, 앞으로 건설공사 설계 및 감독업무에 철저를 기하시기 바람

2-1-7 소파보수(포장복구)('08년 신설, '09, '11, '14, '20년 보완)

(일당)

구 분	규 격	단위	A-Type 수량	A-Type 시공량 (㎡)	B-Type 수량	B-Type 시공량 (㎡)	C-Type 수량	C-Type 시공량 (㎡)
포 장 공		인	3		3		3	
보 통 인 부		인	1		1		1	
굴 삭 기	0.18㎥	대	1		1		1	
로 더 (타 이 어)	0.57㎥	대	1		1		-	
진동롤러(진동+타이어)	2.5ton	대	1	110	1	45	-	20
진동롤러(핸드가이드식)	0.7ton	대	-		-		1	
플 레 이 트 콤 팩 터	1.5ton	대	-		-		1	
아 스 팔 트 스 프 레 이 어	400ℓ	대	1		1		1	
트 럭	2.5ton	대	2		2		2	

[주] ① 본 품은 상하수도 등 공사 후 임시 되메우기한 상태에서 발생되는 일정구간 포장복구와 기존도로 유지보수를 위한 포장복구 기준이다.
② 본 품은 굴착, 골재치환 및 다짐, 유제살포, 기층 및 표층 포설 및 다짐을 포함한다.
③ 트럭은 다음의 작업에 적용한다.

구 분	2.5ton	2.5ton
작 업	아스팔트 및 소모자재 운반	공구 및 경장비 운반

④ 현장 여건별 적용기준은 다음표를 기준한다.

구 분	포장 시공시간	적용기준
A Type	7시간 이상	- 보수 개소가 작업구간에 밀집(연결)되어, 운반장비를 활용한 시공 장비의 이동 및 작업대기로 인한 포장 시공시간 손실이 미미한 경우
B Type	5시간 이상	- 보수 개소가 작업구간에 부분적으로 산재하여, 운반장비를 활용한 시공 장비의 이동 및 작업대기가 발생되는 경우
C Type	3시간 이상	- 보수 개소가 작업구간에 산발적으로 발생하여, 운반장비를 활용한 시공 장비의 이동 및 작업대기가 빈번히 발생되는 경우

※ '포장 시공시간'은 작업 준비, 절삭, 포장 및 다짐, 마무리를 포함하며, 작업 중 운반장비에 의한 현장이동(이동준비 및 운반시간), 작업대기(교통상황, 자재수급 지연 등)의 시간을 제외한다.
⑤ 현장별 시공여건에 대한 시공량의 할증은 다음표를 참고하여 적용한다.

구 분	개소별 평균 시공면적				
A-Type	8㎡ 이하	16㎡ 이하	24㎡ 이하	48㎡ 이하	48㎡ 초과
시공량 할증계수	0.85	0.92	1.00	1.09	1.18

구 분	개소별 평균 시공면적				
B-Type	5㎡ 이하	10㎡ 이하	20㎡ 이하	30㎡ 이하	30㎡ 초과
시공량 할증계수	0.85	0.92	1.00	1.09	1.18

구 분	개소별 평균 시공면적				
C-Type	3㎡ 이하	6㎡ 이하	12㎡ 이하	18㎡ 이하	18㎡ 초과
시공량 할증계수	0.85	0.92	1.00	1.09	1.18

⑥ 작업시 공사 시방에 따라 장비 조합을 변경할 수 있다.

有權解釋

제목 1 소파보수(포장복구) 관련 질의

질의문

신청번호 2108-018 신청일 2021-08-05
질의부분 토목 제1장 도로포장공사 1-10-6 소파 보수(포장 복구)

현장 공사비 산출에 토대가 될 수 있는 자료를 신속히 제공해 주셔서 늘 감사드리고 있습니다. 다름이 아니라, 공사비 산출 중 표준품셈 내용에 대한 질의 사항이 있어 문의드립니다.

당 현장은 00000공사 발주 000관로공사로서 설계에 기 반영된 포장복구 공사비에 대한 하도급사의 추가 증액 요청에 따른 관련 자료 검토 중 "표준품셈 토목부분 1-10-6 소파보수(포장복구)"를 근거로 제시하고 있는바, 해당 공사비의 근거에 대한 해석의 차이가 있어 문의드립니다.

당 현장 아스콘 포장도로부 관부설 구간에 대해서는 아래와 같은 공정 순으로 진행됩니다.

아스콘 절단(표층 5cm, 기층 10cm) → 관로부설 후 되메우기 → 골재 포설 → 1차 기층 포장(기층 15cm)×폭(1.7m의 종방향 포설) → 차량통행 후 일정기간 침하유도 → 2차 표층포장(절삭 후 덧씌우기)

하도급사에서 반영 요구하고 있는 내용은 4. 기층포설 비용 대가를 귀 원의 표준품셈 "소파보수" 내 "주 1 본 품은 상하수도 등 공사 후 임시 되메우기한 상태에서 발생되는 일정구간 포장복구와 기존도로 유지보수를 위한 포장복구 기준이다."의 주석을 근거로 반영 요구를 하고 있으나, 원도급사 공무담당자의 해석으로는

1. 소파 보수는 "소규모파손 보수"를 뜻하는 것으로 다수의 부분적인 상수도 관 시공구간의 아스콘 파손 복구를 위해 구간 내 잦은 이동과 대기에 따른 추가 비용을 적용하고자 하는 품셈 내용으로, 일 작업량 20~110m², 개소당 평균 면적 8~48m²로 규정하고 있는바, 폭 원 1.7m로 종방향으로 연속부설(최소 연장 500m, 면적 850m² 이상)을 진행하는 당 현장에 적용하기에는 부적합한 것으로 판단되며,
2. 당초 내역의 시공규격이나 방법이 변경이 없는 부분에 대한 임의적인 해석에 따른 공사비 증액을 불가하다.라고 판단하고 있습니다.
   질의내용에 대한 요약하자면 소파 보수 정확한 명칭에 대한 해석과 조건
   - "표준품셈 1-10-6 소파 보수(포장복구)" 중 주석 1) 내용에 의거 모든 상수도 현장이라면, 현장 여건에 상관없이 아스콘포장 복구구간에 적용 가능 여부
   - 소파 보수의 최대 복구 면적과 개소 수 조건 이상인 경우에도 적용 가능 여부

품셈 내용에 대한 해석간 이견이 있으니, 명확한 설명 부탁드립니다.

회신문

[답변1]
표준품셈 토목부문 "1-10-5 소파 보수(표층)"은 아스팔트포장 면을 소형장비로 절삭(밀링 깊이 70mm 이하) 후 아스팔트로 재포장하는 품 기준으로 입니다.

표준품셈 토목부문 "1-10-6 소파 보수(포장 복구)"는 상하수도 등 공사 후 임시 되메우기한 상태에서 발생되는 일정구간 포장복구와 기존도로 유지보수를 위한 포장복구 기준이며, 굴착, 골재 치환 및 다짐, 유제 살포, 기층 및 표층포설 및 다짐을 포함하며, 본 항목의 기층 및 표층은 아스팔트 포장층을 반영한 것이며, 골재 치환 및 다짐은 보조기층, 혼합기층 등 골재층을 반영한 것입니다.

표준품셈 토목부문 "1-11-6 소파보수(도로복구)"는 기존도로 파손에 의한 소규모 도로를 골재층까지 복구하는 기준으로, 기존도로 컷팅, 굴착, 골재 치환 및 다짐, 유제살포, 기층 및 표층 포설 및 다짐을 포함합니다. 커터를 이용하여 기존 도로 컷팅하는 품이 포함되어 있으며, 굴삭기+대형브레이커로 굴착하는 품이 포함되어 있습니다.

[답변 2]
소파보수 항목 적용 여부는 당해 현장 여건을 고려하시고 표준품셈을 참조하시어 공사관계자가 직접 결정하실 사항임을 양지해 주시면 감사드리겠습니다.

[답변 3]
Type별 일당 시공량은 본 품에서 제시하는 장비 및 인력 조합으로 작업하는 평균적인 시공량을 의미하며, 현장 여건에 따라 실제 시공에서 시공량(A-Type 110m^2, B-Type 45m^2, C-Type 20m^2) 미만 혹은 초과가 될 수 있습니다. 또한 현장 여건별 적용기준은 주 3의 표를 참조하시어 현장 여건을 고려하여 Type을 결정하시기 바랍니다.

제목 2 소파 보수 질의

질의문

신청번호 2009-034 신청일 2020-09-10
질의부분 토목 제1장 도로포장공사 1-11-5 소파 보수(포장복구)

표준품셈 1-11-5 소파 보수(포장복구), 표준품셈 1-11-6 소파 보수(도로복구)에 대해서 질의 합니다.
1. 위 11-1-5 소파 보수 적용기준에 일 시공량 A-Type 110m^2, B-Type 45m^2, C-Type 20m^{2}로 되어있는데, 여기서 일일 시공량이 0~20은 C-Type을 적용하고, 20~45까지는 B-Type을 적용하고, 45~110까지는 A-Type을 적용하라는 의미인가요?
   그러면 일시공량 110m^2 이상은 어떤 것을 적용해야 하나요? 아니면 위 T-ype별 시공량이 일시공량이 아니라 1개소당 시공량을 의미하는 것인가요?
2. 1-11-6 소파 보수도 Type별 시공량 적용기준을 알려 주시기 바랍니다.
   한개소당 시공량을 의미하는지? 일일 시공량을 의미하는지? A-Type 시공량을 초과하는 경우에는 어떤 것을 적용하나요?

회신문

[답변1]
표준품셈 토목부문 "1-11-5 소파 보수(포장복구)"에서는 주 4에 제시된 표를 참조하시어 현장여건을 고려하여 Type을 정한 후, 시공 개소의 평균면적에 따른 Type별 할증계수를 적용하여 일당 시공량을 산정하시기 바랍니다. Tpye별 시공량은 일당 시공량을 뜻하며, Type별 시공량에 주 5에 제시된 시공량의 할증계수를 적용하시기 바랍니다.

[답변2]
표준품셈 토목부문 "1-11-6 소파 보수(도로복구)"도 Type별 시공량은 일당 시공량을 뜻합니다. Type별 일당 시공량은 본 품에서 제시하는 장비 및 인력 조합으로 작업하는 평균적인 시공량을 의미하며, 현장여건에 따라 실제 시공에서 시공량(A-Type 85m^2, B-Type 35m^2, C-Type 15m^2) 미만 혹은 초과가 될 수 있습니다.

제목 3 소규모포장 복구 시공량 부분 해석관련

질의문

신청번호 2003-006 신청일 2020-03-03
질의부분 토목 제1장 도로포장공사 1-11-5 소파 보수(포장복구)

소규모 포장복구에서 '1일 시공량이 1일 포장면적 10m^{2}초과일 때 50m^2 1일 포장면적 10m^2 이하일 때 좌측 시공량의 30%까지 감하여 적용한다.'에서 50m^{2}의 30%면 15m^{2}인데요. 15m^{2}까지 볼 수 있다는 건지? 아니면 50m^2-15m^2=35m^{2}까지 볼 수 있다는 건지?

회신문

표준품셈 토목부문 "1-11-5 소규모 포장복구"의 1일당 시공량의 경우 '2020년 적용 시 개정되었습니다. 2020년 표준품셈 토목부문 "1-11-5 소파 보수(포장복구)"의 현장 여건을 고려하여 Type을 정한 후, 시공 개소의 평균 면적에 따른 Type별 할증계수를 적용하여 일당 시공량을 산정하시기 바랍니다.

2-1-8 소파보수(도로복구)('09년 신설, '20년 보완)

(일당)

구 분	규 격	단위	A-Type 수량	A-Type 시공량 (m^2)	B-Type 수량	B-Type 시공량 (m^2)	C-Type 수량	C-Type 시공량 (m^2)
포 장 공		인	4		4		4	
보 통 인 부		인	2		2		2	
굴삭기+대형브레이커	0.18㎥	대	1		1		1	
로더(타이어)	0.57㎥	대	1		1		1	
커터(콘크리트 및 아스팔트용)	320~400	대	1	85	1	35	1	15
진동롤러(진동+타이어)	2.5ton	대	1		1		-	
진동롤러(핸드가이드식)	0.7ton	대	-		-		1	
플레이트콤팩터	1.5ton	대	-		-		1	
아스팔트스프레이어	400ℓ	대	1		1		1	
트럭	2.5ton	대	2		2		2	

[주] ① 본 품은 기존 도로 파손에 의한 소규모 도로를 골재층 까지 복구하는 기준이다.
② 본 품은 기존 도로 컷팅, 굴착, 골재치환 및 다짐, 유제살포, 기층 및 표층 포설 및 다짐을 포함한다.
③ 트럭은 다음의 작업에 적용한다.

구 분	2.5ton	2.5ton
작 업	아스팔트 및 소모자재 운반	공구 및 경장비 운반

④ 현장 여건별 적용기준은 다음표를 기준한다.

구 분	포장 시공시간	적용기준
A Type	7시간 이상	- 보수 개소가 작업구간에 밀집(연결)되어, 운반장비를 활용한 시공 장비의 이동 및 작업대기로 인한 포장 시공시간 손실이 미미한 경우
B Type	5시간 이상	- 보수 개소가 작업구간에 부분적으로 산재하여, 운반장비를 활용한 시공 장비의 이동 및 작업대기가 발생되는 경우
C Type	3시간 이상	- 보수 개소가 작업구간에 산발적으로 발생하여, 운반장비를 활용한 시공 장비의 이동 및 작업대기가 빈번히 발생되는 경우

※ '포장 시공시간'은 작업 준비, 절삭, 포장 및 다짐, 마무리를 포함하며, 작업 중 운반장비에 의한 현장이동(이동준비 및 운반시간), 작업대기(교통상황, 자재수급 지연 등)의 시간을 제외한다.

⑤ 현장별 시공여건에 대한 시공량의 할증은 다음표를 참고하여 적용한다.

구 분	일당 작업 개소별 평균 시공면적				
A-Type	6㎡ 이하	12㎡ 이하	24㎡ 이하	36㎡ 이하	36㎡ 초과
시공량 할증계수	0.89	0.94	1.00	1.06	1.13

구 분	일당 작업 개소별 평균 시공면적				
B-Type	4㎡ 이하	8㎡ 이하	16㎡ 이하	24㎡ 이하	24㎡ 초과
시공량 할증계수	0.89	0.94	1.00	1.06	1.13

구 분	일당 작업 개소별 평균 시공면적				
C-Type	2㎡ 이하	4㎡ 이하	8㎡ 이하	12㎡ 이하	12㎡ 초과
시공량 할증계수	0.89	0.94	1.00	1.06	1.13

⑥ 작업시 공사 시방에 따라 장비 조합을 변경할 수 있다.

有權解釋

제목 20년 품셈(도로포장)개정 사항 문의

질의문

신청번호 2001-007 신청일 2020-01-03
질의부분 토목 제1장 도로포장 공사 1-11-7 소규모 포장복구

2020년 표준품셈 도로포장 부분이 개정되었는데 이번에 Type-A, B, C로 일당 시공량이 정해졌는데 5번 주석을 보면 타입별 평균 시공면적에 따라 시공량 할증계수가 생겼습니다. 그렇다면 예를 들면 Type-B로 간다는 가정하게 하루에 3군데 소파 보수를 하였고, 평균 시공면적이 20㎡로 산정되었으면 품셈 적용할 때 35×1.06 = 37.1㎡일 하루 시공량으로 하여 산정한 단가 내역에 반영하면 되는 것일까요?

회신문

표준품셈 토목부문 "1-11-6 소파 보수(도로복구)"에서는 현장여건을 고려하여 Type을 정한 후, 시공 개소의 평균 면적에 따른 Type별 할증계수를 적용하여 일당 시공량을 산정하시기 바랍니다.

2-1-9 맨홀보수('20년 보완)

(일당)

구 분	규 격	단위	하수도 및 기타 맨홀		상수도 맨홀	
			수량	시공량 (개소)	수량	시공량 (개소)
포 장 공		인	2		2	
특 별 인 부		인	3		3	
보 통 인 부		인	3		3	
커터(콘크리트 및 아스팔트용)	320~400mm	대	1		1	
소형브레이커(전기식)	1.5kW	대	2	6	2	4
모 르 타 르 믹 서	0.3㎥	대	1		1	
플 레 이 트 콤 팩 터	1.5ton	대	1		1	
트 럭	2.5ton	대	3		3	
비 고	- 인상높이는 기존 맨홀 뚜껑의 상단에서 보수 후 맨홀 뚜껑의 상단까지를 의미하며, 인상높이에 따라 다음의 할증률을 인력품에 가산한다. | 인상높이(cm)	5이하	10이하	15이하	20이하 | |---|---|---|---|---| | 할증률(%) | - | 5% | 10% | 15% |					

[주] ① 본 품은 아스팔트를 절삭 및 파쇄하여 맨홀 상단부까지 굴착 후 맨홀을 인상하여 보수하는 기준이다.
② 본 품은 아스팔트 절단, 굴착, 맨홀인상, 모르타르 주입 및 굴착부위 포장을 포함한다.
③ 트럭은 다음의 작업에 적용한다.

구 분	2.5ton	2.5ton	2.5ton
작 업	모르타르 자재 운반	아스팔트 자재 운반	공구 및 경장비 운반

④ 커터(콘크리트 및 아스팔트용) 이외의 아스팔트 절단을 위한 장비를 투입할 경우는 별도 계상한다.
⑤ 내부미장을 할 경우 품을 별도 계상한다.
⑥ 폐자재 및 잔토 처리비용은 별도 계상한다.
⑦ 공구손료 및 경장비(공기압축기, 발전기 등)의 기계경비는 인력품의 4%로 계상한다.
⑧ 재료량은 설계수량을 적용한다.

有權解釋

제목 표준품셈 중 맨홀 인상과 관련하여 질의

질의문

신청번호 2006-035 신청일 2020-06-10
질의부분 토목 제1장 도로포장 공사 1-11-7 맨홀 보수

2020년 표준품셈과 관련하여
[질의1]
포장 이후 오수맨홀(648)의 인상을 진행하고자 품셈을 참고중 464페이지의 맨홀 보수를 맨홀 인상에 접목하려 합니다. 해당 부분을 토대로 상수도맨홀외 하수도 및 기타 맨홀 등을 규격에 관계없이 동일하게 접목하여 반영하여도 되는지?

[질의2]
매년 상·하반기에 같이 발표되는 OO소프트의 ***설계자료를 보편적인 현장에서 사용하고 있습니다. 상기 품을 계상시 일위대가 내 맨홀 인상 품을 적용하여도 되는지?

회신문

[답변1]
표준품셈 토목부문 "1-11-7 맨홀 보수"는 아스팔트를 절삭 및 파쇄하여 맨홀 상단부까지 굴착 후 맨홀을 인상하여 보수하는 기준입니다.

[답변2]
귀하께서 질의하신 사항은 표준품셈에서 제시하고 있지 않은 내용으로 판단되며, 일부 출판사에서 표준품셈 내용과 함께 기업에서 정한 품은 해당 기업으로 문의하시기 바랍니다.

2-1-10 차선도색('08, '14, '16, '17, '20년 보완)

1. 차선 밑그림

(일당)

구 분	규 격	단 위	수 량	시공량 (㎡)			
				실선	파선	횡단보도, 주차장	문자, 기호
특 별 인 부		인	2	600	300	228	108
보 통 인 부		인	2				
트 럭	2.5ton	대	1				

[주] ① 본 품은 차선도색을 위한 사전 밑그림 작업 기준이다.
② 운행도로 또는 확장공사 등의 노면표시 공사에서 차량의 부분 통제, 신호간섭 등으로 시공에 지장을 받는 경우에 적용한다.
③ 본 품은 먹줄치기, 밑그림 도색 작업을 포함한다.
④ 트럭은 자재, 공구 및 경장비의 현장내 운반 작업에 적용한다.
⑤ 차량우회 및 신호를 위한 인력 및 장비는 현장 여건에 따라 별도 계상한다.
⑥ 사전 청소가 필요한 경우에는 별도 계상한다.
⑦ 운행도로의 노면표시 보수공사에서 차량 전면통제 등으로 작업의 제약이 없이 시공이 가능한 구간은 '[토목] 1-8-9 차선도색'을 참고하여 적용한다.

2. 수용성형 페인트 수동식

(일당)

구 분	규 격	단 위	수 량	시공량 (㎡)			
				실선	파선	횡단보도, 주차장	문자, 기호
특 별 인 부		인	2	600	300	228	108
보 통 인 부		인	2				
트 럭	4.5ton	대	1				
비 고	\- 노면에 표지병 등이 설치되어 작업능률이 저하되는 경우에는 시공량을 10%까지 감하여 적용한다.						

[주] ① 본 품은 핸드가이드식 라인마커를 사용한 작업 기준이다.
② 운행도로 또는 확장공사 등의 노면표시 공사에서 차량의 부분 통제, 신호간섭 등으로 시공에 지장을 받는 경우에 적용한다.
③ 본 품은 차선도색, 유리알 살포 작업을 포함한다.
④ 트럭은 자재, 공구 및 경장비의 현장내 운반 작업에 적용한다.
⑤ 차량우회 및 신호를 위한 인력 및 장비는 현장 여건에 따라 별도 계상한다.
⑥ 사전 청소가 필요한 경우에는 별도 계상한다.
⑦ 운행도로의 노면표시 보수공사에서 차량 전면통제 등으로 작업의 제약이 없이 시공이 가능한 구간은 '[토목] 1-8-9 차선도색'을 참고하여 적용한다.
⑧ 공구손료 및 경장비(라인마커 등)의 기계경비는 인력품의 3%로 계상한다.
⑨ 잡재료 및 소모재료는 주재료비의 1%로 계상한다.
⑩ 페인트 재료량 및 유리알 살포량은 별도 계상한다.

3. 수용성형 페인트 기계식

(일당)

구 분	규 격	단 위	수 량	시공량 (㎡)	
				실선	파선
특 별 인 부		인	1	4,000	2,000
보 통 인 부		인	1		
라인마커트럭	10km/hr	대	1		
트 럭	2.5ton	대	1		
비 고	\- 노면에 표지병 등이 설치되어 작업능률이 저하되는 경우에는 시공량을 10%까지 감하여 적용한다.				

[주] ① 본 품은 라인마커 트럭을 사용한 작업 기준이다.
② 운행도로 또는 확장공사 등의 노면표시 공사에서 차량의 부분 통제, 신호간섭 등으로 시공에 지장을 받는 경우에 적용한다.
③ 본 품은 차선도색, 유리알 살포 작업을 포함한다.
④ 트럭은 자재, 공구 및 경장비의 현장내 운반 작업에 적용한다.
⑤ 차량우회 및 신호를 위한 인력 및 장비는 현장 여건에 따라 별도 계상한다.
⑥ 사전 청소가 필요한 경우에는 별도 계상한다.
⑦ 운행도로의 노면표시 보수공사에서 차량 전면통제 등으로 작업의 제약이 없이 시공이 가능한 구간은 '[토목] 1-8-9 차선도색'을 참고하여 적용한다.
⑧ 잡재료 및 소모재료는 주재료비의 1%로 계상한다.
⑨ 페인트 재료량 및 유리알 살포량은 별도 계상한다.

4. 융착식 도료 수동식

(일당)

구 분	규 격	단 위	수 량	시공량 (㎡)			
				실선	파선	횡단보도, 주차장	문자, 기호
특별인부		인	2	500	250	190	90
보통인부		인	2				
트 럭	4.5ton		1				
트 럭	2.5ton	대	1				
비 고	- 노면에 표지병 등이 설치되어 작업능률이 저하되는 경우에는 시공량을 10%까지 감하여 적용한다. - 상온 경화용 플라스틱 도료를 사용하는 경우에는 시공량을 20% 가산하여 적용한다.						

[주] ① 본 품은 핸드가이드식 라인마커를 사용한 작업 기준이다.
② 운행도로 또는 확장공사 등의 노면표시 공사에서 차량의 부분 통제, 신호간섭 등으로 시공에 지장을 받는 경우에 적용한다.
③ 본 품은 도료배합, 차선도색, 유리알 살포 작업을 포함한다.
④ 트럭은 다음의 작업에 적용한다.

구 분	4.5ton	2.5ton
작 업	용해기 운반	자재, 공구 및 경장비 운반

⑤ 차량우회 및 신호를 위한 인력 및 장비는 현장 여건에 따라 별도 계상한다.
⑥ 사전 청소가 필요한 경우에는 별도 계상한다.
⑦ 운행도로의 노면표시 보수공사에서 차량 전면통제 등으로 작업의 제약이 없이 시공이 가능한 구간은 '1-8-9 차선도색'을 참고하여 적용한다.
⑧ 공구손료 및 경장비(라인마커, 용해기 등)의 기계경비는 인력품의 10%로 계상한다.
⑨ 잡재료 및 소모재료는 주재료비의 1%로 계상한다.
⑩ 페인트 재료량 및 유리알 살포량은 별도 계상하고, 기타 자재의 수량은 다음을 참고한다.

(10㎡당)

구 분	단 위	수 량
프 라 이 머	kg	2.0
프 로 판 가 스	kg	2.0

※ 위 재료량은 할증이 포함되어 있다.

有權解釋

제목 차선도색 할증 관련 질의

질의문
신청번호 2002-026 신청일 2020-02-12
질의부분 토목 제1장 도로포장 공사 1-11-8 차선도색

1-11-8 차선도색 부분의 품들은 '공사 중 차량의 통제, 신호간섭 등 시공에 지장을 받는 경우 적용한다.'라고 되어있는데 해당 품들에 대해서 주택가 할증을 추가로 적용할 수 있는지 궁금합니다. 또한 기존에는 공용구간 미공용구간으로 나눠져 있던 품이 20년 보완되었는데 이제 공용구간이라 할지라도 차량 전면통제 등으로 작업의 제약없는 시공이 가능하면 토목 1-9-9의 차선도색으로 적용하는 것이 맞는지?

회신문
[답변1]
표준품셈 토목부문 "1-11-8 차선도색"은 번화가 주택가 할증이 포함된 기준입니다.
[답변2]
동 품셈 "1-9-9 차선도색"은 신설공사의 차선도색으로 이와 유사한 현장여건에서 적용이 가능합니다.

監査

제목 노면 정비공사(연간 단가) 예정가격 과잉 계상에 관한 사항

질의문
○○사업단에서는 ○○년 도로시설물 정비공사(연간 단가) 절삭 및 덧씌우기(불연속) 예정가격을 산출하면서 노면파쇄기 기계경비 단가를 건설공사 표준품셈에서 발표한 단가(국산 장비)로 적용하여야 함에도 대한건설협회 건설기계경비산출표에 잘못 명기된 외산 장비로 계상(환율 적용)하여 ○○년 주·야간 a당 12,976원/13,177원 및 ◇◇년 주·야간 a당 2,588원/2,661원 만큼 과다하게 예정가격을 작성 계약하고 준공하였다.
또한 ○○사업단에서는 ◇◇년 도로시설물 정비공사(연간단가) 절삭 및 덧씌우기(불연속) 예정가격을 산출하면서 건설공사 표준품셈 제1장 도로포장 1-11-2 따라 노면파쇄기 팁날 소모재료비를 a당 3.45ea 계상하여야 함에도 a당 4.83ea 계상하여 a당 8,248원을 과다하게 예정가격을 작성 계약하여 준공하였다.

조치할 사항
○○○○이사장은 「지방자치단체 입찰 및 계약 집행기준」 등에 따라 공사 설계업무추진 시 관련 규정을 철저히 숙지한 후 업무를 처리할 수 있도록 업무연찬 및 직원 교육에 철저를 기하시기 바람

2-1-11 차선도색제거('20년 보완)

(일당)

구 분	규 격	단 위	수 량	시공량 (m²)
특 별 인 부		인	1	
보 통 인 부		인	2	35
차 선 제 거 기	6.7kW	대	1	
트 럭	2.5ton	대	1	

[주] ① 본 품은 차선도색 제거기를 이용하여 차선을 절삭하여 도색을 제거하는 기준이다.
　　② 트럭은 차선제거 폐기물, 공구 및 경장비의 현장내 운반 작업에 적용한다.
　　③ 표지병 제거비용은 별도 계상한다.
　　④ 차선도색 제거로 인해 발생되는 폐아스콘 처리는 별도 계상한다.

監査

제목　차선도색 제거 및 차선도색 수량 제외

질의문
송수관로 부설구간 중 차도구간 굴착 시 원활한 교통소통을 위하여 교통안내표지판, 라바콘, PE 드럼 등의 교통안전시설물 설치와 기존 차선도색 제거 및 신설 차선도색 등이 당초 설계에 반영되어 있으나, 송수관로 부설을 위한 차도구간을 굴착하면서 기존 차선도색 제거 및 신설 차선도색 공종 없이 교통안내표지판, 라바콘, PE드럼 등의 교통안전시설물 설치만으로 원활한 교통소통이 가능함에 따라, 현장여건에 맞게 당초 설계에 반영된 기존 차선도색 제거및 신설 차선도색 등의 수량 제외가 필요한데도 감사일 현재까지 설계변경(감 29,457천원 정도, 제경비 포함) 등의 조치를 하지 않고 있다.

조치할 사항
ㅁㅁ본부장은 기존 차선도색 제거 및 신설 차선도색 등의 수량 제외를 위한 설계변경(감 29,457천원 정도) 등의 조치를 하시기 바람(시정)

2-1-12 슬러리실

(일당)

배치인원 (인)			사용기계 (1대)		시공량 (m²)
			명 칭	규 격	
포　설	포 장 공	2	슬 러 리 실 기 계	3~3.8m	5,000
	보 통 인 부	2	굴　　　삭　　　기	0.8m³	

[주] ① 본 품은 슬러리실에 대한 품이다.
　　② 본 품은 포설두께 6mm를 기준으로 한다.
　　③ 표면처리기계 경비는 별도 계상한다.
　　④ 택코트 처리 및 골재의 채집 운반적재는 현장여건에 따라 별도 계상할 수 있다.
　　⑤ 본 공종에서 사용되는 재료량은 배합설계에 따른다.
　　⑥ 공종의 특성상 교통통제 및 안전처리(보통인부) 8명을 적용한다.

2-1-13 표면평탄작업

(일당)

배치인원 (인)			사용기계 (1대)		시공량 (㎡)
			명 칭	규 격	
절삭, 청소	작업반장 보통인부	1 1	그 라 인 딩 장 비 로 더 (타 이 어) 살 수 차	W=1.25m 0.57㎥ 5,500ℓ	1,100

[주] ① 본 품은 표면 평탄작업의 그라인딩, 청소에 대한 품이다.
　② 작업면적이 10㎡이하이고 작업개소가 분산된 소규모 포장 공사일 경우, 일당 시공량의 30% 범위 내에서 감하여 적용할 수 있다.
　③ 그라인딩 장비의 기계경비는 노면파쇄기(2m)의 값을 적용한다.
　④ 폐자재 수거에 대한 운반비는 별도 계상한다.

2-1-14 현장가열 표층재생공법

(일당)

사용기계 (1대)		시공량 (㎡)
명 칭	규 격	
현 장 가 열 표 층 재 생 기	482kW	
로 더 (타 이 어)	0.57㎥	
아 스 팔 트 피 니 셔	3.0m	
머 캐 덤 롤 러	10~12 t	2,800
타 이 어 롤 러	8~15 t	
탠 덤 롤 러	5~8t	
살 수 차	16,000ℓ	

[주] ① 본 품은 현장재활용 포장의 장비가열작업, 포설, 다짐에 대한 품이다.
　② 본 품은 본선의 경우 포설두께 5㎝를 기준으로 한 것이다.
　③ 다짐시 공사시방에 따라 장비조합을 변경할 수 있다.
　④ 재료에 대한 운반비는 별도 계상한다.
　⑤ 100㎡당 팁(날) 0.7개를 계상한다.
　⑥ 예열연료는 현장노면온도 25℃를 기준한 것으로 온도 저하에 따라 50%까지 증가할 수 있다.
　⑦ 장비운반 및 조립해체비, 기존도로 노면의 청소비는 별도 계상한다.
　⑧ 신재아스콘을 현장까지 운반하는 비용은 별도 계상하되, 신재아스콘을 호퍼에 투입하고 대기하는 시간을 포함하여 계상한다.

2-1-15 재래난간 철거공

(일당)

구 분	배치인원 (인)		시공량 (m)	
			규격	철거
횡 재 부	용 접 공	3	강재난간	100
	보 통 인 부	6		
	용 접 공	2	경량형강제난간	100
	보 통 인 부	4		
	보 통 인 부	2	알루미늄합금제난간	10
속 주	보 통 인 부	13	강재난간	10
	보 통 인 부	13	경량형강제난간	10
	보 통 인 부	10	알루미늄합금제난간	10

[주] ① 횡재부는 입목, 종재 등 1식을 포함한 것을 말한다.
② 속주(束柱)는 지목 콘크리트에 세워 횡재부를 지지하고 있는 부재를 말한다.
③ 발생재 운반비는 개개의 발생량으로 산출한다.
④ 발생된 강재, 알루미늄재의 운반은 지정지로 한다.
⑤ 사용 재료는 다음과 같다.

종 별	횡 재 부(10m당)	
	산소(㎥)	아세틸렌(kg)
강 재 난 간	1.8	0.8
경 량 형 강 제 난 간	1.2	0.8
알 루 미 늄 합 금 제 난 간	1.2	0.8

※ 산소량은 대기압상태의 기준량이며, 압축산소는 35℃에서 150기압으로 압축용기에 넣어 사용하는 것을 기준한다.

2-1-16 교통 안전표지판 철거('20년 보완)

(일당)

구 분	규 격	단 위	수 량	시공량 (개소)
특 별 인 부		인	2	
보 통 인 부		인	1	17
트 럭	2.5ton	대	1	

[주] ① 본 품은 교통안전표지(단주식) 철거 기준이다.
② 교통안전표지 지주의 규격은 ±60.5~76.3×3.2×3,000~3,600㎜이며, 안전표지판의 규격은 반사장치부 900×900㎜(삼각형), ø600㎜(원형) 기준이다.
③ 트럭은 자재, 공구 및 경장비의 현장내 운반 작업에 적용한다.
④ 기초제작 및 폐자재 운반은 별도 계상한다.
⑤ 상기 품과 다른 형식 및 규격으로 표지를 철거할 경우 별도 계상할 수 있다.
⑥ 공구손료 및 경장비(드릴, 발전기 등)의 기계경비는 인력품의 2%로 계상한다.

2-1-17 교통 안전표지판 교체('20년 보완)

(일당)

구 분	규 격	단 위	수 량	시공량 (개소)
특 별 인 부		인	1	6
보 통 인 부		인	1	
트 럭	2.5ton	대	1	

[주] ① 본 품은 교통안전표지(단주식) 교체 기준이다.
② 교통안전표지 지주의 규격은 ±60.5~76.3×3.2×3,000~3,600㎜이며, 안전표지판의 규격은 반사장치부 900×900㎜(삼각형), ø600㎜(원형) 기준이다.
③ 트럭은 자재, 공구 및 경장비의 현장내 운반 작업에 적용한다.
④ 기초제작 및 폐자재 운반은 별도 계상한다.
⑤ 상기 품과 다른 형식 및 규격으로 표지를 교체할 경우 별도 계상할 수 있다.
⑥ 공구손료 및 경장비(드릴, 발전기 등)의 기계경비는 인력품의 2%로 계상한다.

2-1-18 도로반사경 철거('20년 보완)

(일당)

구 분	규 격	단 위	수 량	시공량 (본)	
				1면	2면
특 별 인 부		인	1	12	9
보 통 인 부		인	1		
트 럭	2.5ton	대	1		

[주] ① 본 품은 도로반사경과 지주의 철거 기준이다.
② 도로반사경의 규격은 아크릴스테인리스제 ø800~1,000㎜이며, 지주의 규격은 ø76.3× 4.2×3,750㎜ 기준한 것이다.
③ 트럭은 자재, 공구 및 경장비의 현장내 운반 작업에 적용한다.
④ 공구손료 및 경장비(전동드릴, 발전기 등)의 기계경비는 인력품의 3%로 계상한다.

2-1-19 도로반사경 교체('20년 보완)

(일당)

구 분	규 격	단 위	수 량	시공량 (매)
특 별 인 부		인	1	7
보 통 인 부		인	1	
트 럭	2.5ton	대	1	

[주] ① 본 품은 아크릴스테인리스제(ø800~1,000㎜) 도로반사경의 교체 기준이다.
② 트럭은 자재, 공구 및 경장비의 현장내 운반 작업에 적용한다.

2-1-20 도로표지병 제거('20년 보완)

(일당)

구 분	규 격	단 위	수 량	시공량 (개소)
보 통 인 부		인	2	40
트 럭	2.5ton	대	1	

[주] ① 본 품은 앵커형 표지병 제거 기준이다.
　　② 트럭은 자재, 공구 및 경장비의 현장내 운반 작업에 적용한다.
　　③ 공구손료 및 경장비(전동드릴 등)의 기계경비는 인력품의 5%로 계상한다.

2-1-21 시선유도표지 철거('20년 보완)

(일당)

구 분	규 격	단 위	수 량	시공량 (개)		
				흙속 매설용	가드레일용	옹벽용
특 별 인 부		인	1	130	260	130
보 통 인 부		인	1			
트 럭	2.5ton	대	1			

[주] ① 본 품은 시선유도표지 철거 기준이다.
　　② 흙속 매설용은 지주를 박아서 매설하는 경우 또는 터파기 후 되메우기 하여 매설하는 경우에 적용하는 것이며, 콘크리트 기초를 두어 설치하는 경우에는 별도로 계상한다.
　　③ 트럭은 자재, 공구 및 경장비의 현장내 운반 작업에 적용한다.
　　④ 공구손료 및 경장비(전동드릴 등)의 기계경비는 인력품의 3%로 계상한다.

2-1-22 보도용 블록 인력철거('21년 보완)

(일당)

구 분	규 격	단 위	수 량	시공량 (㎡)	
				A-Type	B-Type
포 장 공		인	2	360	300
보 통 인 부		인	2		
트 럭	2.5ton	대	1		

[주] ① 본 품은 유용할 목적으로 철거하거나 또는 장비를 사용하지 못하는 구간의 철거 작업 기준이다.
　　② 본 품은 블록 철거, 현장정리 작업을 포함한다.
　　③ 현장 여건별 적용기준은 다음과 같다.

구분	적용기준
A-Type	- 공원, 단지·택지조성공사의 보도 등 장비이동 및 적재가 용이한 구간
B-Type	- 차도인접, 주택가 보도 등 장비이동 및 적재 공간이 협소한 구간

　　④ 폐기물처리는 별도 계상한다.

有權解釋

제목 보도용블록포장철거

질의문

신청번호 2101-092 신청일 2021-01-26
질의부분 토목 제1장 도로포장공사 1-11-20 보도용 블록포장 철거

금번 개정된 보차도 및 도로경계블록 철거관련 질의 신청 내용 중 다음과 같은 답변이 있어 다시 한번 질의합니다.

[질의1]
"경계석을 철거하여 트럭에 옮기는 작업"은 경계석 폐기물처리 시 폐기물(경계석, 기초제외)를 굴삭기로 트럭에 싣기를 의미하는 것인가요? 그런 의미라면 폐기물 상차비가 포함되어 있으므로 별도로 폐기물 상차비(굴삭기)는 계상하지 않아야 된다는 것인가요?

[질의2]
1-10-22 보도용 블록 장비사용 철거의 트럭(2.5톤 1대)은 유선상 유지보수 업무특성에 따른 작업차량으로 회신받았습니다. [주]④ 폐기물처리는 별도 계상한다"라는 의미가 폐기물 운반비+처리비는 별도 계상한다.라는 의미로 보이는데 폐기물 운반비[현장 → 중간집하장(적치장) → 중간처리장]가 발생하는 경우 [현장 → 중간집하장(적치장)] 운반비(덤프트럭)도 별도 계상하는 것이 맞는 것인지요?

[질의3]
1-10-21 보도용 블록 인력철거, 1-10-22 보도용 블록 장비사용 철거의 경우도 '[주] 본 품은 블록철거, 현장정리 작업을 포함한다'라고 되어 있으므로 블록을 철거하여 트럭에 옮기는 작업(폐기물 상차비)이 포함되는 것인가요?

[질의4]
1-10-24 보도용 블록 소규모보수의 경우는 현장정리 작업이 포함되어 있지 않으므로 블록을 철거하여 트럭에 옮기는 작업(폐기물 상차비)은 별도 계상하는 것인가요?

회신문

[답변1]
표준품셈 토목부문 "1-10-25 보차도 및 도로경계블록 철거"에서 경계석철거하여 트럭에 옮기는 작업은 포함되어 있으나, 폐기물 운반비, 처리비는 포함하고 있지 않습니다. 주 5.에 따라 폐기물처리는 별도 계상하시기 바랍니다.

[답변2]
표준품셈 토목부문 "1-10-22 보도용블록 장비사용 철거"에서 2.5ton트럭은 유지보수 업무 특성에 따른 작업 차량이며, 폐기물처리를 위한 차량은 아닙니다. 또한 폐기물운반비 처리비가 발생하는 경우 주 4에 따라 폐기물처리는 별도 계상하시기 바랍니다.

[답변3]
표준품셈 토목부문 "1-10-21 보도용 블록 인력철거, 1-10-22 보도용 블록 장비사용 철거"에서 철거 후 트럭에 옮기는 작업은 포함되어 있으나, 폐기물 운반비, 처리비는 포함하고 있지 않습니다

[답변4]
표준품셈 토목부문 "1-10-24 보도용 블록 소규모보수"에서 폐기물처리를 위한 철거 후 트럭에 옮기는 작업은 포함되어 있으나 폐기물 운반비, 처리비는 포함하고 있지 않습니다

> **有權解釋**
>
> **제목** 보도블록 자재비와 보도블록 철거 품 과다 지급
>
> **내용**
> 철거한 보도블록에 대한 "보도용 블록포장"의 철거 품은 「건설공사 표준품셈 10-3-3(보도용 블록 포장)」"유용을 목적으로 철거할 경우, 보도용 블록 포장의 설치품의 50%"로 계상해야 한다.
> 그런데 △△△△과에서는 보도블록 구입 자재비와 보도블록 유용에 따른 설치품에 50%를 적용한 보도용 블록 포장철거 품으로 공사 준공 전까지 설계변경(감액)해야 함에도 아무런 조치없이 10,877천원(부가세 및 제경비 포함)의 공사비를 과다 지급하였다.
>
> **조치할 사항**
> ○○○○시 △△△△과장은 보도블록 구입 자재비와 보도블록 철거 품을 과다 지급한 공사비 10,877천원에 대하여 회수 조치하시고, 앞으로 건설공사 설계 및 감독업무에 철저를 기하시기 바람

2-1-23 보도용 블록 장비사용 철거('21년 신설)

(일당)

구 분	규격	단 위	수량	시공량 (㎡)	
				A-Type	B-Type
포 장 공		인	1	600	500
보 통 인 부		인	1		
굴 삭 기	0.4㎥	대	1		
트 럭	2.5ton	대	1		

[주] ① 본 품은 장비를 사용하여 보도용 블록을 철거하는 기준이다.
② 본 품은 블록 철거, 현장정리 작업을 포함한다.
③ 현장 여건별 적용기준은 다음과 같다.

구분	적용기준
A-Type	- 공원, 단지·택지조성공사의 보도 등 장비이동 및 적재가 용이한 구간
B-Type	- 차도인접, 주택가 보도 등 장비이동 및 적재 공간이 협소한 구간

④ 폐기물처리는 별도 계상한다.

> **契約審査**
>
> **제목** 보차도 및 도로경계블록 철거에서 현장정리 작업의 범위
>
> **질의문**
> 신청번호 2203-110 신청일 2022-03-30
> 질의부분 토목 제1장 도로포장공사 1-10-22 보도용블록 장비사용 철거
>
> 포준품셈 토목 제1장 도로포장공사에서 1-10-21 보도용 인력철거, 1-10-22 보도용 장비사용 철거, 1-10-25 보차도 및 도로경계블록 철거에서 현장정리 작업의 범위를 정확히 알고 싶습니다. 폐기물 상차 포함, 미포함 여부 확인

> **회신문**
>
> 표준품셈 토목부문 "1-10-21 보도용 블록 인력철거, 1-10-22 보도용 블록 장비사용 철거, 1-10-25 보차도 및 도로경계블록 철거"에서는 블록 철거 및 현장정리(현장 청소, 자재 정리) 작업을 포함하고 있으며, 기존 보도블록 청소 등이 포함되어 있습니다.
> 또한 블록을 철거 후 트럭에 옮기는 작업은 포함되어 있으나 폐기물 운반비, 처리비는 포함하고 있지 않습니다. 폐기물 운반비 처리비가 발생하는 경우 주4에 따라 폐기물처리는 별도 계상하시기 바랍니다

2-1-24 보도용 블록 재설치('21년 신설)

(일당)

구 분	규격	단위	수량	시공량 (㎡)	
				A-Type	B-Type
포 장 공		인	3	260	220
특 별 인 부		인	2		
보 통 인 부		인	2		
굴 삭 기	0.4㎥	대	1		
플레이트콤팩터	1.5ton	대	1		
트 럭	2.5ton	대	1		
비 고	\- 유도·점자블록을 설치하는 경우 시공량의 10%를 감하여 적용한다. \- 블록 정밀절단(전동절단기)에 의한 시공이 아닌 경우, 특별인부 1인을 감하여 적용한다.				

[주] ① 본 품은 기존에 설치되었던 블록이 철거된 상태에서 신규블록(규격 0.1㎡이하, 두께 8cm이하)을 재설치하는 기준이다.
② 본 품은 모래 보강, 모래층 다짐 및 고르기, 블록 절단 및 설치, 줄눈채움 및 다짐 작업을 포함한다.
③ 현장 여건별 적용기준은 다음과 같다.

구분	적용기준
A-Type	\- 공원, 단지·택지조성공사의 보도 등 장비이동 및 적재가 용이한 구간
B-Type	\- 차도인접, 주택가 보도 등 장비이동 및 적재 공간이 협소한 구간

④ 기층에 콘크리트나 아스팔트 등의 안정처리기층을 사용하거나, 지반침하방지가 필요한 경우 별도 계상한다.
⑤ 공구손료 및 경장비(절단기 등)의 기계경비 및 잡재료는 인력품의 5%, 블록 정밀절단 (전동절단기)에 의한 시공이 아닌 경우 2%로 계상한다.

有權解釋

제목 1 보도용블록 재설치 와 경계블록 재설치

질의문

신청번호 2202-077 신청일 2022-02-22
질의부분 토목 제1장 도로포장공사 1-10-23 보도용 블록 재설치

건설품셈 1-10-26, 1-10-23 보도용블록 재설치와 보차도 및 경계블록 재설치 품에 문의 드립니다. 품셈 주기에 보면 기존에 설치되었던 보도용블록 및 경계블록이 철거된 상태에서 재설치 품이라 하는데, 발주처에서는 전체구간(시점과-종점)을 철거하고 설치하는 것은 신규 설치로 봐야 한다고 하는데, 어떤 기준을 가지고 신규 설치와 재 설치를 구분하는지 문의드립니다.

회신문

신설 보도용블록 설치는 "1-7-1 보도용블록 설치"를 참조하시기 바라며, 기존 블록 철거 후 재설치는 "1-10-23 보도용블록 재설치"를 참조하시기 바랍니다.
표준품셈 토목부문 "1-10-23 보도용 블록 재설치"는 기존에 설치되었던 블록이 철거된 상태에서 신규 블록을 재설치하는 기준으로, 모래보강, 모래층 다짐 및 고르기, 블록 절단 및 설치, 줄눈 채움 및 다짐 작업을 포함합니다.
본 품은 신설 현장과는 다른 유지보수 현장의 여건을 반영하여 조사된 기준임을 알려드립니다.

제목 2 2021년 보도블럭 설치 및 헐기 품 현장적용 범위

질의문

신청번호 2111-048 신청일 2021-11-17
질의부분 토목 제1장 도로포장공사 1-10-23 보도용블록재 설치

보도블럭 설계표준 품셈이 변경되면서 사업시행 시 보도블럭의 현장여건의 범위에 어디까지 적용되는지 파악하기 위하여 문의드립니다
1. 보도 설치 품 안에 덤프 장비는 현장내 필요없을 시 삭제하여도 되는 부분인지?
2. 보도블럭 자재를 현장에 유용 시 철거 및 재설치 품의 정확한 적용 방식(인력철거, 재설치)
3. 보도블럭 품셈 내용 (주)기 표시의 현장정리의 범주(오물정리, 소운반 등이 적용되는 것인지) 위 3가지 사항이 궁금하여 문의드립니다

회신문

[답변1]
2021년 표준품셈 토목부문 "1-10-23 보도용 블록 설치 재설치"에 적용된 트럭 2.5톤은 유지보수 특성을 고려한 작업을 위한 운반 장비에 대한 반영입니다.
당해공사에서 표줌품셈의 적용 여부 및 판단에 관련된 사항은 해당공사의 특성을 고려하시고 표준품셈을 참조하시어 발주기관의 장의 책임하에 적정한 예정가격 산정기준을 적용하도록 하고 있음을 알려드립니다.

[답변2]
표준품셈 토목부문 "1-10-21 보도용 블록 인력철거"는 유용할 목적으로 철거하거나 또는 장비를 사용하지 못하는 구간의 철거작업 기준입니다. "1-10-23 보도용 블록 재설치"는 블록이 철거된 상태에서 신규 블록을 재설치하는 기준입니다.

[답변3]
표준품셈 토목부문 "1-10-21 보도용 블록 인력철거"는 블록 철거 및 현장정리(현장청소, 자재 정리) 작업을 포함하고 있으며, 기존 보도블록 청소 등이 포함되어 있습니다. 또한 소운반은 일반적으로 품에서 포함된 것으로 품에서 포함된 것으로 규정된 소운반 거리는 20m 이내의 거리이며, 20m를 초과하는 경우에는 초과분에 대하여 표준품셈 "1-5-1 소운반 및 인력운반" 등을 활용하여 별도 계상하도록 정하고 있습니다.

제목 3 보도용 블록 설치 재설치 관련 문의

[질의문]

신청번호 2104-118 신청일 2021-04-28
질의부분 토목 제1장 도로포장공사 1-10-23 보도용 블록 재설치

'21년 개정 품셈 신설 항목의 보도용 블록 설치 재설치 항목에 관하여 질의 요청드립니다.
신규 보도용 블록 설치와의 차이점은 적용상황에 대하여는 인지하고 있으나, 신설 보도 설치와 블록 재설치 비용을 비교하면 재설치 단위 비용이 더 큰 사유에 대하여 질의드립니다.
신설의 경우 모래의 부설비 포함/ 재설치 모래의 보강 → 신설이 일당 작업량이 작아야 할 것같습니다.
신설 보도 트럭제외/ 재설치 2.5ton 1대 → 신설과 재설치가 차이가 없어야 할 것 같습니다. 하여 신설 보도 설치보다 블록 재설치 단가가 더 높은데 이렇게 하면 재설치구간에서도 발주처에서는 신설 품 적용을 요구하는 경우가 발생할 것 같습니다. 두 단가의 차이점에 대하여 알고 싶습니다.

[회신문]

[답변1]
표준품셈 토목부문 "1-10-23 보도용 블록 재설치"는 기존에 설치되었던 블록이 철거된 상태에서 신규 블록을 재설치하는 기준으로, 모래보강, 모래층 다짐 및 고르기, 블록 절단 및 설치, 줄눈채움 및 다짐작업을 포함합니다. 모래보강은 철거 부위의 모래가 부족할 경우 모래를 보강하는 경우를 뜻합니다. 또한 보도용 블록 재설치 작업은 유지보수 공사의 특성상 현장 여건이 보도블록 신설에 비해 작업이 어렵기 때문에 일당 시공량에 있어 차이가 있습니다.

[답변2]
표준품셈 토목부문 "1-10-25 보차도 및 도로경계블록 재설치"에 적용된 트럭 2.5톤은 유지보수 특성을 고려한 작업을 위한 운반장비에 대한 반영입니다.

2-1-25 보도용 블록 소규모보수('21년 신설)

(일당)

구 분	규격	단위	수량	시공량 (㎡)
포 장 공		인	2	
특 별 인 부		인	1	
보 통 인 부		인	1	110
굴 삭 기	0.4㎥	대	1	
플 레 이 트 콤 팩 터	1.5ton	대	1	
트 럭	2.5ton	대	1	
비 고	- 유도·점자블록을 설치하는 경우 시공량의 10%를 감하여 적용한다.			

[주] ① 본 품은 보도용 블록포장의 손상으로 인해 소규모로 블록을 보수하는 기준이다.
② 블록의 규격은 0.1㎡이하, 두께 8cm이하이하 기준이다.
③ 본 품은 블록 철거, 모래 보강, 모래층 다짐 및 고르기, 블록 절단 및 설치, 줄눈채움 및 다짐 작업을 포함한다.
④ 공구손료 및 잡재료는 인력품의 2%로 계상한다.
⑤ 보수 블록의 작업구간이 산재하여 발생하는 경우 할증은 다음표를 참고하여 적용한다.

구분	구간별 평균 시공면적				
	10㎡이하	30㎡이하	60㎡이하	110㎡이하	110㎡초과
시공량 할증계수	0.65	0.85	0.95	1.00	1.05

2-1-26 보차도 및 도로경계블록 철거('21년 신설)

(일당)

구 분			규 격	단 위	수 량	규격 (아래폭+높이 mm)	시공량 (m)	
							A-Type	B-Type
특 별 인 부				인	2	300미만	500	430
보 통 인 부				인	1	350미만	420	360
굴 삭 기			0.4㎥	대	1	400미만	390	330
트 럭			2.5ton	대	1	500미만	270	230
						500이상	170	140

[주] ① 본 품은 장비를 사용하여 화강암 및 콘크리트 경계블록을 철거하는 기준이다.
② 본 품은 블록 철거, 현장정리 작업을 포함한다.
③ 현장 여건별 적용기준은 다음과 같다.

구분	적용기준
A-Type	- 공원, 단지·택지조성공사의 보도 등 장비이동 및 적재가 용이한 구간
B-Type	- 차도인접, 주택가 보도 등 장비이동 및 적재 공간이 협소한 구간

④ 콘크리트 절단 및 깨기, 터파기 및 되메우기, 잔토처리는 현장 여건에 따라 별도 계상한다.
⑤ 폐기물처리는 별도 계상한다.
⑥ 장비의 종류 및 규격은 현장여건에 따라 변경할 수 있다.

有權解釋

제목 보차도 및 도로경계블록 철거 문의

질의문
신청번호 2101-029 신청일 2021-01-12
질의부분 토목 제1장 도로포장공사 1-10-3 보차도 및 도로경계블록(콘크리트) 설치

21년 신설된 사항인데 주석에 따르면 블록 철거, 현장정리 작업을 포함한 품입니다만 콘크리트절단 및 깨기 등은 현장 여건에 따라 별도 계상하도록 되어 있습니다.
이때 블록 철거가 굴삭기로 경계석을 담아 트럭에 옮기는 품인지 아니면 경계석을 깨는 품도 포함인지 궁금합니다. 깨는 품이 별도라면 혹 이 품은 경계석을 유용으로 하는 목적인지요?

> **회신문**
>
> 표준품셈 토목부문 "1-10-25 보차도 및 도로경계블록 철거"는 장비를 사용하여 경계블록을 철거하는 기준으로, 경계석을 철거하여 트럭에 옮기는 작업을 포함하고 있으며, 경계석을 깨는 작업은 포함하고 있지 않습니다. 또한 경계석 유용을 목적으로 하는 기준은 아닙니다.

2-1-27 보차도 및 도로경계블록 재설치('21년 신설)

(일당)

구 분	규격	단위	수량	규격 (아래폭+높이 ㎜)	시공량 (m) A-Type		B-Type	
					직선구간	곡선구간	직선구간	곡선구간
특별인부		인	3	300미만	150	130	130	110
보통인부		인	1	350미만	120	110	100	90
크 레 인	5ton	대	1	400미만	110	95	95	80
트 럭	2.5ton	대	1	500미만	80	65	65	50
				500이상	50	45	45	35

[주] ① 본 품은 기존에 설치되었던 블록이 철거된 상태에서 신규블록을 재설치하는 기준이다.
② 본 품은 위치확인, 경계블록 절단 및 설치, 이음모르타르 바름 작업을 포함한다.
③ 현장 여건별 적용기준은 다음과 같다.

구분	적용기준
A-Type	- 공원, 단지·택지조성공사의 보도 등 장비이동 및 적재가 용이한 구간
B-Type	- 차도인접, 주택가 보도 등 장비이동 및 적재 공간이 협소한 구간

④ 기초 콘크리트, 거푸집, 터파기 및 되메우기, 잔토처리는 현장 여건에 따라 별도 계상한다.
⑤ 장비의 종류 및 규격은 현장여건에 따라 변경할 수 있다.
⑥ 공구손료 및 경장비(절단기 등)의 기계경비는 인력품의 2%로 계상한다.

2-1-28 가드레일 철거('20년 신설)

가드레일을 철거하는 경우 '[토목부문] 1-9-10 가드레일 설치' 품의 50%로 계상한다.

> **有權解釋**
>
> **제목** 철거하는 경우 품의 50%로 계상한다.
>
> **질의문**
> 신청번호 2001-013 신청일 2020-01-07
> 질의부분 토목 제1장 도로포장공사 1-11-18 시선 유도표지 철거
>
> 2020년 표준품셈 "1-11-21 가드레일철거 부분에 가드레일을 철거하는 경우 '[토목부문] 1-9-10 가드레일설치' 품의 50%로 계상한다."라고 되어있는데 1-9-10에 지주설치를 보면 지주 간격 2m일 때 시공량은 420이고, 이렇게 되어있는데요~

구분	규격	단위	수량
특별인부		인	2
보통인부		인	1
굴삭기+대형브레이카	0.6m³	대	1
트럭	2.5톤	대	1

여기에서 철거하려면 품에 50% 계상해야 하는데 특별인부와 보통인부에 대해서만 50% 하는 것인지 굴삭기+대형브레이커, 트럭도 50%를 하는 것인지?

회신문

표준품셈 토목부문 "1-11-21 가드레일철거"에서 '가드레일을 철거하는 경우 [토목부문] 1-9-10 가드레일설치' 품의 50%로 계상한다.'로 제시하고 있습니다. 이는 가드레일설치 시 "1-9-10 가드레일설치" 시의 시공량을 50%로 하여 적용하라는 의미이며, 인력과 장비에 동일하게 적용하시기 바랍니다.

2-2 궤도공사

2-2-1 철도안전처리('23년 신설)

○ 궤도 유지보수 공사 중 철도운행 안전관리자(열차감시원, 장비유도원, 안전관리자 등)의 인력투입은 각 항목에서 제외되어 있으며, 필요시 배치인원은 현장조건(시공위치, 차단시간 등)을 고려하여 별도 계상한다.

○ 궤도 유지보수 공사를 위한 임시신호기(서행신호기, 서행예고신호기, 서행해제신호기, 서행발리스), 서행구역통과측정표지, 선로작업표, 공사알림판 등의 설치는 현장조건에 따라 별도 계상한다.

2-2-2 궤광철거('12, '19, '23년 보완)

(km당)

구분		규격	단위	수 량(레일규격)	
				37kg/m	50kg/m
목침목	궤 도 공	-	인	41	49
	보 통 인 부	-	인	9	11
	굴 삭 기 + 부 착 용 집 게	0.2m³	hr	51	61
PCT	궤 도 공	-	인	42	51
	보 통 인 부	-	인	10	12
	굴 삭 기 + 부 착 용 집 게	0.2m³	hr	54	66
터널교량	궤 도 공	-	인	50	61
	보 통 인 부	-	인	12	14
	굴 삭 기 + 부 착 용 집 게	0.2m³	hr	65	78

[주] ① 본 품은 자갈도상 구간의 궤광을 해체, 철거하는 기준이다.
② 철거작업으로 발생된 자재의 상차 및 하화, 정리를 포함한다.
③ 운반은 별도 계상한다.
④ 레일 절단에 소요되는 품은 별도 계상한다.
⑤ 투입장비는 작업여건에 따라 장비조합을 변경하여 적용할 수 있다.

2-2-3 분기기 철거('12, '19, '23년 보완)

(틀당)

구 분	규 격	단 위	수 량(분기기 종류)			
			#8번 분기기	#10번 분기기	#12번 분기기	#15번 분기기
궤 도 공	-	인	8	9	11	13
보 통 인 부	-	인	2	2	3	3
굴 삭 기 + 부 착 용 집 게	0.2㎥	hr	6	8	8	11

[주] ① 본 품은 자갈도상 구간의 분기기를 해체, 철거하는 기준이다.
② 철거작업으로 발생된 자재의 상차 및 하화, 정리를 포함한다.
③ 운반은 별도 계상한다.
④ 레일 절단에 소요되는 품은 별도 계상한다.
⑤ 투입장비는 작업여건에 따라 장비조합을 변경하여 적용할 수 있다.

2-2-4 레일교환(인력)('12, '23년 보완)

(km당)

구 분		단 위	수 량											
			3시간 차단						4시간 차단					
			시공구간 30m 이하		시공구간 100m 이하		시공구간 100m 초과		시공구간 30m 이하		시공구간 100m 이하		시공구간 100m 초과	
			50kg	60kg	50kg	60kg	50kg	60kg	50kg	60kg	50kg	60kg	50kg	60kg
목침목 구간	궤도공	인	193	204	161	171	130	138	178	189	149	158	121	128
	보통인부	인	42	45	35	38	29	30	39	42	33	35	27	28
PCT 구간	궤도공	인	178	196	149	164	121	133	166	183	139	153	112	124
	보통인부	인	39	43	33	36	27	29	37	40	31	34	25	27
교 량	궤도공	인	242	264	202	221	164	179	226	246	188	206	153	167
	보통인부	인	53	58	44	49	36	39	50	54	42	45	34	37
터 널	궤도공	인	255	261	213	218	173	176	237	242	198	202	161	164
	보통인부	인	56	57	47	48	38	39	52	53	44	44	35	36
비 고			- 한측 레일만 교환하는 경우는 본 품의 65%를 적용한다.											

[주] ① 본 품은 인력으로 양측레일을 교환하는 품이며, 운행선 구간의 야간작업 기준이다.
② 시공구간은 1일 차단시간 내에 시공하는 레일교환 대상물량 기준이다.
③ 체결구 해체, 레일교환, 체결구 체결을 포함한다.
④ 레일의 상차 및 하화, 운반, 레일 절단에 소요되는 품은 별도 계상한다.
⑤ 야간작업 할증, 열차 운행에 따른 지장, 대피 할증을 추가 계상하지 않는다

2-2-5 레일교환(기계)('12, '19, '23년 보완)

(km당)

구 분		규 격	단 위	수 량	
				3시간 차단	4시간 차단
목침목 구 간	궤 도 공	-	인	84	78
	보 통 인 부	-	인	32	29
	굴삭기+부착용집게	0.2㎥	hr	86	82
PCT 구 간	궤 도 공	-	인	78	72
	보 통 인 부	-	인	29	29
	굴삭기+부착용집게	0.2㎥	hr	80	76
교 량	궤 도 공	-	인	106	98
	보 통 인 부	-	인	40	37
	굴삭기+부착용집게	0.2㎥	hr	108	104
터 널	궤 도 공	-	인	111	103
	보 통 인 부	-	인	42	39
	굴삭기+부착용집게	0.2㎥	hr	114	109
비 고	- 본 품은 양측레일 교환 기준이며, 한측 레일만 교환하는 경우는 본 품의 65%를 적용한다.				

[주] ① 본 품은 운행선 구간의 야간에 장비를 사용하여 레일을 교환하는 기준이다.
② 체결구해체, 레일교환, 체결구체결을 포함한다.
③ 레일의 상차 및 하차, 운반, 레일 절단에 소요되는 품은 별도 계상한다.
④ 야간작업 할증, 열차 운행에 따른 지장, 대피 할증을 추가 계상하지 않는다.
⑤ 투입장비는 작업여건에 따라 장비조합을 변경하여 적용할 수 있다.

2-2-6 침목교환(인력)('12, '23년 보완)

(개당)

구 분		단 위	수 량			
			3시간 차단		4시간 차단	
			A-Type	B-Type	A-Type	B-Type
목침목 → 목 침 목	궤 도 공	인	0.283	0.209	0.279	0.206
	보 통 인 부	인	0.071	0.052	0.070	0.052
목침목 → P C T	궤 도 공	인	0.662	0.488	0.650	0.479
	보 통 인 부	인	0.192	0.141	0.189	0.139
PCT → P C T	궤 도 공	인	0.775	0.571	0.761	0.561
	보 통 인 부	인	0.224	0.165	0.221	0.163
교량 침목 교 환	궤 도 공	인	1.005	0.740	0.988	0.728
	보 통 인 부	인	0.291	0.214	0.287	0.211

[주] ① 본 품은 운행선 구간의 야간에 인력으로 침목을 교환하는 기준이다.
② 체결구해체, 침목교환, 체결구체결을 포함한다.

③ 현장 여건별 적용기준은 다음과 같다.

구분	적용기준
A-Type	- 교환대상 침목이 산재되어 있어 시공위치별로 1~2개의 침목교환 후 이동이 발생하는 경우
B-Type	- 교환대상 침목이 구간별로 3개 이상 연속적으로 집중되어 있는 경우

④ 교량침목교환은 무도상교량에 적용하며, 교량침목고정장치 설치 또는 해체 품은 별도 계상한다.
⑤ 침목의 상차 및 하화, 운반, 도상임시철거 및 복구, 자갈다지기 및 정리는 별도 계상한다.
⑥ 야간작업 할증, 열차 운행에 따른 지장, 대피 할증을 추가 계상하지 않는다.

2-2-7 침목교환(기계)('12, '19년 보완)

(개당)

구분		규격	단위	수량	
				3시간 차단	4시간 차단
목 침 목 → P C T	궤 도 공	-	인	0.090	0.079
	보 통 인 부	-	인	0.020	0.018
	굴삭기+부착용집게	0.2㎥	hr	0.065	0.053
PCT → PCT	궤 도 공	-	인	0.110	0.097
	보 통 인 부	-	인	0.025	0.022
	굴삭기+부착용집게	0.2㎥	hr	0.105	0.086
교 량 침 목 교 환	궤 도 공	-	인	0.271	0.240
	보 통 인 부	-	인	0.061	0.054
	굴삭기+부착용집게	0.2㎥	hr	0.214	0.175

[주] ① 본 품은 운행선 구간의 야간에 장비를 사용하여 침목을 교환하는 기준이다.
② 체결구해체, 침목교환, 체결구체결을 포함한다.
③ 교량침목교환은 무도상교량에 적용하며, 교량침목고정장치 설치 또는 해체 품은 별도 계상한다.
④ 침목의 상차 및 하화, 운반, 도상임시철거 및 복구, 자갈다지기 및 정리는 별도 계상한다.
⑤ 야간작업 할증, 열차 운행에 따른 지장, 대피 할증을 추가 계상하지 않는다.
⑥ 투입장비는 작업여건에 따라 장비조합을 변경하여 적용할 수 있다.

2-2-8 분기기교환(인력)('12, '23년 보완)

(틀당)

구분		단위	수량	
			3시간 차단	4시간 차단
#8 분기기	궤 도 공	인	37	35
	보 통 인 부	인	17	16
#10 분기기	궤 도 공	인	42	40
	보 통 인 부	인	19	18
#12 분기기	궤 도 공	인	47	45
	보 통 인 부	인	21	20
#15 분기기	궤 도 공	인	66	63
	보 통 인 부	인	29	28

[주] ① 본 품은 인력으로 분해된 상태의 분기기를 재조립하여 교환하는 품이며, 운행선 구간의 야간작업 기준이다.
　　② 체결구 해체, 분기기교환, 체결구체결을 포함한다.
　　③ 분기기침목 교환, 도상자갈 철거 및 살포 작업은 제외되어 있다.
　　④ 분기기의 상차 및 하화, 운반, 도상임시철거 및 복구, 자갈다지기 및 정리는 별도 계상한다.
　　⑤ 레일 절단에 소요되는 품은 별도 계상한다.
　　⑥ 야간작업 할증, 열차 운행에 따른 지장, 대피 할증을 추가 계상하지 않는다.

2-2-9 분기기교환(기계)('12, '19년 보완)

(틀당)

구 분		규 격	단 위	수 량	
				3시간 차단	4시간 차단
#8 분기기	궤 도 공	-	인	20.5	19.8
	보 통 인 부	-	인	6.6	6.4
	굴 삭 기 + 부 착 용 집 게	0.2㎥	hr	33.2	31.8
#10 분기기	궤 도 공	-	인	24.7	23.5
	보 통 인 부	-	인	7.9	7.5
	굴 삭 기 + 부 착 용 집 게	0.2㎥	hr	38.5	36.8
#12 분기기	궤 도 공	-	인	27.1	25.9
	보 통 인 부	-	인	8.7	8.3
	굴 삭 기 + 부 착 용 집 게	0.2㎥	hr	58.7	56.1
#15 분기기	궤 도 공	-	인	36.1	34.9
	보 통 인 부	-	인	11.6	11.2
	굴 삭 기 + 부 착 용 집 게	0.2㎥	hr	78.2	75.6

[주] ① 본 품은 운행선 구간의 야간에 장비를 사용하여 분해된 상태의 분기기를 재조립하여 교환하는 기준이다.
　　② 체결구 해체, 분기기교환, 체결구체결을 포함한다.
　　③ 분기기의 상차 및 하화, 운반, 도상임시철거 및 복구, 자갈다지기 및 정리는 별도 계상한다.
　　④ 레일 절단에 소요되는 품은 별도 계상한다.
　　⑤ 야간작업 할증, 열차 운행에 따른 지장, 대피 할증을 추가 계상하지 않는다.
　　⑥ 투입장비는 작업여건에 따라 장비조합을 변경하여 적용할 수 있다.

2-2-10 도상자갈철거(인력)('11년 신설)

(㎥당)

구 분	단 위	수 량
궤 도 공	인	0.04
특 별 인 부	인	0.11
보 통 인 부	인	0.32

[주] ① 본 품은 인력으로 기존 자갈도상의 자갈을 긁어내는 기준이다.
　　② 자갈도상을 긁어내고 도상을 정리하는 작업을 포함한다.
　　③ 철거작업으로 발생된 자갈의 상차 및 하화, 운반 및 정리는 별도 계상한다.

2-2-11 도상자갈철거(기계)('19년 신설)

(㎥당)

구 분	규 격	단 위	수 량	
			3시간 차단	4시간 차단
궤 도 공	-	인	0.04	0.04
보 통 인 부	-	인	0.09	0.08
굴 삭 기	0.2㎥	hr	0.12	0.11

[주] ① 본 품은 운행선 구간의 야간에 장비를 사용하여 기존 자갈도상의 자갈을 긁어내는 기준이다.
② 자갈도상을 긁어내고 도상을 정리하는 작업을 포함한다.
③ 철거작업으로 발생된 자갈의 상차 및 하화, 운반 및 정리는 별도 계상한다.
④ 야간작업 할증, 열차 운행에 따른 지장, 대피 할증을 추가 계상하지 않는다.
⑤ 투입장비는 작업여건에 따라 장비조합을 변경하여 적용할 수 있다.

2-2-12 도상갱환('11년 신설)

1. 가받침 설치

(m당)

구 분	단 위	수 량
궤 도 공	인	0.09
특 별 인 부	인	0.05
보 통 인 부	인	0.20

[주] ① 본 품은 인력에 의한 지상부의 직선구간 기준이다.
② 자갈철거 이후 열차운행이 가능하도록 하기 위한 가받침설치 및 침목 가조립, 재료반출, 궤도정비 작업을 포함한다.
③ 곡선구간(R=950미만)에서는 가받침 설치품을 5%까지 증할 수 있다.
④ 잡재료비 및 기구손료는 별도 계상한다.

2. 판넬설치

구 분	단 위	수 량	
		판넬설치(개당)	가받침 해체 및 설치(m당)
궤 도 공	인	0.05	0.09
특 별 인 부	인	0.09	0.18
보 통 인 부	인	0.05	0.09
비 고	- 곡선구간(R=950미만)은 투입품을 5%까지 증하여 적용한다		

[주] ① 본 품은 지상부의 직선구간 기준이다.
② 본 품은 트랙머신에 의한 판넬설치와 가받침 해체 및 설치 작업으로 구분한다.
③ 판넬설치는 물청소와 트랙머신에 의한 판넬설치를 포함한다.
④ 본 품은 B2S A형 판넬(1,225×2,550㎜)을 기준으로 한 것이다.
⑤ B2S B형 판넬(1,125×2,550㎜)은 동일하게 적용하며, C형 판넬(350×2,550㎜)은 판넬설치 품의 50%를 적용한다.

⑥ 가받침 해체는 판넬설치를 위한 기존 가받침 및 침목 해체를 포함한다.
⑦ 가받침 설치는 판넬설치 후 열차 운행을 위한 체결구 조임, 가받침 재설치 및 재료반출, 궤도정비 공종을 포함한다.
⑧ 잡재료비 및 기계경비는 별도 계상한다.

3. 타설 후 정리작업

(m당)

구 분	단 위	수 량
궤 도 공	인	0.11
보 통 인 부	인	0.25
비 고	- 곡선구간(R=950미만)은 투입품을 5%까지 증하여 적용한다	

[주] ① 본 품은 지상부의 직선구간 기준이다.
② 콘크리트 충전 후 열차 운행을 위한 가받침 설치·해체 및 궤도정비 공종을 포함한다.
③ 잡재료비 및 기계경비는 별도 계상한다.

2-2-13 궤도정정 및 이설('12, '19, '23년 보완)

(km당)

구 분	규 격	단 위	수 량	
			궤도정정	궤도이설
궤 도 공	-	인	47	121
보 통 인 부	-	인	27	46
굴삭기+부착용집게	0.2㎥	hr	53	153
굴삭기+부착용집게	0.6㎥	hr	-	153
양 로 기	11.19kW	hr	-	76

[주] ① 본 품은 궤도정정은 레일의 이동범위 1m미만 기준이며, 궤도이설은 레일의 이동범위 1m~3m 기준이다.
② 자갈제거, 궤도정정 및 이설, 자갈펴넣기, 자갈정리 및 뒷정리 작업을 포함한다.
③ 자갈다지기는 별도 계상한다.

2-2-14 교상가드레일 철거('12, '19년 보완)

(km당)

구 분	규 격	단 위	수 량
궤 도 공	-	인	30
보 통 인 부	-	인	11
굴삭기+부착용집게	0.2㎥	hr	34.8

[주] ① 본 품은 교상에 가드레일을 철거하는 기준이다.
② 나사 스파이크 뽑기, 가드레일 철거를 포함한다.

2-2-15 목침목 탄성체결장치 철거('12, '19년 보완)

(침목 개소당)

구 분	단 위	수 량
궤 도 공	인	0.028
보 통 인 부	인	0.022

[주] ① 본 품은 목침목에 탄성체결장치를 설치 또는 해체하는 기준이다.
② 나사 스파이크 풀기, 레일 들기, 체결장치 철거 품을 포함한다.

2-3 교량공사

2-3-1 강교보수 바탕처리(인력)

(m^2당)

구 분	규 격	단 위	수 량 A급	수 량 B급	수 량 C급
도 장 공		인	0.23	0.14	0.09
보 통 인 부		인	0.10	0.06	0.04
트럭탑재형크레인	5Ton	hr	0.30	0.18	0.12

[주] ① 본 품은 강교의 보수도장 전에 도장면의 바탕처리를 기준한 것으로 대상면의 상태는 다음과 같다.
　A급 : 기존 도장의 탈락이 극히 심하고 부식이 심한 기타 부착물을 완전히 연마하여 철판의 전면을 노출시켜야 할 정도
　B급 : 재래도장의 탈락이 심하고 부분적으로 부식되어 대부분의 도막 및 기타 부착물의 완전 제거를 요하는 정도이다.
　C급 : 재래도장의 부출되어 있는 녹을 제거하고 기타는 와이어 브러쉬로 청소할 정도
② 본 품은 도장면의 연마 및 청소작업을 포함한다.
③ 보수도장 및 바탕처리를 위한 장비는 현장에 따라 다양한 종류(크레인, 굴절차 등)의 적용이 가능하며, 장비의 규격은 작업여건(작업범위, 위치 등)에 따라 변경할 수 있다.
④ 공구손료 및 경장비(그라인더 등)의 기계경비는 인력품의 3%로 계상한다.

2-3-2 강교보수 바탕처리(장비)('21년 신설)

(일당)

구 분		규 격	단 위	수 량	시공량(m^2)
인력	도 장 공		인	5	
	특 별 인 부		인	3	
장비	공 기 압 축 기	23.5M3/MIN	대	2	240
	믹싱기(BLAST UNIT)	600kg/대	대	4	
	진공흡입기(V/Recovery)	100마력	대	1	
	발 전 기	250kw	대	1	
	집 진 기	140M3/MIN	대	2	
	지 게 차	3.0Ton	대	1	
	에 어 제습장치 시스템	1.5Ton	대	1	

[주] ① 본 품은 강교의 보수도장 전에 도장면의 바탕처리를 기준한 것으로 대상면을 블라스트 세정하는 기준이다.
② 본 품은 도장면의 연마 및 청소작업이 포함된 것이다.
③ 강교보수를 위한 장비(믹싱기, 진공흡입기, 집진기, 에어 제습장치 시스템)의 기계경비는 별도 계상한다.
④ 보수도장 및 바탕처리를 위한 장비는 현장에 따라 다양한 종류(크레인, 굴절차 등)의 적용이 가능하며, 장비의 규격은 작업여건(작업범위, 위치 등)에 따라 변경할 수 있다.
⑤ 시공을 위한 비계, 방진막 등의 가시설이 필요한 경우는 별도 계상한다.
⑥ 공구손료 및 경장비의 기계경비는 인력품의 3%로 계상한다.

2-4 관부설 및 접합

2-4-1 상수관 세척('18년 신설)

(일당)

구 분	단 위	수 량	시공량(구간)
배 관 공 (수 도)	인	1	
보 통 인 부	인	3	2
시 험 기 구	식	1	

[주] ① 본 품은 양측의 제수밸브와 소화전을 이용한 상수관(300㎜이하)의 물세척(플러싱) 작업 기준이다.
② 본 품의 시공량의 "구간"은 양측 제수밸브에 의해 통제되는 구간 기준이다.
③ 본 품은 단수준비(사전홍보 포함), 제수밸브 개폐(양측), 탁도/염도 측정 작업을 포함한다.
④ 측정에 필요한 시험기구의 손료는 별도 계상한다.

2-4-2 하수관 세정('21년 신설)

(일당)

구 분	규 격	단 위	수 량	시공량(m)	
				A-Type	B-Type
배 관 공 (수 도)		인	3	400	310
보 통 인 부		인	1		
진 공 흡 입 준 설 차	-	대	1		
물 탱 크 (살 수 차)	-	대	1		

[주] ① 본 품은 하수관 내부를 고압으로 세정하는 기준이다.
② 본 품은 장비 셋팅, 하수관 내부 세정, 정리 및 이동 작업을 포함한다.
③ 본 품은 세정을 기준으로 하며, 하수관내 슬러지의 준설이 필요한 경우는 하수도 준설 항목을 적용한다.
④ 현장 여건별 적용기준은 다음표를 기준한다.

구 분	적 용 기 준
A Type	작업위치(맨홀)가 대로 등 넓고, 작업공간이 확보되어 장비의 이동이 원활한 경우
B Type	작업위치(맨홀)가 주택가 도로 등 좁고 협소하여 장비의 이동이 원활하지 못한 경우

⑤ 장비의 규격은 다음을 기준하나, 작업여건을 고려하여 적합한 규격 선정하여 계상한다.

구분	A-Type	B-Type
진공흡입준설차	25톤(7.64㎥적)	13톤(3.00㎥적)
물탱크(살수차)	16,000ℓ	5,500ℓ

> **有權解釋**
>
> **제목** 진공흡입준설차 장비 규격
>
> **질의문**
> 신청번호 2203-038 신청일 2022-03-14
> 질의부분 토목 제6장 관부설 및 접합공사 6-9-2 하수관 세정
>
> 토목부문 456페이지 6-9-2 하수관 세정 진공흡입준설차 A-type의 25톤은 일반적인 차량 배기량인지 아니면 차량의 총 중량인지 궁금합니다
>
> **회신문**
> 표준품셈 토목부문 "6-9-2 하수관준설"에서 진공흡입 준설차 규격(13톤, 25톤)은 차량의 적재중량을 의미합니다. 3.00㎥적, 7.64㎥ 적은 준설작업에서 발생한 준설토의 적재 가능량(적재탱크 규격)을 의미합니다.

2-4-3 관세관(스크레이퍼+워터젯트 병행 방법)('10, '11년 보완)

(m당)

구 분		규 격	단위	관경(mm)				
				150~200	250~300	400~500	600~700	800~900
인력	초급기술자		인	0.01	0.01	0.01	0.01	0.01
	특별인부		〃	0.03	0.03	0.03	0.03	0.03
	보통인부		〃	0.04	0.05	0.05	0.05	0.06
	일반기계운전사		〃	0.01	0.01	0.01	0.01	0.01
장비	워터젯트	131ps(250kg/㎠)	hr	0.05	0.05	0.06	0.06	0.07
	윈치	싱글자동3톤	〃	0.06	0.07	0.07	0.08	0.09
	발전기	25kW	〃	0.06	0.07	0.07	0.08	0.09
	물탱크(살수차)	5,500ℓ	〃	0.05	0.05	0.06	0.06	0.07
	트럭탑재형크레인	5톤	〃	-	-	0.01	0.01	0.01
	수중펌프	80mm	〃	0.04	0.05	0.05	0.06	0.07
재료소모율	스크레파 몸통	ø150~900	개	6.7×10^{-4}				
	스프링 날	ø150~900	SET	33.3×10^{-4}				

- 도복장 강관을 대상으로 할 경우 본 품의 80%를 계상한다.
- 본 품은 녹부착상태가 보통인 경우를 기준한 것이므로 다음에 따라 증감 적용한다.

구 분	녹부착상태	적용(%)
불량	표면전체에 금속성 사태로 두껍게 밀착 생성된 상태	+5
보통	표면전체에 녹이 금속성 상태로 얇게 부착되고 전반적으로 돌기상태로 부착된 상태	0
양호	표면전체에 녹이 형성되고 부분적으로 돌기형성이 되었거나 비교적 녹생성이 적고 라이닝만을 하기위한 세척작업이 필요한 경우	-5

[주] ① 본 품은 주철관 및 강관에 대한 관 세관(스크레파+워터젯트 병행)품이다.
② 본 품에는 소운반이 포함되어 있다.
③ 터파기, 잔토처리, 되메우기, 관절단은 별도 계상한다.
④ 잡재료는 인력품의 3%를 계상한다.
⑤ 관 내부 검사를 위한 CCTV조사가 필요한 경우 별도 계상한다.
⑥ 현장조건상 트럭탑재형 크레인의 적용이 어려운 경우, 동일한 규격의 크레인(무한궤도, 타이어)을 적용할 수 있다.

2-4-4 하수관 수밀시험('93년 신설, '12, '18, '21년 보완)

(일당)

구 분	규 격	단 위	수 량	시공량 (개소)		
				300mm 이하	600mm 이하	800mm 이하
배관공(수도)		인	2	4	3	2
보통인부		인	1			
시험기구	-	식	1			
트 럭	2.5ton	대	1			

[주] ① 본 품은 하수관에 물을 채워 누수를 측정하는 수밀시험 기준이다.
② 본 품은 시험기구 설치, 물채움, 측정, 기구해체 및 이동 작업을 포함한다.
③ 물탱크, 공기압축기, 시험기구의 손료는 별도 계상한다.
④ 용수와 잡재료비는 별도 계상한다.

감査

제목 CCTV검사 및 수밀시험 관련 발주방법 부적정

내용
환경부에서는 하수관거의 신설 또는 개량공사시 CCTV검사 및 수밀시험 등을 분리 발주하지 않고, 공사에 포함하여 일괄 발주함에 따라 품질검사의 실효성이 없다는 국민제안을 수용하여 전국 지방자치단체에 분리 발주하여 부실공사를 방지하도록 규정하고 있다. 그런데도 위 부서에서는 하수관로 CCTV검사(4,971m) 및 하수관거 수밀시험(209개소)을 분리 발주하지 않고 도급공사비에 포함하여 공사비 57,854천원(제경비 포함)이 과다 계상되어 있고, 이로 인해 시공자가 시행한 공사를 자신이 부당하게 검사하게 하는 결과를 초래한 사실이 있다.

조치할 사항
OO군수는 과다 계상된 공사비 57,854천원은 공사계약 일반조건에 따라 감액하시고, 앞으로는 공사관련 업무에 철저를 기하여 유사한 사례가 재발되지 않도록 하시기 바람

> **契約審査**
>
> **제목** 차집관거 정비(개량)공사의 원가산출 적정성 검토
>
> **내용**
> 기존관 물돌리기공종 중 물막이공에 대한 원가산출 시 하수관 수밀시험 품을 적용하여 원가산출하였으나, 유사 공종인 기존관 마개설치 품으로 조정하였으며, 물푸기에 대하여는 견적단가로 설계하였으나, 수중펌프를 이용 물푸기를 하므로 수중펌프 운용 품(표준품셈 10-39)을 적용함
>
> **심사 착안사항**
> 토목 표준품셈에 없는 품 적용 시 건축, 설비, 전기 등 유사품셈 적용하고 특정업체 품셈 지양

2-4-5 하수관 공기압시험('21년 신설)

(일당)

구 분	규 격	단 위	수 량	시공량 (개소)		
				300mm 이하	600mm 이하	800mm 이하
배 관 공 (수 도)		인	2	15	11	8
보 통 인 부		인	1			
시 험 기 구	-	식	1			
트 럭	2.5ton	대	1			

[주] ① 본 품은 하수관에 공기를 주입하여 누수를 측정하는 공기압시험 기준이다.
② 본 품은 시험기구 설치, 공기채움, 측정, 기구해체 및 이동 작업을 포함한다.
③ 물탱크, 공기압축기, 시험기구의 손료는 별도 계상한다.
④ 용수와 잡재료비는 별도 계상한다.

2-4-6 하수관 준설(버킷식)('93년 신설, '12, '18, '21년 보완)

(일당)

구 분	규 격	단 위	수 량	시공량(㎥)
특 별 인 부		인	1	
버 킷 준 설 기	7.46kW	대	2	0.8
트 럭	2.5ton	대	1	

[주] ① 본 품은 버킷준설기를 이용한 하수관거 준설을 기준한 것이다.
② 본 품은 버킷준설기 셋팅, 준설, 준설토 상차 및 마무리 작업을 포함한다.
③ 준설토의 운반 작업은 제외되어 있다.
③ 버킷준설기는 호퍼식 준설기 기준이다.

2-4-7 하수관 준설(흡입식)('12, '21년 보완)

(일당)

구 분	규 격	단 위	수 량	시공량(㎥)	
				A-Type	B-Type
배관공(수도)		인	2	8.6	6.4
보통인부		인	1		
진공흡입준설차	-	대	1		
물탱크(살수차)	-	대	1		
비 고		- 하수관 내부에 폐기물 등으로 인하여 준설차 세정 이외의 추가작업이 필요한 경우에는 시공량을 15% 감하여 적용한다.			

[주] ① 본 품은 흡입준설차를 활용한 하수관 준설작업 기준이다.
② 본 품의 시공량은 하수도 내부의 준설토를 기준한 것이며, 준설을 위해 분사한 세정수(물)는 제외되어 있다.
③ 본 품은 장비셋팅, 하수관 내부세정(집토), 준설토 흡입, 정리 및 이동 작업을 포함한다.
④ 현장 여건별 적용기준은 다음표를 기준한다.

구 분		적 용 기 준
하수관	A Type	작업위치(맨홀)가 대로 등 넓고, 작업공간이 확보되어 장비의 이동이 원활한 경우
	B Type	작업위치(맨홀)가 주택가 도로 등 좁고 협소하여 장비의 이동이 원활하지 못한 경우

⑤ 장비의 규격은 다음을 기준하나, 작업여건을 고려하여 적합한 규격 선정하여 계상한다.

구분	하수관	
	A-Type	B-Type
진공흡입준설차	25톤(7.64㎥적)	13톤(3.00㎥적)
물탱크(살수차)	16,000 ℓ	5,500 ℓ

⑥ 준설 작업을 위해 투입되는 세정수(물)의 양은 별도 계상한다.

有權解釋

제목 1 하수관 준설(흡입식) 품셈 문의

질의문

신청번호 2103-086 신청일 2021-03-26
질의부분 토목 제6장 관 부설 및 접합공사 6-9-7 하수관 준설(흡입식)

하수관 준설(흡입식) 관련해서 "본 품의 시공량은 하수도 내부의 준설토를 기준한 것이며, 준설을 위해 분사한 세정수(물)는 제외되어 있다" 중
[질문1]
시공량 8.6㎥와 6.4㎥가 세정수를 제외되어 있다고 나와 있는데 그 제외의 방법이 건조시킨 후 부피인가요? 아니면 총 준설량에서 투입된 세정 수를 뺀 값인가요?

[질문2]
주 5에서 13톤(3.0m³적)이라고 적혀 있는 건 13톤짜리 준설차의 적재 가능량(세정수가 포함된 준설토의 양)이 3m³라는 건가요?

회신문

[답변1]
2021년 표준품셈 토목부문 "6-9-7 하수관 준설(흡입식)"에서 제시하는 시공량은 하수도 내부의 퇴적된 준설토를 기준으로 한 것입니다.

[답변2]
진공흡입준설차의 규격은 차량의 적재가능량(적재탱크 규격)을 의미합니다.

제목 2 하수관준설(흡입식)

질의문

신청번호 2102-055 신청일 2021-02-09
질의부분 토목 제6장 관 부설 및 접합공사 6-9-5 하수관준설(흡입식)

2021년도 표준품셈에서 토목부문 제6장 6-9-7 [하수관 준설(흡입식)]이 새롭게 보완되었는데요.
[질의1]
2021년도에 새롭게 보완된 이후, 보완 전 표준품셈 토목부문 제6장 6-9-5 [하수관 준설(흡입식)]에 비해 단가가 차이가 많이 나는데, 이렇게 적용하는게 맞는 건가요? 아무리 보완이라고 해도 단가차이가 심합니다.
[질의2]
보통 하수도준설의 경우 세정작업과 흡입작업을 동시에 할 수 있는 복합 세정준설차를 사용해서 준설하는데 이 경우에도 진공흡입준설차외에 물탱크(살수차) 품을 주는게 맞나요?

회신문

[답변1]
2021년 표준품셈 토목부문 "6-9-7 하수관 준설(흡입식)"은 일당 시공량 기준으로 개정되었습니다. 현장실사 결과 일당 A-Type 8.6m³, B-Type 6.4m³의 시공량을 작업하고 있으며, 해당시공량은 하수도 내부의 퇴적된 준설토를 기준으로 한 것입니다.
배관공(수도) 2인, 보통인부 1인, 진공흡입준설차 1대, 물탱크(살수차) 1대가 투입되었으며, 장비 셋팅, 하수관 내부세정(집토), 준설토 흡입, 정리 및 이동 작업을 포함하고 있습니다.
[답변2]
2021년 표준품셈 토목부문 "6-9-7 하수관 준설(흡입식)" 주 5 '장비의 규격은 다음을 기준하나, 작업여건을 고려하여 적합한 규격 선정하여 계상한다.'를 참조하시기 바랍니다.

> **監査**
>
> **제목** "하수도 흡입준설 등"의 작업인부 단가산출 부적절
>
> **내용**
> ○○○○과에서 추진중인 「○○년 관내 긴급 하수시설 준설공사(연간단가)」의 "하수도 흡입준설 등"에 적용된 작업인부(보통인부, 특별인부)의 상여계수(16/12)는 「근로기준법」에 따라 사용자와 근로자 간의 근로계약을 통하여 기본급을 정하고, 소정근로시간 또는 법정근로시간 등을 정한 근로자의 기본급에 년 400%를 지급하도록 정하고 있으므로, 건설현장의 작업인부는 「근로기준법」에서 정한 상시 인부가 아닌 일용인부로 간주되기 때문에 상여계수(16/12)의 적용은 부적절 하며, 휴지계수(25/20)는 상시 고용인부로 간주한 기계장비를 운영하는 기계조정원에만 적용함이 적절함에도 감사일 현재까지 "하수도 흡입준설 등"의 작업인부 단가산출 시 부적절하게 계수가 적용된 사실이 있다.
>
> **조치할 사항**
> ○○○○시 △△△△△장은 앞으로 「긴급 하수도 준설공사(연간단가)」의 설계서작성 시 공사비(단가)를 과다하게 산출하여 예산이 낭비되지 않도록 설계업무에 철저를 기하여 주시고, **구·군에도 지적된 사항을 통보하여 예산 낭비가 없도록 조치하여 주시기 바람

2-4-8 하수도 수로암거 준설(흡입식)('21년 신설)

(일당)

구 분	규 격	단 위	수 량	시공량(㎥)
배 관 공 (수 도)		인	3	9.8
보 통 인 부		인	1	
진 공 흡 입 준 설 차	25톤(7.64㎥적)	대	1	
물 탱 크 (살 수 차)	5,500ℓ	대	1	

[주] ① 본 품은 흡입준설차를 활용한 하수도 수로암거 준설작업 기준이다.
② 본 품의 시공량은 수로암거 내부의 준설토를 기준한 것이며, 준설을 위해 분사한 세정수(물)는 제외되어 있다.
③ 본 품은 장비셋팅, 수로암거 내부 준설토 흡입, 정리 및 이동 작업을 포함한다.
④ 현장 여건 적용기준은 다음표를 기준한다.

구 분	적 용 기 준
하수도 수로암거	작업대상이 규격 800mm 이상의 수로암거 등으로 작업인력이 준설위치를 이동하면서 흡입 호스로 직접 준설이 가능한 경우

⑤ 장비의 규격은 작업여건을 고려하여 적합한 규격 선정하여 계상한다.
⑥ 현장별 시공여건에 대한 시공량의 할증은 다음표를 참고하여 적용한다.

구 분	하수도 내부의 준설토가 굳어져 있거나, 준설토 외에 폐기물 등이 존재하는 경우	맨홀간의 거리가 가까워(20m 미만) 장비의 이동이 빈번하게 발생되는 경우
시공량 할증계수	- 15%	- 15%

⑦ 준설 작업을 위해 투입되는 세정수(물)의 양은 별도 계상한다.

2-4-9 CCTV조사('12, '18, '21, '22년 보완)

구 분	규 격	단위	수량	시공량 (m)	
				신설관	기존관
특 별 인 부		인	2	520	320
보 통 인 부		인	1		
자 주 식 촬 영 장 치	CCTV	대	1		
적 재 차	9인승 승합차	대	1		

[주] ① 본 품은 1,000mm미만의 하수관거 CCTV 조사 기준이다.
② 본 품은 CCTV장비 셋팅, 조사, 정리 및 이동 작업을 포함한다.
③ 관로 내외부 지장물(맨홀뚜껑 차폐, 관로내 지장물 등)로 인해 CCTV 촬영이 지연되는 경우 시공량을 감하여 적용할 수 있다.
④ 본 품은 현장에서 CCTV를 활용한 조사 데이터 수집만을 포함하며, 조사 보고서 작성(내업) 등의 기술인력은 제외되어 있다.
⑤ CCTV외 별도의 기구가 필요한 경우 별도 계상한다.
⑥ 장비(자주식 촬영장치, 적재차)의 기계경비는 별도 계상한다.

2-4-10 주철관 철거('22년 신설)

(일당)

구 분	규 격	단위	수량	관경(mm)	수량(본)
배 관 공 (수 도)		인	2	100이하	42
				120	36
보 통 인 부		인	1	150	34
				200	32
크 레 인	10ton	대	1	250	30
				300	28
				350	26

[주] ① 본 품은 매설되어 있는 주철관을 터파기가 완료된 상태에서 철거하는 기준이다.
② 본 품은 관절단, 기존관 철거(들어내기)를 포함한다.
③ 포장 절단 및 깨기, 터파기, 되메우기, 잔토처리, 물푸기 작업은 제외되어 있다.

2-4-11 원심력철근콘크리트관 철거('22년 신설)

(일당)

구 분	규 격	단위	수량	관경 (mm)	수량 (본)
배관공(수도)		인	2	250	43
				300	39
				350	35
				400	31
				450	28
				500	26
보통인부		인	1	600	22
				700	18
				800	16
				900	13
				1,000	11
				1,100	9
크 레 인	-	대	1	1,200	8
				1,350	6
				1,500	5

[주] ① 본 품은 매설되어 있는 원심력철근콘크리트관을 철거하는 기준이다.
② 본 품은 기존관 관철거(들어내기)를 포함한다.
③ 포장 절단 및 깨기, 터파기, 되메우기, 잔토처리, 물푸기 작업은 제외되어 있다.
④ 본 품의 크레인 규격은 다음을 참고하여 적용한다.

관 경(mm)	부 설 장 비 규 격
800 까지	10톤급 트럭탑재형 크레인
900 이상	15톤급 트럭탑재형 크레인
비 고	- 현장조건상 트럭탑재형 크레인의 적용이 어려운 경우, 동일한 규격의 크레인(무한궤도, 타이어)을 적용할 수 있다.

有權解釋

제목 원심력철근콘크리트관 철거

질의문

신청번호 2203-119 신청일 2022-03-31
질의부분 토목 제6장 관부설 및 접합공사 6-9-11 원심력철근콘크리트관 철거

2022년도 표준품셈 6-9-11 원심력철근콘크리트관 철거에 관한 내용입니다.
상기 품셈의 관 철거에 대하여 원형을 유지하여 재활용할 정도의 철거 품인지? 아니면 그냥 폐기물처리를 해도 상관없을 정도의 품인지? 알고 싶습니다.
6-9-11의 품셈으로 철거한다고 했을 때

1) 흄관 재사용이 가능한 정도의 철거인지,
2) 가능하다면 철거물량 전부 또는 일부(%) 재사용 가능한 흄관으로 산정
3) 전량 폐기해야 하는지 문의합니다.

회신문

2022년 신설된 표준품셈 "6-9-11 원심력철근콘크리트관 철거"는 관을 재사용을 고려한 철거 기준은 아님을 알려드립니다.

제 3 장 건 축

3-1 구조물 철거공사

3-1-1 콘크리트구조물 헐기(소형장비)

(㎥당)

구 분	규 격	단 위	공압식		전기식	
			무근	철근	무근	철근
착 암 공		인	0.57	0.62	0.78	0.92
보 통 인 부		인	0.37	0.45	0.33	0.39
소 형 브 레 이 커	1.3㎥/min	hr	1.00	3.20	3.77	4.40
공 기 압 축 기	3.5㎥/min	hr	0.50	1.60	-	-

[주] ① 본 품은 소형브레이커(공압식 또는 전기식)를 사용한 콘크리트 구조물 헐기 기준이다.
② 철근 절단이 필요한 경우 별도 계상한다.
③ 소형브레이커의 규격은 다음을 기준으로 한다.

구 분	공압식	전기식
소형브레이커	1.3㎥/min	1.5kW

④ 잡재료비(치즐 등)는 인력품의 1%로 계상한다.

有權解釋

제목 1 표준품셈 콘크리트구조물 헐기 적용대상 문의

질의문
신청번호 2011-055 신청일 2020-11-21
질의부분 건축 제12장 유지보수공사 12-3-1 콘크리트구조물 헐기(소형장비)

표준품셈 건축 12장 유지보수공사, 12-3 구조물헐기 및 부수기, 12-3-1 콘크리트구조물 헐기(소형장비)
[질의]
위 품셈에서 소형장비란 어떤 장비를 말하는지 문의?(함마드릴 or 소형굴삭기 탈착 브레이커 or 기타장비)

회신문
표준품셈 건축부문 "12-3-1 콘크리트구조물 헐기(소형장비)"는 소형브레이커(공압식 또는 전기식)을 사용한 콘크리트구조물 헐기 작업입니다. 소형브레이커의 규격은 공압식 1.3m³/min, 또는 전기식 1.5kW를 기준으로 합니다.

제목 2 콘크리트구조물 헐기 품셈은 안전지침에 의한 휴식시간까지 포함한 것인지의 여부

질의문

신청번호 2009-014 신청일 2020-09-04
질의부분 건축 제12장 유지보수공사 12-3-1 콘크리트구조물헐기(소형장비)

1. 해당작업 내용
   소형장비(진동공구의 일종)를 사람이 들고 콘크리트구조물을 파쇄하는 작업, 벽체를 헐 경우 장비를 직접들고 무게를 팔힘으로 유지하여야 하며, 슬라브를 헐 경우 허리를 숙여서 장비에 체중을 실어서 작업하거나 팔에 힘을 주어서 아래로 눌러야 함
2. 안전지침 : 노동부고시 제2000-72호 단순 반복작업 근로자작업 관리지침
   - 4조 : 근골격계질환이 발생하지 않도록 빈번한 휴식시간 제공 혹은 연속된 작업이 2시간을 초과할 수 없도록 함
   - 10조 : 반복의 정도가 심한 경우 다수의 근로자들이 반복작업을 교대하도록 함, 반복적 동작이 잦을수록 빈번하고 충분한 휴식시간을 갖도록 함, 사업주는 진동공구 작업시 연속적인 사용시간을 제한하도록 함
   [NOTE] 지면의 한계로 문구 그대로를 가져오지 못하고 최대한 간략히 서술함
3. 질의 요지
   콘크리트구조물 헐기의 품셈에는 안전지침에서 권고하는 휴식시간 혹은 연속적 사용시간 제한과 같은 내용까지 포함하여 $1m^3$당 착암공과 보통인부의 품셈을 산정한 것인지? 아니면 휴식시간을 고려하지 않은 연속작업을 가정하였을 때의 품셈인지?

회신문

표준품셈에서 제시된 품은 안전지침 및 시공기준을 준용한 시공실태를 반영하였으며, 일일 작업시간 8시간을 기준으로 실 작업시간외 준비, 마무리, 휴식시간 등이 포함되어 있음을 참조하시기 바랍니다.

監査

제목 기계시공이 가능한 기존포장 깨기 공종을 인력시공으로 적용 공사비 과다 계상

내용

건설공사의 인력 품은 현장여건을 감안하여 기계화시공이 불가능 장소일 경우에만 제한적으로 적용, 산정하여야 함에도 ○○구에서는 "○○동외 8개동 급수공사"를 시행하면서 소형브레이커깨기 공종에는 인력 품이 반영되어 있는데도 별도로 인력 품을 30%가산하여 설계(아스팔트 : 14,700원, 콘크리트 : 17,126원)함으로써 $2,097m^3$에 대한 46,102천원 상당 예산을 낭비하였고, ○○구청에서는 "관내 ○○로 누수복구공사"를 시행하면서 기존 도로 폭 등 현장여건상 기계로 포장깨기가 가능함에도 콘크리트($58.23m^3$)를 인력으로 설계하여 공사비 11,431천원 상당 예산을 낭비한 사실이 있다.

조치할 사항

○○○○시 ***구청장은 현장여건상 기존포장 깨기는 기계시공이 가능함에도 인력시공으로 원가를 산출하였고, 실제 시공에서도 기계 시공하였음에도 인력시공으로 정산 준공한 담당자 0급 ○○○은 신분상 문책조치하시고, 공사관련 부서에서는 설계시 반복되어 발생되고 있는 내용으로서 토공에서 인력 품의 적용은 기계시공이 불가능한 지역에 한하여 제한적으로 적용하여 예산이 낭비되지 않도록 주의(통보)

3-1-2 콘크리트구조물 헐기(대형장비)('21년 보완)

(㎥당)

구 분	규 격	단 위	장애물 미제거	장애물 제거
용 접 공		인	-	0.02
특 별 인 부		인	0.04	0.05
보 통 인 부		인	0.02	0.03
굴삭기 + 압쇄기	1.0㎥	hr	0.20	-
굴삭기+브레이커+압쇄기	1.0㎥	hr	-	0.29

[주] ① 본 품은 대형장비를 사용하여 철근콘크리트 구조물 헐기 및 부수기 작업을 기준한 것이며, 폐기물 상차 및 운반은 별도 계상한다.
② 본 품은 기준높이 10m이하 일 때의 품이며 그 이상일 때의 작업안전설비 및 특수조건에 대한 품은 별도 계상한다.
③ 장애물 미제거 시 굴삭기+브레이커가 필요한 경우 '[공통부문] 8-2-15 대형브레이커'를 참조하여 별도 계상한다.
④ 공사장의 보호 및 안전시설의 설치비는 별도 계상한다.
⑤ 공구손료 및 경장비(살수장비 등)의 기계경비는 인력품의 6%로 계상한다.
⑥ 장애물 제거(철근, 파이프 등) 시 재료량은 다음을 참고한다.

(㎥당)

구 분	단 위	수 량
산소(대기압상태기준)	L	135
아세틸렌	kg	0.05

※ 산소량은 대기압상태의 기준량이며, 압축산소는 35℃에서 150기압으로 압축용기에 넣어 사용하는 것을 기준한다.

有權解釋

제목 1 석면을 함유하는 콘크리트 구조물 철거 문의

질의문
신청번호 2206-078 신청일 2022-06-17
질의부분 건축 제12장 유지보수공사 12-1-2 콘크리트구조물 헐기(대형장비)

석면을 함유하는 콘크리트구조물의 경우 12-1-2 콘크리트구조물 헐기(대형장비)와 12-2-11 석면건축자재 해체를 둘 다 사용하여 전체 용량에 대해 12-1-2를 적용한 뒤 석면함유부분에 대해 12-2-11을 적용하면 되는 것인지? 아니면 12-1-2와 12-2-11을 전부 합쳐서 전체 용량에 적용하는 것인지?
12-2-1 금속기와 해체의 경우 지붕 면적만 12-2-1을 적용하고 나머지는 12-1-2를 적용하는지? 아니면 콘크리트 지붕의 경우 12-1-2에 지붕까지 포함된 것인지?
0.8 압쇄기와 0.4 굴삭기를 조합하여 사용할 수 있는지?

회신문
[답변1]
표준품셈 건축부문 "12-1-2 콘크리트구조물 헐기(대형장비)"는 철근콘크리트 구조물의 헐기 및 부수기 작업을 기준으로 한 것이며 ㎥당 기준입니다. 표준품셈 건축부문 "12-2-11 석면 건축자재 해체"는 석면이 함유된 자재를 해체하는 품으로 단위는 ㎡당 기준입니다.

[답변2]
표준품셈 건축부문 "12-2-1 금속기와 해체"는 금속기와를 절단하여 해체하는 기준으로 단위는 지붕기와 면적인 ㎡당 기준입니다.

금속기와 해체와 콘크리트 구조물 헐기는 대상 범위와 작업 방식이 다르므로 각각 설계 수량 산출 후 적용하시기 바라며 당해 공사에서 표준품셈의 적용여부 및 판단에 관련된 사항은 해당 공사의 특성을 고려하시고 표준품셈을 참조하시어 공사관계자가 직접 결정하실 사항임을 양지해 주시면 감사드리겠습니다.

또한 콘크리트지붕 해체는 별도 기준을 제시하고 있지 않습니다.

표준품셈에서 정하지 않는 사항은 동 품셈 1-1-3의 4항을 참조하시어 적정한 예정가격산정기준을 적의 결정하여 사용하시기 바랍니다.

[답변3]
표준품셈 건축부문 "12-1-2 콘크리트 구조물 헐기(대형장비)"에서는 0.8㎥압쇄기와 0.4㎥ 굴삭기를 조합한 기준은 제시하고 있지 않습니다.

표준품셈에서 정하지 않는 사항은 동 품셈 1-1-3의 4항을 참조하시어 적정한 예정가격산정기준을 적의 결정하여 사용하시기 바랍니다.

제목 2 콘크리트 구조물 헐기 품 관련 살수공 포함여부 질의

질의문

신청번호 2104-097 신청일 2021-04-22
질의부분 건축 제12장 유지보수공사 12-1-2 콘크리트구조물 헐기(대형장비)

콘크리트구조물 헐기(대형장비) 품셈에서 (주 5)을 보면 '공구손료 및 경장비(살수장비 등)의 기계경비는 인력품의 6%로 계상한다.'고 되어 있는데 12-1-2 품셈에 보통인부는 살수공이 포함된 것인지? 철거공사 시 해당 품을 적용하는데 살수공을 따로 계상해야 하는지 품에 포함된 것으로 보아야 하는지? 판단이 필요합니다

회신문

표준품셈 건축부문 "12-1-2 콘크리트구조물 헐기(대형장비)"에서 공구손료 및 경장비(살수장비)의 기계경비는 인력품의 6%로 계상하도록 제시되고 있으며, 살수에 대한 인력은 본 품셈에 포함되어 있습니다.

계약심사

제목 기존 교량철거 공법 변경

내용

노후된 기존 교량의 철거공법은 안성성 경제성, 현장여건 등을 고려하여 선정하여야 함에도 철거교량의 구간에 고가의 『다이어몬드 WireSaw)』 공법이 적용됨에 따라 일부구간에 대하여 현장여건에 적합하고 저렴한 『굴삭기+브레이커』 파쇄공법으로 조정

심사 착안사항

- 심사요청 현장조사를 통하여 시공과정과 설계도서 적정성 정밀 검토
- 설계공종 중 시공 가능성에 대한 적정성 검토
- 본 공사의 특수성과 무관하게 관례적으로 적용한 공정의 필요성 검토

3-1-3 철골재 철거(인력)

(ton당)

구 분		단 위	수 량
해　　체	용　접　공	인	2.20
	보　통　인　부	인	1.00
뒷　정　리	보　통　인　부	인	0.20
소　모　재	산　　소	병	0.70
	아　세　틸　렌	kg	2.5
	L　P　G	kg	2.0

[주] ① 해체 및 운반에 필요한 기계손료, 운전경비 및 운반에 필요한 품은 별도 계상한다.
② 아세틸렌(산소포함) 또는 L.P.G중 한가지만 선택 사용한다.
③ 산소량 규격은 대기압상태를 기준하며, 단위 '병'은 35℃에서 150기압으로 압축용기에 넣어 사용하는 것을 기준한다.

3-1-4 철골재 철거(기계)('21년 신설)

(ton당)

구 분	규 격	단 위	수 량
특　별　인　부		인	0.19
보　통　인　부		인	0.10
굴삭기＋빔커터기	1.0㎥	hr	0.31
굴　　삭　　기	1.0㎥	hr	0.21
크　　레　　인		hr	0.31

[주] ① 본 품은 장비(굴삭기+빔커터기)를 활용하여 철골재 구조물을 철거하는 기준이다.
② 본 품은 철골재 철거, 발생재 정리 작업을 포함한다.
③ 철거 후 폐기물 상차 및 운반은 별도 계상한다.
④ 공사장의 보호 및 안전시설의 설치비는 별도 계상한다.

3-1-5 석축 헐기(인력)('22년 보완)

구 분	단 위	할석공(인)	보통인부(인)
메쌓기 뒷길이 45~60㎝	㎡당	-	0.2
메쌓기 뒷길이 60~90㎝	㎡당	-	0.3
찰　　쌓　　기	㎡당	-	0.6
절석(마름돌)쌓기	㎥당	0.1	1.1

[주] ① 본 품은 기준높이 3.6m일 때의 인력헐기를 기준한 것이며, 그 이상일 때의 작업 안전설비 및 특수 조건에 대한 품은 별도 계상한다.
② 발생품을 재사용코자 할 때나 제자리 고르기를 할 경우는 별도 계상한다.
③ 본 품은 부수기내의 장애물 제거(철근, 파이프 등) 및 공구손료가 포함되어 있다.
④ 잡재료는 인력품의 5%이내에서 계상한다.

3-2 해체공사

3-2-1 금속기와 해체('22년 신설)

(㎡당)

구 분	단 위	수 량
지 붕 잇 기 공	인	0.018
보 통 인 부	인	0.012

[주] ① 본 품은 금속기와 지붕을 재사용하지 아니하는 때의 절단하여 해체하는 기준이다.
② 본 품은 지붕재 및 후레싱 해체 작업을 포함한다.
③ 비산방지, 보호 및 안전시설 등의 설치비는 별도 계상한다.
④ 폐기물 처리비용은 별도 계상한다.
⑤ 공구손료 및 경장비(절단기 등)의 기계경비는 인력품의 3%로 계상한다

3-2-2 흡음텍스 해체('22년 신설)

(㎡당)

구 분	단 위	수 량
내 장 공	인	0.016
보 통 인 부	인	0.011

[주] ① 본 품은 흡음텍스를 재사용하지 아니하는 때의 해체하는 기준이다.
② 비산방지, 보호 및 안전시설 등의 설치비는 별도 계상한다.
③ 폐기물 처리비용은 별도 계상한다.

3-2-3 경량천장철골틀 해체('22년 신설)

(㎡당)

구 분	단 위	수 량
내 장 공	인	0.018
보 통 인 부	인	0.012

[주] ① 본 품은 경량천장철골틀을 재사용하지 아니하는 때의 절단하여 해체하는 기준이다.
② 본 품은 천장틀(채널, BAR 등) 해체, 달대 및 행거 해체 작업을 포함한다.
③ 비산방지, 보호 및 안전시설 등의 설치비는 별도 계상한다.
④ 폐기물 처리비용은 별도 계상한다.
⑤ 공구손료 및 경장비(절단기 등)의 기계경비는 인력품의 2%로 계상한다.

3-2-4 조적벽 해체('22년 신설)

(㎥당)

구 분	단 위	수 량
조 적 공	인	0.380
보 통 인 부	인	0.252

[주] ① 본 품은 조적벽(높이 3.6m이하)을 재사용하지 아니하는 때의 해체하는 기준이다.
② 본 품은 조적벽 해체, 고정철물 해체 작업을 포함한다.

③ 비산방지, 보호 및 안전시설 등의 설치비는 별도 계상한다.
④ 폐기물 처리비용은 별도 계상한다.
⑤ 공구손료 및 경장비(함마 등)의 기계경비는 인력품의 2%로 계상한다.

3-2-5 경량벽체철골틀 해체('22년 신설)

(㎡당)

구 분	단 위	수 량
내 장 공	인	0.016
보 통 인 부	인	0.011

[주] ① 본 품은 경량벽체철골틀을 재사용하지 아니하는 때의 절단하여 해체하는 기준이다.
② 본 품은 러너 및 스터드 해체 작업을 포함한다.
③ 비산방지, 보호 및 안전시설 등의 설치비는 별도 계상한다.
④ 폐기물 처리비용은 별도 계상한다.
⑤ 공구손료 및 경장비(절단기 등)의 기계경비는 인력품의 2%로 계상한다.

3-2-6 석고판 해체('22년 신설)

(㎡당)

구 분	단 위	벽	천장
내 장 공	인	0.014	0.016
보 통 인 부	인	0.010	0.012

[주] ① 본 품은 석고판을 재사용하지 아니하는 때의 절단하여 해체하는 기준이다.
② 비산방지, 보호 및 안전시설 등의 설치비는 별도 계상한다.
③ 폐기물 처리비용은 별도 계상한다.
④ 공구손료 및 경장비(절단기 등)의 기계경비는 인력품의 2%로 계상한다.

3-2-7 도배 해체('22년 신설)

(㎡당)

구 분	단 위	벽	천장
도 배 공	인	0.008	0.010
보 통 인 부	인	0.005	0.007

[주] ① 본 품은 도배지를 재사용하지 아니하는 때의 해체하는 기준이다.
② 본 품은 정배지 및 초배지 해체 작업을 포함한다.
③ 비산방지, 보호 및 안전시설 등의 설치비는 별도 계상한다.
④ 폐기물 처리비용은 별도 계상한다.

3-2-8 PVC계바닥재 해체('22년 신설)

(㎡당)

구 분	단 위	수 량
내 장 공	인	0.006
보 통 인 부	인	0.004

[주] ① 본 품은 PVC계 바닥재(시트)를 재사용하지 아니하는 때의 해체하는 기준이다.
② 비산방지, 보호 및 안전시설 등의 설치비는 별도 계상한다.
③ 폐기물 처리비용은 별도 계상한다.

3-2-9 타일 해체('22년 신설)

(㎡당)

구 분	단 위	떠붙이기	압착붙이기, 접착붙이기
타 일 공	인	0.037	0.041
보 통 인 부	인	0.024	0.027

[주] ① 본 품은 타일을 재사용하지 아니하는 때의 해체하는 기준이다.
② 본 품은 타일 및 접착제 깨기 작업을 포함한다.
③ 비산방지, 보호 및 안전시설 등의 설치비는 별도 계상한다.
④ 폐기물 처리비용은 별도 계상한다.
⑤ 공구손료 및 경장비(절단기 등)의 기계경비는 인력품의 6%로 계상한다.

有權解釋

제목 12-2-9 타일 해체는 자기질/ 도기질타일에 대한 해체인가요

질의문

신청번호 2202-020 신청일 2022-02-09
질의부분 건축 제12장 유지보수공사 12-2-1 건축물구조체별 철거

1. 개정 품셈 12-2-9 타일 해체는 자기질/ 도기질타일에 대한 해체인가요? 맞다면 바탕 모르타르 철거도 포함인가요?? 바탕모르타르 별도로 철거해야 하나요??
2. 개정 품셈 12-4-5 타일 교체는 1번 주기에 PVC계 바닥재라고 표현되어 있는데 자기질/도기질타일이 맞지 않나요?? 자기질/ 도기질이 맞다면 바탕 모르타르 바름은 포함으로 보는가요??

회신문

답변1. 2022년 표준품셈 건축부문 "12-2-9 타일 해체"는 타일 해체, 접착증 철거작업까지 포함되어 있으며, 바탕 모르타르 철거는 포함되어 있지 않습니다.
답변2. 2022년 표준품셈 건축부문 "12-4-5 타일 교체" 주1. "본 품은 PVC계 바닥재(시트)"는 편집에 의한 오타로 확인되었으며, 타일을 해체하고 재설치하는 기준입니다.

3-2-10 기존방수층 및 보호층 철거

(㎡당)

구 분	규 격	단 위	수 량
착 암 공		인	0.06
보 통 인 부		인	0.22
소 형 브 레 이 커	1.3㎥/min	시간	0.10
공 기 압 축 기	3.5㎥/min	시간	0.05

[주] ① 본 품은 아스팔트 8층 방수를 보수하기 위하여 방수층을 철거하는 품으로 누름 콘크리트층의 파쇄, 방수층 철거, 폐자재 소운반 및 정리품이 포함되어 있다.
② 소규모공사(개소당 작업면적 40㎡미만)인 경우는 장비 사용기간 및 품을 40% 범위내에서 가산할 수 있다.
③ 누름 콘크리트 두께 8㎝ 기준이다.

有權解釋

제목 1 12-2-10 기존 방수층 및 보호층 철거에 관련된 질의

질의문
신청번호 2205-070 신청일 2022-05-19
질의부분 건축 제12장 유지보수공사 12-2-10 기존방수층 및 보호층 철거

첫 번째, 12-2-10 기존방수층 및 보호층 철거의 [주] 3번 '누름 콘크리트 두께 8cm 기준이다'라는 부분이 있습니다. 저희 현장은 평균 5cm정도를 철거하는데, 정산을 하는 것이 맞습니까?
ex) 누름 콘크리트 두께를 (8cm - 5cm = 3cm)
정산 시 품셈은 어떻게 적용하나요? 8cm 미만일 때에도 정산없이 그대로 적용해도 되나요?
두 번째, 누름 콘크리트 두께를 8cm 기준이라고 했을 때, 그 이상으로 철거할 때 할증시 적용하기 위한 두께인지 궁금합니다.

회신문
준품셈 건축부문 "12-2-10 기존 방수층 및 보호층 철거"는 아스팔트 8층 방수를 보수하기 위하여 방수층을 철거하는 품으로, 누름콘크리트 두께 8㎝ 기준이며, 당해 공사에서 표준품셈의 적용 여부 및 판단에 관련된 사항은 해당 공사의 특성을 고려하시고 표준품셈을 참조하시어 공사관계자가 직접 결정하실 사항임을 양지해 주시면 감사드리겠습니다.

제목 2 옥상 방수보호층 철거(무근con'c)의 품셈적용 해석

질의문
신청번호 2008-037 신청일 2020-08-15
질의부분 건축 제12장 유지보수공사 12-2-10 기존방수층 및 보호층철거

당 현장의 옥상 지붕층 무근콘크리트 상부에 노출우레탄 3mm+무근콘크리트 8㎝+방수보호몰탈 20mm+액체방수 10mm or 비노출우레탄 3mm로 시공된 현장입니다. 이 경우 상부의 노출 우레탄 방수도 포함된 품셈인지?

> **회신문**
> 준품셈 건축부문 "12-2-10 기존방수층 및 보호층철거"는 아스팔트 8층 방수를 보수하기 위하여 방수층을 철거하는 품으로 누름 콘크리트층의 파쇄, 방수층 철거, 폐자재 소운반 및 정리 품이 포함되어 있습니다.

3-2-11 기존방수층 제거 및 바탕처리

(㎡당)

구 분	단 위	바닥	수직부
방 수 공	인	0.037	0.041
보 통 인 부	인	0.015	0.017

[주] ① 본 품은 재방수를 하기 위하여 기존방수층(도막방수)을 제거하고 바탕처리하는 기준이다.
② 본 품은 방수층 제거, 홈메우기, 불순물 청소, 퍼티 작업을 포함한다.
③ 공구손료 및 경장비(엔진송풍기, 연마기 등)의 기계경비는 인력품의 6%로 계상한다.
④ 바탕처리에 사용되는 재료(퍼티, 방수테이프 등)는 별도 계상한다.

3-2-12 석면건축자재 해체('09년 신설, '11년 보완)

(㎡당)

구 분	단 위	내장재	외장재	뿜칠재
석 면 해 체 공	인	0.120	0.045	0.5
보 통 인 부	인	0.017	0.011	-

[주] ① 본 품은 석면이 함유된 자재를 해체하는 품으로 적용기준은 다음과 같다.
  ㉮ 내장재는 건축물의 내부 천장재, 내벽체, 간막이재 철거를 기준한 것이다.
  ㉯ 외장재는 슬레이트 지붕재 해체를 기준한 것이다.
  ㉰ 뿜칠재는 철골내화피복재를 기준으로 한 것으로 철골면의 하부면, 측면부, 상부면 등의 해체공사와 철재로 시공된 천장면에 부착되어 있는 뿜칠재의 해체를 기준한 것이다.
② 뿜칠재의 경우, 콘크리트면에 부착된 석면 뿜칠재의 해체는 본 품의 20%를 할증하여 적용할 수 있다.
③ 본 품은 비닐보양재(내장재, 뿜칠재), 오염제거구역 설치 및 해체가 포함된 것이며, 보양막(외장재) 설치 및 해체품은 제외되어 있다.
④ 본 품은 일일 작업시간 6시간을 기준한 것이다.
⑤ 석면자재의 해체 작업 시 소요되는 기기경비 및 재료비, 소모품비는 별도 계상한다.
⑥ 실내 고소작업 및 실외 비계설치를 위한 가설재의 설치는 별도 계상한다.

3-3 칠공사

3-3-1 재도장 시 바탕처리(콘크리트·모르타르면)('21년 신설)

(일당)

구 분	단위	수량	시공량(㎡)
도 장 공	인	2	230
보 통 인 부	인	1	

[주] ① 본 품은 콘크리트·모르타르면 재도장 시 바탕처리하는 기준이다.
② 본 품은 기존 도장면을 제거하지 않고, 곰팡이 등 오염, 균열 부위에 부분적으로 퍼티 및 연마하는 작업 기준이다.
③ 공구손료 및 잡재료비(연마지 등)는 인력품의 3%로 계상한다.

有權解釋

제목 표준품셈 건축부문 제12장 유지보수공사 관련 질의

질의문
신청번호 2202-004 신청일 2022-02-04
질의부분 건축 제12장 유지보수공사 12-3-1 재도장 시 바탕처리(콘크리트, 모르타르면)

12-3-1 재도장 시 바탕처리(콘크리트, 모르타르면) 관련하여 [주] 2번에 본 품은 기존 도장면을 제거하지 않고, 곰팡이 등 오염, 균열 부위에 부분적으로 퍼티 및 연마하는 작업 기준이다.라고 되어 있는데, 현재 저희 공사의 경우 기존 도장면(에폭시 라이닝)을 제거하고, 균열이 발생되어 있는 모르타르의 일부를 철거 및 보수를 하여 바탕면을 전체적으로 연삭을 해야 하는 상황입니다. 이 경우 어떤 품을 적용시켜야 하는지 답변 부탁드립니다.

회신문
표준품셈 건축부문 "12-3-2 재도장 시 바탕처리(콘크리트, 모르타르면)"은 기존 도장면을 제거하지 않고 곰팡이 등 오염, 균열부위에 부분적으로 퍼티 및 연마하는 작업 기준으로, 기존 도장면 제거 후 균열이 발생되어 있는 모르타르의 일부 철거 및 보수를 하는 기준은 별도로 정하고 있지 않습니다.
도장면 제거 이외에 콘크리트 구조물의 균열보수와 단면 보수는 표준품셈 공통부문 "6-8 유지보수"의 항목을 참조하시기 바랍니다.

3-3-2 재도장 시 바탕처리(철재면)('21년 신설)

(일당)

구 분	단위	수량	시공량(㎡)	
			A급	B급
도 장 공	인	2	20	60
보 통 인 부	인	1		

[주] ① 본 품은 철재면 재도장 시 바탕처리하는 기준이다.
② 본 품은 오염(기름때 등) 및 부착물 제거, 도장면 연마 및 청소 작업을 포함한다.

③ 대상면의 상태에 따른 적용기준은 다음과 같다.

구분	적용기준
A급	- 재래도장의 탈락이 심하고 부분적으로 부식되어 약품을 사용하여 도막 및 기타 부착물의 완전 제거를 요하는 정도
B급	- 재래도장의 부출되어 있는 녹을 제거하고 와이어 브러쉬로 청소할 정도

④ 공구손료 및 잡재료비(연마지 등)는 인력품의 3%로 계상한다.

有權解釋

제목 철재면 바탕처리 품셈에 관한 질의

질의문

신청번호 2210-107 신청일 2022-10-28
질의부분 건축 제12장 유지보수공사 12-3-2 재도장시 바탕처리(철재면)

품셈 5-3-1 강구조공사의 강교보수 바탕처리(인력)의 A급은 '완전히 연마하여 철판의 전면을 노출시켜야 할 정도'로 나타나 있고, ㎡당 도장공 0.23인, 보통인부 0.1인으로 구성되어 있습니다. 반면 12-3-2 칠공사의 재도장 시 바탕처리(철재면)의 A급은 '도막 및 기타 부착물을 완전 게거를 요하는 정도'라 표현되어 있으며, ㎡당으로 환산하면 도장공 0.1인, 보통인부 0.05인 정도로 강교보수 바탕처리에 비해 낮습니다. 강교 바탕처리의 C급과 비슷한 정도입니다.
질의) 여기서, 칠공사의 재도장 시 바탕처리의 A급은 강교보수 바탕처리 A급과 같이 전면을 노출시키는 것을 의미하는요? 아니면 탈락 및 부식된 부분을 B급처럼 간단한 처리가 아닌 완전한 처리만을 의미하는지요?

회신문

표준품셈 건축부문 "12-3-2 재도장 시 바탕처리(철재면)"의 경우 기존 건축물의 유지관리 기준으로 건축물 노출 철재면을 대상으로 오염(기름때 등) 및 부착물 제거, 도장면 연마 및 청소 작업을 포함하는 등 재도장 시의 바탕정리의 보편적인 작업조건을 기준으로 페인트를 제거하는 기준은 아닙니다.
표준품셈 토목부문 "5-3-1 강교보수 바탕처리(인력)"는 강교(교량)의 보수도장 전에 도장면의 바탕처리를 기준한 것으로 인력이 그라인더 등의 장비로 작업하는 현장을 대상으로 조사된 품입니다. 또한, 제거 정도에 따른 기준은 별도로 정하고 있지 않으며, 대상면의 상태(A급, B급, C급)에 따라 품을 구분하고 있습니다.
표준품셈 건축부문 "12-3-2 재도장 시 바탕처리(철재면)"과 토목부문 "5-3-1 강교보수 바탕처리(인력)"은 대상구조물과 작업여건 및 범위가 완전히 다른 작업으로 두 항목간의 비교는 어렵습니다.
건축부문 "12-3-2 재도장 시 바탕처리(철재면)"의 A급은 전면 노출이 아닌 오염 및 부착물 제거, 도장면 연마를 위한 기준으로 약품을 사용하여 도막 및 기타 부착물을 제거하는 정도입니다.

3-3-3 재도장 시 바탕처리(목재면)('21년 신설)

(일당)

구 분	단위	수량	시공량(㎡)	
			A급	B급
도 장 공	인	2	110	270
보 통 인 부	인	1		

[주] ① 본 품은 목재면 재도장 시 바탕처리하는 기준이다.
② 본 품은 오염 및 부착물 제거, 틈새 및 구멍 충진, 퍼티 및 연마 작업을 포함한다.
③ 대상면의 상태에 따른 적용기준은 다음과 같다.

구분	적용기준
A급	- 재래도장의 탈락 및 목재의 손상이 심하여 갈라진틈, 구멍 땜 등을 충진하고, 평탄하게 연마해야하는 정도
B급	- 재래도장의 탈락 및 목재의 손상이 거의 없으며, 부착물 제거, 부분적으로 퍼티 및 연마를 요하는 정도

④ 공구손료 및 잡재료비(연마지 등)는 인력품의 3%로 계상한다.

有權解釋

제목 재도장 시 바탕처리(목재면) 연마관련 질문

질의문
신청번호 2206-081 신청일 2022-06-17
질의부분 건축 제12장 유지보수공사 12-3-3 재도장 시 바탕처리(목재면)

제가 학교시설 재도장 공사 발주를 진행하였고 업체가 낙찰되었습니다. 그런데 업체에서 재도장 시 바탕처리(목재면) 주석의 2번 [본 품은 오염 및 부착물 제거, 틈새 및 구멍 충진, 퍼티 및 연마 작업을 포함한다]의 연마 작업은 기존 페인트면을 제거하는 것이 아닌 목재면만 다듬는 것으로 이해하고 있어 혼란이 생깁니다.
제 질문은 재도장 시 바탕처리(목재면) 품셈의 연마 작업에 기존 페인트면을 제거하는 것도 포함되는지 여부와 포함되지 않는다면 어떤 품을 써야 하는지?

회신문
표준품셈 건축부문 "12-3-3 재도장 시 바탕처리(목재면)"은 목재면 재도장 시 바탕처리 하는 기준으로 주2에 따라 "오염 및 부착물 제거, 틈새 및 구멍 충진, 퍼티 및 연마 작업을 포함"하고 있으며, 목재면 재도장 시 기존 페인트면을 완전히 제거하기 위한 작업은 아닙니다.
목재면의 기존 페인트면을 제거하는 기준은 표준품셈에서 별도로 정하고 있지 않습니다.

3-4 수선 및 보수공사

3-4-1 지붕 덧씌우기('22년 신설)

(일당)

구분	단위	수량	시공량(㎡)
지 붕 잇 기 공	인	4	85
보 통 인 부	인	2	
비 고	- 맞배지붕(경사를 짓는 지붕면이 2개소)은 시공량을 20% 가산하여 적용한다.		

[주] ① 본 품은 기존의 지붕 위에 신규 지붕을 덧씌워 보수하는 기준이다.
　　② 본 품은 바탕정리, 지붕틀 설치, 지붕재(금속기와) 설치, 용마루 및 후레싱 마감 작업을 포함한다.
　　③ 홈통 및 빗물받이 설치는 '[건축] 7-2 홈통'를 따른다.
　　④ 비계매기, 비산방지, 보호 및 안전시설의 설치비는 별도 계상한다.
　　⑤ 공구손료 및 경장비(에어콤프, 절단기 등)의 기계경비는 인력품의 2%로 계상한다.

3-4-2 지붕 재설치('22년 신설)

(일당)

구분	단위	수량	시공량(㎡)
지 붕 잇 기 공	인	6	50
보 통 인 부	인	2	
비 고	- 맞배지붕(경사를 짓는 지붕면이 2개소)은 시공량을 20% 가산하여 적용한다.		

[주] ① 본 품은 기존의 지붕재가 철거된 상태에서 신규 지붕을 재설치하는 기준이다.
　　② 본 품은 바탕정리, 지붕틀 및 바탕합판 설치, 방수시트 및 단열재 설치, 지붕재(금속기와) 설치, 용마루 및 후레싱 마감 작업을 포함한다.
　　③ 홈통 및 빗물받이 설치는 '[건축] 7-2 홈통'를 따른다.
　　④ 지붕재 철거는 별도 계상한다.
　　⑤ 비계매기, 비산방지, 보호 및 안전시설(비계 등)의 설치비는 별도 계상한다.
　　⑥ 공구손료 및 경장비(에어콤프, 절단기 등)의 기계경비는 인력품의 2%로 계상한다.

3-4-3 도배 교체('22년 신설)

(일당)

구분	단위	수량	시공량(㎡)	
			벽	천장
내 장 공	인	2	46	35
비 고	- 사용중인 세대로 가구 등의 지장물이 있는 경우 시공량의 15%를 감한다.			

[주] ① 본 품은 도배지를 해체(재사용하지 아니하는 때)하고 재설치하는 기준이다.
　　② 본 품은 도배지 해체, 바탕정리, 풀먹임, 초배 및 정배 바름 작업을 포함한다.
　　③ 가구 등 지장물의 운반은 별도 계상한다.

> **有權解釋**
>
> **제목** 도배교체, pvc계 바닥재교체 부분에 대한 질의
>
> **질의문**
> 신청번호 2211-064 신청일 2022-11-17
> 질의부분 건축 제12장 유지보수공사 12-4-3 도배교체
>
> 2022년 신설된 유지보수 항목 중에 12-4-3, 12-4-4부분의 도배 교체, pvc계 바닥재 교체 부분에 대한 질의입니다. 항목을 보면 일당으로 나와 있지만 면적대비 품셈을 적용했을 때, 그냥 해체 품셈+신설 품셈을 한 것보다 적게 나오는데 따로 적용했을 때 보다 합쳐서 적용한 것이 적게 나오는 근거가 어떻게 되는지 설명 부탁드리고, 내역서 작성할 때 합쳐서(교체) 적용한 것이 아닌 각각 적용(해체, 신설)해도 무관한지 궁금합니다.
> 또한 도배 및 pvc계 타일 붙임도 반드시 바탕면 만들기가 필요합니다. 시대가 바뀐만큼 마감의 질을 우선하기에 제대로된 시방 또는 표준품셈 없이는 작업의 어려움이 많습니다.
>
> **회신문**
> 표준품셈 건축부문 "12-4-3 도배교체"와 "12-4-4 PVC계 바닥재 교체"는 현장실사의 결과값으로 제시되고 있음을 참조해 주시기 바라며, 하루에 타일을 해체하고 재설치하는 기준입니다.
> "12-4-3 도배교체"와 "12-4-4 PVC계 바닥재 교체"에는 바탕정리가 포함되어 있으며 바탕면 만들기가 필요한 경우 별도 계상하시기 바랍니다.

3-4-4 PVC계바닥재 교체('22년 신설)

(일당)

구분	단위	수량	시공량(㎡)
내 장 공	인	2	61
비 고	- 사용중인 세대로 가구 등의 지장물이 있는 경우 시공량의 15%를 감한다.		

[주] ① 본 품은 PVC계 바닥재(시트)를 해체(재사용하지 아니하는 때)하고 재설치하는 기준이다.
　　② 본 품은 바닥재 해체, 바탕정리, 접착제(부분접합 방식) 바름, 바닥재 설치 작업을 포함한다.
　　③ 가구 등 지장물의 운반은 별도 계상한다.

3-4-5 타일 교체('22년 신설)

(일당)

구분	단위	수량	시공량(㎡)	
			떠붙이기(벽)	압착붙이기(바닥)
타 일 공	인	2	7	8
비 고	- 사용중인 세대로 가구 등의 지장물이 있는 경우 시공량의 15%를 감한다.			

[주] ① 본 품은 타일을 해체(재사용하지 아니하는 때)하고 재설치하는 기준이다.
　　② 본 품은 타일 해체, 바탕정리, 타일 붙임, 줄눈 설치 및 마무리 작업을 포함한다.
　　③ 방수 작업은 별도 계상한다.
　　④ 가구 등 지장물의 운반은 별도 계상한다.

제 4 장 기계설비

4-1 일반기계설비 해체

4-1-1 배관 해체('22년 신설)

(m당)

규격 (mm)	강관 배관공(인)	강관 보통인부(인)	동관 배관공(인)	동관 보통인부(인)
ø15이하	0.012	0.008	0.010	0.007
20	0.013	0.009	0.012	0.008
25	0.017	0.011	0.015	0.010
32	0.019	0.013	0.018	0.012
40	0.021	0.014	0.020	0.014
50	0.027	0.018	0.027	0.018
65	0.031	0.021	0.031	0.021
80	0.039	0.026	0.039	0.026
100	0.053	0.035	0.053	0.035
125	0.067	0.045	0.066	0.044
150	0.079	0.053	0.078	0.052
200	0.121	0.080	0.116	0.077
250	0.161	0.107	0.153	0.102
300	0.208	0.139		
350	0.250	0.167		
400	0.296	0.197		

[주] ① 본 품은 배관을 재사용하지 아니하는 때의 절단하여 해체하는 기준이다.
② 본 품은 지지철물, 배관 해체를 포함한다.
③ 비산방지, 보호 및 안전시설 등의 설치비는 별도 계상한다.
④ 폐기물 처리비용은 별도 계상한다.
⑤ 공구손료 및 경장비(절단기 등)의 기계경비는 인력품의 2%로 계상한다.

4-1-2 각형덕트 해체('22년 신설)

(m²당)

구분	단위	호칭두께(mm) 0.5	0.6	0.8	1.0	1.2	1.6
덕트공	인	0.064	0.060	0.063	0.077	0.089	0.111
보통인부	인	0.043	0.040	0.042	0.051	0.059	0.074

[주] ① 본 품은 각형덕트(아연도금강판, 스테인리스)를 재사용하지 아니하는 때의 절단하여 해체하는 기준이다.
② 본 품은 지지철물, 덕트 절단 및 해체를 포함한다.
③ 비산방지, 보호 및 안전시설 등의 설치비는 별도 계상한다.

④ 폐기물 처리비용은 별도 계상한다.
⑤ 공구손료 및 경장비(절단기 등)의 기계경비는 인력품의 2%로 계상한다.

4-1-3 스파이럴덕트 해체('22년 신설)

(m당)

철판두께 (㎜)	규격 (㎜)	덕트공 (인)	보통인부 (인)	철판두께 (㎜)	규격(㎜)	덕트공 (인)	보통인부 (인)
0.5	ø150이하	0.036	0.024	0.6	300	0.064	0.043
0.5	160	0.037	0.025	0.6	350	0.074	0.049
0.5	180	0.041	0.028	0.6	400	0.084	0.056
0.5	200	0.045	0.030	0.6	450	0.104	0.069
0.6	225	0.050	0.033	0.6	500	0.114	0.076
0.6	250	0.055	0.036	0.6	550	0.123	0.082
0.6	275	0.059	0.040	0.6	600	0.132	0.088

[주] ① 본 품은 스파이럴덕트(아연도금강판)를 재사용하지 아니하는 때의 절단하여 해체하는 기준이다.
② 본 품은 지지철물, 덕트 절단 및 해체를 포함한다.
③ 비산방지, 보호 및 안전시설 등의 설치비는 별도 계상한다.
④ 폐기물 처리비용은 별도 계상한다.
⑤ 공구손료 및 경장비(절단기 등)의 기계경비는 인력품의 2%로 계상한다..

4-1-4 배관보온 해체('22년 신설)

(m당)

규격 (㎜)	고무발포보온재		발포폴리에틸렌보온재		유리면보온재(글라스울)	
	보온공(인)	보통인부(인)	보온공(인)	보통인부(인)	보온공(인)	보통인부(인)
ø15	0.014	0.010	0.010	0.007	0.016	0.011
20	0.016	0.011	0.012	0.008	0.018	0.012
25	0.017	0.011	0.012	0.008	0.019	0.013
32	0.020	0.013	0.014	0.010	0.023	0.015
40	0.023	0.016	0.017	0.011	0.026	0.017
50	0.027	0.018	0.019	0.013	0.031	0.020
65	0.029	0.020	0.021	0.014	0.033	0.022
80	0.033	0.022	0.024	0.016	0.038	0.025
100	0.038	0.025	0.027	0.018	0.043	0.028
125	0.046	0.030	0.033	0.022	0.051	0.034
150	0.053	0.035	0.038	0.025	0.060	0.040
200	0.064	0.042	0.045	0.030	0.072	0.048
250	0.073	0.049	0.052	0.035	0.082	0.055
300	0.083	0.055	0.059	0.039	0.093	0.062

[주] ① 본 품은 배관보온재(보온두께 50㎜이하)를 재사용하지 아니하는 때의 절단하여 해체하는 기준이다.
② 비산방지, 보호 및 안전시설 등의 설치비는 별도 계상한다.
③ 폐기물 처리비용은 별도 계상한다.

4-1-5 덕트보온 해체('22년 신설)

(㎡당)

구분	단위	고무발포보온재 발포폴리에틸렌보온재	유리면보온재(글라스울)
보 온 공	인	0.081	0.096
보 통 인 부	인	0.054	0.064

[주] ① 본 품은 재사용하지 아니하는 때의 보온재를 절단하여 해체하는 기준이다.
② 비산방지, 보호 및 안전시설 등의 설치비는 별도 계상한다.
③ 폐기물 처리비용은 별도 계상한다.

4-1-6 펌프 해체('22년 신설)

(대당)

규격(kW)	기계설비공(인)	보통인부(인)	규격(kW)	기계설비공(인)	보통인부(인)
0.75 이하	0.245	0.163	11 이하	0.685	0.457
1.5 이하	0.271	0.181	15 이하	0.727	0.485
2.2 이하	0.312	0.208	22 이하	1.175	0.783
3.7 이하	0.359	0.239	37 이하	1.517	1.011
5.5 이하	0.432	0.288	55 이하	2.440	1.627
7.5 이하	0.545	0.363	75 이하	2.989	1.993

[주] ① 본 품은 일반펌프(급수 및 소방펌프)를 재사용하지 아니하는 때의 절단하여 해체하는 기준이다.
② 본 품은 방진가대 해체, 펌프 절단 및 해체를 포함한다.
③ 비산방지, 보호 및 안전시설 등의 설치비는 별도 계상한다.
④ 폐기물 처리비용은 별도 계상한다.
⑤ 공구손료 및 경장비(절단기 등)의 기계경비는 인력품의 2%로 계상한다..

4-1-7 일반기계설비 철거 및 이설('93년 보완)

(단위:%)

구 분	철 거		동일구내 (인접장소) 이설
	재사용을 고려할 경우	재사용을 고려 안할 경우	
1. 기 기 류	80	60	160
2. 철 골 류	70	50	150
3. 배 관 류	60	40	140
4. BELT CONVEYOR 류	80	60	160
5. 보 온 재	60	40	140
6. HEATER & TANK 류	70	50	150
7. PUMP & FAN 류	60	40	140
8. CRANE 류	70	50	150

[주] ① '4-1-1 배관 해체~4-1-6 펌프 해체'의 각 항목을 우선 적용하며, 외의 항목은 상기류 유사품목에 적용할 수 있다.

② 공구손료 및 소모재료는 별도 계상한다.
③ 상기의 율은 설치를 100%로 볼 때이다.
④ 특수기기에 대하여는 별도 계상할 수 있다.
⑤ 철거한 설비를 동일구내 또한 인접한 장소가 아닌 곳에 재 설치할 경우에는 설치품+철거품(재사용을 고려할 경우)으로 계상한다.
⑥ 다음 항목의 철거는 신설의 50%(재사용을 고려치 않을 경우)로 계상한다.

항목	
	1-4-1 주철관 기계식 접합 및 배관
	4-2-1 송풍기 설치
	5-1-1 일반밸브 및 콕류 설치
	5-1-2 감압밸브장치 설치
	5-2-1 스팀트랩 장치 설치
	5-3-1 익스팬션조인트 설치
	5-3-2 플랙시블커넥터 설치
	8-1-2 냉동기 설치
	8-1-3 냉각탑 설치
	8-2-1 공기가열기, 공기냉각기, 공기여과기 설치
	8-2-3 공기조화기(Air Handling Unit) 설치
	8-3-6 방열기 설치
	10-1-1 옥내소화전함설치
	10-1-2 소화용구 격납상자설치
	10-3-1 지하식설치
	10-3-2 지상식설치
	10-4-1 일반송수구설치
	10-4-2 방수구설치

有權解釋

제목 1 주철관 배관회전 공사에 대한 품셈 적용 문의

질의문
신청번호 2210-090 신청일 2022-10-25
질의부분 설비 제14장 유지보수공사 14-1-1 기계설비철거 및 이설

기존의 배관이 장시간 사용으로 한쪽 면이 마모되어, 전체 배관들을 180도로 회전하는 공사를 계획중에 있습니다. 그래서 2022년 기계설비 표준품셈을 보면서 품셈을 계산중인데 현재 적용하려는 품셈이 1-4-1 기계식 접합 및 배관(주철관, 150mm) 14-1-7 일반기계설비 철거 및 이설인데
Q1. 현재 공사가 배관을 해체하여 동일지역에서 회전 후 다시 결합하는데, 동일구내 이설로 품셈을 적용해도 타당한지 여부를 알고 싶습니다.
Q1-1. 만약 이설을 적용하게 된다면, 배관을 접합하는 품셈은 따로 추가할 필요가 없는지 알고 싶습니다.

회신문
표준품셈 "14-1-7 기계설비철거 및 이설"에서는 해당 품목에 대한 철거 시 재사용을 고려할 경우와 재사용을 고려 안할 경우, 동일구내(인접 장소) 이설에 대한 기준을 정하고 있습니다.

재사용을 고려하여 기기를 철거하고 바로 인접구내로 설치하는 경우 동 품의 "동일구내(인접장소) 이설"을 참조하시면 됩니다. 같은 공간에 철거 후 재설치하는 경우 동일구내 이설을 적용하시기 바랍니다. 또한 동일구내는 또는 인접장소에 대한 정량적인 거리기준은 별도로 정하고 있지 않으며, 현장여건 등을 고려하여 일반적이고 보편적인 기준으로 적용하시기 바랍니다.

인접구내 이설의 경우 신설 품에 해당 항목에서 제시하는 요율을 적용하시면 되며, 접합 품셈은 따로 추가할 필요 없습니다.

제목 2 일반기기설치 품 중 검사 및 교정 품 산정방법 질의

질의문

신청번호 2004-004 신청일 2020-04-01
질의부분 설비 제14장 유지보수공사 14-1-1 기계설비철거 및 이설

표준품셈 기계설비 기타 기계설비 공사 일반기기설치 품 중 검사 및 교정 품 산정에서 일반기기 1ton 설치 시 검사 및 교정 품의 산정은 어떻게 해야 하나요?

회신문

표준품셈 기계설비부문 "13-11-1 일반기기 설치"에서 "검사 및 교정은 기술관리를 제외한 본 품의 10%"을 참조하시기 바랍니다.

제목 3 일반기기설치 품을 철거 시 적용 수량 문의

질의문

신청번호 1902-002 신청일 2019-02-01

기계설비 철거관련 기계설비공사 일반기기설치 품을 보면 검사 및 교정(10 적용) 및 부분조립작업 50 가산이 있습니다. 이를 기계설비 철거 및 이설공사 품 재사용을 고려(160, 수선을 위해 철거반출 후 수선완료 후 재설치)를 적용할 경우 위에 가산된 검사 및 교정 품과 부분조립 작업 품을 같이 태워서 계상해 주어야 하는지?

회신문

2019년 표준품셈 기계설비부문 "14-1-1 기계설비 철거 및 이설"에서 제시된 철거 및 이설 비율(%)은 설치를 100%로 볼 때 적용되는 기준임을 참조하시기 바랍니다.

4-2 자동제어설비 해체

4-2-1 철거 및 이설

항 목	12-1-1 계기반 설치 12-1-2 플랜트계기 설치 12-2-2 계량기 설치 12-2-3 도압배관 12-2-4 Control Air 배관 12-2-5 압축공기 발생장치 및 공기관 배관
적용내용	- 철거는 본 품의 40%(재사용)를 계상한다. - 이설은 본 품의 140%를 계상한다.

4-3 수선 및 보수공사

4-3-1 유량계 교체('22년 보완)

(일당)

구분	단위	수량	규격(mm)	시공량(개)	
				보호통	유량계
배 관 공	인	1	ø13~15	6.0	8.0
			ø20~32	5.0	7.0
			ø40~50	4.0	6.0
보 통 인 부	인	1	ø65~80	-	2.0
			ø100~150	-	1.5
			ø200~300	-	1.0
비 고		동일장소에서 수도미터, 온수미터를 병행 교체 시(해체 후 재부착)에는 유량계 교체 시공량에 30%를 감한다.			

[주] ① 본 품은 수도미터(급수용), 온수미터(급탕용, 난방용)의 옥내배관 교체(해체 후 재부착) 기준이다.
② 보호통·뚜껑철거 및 재설치가 요구되는 경우에 보호통을 적용한다.
③ 본 품은 유량계 해체 및 재부착, 작동시험 및 마무리 작업을 포함한다.
④ 공구손료 및 경장비의 기계경비는 인력품의 1%로 계상한다.

有權解釋

제목 직독식 유량계 교체공사 품셈 문의

질의문

신청번호 2203-009 신청일 2022-03-04
질의부분 설비 제14장 유지보수공사 14-3-1 유량계 교체

규격 150mm 직독식 유량계 1개 교체공사를 발주하려고 합니다.
기계설비 공사 – 14장 유지보수공사–14-3-1 유량계 교체 항목을 보면 100~150mm 규격은 유량계 시공량이 [하루에 1.5개]로 되어 있습니다.

1. 실제 교체 수량은 1개인데, 14-3-1 유량계 교체 품셈을 적용해야 하는지? 아니면 제6장 측정기기 공사–6-1-1 직독식 설치 품셈을 적용해야 하는지? 문의드립니다.
2. [2021년 표준품셈의 14-1-2 유량계 교체] 항목을 보면 [유량계 교체 시 기계설비부문 '6-1-1 직독식 설치 유량계' 품에 배관공은 33%, 보통인부는 19%를 가산한다]라고 나와 있지만, [2022년 유량계 교체] 항목에는 해당 내용이 없습니다.
만약에 해당 공사를 '6-1-1 직독식 설치'로 적용해서 설계를 할 때, 2021년의 내용을 그대로 적용해도 되는지 문의드립니다.
3. 14-3-1 유량계 교체 항목에 [동일 장소에서 수도미터, 온수 미터를 병행 교체 시(해체 후 재부착)에는 유량계 교체 시공량에 30%를 감한다.]라고 되어 있습니다.
14-3-1 품셈을 적용할 경우, 위 사항은 수도미터나 온수미터 2개 이상을 연속해서 교체하는 경우에 적용하면 되는지 문의드립니다.
4. 위 내용과 별개로 직독식 유량계 교체공사 시 보호통교체는 하지 않고, 유량계만 교체하는 경우 [14-3-1 유량계 교체] 품을 적용해도 되는지 문의드립니다.

해당 항목 주의사항에[보호통, 뚜껑철거 및 재설치가 요구되는 경우에 보호통을 적용한다] 라고 적혀 있는데, 유량계 규격 13~50㎜는 보호통이 들어가 있습니다.
13~50㎜ 규격의 유량계 교체만 진행할 경우, 해당 품셈을 어떻게 적용해야 하는지 문의드립니다.

회신문

[답변1]
표준품셈 기계설비부문 "6-1-1 직독식 설치"는 신설공사 기준이며, "14-3-1 유량계교체"는 유지보수(교체)공사를 위한 기준입니다. 건설공사 표준품셈에서 '일당시공량'으로 제시하는 품은 해당작업을 위하여 요구되는 효율적인 작업조(인력 및 장비)의 조합에 따라 1일(8시간 기준)간 시공할 수 있는 작업량을 제시한 사항으로 본 품에서 제시하는 장비 및 인력 조합으로 작업하는 평균적인 시공량을 의미하며, 현장 여건에 따라 실제 시공에서 시공량 미만 혹은 초과가 될 수 있습니다. 이에 동 품셈 공통부문 "1-1-3 적용방법/6항"에서는 "시공량/일"로 명시된 항목의 총 시공량이 본 품의 기준 미만일 경우 현장여건을 고려하여 별도로 계상토록 하고 있습니다.

[답변2]
2021년 표준품셈 기계설비부문 "14-1-2 유량계 교체"의 경우 "2. 유량계 교체 시(해체 후 재부착)에는 '6-1-1 직독식 설치'의 유량계 품에 배관공 33%, 보통인부는 19%를 가산한다"로 되어 있으며, 이는 2022년 표준품셈 기계설비부문 "14-3-1 유량계 교체"의 유량계 교체 품에 반영되어 있습니다.

[답변3]
2022년 표준품셈 기계설비부문 "14-3-1 유량계 교체"에서 동일장소에서 수도미터, 온수미터를 병행 교체 시(해체 후 재부착) 유량계 교체의 시공량의 30%를 감하시기 바라며, 수도미터나 온수미터 2개이상 연속교체 시 에 대한 기준은 별도로 정하고 있지 않습니다.

[답변4]
2022년 표준품셈 기계설비부분 "14-3-1 유량계교체"에서 보호통에는 유량계 설치품이 제외되어 있으며, 보호통과 유량계는 구분하여 조사된 품임을 알려드립니다.

4-3-2 관갱생공

(m당)

규격(㎜)	규사(kg)	에폭시도료 (kg)	배관공 (인)	특별인부 (인)	장비사용시간 (시간)
ø15	0.520	0.060	0.072	0.036	0.053
20	0.590	0.107	0.072	0.036	0.053
25	0.707	0.127	0.072	0.036	0.053
32	0.880	0.173	0.072	0.036	0.053
40	1.083	0.203	0.072	0.036	0.053
50	1.343	0.260	0.072	0.036	0.053
65	1.687	0.330	0.081	0.039	0.064
80	2.083	0.387	0.081	0.039	0.064
100	2.580	0.513	0.081	0.039	0.064
125	3.177	0.647	0.101	0.050	0.080
150	3.977	0.777	0.101	0.050	0.080
200	5.030	1.027	0.101	0.050	0.080
250	6.297	1.277	0.111	0.056	0.089
300	7.610	1.650	0.111	0.056	0.089

[주] ① 본 품은 에어샌드공법을 기준한 것이다.
② 도장두께는 0.3~1㎜일 때를 기준한 것이다.
③ 본 품에는 강관 갱생을 위한 관내부세척, 열풍건조, 관내부 피복코팅 및 소운반 품이 포함되어 있다.
④ 입상관의 경우는 본 품에 30%를 가산한다.
⑤ 검사구 설치, 밸브 및 보온 해체 복구, 가설급수 배관 및 해체에 대한 비용은 별도 계상한다.
⑥ 관세척 공사시 발생되는 폐기물을 폐기물관리법 등의 규정에 따라 적정하게 처리하는데 소요되는 비용은 별도 계상한다.
⑦ 사용장비중 공기압축기는 규격 25.5㎥/min를 기준한 것이며, 라이닝기(1set)에 대한 기계경비는 별도 계상한다.
⑧ 장비조합은 다음을 기준한다.

규격(㎜)	ø15~50	ø65~100	ø125~200	ø250~300
라 이 닝 기	1set	1set	1set	1set
공 기 압 축 기	1대	2대	5대	6대

4-3-3 배관누수 검사('22년 신설)

(일당)

구분	단위	수량	시공량(회)
배 관 공	인	2	2.8

[주] ① 본 품은 급수용, 급탕용, 난방용 옥내배관(⌀50mm이하)의 누수보수를 위해 배관을 검사하는 기준이다.
② 본 품은 작업준비, 수도검침 및 기록, 미터기 해체 및 재설치, 공기압시험 및 누수탐지, 정리 작업을 포함한다.
③ 누수부위에 대한 해체 및 복구, 누수배관 교체 작업은 별도 계상한다.
④ 공구손료 및 경장비(공기압축기, 압력계 등)의 기계경비는 인력품의 3%로 계상한다.

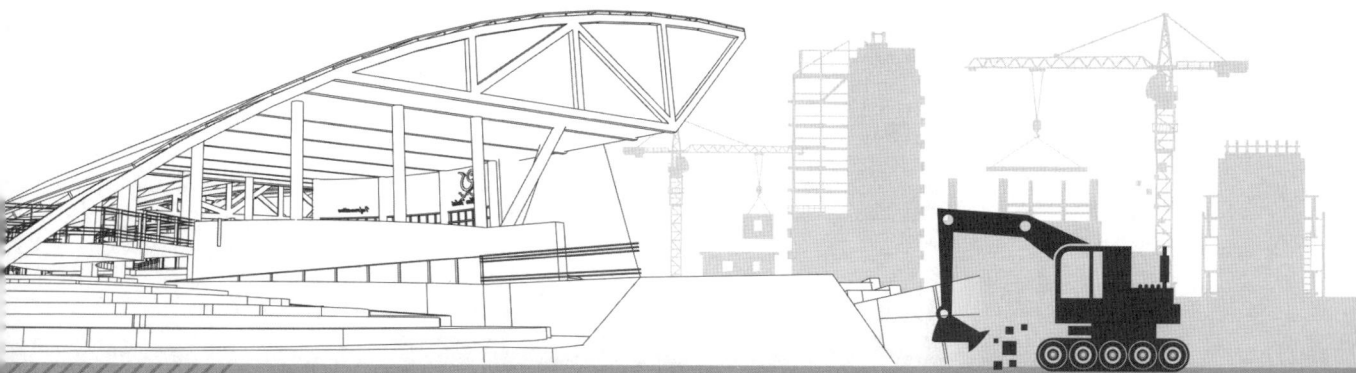

2023
건설공사 표준품셈
참고자료

도로 분야 BIM 설계용역 대가 산정기준
(기본 및 실시설계)

1. 투입인원수 산정기준

구분	업무구분		단위	기준인원수(인·일)					환산계수	보정계수			
				기술사	특급	고급	중급	초급		도로등급	공사성격	지역특성	차로수
조사	1. 과업착수준비		식	2.4	5.0	5.5	5.6	4.0	②				
	BIM 설계 적용시			6.4	13.3	14.6	14.9	10.6					
	2. 관련계획조사 및 검토		km	0.2	1.3	2.9	3.8	3.5	①		●	●	
	3. 현지 조사 및 답사		km	0.5	2.5	3.9	4.8	5.0	①		●	●	
	4. 교통량 및 교통시설 조사		km	4.6	9.9	12.5	13.9	15.5	①			●	
	5. 수자원	1) 수리·수문조사	km	0.3	1.3	2.0	2.3	1.5	①			●	
		2) 기상·해상조사	km	0.3	1.3	2.0	2.3	1.5	①			●	
		3) 선박운항조사	km (해상구간)	0.2	0.7	1.0	1.0	0.8	①				
	6. 환경영향조사(문화재조사)		km	0.2	0.8	1.0	1.3	1.0	①			●	
	7. 측량 성과 검토		km	0.4	0.6	0.9	1.0	1.1	①		●		
	BIM 설계 적용시			1	1.5	2.2	2.5	2.7					
	8. 지질 및 지반조사 성과검토		km	0.3	0.6	0.6	1.0	0.4			●		
	9. 지장물 및 구조물조사		km (터널제외)	0.0	2.1	3.1	3.9	5.2	①		●	●	
	10. 토취장·골재원·사토장 조사		km	0.3	1.2	2.4	3.3	2.2	①			●	
	11. 용지조사		km (터널제외)	0.0	1.0	1.3	1.3	3.1	①		●	●	
계획	1. 전 단계 성과검토		km	1.6	2.8	3.6	3.4	1.9	①	●		●	
	2. 교통분석 및 평가		km	5.8	10.7	13.8	13.2	5.5	①	●			
	3. 전략환경영향평가 성과검토		km	0.2	0.2	0.5	0.5	0.5	①				
	4. 해상교통안전진단 검토		km (해상구간)	0.2	0.5	1.0	1.0	0.5	①				
	5. 재해영향평가 성과 검토		km (터널제외)	0.3	0.4	1.4	1.2	1.4	①			●	
	6. 경제성 및 재무분석		km	2.5	4.0	5.0	7.0	4.0	①	●			
	7. 관련규정의 적용		식	2.4	7.3	7.2	5.3	0.3	②	●			
	8. 환경영향평가 성과검토		km	0.7	2.6	5.7	0.7	0.3	①			●	
	9. 수리·수문검토		개소(하천)	1.4	1.4	5.8	4.6	4.5					
	10. 노선선정		km	26.0	40.7	49.7	37.1	22.2	①	●	●	●	
	BIM 설계 적용시			28.1	44	53.8	40.1	24					
	11. 연약지반처리계획		km (연약지반)	3.2	4.9	7.9	8.3	4.9	⑤	●	●	●	
	12. 구조물 계획	1) 교량계획	개소	4.4	7.7	10.4	9.2	4.3	⑦	●	●		●
			100m	1.2	2.3	3.5	2.8	0.4	③	●	●		●
		BIM 설계 적용시	개소	5.3	9.4	12.7	11.2	5.2	⑦	●	●		●
			100m	1.3	2.5	3.9	3.1	0.4	③				●

구분	업무구분		단위	기준인원수(인·일)					환산계수	보정계수			
				기술사	특급	고급	중급	초급		도로등급	공사성격	지역특성	차로수
		2) 터널계획	개소	6.3	12.6	14.0	24.1	6.1	⑧	●	●		●
		BIM 설계 적용시		7.3	14.7	16.3	28.1	7.1					
		3) 기타구조물계획	km (도로연장)	0.9	1.0	2.0	2.0	1.2	⑥	●	●		
		BIM 설계 적용시		1.6	1.8	3.7	3.7	2.2					
		4) 지하차도 계획	개소	7.8	15.3	18	27.1	7.2			●	●	●
	13. 설계기준 작성		식	3.9	4.1	5.4	5.9	0.7	②	●		●	
	14. 관계기관협의 및 민원검토		km	5.3	7.5	7.3	6.1	4.2	①	●	●	●	
	15. 단계별자문 및 방침자료작성		회	6.8	10.1	11.4	12.2	11.5		●			
	16. BIM 기반 각종 사전평가 성과 검토		식	1.9	3.3	4.5	4.2	2.4	①			●	
설계	1. 설계 조건		식	5.2	9.3	9.7	9.0	1.3	②				
	2. 선형설계		km	4.4	5.3	7.6	9.0	5.2	①	●	●	●	
		BIM 설계 적용시		5.1	6.2	8.8	10.5	6					
	3. 비탈면 안정공		km (도로연장)	0.8	1.8	2.9	4.1	3.4	⑥				
		BIM 설계 적용시		0.9	2.1	3.5	4.9	4.1					
	4. 토공설계		km (도로연장)	3.3	8.9	16.6	21.8	22.6	⑥		●	●	●
		BIM 설계 적용시		3.7	10	18.7	24.6	25.5					
		연약지반설계	km	3.2	6.9	8.4	13.5	14.5	⑤		●	●	
	5. 배수공 설계		km (도로연장)	5.0	10.6	16.6	24.2	21.9	⑥		●	●	●
		BIM 설계 적용시		5.4	11.5	18	26.2	23.7					
	6. 소구조물공 설계		km (도로연장)	0.3	0.7	1.4	1.7	2.0	⑥	●	●	●	
		BIM 설계 적용시		0.4	0.9	1.8	2.1	2.5					
	7. 포장공 설계		식	4.7	4.0	8.8	8.3	2.3	②	●	●		●
		BIM 설계 적용시		5.8	5.0	11.0	10.3	2.8					
	8. 출입시설 설계	1) 평면교차	개소	5.4	10.4	12.8	13.4	12.0		●			
		BIM 설계 적용시		6.4	12.5	15.3	16.1	14.4					
		2) 입체교차		11.0	20.8	25.8	27.0	24.0					
		BIM 설계 적용시		13.8	26.1	32.3	33.8	30.1					
		3) 인터체인지		※별도산정(실시설계단계 출입시설 산정기준 적용)									
	9. 부대시설 설계		km	0.8	2.5	3.0	4.5	6.3	①	●	●		●
		BIM 설계 적용시		0.9	2.9	3.4	5.2	7.3					
	10. 교량설계		개소	3.5	5.9	12.9	11.4	17.3	⑦	●			●
			100m	4.5	8.9	15.5	19.5	16.8	③	●			●
		BIM 설계 적용시	개소	3.7	6.4	13.9	12.3	18.7	⑦	●			●
			100m	4.8	9.6	16.7	21.0	18.1	③				
	11. 터널설계		개소	24.7	61.6	108.3	127.3	127.7	⑧	●			●
			km	5.9	9.7	24.9	26.9	41.1	④				
		BIM 설계 적용시	개소	25.7	64.2	112.9	132.7	133.1	⑧	●			●
			km	6.4	10.5	27.0	29.1	44.5	④	●			●
	12. 지반설계		km	8.7	7.0	11.2	14.7	16.1	①	●	●		
		BIM 설계 적용시		9.0	7.3	11.6	15.3	16.7					
		연약지반개량설계	km	3.2	3.3	4.5	4.3	3.4	⑤	●			

구분	업무구분		단위	기준인원수(인·일)					환산계수	보정계수			
				기술사	특급	고급	중급	초급		도로등급	공사성격	지역특성	차로수
		(연약지반)											
	13. 하천설계(이설)		개소	2.6	3.9	7.3	8.2	7.4					
		BIM 설계 적용시		3.4	5.2	9.7	10.9	9.9					
	14. 계측계획 및 기타		Km	0.8	4.5	1.0	1.7	1.0	①		●		
	15. 지하차도 설계		개소	20.2	45.6	86.8	94.3	100.7			●	●	●
			100m	7.1	13	24.5	28.9	31.2			●	●	●
성과품작성	1. 기본 및 실시설계 보고서		km	10.0	20.5	30.8	20.0	12.0	①		●		
		BIM 설계 적용시		15.2	31.3	47.0	30.5	18.3					
	2. 지질 및 지반조사 보고서		km	0.0	3.8	5.3	5.4	0.0	①		●		
		BIM 설계 적용시		0.0	4.9	6.8	6.9	0.0					
	3. 구조 및 수리계산서		개소(교량,터널,지하차도)	0.5	4.0	8.0	16.5	0.0	⑦⑧				●
	4. 터널해석보고서		개소	0.0	1.8	4.4	12.6	0.0	⑧				●
	5. 설계예산서		식	2.1	9.8	17.5	21.0	1.6	②	●			
	6. 단가 산출서		km	0.9	5.4	8.0	8.6	2.5	①	●	●		
	7. 수량 산출서		Km	2.2	8.8	17.2	27.5	30.0	①	●	●		
		BIM 설계 적용시		1.5	6.2	12.0	19.3	21.0					
	8. 기본 및 실시설계도면		Km	5.5	6.0	10.0	22.0	20.5	①	●	●		●
		BIM 설계 적용시		4.4	4.8	8.0	17.6	16.4					
	9. 공사시방서		식	2.2	6.8	9.4	7.5	7.0	②				
	10. BIM 개방형 포맷 작성 및 데이터 검토		식	3.9	11.7	19.6	26.0	12.1	②				

[주] 교량이나 터널이 없는 경우에는 기준인원수에서 다음에 제시된 기준인원수를 감하여야 한다.

※ 교량, 터널이 없는 경우 감소 기준인원수

구분	업무구분	단위	교량구조물 없을 때 감소 기준인원수(인·일)					터널설계 없을 때 감소 기준인원수(인·일)				
			기술사	특급	고급	중급	초급	기술사	특급	고급	중급	초급
조사	1. 과업착수준비	식	0.3	0.3	0.4	0.4		0.3	0.3	0.4	0.3	
	2. 현지 조사 및 답사	Km		0.4	0.6	0.6	0.6	0.0	0.5	0.7	0.7	0.8
	3. 관련계획 조사 및 검토	Km		0.5	1.1							
	8. 지질 및 지반조사 성과검토	km						0.1	0.1	0.3	0.4	0.0
	9. 지장물 및 구조물조사	Km(터널 연장제외)		0.6	0.9	0.9	0.9					
계획	1. 전 단계 성과검토	km	0.2	0.6	0.6	1.2	1.3	0.3	0.5	0.5	0.5	0.6
	7. 관련규정의 적용	식	0.7	1.6	1.9	0.7	0.2	0.7	1.4	1.8	0.7	0.2
	12. 설계기준 작성	식	0.9	0.9	1.4	1.3		0.8	0.6	0.8	0.9	0.0
	13. 관계기관 협의 및 민원 검토	km	1.3	1.5	2.0	2.1	0.8	0.4	0.8	0.5	1.1	0.5
설계	1. 설계 조건	식	1.9	2.8	2.9	2.8	0.0	1.4	1.7	1.6	1.9	0.0
	2. 선형설계	Km	0.3	0.5	0.6	0.7	0.0	0.3	0.3	0.0	0.0	0.0
	7. 포장공 설계	식	0.2	0.7	1.3	0.9	0.0					
	12. 지반설계	Km		0.7	1.1	0.9						
	14. 계측계획 및 기타	Km	0.1	1.1				0.3	0.7	1.0	0.7	1.0
성과품작성	1. 기본 및 실시설계 보고서	km	0.8	2.8	4.3	2.3	1.1	0.8	2.6	3.8	2.0	1.1
	3. 구조 및 수리계산서	개소(교량,터널 지하차도)	0.0	2.5	5.0	13.5	0.0					
	4. 터널해석보고서	개소(터널)						0.0	1.8	4.4	12.6	0.0
	5. 설계예산서	식	0.2	3.3	7.8	8.8	0.0	0.2	2.0	4.2	5.9	0.0
	6. 단가 산출서	km	0.3	1.1	2.2	2.3	0.0	0.2	1.0	1.7	1.6	0.7
	7. 수량 산출서	Km	0.4	3.8	4.1	8.3	8.5	0.9	1.8	3.0	6.0	6.6
	8. 기본 및 실시설계도면	Km	0.9	1.4	2.6	7.3	0.0	0.9	0.7	1.2	2.5	4.3

[주] 계획단계는 LOD 200, 설계단계는 LOD 350 기준으로 산출된 인원수이며, LOD에 따라 업무별 기준인원수를 가감할 수 있다.

2. 적용수량 환산계수 및 보정계수

구분		항목	세부내용

적용수량 환산계수	연장	① 총연장 (km)	1km 미만 : 총연장 그대로 적용
			1km 이상 : 1+α*(총연장 - 1)
			  조사·성과품작성 단계 : α=0.6-(0.005*총연장)
			  계획단계 : α=0.7-(0.005*총연장)
			  설계단계 : α=0.8-(0.005*총연장)
			※ 해상구간연장 적용시 총연장 대신 적용

		② 총연장 (식)	5km 미만 : 1 5km 이상 : 1 + (총연장-5)*0.05
		③ 교량연장 (100m)	환산 교량연장 산식 : (a*A+b*B+c*C) 경간장 50m 이상 : a=1.0, A=교량연장 경간장 20~50m 미만 : b=0.9, B=교량연장 경간장 20m 미만 : c=0.7, C=교량연장
		④ 터널연장 (km)	환산 터널연장 산식 : (a*G+b*H+c*I) 방제1등급 : a=1.0, G=터널연장 방제2등급 : b=0.8, H=터널연장 방제3등급 이하 : c=0.7, I=터널연장
		⑤ 연약지반연장 (km)	1km 미만 : 연약지반연장 그대로 적용 1km 이상 : 1+α*(연약지반연장 - 1) (α = 조사, 성과품작성 0.6, 계획 0.7, 설계 0.8)
		⑥ 도로연장 (km)	1km 미만 : 도로연장 그대로 적용 1km 이상 : 1+α*(도로연장 - 1) (α = 조사, 성과품작성 0.6, 계획 0.7, 설계 0.8)
	개소	⑦ 교량개소	환산교량개소산식 : a*D'+b*E'+c*F' 경간장 50m 이상 : a=1.0 경간장 20~50m 미만 : b=0.8 경간장 20m 미만 : c=0.6 D, E, F : 해당경간장의 교량개소 (동일 경간장 범위의 교량개소가 2개 이상인 경우, 유사구조물 개념을 반영한 개소수 반영방법 : 환산교량개소D'(또는 E', F')= 0.2+0.8×교량개소)
		⑧ 터널개소	환산터널개소산식 : a*J'+b*K'+c*L' 방재1등급 : a=1.0 방재2등급 : b=0.9 방재3등급 : c=0.7 J, K, L : 해당 방재등급의 터널개소 (동일 방재등급의 터널개소가 2개 이상인 경우, 유사구조물 개념을 반영한 개소수 반영 방법 : 환산터널개소J'(또는 K', L')= 0.2+0.7×터널개소)
보정계수		도로등급	일반국도 : 1.0, 고속국도 : 1.3, 지방도 이하 : 0.7

구분	항목	세부내용
		※설계속도에 따라 타등급의 계수 준용가능
	공사성격	신설 : 1.0, 확장 : 1.3, 단순확장 : 0.6, 시설개량 : 0.2
		※공사성격 혼재시 해당구간의 연장을 기준으로 가중평균한 값 적용
	지역특성	지방 : 1.0, 도시 : 1.4
		※지방부와 도시부 혼재시 해당구간의 연장을 기준으로 가중평균한 값 적용
	차로수	2차로 : 0.6, 4차로 : 1.0
		6차로 : 1.3, 8차로 이상 : 1.5
		※차로수 혼재시 해당구간의 연장을 기준으로 가중평균한 값 적용
		※확장시 차로수는 확장대상 차로수를 적용(2차로에서 4차로 확장시 2차로 적용)

※ 단순확장 : 기존 도로의 선형변화가 전체 연장의 20% 이내인 노선 확장사업(선형변화가 없는 양측확장이나 편측확장 포함)

※ 시설개량 : 기존 도로의 노선확장 없이 선형변화가 전체 연장의 20%이내인 사업

3. 도로분야 설계용역 업무정의

① 과업착수준비
과업착수준비는 착수준비, 과업수행계획서에 관한 업무를 말한다. 착수준비는 예정공정표, 사업책임기술자 선임신고서가 포함된 착수보고서 작성 및 제출(설계내역서조정, 과업지시서 숙지)업무를 포함하며, 과업수행계획서는 세부공정계획서, 경력사항확인서, 성과품 제출계획서, 참여내용제출계획서, 조직 및 인력투입계획서, 보안각서 등 과업수행계획서 작성 및 제출 업무를 포함한다.
BIM 설계 시 BIM Excution Planning(이하, BEP) 작성 업무를 포함한다. BEP에는 BIM개요, 사업현황, 시설현황, BIM실행계획, BIM활용방안, BIM절차설계 Map, BIM 정보교환, BIM성과물별 모델요소, BIM모델작성, 배포 및 협업절차, 소프트웨어환경 등을 포함한다.

② 관련계획 조사 및 검토
관련계획 조사 및 검토는 상위계획, 지역관련 및 도시계획, 산업시설계획, 교통관련계획, 수자원관련 개발계획 등을 조사하고 필요한 경우 관계기관과 협의하는 업무를 포함한다. 상위계획은 국토종합계획, 국가기간 교통망 계획, 도로정비기본계획, 권역별 종합개발계획을 조사·검토하는 업무를 포함하고 있다. 지역관련 및 도시계획은 광역개발계획, 시·도 종합개발계획, 지역 및 도시계획, 단지개발 및 조성계획을 조사·검토하는 업무를 포함하며, 산업시설계획은 국가공단 및 지방공단계획, 신항만·공항·댐 등 건설계획 등 업무를 포함한다. 교통관련계획은 전국도로망체계 재정비계획, 광역종합교통계획, 중기교통시설투자계획, 고속국도, 국도, 지방도 등 도로건설 및 확충계획, 기타 주변도로계획을 조사·검토하는 업무를 포함하고, 수자원개발 관련계획은 수자원 장기종합계획, 하천유역종합치수계획, 댐개발계획 및 상·하수도 기본계획, 하천정비기본계획, 소하천정비 종합계획을 조사·검토하는 업무를 포함한다.

③ 현지조사 및 답사
현지조사 및 답사업무는 예정노선의 해당 계획 지역에서의 지형, 지물, 식생, 용배수, 토지이용상황을 정확하게 파악·확인하고 현지답사를 하여 사진, 또는 Video 등을 이용하여 과업수행에 유용한 자료를 작성하는 업무를 말한다. 또 측량, 지질조사 등을 실시하는 경우에는 수급인은 그 이유를 밝히고 조사내용에 관해서 발주청에게 보고한 후에 지시를 받도록 한다.

④ 교통량 및 교통시설 조사
교통량 및 교통시설조사는 계획시설물의 도로기능에 있어 교통량 특성을 파악하는 것을 목적으로 한다. 교통량 조사는 계획지역 인근의 도로망을 조사하고 주요 교차지점의 교통량을 시간별, 방향별, 차종별로 조사하는 업무이며, 교통시설 조사는 계획지역 인근의 도로형태, 교차로시설, 대중교통시설, 병목구간, 교통유발시설 등을 조사하는 업무를 포함한다. 도로형태는 도로별 노선연장 및 차로수, 도로폭, 보도폭원, 지형조건, 중앙분리대 설치여부, 설계속도, 신호등, 횡단보도, 버스 및 택시정류장, 육교 등 시설물, 교통안전시설물 설치 현황업무를 포함하며, 교차로시설은 신호등 및 신호체계(신호현시 및 주기), 교통섬 및 도류화시설, 횡단보도 및 정지선, 가각 및 노면표시, 접근로별 차선수, 차로 및 보도폭 등 업무를 포함한다. 대중교통시설은 버스 및 택시정류장, 버스전용차로, 버스노선 등의 업무를 포함하고, 병목구간은 병목구간 차로수 및 폭원, 구간 거리 등 업무를 포함하며, 교통유발시설은 주변지역 대단위 교통유발시설 현황 및 계획, 개발사업계획 등의 업무를 포함한다.

⑤ 수리·수문조사
수리·수문조사는 계획지역내 하천의 상태, 정비계획, 주변개발상황 등을 조사한다. 하천조사는 계획지역 하천의 유역면적, 유로연장, 하폭, 하상경사, 제방 및 호안현황, 지류 등을 조사한다. 수리관계 시설물 현황조사는 계획지역 인근의 용·배수로, 양·배수장, 유수지 등을 조사하는 업무를 포함한다. 타당성 조사의 계획홍수량과 계획홍수위 등이 적정하게 산정되었는지를 검토하며, 계획 시설물 설치에 따른 홍수위의 상승, 기존 제방에 미치는 영향(물의 흐름의 변화로 인한 침식 및 퇴적 등 포함) 등을 분석·검토하고, 홍수시 기초지반의 세굴, 하부구조에 미치는 영향 등을 분석·검토하는 업무를 포함한다.

⑥ 기상 및 해상조사
기상 및 해상조사는 기상자료(천기일수, 강우량, 강설량, 기온, 풍속 등)외에 계획지역이 해상인 경우에는 해상자료(조류, 조석, 파랑 등)를 조사하는 업무를 포함한다.

⑦ 선박운항조사
선박운항조사는 계획시설물과 선박 등의 운항로가 교차 또는 인접하는 경우, 통행하는 선박의 종류, 크기, 운항횟수 등을 조사하고, 계획지역 인근의 부두시설, 물양장, 선착장 등의 위치와 규모 등을 조사하는 업무를 포함한다.

⑧ 환경영향조사(문화재조사)
환경영향조사(문화재조사)는 계획시설물 설치로 인근 주민에 미치는 각종 영향과 계획시설물이 계획지역의 동·식물의 식생에 미치는 영향을 조사하며, 계획시설물 설치로 발생되는 소음·진동으로 주민생활의 불편을 초래하게 될 것으로 예상되는 곳에서는 시설물 설치전의 송음·진동 현황을 조사하는 업무를 포함한다. 선정된 노선 경유지역에 대한 문화재 현황파악을 위하여 문헌조사 및 지표조사를 실시하는 업무를 포함한다.

⑨ 측량 성과검토
측량조사 성과검토는 주변 개발계획 측량성과 검토, 측량작업계획서에 의해 수행된 측량 성과를 검토하는 업무를 포함한다.
BIM 설계 시 촬영, 사진모델링 결과 및 기타 측량성과로 얻어지는 자료(수치지도, 위성지도 등)를 3D로 구현하여 지형 범위에 부합한지 지형데이터를 검토한다.

⑩ 지질 및 지반조사 성과검토
지질 및 지반조사 성과검토는 주변 개발지역 지질성과 내용 검토, 지질 및 지반조사 성과검토 업무를 포함한다.

⑪ 지장물 및 구조물 조사
지장물 및 구조물 조사는 계획시설물의 설계 및 시공에 영향을 미치는 각종 지하매설물, 지상지장물 및 장애물을 조사하는 업무를 말한다. 지하매설물조사는 사업노선에 저촉되는 지상지장물(고압송유관, 광케이블, 기타 통신시설 등), 지하매설물(전기, 통신, 송유관, 상하수도, 가스 등), 구조물 조사(계획시설물 인근의 각종 구조물 밀 문화재 등), 농어촌지역에 분포되어 있는 관정에 대한 사항 등을 조사하는 업무를 포함한다.

⑫ 토취장・골재원・사토장 조사(필요시)
토취장・골재원・사토장 조사업무는 골재원 조사, 토취장 및 사토장 조사업무를 말한다. 골재원 조사는 기존 골재원의 위치, 종류, 골재생산 추이 등을 조사하고, 계획지역 인근에 기존 골재원이 없는 경우 골재원으로 개발할 수 있는 지역, 생산가능량 등을 조사하는 업무를 포함한다. 토취장 및 사토장 조사 업무는 토취장 및 사토장의 위취와 규모를 조사하고 해당 자치단체에서 수행하고 있거나 또는 추진 예정인 각종 공사장에서 발생할 토공량, 암굴착량, 성토여유 사토량 등을 조사하는 업무를 포함한다. 또한 토취장, 재료원, 사토장은 매장량, 생산가능량, 향후 추이 등을 집중 검토하여 공사기간까지 사용할 수 있는 후보지(노선 시점에서 종점까지 고르게 분포하여야 함)를 선정 제시하는 업무를 포함한다.

⑬ 용지조사
용지조사는 법적근거인 지적도, 임야도, 토지・임야대장, 등기부등본을 열람하고, 발급받아 면적과 소유자 관계인을 정확히 조사하여 용지 및 지장물 보사조사의 기초자료로 활용토록 하는 업무를 포함한다. 또한 점유되는 토지, 가옥 및 시설물 등의 보상에 필요한 자료를 조사하는 업무를 포함한다.

⑭ 전 단계 성과검토
전 단계 성과검토는 앞서 실시한 타당성조사의 성과품을 검토, 분석하여 조사・계획・설계업무의 각 결과치를 기본설계에 최대한 활용할 수 있도록 검토하는 업무를 포함한다.

⑮ 교통분석 및 평가
교통분석 및 평가는 교통현황분석, 장래교통여건전망 업무를 말한다. 교통현황분석은 교통지구설정 및 교통지구 단위별 정리분석, "교통시설 투자평가지침(국토교통부)"에 제시된 내용 및 방법으로 수행하는 업무를 포함한다. 장래 교통여건 전망 업무는 장래 교통여건 분석시 필요한 관련계획을 검토하여 분석대상 도시의 교통수요 예측(원칙적으로 4단계 방법을 사용하되, 다른 절차 사용시 선택사유를 제시)에 반영하고, 대상지역 및 주변지역에 대해 인구, 자동차보유 대수, 토지이용 및 건물연면적을 교통지구 단위별로 전망・분석한다. 장래 교통수요 전망에서는 대상지역 및 주변지역에 대하여 사람 및 화물통행량, 지구별 발생・도착 통행량, 기・종점 통행량의 각 세부 사항과 주요 가로 및 교차로의 소통 여건에 관한 사항을 수록하고, 노선 대안별 시행여부에 따른 교통체계변화를 파악하고 예측하는 업무를 포함한다.

⑯ 전략환경영향평가 성과 검토
전략환경영향평가 성과 검토업무는 전략환경영향평가 성과 검토결과의 설계반영사항을 검토하는 업무를 말한다,

⑰ 해상교통안전진단 검토(필요시)
해상교통안전진단 검토는 도로교량의 건설로 인하여 향후 선박의 통항에 어떠한 영향을 미치게 될지를 사전에 예측하고 평가한 해상교통안전진단 결과를 검토하고 충분한 통항안전대책을 수립하여 설계에 반영하는 업무를 포함한다.

⑱ 재해영향평가 검토
재해영향평가 검토는 재해영향평가 검토 성과를 검토하여 도로건설로 인하여 발생 가능한 재해영향

요인별 저감방안을 수립하는 업무를 포함한다.

⑲ 경제성 및 재무분석
경제성 및 재무분석은 비용산정, 편익산정, 경제성분석, 민감도분석, 재무분석업무를 말한다. 비용산정은 현재 국내에서 운행 중인 차량에 대한 구입가격, 부품비, 유류비, 유지관리비, 인건비 등 최근 자료를 이용하여 차량의 구성비에 의한 차종별 단위 운행비를 산출하고 기존 도로의 아스팔트콘크리트포장과 시멘트콘크리트포장의 차선별 유지관리비 분석 등 도로건설비, 유지관리비 등 항목별 비용을 산정하는 업무를 포함한다. 편익산정은 차량운행비절감, 운행시간단축, 교통사고감소, 지역개발효과등 항목별편익산출업무를 포함하며, 경제성분석은 도로건설비 및 유지관리비와 이용자 편익을 비교하여 편익비용비(B/C), 초년도 수익률(FYRR), 내부수익률(IRR) 및 순현재가치(NPV), 최적개통시기를 산정하고 전구간을 동시에 건설할 경우와 교통량 예측 및 발주청의 재정전망을 고려하여 단계별로 건설하는 경우(단계별 건설시 구간별 투자 우선순위 제시)로 구분하여 분석하는 업무를 포함한다. 민감도분석은 건설비, 차량운행비, 교통량, 공사기간 등 여건 변화시 경제성에 미치는 영향을 검토하는 업무를 포함한다. 재무분석은 통행료징수체계, 영업채산성검토(유료도로의 경우, 개통 이후의 추정 교통량에 따른 통행료 수입 및 영업비용을 1년 단위로 산출)업무를 포함한다.

⑳ 관련규정의 적용
관련규정의 적용은 도로, 교량, 터널 등 건설공사관련 법령 및 지침, 설계기준을 적용하는 업무를 말한다. 도로관련 규정으로는 "도로의 구조시설기준에 관한 규칙" 해설 및 지침, 도로설계기준, 환경친화적인 도로건설지침 등을 적용하는 업무를 말하며, 교량관련 규정으로는 도로교 설계기준, 콘크리트구조 설계기준, 구조물기초 설계기준 등을 적용하는 업무를 포함하고, 터널은 터널 설계기준 등을 적용하는 업무를 포함한다.

㉑ 환경영향평가 성과 검토
환경영향평가 성과검토는 평가결과를 검토하여 저감대책을 검토하여 설계에 반영하는 업무를 포함한다.

㉒ 수리·수문검토
조사업무에서 결정된 계획홍수량과 계획홍수위 등이 적정하게 산정되었는지를 검토한다. 계획시설물 설치에 따른 홍수위의 상승, 기존 제방에 미치는 영향 등을 분석·검토하며, 특히 물의 흐름의 변화로 인한 침식 및 퇴적 등에 대하여 검토한다. 홍수시 기초지반의 세굴, 하부구조에 미치는 영향 등을 분석·검토한다.

㉓ 노선선정
노선계획은 최적노선결정, 노선결정, 출입시설관련 업무를 말한다. 최적노선결정은 타당성조사에서 결정된 최적노선대 안에서 각 비교노선의 경제성, 시공성, 환경성 등을 평가하여 최적노선(1:1,000 지도 사용)을 선정한다. 노선결정업무는 노선계획시 주요 구조물 및 주요 도로 시설물의 위치, 규모, 형식과의 연계성을 검토하고, 도로표준단면 결정, 평면선형 및 종단선형 비교 검토, 설계기준, 지침 등에 따라 합리적으로 계획, 홍수위의 상승, 교차시설(도로, 철도, 선박의 항로 등)에 따른 적정 형하고를 검토하고 계획하는 업무를 포함한다. 또한 출입시설은 진출입부 가감속차로 검토·계획, 최대교통량(Peak Time) 발생시 교통혼잡 최소화를 위한 검토·계획, 1/1,000의 지도를 사용하여 평면 및 입체교차 위치 및 형식을 검토하는 업무를 포함한다.

BIM 설계 시 BIM 모델 작성, 외부간섭(지장물 등), 시뮬레이션을 업무를 수행하며, 다음의 업무를 포함한다.
- 도로 중심선의 입체적인 형상으로 평면선형 형상과 종단선형 형상으로 도로의 기하구조기준에 따른 도로선형 형상 작성
- 본선 및 유.출입시설(분기점, 나들목) 계획 및 기반시설(단지, 철도, 도로, 하천 등) 횡단통과 및 시설물과의 근접시 간섭 검토
- 계획된 형식별 도로선형, 횡단 구조물계획 등 주변 현황과 연계한 진.출입 시설물의 시인성 등 도로계획 검토시 사전 문제점 도출 및 검증을 위한 도로주행성 검토

㉔ 연약지반처리계획 수립
연약지반처리계획은 연약지반 현황분석에 의한 합리적 대책공법 비교, 검토 업무를 포함한다.

㉕ 구조물계획(교량계획)
교량계획은 교량형식, 가설공법 업무를 말한다. 교량형식은 경제성·시공성·기능성·안전성·미관성, 유지관리 등 평가항목별 비교·검토하여 지간구성, 상부구조 형식 선정, 하부구조 및 기초형식을 선정하는 업무를 포함하며, 가설공법은 계획 시설물의 규모, 지형·지질, 가설공사비 등 주요요소 비교 검토 후 계획, 주변시설 및 인근주민에 미치는 소음·진동과 교통혼잡 최소화를 위한 공법 검토, 하천 또는 해상공사 중 토사유출 등으로 인한 주변 오염방지관련 업무를 포함한다.
※ 산정 시 고려사항
 - 본 투입인원수 산정기준 적용시 특수교량(현수교, 사장교)은 제외한다

BIM 설계 시 교량형식 및 가설공법에 대한 BIM 모델 작성 및 시뮬레이션 업무를 수행하며, 다음의 업무를 포함한다.
- 타당성 조사에 따른 검토된 형식(경제성, 시공성, 안전성, 미관성, 유지관리)의 3D 모델 작성
- 주변환경을 고려한 교량경관 시뮬레이션
- 지역환경을 고려한 가설 중 또는 운용 중 기존 도로나 항로 이용자의 차량 또는 선박운행 간섭 가능성 검토
- 시뮬레이션을 통한 교량 시.종점 및 경간장 검토 계획 등

㉖ 구조물계획(터널계획)
터널계획은 개략적인 굴착공법을 선정하고 각 공법별로 비교·분석하는 작업을 말한다. 굴착공법의 선정은 유사현장, 지반조건 및 인접지형, 지질상태를 파악하여 경제성·시공성·안전성·미관성·유지관리사항을 비교, 검토하는 업무를 포함한다.

※ 산정 시 고려사항
- 본 투입인원수 산정기준은 병설터널 기준이며 대면터널 적용시 **50%**를 적용한다. (상행과 하행의 길이가 다른 병설터널의 연장은 평균값을 활용한다.
- 본 투입인원수 산정기준 적용시 침매터널, 대심도터널은 제외한다. 환기용, 작업용 터널은 터널 개소 및 연장에 반영하여 투입인원수를 산정한다.

BIM 설계 시 터널계획에 대한 BIM 모델 작성 및 시뮬레이션 업무를 수행하며, 다음의 업무를 포함한다.

- 굴착공법에 따른 지반조건 및 지형.지질에 상태를 기준으로 작성한 3D 지형지층모델과 연계 검토
- 비교 노선별 터널계획 BIM 데이터 작성 (터널갱구 위치, 터널단면검토) 및 시뮬레이션

㉗ 구조물계획(기타 구조물)
기타구조물은 옹벽 및 암거의 설치지점을 선정하고, 지반조건 및 현지여건에 맞도록 형식과 공법을 비교, 검토(비교안은 복수이상으로 경제적·기술적·환경적 측면의 검토를 포함)하는 업무를 포함한다.

BIM 기반 이 업무는 기타구조물의 BIM 모델 작성 및 시뮬레이션 업무를 수행하며, 다음의 업무를 포함한다.
- 기타 구조물인(옹벽, 암거 등) 계획구간의 비교 노선별 주요구간의 기타구조물 3D 모델 작성
- 시뮬레이션을 통한 최적의 위치, 형식, 규모 등을 시각적, 정량적 검토 등

㉘ 구조물계획(지하차도계획)
지하차도계획은 형식 및 공법검토, 입출구부 형식 검토, 기초형식 검토, 환기 및 소방시설 검토, 부대시설 검토를 말한다. 형식은 지하차도 본선에 대한 형식(BOX형, 아치형), 검사원 통로 등을 검토, 공법은 본선시공에 대한 공법(현장타설,프리케스트)등을 검토, 지하차도의 전체 연장 및 규모를 검토, BOX구간의 연장을 차선계획, 복토계획 등을 검토, 입출구부 형식은 U-TYPE, L형옹벽 등 형식을 검토, 기초형식은 지하차도 하부의 직접기초, 파일기초 등 설치를 검토, 환기검토는 지하차도 단면 및 연장에 대한 환기시설 설치를 위한 용량을 검토, 소방시설은 지하차도 연장에 따라 소방시설규모를 검토, 부대시설 검토는 지하차도 내 공동구, 신축이음, 방수공법, 포장, 벽체(면벽형, 기둥형), 내장재(페인팅, 타일, 판넬) 등을 검토 업무를 말한다.

㉙ 설계기준 작성
설계기준 작성은 공구분할, 분야별 설계기준작성 업무를 말한다. 공구분할은 계획구간의 지역여건, 공사량, 공사 현장관리의 효율성, 주요 구조물, 공사시행여건 등을 종합 검토하여 적정한 공구로 분할하는 업무를 포함한다. 분야별 설계기준 작성업무는 설계도서 작성기준에 명시된 설계기준, 조건 이외에 과업수행에 필요한 각종 설계기준(선형, 폭원, 재료 종류, 강도, 구조물별 설계방법 등)의 조건을 작성하는 업무를 포함한다.

㉚ 관계기관 협의 및 민원검토
관계기관 협의는 계획시설물 설치에 따른 관계기관 협의 자료 작성, 관계기관 업무협의 지원, 관계기관 의견 조치계획서 작성 업무를 포함한다. 민원검토는 집단민원 등 향후 야기될 수 있는 민원내용을 파악하고, 민원을 최소화(해소)방안을 검토하는 업무를 포함한다.

㉛ 단계별 자문 및 방침자료 작성
단계별 자문 및 방침자료작성은 착수단계자문, 중간단계자문, 마무리단계자문, 본부 방침 결정, 설계감리 및 VE자료 작성업무를 말한다. 착수단계자문은 착수자문회의 자료 작성, 자문자료 사전설명, 자문회의 준비 및 개최, 자문의견 검토 후 보완 및 수정과 위원 확인 업무를 포함하고, 중간단계 자문은 중간자문회의 자료 작성, 자문자료 사전설명, 자문회의 준비 및 개최, 자문의견 검토후

보완 및 수정과 위원 확인 업무를 포함하며, 마무리단계 자문은 마무리자문회의 자료 작성, 자문자료 사전설명, 자문회의 준비 및 개최, 자문의견 검토후 보완 및 수정과 위원 확인 업무를 포함한다. 본부 방침 결정은 설계방침서 작성, 본부 방문 설명, 본부 검토요청사항 추가검토 및 제출 업무를 포함하고, 설계 VE자료 작성업무에는 설계VE를 위한 자료작성과 의견 검토 후 보완 및 수정 업무를 포함한다.

※ 산정 시 고려사항
- 횟수의 산정시 본부 방침 결정과 설계VE 자료 작성, 각종 심의자료 작성업무는 별도의 횟수로 산정한다.
- 회의 준비 및 개최 비용, 심의위원 심의 비용 등은 제외한다.
- 기타 별도의 대가기준(예, 경관설계심의, 농지·산지전용협의 등)이 있는 경우 해당기준을 따른다.

㉜ BIM 기반 각종 사전평가 성과검토
BIM 설계 시 이 업무는 필요시 사전에 수행된 평가(환경영향평가, 재해영향평가 등) 결과자료를 활용하여, 다음과 같은 업무를 수행 할 수 있다.
- 사전재해영향평가 결과를 시뮬레이션하여 재해영향요인별 저감방안 수립 업무등을 검토
- 홍수로 인한 하천범람 및 시간별 수위 및 물의 흐름 시뮬레이션 검토
- 3D 지형모델을 통한 유역분석 등

㉝ 설계조건
설계조건은 설계에 필요한 조건들을 전단계 과업에서 수행된 노선, 연장, 규모 등과 지반조사, 환경영향평가, 교통분석 및 대책 수립 자료 등을 검토하여 정리하는 업무를 포함한다. 또한 자재의 종류, 설계강도, 주요 자재 및 재료의 기준, 장애자를 위한 시설, 내진 및 피로설계 등에 대한 기준을 정리하는 업무를 포함한다.

㉞ 선형설계
선형설계는 노선검토를 통해 최적노선을 결정하고, 현황도(1:1,200~1:1,000)에 정확히 재표정하고 이를 기본으로 측점 20m간격으로 평면 및 종단선형을 설계하는 업무이다. 평면선형은 곡선부의 곡선반경 및 완화구간, 종단선형은 종단경사 및 종단곡선을 설계하는 업무를 포함한다. 종단선형의 요철부는 기준치 이상의 종단곡선을 삽입하여 시거를 확보하는 업무를 포함한다.

BIM 설계 시 노선의 선형비교 및 기하구조 검토, 설계기준 등 노선의 기본이 되는 요소들을 BIM으로 모델링하고 외부간섭에 대한 검토 및 시뮬레이션을 업무를 포함한다.
- 계획선정된(평면,종단,횡단)선형 형상에 직선,곡선,완화곡선 등의 BIM 데이터 정보 및 유.출입시설과 교량,터널 형상의 위치 및 정보테이터를 포함한 선형 BIM 모델 작성
- 선형 불량구간 등에 대한 시거와 운전자의 시인성등 기하 구조 검토(평면 및 종단 선형, 구조물, 진출입시설물)
- 도로의 주행 및 분기점 및 나들목, 교통분석등을 연계한 시뮬레이션 구현으로 적정성 설계정보 도출

㉟ 비탈면 안정공
비탈면 안정공은 비탈면 경사결정, 비탈면보호공 업무를 말한다. 비탈면경사결정은 안정해석을 통하여 경제적이고 합리적인 깎기, 쌓기 비탈면경사, 소단설치위치, 폭원등 업무를 포함하고 비탈면

보호공은 불안정 비탈면 안정대책 수립 위한 식생 보호공, 구조물 보호공 업무를 포함한다.
BIM 설계 시 BIM 모델 작성을 통하여 경사도분석 등 지형분석과 지질분석 내용을 결합한 사면안정성 검토된 결과를 시뮬레이션하는 업무를 포함한다.

㊱ 토공 설계
토공설계는 , 흙 분류, 연약지반 설계, 토공 유동 계획, 횡단설계업무를 말한다. 흙 분류는 토공분류 및 굴착방법 검토업무를 포함하며, 연약지반 설계는 구간별 횡단도 작성 및 수량산정(표층처리, 침하토, 과재성토)업무를 포함하고, 토공 유동 계획은 (경제적, 합리적 토공운반거리 산정) 토석정보공유시스템(EIS)에 토공결과 입력업무를 포함하고, 횡단설계는 횡단면설계 (깎기, 쌓기 범위산정), 토공균형설계 (노상, 노체, 암성토 설계), 공사용도로 계획 (기존포장 활용방안검토), 토공유동계획 (굴착공법 및 토공 운반로 계획), 발파영향권분석을 통한 발파공법 설계업무를 포함한다.

BIM 설계 시 토공설계에 대한 BIM 모델 작성 업무를 수행하며, 다음의 업무를 포함한다.
- 3D 토공 물량 및 종.횡단검토, 절성토 3D 설계검토
- BIM 데이터 작성(땅깎기, 흙쌓기, 표토제거 등). 단, 유용토운반, 타공구 반출, 자재대 등은 제외
- BIM 모델에서 평면 및 종단면도 추출하여 설계구조물 전체정보 표기
- BIM 모델에서 20m씩 횡단을 추출하여 설계정보 표기

㊲ 배수공 설계
배수공설계는 용·배수 계통 계획, 구조물의 형식 및 단면 검토 업무를 말한다. 용·배수 계통 계획은 지하배수(도로), 횡단배수, 노면배수, 농업용 배수, 배수계통 계획(도로)업무를 포함하며, 구조물의 형식 및 단면검토는 지형도상 유역면적산정(도로, 수자원), 계획홍수량산정, 설계조건 검토, 수로경사 및 유속 검토, 단면규격 결정, 통로 및 수로암거 설계(도로, 구조), 횡단배수관 설계, 접속부 설계(세굴방지시설 등) 업무를 포함한다.

BIM 설계 시 배수공 설계에 대한 BIM 모델 작성 업무를 수행하며, 다음의 업무를 포함한다.
- 측구공, 맹암거, 배수관[종횡], 기타관, 집수정, 암거공, 수로보호공, 도수로, 개거, 방수거, 우수받이, 멘홀, 침전조, 생태이동통로, 저류조, 옹벽공, 사방댐, 낙차공 등(단, 유송잡물, 간이상수도는 제외)

㊳ 소구조물공 설계
소구조물공 설계는 소구조물공 설계(암거)의 업무로 단면 설정을 통한 구조계산, 안정성, 시공성, 경관성, 경제성의 검토, 지반 반력을 고려한 기초의 검토 업무를 포함한다.

BIM 설계 시 BIM 모델 작성을 통하여 최적의 위치, 형식, 규모 등을 시각적, 정량적 검토 업무를 포함한다.

㊴ 포장공 설계
포장공 설계는 포장구조 결정, 포장두께 결정업무를 말한다. 포장구조결정은 아스팔트포장 및 콘크리트포장 특성 검토, 포장공법(교면포장) 선정업무를 포함하며, 포장두께 결정은 포장단면결정(교면포장), 동상방지층 검토업무를 포함한다.

BIM 설계 시 포장공 설계에 대한 BIM 모델 작성 업무를 수행하며, 다음의 업무를 포함한다.
- 동상방지층, 보조기층, 시멘트 안정처리필터층, 콘크리트포장, 아스팔트 콘크리트포장, 경하중포장, 빈배합콘크리트, 경계석 등

⑩ 출입시설설계
출입시설설계는 평면교차로(설계), (단순)불완전 입체교차로(설계), 완전입체교차로(인터체인지) 설계업무를 말한다. 평면교차로 설계는 도류화, 변속차로, 교통운영 및 교통관제, 교통안전시설설치 업무를 포함하고, (단순)불완전 입체교차로는 평면교차 교통동선이 포함된 (저규격) 입체교차설계업무를 포함하며, 완전입체교차로(인터체인지) 설계는 연결로설계, 연결로접속부 설계, 변속차로설계업무를 포함한다.

BIM 설계 시 평면 및 입체교차로에 대한 BIM 모델 작성을 실시하고, 출입시설의 외부간섭 검토 및 시뮬레이션을 통하여 교통동선에 대한 검토업무를 포함한다.
- 분기점 및 나들목(교차로) 계획 검토에 의한 BIM 모델 작성
- 입체 교차로구간의 진·출입 차량의 동선에 의한 간섭 검토(회전반경, 곡선구간 시거, 자연스로운 진·출입동선)
- 도로주행 시뮬레이션을 통하여 입체교차로 형식결정을 위한 비교.검증 및 안정성 입증 및 검토

⑪ 부대시설 설계
부대시설 설계는 부대시설 설계, 교통안전시설 설계 업무를 말한다. 부대시설 설계는 도로이용객의 편의시설설치 업무를 포함하며, 교통안전시설 설계는 도로안전시설설치 및 관리기준, 교통안전시설 실무편람 등 참조설계업무를 포함한다.

BIM 설계 시 표준도를 기반으로 다음에 대한 BIM 모델 작성 업무를 수행하며, 다음의 업무를 포함한다.
- 교통표지판, 시선유도표지, 가드레일, 중앙분리대, 방호벽, 낙석방지시설, 가드휀스, 미끄럼방지시설, 교통안전시설, 충격흡수시설, 긴급제동시설 등

⑫ 교량설계
교량설계는 공법검토, 구조설계, 부대시설설계업무를 말한다. 공법검토는 기본방향의 현지여건인 지형 및 지반여건 고려, 환경영향 및민원 최소화, 현지여건을 활용한 자재조달계획, 시공시 원활한 해상운송, 계획, 사전조사를 통한 설계반영, 교량형식인 선형조건에 적합한 공법, 교량연장에 따른 가설장비의 적정성 여부, 상부구조 형식에 따른 단면 적정성 업무를 포함하고, 구조설계는 상부(보강형 등), 하부(교각, 교대 등), 기초(말뚝, 우물통 등) 구조물 단면 설정, 구조성, 안정성, 경관성, 시공성, 사용성, 경제성검토업무를 포함하며, 부대시설 설계는 교좌장치, 신축이음, 교면방수, 방호시설, 강교도장, 교면 배수, 가로등의 부대시설에 대한 구조성, 안정성, 시공성, 경제성 검토업무를 포함한다.

※ 산정 시 고려사항
- 특수교량(사장교, 현수교 등)은 제외한다.(별도 산정)
- 완전입체교차의 교량은 출입시설업무에서 산정되어 제외한다.

BIM 설계 시 교량 설계에 대한 BIM 모델 작성 및 부재간 내부간섭 검토 업무를 수행하며, 다음의 업무를 포함한다.
- 교량 BIM 모델은 평면선형, 종단선형, 횡단경사를 반영한(바닥판,거더,교대,교각,부대시설 등) 객체를 분할하여 작성하며, BIM 데이터 작성 시 철근가공 및 조립수량 산출을 실시하고, 일부 철근 모델링이 필요 없는 경우 LOD 수준을 낮추어 작성할 수 있다.
- 도로 노선의 선형, 지형, 지층, 교차조건과 시공성, 유지관리, 경제성을 고려하여 작성한 교량 모델로부터 교량 시·종점 및 교대, 교각의 가설위치와 노선의 3차원 선형, 주행 안정성, 시공성(가설장비 및 장비의 진입로), 교량 경간장(종·횡단 경사, 교량상부 거더의 높이),주변환경과의 조화(경관성) 등을 검토한다.

㊸ 터널설계
터널설계는 방수 및 배수설계, 공법선정, 내공단면의 결정, 지보공 설계, 콘크리트 라이닝 설계, 터널단면해석, 가시설 설계, 구조물공, 갱문설계, 환기계획, 부대시설 계획업무를 말한다. 방수 및 배수설계는 방배수설계 및 재료검토업무를 포함하며, 공법선정은 터널공법 비교검토업무를 포함하고 내공단면의 결정은 환기방재 및 측방여유폭 및 공동구 규격결정 후 내공단면 검토업무를 포함하며, 지보공 설계는 지반조사 터널성과분석을 토대로 지보설계업무를 포함하며, 콘크리트 라이닝 설계는 라이닝 두께결정을 위한 구조검토업무를 포함한다. 터널단면해석은 각 패턴별 지반 안정성 검토업무를 포함한다. 구조물공은 개착구조물 구조계산업무를 포함하고, 갱문설계는 갱문 형식 및 구조계산업무를 포함한다. 환기계획은 환기 및 방재검토업무를 포함하며, 부대시설 계획은 계측, 피난연락갱 기타 시공중 시설물 검토업무를 포함한다.

※ 산정 시 고려사항
- 본 투입인원수 산정기준은 병설터널 기준이며 대면터널 적용시 50%를 적용한다. (상행과 하행의 길이가 다른 병설터널의 연장은 평균값을 활용한다.
- 본 투입인원수 산정기준 적용시 침매터널, 대심도터널은 제외한다. 환기용, 작업용 터널은 터널 개소 및 연장에 반영하여 투입인원수를 산정한다.

BIM 설계 시 터널 내 도로선형 기준의 평면선형, 종단선형, 횡단경사 등을 반영한 BIM 모델 작성 업무를 수행하며, 다음의 업무를 포함한다.
- 선정된 환기방식, 굴착방법에 따라 다양한 형태의 BIM 모델을 작성
- 굴착(총굴착, 설계굴착), 강지보(격자지보, H-형강, U-지보), 숏크리트, 록볼트, 콘크리트라이닝, 방수 및 배수, 보조공(훠폴링, 선진보강그라우팅), 갱문 및 개착터널, 기타(내장재, 소화전, 수분무시설, 소화기함, 피난연결통로 등) 에 대한 모델링
- BIM 데이터 작성 시 철근가공 및 조립수량 산출을 실시하고, 일부 철근 모델링이 필요 없는 경우 LOD 수준을 낮추어 작성할 수 있다.

㊹ 지반설계
지반설계는 지반조사 성과분석, 구조물 기초설계, 연약지반개량 설계, 가시설설계, 제방 관련 업무를 말한다. 지반조사 성과분석은 시설물별 조사결과의 적정성과 내용 분석, 시설물 위험요소 파악 및 분석(연약층, 붕적층, 파쇄대 등)업무를 포함한다. 구조물 기초설계는 지지층 선정기초형식 선정, 항타시공성, 말뚝시공법 및 제원결정, 직접기초의 안정해석(지지력 침하), 말뚝기초의 안정해석

(지지력 침하), 보강공법의 검토 및 설계, 재하시험 및 확인조사 계획 수립업무를 포함하고, 연약지반개량 설계는 연약지반특성 분석 및 Zoning, 압밀기간, 침하 및 잔류침하 검토, 한계성토고 검토, Trafficability 및 간극수 배출량 검토, 교대측방유동 검토, 대책공법의 비교 및 선정(표층처리, 침하및 활동등), 구간별 세부설계(침하량산정, 활동검토, 공법조합 및 세부제원 결정)업무를 포함한다. 제방은 지지력 및 침하검토, 활동, 누수(Piping), 양압력 검토, 안정대책 선정 (차수대책, 지반개량 등), 구간별 안정공법의 세부설계업무를 포함한다.

BIM 설계 시 지반설계에 대한 BIM 모델 작성 업무를 수행하며, 다음의 업무를 포함한다.
- 지형, 지층 데이터는 측직계와 수준점을 기준으로 측량한 지반고(GL)정보, 좌표정보, 표고정보를 포함한다.
- 지반조사 DATA(지반의 토층, 토질, 지하수위, 지내력 등)를 토대로 지층모델을 구축하고, 3D 지형과 통합하여 기초설계와 절토, 성토, 터파기 설계에 활용할 수 있도록 한다.

㊺ 하천설계(이설)
하천설계는 제방 검토, 토공 및 호안설계, 유속 및 소류력 검토, 홍수량 및 홍수위검토, 배수능력 검토, 호안 및 구조물 형식검토, 세굴영향 검토 업무를 말한다. 제방 검토는 계획하폭 검토, 제방법선계획 수립업무를 포함하고, 토공 및 호안설계는 제방 표준단면도 작성, 제방 설계, 호안공법 비교, 검토, 적정 호안공법에 대한 호안설계업무를 포함하며, 유속 및 소류력 검토는 유속 및 소류력에 따른 호안공법 및 밑다짐 공법 검토업무를 포함한다. 홍수량 및 홍수위검토는 홍수량 산정 및 적정성 검토, 기점홍수위 검토 및 홍수위 계산업무를 포함하고, 배수능력 검토는 기존 시설물 능력검토, 계획단면 규모결정, 본체, 유출입부 및 권양시설 설계업무를 포함한다. 호안 및 구조물 형식검토는 호안공법 선정 및 호안설계업무를 포함하고, 세굴영향 검토는 세굴검토, 세굴 방호공법 선정, 세굴방호공 설계업무를 포함한다.

※ 산정 시 고려사항
- 본 투입인원수 산정기준은 소하천 이하 하천을 기준으로 하고, 지방하천 이상은 하천분야 실시설계 투입인원수 산정기준에 따른다.

BIM 설계 시 하천(이설)에 대한 BIM 모델 작성 업무를 수행하며, 다음의 업무를 포함한다.
- 하천선형에 연계된 평면선형, 종단선형, 횡단, 토공, 제방의 하천 본체
- 하천시설(물받이), 제방시설(제체성토), 보시설(본체), 취수시설(취수탑본치), 수문시설(문기둥), 하천보호공(세굴방지, 호안), 제방도로

㊻ 계측계획
계측계획은 계측계획수립, 시설물별 계측항목선정, 측정빈도선정, 계측기기선정업무를 말한다. 계측계획수립은 계측목적, 용도, 규모, 원지반조건, 주변환경조건을 고려하여 설계, 시공에 적합한 체계적인 계획수립업무를 포함하고 시설물별 계측항목선정은 공사시행시나 공사후 시설물별 안정성과 경제성을 파악하고 주변환경영향과 계측항목사이의 상호관계를 고려 항목선정업무를 포함하며 측정빈도산정은 지반 및 시공조건을 고려하여 측정빈도를 선정하는 업무이며, 계측기기선정은 계측목적에 적합한 정밀도와 기능을 갖는 것을 선정하는 업무를 포함한다.

㊼ 지하차도 설계

지하차도 설계는 지반조사 평가, 방수 및 배수설계, 공법선정, 내공단면의 결정, 부력방지검토 및 설계, 가시설 설계, 구조물공, 환기계획, 부대시설 계획 관련 업무를 말한다. 지반조사평가는 지층에 따른 지지력 평가, 방수설계는 지하차도 접합부의 방수 성능 유지가 가능한 공법 검토 및 설계업무를 포함, 배수설계는집수유역면적산정,집수정용량산정,집수정설치형식,재료검토및설계업무를포함, 공법선정은 본선 및 입출구부 단면에 대한 시공방법 선정 업무, 내공단면의 결정은 전체 차로폭, 시설한계 및 환기시설의 제트팬 높이 등 기타시설물을 고려한 계획 및 설계, 부력방지검토 및 설계는 지하수의 영향으로 지하차도가 부력에 의하여 부상하는 경우가 있으므로 부력방지대책 및 공법에 대해 검토, 가시설 설계는 지층분포, 지하수위 조건 등을 검토하고 주변 건물 및 인접현황과 환경조건, 교통우회처리계획을 고려하여 적용 가능한 가시설공법을 검토, 선정 및 설계업무를 포함, 가시설공법검토에는 토류및지보공법,지반보강및차수공법,가시설안정성,지반침하대책등의업무를포함,구조물공은 개착구조물 구조계산, 지하차도의 본선, **U-TYPE**구간, 공동구, 기초 등 설계업무를 포함, 환기계획은 환기 및 방재검토, 설계업무를 포함, 부대시설 계획은 전기, 기계, 건축 등 기타 시공중 시설물 계획 및 설계 업무를 포함한다.

※ 산정 시 고려사항
연장은 지하차도본선(**BOX**구간)연장과 **U-type**구간연장 포함

㊽ 기본 및 실시설계 보고서
기본 및 실시설계 보고서는 공사개요, 조사, 계획, 상세설계, 사업비 분석, 부록 관련 업무를 말한다. 공사개요는 목적, 범위, 내용, 기간, 과업수행방법, 사업비, 추진경위, 수행결과 요약업무를 포함하고, 조사는 현지조사 및 답사, 측량, 지질 및 지반조사, 지장물 및 구조물조사, 용지조사, 수문조사, 재료원조사, 교통량조사, 지역개발조사, 기존도로 및 교차로 용량분석업무를 포함하며, 계획은 전 단계 성과검토, 노선계획, 기준설정, 시설규모 결정, 구조물계획, 설계기준 및 기타, 관계기관협의 및 의견수렴, 교차로 위치 및 형식 결정, 포장공법 선정업무를 포함한다, 상세설계는 설계기준/조건, 선형, 토공, 용배수공, 구조물공, 포장공, 출입시설, 부대시설, 교차로, 교통처리, 조경 등 설계업무를 포함하고, 사업비 분석은 공사개요, 공사비산출, 사업비 분석, 용지 및 지장물 보상비 등의 업무를 포함하며, 부록은 각종 조사자료, 선형계산서, 기술심의 및 자문사항, 업무협의 및 지시사항, 관계기관 협의자료, 주민공청회 결과, 설계의 경제성, 검토자료 등 업무를 포함한다.

BIM 설계 시 기본 및 실시설계 보고서 산출물에 다음을 포함한다.
- **BIM** 수행보고서
- 간섭 검토 보고서(철근배근, 구조물, 장비, 공정, 주변 지장물, 문화재 등)
- 시뮬레이션 검토 보고서(경관, 교통량, 일조, 유역, 배수, 주행 등)

㊾ 지질 및 지반조사 보고서
지질 및 지반조사 보고서는 조사개요, 조사내용, 조사결과, 성과분석, 부록관련 업무를 말한다. 조사개요는 조사목적, 지역, 범위, 기간, 장비 등의 업무를 포함하고, 조사내용은 조사위치 선정, 조사방법, 토질·암석의 분류 및 기재방법, 토질설계정수 업무를 포함하며, 조사결과는 지형 및 지질, 시추조사 결과, 현장원위치시험 결과, 물리탐사 결과, 실내시험 결과, 토취장 및 사토 장 적정성 등 업무를 포함한다. 성과분석은 터널 및 교량구간 지층분석, 교량기초 검토, 사면안정 검토, 성토재의 다짐특성, **CBR**, 골재원 평가, 설계정수 선정업무를 포함하며, 부록은 조사위치 및 지층단면도, 지

질도, 주상도, 시험성과, 물리탐사 야장 및 자료, 기타 검토자료업무를 포함한다.

BIM 설계 시 지질 및 지반조사 보고서 산출물에 다음을 포함한다.
 - 지질 및 지반조사 내용의 시추주상도를 검토
 - 지층모델로 부터 사업현장의 지층 분석 자료 제공

㊵ 구조 및 수리계산서
구조 및 수리계산서는 구조계산서, 수리계산서관련 업무를 말한다. 구조계산서는 개요, 구조계획도, 설계조건, 구조계산, 내진설계, 가시설 업무를 포함하고, 수리계산서는 유역도, 홍수량지점도, 설계강우강도 산정, 노면수리계산, 측구수리계산, 횡배수시설수리계산 등의 업무를 포함한다.

㊶ 터널해석보고서
터널해석보고서는 터널해석보고서작성업무를 말한다.

㊷ 설계예산서
설계예산서는 설계 설명서, 설계내역서 업무를 말한다. 설계 설명서는 공사목적, 공사개요, 위치, 기간, 규모, 공사수량, 재료원, 관급자재, 예정공정표, 설계변경조건, 기타업무를 포함하며, 설계내역서는 설계내역서, 도급공사 원가계산서, 총괄내역서, 공종별내역서, 일위대가 등의 업무를 포함한다.

㊸ 단가 산출서
단가산출서는 단가설명서, 단가산출서 업무를 말한다. 단가설명서는 단위당 단가를 구성하는 공종의 작업과, 소요장비, 투입재료 등의 품명, 규격, 수량 설명(할증여부등)등의 업무를 포함하고, 단가산출서는 단가산출, 중기사용료, 단가조서, 견적서, 운반거리 조견표 등의 업무를 포함한다.

㊹ 수량 산출서
수량산출서는 토공, 비탈면안정공, 배수공, 교량공, 터널공, 지하차도공, 포장공, 교통안전시설공, 부대공의 수량산출 업무를 말한다.

BIM 설계 시 수량산출서는 3차원 모델에서 직접 추출하는 방식(자동물량) 및 기존 수량산출 방식과 자동방식을 혼용(연동물량)하는 방식을 말한다.

㊺ 기본 및 실시설계도면
기본 및 실시설계도면은 설계도면 편집 및 전산화 업무를 말한다. 설계도면 편집 및 전산화는 전자도면작성, 전자납품 등 설계도서의 전산화, 설계도면취합 업무를 포함한다.

BIM 설계 시 기본 및 실시설계도면은 BIM 모델 작성 후 자동으로 도면을 추출하는 업무를 말한다. 설계도면 편집 및 전산화는 전자도면작성, 전자납품 등 설계도서의 전산화, 설계도면취합 업무를 포함한다.

㊻ 공사시방서
공사시방서는 공사시방서 작성업무를 말한다.

(57) BIM 개방형 포맷 작성 및 데이터 검토

BIM 개방형 포맷 작성 및 데이터 검토 업무는 BIM 모델 및 속성정보에 대한 다음의 업무를 수행한다. 단, IFC 5.0(토목)은 ISO 인증전까지는 발주처 재량으로 운영할 수 있다.

- 원본형식과 별도로 데이터 공유·통합 활용 등을 위해 개방형형식으로 변환
- BIM 성과품의 원본 및 개방형 형식 데이터에 대한 품질관리 수행

(58) BIM 투입인원수 산정기준의 활용

도로분야의 기본설계, 실시설계와 철도, 항만, 하천 댐, 상수도분야에 BIM 설계를 적용하는 경우에는 도로분야 기본 및 실시설계의 BIM 설계 기준 준용하거나 기술료 비율을 조정하는 등 발주청에서 BIM 설계대가를 정할 수 있다.

2023 건설공사 표준품셈

정가 58,000원

- 편저자　김　종　호
- 펴낸이　차　승　녀
- 펴낸곳　도서출판 건기원

- 2023년 1월 16일 제3판 제1인쇄발행
- 2022년 1월 20일 제2판 제1인쇄발행
- 2021년 1월 20일 제1판 제1인쇄발행

- 주　소　경기도 파주시 연다산길 244(연다산동 186-16)
- 전　화　(02)2662-1874~5
- 팩　스　(02)2665-8281
- 등　록　제11-162호, 1998. 11. 24

• 건기원은 여러분을 책의 주인공으로 만들어 드리며 출판 윤리 강령을 준수합니다.
• 본서를 복제·변형하여 판매·배포·전송하는 모든 행위를 금하며, 이를 위반할 경우 저작권법 등에 따라 처벌받을 수 있습니다.

ISBN 979-11-5767-716-0 94530(1권)
　　　979-11-5767-717-7 94530(2권)
　　　979-11-5767-715-3 94530(세트)